ARCHITECTURE & DESIGN COMPETITION

설계경기 01_업무·교통·의료

설계경기 01_업무·교통·의료

no.135 ~ 146
Office
Culture
Education
Welfare
Housing
Commerce
Urban
Traffic
Sports
Medical
Landscape

설계경기 01_업무·교통·의료

Contents

업무

포항 지식산업센터 (주)이가ACM건축사사무소 | (주)삼원종합건축사사무소 + 건축사사무소 이건 + 건축사사무소 엘엔케이 14

서천군 신청사 (주)디엔비건축사사무소 + (주)해마종합건축사사무소 32

서인천세무서 청사 (주)디엔비건축사사무소 + (주)종합건축사사무소 선기획 44

농림수산식품교육문화정보원 (주)리가온건축사사무소 50

부평4동 행정복지센터 (주)티에스엔지니어링 건축사사무소 + 건축사사무소 도시공작소 56

제주시 한림읍청사 (주)종합건축사사무소 선건축 | (주)건축사사무소 시월 + (주)티에스에이 건축사사무소 | 건축사사무소 생활공간 64

제주시 애월읍청사 (주)종합건축사사무소 선건축 84

수산식품산업거점단지 (주)목양엔지니어링건축사사무소 + (주)아이에스피건축사사무소 + 김준택 92

고흥 드론특화 지식산업센터 (주)건축사사무소 휴먼플랜 + (주)건축사사무소 플랜 98

연수구청사 별관 이우가건축사사무소 | 건축사사무소 도시공작소 + (주)티에스엔지니어링 건축사사무소 106

나라키움 익산통합청사 (주)해인종합건축사사무소 + (주)케이앤티종합건축사사무소 | (주)창목종합건축사사무소 + 스튜디오 이즘 건축사사무소 118

내당1동 행정복지센터 건축사사무소 서로가 | 굳자인 건축사사무소 | 건축사사무소 엘브로스 130

충남지식산업센터 (주)디엔비건축사사무소 + 김양희 건축사사무소 154

충청북도 소방본부 통합청사 지선정건축사사무소 160

속초공무원 수련원 증축 및 리모델링 (주)솔토지빈건축사사무소 | (주)디자인랩스튜디오건축사사무소 166

범어2동 커뮤니티센터 건축사사무소 프로세스 177

양구군 의회청사 (주)형제케이종합건축사사무소 184

고등동 행정복지센터 (주)건축사사무소 토담21 188

태백산 국립공원사무소 청사 건축사사무소알엔케이(주) 196

서울바이오허브 글로벌협력동 (주)건축사사무소 메타 + 건축사사무소 안 204

조리읍 행정복지센터 케이엠건축사사무소 + 미니맥스아키텍츠 210

두류 1·2동 복합청사 건축사사무소 서로가 215

제주시 3R 재활용센터 (주)선파트너스 건축사사무소 220

경기신용보증재단 사옥 (주)해안종합건축사사무소 + (주)디엔비건축사사무소 228

대구 혁신도시 복합혁신센터 (주)유앤피건축사사무소 + (주)삼원종합건축사사무소 236

에너지-ICT 융복합지식산업센터 (주)리가온건축사사무소 246

우암부두 지식산업센터 (주)숨비건축사사무소 252

창원세무서 청사 (주)건축사사무소에스파스 258

북광주세무서 청사 (주)아이에스피건축사사무소 + (주)길종합건축사사무소이엔지 264

청송소방서 일상재건축사사무소 + 디오엔건축사사무소 272

설계경기 01_업무·교통·의료
Architecture & Design Competition

북구소방서 (주)아이엔지그룹건축사사무소 ······ 280

한전KDN 서울지역본부 사옥 (주)해마종합건축사사무소 ······ 286

신용보증재단중앙회 (주)건축사사무소에스파스 ······ 294

전주시 덕진구 혁신동 주민센터 (주)라인종합건축사사무소 ······ 304

남촌동 복합청사 (주)신한종합건축사사무소 ······ 312

김포제조융합혁신센터 (주)위드종합건축사사무소 ······ 320

세종테크노파크 (주)디엔비건축사사무소 ······ 326

마산동 행정복지센터 (주)한강건축사사무소 ······ 333

아산시 온양5동 행정복지센터 (주)건축사사무소티오피 ······ 340

경남 사회적경제 혁신타운 (주)아이엔지그룹건축사사무소 + (주)이누건축사사무소 ······ 346

춘천ICT벤처센터 (주)건축사사무소 한울건축 ······ 352

청학동 행정복지센터 복합청사 (주)제이앤제이건축사사무소 + (주)디본건축사사무소 ······ 358

가정1동 행정복지센터 건축사사무소 도시공작소 ······ 362

만수5동 행정복지센터 (주)아인그룹건축사사무소 | 건축사사무소 도시공작소 ······ 366

건강보험심사평가원 의정부지원 사옥 (주)인오건축사사무소 ······ 382

순천시 생태 비즈니스센터 (주)아이에스피건축사사무소 ······ 388

문화유산과학센터 (주)디엔비건축사사무소 ······ 396

길상면 주민복합센터 이상도시종합건축사사무소 ······ 402

친환경 수소연료선박 R&D 플랫폼센터 (주)라움건축사사무소 ······ 408

한국연구재단 R&D정보평가센터 (주)디엔비건축사사무소 ······ 414

교통
중구 오르미 복합문화주차타워 (주)건축사사무소 지선재 ······ 424

전주역사 (주)시아플랜 건축사사무소 | 심플렉스 건축사사무소 + 스튜디오 KYSH- ······ 430

동상시장 주차환경개선사업 (주)한미건축종합건축사사무소 + 이병욱 ······ 442

세종포천고속도로 처인(통합)휴게소 (주)해마종합건축사사무소 ······ 450

의료
세종시 보건소청사 (주)케이앤티종합건축사사무소 + (주)해인종합건축사사무소 ······ 460

광양시 보건소 (주)아이에스피건축사사무소 ······ 466

광주 보훈병원 요양병원 증축 (주)리가온건축사사무소 ······ 472

전남권역 재활병원 (주)건축사사무소 휴먼플랜 + (주)아이에스피건축사사무소 + (주)건축사사무소 플랜 ······ 478

Contents

OFFICE

Pohang Knowledge Industrial Center EGA ACM Architects | Samwon architects & engineers + architect office EGUN + architect office L&K — 14

Seocheon-gun Office Building D&B architecture design group + HAEMA Architects — 32

NTS Seoincheon District Office Building D&B architecture design group + SUN +Partners — 44

Korea Agency of Education, Promotion and Information Service in Food, Agriculture, Forestry and Fisheries REGAON Architects & Planners Co., Ltd. — 50

Bupyeong 4-dong Community Service Center TS. Engineering & Architect + Urban Factory — 56

Hallim-eup Office Building Sun Architects & Engineers Co., Ltd. | SIWOL Architecture + TSA Architecture & Planners | Lifespace Design Architects — 64

Jeju Aewol-eup Office Building Sun Architects & Engineers Co., Ltd. — 84

Fisheries Products Industrial Hub Complex MOKYANG Architects & Engineers + ISP Architect & Engineering + Kim Juntaek — 92

Goheung Drone Specialized Knowledge Industrial Center Human Plan Architects Office, Inc. + Plan Architects Office, Inc. — 98

Yeonsu-gu Office Annex Building IOOGA Architecture | Urban Factory + TS Engineering & Architect — 106

Narakium Iksan Integrated Government Office HAEIN Architects + KNT Architects | Changmok Architecture + Studio Ism Architecture — 118

Naedang 1-dong Community Service Center SEOROGA ARCHITECTS | GUTSEIN ARCHITECTS | Lbros Architects — 130

Chungnam Knowledge Industrial Center D&B architecture design group + Kim Yang Hee architecture — 154

Chungcheongbuk-do Firefighting Headquarters Integrated Government Building Z.S.J Architects & Associates Co. — 160

Sokcho, Seoul Training Institute Extension and Remodeling SOLTOZIBIN ARCHITECTS | Designlab studios — 166

Beomeo 2-dong Community Center PROCESS Architects & Engineers — 177

Yanggu-gun County Council Building H.K Total Architect & Engineers — 184

Godeung-dong Community Center21 Todam21 Architects — 188

Taebaeksan Mountain National Park Office R&K Architecture — 196

SEOUL BIOHUB Global Collaboration Complex studio METAA + studio AN — 204

Jori-eup Administrative Welfare Center KM Architects + MINIMAX Architects — 210

Doryoo 1·2-dong Government Building SEOROGA ARCHITECTS — 215

Jeju 3R Upcycling Center SUNPARTNERS Architects — 220

Gyeonggi Credit Guarantee Foundation Headquarters HAEAHN Architecture, Inc. + D&B architecture design group — 228

Daegu Complex Innovation Center UNP Architects + SAMWON Architects & Engineers — 236

Energy-ICT Convergence Knowledge Industry Center REGAON Architects & Planners Co., Ltd. — 246

Uam Terminal Knowledge Industry Center su:mvie architects — 252

NTS Changwon District office Architecture & Design Group ESPACE — 258

NTS Bukgwangju District Office ISP Architect & Engineering + GIL Architect & Engineers — 264

Cheongsong Fire Station ILSANGJAE Architecture & Engineering Group + D.O.N. ARCHITECT'S OFFICE — 272

01 Office · Traffic · Medical
Architecture & Design Competition

Buk-gu Fire Station ING GROUP ARCHITECTURE	280
KEPCO KDN Co., Ltd. Seoul Branch Haema Architects	286
Korea Frederation of Credit Guarantee Foundations Architecture Design Group ESPACE	294
Hyeoksin-dong Community Center in Deokjin-gu, Jeonju LINE ARCHITECTURE GROUP	304
Complex Government Building of Namchon-dong, Osan-si Shinhan Architects & Engineers	312
Gimpo Manufacturing Innovation Center WITH ARCHITECTS	320
Sejong Technopark D&B architecture design group	326
Masan-dong Community Center Hang Gang Architects, co.	333
Asan-si Onyang 5-dong Administrative Welfare Center TOP ARCHITECTS & ASSOCIATES	340
Gyeongnam Social Economic Innovation Town ING GROUP ARCHITECTURE + ENU Design Studio	346
Chuncheon ICT Venture Center HANUL Architects & Engineers Inc.	352
Cheonghak-dong Administrative Welfare Complex J&J Design Group + design bon architects	358
Gajeong 1-dong Community Service Center Urban Factory	362
Mansu 5-dong Community Service Center AIN Group	Urban Factory	366
Uijeongbu Support Office Building of Health Insurance Review & Assessment Service INO Architects	382
Suncheon-si ECO Business Center ISP Architect & Engineering	388
Culture Heritage Science Center D&B architecture design group	396
Gilsang-myeon Community Complex Center Utopian Architects	402
Eco-friendly Hydrogen Fuel Ship R&D Platform Center Architects Group RAUM	408
National Research Foundation of Korea R&D Information Evaluation Center D&B architecture design group	414

TRAFFIC

Jung-gu Oreumi Parking Tower JISUNJAE Architects, Inc.	424
Jeonju Station SIAPLAN Architects & Planners	Simplex Architecture + STUDIO KYSH–	430
Dongsang Market Parking Environment Improvement Project HANMI Architects Design Group + Lee Byungwook	442
Sejong Pocheon Expressway, Cheoin Rest Area Haema Architects	450

MEDICAL

Sejong Public Healthcare Center KNT Architects + HAEIN Architects	460
Gwangyang Healthcare Center ISP Architect & Engineering	466
Gwangju Veterans Convalescent Hospital Extension REGAON Architects & Planners Co., Ltd.	472
Jeonnam Region Rehabilitation Hospital Human Plan Architects Office, Inc.+ ISP Architect & Engineering + Plan Architects Office, Inc.	478

설계경기 01_업무·교통·의료

no.135~146
Office
Culture
Education
Welfare
Housing
Commerce
Urban
Traffic
Sports
Medical
Landscape

*업무

*교통

*여론

포항 지식산업센터
대지위치 경상북도 포항시 북구 흥해읍 이인리 포항융합기술
　　　　　산업지구 내
발주처 포항시청
대지면적 9,894㎡
연면적 15,000㎡
추정공사비 20,900백만원
설계용역비 852백만원
참가등록 2018. 10. 5
질의접수 2018. 10. 8 ~ 10. 10
질의회신 2018. 10. 12
작품접수 2018. 12. 6
당선 (주)이가ACM건축사사무소
우수 (주)삼원종합건축사사무소 + 건축사사무소 이건 + 건축사
　　 사무소 엘엔케이

서천군 신청사
대지위치 충청남도 서천군 서천읍 군사리 61-6, 구 서천역 일원
발주처 충청남도개발공사
대지면적 30,195㎡
연면적 13,737.57㎡
추정공사비 319억원
설계용역비 1,797,400천원
참가등록 2018. 9. 20
현장설명 2018. 9. 20
질의접수 2018. 10. 11
질의회신 2018. 10. 22
작품접수 2018. 11. 20
당선 (주)디엔비건축사사무소 + (주)해마종합건축사사무소

서인천세무서 청사
대지위치 인천광역시 서구 청라동 92-5번지
발주처 서인천세무서
대지면적 8,350㎡
연면적 7,870㎡
추정공사비 15,040백만원
설계용역비 714,059천원
참가등록 2018. 10. 15
현장설명 2018. 10. 16
질의접수 2018. 10. 17 ~ 10. 18
질의회신 2018. 10. 25
작품접수 2018. 11. 30
당선 (주)디엔비건축사사무소 + (주)종합건축사사무소 선기획

농림수산식품교육문화정보원
대지위치 세종특별자치시 반곡동 4-1생활권 '관4-1'용지
발주처 농림수산식품교육문화정보원
대지면적 3,960㎡
연면적 4,200㎡
추정공사비 9,670백만원
설계용역비 461,468천원
참가등록 2018. 10. 12
질의접수 2018. 10. 15 ~ 10. 17
질의회신 2018. 10. 26
작품접수 2018. 11. 26
당선 (주)리가온건축사사무소

부평4동 행정복지센터
대지위치 인천광역시 부평구 주부토로 65
발주처 부평구청
대지면적 1,007.6㎡
연면적 5,100㎡
추정공사비 10,710백만원
설계용역비 448,717천원
참가등록 2018. 9. 19 ~ 9. 20
현장설명 2018. 9. 21
질의 및 회신 2018. 9. 27 ~ 9. 28
작품접수 2018. 12. 14
당선 (주)티에스엔지니어링 건축사사무소 + 건축사사무소
　　 도시공작소

제주시 한림읍청사
대지위치 제주특별자치도 제주시 한림읍 한림리 919번지 외 7필지
발주처 제주특별자치도청
대지면적 6,829㎡
연면적 4,000㎡
추정공사비 90억원
설계용역비 3억원
참가등록 2018. 10. 16
현장설명 2018. 10. 19
질의접수 2018. 10. 22
질의회신 2018. 10. 24
작품접수 2018. 12. 5
당선 (주)종합건축사사무소 선건축
2등 (주)건축사사무소 시월 + (주)티에스에이 건축사사무소
3등 건축사사무소 생활공간

제주시 애월읍청사
대지위치 제주특별자치도 제주시 애월읍 애월리 240번지 외 7필지
발주처 제주특별자치도청
대지면적 7,808㎡
연면적 5,000㎡
추정공사비 101억원
설계용역비 350백만원
참가등록 2018. 5. 9
현장설명 2018. 5. 11
질의접수 2018. 5. 14
질의회신 2018. 5. 16
작품접수 2018. 7. 13
당선 (주)종합건축사사무소 선건축

수산식품산업거점단지
대지위치 전라남도 화순군 능주면 남정리 21-24번지 일대
발주처 화순군청
대지면적 30,454㎡
연면적 4,500㎡
추정공사비 8,570,640천원
설계용역비 398,640천원
참가등록 2018. 12. 28
현장설명 2018. 12. 28
질의접수 2019. 1. 3 ~ 1. 4
질의회신 2019. 1. 10
작품접수 2019. 2. 14
당선 (주)목양엔지니어링건축사사무소 + (주)아이에스피
　　 건축사사무소 + 김준택

고흥 드론특화 지식산업센터
대지위치 전라남도 고흥군 고흥읍 고소리 1170번지 일원
발주처 고흥군청
대지면적 14,969㎡
연면적 11,156㎡
추정공사비 15,797백만원
설계용역비 719,300천원
참가등록 2018. 12. 17
현장설명 2018. 12. 17
질의접수 2018. 12. 19
질의회신 2018. 12. 24
작품접수 2019. 2. 7
당선 (주)건축사사무소 휴먼플랜 + (주)건축사사무소 플랜

연수구청사 별관
대지위치 인천광역시 연수구 원인재로 115
발주처 연수구청
대지면적 21,792.2㎡
연면적 2,000㎡
추정공사비 4,340벡만원
설계용역비 189,195천원
참가등록 2019. 1. 10 ~ 1. 11
질의접수 2019. 1. 17
질의회신 2019. 1. 22
작품접수 2019. 3. 18
당선 이우가건축사사무소
우수 건축사사무소 도시공작소 + (주)티에스엔지니어링
　　 건축사사무소

나라키움 익산통합청사
대지위치 전라북도 익산시 영등동 191-3, 191-48
발주처 한국자산관리공사
대지면적 16,540㎡
연면적 9,127㎡
추정공사비 17,442백만원
설계용역비 578,841천원
참가등록 2018. 10. 22
질의접수 2018. 11. 2
질의회신 2018. 11. 9
작품접수 2018. 12. 7
당선 (주)해인종합건축사사무소 + (주)케이앤티종합건축사사무소
2등 (주)창목종합건축사사무소 + 스튜디오 이즘

내당1동 행정복지센터
대지위치 대구광역시 서구 서대구로4길 35
발주처 대구광역시 서구청
대지면적 535.4㎡
연면적 990㎡
추정공사비 3,300백만원
설계용역비 144백만원
참가등록 2019. 1. 29 ~ 1. 30
현장설명 2019. 1. 30
질의접수 2019. 2. 7 ~ 2. 8
질의회신 2019. 2. 13
작품접수 2019. 4. 1
당선 건축사사무소 서로가
우수 굳자인 건축사사무소
가작 건축사사무소 엘브로스

충남지식산업센터
대지위치 충청남도 천안시 불당동 650-3번지 일원
발주처 충청남도청
대지면적 4,510㎡
연면적 11,620㎡
추정공사비 18,156,319,500원
설계용역비 854,131,000원
참가등록 2019. 1. 28
현장설명 2019. 2. 12
질의접수 2019. 2. 18
질의회신 2019. 2. 22
작품접수 2019. 4. 15

당선 (주)디엔비건축사사무소 + 김양희 건축사사무소

충청북도 소방본부 통합청사
대지위치 충청북도 청주시 청원구 사천동 91-18번지 일원
발주처 충북개발공사
대지면적 3,500㎡
연면적 2,772.58㎡
추정공사비 5,940백만원
설계용역비 279,031천원
참가등록 2019. 02. 25
현장설명 2019. 02. 25
질의접수 2019. 03. 06
질의회신 2019. 03. 11
작품접수 2019. 04. 12
당선 지선정건축사사무소

속초공무원 수련원 증축 및 리모델링
대지위치 강원도 속초시 노학동 721-3, 산 143
발주처 서울특별시청
대지면적 25,936㎡
연면적 증축 9,090㎡ / 리모델링 1,530㎡
추정공사비 23,031,326천원
설계용역비 1,133,878천원
참가등록 2019. 1. 25 ~ 2. 15
현장설명 2019. 2. 11
질의접수 2019. 1. 29 ~ 2. 13
질의회신 2019. 2. 19
작품접수 2019. 3. 25 ~ 4. 8
당선 (주)솔토지빈건축사사무소
2등 (주)디자인랩스튜디오건축사사무소

범어2동 커뮤니티센터
대지위치 대구광역시 수성구 범어동 163-1번지
발주처 대구광역시 수성구청
대지면적 397.8㎡
연면적 897㎡
추정공사비 2,600백만원
설계용역비 120백만원
참가등록 2019. 2. 13
질의접수 2019. 2. 14 ~ 2. 15
질의회신 2019. 2. 18
작품접수 2019. 4. 15
당선 건축사사무소 프로세스

양구군 의회청사
대지위치 강원도 양구군 양구읍 하리 34-5번지
발주처 양구군청
대지면적 41,386㎡
연면적 1,325㎡
추정공사비 28억원
설계용역비 155,118천원
참가등록 2019. 4. 9
현장설명 2019. 4. 9
질의접수 2019. 4. 12
질의회신 2019. 4. 17
작품접수 2019. 5. 24
당선 (주)형제케이종합건축사사무소

고등동 행정복지센터
대지위치 경기도 수원시 팔달구 고등로 37
발주처 수원시청
대지면적 1,496㎡
연면적 2,880㎡
추정공사비 7,191백만원
설계용역비 306,339천원
참가등록 2019. 5. 7 ~ 5. 13
현장설명 2019. 5. 13
질의접수 2019. 5. 13 ~ 5. 14
질의회신 2019. 5. 17
작품접수 2019. 6. 26
당선 (주)건축사사무소 토담21

태백산 국립공원사무소 청사
대지위치 강원도 태백시 황지동 115-13, 115-19외 5필지
발주처 국립공원공단 태백산국립공원사무소
대지면적 8,542㎡
연면적 2,200㎡
추정공사비 55억원
설계용역비 252,289천원
참가등록 2019. 5. 3
질의접수 2019. 5. 7 ~ 5. 8
질의회신 2019. 5. 14
작품접수 2019. 6. 10
당선 건축사사무소알엔케이(주)

서울바이오허브 글로벌협력동
대지위치 서울특별시 동대문구 회기동 산 4-102 일부 외 2필지
발주처 서울특별시청 도시공간개선단
대지면적 14,574㎡
연면적 14,018㎡
추정공사비 40,280백만원
설계용역비 1,840백만원
참가등록 2019. 7. 12 ~ 8. 31
현장설명 2019. 7. 15
질의접수 2019. 7. 15 ~ 7. 18
질의회신 2019. 7. 24
작품접수 2019. 9. 4
당선 (주)건축사사무소 메타 + 건축사사무소 안

조리읍 행정복지센터
대지위치 경기도 파주시 조리읍 봉천로 64 외 1필지
발주처 파주시청
대지면적 5,597㎡
추정공사비 122억원
설계용역비 546백만원
참가등록 2019. 6. 24
현장설명 2019. 7. 3
질의접수 2019. 7. 1 ~ 7. 5
질의회신 2019. 7. 10
작품접수 2019. 9. 6
당선 케이엠건축사사무소 + 미니맥스아키텍츠

두류 1·2동 복합청사
대지위치 대구광역시 달서구 두류동 833-7, 833-111
발주처 달서구청
대지면적 794㎡
연면적 1,320㎡
추정공사비 3,677,000천원
설계용역비 182,263천원
참가등록 2019. 8. 1
현장설명 2019. 8. 2
질의접수 2019. 8. 5
질의회신 2019. 8. 10
작품접수 2019. 10. 7
당선 건축사사무소 서로가

제주시 3R 재활용센터
대지위치 제주시 오등동 1069번지
발주처 제주특별자치도 제주시
대지면적 8,506㎡
추정공사비 3,800백만원
설계용역비 160백만원
참가등록 2019. 9. 10
현장설명 2019. 9. 11
질의접수 2019. 9. 17
질의회신 2019. 9. 20
작품접수 2019. 10. 28
당선 (주)선파트너스건축사사무소

경기신용보증재단 사옥
대지위치 경기도 수원시 광교신도시 경기융합타운 부지내 "융합9"
발주처 경기신용보증재단
대지면적 5,000㎡
연면적 41,274.04㎡
추정공사비 95,177,885천원
설계용역비 4,264,596천원
참가등록 2019. 8. 12
현장설명 2019. 8. 13
질의접수 2019. 8. 17 ~ 8. 16
질의회신 2019. 8. 23
작품접수 2019. 10. 21
당선 (주)해안종합건축사사무소 + (주)디엔비건축사사무소

대구 혁신도시 복합혁신센터
대지위치 대구광역시 동구 각산동 1174일원
발주처 대구광역시 건설본부
대지면적 5,430㎡
연면적 1,700㎡
추정공사비 186억원
설계용역비 914,760천원
참가등록 2019. 9. 5
현장설명 2019. 9. 6
질의접수 2019. 9. 9 ~ 9. 16
질의회신 2019. 9. 18
작품접수 2019. 11. 26
당선 (주)유앤피건축사사무소 + (주)삼원종합건축사사무소

에너지-ICT 융복합지식산업센터
대지위치 전라남도 나주시 왕곡면 덕산리 817-8장, -9장(나주혁신일반산단 내)
발주처 나주시청
대지면적 13,264.3㎡
연면적 14,200㎡
추정공사비 210억원
설계용역비 1,101,663천원
참가등록 2019. 10. 15
질의접수 2019. 10. 17
질의회신 2019. 10. 21
작품접수 2019. 11. 29
당선 (주)리가온건축사사무소

우암부두 지식산업센터
대지위치 부산광역시 남구 우암동 265-1, 3번지
발주처 부산광역시청

대지면적 6,000㎡
연면적 12,160㎡~14,557㎡
추정공사비 20,613백만원
설계용역비 786,819천원
참가등록 2019. 9. 17
현장설명 2019. 9. 18
질의접수 2019. 9. 24
질의회신 2019. 9. 27
작품접수 2019. 10. 2
당선 (주)숨비건축사사무소

창원세무서 청사
대지위치 인천광역시 서구 불로동 789
발주처 국세청 부산지방국세청 창원세무서
대지면적 5,610.2㎡
연면적 10,144㎡
추정공사비 22,642백만원
설계용역비 1,049백만원
참가등록 2019. 9. 26
현장설명 2019. 10. 1
질의접수 2019. 10. 7 ~ 10. 8
질의회신 2019. 10. 15
작품접수 2019. 11. 27
당선 (주)건축사사무소에스파스

북광주세무서 청사
대지위치 광주광역시 북구 금호로 70(운암동 104-3번지)
발주처 북광주세무서
대지면적 5,407㎡
연면적 9,297㎡
추정공사비 18,821백만원
설계용역비 854,715천원
참가등록 2019. 9. 11
현장설명 2019. 9. 17
질의접수 2019. 9. 18 ~ 9. 19
질의회신 2019. 9. 26
작품접수 2019. 11. 18
당선 (주)아이에스피건축사사무소 + (주)길종합건축사사무소이엔지

청송소방서
대지위치 경상북도 청송군 청송읍 금곡리 716외 9필지
발주처 경상북도개발공사
대지면적 11,924㎡
연면적 3,894㎡
추정공사비 7,986백만원
설계용역비 418,600천원
참가등록 2019. 7. 19
현장설명 2019. 7. 19
질의접수 2019. 7. 23
질의회신 2019. 7. 26
작품접수 2019. 9. 17
당선 일상재건축사사무소 + 디오엔건축사사무소

북구소방서
대지위치 부산광역시 북구 금곡대로616번길 151(금곡동) 일원
발주처 부산광역시청
대지면적 1,538.1㎡
연면적 6,744.32㎡
추정공사비 15,687백만원
설계용역비 670,392천원
참가등록 2019. 9. 16
현장설명 2019. 9. 17
질의접수 2019. 9. 18
질의회신 2019. 9. 24
작품접수 2019. 11. 4
당선 (주)아이엔지그룹건축사사무소

한전KDN 서울지역본부 사옥
대지위치 서울특별시 강동구 고덕동 93-2 일원
발주처 한전KDN
대지면적 2,006㎡
연면적 13,514㎡
추정공사비 27,558백만원
설계용역비 1,116백만원
참가등록 2019. 8. 6
현장설명 2019. 8. 5
질의접수 2019. 8. 13
질의회신 2019. 8. 21
작품접수 2019. 10. 4
당선 (주)해마종합건축사사무소

신용보증재단중앙회
대지위치 세종특별자치시 2-4생활권 관-2-1-1
발주처 신용보증재단중앙회
대지면적 3,634㎡
연면적 13,035.74㎡
추정공사비 30,125,173천원
설계용역비 1,329,278천원
참가등록 2019. 9. 11
현장설명 2019. 9. 19
질의접수 2019. 9. 23 ~ 9. 24
질의회신 2019. 9. 30
작품접수 2019. 12. 18
당선 (주)건축사사무소에스파스

전주시 덕진구 혁신동 주민센터
대지위치 전라북도 전주시 덕진구 장동 1114번지
발주처 전주시 덕진구청
대지면적 2,714.00㎡
연면적 2,317㎡
추정공사비 6,500백만원
설계용역비 338,966천원
참가등록 2020. 1. 10
현장설명 2020. 1. 10
질의접수 2020. 1. 13
질의회신 2020. 1. 16
작품접수 2020. 2. 7
당선 (주)라인종합건축사사무소

남촌동 복합청사
대지위치 경기도 오산시 궐동 94번지 일원
발주처 오산시청
대지면적 16,790.00㎡
연면적 6,020.26㎡
추정공사비 13,084,975천원
설계용역비 581,922천원
참가등록 2019. 9. 17
현장설명 2019. 9. 17
질의접수 2019. 9. 20
질의회신 2019. 9. 24
작품접수 2019. 11. 1
당선 (주)신한종합건축사사무소

김포제조융합혁신센터
대지위치 경기도 김포시 양촌읍 학운리 2751번지 외 1필지 [양촌산업단지 내]
발주처 김포시청
대지면적 6,120.2㎡
연면적 8,367.37㎡
추정공사비 16,900백만원
설계용역비 719,509천원
참가등록 2020. 1. 21
질의접수 2020. 1. 22 ~ 1. 23
질의회신 2020. 1. 30
작품접수 2020. 3. 11
당선 (주)위드종합건축사사무소

세종테크노파크
대지위치 세종특별자치시 조치원읍 신흥리 123번지 일원
발주처 세종테크노파크
대지면적 18,332㎡
연면적 11,400㎡
추정공사비 25,045백만원
설계용역비 1,103,881천원
참가등록 2020. 1. 31
질의접수 2020. 2. 3 ~ 2. 4
질의회신 2020. 2. 7
작품접수 2020. 2. 24
당선 (주)디엔비건축사사무소

마산동 행정복지센터
대지위치 경기도 김포시 마산동 619-1번지
발주처 김포시청
대지면적 1,998.6㎡
연면적 2,600㎡
추정공사비 6,500백만원
설계용역비 279,430천원
참가등록 2019. 12. 20
현장설명 2019. 12. 27
질의접수 2019. 12. 30
질의회신 2020. 1. 7
작품접수 2020. 2. 20
당선 (주)한강건축사사무소

아산시 온양5동 행정복지센터
대지위치 충청남도 아산시 시민로 286
발주처 아산시청
대지면적 1,306.20㎡
연면적 2,328.54㎡
추정공사비 6,000백만원
설계용역비 291,010천원
참가등록 2020. 2. 27
질의접수 2020. 3. 2
질의회신 2020. 3. 4
작품접수 2020. 3. 23
당선 (주)건축사사무소티오피

경남 사회적경제 혁신타운
대지위치 경상남도 창원시 의창구 창원대로 524
발주처 경상남도청
대지면적 10,985.3㎡
연면적 10,070.0㎡
추정공사비 23,000,000천원
설계용역비 1,221,962천원
참가등록 2020. 4. 14

질의접수 2020. 4. 20 ~ 4. 21
질의회신 2020. 4. 23
작품접수 2020. 5. 21
당선 (주)아이엔지그룹건축사사무소 + (주)이누건축사사무소

춘천ICT벤처센터
대지위치 강원도 춘천시 후평동 623-50번지
발주처 춘천시청
대지면적 8,265㎡
연면적 15,000㎡
추정공사비 23,200,000천원
설계용역비 1,088,159천원
참가등록 2020. 3. 3 ~ 3. 10
질의접수 2020. 3. 9 ~ 3. 11
질의회신 2020. 3. 18
작품접수 2020. 5. 6
당선 (주)건축사사무소 한울건축

청학동 행정복지센터 복합청사
대지위치 인천광역시 연수구 청학동 160-1번지 외
발주처 연수구청
대지면적 2,739㎡
연면적 4,200㎡
추정공사비 9,945,000천원
설계용역비 472,362천원
참가등록 2020. 2. 28
질의접수 2020. 3. 5
질의회신 2020. 3. 11
작품접수 2020. 5. 25
당선 (주)제이앤제이건축사사무소 + (주)디본건축사사무소

가정1동 행정복지센터
대지위치 인천광역시 서구 가정동 루원시티사업지구 공2부지
발주처 인천광역시 서구청
대지면적 1,900㎡
연면적 3,960㎡
추정공사비 9,927백만원
설계용역비 374백만원
참가등록 2020. 2. 18
질의접수 2020. 2. 18
질의회신 2020. 2. 21
작품접수 2020. 3. 27
당선 건축사사무소 도시공작소

만수5동 행정복지센터
대지위치 경기도 파주시 다율동 일원
발주처 한국토지주택공사
대지면적 53,554.00㎡
연면적 143,461.92㎡
추정공사비 2,586억원
설계용역비 51억원
참가등록 2020. 2. 25
작품접수 2020. 3. 30
당선 (주)아인그룹건축사사무소
5등 건축사사무소 도시공작소

건강보험심사평가원 의정부지원 사옥
대지위치 경기도 의정부시 금오동 483, 483-3번지
발주처 건강보험심사평가원
대지면적 3,009.90㎡
연면적 6,423.45㎡

추정공사비 13,260,000천원
설계용역비 627,490천원
참가등록 2020. 5. 14
현장설명 2020. 5. 22
질의접수 2020. 5. 25 ~ 5. 26
질의회신 2020. 6. 1
작품접수 2020. 6. 22
당선 (주)인오건축사사무소

순천시 생태 비즈니스센터
대지위치 전라남도 순천시 풍덕동 879-6번지
발주처 순천시청
대지면적 1,789㎡
연면적 3,000㎡
추정공사비 8,250,000천원
설계용역비 406,270천원
참가등록 2020. 7. 30 ~ 7. 31
현장설명 2020. 7. 30
질의접수 2020. 8. 3 ~ 8. 4
질의회신 2020. 8. 6 ~ 8. 7
작품접수 2020. 7. 30
당선 (주)아이에스피건축사사무소

문화유산과학센터
대지위치 서울시 용산구 서빙고로 137 국립중앙박물관 부지 내
발주처 문화체육관광부, 국립중앙박물관
대지면적 295,550.69㎡
연면적 9,362.00㎡
추정공사비 24,341,000천원
설계용역비 1,122,900천원
참가등록 2020. 7. 20
질의접수 2020. 7. 21 ~ 7. 22
질의회신 2020. 7. 28
작품접수 2020. 8. 20 ~ 8. 24
당선 (주)디엔비건축사사무소

길상면 주민복합센터
대지위치 인천광역시 강화군 길상면 온수리 480-7번지 일원
발주처 강화군청
대지면적 3,865㎡
연면적 1,800㎡
추정공사비 4,410,000천원
설계용역비 180,764천원
참가등록 2020. 5. 4
질의접수 2020. 5. 6
질의회신 2020. 5. 14
작품접수 2020. 6. 19
당선 이상도시종합건축사사무소

친환경 수소연료선박 R&D 플랫폼센터
대지위치 부산광역시 남구 우암동 265-1, 265-3번지
발주처 부산시청
대지면적 5,000.00㎡
연면적 2,961.00㎡
추정공사비 7,600백만원
설계용역비 305,008천원
참가등록 2020. 8. 25
질의접수 2020. 8. 26
질의회신 2020. 9. 3
작품접수 2020. 10. 6
당선 (주)라움건축사사무소

한국연구재단 R&D정보평가센터
대지위치 대전광역시 유성구 가정로 201 일원
발주처 한국연구재단
대지면적 42,690㎡
연면적 7,925㎡
추정공사비 17,435,000천원
설계용역비 812,952천원
참가등록 2020. 7. 31
질의접수 2020. 8. 3 ~ 8. 4
질의회신 2020. 8. 11
작품접수 2020. 9. 22
당선 (주)디엔비건축사사무소

포항 지식산업센터

당선작 (주)이가ACM건축사사무소 이종석 설계팀 조헌석, 김영수, 김유진, 김지훈, 천지훈, 최민아, 유승희

대지위치 경상북도 포항시 북구 흥해읍 이인리 포항융합기술산업지구 내 **대지면적** 9,894.00㎡ **건축면적** 4,379.98㎡ **연면적** 15,662.08㎡ **건폐율** 44.2% **용적률** 158.3% **규모** 지상 7층 **최고높이** 36.3m **구조** 철근콘크리트조 **외부마감** 금속패널, 친환경수성페인트, 로이복층유리 **주차** 72대(장애인 주차 3대 포함) **협력업체** 기계 - 유원설비, 전기 - 나라기술단, 구조 - 지우구조, 토목 - 대교컨설턴트, 조경 - 수림조경, 친환경 - 에이테크ENG

the EAST_동해를 담은 Blue Factory
환동해의 중심으로 나아가는 포항의 이미지와 4차 지식산업센터의 기능을 포항 지식산업센터에 부여하면서 더 나아가 포항융합기술산업지구가 기술산업지구의 중심이 될 수 있도록 한다.

4차 지식산업센터로서의 기능
환동해의 중심으로 거듭나는 포항융합기술산업지구를 융합기술산업의 중심으로서 제조뿐 아니라 전시, 홍보로써의 기능을 확보한다.

이용자 사용에 다채로운 아트리움
복합 커뮤니티의 공공성을 반영한 오픈스페이스를 두어 친근하고 개방적이며 상징적인 이미지를 표출한다.

쾌적하고 미래지향적인 친환경 외부공간
지속가능한 설계로 미래지향적, 친환경적 조형성 및 내·외부 유기적인 연결을 통한 쾌적한 업무환경을 조성한다.

사용자 중심의 지식산업센터 디자인
획일적이고 권위적 이미지를 탈피한 사용자 중심 계획으로 공공성 및 업무 효율성을 높인 미래지향적 공간을 제시한다.

the EAST_Blue Factory embracing the East Sea
Making the Pohang Knowledge Industrial Center show the image of Pohang advancing toward the center of the East Sea rim and work as a hub for the 4th knowledge industry. Moreover, promoting Pohang's Convergence Technology Industry District as the center for all technology industry districts.

Functions as a knowledge industrial center
Promoting Pohang's Convergence Technology Industry District becoming a hub in the East Sea rim as the center for the convergence technology industry, and providing functions required for presentation and promotion in addition to manufacturing.

An atrium that provide variety in use for its users
Introducing an open space reflecting the public characteristics of a community complex, with an aim to express a welcoming, open and symbolic image.

A pleasant and futuristic, environment-friendly outdoor space
Proposing sustainable designs to create a pleasant work environment which consists of futuristic, eco-friendly forms and organically connects inside and outside.

User-centered designs for the knowledge industrial center
Getting away from a standardized and authoritative image and developing user-centered designs to introduce a futuristic space that enhances publicness and work efficiency.

Prize winner EGA ACM Architects_Lee Jongsuk **Location** Buk-gu, Pohang, Gyeongsangbuk-do **Site area** 9,894.00m² **Building area** 4,379.98m² **Gross floor area** 15,662.08m² **Building coverage** 44.2% **Floor space index** 158.3% **Building scope** 7F **Height** 36.3m **Structure** RC **Exterior finishing** Metal panel, Eco-friendly water paint, Low-E paired glass **Parking** 72 (including 3 for the disabled)

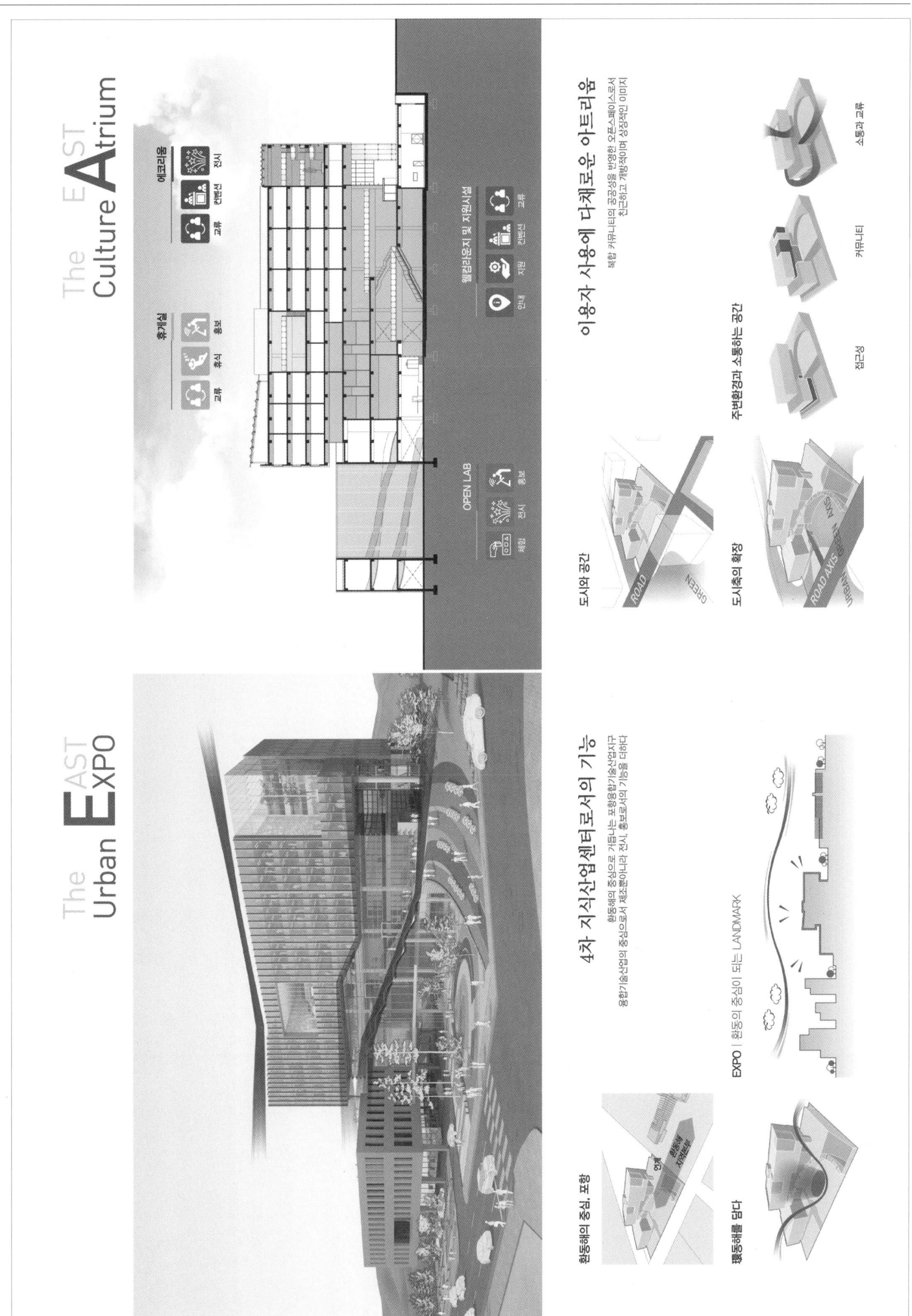

포항 지식산업센터

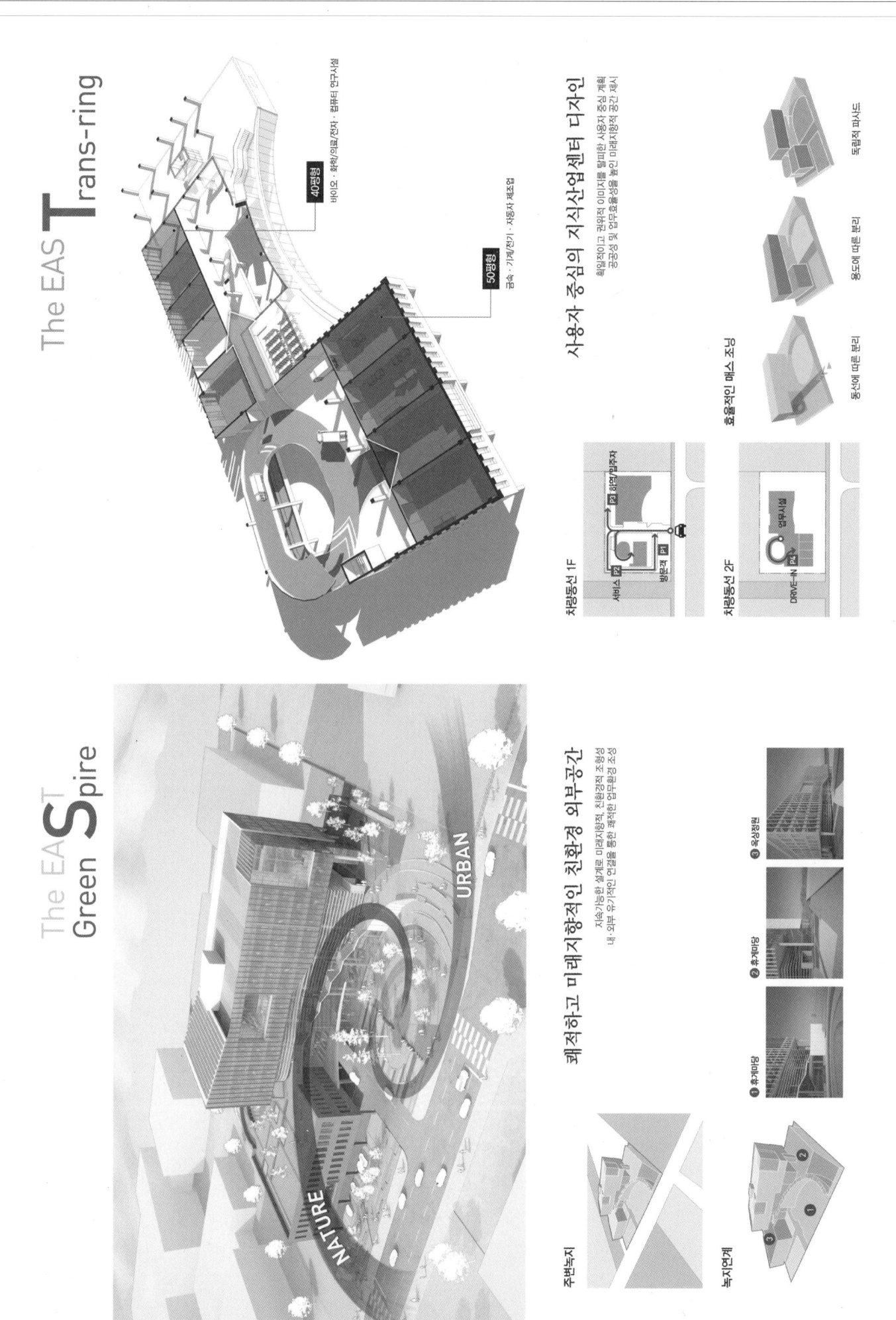

배치계획

배치계획

경제성과 안전성 고려
도시환경을 고려한 집약적 배치

배치도 Scale : 1/1200

화물 동선 계획
- 화물 엘리베이터와 연계된 하역장
- 제조시설 Drive-in 시스템 적용

용도별 주차 분리
- 입주자와 방문객 주차 분리
- 주출입구 인근 장애인 주차 계획

명확한 보차 분리
- 제조, 업무, 지원시설 용도에 따른 명확한 보차 분리

대지현황분석

도시환경분석

도시구조
- 융합기술산업지구 2km 내 대상지
- 대상지 북동쪽으로 이인지구 도시개발구역 조성중

주변시설
- 대상지 기준 2km 내 이인지구 도시개발구역 및 3km 내 포항역 위치
- 5km 이내, 포항 북구청, 포항시청, 포항공과대학교 위치

도로체계
- 대상지 동측으로 대지전입 주 이용도로인 주요 간선도로 위치
- 대상지 남측 주요간선도로에서 대지진입 가능한 도로신설

용도지구
- 자연녹지지역에 둘러쌓여 위치하고 있는 융용산업지구
- 5km 이내, 바다(포항구항) 위치

교통체계
- 상향형 대지
- 북측의 차량진입 불허구간(50m), 서측의 도로로부터 접근
- 광장 연계

대지현황
- 122M, 81M의 상향형 대지
- 대상지를 기준으로 ±6라이드 옹벽 형성

대지주변환경 분석

향, 조망
- 동, 서, 북 3면에서 자연조망이 가능
- 남측 포함 활동해 지역특성상(3층) 저층설계로 조망 우수

녹지분포
- 대지 북측 주변 녹지 및 수변공간 위치
- 남측 환동해 본부 공원마당과 연계된 오픈스페이스 계획 가능

architecture & design competition 업무·교통·의료 **17**

포항 지식산업센터

평면계획

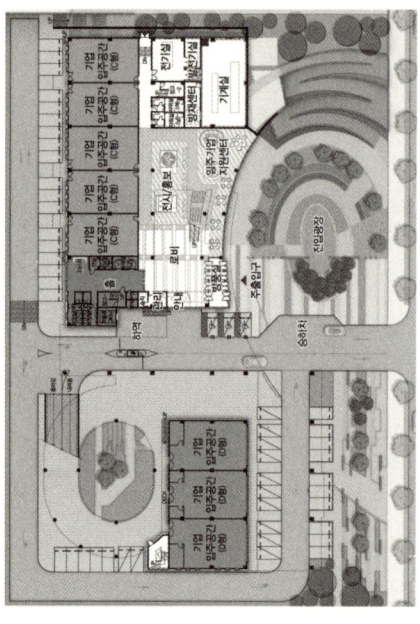

1층 평면도 Scale : 1/1500

번호	실명칭	실면적(㎡)
①	공용공간	384.74
②	기업 입주공간	1,147.60
③	지원시설	607.31
④	기계전기실	301.50

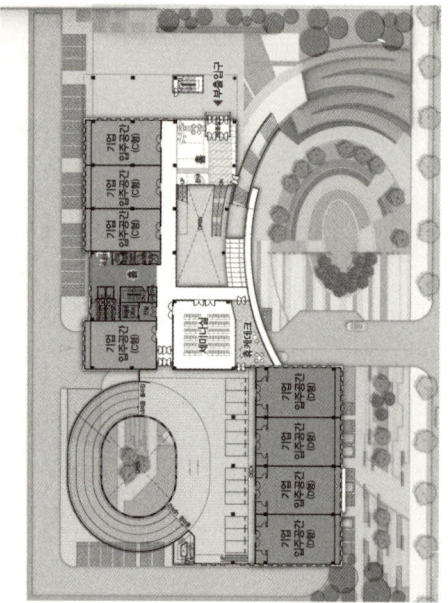

2층 평면도

번호	실명칭	실면적(㎡)
①	공용공간	1,512.00
②	기업 입주공간	1,192.50
③	지원시설(세미나실)	171.78

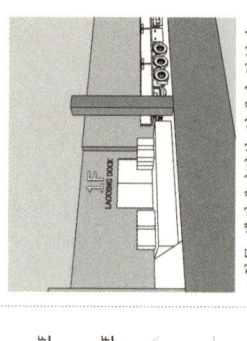

하역장 계획
- 화물 엘리베이터와 연계된 하역장
- 편의를 위한 덱크 계획

집약적 물류동선
- 화물 승강기와 연계된 물류동선
- 하역·작업장 위치와 하역동선

웰컴 라운지 계획
- 오픈플랜으로 전시, 홍보, 접객등이 가능한 로비 기능 강화

EXPO로서의 OPEN LAB 계획

기존의 제조, 업무공간에서 나아가 적극적 프로모션 및 기술교류의 장으로 조성

4차 지식산업센터로서 기능을 제시

VOID | FUNCTION | EXTEND

다양한 이벤트공간으로서의 Open Space

전시 및 홍보

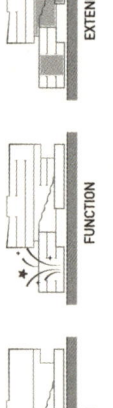
산업설명회

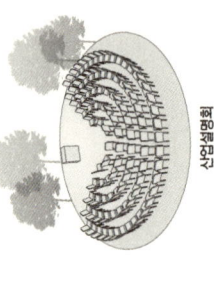
체험 및 이벤트

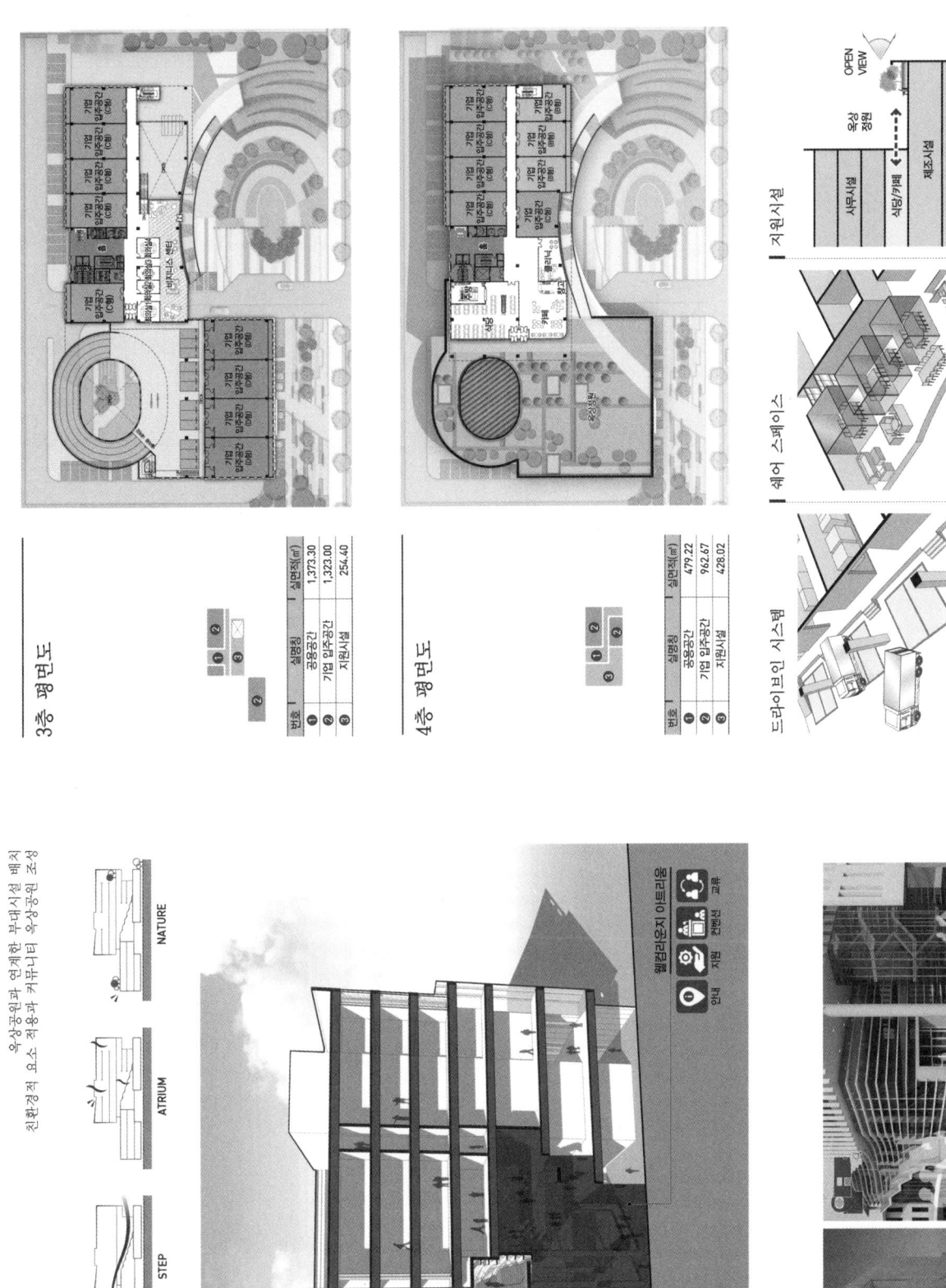

포항 지식산업센터

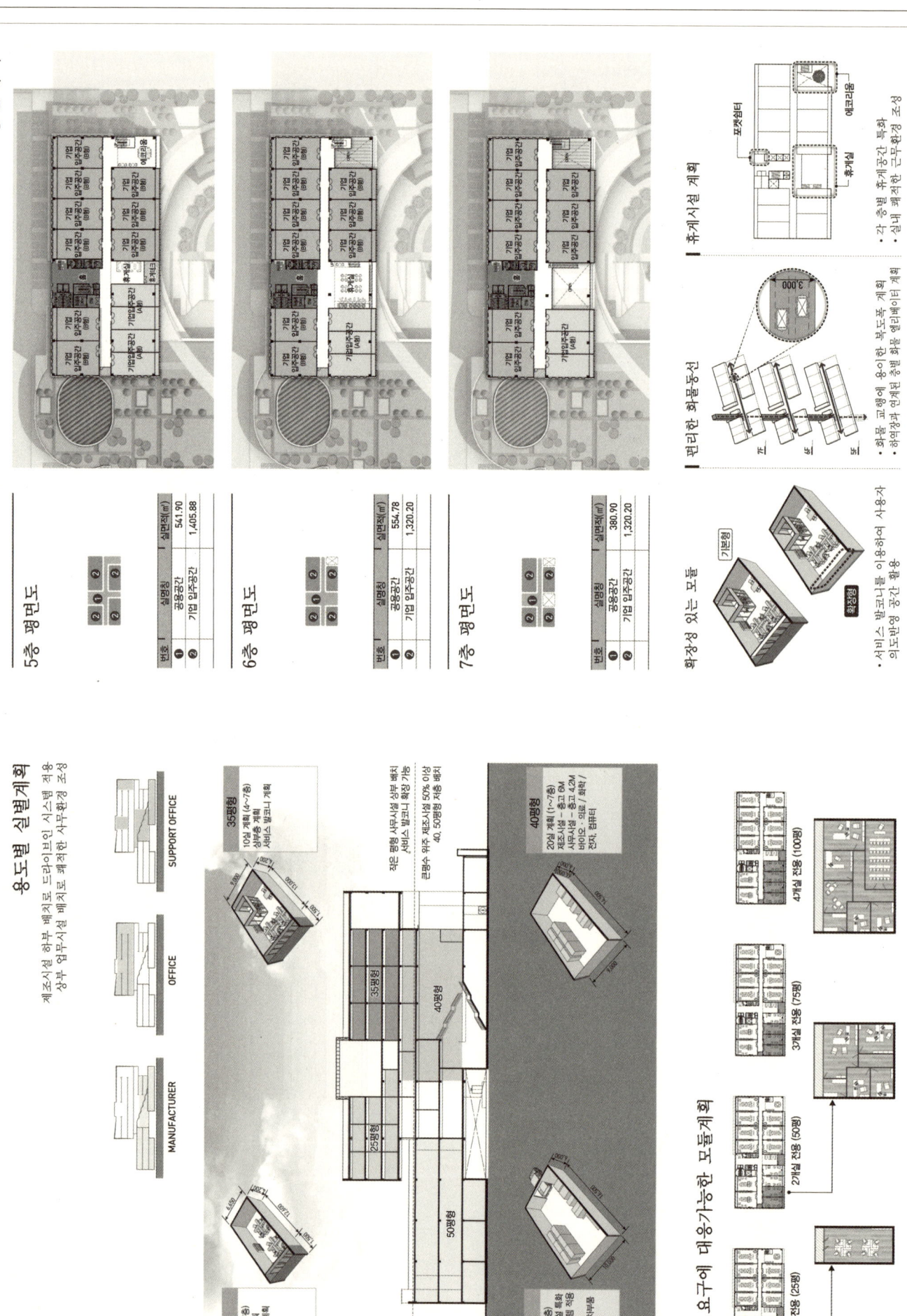

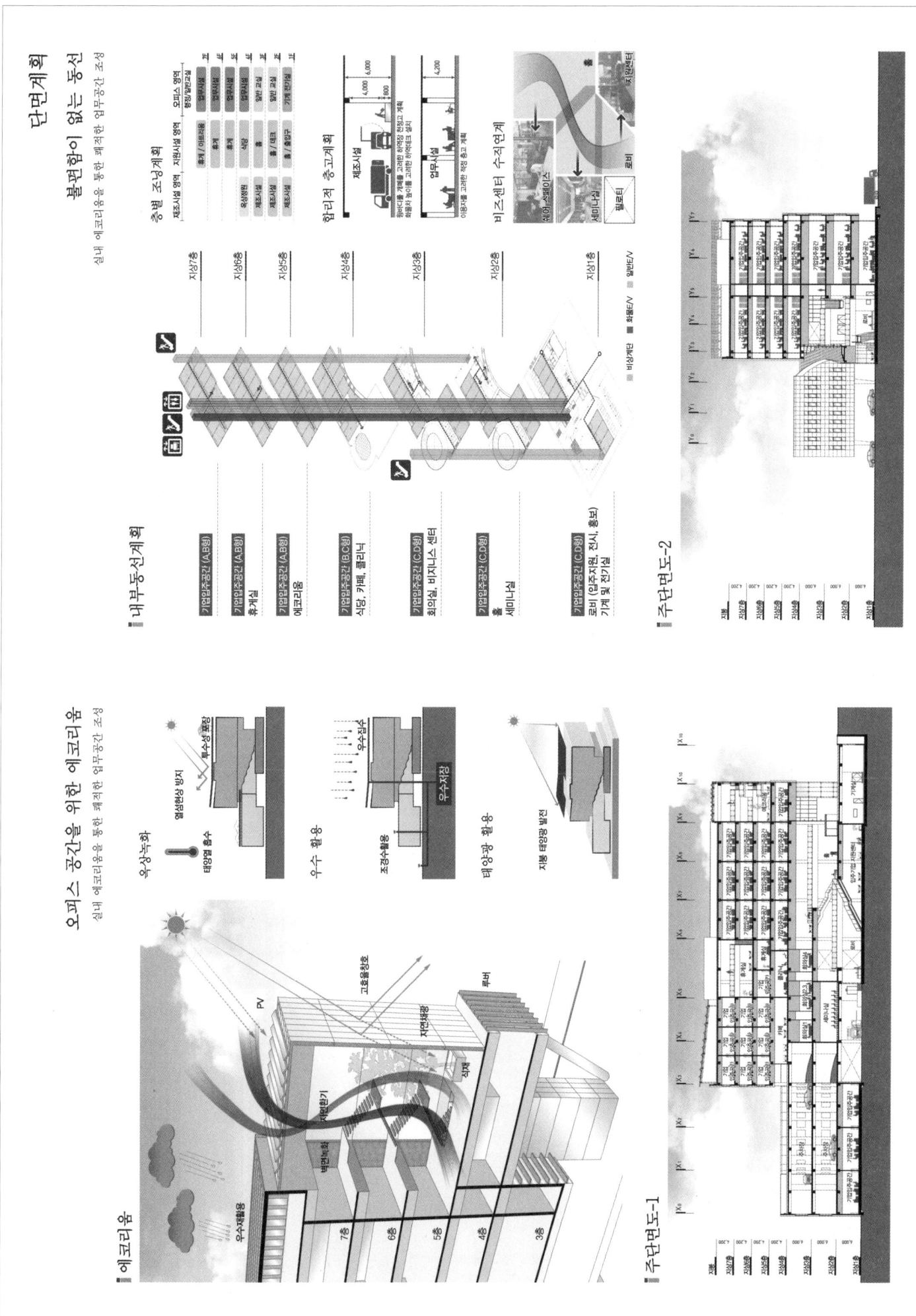

포항 지식산업센터

입면계획

주변과 조화로운 입면계획
친환경적 조형성을 고려한 지속가능하고 경제적인 입면계획

■ 주변과 조화되는 입면계획
한동해지역본부 입면의 상징적인 패턴인 수직루버를 활용하여 조화로운 입면 형성

■ 좌측면도

■ 우측면도

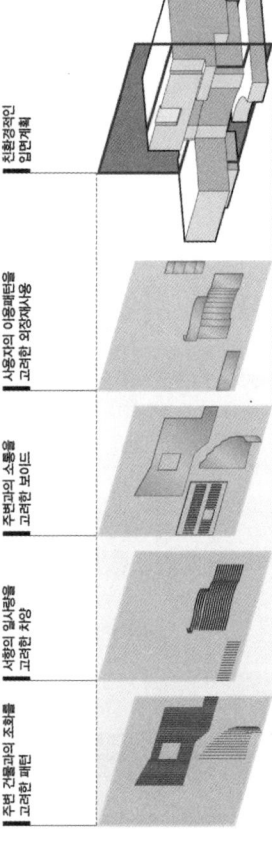

■ 조화로운 입면계획

주변 건물과의 조화를 고려한 패턴

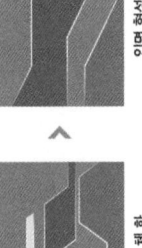
사항의 일사량을 고려한 차양

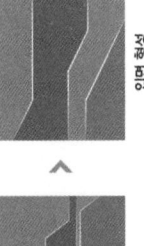
주변과의 소통을 고려한 보이드

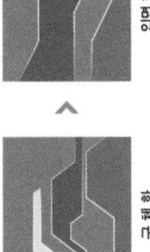
사용자의 이용패턴을 고려한 외장재사용

친환경적인 입면계획

창의적이며 친환경적인 입면

친환경적 조형성을 고려한 지속가능하고 경제적인 입면계획

■ 한동해로 나아가는 입면 계획

형태화

구체화

입면 형성

■ 정면도

■ 친환경적인 입면계획

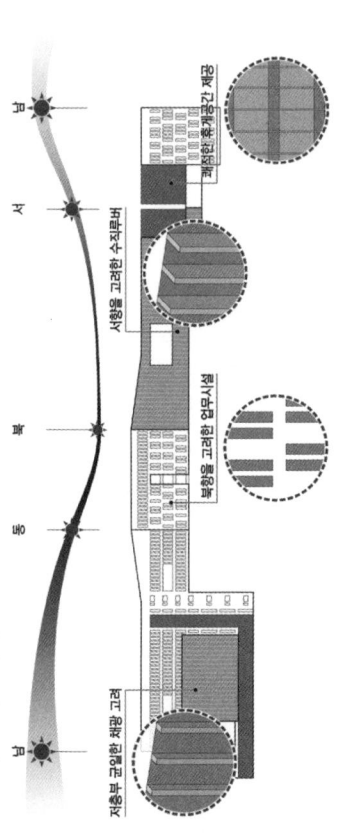

자중부 균일한 채광 고려

북향을 고려한 업무시설

사향을 고려한 수직루버

개성한 휴게공간 제공

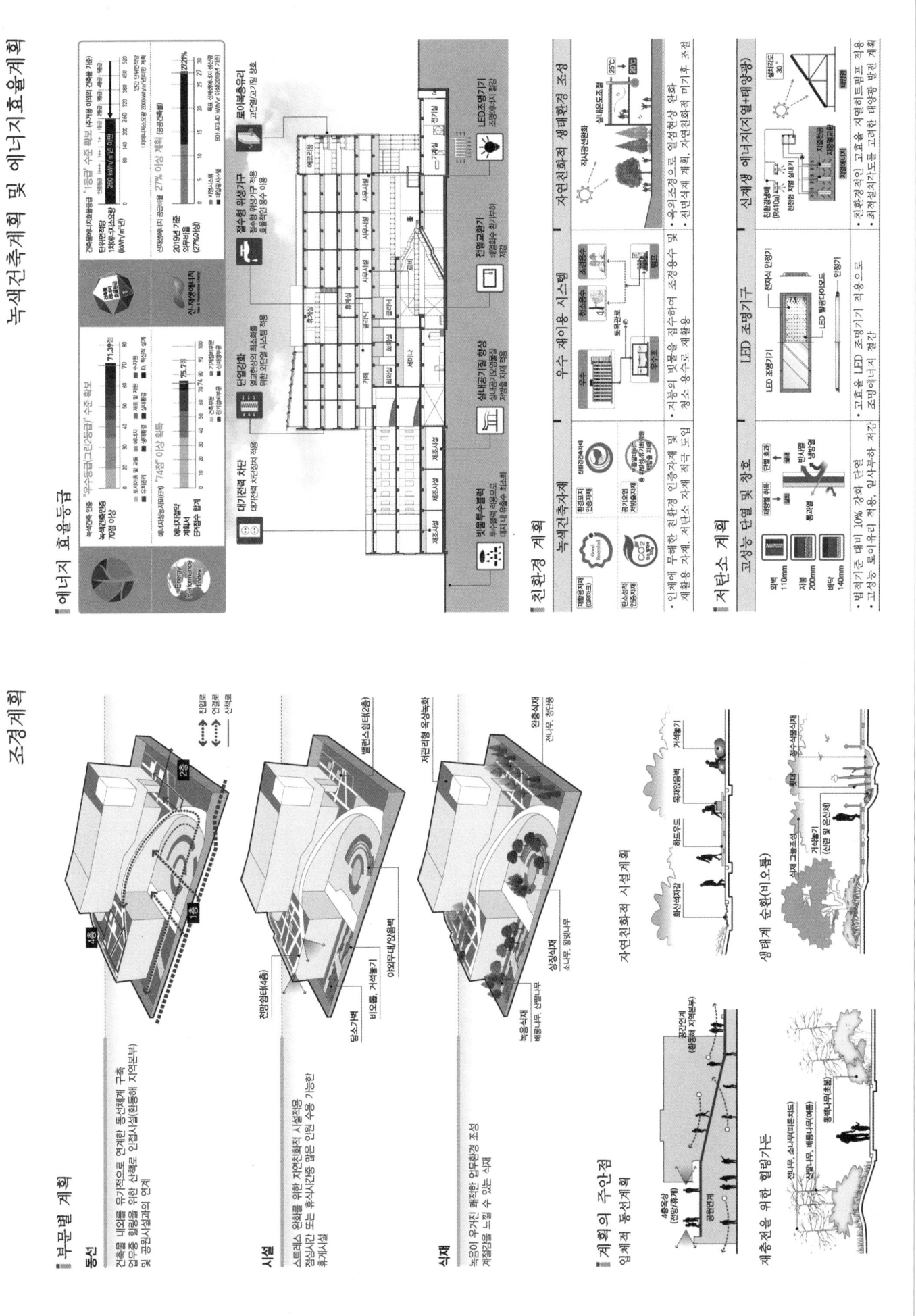

포항 지식산업센터

우수작 (주)삼원종합건축사사무소 윤철준 + 건축사사무소 이건 김상홍 + 건축사사무소 엘엔케이 이경희 설계팀 윤성식, 배소현, 오동후, 김선민, 김은서, 김민지, 박희예

대지위치 경상북도 포항시 북구 흥해읍 이인리 포항융합기술산업지구 내 **대지면적** 9,864.00㎡ **건축면적** 5,322.12㎡ **연면적** 15,688.97㎡ **조경면적** 2,168.57㎡ **건폐율** 53.79% **용적률** 158.57% **규모** 지상 7층 **최고높이** 39m **구조** 철근콘크리트 라멘조 **외부마감** 테라코타패널, 컬러 로이복층유리, 화강석, 알루미늄 수직루버 **주차** 179대(장애인 주차 7대, 경차 14대 포함)

지역의 미래를 선도해 가는 창의 공간으로서 지식산업센터의 공간 구성
미래선도형 창의 공간 구축을 위해 공공과 민간이 함께 하는 복합커뮤니티 공간을 형성하였고, 주변의 자연을 수용하는 외부공간을 통해 자연, 도시 그리고 사람이 함께 하는 공간을 구성하였다.

대지의 단점을 극복하는 동선계획
스킵플로어 형태의 접근체계를 수립, 최적의 접근체계를 확보하여 보행영역과 차량영역의 분리, 방문객전용 주차장 확보 및 편리한 하역차량 진입계획을 수립하였다.

복합 커뮤니티 공간을 위한 오픈스페이스
다양한 커뮤니티 활동을 위해서 외부공간과의 유기적인 연결이 필요하다. 이에 자연과 도시를 연결하기 위하여 전면부의 넓은 마당을 확보하였고, 주민들과 공유하기 위하여 다양한 외부공간을 확보하여 공공과 민간이 함께 하는 지역커뮤니티 기능을 유도하였다.

Defining the knowledge industrial center as a creative space leading the future of the region
A community complex open to both public and private users is designed to introduce a futuristic creative space. Its outdoor space is arranged to embrace the surrounding nature, with an aim to create a space where nature, city and people exist together.

A circulation plan that overcomes disadvantageous site conditions
An access plan based on a skip floor system is established. An optimized access system is applied to separate pedestrian and vehicle areas, provide visitor parking lots and implement an efficient circulation plan for cargo vehicles.

An open space for a community complex
An organic connection with the outside is required to accommodate various community activities. Therefore, a large front courtyard is added to connect nature and the city, and various outdoor spaces is organized as a shared space for the local people to introduce a local community facility open to both public and private users.

2nd prize Samwon architects & engineers_Yoon Chuljoon + architect office EGUN_Kim Sanghong + architect office L&K_Lee Gyeonghui **Location** Buk-gu, Pohang, Gyeongsangbuk-do **Site area** 9,864.00㎡ **Building area** 5,322.12㎡ **Gross floor area** 15,688.97㎡ **Landscaping area** 2,168.57㎡ **Building coverage** 53.79% **Floor space index** 158.57% **Building scope** 7F **Height** 39m **Structure** RC Rahmen **Exterior finishing** Terracotta panel, Color low-E paired glass, Granite, Aluminum vertical louver **Parking** 179 (including 7 for the disabled, 14 for small cars)

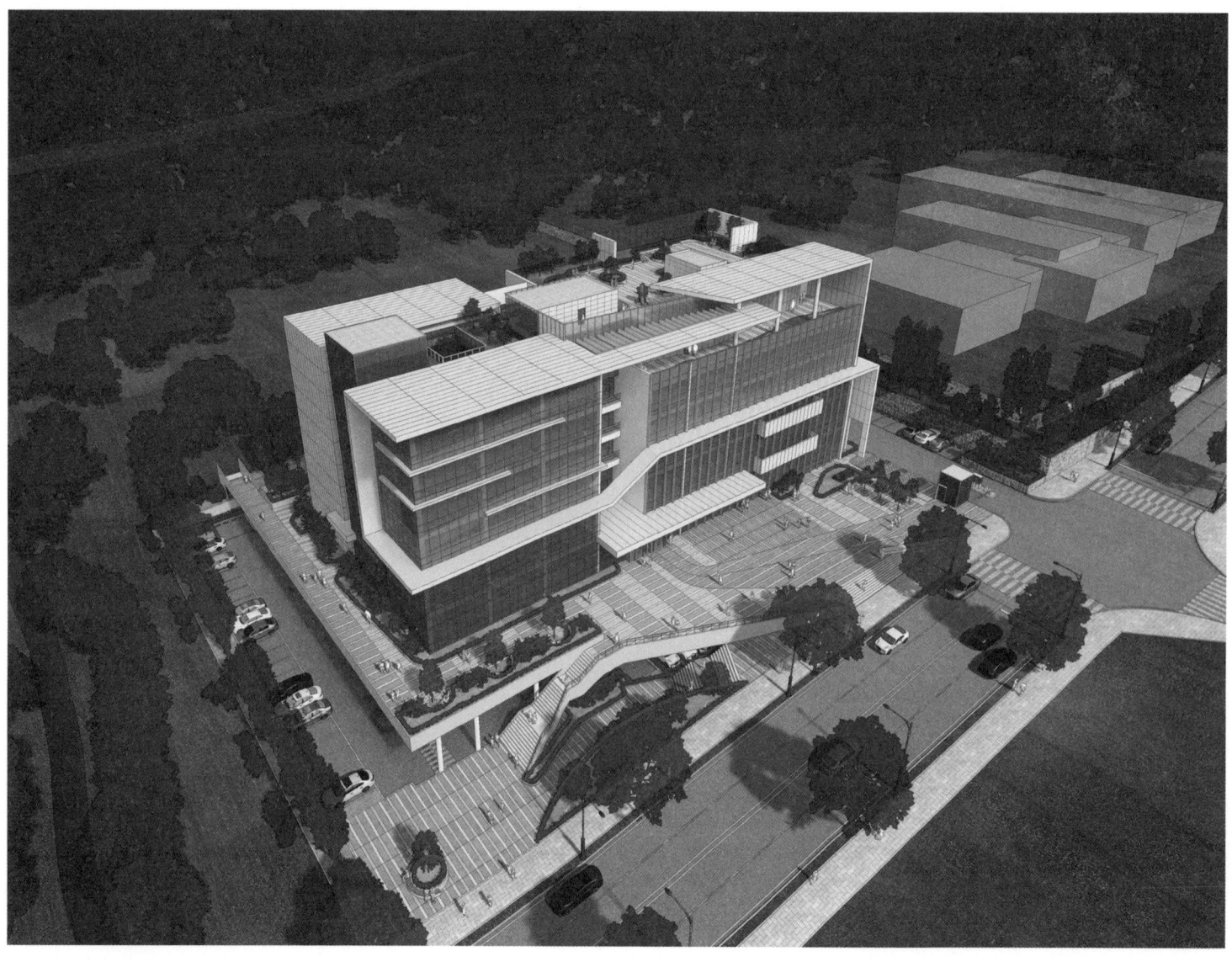

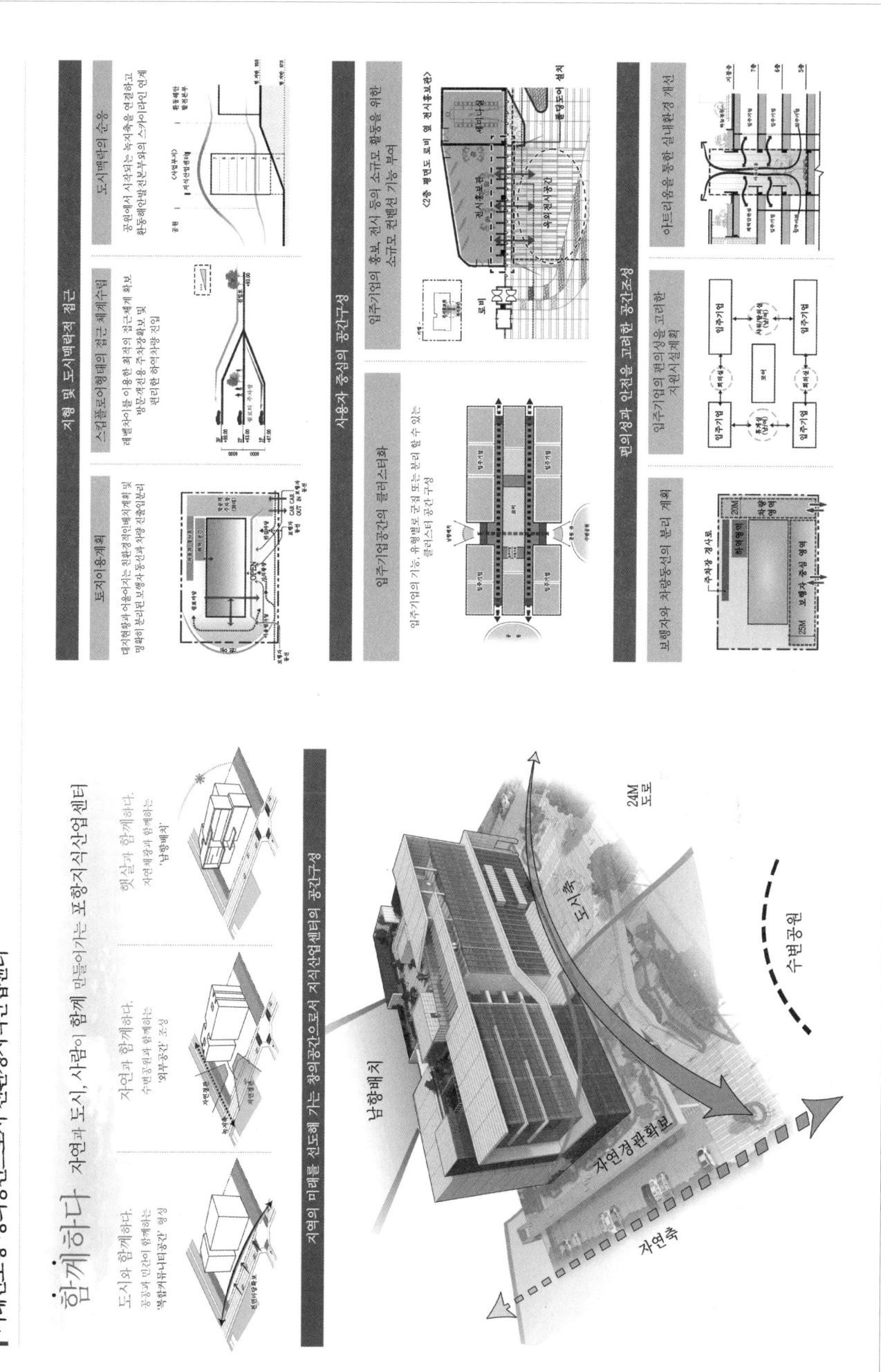

포항 지식산업센터

지형과 도시축에 순응하는 배치계획

배치도 (Scale 1/700)

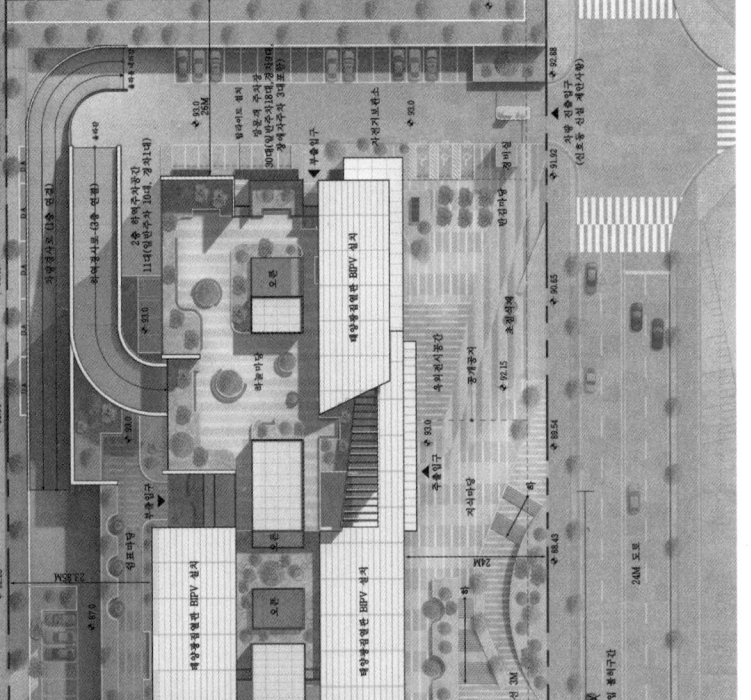

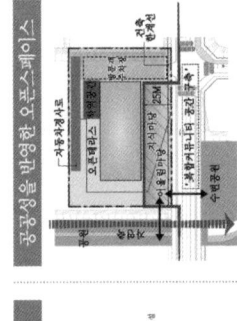

대지입지조건을 반영한 방향성 수립

대지현황분석

대지이슈

- 이슈 01_ 녹지축의 유입
- 이슈 02_ 접근체계
- 이슈 03_ 효율적인 사방으로의 접근체계 수립
- 이슈 04_ 도시맥락 순응

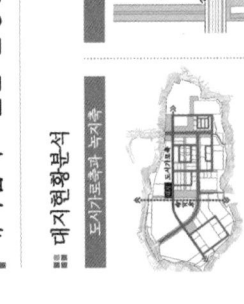

배치대안분석

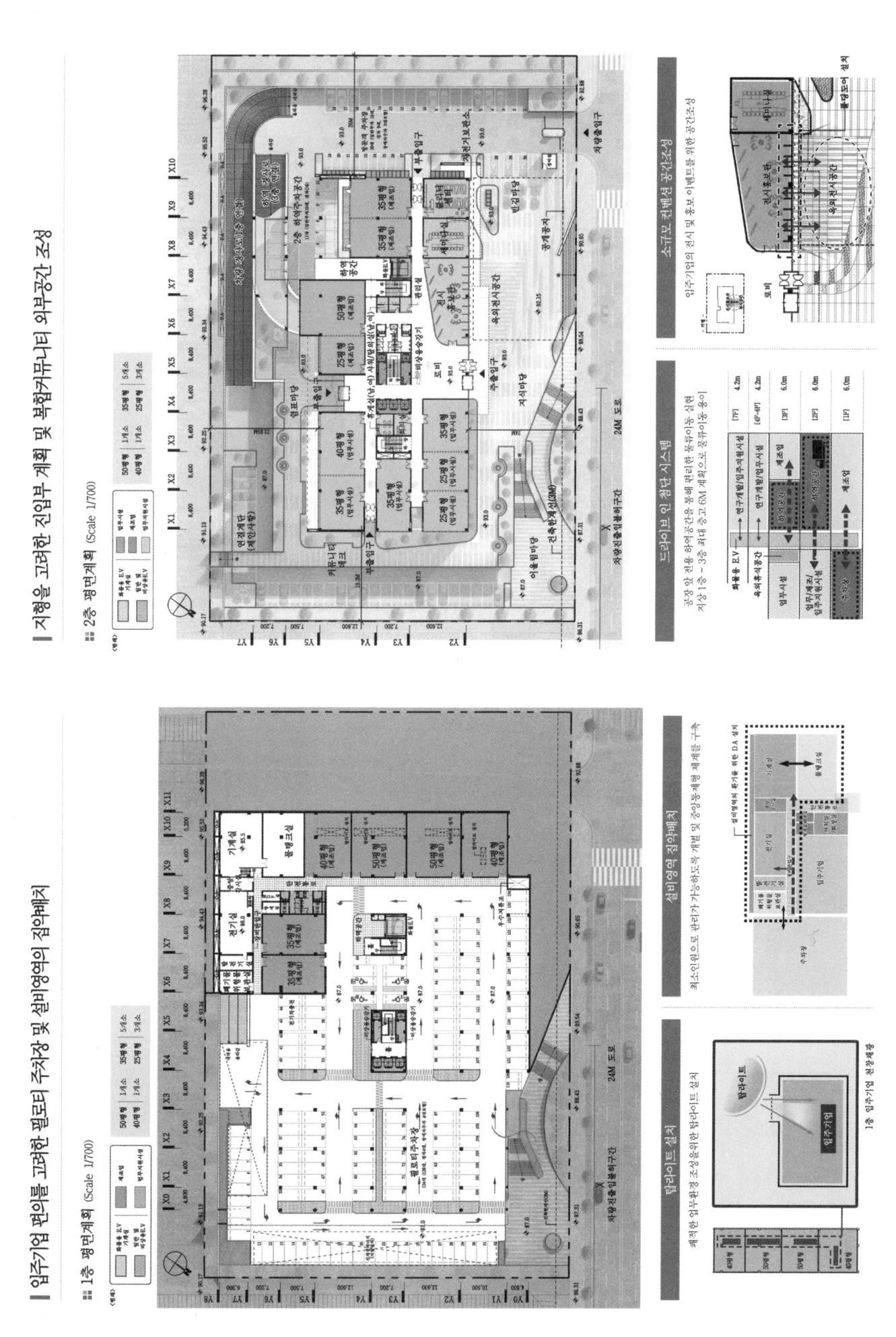

포항 지식산업센터

화장성과 가변성을 고려한 입주기업 공간의 클러스터화

3층 평면계획 (Scale 1/700)

4층 평면계획 (Scale 1/700)

화장성과 가변성을 고려한 입주기업 공간구성

불류를 위한 최적의 하역공간

에코 보이드 시스템 도입을 통한 쾌적한 실내환경 조성

5층 평면계획 (Scale 1/700)

6층 평면계획 (Scale 1/700)

아트리움 & 에코 보이드 시스템 적용

남/녀 샤워실 및 휴게실 배치

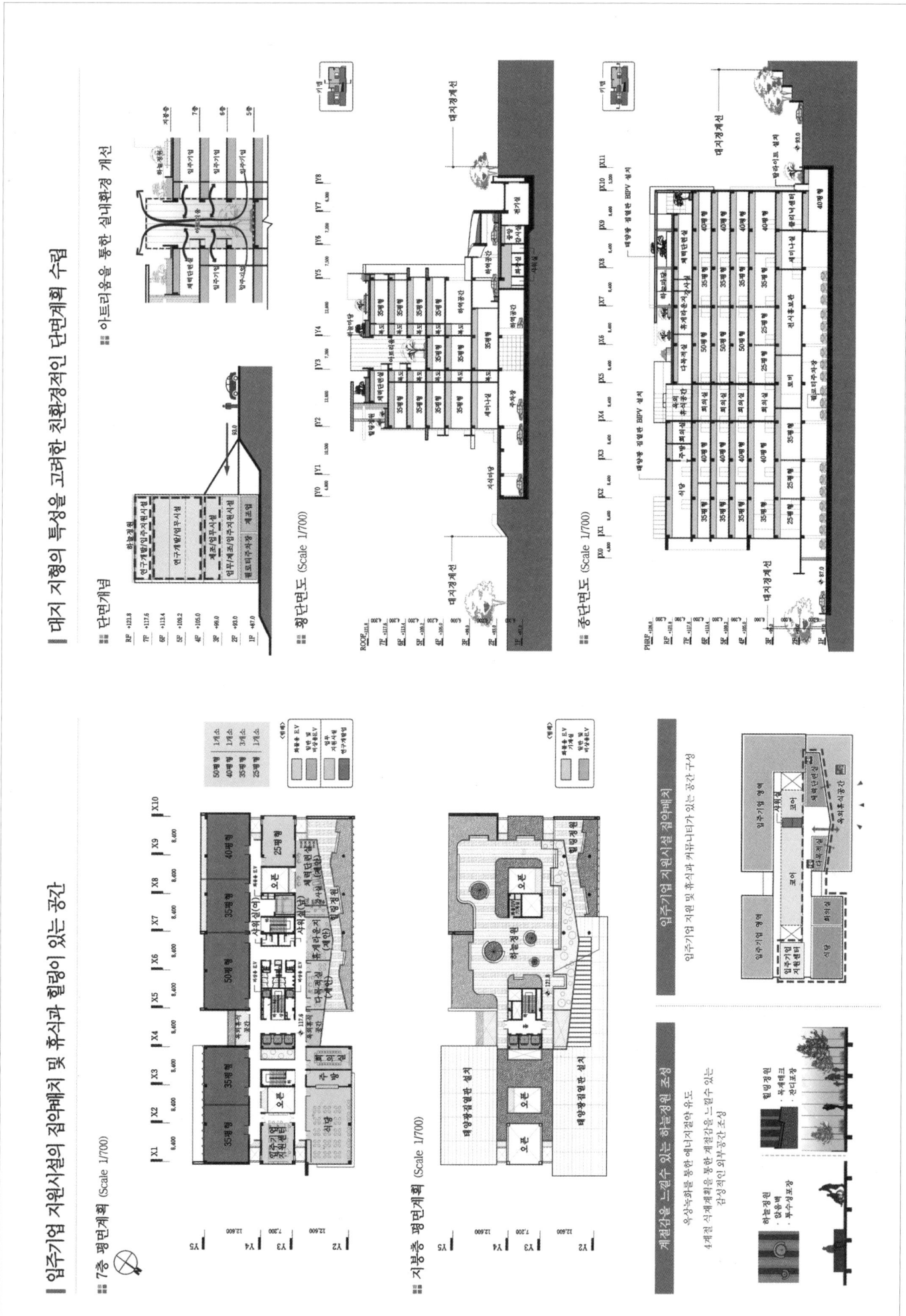

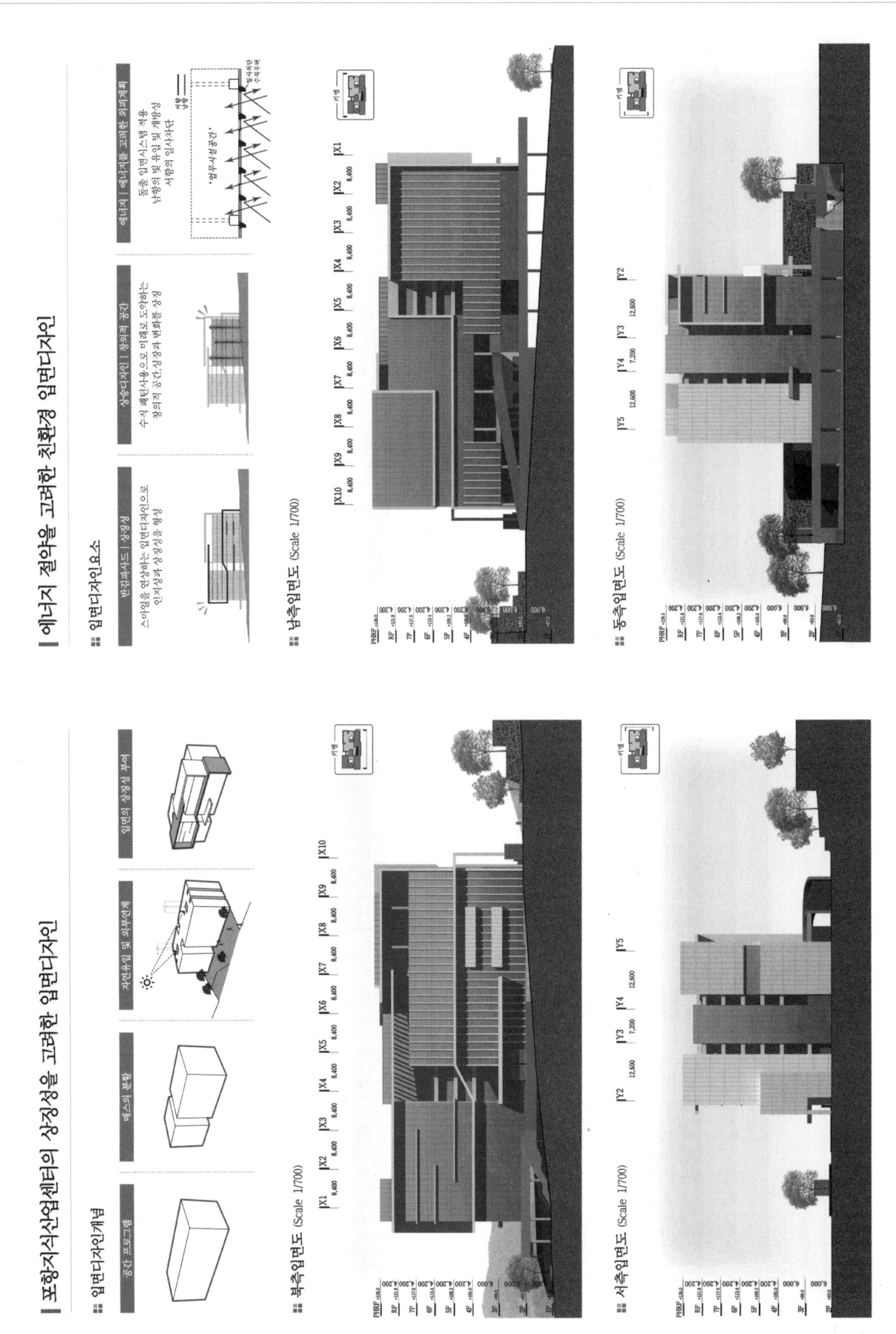

Pohang Knowledge Industrial Center

주변경관과 조화를 이루는 외부마감과 친환경적인 실내계획

외부마감계획

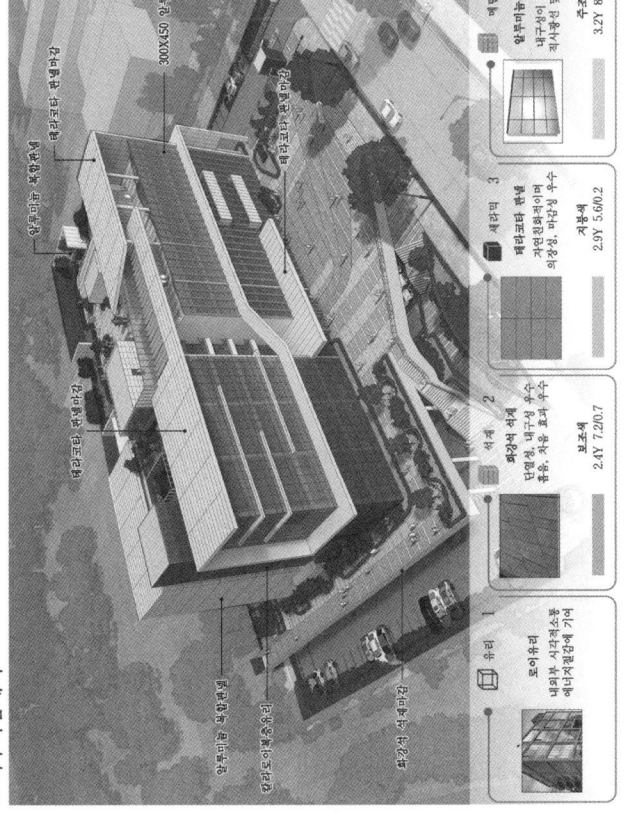

주요 내부공간 마감계획

입주기업 지원센터

회의실

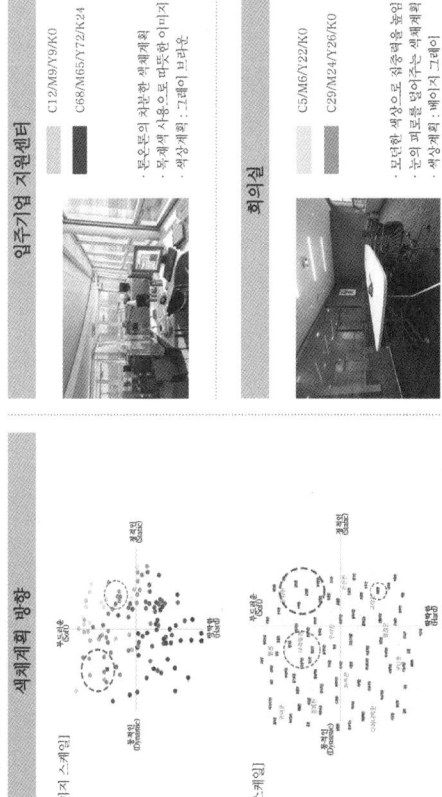

서천군 신청사

당선작 (주)디엔비건축사사무소 조도연 + (주)해마종합건축사사무소 전권식 설계팀 하홍원, 강연우, 이찬규, 조서연, 송준석, 송영은, 정남윤, 도재엽(이상 디엔비)

대지위치 충청남도 서천군 서천읍 군사리 61-6, (구)서천역 일원 **대지면적** 30,195.00㎡ **건축면적** 4,460.09㎡ **연면적** 14,315.60㎡ **조경면적** 5,179.46㎡ **건폐율** 14.77% **용적률** 40.6% **규모** 지하 1층, 지상 6층 **최고높이** 31.95m **구조** 철근콘크리트조, 철골조 **외부마감** 세라믹패널, 알루미늄시트, 로이복층유리 **주차** 511대(장애인 주차 17대, 경차 19대, 확장형 154대, 전기차 33대, 버스 1대 포함)

마을을 보호하던 서천읍성, 마을과 함께하는 서천군청
서천군의 구도심에서 신도심으로 이어지는 수평축과 서천 군사지구 상징가로축의 교차점에 신청사를 배치하여 지역의 새로운 중심 공간이 되도록 하였다. 400여 대의 지상주차장을 도로에 인접한 남측과 동측에 배치하였고, 보행축을 따라 크게 세 개의 영역으로 구분하여 상호 연결되도록 하였다.

서천군민이 함께하는 커뮤니티의 장, 문화장터
길을 중심으로 사람과 사람이 교류하던 서천의 장터처럼 통합로비를 중심으로 다양한 주민편의시설과 문화시설을 통합하여 지역민이 함께하는 커뮤니티 장소, 문화장터를 제안하였다. 그리고 공공부문 공간혁신 가이드라인을 충실히 반영한 업무시설은 오픈플랜으로 계획하여 창의적이고 효율적인 업무환경을 제공하도록 했다.

서천의 전통을 담은 청사
한산모시의 날실과 씨실의 짜임처럼, 수평과 수직 패턴의 조합으로 구성된 격자형 파사드는 서천군의 정체성을 표현하는 동시에 태양 일사를 조절하는 친환경 루버의 역할을 수행한다.

Seocheon-eup castle acting as a fortress of the town in the Joseon dynasty and Seocheon-gun Office representing the town in the present day
Located at the intersection, where the horizontal axis linking the old and new town is perpendicular to the main street in Gunsa district, it would be a central place in this area. Above-ground parking with 400 total spaces is on the north and the east side, which is divided into three areas based on pedestrian axis for spatial connectivity.

Place for culture and community in Seocheon
The project aims to design public space centered in lobby containing various cultural facilities and amenities as an old marketplace was in Seocheon where residents were all communicating. The office, in accordance with the official guideline for government office design, is planned as an open space to provide an innovative and effective working environment.

A government building embodied with the respect of tradition
Like Hansan ramie with interlacing of warp and weft threads the grid-type of facade, with a combination of horizontal and vertical patterns, represents the identity of Seocheon-gun and acts as a sustainable louver while controlling the amount of light.

Prize winner D&B architecture design group_Cho Doyeun + HAEMA Architects_Chun Kwonsig **Location** Seocheon-gun, Chungcheongnam-do **Site area** 30,195.00m² **Building area** 4,460.09m² **Gross floor area** 14,315.60m² **Landscaping area** 5,179.46m² **Building coverage** 14.77% **Floor space index** 40.6% **Building scope** B1, 6F **Height** 17m **Structure** RC, SC **Exterior finishing** Ceramic panel, Aluminum sheet, Low-E paired glass **Parking** 511 (including 17 for the disabled, 19 for small sized, 154 for extension type, 33 for electric vehicle, 1 for bus)

Seocheon-gun Office Building

프롤로그

서천의 이야기를 담다

서천 시장은 단순히 물건을 사고파는 공간이 아니라
문화시설이 부족한 서천군 내에서 활발한 커뮤니티장이 되어왔다.
시장의 문화적 역할을 청사에 담아
새로운 커뮤니티 장소인 서천 문화장터를 제안하고자 한다.

도시의 성장을 고려한 배치

도시는 끊임없이 팽창하고, 장터 역시 발맞춰 변화해 왔다. 서천군 도시 계획을 고려하여 새로운 장터로 자리매김 한다.

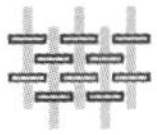

서천을 상징하는 디자인

지역특산물이 그 지역의 장터를 상징하듯, 서천군이 600여년 쌓아온 문화와 전통은 서천군 신청사를 상징한다.

커뮤니티의 중심, 문화장터

다양한 입체적 공간으로 구성된 저층부는 마을 주민들과 청사 직원들이 자연스럽게 교류하는 커뮤니티의 중심지가 된다.

지속발전하는 친환경 청사

풍경마루에서 계절의 변화를 느끼고, 천장에서 따뜻한 햇살이 내려오는 자연과 하나되는 청사를 만든다.

서천군 신청사

Seocheon-gun Office Building

서천군의 미래상을 담은 신청사 계획

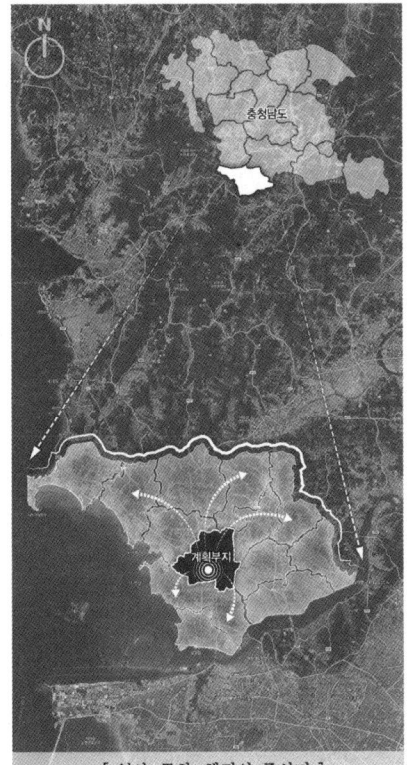

[역사, 문화, 행정의 중심지]
서천군의 도시구조를 통해 자연, 문화, 주거, 역사의 관계를 분석하고 새롭게 형성된 도시축과 구도시와 신도시를 잇는 도시발전 축의 교차점에 새로운 커뮤니티 장소를 제안한다.

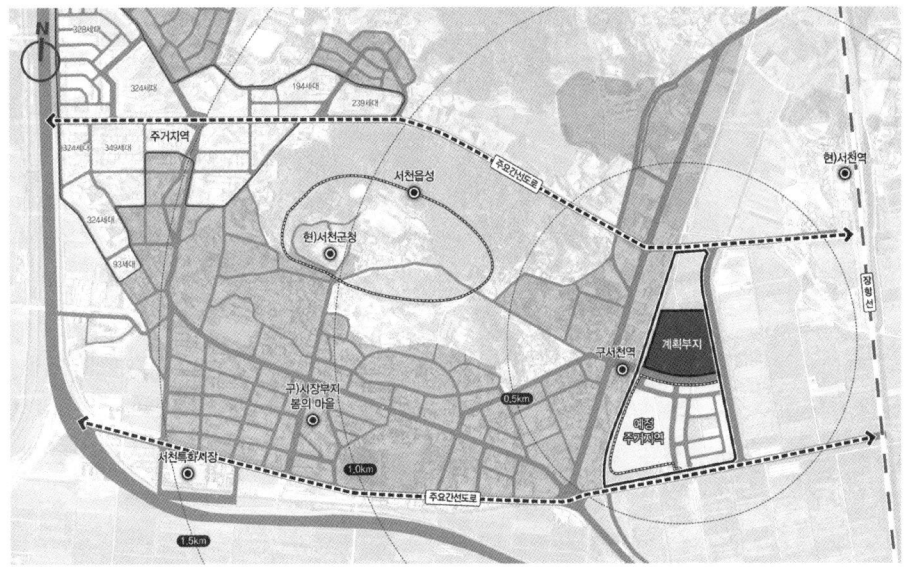

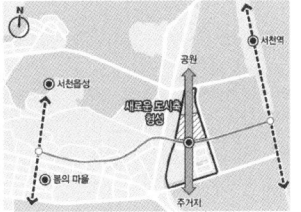
도시구조를 반영한 배치
기존 도시축과 새롭게 형성된 신도시에 대응하는 새로운 중심가로의 형성

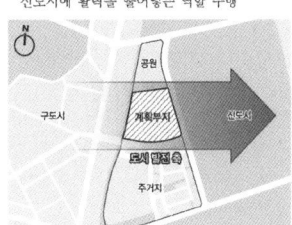
신도시발전의 시작점
구도시와 신도시의 경계로 추후 발전될 신도시에 활력을 불어넣는 역할 수행

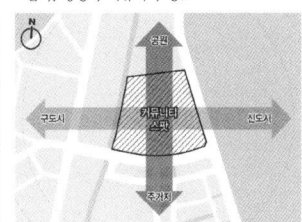
도시의 커뮤니티 장소
구도시, 공원, 신도시, 주거지를 연결하는 문화, 행정의 커뮤니티 장소

대지현황분석을 통한 주안점 도출

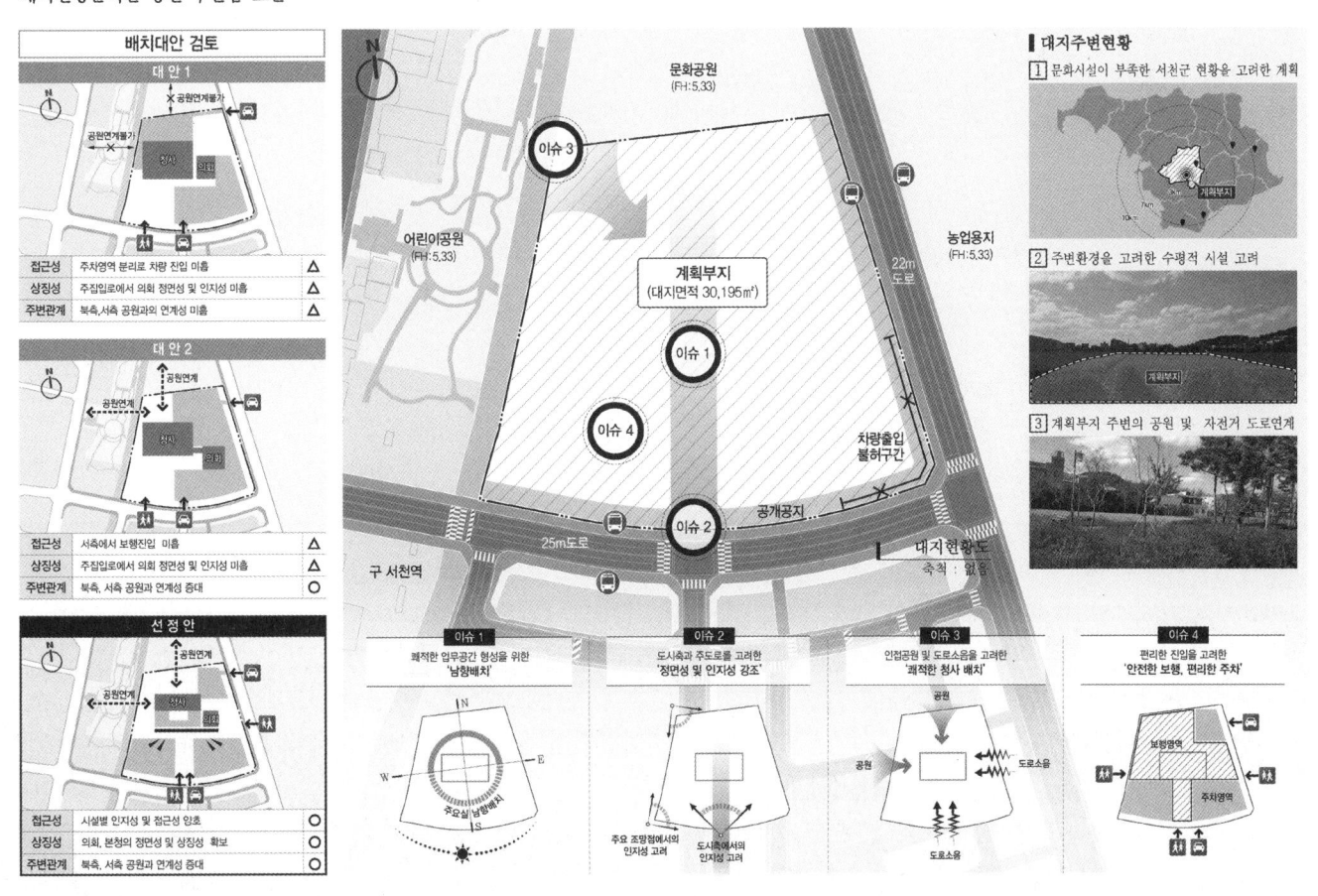

architecture & design competition 업무·교통·의료 **35**

서천군 신청사

종합배치계획의 주안점

서천과 소통하는 배치계획 프로세스

2개의 도시축
대지를 관통하는 두 개의 축에 맞춰 자연과 도시의 연계

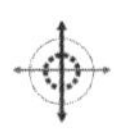

공원과의 조화
주변환경을 고려하여 공원과 하나되는 시설영역 설정

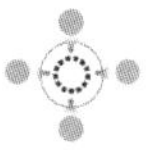

자연과 사람의 연계
프로그램과 외부공간을 연계하여 자연과 사람이 만나는 공간 계획

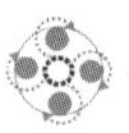

커뮤니티 중심공간
청사와 주민이 교류하는 중심공간을 제안하여, 다양한 소통의 장으로 활용

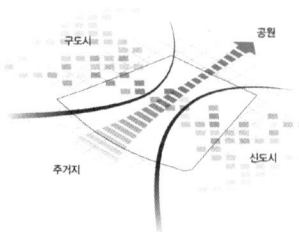
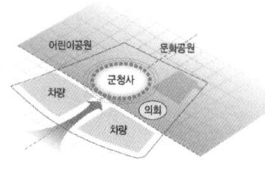
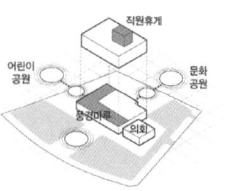
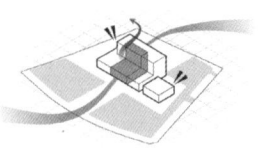

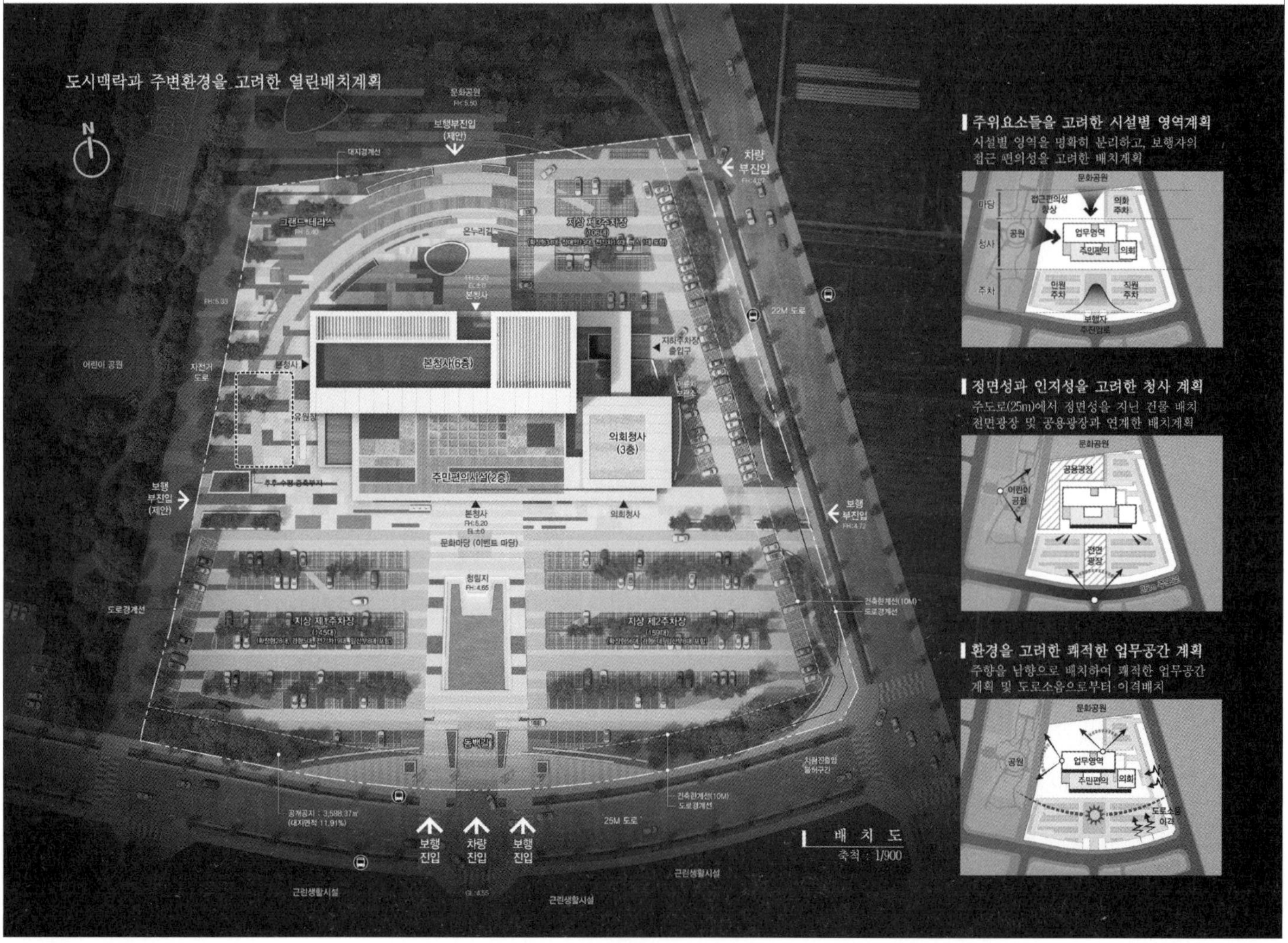

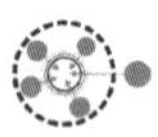

도시맥락과 주변환경을 고려한 열린배치계획

주위요소들을 고려한 시설별 영역계획
시설별 영역을 명확히 분리하고, 보행자의 접근 편의성을 고려한 배치계획

정면성과 인지성을 고려한 청사 계획
주도로(25m)에서 정면성을 지닌 건물 배치 전면광장 및 공용광장과 연계한 배치계획

환경을 고려한 쾌적한 업무공간 계획
주향을 남향으로 배치하여 쾌적한 업무공간 계획 및 도로소음으로부터 이격배치

배 치 도
축척: 1/900

Seocheon-gun Office Building

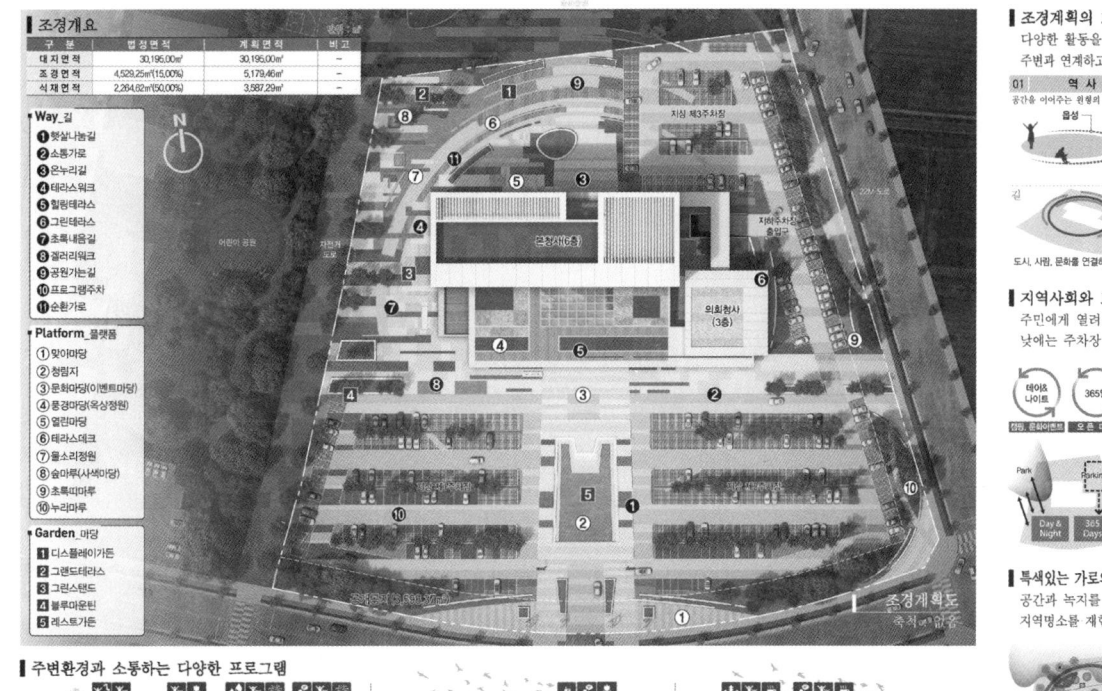

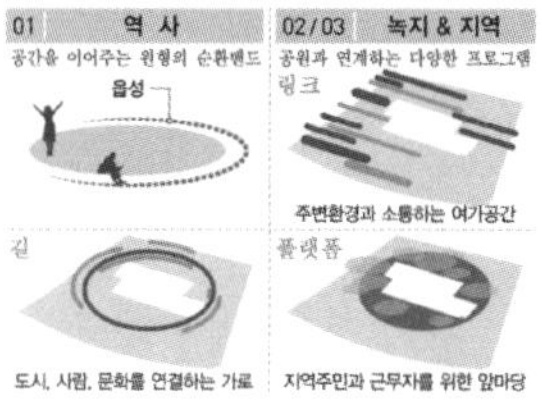

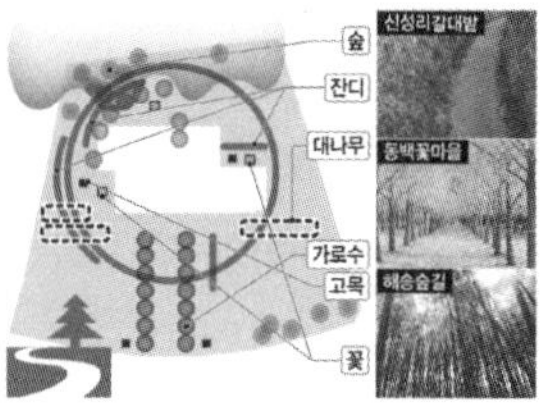

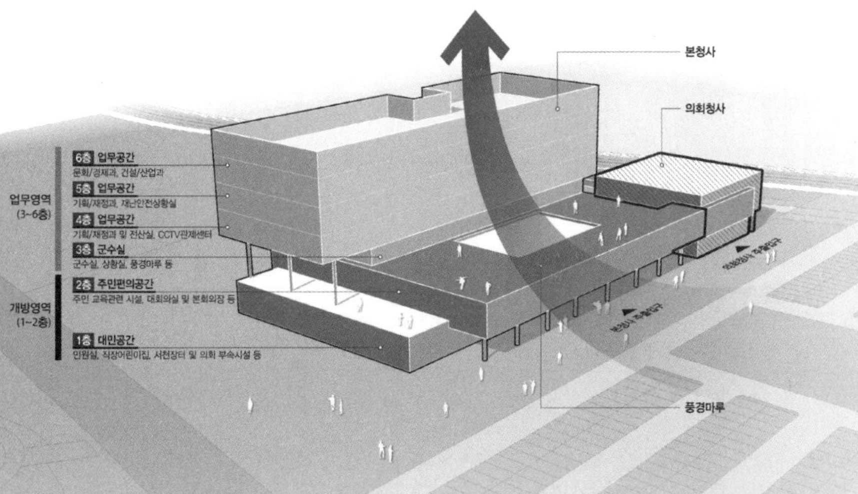

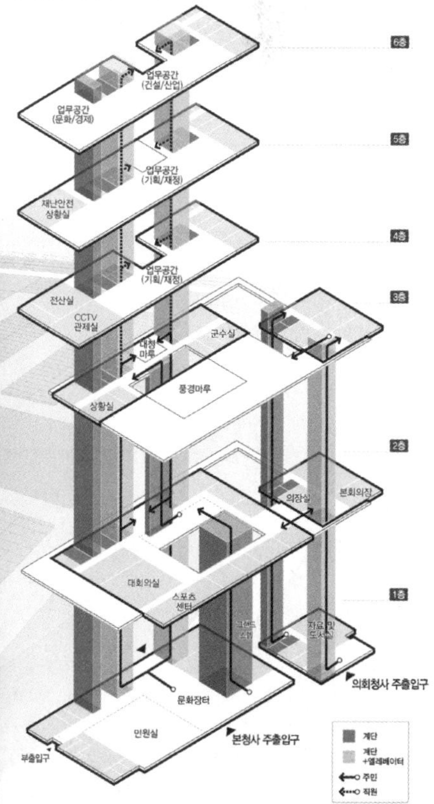

서천군 신청사

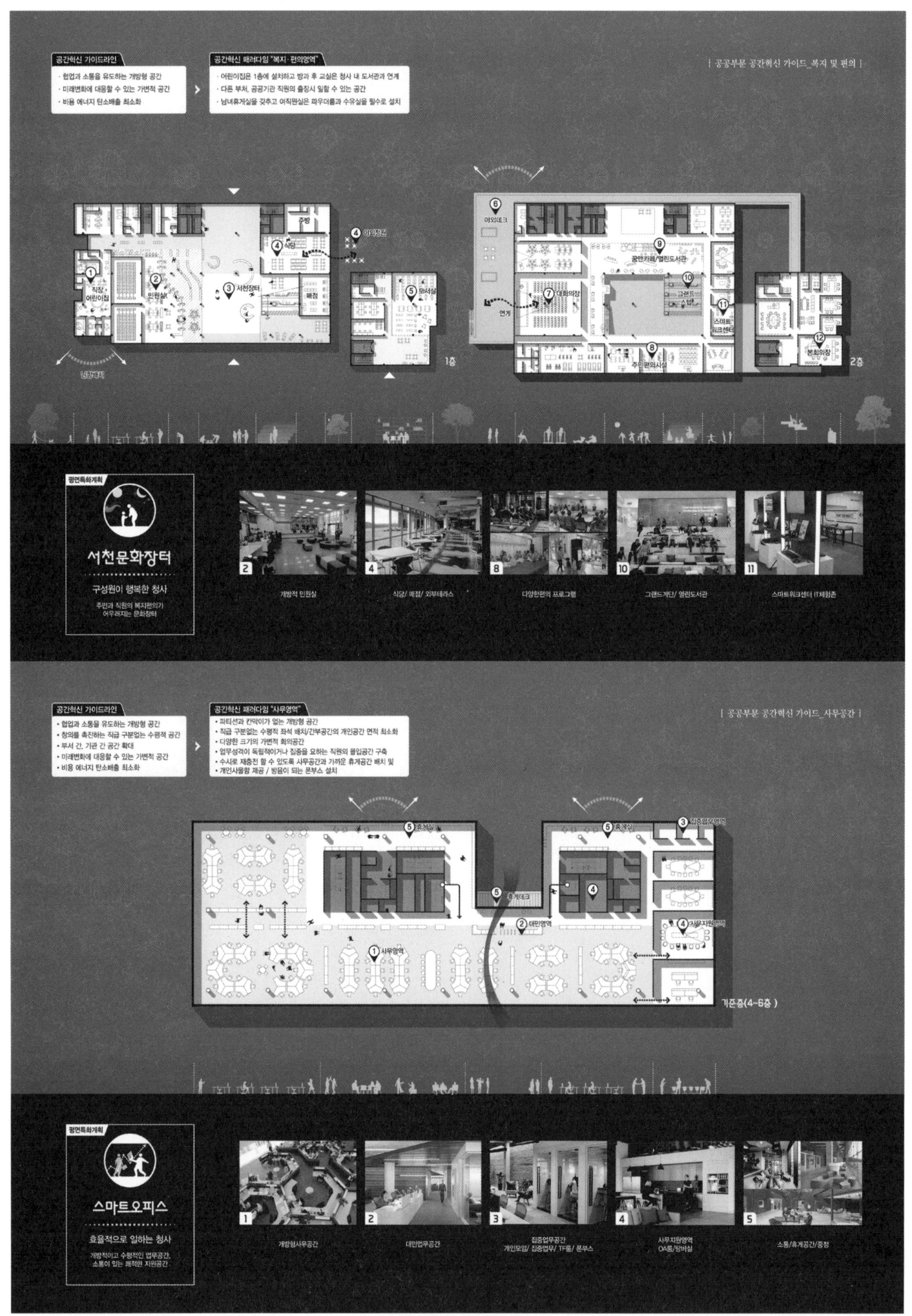

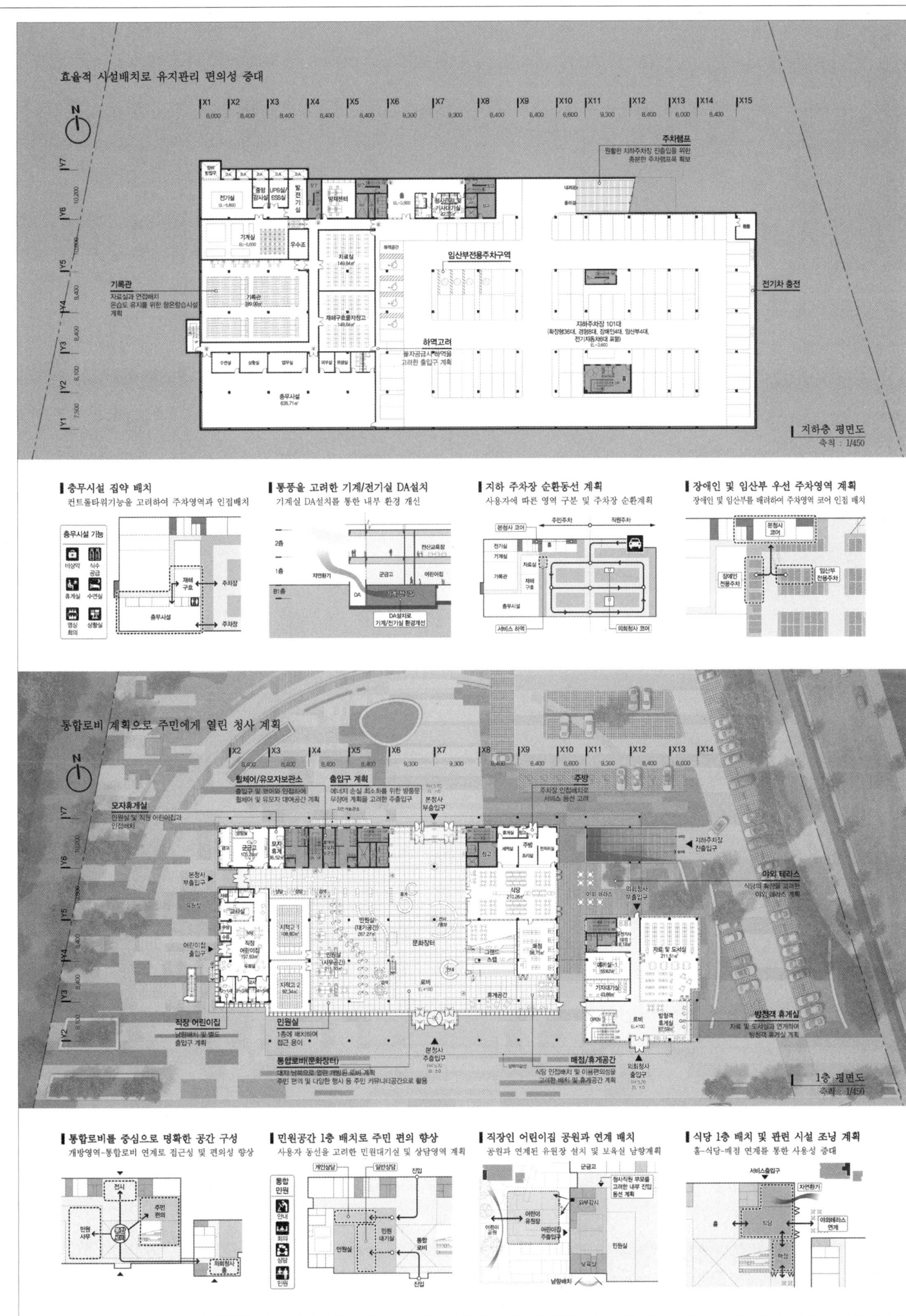

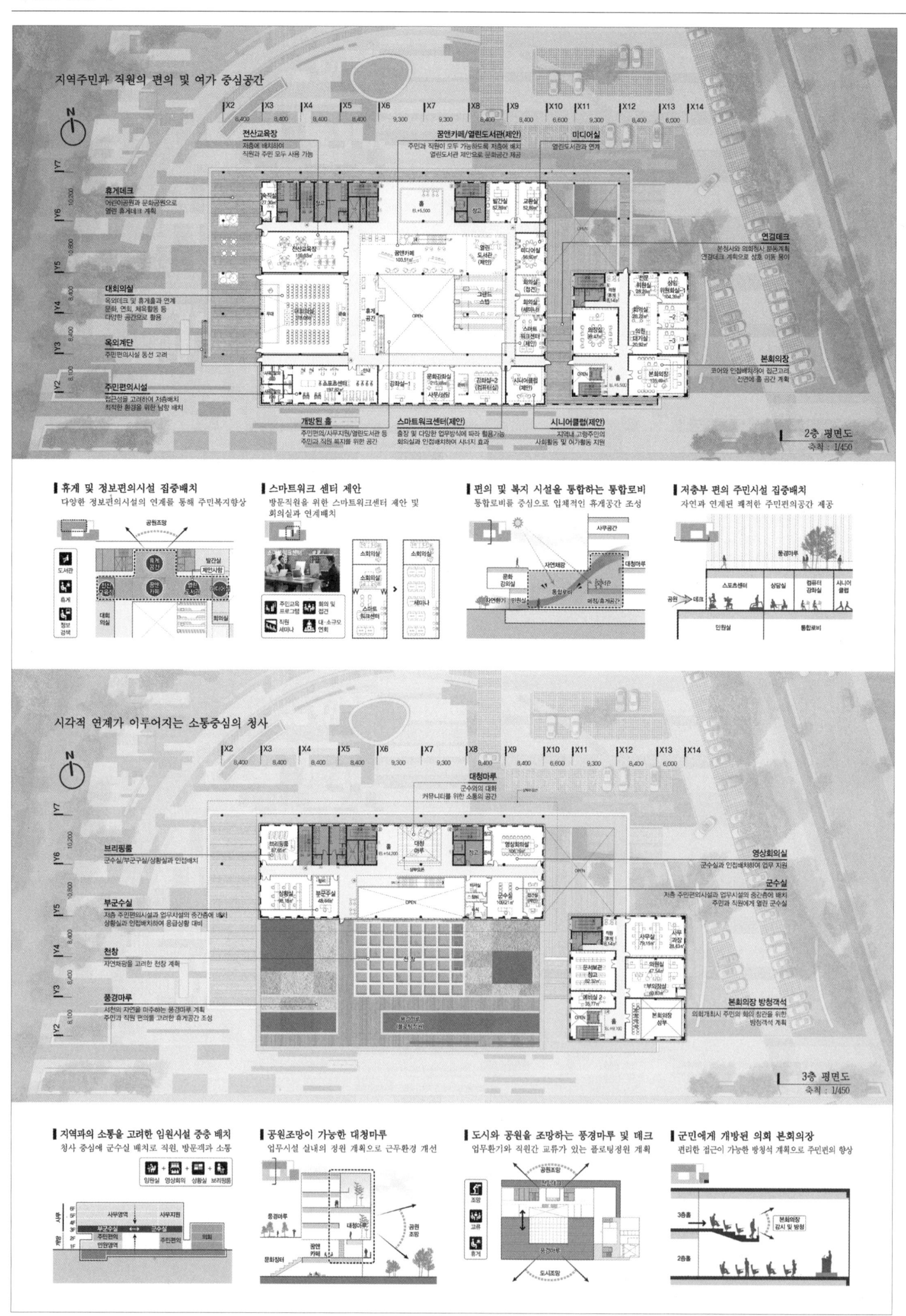

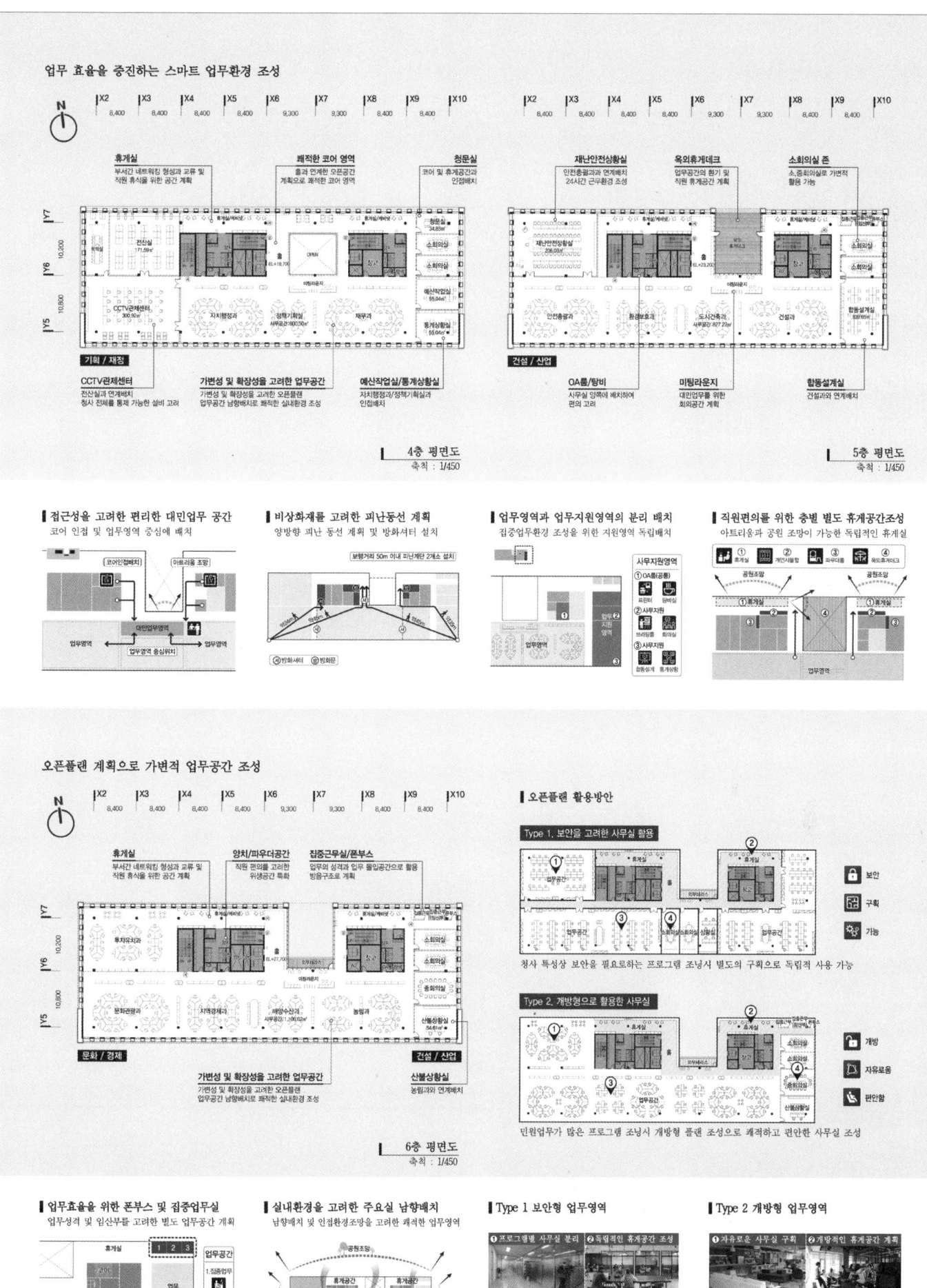

서천군 신청사

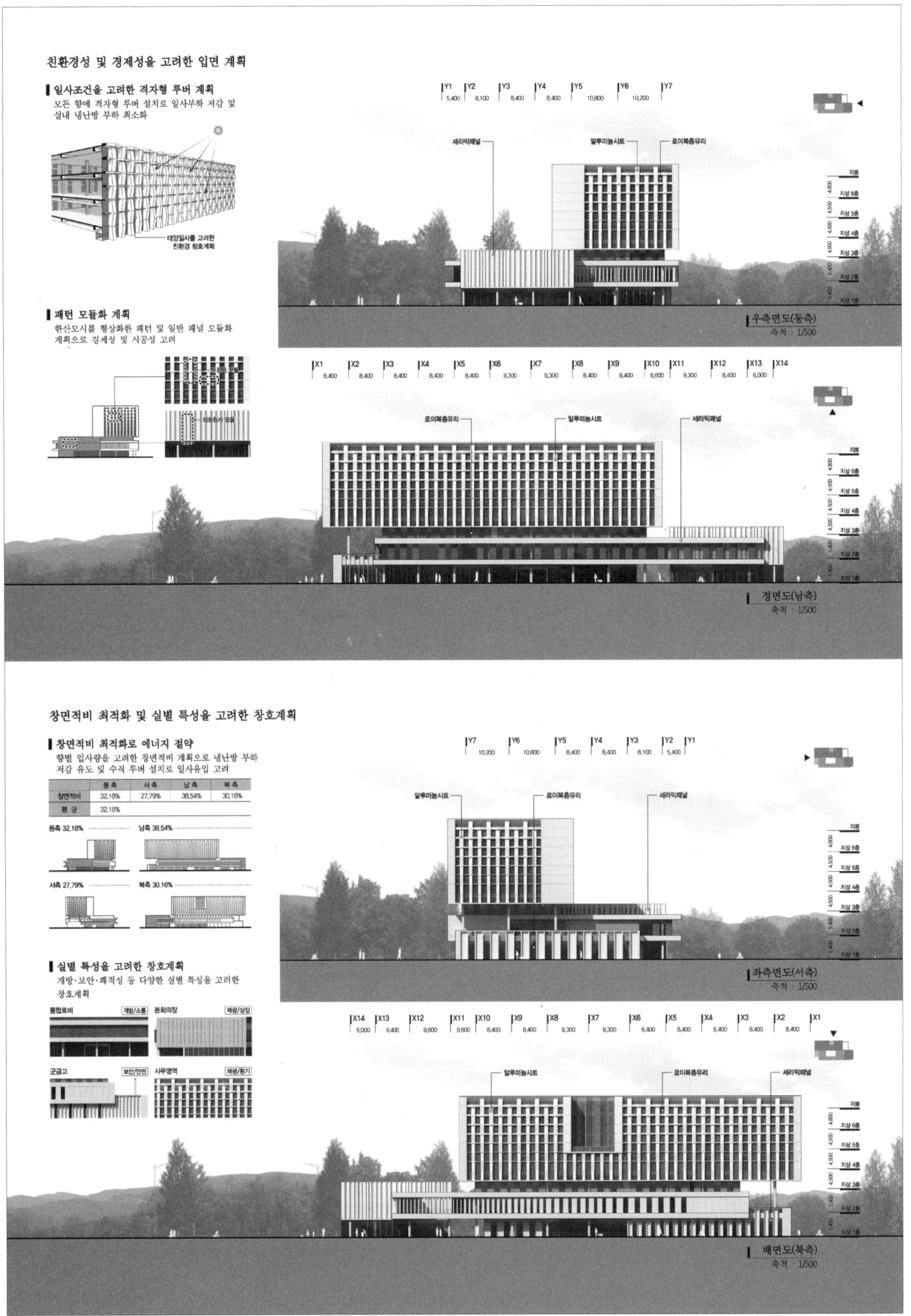

Seocheon-gun Office Building

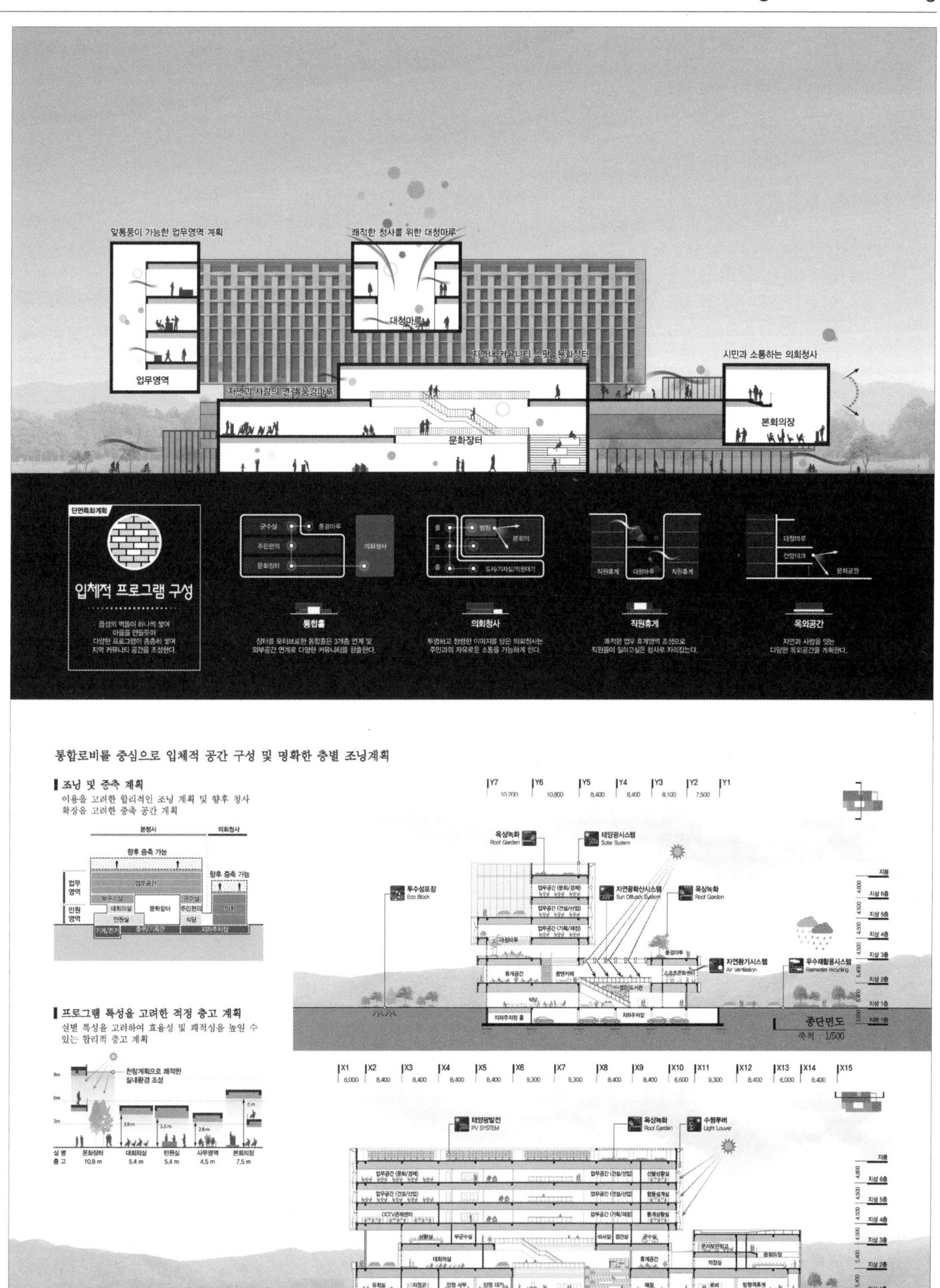

서인천세무서 청사

당선작 (주)디엔비건축사사무소 조도연 + (주)종합건축사사무소 선기획 이용선 설계팀 하홍원, 박인수, 서성민, 안지현, 신지은(이상 디엔비)

대지위치 인천광역시 서구 청라동 92-5번지 **대지면적** 8,350.00㎡ **건축면적** 1,586.10㎡ **연면적** 7,784.07㎡ **건폐율** 19% **용적률** 67.76% **규모** 지하 1층, 지상 5층 **최고높이** 25.3m **구조** 철근콘크리트조 **외부마감** 화강석, 금속패널, 로이복층유리, 세라믹패널, U-글래스 **주차** 95대 **협력업체** 구조 - 한스타일, 기계설비/소방 - 수양엔지니어링, 전기 - 더힐코리아

청라반석
'청라반석'은 시간이 흘러도 변하지 않는 세무의 가치와 시민을 위한 신뢰의 공간이다. 민원인들의 만남의 공간으로 단단한 초석을 다지고, 시민을 위해 정직하게 일하는 공간으로 신뢰의 반석을 쌓는다.

시민과 함께하는 열린 세무서
열린 진입계획으로 정면성과 접근성을 향상시키고 진입마당과 문화공원을 연결해주는 통경축을 확보하여 도시와 공원으로 열린 공간을 제공한다.

직원의 업무효율을 높이는 쾌적한 사무공간
개방영역과 사무영역을 분리하고 사무실의 남향배치, 관련 부서 인접배치로 직원들의 업무효율성을 향상시킨다.

청라국제도시의 지역성 반영한 세무서
간척지 위에 단단한 반석을 쌓아 도시와 자연을 이어주는 게이트가 되고 청라지구 사파이어존의 랜드마크로서 청라국제도시가 지닌 지역성을 표현한다.

Cheongnabanseok (Cheongna foundation)
"Cheongnabanseok" is a place representing timeless value of tax and customer trust. It aims to pave the way to create a public space for visitors and build the foundation for confidence as an incorruptible government office.

Tax office open to citizens
With open space design responding to the surrounding context, it is intended to highlight the front facade and increase accessibility. Plus, the front courtyard of this building offers open space to the city and the park by being placed along the axis to neighbor cultural park.

A pleasant working environment improving efficiency
Three design strategies are required, which can help increase business efficiency: separation of work and open public space, northern exposure, layout design placing similar departments adjacent to one another.

Tax office featuring regional characteristics of Cheongna International City
It becomes a gate, connecting the city and the nature, of the foundation built on landfill, and contains regional characteristics as a landmark located in Jeongseojin Park, dubbed sapphires zone, in Cheongna District.

Prize winner D&B architecture design group_Cho Doyeun + SUN+PARTNERS_Lee Yongsun **Location** Seo-gu, Incheon **Site area** 8,350.00m² **Building area** 1,586.10m² **Gross floor area** 7,784.07m² **Building coverage** 19% **Floor space index** 67.76% **Building scope** B1, 5F **Height** 25.3m **Exterior finishing** Granite, Metal panel, Low-E paired glass, Ceramic panel, U-glass **Parking** 95

NTS Seoincheon District Office Building

선거관리위원회 청사의 간섭 최소화 및 세무서의 정면성 확보

매스 프로세스
- 자리잡기
- 기능적 매스 만들기
- 도시와 자연 이어주기
- 쾌적한 업무환경 만들기

외부공간 디자인계획
- 진입마당: 열린 보행로로 넓은 진입마당
- 시민마당: 민원동과 연계된 이벤트마당
- 나눔마당(후정): 공원과 연계된 포켓쉼터
- 문화의 숲: 직원들을 위한 힐링산책로

선관위 간섭을 최소화한 배치계획
- 남측 선관위와 서측도로에 이격하여 업무영역과 주차영역 분리
- 추후 선거관리위원회 청사 신설시 진입구 및 주차영역 공유

외부마당 계획으로 다양한 휴게공간조성
- 안전한 보행동선을 확보하여 넓은 진입마당, 나눔마당, 산책로 등 도심 휴게공간 조성

접근성과 정면성을 고려한 배치
- 주진입과 가까운 곳에 진입마당과 민원시설을 배치하여 접근성과 인지성을 향상시켜 정면성 확보

자연과의 연계를 고려한 배치계획
- 진입마당과 문화3공원을 연계하여 도시와 공원의 열린 통경축 확보 및 업무영역과 민원실 남향배치

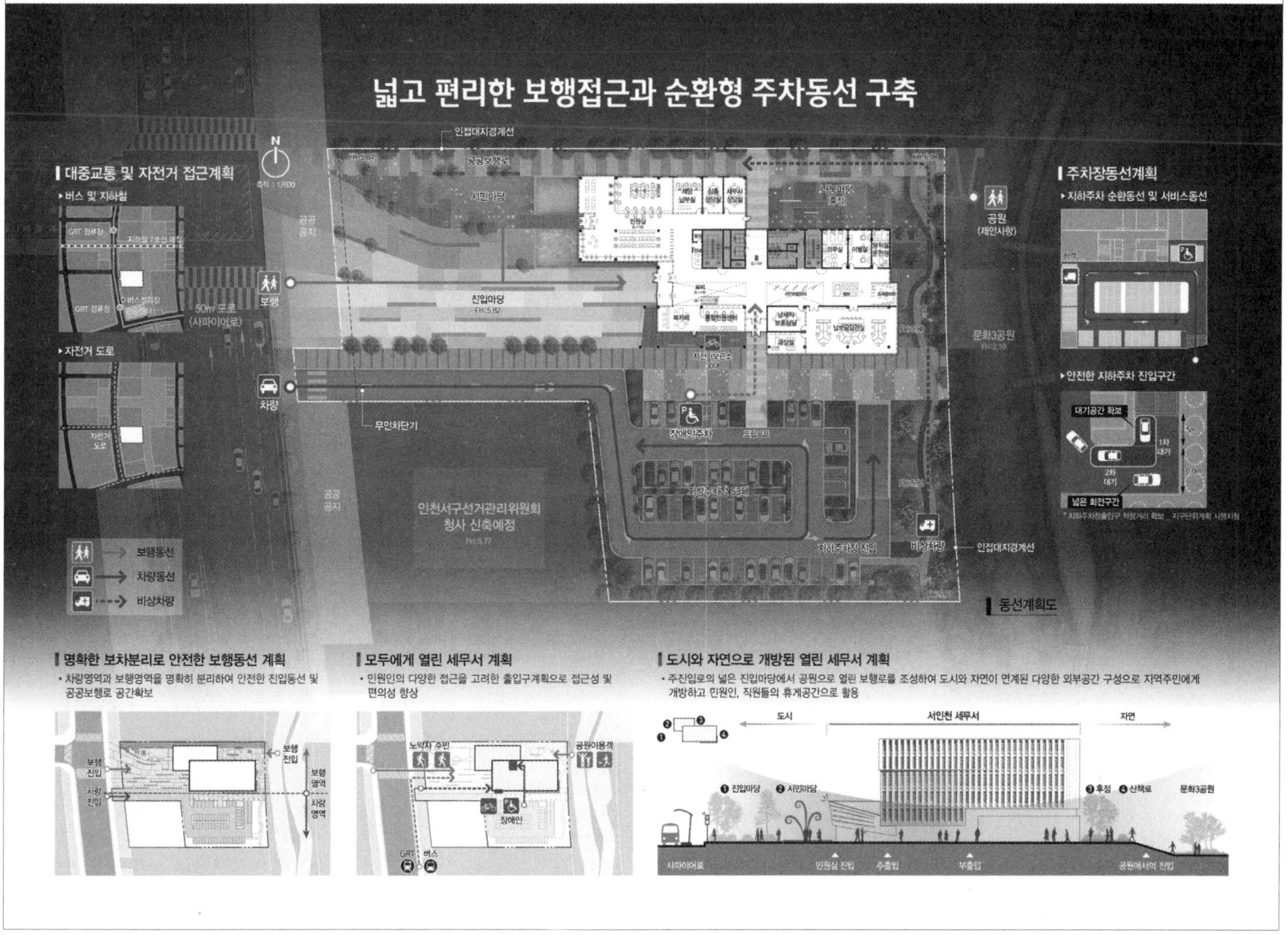

넓고 편리한 보행접근과 순환형 주차동선 구축

대중교통 및 자전거 접근계획
- 버스 및 지하철
- 자전거 도로

주차장동선계획
- 지하주차 순환동선 및 서비스동선
- 안전한 지하주차 진입구간

명확한 보차분리로 안전한 보행동선 계획
- 차량영역과 보행영역을 명확히 분리하여 안전한 진입동선 및 공공보행로 공간확보

모두에게 열린 세무서 계획
- 민원인의 다양한 접근을 고려한 출입구계획으로 접근성 및 편의성 향상

도시와 자연으로 개방된 열린 세무서 계획
- 주진입로의 넓은 진입마당에서 공원으로 열린 보행로를 조성하여 도시와 자연이 연계된 다양한 외부공간 구성으로 지역주민에게 개방하고 민원인, 직원들의 휴게공간으로 활용

공간별 특성과 기능을 고려한 특화공간 계획

시민과 함께하는 열린 세무서

[열린 진입계획]

열린진입으로 정면성과 접근성 향상 및
시민에게 열린 민원공간 계획

[도시와 공원에 열린공간]

진입마당에서 문화공원을 연결해주는
통경축을 확보하여 개방감 형성

업무 효율을 높이는 쾌적한 사무공간

[영역분리 및 남향배치]

민원공간과 직원공간을 영역화하여 보안을 고려하고
사무실 남향배치로 쾌적한 사무공간 계획

[효율적인 공간연계]

업무효율성 향상을 위해 관련부서 인접배치 및
각 층 지원실 및 휴게공간 계획

공원과 함께하는 전망 좋은 편의공간

[풍경마루]

동측 각 층별 휴게공간 배치로 직원들에게
쾌적하고 전망좋은 휴식공간 제공

[리프레쉬존 구성]

휴게라운지를 중심으로 구성된
다양한 직원복지환경 조성

지역과 소통하고 민원인을 고려한 열린 세무서

접근성을 고려한 개방영역과 사무영역 분리

- 접근성과 편의를 고려한 민원실 전면배치 및 사무공간의 업무기능 향상을 위한 1차 보안계획

사용자를 고려한 명확한 내부동선

- 명확한 동선계획으로 민원인들의 인지성 확보 및 접근성 향상

신고서자기작성교실 활용계획

- 신고기간 제외기간은 신고서자기작성교실, 교육실과 대기공간을 연계하여 지역문화공간으로 활용

민원인 편의를 위한 개방시설 저층배치

- 개방영역 저층배치 및 다양한 공간 활용으로 이용자의 편의 및 활용도 향상

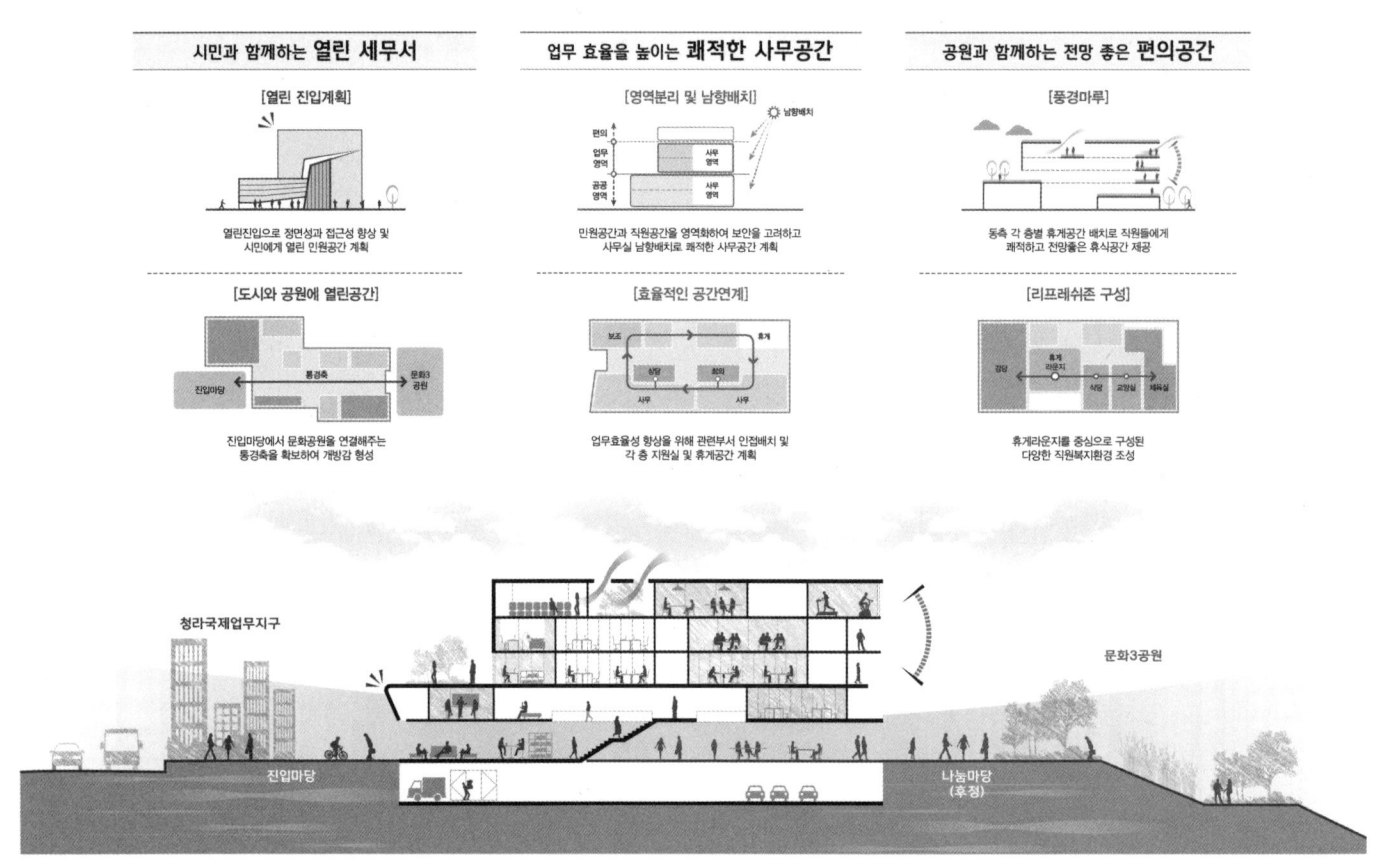

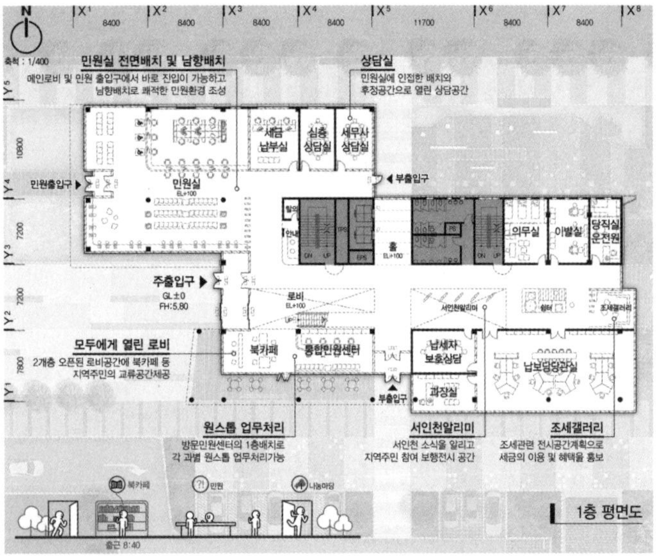

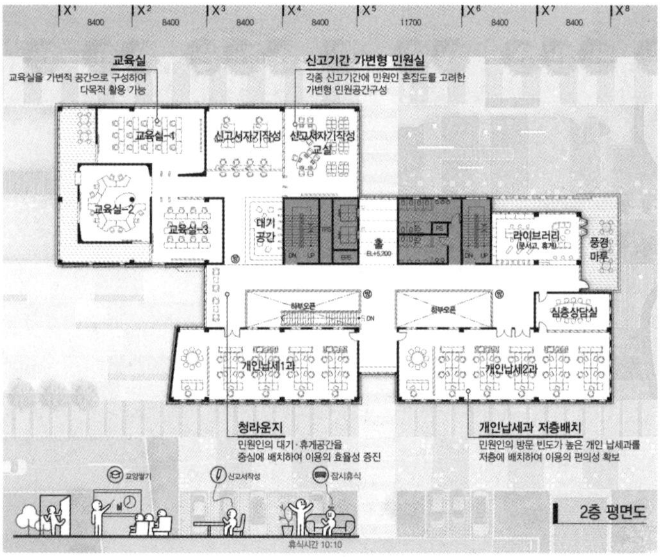

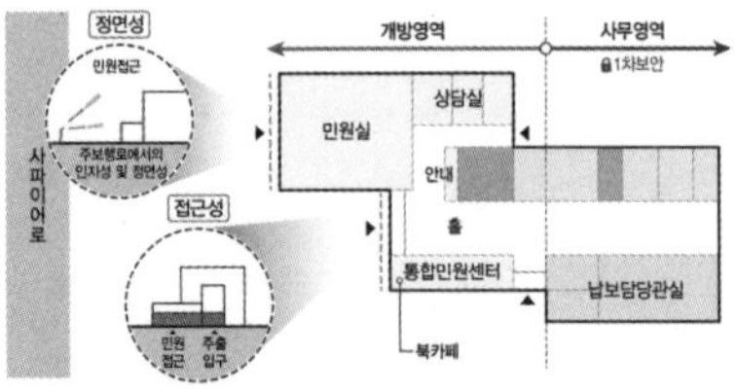

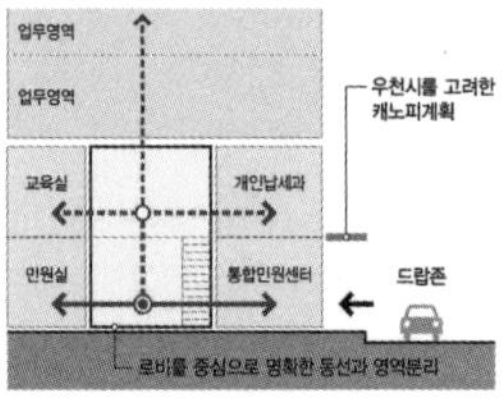

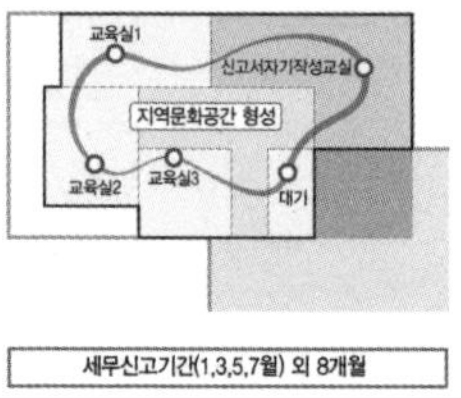

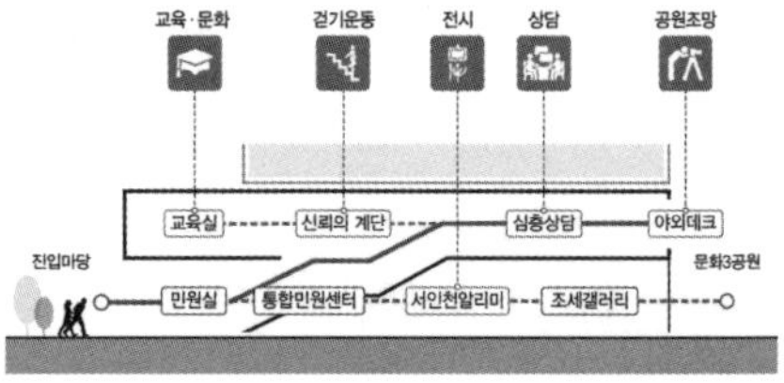

NTS Seoincheon District Office Building

확장성 및 업무연관성을 고려한 최적의 평면계획

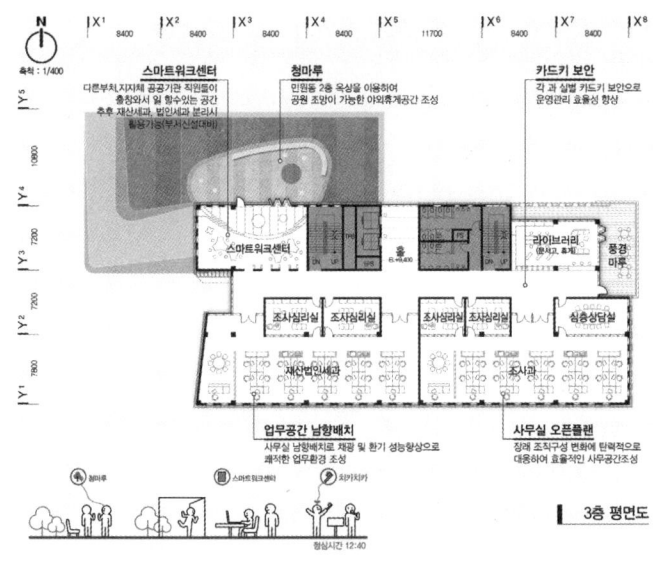

3층 평면도

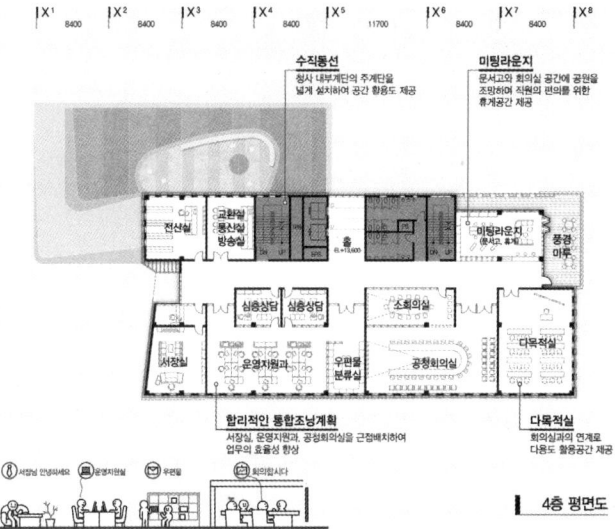

4층 평면도

보안관리를 위한 명확한 영역분리
- 공공영역과 업무영역을 구분하여 보안계획 및 효율적인 근무환경 조성

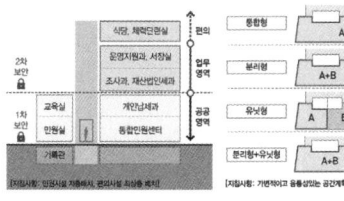

효율적인 업무를 위한 오픈플랜
- 장래조직구성에 조직적으로 대응할 수 있는 가변적 사무공간 구성

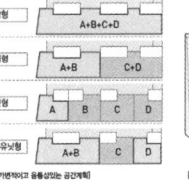

외부직원들의 출장공간 스마트워크센터
- 다른부처, 공공기관 직원들이 출장시 사용 가능한 공간계획 및 추후 부서 신설시 활용가능

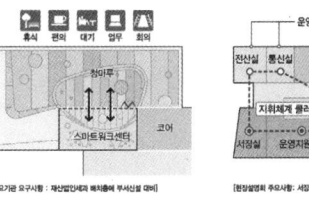

업무 효율성을 고려한 합리적인 조닝계획
- 서장실, 운영지원과 공청회의실 근접배치하여 업무효율성 향상

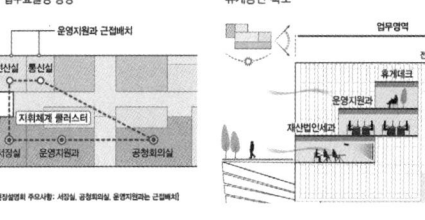

쾌적한 업무환경을 고려한 남향배치 및 조망권 확보
- 업무공간 남향배치로 자연채광 극대화 및 동측 문화3공원 조망을 위한 층별 다양한 휴게공간 확보

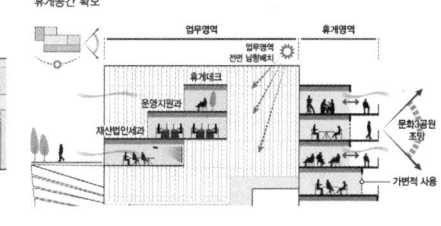

편의시설 최상층배치를 통한 쾌적한 업무환경 조성

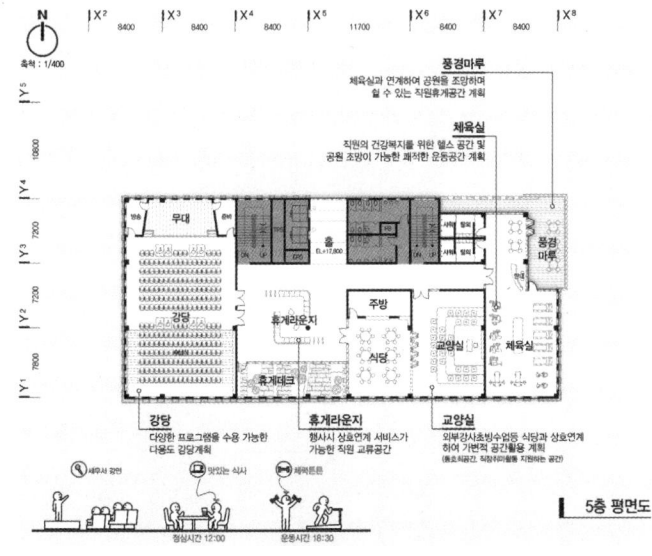

5층 평면도

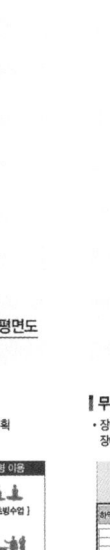

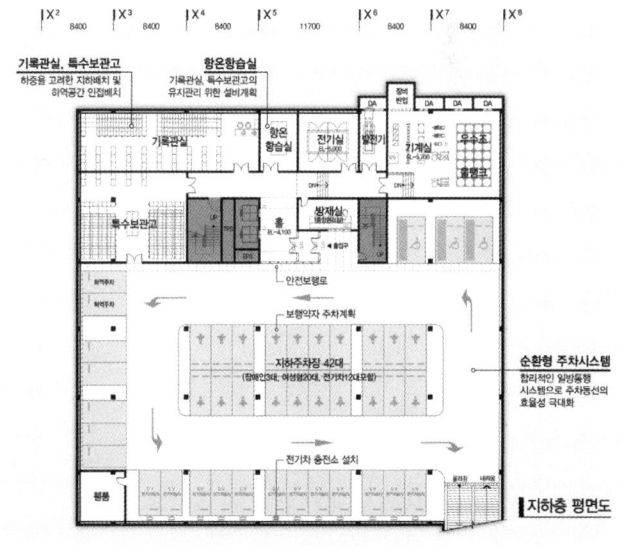

지하층 평면도

편의시설 최상층 집약배치
- 열린조망 및 환기를 고려한 최상층에 직원 편의시설을 배치하여 직원복지 증진

휴게라운지를 중심으로 직원편의 공간의 다양한 활용계획
- 다양한 행사와 대규모 이용에 상호 연계서비스가 가능한 넓은 휴게라운지 계획
- 다목적 및 가변형으로 활용가능한 직원편의공간 계획

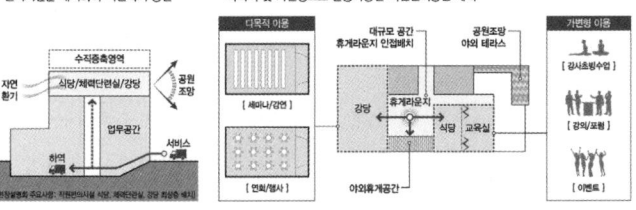

무장애 및 개정된 주차기준 적용
- 장애인전용주차 및 여성전용주차 계획으로 장애물없는 생활환경(BF) 인증 적극 반영

효율적인 관리가 가능한 지하시설 조닝
- 문서보관영역과 시설관리영역을 구분하여 유지관리 용이
- 특수보관고와 기록관실은 문서양에 따라 크기를 가변하여 효율적으로 사용가능

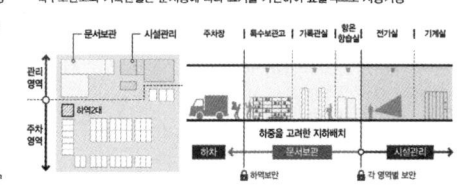

서인천세무서 청사

청라국제지구의 상징성과 세무서의 반듯한 이미지를 반영하는 입면디자인

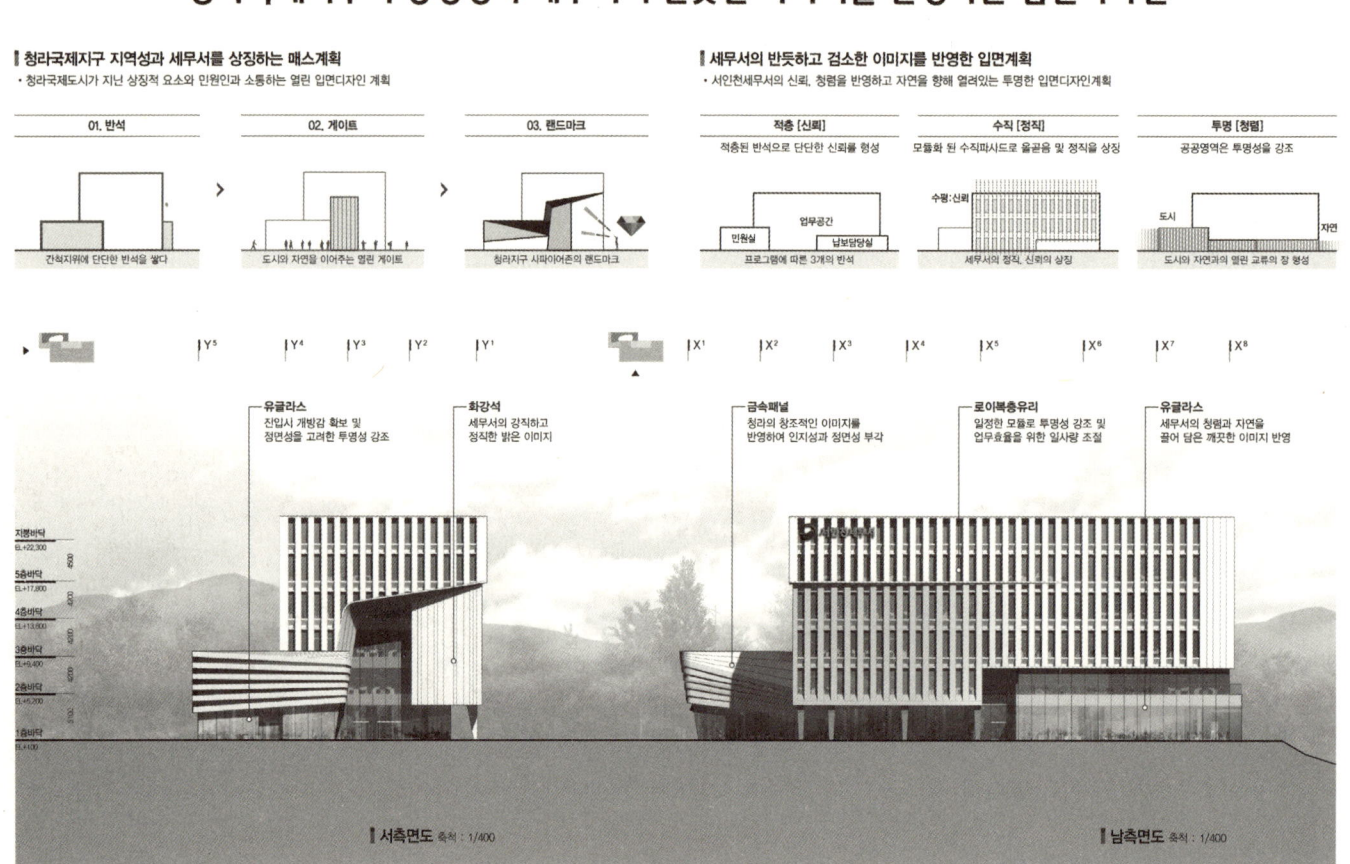

주변도시경관과 조화로운 친환경 업무공간 구현

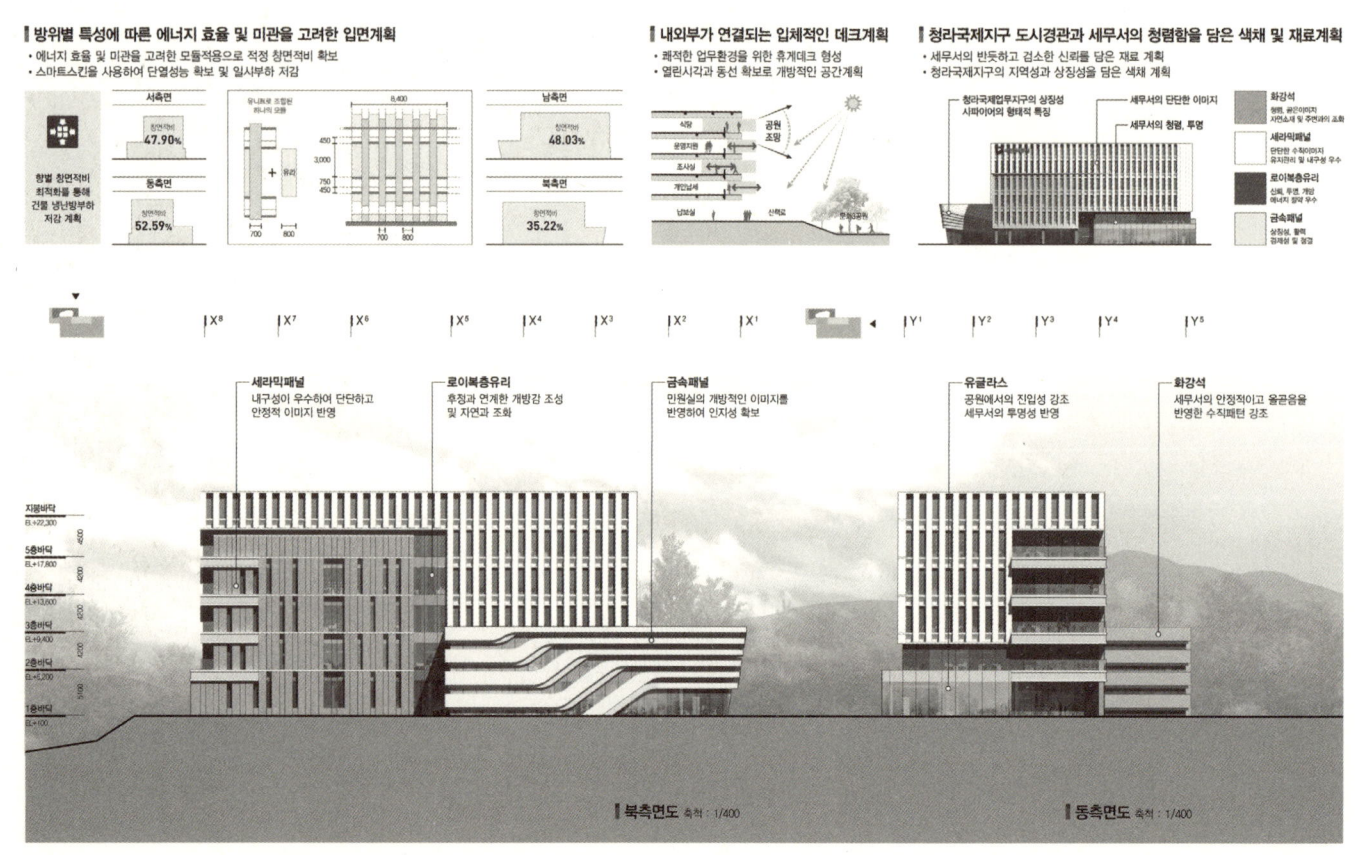

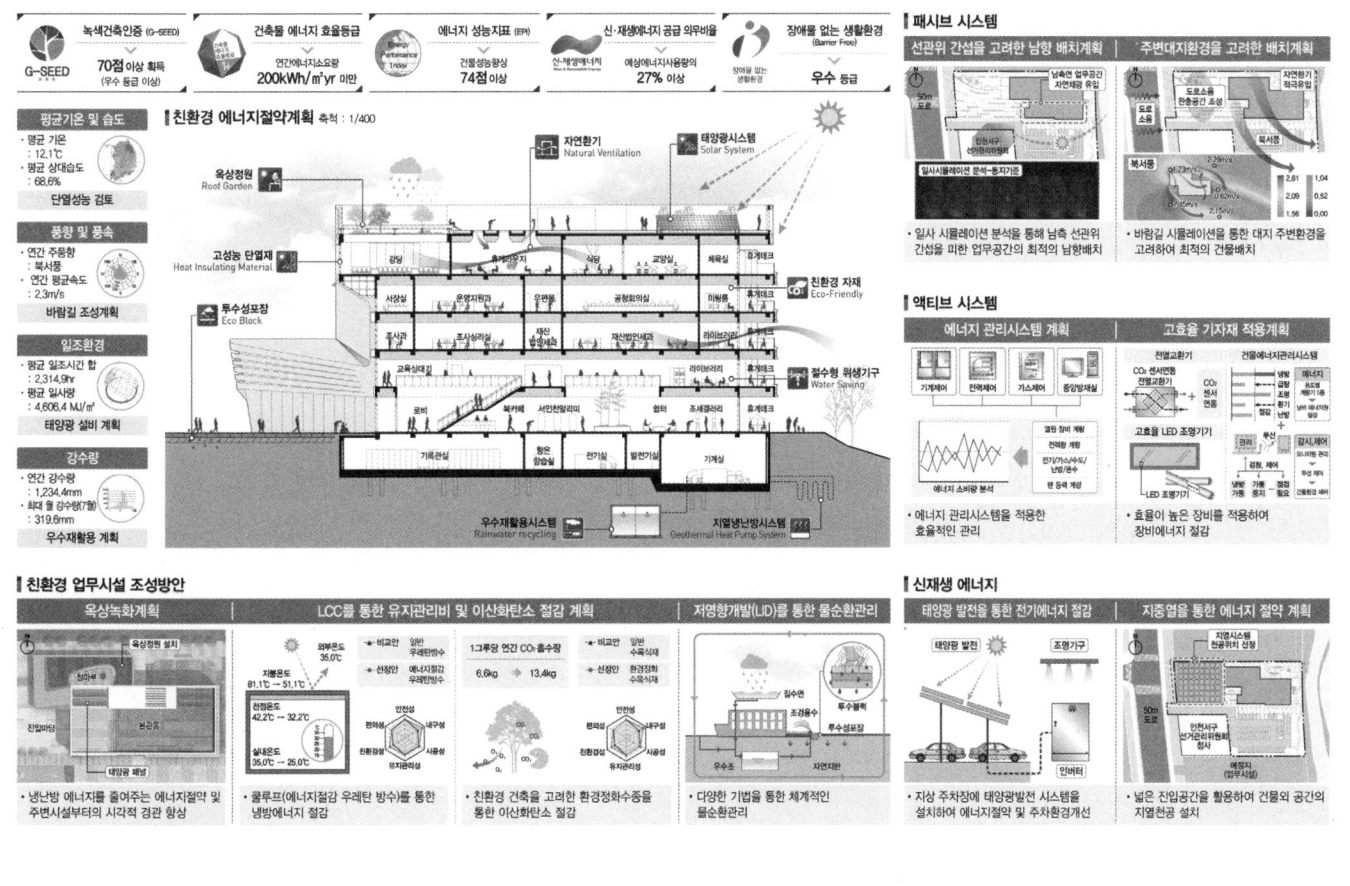

농림수산식품교육문화정보원

당선작 (주)리가온건축사사무소 이현조 설계팀 김용준, 윤용상, 박시영, 박요셉

대지위치 세종특별자치시 반곡동 4-1생활권 '관4-1'용지 **대지면적** 3,960.00㎡ **건축면적** 1,447.02㎡ **연면적** 4,315.18㎡ **조경면적** 953.99㎡ **건폐율** 36.54% **용적률** 104.44% **규모** 지하 1층, 지상 4층 **최고높이** 20.1m **구조** 철근콘크리트조 **외부마감** 테라코타패널, 알루미늄불연강판, 화강석 **주차** 43대(장애인 주차 2대 포함)

열린 공간을 통해 소통과 협업하는 업무시설, 위드팜

행정복합도시로 새롭게 이전하는 농림수산식품교육문화정보원 신청사는 전국의 농림수산업민을 위한 지원시설로써 여러 정책지원 업무부서와 산업민의 민원, 교육을 위한 프로그램을 담고 있다. 농장에서 결실을 얻듯 농림수산업에 관련된 다양한 정보와 문화를 함께 일구고 수확하는 업무시설인 위드팜은 기존의 업무시설의 패러다임에서 벗어나 다양성을 수용하는 업무공간을 제안함으로써 소통과 협업을 촉진하고 더욱 창의적이고 혁신적인 농림수산식품문화를 이끌어 나갈 것이다.

세 개의 켜, 그 사이에서 피어나는 소통과 협업

통합형 사무실은 크게 일반 업무공간, 집중업무공간, 다목적 회의공간으로 구분할 수 있다. 일반 업무공간은 수평적 좌석배치와 다양한 크기의 소회의실을 배치하고, 개인 업무 집중도를 높이기 위해 전화부스와 집중업무부스, O.A존을 독립 배치하였다. 프로그램의 기능에 따라 나누어진 세 개의 켜 사이마다 휴게 및 회의공간 등 업무지원 및 복지시설들을 계획함으로써 부서 간 자연스러운 커뮤니케이션이 이루어질 수 있도록 하였다.

WITH FARM, office building where there is open space for communication and collaboration

Moving to Multifunctional Administrative City, this new project of EPIS(Korea Agency of Education, Promotion and Information Service in Food, Agriculture, Forestry and Fisheries) acts as a supporting facilities embodying programs for government support, civil complaint from industrial members, and education. With Farm cultivates knowledge and culture of forestry & fisheries. By providing several work spaces, it is intended to bring communication and collaboration, plus, lead more creative and innovative work related to agriculture, forestry, fisheries and food.

Three layers which enable people to communicate and collaborate with each other between them

Integrated office room consists of three parts: regular work space, intensive work space, multipurpose space. Between these three layers people communicate and work together. Regular office has horizontal arrangement of seats and several sizes of small meeting rooms. There are also phone booth and private work room for individual concentration. OA zone is placed aside. It is planned to have places for supporting and welfare service between three layers based on programs to promote better communications.

Prize winner REGAON Architects & Planners Co., Ltd._Lee Hyunjo **Location** Bangok-dong, Sejong **Site area** 3,960.00㎡ **Building area** 1,447.02㎡ **Gross floor area** 4,315.18㎡ **Landscaping area** 953.99㎡ **Building coverage** 36.54% **Floor space index** 104.44% **Building scope** B1, 4F **Height** 20.1m **Structure** RC **Exterior finishing** Terracotta panel, Aluminum non-combustible steel plate, Granite **Parking** 43 (including 2 for the disabled)

Korea Agency of Education, Promotion and Information Service in Food, Agriculture, Forestry and Fisheries

WITH FARM 위드팜
농장과 같이 함께 일하며, 창의적 생각을 일구다.

대한민국 농림수산식품의 교육과 문화 알리기에 앞장서는 농림수산식품교육문화정보원은 전국의 농림수산업인을 위한 지원시설로서 여러 정책지원 업무부서와 산업인의 민원, 교육을 위한 프로그램을 담고있습니다.

행정중심복합도시에 새롭게 이전하는 농림수산식품교육문화정보원 신청사는 시민들에게 친숙한 자연농장과 같은 파사드를 통해 도시와 자연을 받아들이며 기존의 공공업무시설의 패러다임에서 벗어난 열린 업무공간으로 새롭고 창의적인 농림수산식품문화를 이끌어 나갈 것 입니다.

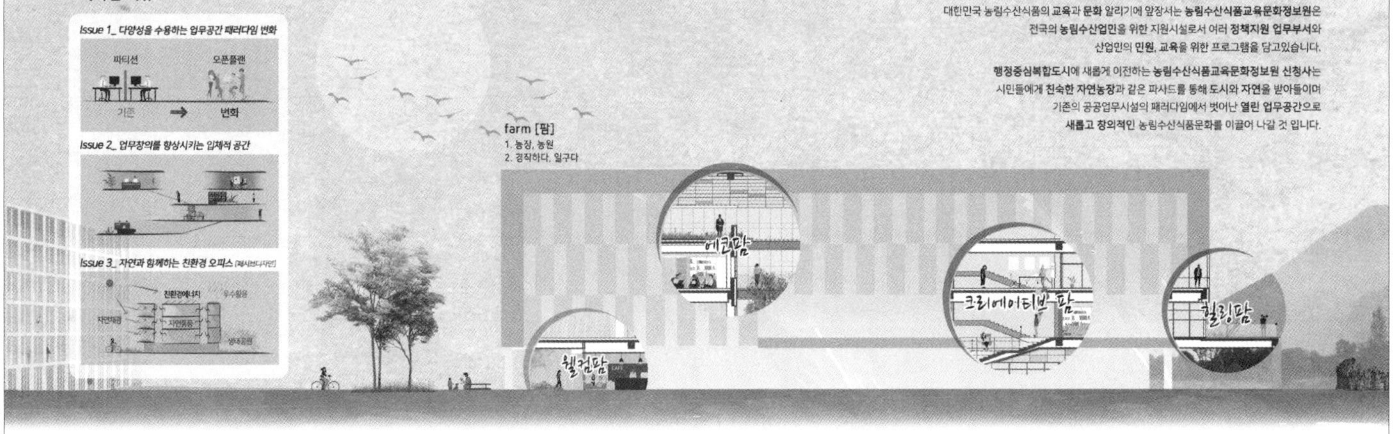

풍부한 사전조사와 명확한 현황분석을 통한 최적의 계획방향설정

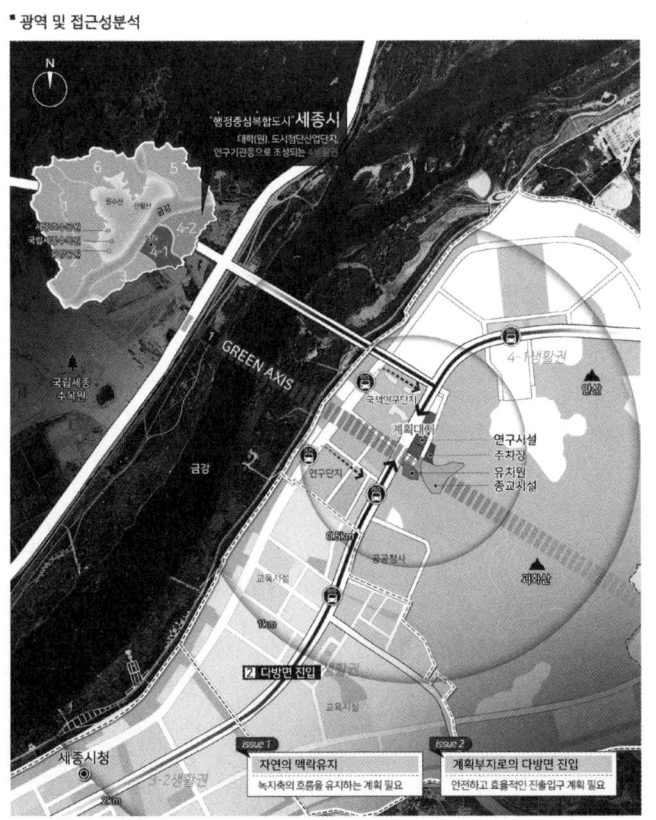

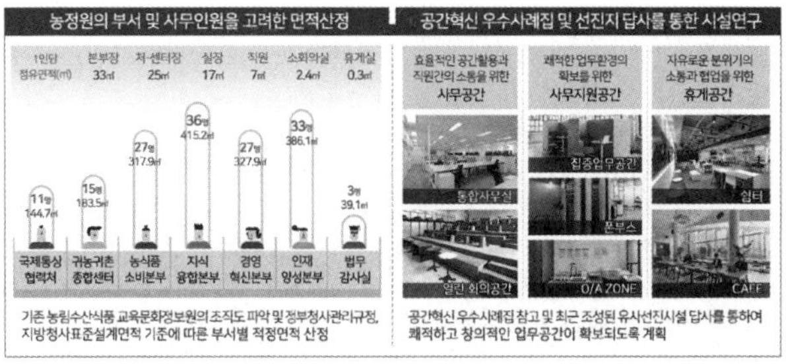

농림수산식품교육문화정보원

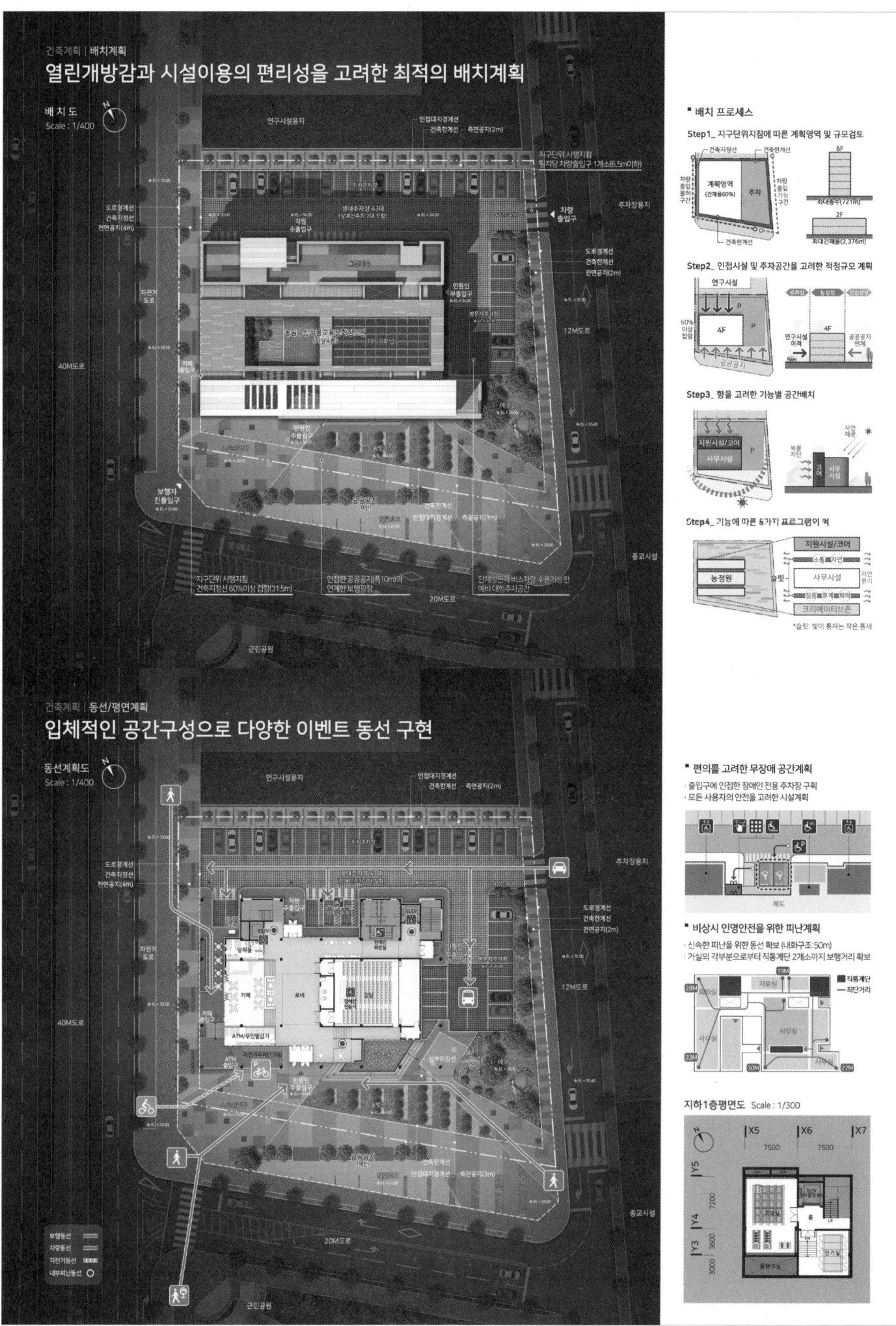

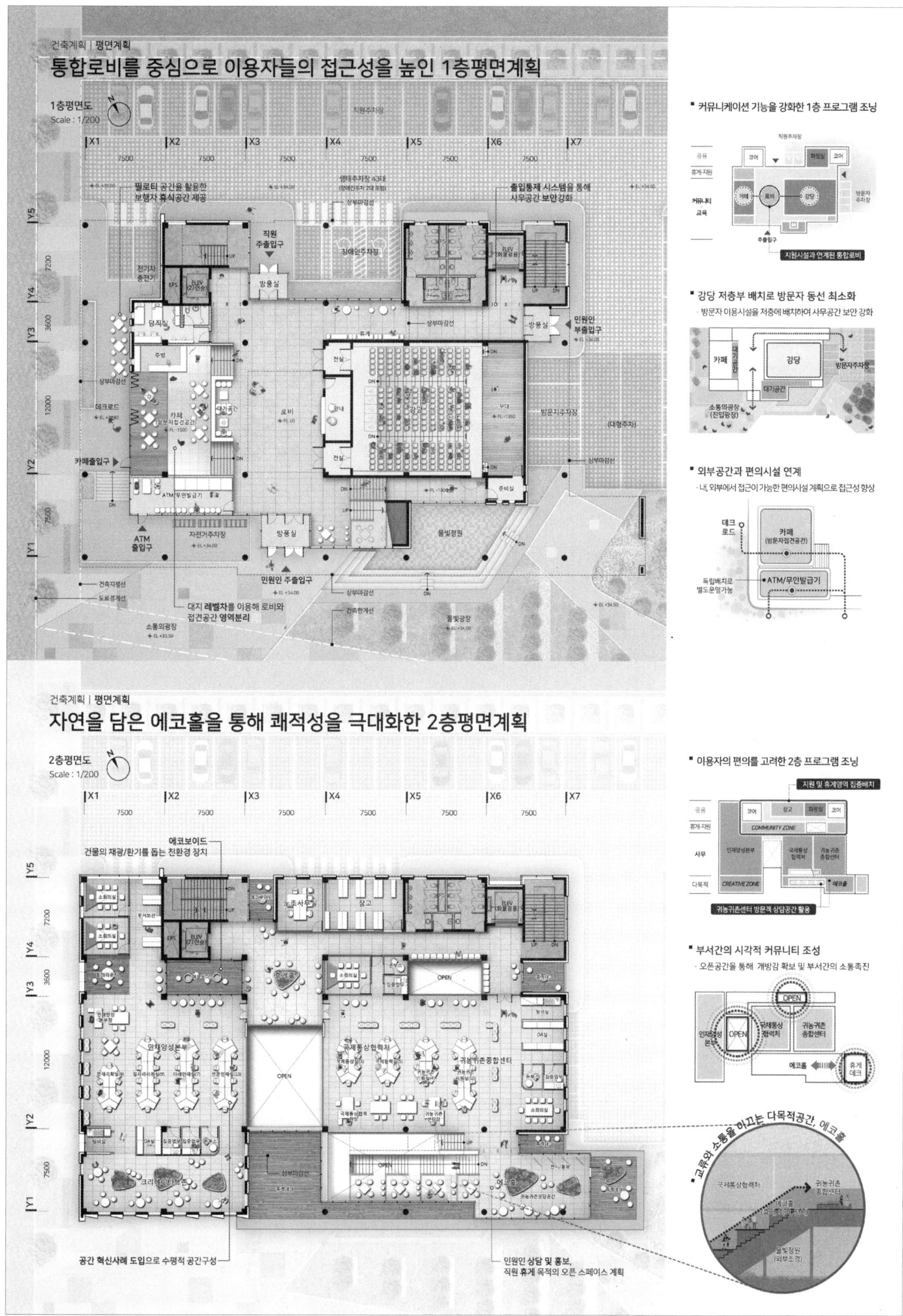

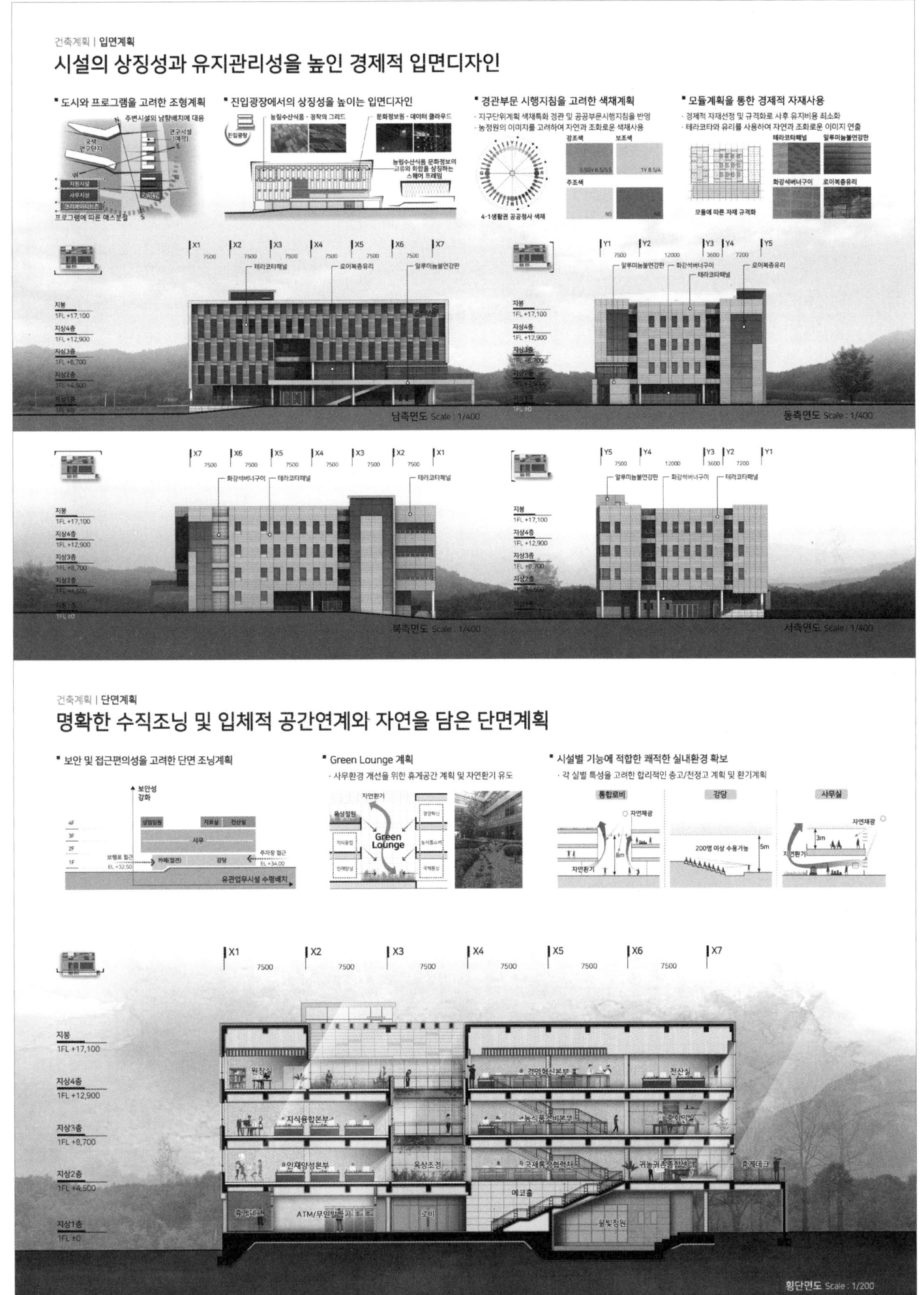

부평4동 행정복지센터

당선작 (주)티에스엔지니어링 건축사사무소 조규수 + 건축사사무소 도시공작소 원흥재   설계팀 김덕화, 전경욱, 이용현(이상 티에스)

대지위치 인천광역시 부평구 주부토로 65 **대지면적** 1,007.60㎡ **건축면적** 699.00㎡ **연면적** 5,130.00㎡ **건폐율** 69.4% **용적률** 351.3% **규모** 지하 2층, 지상 6층 **최고높이** 22.8m **구조** 철근콘크리트조 **외부마감** 석재, 티타늄아연판, 벽돌, 목재, 로이유리 **주차** 40대 **협력업체** CG - 아키비주얼

절실한 공공성

여느 상업지역 내에서 흔히 볼 수 있는 극단적 용적률, 그리고 과거 고밀주거의 과도한 공급이라는 특수한 상황은 공공성의 기형적 발전, 그리고 매우 열악한 생활 형태와 질을 나타낸다. 이 제안을 통해 절실하고 실질적인 복지 프로그램을 적극 발굴하여 이곳에 부재했던 '공공적 다양성'을 한정된 공간 내에 압축적으로 발현하고자 한다.

공공영역의 입체적 구성

높은 건폐율, 그리고 도시공공영역의 부재라는 상충 요구의 해법으로 가로 레벨부터 최상층까지 작지만 다양한 형태의 옥외공간을 계획한다. 저층부의 업무영역에서는 휴게시설 및 진입구로, 상층부 치매관리영역에서는 교육 및 사색의 공간으로 쓰일 것이다. 저층부와 상층부를 하나로 묶는 체험마당과 인접한 편의영역은 이용자들의 커뮤니티 공간이 된다.

생활 밀착형 프로그램

특정 목적, 시간성을 띤 민원실 등은 2층에 배치하고, 실질적 이용도를 더욱 높일 수 있는 북카페, 공동주방, 주민쉼터를 가로변에 집중 배치했다. 이들 모두 가변형 공간구획으로 다양한 형태의 활동에 능동적으로 적응하며 폴딩도어로 구획된 나눔마당은 기후변화에 능동적인 대비가 가능한 옥외공간이다.

Indispensable public character

Extremely maximized floor area ratios that can be found in general commercial districts and excessive high-density housing supply in the past have resulted in the abnormal development of publicness as well as in very poor lifestyle and quality of life. This proposal suggests actively developing indispensable and practical welfare programs to ensure "variety in public services", which didn't exist here, with a compact design in this limited space.

Three-dimensional organization of public area

As a solution to deal with conflicting factors derived from a high building coverage ratio and an absence of urban public space, small but variously formed outdoor spaces are inserted from the street level to the top floor. They serve as a lounge or access in office areas on the lower floors, and as a place for education or meditation in the dementia care zone. The amenity zone near Experience Plaza connecting the lower and upper floors becomes a community area for users.

Practical programs for lifestyle

The public service center having specific purposes and time-based characteristics is placed on the 2nd floor, and a book cafe, community kitchen and community lounge are concentrated on the streetside to improve actual usability. With a flexible zoning system implemented, they can actively adapt themselves to various forms of activity. And Community Plaza divided with a folding door system is an outdoor space which can proactively respond to weather changes.

Prize winner TS. Engineering & Architect_Cho Gyoosoo + Urban Factory_Won Heungjae **Location** Bupyeong-gu, Incheon **Site area** 1,007.60m² **Building area** 699.00m² **Gross floor area** 5,130.00m² **Building coverage** 69.4% **Floor space index** 351.3% **Building scope** B2, 6F **Height** 22.8m **Structure** RC **Exterior finishing** Stone, Titanum zinc plate, Brick, Wood, Low-E glass **Parking** 40

Bupyeong 4-dong Community Service Center

배치계획

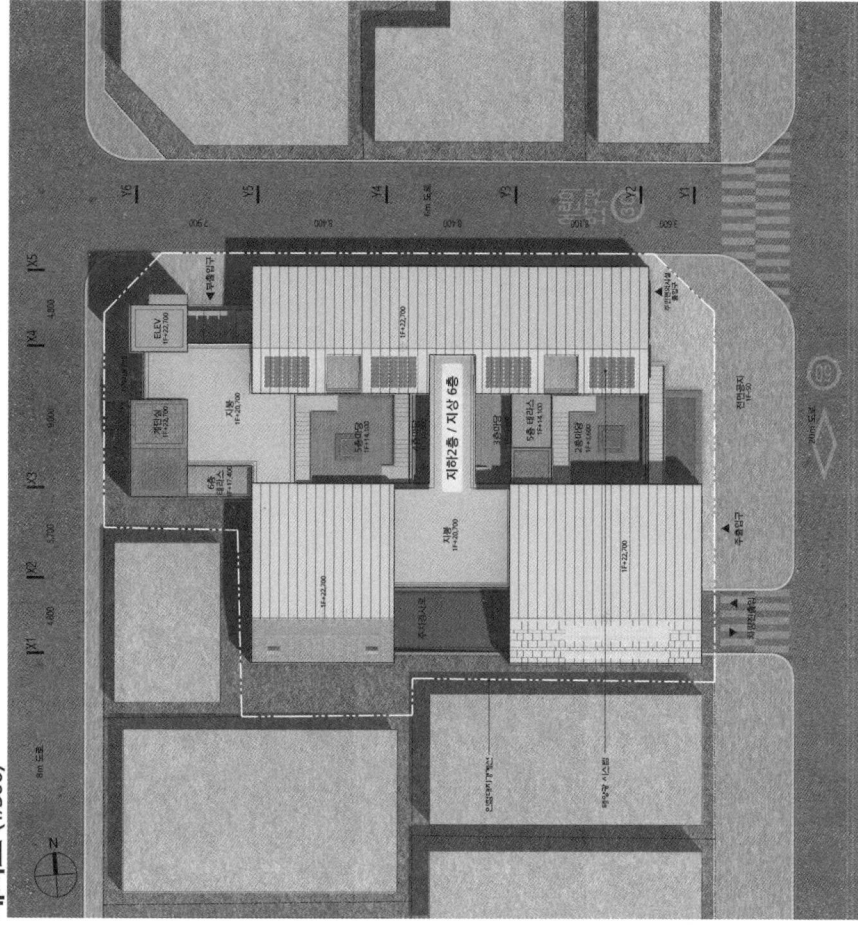

배치도 (1/300)

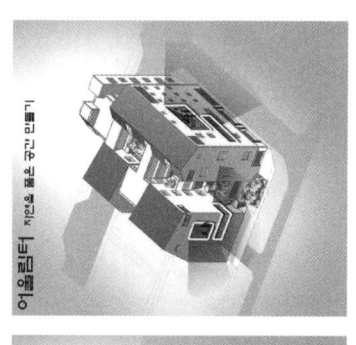

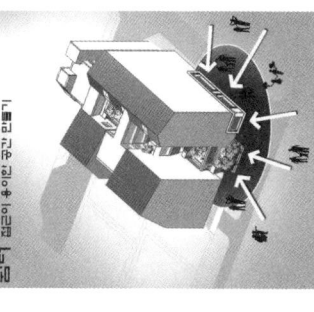

■ 배치개념

건축계획의 설계개념 및 설계방향

■ 과거의 문제점

■ 나아갈 방향

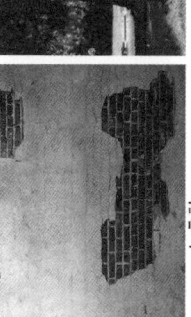

■ 우리의 제안

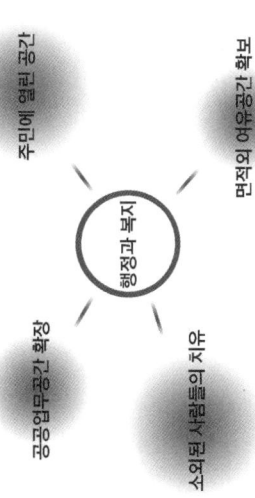

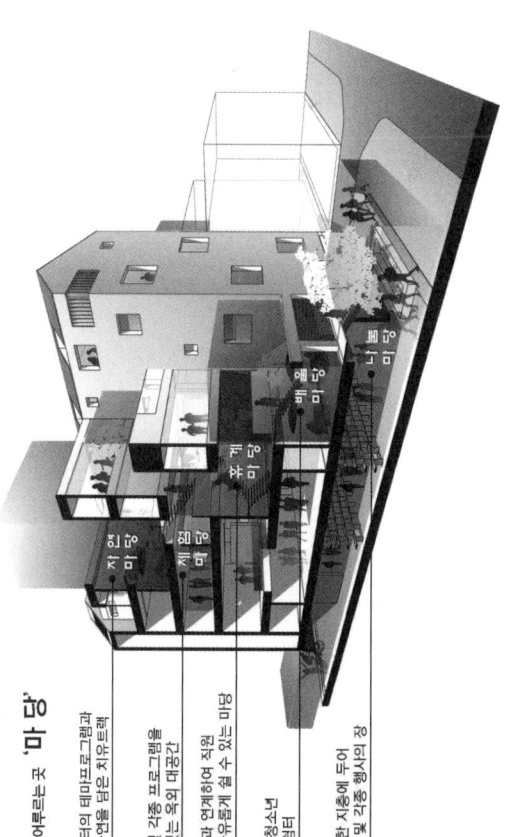

모두가 모여 어우러지는 '마 당'

- 치매안심센터의 테마프로그램과 연계하여 자연을 담은 치유르틱
- 마을 행사 및 각종 프로그램을 운영할 수 있는 옥외 대공간
- 다목적 공간과 연계하여 직원 및 주민이 자유롭게 쉴 수 있는 마당
- 종합민원 및 청소년 배움공간의 쉼터
- 접근이 용이한 지층에 두어 주민의 쉼터 및 각종 행사의 장

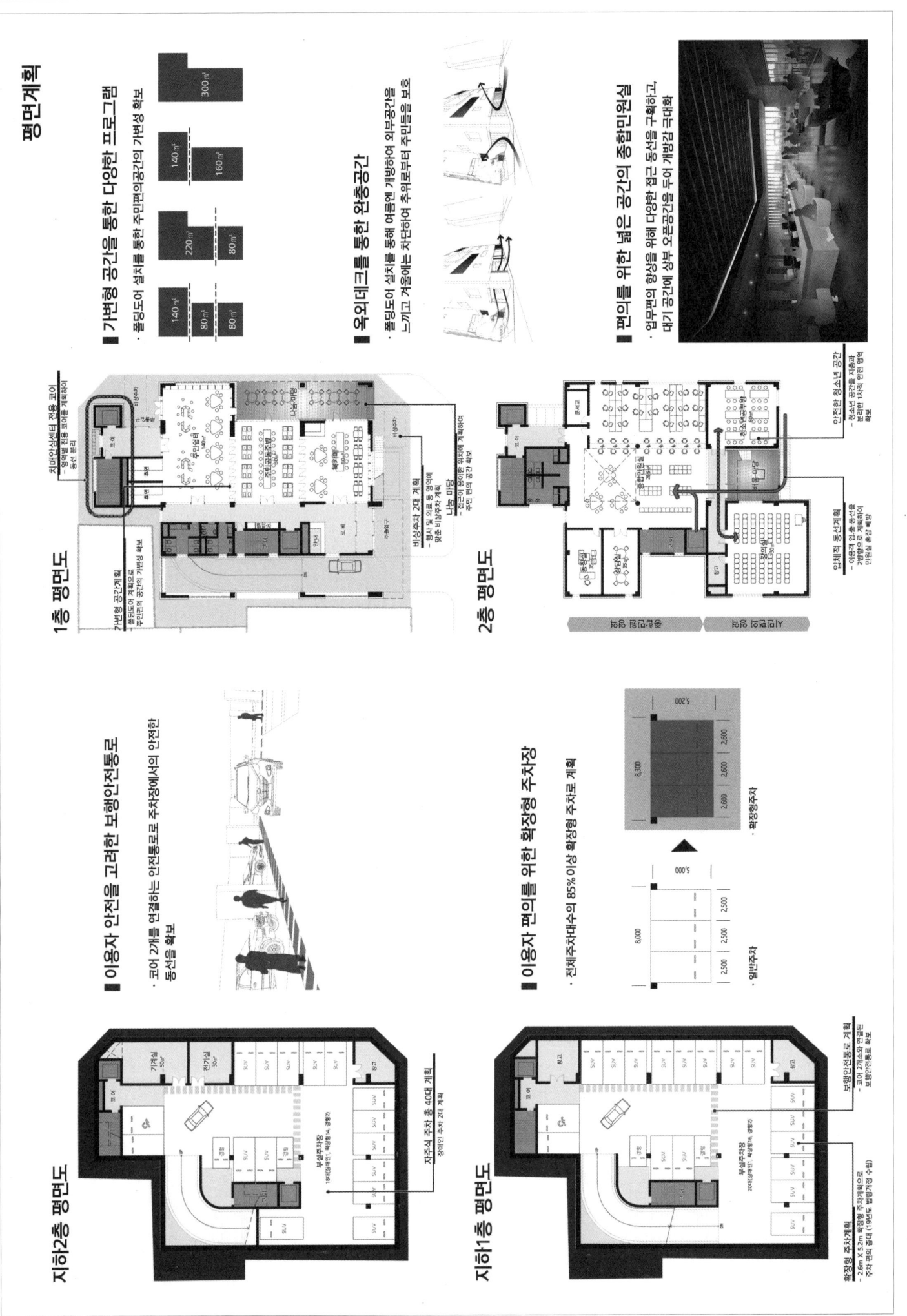

Bupyeong 4-dong Community Service Center

평면계획

■ 4가지 테마프로그램
- 자연마당을 중심으로 4가지 프로그램 계획
- 영역을 정함에 따라서 다양한 규모의 프로그램 활용가능
- 프로그램실 외에도 보호자를 위한 대기공간 조성

■ 치매치유 조닝계획
- 치매환자 생활과 관리를 위한 커뮤니티 공간 구성

■ 치매안심센터의 별도 동선체계
- 별도의 코어를 계획하여 민원인 등 서로 다른 목적의 인파와 동선방지
- 1층 후면 비상주차 영역과 연계한 치매안심센터 전용코어로 치유환경을 극대화

5층 평면도
- 4색 테마 프로그램
  - 자연마당과 연계한 4가지 테마 프로그램 계획
- 휴게공간 계획
  - 프로그램실 사이 버퍼존을 형성하여 휴게공간 구성

6층 평면도
- 전용 수직동선 계획
  - 전용코어영역 근접배치하여 비상시 이동 용이

3층 평면도
- 쾌적한 공용공간
  - 공용공간을 개방적이게하는 휴게/아트리움 계획

■ 높은 층고를 통한 다목적 활용공간
- 중앙의 열린공간과 높은 층고에 의한 개방감 극대화
- 체력단련실, 다목적실의 활동성있는 프로그램 기능

3.9M 최대 층고계획
- 체력단련실, 다목적실 등 대공간 필요한 층고 확보

4층 평면도

■ 마당을 통한 업무별 영역분리
- 체험마당을 통해 상담업무공간과 관리업무공간에 심리적 안정공간을 두어 서로의 역할의 분리
- 영역분리를 통해 서로의 동선을 침범하지않아 혼잡방지

사무영역 → 완충공간 → 업무영역

부평4동 행정복지센터

주요재료계획

외장 재료계획

- 견고, 상품성 강조 / 메스-1
- 특별 자연감 강조 / 오픈공간
- 따뜻함, 친숙함 강조 / 메스-2

- 황토벽돌
- 적벽돌
- 전돌
- 목재 루버
- 석재
- 티타늄아연판

내장 재료계획

- 사무실: 친환경페인트, 친환경바닥타일
- 다목적실: 홈음타일, 목재후로링
- 북카페: 자작나무 합판, 에폭시 바닥
- 화장실: 무방울, 카펫타일
- 민원실: 친환경페인트, 친환경바닥타일
- 체력단련실: 자작나무 합판, 목재후로링

입면계획

입면 특화 계획
영역 특성에 맞추어 5가지 분위기 연출

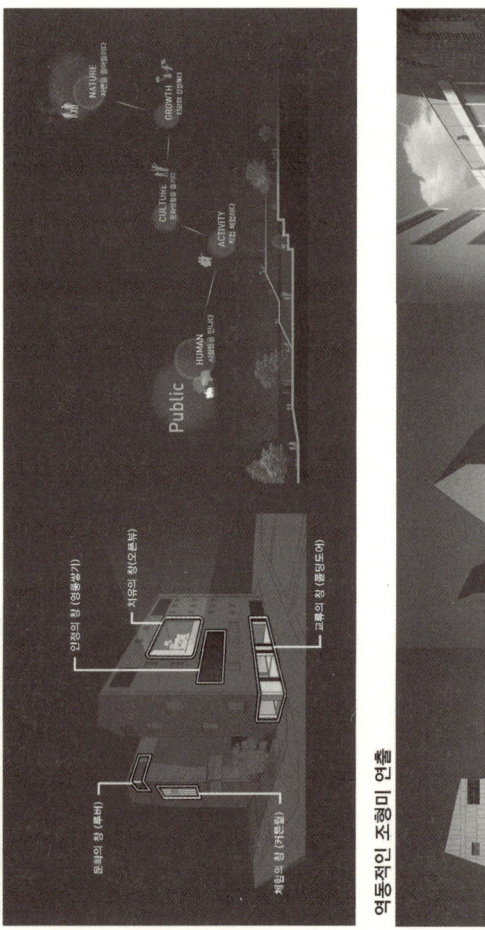

- 문화의 창 (목벽)
- 체험의 창 (전돌창)
- 안정의 창 (영롱쌓기)
- 치유의 창 (흙돋우기)
- 교류의 창 (중공도어)

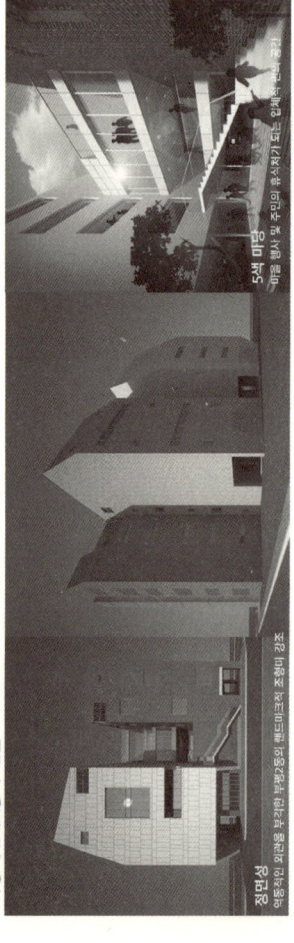

- 정면성
- 역동적인 조형미 연출

정면도 / 우측면도

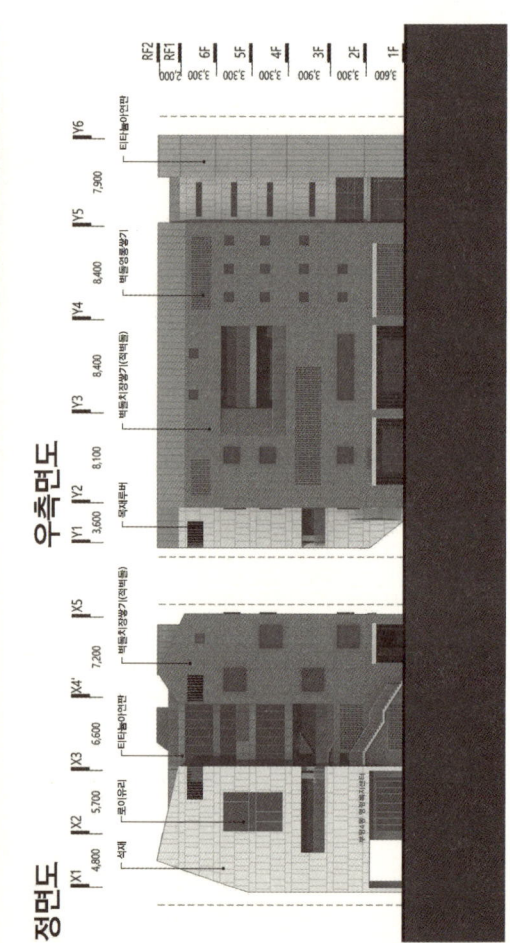

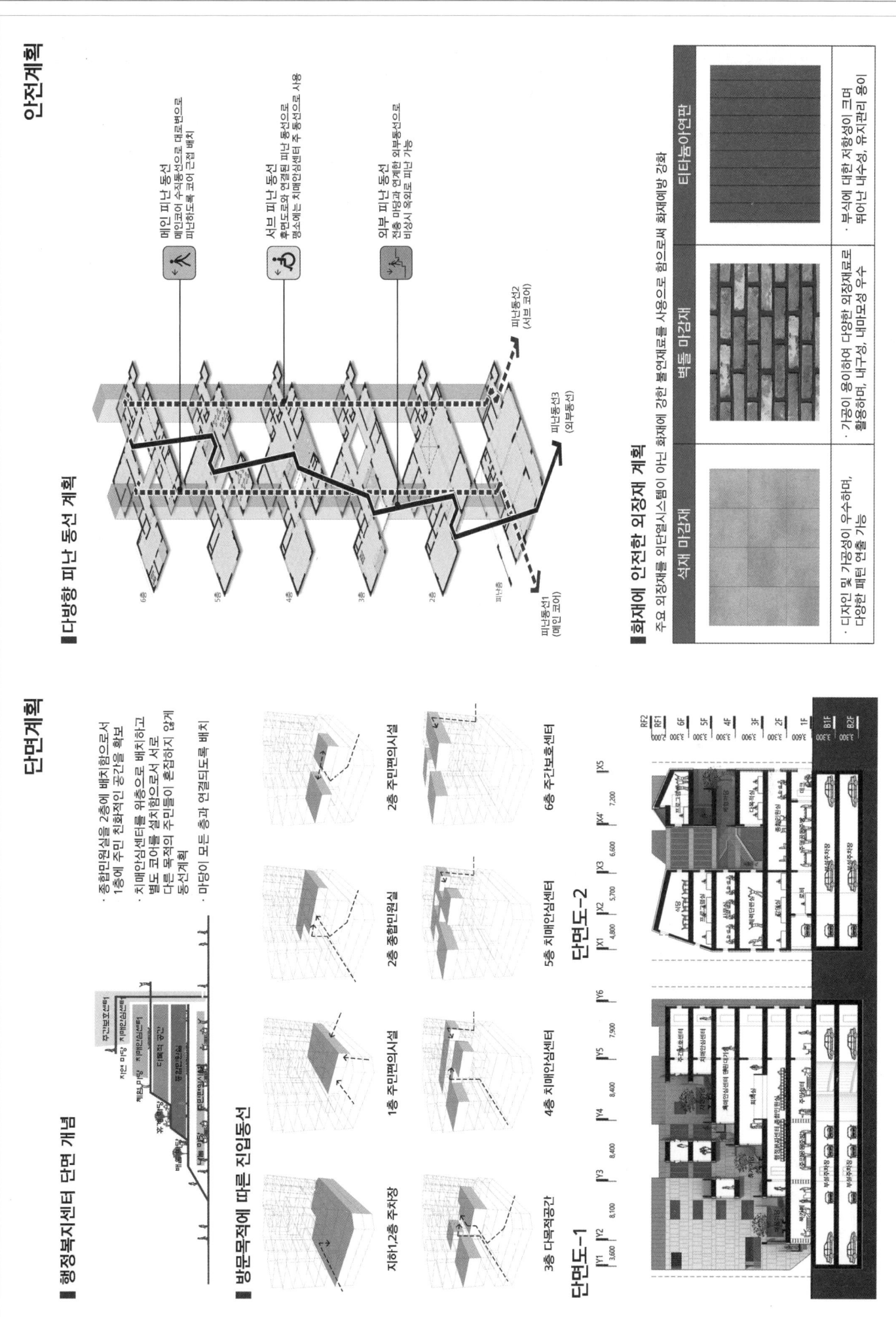

부평4동 행정복지센터

조경계획 및 외부공간계획

■ **자연마당** — 치매안심센터의 테마프로그램과 연계하여 자연을 만끽하고 느끼는 공간계획

■ **체험마당** — 마을행사 및 각종 프로그램 운영하여 주민들이 함께 어울릴 수 있는 대공간계획

■ **휴게마당** — 행정복지센터의 직원이나 주민들이 자유롭게 쉴 수 있는 접근성이 좋은 공간계획

■ **배움마당** — 청소년들의 재능등을 보여주는 놀이공간이며, 주민들과 함께 놀수있는 접근성이 좋은 틈이 공간계획

■ **데크공간** — 폴딩도어를 열어놓는 것으로 외부공간을 느낄 수 있는내부공간계획

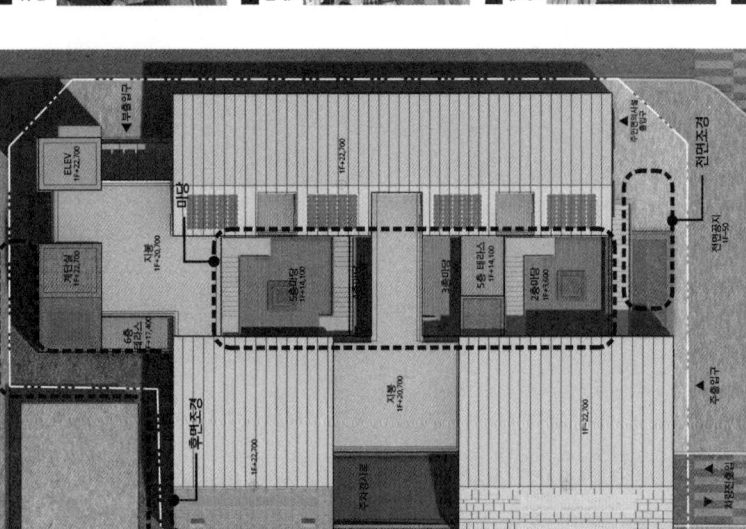

장애물없는 건축계획(BF) 및 유지관리비 저감계획

■ 개념적 목표

- **식별성** — 일상생활에서 발생하는 방향을 주기위한 외관
- **접근성** — 건축적 공간과 장애인 동선을 일치시키기 위한 목표
- **안전성** — 기본적인 생활동선을 통합시키기 위한 목표

■ 장애물 없는 건축물 인증평가

매개시설	내부시설	위생시설	안내시설

- 접근로
- 장애인
  주차 구역
- 주출입구
	- 일반출입문
	- 복도
	- 계단
	- 경사로
	- 승강기
		- 장애인 화장실
		- 화장실 접근
		- 대변기
		- 소변기
		- 세면대
			- 안내 설비
			- 경보 및
			  피난설비

BF 인증 : 우수등급 이상확보

■ 장애물 없는 건축물 설치계획

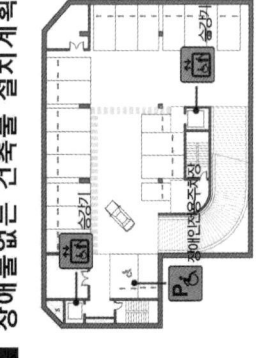

■ 장애인 편의를 위한 세부시설계획

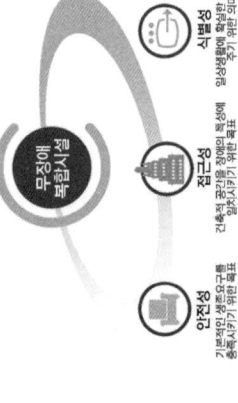

접근로 (점자블록)	장애인 전용 주차구역	무단차 계획
· 시각장애인의 보행편의를 위해 유도형 선형블록과 경고형 점형블록 설치	· 진입이 용이하고 인지성이 좋은 곳에 계획	· 휠체어 사용자의 진출입이 용이한 무단차계획

■ 유지관리비 저감계획

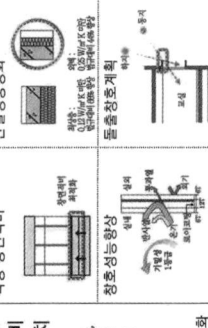

열관류율 향상	단열성강화	LED 고효율 조명 절수 교환기적용 고효율기자재적용
적정 창면적비 일사 차폐장치	창면적비 최적화, 부위별 열관류율 향상으로 결정	LED조명 60%이상 T5 형광램프 설치로 전기에너지 절약 절수형 위생기기, 고효율 장비를 적용으로 에너지 효율 향상
청호 성능 및 외벽 단열성능강화		

Bupyeong 4-dong Community Service Center

친환경계획 및 에너지절약계획

자연친화적 공간계획
자연채광 및 통풍, 공기의 원활한 순환을 통해 쾌적한 공간의 계획

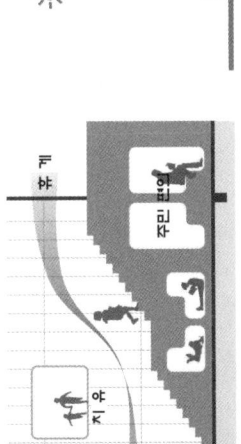

자연친화적 마당계획
자연채광 및 자연요소를 적극 활용한 자연친화적 공간 계획

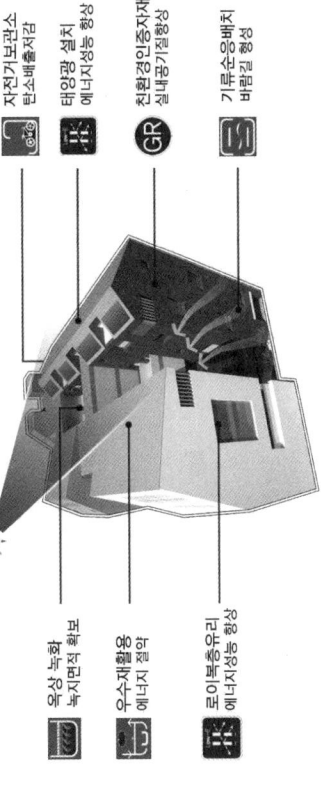

- 자전거보관소 탄소배출저감
- 태양광 설치 에너지성능 향상
- 친환경인증자재 실내공기질향상
- 기류순환배치 바람길 형성

에너지 저감 계획

- 옥상 녹화 녹지면적 확보
- 우수재활용 에너지 절약
- 로이복층유리 에너지성능 향상

탄소배출 최소화를 위한 LED 조명 적용
일반램프에 비해 전력소모를 필요한 자연색의 구현을 통해 장수명 램프 교체주기가 길고 전력소비가 적어 에너지 소모량 절감 자외선 및 전자파가 없고 자연에 가까운 색을 구현하는 친환경 조명

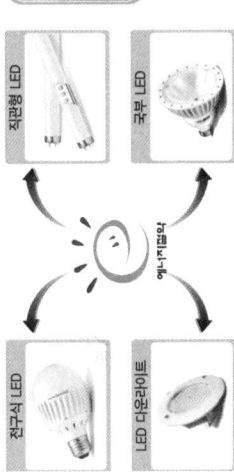

친환경 신재생 에너지 적용
- 태양광을 이용한 무공해 청정에너지
- 직류전력을 교류전력으로 변환시켜 부하계통에 연계하는 한전계통 연계형 시스템
- 태양전지의 중점으로 출력조정 용이

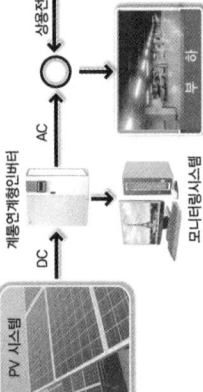

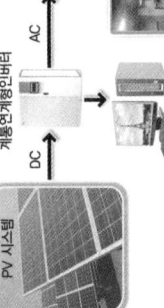

PV 시스템

구조계획 및 토목계획

구조시스템 계획

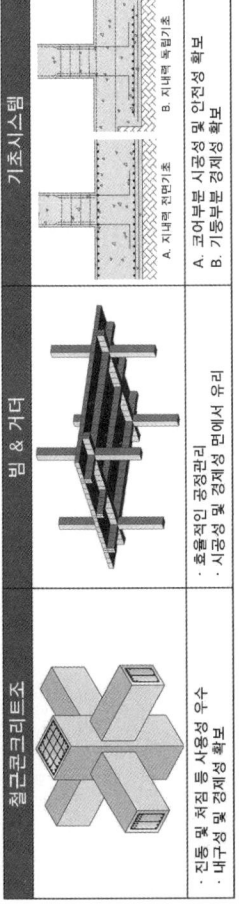

철근콘크리트조
- 진동 및 처짐 등 사용성 확보
- 내구성 및 경제성 확보

보 & 거더
- 흡음적인 공정관리
- 시공성 및 경제성 연계성 유리

기초시스템
- A. 지내력 전면기초
- B. 기둥크리트기초

구조특화전략

지붕 시스템
- 처짐 및 진동에 유리한 철근콘크리트조 적용

바닥시스템
- 슬래브처짐 및 진동문제를 통합 사용성확보

지상층 및 지하층 주골조 시스템
- 사용성 및 시공성, 경제성확보 투명 RC라멘조 적용

신기술 신공법 적용계획

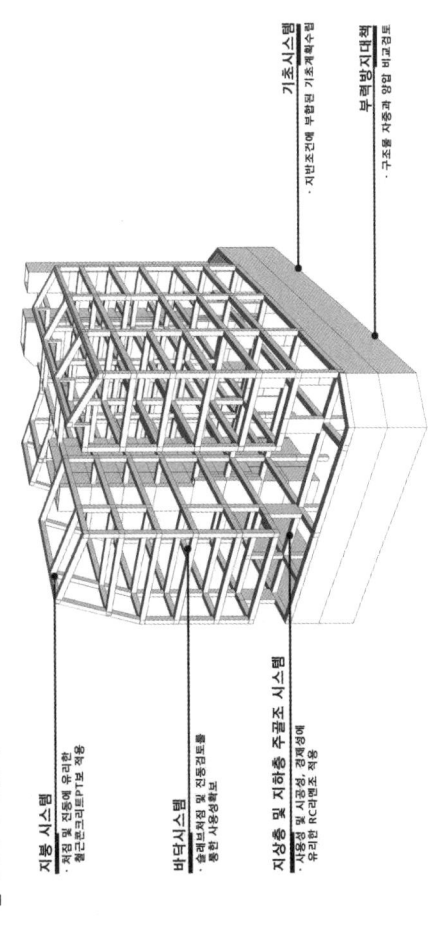

기초 매스콘크리트 균열저감 공법
- 순환펌프
- 양생수
- 양생수 공급 양생수 운반
- 내약 온도체 계측장비
- 양생수 순환조

- 기초 내외부 온도차 제어도 온도열 저감

종이거푸집
- 원형거푸집에 적용, 친환경자재로 폐기물감소

철근 기계식 이음
- 기둥 주철근에 적용하여 시공품질 향상

토목시스템 계획

지하주차장 출입구 침하 방지대책
- 보조기층재 설치로 도로침하와 균열방지

도로 포장 단면도
- 아스팔트 중간층 적용

건물 진입도로 재활용블럭 활용
- 환경성 및 경제성 고려한 재활용 자재 사용

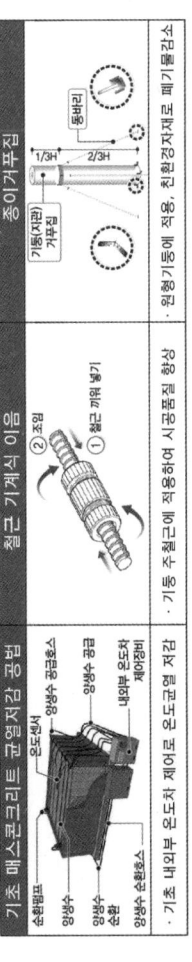
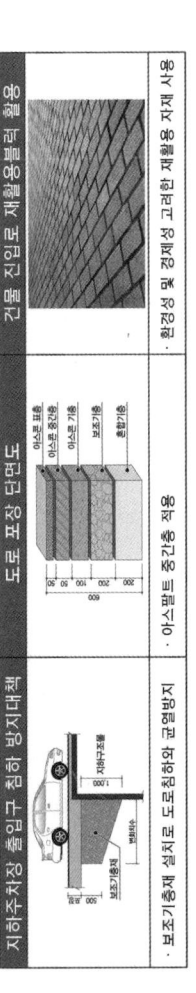

제주시 한림읍청사

당선작 (주)종합건축사사무소 선건축_선은수 설계팀 김대희, 황선영, 엄 지, 김신아

대지위치 제주특별자치도 제주시 한림읍 한림리 919번지 외 10필지 **대지면적** 7,042.00㎡ **건축면적** 3,911.35㎡ **연면적** 4,360.96㎡ **조경면적** 1,478.82㎡ **건폐율** 55.54% **용적률** 43.55% **규모** 지하 1층, 지상 3층 **최고높이** 13.8m **구조** 철근콘크리트조 **외부마감** 현무암 자연석, 목재패널, 알루미늄 아노다이징, 제물치장 콘크리트 **주차** 74대(장애인 주차 3대 포함)

한림(翰林)의 이야기를 담다

공공건축은 종종 상징성에 매몰되어 일반적인 모뉴먼트 건축에 그치거나 도시적 맥락과는 무관한 섬과 같은 도시조직으로 남게 되는 과오를 범하기도 한다. 한림읍 구도심의 경계에서 새로운 도시 공공성을 이야기하고자 하는 한림읍청사는 기존 지역의 역사성과 공간체계의 연속성, 도시의 풍경에서 찾아낸 인간친화적 스케일의 적용과 지역사회 구성원들 간의 소통을 고려한 조화로운 건축을 지향한다.

대지를 프로그램으로 채워 넣기보다는 비워내는 방식으로 재편하고 행정기관의 권위성을 부각시키는 단순하고 평면적인 설계구성은 다층적이고 입체적인 형태로 변화시켜 한림읍의 지역 정체성이 반영된 생명력 있는 일상공간을 구성하고자 한다.

Embracing the story of Hallim

Public architecture is easily obsessed by symbolism and thus often makes a mistake of producing a stereotyped, monumental building or an island-like urban object irrelevant to its surrounding urban context. Promoting new urban public values on the border of Hallim's old downtown, the new Hallim-eup Office wants to appear as a harmonious architecture that values the region's historical significance, continuity in spatial narrative, application of human scale found in urban sceneries and communication among local community members.

The site is reorganized by emptying it instead of filling it with new programs. And simple and plain designs that focused on emphasizing the authority of a government institution are replaced with a three-dimensional, multi-layered form to create an energetic everyday space reflecting the regional characteristics of Hallim.

Prize winner Sun Architects & Engineers Co., Ltd._Sun Eunsoo **Location** Hallim-eup, Jeju, Jeju-do **Site area** 7,042.00㎡ **Building area** 3,911.35㎡ **Gross floor area** 4,360.96㎡ **Landscaping area** 1,478.82㎡ **Building coverage** 55.54% **Floor space index** 43.55% **Building scope** B1, 3F **Height** 13.8m **Structure** RC **Exterior finishing** Basalt, Wood panel, Aluminum anodizing, Facing concrete **Parking** 74 (including 3 for the disabled)

Jeju Hallim-eup Office Building

대지현황분석 및 배치개념

CONCEPT | 계획의 목표

대지현황분석

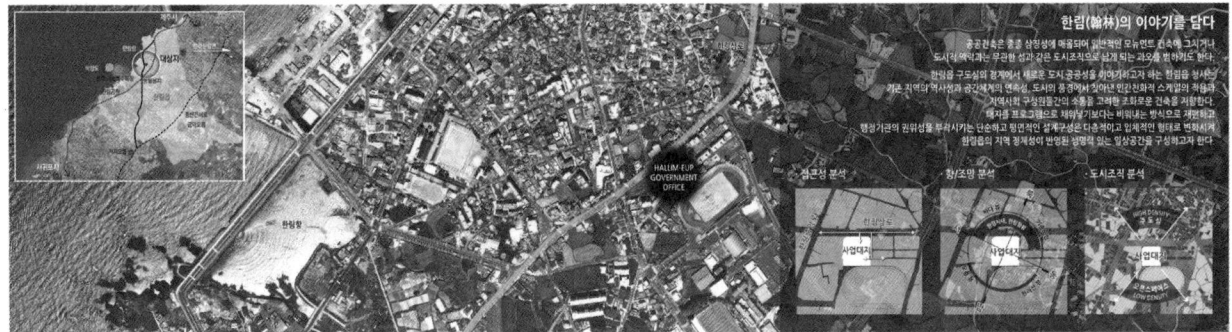

한림(翰林)의 이야기를 담다

배치개념

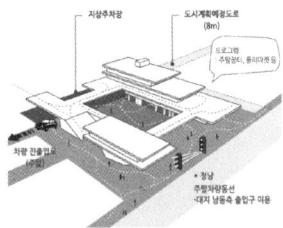
"주말 오후, 걸어서 좋은 길"
치없는 거리 · 차량영역의 제한과 보행공간의 확대
- 차량과 보행동선을 명확하게 분리하여 안전하고 여유로운 외부공간 조성
- 주말마다 차량영역을 제한하여 필로티하부 오픈스페이스를 주민에게 개방

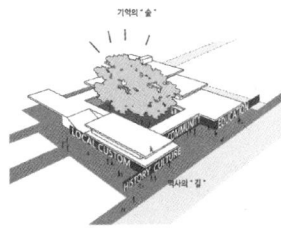
"길에서 만나는 한림읍의 과거와 현재"
한수풀의 상징과 가로시설물에 새겨진 역사의 기억
- 기존식재를 활용하여 한(韓)수풀의 기억을 상징화한 대규모 녹지공간 조성
- 회랑으로 이루어진 틈급에 한림읍의 역사와 문화를 전시하는 공간 마련

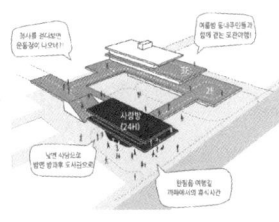
"우리동네 놀이터"
주민에게 항상 열려있는 청사의 사랑방과 외부데크
- 식당라운지(1F)를 지역민들과 방문자들의 24시간 사랑방으로 운영
- 무인카페, 민원발급기, 관광안내소구성, 지역민과 방문객에게 편의제공

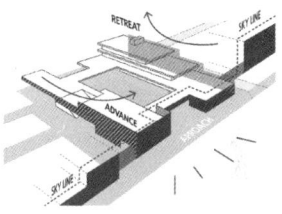
"어디서나 잘보이는 한림읍사무소"
도시적 맥락에서의 가로의 연속성과 인지성
- 기존 도시의 동선체계를 연장하고 도시가로의 연속성을 고려한 계획수립
- 다양한 각도에서 입체적인 도시구조물로 인지될 수 있도록 입면구성

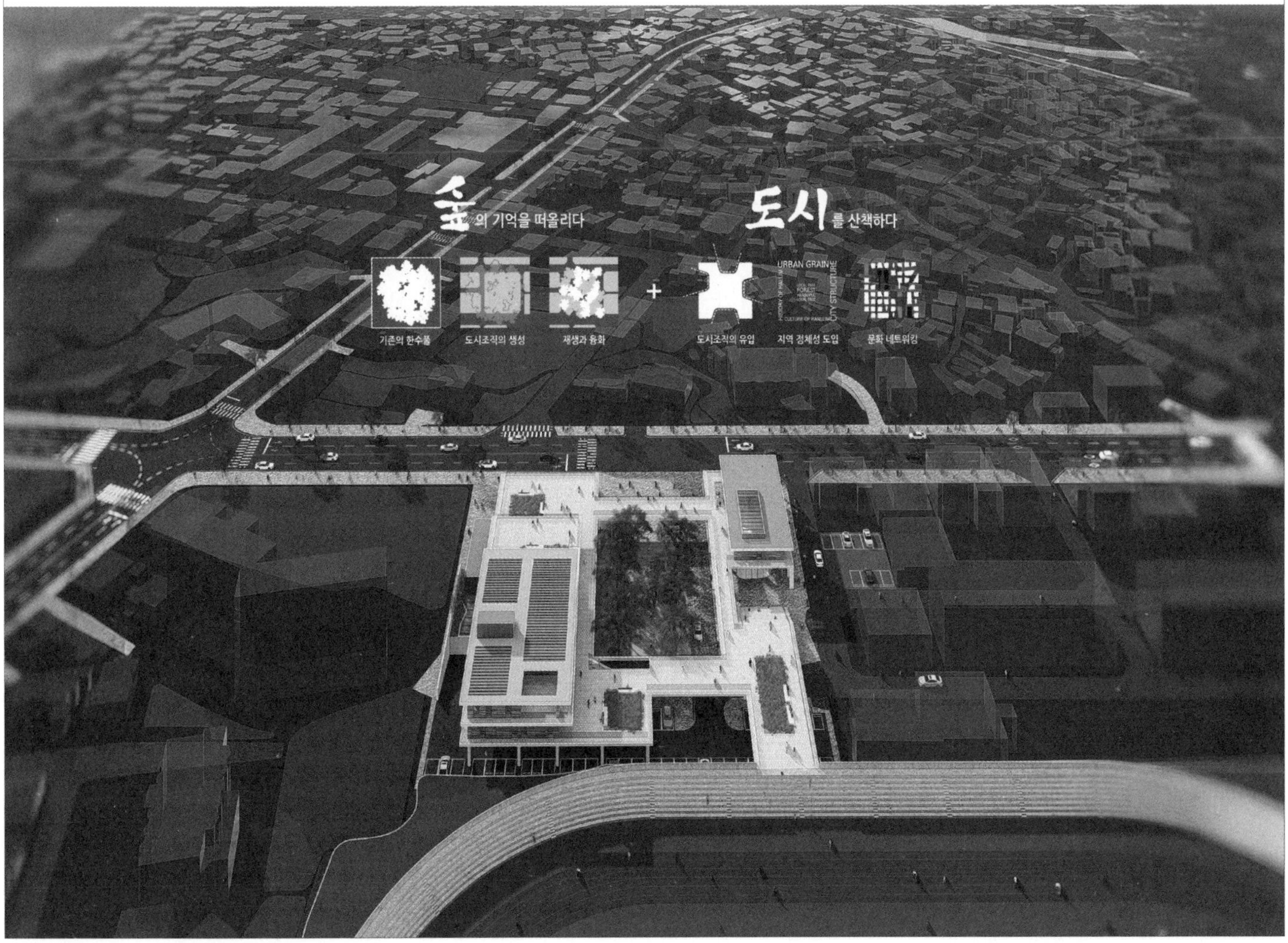

숲 의 기억을 떠올리다 + 도시 를 산책하다

제주시 한림읍청사

기본계획개념

CONCEPT
계획의 목표

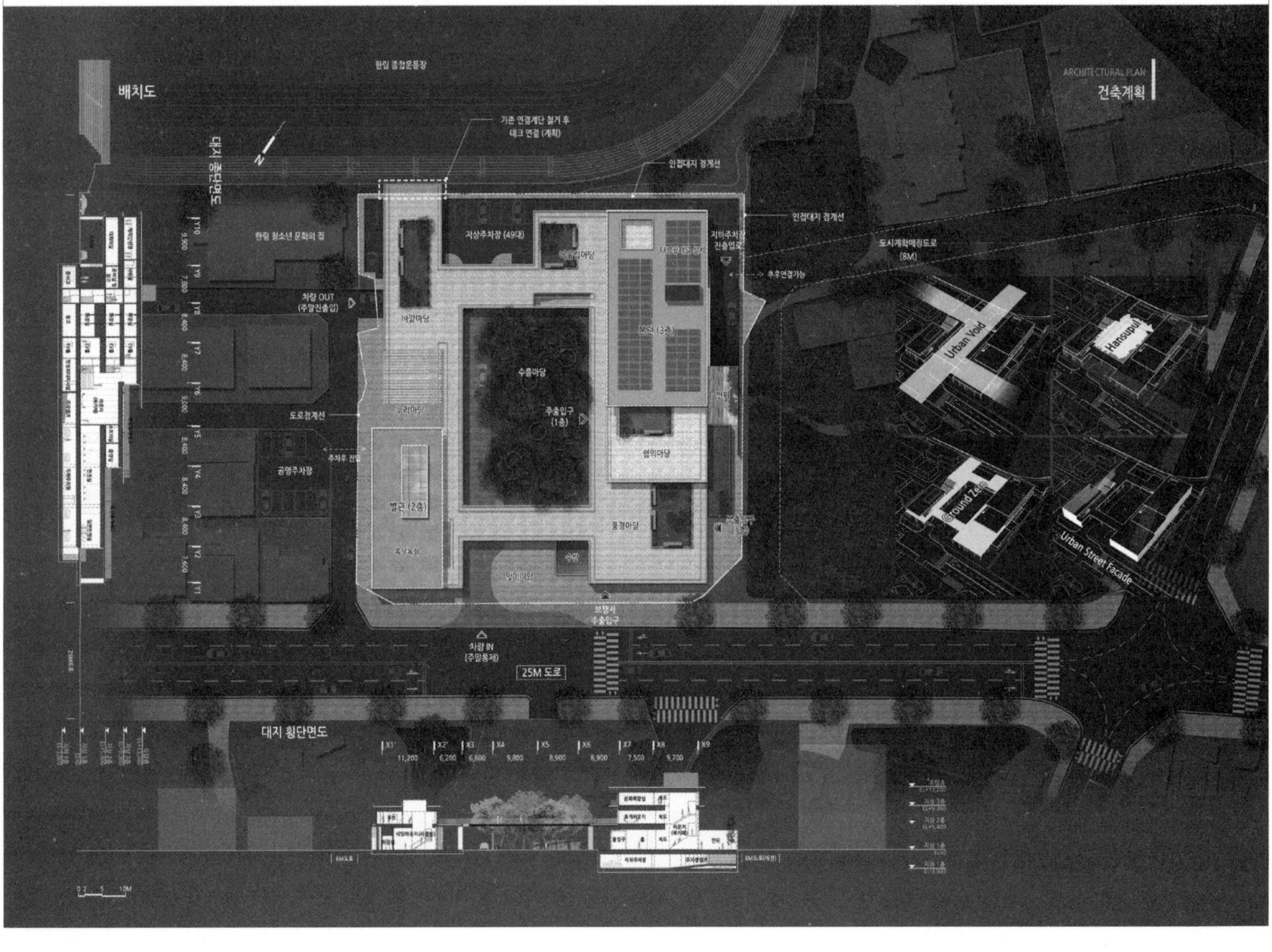

한수풀 기억의 숲. The Forest of Memory

THE FOREST OF MEMORY

한수풀 역사의 길. The Path of History

THE PATH OF HISTORY

배치도

ARCHITECTURAL PLAN
건축계획

대지 횡단면도

Jeju Hallim-eup Office Building

ARCHITECTURAL PLAN
건축계획

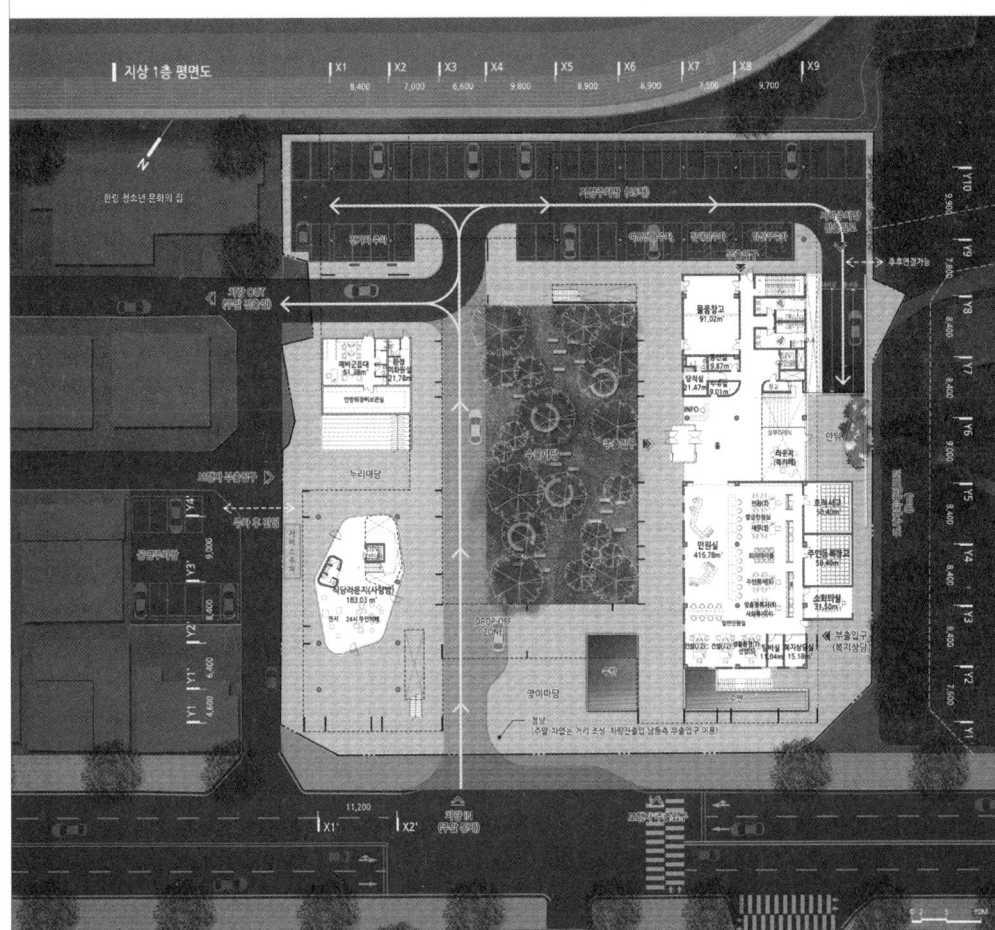

자연과 역사·문화의 장소 만들기

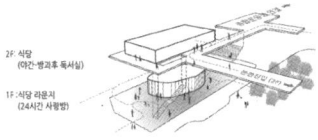

다목적 사랑방

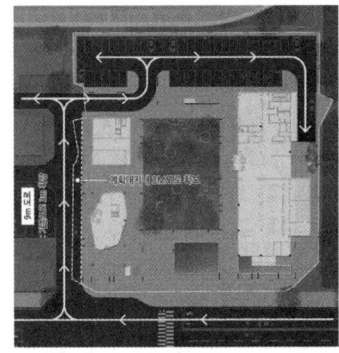

기존도로를 활용한 차량동선제안 (기존 6m도로 → 9m도로로 확장)

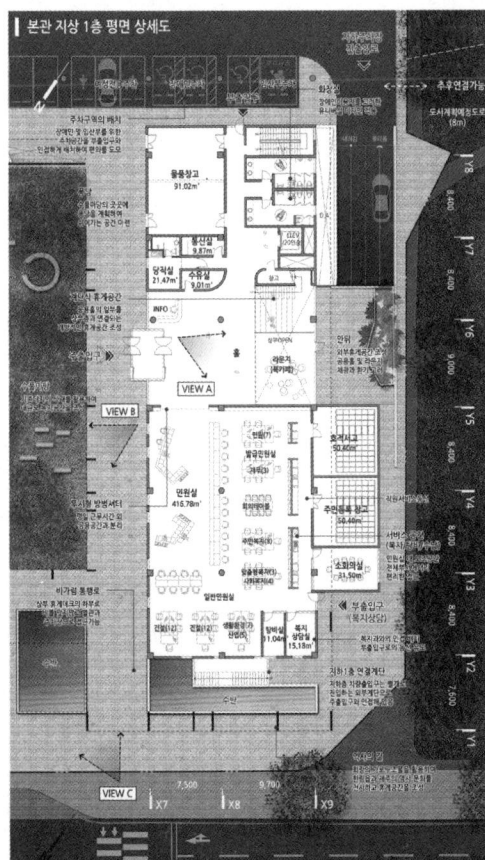

VIEW A_ 북카페와 안뒤

VIEW B_ 기억의 길과 수돌마당

VIEW C_ 맛이마당과 수반

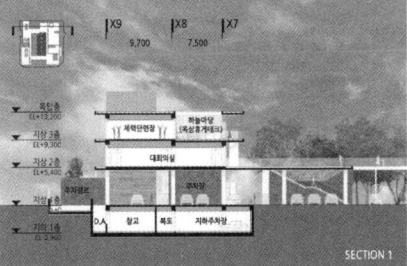

SECTION 1

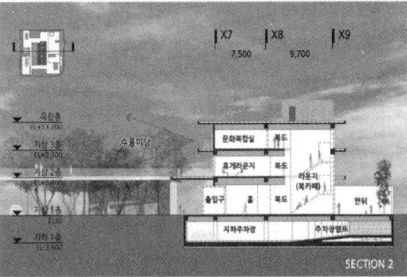

SECTION 2

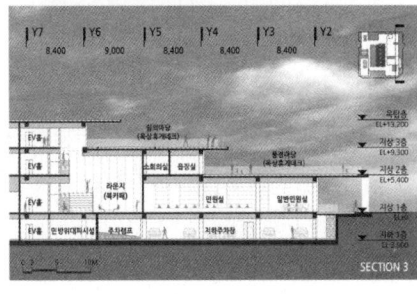

SECTION 3

제주시 한림읍청사

건축계획

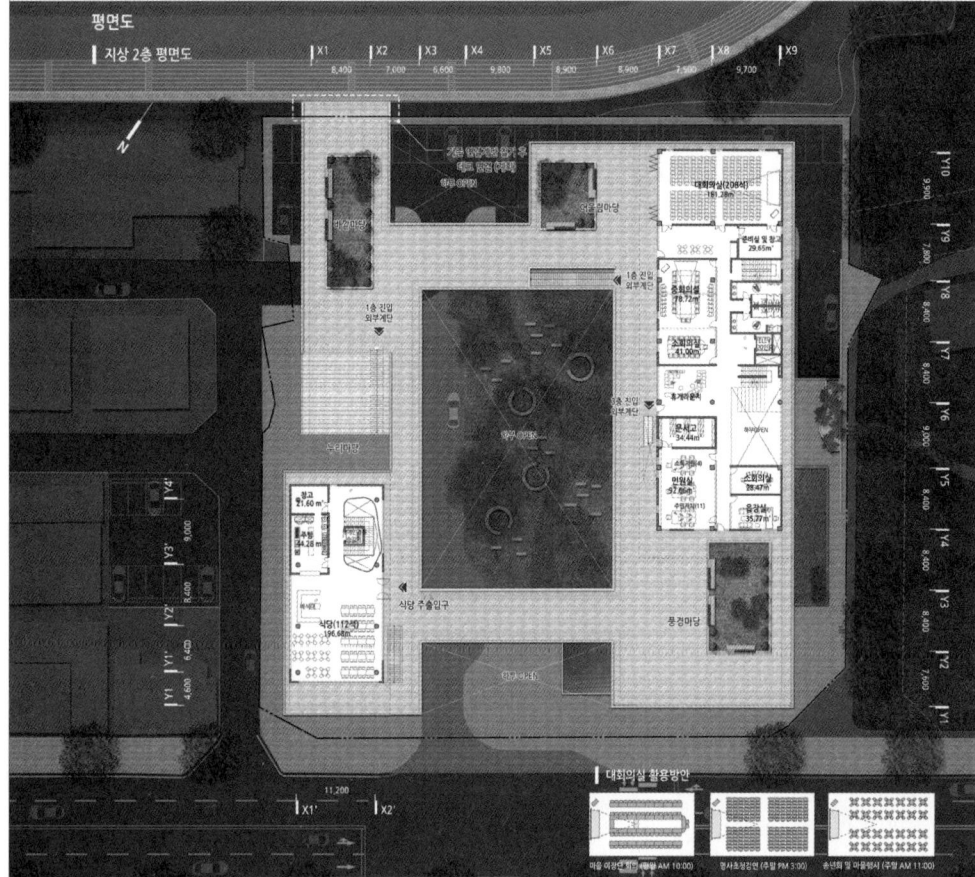

평면도 — 지상 2층 평면도

지상 3층 평면도 / 옥탑층 평면도

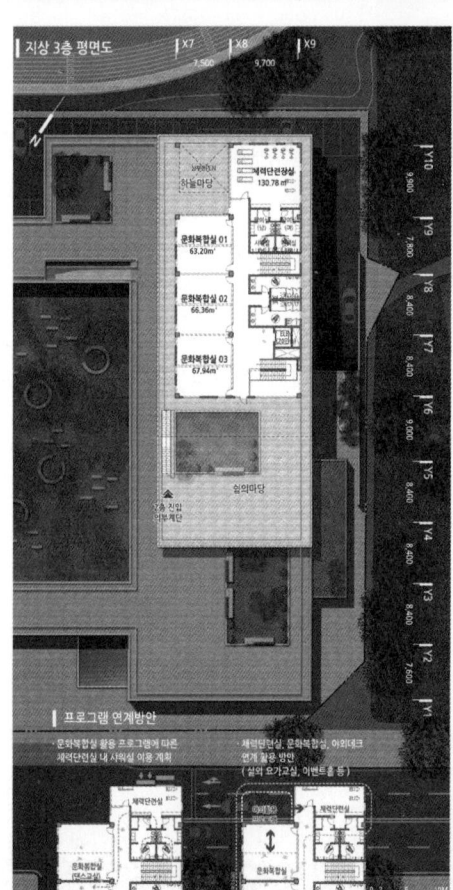

다층적 방식의 커뮤니티 플랫폼 계획

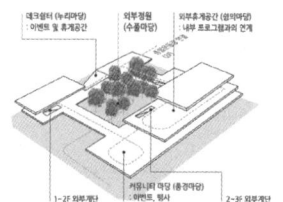

- 외부정원, 휴게공간, 커뮤니티 마당 등으로 구성된 보행자 중심의 커뮤니티 플랫폼
- 1~3F까지 외부휴게공간에 별도의 수직동선을 구성하여 업무시간 이후로도 이동에 제약이 없는 24시간 열린공간 구성
- 내부 프로그램과 연계되어 다양한 행사 개최 및 교류활동 지원

경계없는 공간계획

- 문화복합실, 대회의실의 외기에 접하는 벽체를 폴딩도어로 계획, 주말에는 마당까지 이용범위를 확장시켜 웨딩홀, 강연, 주민이벤트 등과 같은 대규모 행사장으로 활용

사랑방과 데크쉼터 조성계획

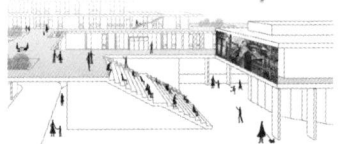

- 식당라운지(사랑방)와 연계되어 계단식 커뮤니티 공간으로 구성된 데크쉼터
- 사랑방의 벽면 일부분을 영화 스크린으로 활용하여 야외 상영과 같은 이벤트를 계획
- 기존 가로의 연속성을 유지하는 형태로 인근 지역민들의 접근을 유도하는데 용이

시간별 프로그램 이용계획

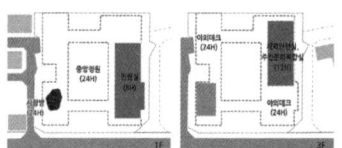

- 24시간 운영되는 사랑방을 통해 지역주민, 관광객, 이주민들에게 편의를 제공
- 체력단련실과 문화복합실의 시간대별 이용계획을 수립하여 지역민들의 활용도 증진
- 1층에서부터 연속적으로 이어지는 외부동선이 유지되는 휴게데크 및 옥상정원

향후 증축을 고려한 건축계획

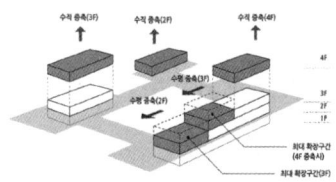

- 계단식으로 구성된 층별 구성과 향후 프로그램실, 창고 등의 증축을 고려한 건축계획
- 2,3층의 데크를 활용한 수평증축과 4층에 추가되는 수직증축

다문화 및 주민자치를 위한 가변형(Moving wall) 공간 구성

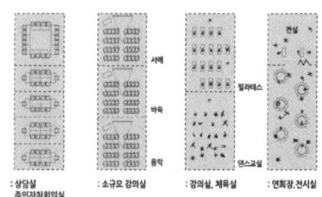

- 가변형 벽체구조(Moving wall)를 도입하여 문화복합실의 다양한 사용방안을 모색
- 옥상데크를 활용하여 주변으로 프로그램 이용범위를 확장시키거나 휴게쉼터로 활용

風景異多 풍경이다

풍경을 가득 채운 높고 낮은 나무들, 수반에 비친 하늘과
기둥사이로 자유롭게 오고가는 한림읍 사람들
자연과 교감하는 다양한 공간들을 대지 내외 풍경으로 끌어들인다.

제주의 하늘, 구름, 바람을 담는 수반 **맞이광장과 수반**

본관건물과 식당 및 주차장 연결 **비가림 보행로**

역사·문화가 함께하는 기억의 정원 **수물마당**

휴식과 이벤트가 있는 커뮤니티 공간 **바깥마당과 사랑방**

계단식 광장과 종합운동장을 연결하는 데크머리 **누리마당**

제주시 한림읍청사

입면도

입면계획 기본개념
· 주변 자연환경과 도시적 맥락을 고려한 매스의 분절과 자연의 패턴의 활용
· 제주와 한림의 역사와 흔적을 모티브로 한 입면디자인 계획

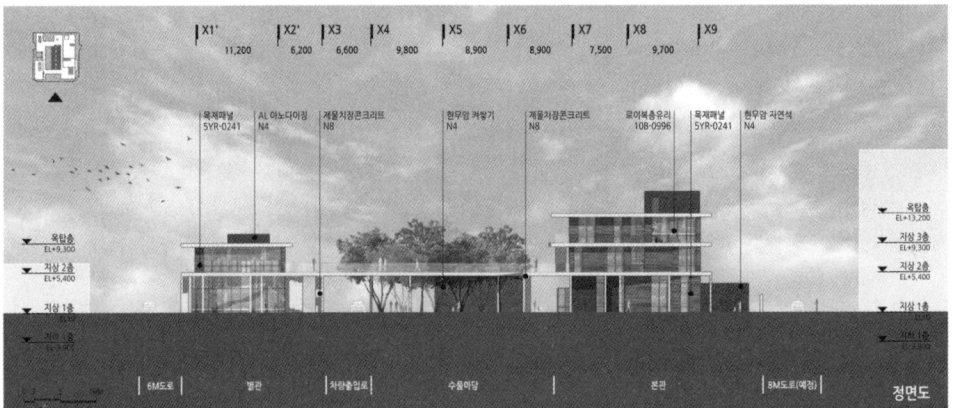

정면도

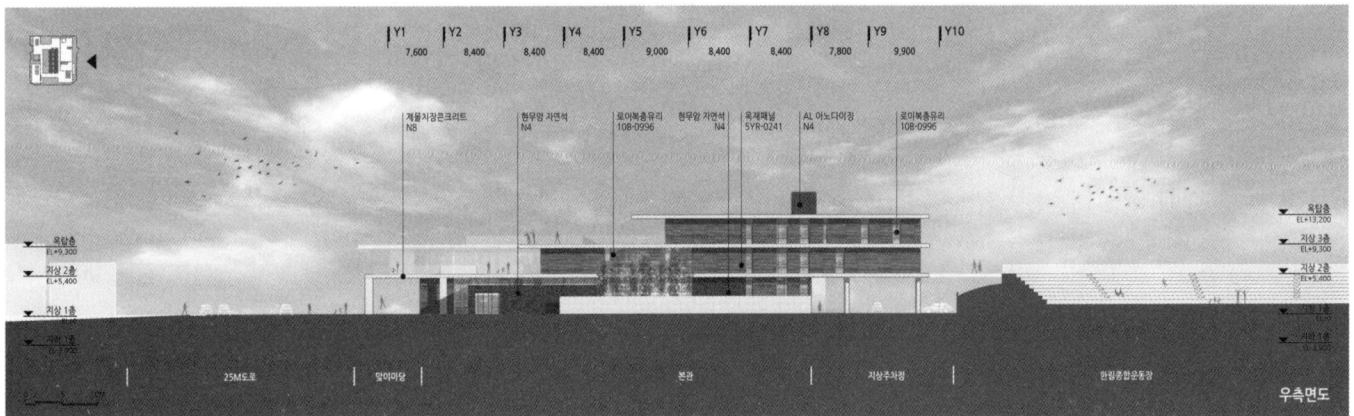

우측면도

재료 및 색채계획
· 경제적 합리성, 시공성을 고려한 형태 및 재료사용
· 주변환경과 조화롭게 어우러지는 자연스러운 색채계획
· 목재, 현무암 등 자연재료의 사용으로 친환경적 건축 이미지 제고

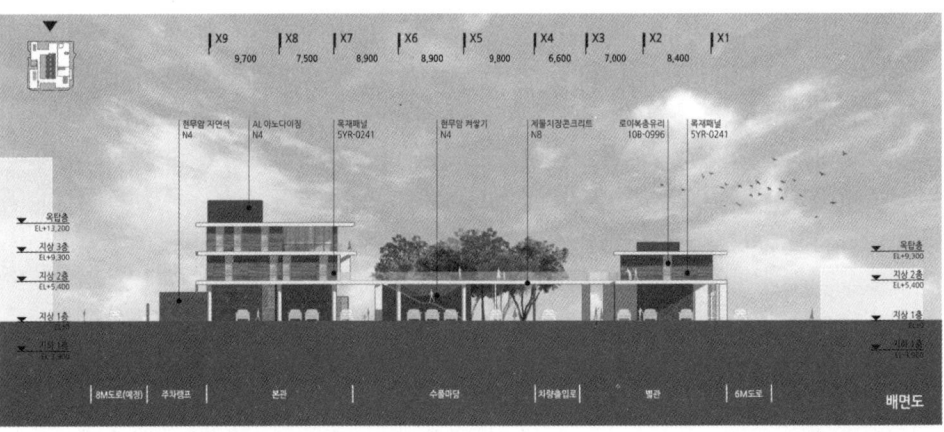

배면도

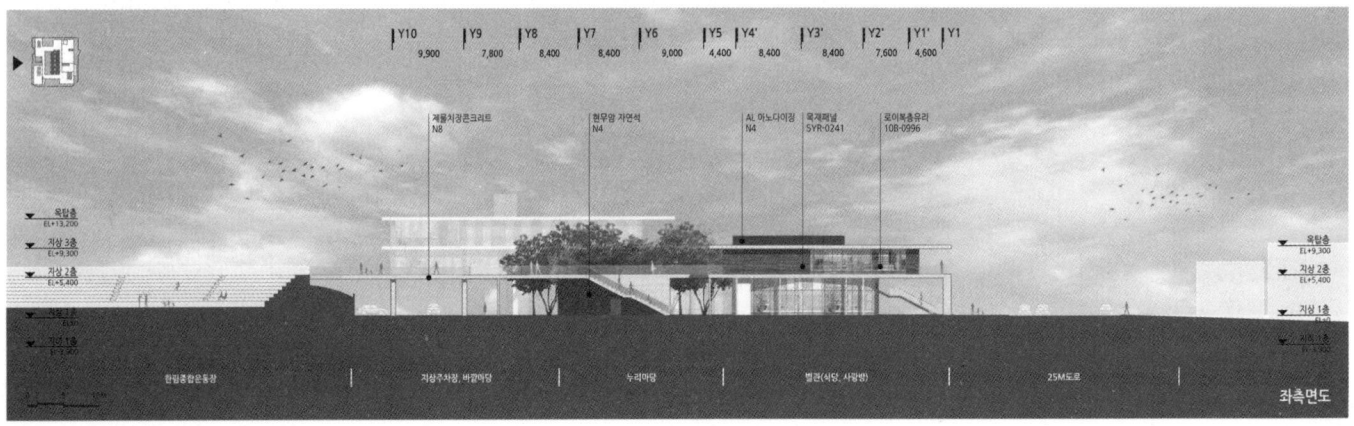

좌측면도

ARCHITECTURAL PLAN
건축계획

단면도

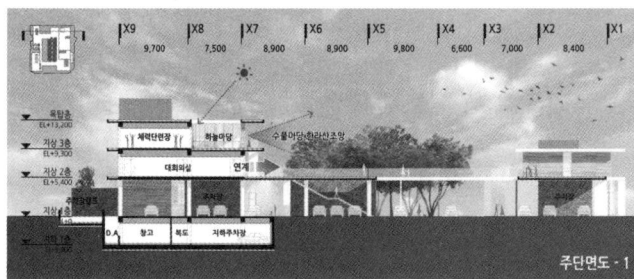
주단면도 - 1

주단면도 - 2

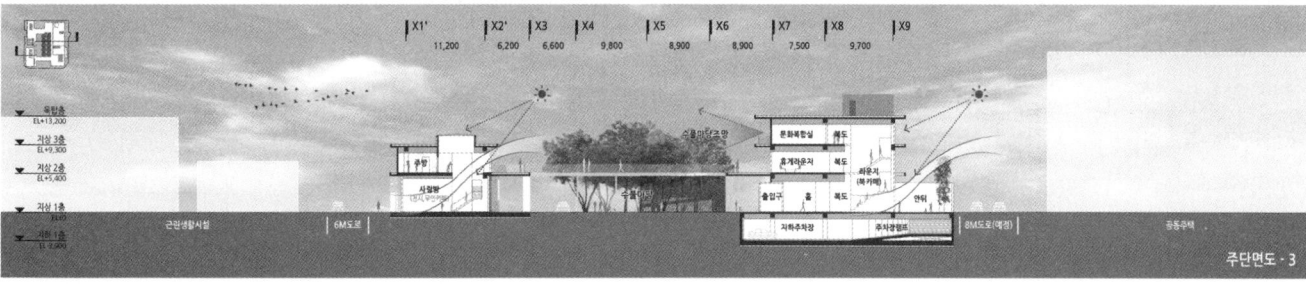
주단면도 - 3

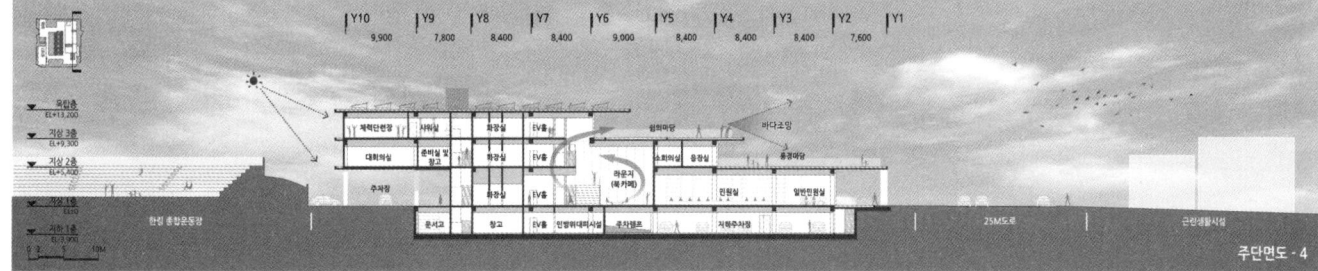
주단면도 - 4

외부공간계획

GROUND PLATFORM
다층적으로 구성된 녹지공간을 연결시키는 커뮤니티 플랫폼

조경계획개념

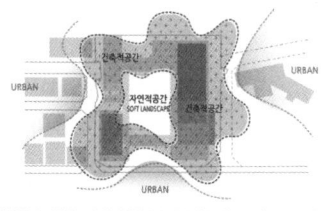

- 구획화되고 경직된 도시가로의 입면과 아스콘 포장재로 구성된 외부의 도시적 공간과 한수풀과 수반이 밀집배치된 내부의 자연적 공간(soft landscape)
- 전이단계로서의 건축적 공간은 분절되거나 격출된 형태로 경계를 허물거나 소통하여 두 공간을 연결하는 유연한 가능성을 내포

제주 가옥 '안거리 밖거리'의 개념 적용
- 제주 전통의 공간구성을 다층적인 형태로 재해석
- 입체적이고 편리한 커뮤니티 공간계획

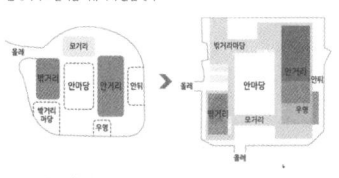

제주 전통 가옥구조 / 공간의 재해석

風景異多 풍경이다

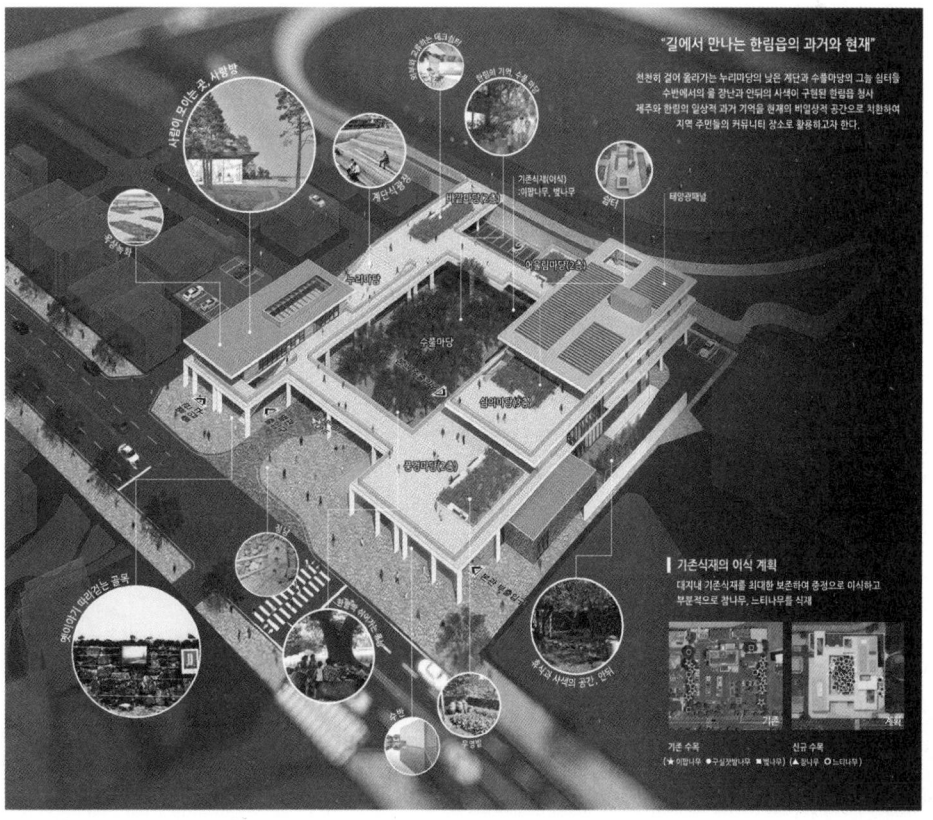

"길에서 만나는 한림읍의 과거와 현재"

천천히 걸어 올라가는 누리마당의 낮은 계단과 수풀마당의 그늘 쉼터를 수반에서의 물 장난과 언덕의 시색이 구현된 한림읍 청사 제주와 한림의 일상적 과거 기억을 현재의 비일상적 공간으로 치환하여 지역 주민들의 커뮤니티 장소로 활용하고자 한다.

기존식재의 이식 계획
대지내 기존식재를 최대한 보존하여 중점으로 이식하고 부분적으로 창나무, 느티나무를 식재

제주시 한림읍청사

2등작 (주)건축사사무소 시월 유대웅 + (주)티에스에이 건축사사무소 김태성 설계팀 강연수, 이정언(이상 시월) 김해윤, 윤동현, 문상일(이상 티에스에이)

대지위치 제주특별자치도 제주시 한림읍 한림리 919번지 외 10필지 **대지면적** 7,042.00m² **건축면적** 2878.53m² **연면적** 4,368.31m² **건폐율** 40.88% **용적률** 48.1% **규모** 지하 1층, 지상 3층 **구조** 철근콘크리트조 **외부마감** 세라믹타일, 현무암판석 **주차** 37대

Slope Way to Community

높이차와 시설물에 의해 단절된 북측 해안 주거 밀집지역과 남측 체육시설 클러스터의 연결을 복구하고, 청사 주변과 내부의 활동들을 수용하여 경사로에서 다양한 목적의 주민들이 입체적이고 자연스러운 만남이 이루어져 지역 내 커뮤니티와 청사의 이용을 활성화하며 문화적 생태계 조성을 위한 환경을 제공한다.

배치계획 및 공간계획

청사에 의해 단절되었던 북측 해안도시와 남측 체육시설을 연계하여 주변과의 맥락을 연결하였고, 연계선상에 서측 한림청소년 문화의집과 청사 내외부공간을 연계하여 청소년 문화활동을 지원하도록 하였다. 코어를 중심으로 주민자치영역과 민원업무영역을 분리하여 공간의 효율성을 극대화하였으며, 본관을 중심으로 업무지원시설, 주차장, 열린 문화공간 등 부속용도의 시설을 분화시켜 형성하였다.

Slope Way to Community

Through restoring the connection between a high-density residential area on the northern coast and a sports facility cluster in the south which have been disconnected due to level differences and neighboring facilities, and through embracing activities around and inside the new office to encourage three-dimensional and natural interactions on the ramp, among people with different purposes, the proposal tries to activate the local community and increase the usability of the office and provide an environment that can give a birth to a new cultural ecosystem.

Site plan & Space design

The northern coast town and the sports facility in the south which have been disconnected by the existing office facility are interlinked to make a continuous flow with the local context. And in line with this flow, the Hallim Youth Culture Center in the west and the new office's outdoor area are connected to support teenagers' cultural activities. Local community and public service areas are separately positioned around the core to enhance efficiency in the use of space. Secondary facilities including a work support facility, parking area and open culture zone are dispersed around the main building.

2nd prize SIWOL Architecture_Yoo Daewoong + TSA Architecture & Planners_Kim Taesung **Location** Hallim-eup, Jeju, Jeju-do **Site area** 7,042.00m² **Building area** 2878.53m² **Gross floor area** 4,368.31m² **Building coverage** 40.88% **Floor space index** 48.1% **Building scope** B1, 3F **Structure** RC **Exterior finishing** Ceramic tile, Basalt slab **Parking** 37

Jeju Hallim-eup Office Building

건축계획

배치 | PROCESS

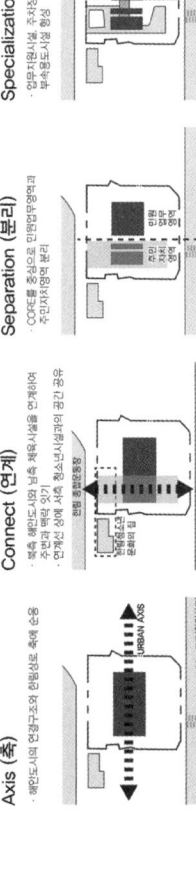

Axis (축)
- 해안도로와 연결구조의 한림읍사로 축에 순응

Connect (연계)
- 북측 해안도로와 남측 체육시설을 연계하여 주변공간 연계 잇기
- 연계축 상에 서측 청소년시설과의 공간 공유

Separation (분리)
- CORE를 중심으로 민원업무영역과 주민자치영역 분리

Specialization (분화)
- 업무지원시설, 주차장, 열린문화공간 등 부속동시설 형성

배치도

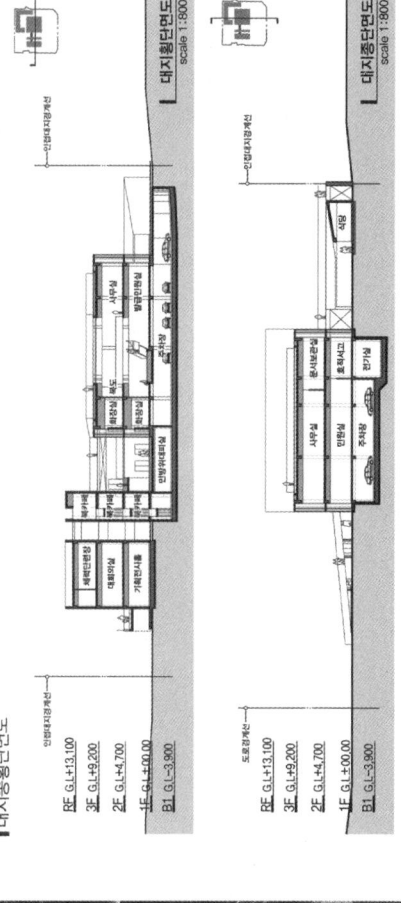

배치도 scale 1:800

대지횡단면도 scale 1:800

대지종단면도 scale 1:800

문화·생태계 구축 환경 제공
"SLOPE WAY TO COMMUNITY"

SLOPE WAY TO COMMUNITY는 높이차와 시설물에 의해 단절된 북측 해안주민지역과 남측 체육시설 클러스터의 연결을 복구하고, SITE 주변의 각각의 특성을 갖는 시설물이 청사 내 주민자치 영역(전시·교육·회의·축제 등)을 수용하여 SLOPE WAY 상에서 다양한 목적의 주민들이 입체적이고 자연스러운 만남이 이루어져 지역 내 커뮤니티의 청사의 이용을 활성화 하며 문화적 생태계 조성을 위한 환경을 제공한다.

URBAN AXIS

SLOPE WAY TO COMMUNITY

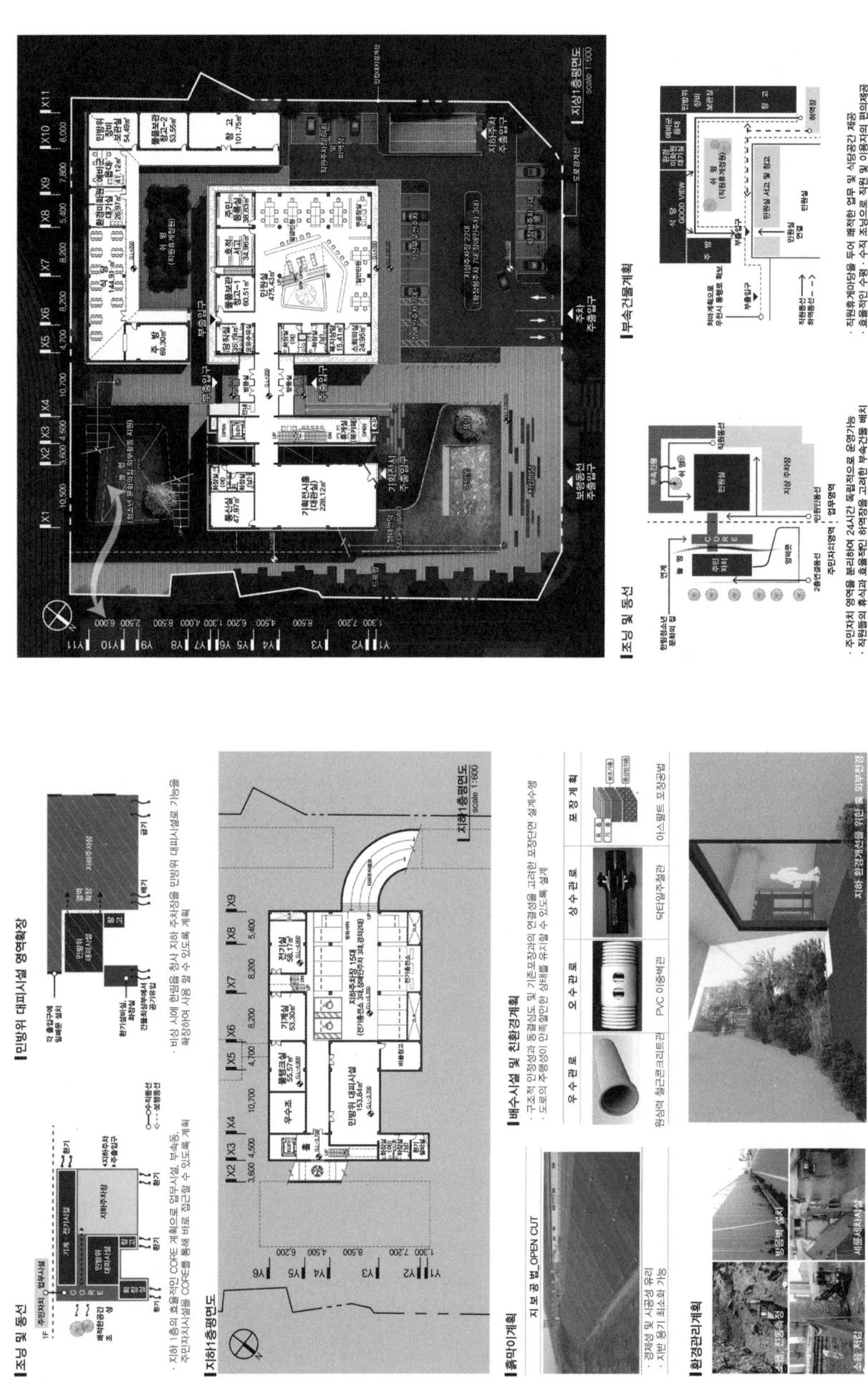

Jeju Hallim-eup Office Building

건축계획

지상2층 평면도

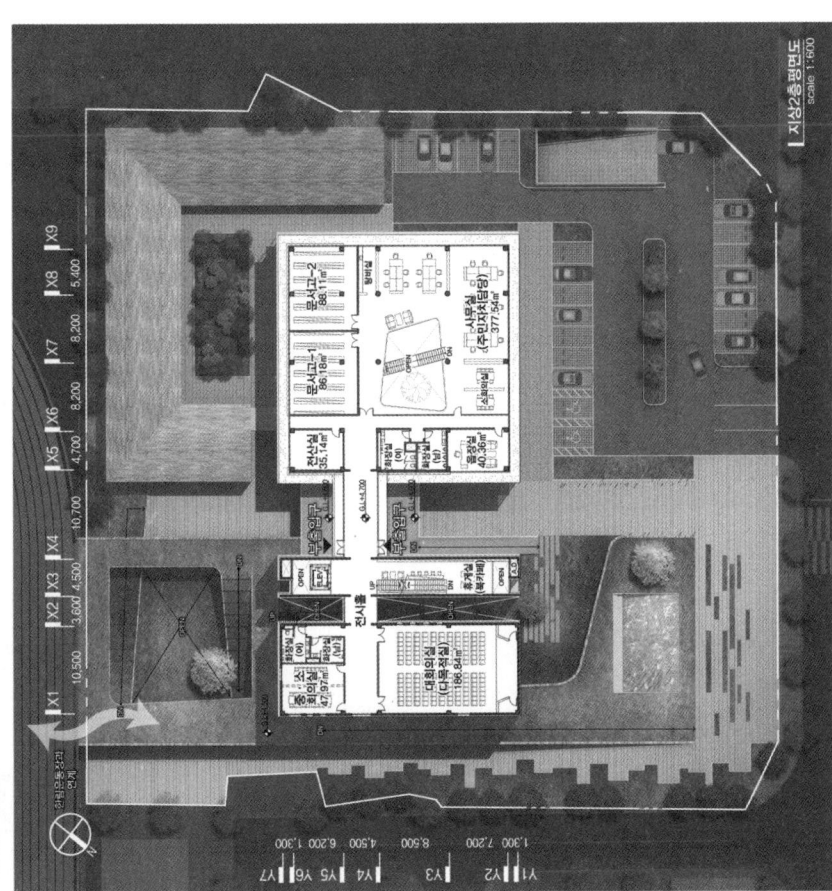

지상2층 평면도 scale 1:600

지상3층 평면도

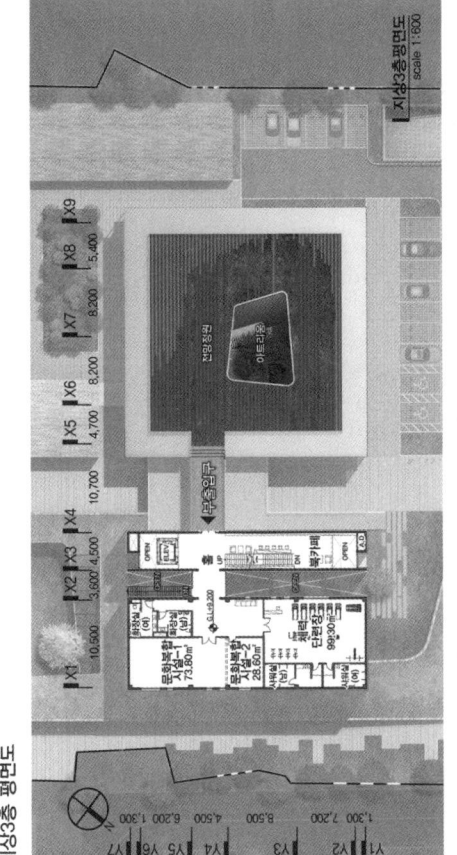

지상3층 평면도 scale 1:600

배면 이미지

아트리움 공간계획

- 1층 업무공간에서 2층 사무실로 연결되는 수직연동선을 계획하여 업무공간의 효율성 재고
- 내부 체력단련장과 전망정원의 동선연결로 쾌적한 환경 조성
- 친환경적인 요소를 구성하여 심리적 안정감과 편안함 조성

조닝 및 동선

- 진입마당에서 SLOPE WAY를 통해 2층공간에 직접 진입
- 놀이마당의 외부공간으로 한림청소년 문화의 집과 한림 공공산책로 연계

홀의 수직적 공간계획

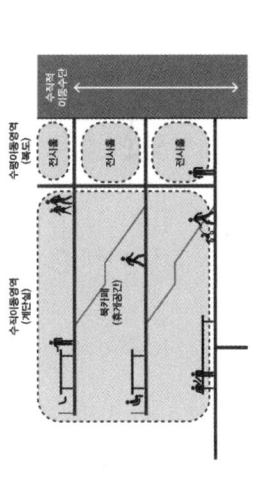

- 계단실을 이용한 휴게공간(북카페) 계획으로 문화공간 형성

제주시 한림읍청사

건축계획

입면계획

- 곶자왈 형성을 모티브로 한 입면형성 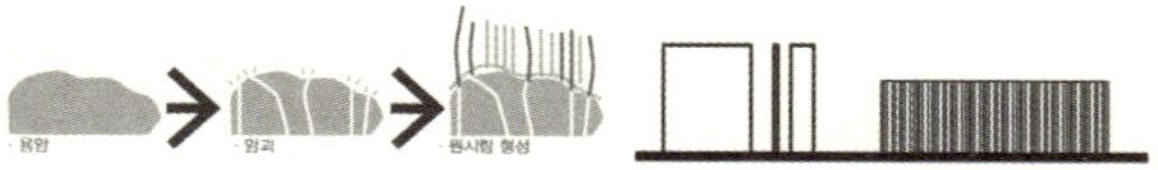
- 곶자왈이 이미지를 사용하여 제주스러움을 표현
- 차별화된 입면으로 상징성 부여

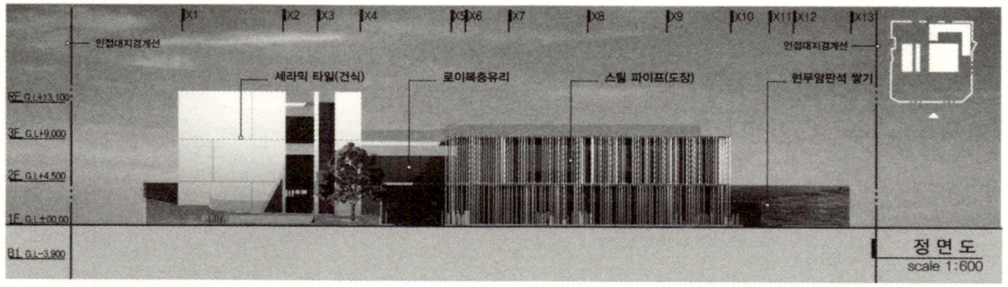

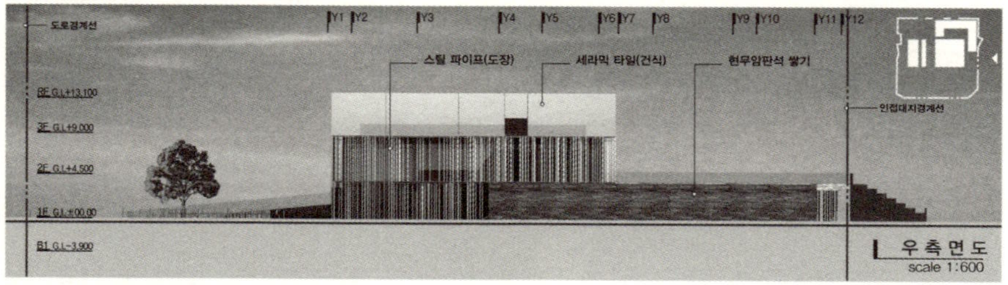

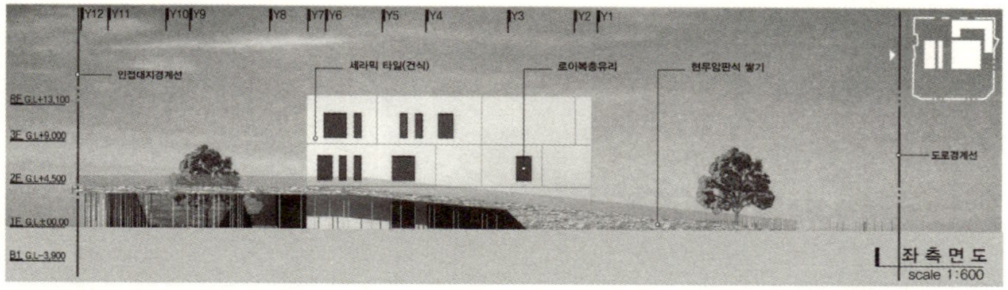

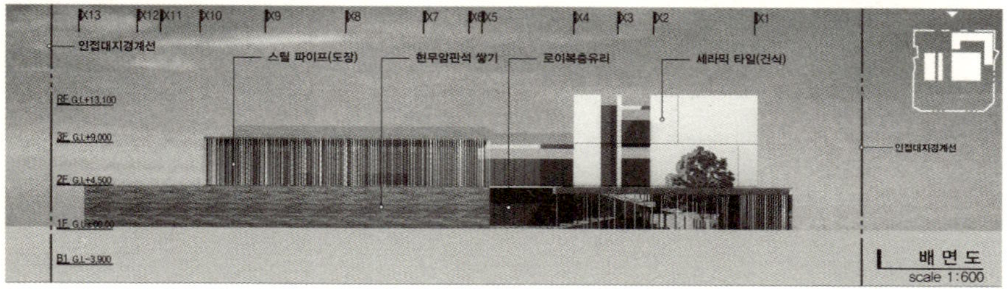

단면계획

수직 조닝 및 동선계획

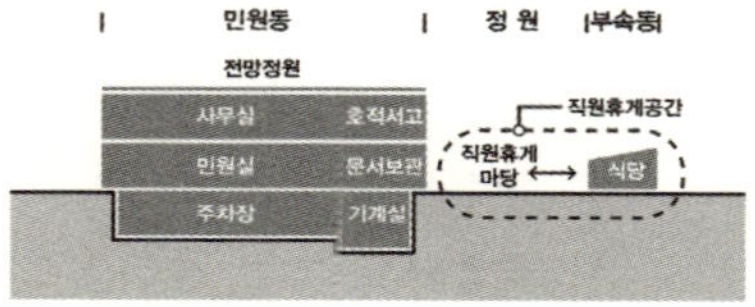

- 업무공간을 위한 서열(직원휴게실)과 식당이 근접 배치

단면적 외부공간 연계성

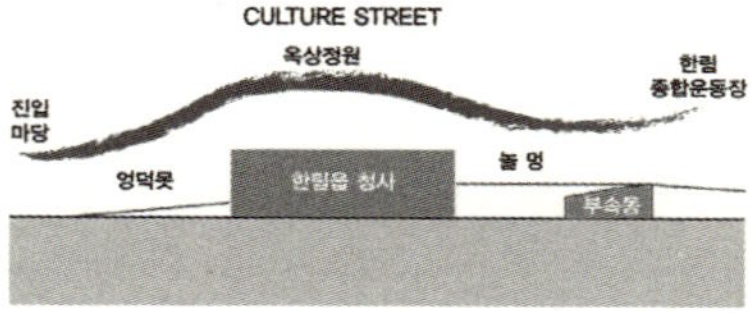

- 개방적 영역의 외부공간을 활용하여 Culture Street 형성
- 한림 종합운동장과 연계된 수직적 외부공간 계획

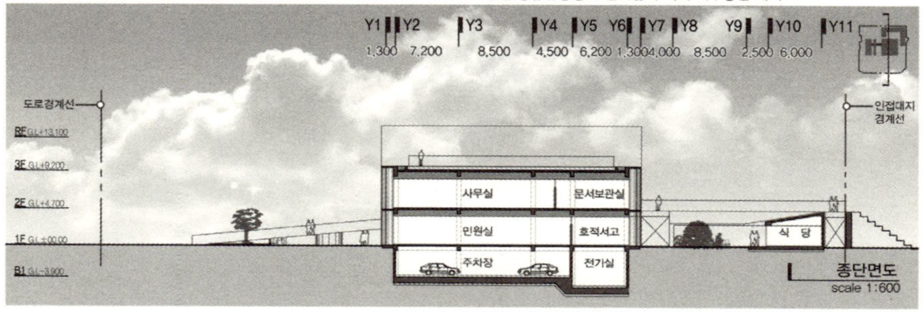

수직 조닝 및 동선계획

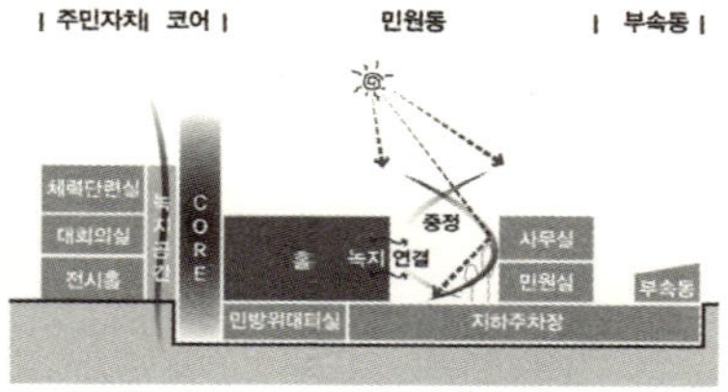

- CORE를 중심으로 주민자치영역과 업무영역을 분리
- 수직·수평적인 녹지연결로 쾌적한 한림읍 청사 계획

경계없는 한림읍 청사계획

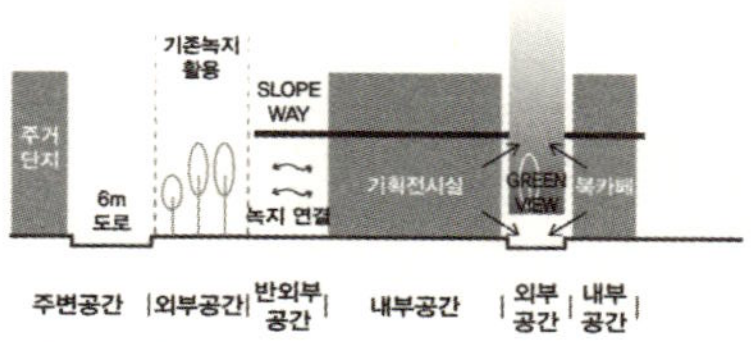

- 청사 주변 담장을 제거하고, 외부공간 및 주민자치의 1층 시설을 개방적이고 도민 참여적인 공간 구성
- 내외부공간을 반복 사용하여 청사라는 경계를 없애고, 열린 청사의 이미지를 강조

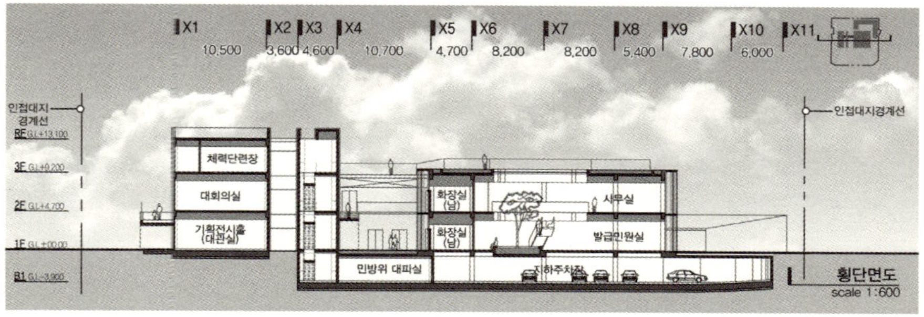

Jeju Hallim-eup Office Building

분야별계획

외부공간계획

│드로잉(행사마당) + 생태언덕(SLOPE WAY) + 엉덕못
- 청사 내부공간(대강당)과 문화집회시설과 연계된 외부공간을 다양한 주민자치적으로 활용하여 이벤트성을 구성 할 수 있는 공간을 제공
- 광장부터 공간도시의 역할 수행

│놀이(놀이마당)
- 청소년 문화프로그램과 연계된 외부 활동을 지원하고 활동 과정 중에 지역주민의 자연스럽게 참여되어 세대간의 교류 증진 도모

│숨골정원
- 민원인의 진입을 쉽게 통제하고 사색하고 정서적 조경공간을 조성하여 마음의 안식처를 제공

특화계획

내부공간계획

주요실 재료계획

홍계실 (문화복지시설)	대회의실	체력단련실
열린 허남음 청사 이미지를 바탕으로 자유로운 소통을 이끄는 공간 계획	원활한 소통과 균형이 이루어질 수 있도록 인정감이 느껴지는 공간 계획	운동을 목적으로 하는 공간으로 쾌적함을 높임
화이트 컬러 바탕으로 심리적 안정감 부여	독립적 문화행사 공간으로 디자인 계획 및 음향 계획	자연 공간의 마감재로 친환경적 공간 연출
친환경 마모륨 사용으로 친환경 이미지 강조	다목적 공간의 기능성 부여	기능성을 고려한 재료선정
	기능성을 고려한 실의 컬러 조성	쾌적함을 느낄 수 있는 무늬목 사용

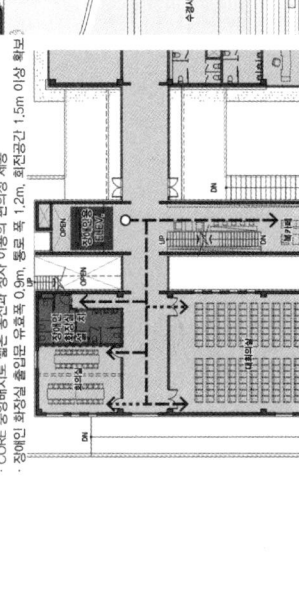

수성페인트 / 친환경 마모륨 / 수성페인트 / PVC 타일 / 홈불벽 / 목재플로링

유니버셜 디자인 계획

│지하주차장 계획
- 기상 생활에 상관없이 청사와 방문이 가능하도록 지하층 지상층 장애인주차장 확보
- 장애인 주차공간과 E.L.V.의 근접 배치로 동선 단축

│주출입구 계획
- 누구나 쉽게 주출입구를 이용할 수 있도록 차별없는 주출입구 계획
- 각 청장실에 장애인 화장실을 설치하여 모두에게 편리한 청사 계획

│대회의실 계획
- CORE 중앙배치로 짧은 동선과 청사 이용의 편의성 제공
- 장애인 화장실 출입문 유효폭 0.9m, 통로 쪽 1.2m, 회전공간 1.5m 이상 확보

제주시 한림읍청사

3등작 건축사사무소 생활공간 이용환 설계팀 유인철

대지위치 제주특별자치도 제주시 한림읍 한림리 919번지 외 10필지 **대지면적** 7,042.00㎡ **건축면적** 1,680.21㎡ **연면적** 4,149.16㎡ **건폐율** 23.86% **용적률** 58.92% **규모** 지하 1층, 지상 3층 **최고높이** 14.8m **구조** 철근콘크리트조 **외부마감** 제주석, 로이삼중유리, 카멜레온 강판 **주차** 83대(장애인 주차 6대, 확장형 25대 포함)

제주의 큰 숲, 한림

한림읍은 다양한 문화와 사람들이 유입되는 제주의 새로운 장소로, 읍민의 다양한 요구에 대응할 수 있는 새로운 공간이 요구되고 있다. 이에 새로운 한림읍청사는 단순한 행정기관에서 나아가 한림의 전통과 미래를 현재에서 아우를 수 있으며, 제주에서 태어나고 자란 사람과 제주가 좋아 모인 사람 등 다양한 한림읍민이 하나 될 수 있는 통합의 장이 되어야 할 것이다.

한림공간

주진입 광장과 중정, 북측의 오픈스페이스의 계획을 통해 다양한 행사와 이벤트, 프로그램을 수용할 수 있는 커뮤니티 공간으로 활용된다. 다양한 외부공간은 내부 공간과 유기적인 반응을 할 수 있는 공간적 구성을 통해 단순한 기능만을 수행하는 청사공간이 아닌 교감과 활력의 공간이 될 것이다. 한림읍청사는 단지 청사내부에서 액티비티를 담아내는 공간에서 더 나아가, 주변을 둘러싼 다양한 레벨의 외부환경과 한림을 둘러싼 자연까지 아우를 수 있는 만남의 공간이 될 것이다.

Hallim; one of the largest forests in Jeju

Hallim-eup is a growing region in Jeju which is receiving inflows of various cultures and people. It requires a new space which can accommodate various demands of the local community. The new Hallim-eup Office should go beyond working as an administrative institution to achieve reconciliation between the tradition and future of Hallim in the present and serve as an open place that leads the integration of Hallim's different groups of people including the ones who are born and raised in Jeju and the others who have moved in with affection for Jeju.

Hallim Space

With an entrance plaza, courtyard and open space designed in the north, the new office can work as a community space which can accommodate various activities, events or programs. The proposed space layout enables organic interaction between outdoor and indoor spaces to form an engaging and refreshing place, not a typical office facility simply providing functional services. The new Hallim-eup Office will work to support activities inside the office building and also serve as a meeting place that embraces the surrounding outdoor spaces nestled at different levels as well as natural elements around Hallim.

3rd prize Lifespace Design Architects_Lee Yonghwan **Location** Hallim-eup, Jeju, Jeju-do **Site area** 7,042.00m² **Building area** 1,680.21m² **Gross floor area** 4,149.16m² **Building coverage** 23.86% **Floor space index** 58.92% **Building scope** B1, 3F **Height** 14.8m **Structure** RC **Exterior finishing** Jeju stone, Low-E triple glass, Color steel plate **Parking** 83 (including 6 for the disabled, 25 for extension type)

Jeju Hallim-eup Office Building

설계개념
INTRODUCTION

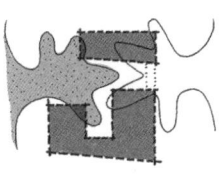

| 소통의 공간, 한림읍청사

한림읍청사는 오픈스페이스로 이루어진 남측과 주민의 광장이 계획된 북측으로 이루어진 두 개의 컨텍스트를 가진다. 이 서로 다른 성격의 컨텍스트가 주변환경과 소통하는 청사로의 새로운 중정공간은 한림읍청사를 대표하는 커뮤니케이션 공간이 될 것이다.

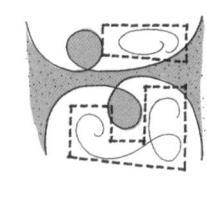

| 교감의 공간, 한림읍청사

한림읍 청사의 외부공간은 컨텍스트간의 소통과 전경, 주변환경과의 변화를 통해서 나아가 청사 내 외부의 기능적 가변성을 가지되, 한림의 다양한 주민이 아우르는 공간으로 확장되는 새로운 교감공간으로 재탄생하길 기대한다.

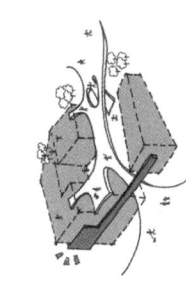

| 만남의 공간, 한림읍청사

한림읍청사는 다양한 레벨의 외부공간을 통해 구체화 된다. 개성이 뚜렷한 외부공간은 그 자체로 다양한 활동을 담는 그릇이 역할을 수행하며, 외부 동선을 통해 더욱 다양하게, 한림읍청사는 내부공간으로서 한림의 다양한 활동들이 아우러지는 다양한 부가공간을 만들어낸다. 한림에서 만남의 공간, 사람, 그리고 한림과 마주하게 된다.

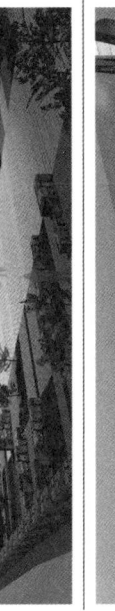  

| 주민 소통의 장

한림읍은 다양한 문화와 인구가 유입되는 곳으로 읍민의 새로운 요구에 대응하는 장 공간이 요구되고 있다. 이에 새로운 한림읍 청사는 한림의 전통과 미래를 아우르며 원주민과 이주민이 서로 소통하며 하나의 대표로서 역할을 수행하게 될 것이다.

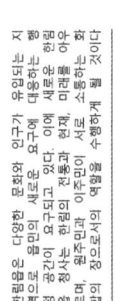 

| 주민 화합의 장

한림읍은 제주의 자연환경을 바탕으로 관광지 및 축향지가 위치할 뿐 아니라 비옥한 토지와 풍부한 어장을 바탕으로 농축수산업이 발달하였으며, 제주시부지역이다. 새로운 중심성을 지닌 지역적 특성에 도 복합적 다양성을 지닌 지역으로 읍민 중심지이다. 한림읍의 새로운 커뮤니티 중심이 될 한림읍 청사는 다양한 주민이 화합하여 더 큰 시너지를 낼 수 있는 큰 그릇과 같은 공간이 될 것이다.

| 주민 교류의 장

한림읍은 다양한 커뮤니티 활동이 이루어지고 있으며 이러한 커뮤니티 활동을 통해 주민간의 교류가 더욱 활발히 이루어지고 있다. 현재도 한림읍은 도내, 북으로 읍이 활동에서 나아가 다른 지역과 적극적으로 교류하여 새로운 커뮤니티를 형성해 나가고 있으며, 이러한 대외적 커뮤니티 활동을 더 시너지 있게 구성할 수 있는 공간으로서 새로운 한림읍청사가 기능을 하게 할 것이다.

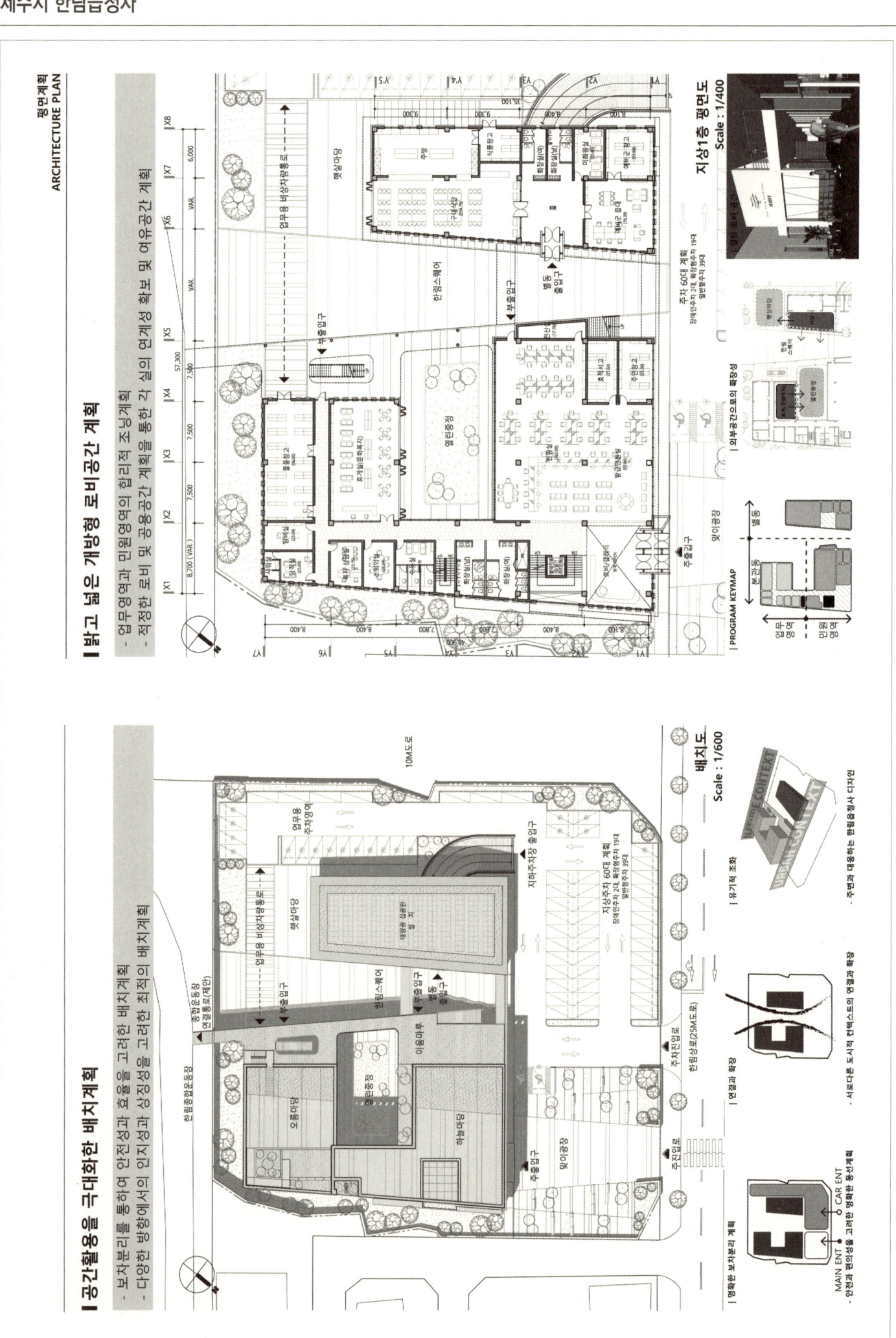

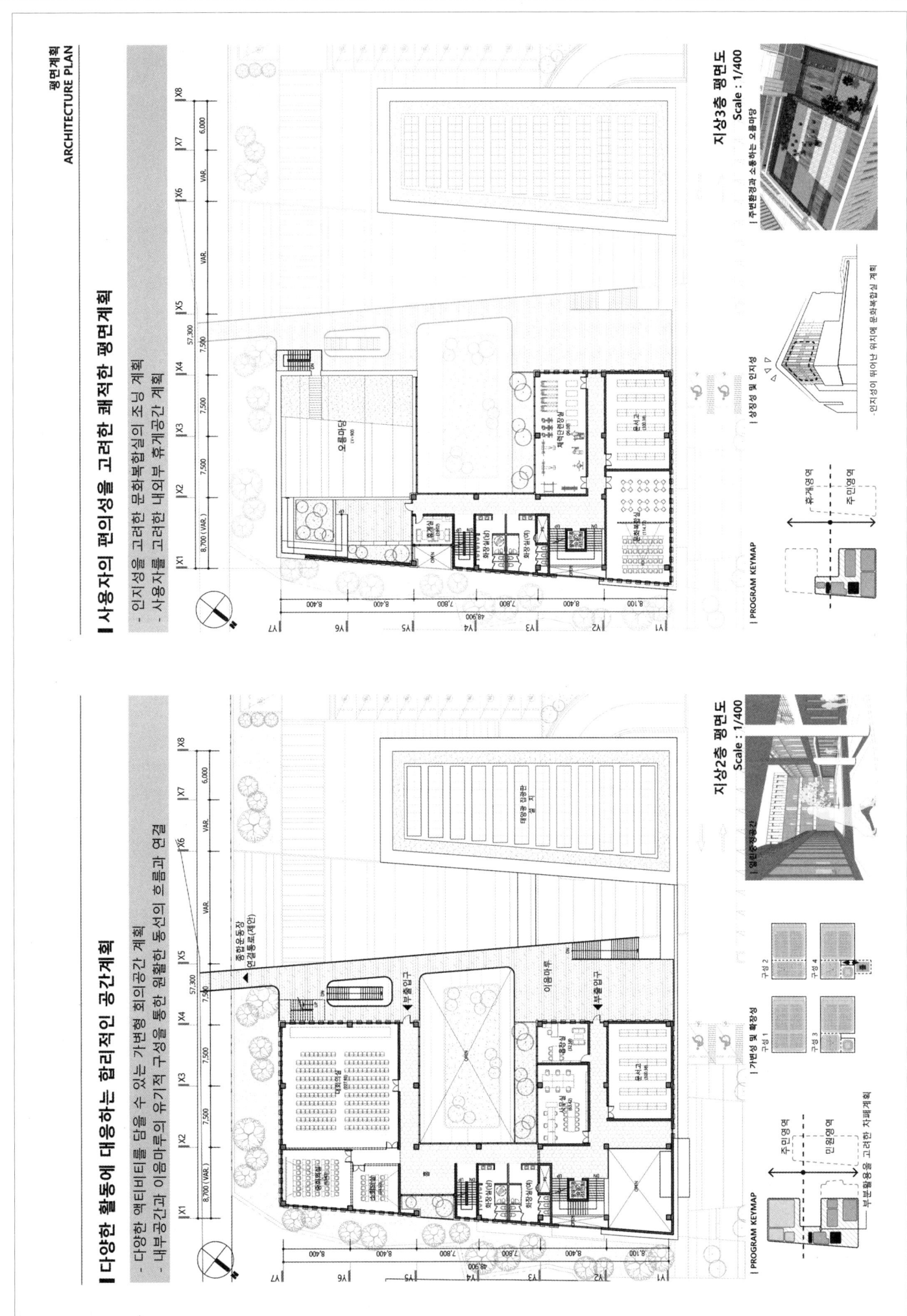

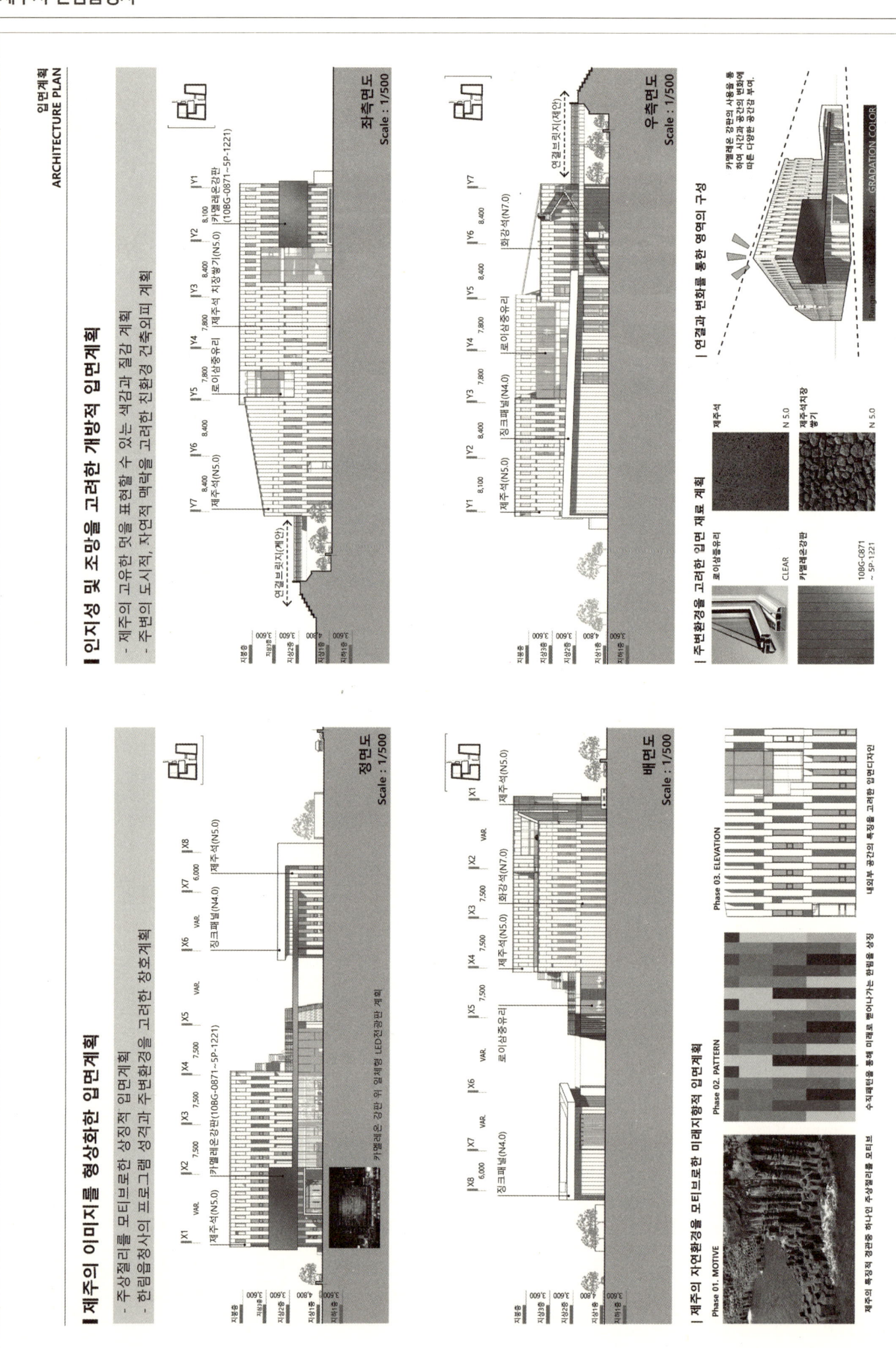

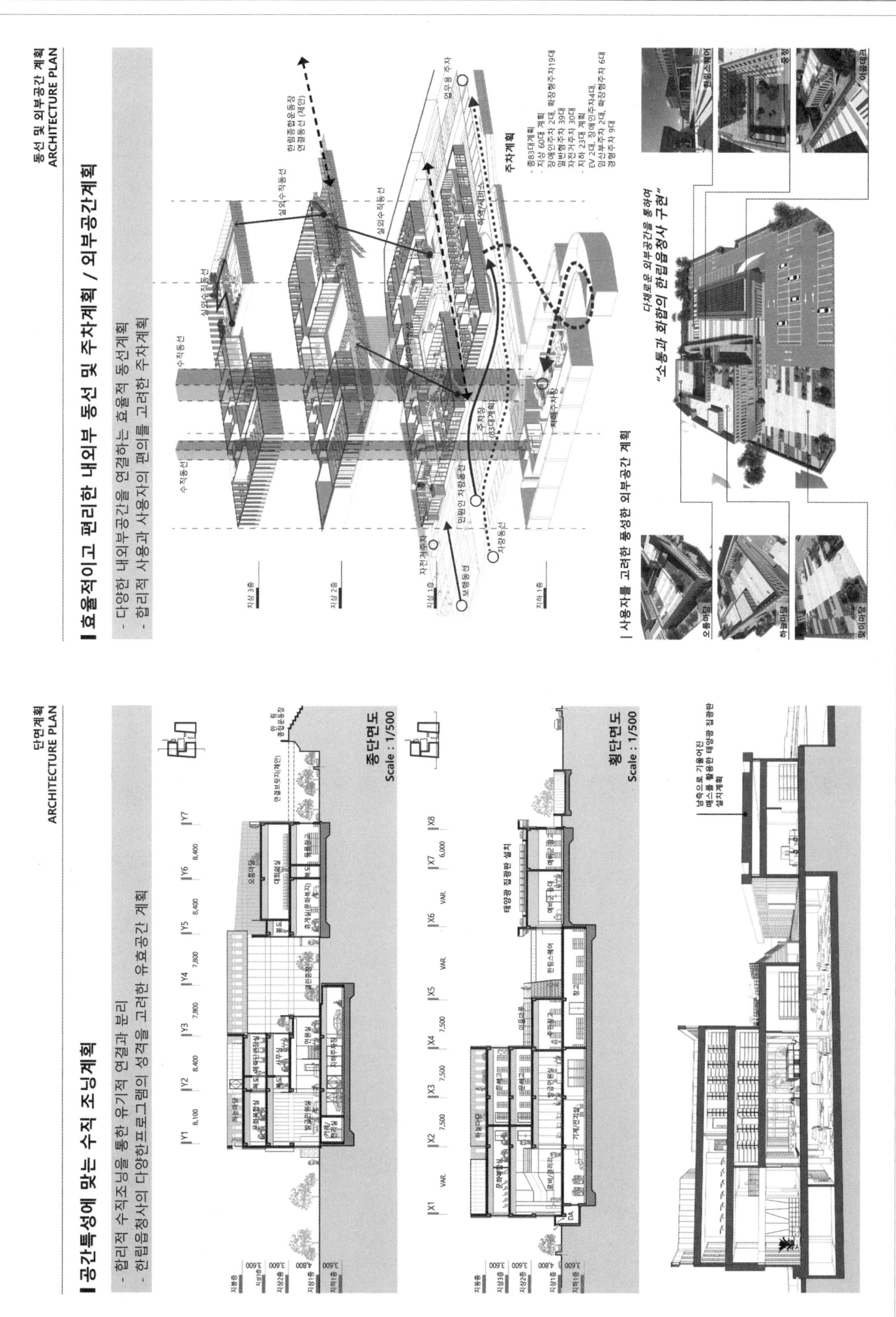

제주시 애월읍청사

당선작 (주)종합건축사사무소 선건축 선은수 설계팀 김대희, 김종현, 이제희, 황선영, 김신아

대지위치 제주특별자치도 제주시 애월읍 애월리 240번지 외 7필지 **대지면적** 7,808.00㎡ **건축면적** 1,546.08㎡ **연면적** 4,745.25㎡ **건폐율** 19.8% **용적률** 41.06% **규모** 지하 1층, 지상 3층 **최고높이** 14.9m **구조** 철근콘크리트조 **외부마감** 현무암, 목재패널, 알루미늄루버 **주차** 95대(장애인 주차 5대 포함)

도대불 (애월을 밝히는 등대)

애월포 동쪽 바다 끝자락에서 고기잡이 나간 아방의 길을 비추던 도대불은 과거의 기억과 현재의 안녕, 미래의 번영을 약속하는 지역의 유산이었다. 오름과 바다를 배경으로 들어서는 새로운 애월읍청사는 가야할 길을 일러주며 도담히 서있던 도대불과 같이 사람을 위하는 지역의 상징으로 자리잡고자 한다. 어둠이 내려앉은 거리에 24시간 불을 밝히는 사랑방은 지역주민과 여행자들을 위한 작은 쉼터가 된다.

기본계획

- 정면성의 재해석 : 차량 및 보행자의 속도와 시선의 흐름에 따른 "도시적 맥락"과 "자연적 맥락"을 반영한 이중적 의미의 정면성을 담고자 했다.
- 숨길을 틔워주다 : 자연에서 바다로 이어지는 길목 위, 대지를 덮고 있는 회색 아스팔트를 걷어내 소통과 쉼이 있는 녹색공간으로 재구성한다.
- 공간 속에 풍경을 담다 : 청사 너머의 녹지, 낮은 담장이 이어지는 보행로, 수반에 비친 하늘과 사람들, 자연과 교감하는 다양한 공간들을 대지 내의 풍경으로 끌어들인다.

Dodaebul (A lighthouse that lights up Aewol)

Dodaebul that used to light the way at the eastern tip of Aewol Port for people who went out to fish was a local heritage that symbolizes a glorious past, peaceful present and prosperous future. Surrounded by oreums and the sea, the new Aewol-eup Office wants to become a local landmark that serves for locals like Dodaebul which humbly kept its position and showed people where to go. Lighting up the street all night after the darkness falls, the office's guest lounge becomes a small shelter for locals and tourists.

Basic plan

- Reinterpreting frontality : Proposing frontality with a double meaning reflecting "urban" and "natural" contexts that change depending on the speed and sightline of a vehicle or a pedestrian.
- Opening the windpipe : Removing grey asphalt that used to pave the land and junction between nature and the sea, and reconstructing the area into a green space for communication and relaxation.
- Embracing landscape with space : Bringing various spaces interacting with nature, such as a green pasture beyond the office, a walkway fenced with low walls and a water space reflecting the sky and people, into the scenery of the site.

Prize winner Sun Architects & Engineers Co., Ltd._Sun Eunsoo **Location** Aewol-eup, Jeju, Jeju-do **Site area** 7,808.00㎡ **Building area** 1,546.08㎡ **Gross floor area** 4,745.25㎡ **Building coverage** 19.8% **Floor space index** 41.06% **Building scope** B1, 3F **Height** 14.9m **Structure** RC **Exterior finishing** Basalt, Wood panel, Aluminum louver **Parking** 95 (including 5 for the disabled)

Jeju Aewol-eup Office Building

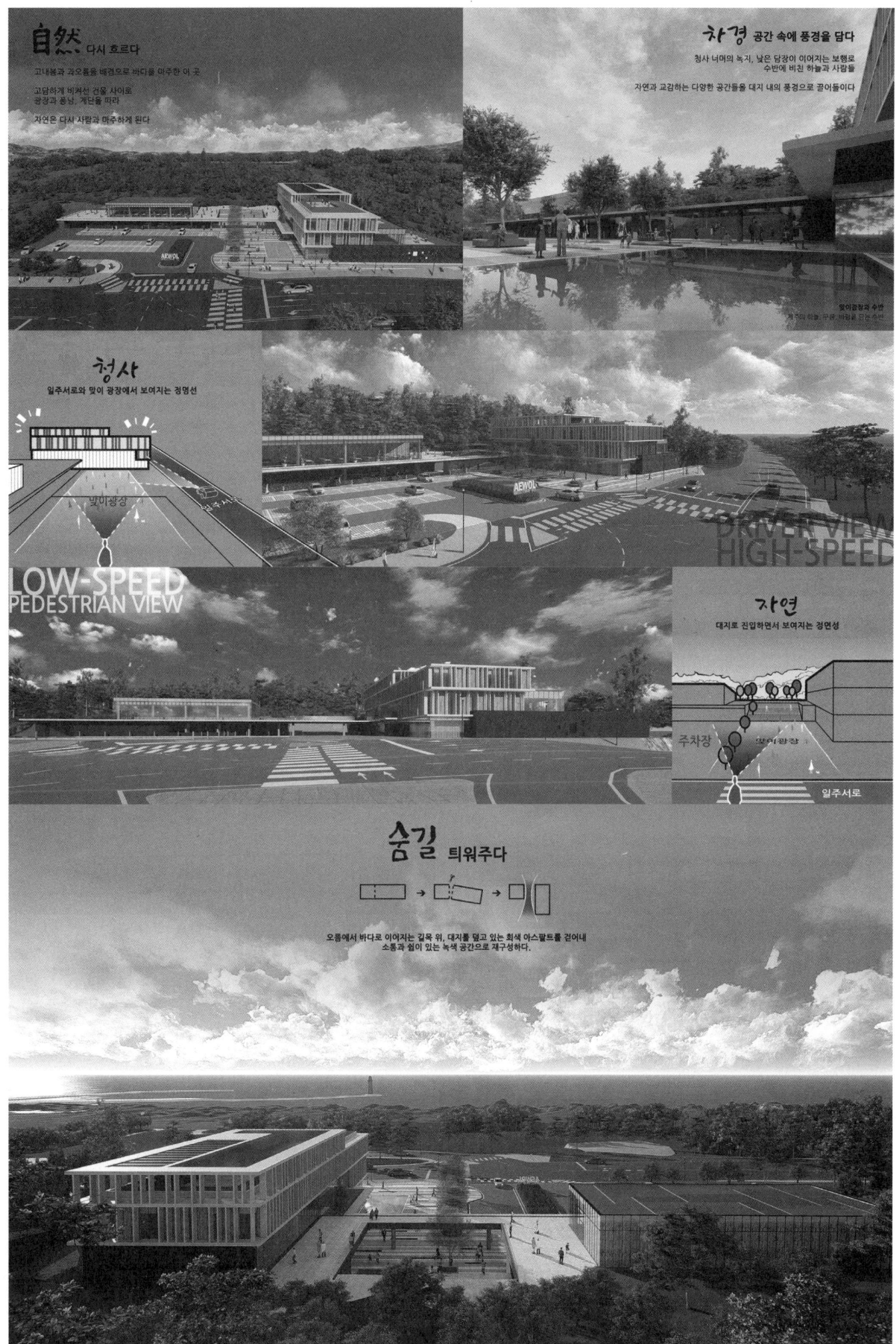

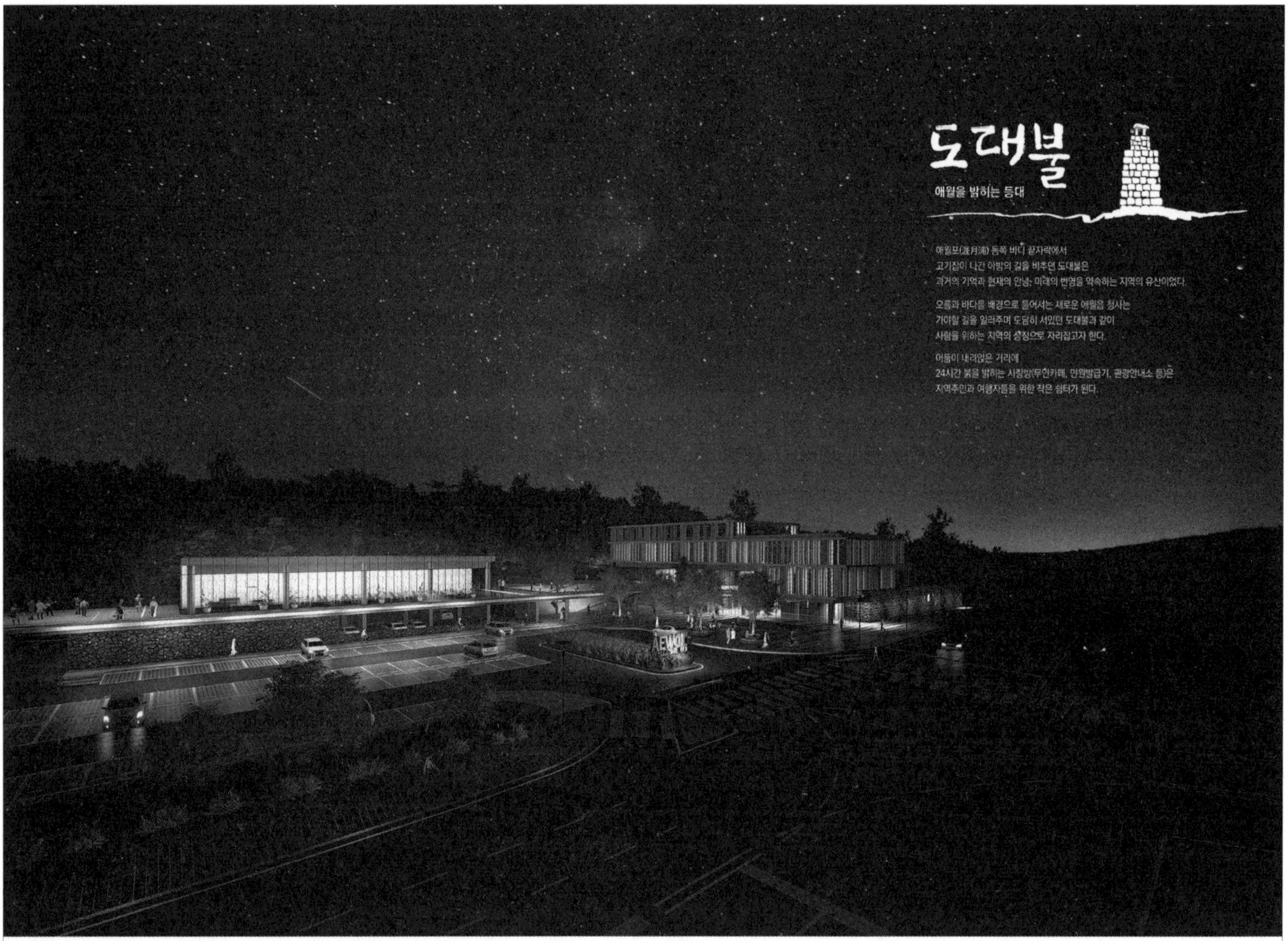

도대불
애월을 밝히는 등대
애월포(涯月浦) 동쪽 바다 끝자락에서
고기잡이 나간 아방의 길을 비추던 도대불은
과거의 기억과 현재의 안녕, 미래의 번영을 약속하는 지역의 유산이었다.
오름과 바다를 배경으로 들어서는 새로운 애월읍 청사는
가야할 길을 알려주며 도담히 서있던 도대불과 같이
사람을 위하는 지역의 상징으로 자리잡고자 한다.
어둠이 내려앉은 거리에
24시간 불을 밝히는 사랑방(무인카페, 민원발급기, 관광안내소 등)은
지역주민과 여행자들을 위한 작은 쉼터가 된다.

대지현황분석

| 광역분석

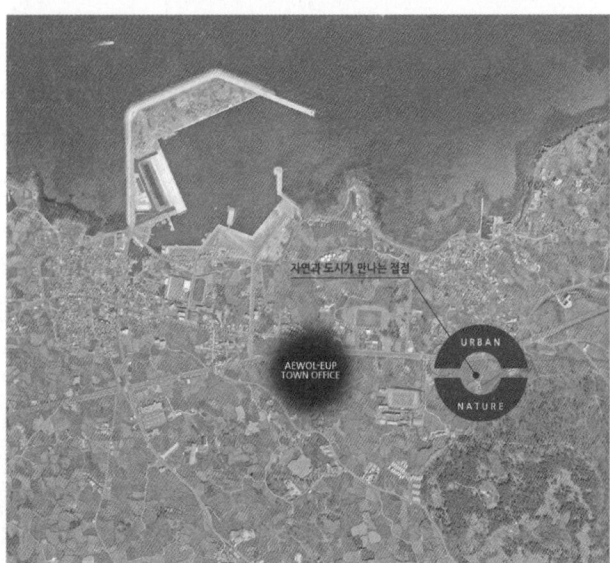

애월항
애월읍청사
고내봉
과오름
일주서로
500m
1Km
2Km

| 대지현황분석

향 및 조망권
북
서
동
남
사업대지
고내봉, 한라산 뷰
- 남측 : 과오름, 고내봉
- 북측 : 애월읍내, 애월항
도로 및 접근성
고내로
일주서로
사업대지
차량 진입
보행자 진입
자연환경 및 통경축
URBAN
통경축
사업대지
NATURE
과오름
고내봉

자연과 도시가 만나는 접점
AEWOL-EUP TOWN OFFICE
URBAN
NATURE

최근 지역 청사의 모습이 조금씩 변하고 있다.
문화프로그램실, 휴게공간 등 복합적인 프로그램이 업무시설과 혼합되어 기존의 청사가 가진 딱딱하고 경직된 분위기를 떠올리기 보다는
쉽게 방문할 수 있는곳, 주민들과 소통할 수 있는 곳으로 바뀌고 있다.
이렇듯 청사가 단순한 행정기관에 그치지 않고 주민문화복지시설로 변화하고 있는 현상은
지역 구성원들간의 네트워킹 가능성을 찾는 새로운 흐름을 내포하고 있으며,
이로써 나타나는 새로운 가치를 반영한다.
공공청사가 복합화되는 건축적 과정은 단순히 외관변화를 위한 디자인과 프로그램되지 않은 오픈스페이스를 늘리는 방향이 아닌,
업무효율을 증진시키고 사회계층과 다양한 연령층간의 소통공간을 모색하는데 의의가 있다.
빠르게 변화하고 있는 애월읍의 변화를 수용하고 다양한 지역적 자산을 활용하여 장소적 성격과 시간대별 이용방안을 구분짓고,
자연과 어우러진 환경 속에서 지역의 정체성 등이 반영된 복합공간을 구현하고자 한다.

URBAN
PUBLIC
PROGRAM
AEWOL-EUP TOWN OFFICE
NATURE

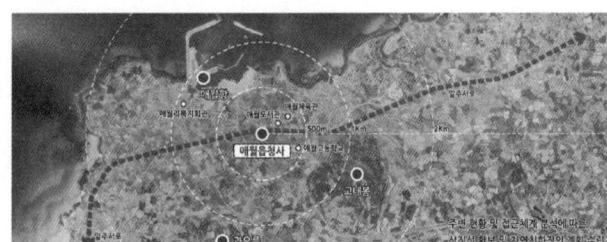

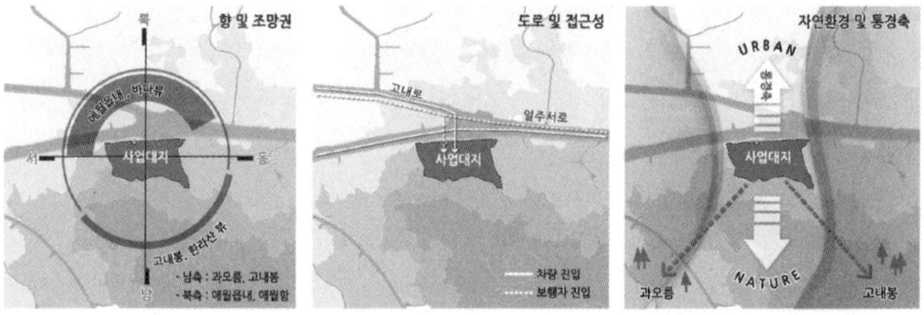

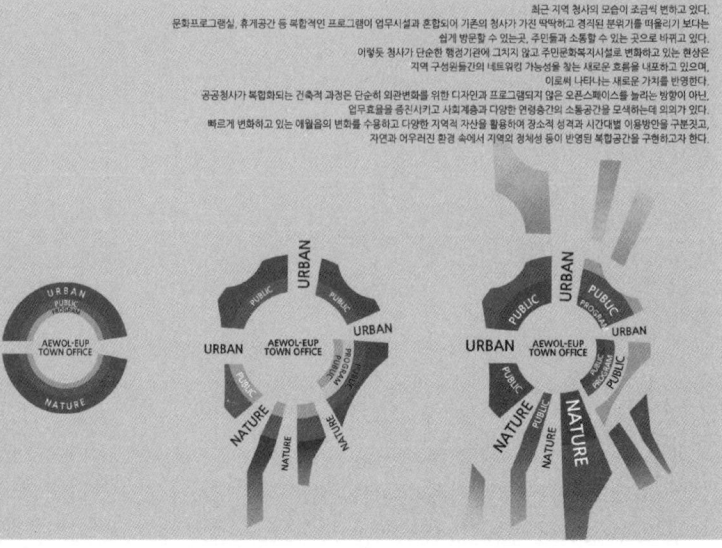

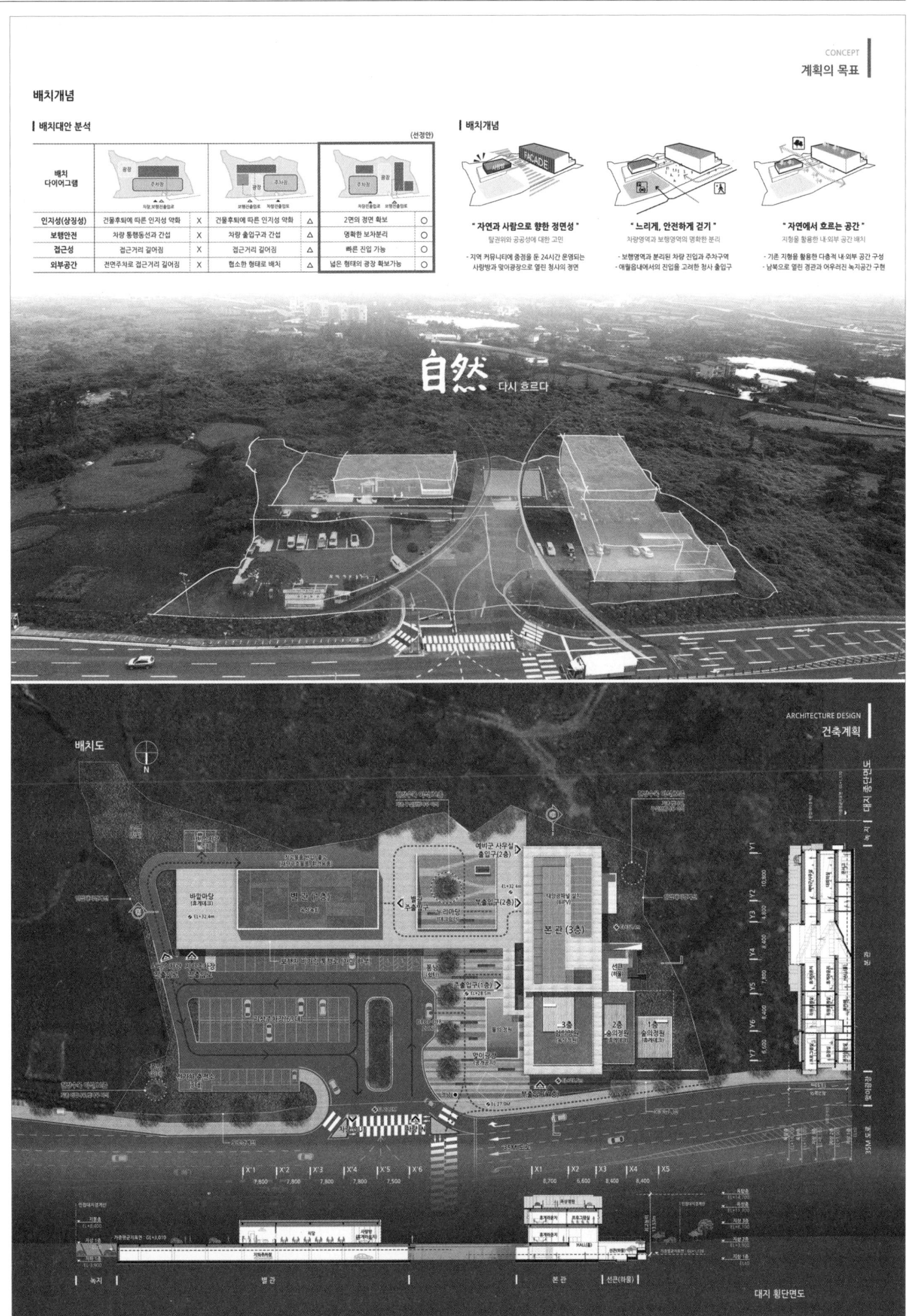

ARCHITECTURE DESIGN
건축계획
본관 지상1층 / 별관 건물 지하1층 평면도
처마 하부 비가림 통행로 계획
- 우천시 지상 주차장에서의 본관 진입을 고려한 처마 하부 비가림 통행로 계획
보행안전을 고려한 보차분리계획
- 차량진출입로와 보행동선의 명확한 분리
- 민원인 및 방문객을 위한 보행중심 공간계획
시간대별 이용계획
- 지역민들에게 개방되는 시간대별 이용계획
- 24시간 운영되는 사랑방을 통한 교류활동
지하주차장(40대)
지하주차장 진출입로
문서고
민원실
본관 지하1층 평면도
35M 도로
본관 지상1층 평면 상세도
계단식 휴게공간
SECTION 1
홀과 선큰마당
SECTION 2
북카페
SECTION 3
GREEN SCAPE

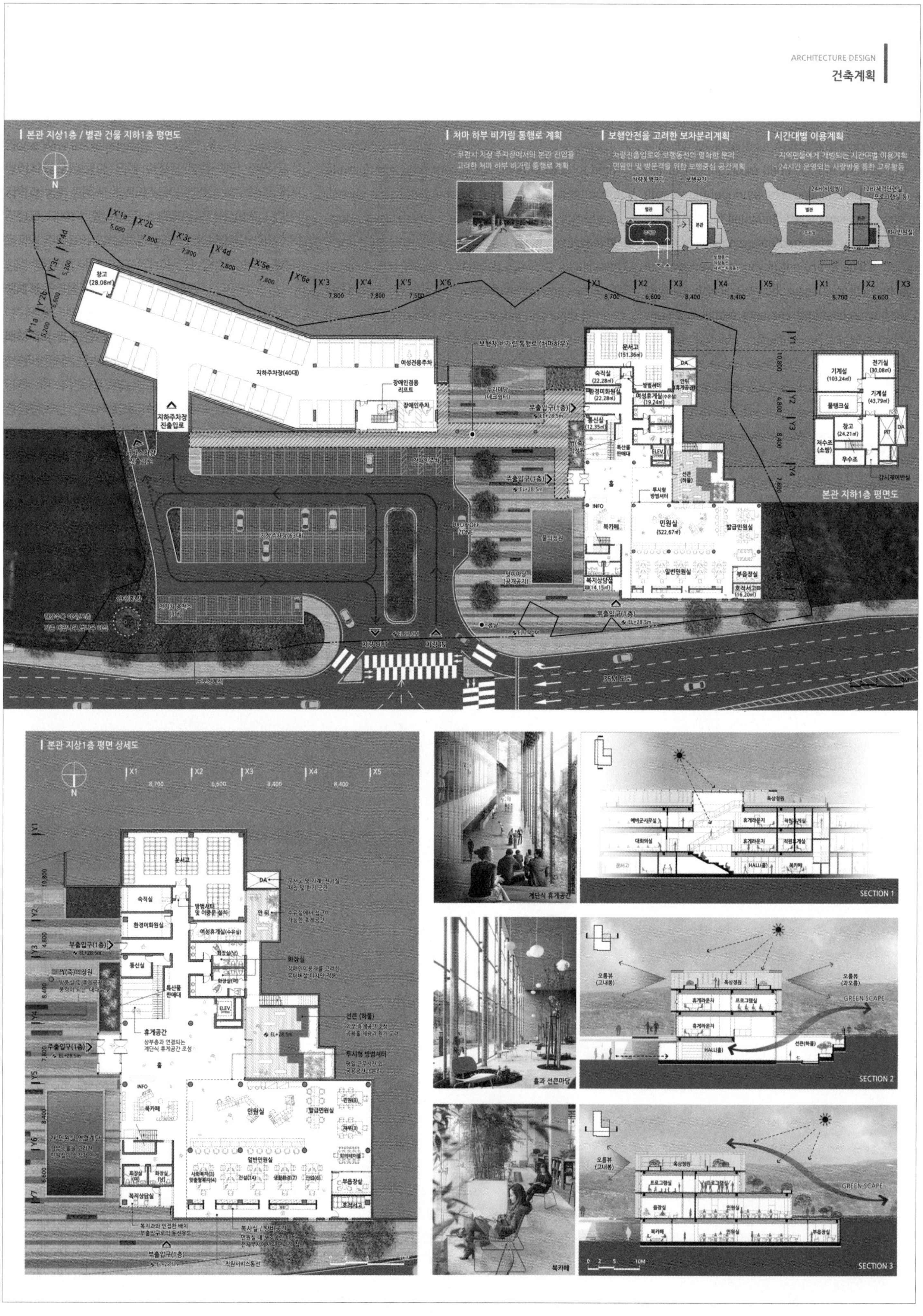

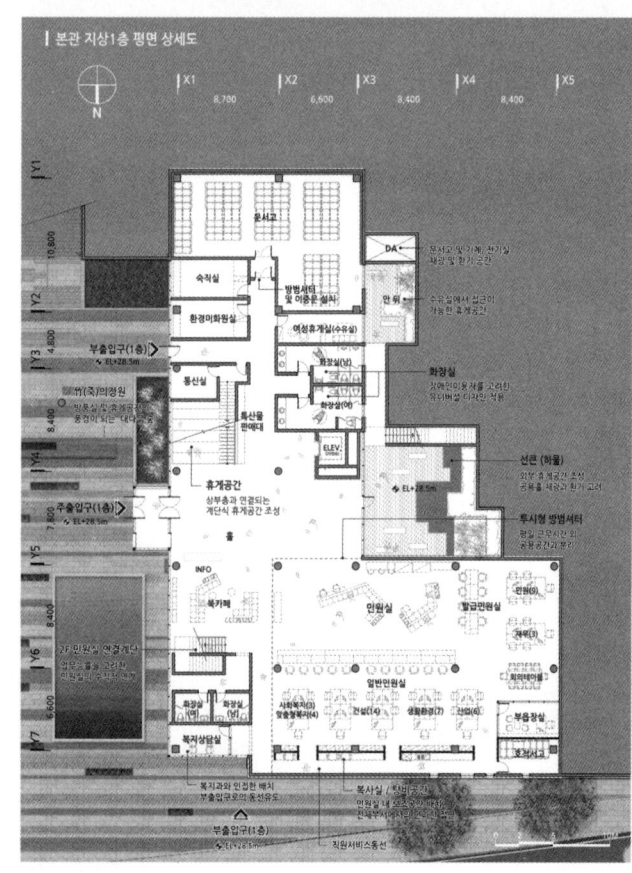

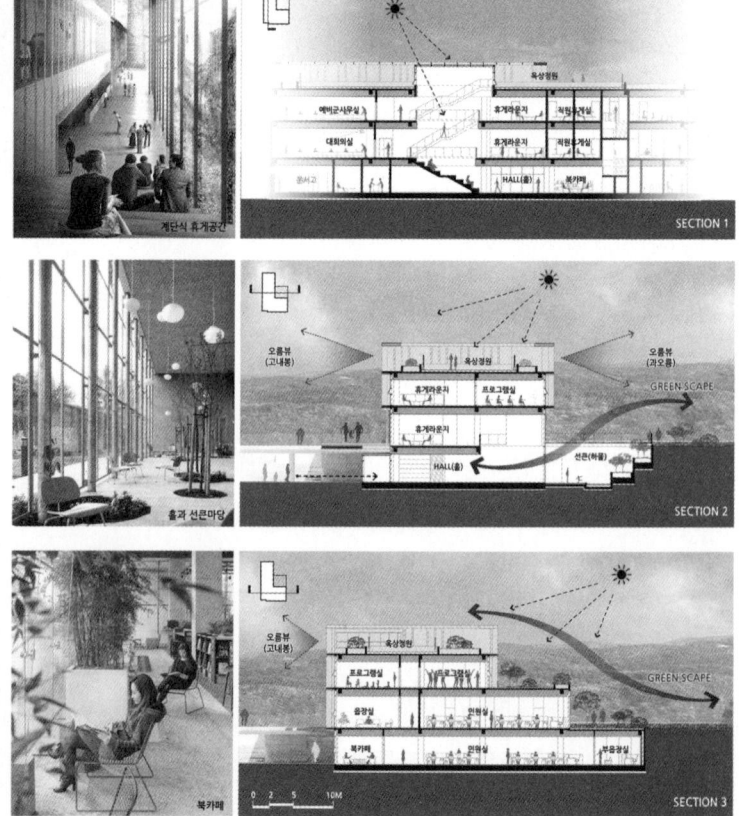

Jeju Aewol-eup Office Building

ARCHITECTURE DESIGN
건축계획

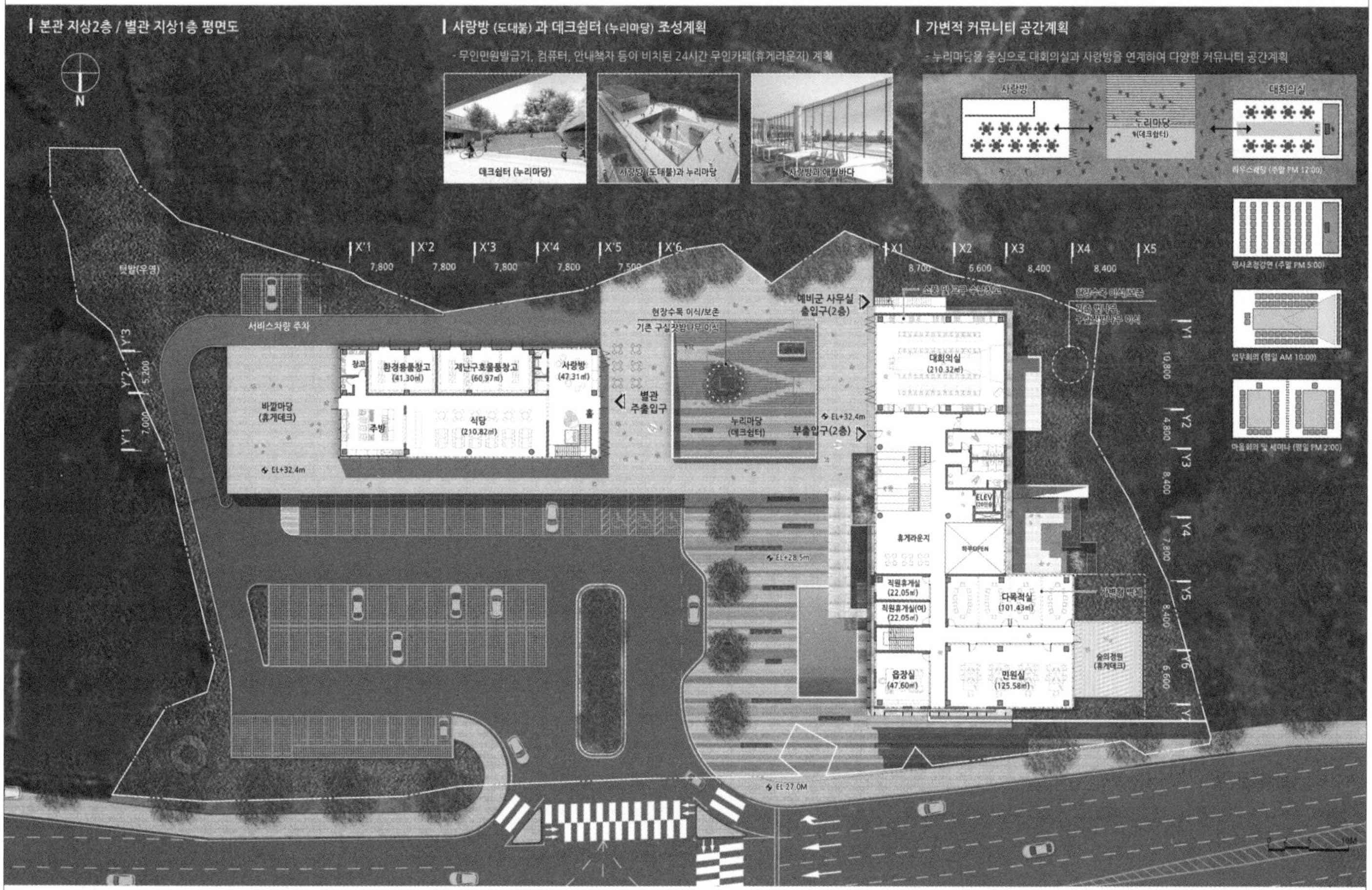

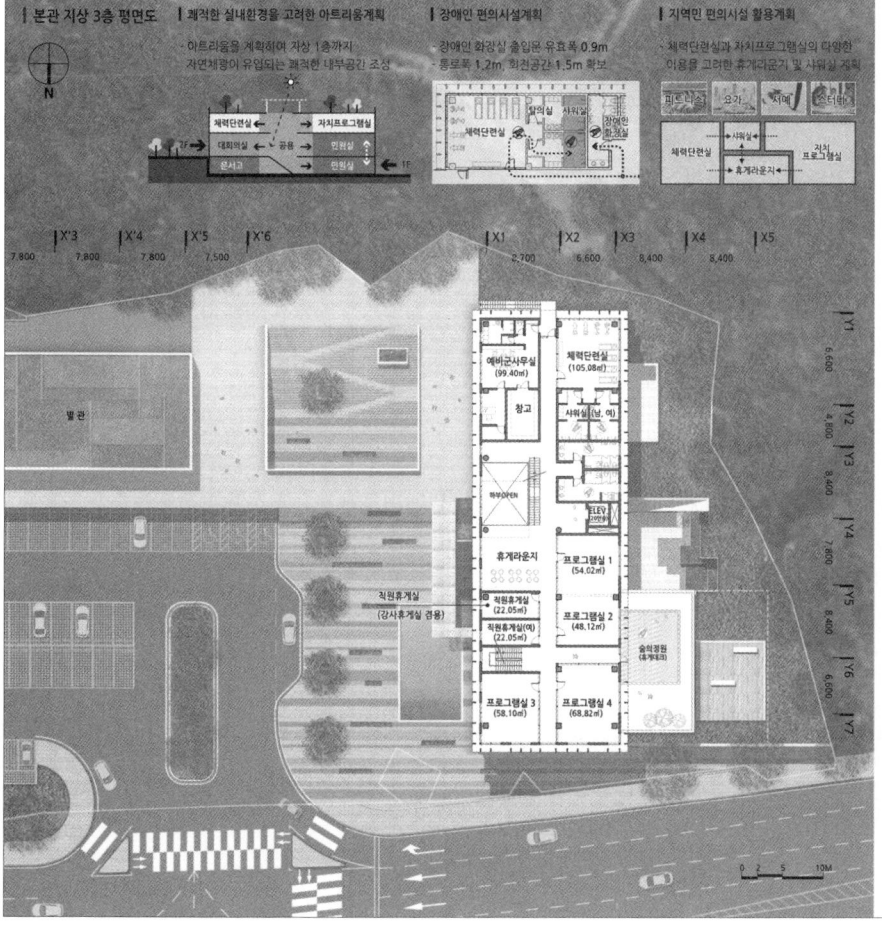

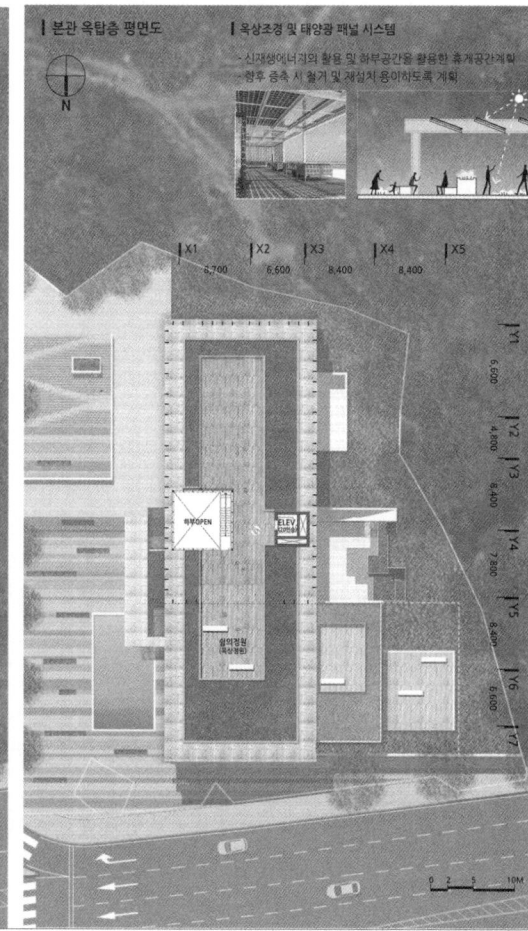

제주시 애월읍청사

ARCHITECTURE DESIGN
건축계획

입면계획 기본개념

- 주변 자연환경과 도시적 맥락을 고려한 분절과 자연의 패턴 활용
- 제주와 애월의 역사와 흔적을 모티브로한 입면디자인 계획

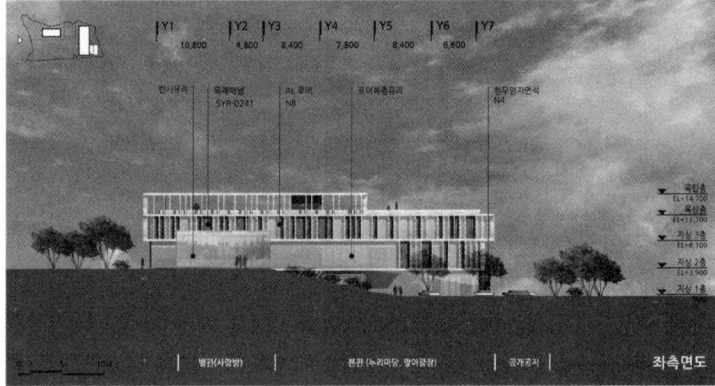

좌측면도

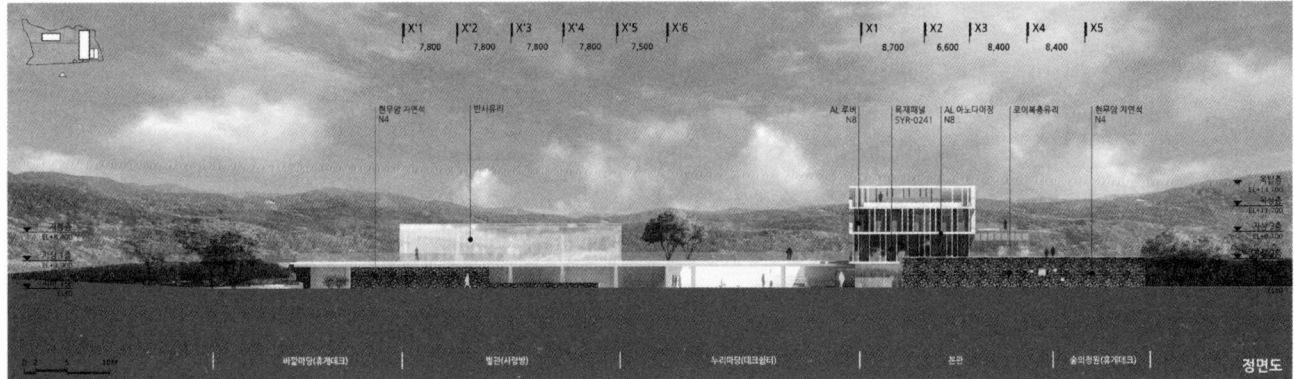

정면도

재료 및 색채계획

- 경제적 합리성, 시공성을 고려한 형태 및 재료사용
- 주변환경과 조화롭게 어우러지는 자연스러운 색채계획
- 목재, 현무암 등 자연재료의 사용으로 친환경적 건축 이미지 제고

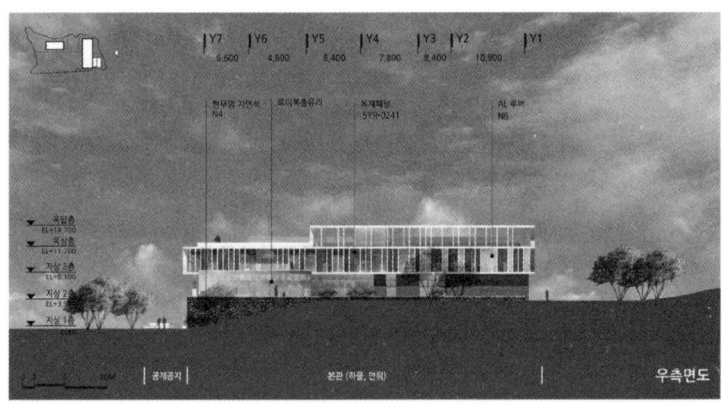

우측면도

배면도

Jeju Aewol-eup Office Building

ARCHITECTURE DESIGN
건축계획

단면도 : 기존 지형을 활용하여 절성토량을 최소화하는 경제적이고 합리적인 단면계획

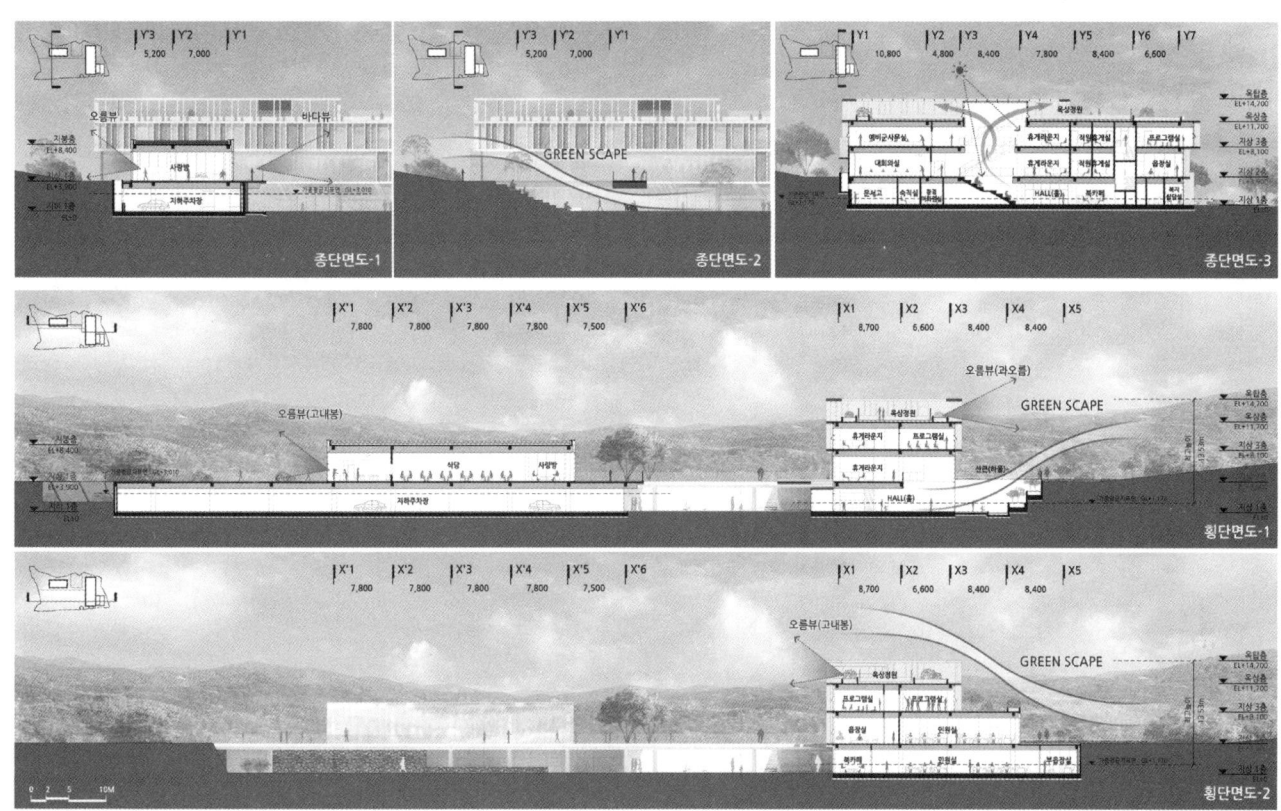

SPECIFICATION PLAN
분야별계획

외부공간계획

WELCOME PLATFORM
외부로 열려있는
다채로운 커뮤니티 마당

GREEN PLATFORM
수직적으로 펼쳐지는 도심 속 녹색공간

- GREEN PARK (쉼의 정원)
- GREEN DECK (숨의 정원)
- GREEN FOREST (숲의 정원)

전통적 공간의 재해석
- 제주 전통의 공간구성을 다층적인 형태로 재해석
- 입체적이고 편리한 커뮤니티 공간계획

제주 전통 가옥구조
안마당을 중심으로
크고 작은 공간들이 유기적으로 연결

공간의 재해석
위요된 공간,
다양한 형태의 외부공간 구성
내·외부공간에서의 입체적인 교류

향토수종 식재계획
- 제주에서 자생하는 향토수종을 식재하여 지역적 이미지를 제고
- 낙엽교목과 상록관목을 혼합식재하여 사계절 풍부한 녹지공간 계획

상록관목
줄사철나무, 금식나무

낙엽활엽교목
팽나무, 황벽나무

상록교목
먼나무, 검은재나무

차경 자연과 교감하다.

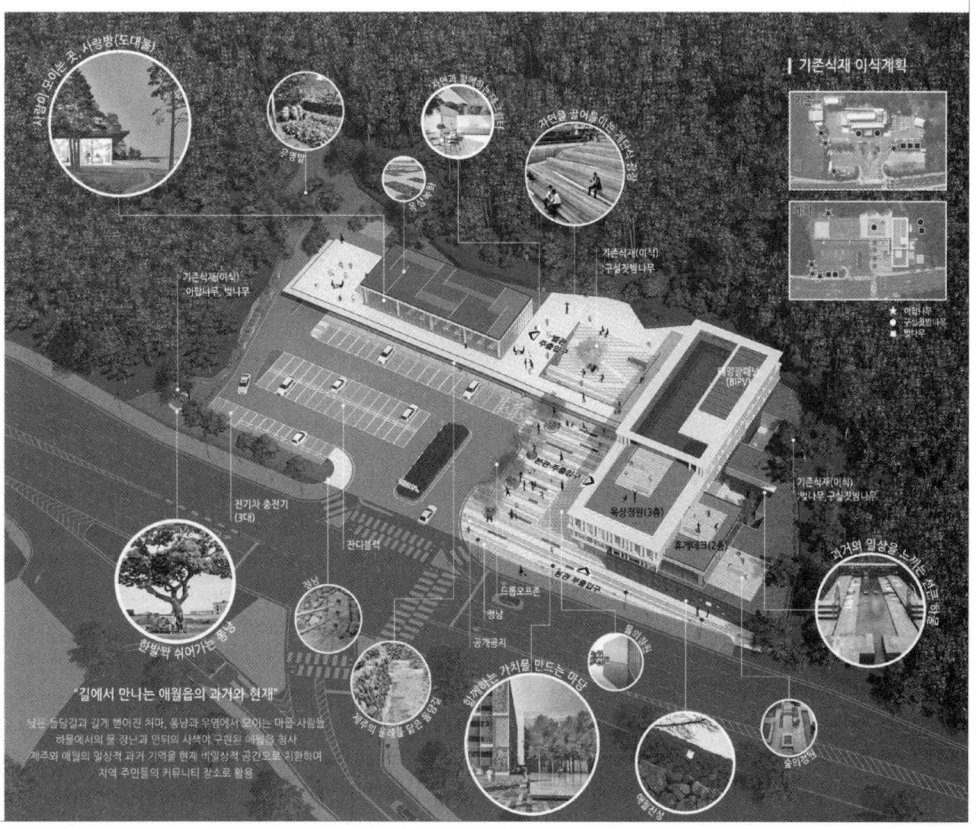

"길에서 만나는 애월읍의 과거와 현재"

수산식품산업거점단지

당선작 (주)목양엔지니어링건축사사무소 정현아 + (주)아이에스피건축사사무소 이주경 + 김준택 전남대학교 설계팀 장기섭, 주창(이상 목양)

대지위치 전라남도 화순군 화순읍 능주면 남정리 21-24번지 일대 **대지면적** 24,620.00㎡ **건축면적** 3,858.39㎡ **연면적** 4,648.35㎡ **건폐율** 15.67% **용적률** 18.88% **규모** 지하 1층, 지상 3층 **최고높이** 15.2m **구조** 철근콘크리트조, 철골조 **외부마감** 징크패널, 목재패널, 메탈메쉬, 치장적벽돌, T24 로이복층유리 **주차** 102대(장애인 주차 12대, 확장형 31대, 버스 2대, 전기차 2대 포함)

RE; BIRTH the 화순

이 땅은 한때 이곳 능주면 사람들의 생계를 이끌어 왔던 양돈축사들과 농가가 모여 작은 마을을 이루고 있던 곳이다. 사라지게 될 이 마을길과 기존건물의 흔적을 간직하면서 기능적으로 향후 계획될 내수면 양식단지, 생태공원과의 새로운 관계를 그리고자 하였다. 생산과 가공, 관광과 휴식이라는 이질적인 프로그램이 서로 상호 보완적인 관계를 형성하기 위하여 대지가 간직한 마을길의 흔적을 'Linking street'으로 새롭게 계획하고 그 축을 중심으로 생산과 가공, 휴식공간이 관통하며 흐르도록 계획하였다. 수산식품 가공공장은 대지 남동측 양식단지와 기능적으로 연계될 수 있도록 근접 배치하고, 방문객이 이용하는 체험관과 부대시설은 생태공원과의 연대적 관계를 형성하기 위해 대지 남서측에 배치하였다. 기존 마을길의 축에 수직으로 배치된 건물들은 국도상의 운전자들이 시선이 단지의 전면에 닿을 수 있도록 하였고, 그 건물 사이로 흐르는 녹과 길들은 향후 계획될 생태공원으로 자연스럽게 흐름을 유도한다. 경관계획으로는 이 땅의 가장 자연스러운 모습을 탐구하고 땅의 기억과 화순의 지역성을 반영한 양돈단지의 재탄생을 그려나간다. 대지의 기억을 담은 지붕형태와 처마, 자연재료들을 사용하여 화순의 지역 정서와 부합하며 도시에서 벗어나 편안한 휴식공간이 되는 경관을 만들고자 하였다.

RE; BIRTH the Hwasun

This land used to be a home for a small village with farm houses and pig farms from which the people of Neungju-myeon made their living. The proposal aims to preserve traces of the village's soon-to-be-vanished paths and buildings and establish a new functional relationship with the planned inland water culture complex and ecological park. To establish a mutual complementary relationship between different programs like production and processing and tourism and relaxation, the traces of paths around the land are turned into a "Linking street". This is taken as a new axis, and spaces for production, processing or relaxation are arranged to pass through it. The marine product processing factory is positioned close to the inland water culture complex in the southeast so that their functions can be interconnected. The experience center and other support facilities are positioned in the southwest to establish connection with the ecological park. Placed perpendicular to the axis of Linking Street, new buildings enable drivers on the national highway to see the front of the complex. Green paths running through them channel flows seamlessly into the soon-to-be-built ecological park. The proposed landscape design explores the most natural scenery of this land and reflects the memories of it and Hwasun's local characteristics to mark the rebirth of pig farms. The roof structure, eaves and natural materials embracing the memories of the land create a new scenery which corresponds with the local atmosphere of Hwasun and provides a comfortable resting place away from the city.

Prize winner MOKYANG Architects & Engineers_Jeong Hyuna + ISP Architect & Engineering_Lee Jukyung + Kim Juntaek_Chonnam National University **Location** Hwasun-gun, Jeollanam-do **Site area** 24,620.00㎡ **Building area** 3,858.39㎡ **Gross floor area** 4,648.35㎡ **Building coverage** 15.67% **Floor space index** 18.88% **Building scope** B1, 3F **Height** 15.2m **Structure** RC, SC **Exterior finishing** Zinc panel, Wood panel, Metal mesh, Face red brick, T24 Low-E paired glass **Parking** 102 (including 12 for the disabled, 31 for extension type, 2 for bus, 2 for electric motor vehicle)

Fisheries Products Industrial Hub Complex

화순군 내수면·관광 산업의 중추에 위치한 사업대지

광주와 보성을 잇는 29번 국도에 인접하고 능주면 초입에 위치한 종방 양돈단지는 심한 악취로 화순 발전의 발목을 잡는 골칫거리였다.
그래서 우리는 능주면의 비봉산과 지석천에 둘러싸인 사업대지에 가족들이 함께할 수 있는 관광·휴게시설과 식품가공단지를 제안하여 화순 수산산업의 청사진을 완성하고자 한다.

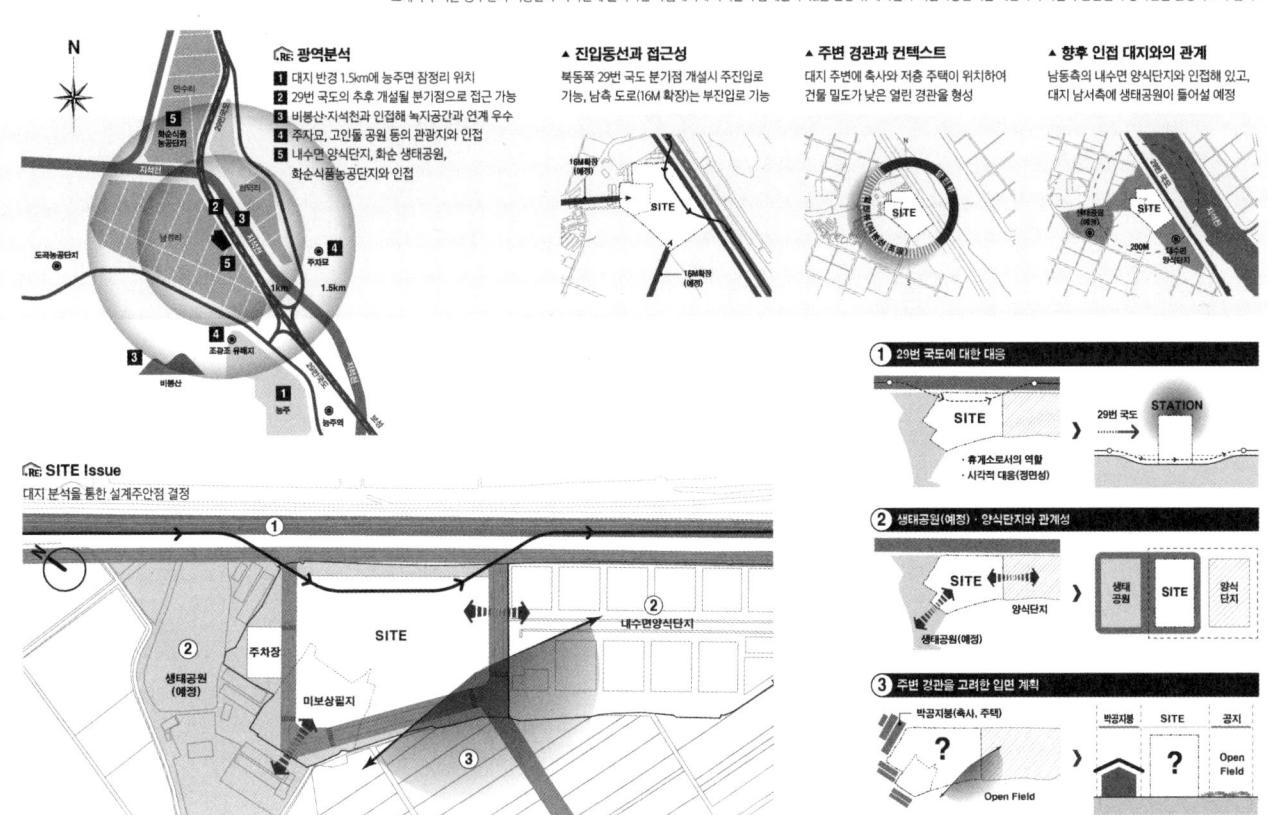

RE: 광역분석
1. 대지 반경 1.5km에 능주면 잠정리 위치
2. 29번 국도의 추후 개설될 분기점으로 접근 가능
3. 비봉산·지석천과 인접해 녹지공간과 연계 우수
4. 주차묘, 고인돌 공원 등의 관광지와 인접
5. 내수면 양식단지, 화순 생태공원, 화순식품농공단지와 인접

▲ 진입동선과 접근성
북동쪽 29번 국도 분기점 개설시 주진입로 기능, 남측 도로(16M 확장)는 부진입로 가능

▲ 주변 경관과 컨텍스트
대지 주변에 축사와 저층 주택이 위치하여 건물 밀도가 낮은 열린 경관을 형성

▲ 향후 인접 대지와의 관계
남동측의 내수면 양식단지와 인접해 있고, 대지 남서측에 생태공원이 들어설 예정

RE: SITE Issue
대지 분석을 통한 설계주안점 결정

1. 29번 국도에 대한 대응 — 휴게소로서의 역할 / 시각적 대응 (정면성)
2. 생태공원(예정)·양식단지와 관계성
3. 주변 경관을 고려한 입면 계획

RE;BIRTH THE 화순

화순 능주 종방양돈단지는 주변 정주환경을 해치고 화순을 낙후된 지역으로 보이게 하는 골칫거리로 여겨져왔다.
그래서 우리는 논과 밭, 저층형 주택이 자리잡은 대지의 가장 자연스러운 모습을 탐구하고
땅의 기억과 화순의 지역성을 반영하여 낮은 밀도의 부담스럽지 않은 규모로 이 땅의 재탄생을 그려나가고자 한다.

디자인 프로세스

 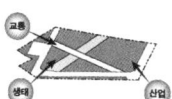 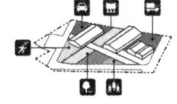

[철거 및 재해석]
낙후된 종방양돈단지를 철거하고 기존의 지역성과 자연의 이미지를 끌어들임

[관계 및 재구성]
새롭게 조성될 인접 대지의 기능과 사업 대지의 관계를 재구성

[내수면 수산복합센터로 재탄생]
6차산업의 메카로써 다양한 연계프로그램을 구성해 생산·가공·체험 산업으로 이어지는 시너지효과 기대

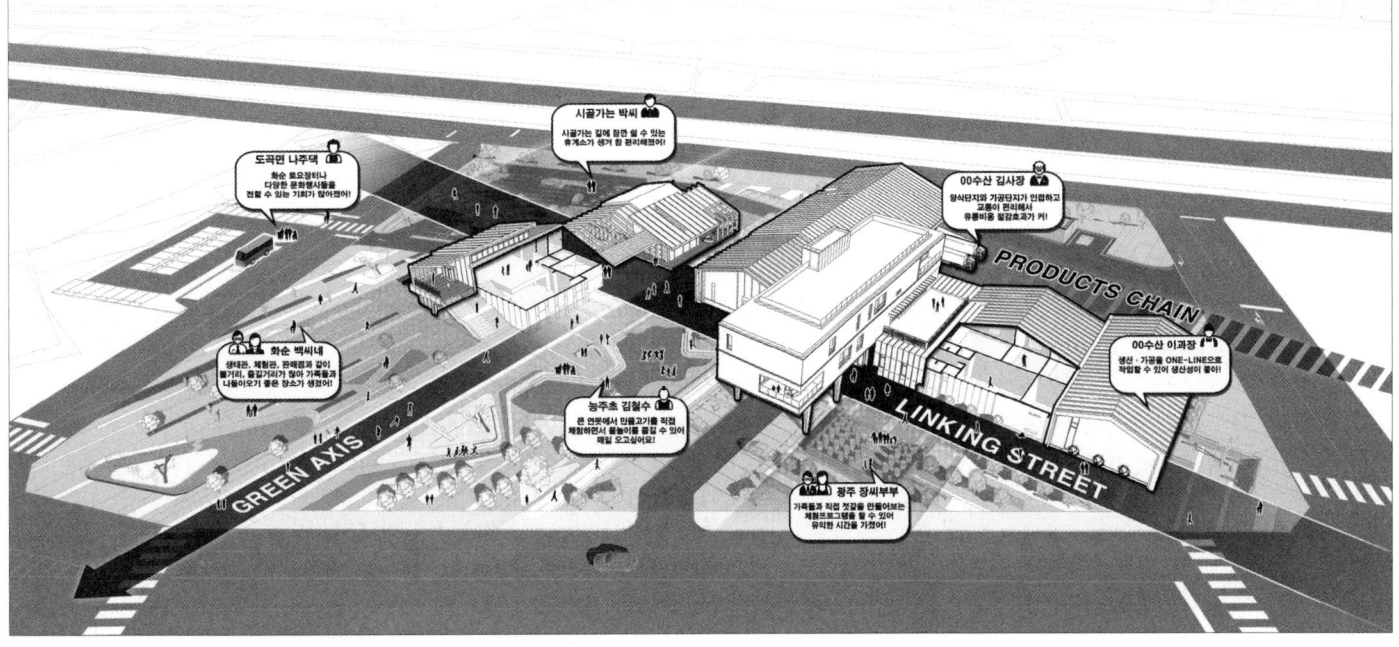

수산식품산업거점단지

수산식품산업거점단지의 미래 확장성을 고려한 합리적 배치

미보상 필지에 추후 신설될 생태공원과 연결되는 매개공간의 역할을 부여하여 수산식품산업거점단지와 생태공원의 중간적 성격을 띄는 Linking Park를 제안한다.
사업 대지와 생태공원의 연계성을 확보하는 외부공간의 구심점으로 자리할 것이다.

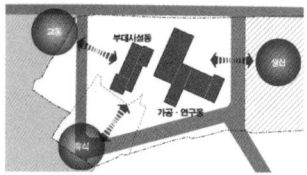

주변 환경과의 관계를 고려한 배치
추후 신설될 생태공원과 양식단지를 고려해 외부공간(광장)과 가공동으로 대응하도록 배치

기능별 차량 동선을 고려한 배치
일반차량과 물류차량의 동선과 영역을 분리하여 상이한 기능별로 간섭을 최소화하도록 배치

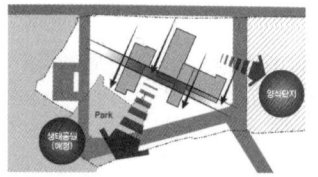

미보상 필지 활용 계획
추후 신설될 생태공원과의 연대적 관계를 형성하기 위해 배치 방향성을 설정하여 외부공간의 확장성 추구

주변 환경과 조화를 이루는 외부공간·조경 계획

Outside Space & Landscape Plan | 외부공간·조경 계획

외부공간 개념

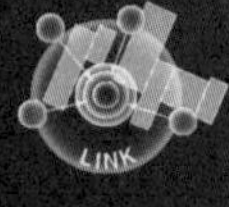

[중심성] 각각의 외부공간들을 아우르는 중앙 체험광장

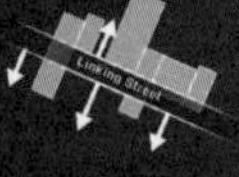

[연결성] 상이한 기능의 건물들과 외부공간들을 연결하는 Linking Street 계획

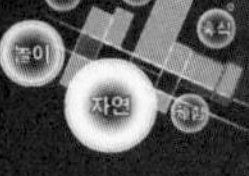

[다양성] 외부공간별로 다양한 프로그램을 부여해 다채로운 외부공간 조성

외부공간 계획도

휴게정원 / 하역장 / 진입마당 / 체험마당 / 에코마당 / 포켓마당 / 포켓쉼터

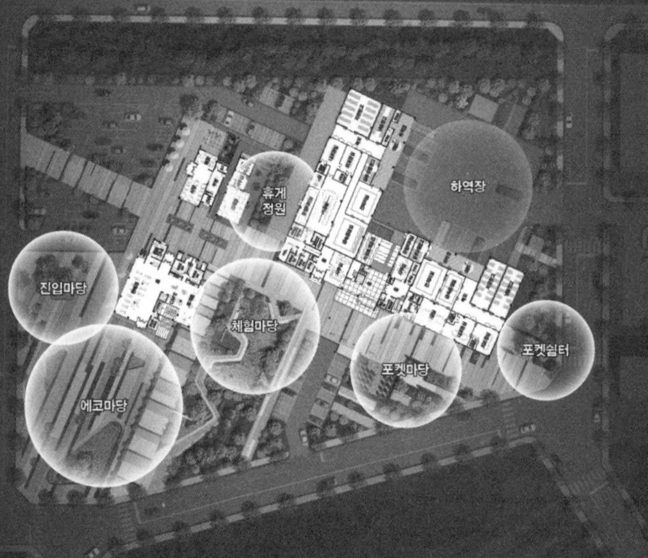

조경계획
심신을 정화하는 힐링·놀이·체험프로그램 계획

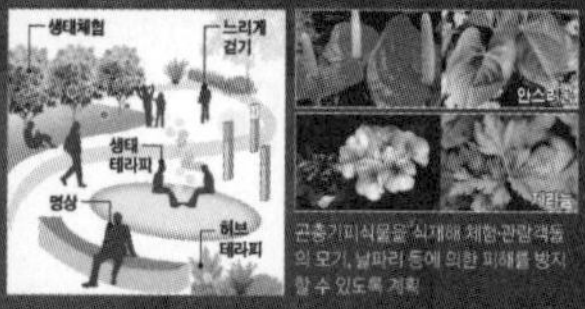

식재계획
공간별 상징 수목을 도입해 테마있는 식재계획
계절별 특성을 나타내는 수목을 식재, 사계절 경관 연출

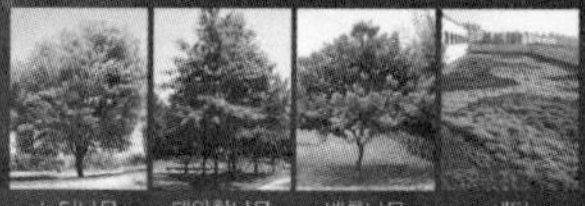

시설물 및 포장계획
공간 특성과 시설 형태를 고려한 조화로운 시설물 선정
유지관리성과 내구성을 고려한 친환경 소재 사용

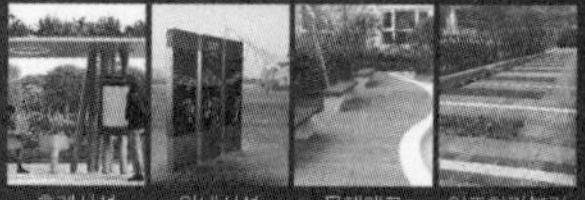

▲ 체험마당　▲ Linking Street 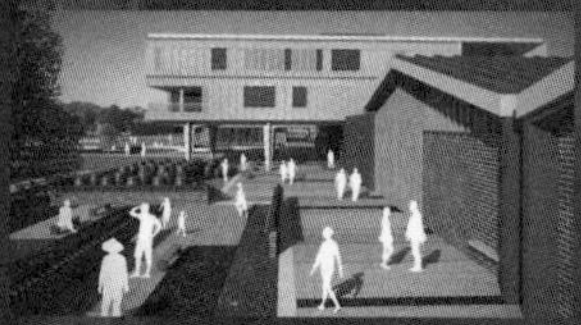　▲ 진입마당(주차장) 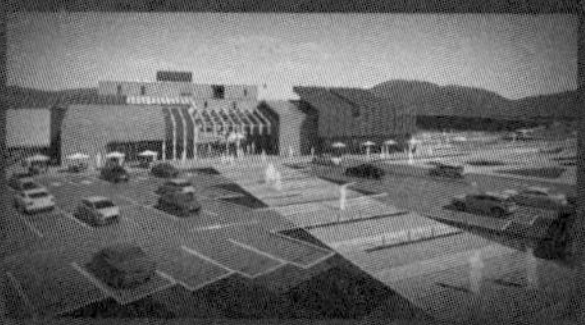　▲ 하역장

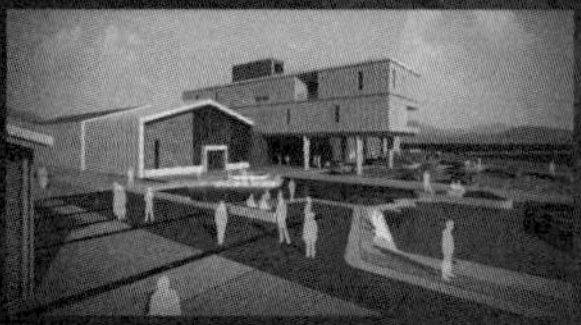

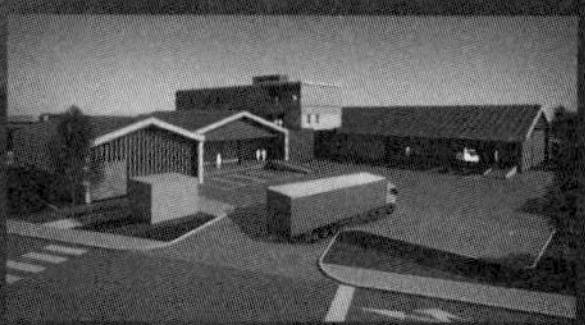

Fisheries Products Industrial Hub Complex

체험과 관광이 어우러지는 선도모델로서 휴게시설 계획

단지 내의 다양한 접근동선을 고려하여 휴게소의 기능을 충족하고 다양한 외부공간과 연계하여 체험과 관광을 어우를 수 있는 휴게시설을 계획한다. 어가소득 증대와 일자리 창출은 물론 지역경제 활성화에도 기여할 6차산업의 선도모델이 될 것이다.

Floor Plan 1 | 평면계획·부대시설동

| Key Map |

각 기능을 연결하는 동선 계획
주차장부터 연결되는 Linking Street으로 각 동간의 관계성을 강화하고 이용객의 동선을 자연스럽게 유도함

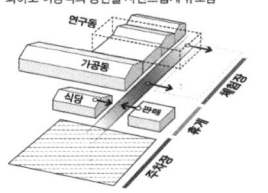

다양한 시설별로 명확한 공간 구성
부대시설동의 진입성을 확보하고 판매·경매·휴게·푸드서비스 등 각각의 기능을 고려하여 공간 구성 계획

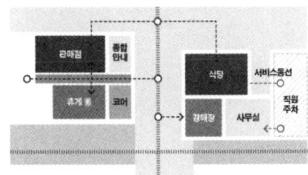

휴게홀과 홍보관을 연계한 평면계획
휴게홀과 홍보관을 자연스럽게 동선으로 연결해 공간 간의 연계성을 확보하고 상호간의 이용도를 높이도록 계획

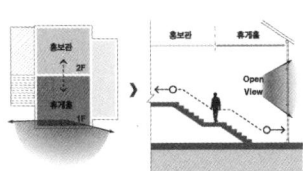

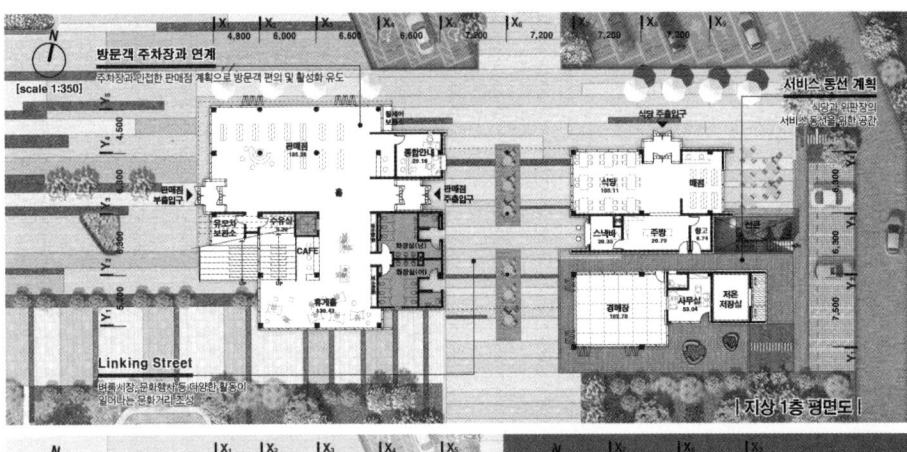

| 지상 1층 평면도 |
| 지상 2층 평면도 |
| 지하층 평면도 |

전문적인 수산식품 가공 환경 구축과 쾌적한 작업 환경을 고려한 공간 계획

HACCP 시스템을 기반으로 위생적이고 쾌적한 작업 환경을 조성하고 '연구-생산-가공-출하'까지 원라인시스템을 실현시키는 합리적인 가공시설 공간을 제안한다.

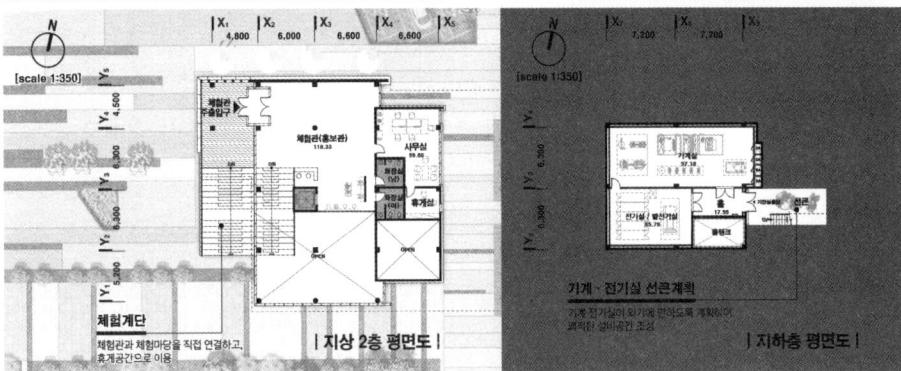

Floor Plan 2 | 평면계획·가공시설동

| Key Map |

One-Line 생산·가공 시스템
생산-가공-출하의 원라인 시스템으로 화순군의 지속가능한 수산업의 고부가가치 산업화 실현

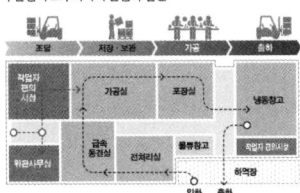

연구·가공 복합시스템
연구시설과 가공시설을 인접하게 배치하여 연구-가공의 연계를 돕는 복합생산시스템 제안

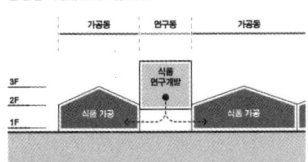

HACCP에 부합하는 오염 방지 계획
HACCP 기준에 부합하는 위생적인 가공환경을 조성하기 위해 가공 진입 단계별 위생 관리 계획

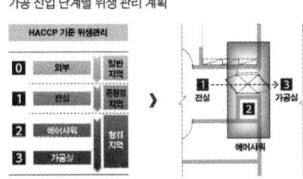

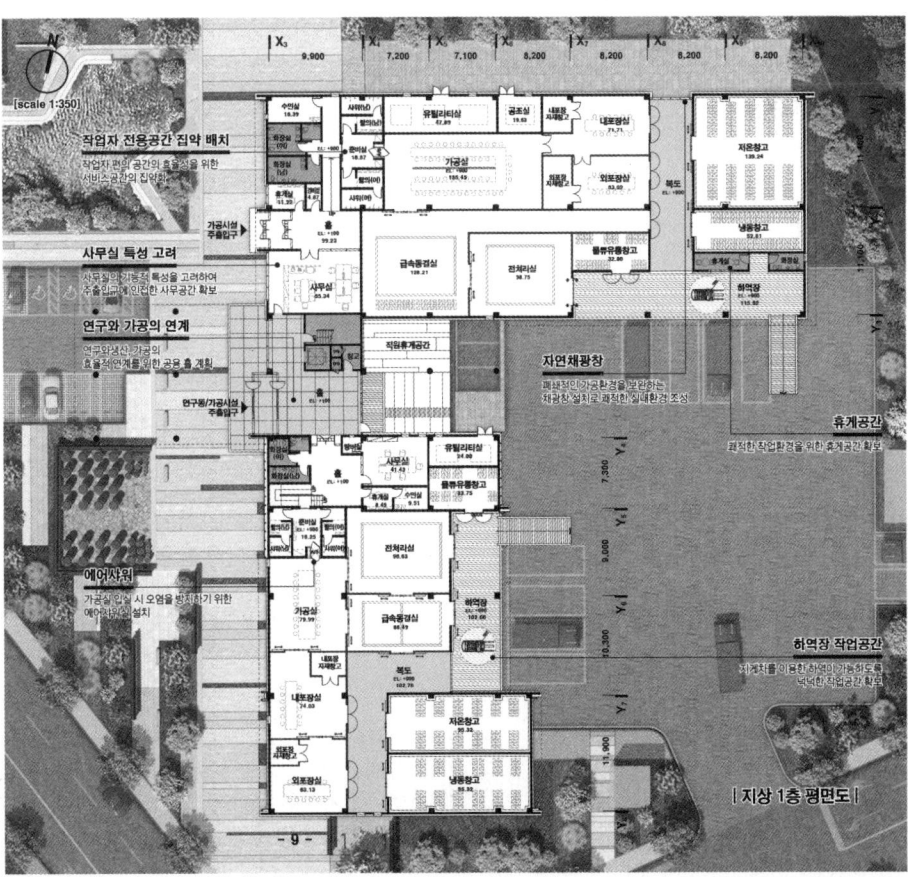

| 지상 1층 평면도 |

수산식품산업거점단지

최적의 연구 환경 조성을 위한 연구 공간 계획

업무·연구 환경을 고려하여 층별로 휴게공간을 계획하고 맞통풍이 가능하도록 해 쾌적한 연구환경을 조성하고자 한다.

Floor Plan 3 | 평면계획·연구시설동

| Key Map |

RE: 연구동 층별 공간 구성
연구영역과 연구지원영역을 기능에 따라 층별로 분리, 쾌적한 연구환경을 조성하고 보안성을 높인 평면 계획

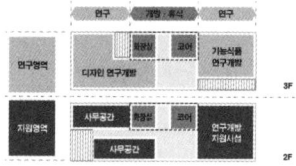

RE: 쾌적한 연구 환경 조성
휴게데크, 맞통풍, 조망 등을 모두 고려한 평면계획으로 업무의 효율을 증진시키는 쾌적한 실내환경을 제공

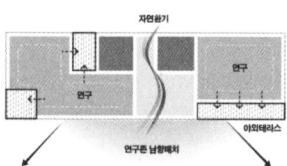

RE: 보안을 강화한 보안자동문 계획
지문인식, 카드인식 등 보안시스템을 적용하여 직원과 방문자의 동선을 분리, 연구 환경을 보호하고 보안 강화

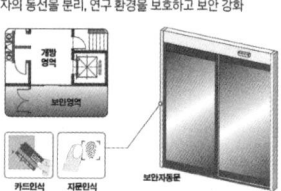

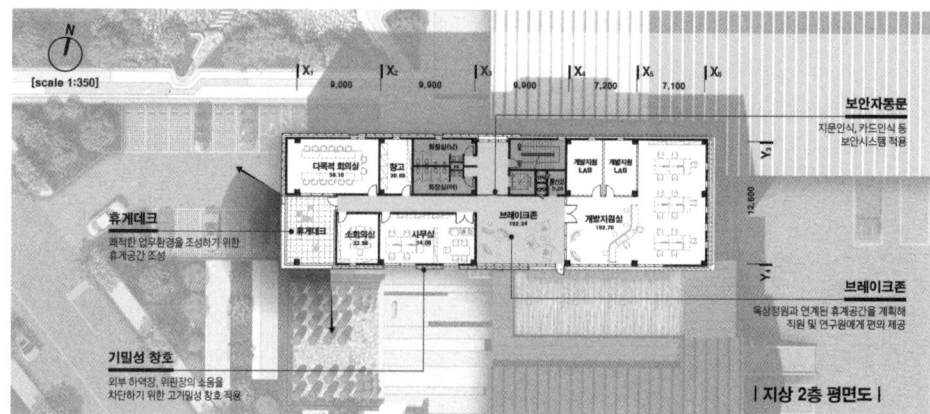

휴게데크 - 쾌적한 업무환경을 조성하기 위한 휴게공간 조성

기밀성 창호 - 외부 하역장, 위판장의 소음을 차단하기 위한 고기밀성 창호 적용

보안자동문 - 지문인식, 카드인식 등 보안시스템 적용

브레이크존 - 옥상정원과 연계된 휴게공간을 계획해 직원 및 연구원에게 편의 제공

| 지상 2층 평면도 |

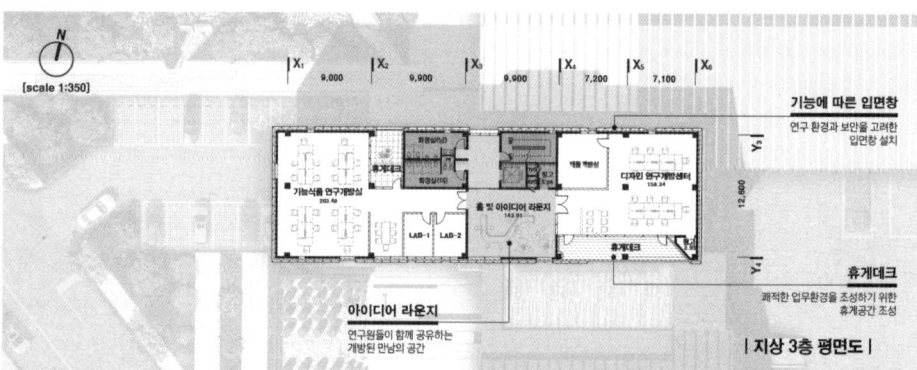

아이디어 라운지 - 연구원들이 함께 공유하는 개방된 만남의 공간

기능에 따른 입면창 - 연구 환경과 보안을 고려한 입면창 설치

휴게데크 - 쾌적한 업무환경을 조성하기 위한 휴게공간 조성

| 지상 3층 평면도 |

Fisheries Products Industrial Hub Complex

화순군의 유려한 자연 경관과 지역성을 담은 입면 디자인

화순군의 지역 문화를 형상화해 입면을 구성하고 주변 경관에서 모티브를 얻어 입면에 적용하여 기존 환경에 자연스럽게 녹아드는 입면 디자인을 구축한다.

기능별 입면·경관 계획
휴게, 연구, 가공 3단계별 화순군의 대표적인 문화와 주변 경관을 모티브로 삼아 자연스러운 입면·경관 구성

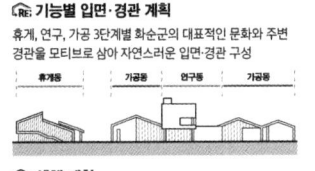

색채 계획
화순의 지역성을 담고있는 화순 대표색 적용

치장적벽돌	목재패널	징크패널	메탈메쉬
석양 담주색 S2040-Y80R	핑매갈색 S6010-Y30R	와불회색 S4500-N	와불연회색 S2000-N

▲ 부대시설동 · 가공시설동
비봉산의 산세를 담은 입면 구성
· 산세와 자연스럽게 어우러지는 이미지 조성
· 비봉산의 겹쳐지는 산세를 모티브로 구성

비봉산 > MOTIVE

▲ 연구시설동
화순 적벽과 고인돌을 담은 입면 구성
· 고인돌의 부유감을 모티브로 한 매스 디자인
· 거석의 음각을 형상화한 스킨 디자인

고인돌 > MOTIVE

▲ 패턴 디자인
화순군의 자연을 투영한 세련된 파사드
· 강하고 우직한 이미지의 스킨 디자인
· 적벽의 수직 음영을 형상화한 입면 구성

화순 적벽 > MOTIVE

| 정면도(부대시설동) |
scale 1:350

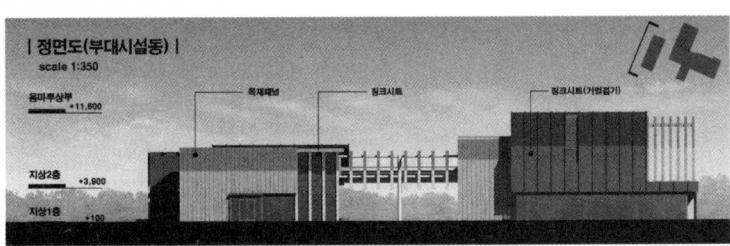

용마루상부 +11,600
지상2층 +3,900
지상1층 +100

목재패널 / 징크시트 / 징크시트(거멀접기)

| 좌측면도(부대시설동) |
scale 1:350

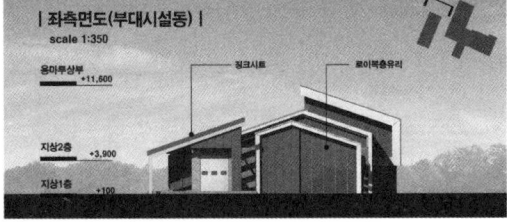

용마루상부 +11,600
지상2층 +3,900
지상1층 +100

징크시트 / 로이복층유리

| 배면도(가공시설동) |
scale 1:350

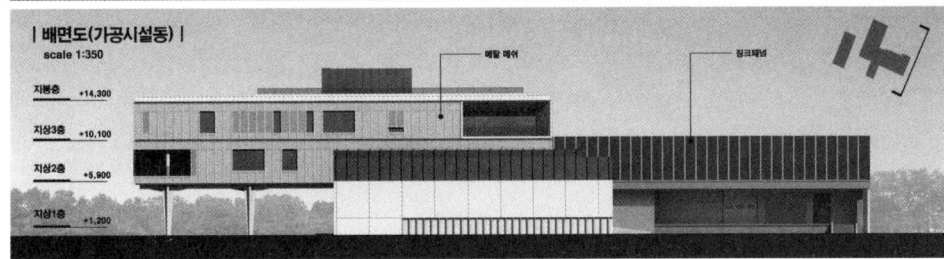

지붕층 +14,300
지상3층 +10,100
지상2층 +5,900
지상1층 +1,200

메탈 매쉬 / 징크패널

재료 계획

치장적벽돌
· 내구성이 강하고 변색이 없음
· 벽돌 특유의 의장성을 가짐

메탈 매쉬
· 저항값이 낮고 내구성이 우수함
· 대형화 제작이 가능, 시공 용이

징크시트(거멀접기)
· 저항에 강하고 내구성이 우수함
· 친환경적이며 경제적인 소재

수산식품산업거점단지 시스템을 반영한 합리적인 층별 조닝과 단면 계획

다양한 기능에 따라 이용자들의 동선을 구분하고 상호간의 간섭을 피하여 휴게 및 체험, 가공, 연구의 기능에 부합하는 합리적인 단면을 계획한다.

단면 조닝 계획
시설별로 독립성을 확보하고 이용자 간의 동선 혼재를 방지하는 단면 계획

기능별 적정 천정고
공간별로 원활한 활동을 위해 적정 천정고를 반영해 입체적이고 개방적인 공간 조성

연구시설의 독립성 확보
연구시설의 보안성과 안전성을 확보하기 위해 연구원과 일반 이용자 동선을 구분하고 간섭을 최소화

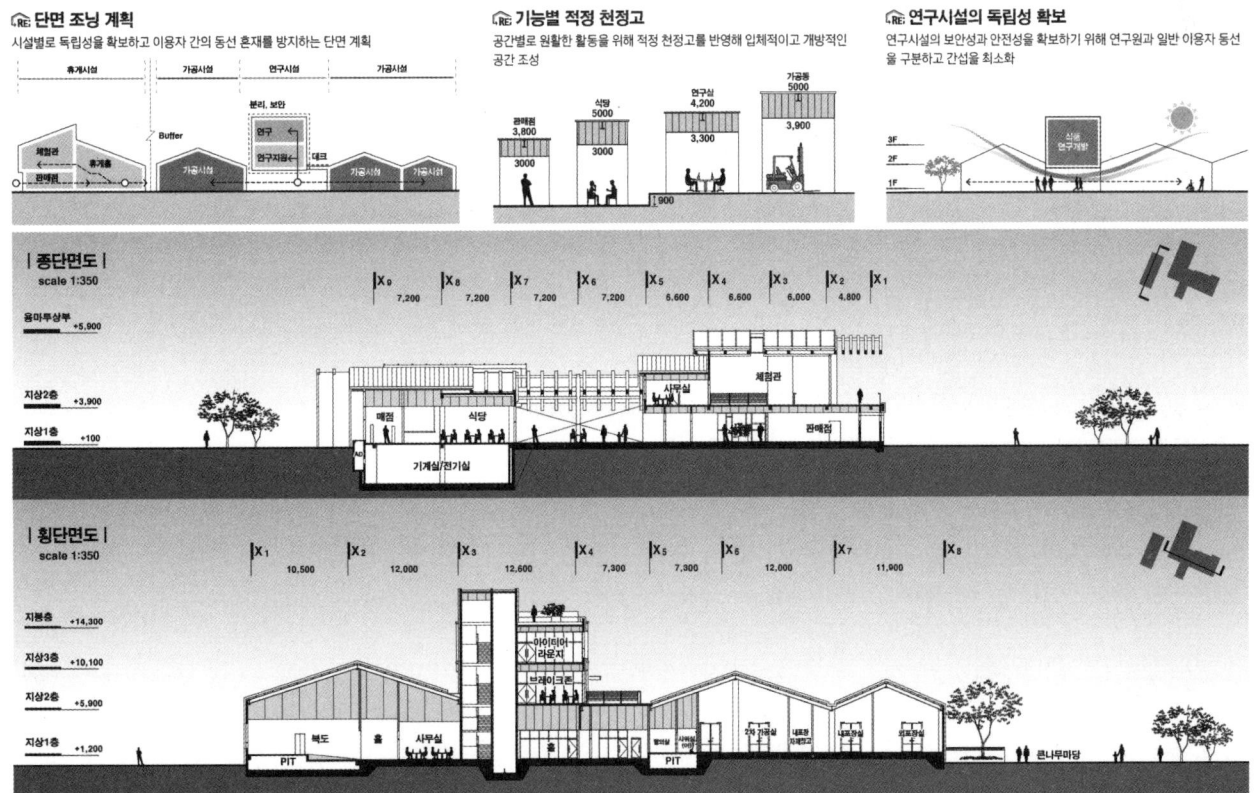

| 종단면도 | scale 1:350

| 횡단면도 | scale 1:350

고흥 드론특화 지식산업센터

당선작 (주)건축사사무소 휴먼플랜 양병범 + (주)건축사사무소 플랜 임태형 설계팀 조하니, 김예은, 류민우, 황성종

대지위치 전라남도 고흥군 고흥읍 고소리 1170 일원 **대지면적** 14,969.00m² **건축면적** 4,897.78m² **연면적** 11,106.57m² **건폐율** 32.72% **용적률** 61.77% **규모** 지하 1층, 지상 4층 **구조** 철근콘크리트조, 일부 철골조 **외부마감** 불소수지패널(내염성), 금속루버(내염성도장), 로이복층유리 **주차** 77대(장애인 주차 6대, 버스 2대, 경차 1대 포함)

이벤트 마당(코드론 필드)
건물의 이격 배치를 통해 보행권을 강화하고 도로와 맞닿은 맞이마당을 통하여 자연스럽게 시설에 접근한다. 외부 드론 시험장은 전문적인 성격을 고려하여 관련시설과 연계하여 분리 배치하였다. 코드론 필드는 지역행사, 드론레이싱, 드론체험 등 다양하게 활용되어 지역커뮤니티와 다양한 이벤트를 유발한다.

드론 문화 생태계를 구축하는 순환루프
드론 특화 지식산업센터에 들어서는 시설은 크게 입주기업 시설/실내 드론시설/공용부 및 지원시설/기숙사로 나눌 수 있다. 순환하는 원루프는 기능과 동선을 연계하여 고흥만의 드론 문화생태계를 형성한다.

경제적이고 쾌적한 업무환경
입주기업 시설은 남향배치와 진면 빌코니 제공으로 쾌적한 업무환경을 제공한다. 모듈은 경제성을 고려한 단위설정과 확장 가능한 조닝으로 다양한 임대수요에 대응한다. 특히 드론 업무 특성을 고려한 코어특화(스마트코어, 배터리코어)를 통해 업무를 최첨단으로 지원한다.

Event plaza (Codrone field)
Clearance between buildings improves pedestrian convenience, and a plaza nestled close to a road provides access to the facility. Considering its technical characteristics, the outdoor drone test field is positioned separately yet connected with relevant facilities. Codrone Field can be used for various programs including local events, drone racings and drone workshops, so it will create a wide range of events in cooperation with the local community.

A circulating loop that gives birth to a drone culture ecosystem
The functional programs of the new center can be largely divided into two sections; company facility/indoor drone facility/common area and support facility/dormitory. A single circulating loop interconnects functions and flows to create a drone culture ecosystem that can be found only in Goheung.

An economic and pleasant work environment
Company facilities provide a pleasant work environment characterized by its south-facing arrangement and front balconies. The proposed modular system can accommodate different demands of tenants by offering an economically efficient unit system and an expandable zoning system. Especially, reflecting the nature of drone business, the specialized core (Smart core, Battery core) provides high tech business support.

Prize winner Human Plan Architects Office, Inc._Yang Byungbeom + Plan Architects Office, Inc._Lim Taehyung **Location** Goheung-gun, Jeollanam-do **Site area** 14,969.00m² **Building area** 4,897.78m² **Gross floor area** 11,106.57m² **Building coverage** 32.72% **Floor space index** 61.77% **Building scope** B1, 4F **Structure** RC, Partly SC **Exterior finishing** Flouride resin panel, Metal louver, Low-E paired glass **Parking** 77 (including 6 for the disabled, 2 for bus, 1 for small car)

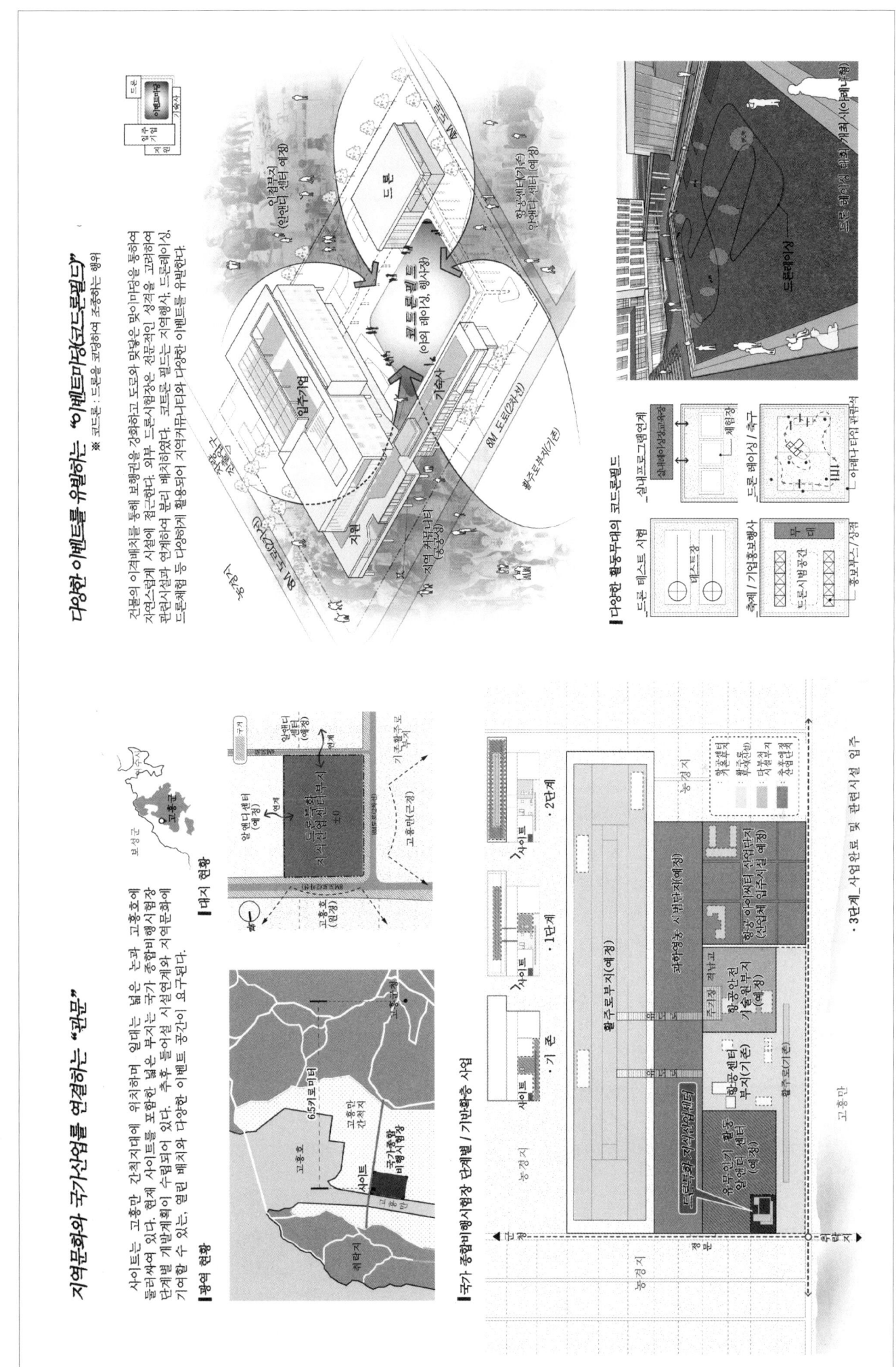

고흥 드론특화 지식산업센터

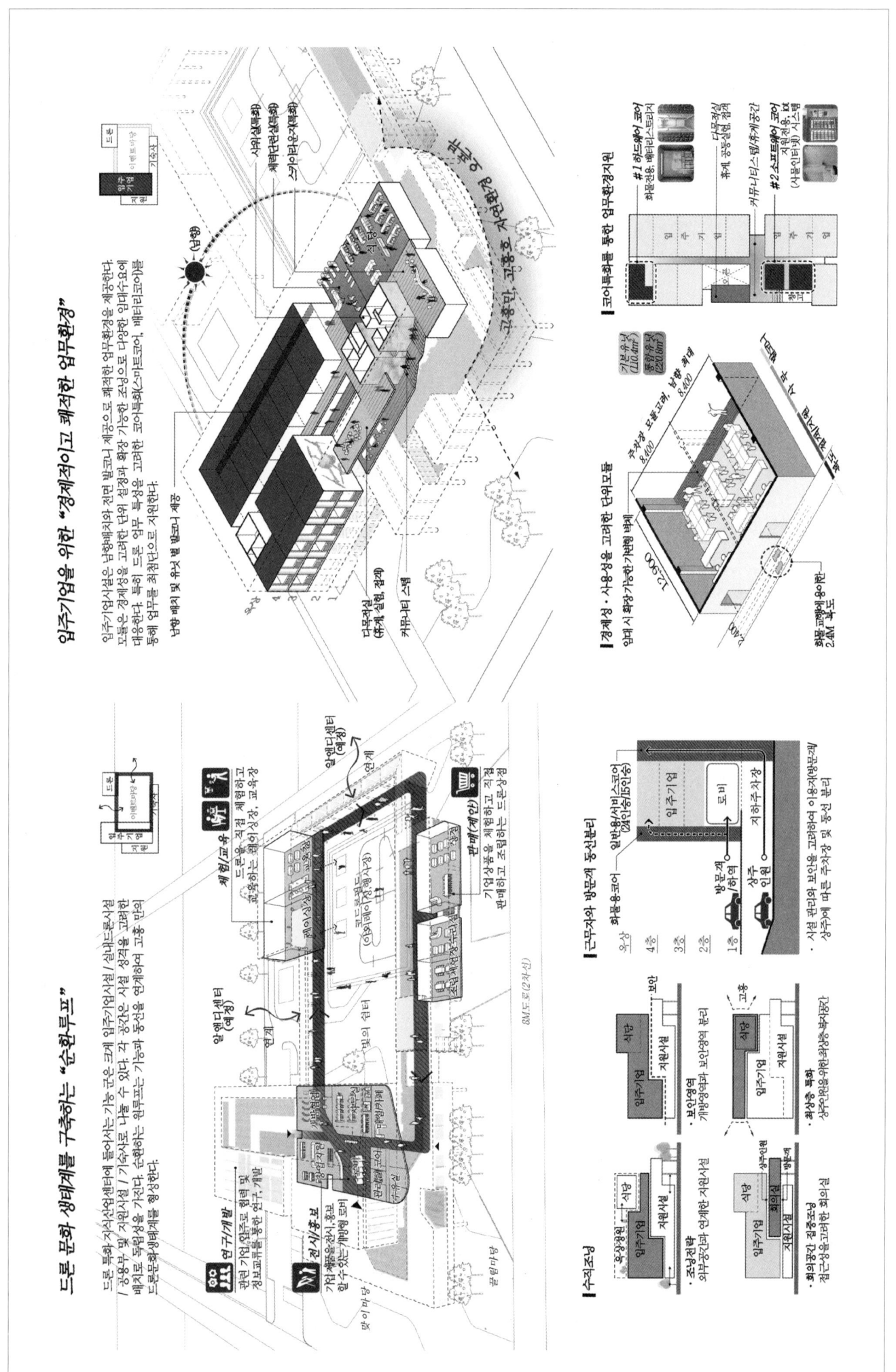

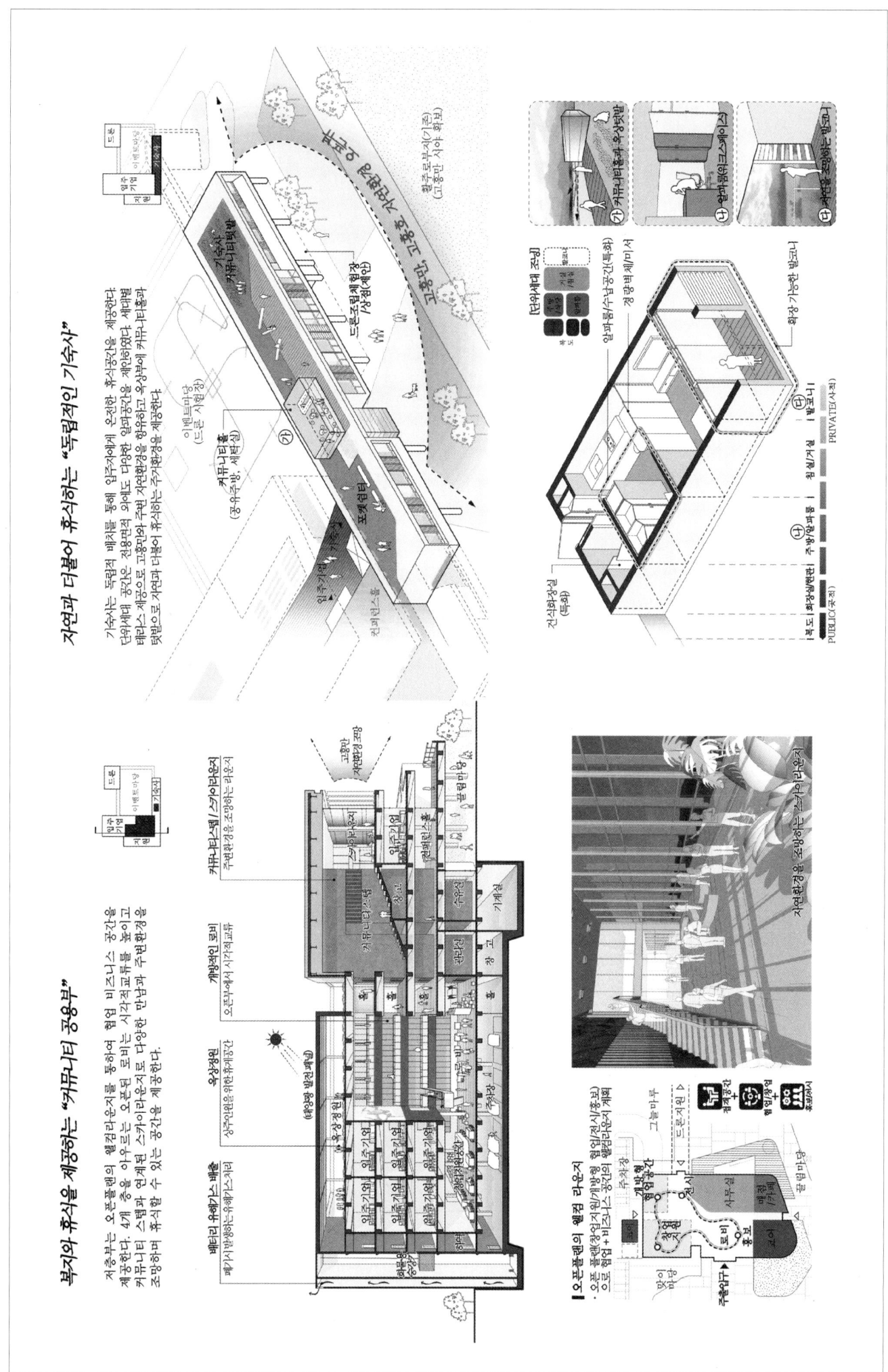

고흥 드론특화 지식산업센터

지역민의 커뮤니티와 이벤트를 유발하는 외부공간계획

외부공간계획

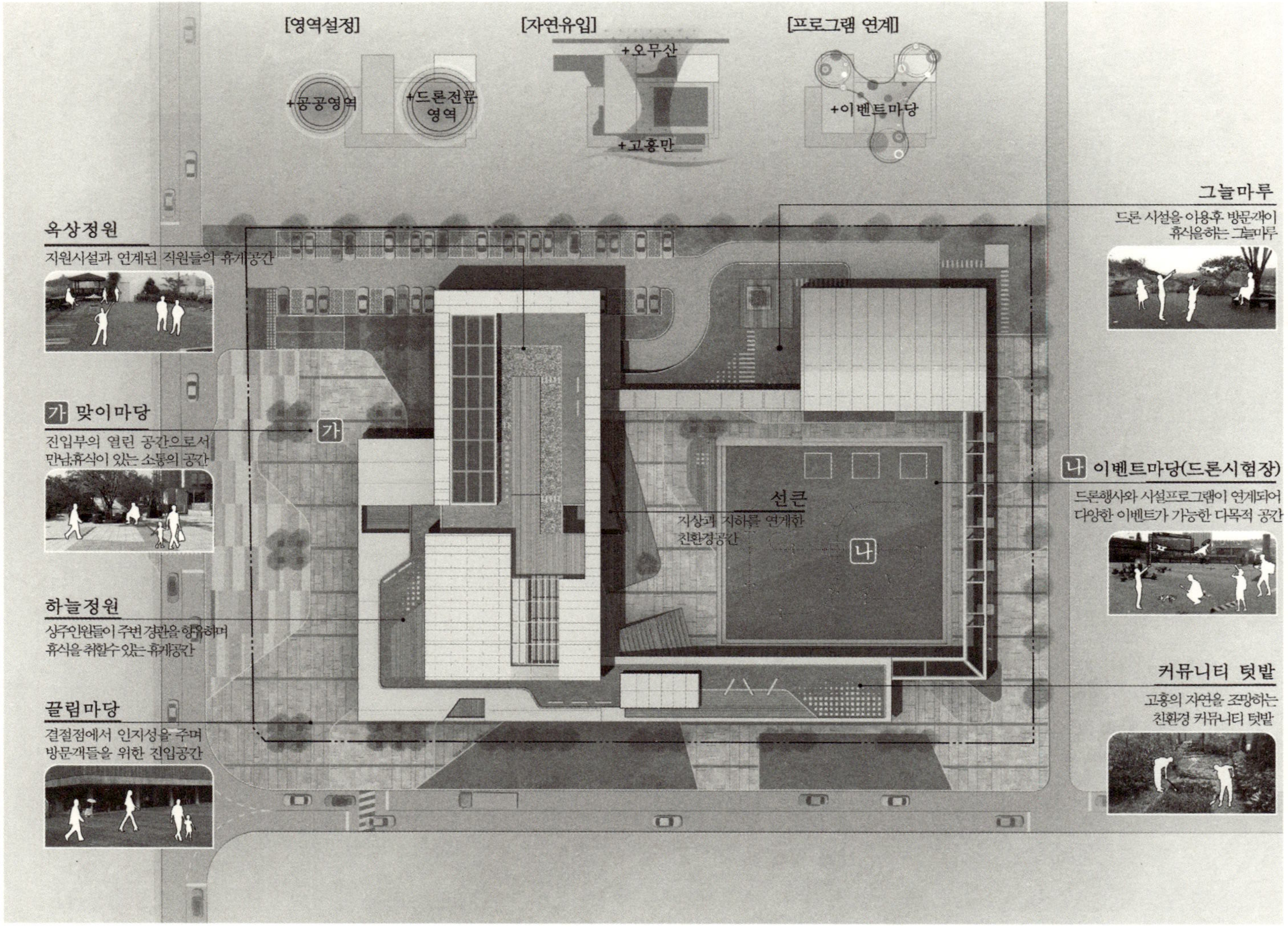

[영역설정]
+ 공공영역
+ 드론전문영역

[자연유입]
+ 오무산
+ 고흥만

[프로그램 연계]
+ 이벤트마당

옥상정원
자원시설과 연계된 주민들의 휴식공간

가 맞이마당
전입부의 열린 공간으로 만나지 수 있는 소통의 공간

하늘정원
상주 인원들의 주변 경관을 음미하며 휴식을 취할 수 있는 휴게공간

품림마당
결절점에서 인지성을 주며 방문객들을 위한 진입공간

그늘마루
드론 시험을 이용후 방문객에 휴식을 취할 수 있는 휴게공간

나 이벤트마당(드론시험장)
드론행사와 시험프로그램에 연계되어 다양한 이벤트가 가능한 다목적 공간

커뮤니티 텃밭
고흥의 자연을 조망하는 친환경 커뮤니티 텃밭

맞이마당(가)
· 넓은 전면의 진입공간

드론시험장(나)
· 다목적 드론 이벤트마당

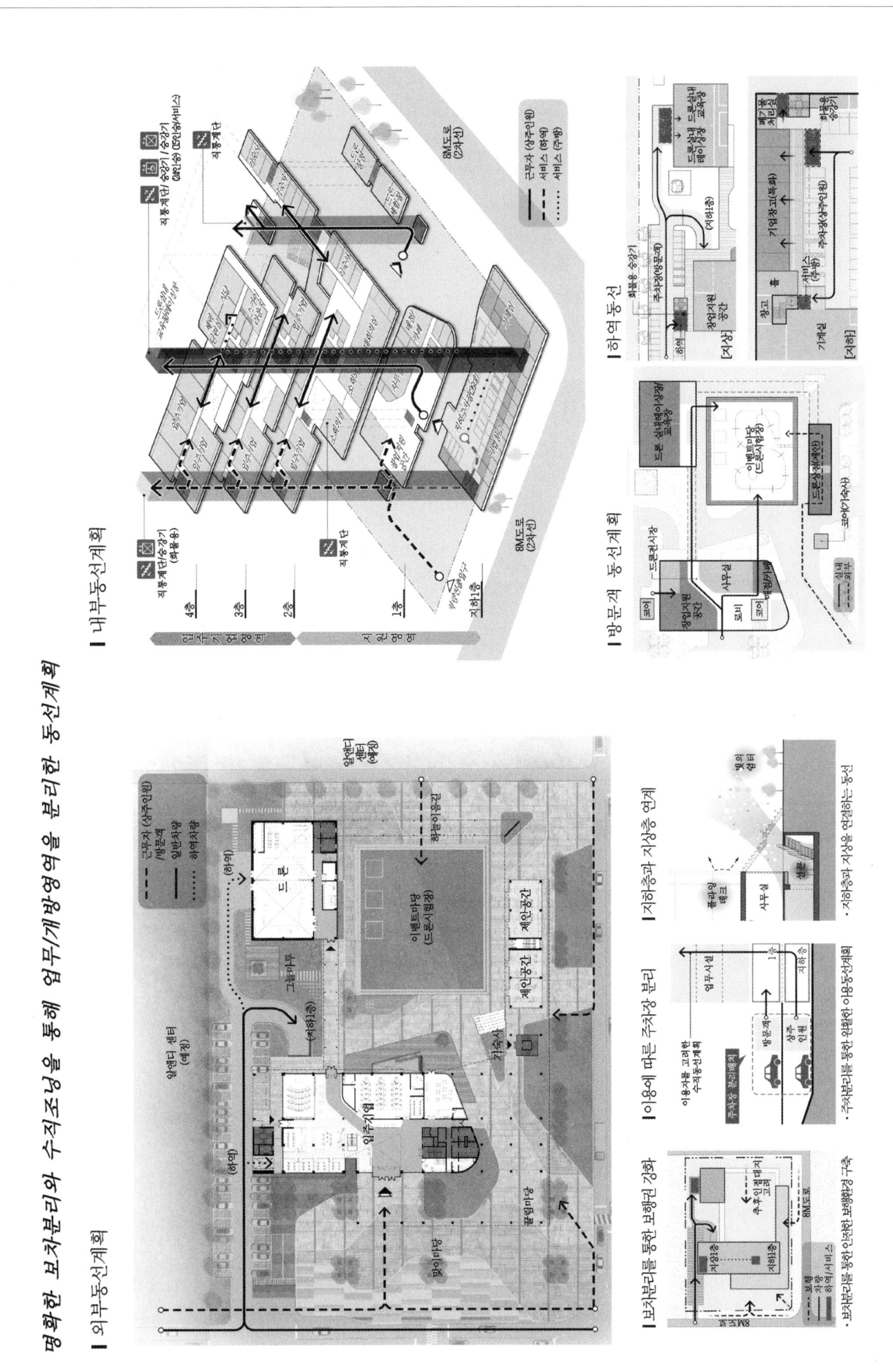

고흥 드론특화 지식산업센터

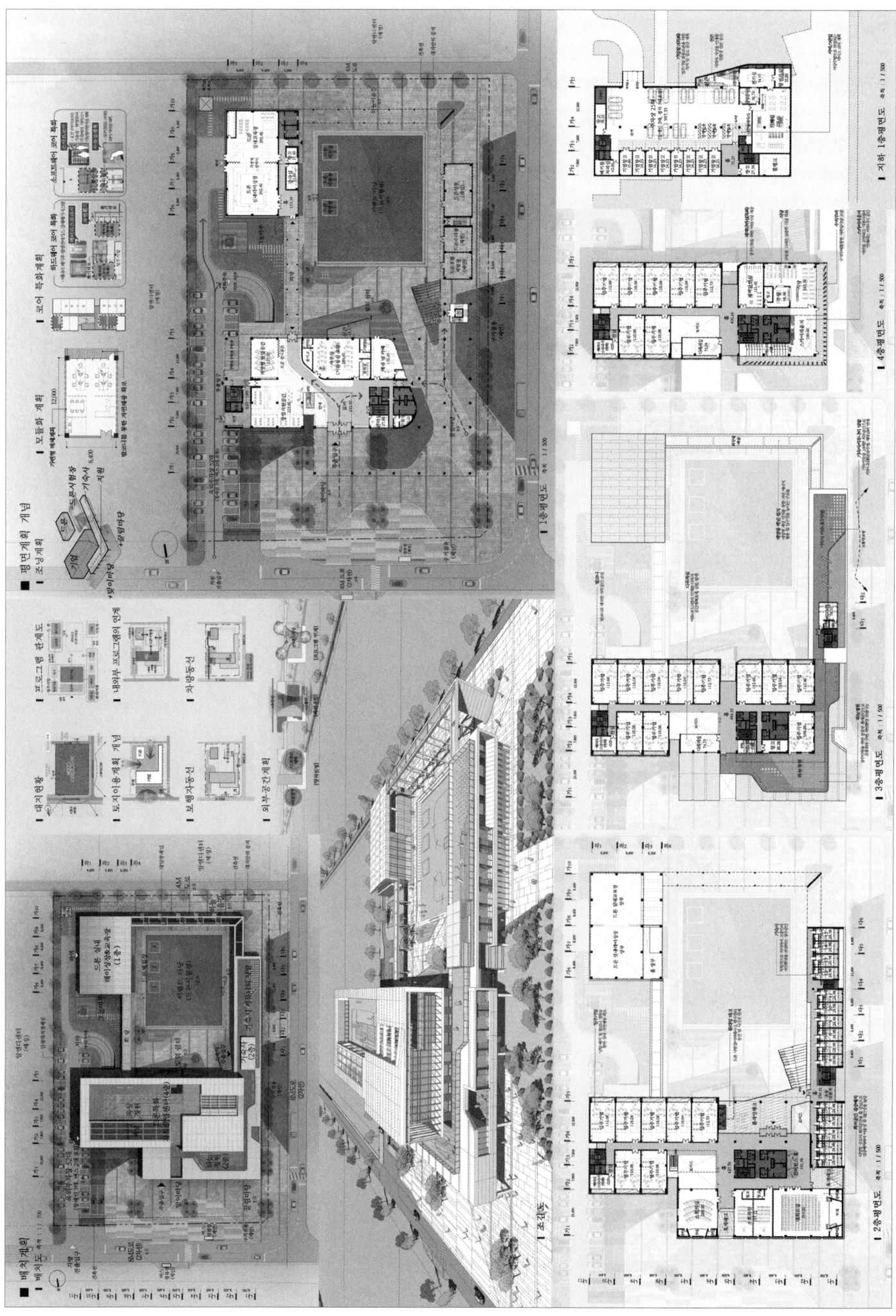

Goheung Drone Specialized Knowledge Industrial Center

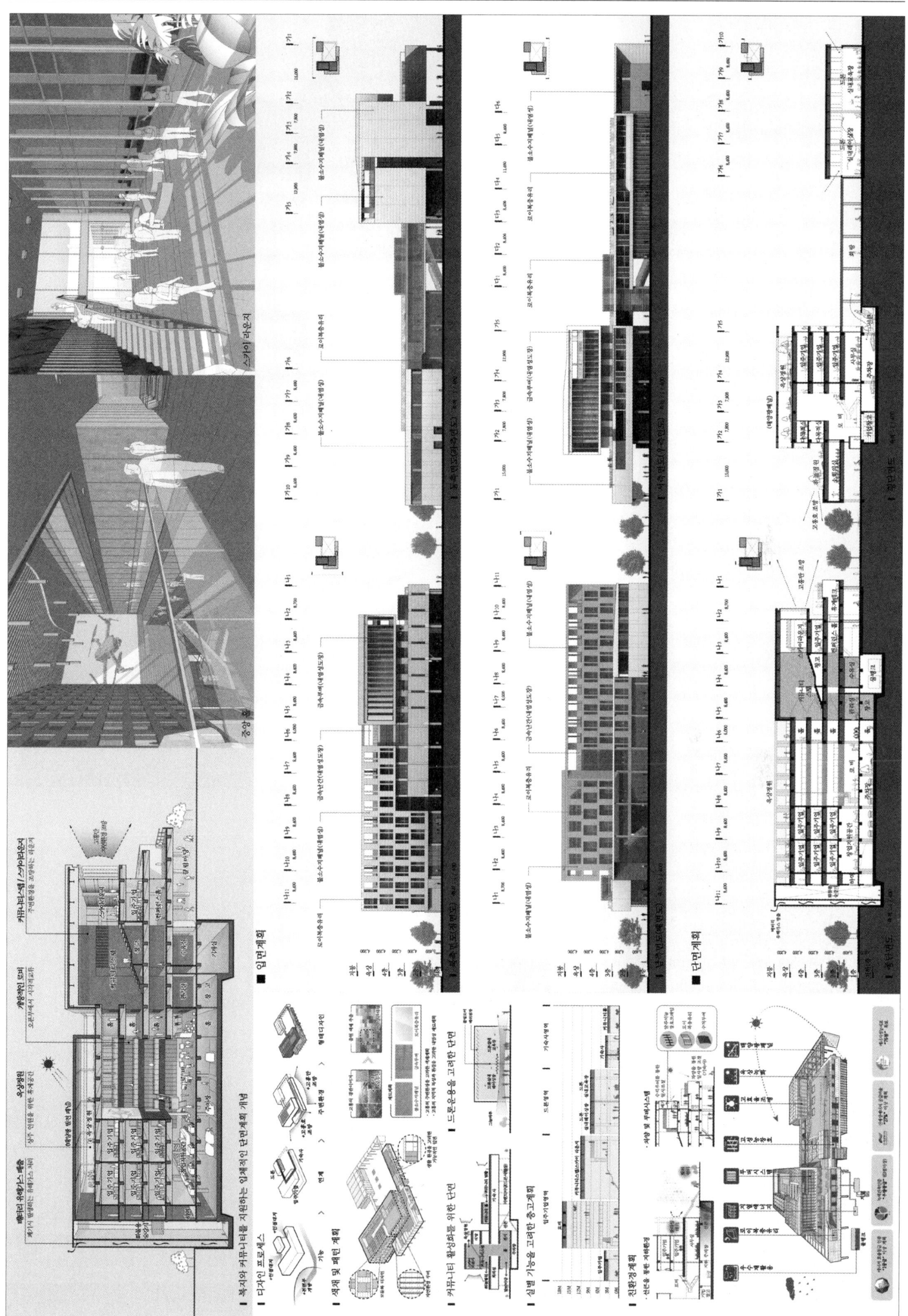

연수구청사 별관

당선작 이우가건축사사무소 백수영 설계팀 김유미, 장윤수

대지위치 인천광역시 연수구 원인재로 115 **대지면적** 21,792.20㎡ **건축면적** 959.60㎡ **연면적** 2,050.14㎡ **규모** 지하 1층, 지상 4층 **최고높이** 15m **구조** 철근콘크리트조 **외부마감** 화강석, 디자인블록, 목재루버, 복층유리

담과 마당과 길이야기

한국전통건축의 개념으로 담과 마당, 길을 표현한다. 어린이와 지역주민들의 만남과 교류의 장소가 될 본 계획안은 담을 통해 이미지를 만들고, 마당을 이용해 공간을 확장시키며, 담과 마당으로 향하는 길을 만들어 새로운 연수구의 주민교류의 장소가 되고자 한다.

계획개념

- 담장 [墻] : 전통의 한국적 담장을 재해석하여 패턴의 이미지를 만든다. 담을 구획 지으며 공간을 만들고, 사람들을 모이게 한다. 담을 막는 것이 아닌 열림의 방향을 나타내는 기호이다.
- 마당 [場] : 공간을 경계 짓는 마당은 영역의 표현으로 구성한다. 어린이의 교육의 마당, 지역 주민을 위한 교류의 마당, 나아가 연수구의 새로운 활동의 마당으로 자리매김한다. 마당은 사람들을 모이게 하여 일상을 만들어 낼 수 있는 장소가 된다.
- 길 [路] : 길은 사람을 끌어들인다. 길에서 만남이 일어나고 일상이 벌어지며, 삶이 표현된다. 다양한 방향의 길을 통해서 공간이 나타나고, 이미지를 바라보며 형태를 인지한다.

A story of walls, courtyards and paths

The principles of Korean traditional architecture are applied to the design of walls, courtyards and paths. Planned to offer a place for children and locals to meet and interact, this project efficiently uses courtyards to expand the space and also opens various paths leading to walls and courtyards so that it can become Yeonsu-gu's new community venue for social intercourse.

Concept

- Walls : Korean traditional walls are reinterpreted into a patterned image. Walls are sectioned off to create spaces and bring people together. These walls are not a barrier but a symbol representing the direction of a flow.
- Courtyards : Drawing a boundary between spaces, a courtyard is defined by its territorial identity. It develops into various types of courtyards; a courtyard for child education, community courtyard for locals and new activity courtyard for Yeonsu-gu. They bring people together and become a place where everyday lives spring.
- Paths : A path draw people. On this path, encounters take place, everyday lives unfold, and life comes to take a form. Paths stretching in different directions lead to a space and show images that help to recognize an object.

Prize winner IOOGA Architecture_Baek Sooyoung **Location** Yeonsu-gu, Incheon **Site area** 21,792.20m² **Building area** 959.60m² **Gross floor area** 2,050.14m² **Building scope** B1, 4F **Height** 15m **Structure** RC **Exterior finishinig** Granite, Design block, Wood louver, Paired glass

Yeonsu-gu Office Annex Building

우리 곁에 다가오는 **담과 마당과 길이야기**

| 건축계획 |
설계개념 및 설계방향

- 기존 건축물과 대지 주변과의 연계성을 고려한 계획

- 전통건축의 공간적 요소를 차용하여 입체적인 공간 계획

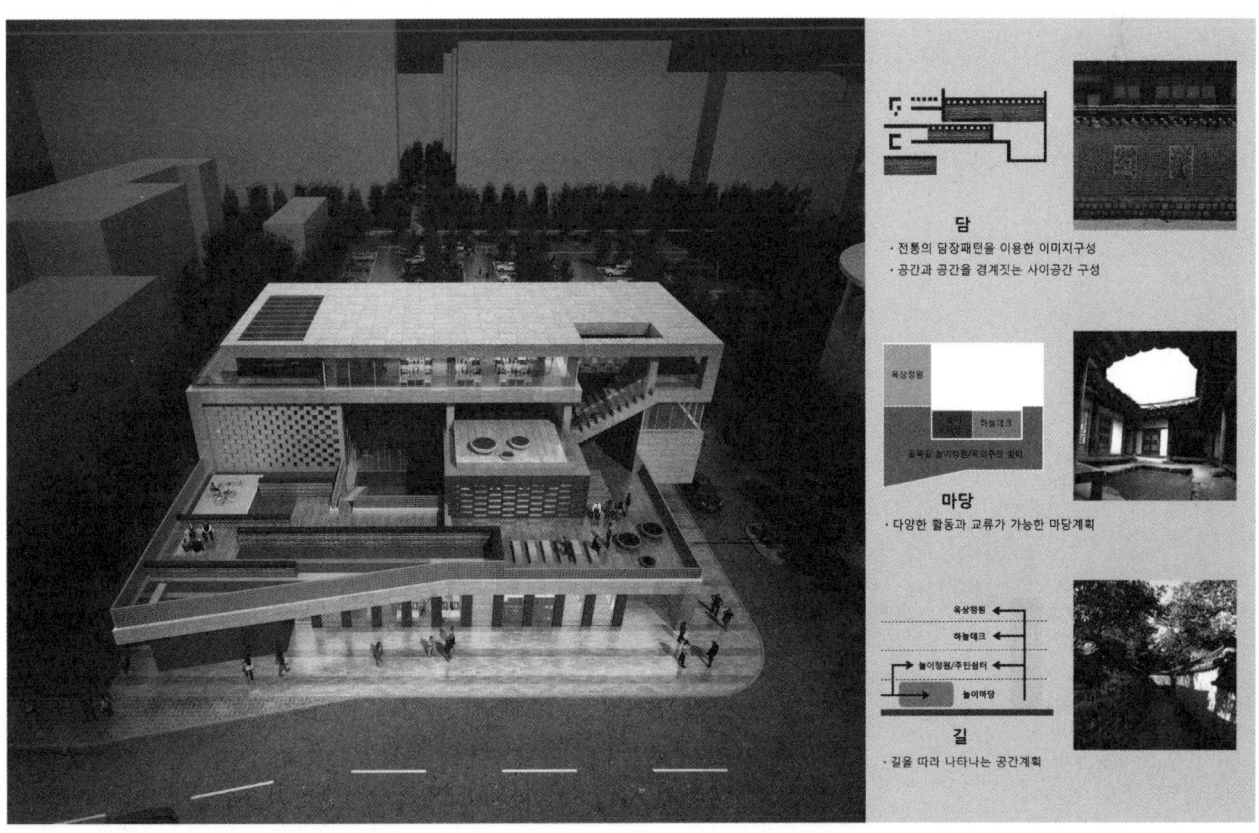

담
- 전통의 담장패턴을 이용한 이미지구성
- 공간과 공간을 경계짓는 사이공간 구성

마당
- 다양한 활동과 교류가 가능한 마당계획

길
- 길을 따라 나타나는 공간계획

연수구청사 별관

건축계획
설계개념 및 설계방향
- 어린이집과 주민편의시설의 특성을 고려한 계획

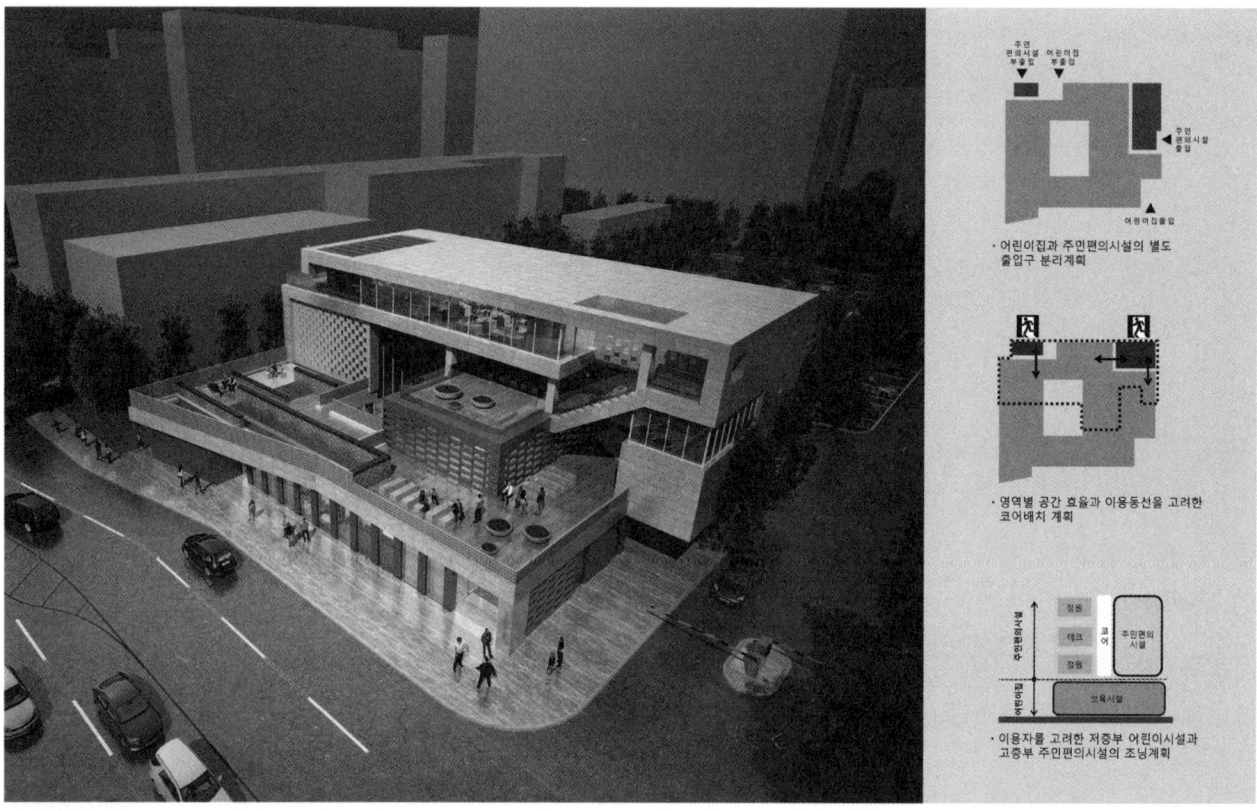

- 어린이집과 주민편의시설의 별도 출입구 분리계획
- 영역별 공간 효율과 이용동선을 고려한 코어배치 계획
- 이용자를 고려한 저층부 어린이시설과 고층부 주민편의시설의 조닝계획

외부공간 계획
- 공간의 특성을 고려한 다양한 외부공간 계획

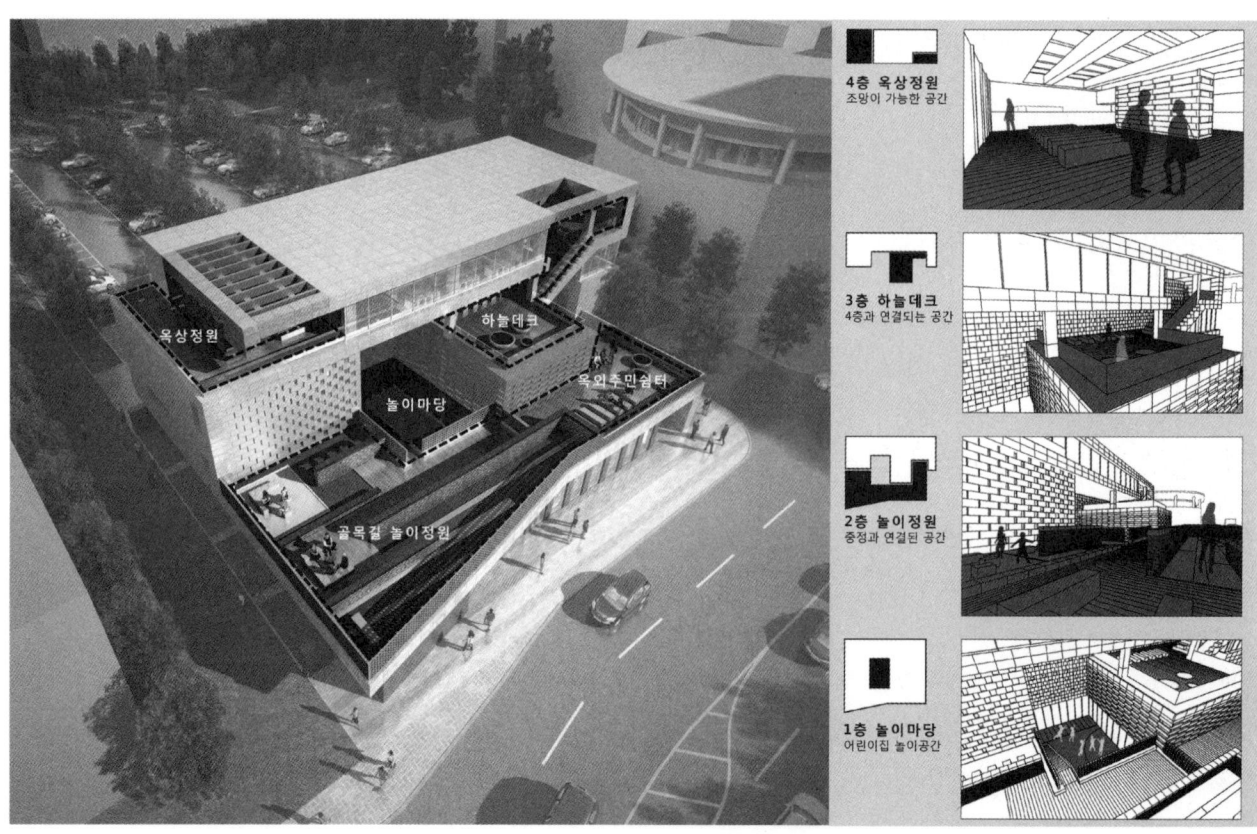

- 4층 옥상정원: 조망이 가능한 공간
- 3층 하늘데크: 4층과 연결되는 공간
- 2층 놀이정원: 중정과 연결된 공간
- 1층 놀이마당: 어린이집 놀이공간

Yeonsu-gu Office Annex Building

| 건축계획 |
내·외부 동선계획

- 어린이집과 주민편의시설의 특성을 고려한 계획

■ 외부동선계획

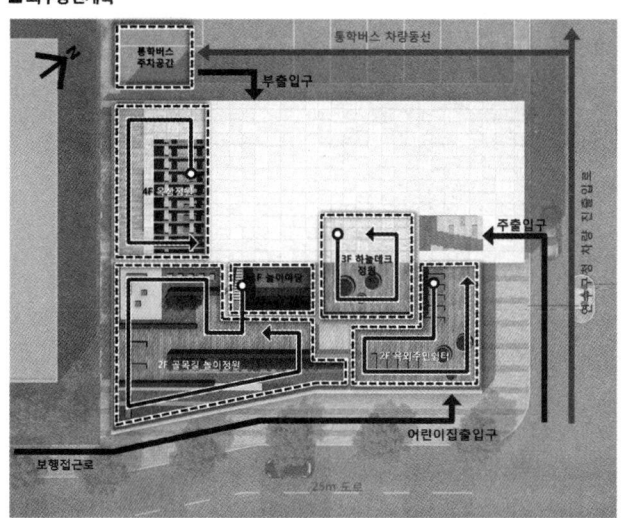

■ 동선계획 주안점

■ 내부동선계획

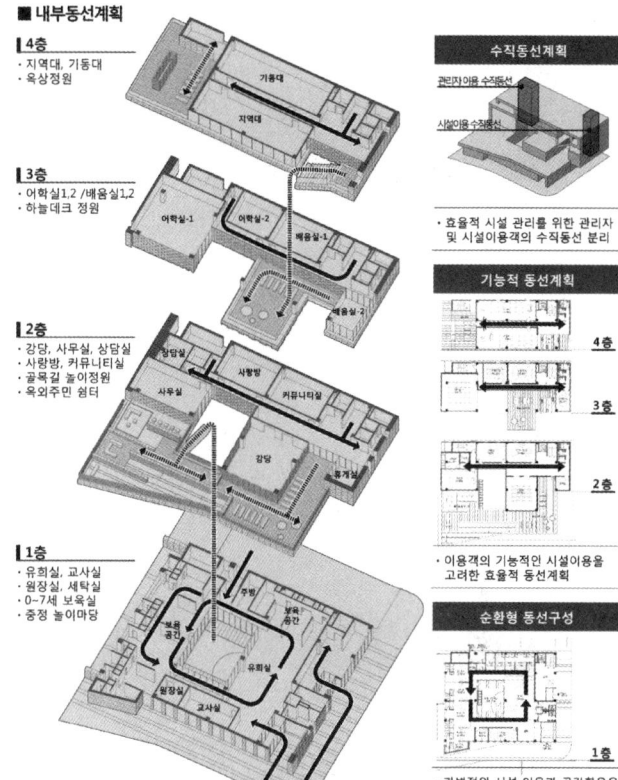

| 건축도면 |
지상 1층 평면도 축척 1/200

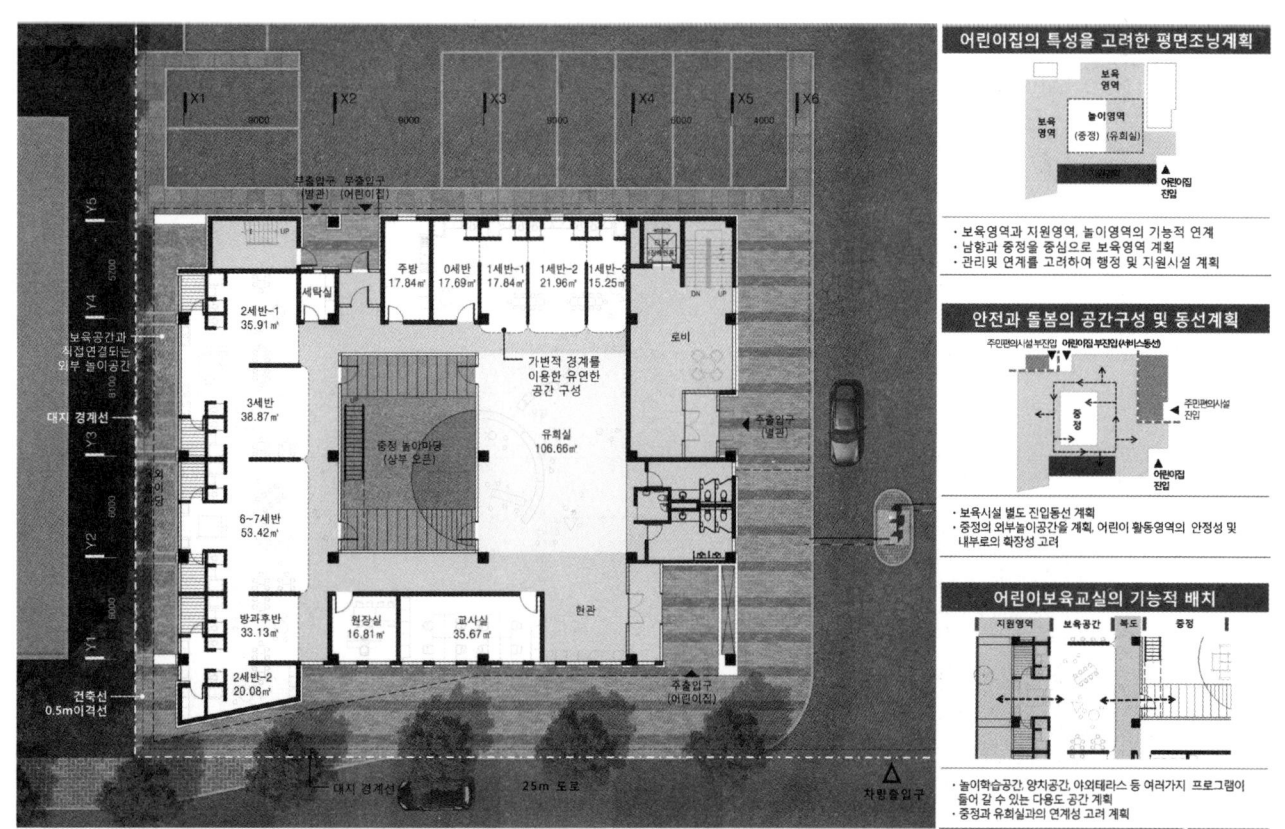

연수구청사 별관

| 건축도면 |
지상 2층 평면도 축척 1/200

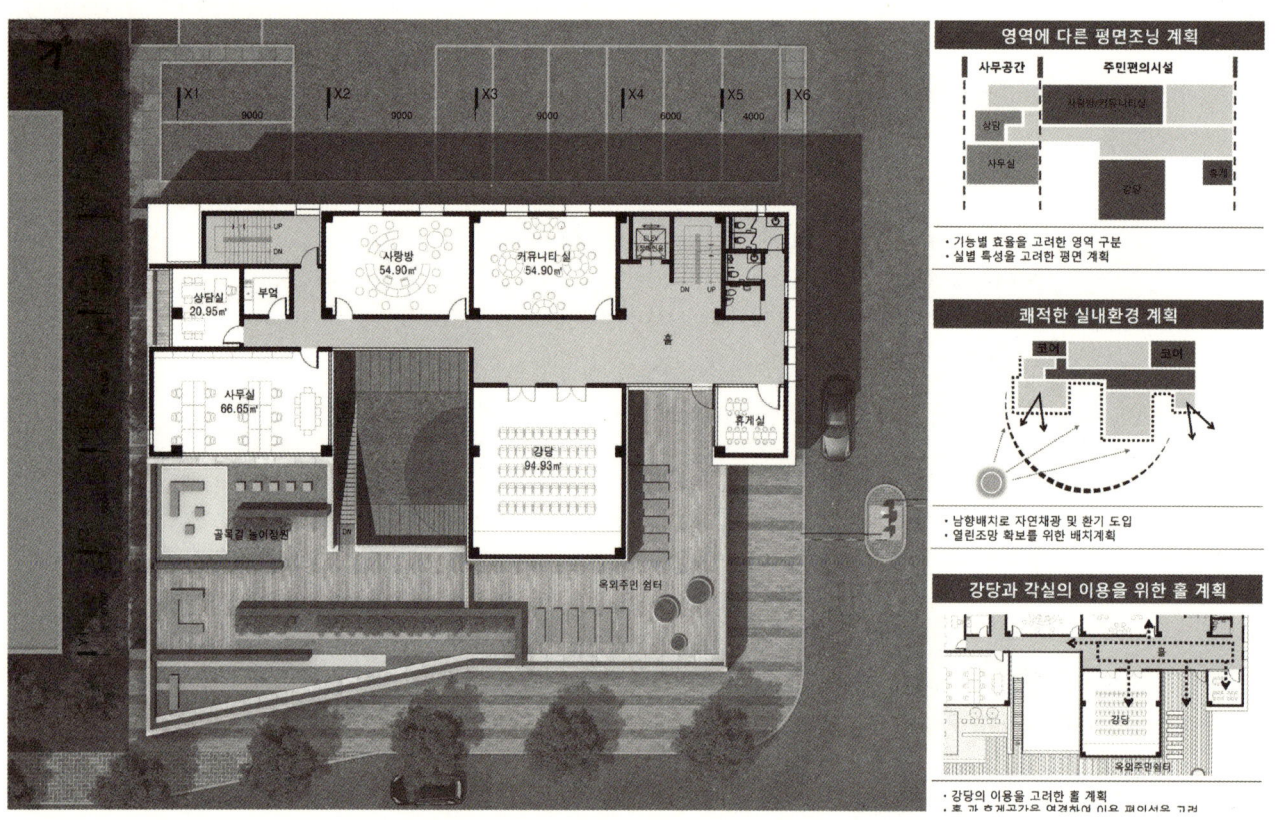

지상 3층 및 4층 평면도 축척 1/200

■ 지상 3층 평면도

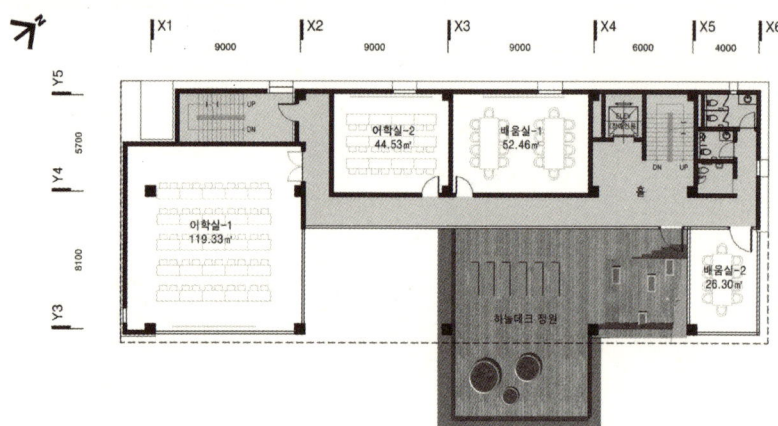

■ 지상 4층 평면도

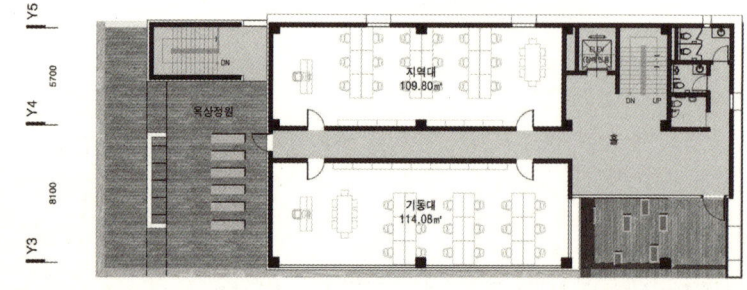

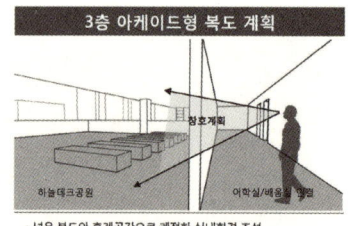
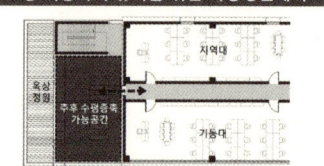

Yeonsu-gu Office Annex Building

우리 곁에 다가오는 **담과 마당과 길이야기**

| 건축도면 |
입면도 축척 1/200

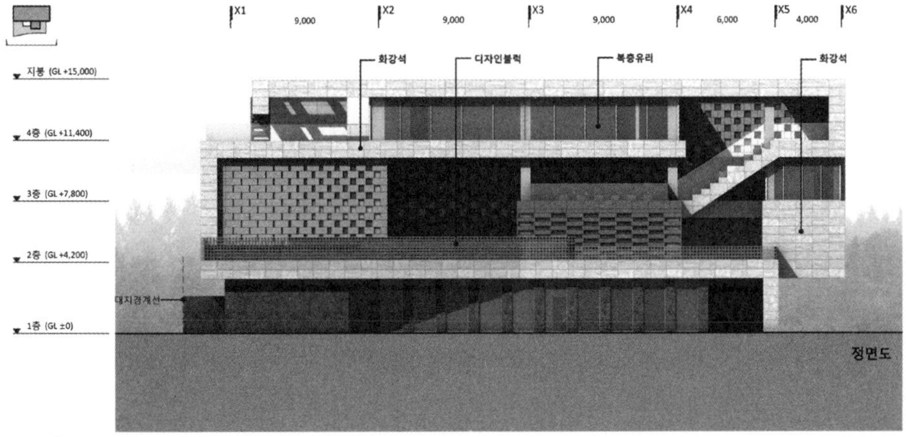

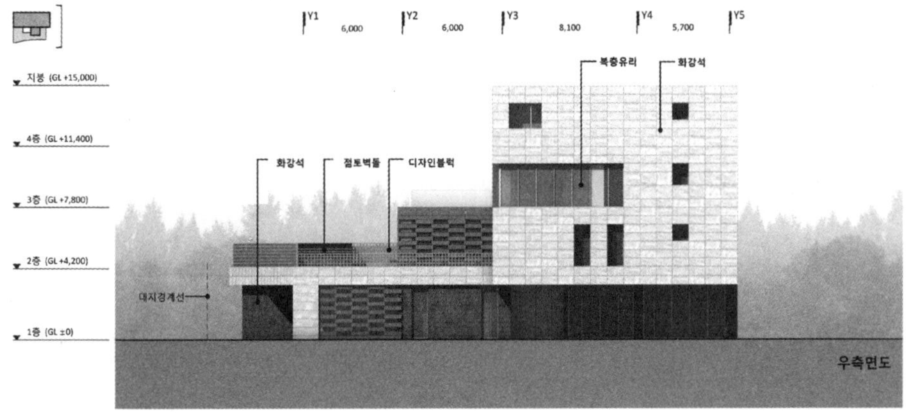

- 전통의 담장패턴을 이용한 입면계획 
- 전통담장의 패턴 밀도를 활용한 개구부 계획 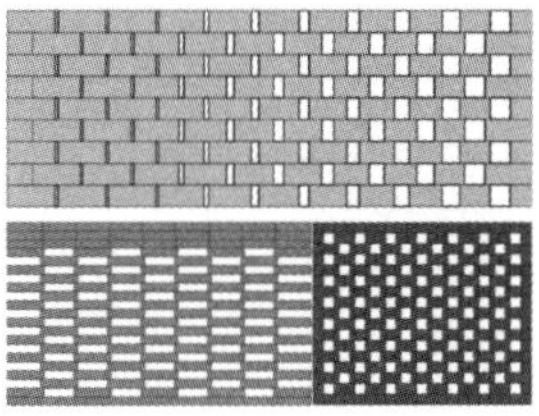
- 심플하고 간결한 조형 계획

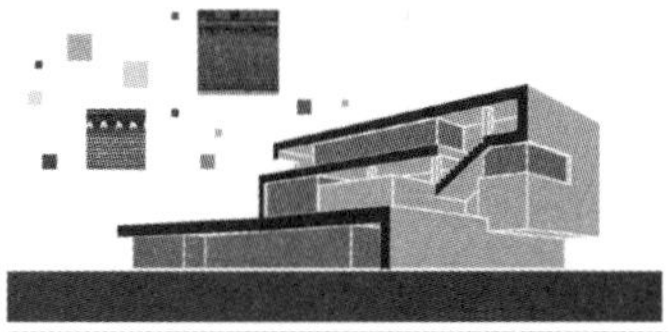

단면도 축척 1/200

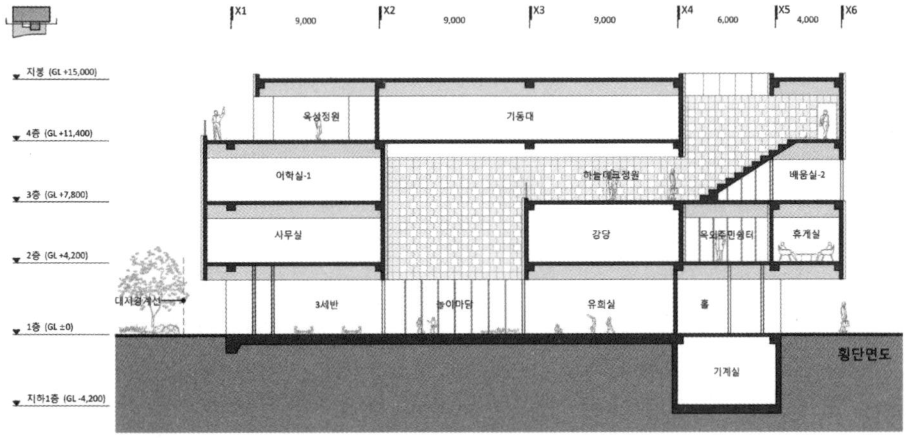

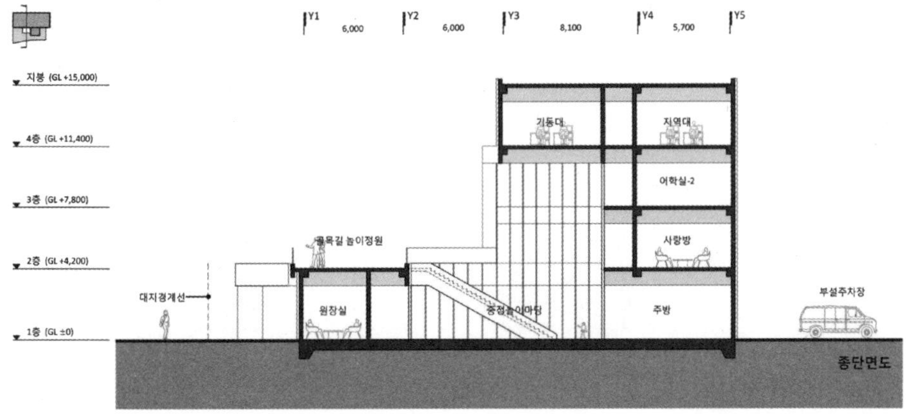

- 입체적 단면계획 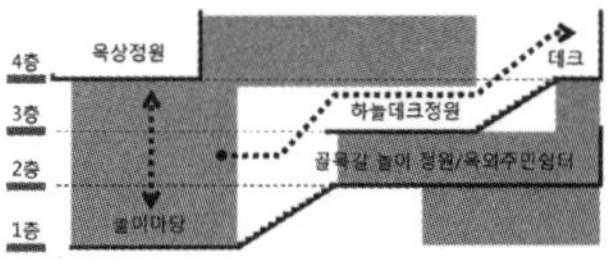
  - 각층에서 연결되는 외부 휴게공간 계획으로 건축적 산책 공간 계획
- 합리적인 천장고 계획

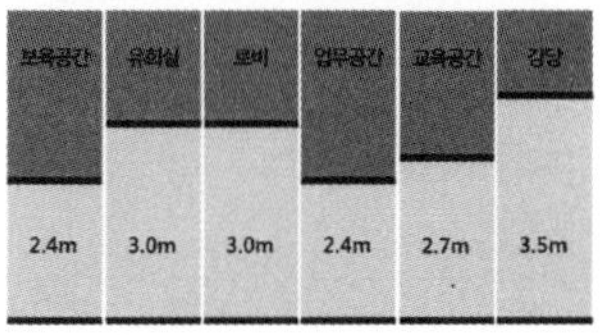

부속공간	유희실	로비	업무공간	교육공간	강당
2.4m	3.0m	3.0m	2.4m	2.7m	3.5m

- 프로그램별 적정 층고를 계획하여 경제적이며 합리적 공간 제안

architecture & design competition 업무·교통·의료

연수구청사 별관

우수작 건축사사무소 도시공작소 원흥재 + (주)티에스엔지니어링 건축사사무소 조규수 설계팀 김덕화, 전경욱, 이용현(이상 티에스)

대지위치 인천광역시 연수구 원인재로 115 **대지면적** 21,792.2㎡ **건축면적** 915.0㎡ **연면적** 2,055.0㎡ **건폐율** 4.2% **용적률** 9.43% **규모** 지상 3층 **최고높이** 14.75m **구조** 철근콘크리트조 **외부마감** 벽돌, 벽돌스크린, 컬러강판, 로이유리

강렬한 질서, 그리고 순응

대지는 연수구청 내 기존 분수대 부지에 위치하며 차량 주진입로 맞은편에 연수구 의회청사가 인접해있다. 연수구청사가 지니고 있는 배치의 수법은 이미 매우 강력하여 기존 도시환경을 원활히 조율하고 있으며, 전통적 형태와 한국적 의미를 내포한 건축언어 또한 이용자로 하여금 인상깊은 시각적 은유를 선사한다.

아우름_민주적 다양성을 내포한 조화로움의 이행

의회청사의 건축적 언어와 비율을 계승하여 가로변에서 구청사의 진입적 성격을 강화하고, 주변과 조화하는 새로운 풍경을 만든다. 이에 더하여 다양한 비움을 통해 시민사회가 지닌 다양성, 그리고 주민 편의시설의 성격을 강화하는 입체적 공공영역을 구성한다. 프로그램적 요구에 따라 1층은 연수구 직장어린이집이 위치한다. 미세먼지 걱정없는 2개 층 높이의 실내놀이터 '플레이 그라운드'는 쾌적하고 안전한 보육환경의 중심이 된다. 상부 주민편의시설로의 접근이 원활하도록 가로로부터 3층까지 연계되는 정원, 테라스, 하늘정원 등 연속적이고 입체적인 공공영역을 계획하였다.

Establishing an apparent order, and making harmony

The project site is located at the current fountain site within the Yeonsu-gu Office, and the Yeonsu-gu Council Office is positioned nearby on the other side of the main vehicle access road. The arrangement plan of the office is very solid and thus smoothly coordinates the existing urban environment. In the meantime, architectural languages that contain traditional forms and Korean sentiments introduce impressive visual metaphors to users.

Concord; a journey of harmony, introducing democratic diversity.

The architectural language and proportion of the Council Office are borrowed to emphasize the gu office's entry sequence on the streetside and create a new scenery that makes harmony with the surroundings. Various types of voids are inserted to introduce a three-dimensional public space that promotes the diversity of our civil society and the identity as a public amenity facility. By demand in relation to program, the 1st floor is designed to house a gu-operated daycare center. Playground, a fine dust-free indoor playground with double-height ceiling, becomes the center of a pleasant and safe childcare environment. Also, interconnected, three-dimensional public spaces, including a garden, terrace and rooftop garden, create a continuous flow from the street to the 3rd floor to ensure easy access to community amenity facilities on the upper floors.

2nd prize Urban Factory_Won Heungjae + TS Engineering & Architect_Cho Gyoosoo **Location** Yeonsu-gu, Incheon **Site area** 21,792.2m² **Building area** 915.0m² **Gross floor area** 2,055.0m² **Building coverage** 4.2% **Floor space index** 9.43% **Building scope** 3F **Height** 14.75m **Structure** RC **Exterior finishing** Brick, Brick screen, Color steel plate, Low-E glass

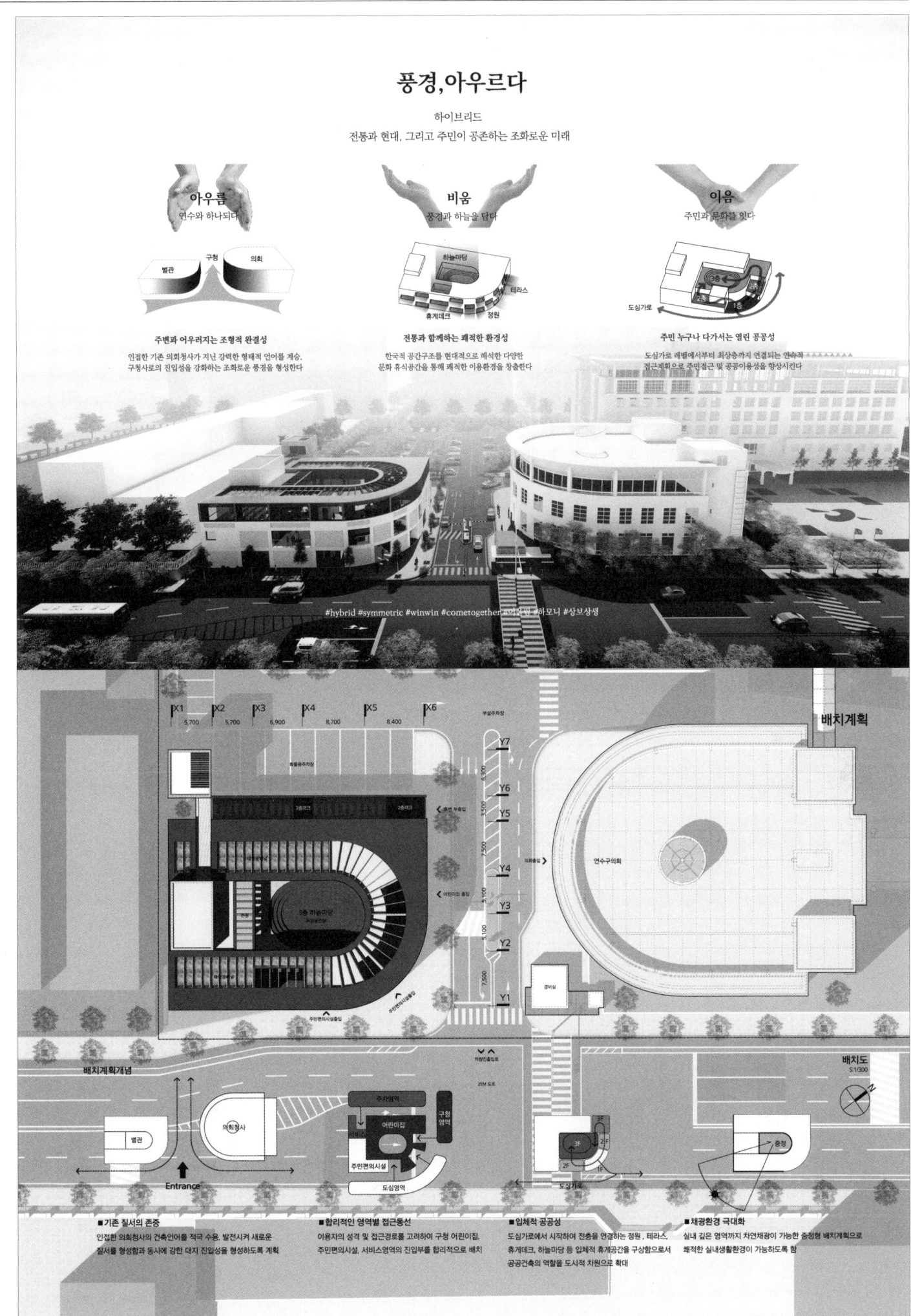

연수구청사 별관

평면계획

각층평면구성

1층
미세먼지 걱정없는 실내놀이터를 품은 **친환경 어린이집**

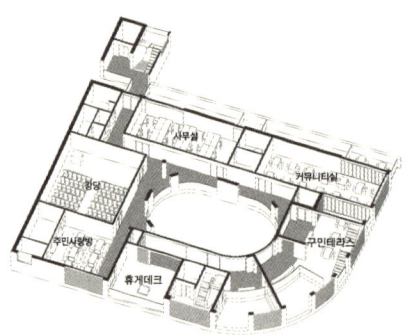

2층
다양한 커뮤니티공간과 함께하는 **열린 마을만들기 센터**

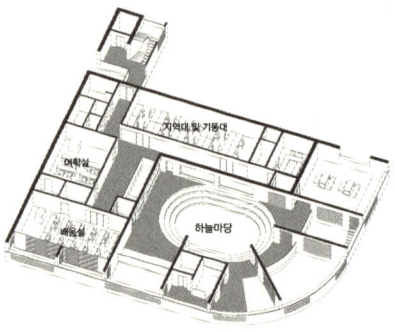

3층
교육과 행사가 동시에 일어나는 모두의 문화쉼터 **하늘마당**

평면계획개념

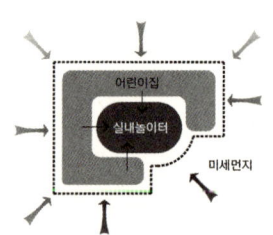

■ 플레이 그라운드 - 미세먼지 없는 친환경 놀이터
어린이집 각 보육실 및 유희실에 인접하여 중정형 실내놀이터를 계획하여 원생들을 미세먼지로부터 보호함과 동시에 쾌적하고 안전한 보육환경 구성

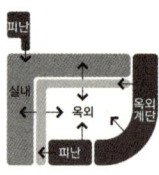

■ 안전성을 고려한 합리적 동선계획
빠른 피난이 가능하도록 계단실 및 엘레베이터를 대지 전후 다면면으로 배치하였으며, 법적계단 외에 옥외계단을 별도로 추가계획하여, 이동간의 쾌적성을 확보

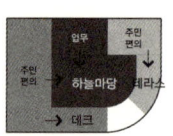

■ 휴게공간과의 다양한 연계
각 프로그램 영역별 특징에 적합한 다양한 테마의 휴게공간을 실내와 인접계획하여 이용간의 쾌적성을 강조

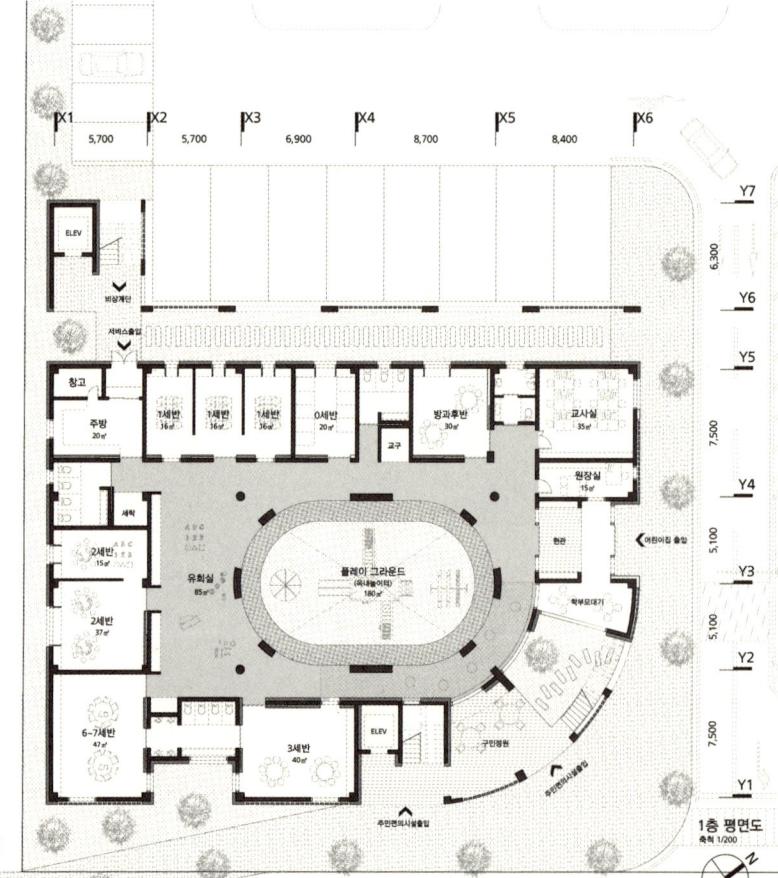

1층 평면도
축척 1/200

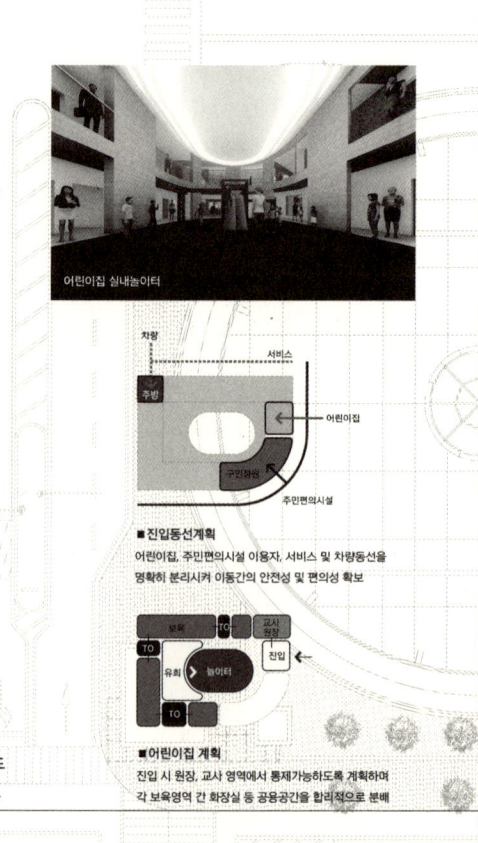

어린이집 실내놀이터

■ 진입동선계획
어린이집, 주민편의시설 이용자, 서비스 및 차량동선을 명확히 분리시켜 이동간의 안전성 및 편의성 확보

■ 어린이집 계획
진입 시 원장, 교사 영역에서 통제가능하도록 계획하여 각 보육영역 간 화장실 등 공용공간을 합리적으로 분배

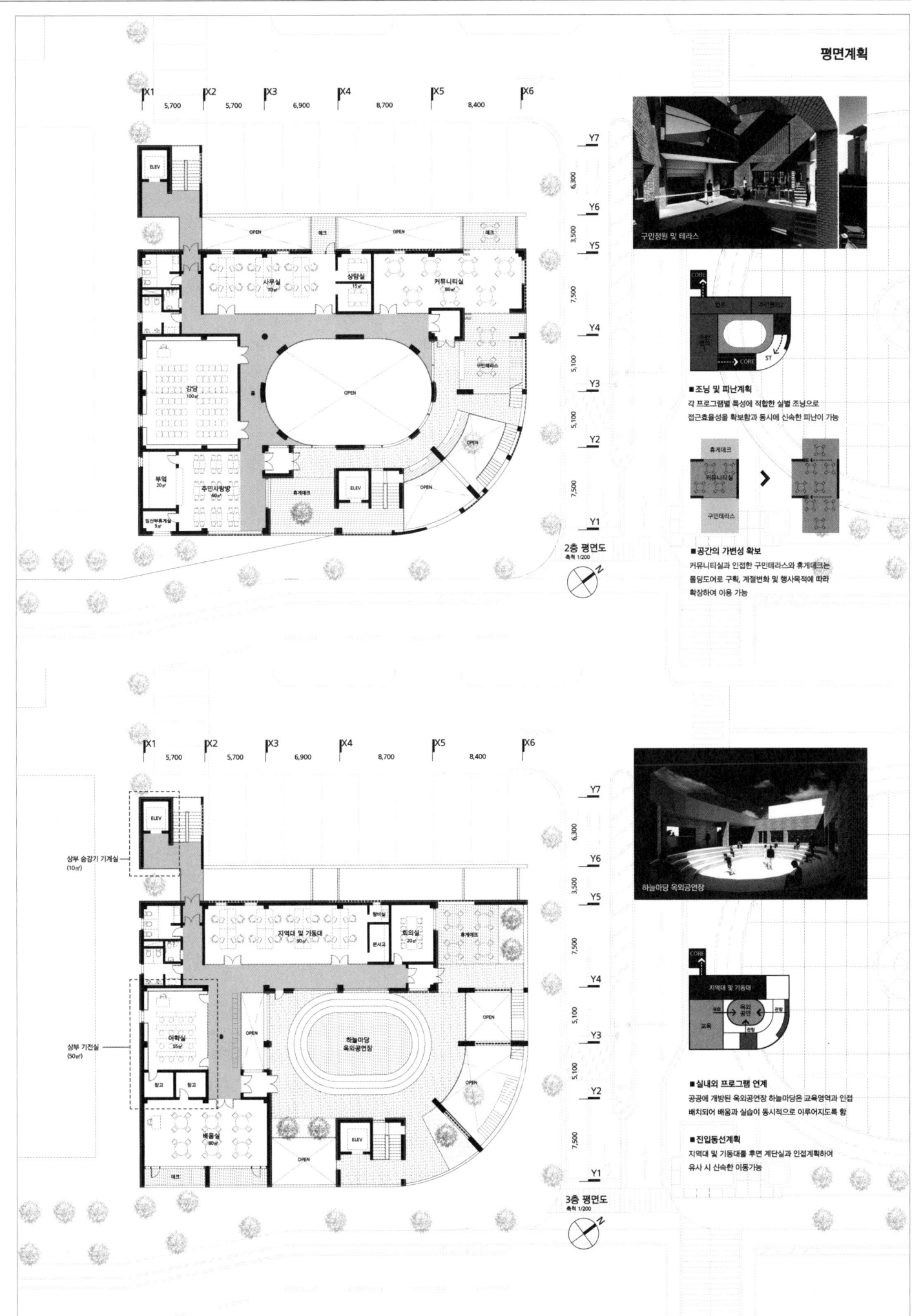

연수구청사 별관

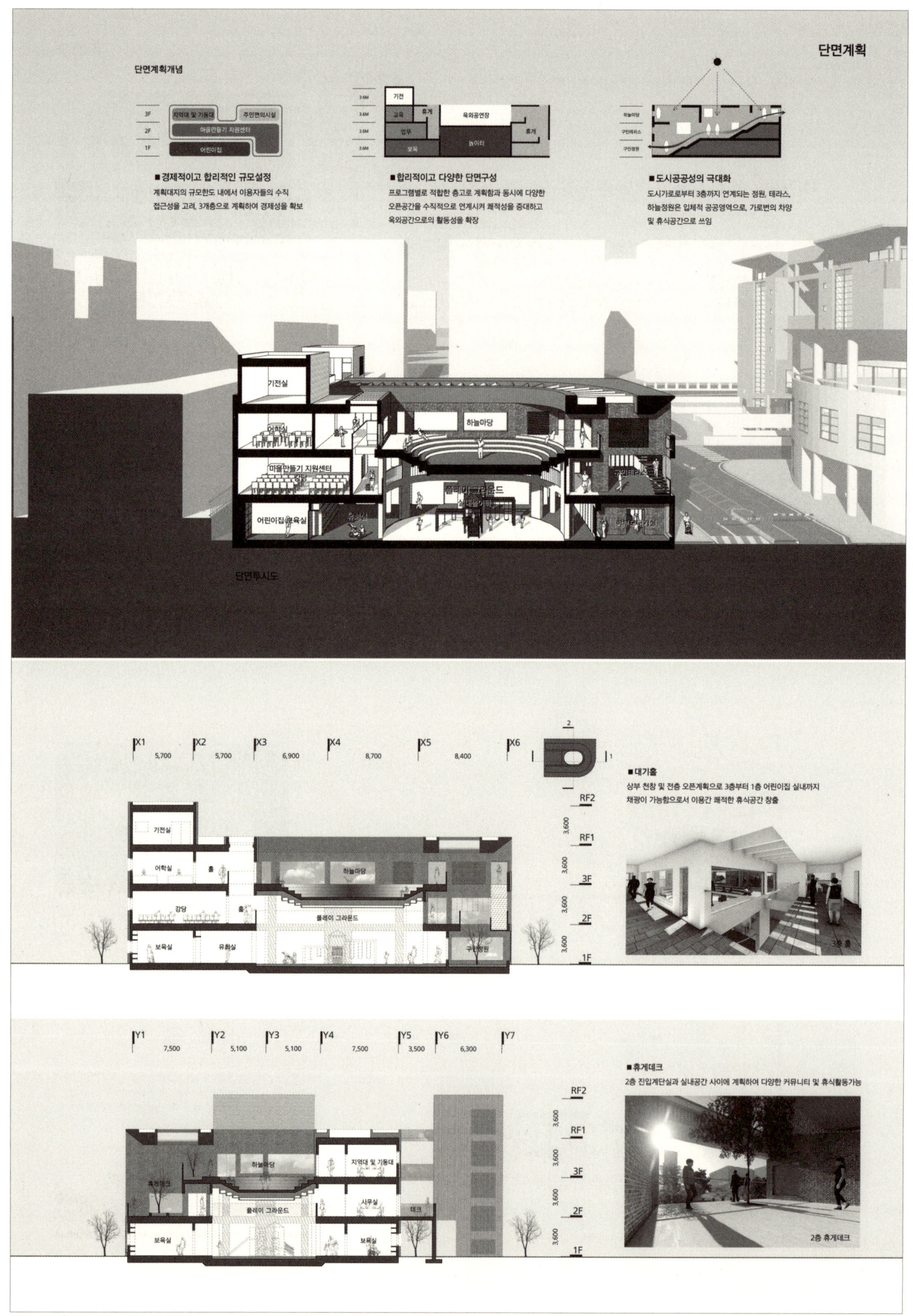

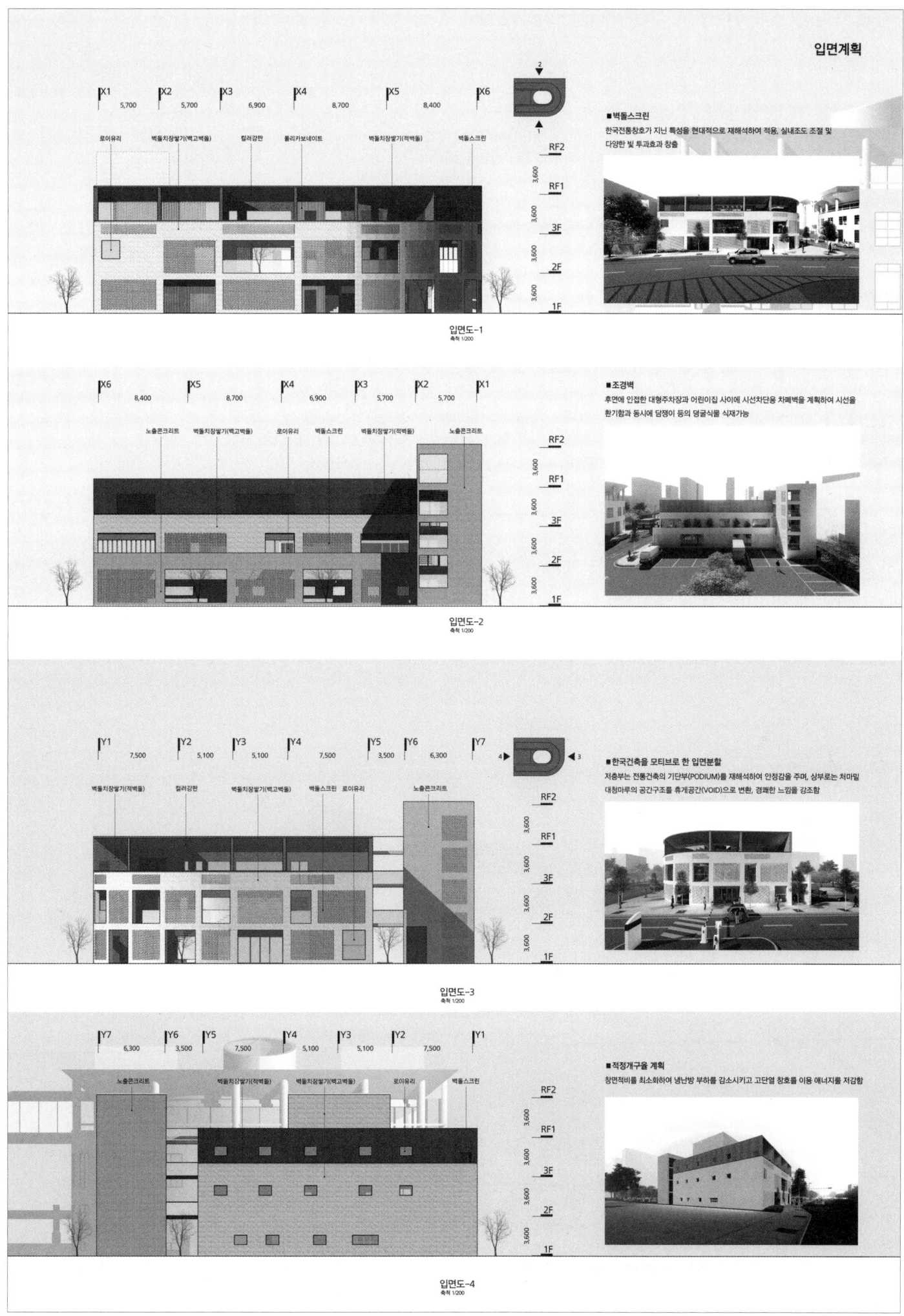

나라키움 익산통합청사

당선작 (주)해인종합건축사사무소 김승태 + (주)케이앤티종합건축사사무소 조원규 설계팀 함태영, 황인택, 유환비, 김태훈, 이민혜, 손유진

대지위치 전라북도 익산시 영등동 191-3, 191-48 **대지면적** 16,540.00㎡ **건축면적** 2,577.16㎡ **연면적** 9,230.55㎡ **조경면적** 6,304.25㎡ **건폐율** 15.58% **용적률** 40.73% **규모** 지하 1층, 지상 5층 **최고높이** 23.8m **구조** 철근콘크리트조 **외부마감** 석재, T24 복층유리, 금속패널 **주차** 185대(장애인 주차 6대, 확장형 60대 포함)

대지는 익산국가산업단지 내 공공시설구역에 위치하며 주변 도로에서의 접근성 및 합리적인 배치와 다양한 외부공간 조성으로 인근 주민의 이용성 및 지역 활성화에 기여할 수 있는 공간을 창출하였다.

권위적이고 정형화된 관공서의 이미지에서 탈피하여 청렴하고 투명한 운영의 공공청사로서 수직과 수평 요소를 디자인 키워드로 입면을 디자인하였으며, 관세청과 국세청의 영역 및 기능별로 분리한 조닝계획으로 각 시설의 연계성과 독립성이 확보될 수 있도록 계획을 진행하였다.

외부공간은 신흥지를 모티브로 한 수공간을 계획하고 문화와 테마가 있는 정원을 조성하여 유기적 연결을 통해 지역 커뮤니티 활성화에 기여할 수 있는 공간이 되도록 하였다.

The site is located in a public facility area within the Iksan National Industrial Complex. By ensuring accessibility from adjacent roads and implementing a rational arrangement plan along with a wide range of outdoor programs, the project creates a space which is approachable to locals and can contribute to the invigoration of local community.

To get away from the authoritative and rigid image of public offices and introduce an upright and transparent public office, the facade is designed by using vertical and horizontal elements as a main design motif. Separating the areas and functions of the Korea Customs Service and the National Tax Service, the proposed zoning system secures connectivity and independency of each facility.

In the outdoor area, on the other hand, a water space inspired by Shinheungji is constructed along with a themed garden introducing various cultures. They are organically connected so that they can contribute to the invigoration of local community.

Prize winner HAEIN Architects_Kim Seungtae + KNT Architects_Cho Wongyu **Location** Yeongdeung-dong, Iksan, Jeollabuk-do **Site area** 16,540.00m² **Building area** 2,577.16m² **Gross floor area** 9,230.55m² **Landscaping area** 6,304.25m² **Building scope** B1, 5F **Height** 23.8m **Structure** RC **Exterior finishing** Stone, T24 paired glass, Metal panel **Parking** 185 (including 6 for the disabled, 60 for extension type)

Narakium Iksan Integrated Government Office

효율적인 토지이용 및 사용자의 접근성을 고려한 배치계획

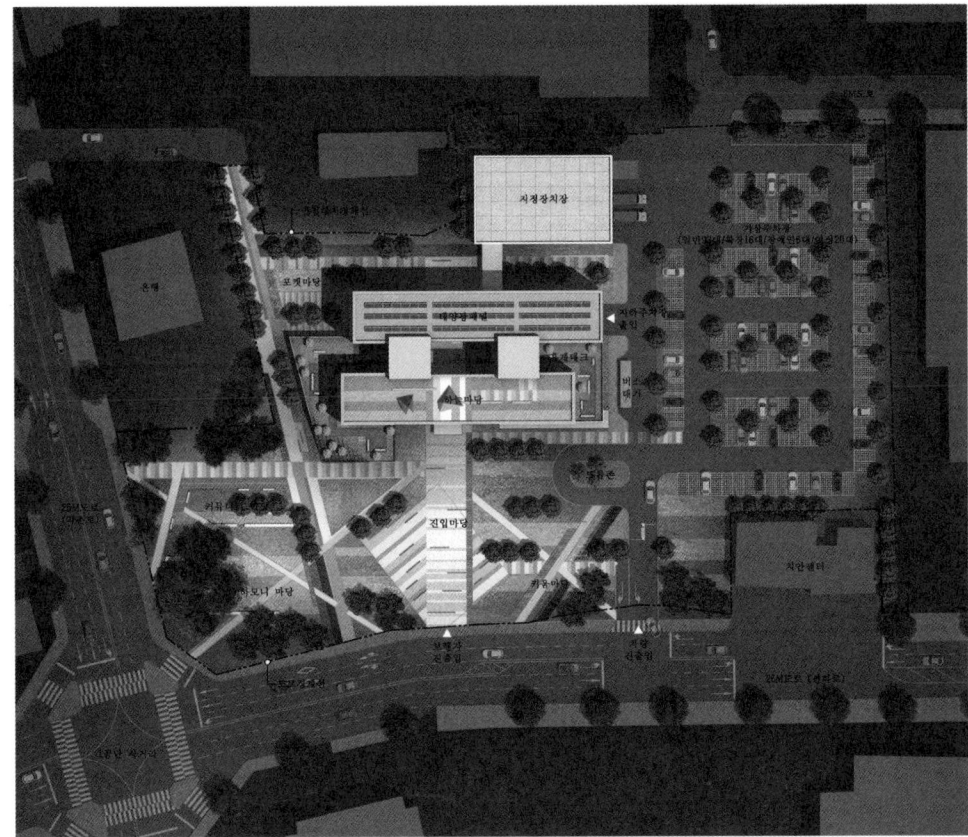

SITE PLAN | 배치계획
배치계획

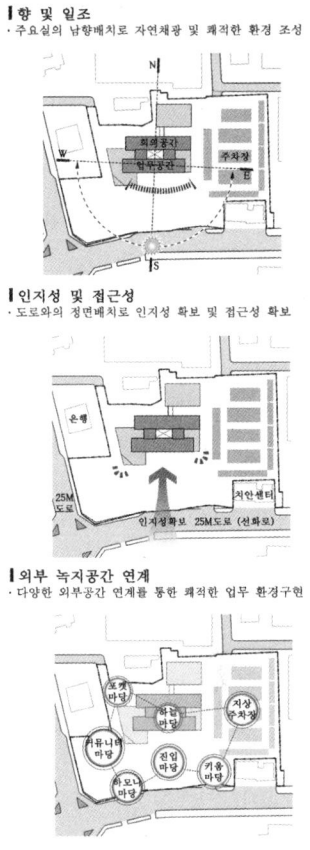

- 향 및 일조
- 인지성 및 접근성
- 외부 녹지공간 연계

이용자의 편의성을 고려한 순환형 주차계획

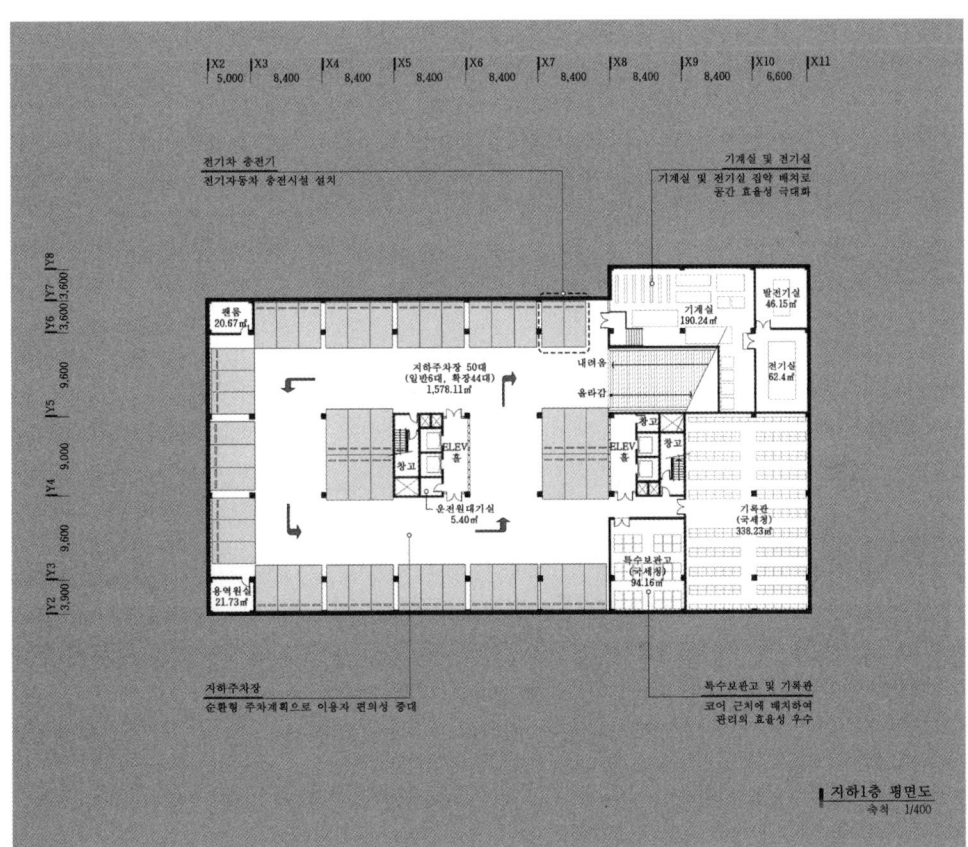

지하1층 평면도

ARCHITECTURAL | 건축계획
지하1층 평면도

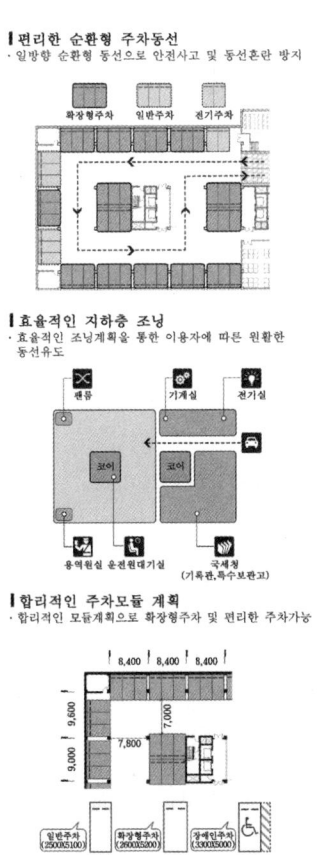

- 편리한 순환형 주차동선
- 효율적인 지하층 조닝
- 합리적인 주차모듈 계획

나라키움 익산통합청사

시설별 효율적인 조닝을 통해 합리적이고 기능적인 공간 구성

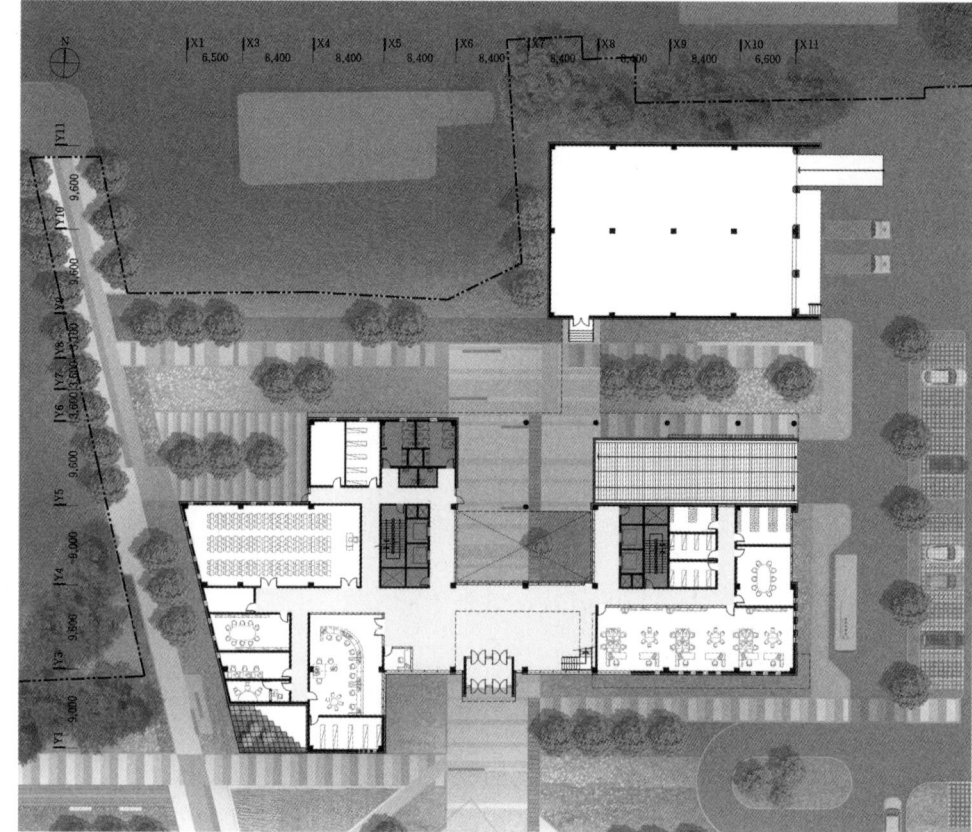

지상1층 평면도

- 프로그램 조닝
- 로비 개방감 확보
- 하역데크 설치

내·외부 휴식공간과 업무시설과의 연계성을 고려한 평면계획

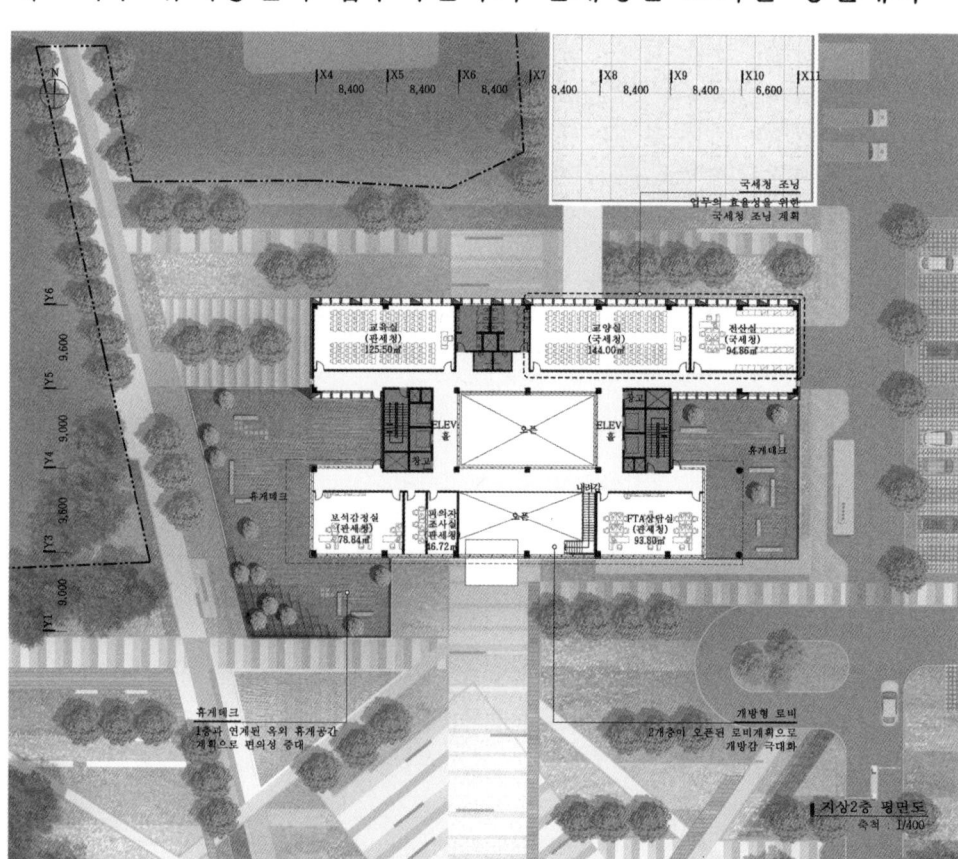

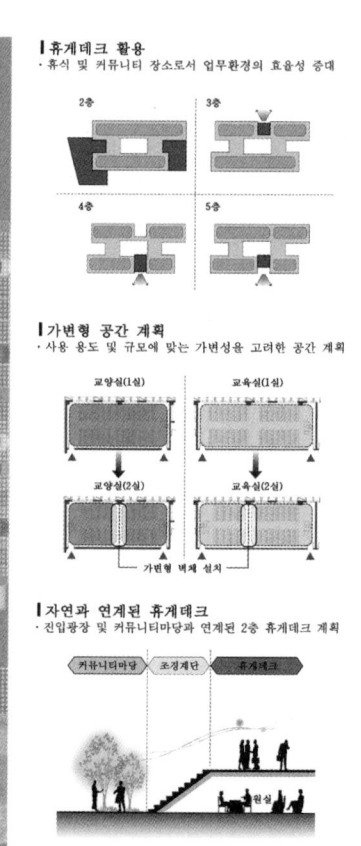

지상2층 평면도

- 휴게데크 활용
- 가변형 공간 계획
- 자연과 연계된 휴게데크

창의적인 업무환경을 고려한 시설 배치

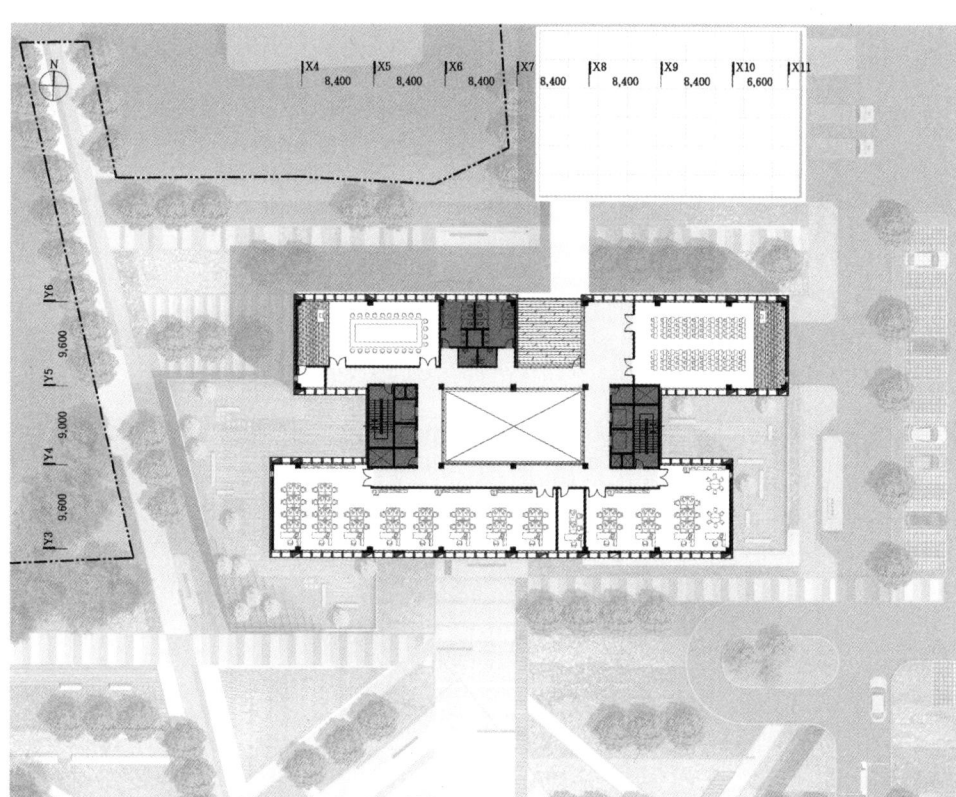

지상3층 평면도

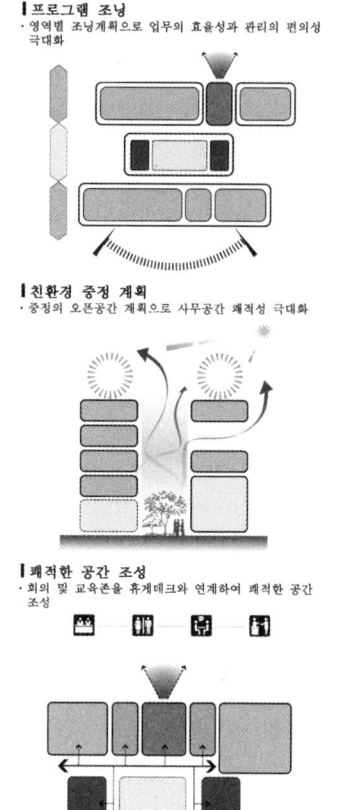

입체적인 공간 연계 및 기능별 조닝 계획

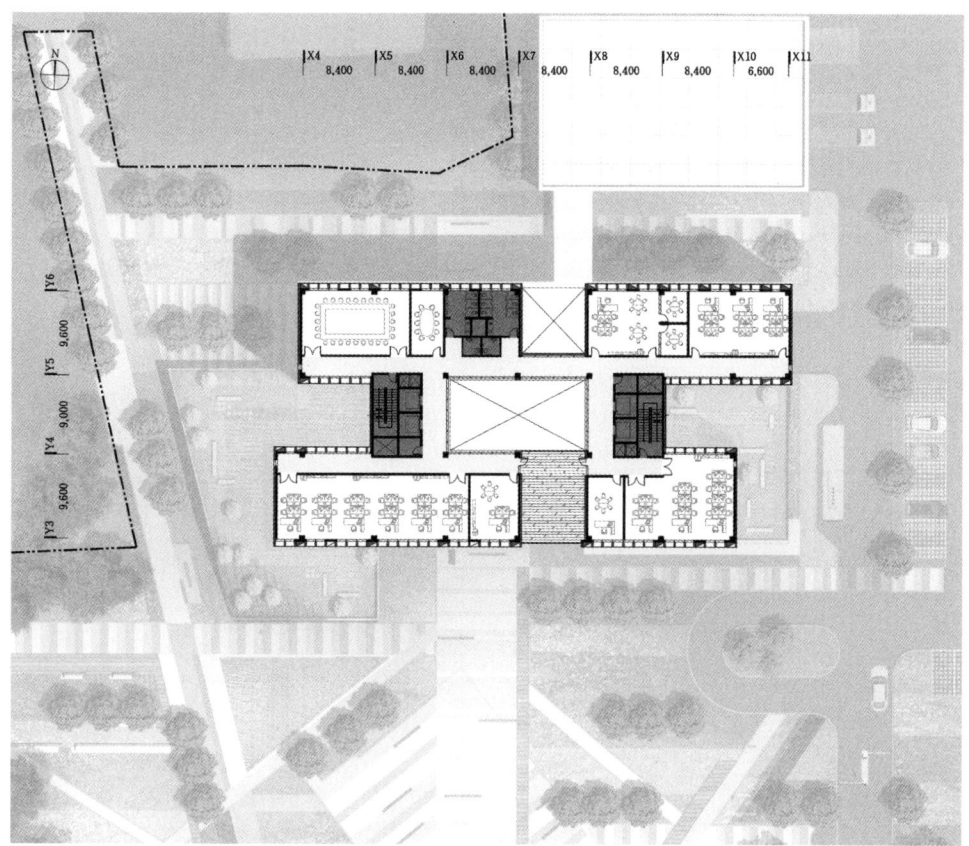

지상4층 평면도

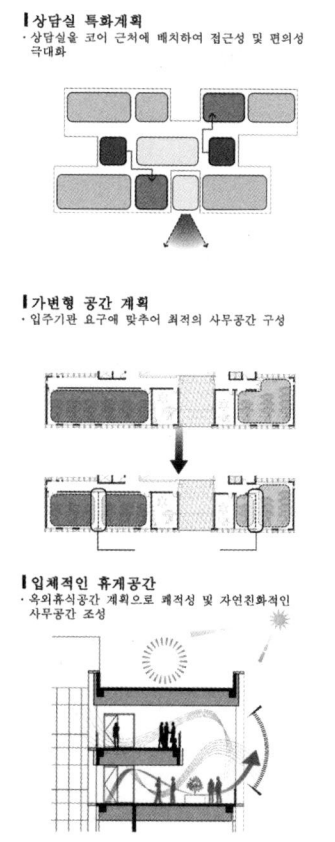

나라키움 익산통합청사

이용자를 고려한 편리한 내부동선 계획

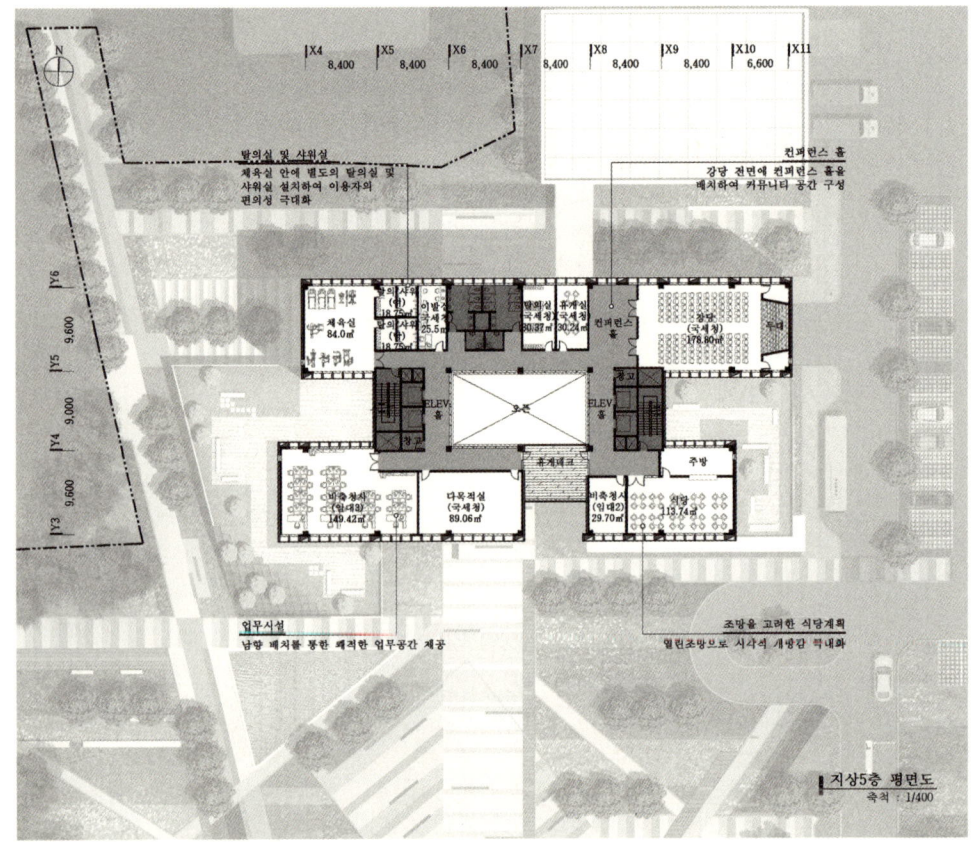

지상5층 평면도
축척: 1/400

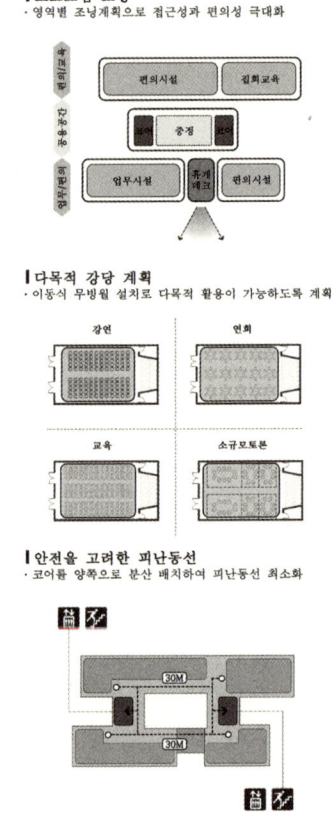

ARCHITECTURAL | 건축계획
지상5층 평면도

프로그램 조닝
· 영역별 조닝계획으로 접근성과 편의성 극대화

다목적 강당 계획
· 이동식 무빙월 설치로 다목적 활용이 가능하도록 계획

안전을 고려한 피난동선
· 코어를 양쪽으로 분산 배치하여 피난동선 최소화

채광과 환기를 고려한 합리적이고 쾌적한 공간 계획

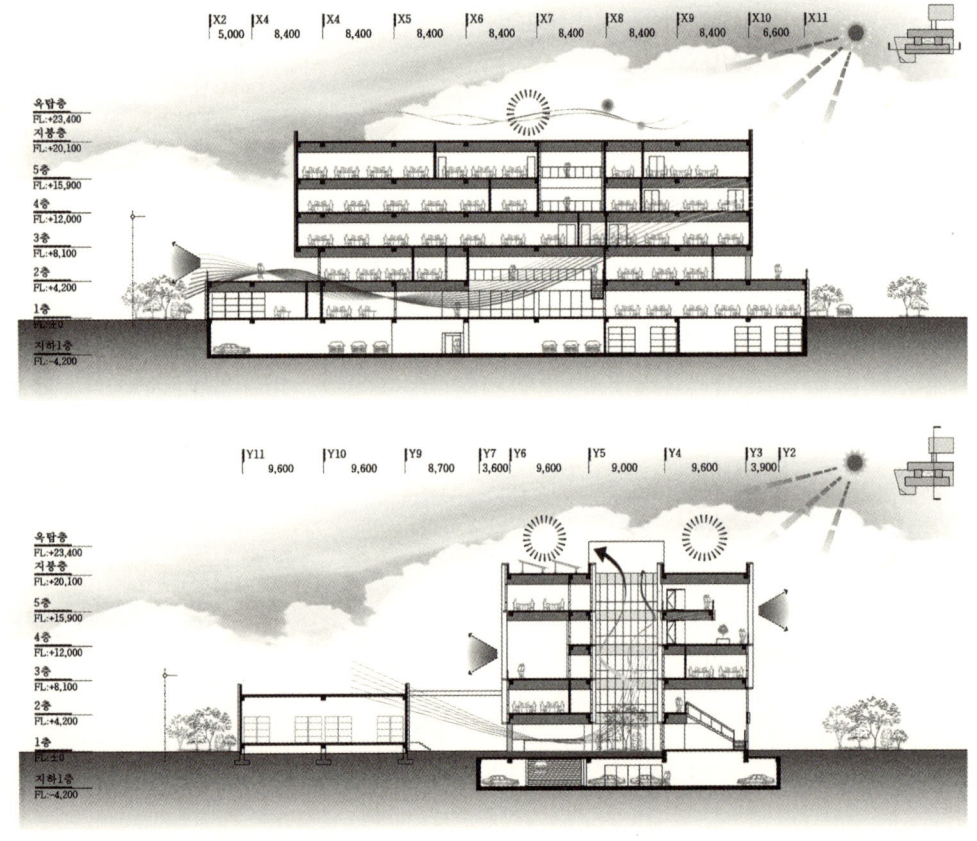

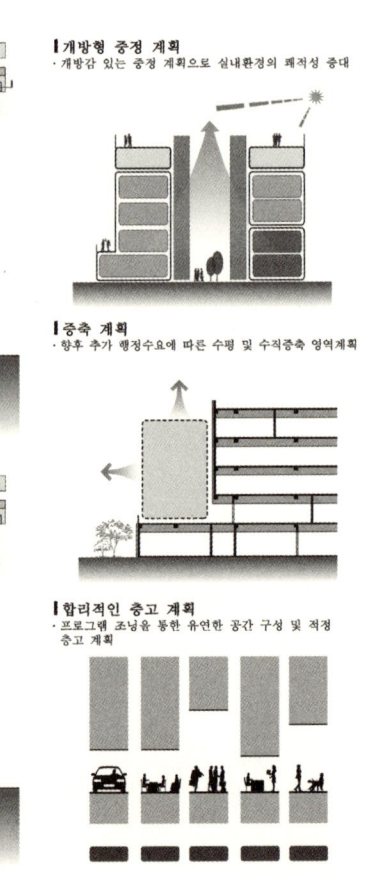

ARCHITECTURAL | 건축계획
단면계획

개방형 중정 계획
· 개방감 있는 중정 계획으로 실내환경의 쾌적성 증대

증축 계획
· 향후 추가 행정수요에 따른 수평 및 수직증축 영역계획

합리적인 층고 계획
· 프로그램 조닝을 통한 유연한 공간 구성 및 적정 층고 계획

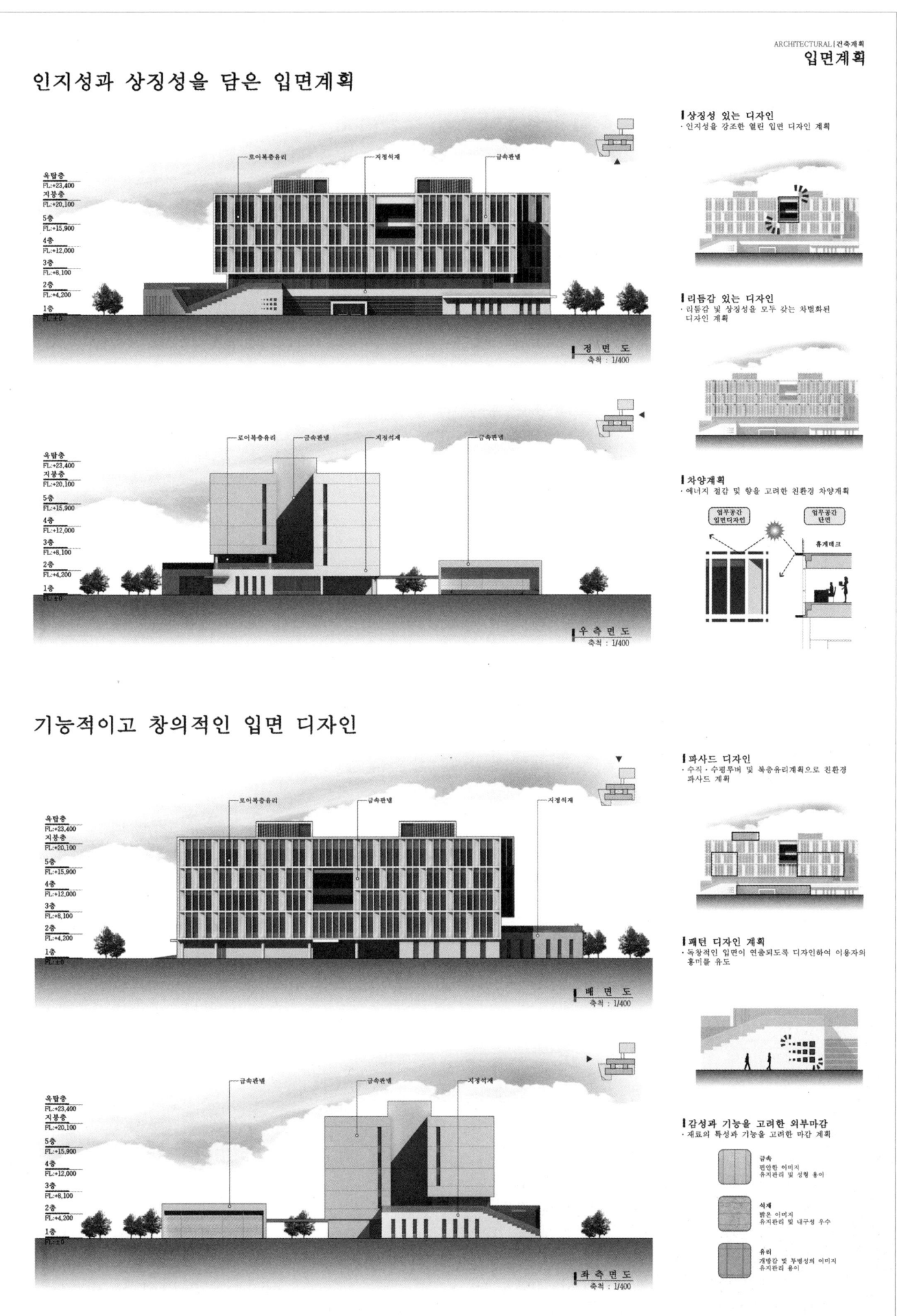

나라키움 익산통합청사

2등작 (주)창목종합건축사사무소 김창배 + 스튜디오 이즘 건축사사무소 김일영   설계팀 윤태준, 김희동(이상 창목) 황현로, 양희선(이상 이즘)

대지위치 전라북도 익산시 영등동 191-3, 191-48 **대지면적** 16,540.00㎡ **건축면적** 2,333.17㎡ **연면적** 9,145.48㎡ **건폐율** 14.11% **용적률** 38.96% **규모** 지하 1층, 지상 5층 **최고높이** 23.4m **구조** 철근콘크리트조, 철골조 **외부마감** 로이삼중유리, 알루미늄 복합패널, 티타늄 아연판, 타공패널 **주차** 180대(장애인 주차 10대 포함)

익산 국가산업단지의 오아시스_소통하는 청사

나라키움 익산통합청사는 익산국가산업단지(공단 밀집지역)내에 위치하고 있어, 이러한 장소성에 공단 입주자 및 지역주민에게 오아시스의 역할을 할 수 있는 공간을 조성하고자 한다.

배치계획
- 기존 옥외공간을 활용하여 지역주민이 이용할 수 있는 옥외공간 조성
- 열린광장을 통해 보행자를 위한 가로 연속성 및 활성화 계획
- 보차분리를 통해 보행자영역과 주차영역 완전 분리

평면계획
- 적절한 모듈에 의한 업무공간 및 3면 채광 계획
- 민원인의 접근성을 고려한 매스 및 광장을 통한 직접 진입 유도
- 업무영역 외부에 휴게 데크를 두어 시각적 개방성과 휴식공간 제공

An oasis in the Iksan National Industrial Complex_ an interactive public office

Narakium Iksan Integrated Government Office is located within the Iksan National Industrial Complex (high density industrial district). Considering such a local context, the proposal aims to create a space that works as an oasis for the complex's tenants and the local people.

Site plan
- Proposing a new outdoor program which is open to locals by making use of the existing outdoor area
- Introducing an open plaza to enhance the continuity and function of pedestrian streets
- Separating pedestrian and parking areas by providing independent pedestrian and vehicle circulations

Floor plan
- An office plan using an appropriate module system, and a three-sided natural lighting solution
- Ensuring user accessibility with a strategic mass design, and providing direct access via a plaza
- Placing a lounge deck outside the work area to introduce a sense of visual openness and a resting place

2nd prize Changmok Architecture_Kim Changbae + Studio Ism Architecture_Kim Ilyoung **Location** Yeongdeung-dong, Iksan, Jeollabuk-do **Site area** 16,540.00m² **Building area** 2,333.17m² **Gross floor area** 9,145.48m² **Building coverage** 14.11% **Floor space index** 38.96% **Building scope** B1, 5F **Height** 23.4m **Structure** RC, SC **Exterior finishing** Low-E triple glass, Aluminum composite panel, Titanium zinc plate, Perforated panel **Parking** 180 (including 10 for the disabled)

Narakium Iksan Integrated Government Office

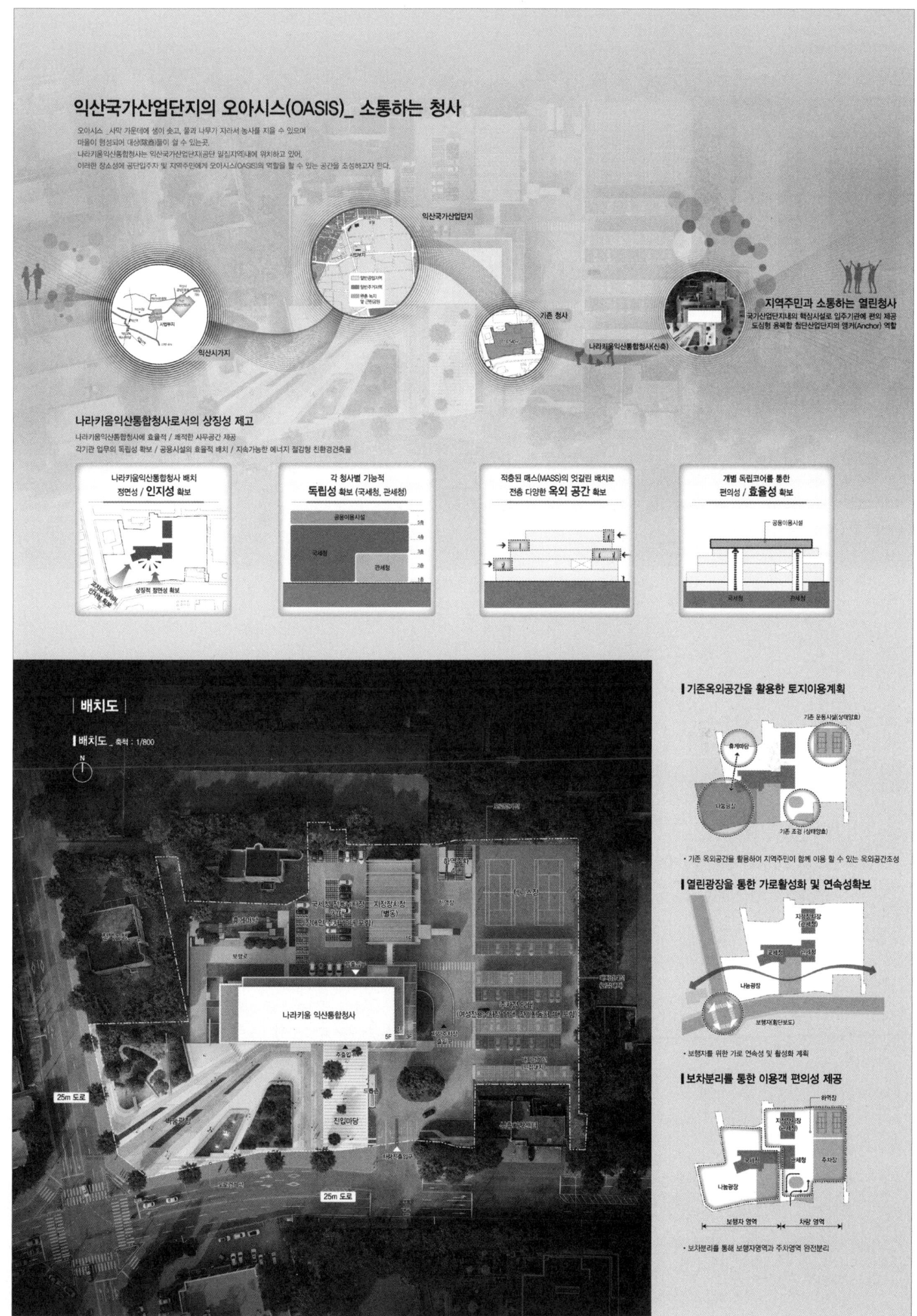

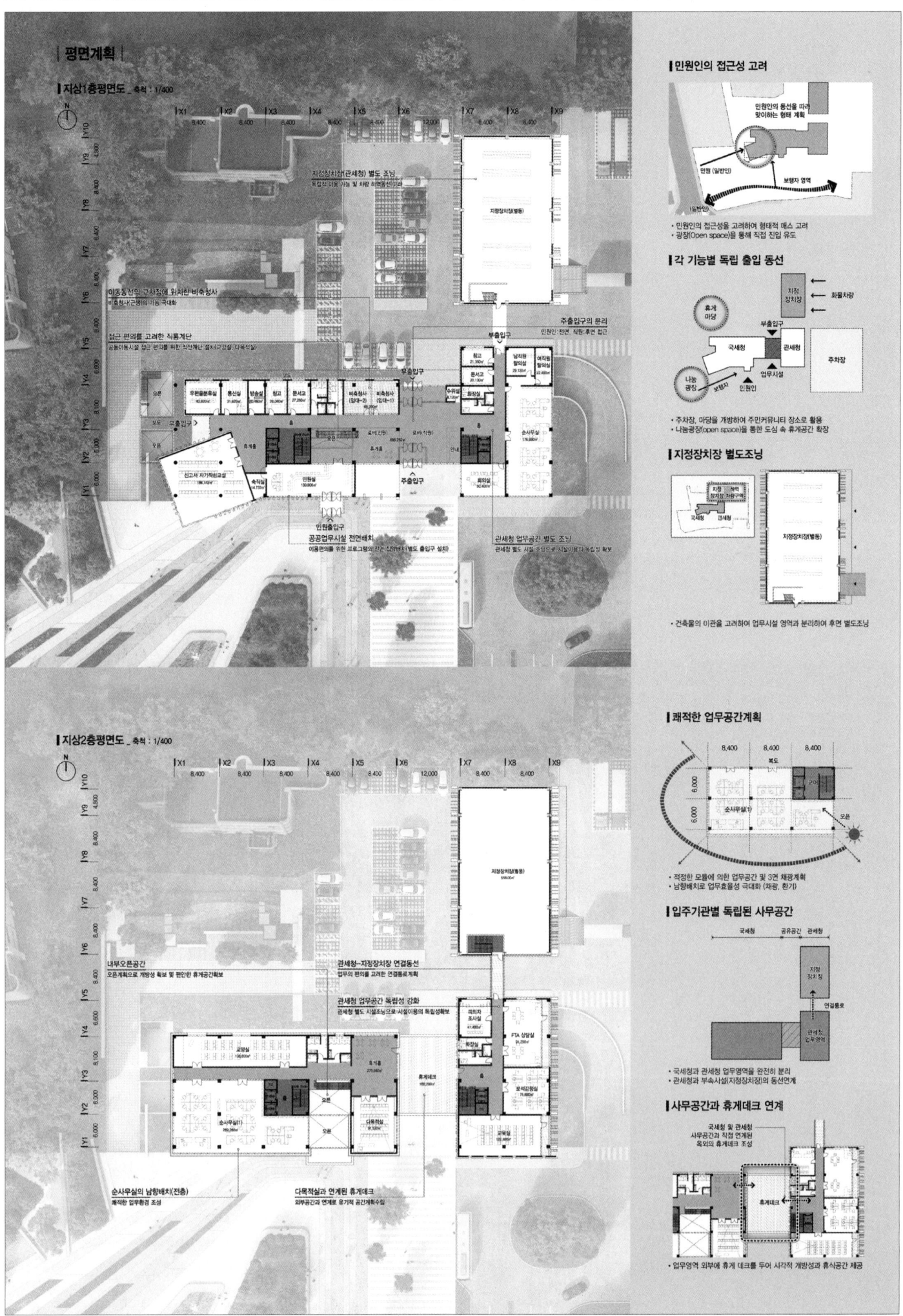

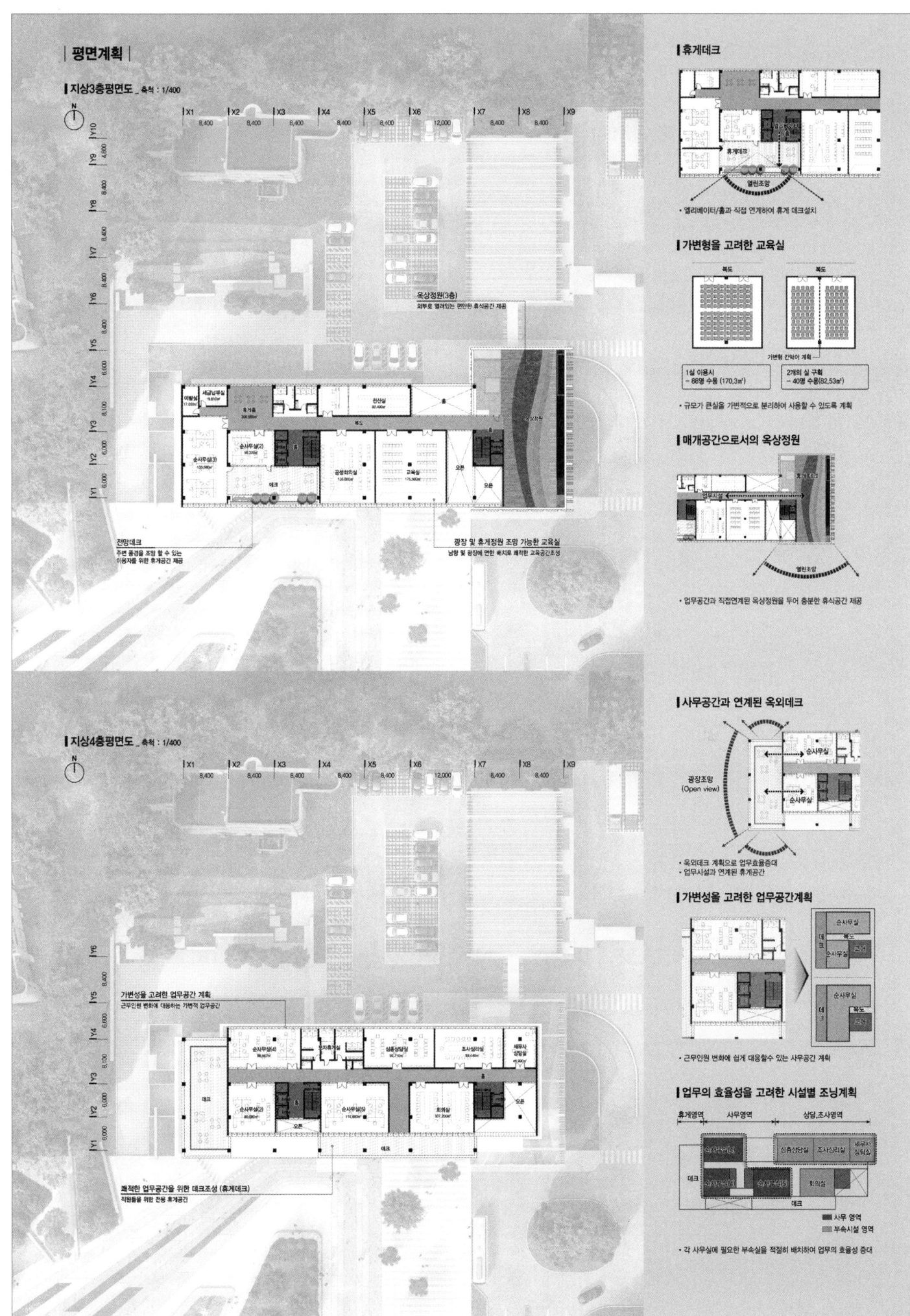

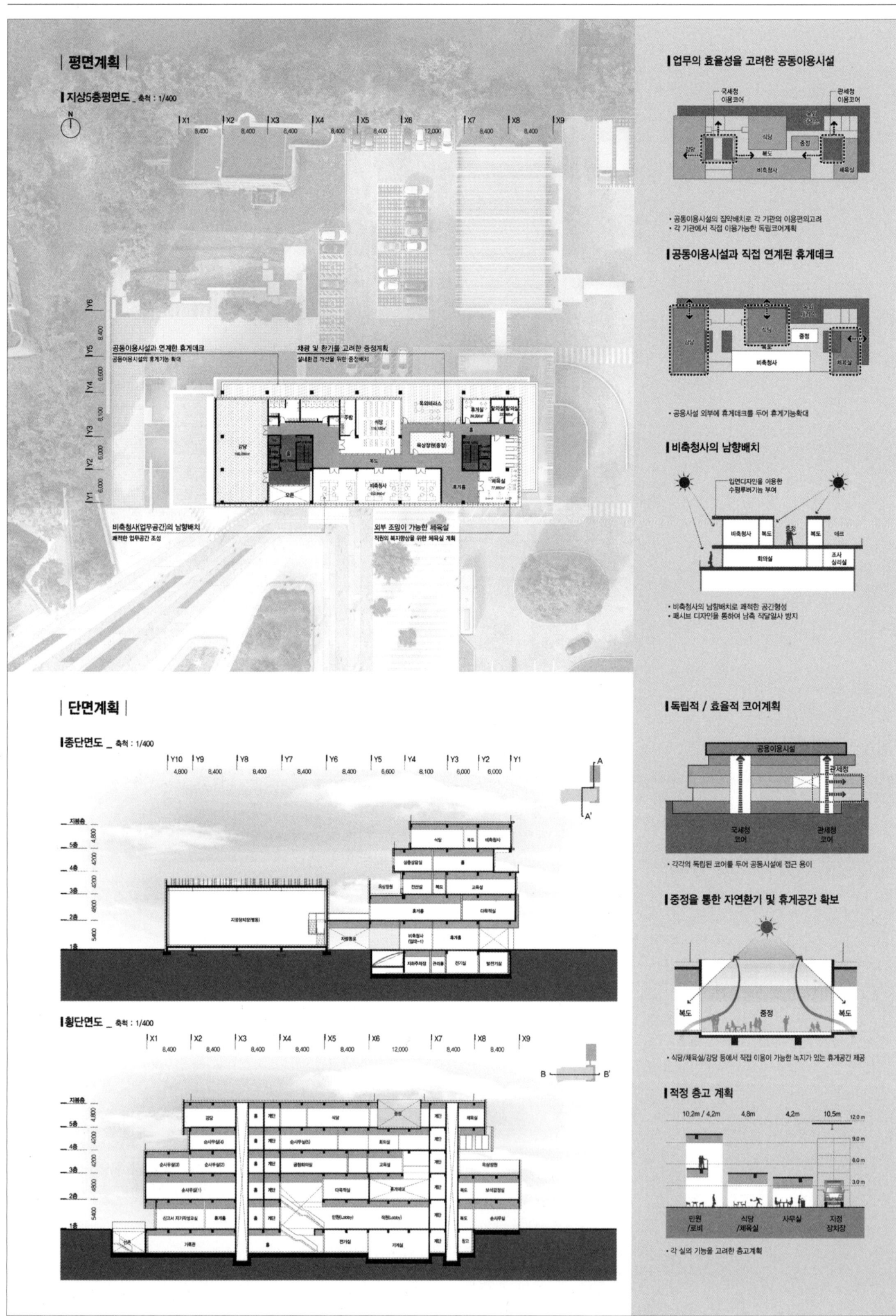

Narakium Iksan Integrated Government Office

입면계획

정면도 _ 축척 : 1/400

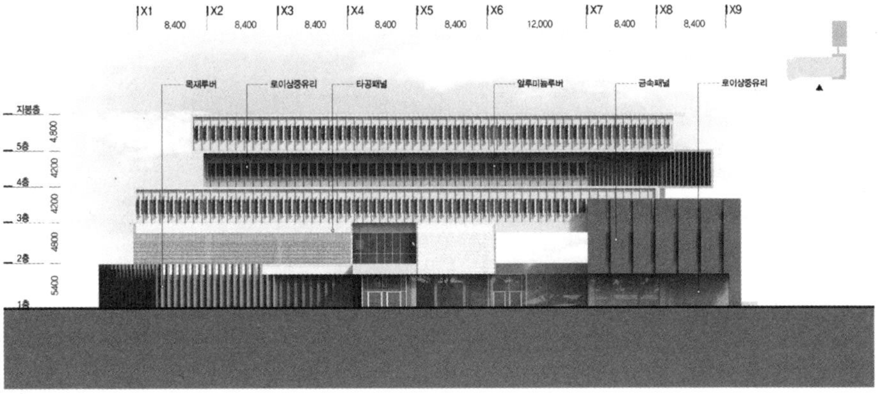

우측면도 _ 축척 : 1/400

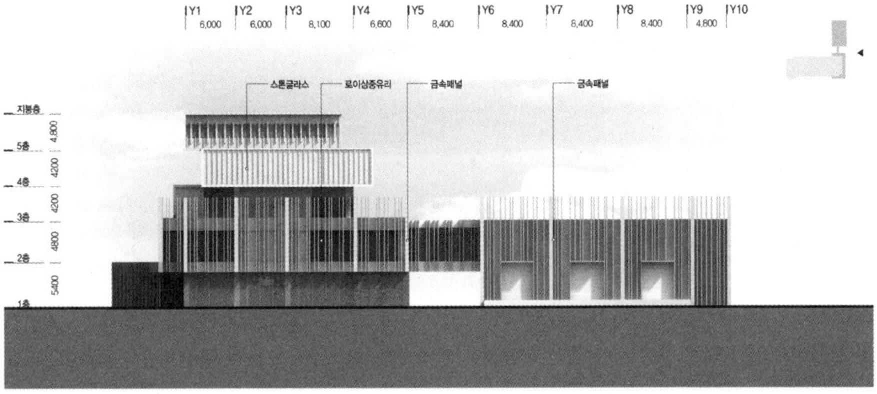

통합청사로서의 상징성
- 용도별, 기능별 독창성을 부여하고 전체적으로는 동질성부여 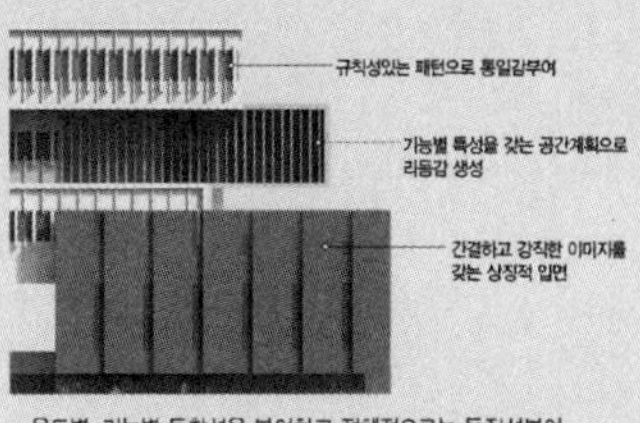

휴게 데크 설치에 의한 개방된 입면
- 개방된 입면으로 시각적 연속성과 휴게공간 제공

열린 광장을 받아주는 입면
- 열린 광장을 받아주는 디자인으로 동선의 연속성 부여

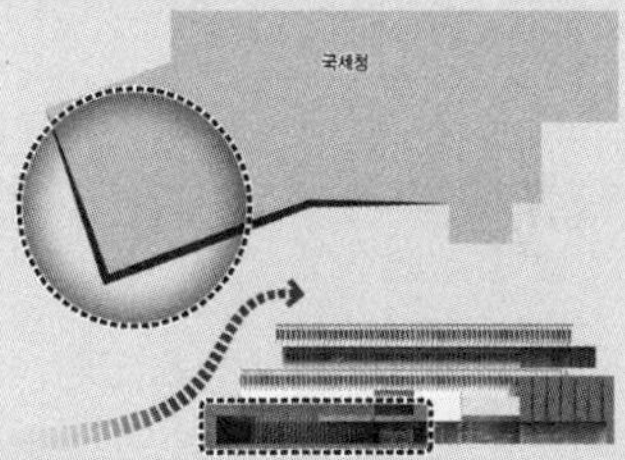

내당1동 행정복지센터

당선작 건축사사무소 서로가 강정구, 구경미 설계팀 이윤정, 서보혁

대지위치 대구광역시 서구 서대구로4길 35 **대지면적** 535.40㎡ **건축면적** 319.70㎡ **연면적** 978.08㎡ **건폐율** 59.71% **용적률** 136.47% **규모** 지하 1층, 지상 3층 **최고높이** 14.38m **구조** 철근콘크리트조 **외부마감** 고밀도 목재패널, 화강석패널, 금속패널, 로이복층유리 **주차** 3대

배치계획
- 지형의 레벨차이를 통한 주민들에게 다가가는 풍물 놀이마당, 휴게마당, 뒷마당 형성
- 전면가로 환경을 개선하고 효율적인 접근을 위한 배치계획

평면계획
- 북측의 뒷마당을 통해 휴식공간과 공기 순환 유도
- 민원인 동선 및 접근성을 고려한 평면계획 지형의 레벨을 이용한 자연스러운 전면 진입계획
- 주요실의 남측 배치를 통한 쾌적한 환경조성
- 하늘마당과 다목적실을 연계한 내외부 유기적인 평면

입면 및 단면계획
- 당산목을 형상화한 세 개의 매스 분절
- 자연채광 및 자연환기를 위한 친환경 입면 패턴 적용
- 루버 입면시스템 적용으로 하지에는 일사차단, 동지에는 빛을 유입해 사계절 쾌적한 환경조성
- 각 기능별 유기적 연계가 가능한 수직·수평 동선 계획 운영 및 관리를 고려한 조닝
- 지형을 고려한 접근 동선 계획

Site plan
- Creating Pungmul Square, a lounging courtyard and a backyard by making use of level differences within the site
- An arrangement plan that improves the front street environment and enables efficient access

Floor plan
- Using a backyard in the north to create a resting area and activate air circulation
- A floor plan that takes user circulation and accessibility into account, and a natural entry sequence making use of different levels of the ground
- Providing a pleasant environment by placing main rooms in the south
- Organic indoor and outdoor floor plans that connect Sky Garden and a multipurpose room

Elevation & Section
- Three fragmented masses that embody a guardian tree
- Applying an environment-friendly facade pattern that enables natural lighting and ventilation
- Implementing a louver facade system to provide a pleasant environment throughout the seasons by blocking out sunlight in summer and bringing in it in winter
- Vertical and horizontal circulation plans that allow all programs to be interconnected organically, and a zoning system for ease of operation and management
- An access plan that reflects topographic conditions

Prize winner SEOROGA ARCHITECTS_Kang Jungku, Gu Kyoungmi **Location** Seo-gu, Daegu **Stie area** 535.40m² **Building area** 319.70m² **Gross floor area** 978.08m² **Building coverage** 59.71% **Floor space index** 136.47% **Building scope** B1, 3F **Height** 14.38m **Structure** RC **Exterior finishinig** High-density wood panel, Granite panel, Metal panel, Low-E paired glass **Parking** 3

Naedang 1-dong Community Service Center

SUMMERY
기본계획방향

도시적 맥락을 이어주는 공간

당산목(堂山木) **내 당**(內堂)

당산목 안쪽에 위치한 마을 안망골
옛 내당동의 지역커뮤니티 장소의
복원을 기원하며...

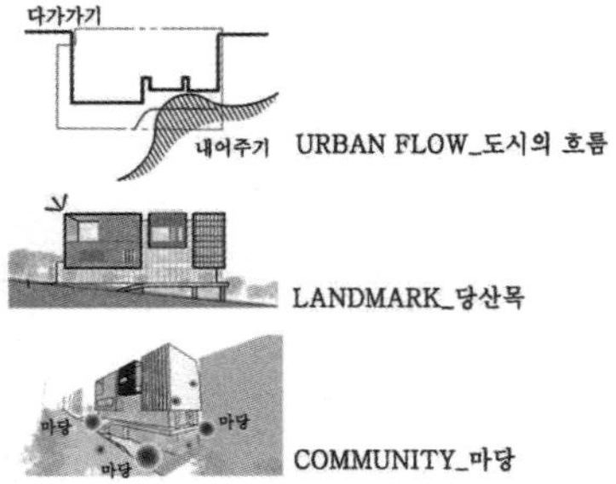

URBAN FLOW_도시의 흐름
LANDMARK_당산목
COMMUNITY_마당

SITE PLAN
배치계획

주변 환경을 고려한 배치계획

■ 배치개념계획
- 주변 환경을 고려한 배치 및 외부공간계획
- 지형의 레벨차이를 통한 주민들에게 다가가는 품을마당과 휴게마당
- 전면가로 환경을 개선하고 효율적인 접근을 위한 배치계획

■ 배치개념
- 현재의 옹벽을 없애고 가로에 대응하는 마당 내어주기
- 당산목을 형상화한 세 개의 매스채우기 와 세 개의 마당 비우기

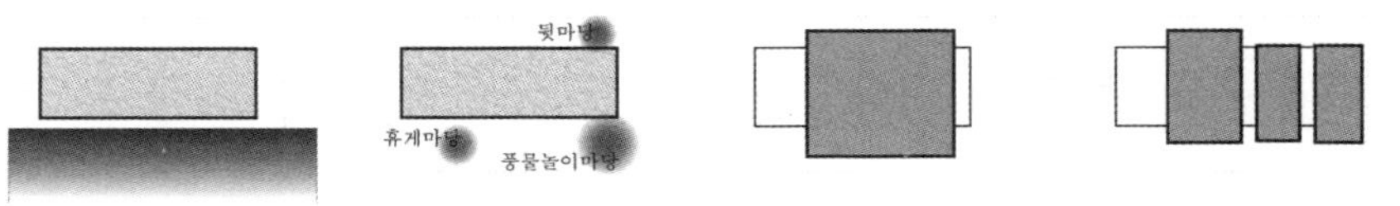

■ 배치도

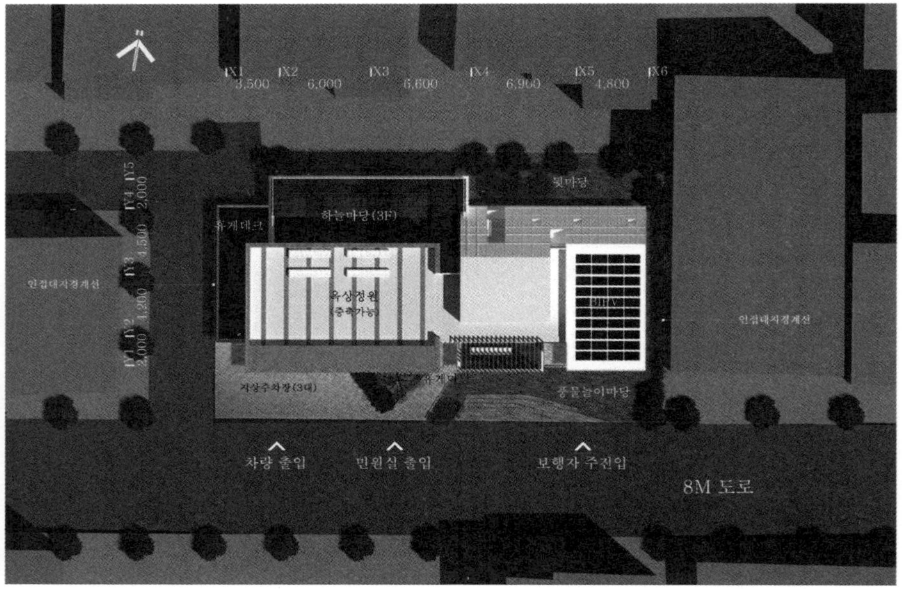

내당1동 행정복지센터

CIRCULATION
교통(보행 및 차량)계획
보행을 이용한 보차분리계획

외부동선계획도
- 전면 가로환경을 개선하여 보행자를 배려한 동선계획
- 합리적인 조닝계획을 통한 사용자에 따른 원활한 동선유도

내부동선계획도

- 옥상층 - 옥상정원
- 지상3층 - 탁구,노래교실/요가/옥상정원
- 지상2층 - 대회의실/소회의실
- 지상1층 - 행정복지센터 - 통신실
- 지하1층 - 풍물실/예비군동대/문서고/창고

BUILDING CODES
조경 · 외부공간계획
주변환경과 소통하는 외부공간계획

외부공간 계획 방향
- 주변의 오픈스페이스와 연계되는 외부공간계획
- 전면 가로환경을 개선하고 시민들에게 내어주는 외부공간을 형성

외부공간계획도

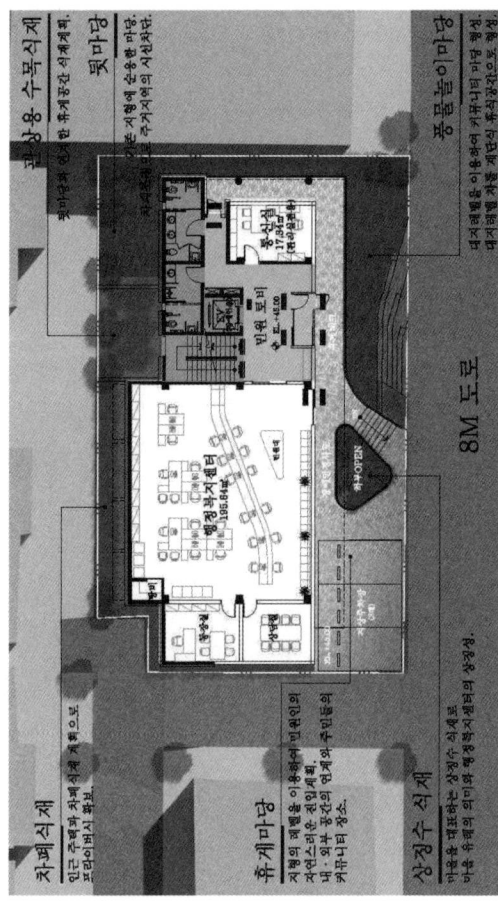

외부공간이미지

휴게마당(1층)
- 도로 레벨을 이용한 진입과 데크 계획
- 주변가로에 대한 대응

선큰마당과 풍물마당(지하층)
- 지하층의 쾌적한 환경의 제공
- 마을 활동(커뮤니티)이 이루어지는 공간

Naedang 1-dong Community Service Center

FLOOR PLAN
1층 평면계획

민원인들을 위한 개방형 평면계획

평면계획의 기본방향

- 민원인 동선 및 접근성을 고려한 평면계획
- 지형의 레벨을 이용한 자연스러운 전면 진입계획

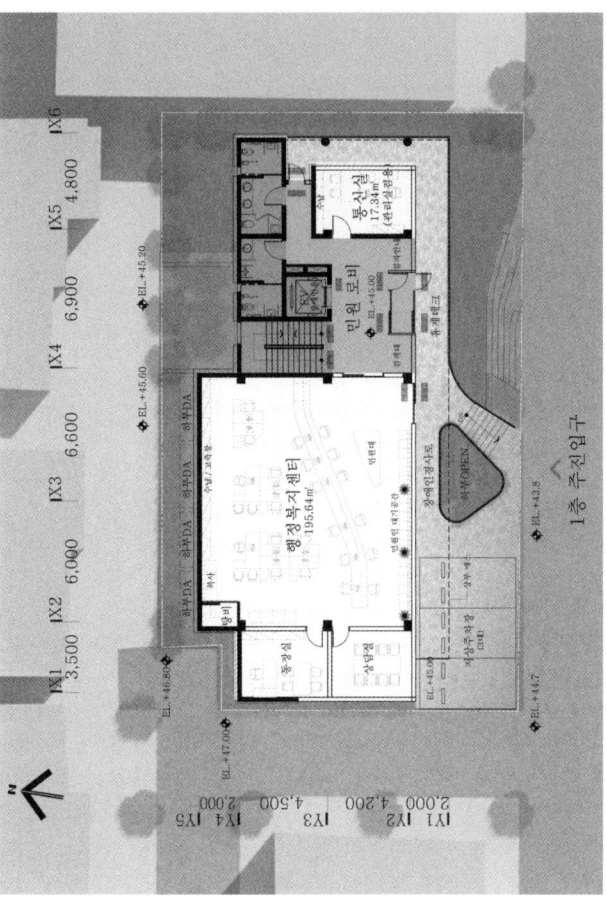

지상1층 평면도

- 외부에서 접근가능한 행정복지센터와 휴게마당
- 내·외부공간을 연계하는 휴게마당으로 이용자에게 쾌적한 환경제공

- 장애인 및 노약자의 원활한 접근을 고려하여 저층배치

FLOOR PLAN
지하 1층 평면계획

선큰 및 마당을 이용한 평면계획

평면계획의 기본방향

- 개방영역과 비개방영역의 구분
- 자연채광 유입을 통한 쾌적한 공간계획
- 소음/시야 차단을 고려한 평면계획

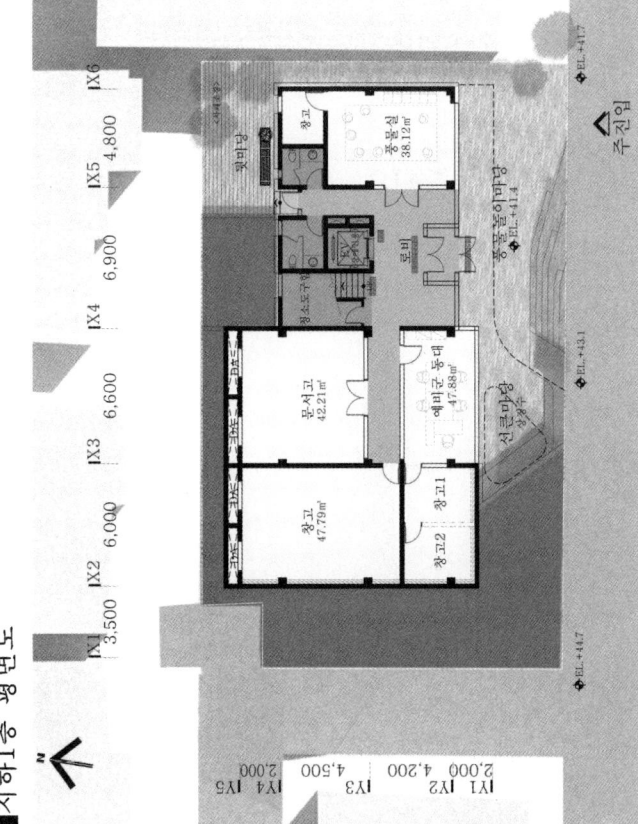

지하1층 평면도

앞마당

- 지하층의 공기순환과 휴식공간마련
- 차폐식재를 통한 주거지역 시선차단

풍물놀이마당

- 대지 레벨을 이용한 자연스러운 진입
- 커뮤니티 광장 형성

내당1동 행정복지센터

FLOOR PLAN
3층 평면계획

외부공간과 연계한 평면계획

평면계획의 기본 방향

- 실내 - 외부공간의 연계 (홀-교실-하늘마당의 연계를 통하여 활력있는 공간 제공)
- 홀을 중심으로 문화교실을 배치하여 문화와 커뮤니티 존을 형성
- 휴게데크 - 대화의실로 연계하여 활용가능

지상3층 평면도

- 탁구, 노래교실과 연계한 내·외부 유기적 연결
- 탁구, 문화교실과 하늘마당의 연계
- 주민들의 건강한 체력증진과 활동을 충족시킬수 있는 공간

FLOOR PLAN
2층 평면계획

자연친화적인 평면계획

평면계획의 기본 방향

- 홀을 중심으로 대회의실과 소회의실의 구성
- 주요실 남측 배치를 통한 쾌적한 환경조성
- 휴게데크 - 대회의실로 연계하여 활용가능

지상2층 평면도

대·소회의실

휴게데크

- 회의실 사용뿐만 아니라 다양한 행사를 위한 공간계획
- 내부공간과 연계된 휴게데크공간으로 쉼터를 제공

ELEVATION
입면도

■ 입면계획 개념
- 명쾌한 진입과 인지성을 고려한 입면계획
- 법적조건과 주변지역을 고려한 입면계획
- 향별 친환경 입면시스템 적용

■ 북측면도

■ 서측면도

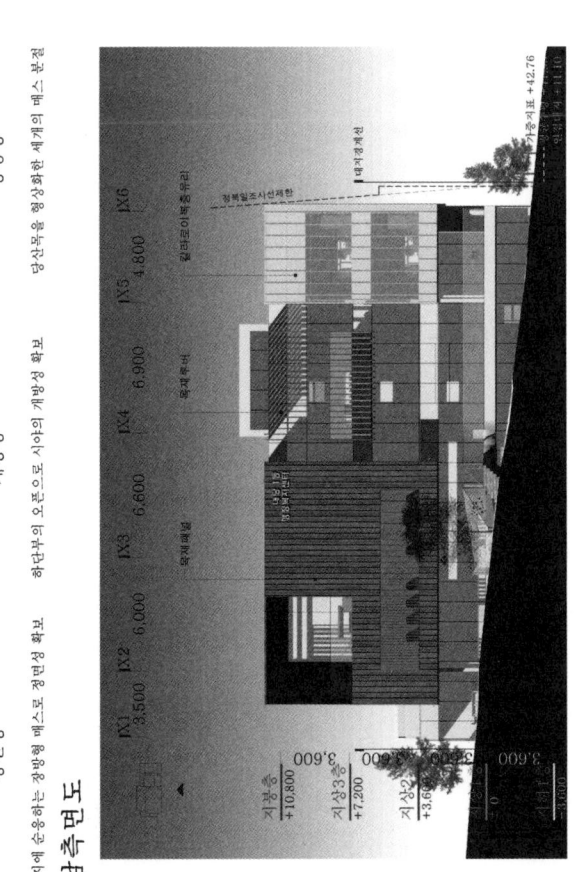

■ 남측면도

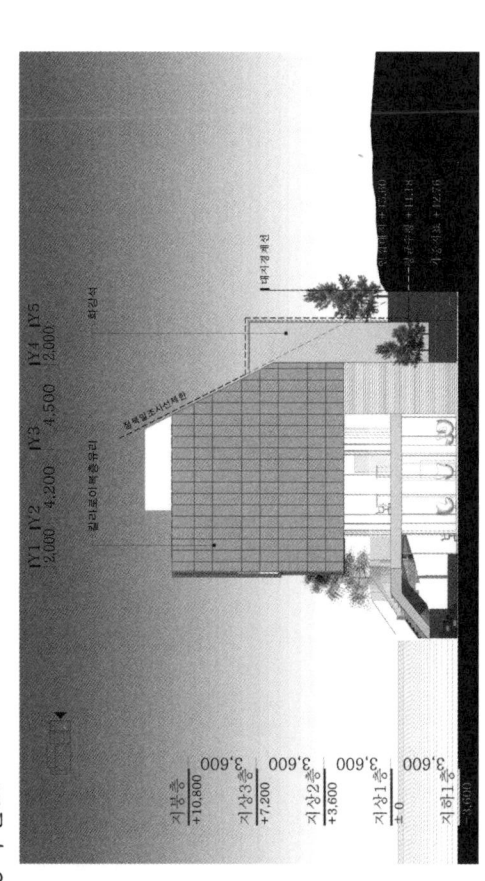

■ 동측면도

내당1동 행정복지센터

SECTION 단면계획
최적의 기능 및 에너지 절약을 고려한 친환경 단면 계획

■ 단면계획 방향
- 선큰마당을 이용한 공기순환 시스템 폐적한 환경과 휴식 제공
- 대지내 지형의 레벨차를 활용한 효율적인 접근동선계획
- 각 기능별 유기적 연계가 가능한 수직·수평선 계획운영 및 관리를 고려한 조닝

■ 단면계획 개념

친환경 단면 계획

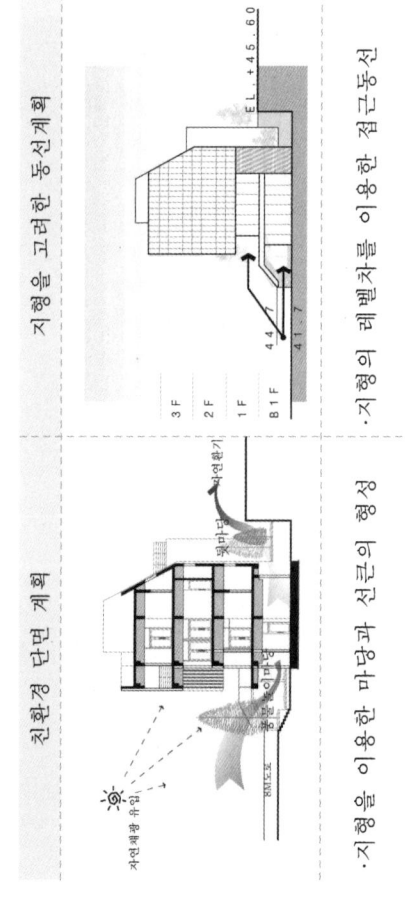

- 지형을 이용한 마당과 선큰의 형성
- 지형의 레벨차를 이용한 접근동선

지형을 고려한 동선계획

E.L +45.60
3F
2F 44.7
1F 41.7
B1F

■ 단면도

단면도 SCALE 1/200
1 2,000 2 4,200 3 3,500 4 2,200 5
지형1 6,600
지형2 5,500
지형3 10,000 27,200

종단면도 SCALE 1/200
1 3,500 2 6,000 3 6,600 4 6,900 5 4,800 6

BUILDING CODES
재료 및 색채에 관한 계획
주변환경과 조화되는 재료 및 색채계획

■ 내·외부 마감계획 기본방향

주변CONTEXT 고려	상징성과 의미	따뜻한 이미지 구현
주변과 어울리는 자연스러운 색채의 사용	내당동을 유래인 당산목을 상징하는 목재 재료 사용	재료를 이용한 따뜻하고 아늑한 공간의 연출

외부 색채계획도

Whight(하얀색)
환경친화재, 금속재 벽 마감
주변과 어울리도록 밝은색으로 부여

Light Brown(연갈색)
고밀도 목재패널, 목재루버 마감
당산목을 상징하는 매스의 앞면으로 상징성 부여

Green(초록색)
상경수, 환경을 사용한 파사드 수목표현
목재 재료와 어울리며 친환경 색채의 사용

Clear(투명색)
유리벽
많은 주민과 대화를 위해주는 밝고 투명한 행정의 이미

■ 외부재료마감

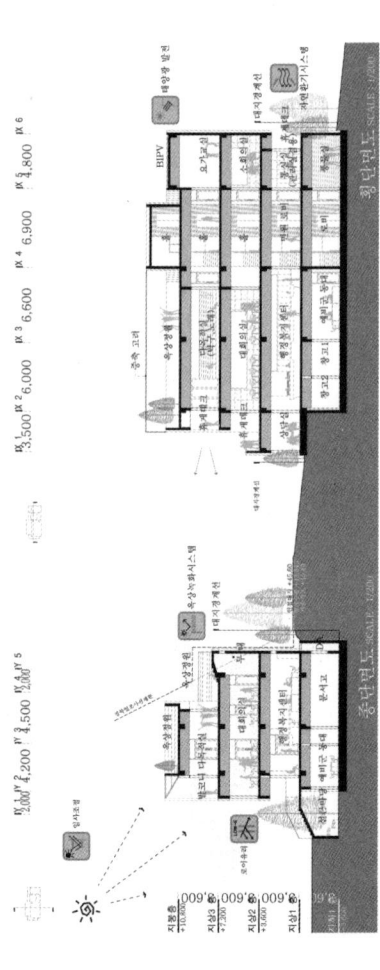

고밀도 목재패널 | 고밀도 목재루버 | 로이복층유리

- 당산목을 상징하는 표현으로 상경성 부여
- 남측 일사 조절장치 계획
- 맑은 유리 표현으로 개끗하고 투명한 행정 이미

Naedang 1-dong Community Service Center

GREEN ARCHITECTURE
친환경 및 에너지 절약계획
사람 그리고 자연을 위한 건축물

■ 녹색건축 계획 기본방향

자연에너지활용	사용자 쾌적성 향상	인증등급 획득
·지역기후를 고려한 배치 ·액티브 / 패시브 시스템	·실내녹화 및 베크녹화 ·자연환기 및 자연채광	·녹색건축물 우수등급 ·에너지효율등급 인증

친환경 계획도

친환경 디자인 기법

일조확보를 위한 건물배치 — ·주요실의 남향배치

자연환기 활용을 위한 계획 — ·선큰, DA, 발코니 등 오픈을 이용한 환기성능 극대화

지하층 자연채광 확보 — ·선큰마당 상부개방으로 자연채광 도입

FLOW PLANNING
임산부·노유자·장애인 등의 접근계획
교통약자에 대한 배려

■ 기본계획개념

보편적 디자인	장벽 없는 디자인	인지가 편한 디자인
·대다수가 아닌 모두를 위한 환경창출	·이동 동선상의 장애물 없는 시설계획	·정보전달을 통해 명료성 부여

■ 무장애 동선 계획도

■ 무장애 시설 세부계획

촉지도 설치 — ·시각장애인들을 위한 촉지도 설치

장애인 전용 화장실 — ·장애인들을 위한 전용 화장실 설치

안내시설 — ·시각장애인들의 안전한 보행과 방향을 안내

내당1동 행정복지센터

우수작 굳자인 건축사사무소 박찬익 설계팀 서성덕, 김진영

대지위치 대구광역시 서구 서대구로4길 35 **대지면적** 535.40㎡ **건축면적** 319.57㎡ **연면적** 970.62㎡ **건폐율** 59.69% **용적률** 181.29% **규모** 지하 1층, 지상 3층 **최고높이** 12.32m **구조** 철근콘크리트조 **외부마감** 현무암, 테라코타, 로이복층유리 **주차** 3대(장애인 주차 1대 포함)

사람과 도시가 소통하는 장
사회구성원과 가장 밀접하여 자리잡게 되는 행정복지센터의 가장 큰 덕목은 바로 소통일 것이다. 협소한 대지와 밀도 높은 도시 구조지만 다양한 내외부 공간 계획을 통하여 건축물을 위요하고 있는 공간들과 물리적, 시각적, 환경적 소통을 끊임없이 시도할 수 있도록 계획하였다.

합리적이고 경제적인 평면계획
주거지역의 밀집성과 전면도로의 경사에 대응하여 계획 대지에 요구되는 프로그램들을 세 개의 주요 기능역역을 중심으로 효율적인 안들을 도출해 나갔다. 합리적인 평면은 경직된 형태가 될 수 있기 때문에 진입에서부터 옥상 정원까지 수직 동선 공간을 중심으로 시선 및 공간적인 요소를 가미하여 여유 있는 절제된 짜임새가 느껴지도록 하였다.

도시맥락에 순응하는 입면계획
세 개 볼륨의 쌓음과 미끄러짐의 짜임을 통해 층별 야외 공간과 간결한 실내공간이 만들어지고, 각각의 볼륨을 드러내는 외부 마감재의 질감과 색상 대비는 시각적인 풍성함으로 이 장소와 소통하는 이 건축물만의 독특한 느낌을 주고자 했다.

A platform for people and the city to communicate with each other
Communication is the most sought-after virtue of 'Happy Center' that is nestled close to locals. Considering that the site is quite confined and located within a high-density urban area, various types of indoor and outdoor spaces are proposed to encourage constant physical, visual and environmental communication with other spaces around the center.

An efficient and economic floor plan
Considering the density of a neighboring residential area and the slope of the frontal road, required programs are assigned to three main functional areas to come up with an efficient floor plan. Efficiency-focused floor plans could end up having a rigid form. Therefore, visual or spatial elements are added around a vertical circulation route from the entrance to a rooftop garden to create a loose yet controlled structure.

A facade design that conforms with the urban context
Piled up in a staggered form, three volumes create outdoor spaces and simple indoor spaces on each floor. The contrasting textures and colors of external claddings that outline each volume enrich the visual narrative and give unique characteristics to this new building that communicates with its neighborhood.

2nd prize GUTSEIN ARCHITECTS_Park Chanik **Location** Seo-gu, Daegu **Site area** 535.40m² **Building area** 319.57m² **Gross floor area** 970.62m² **Building coverage** 59.69% **Floor space index** 181.29% **Building scope** B1, 3F **Height** 12.32m **Structure** RC **Exterior finishing** Basalt, Terracotta, Low-E paired glass **Parking** 3 (including 1 for the disabled)

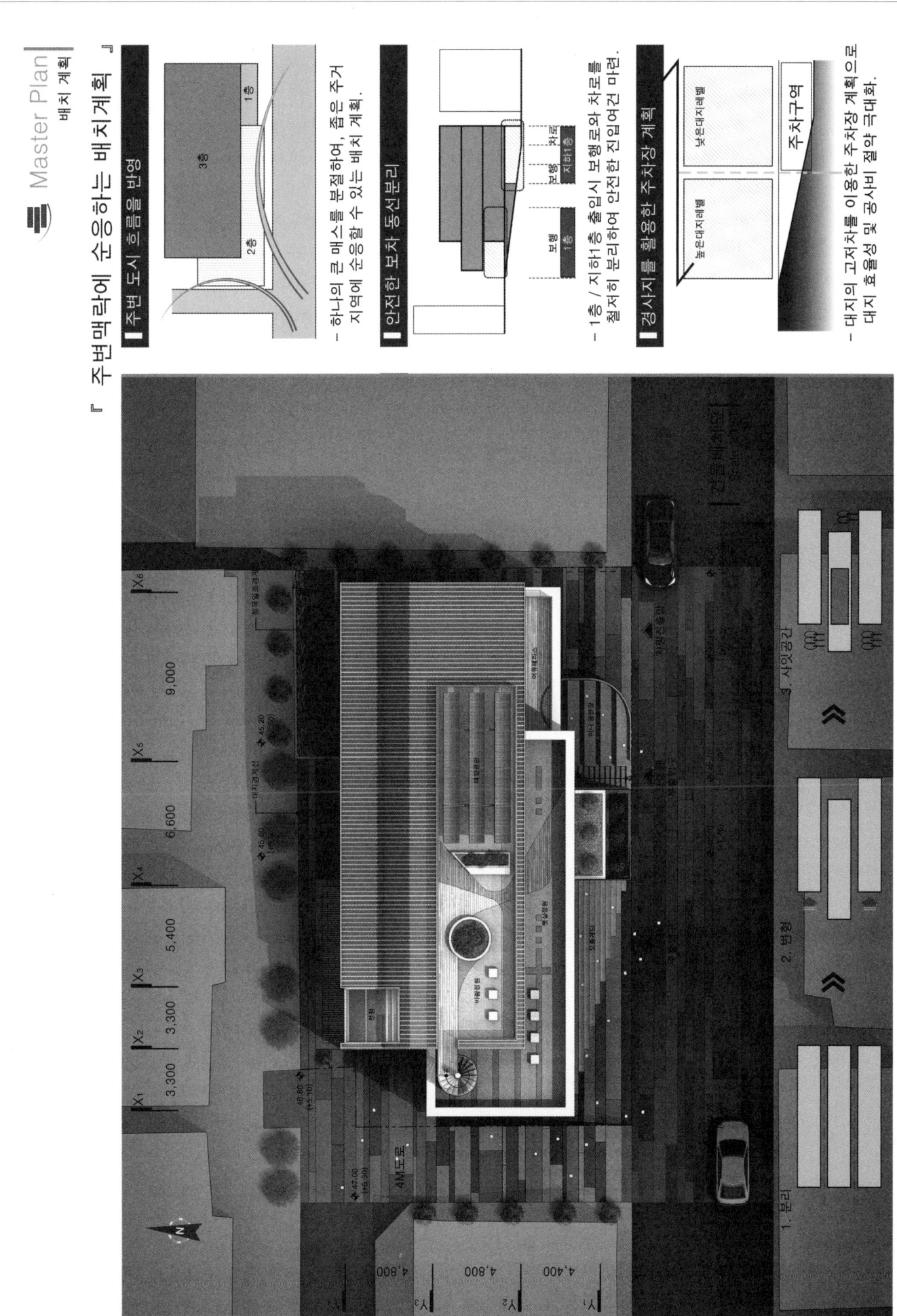

내당1동 행정복지센터

평면 계획 (지하1층)

경사대지를 적극적으로 활용하는 지하층 계획

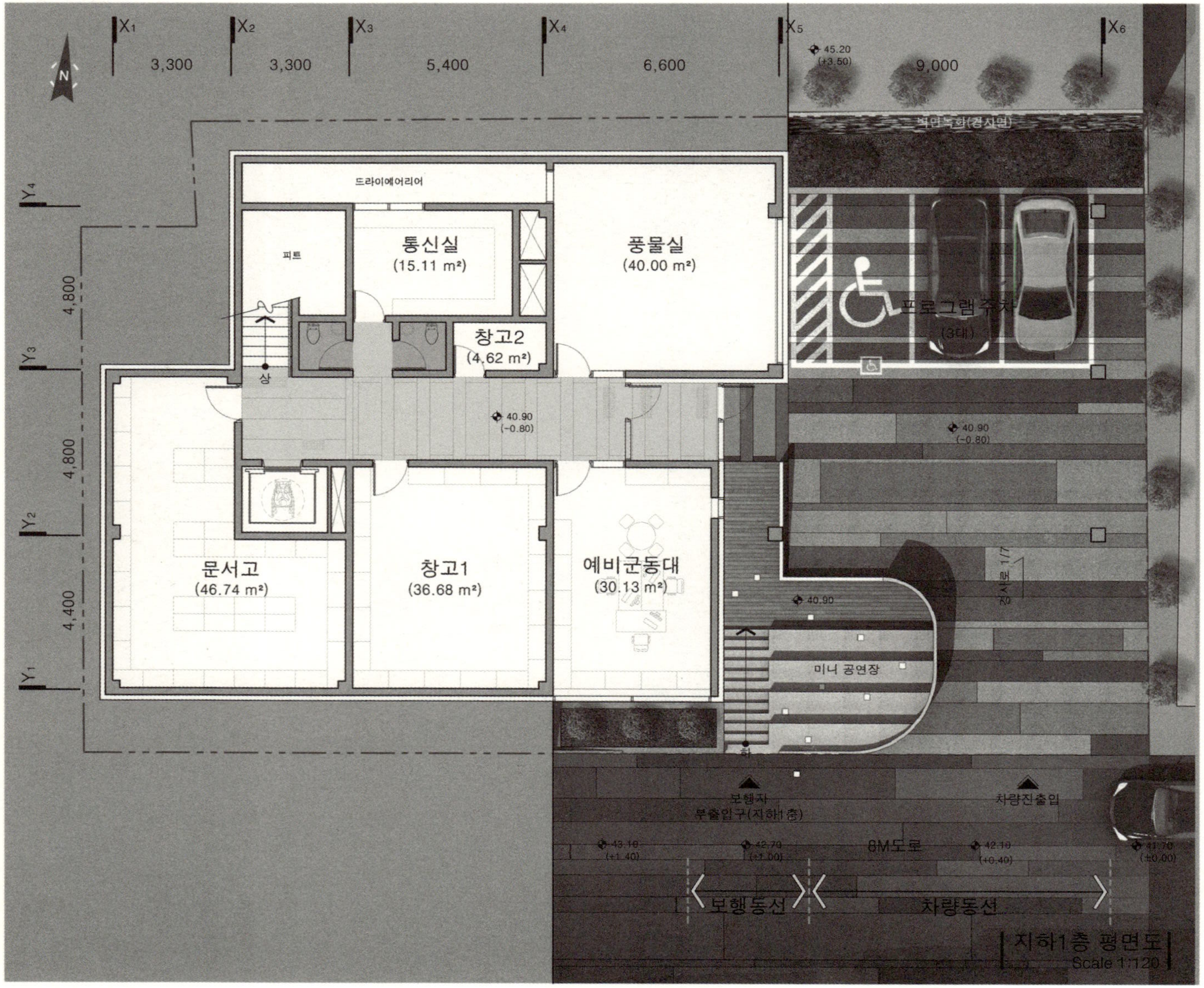

경사를 활용한 휴식공간
- 주민 문화활동 지원을 위한 소규모 공연공간 마련.

소음 채광을 고려한 평면계획
- 소음발생 공간에 대한 배치 고려 및 상시 거주공간에 대한 채광 배려.

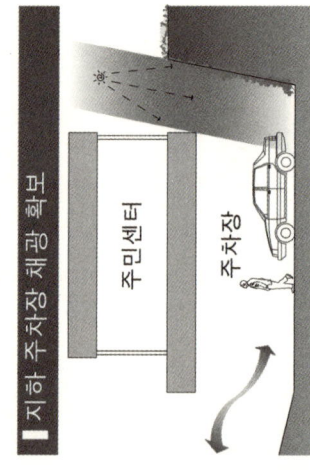

지하 주차장 채광 확보
- 주차장의 쾌적한 환경을 위해 채광 보이드를 계획.

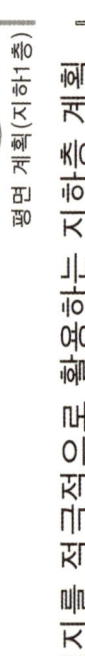

[지하1층 평면도] Scale 1/1:30

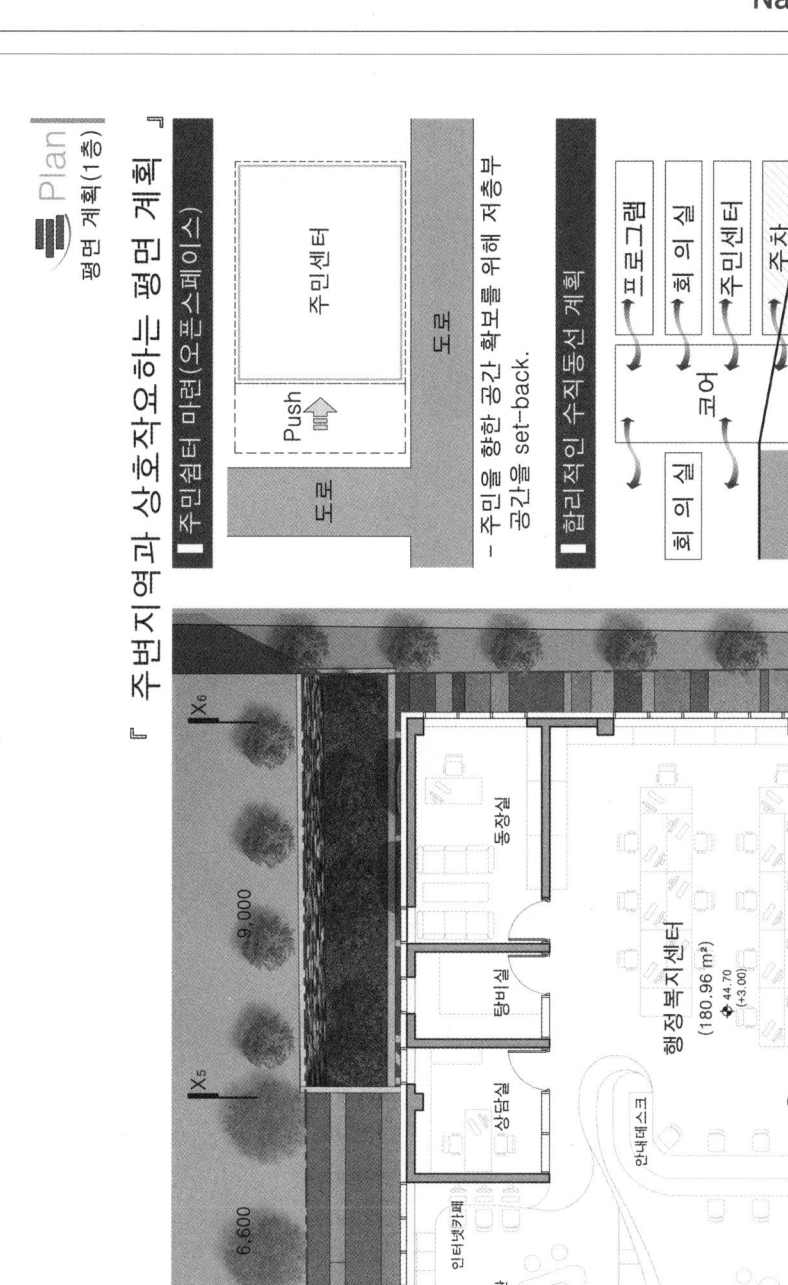

내당1동 행정복지센터

Plan 평면 계획 (2층)

다양한 공간요소를 적용한 평면 계획

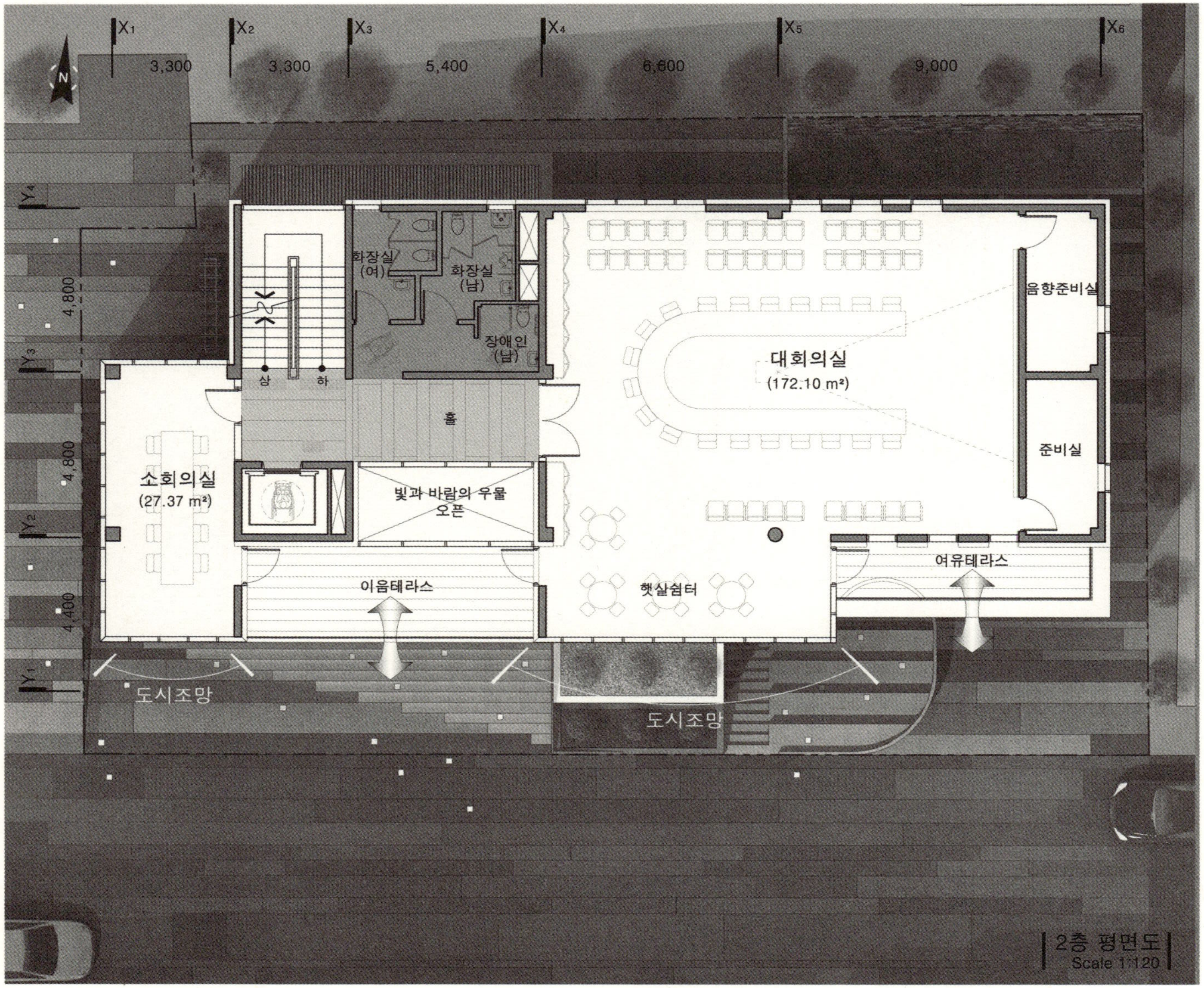

보이드 공간 계획
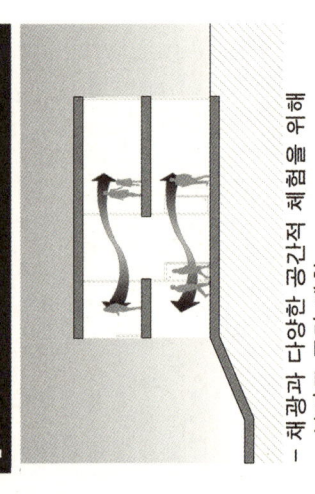
- 재광과 다양한 공간적 체험을 위해 보이드 공간 계획.

파노라마 뷰
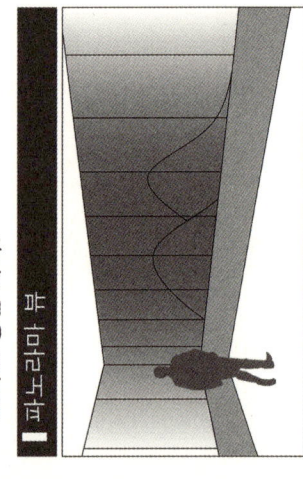
- 소회의실 3면을 둘러싸는 창으로 도시와 자연을 조망 가능.

도시와 소통하는 전망데크

- 다양한 휴식공간이 주변 도심지역과 소통할 수 있게 계획.

2층 평면도 Scale 1:120

Naedang 1-dong Community Service Center

평면 계획(3층)

다양한 프로그램의 수용이 가능한 오픈플랜

합리적인 공동 사용 공간
- 샤워실을 공동사용함으로, 전용면적 및 사용성 극대화.

자연과 호흡하는 요가교실
- 폴딩도어 적용으로 요가시간에 햇실정원을 활용하여 다양한 프로그램 수용가능.

옥상 휴식공간 마련
- 주변 주민들과 직원들이 휴식을 위한 하늘 정원 계획.

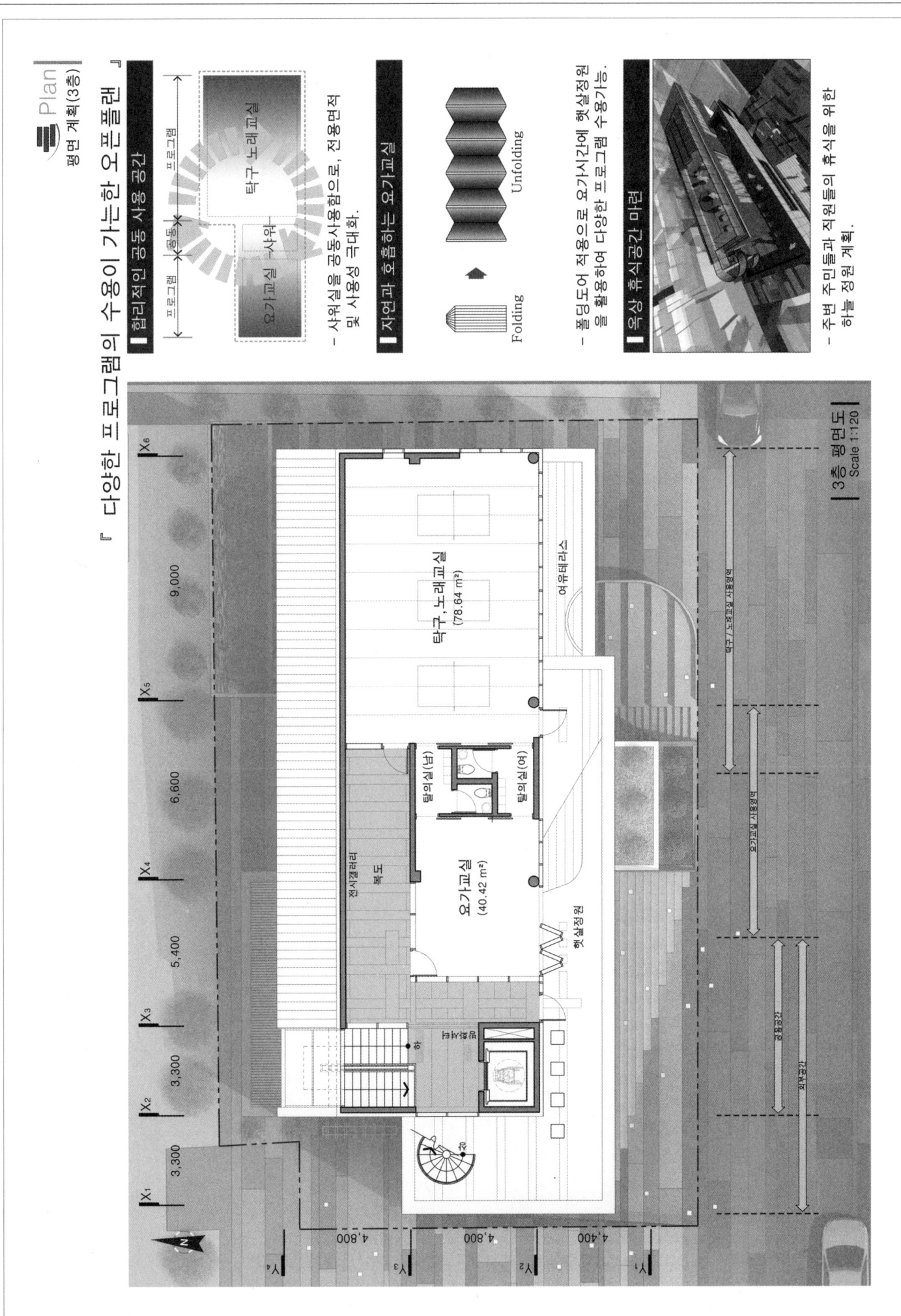

3층 평면도 Scale 1:120

Elevation Plan
입면계획

『 주변도시의 맥락에 순응하는 입면계획 』

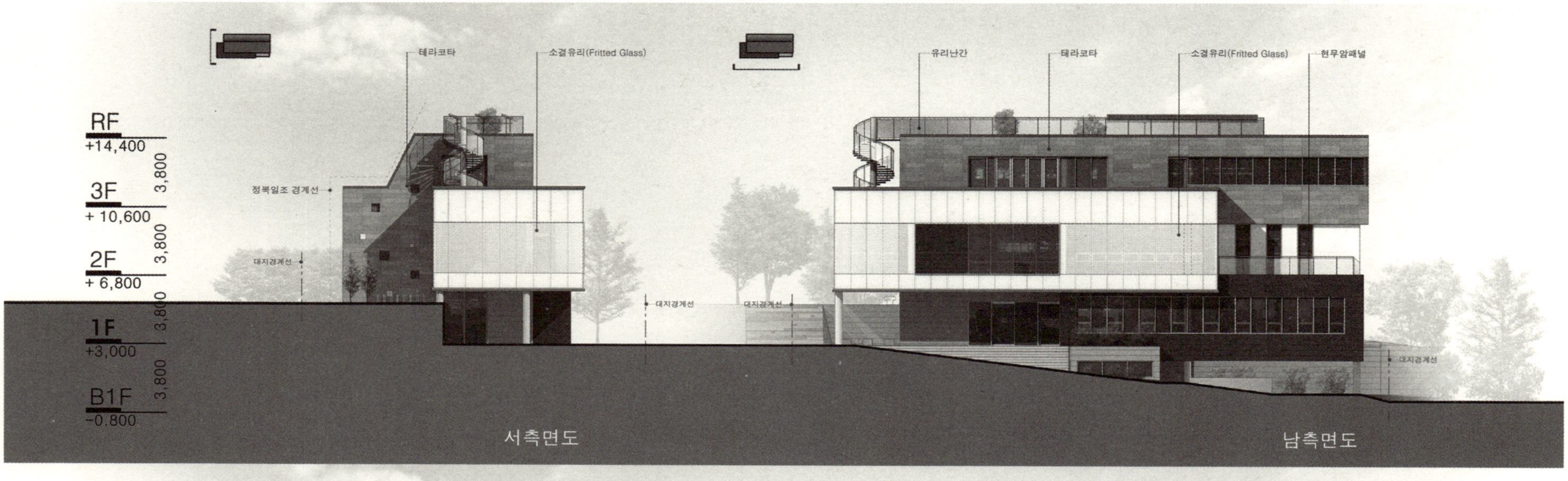

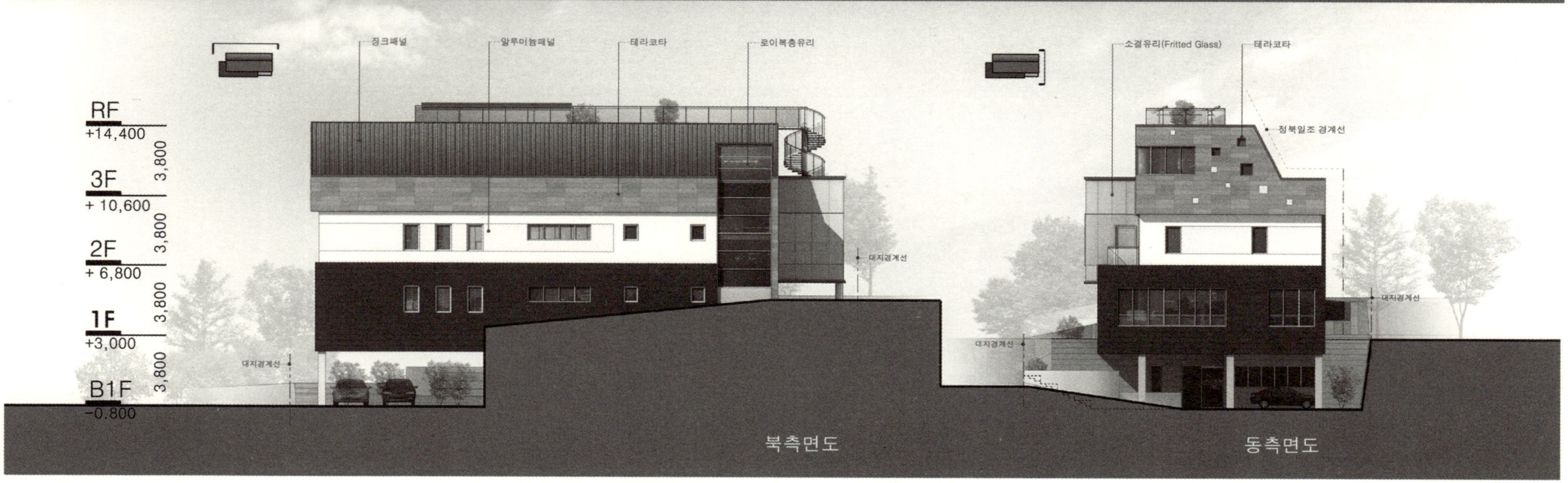

RF
+14,400
3F
+ 10,600
2F
+ 6,800
1F
+3,000
B1F
-0.800
3,800
테라코타
소결유리(Fritted Glass)
정북일조 경계선
대지경계선
유리난간
현무암패널
서측면도
남측면도

RF
+14,400
3F
+ 10,600
2F
+ 6,800
1F
+3,000
B1F
-0.800
3,800
징크패널
알루미늄패널
테라코타
로이복층유리
소결유리(Fritted Glass)
정북일조 경계선
대지경계선
북측면도
동측면도

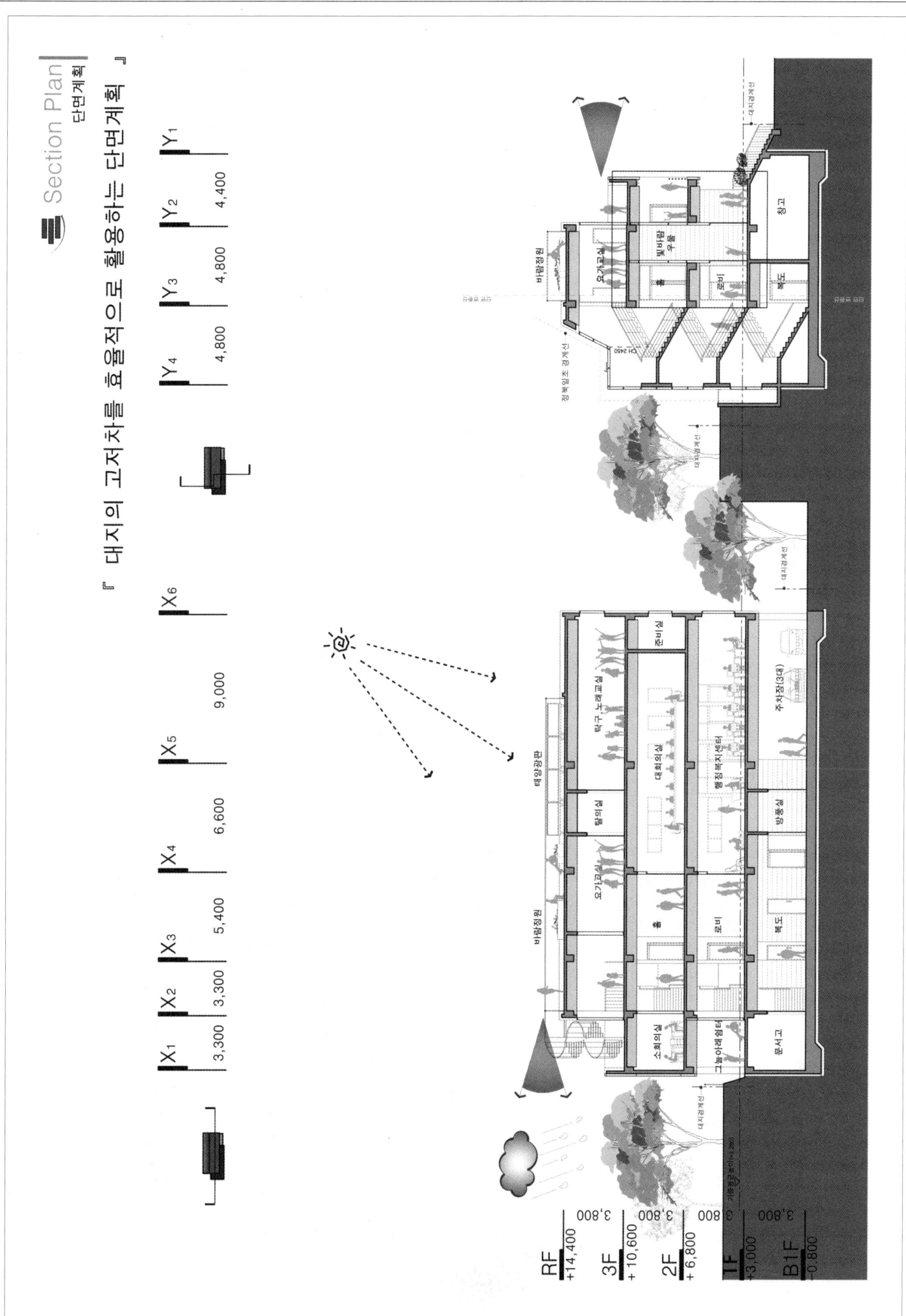

내당1동 행정복지센터

가작 건축사사무소 엘브로스 임정민 설계팀 임정국, 김원찬

대지위치 대구광역시 서구 서대구로4길 36 **대지면적** 535.40㎡ **건축면적** 320.13㎡ **연면적** 980.73㎡ **건폐율** 59.79% **용적률** 149.55% **규모** 지하 1층, 지상 3층 **최고높이** 15.94m **구조** 철근콘크리트조 **외부마감** 고밀도 목재패널, 테라코타패널, 로이복층유리 **주차** 7대(장애인 주차 1대 포함)

배치계획

사용자들의 시각적 인지성을 향상시키기 위해 8m 도로변에 면하여 배치하여 보행자 및 차량 이용자들에게 쉽게 인지되도록 하였다. 또한 상층부 문화시설을 주거지와 이격하여 채광 및 소음의 피해가 최소화하도록 계획하였다. 외부공간은 다양한 주민행사가 이루어질 수 있으며 확장된 주차장으로도 사용이 가능하도록 하여 차량의 접근이 가능한 공간으로 계획하였다.

평면계획

보행 및 차량은 대지 단차를 활용하여 계획한 출입구를 이용하며 전면도로의 경사도에 적합한 경사로 설치로 장애인의 원활한 접근성을 고려하였다. 프로그램 조닝은 저층부에 행정복지센터, 상층부에 문화시설을 배치하고 회의시설이 두 프로그램을 연계하도록 계획하였다. 채광을 고려하여 주요실을 남측에 배치하고 코어 및 기타시설을 북측에 배치하였다.

입면계획

행정복지센터, 회의시설, 문화시설이 독립된 입면적 특징을 가지도록 계획하고, 특히 문화시설의 수직루버는 사용자들이 위치에 따라 변화된 입면을 느낄 수 있도록 다양한 각도의 변화 효과를 주었다.

Site plan

The proposed center is placed on the side of an 8m-wide road to enhance its visual presence for users, so it can be recognized easily by pedestrians or drivers. Cultural facilities on the upper floors are positioned away from a residential area nearby to minimize interference in daylighting and noise damage. The outdoor space is designed to provide access for vehicles as it can accommodate various events for the local community or be used as an extended parking area.

Floor plan

For the use of pedestrians and vehicles, the entrance is designed to use existing level differences within the site, and a ramp is constructed appropriately to the slope of the frontal road to provide easy access for the disabled. As for the zoning of programs, the Happy Welfare Center is positioned on the lower floors, and cultural facilities, the upper floors. And conference rooms bridge these two programs. Main rooms are placed in the south to have more natural light whereas core and other facilities are arranged in the north.

Elevation

The Happy Welfare Center, conference rooms and cultural facilities have their own independent facades. Especially, the vertical louver system of cultural facilities shows an angular variation and make the facade look differently depending on the position of a viewer.

3rd prize Lbros Architects_Lim Jeongmin **Location** Seo-gu, Daegu **Site area** 535.40m² **Building area** 320.13m² **Gross floor area** 980.73m² **Building coverage** 59.79% **Floor space index** 149.55% **Building scope** B1, 3F **Height** 15.94m **Structure** RC **Exterior finishing** High-density wood panel, Terracotta panel, Low-E paired glass **Parking** 7 (including 1 for the disabled)

Naedang 1-dong Community Service Center

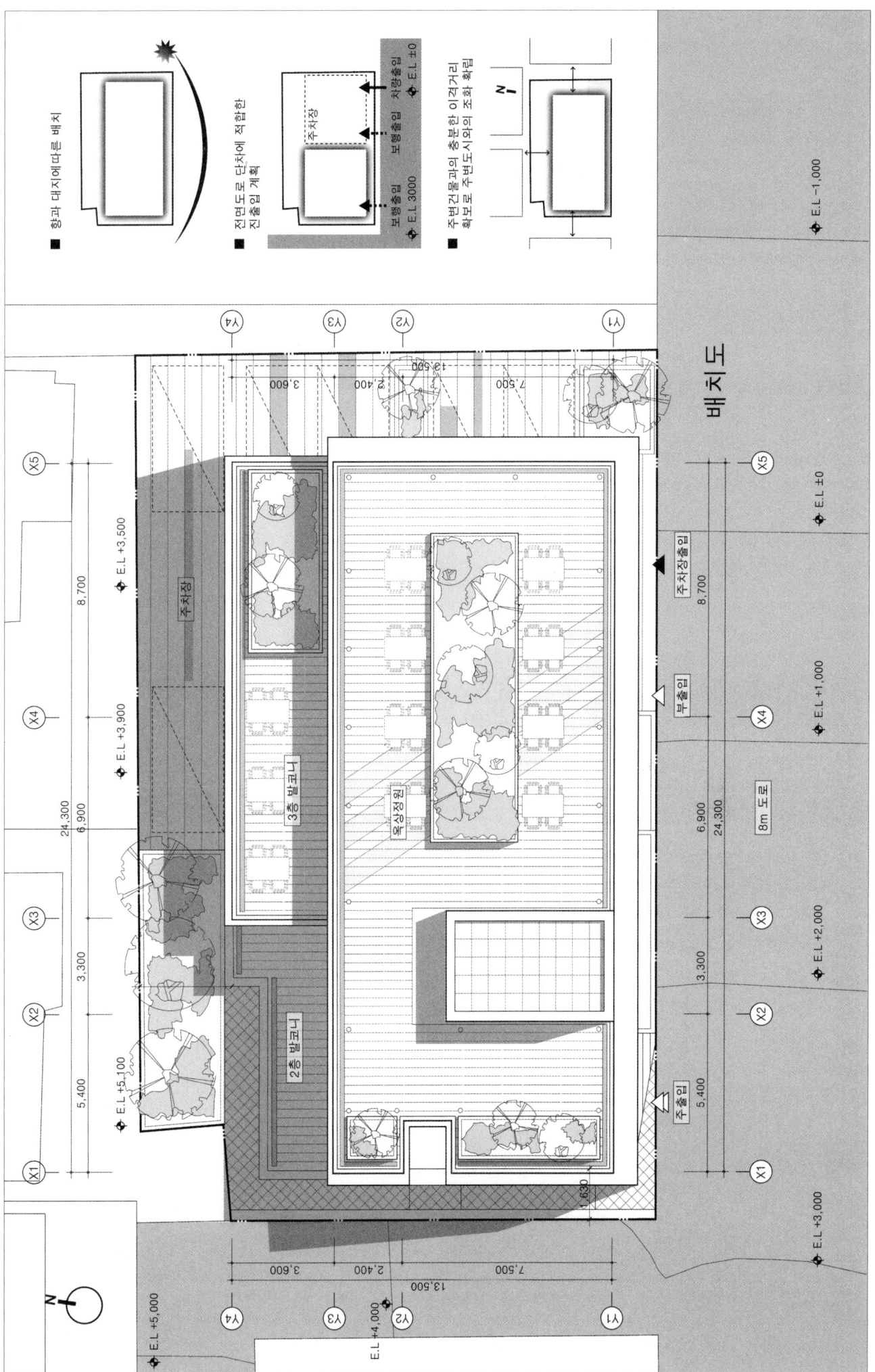

내당1동 행정복지센터

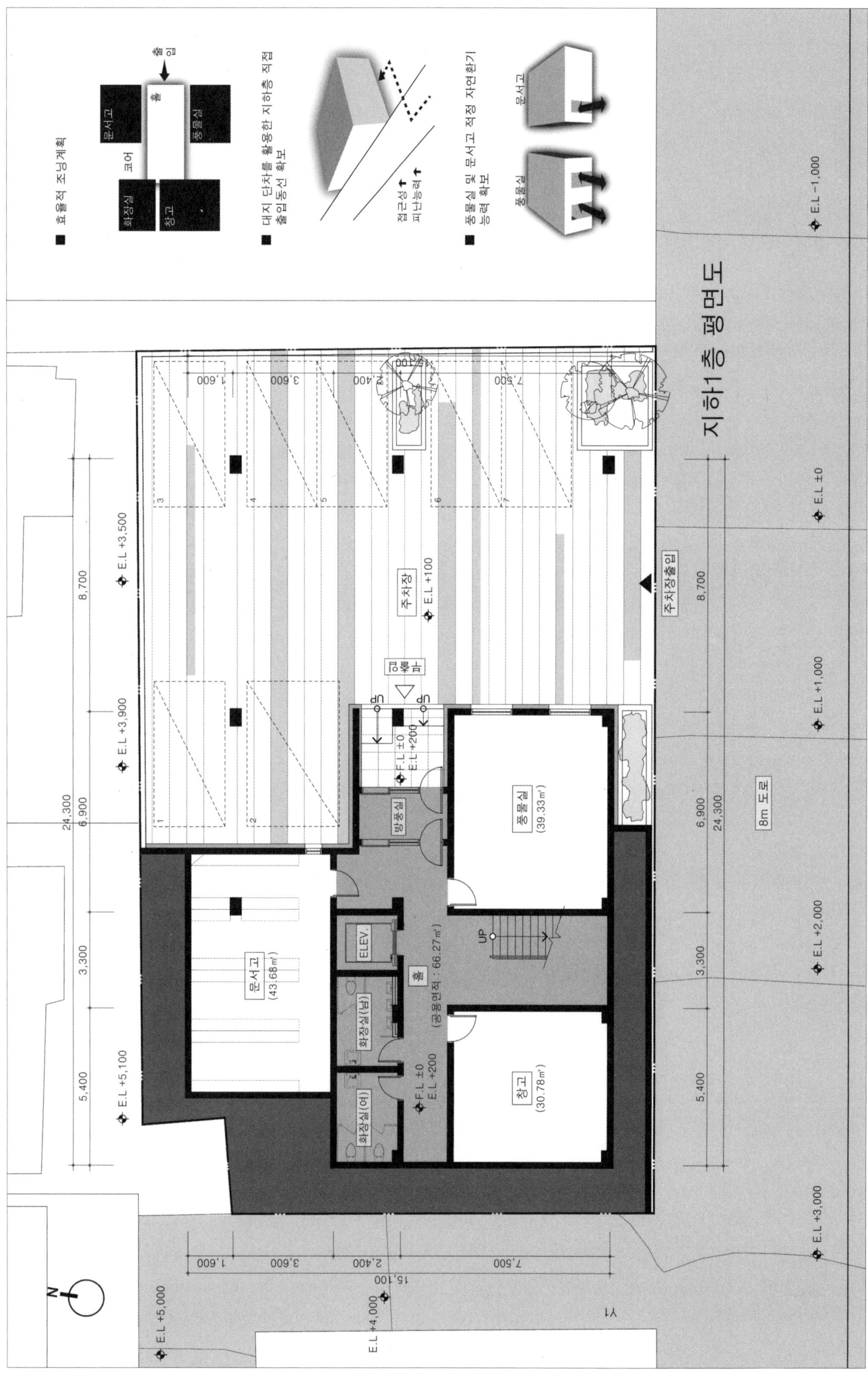

Naedang 1-dong Community Service Center

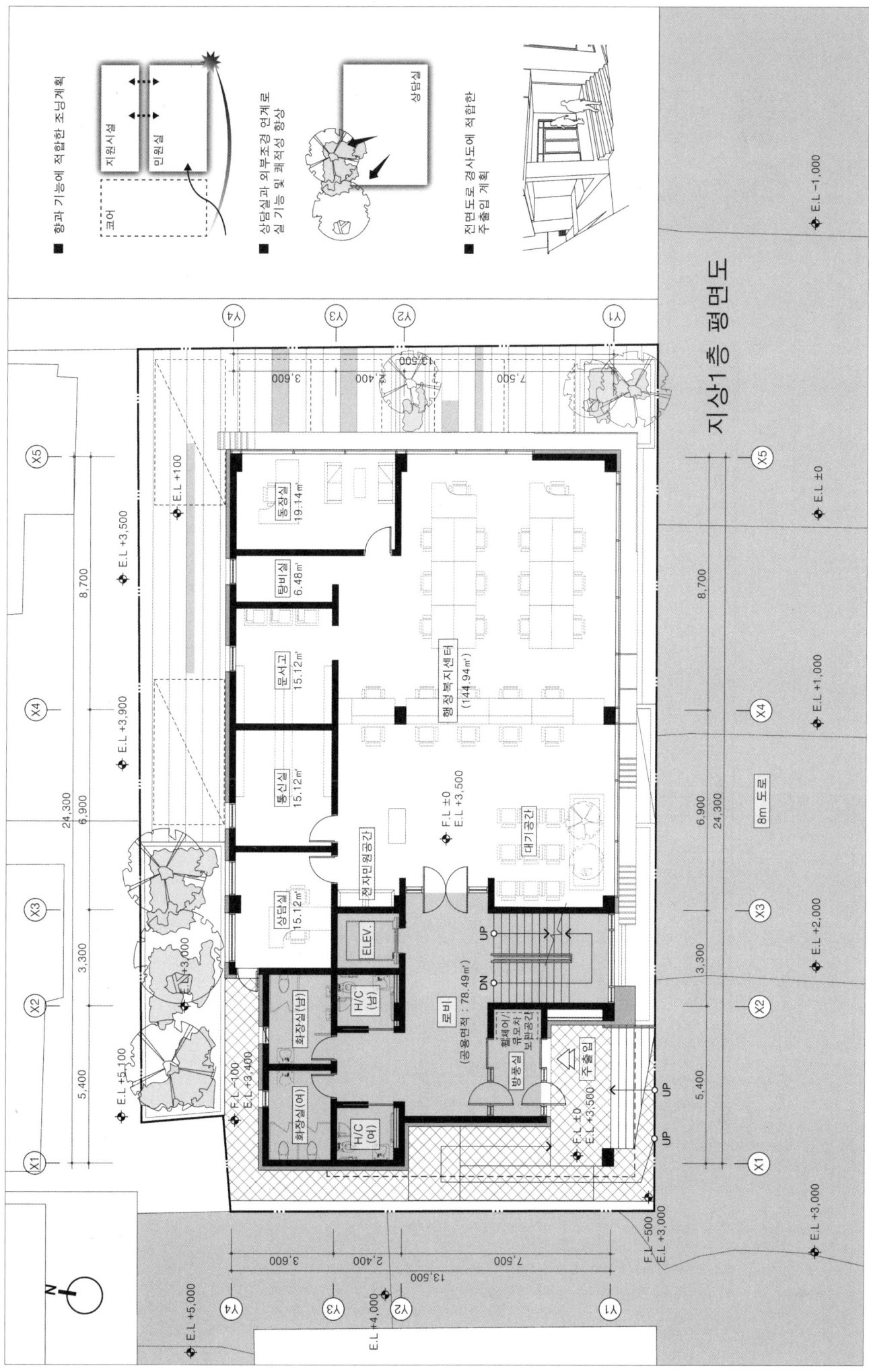

내당1동 행정복지센터

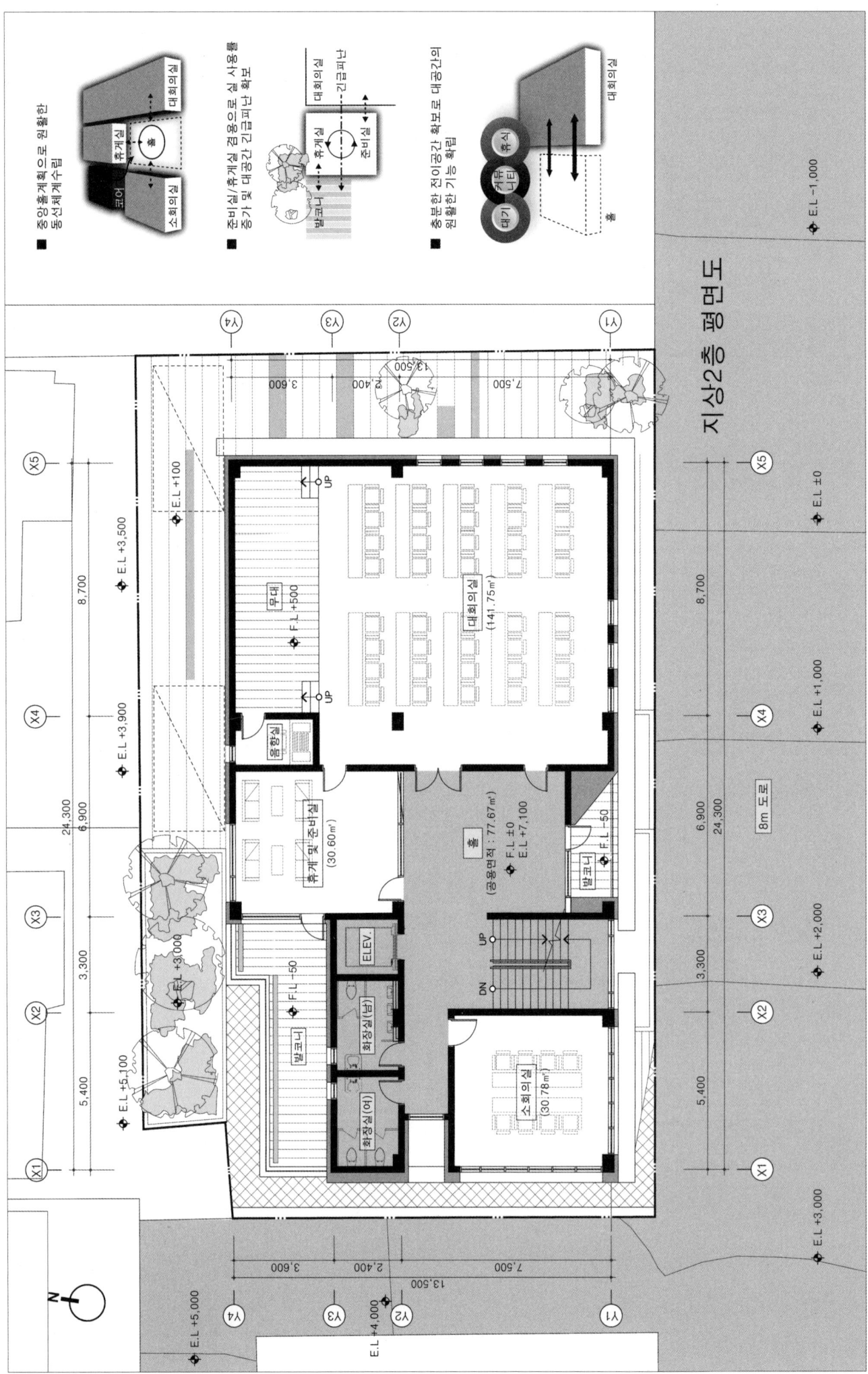

Naedang 1-dong Community Service Center

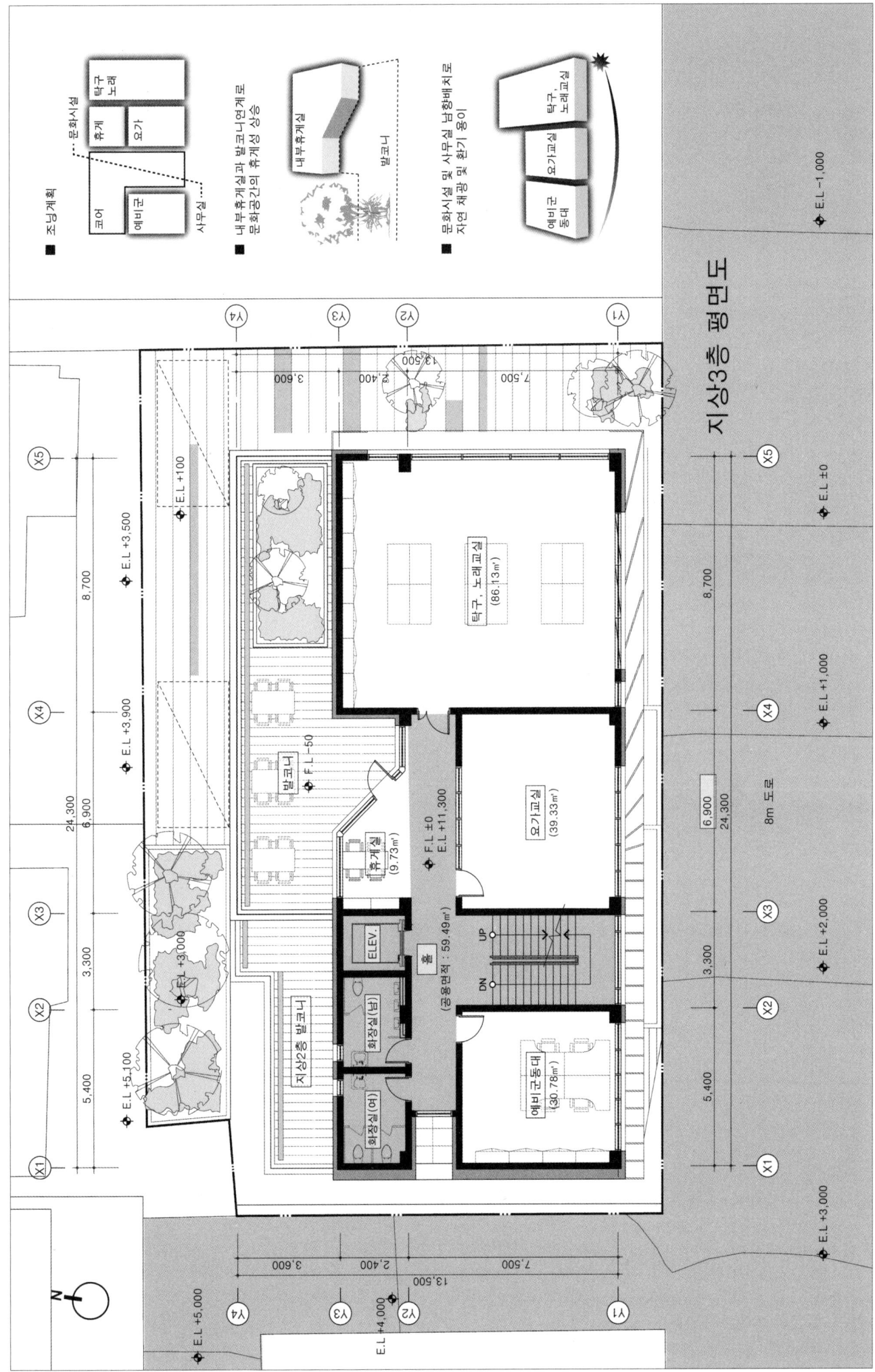

지상3층 평면도

내당1동 행정복지센터

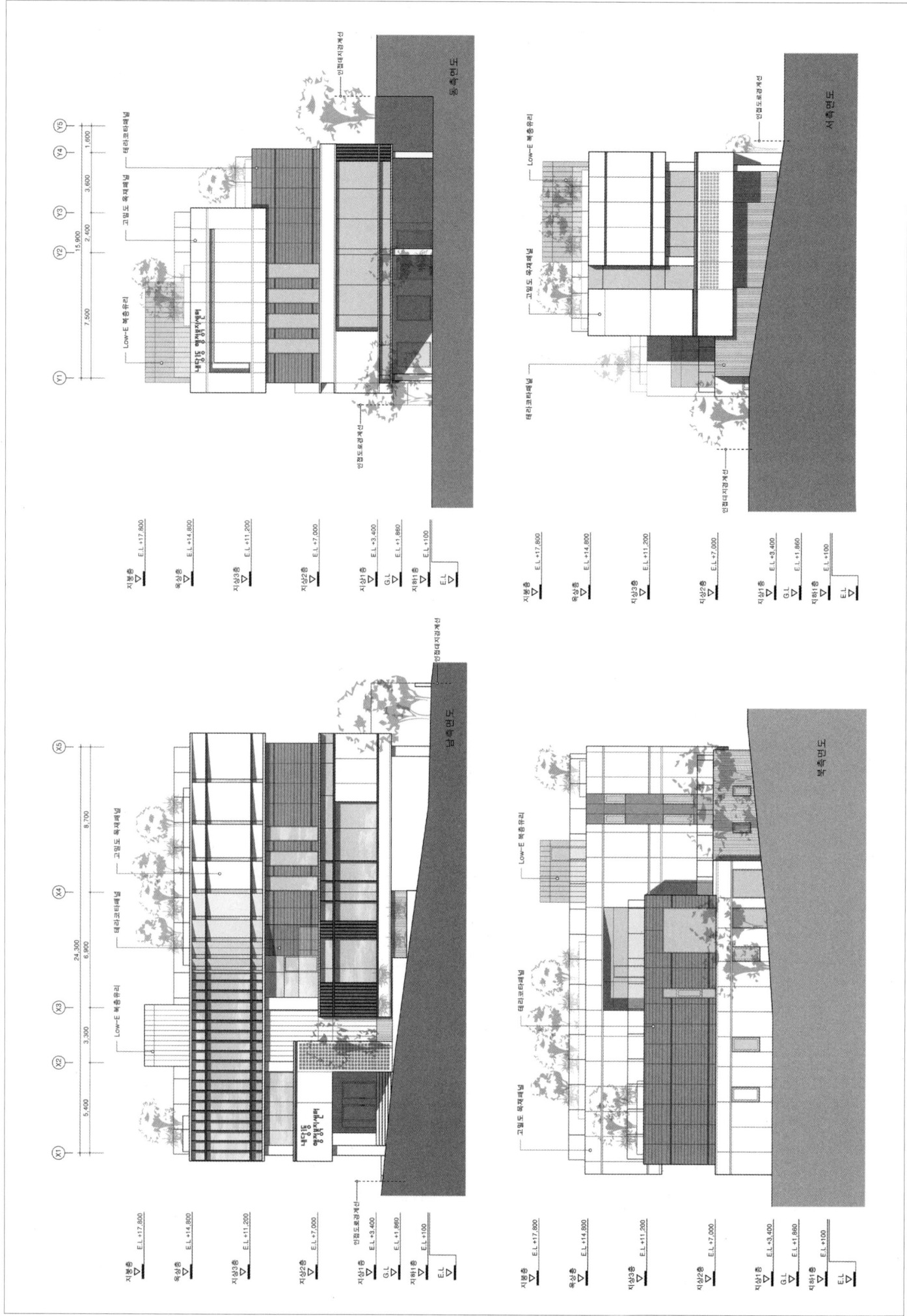

Naedang 1-dong Community Service Center

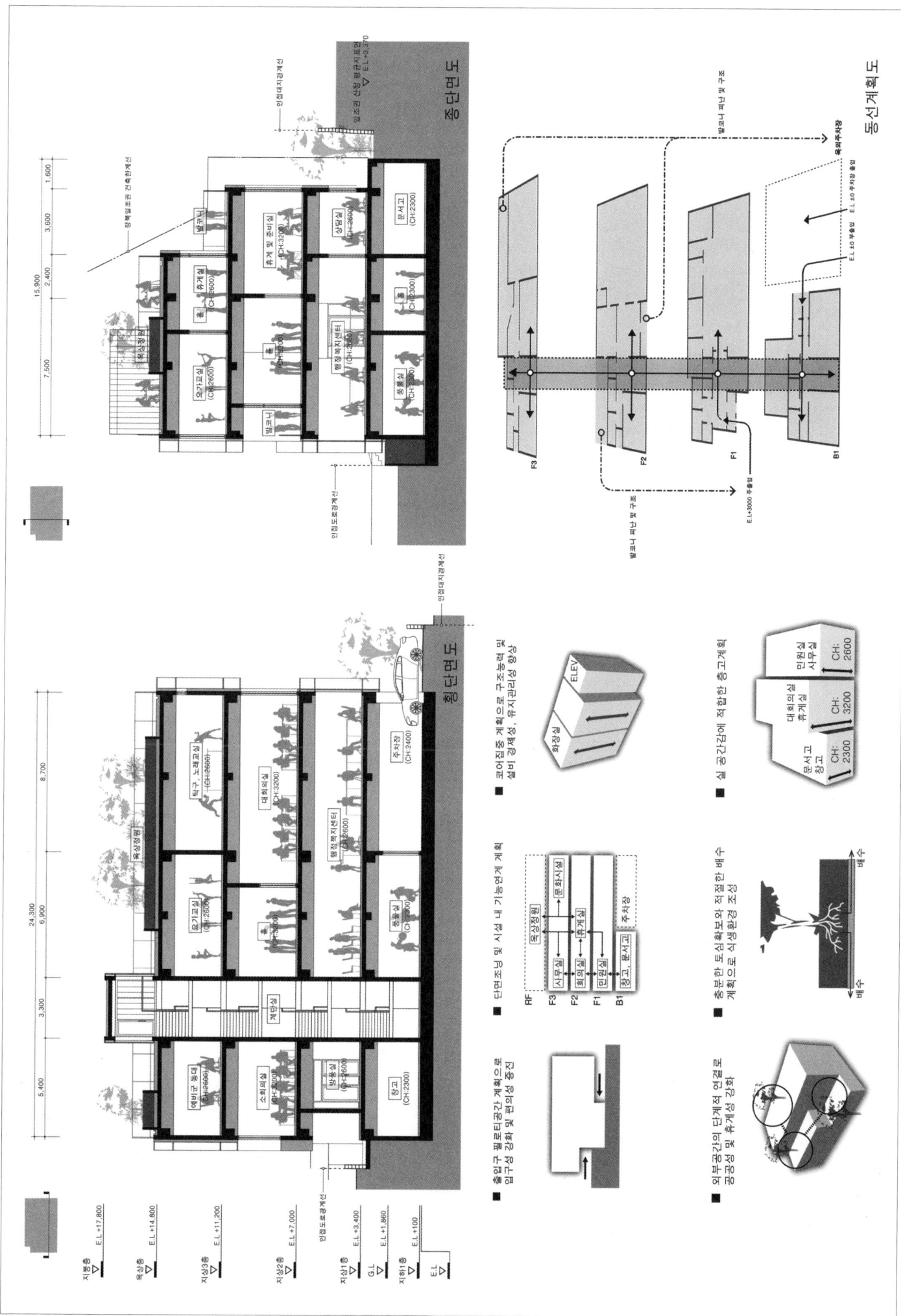

충남지식산업센터

당선작 (주)디엔비건축사사무소 조도연 + 김양희 건축사사무소 김양희 설계팀 하홍원, 이찬규, 이효림, 정남윤, 신지은, 김규아, 이도형(이상 디엔비)

대지위치 충청남도 천안시 불당동 650-3번지 일원 **대지면적** 4,510.00㎡ **건축면적** 2,130.73㎡ **연면적** 12,068.67㎡ **건폐율** 47.24% **용적률** 229.76% **규모** 지하 1층, 지상 6층 **최고높이** 31.7m **구조** 철근콘크리트조 **외부마감** 알루미늄 패널, 알루미늄 루버, 세라믹 패널, 로이복층유리 **주차** 81대(장애인 주차 4대, 확장형 25대 포함)

첨단산업디지털 중심지, Clover in Cube

기존의 아파트형 공장은 기업들이 한 건물에 모여 기반시설을 같이 사용하는 단순한 목적의 공간이었다. 본 계획안 'Clover in Cube'는 이러한 패턴에서 벗어나 기업 간 커뮤니티와 협업을 극대화할 수 있는 공간 계획을 통해 최고의 시너지 효과를 발휘하는 지식산업센터를 제안한다.

4가지 주안점

- 저층부의 아이디어 스텝을 활용하여 기업·방문객 상호간 커뮤니티와 홍보를 위한 공간을 제안하였다.
- 큐브와 수직패턴을 통해 첨단지식공간의 이미지를 연출하였다.
- 오픈 중정인 클로버 가든에서 바람과 햇살을 느낄 수 있는 친환경 휴식 공간을 제공하였다.
- 가변형 벽체를 활용하여 미래의 변화와 확장에 대비하였다.

Clover in Cube; a digital hub for the high-tech industry

Conventional apartment-type factories were a simple facility which allows a number of companies to gather under the same roof and share infrastructures. This proposal 'Clover in Cube' rejects such a concept and proposes a space design which can enhance communication and collaboration among different companies. And through that, it introduces a knowledge industry center that creates the most powerful synergy effect.

Four main ideas

- The lower floor's Idea Step provides a space for mutual communication between companies and visitors and promotion activities.
- Cubes and vertical patterns describe the image of the high-tech knowledge industry and its space.
- Clover Garden, an open-type courtyard, provides an environment-friendly lounge where people can enjoy the wind and sunshine.
- A flexible wall system is implemented in preparation for future changes or extensions.

Prize winner D&B architecture design group_Cho Doyeun + Kim Yang Hee architecture_Kim Yanghee **Location** Cheonan, Chungcheongnam-do **Site area** 4,510.00m² **Building area** 2,130.73m² **Gross floor area** 12,068.67m² **Building coverage** 47.24% **Floor space index** 229.76% **Building scope** B1, 6F **Height** 31.7m **Structure** RC **Exterior finishing** Aluminum panel, Aluminum louver, Ceramic panel, Low-E paired glass **Parking** 81 (including 4 for the disabled, 25 for extension type)

Chungnam Knowledge Industrial Center

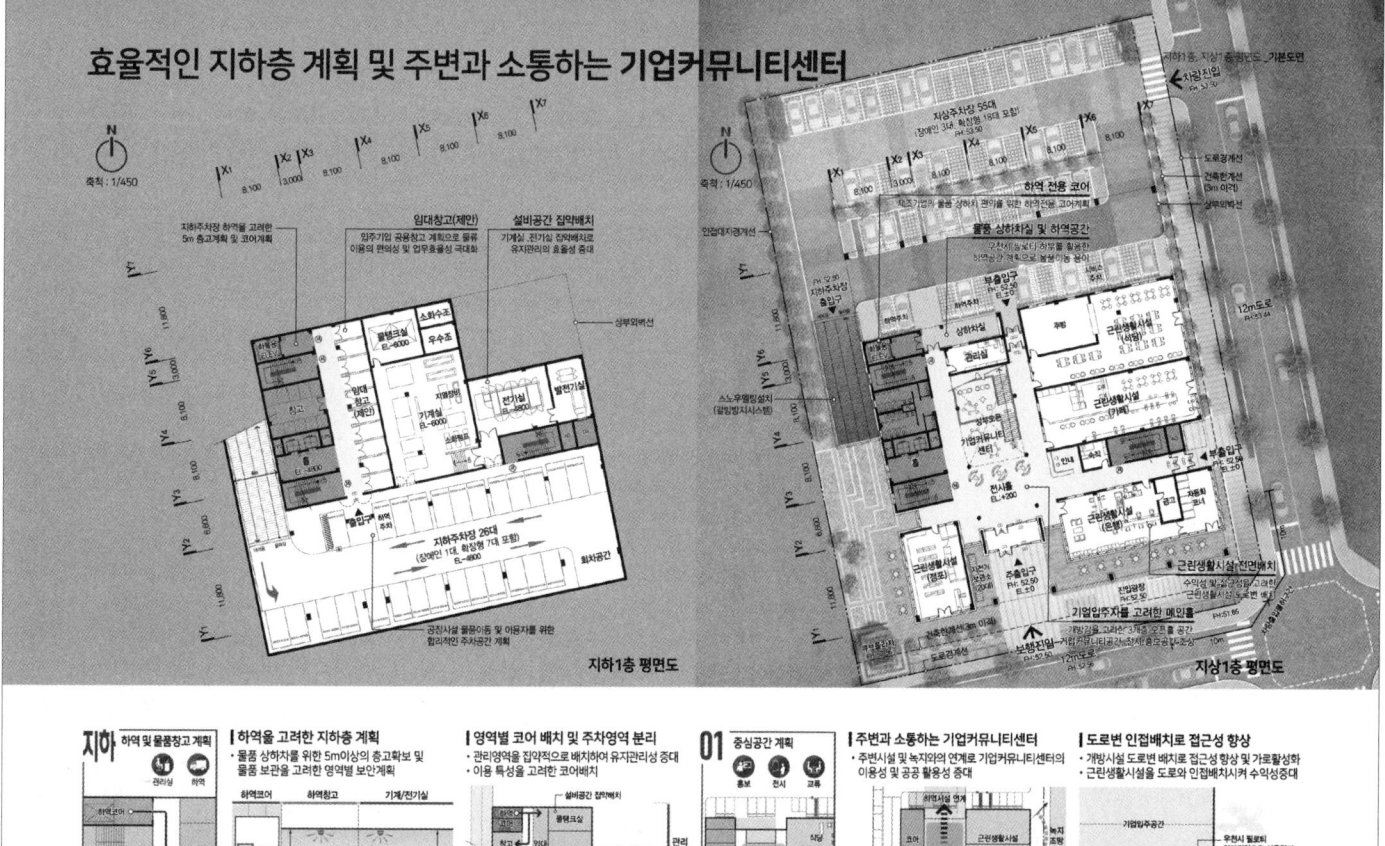

충남지식산업센터

이용자의 창의적 교류를 위한 아이디어 스텝 및 휴게공간계획

업무의 효율성 증대를 위한 스마트 친환경 업무공간계획

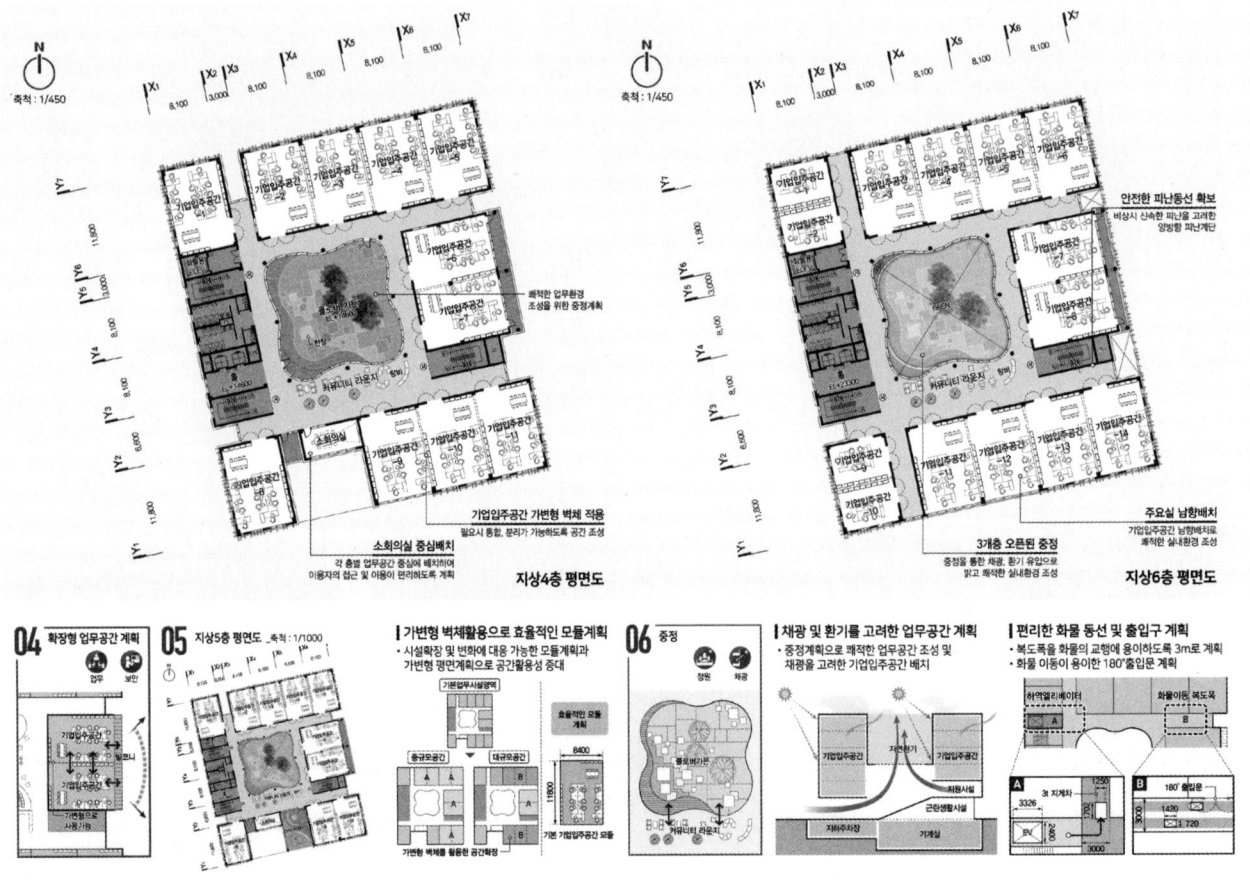

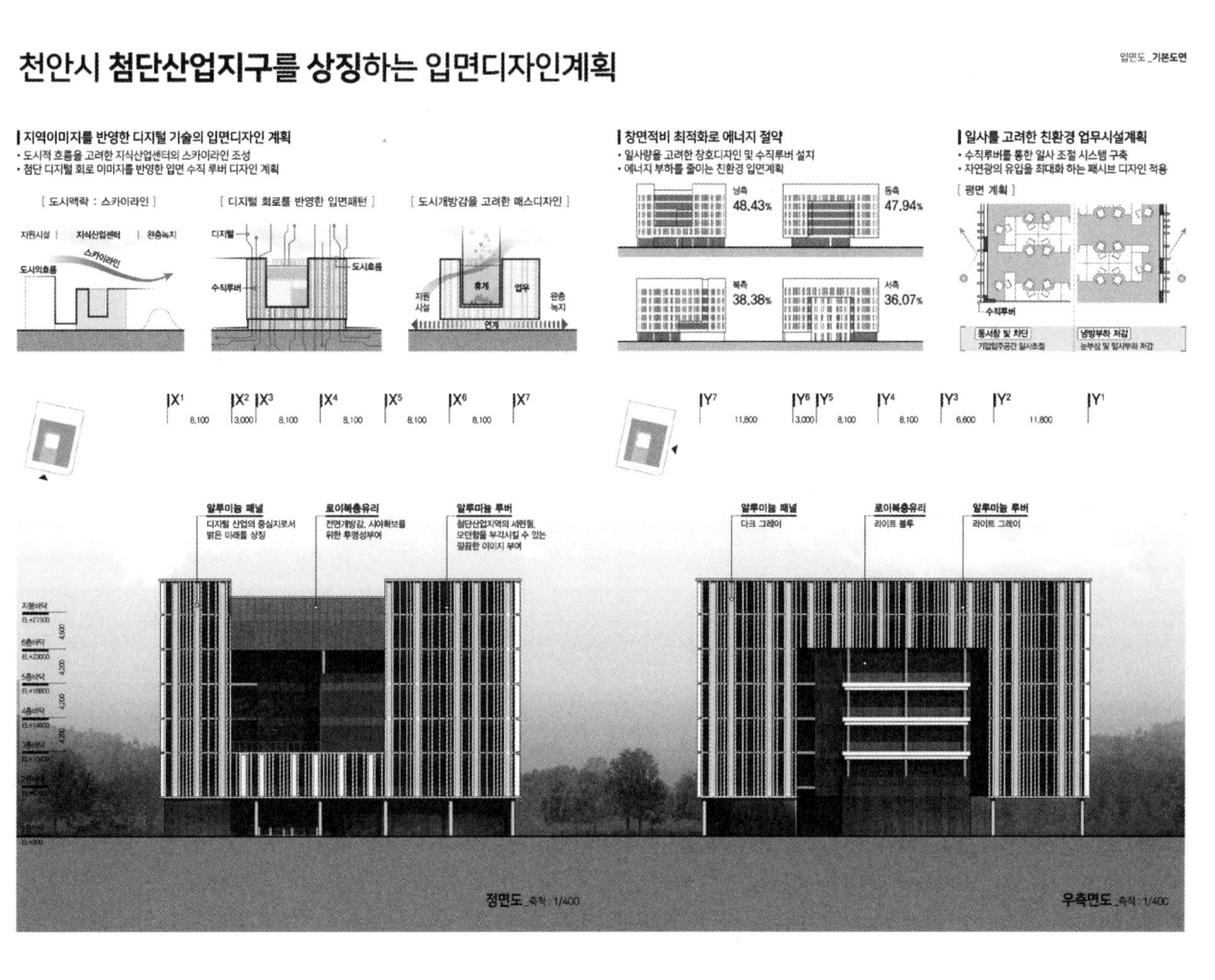

충남지식산업센터

첨단산업단지를 고려한 대지분석 및 배치계획

CLOVER in CUBE

C OMMUNITY STAGE - 소통과 개방의 무대
B AND THE NATURE - 자연을 엮어주는 클로버가든
U RBAN ICON - 도시의 아이콘
E XTEND OFFICES - 사무공간의 확장

입주기업의 수요를 고려한 공간전략

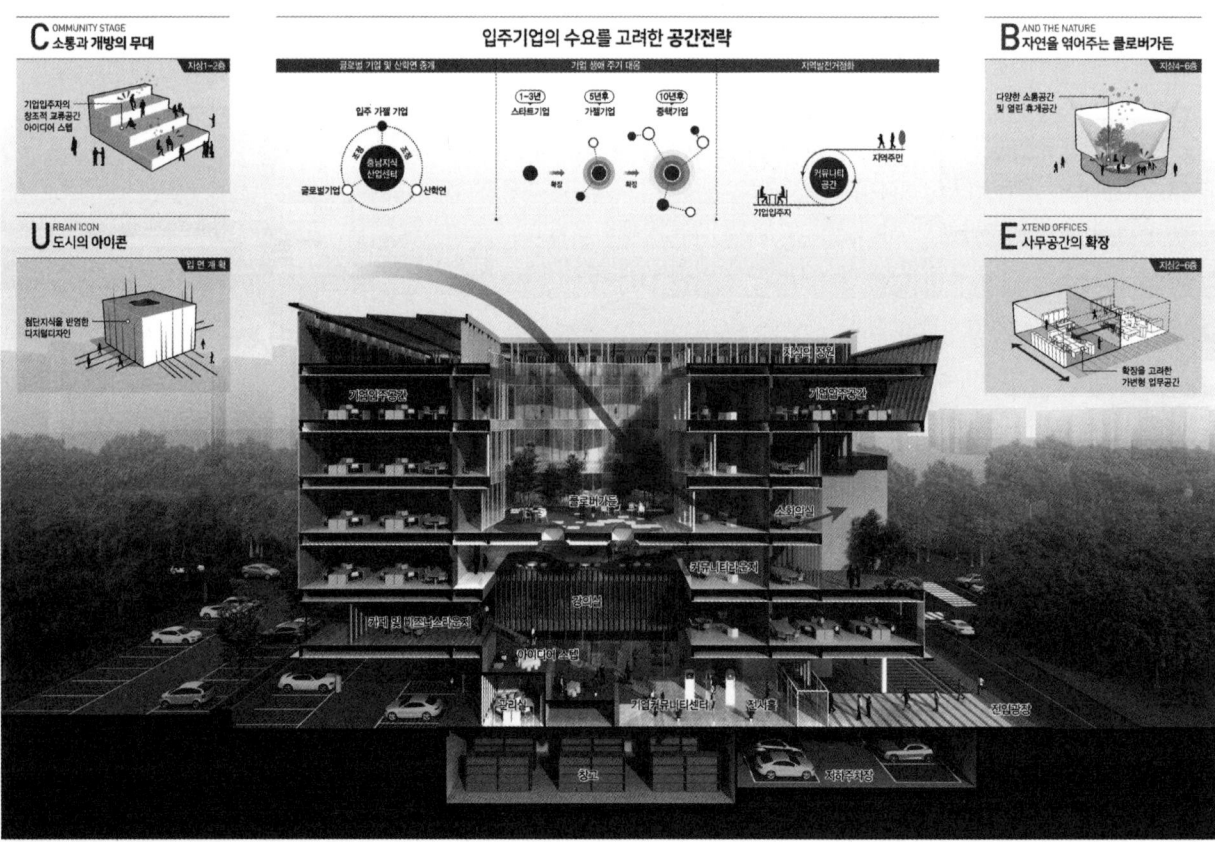

Chungnam Knowledge Industrial Center

중정과 외부공간를 연계한 오픈광장계획

조경계획, 대지종·횡단면도

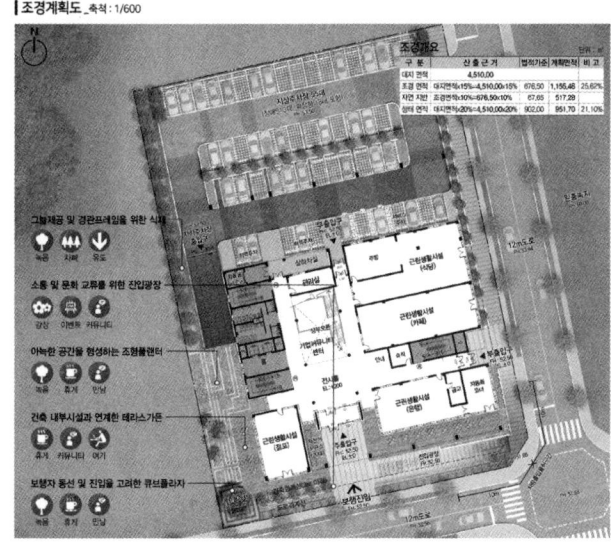

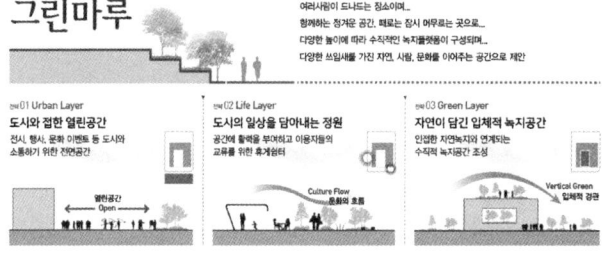

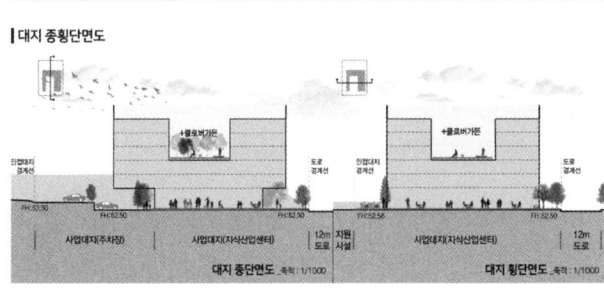

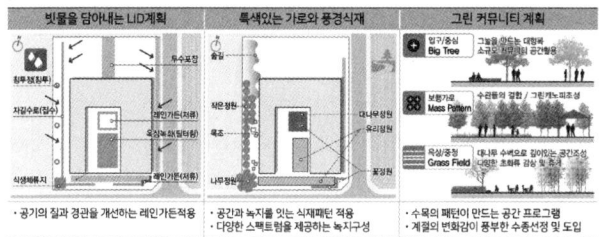

외부 공간계획의 적절성 및 안전한 보차분리계획

조경 및 외부공간계획 / 교통계획도 및 주차계획

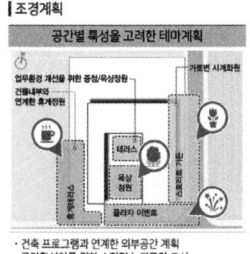

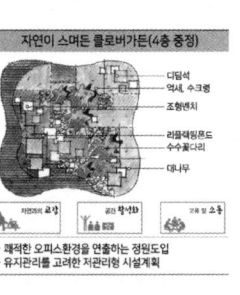

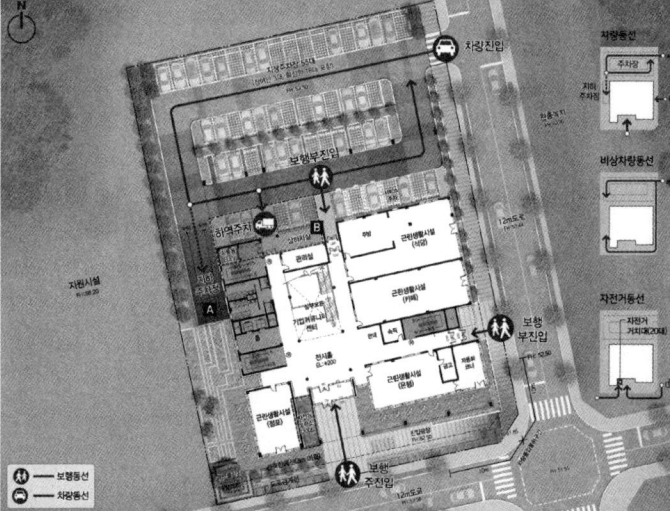

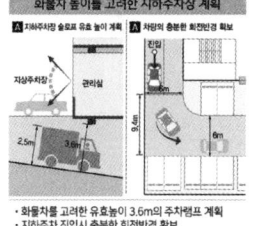

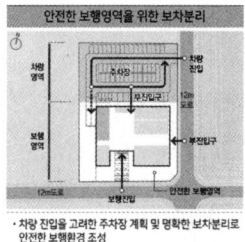

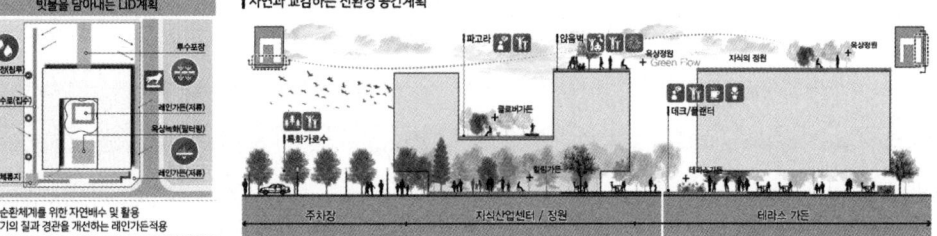

충청북도 소방본부 통합청사

당선작 지선정건축사사무소 오재만 설계팀 정대희, 마유진

대지위치 충청북도 청주시 청원구 사천동 91-18번지 **대지면적** 3,500㎡ **건축면적** 1,249.74㎡ **연면적** 2,772.58㎡ **건폐율** 35.71% **용적률** 74.61% **규모** 지하 1층, 지상 3층 **구조** 철근콘크리트조 **외부마감** 알루미늄패널, 티타늄아연판, 세라믹패널 **주차** 41대 (장애인 주차 2대, 대형 4대 포함) **협력업체** C.G - (주)디캠프

非常·休 (Emergency – Recovery)
24시간 비상체제 속에서 완벽한 재난 대응 업무를 위해 최적화된 업무공간으로 최고의 컨디션과 쾌적한 근무환경을 조성하며, 스트레스와 정신적 충격을 치유하기 위한 리커버리 스페이스(Recovery space) 및 힐링 휴게쉼터를 계획하였다.

배치계획
북측 전면 도로에서 소방본부로서의 정면성을 고려하여 매스를 북측에 배치하였고, 남측은 주차장으로 계획하였다. 소방본부의 프로그램은 리커버리 스페이스를 중심으로 세 가지 영역으로 구분되어 있다.

평면계획
자연 친화적 공간인 리커버리 스페이스를 중앙에 배치, 남측의 자연채광을 유입시켜 이용자들의 개방감 있는 공용공간을 계획하였다. 리커버리 스페이스를 중심으로 작전영역, 사무영역, 휴게영역의 명확한 기능별 조닝을 하였다.

입면계획
소방서의 상징성과 본부의 공공업무시설로서의 입면 디자인을 고려하였다. 업무영역별 매스 분리 및 수직 루버에 의한 규칙적인 입면으로 공공업무시설로서의 이미지를 제고하였고, 송신타워를 이용하여 상승적인 입면과 상징성을 부여하였다.

Emergency - Recovery
Optimized to provide perfect disaster response services under a 24-hour emergency system, the proposed workspace guarantees the best working conditions and a pleasant work environment. Also, Recovery Space and a healing lounge for easing stress and mental trauma are added.

Site plan
To show a frontality appropriate for a fire headquarter to the frontal road in the north, the building mass is positioned in the north section whereas the south section is arranged into a parking area. The program is divided into three zones which are formed around Recover Space.

Floor plan
Nature-friendly Recovery Space is set up at the center to receive natural light from the south so that users can feel a sense of openness in the public space. Around this Recovery Space, Operation Zone, Office Zone and Rest zone are positioned separately according to a function-centered zoning system.

Elevation
The symbolic significance of a fire station and the proposed facility's identity as a public institution are considered when designing the facades. The building mass is divided by different work areas, and a vertical louver system is implemented to create a regular façade pattern to improve the image of a public institution. Transmission towers are used to create an ascending facade design and emphasize the facility's symbolic significance.

Prize winner Z.S.J Architects & Associates Co._Oh Jaeman **Location** 91-18, Sacheon-dong, Cheongwon-gu, Cheongju **Site area** 3,500m² **Building area** 1,249.74m² **Gross floor area** 2,772.58m² **Building coverage** 35.71% **Floor space index** 74.61% **Building scope** B1, 3F **Structure** RC **Exterior finishing** Aluminum panel, Titanium zinc plate, Ceramic panel **Parking** 41 (including 2 for the disabled, 4 for large-size)

Chungcheongbuk-do Firefighting Headquarters Integrated Government Building

설계기본개념 — Summary & Concept / 건축개요

소방대원들의 휴식과 시민의 안전을 위한 소방본부

24시간 시민의 안전을 제공하는 소방본부

소방본부의 역할과 기능
- 기초기능: 긴급상황시 대응
  - 관내의 화재 및 재난 예방과 구조 등 소방행정업무를 총괄 지휘
- 중점기능: 작전영역 – 행정영역 – 휴게영역
  - 업무시간이 다른 작전영역과 행정영역의 공간 분리
  - 소방대원들을 위한 휴게영역 확장
- 확장기능: 자연과 함께 휴식하는 공간
  - 자연을 담은 Recovery space 계획
  - 향을 고려하여 계획된 쾌적한 휴식공간

자연과 휴식을 제공하여 일과 쉼터가 공존하는 소방본부

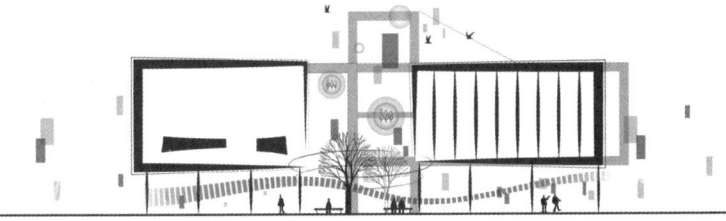

소방서의 상징적·역동성과 주변경관이 어우러진 소방본부

소방본부의 개념과 소요공간 분류에 따른 공간구성

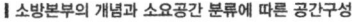
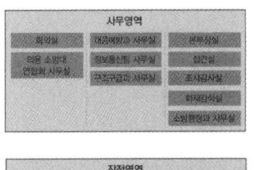
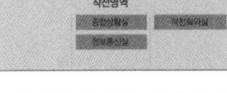
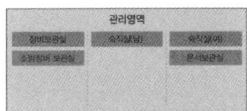
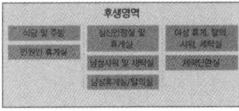
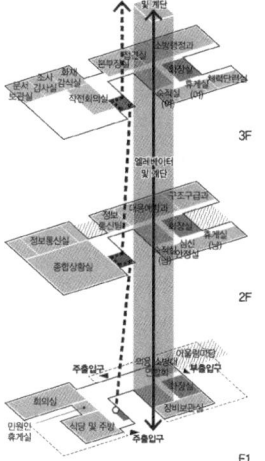

배치계획 — Architecture Plan / 건축계획

소방본부의 상징성을 강조하며 주변환경과 조화로운 배치계획

컨텍스트를 반영한 토지이용계획
- 작전영역, 사무영역, 휴게영역의 명확한 공간분리
- 자연을 담은 리커버리 스페이스(Recovery space)계획

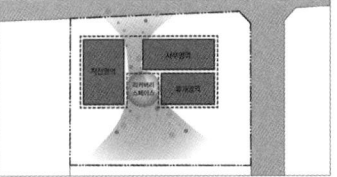

상징성을 고려한 배치계획
- 소방본부로서의 상징성이 부각될 수 있도록 정면성 확보
- 소방대원들의 심신안정 및 휴식을 위한 휴게공간 남향배치

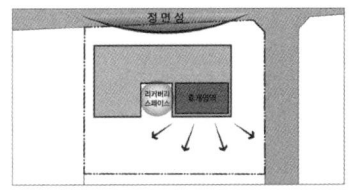

보행자중심의 접근성 및 진입동선계획
- 북측의 보행자 진입, 남측의 차량진입으로 명확한 보차분리
- 주진입로(24M도로)에서 소방본부로 보행동선 계획

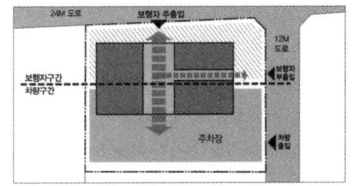

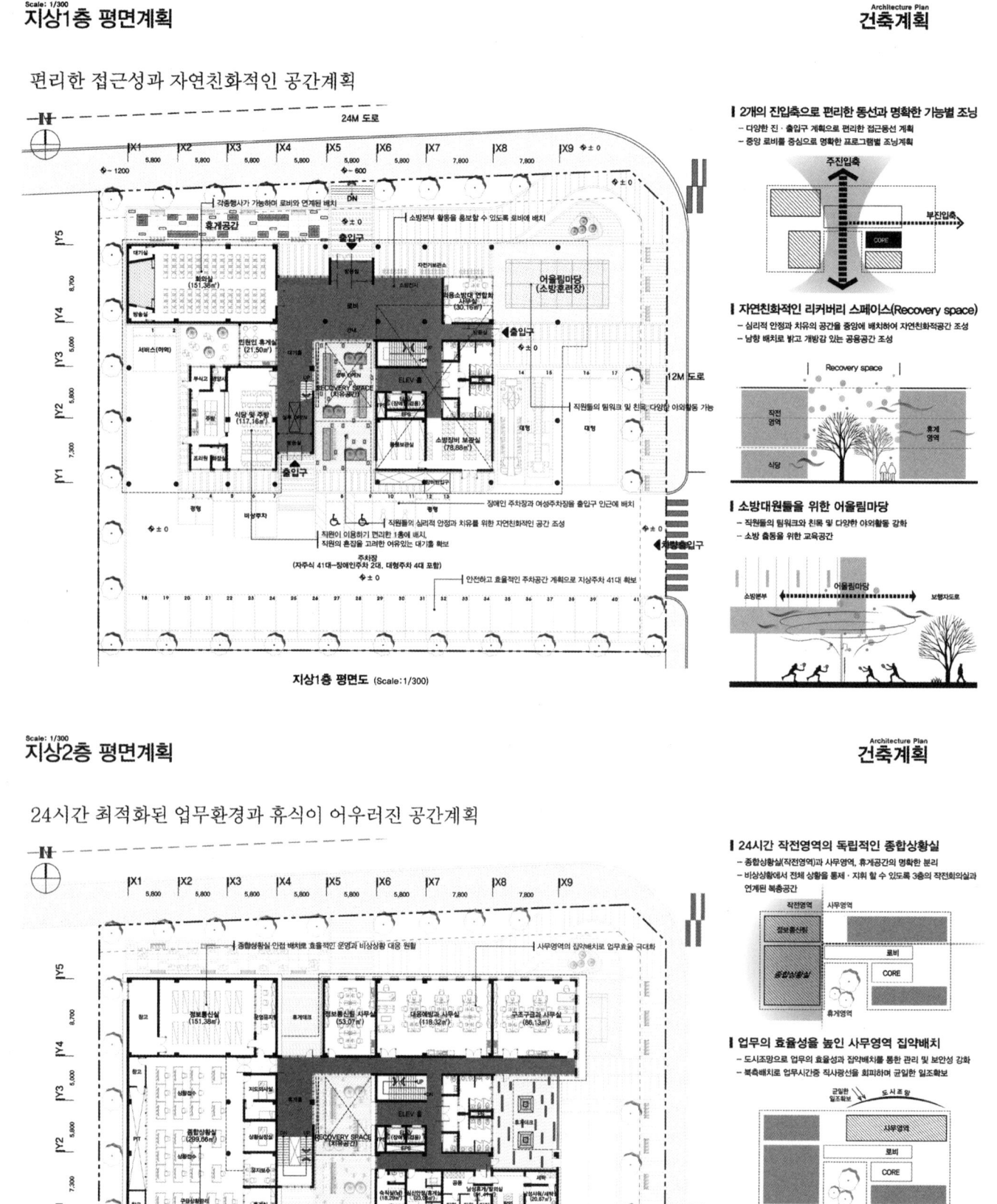

Chungcheongbuk-do Firefighting Headquarters Integrated Government Building

지상3층 평면계획
Scale: 1/300

공간 영역별 조닝과 연계배치로 업무효율성을 높인 평면계획

건축계획 / Architecture Plan

지상3층 공간별 조닝계획
- 작전영역과 사무영역 휴게영역의 공간분리
- 작전회의실과 본부장실의 각 영역별 연계 배치
- 여자휴게 및 숙직실의 남향배치로 쾌적환경 조성

각 영역별 수직·수평적 연계배치
- 작전회의실을 2층 종합상황실과 수직적 연계 배치하여 비상 상황시 작전통제 용이
- 본부장실과 소방행정과 사무실의 수평적 연계 배치로 업무 효율성 높임
- 본부장실과 작전회의실의 인접 동선으로 비상시 신속한 대응 가능

여자휴게실(3F)과 남자휴게실(2F)의 층별분리
- 여자휴게실과 남자휴게실의 층별구분으로 안전하고 편안한 휴식 제공
- 휴게공간의 쾌적한 휴식을 위한 남향배치

지상3층 평면도 (Scale:1/300)

지붕 평면계획 / 지하1층 평면계획
Scale: 1/300

다양한 외부활동이 가능한 옥상정원 계획 / 효율적인 유지관리가 가능한 지하층

건축계획 / Architecture Plan

지붕 평면도 (Scale:1/300)   지하층 평면도 (Scale:1/300)

기능성을 겸비한 옥탑지붕계획
- 옥탑지붕위 태양광패널 설치로 에너지절감
- 옥상녹화로 인한 일사부하차단으로 실내온도조절 및 에너지절감효과

다양한 외부활동이 가능한 옥외교육장
- 경사로를 활용하여 휴게 및 야외 교육장 등 다목적 공간 활용
- 다양한 조망과 함께 휴식할 수 있는 공간

지열 및 우수재활용시스템 적용
- 지열 및 우수재활용시스템을 통한 에너지절감계획
- 신재생에너지를 활용한 친환경 소방본부

architecture & design competition 업무·교통·의료 163

충청북도 소방본부 통합청사

입면계획-1
Scale: 1/300

소방본부로서의 상징적이고 주변경관과 어우러진 입면계획

건축계획 Architecture Plan

북측면도 (정면도) Scale: 1/300
동측면도 (좌측면도) Scale: 1/300

- **소방본부를 대표하는 상징적 입면**
  - 소방서의 상징성과 도시 경관에 대응하는 정면성
  - 업무영역별 매스의 분리 및 수직루버에 의한 규칙적인 입면

- **소방본부의 상징성을 고려한 디자인**
  - 소방본부의 상승적 이미지를 반영한 송신타워 디자인 계획
  - 미래지향적·상승적 매스이미지와 기둥에 따른 매스의 분절

- **전통 공간을 담은 입면 계획**
  - 전통공간의 누마루 공간을 담아 직원들의 휴식 할 수 있는 휴게공간 계획

입면계획-2
Scale: 1/300

업무영역을 고려하여 계획된 기능적인 입면

건축계획 Architecture Plan

남측면도 (배면도) Scale: 1/300
서측면도 (우측면도) Scale: 1/300

- **에너지 저감과 남측의 햇빛조절을 위한 수직루버**
  - 수직루버를 통하여 남측의 일사량을 효율적으로 조절
  - 매스의 이미지 부여 및 휴게공간의 쾌적성 제공

- **소방본부로서의 보안을 고려한 입면계획**
  - 개구부를 최소화하여 남·서측의 일사를 줄이고 업무의 효율성 높임
  - 방음성능이 우수한 재료(알미늄패널) 및 고기밀성 창호 시스템 적용

- **Solid - Void - Solid의 반복적인 입면디자인**
  - 반복적인 솔리드-보이드의 연속으로 리듬감 부여

Chungcheongbuk-do Firefighting Headquarters Integrated Government Building

단면계획
Scale: 1/300

옥상정원과 내부중정의 자연친화적인 단면계획

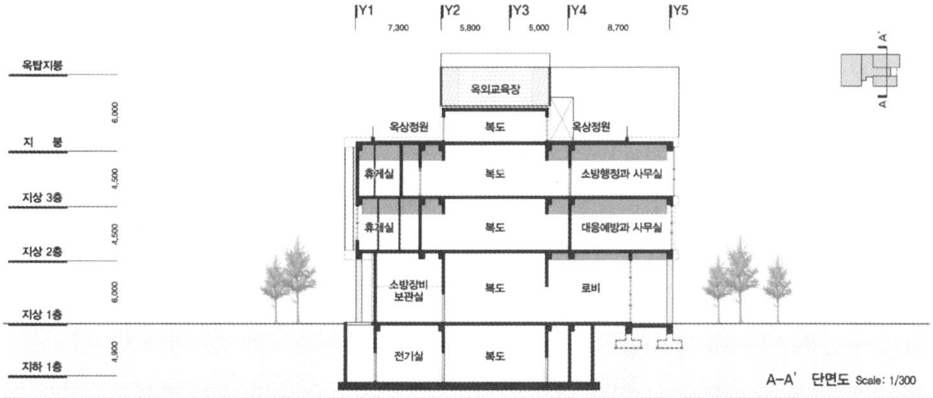

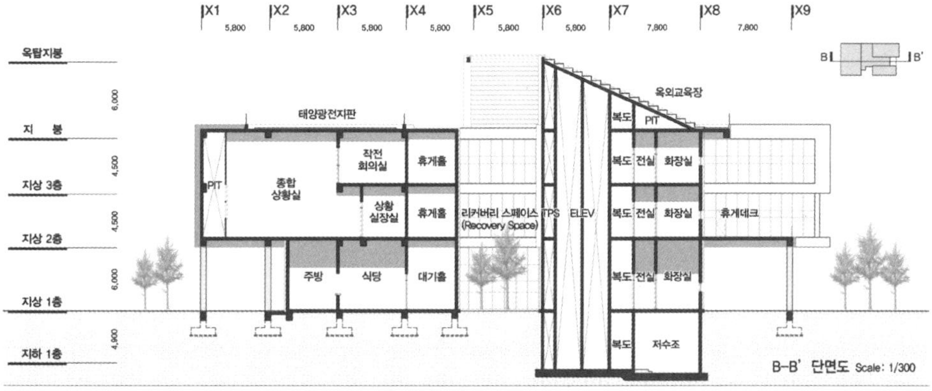

A-A' 단면도 Scale: 1/300

B-B' 단면도 Scale: 1/300

건축계획
Architecture Plan

층별 프로그램의 명확한 조닝
- 영역별 층별분리를 통해 업무 효율성을 높임
- 남자휴게실(2F), 여자휴게실(3F)의 층별구분으로 여성의 안전한 휴게환경 조성

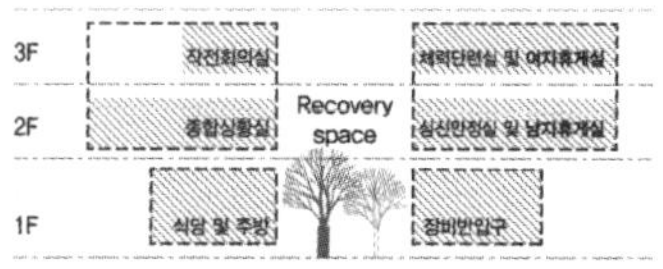

자연을 바라보며 휴식할 수 있는 Recovery space
- 건물 중앙의 남향 배치로 쾌적한 환경 제공
- 직접 채광과 환기를 통한 쾌적한 실내환경 제공

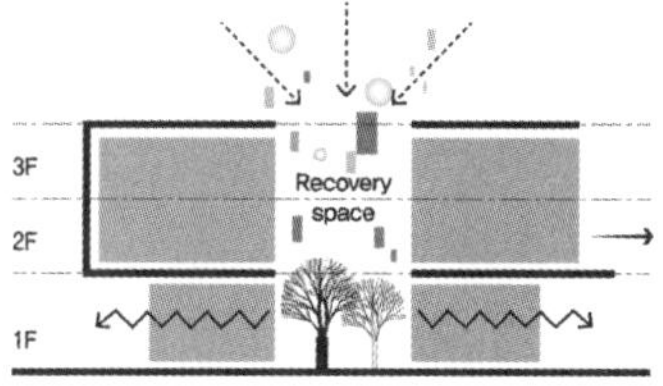

향후 증축을 고려한 수직·수평계획
- 수평증축: 상황실 수요에 대비한 수평증축 고려
- 수직증축: 시설 수요 증가에 따른 수직 1개층 증축을 고려한 디자인 및 구조계획

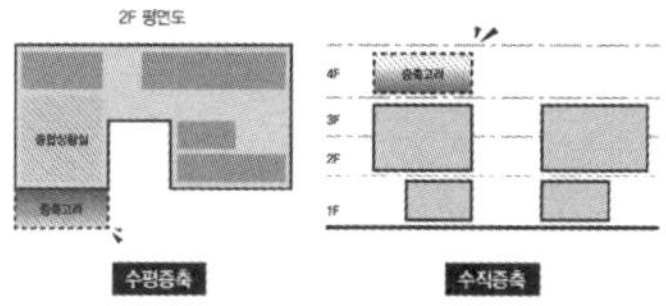

속초공무원 수련원 증축 및 리모델링

당선작 (주)솔토지빈건축사사무소 조남호 설계팀 정성희, 임기웅, 배윤수, 이희원, 조예린, 최수영, 박민정, 이신후

대지위치 강원도 속초시 노학동 721-3, 산143 **대지면적** 16,215.00㎡ **건축면적** 전체 2,726.73㎡ / 증축 1,739.50㎡ **연면적** 전체 17,577.61㎡ / 증축 8,429.31㎡ **건폐율** 16.82% **용적률** 63.36% **규모** 지하 2층, 지상 4층 **최고높이** 15.6m **구조** 철근콘크리트조, 일부 철골조 **외부마감** 목재, 석재, 로이복층유리 **주차** 161대(장애인 주차 7대, 확장형 49대 포함)

대지적 구축성

건축은 본래 땅을 파서 동굴을 만들고, 땅 위에 나무를 세워 건축을 만든다. 새로운 수련원을 만들기 위해 자연과 대항할 수밖에 없지만, 자연으로부터 배운 원리를 적용해 훼손을 최소화하는 건축을 제안한다.

리조트형 수련원

현 수련원의 외부공간은 진입공간과 주차장, 테니스장, 족구장 등 소수만을 위한 운동공간이 있고, 조성된 소나무 언덕으로 구성되어 있다. 비교적 낮은 밀도에도 불구하고, 머무를 수 있는 장소가 없고, 공간 간의 연계나 질서가 읽혀지지 않는다. 2018년 기준 사용자들의 행태를 보면 단체연수 참가자수에 비해 개인 또는 가족 동반 여행자는 10배에 달한다. 사용자들의 유형을 볼 때 여행자들의 베이스캠프로 숙박시설의 역할과 머무르는 사람들을 위한 리조트형 수련원의 역할이 요구된다.

수련원 외부공간과 소나무 숲, 위요된 계곡

증축계획으로 포함된 계획부지는 위요된 형상의 계곡으로 15m 높이의 소나무 군락을 형성하고 있다. 개발과 보존 사이에서 지혜로운 선택과 소나무군의 간벌을 통해 성장을 도와주고 나무 사이 공간들을 활용한다면 풍부한 옥외 활동공간이 될 가능성이 있다.

Terra Tectonic

Architects dig up the ground to make a cave and erect timbers on the ground to build an architecture. Fighting against nature is inevitable too when it comes to build a new training center. However, this proposal proposes an architectural design that minimizes damage to nature by adopting principles learned from it.

A resort-type training center

The outdoor area of the existing training center has entrances, parking spaces and some sports fields including tennis and foot volleyball courts, which is suitable only for a small group of people, along with a landscaped hill covered with pine trees. Though it has relatively low density, there is a few places to stay for a while, and it's hard to understand relations or hierarchies between spaces. According to the user demographics of 2018, the number of individual or family tourists is ten times larger than the number of group training program participants. Considering such demographic data, the facility is expected to serve as an accommodation facility similar to travelers' basecamp as well as a resort for short-term users.

The center's outdoor area, a pine grove and an enclosed valley

The project site defined by the extension plan has the form of an enclosed valley, and there is a pine grove that reaches up to 15 meters high. Wise decisions are taken to keep a balance between development and preservation, and the status of trees is analyzed to help their growth and make use of their in-between spaces. These solutions can help to create an abundant outdoor activity space.

Prize winner SOLTOZIBIN ARCHITECTS_Cho Namho **Location** Sokcho, Gangwon-do **Site area** 16,215.00m² **Building area** Total 2,726.73m² / Extension 1,739.50m² **Gross floor area** Total 17,577.61m² / Extension 8,429.31m² **Building coverage** 16.82% **Floor space index** 63.36% **Building scope** B2, 4F **Height** 15.6m **Structure** RC, Partly SC **Exterior finishing** Wood, Stone, Low-E paired glass **Parking** 161 (including 7 for the disabled, 49 for extension type)

Sokcho, Seoul Training Institute Extension and Remodeling

속초공무원 수련원 증축 및 리모델링

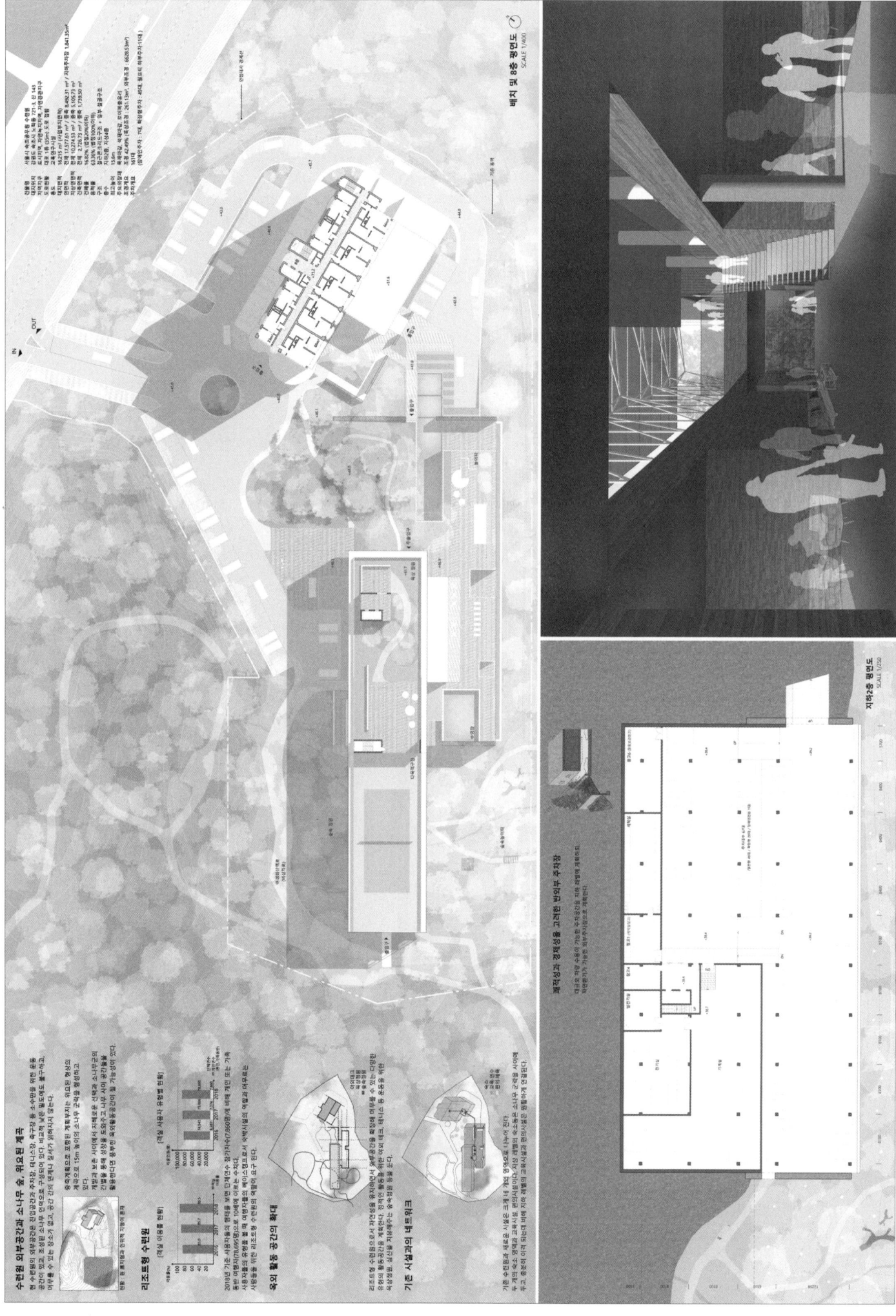

Sokcho, Seoul Training Institute Extension and Remodeling

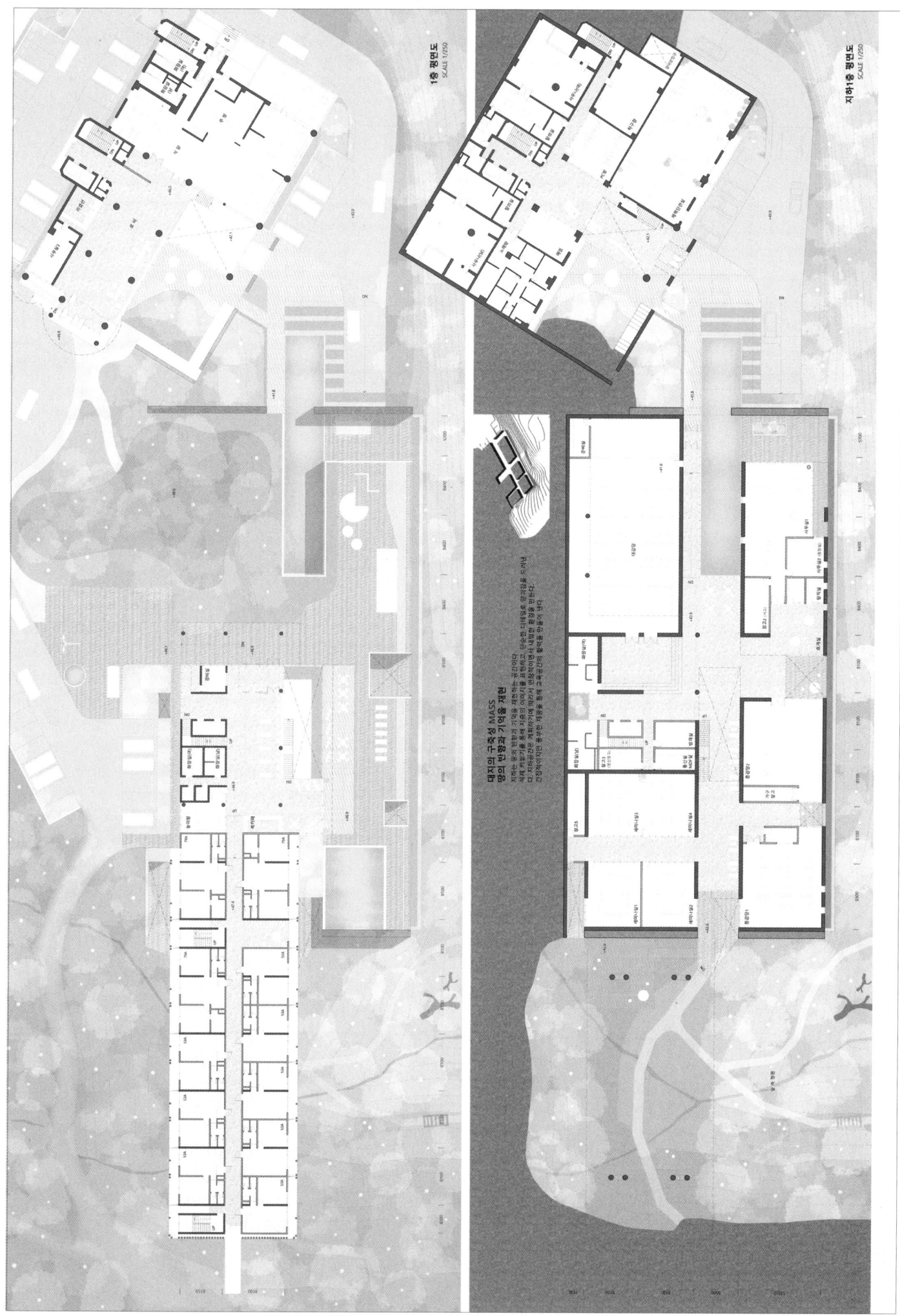

속초공무원 수련원 증축 및 리모델링

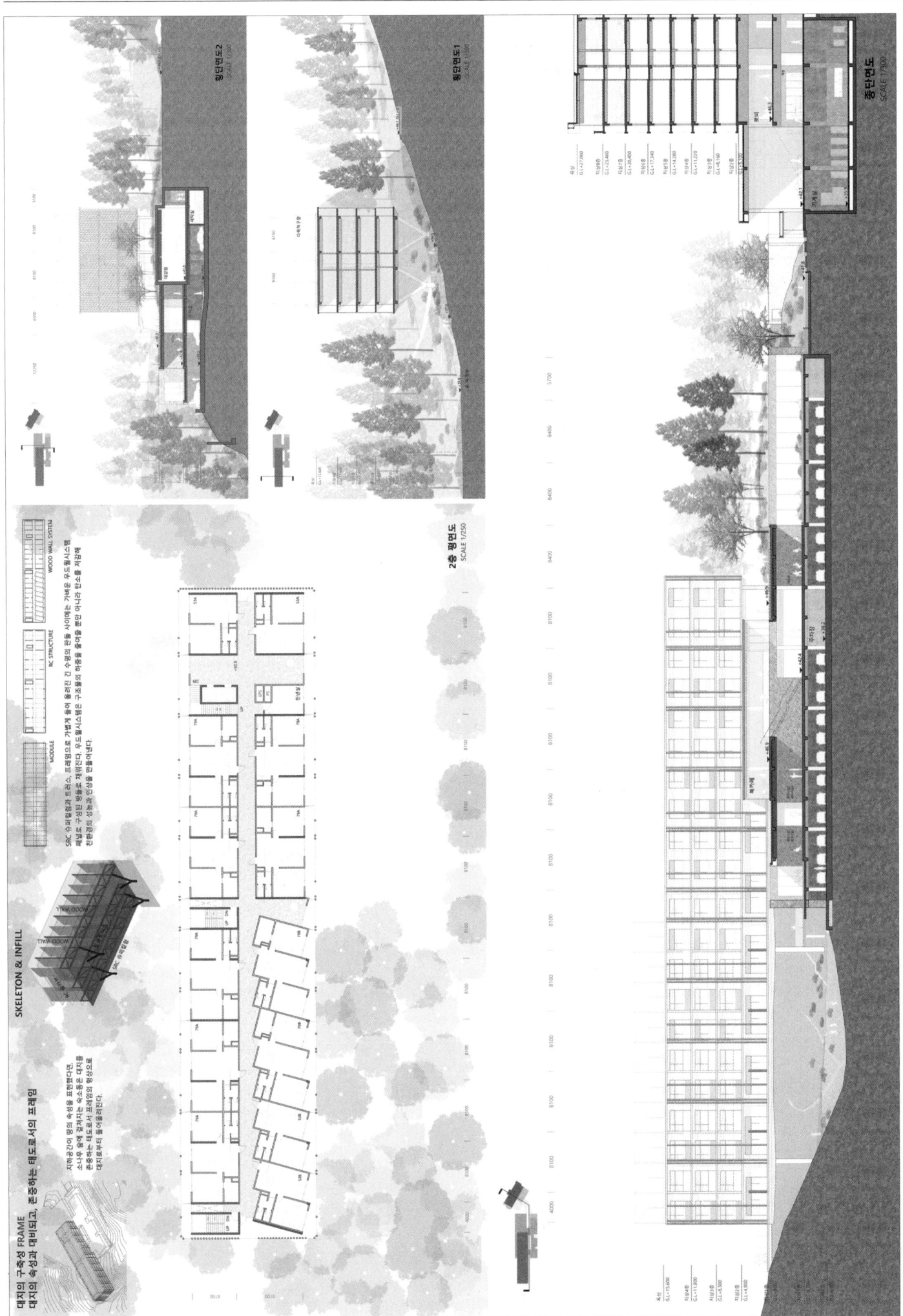

Sokcho, Seoul Training Institute Extension and Remodeling

2등작 (주)디자인랩스튜디오건축사사무소 박동주   설계팀 이영섭, 이희명

대지위치 강원도 속초시 노학동 721-3, 산143 **대지면적** 16,215.00㎡ **건축면적** 3,237.71㎡ **연면적** 15,575.45㎡ **건폐율** 19.97% **용적률** 61.14% **규모** 지하 1층, 지상 4층 **최고높이** 15.1m **주차** 161대

속초 수련원의 현황과 증축
현재의 속초 수련원은 8층의 건물과 후면부의 외부 주차장영역, 그리고 전면 외부공간을 가지고 있다. 증축되는 건물은 기존동의 배치, 동선, 그리고 자연지형을 고려한 자리잡음으로부터 출발한다.

수련원의 객실공간
속초 수련원의 객실 공간은 사적인 공간으로 보았다. 각 객실은 동등한 건축적 조건을 갖출 수 있도록 단순하고 수평적인 배치를 했다. 교육 연수공간과는 수직적으로 분리되며, 객실은 막히지 않은 개방된 뷰를 갖도록 배치하고 외부와 소통하는 테라스를 갖는다. 층별로 다른 타입의 객실과 테라스의 형태를 갖추어 방문객의 필요에 따라 객실 형태를 선택할 수 있도록 계획했다.

단체를 위한 커뮤니티 플랫폼
기존동의 지하 1층은 노래방, PC방, 당구장, 체육관 등의 커뮤니티 시설이 위치하며 증축동의 세미나실, 중강당, 대강당은 이 커뮤니티 시설과 연계된다. 숙박시설과는 수직적으로 분리되어 조닝되며, 단체 혹은 조직원들의 대화를 유도할 수 있는 다양한 크기의 공용공간이 계획되었다. 또한 이 공용공간에 의해 다양한 크기의 세미나실은 수평적으로 통합되고, 기존동과 함께 커뮤니티 플랫폼이 된다.

The current situation of the existing training center and its extension plan
The exiting training center is an 8-story building having an outdoor parking area at its back and another outdoor space in front. At first, the new extension building is positioned in consideration of the existing facility's layout, circulation system and topographic condition.

The guest rooms of the center
The guest rooms of the center are defined as a private space. These rooms are placed according to a simple and horizontal arrangement plan so that all of them can have the same architectural features. They are separated vertically from training facilities and positioned to have an uninterrupted view. Also, they offer a terrace for communication with the outside. Each floor is designed to have different types of rooms and terraces so that visitors can chose a room type suitable for their needs.

A community platform for group visitors
The 1st basement floor of the existing building has community facilities including a karaoke, internet cafe, billiard hall and gym, and they are connected with the extension building's seminar rooms, a conference hall and an auditorium. The accommodation facility is zoned separately in a vertical way. Various sized shared spaces that encourage groups or individual members to communicate with each other are inserted. These shared spaces allow various sized seminar rooms to be integrated horizontally while forming a community platform together with the existing building.

2nd prize Designlab studios_Park Dongjoo **Location** Sokcho, Gangwon-do **Site area** 16,215.00m² **Building area** 3,237.71m² **Gross floor area** 15,575.45m² **Building coverage** 19.97% **Floor space index** 61.14% **Building scope** B1, 4F **Height** 15.1m **Parking** 161

속초공무원 수련원 증축 및 리모델링

Sokcho, Seoul Training Institute Extension and Remodeling

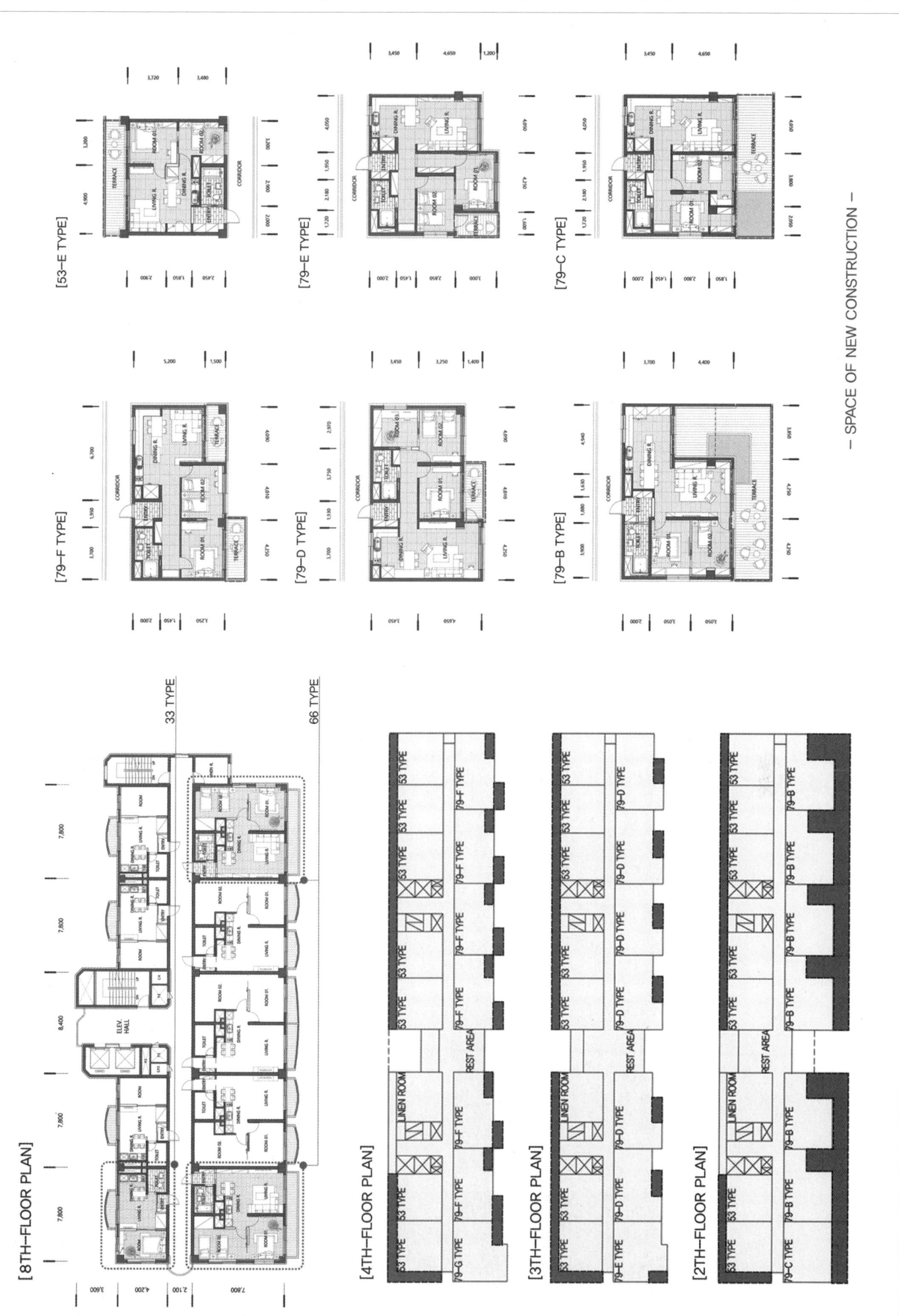

속초공무원 수련원 증축 및 리모델링

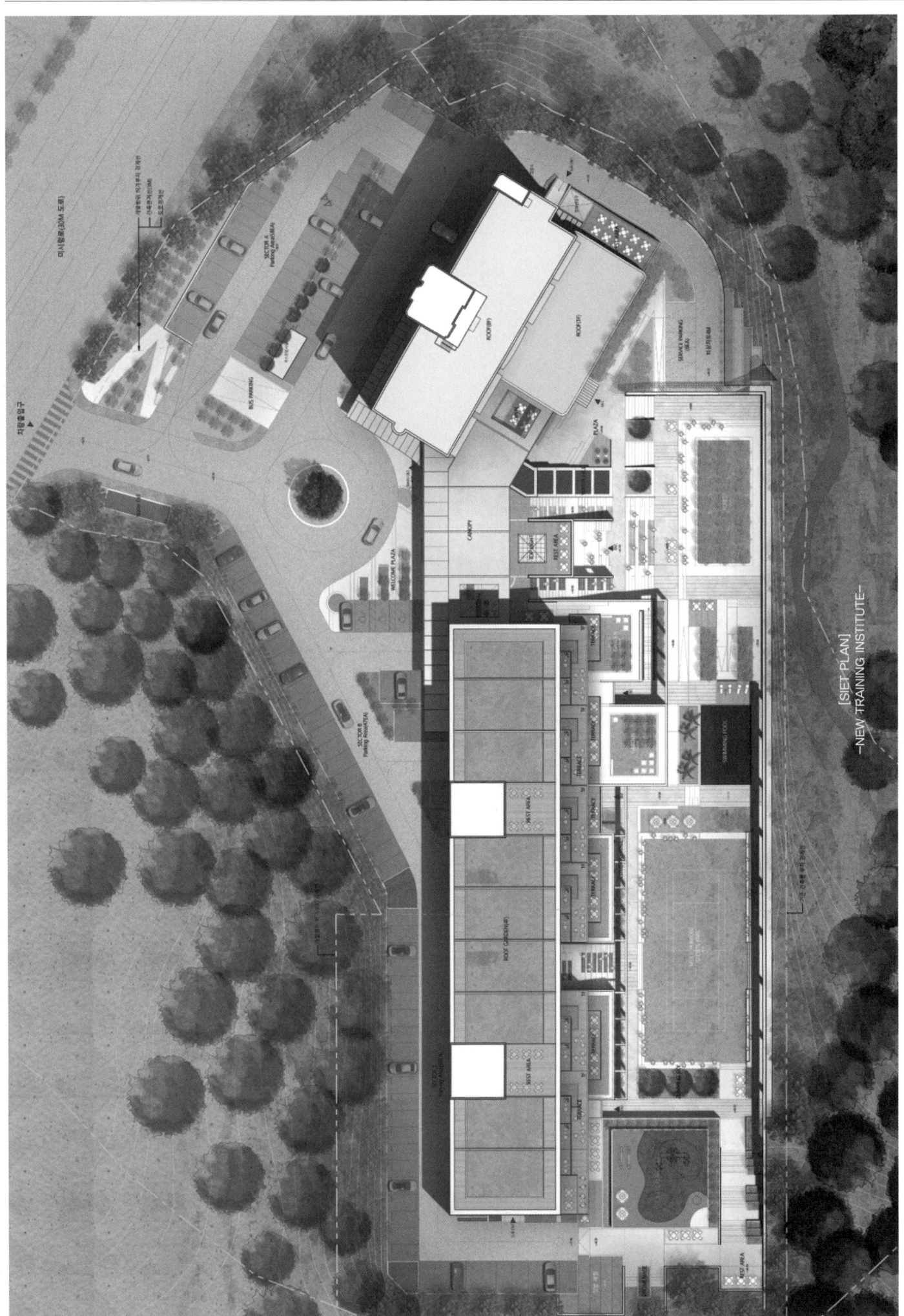

Sokcho, Seoul Training Institute Extension and Remodeling

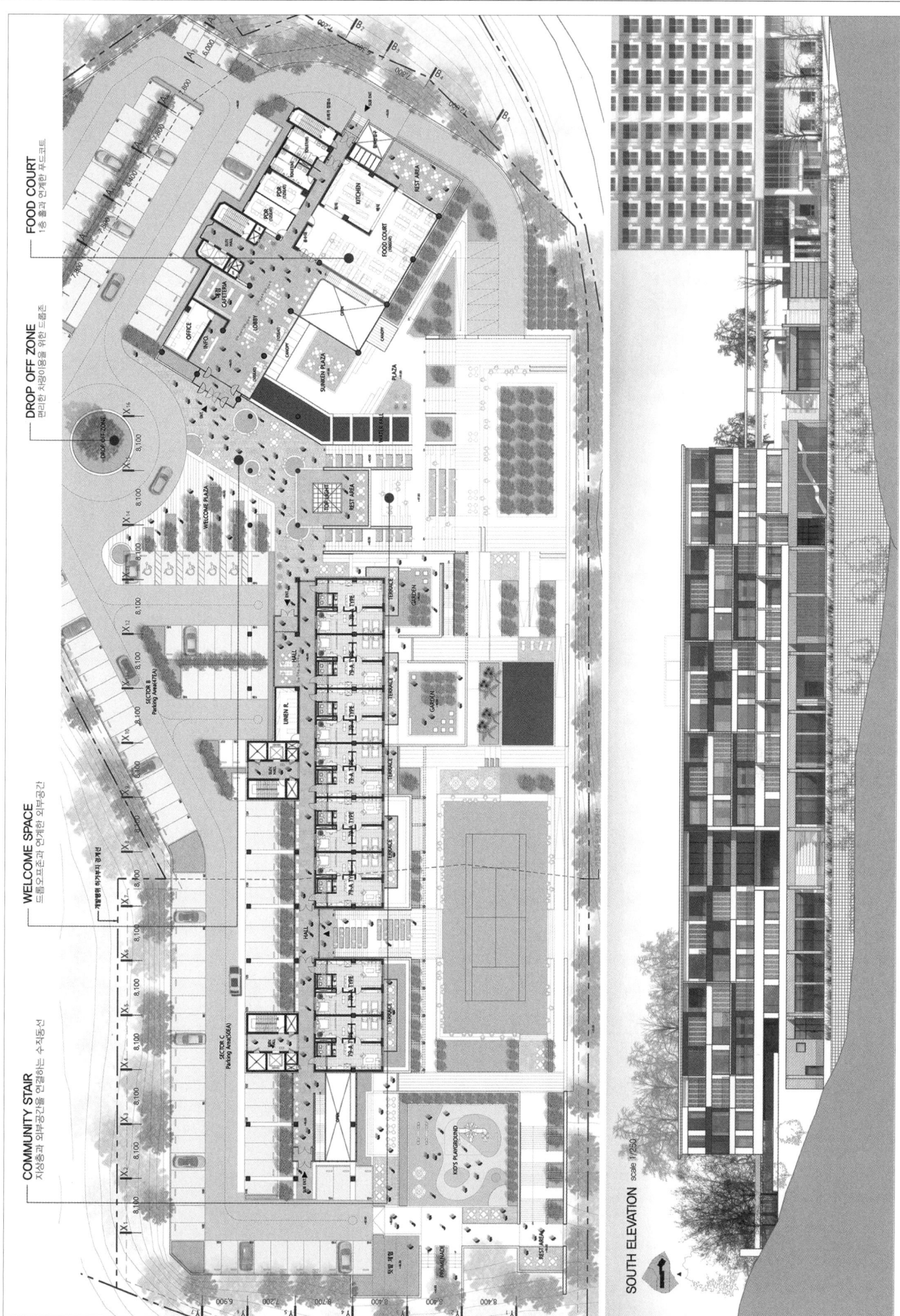

속초공무원 수련원 증축 및 리모델링

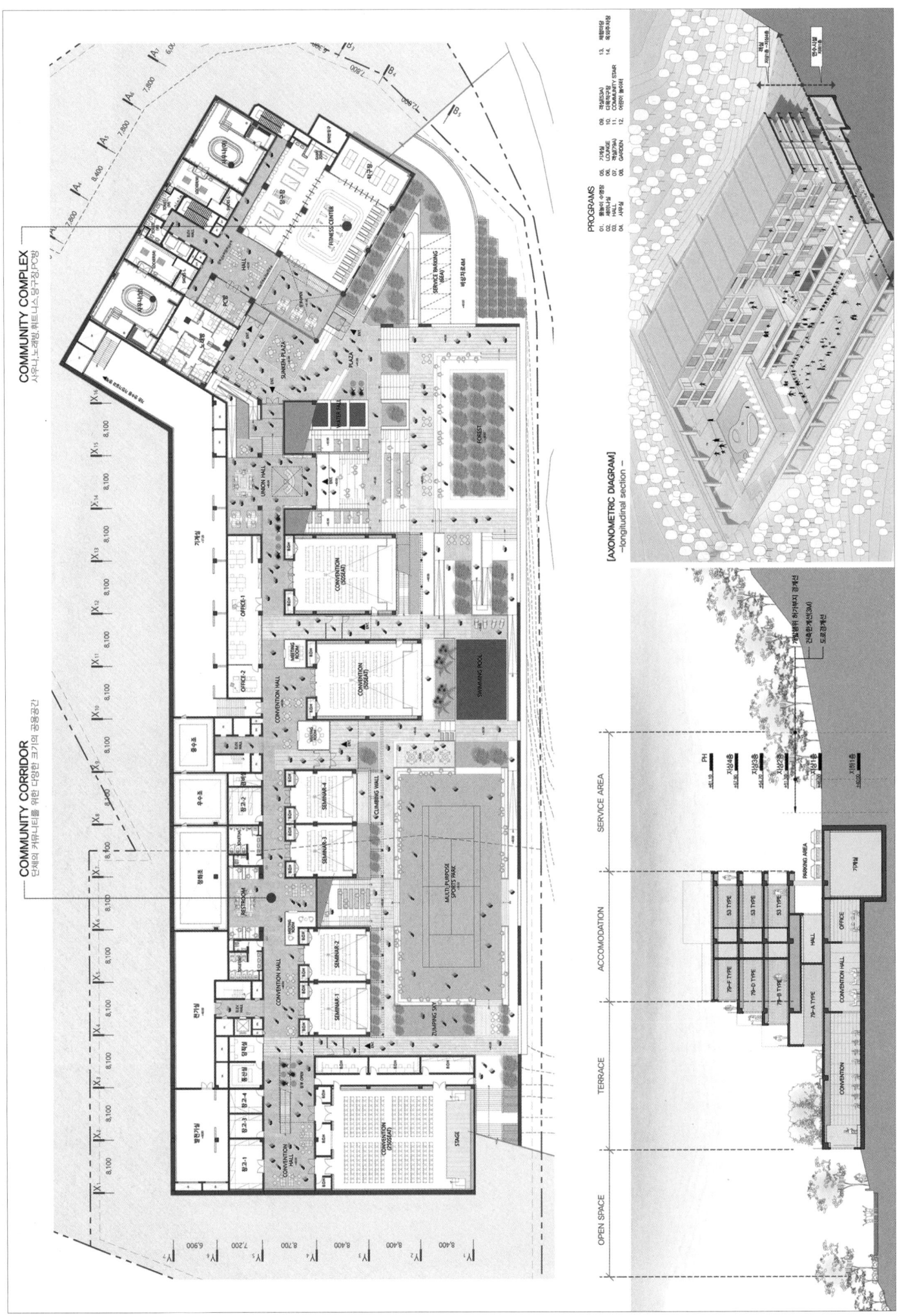

Beomeo 2-dong Community Center

당선작 건축사사무소 프로세스 우홍직 설계팀 손준벽, 이찬희

대지위치 대구광역시 수성구 범어동 163-1 **대지면적** 397.80㎡ **건축면적** 236.26㎡ **연면적** 882.53㎡ **건폐율** 59.39% **용적률** 141.25% **규모** 지하 1층, 지상 3층 **최고높이** 15.9m **구조** 철근콘크리트조 **외부마감** 알루미늄루버, 스투코 **주차** 6대(장애인 주차 1대 포함)

행복수성 – 품격 있는 사람, 배려하는 도시
구민이 원하는 가치를 실현하고 다함께 행복한 도시, 수성구를 만들려는 의지로 생활 밀착형 문화공간을 건립함으로써 마을의 사랑방이라는 커뮤니티공간으로 주민들과 더 가까이 소통하고 호흡하는 장소로 태어날 것이다.

배치 및 평면계획
- 지하 1층 : 지역의 작은 음악회, 동아리활동, 사춘기 청소년들의 분출구 역할을 하는 생활 밀착형 복합 문화공간으로 조성하였다.
- 지상 1층 : 토지 이용을 극대화하고 비움(필로티)으로 주민들의 친밀성과 접근 동선을 고려하였다.
- 지상 2층 : 인근산과 연계한 열린 공간으로 시각적 개방감과 친밀하고 유연한 소통의 공간으로 계획하였다.
- 지상 3층 : 다목적 공간으로 실내체육, 강당, 대규모 문화강좌를 위한 확장형 공간계획과 옥상정원과 연계한 공간의 산책로를 형성하였다.

입면 및 단면계획
- 규모가 비교적 작은 건축물로서 일조권 제한으로 매스가 분절된 것을 통합시키기 위한 장치로 수직루버를 사용하였고, 그것이 인접 주거지의 시선차단의 효과로 나타났다.
- 단면적으로 1층의 필로티를 구성하여 지역 주민들의 접근을 유도하였고, 그 틈새로 지하의 자연채광과 공기순환을 유도하는 에코샤프트를 계획하였다.

Happy Suseong; elegant people, a caring city
This community-focused cultural facility is proposed with an aim of promoting Suseong-gu as a city that realizes local citizens' cherished values and makes everyone happy. Serving as a community hall of the town, it will become a place that interacts and breathes with locals.

Site & Floor plan
- B1 : The center is designed to serve as a multi-purpose cultural facility which can host small music concerts or club activities and provide a place for teenagers to refresh themselves.
- 1F : The given land is used to the maximum, and an emptied space (piloti structure) is inserted to get closer to locals and open an access route for them.
- 2F : The center is connected with adjacent mountains to open the space as much as possible, with an aim of introducing a visually opened, intimate and flexible communication space.
- 3F : A multi-purpose facility is designed to implement a flexible space plan that accommodates indoor sports, an auditorium and large-scale cultural classes, and walkways linked with a rooftop garden are laid.

Elevation & Section
- A vertical louver system is used as a tool to integrate masses which are fragmented to secure access to sunlight for this small-scale building. The system helps to block people's gaze from a residential area nearby.
- From a sectional point of view, the piloti structure is positioned on the 1st floor to attract locals, and in its intervals, eco-shafts are installed to ensure natural lighting and ventilation for the basement.

Prize winner PROCESS Architects & Engineers_Woo Hongjic **Location** Suseong-gu, Daegu **Site area** 397.80m² **Building area** 236.26m² **Gross floor area** 882.53m² **Building coverage** 59.39% **Floor space index** 141.25% **Building scope** B1, 3F **Height** 15.9m **Structure** RC **Exterior finishing** Aluminum louver, Stucco **Parking** 6 (including 1 for the disabled)

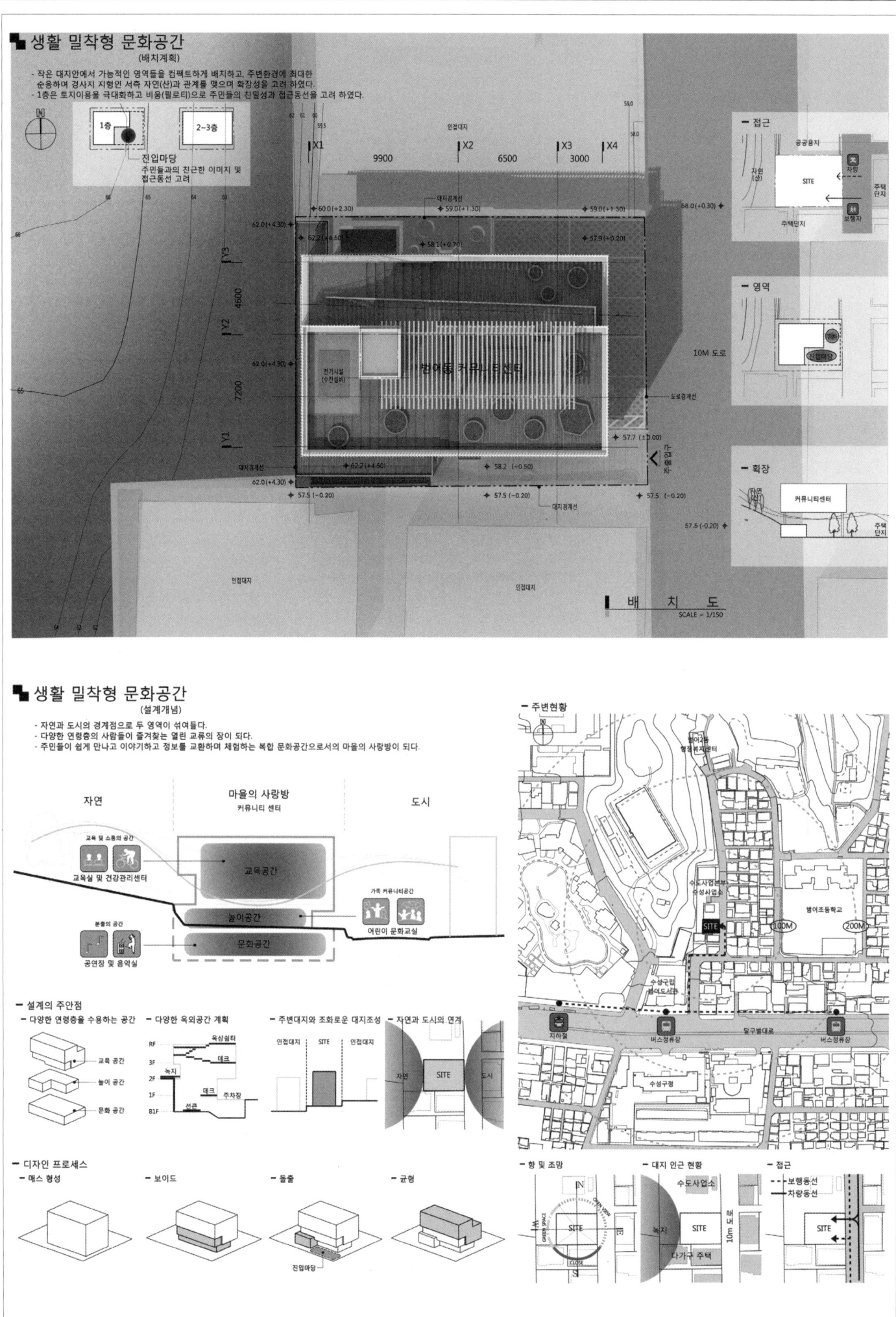

Beomeo 2-dong Community Center

복합문화공간 조성 (평면계획 - 지하1층)

- 지역의 작은음악회, 동아리활동, 사춘기 청소년들의 분출구 역할을 하는 생활밀착형 문화공간으로, 소음을 고려 하여 지하에 계획 하였다.

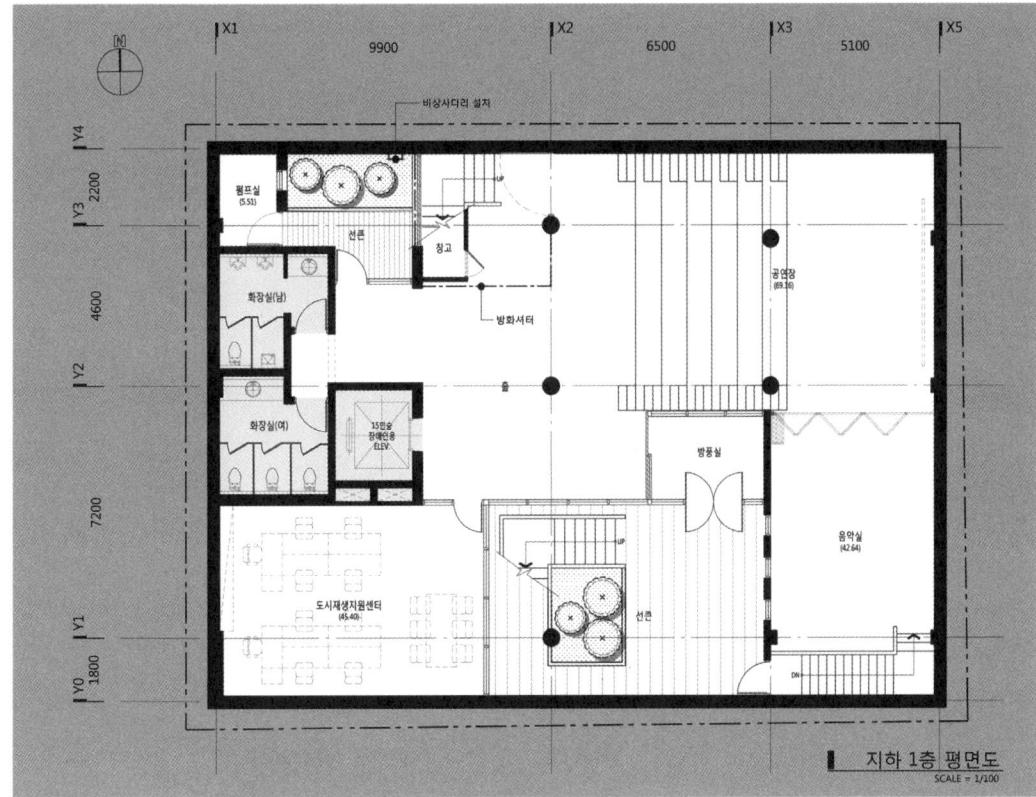

- 쾌적한 지하공간을 위한 선큰계획
  - 선큰을 통한 자연광 및 공기순환으로 지하공간의 쾌적성 확보
- 공연장
  - 음악실과 연계된 공연장
- 선큰
  - 외부 휴게 공간 및 진입마당
- 지하 피난계획
  - 다양한 피난 동선 확보

가족 커뮤니티 공간 조성 (평면계획 - 1층)

- 최소한의 코아시스템 계획을 통한 공간활용을 극대화 하였고, 특히 1층은 주민들의 직접적인 접촉을 고려하여 어린이 문화교실(놀이방, 이야기방)을 위치 시켜 주민은 물론, 가족과 어린이들이 쉽게 접근이 가능하며, 유연하고 친근한 커뮤니티센터가 되도록 계획하였다.

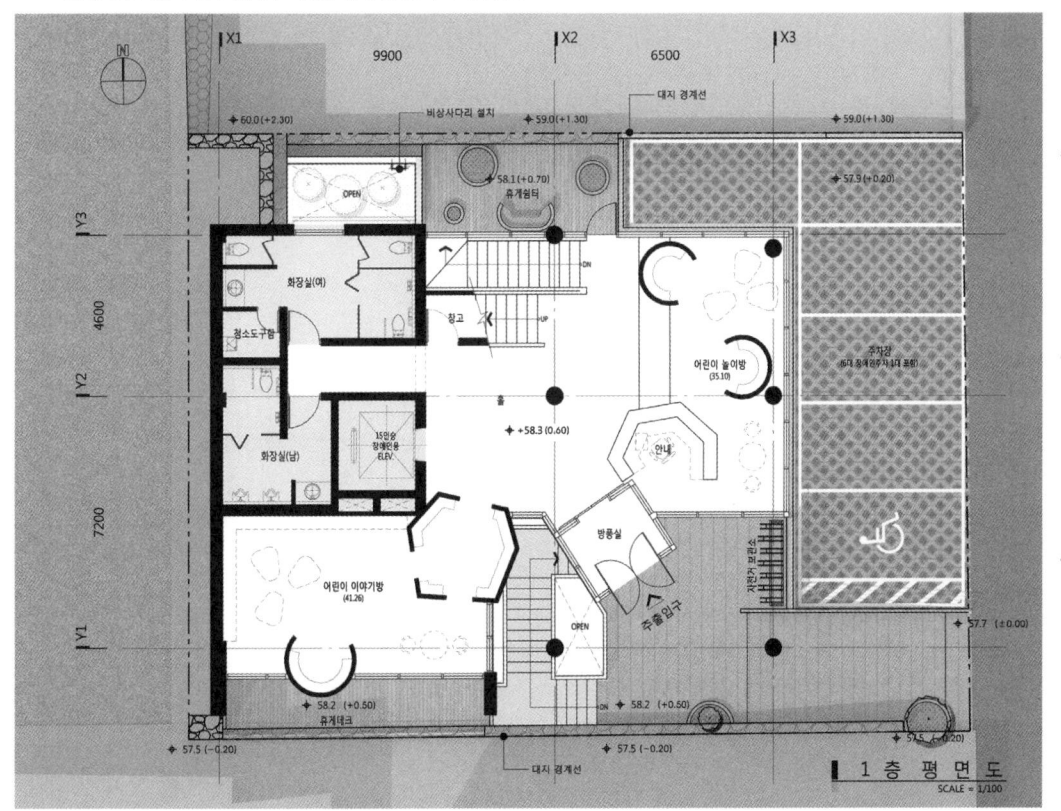

- 어린이 문화교실
  - 놀이공간 구성 및 공간 성격에 따른 공간구획
- 어린이 놀이방
  - 단차를 이용한 다양한 프로그램 운영
- 어린이 이야기방
  - 놀이와 교육이 함께 이루어지는 공간
- 영역 분리
  - 영역 분리를 통한 공간활용의 극대화

범어2동 커뮤니티센터

자연(산)과 연계된 개방형 교육공간 (평면계획 - 2층)

- 2층은 인근야산과 연계하여 최대한 열린공간으로 시각적 개방감과 친밀하고 유연한 소통의 공간으로 계획하였다.
- 기능은 문화강좌, 동아리활동 등, 가변형 공간으로 다목적 활동이 가능한 확장형 공간으로 계획 하였다.

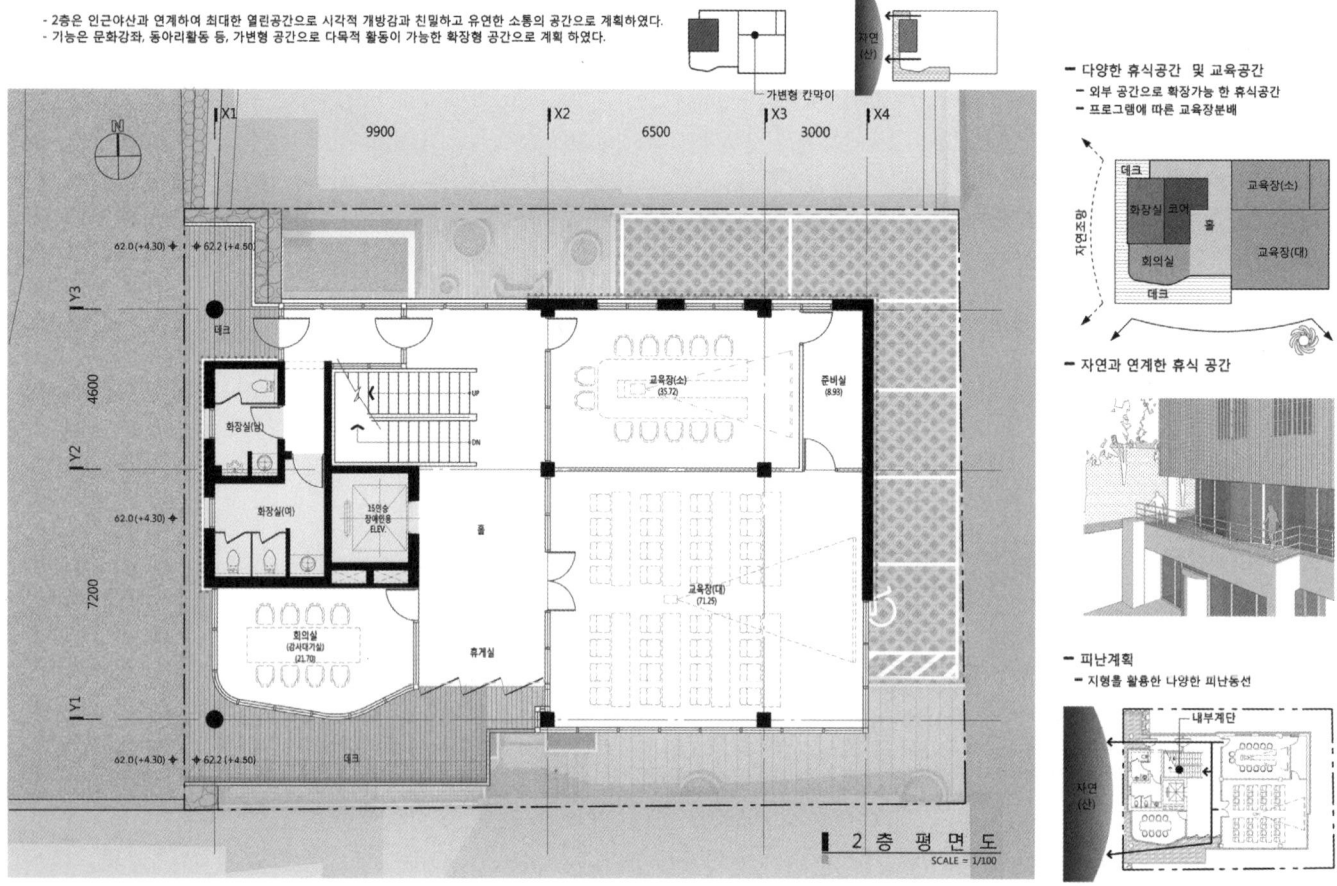

문화산책로(옥상정원)로 이어지는 다목적 공간 (평면계획 - 3층)

- 3층은 다목적 공간으로 실내체육, 강당, 대규모 문화강좌 등, 확장형 공간계획과 옥상정원과 연계한 공간의 산책로를 형성하였다.

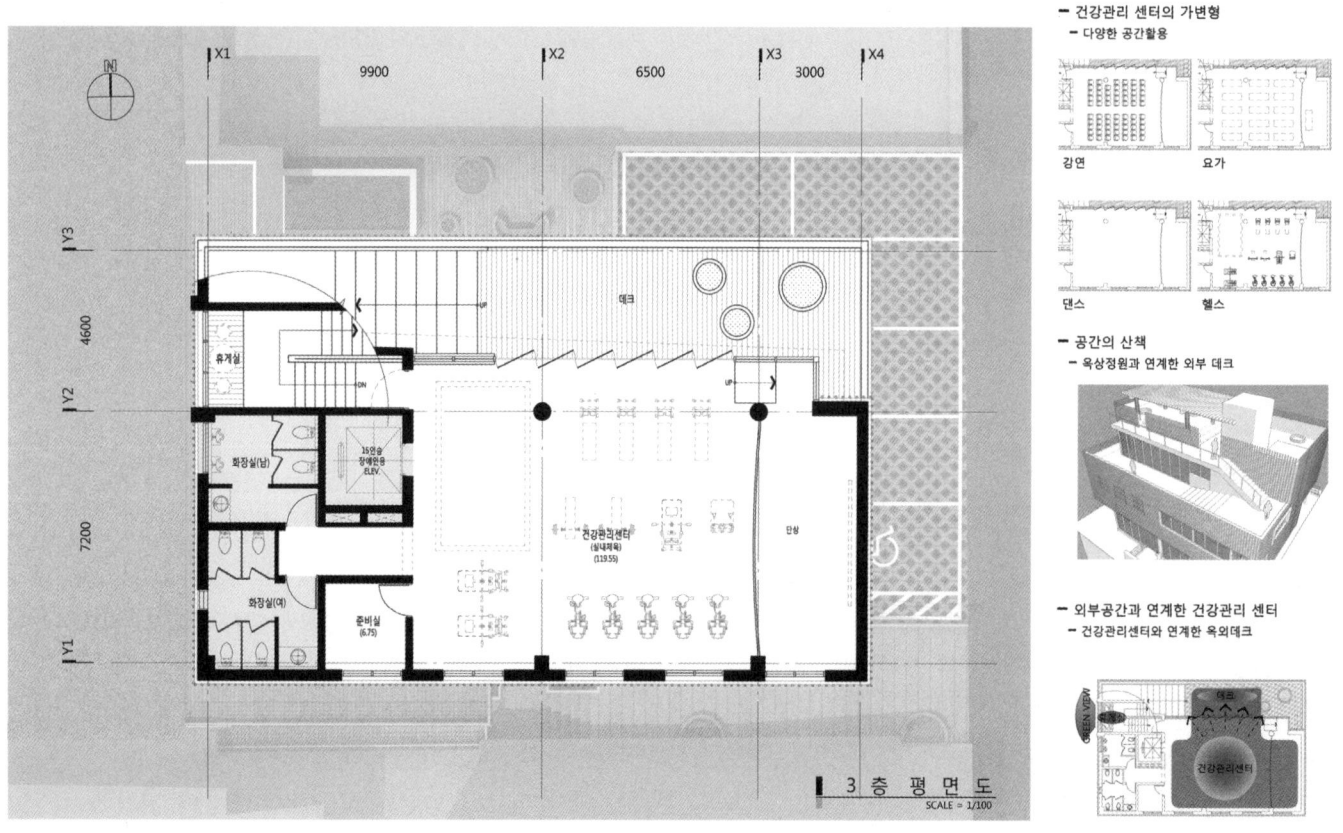

Beomeo 2-dong Community Center

주변환경을 고려한 입면 계획
(입면계획)

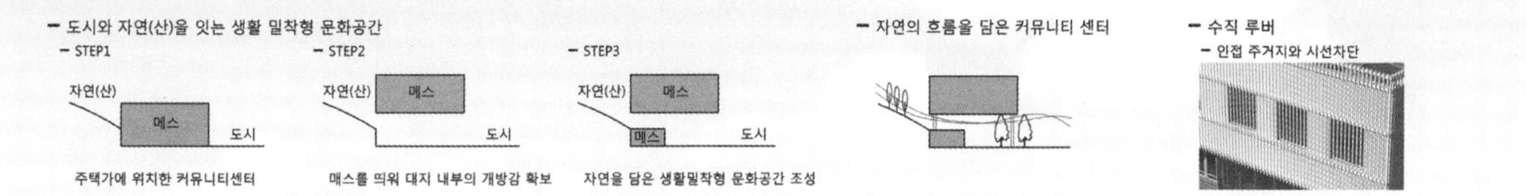

- 도시와 자연(산)을 잇는 생활 밀착형 문화공간
- 자연의 흐름을 담은 커뮤니티 센터
- 수직 루버 / 인접 주거지와 시선차단

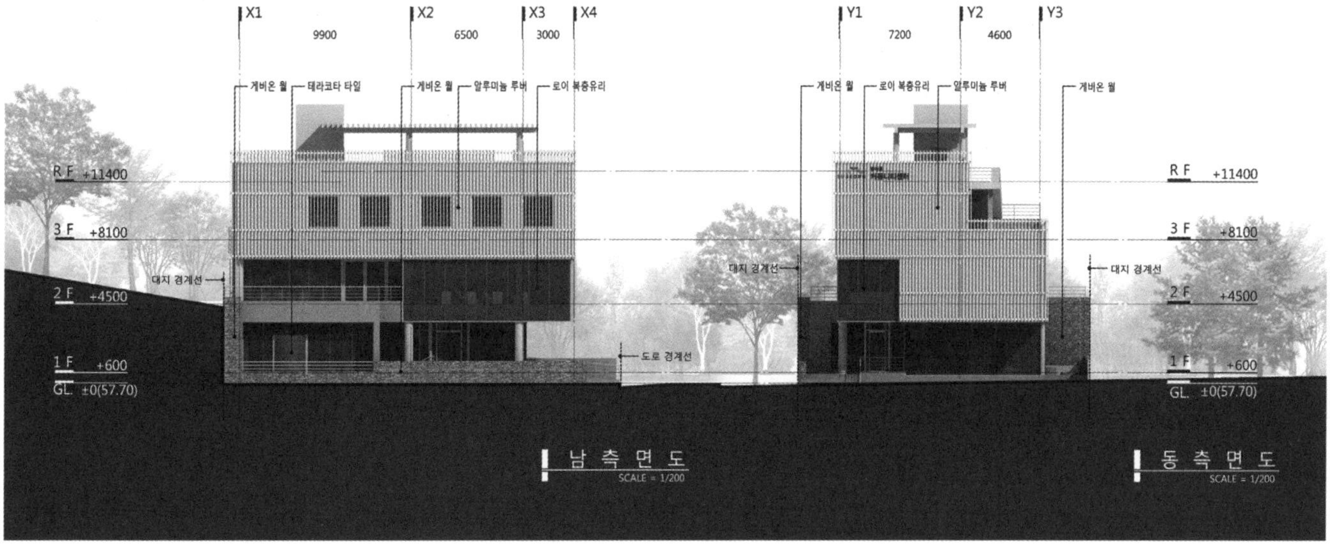

STEP1 - 주택가에 위치한 커뮤니티센터
STEP2 - 매스를 띄워 대지 내부의 개방감 확보
STEP3 - 자연을 담은 생활밀착형 문화공간 조성

남측면도 SCALE = 1/200
동측면도 SCALE = 1/200

주변환경을 고려한 입면 계획
(입면계획)

자연과 일체화된 휴게 공간 / 휴게데크 / 자연(산)

층마다 외부 공간을 두어 자연을 조망하다.

북측면도 SCALE = 1/200
서측면도 SCALE = 1/200

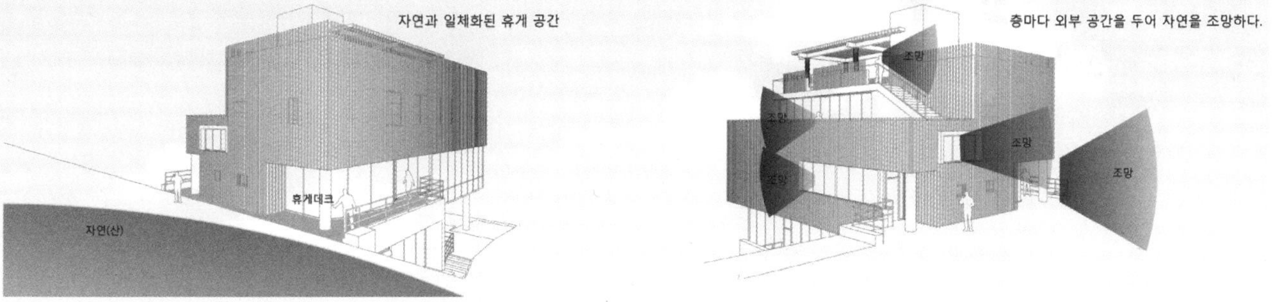

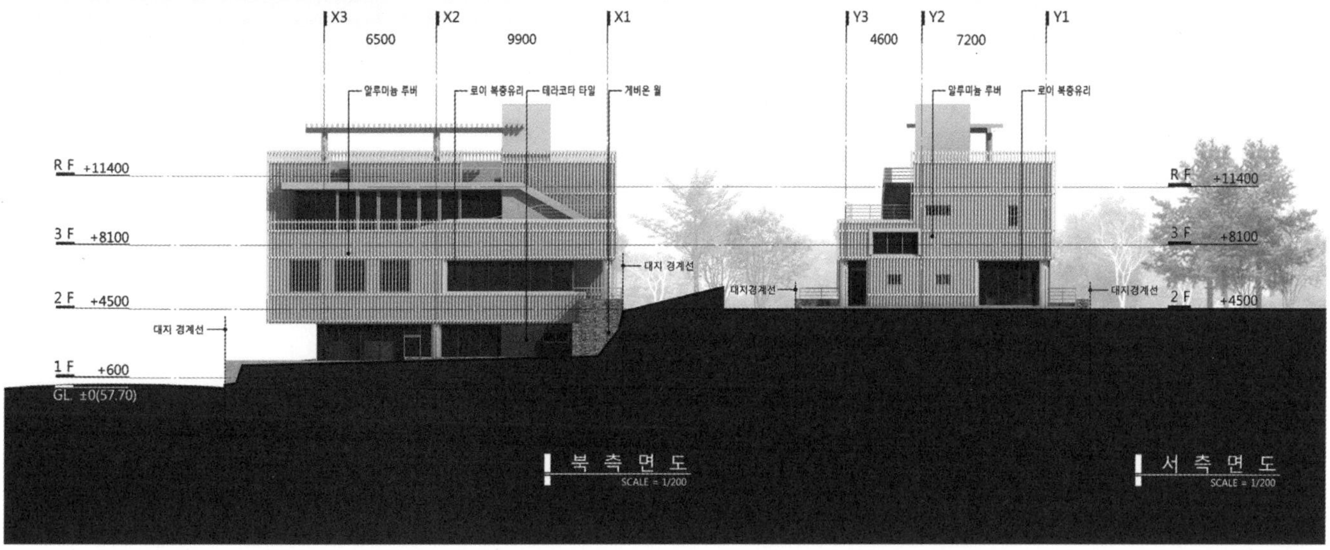

주변지형에 순응 하며 연계활용이 가능한 단면계획

(단면계획)

- 옥상공간 활용방안
  - 녹지 공간의 확장을 통해 휴게 만남등 다양한 커뮤니티를 담아내는 쉼터-열린공간 조성

- 공간별 적정 층고 계획
  - 공간의 특성을 고려한 적정한 층고 계획

- 에코 샤프트 계획
  - 에코 샤프트 통한 자연광 및 공기순환

시설이용에 편의를 위한 동선 및 BF계획

(동선 및 무장애 공간 계획)

- 동선 및 주차 계획

- 무장애 공간계획

장애물 없는 생활환경 자체 평가

1 경사로

- 유효폭1.2m이상, 경사도1/12이내

2 전용주차구역/무단차

- 주출입구 인근에 설치, 단차 없앰

3 위생시설

- 공간1.6m X 2.0m이상/ 활동공간1.4 X 1.4m이상

4 주 출입문

- 유효폭0.8m이상, 전면유효거리 1.2m이상 확보

5 일반출입문

- 전면유효거리1.2m이상

6 승강기/계단

- 전면활동공간 1.4m X 1.4m이상확보

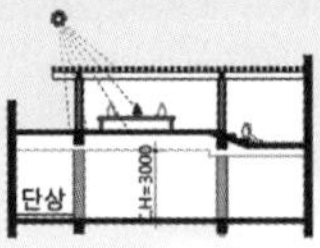

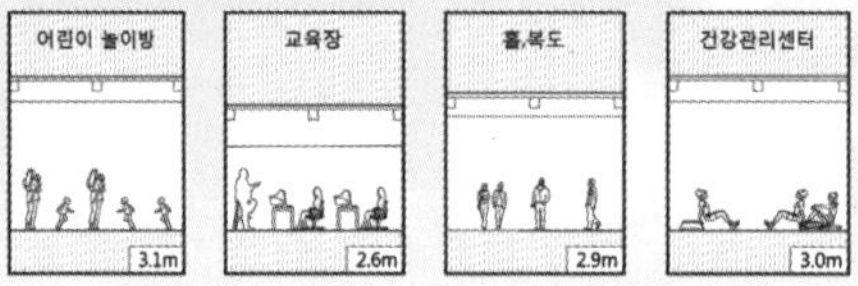

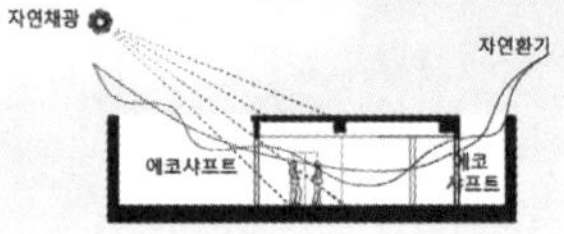

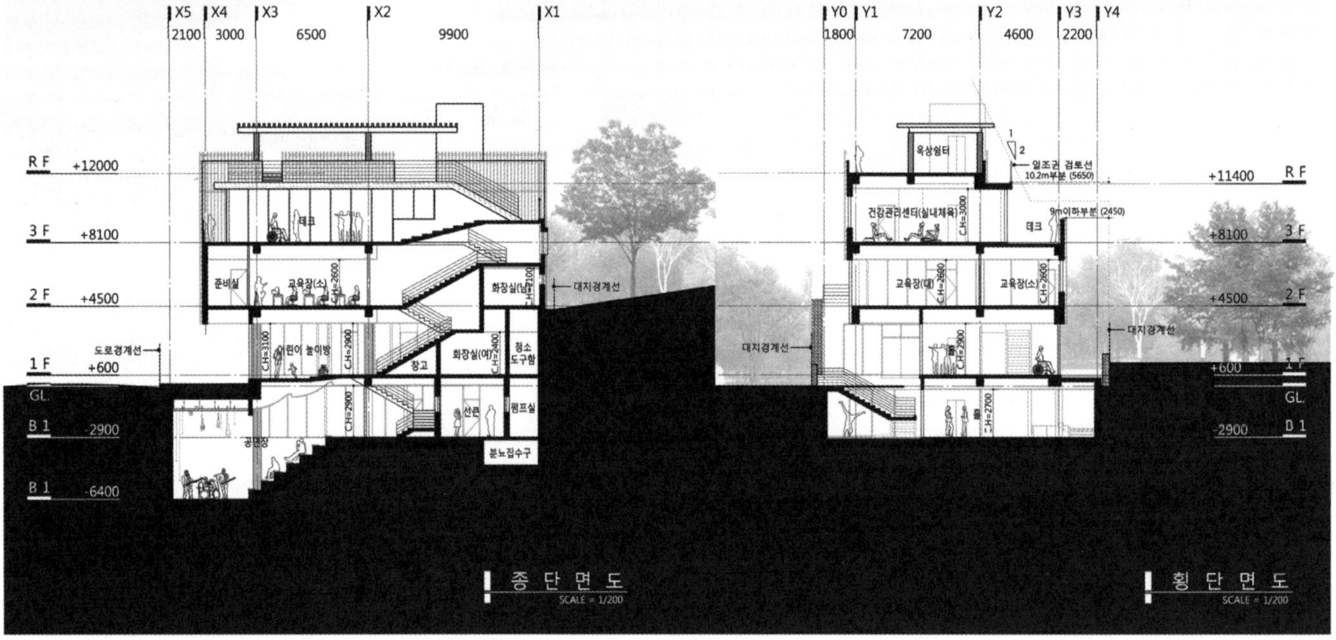

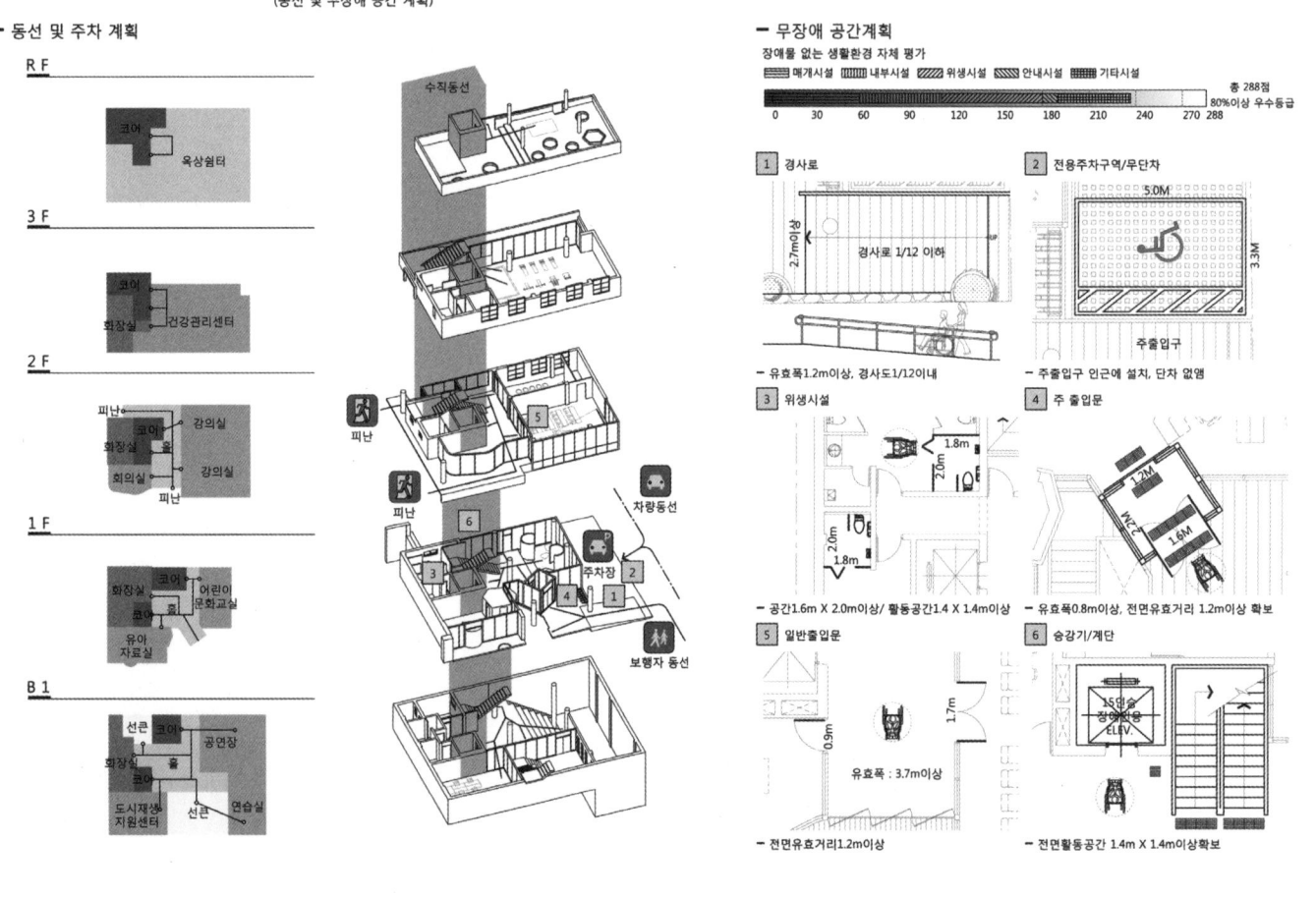

Beomeo 2-dong Community Center

다양한 식재와 외부 공간으로 지역주민의 커뮤니티 형성 (외부공간 및 조경계획)

분야별 다양한 에너지 절약을 위한 친환경 계획 (에너지 절약계획)

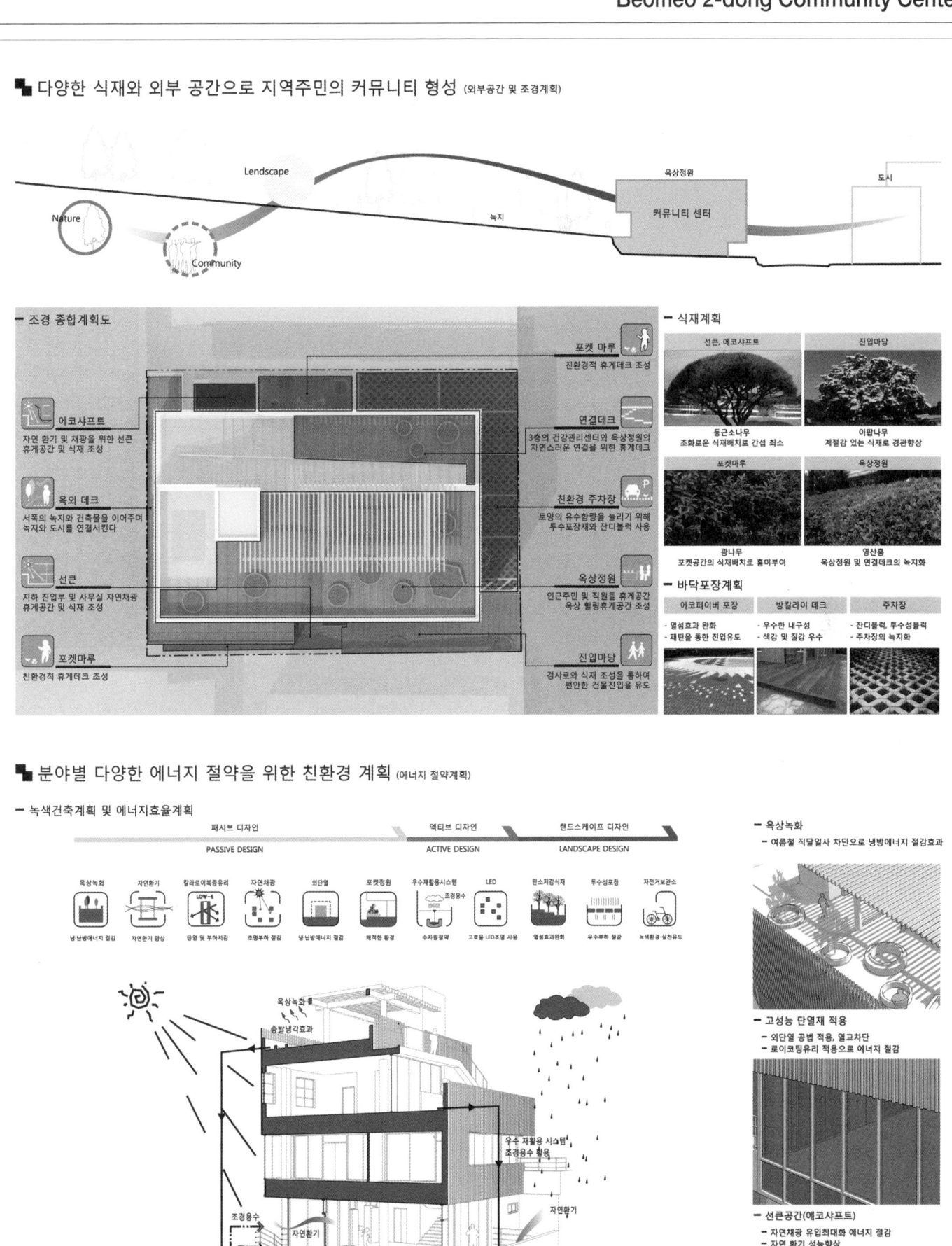

양구군 의회청사

당선작 (주)형제케이종합건축사사무소 김삼수 설계팀 구준회

대지위치 강원도 양구군 양구읍 하리 34-5외 1필지 **대지면적** 1,384㎡ **건축면적** 600㎡ **연면적** 1,375㎡ **건폐율** 43.35% **용적률** 99.34% **규모** 지상 3층 **최고높이** 17.3m **구조** 철근콘크리트조, 일부 철골조 **외부마감** 로이삼중유리, 알루미늄복합패널, 알루미늄루버 **주차** 10대(장애인 주차 1대 포함)

배치계획
- 군 청사 건물들과의 맥락을 고려한 배치
- 주변 자연환경을 고려한 외부공간 및 건물의 배치
- 경사지를 이용한 건물과 외부공간 및 동선 계획
- 보차분리를 최우선으로 한 접근 계획
- 무장애 공간과 동선계획의 유도

평면계획
- 양구 군민과 의회를 위한 열린 공간 제공
- 군민의 민원 수렴과 해법을 모색하는 열린 마음
- 군민과의 소통의 장을 통해 양구군의 미래상을 제시

입면계획
- 자연경관과 조화 및 지형에 순응하고, 청정한 물의 흐름을 형상화한 입면 디자인
- 의회와 군민의 소통을 위한 화합과 공존의 수평적 이미지
- 의회 기능의 존엄성과 위상을 표출하는 미래지향적인 수직적 이미지

Site plan
- An arrangement plan that takes account of relationships with existing gun office facilities
- Outdoor space and building arrangement plans that reflect the surrounding natural environment
- Plan of the building, outdoor and circulation using slope
- An access plan that ensures separation of vehicle and pedestrian circulations
- Proposing barrier-free space and circulation plans

Floor plan
- Providing an open space for the local council and the public
- Promoting open mind that seeks to listen to civil petitions and find solutions
- Present a future vision for Yanggu-gun through an open space for communication with local people

Elevation
- A facade design that makes harmony with the natural landscape and adapts itself to the topography of the site, and that describes a flow of clear and pure water
- A horizontal image that emphasizes unity and coexistence to promote communication and sharing between the public and the council
- A futuristic, vertical image that expresses the dignity and significance of local councils

Prize winner H.K Total Architect & Engineers_Kim Samsoo **Location** Yanggu-eup, Yanggu-gun, Gangwon-do **Site area** 1,384m² **Building area** 600m² **Gross floor area** 1,375m² **Building coverage** 43.35% **Floor space index** 99.34% **Building scope** 3F **Height** 17.3m **Structure** RC, Partly SC **Exterior finishing** Low-E triple glass, Aluminum composite panel, Aluminum louver **Parking** 10 (including 1 for the disabled)

Yanggu-gun County Council Building

양구군 의회청사

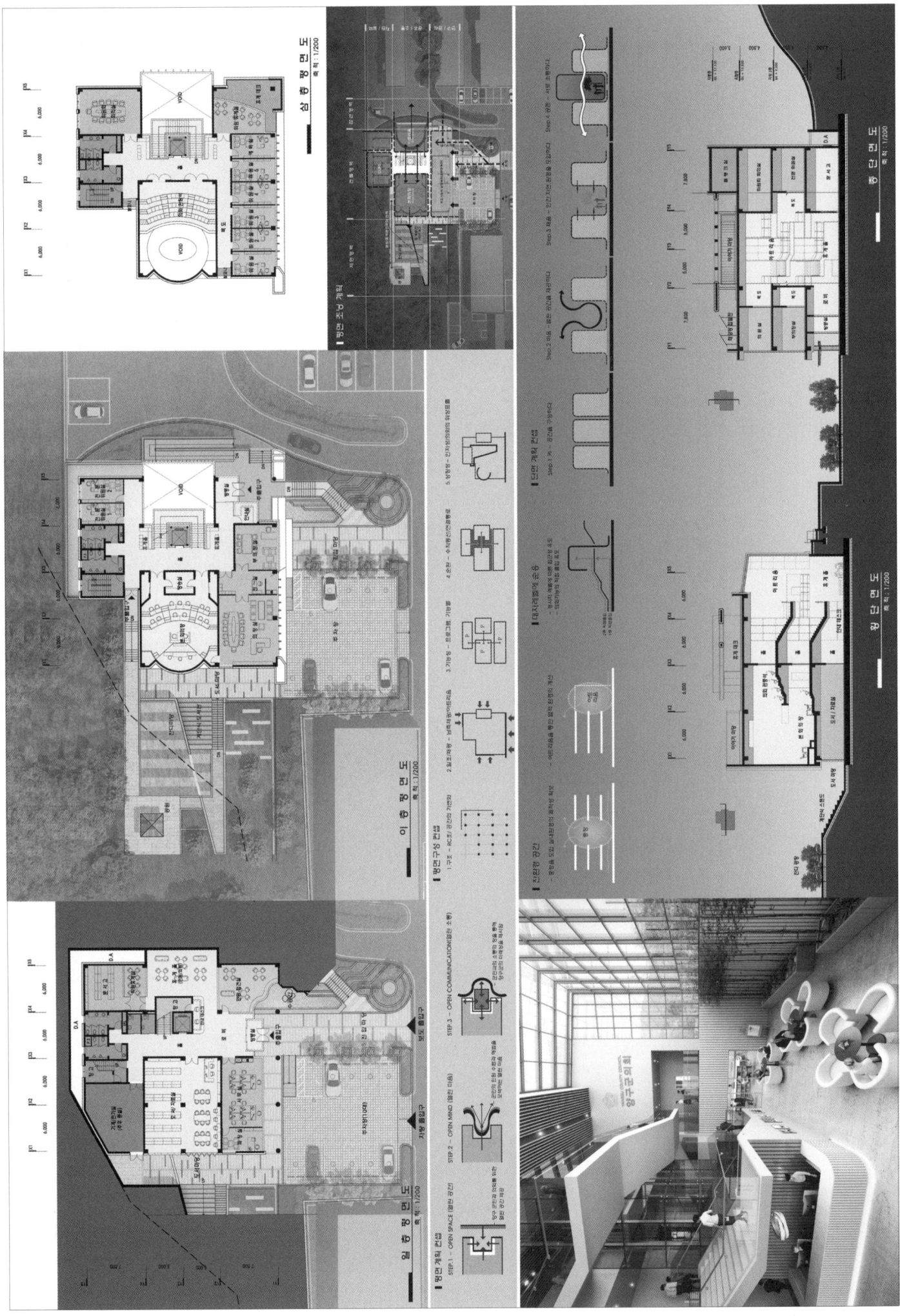

Yanggu-gun County Council Building

고등동 행정복지센터

당선작 (주)건축사사무소 토담21 전용식 설계팀 권오덕, 윤현승, 전세훈, 김석주

대지위치 경기도 수원시 팔달구 고등로 37 **대지면적** 1,496.00㎡ **건축면적** 862.97㎡ **연면적** 2,896.38㎡ **건폐율** 57.69% **용적률** 129.86% **규모** 지하 1층, 지상 3층 **최고높이** 17.1m **구조** 철근콘크리트조 **외부마감** 알루미늄 복합패널, 로이복층유리, 알루미늄루버, 목재루버 **주차** 21대(장애인 주차 1대 포함)

전경의 상자
고등동 주거환경 개선사업지구내 중심에 위치하게 될 고등동 주민센터는 팔달산 서장대에서 서호로 이어지는 문화라인을 잇고 북측의 공동주택단지와 서측의 어린이공원 남측의 공공 공지를 통합적으로 연계하는 Panorama Box의 기능을 가진다.

접근성
사람들의 동선이 모일 것이라 생각되는 남측의 도로, 북측의 주거시설이 밀집해 있다는 것을 고려하여 보행 출입구를 남측과 북측에 두어 접근성을 높이고 보행자들을 위해 건물 우측에 보행축을 놓았다. 또한 어린이공원을 향해 뷰를 열어주고 남측 공공공지와 연계되는 외부계단을 두어 향후 마을장터, 작은음악회 등 이벤트공간으로 활용할 수 있도록 계획하였다.

상징성
옛날 서장대에서 고등동을 내려다볼 때 그 생김새가 고래의 등을 닮았다 하였고, 서둔과 서호가 잘보여 운치가 좋았다고 하였다. 이러한 고등동의 상징성을 고려해 중정형태의 공간구성을 통해 마당을 통해 진입하는 누하진입방식을 차용하였고, 수직·수평 루버를 통해 전통적인 입면 요소를 반영하였다.

Panorama Box
Planned to be built at the heart of the residential environment improvement project site in Godeung-dong, the proposed community center will serve as a "Panorama Box" that establishes connection with the cultural axis stretching from Seojangdae of Paldalsan Mountain to Seoho, and that integrates an apartment house complex in the north, Children's Park in the west and a public open space in the south.

Accessibility
The road in the south is expected to become a point into which flows of people converge, and there is a high-density residential area in the north. Considering these facts, pedestrian entrances are positioned on the south and north sides to enhance accessibility, and the main pedestrian passage is laid on the right side of the building for the convenience of pedestrians. On the other hand, the new center is designed to provide views of Children's Park and have external stairs connected with the public open space in the south, which can be used as an event space for various programs such as a community market or a mini concert.

Symbolism
In the old days, when people looked down Godeung-dong from Seojangdae, they said that its terrain has the form of a whale's back, and that the view of Seodun and Seoho is very beautiful as it can be seen very clearly. Considering such characteristics of Godeung-dong, a courtyard-centered space layout is implemented to adopt a Korean traditional underpass entry sequence in which the access route passes through a courtyard. Also, horizontal and vertical louvers are applied to incorporate traditional facade design elements.

Prize winner Todam21 Architects_Jeon Yongsik **Location** Gwangju, Gyeonggi-do **Site area** 1,496.00m² **Building area** 862.97m² **Gross floor area** 2,896.38m² **Building coverage** 57.69% **Floor space index** 129.86% **Building scope** B1, 3F **Height** 17.1m **Structure** RC **Exterior finishing** Aluminum composite panel, Low-E paired glass, Aluminum louver, Wooden louver **Parking** 21 (including 1 for the disabled)

Godeung-dong Community Center

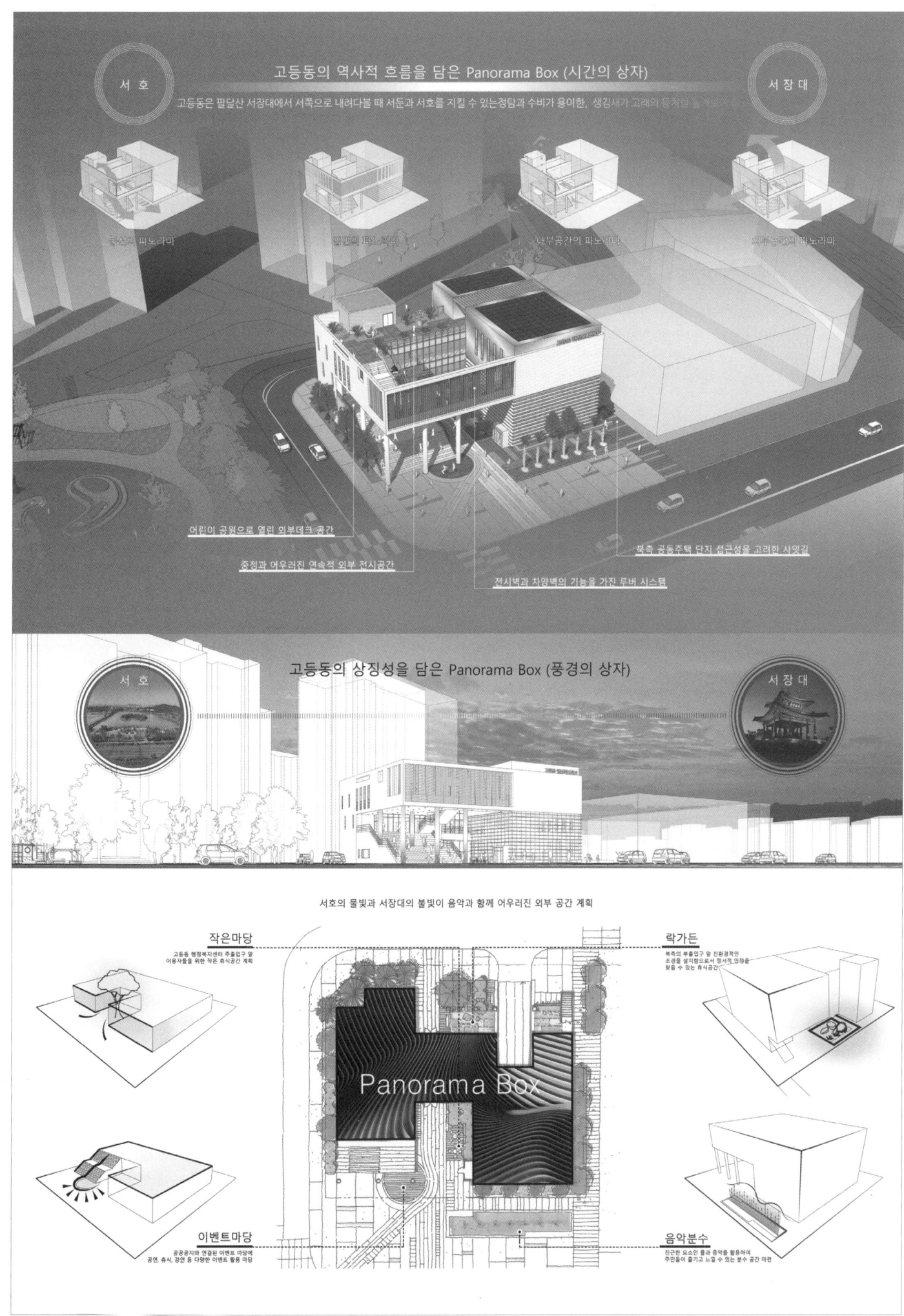

고등동 행정복지센터

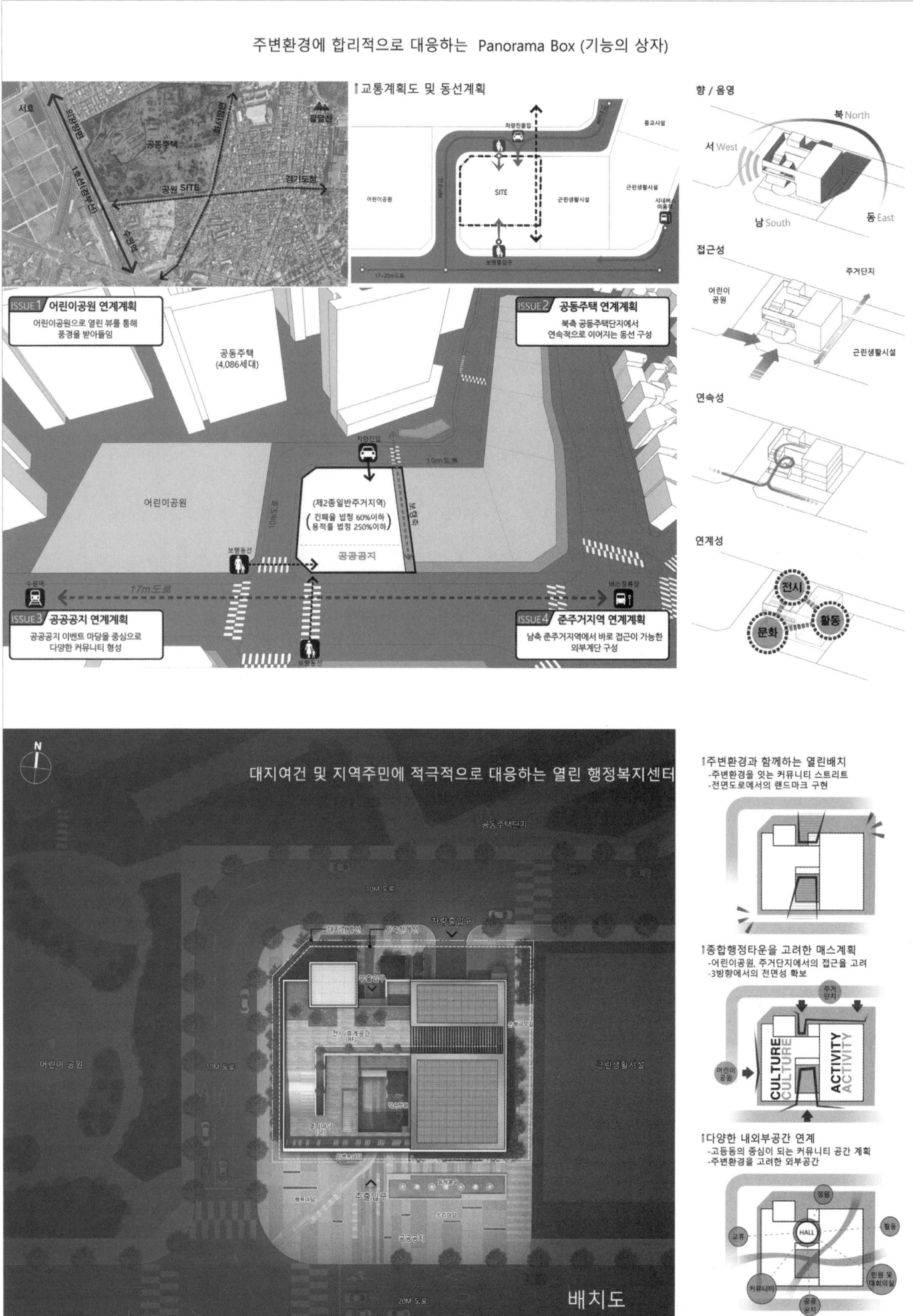

Godeung-dong Community Center

각 시설별의 자유로운 진입을 고려한 지상층계획

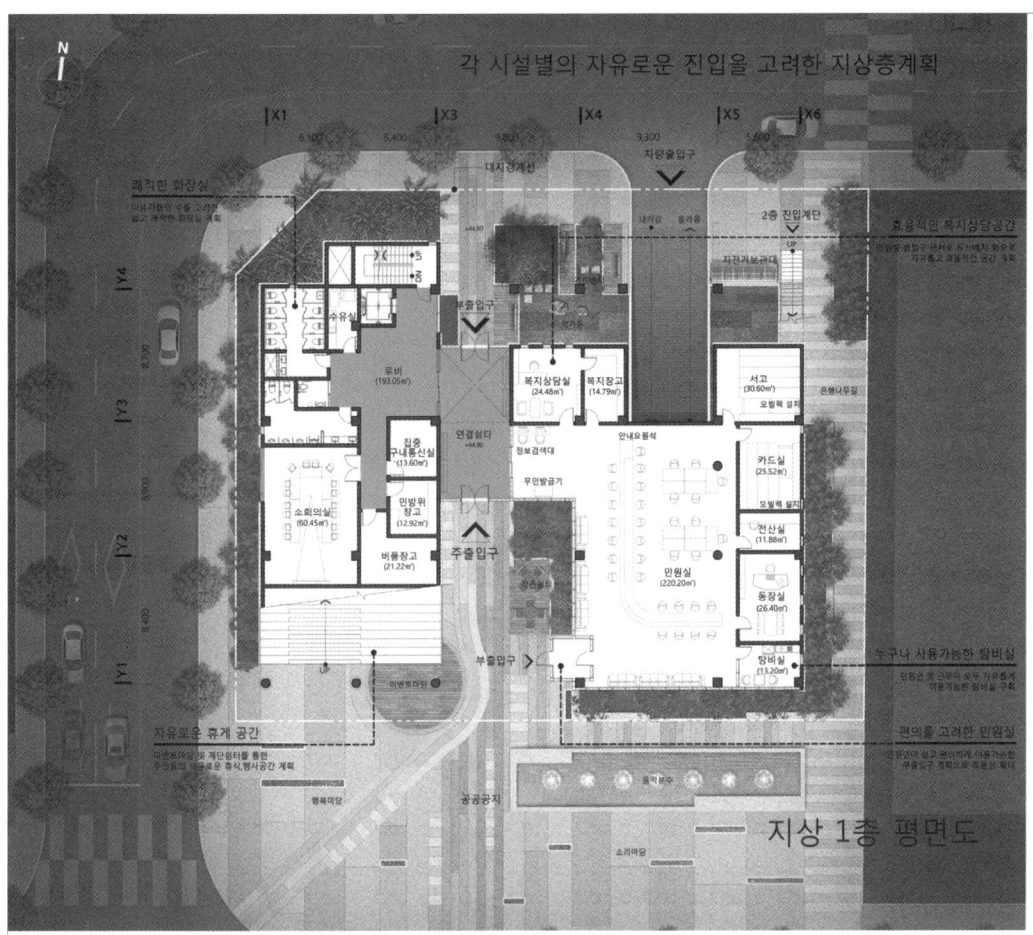

지상 1층 평면도

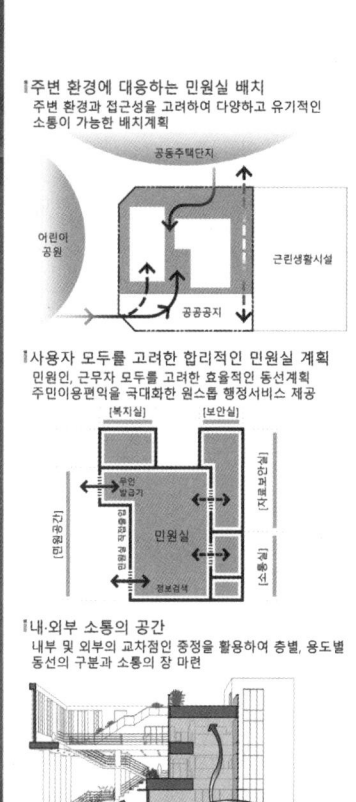

주민들의 활동을 위한 층별 조닝계획 및 가변성을 고려한 평면계획

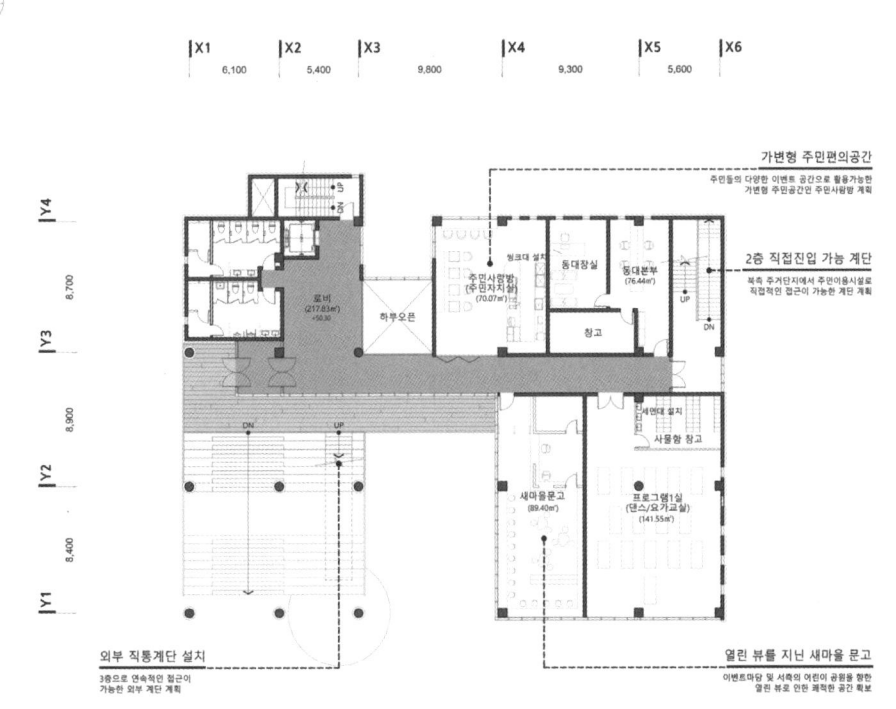

지상 2층 평면도

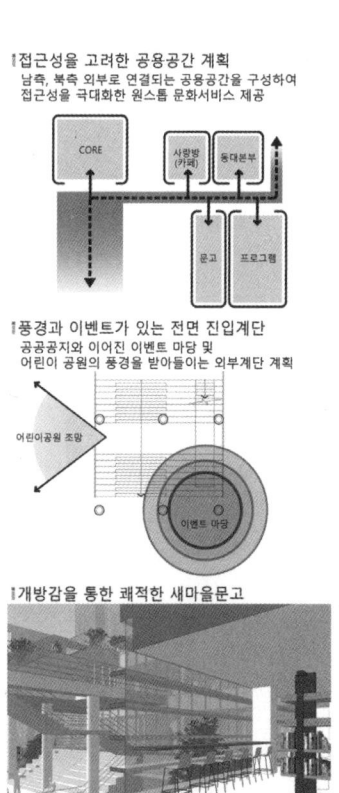

고등동 행정복지센터

사용자별 공간 구분계획 및 열림마당을 통한 다양한 이벤트 계획

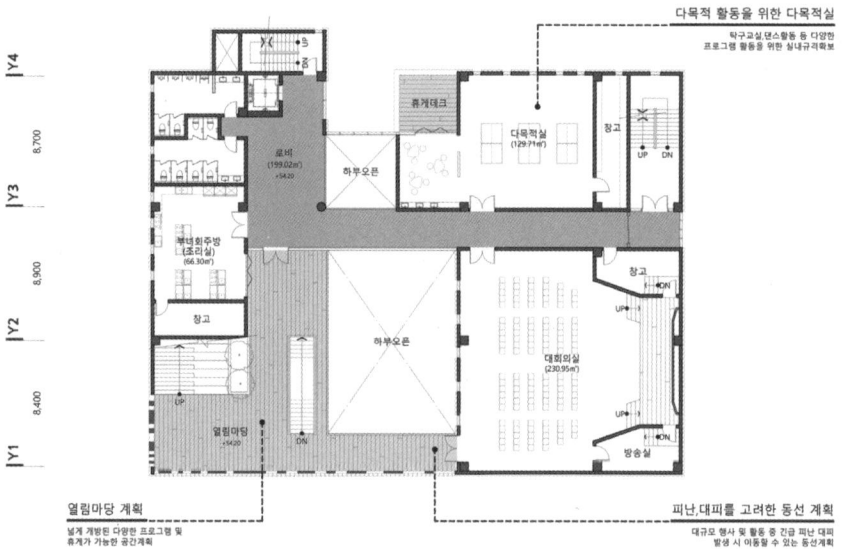

지상 3층 평면도

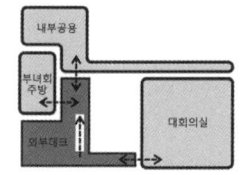
다양한 기능을 가진 외부데크 특화계획
주방 폴딩도어를 활용한 분리·통합사용가능 및
긴급 피난대피 시 활용방안 계획

높은 층고 확보를 통한 대회의실 공간감 구현

다양한 이벤트가 가능한 계단 쉼터

전시 및 휴게공간 계획을 통한 옥외공간 활용

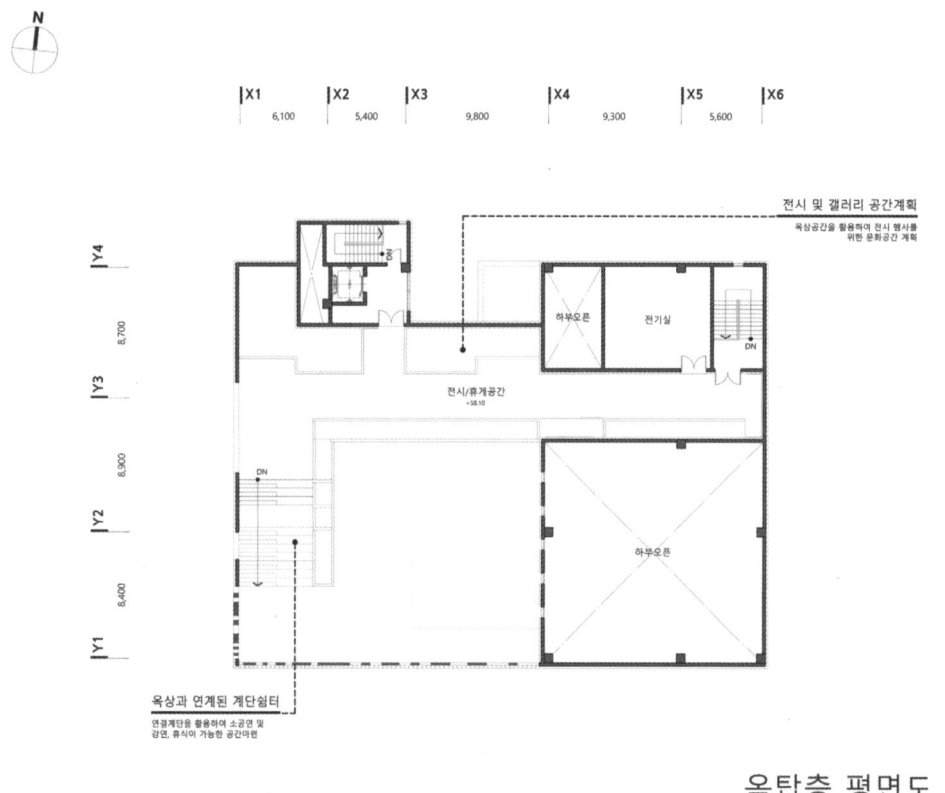

옥탑층 평면도

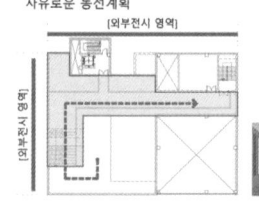
연속되는 외부 전시 공간
1층부터 옥탑층까지 이어지도록 하여 외부 전시 공간의
자유로운 동선계획

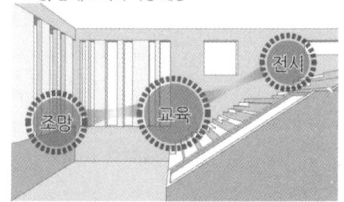
외부를 활용한 다양한 활동공간
열린 외부공간을 벽과 계단으로 구성하여 주민들에게
조망, 전시, 교육의 마당 제공

주민들을 위한 휴게공간 계획

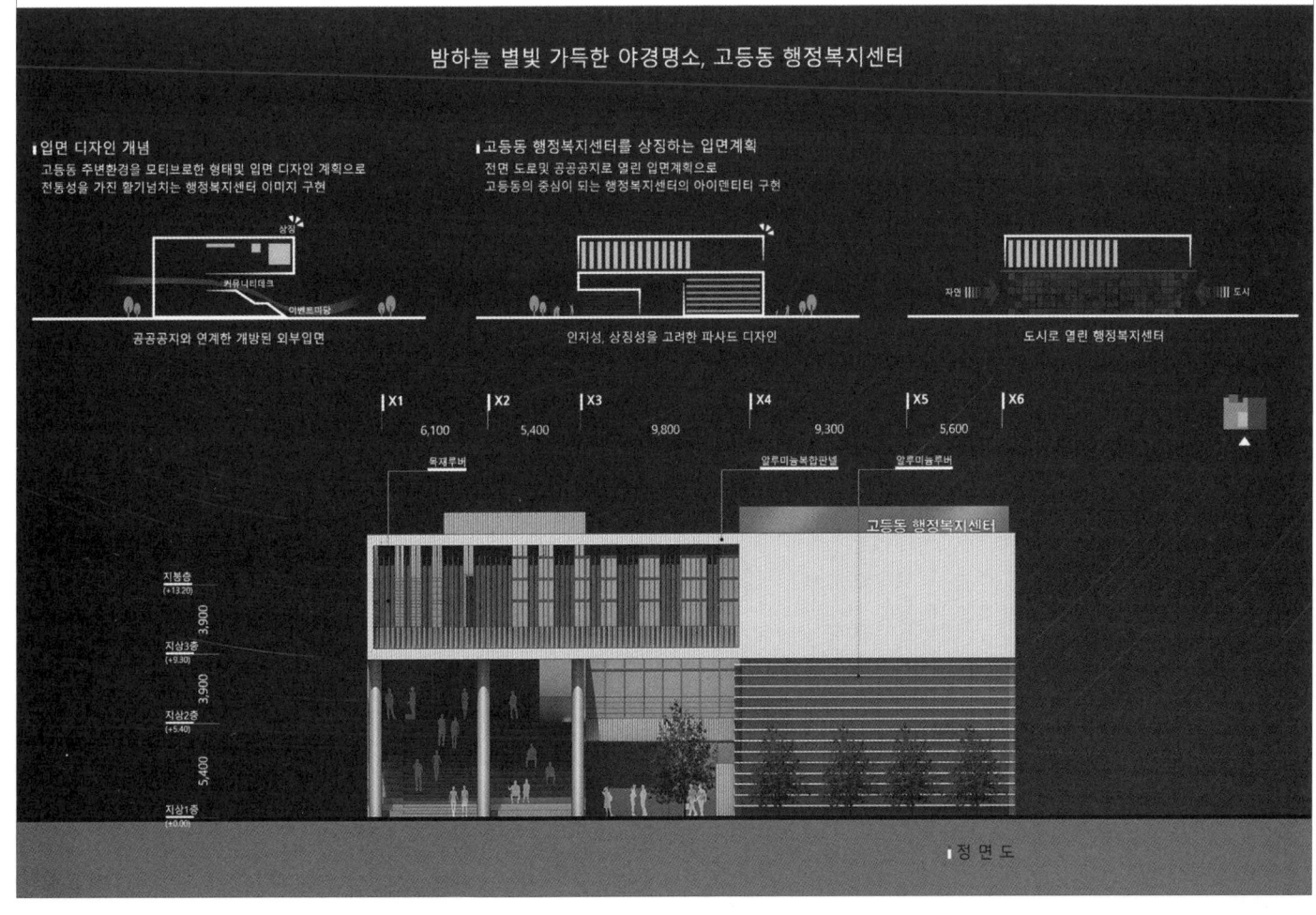

고등동 행정복지센터

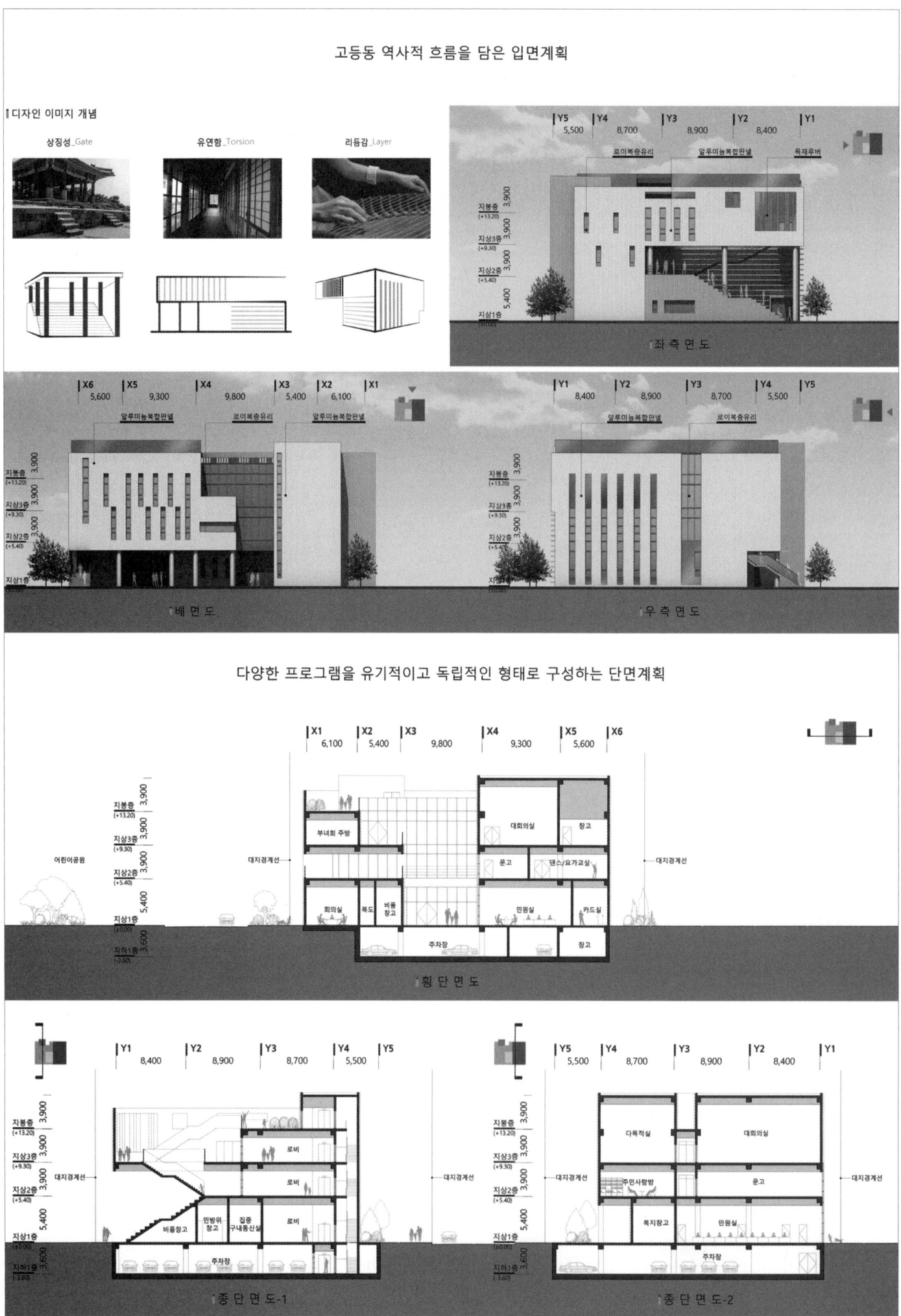

고등동 지역주민의 편안하고 안락한 분위기의 실내·외공간 구현

기본계획방향

수원시의 지역적 특성과 융합되어 통일된 이미지를 전달할 수 있는 디자인, 재료, 색채계획 수립

재료선정 기본개념

시공성 Construct ability	내구성 Durability	계획성 Planning	유지관리 Maintenance	친환경성 EcoFriendly	경제성 Economic Efficiency
변화에 쉽게 대처할 수 있는 편리한 조립화 자재	변형, 마모, 파손, 내후성을 고려한 자재	첨단이미지 구현과 미래의 기능성을 표출하는 자재	유지관리의 편리 및 비용의 최소화	환경오염 최소화 및 인체에 무해한 자재	가격이 합리적이고 에너지 절약이 가능한 자재

주요실 색상 계획

공간색채계획

"도시와 자연, 문화의 색을 담은 공간"

민원실	새마을 문고	카페테리아
Warm Gray계열의 색채와 Natural 색채의 조화로 정서적 안정된 색채계획	Natural 색채와 Gray 계열의 차분한 색채로 Oriental Geometric한 정적인 공간계획	공간 전반에 채도가 높은색을 적용하여 활기차고 생동감있는 공간계획
Pantone-410C	Pantone-Gray5	Pantone-115C
Pantone-1365C	Pantone-7404C	Pantone-7457C
Pantone-4545C	Pantone-8021C	Pantone-368C

내장재 / 외장재

친환경, 안전성, 경제성을 고려한 종합계획 수립

구 조 계 획

최 적 설 계

- **안전성**
  - 내진/내풍 등 외력에 대한 성능확보
  - 지반에 대한 적절한 기초구조 선정
- **경제성**
  - 구조계획의 단순화 및 모듈화로 공사비 절감
  - 효율적인 구조형식 선정으로 물량 최소화
- **사용성**
  - 처짐에 유리한 구조로 계획
  - 변형 및 균열방지를 위한 균열저감 계획
- **시공성**
  - 가설작업 및 현장작업의 최소화
  - 공기단축 및 공사품질 확보

- 3차원 해석 모델링

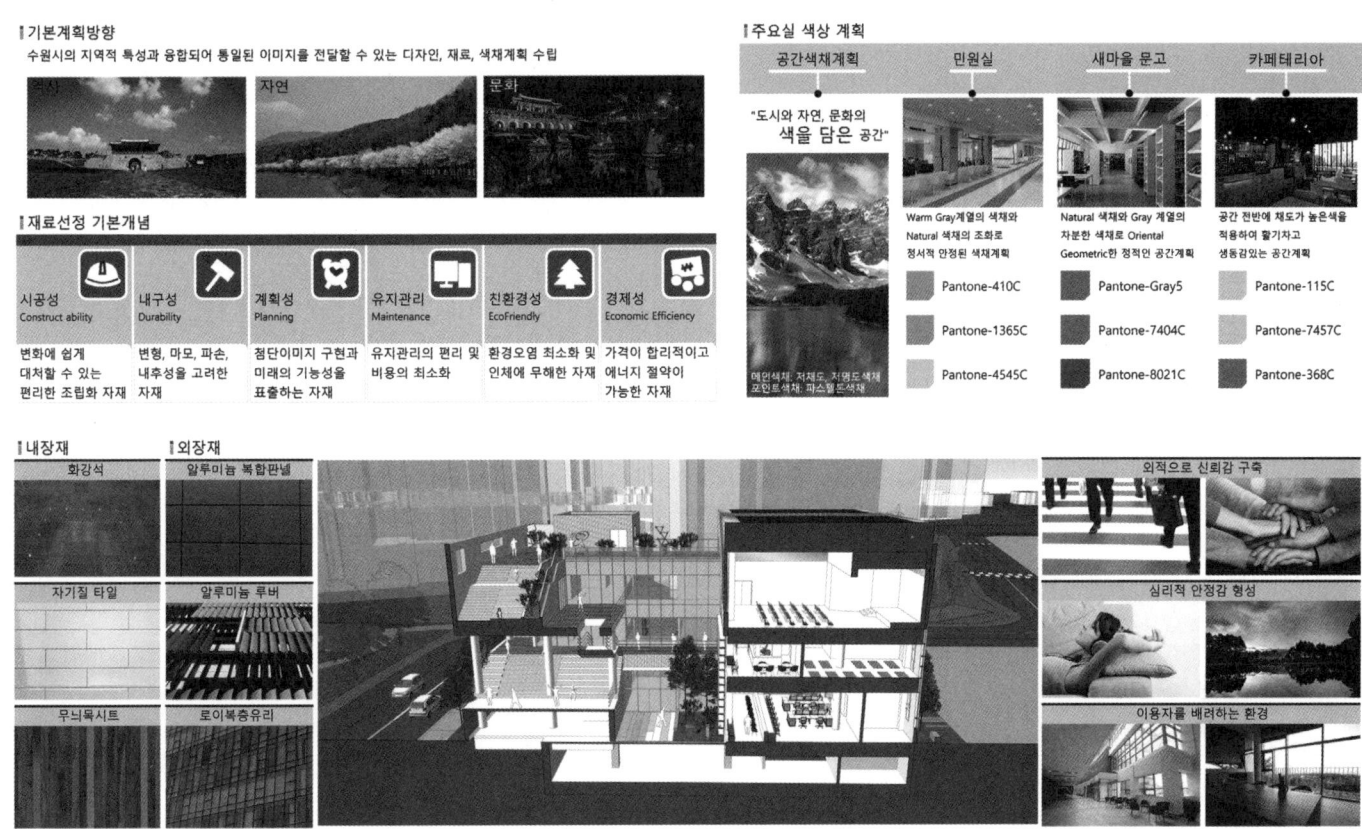

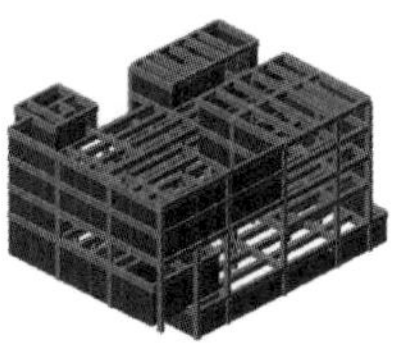

설계하중

구 분	내 용			
고정하중	·골조 자중과 마감하중 및 설비하중 등을 고려하여 적용			
활하중	대회의실	다목적실	테라스	계단실
	5.0KN/m²	5.0KN/m²	5.0KN/m²	5.0KN/m²
풍하중	·기본풍속(Vo) = 26.00 m/s (경기 수원시) ·중요도계수 Iw = 1.0 (중요도 '특') ·지표면 조도 구분 : C			
지진하중	·내진등급 : 중요도 '특' ·지진구역계수 0.176 ·중요도계수 Ie = 1.5 ·반응수정계수 R = 3.0 (9. 6의 역추형 시스템에 속하지 않으면서 철근콘크리트구조 기준의 일반규정만을 만족하는 철근콘크리트구조 시스템) ·지반종류 : S4(가정치)			

- 검토내역

구 분	적 용 기 준	구 분	적 용 기 준
지 역	수원시	지역계수	0.176
설계기본풍속 (V0)	26 m/sec	지반계수	S4(가정치)
노 풍 도	C	중요도계수(IE)	1.0
중요도계수(Iw)	1.0 (중요도 : 1)	반응수정계수 (R)	3.0
횡력저항시스템	9. 6의 역추형 시스템에 속하지 않으면서 철근콘크리트구조 기준의 일반규정만을 만족하는 철근콘크리트구조 시스템		

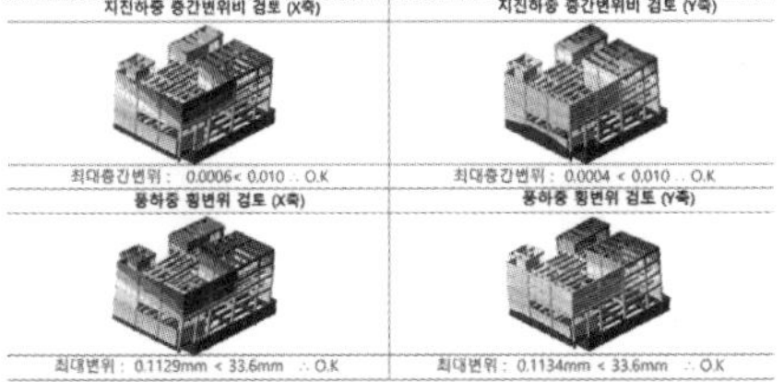

- 기초 계획

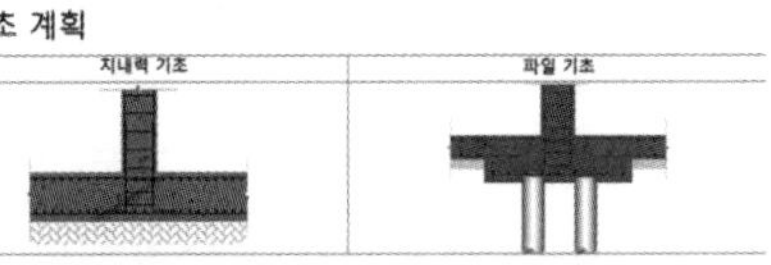

· 정밀한 지반조사 및 분석 후 지반 상황에 따라 합리적인 기초방식 선정

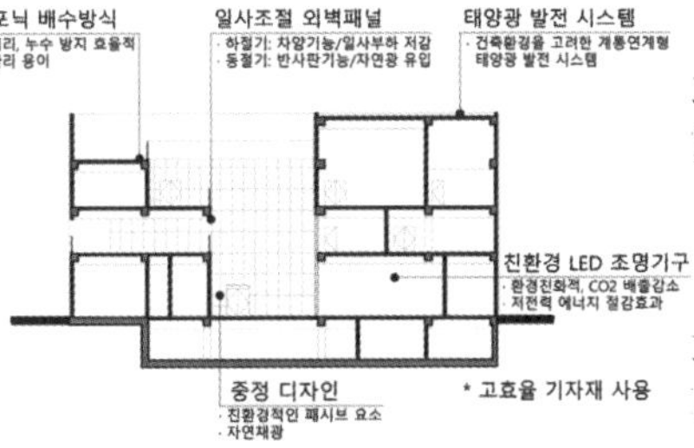

조 경 계 획

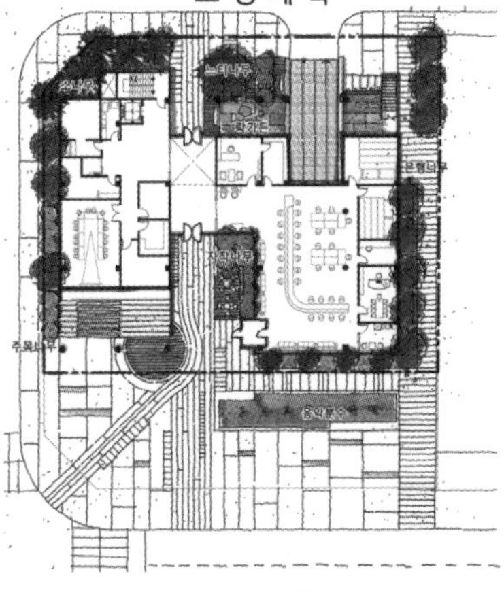

-상록교목

-낙엽교목

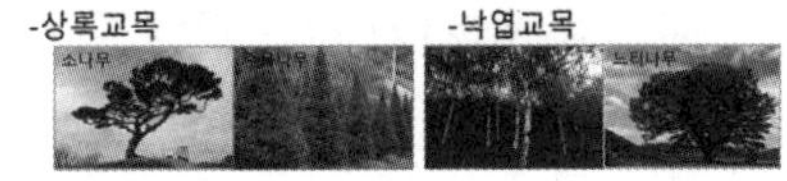

설 비 계 획

고효율기기 선정 계획
- 에너지 고효율기기, 소비효율 1등급 인증 제품 채택
- 유지관리를 고려한 시스템 계획

신뢰성 있는 전원공급 계획
- 안정된 전원계통 확립
- 화재시 또는 비상시 전력공급 가능한 비상발전기 계획
- 전력 IT 기술의 디지털 전자화 배전반 채택

경제적이고 효율적인 유지관리
- 초기투자비 및 운영비 절감을 고려한 시스템
- 운영비 절감을 위한 시스템 구축
- 자동제어 시스템 적용으로 편리한 통합제어

-사고예방을 위한 CCTV 계획

외곽지역, 각 주 부출입구 및 ELEV에 24시간 감시체계를 구축하여 방범기능 및 안전사고 예방

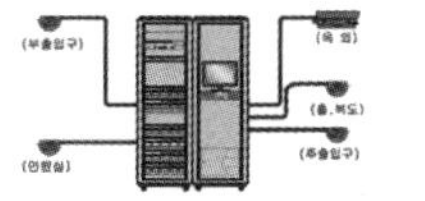

-냉.난방 및 환기설비 계획

· 실내공기질 향상 및 배열회수 개별제어에 의한 에너지 절감
· 폐열회수형 환기유니트 적용으로 에너지 절감 및 실내공기질향상

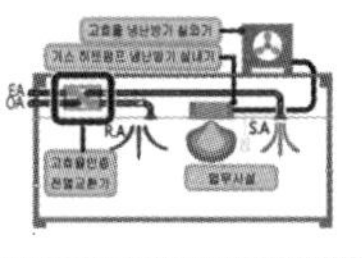

-건축환경을 고려한 태양광발전

· 한전 사용전원과 태양광 전원의 전력 계통 연계 전기 에너지 절감

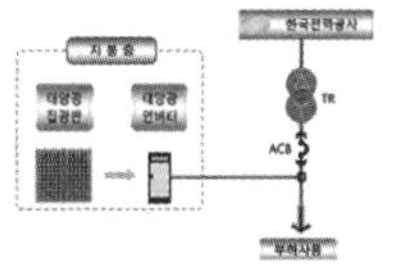

-초고속 정보통신 기반 구축

· 신뢰성, 기능성, 경제성을 갖춘 정보통신설비 계획
· 정보화시대에 능동적으로 대처 가능한 시스템

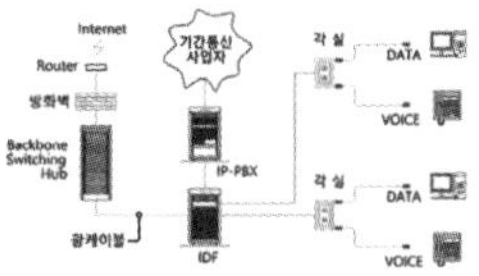

-체계적인 방재시스템 계획

· 초기화재 감시로 신속한 소화활동설비 및 경보설비
· 신속한 피난유도 및 초기 화재진압이 가능한 시스템

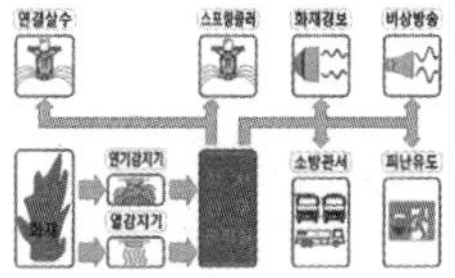

태백산 국립공원사무소 청사

당선작 건축사사무소알엔케이(주) 유재근 설계팀 조준상, 이상수, 서정숙, 성지원

대지위치 강원도 태백시 황지동 115-13번지 외 6필지 **대지면적** 8,542.00㎡ **건축면적** 1,473.12㎡ **연면적** 2,264.47㎡ **건폐율** 17.25% **용적률** 21.72% **규모** 지하 1층, 지상 2층 **최고높이** 19m **구조** 철근콘크리트조 **외부마감** 낙엽송 판재, 세라믹패널, 노출콘크리트, 로이삼중유리 **주차** 45대(장애인 주차 2대 포함)

태백의 도시와 자연(태백산)의 접점에 위치한 계획대지는 도시를 내려볼 수 있는 산을 닮은 급경사지다. 이곳에 태백산국립공원사무소와 더불어 지역민 및 관광객이 찾을 수 있는 홍보관, 산과 함께 어울릴 수 있는 랜드마크적 건축의 풍경을 제안한다.

기능의 효율적 연결 및 분리를 위해 경사대지를 3개의 가로길과 3개의 세로길로 분절시켜 공간을 구성하고, 외부공간 또한 도로변의 마당부터 중심마당(너른마당), 제일 높은 지점의 천제마당까지 유기적으로 연결시켜 태백산이 연상되도록 하였다. 공공이 접근하는 홍보관은 도로면에서 쉽게 접근이 가능한 공개공지(샘터마당) 및 야외공연마당(아랫마당)에서 바로 접근 가능하도록 야외무대 및 야외객석과 실내 홍보관(1층)을 일체화시켜 태백을 담은 개방감 있는 공간을 계획했다. 보안이 강화된 재난상황실 및 사무실을 2층에 집약화하고, 반면 보안이 약한 직원편의시설을 홍보관과 인접시켜 배치하였다. 주차장은 경사대지의 충분한 활용을 위해 세 개의 레벨로 분절시켜 각 시설로 바로 접근이 가능하도록 하였다. 따라서 대상지는 직원뿐 아니라 모든 사람들에게 일·문화·자연이 교류하는 가장 편안한 쉼터 같은 공간이 될 것이다.

Sitting at the meeting point of the city and nature (Taebaeksan Mountain) of Taebaek, the project site has a steep hill that looks like a mountain high enough to look over the city. In addition to a Taebaeksan National Park office, the proposal proposes an information hall for both tourists and local people and a landmark-like architectural scenery that makes harmony with the surrounding mountains.

For the efficient integration or separation of functions, the slope area is fragmented into three horizontal paths and three vertical ones to define spaces. As for the outdoor area, a roadside courtyard, a central courtyard (Neoreun Madang) and a general courtyard at the highest point are organically interconnected to make people think of Taebaeksan. The information hall open to the public is integrated with an outdoor stage with seating and the indoor information hall (1st floor) to open direct access from a public open space (Samteo Madang) easily accessible from the road, with an aim to create an open space that embraces Taebaek. The disaster control room and office requiring high-level security is positioned on the 2nd floor whereas staff amenity facilities requiring low-level security are arranged near the information hall. As for the parking area, to make efficient use of the slope area, the area is fragmented into three levels to open direct access to each facility. As a result, the project site will provide staffs and every visitor a most comfortable shelter-like space in which work, culture and nature interact with each other.

Prize winner R&K Architecture_Ryu Jaegeun **Location** Hwangji-dong, Taebaek, Gangwon-do **Site area** 8,542.00m² **Building area** 1,473.12m² **Gross floor area** 2,264.47m² **Building coverage** 17.25% **Floor space index** 21.72% **Building scope** B1, 2F **Height** 19m **Structure** RC **Exterior finishing** Japanese larch board, Ceramic panel, Exposed concrete, Low-E triple glass **Parking** 45 (including 2 for the disabled)

Taebaeksan Mountain National Park Office

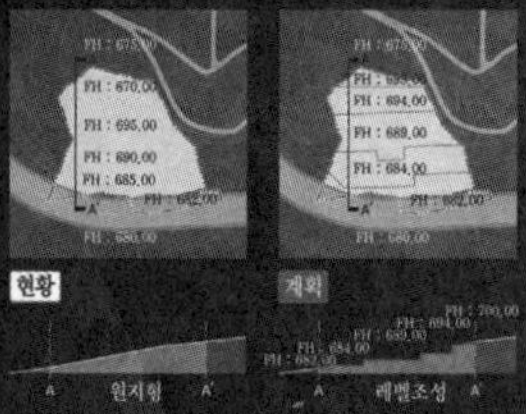

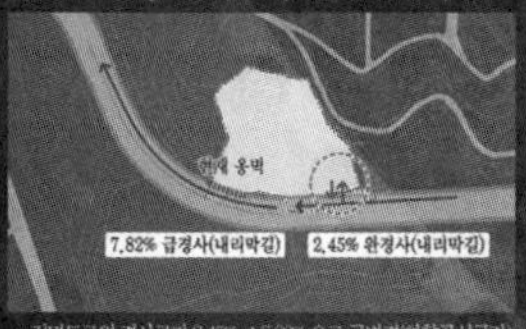

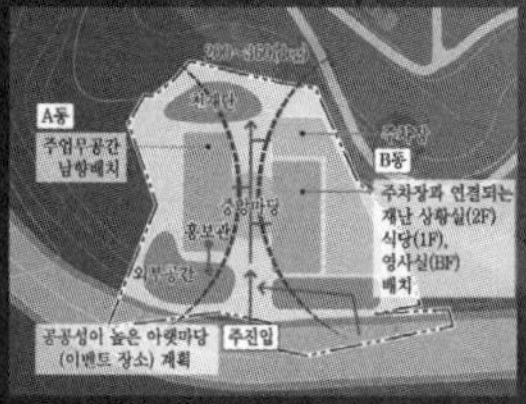

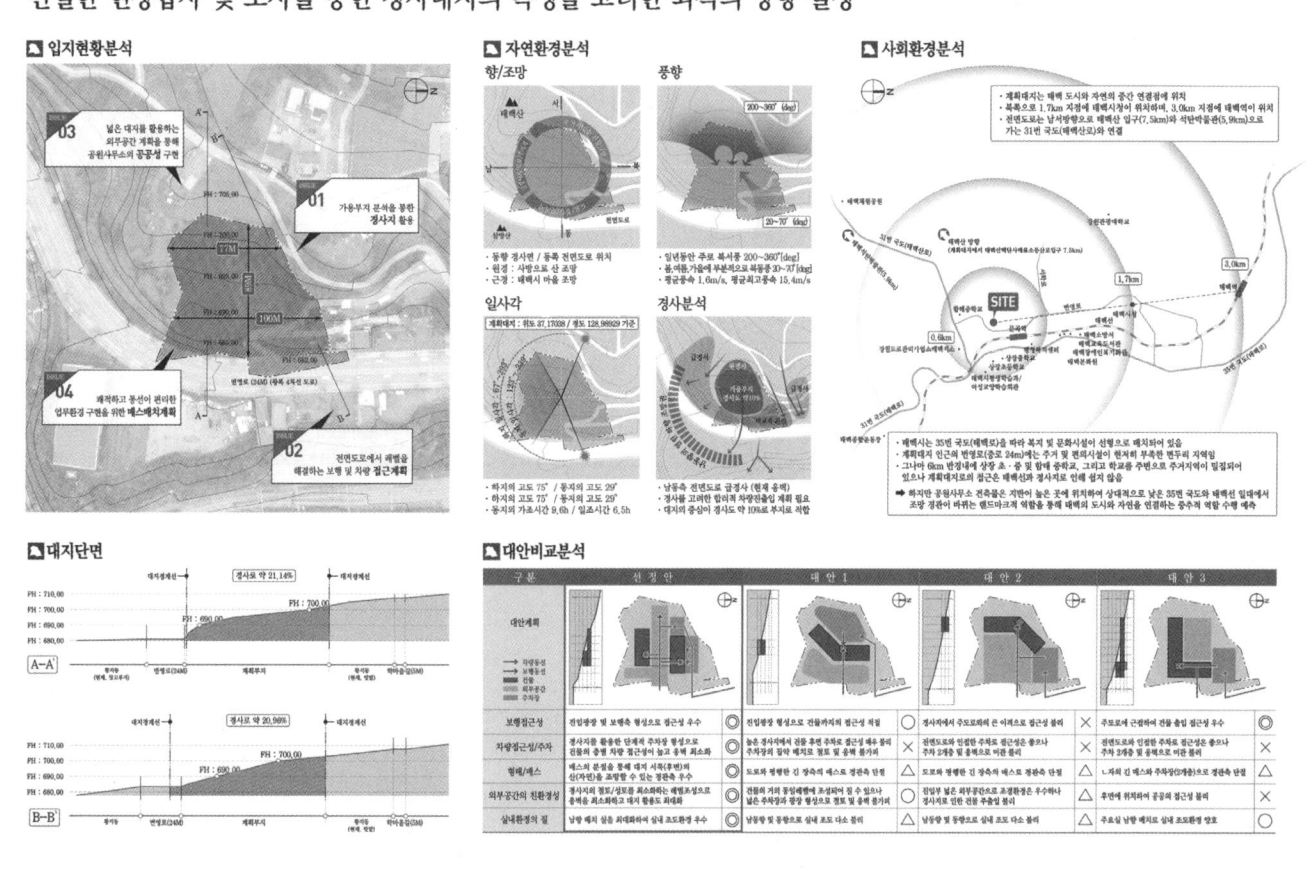

태백산 국립공원사무소 청사

[동선계획]
경사의 레벨에 맞춰 올라 가는 외부계단과 마주하는 각 층의 진입계획

주요동선개념
보차분리된 명확한 동선계획

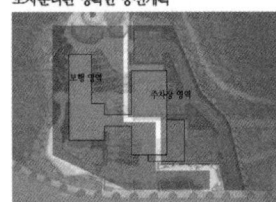

- 보행과 차량을 명확히 분리하여 보행 안전성 확보
- 보행영역과 주차영역을 명확히 분리

경사대지를 고려한 주차장계획

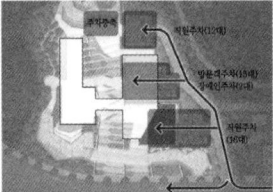

- 지침기준 45대 주차 확보를 위한 레벨별 주차장 계획
- 각 층(BF~2F)별 주차장 분리를 통한 주차공간의 효율적 분리

서비스차량 및 비상차량 동선계획

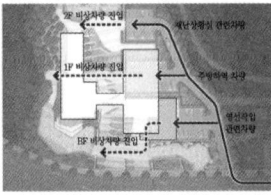

- 각 층별 주차장(3단 주차)을 통한 각층별 차량 서비스 극대화
- 각 층별 주차장계획을 통해 각 층 비상차량 진입의 합리화

외부보행동선계획(보행/차량)

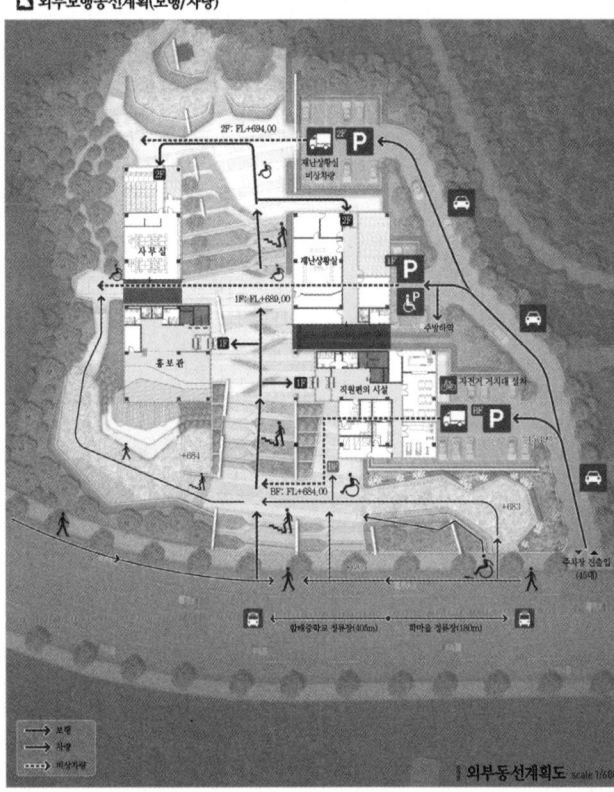

외부동선계획도 scale 1/600

내부동선계획
직통계단 2개소 설치

- 보행거리 30m 내 직통계단 2개소를 설치하여 비상코어 신속한 피난 가능
- 각 층을 피난층으로 계획하여 비상시 피난의 효율성 고려

2F 피난층
- 2F 전구역을 집무영역(사무실·소장실·재난상황실·회의실)으로 엮어 업무동선의 집약화

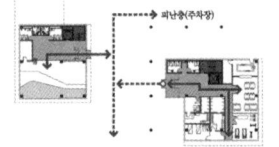

1F 피난층
- 직원이 이용하는 직원편의시설과 외부인(관광객 및 주민)이 이용 가능한 홍보관을 별동으로 배치

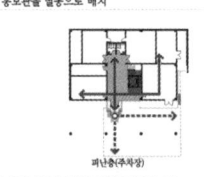

BF 피난층
- 디딤돌 마당(+684) 동일레벨에서 직원코어 접근 가능 영선관련 영선실/영선작업실/영선창고/실사출력실을 하나의 구역으로 묶어 근무환경 집약화

[평면계획_지하1층 평면도]
길에서 접근의 흐름을 이어주는 마당의 창작/영선 업무의 집약 배치

☑ 진입도로 레벨(+682)에서 합리적인 레벨계획을 통해 이용자를 샘터마당, 디딤돌 마당, 아랫마당 까지 유도
☑ 경사지에 자연스럽게 앉은 외부 조경계획(Public Zoon)으로 직원과 방문객 모두에서 개방 가능한 편안함 제공

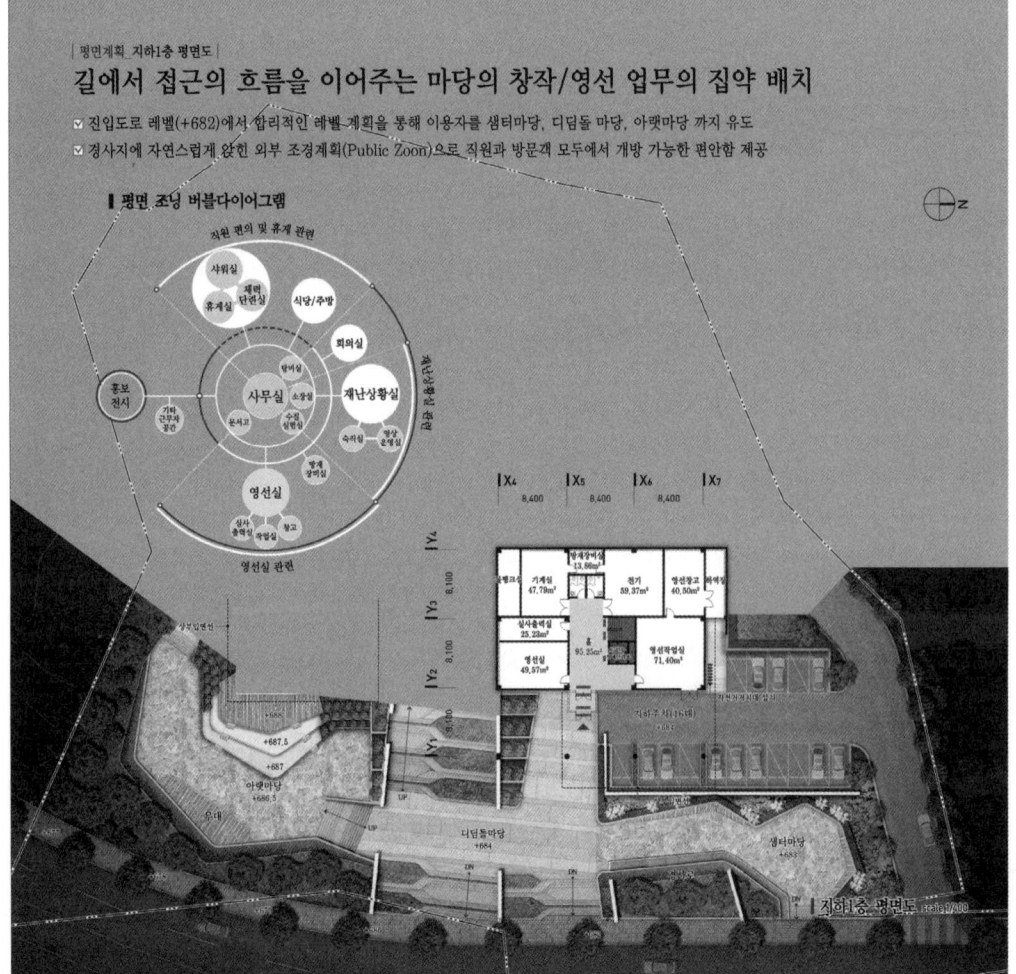

지하1층 평면도 Scale 1/300

코어 분리를 통한 시설별 보완 단계 구분

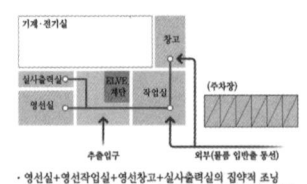

- 시설별 1차 보완(주민개방) / 2차 보완 / 3차 보완(강화구역)으로 구분

영선관련 시설의 집약화

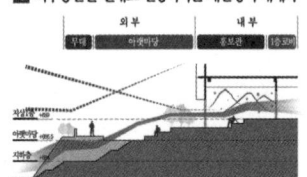

- 영선실+영선작업실+영선창고+실사출력실의 집약적 조닝
- 주차장 하역과 바로 연결되는 영선작업실, 영선창고 동선계획

외부공간을 실내로 연장시키는 계단형 무대계획

외부	내부
무대	홍보관
아랫마당	1F 30석

- 사람들의 유입이 쉬운 전면도로면에 접한 아랫마당 계획
- 계단형 객석 배치를 통해 +686.5(외부)에서 +689(내부)까지 연결

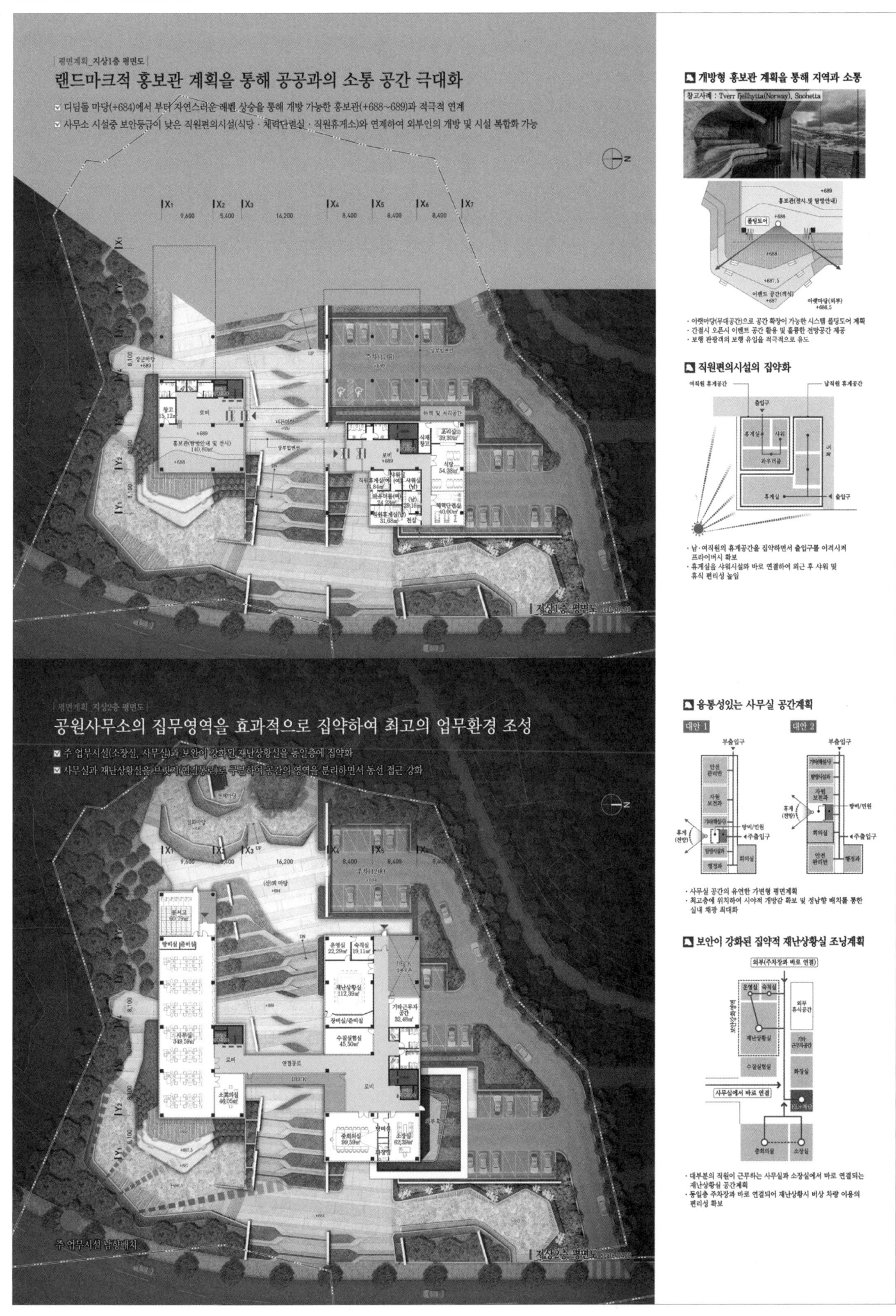

태백산 국립공원사무소 청사

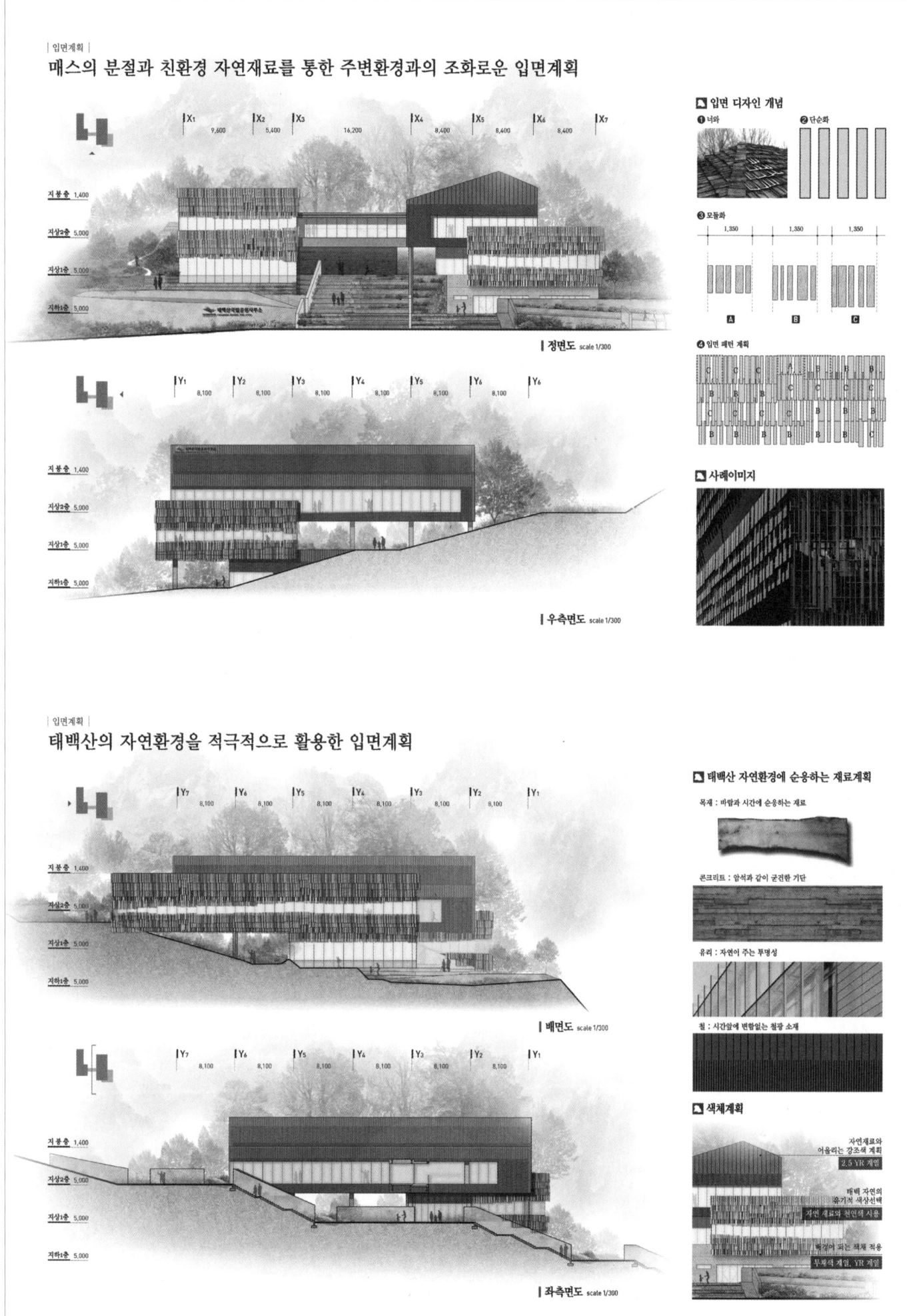

| 단면계획 |

부지의 레벨을 적극활용한 입체적이고 경제적인 단면계획

층별조닝계획

· 실별 기능 및 사용자에 따른 수직조닝 계획

대지레벨을 이용한 층별 진출입 계획

· 대지레벨을 이용한 층별 별도의 지상 진출입구 계획

증축을 고려한 단면계획

· 추후 시설의 증가를 대비해서 추가 확보가 가능하도록 수직, 수평 증축가능 공간 제시

| 입단면 상세계획 |

태백산만의 자연소재를 사용해 지역 아이덴티티 부여

입단면 상세도

부분 상세도

| 낙엽송 판재 [정면]

| 낙엽송 판재 [후면]

| 평단면

| 힌지 철물 상세

태백산의 섬세함을 닮은 외피

· 바람에 숲이 움직이듯 섬세하게 반응하는 외피

바람에 따라 좌우로 회전하는 판재

태백산의 시간을 간직한 외피

· 태백산의 비, 바람, 눈을 맞으며 굽어지는 목재

태백산 목재 벌목 및 가공

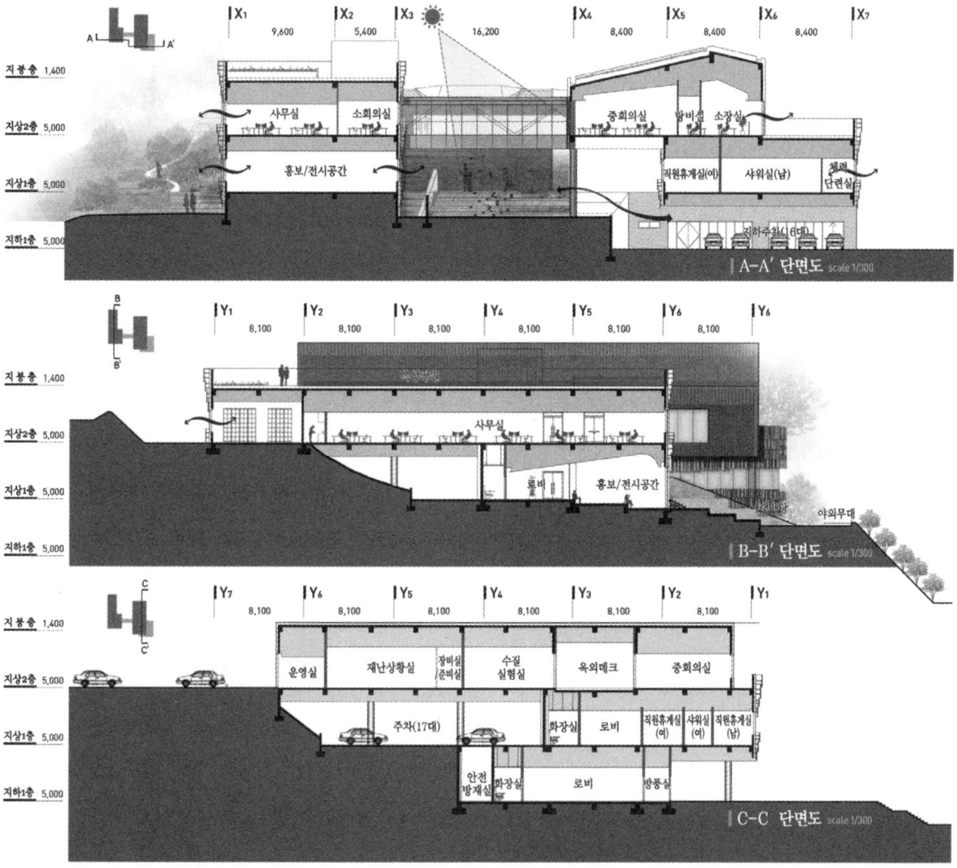

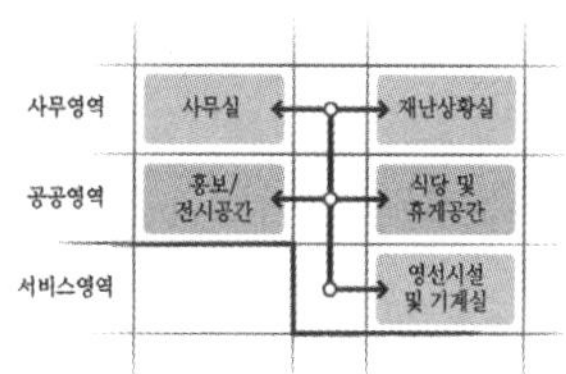

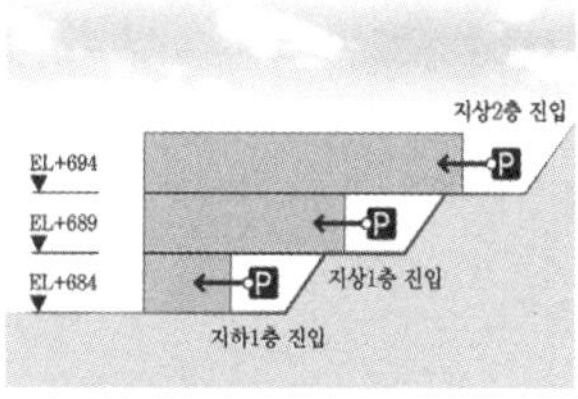

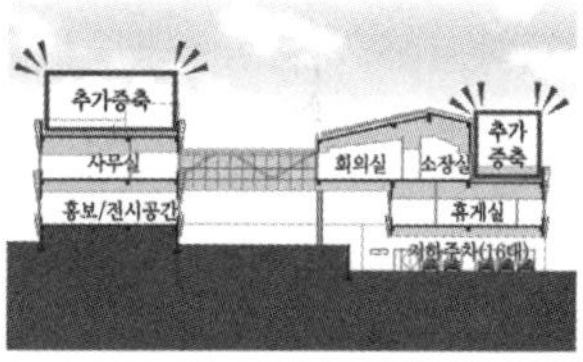

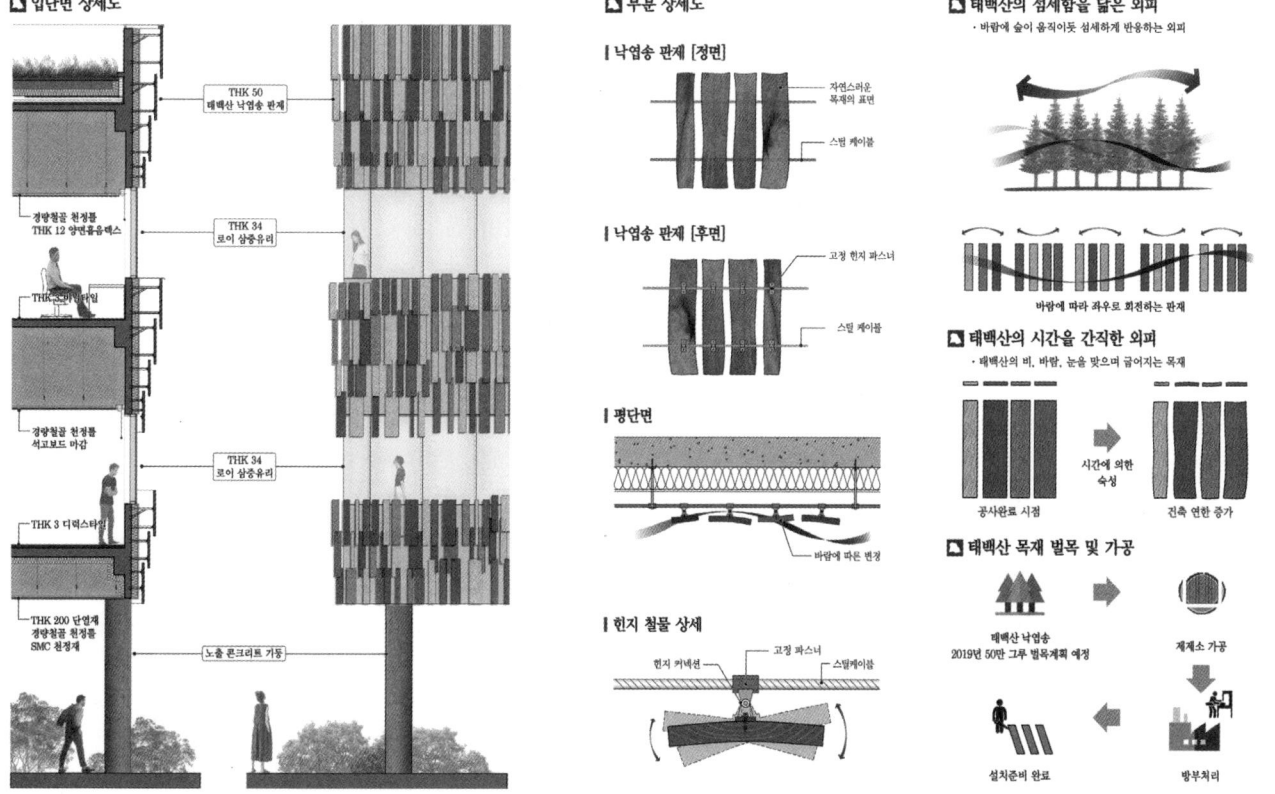

| 조경계획 |

발걸음을 유도하는 연속된 마당으로 지역과의 연계 및 개방의 어메니티 부여

조경개념

"太白山의 풍경을 닮은 길"

사무소로 가는 길을 걷다보면 어느덧 자연스레 디딤돌 마당을 만난다. 그 위로 야생화와 뒤섞인 돌계단이 나타난다.
아랫마당에는 마을의 어른들이 앉아 담소를 나누고, 아이들이 모여 동네 공연 연습이 한창이다.
마을을 내려다 볼까하여 장군마당에 오른다. 다시 한번 자락길을 올라 설화마당에 올라선다.
다양한 야생화들과 나무들이 어우러져 태백의 풍경을 느낄 수 있는 곳...... 너른마당에 앉아 쉬어간다.

주요공간구상

· 발걸음을 유도하는 조경 선형 및 단과 계단으로 감싸안은 마당 계획

조경 종합계획도 scale 1/600

포장계획

식재가 연결되는 돌 마감 계단

바닥포장과 식재포장이 조형적 선형으로 패턴화

시설물계획

화단과 일체화된 디자인으로 식재와 유착된 벤치계획

돌로쌓은단을조성하여천제단을 상징하는 조형적 시설물 계획

지역과 소통할 수 있는 작은 무대 계획 및 경사지 레벨을 극복하기 위한 계단을 객석이자 휴게의 장소로 계획

레벨차이를 극복하는 즐거운 외부공간계획

| 구조·토목·방재계획 |

친환경 설계전략을 통한 에너지 절약형 국립공원사무소 구현

친환경 건축계획

주변환경을 고려한 건축계획 (Site Plan)
· 기후 및 지역특성을 고려한 계획
· 주변환경과 향에 적합한 건축계획

쾌적한 실내환경 계획 (Comfort Zone)
· 여름철 일사를 고려한 창면적 및 차양계획
· 넓은 공용공간 계획

녹색 공간 및 수자원절약 계획 (Green Recycle)
· 옥상녹화 및 비오톱 계획
· 우수재활용 및 절수형 위생기기 계획

외피 단열성능 강화 – 냉난방부하 저감
외단열 – 외부 열손실 최소화
친환경자재 – 공기질 향상 환경부하 저감
우수 재활용 – 수자원 절약
고효율 기자재 – 에너지 절약
태양광 발전 – 전기에너지 생산
옥상녹화 – 미기후 개선 및 냉난방부하 저감
투수성 포장 – 우수 부하 저감
저탄소 건축계획 – 탄소성적인증자재 환경부하저감
절수형 위생기기 – 수자원 절약
LED 조명 – 조명에너지 절약
창면적비 최적화 – 냉난방부하 저감

에너지절약형 건축 및 설비계획

Passive Design (에너지 요구량 DN)
· 외피 단열성능 강화
· 냉방부하 저감을 위한 매스 기밀성 강화

Active System (에너지 소요량 DN)
· 고효율 기자재 및 설비 적용
· 건물에너지관리스템 도입

New Renewable Energy (에너지 자립율 UP)
· 지열을 이용한 냉난방
· 태양광발전을 통한 전기생산

· 주요실을 남동향배치하여 자연채광이 가능한 따뜻하고 쾌적한 공간 조성

· 매스의 분절을 통해 채광 및 통풍이 가능한 평면계획으로 쾌적한 실환경 조성

· 디자인을 통한 캐노피계획으로 업무공간의 일사부하 최소화로 여름철 냉방부하 저감

· 에너지 정보수집 및 데이터 분석을 통한 유지관리 절약 및 최적의 에너지환경 제공

· 배기열 회수 환기 유닛 적용으로 냉·난방 에너지 약 25% 절약

· LED 조명 100% 적용
· 대기전력을 차단하여 전기에너지 절약

· 외벽, 지붕, 바닥의 단열성능 향상을 통해 전도에 의한 열손실 최소화하여 냉난방 부하 저감
· 디자인을 통한 차양효과, 창면적비 최적화, 창호성능 강화 등 자연 조절형 창호계획으로 냉난방부하 저감

· 우수재활용 시스템 및 절수형 위생기구, 투수성 포장 적용으로 수자원 절약 및 우수부하 저감

· 지중열 회복을 고려한 8시간 업무시간내 냉난방 부하담당

· 부하특성을 고려한 에너지원 산정
· 신재생에너지 공급비율 27% 이상 계획

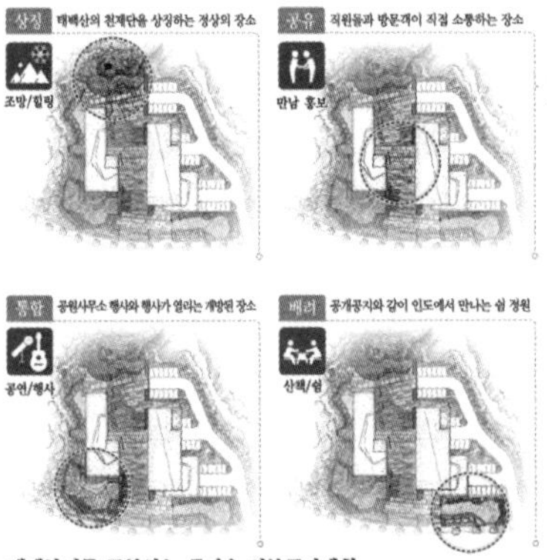

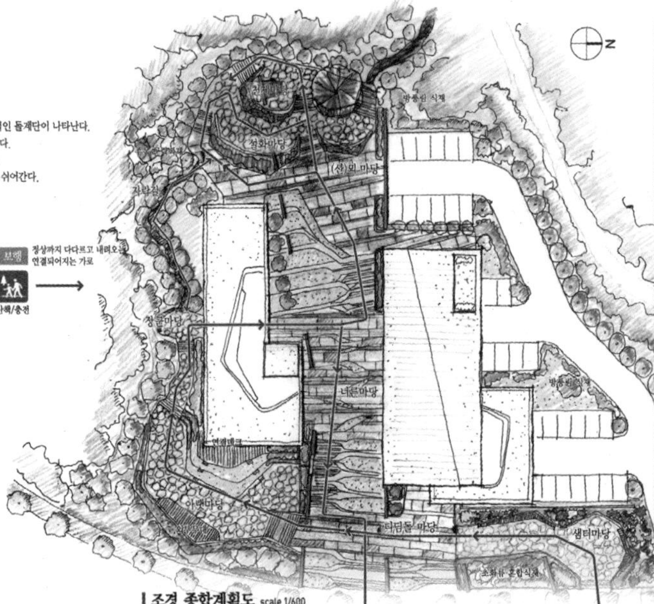

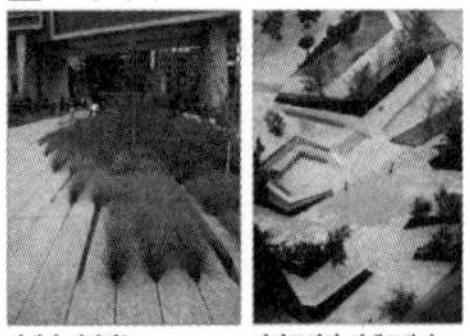

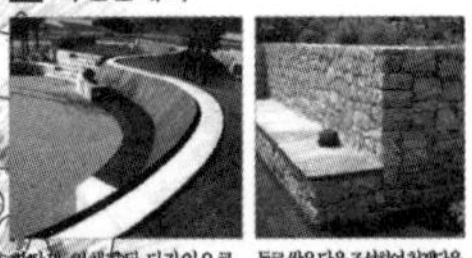

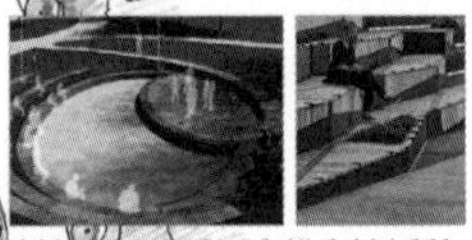

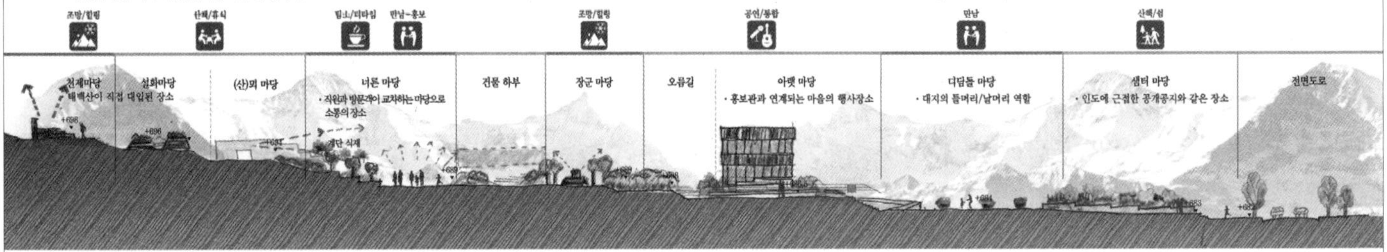

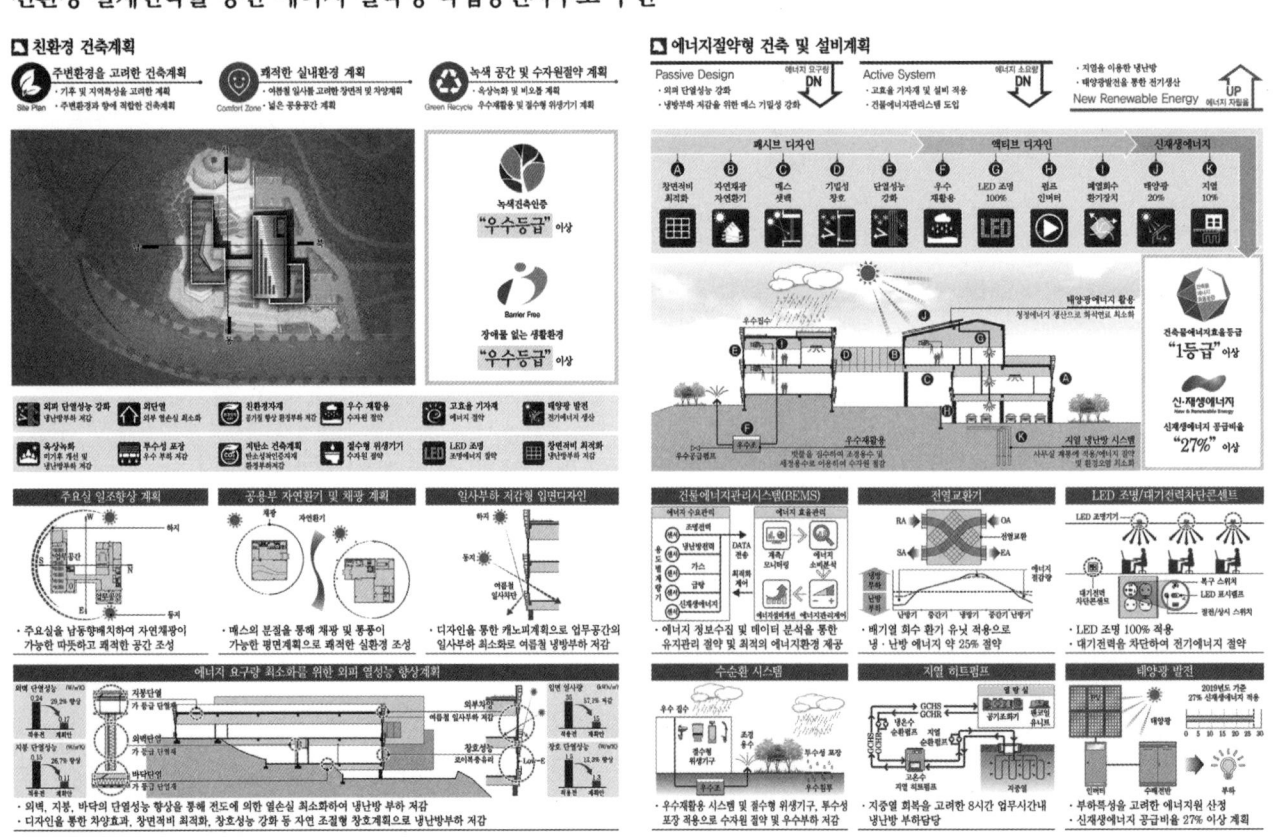

설계경기 01_업무

서울바이오허브 글로벌협력동

당선작 (주)건축사사무소 메타 우의정 + 건축사사무소 안 안종환 설계팀 이상진, 신아름, 이준범, 오찬미, 송영우(이상 메타) 강경화, 진태욱, 김상수, 이민철(이상 안)

대지위치 서울특별시 동대문구 회기동 산4-102 일부 외 2필지 **대지면적** 14,574.00㎡ **건축면적** 기존 2,047.76㎡ / 증축 1,881.04㎡ / 증축후 3,928.80㎡ **연면적** 10,058.33㎡ / 13,395.71㎡ / 23,454.04㎡ **건폐율** 14.05% / 12.91% / 26.96% **용적률** 69.02% / 66.14% / 135.15% **주차** 100대(장애인 주차 7대 포함)

비생물적 유기조직

서울시는 바이오산업을 서울의 미래 산업으로 선정하고, 대학-병원-연구기관이 집적되어 있는 홍릉 일대를 바이오의료 클러스터로 육성하기 위한 '서울 바이오·의료 산업 육성계획'을 발표하고 종합적이고 체계적인 지원을 계획하고 있다. 이를 위하여 서울바이오허브를 비롯한 홍릉 일대 바이오 핵심거점을 단계별로 확충한다. 글로벌협력동은 세계화를 꿈꾸는 입주기업을 대상으로 하는 연구시설로서 외부에 대한 적정한 차단과 내부적인 개방성을 위한 중정형식의 구성으로 김수근의 작품에 대한 오마주의 성격을 갖는다. 이는 새로운 오브제로서의 부각을 의미하는 것이 아니라 배경이 되어 새로운 결합을 시도하는 것이다. 그리고 유형적 특성을 그대로 차용하지는 않으며 첨단의 이미지와 친환경적 장치를 갖는 새로운 외피가 이를 둘러싸며 바이오기업 허브로서의 정체성을 부여한다. 가로를 따라 길이방향으로 형성되는 저층의 매스는 개방성이 강한 투명유리로 일상과의 소통을 꾀하고 입주기업이 집중배치되는 상부의 매스는 투명도가 조절되어 시선이 적절히 차단되는 유리를 사용하여 내부의 성격과 외관의 원칙이 서로 부합하도록 한다.

Abiotic organism

The Seoul Metropolitan Government designated the bio-tech industry as a future industry for Seoul, and with the announcement of a 'bio and medical industry promotion plan' which aims to establish a bio-medical cluster in the Hongneung area where relevant universities, hospitals and research institutes are concentrated, it began to design comprehensive and systematic support programs. According to the plan, Seoul Bio Hub and other major venues will be constructed in phases across the Hongneung area. Global Cooperation Hall is a research facility for companies which seek a place in the global market. Blocking external factors to a reasonable degree and ensuring internal openness, its courtyard-centered design pays homage to the works of Kim Swoo-geun. The intention is to make the hall appear not as a new object but as a background that can bring about a new combination. Typological characteristics are not expressed in an honest manner. Instead a new skin system with a high-tech image and environment-friendly features envelop the whole and form an identity appropriate for a bio-tech business hub. Formed in a horizontal direction along the street, the lower floor mass is cladded with transparent glass with a strong sense of openness to encourage interaction in everyday life, but the upper floor mass, with glass that can adjust its transparency to block the view moderately. This solution makes the nature of the interior and the logic of the exterior correspond to each other.

Prize winner studio METAA_Woo Euijung + studio AN_Ahn Jonghwan **Location** Dongdaemun-gu, Seoul **Site area** 14,574.00m² **Building area Existing** 2,047.76m² / **Exntension** 1,881.04m² / Total 3,928.80m² **Gross floor area** 10,058.33m² / 13,395.71m² / 23,454.04m² **Building coverage** 14.05% / 12.91% / 26.96% **Floor space index** 69.02% / 66.14% / 135.15% **Parking** 100 (including 7 for the disabled)

SEOUL BIOHUB Global Collaboration Complex

非生物的 有機組織

비 생 물 적 유 기 조 직 | abiotic organism

서울시는 바이오산업을 서울의 미래 산업으로 선정하고, 대학-병원-연구기관이 집적되어 있는 홍릉 일대를 바이오의료 클러스터로 육성하기 위한 '서울 바이오·의료 산업 육성계획'을 발표하고 종합적이고 체계적인 지원을 계획하고 있다. 이를 위하여 서울바이오허브를 비롯한 홍릉 일대 바이오 핵심거점을 단계별로 확충한다.

글로벌협력동은 세계화를 꿈꾸는 입주기업을 대상으로 하는 연구시설로서 외부에 대한 적정한 차단과 내부적인 개방성을 위한 중정형식의 구성으로 김수근의 작품에 대한 hommage 성격을 갖는다. 이는 새로운 오브제로서의 부각을 의미하는 것이 아니라 배경이 되어 새로운 결합을 시도하는 것이다. 그리고 유형적 특성을 그대로 차용하지는 않으며 첨단의 이미지와 친환경적 장치를 갖는 새로운 외피가 이를 둘러싸며 bio기업 hub로서의 identity를 부여한다.

가로를 따라 길이방향으로 형성되는 저층의 매스는 개방성이 강한 투명유리로 일상과의 소통을 꾀하고 입주기업이 집중 배치되는 상부의 매스는 투명도가 조절되어 시선이 적절히 차단되는 유리를 사용하여 내부의 성격과 외관의 원칙이 서로 부합하도록 한다.

1981년 지어진 철근콘크리트조의 교육연구시설로 제3회 한국건축가협회상 수상작이다.
건축가 김수근은 인간적이고 한국적인 재료에 대한 해답으로 붉은 벽돌을 사용하였고 건립 당시의 모습이 양호하게 보존되어 있어서 건축사적인 측면에서 보존의 가치가 매우 높은 것으로 평가를 받고 있다. 중정형의 평면을 가진 이 건물은 중앙의 안뜰을 중심으로 공간을 배치하여 자연 채광을 적극적으로 끌어들였다. 남쪽의 측면에는 지하층과 상부층을 관통하는 온실형 선큰가든을 설치하였고 4층의 중앙부에는 내부로 열린 옥상정원을 조성하여 건물 내부의 최대한 많은 층에서 외부공간과 연결될 수 있도록 계획하였다.

Seoul biohub

서울바이오허브는 새로운 바이오 창업 생태계를 만드는 공간으로 미래 바이오 산업을 위한 다양한 솔루션과 오픈 이노베이션 환경을 제공한다.

서울시 6대 cluster

동대문 medi cluster

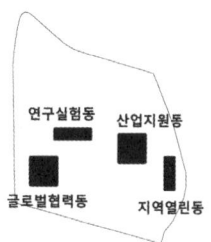
홍릉 bio cluster

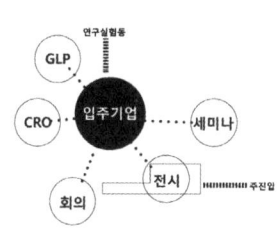
biohub 글로벌협력동

Schematic design

점진적인 시설의 결합에는 서로에게 배경이 되어주는 hommage의 방식으로 혼성의 풍경(heterogeneous scape)을 조성하는 자세가 필요하다.

phase 01
주어진 영역
기존시설과의 관계 속에 바이오허브 글로벌협력동의 모습을 상상한다

phase 02
hommage
(구)한국농촌경제연구원이 공간적으로 연속되는 구조를 제안한다

phase 03
새로운 외피
기존 구조를 유지하며 새로운 가치인 유리가 double skin으로 결합한다

phase 04
공간의 위요
가로를 따라 형성되는 저층의 매스는 데크를 중심으로 공간을 위요한다

건축개요

대지면적	14,574.00		
지역/지구	제1종 일반주거지역 / 근린공원+주차장		
	기존	증축	증축 후
건축면적	2,047.76	1,881.04	3,928.80
연면적	10,058.33	13,395.71	23,454.04
용적율산정용면적		9,638.89	
건폐율	14.05 %	12.91 %	26.96 %
용적율	69.02 %	66.14 %	135.15 %
신설주차장	100대 (장애인주차 7대 포함) 법정주차 : 52대		

층별면적표

지하1층	3,378.88
지상1층	1,274.32
지상2층	1,612.90
지상3층	1,355.84
지상4층	1,312.17
지상5층	1,156.79
지상6층	1,156.79
지상7층	1,156.79
지상8층	991.23
합 계	13,395.71

실별면적표

구 분		실 명	면 적	구 분	실 명	면 적
입주기업공간		입주기업 업무공간	2,809.10	공용공간	세미나실	391.63
		기업공용공간	402.43		회의실	338.10
		소 계	3,211.53		다목적실	98.59
기업지원시설	CRO 및 지원시설	액셀레이터 입주공간	269.56		전시실	526.70
		임상시험대행기관 입주공간	113.10		카페라운지	115.75
		공공지원기관입주공간	340.53		로비, 홀, 복도, 계단, 화장실 등	3,704.41
		소 계	723.19		소 계	5,175.18
	GLP 지원시설	시험실, 시료보관실	294.26	운영지원공간	사무실, 용역원실, 방재실, 창고 등	178.44
		GLP상담실, 사무공간, 기타	142.54			
		소 계	436.80			
주차장		지하주차장	2,857.17		기계 / 전기실	813.40
		소 계	2,857.17		소 계	991.84

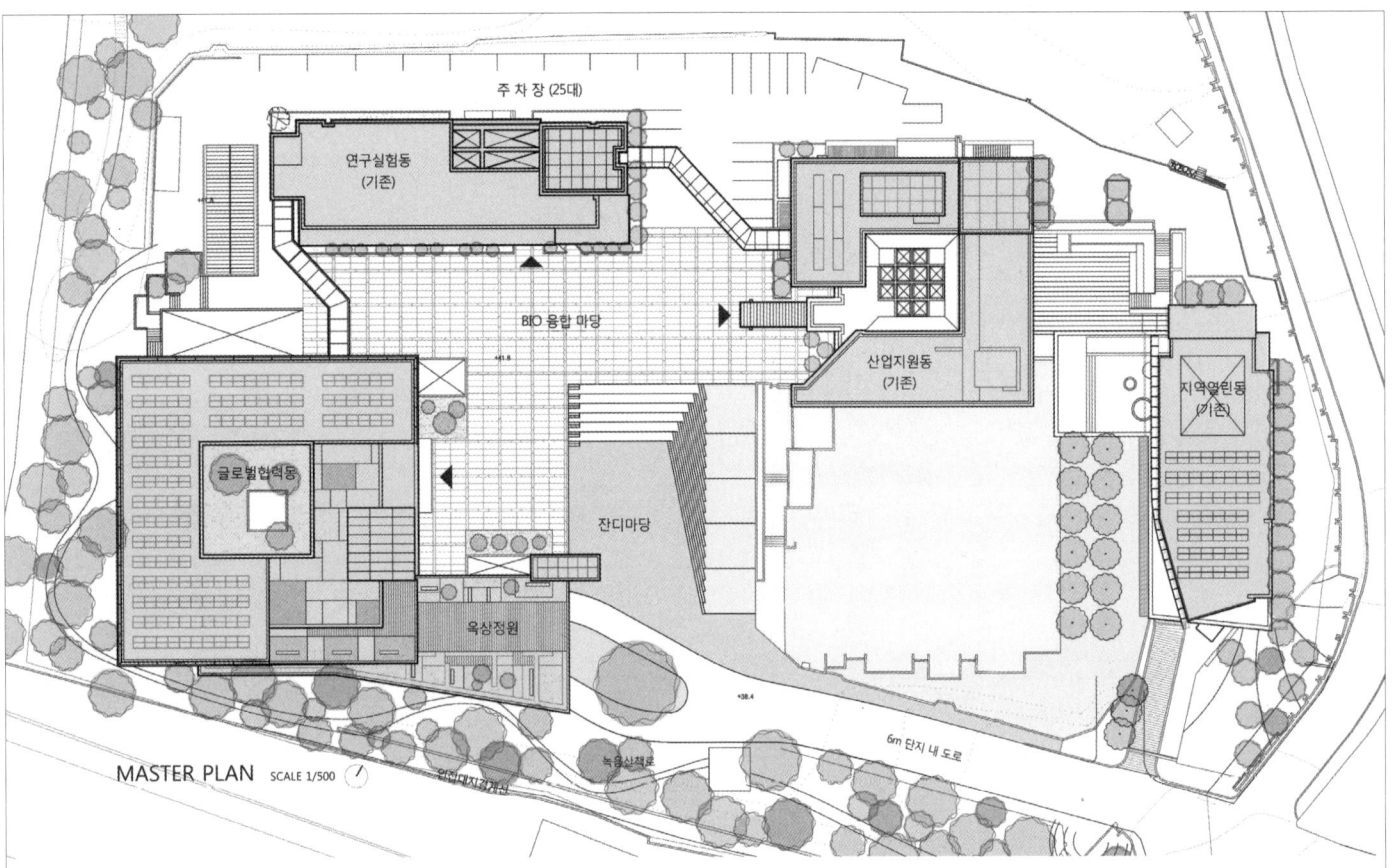

MASTER PLAN SCALE 1/500

층별구성의 원칙

바이오허브 글로벌협력동은 대지의 고저차를 이용하여 두 개의 접지레벨에 접한다. 이를 이용하여 외부에 열린 영역을 두 개 층으로 구성하고 입주기업이 있는 5층에 내부적 성격의 마당을 조성하여 새로운 접지레벨의 가능성을 부여한다. 그리고 많은 층에서 독립적인 외부공간을 갖게 하여 업무의 활력소가 되도록 한다. 중간층인 4층에 배치되는 CRO와 GLP를 기준으로 상부에는 입주기업이, 하부에는 지원시설이 위치한다.

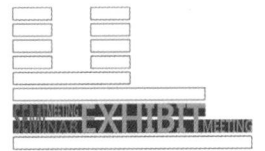

세미나/회의/전시
진입층인 지상1층과 지상2층에 면하여 외부인의 접근이 용이한 영역에 위치함

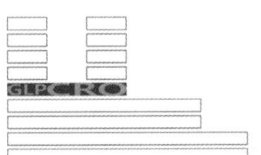

CRO/GLP
건물의 중심부에 위치하며 인접한 연구실험동과 연결통로를 설치하여 공간을 연결

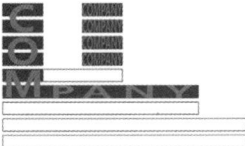

입주기업
건물의 가장 안정적인 영역에 위치하며 CRO/GLP를 기준으로 일반형과 개방형으로 구분

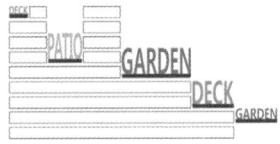

마당/데크/중정
가급적 많은 층에서 외부공간을 조성하여 폐쇄적인 기능에 선택적인 개방성을 강조

입주기업의 유형

이 곳에 입주하는 기업들은 대체로 비슷한 성향을 가진것으로 이해되지만 기업간 성격의 연구와 분석을 통하여 작은 차이를 가진 다양한 공간유형을 계획한다. 공간의 규모, 개방의 정도, 특정 공간과의 연계방안 등의 요소에 따라 위치와 공간의 특성을 조정하여 보다 많은 입주기업의 요구를 수용하고 최적의 환경을 제공한다.

unit 01 / loft type
층고 높은 다락설치형
좋은 조망과 기업간 교류에 유리함

unit 02 / typical type
가장 일반적인 입주기업의 유형
기준층에 높은 밀도로 배치되며 중정에 면함

unit 03 / openness type
개방적이고 규모가 큰 입주기업 유형
외부인 접근이 용이하고 쇼룸의 성격 가능

unit 04 / laboratory type
개방적이고 규모가 큰 입주기업 유형
외부인 접근이 용이하고 쇼룸의 성격 가능

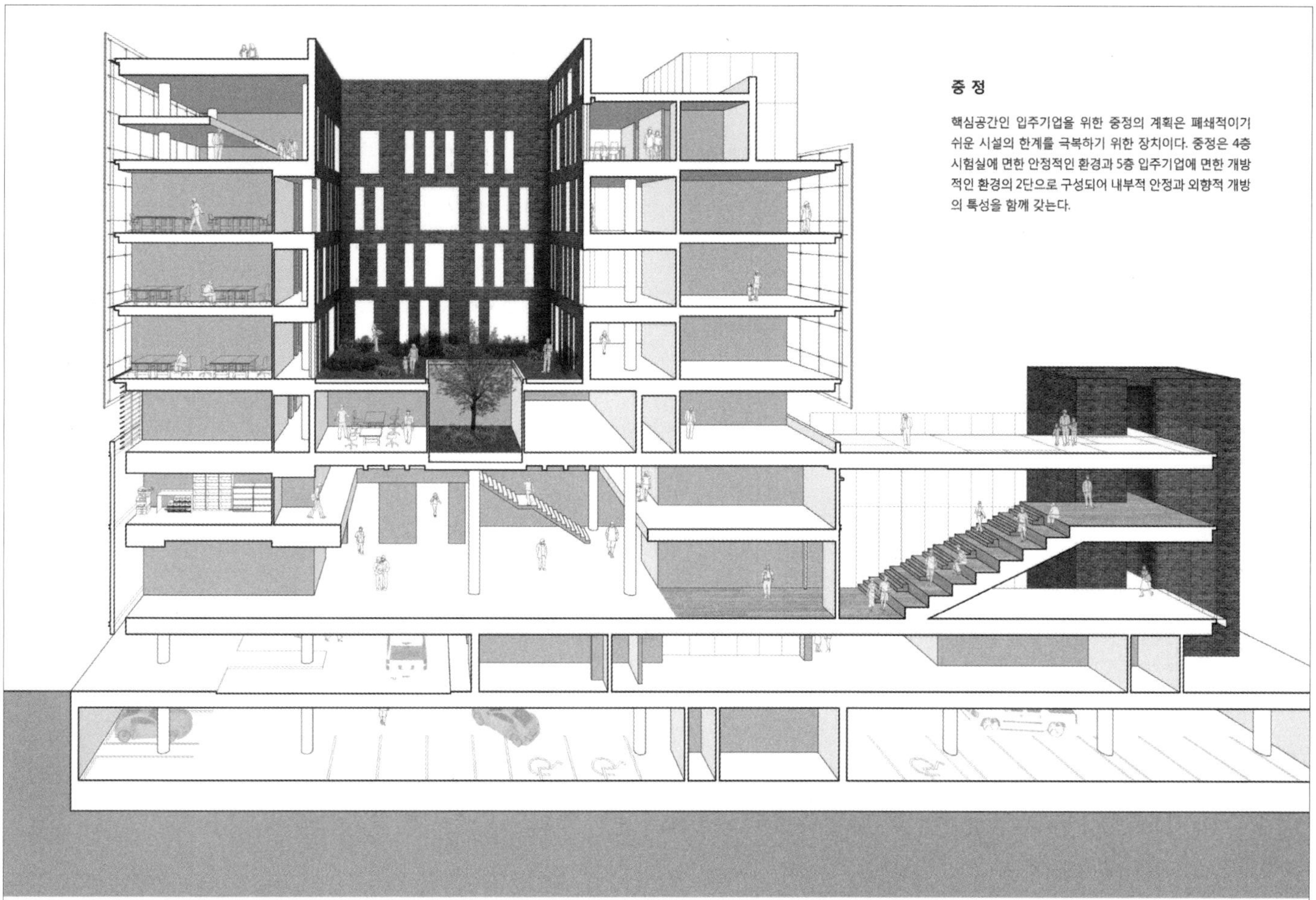

중정

핵심공간인 입주기업을 위한 중정의 계획은 폐쇄적이기 쉬운 시설의 한계를 극복하기 위한 장치이다. 중정은 4층 시험실에 면한 안정적인 환경과 5층 입주기업에 면한 개방적인 환경의 2단으로 구성되어 내부적 안정과 외향적 개방의 특성을 함께 갖는다.

친환경 계획과 CPTED

스타트업을 위한 공공기관의 성격상 친환경 설계의 도입은 필수이며 현실적으로 태양광패널의 설치는 의무라 할 수 있다. 이를 위해 이용자의 접근이 허용되는 옥상의 레벨을 구분하여 다양한 층에서 독립적인 외부공간을 최대한 확보하고 최상부의 옥상에 태양광패널을 집중배치하여 효율을 높인다.

커튼월의 한계를 극복하기 위하여 자연환기가 가능한 double skin을 도입한다. 이는 시선의 적절한 차단을 위한 장치이기도 하다. 중정을 이용하는 자연환기와 더불어 계절에 따른 창호의 제어를 통해 열손실을 최소화하는 계획을 수립한다.

통제가 이루어지는 시설일지라도 CPTED 계획은 중요하다. 특히 지하의 영역에서는 더욱 그러하다. 필로티 하부의 공간은 최대한 개방하고 상부와 공간적으로 연결이 되어 우범화의 이미지가 생기지 않도록 하며 폐쇄적인 지하주차장에는 자연환기와 채광을 위한 광정을 두어 안전하고 쾌적한 지하 환경을 조성한다.

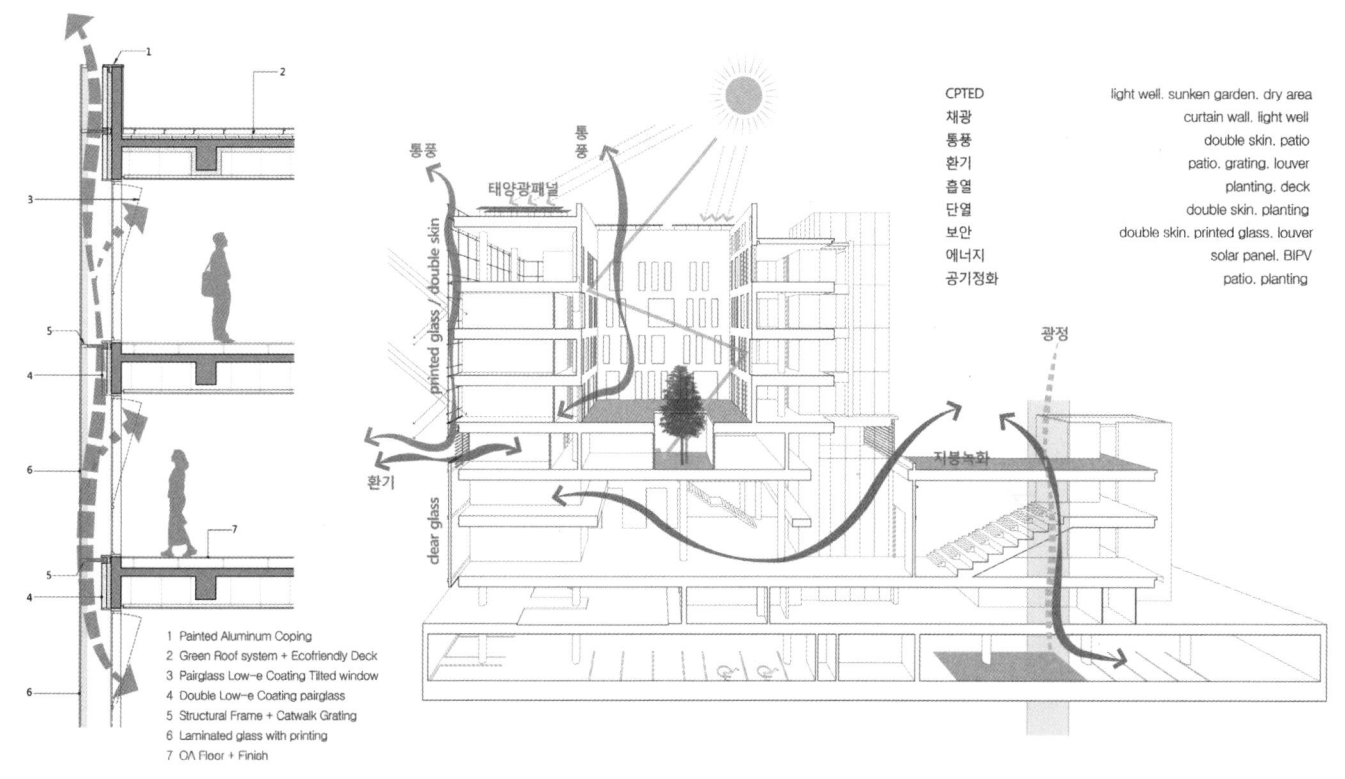

CPTED	light well. sunken garden. dry area
채광	curtain wall. light well
통풍	double skin. patio
환기	patio. grating. louver
흡열	planting. deck
단열	double skin. planting
보안	double skin. printed glass. louver
에너지	solar panel. BIPV
공기정화	patio. planting

1 Painted Aluminum Coping
2 Green Roof system + Ecofriendly Deck
3 Pairglass Low-e Coating Tilted window
4 Double Low-e Coating pairglass
5 Structural Frame + Catwalk Grating
6 Laminated glass with printing
7 OA Floor + Finish

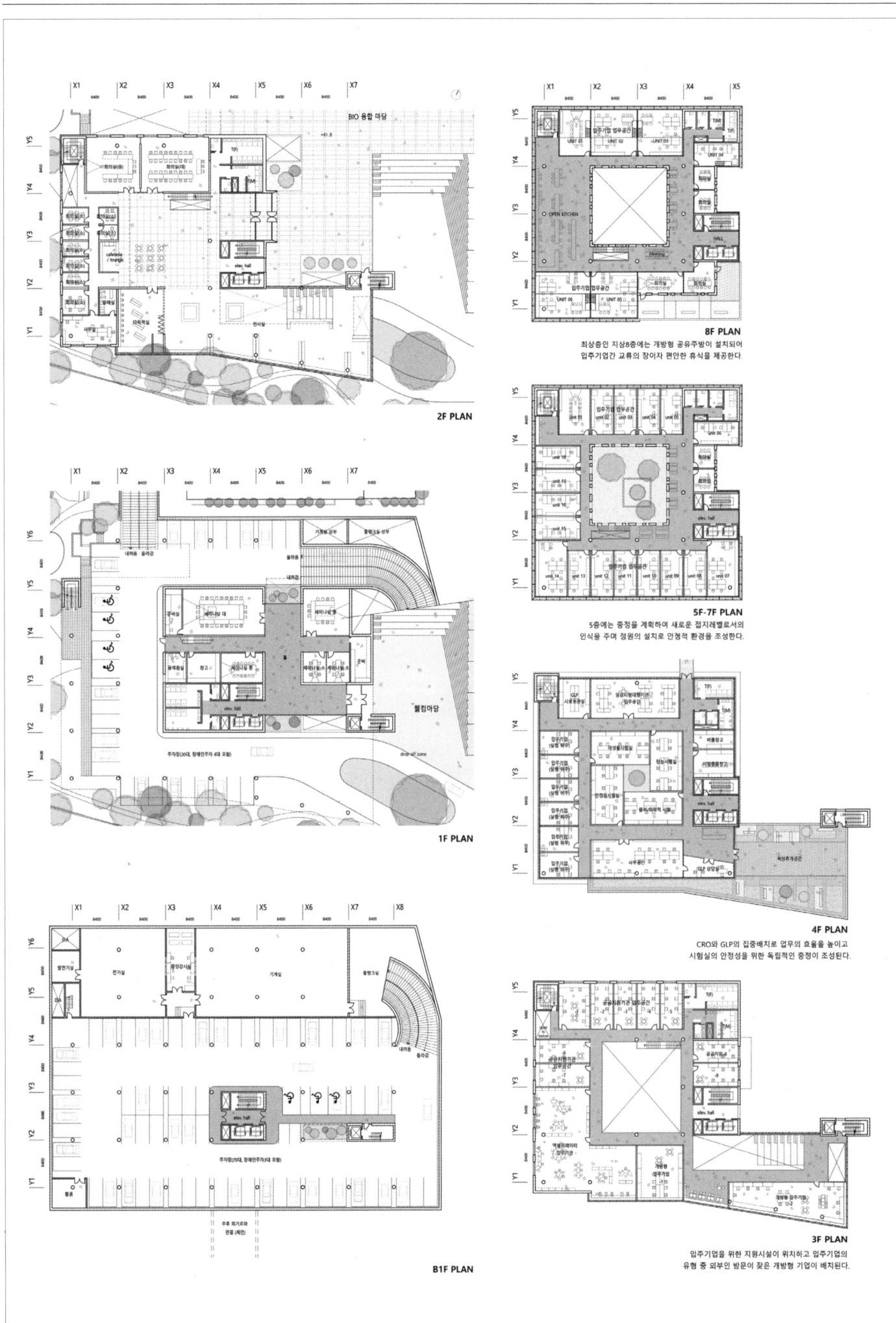

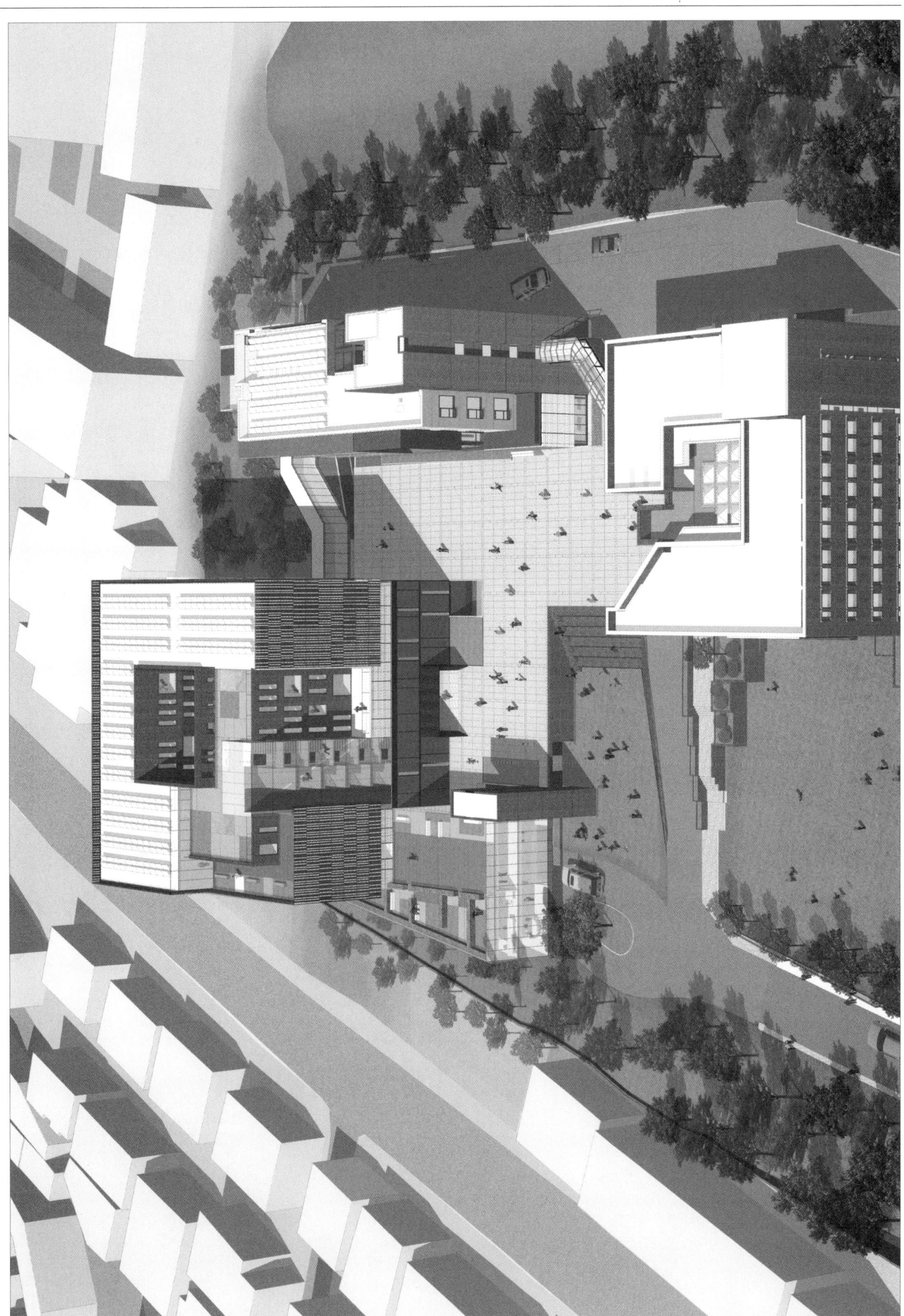

조리읍 행정복지센터

당선작 케이엠건축사사무소 김세경 + 미니맥스아키텍츠 민서홍

대지위치 경기도 파주시 조리읍 봉천로 64(봉천리 188-6 외 1필지) **대지면적** 5,597.00㎡ **건축면적** 2,044.83㎡ **연면적** 6,013.43㎡ **건폐율** 36.53% **용적률** 66.52% **규모** 지하 2층, 지상 4층 **최고높이** 22.55m **구조** 철근콘크리트조 **외부마감** 점토벽돌, 고강도콘크리트패널(UHPC), 알루미늄창호 + 로이복층유리 **주차** 111대(장애인 주차 8대 포함)

일상은 축제다 : 광장의 재발견
무엇을 만들 것인가? - 일상 속의 공공시설

우리 주변의 주민센터는 빈약한 시설과 환경으로 인해 업무 후에 바로 떠나게 되는 공간으로 지역공동체의 구심이 되는 특별한 장소적 상징성이 부족하다. 우리의 제안은 공공 건물을 일상 속의 공간으로 만들기 위해 행정복지 센터의 구조물 하부에 광장을 만들고 대지 전체를 여유있는 공원으로 만들어 이를 다양한 행사와 여가활동에 적합한 순환구조로 연결하여 특별한 장소를 만드는 것이다.

어떻게 만들 것인가? - 광장의 재발견

새로운 행정복지센터의 광장은 건물과 지면의 분리에 의해 형성된 '수직적 틈'에 해당하고 거대한 원형 데크(지름 45m)의 처마에 의해 규정되며 지하와 연결된 썬큰광장에 의해 확장된다.

뭐가 좋다는 것인가? - 개방적 공간구성

십자형의 평면은 계단실을 외부 코너로 분리함으로써 4면 모두 개방된 공간을 가지게 된다. 또한 중심에 위치한 VOID에 의해 수직적으로도 개방되며 십자형 볼트 지붕의 고창에 의해 내부는 밝고 풍요로워진다. 내부 공간의 중심에는 민원실이 위치하며 민원 외부의 원형 데크는 지면과 분리된 또 하나의 대지로 모든 방향에서 행정복지센터로의 보행자 접근을 유도하며 동시에 근무자와 방문자, 지역민 모두를 위한 외부공간으로 활용된다.

Everyday is a festival : Rediscovery of plaza
What to design? - A public facility for everyday life

Community centers around us have poor facilities and environment which make people leave the place once they have done their business. They are failing to show distinctive symbolic significance that a major local community venue is expected to have. Our proposal creates a plaza under the welfare center to transform a public building into an everyday space. Also, it turns the entire site into a spacious park and implements a loop circulation that connects the plaza and the park to accommodate various events and recreation programs. Consequently, the site will become a special place.

How to design? - Rediscovery of Plaza

The plaza of the new welfare center is like a 'vertical gap' created by detaching the building from and the ground. The area is defined by the eaves of a large round deck (45m Dia.) and extends through a sunken plaza connected to underground.

What is good about it? - Open space planning

By placing the staircase at an outside corner, the cross-shaped floor plan places the staircase at an outside corner to open the space to all sides. The space opens in a vertical direction as well through a void in the center. Skylights in the cross-shaped vaulted roof make the inside look bright and rich. The public service center is located at the center of the interior space. Outside of it, a round deck forms another plaza detached from the ground. It guides pedestrians from all directions to the welfare center while serving as an open space for center employees, visitors and local people.

Prize winner KM Architects_Kim Sekyung + MINIMAX Architects_Min Seohong **Location** Paju, Gyeonggi-do **Site area** 5,597.00m² **Building area** 2,044.83m² **Gross floor area** 6,013.43m² **Building coverage** 36.53% **Floor space index** 66.52 % **Building scope** B2, 4F **Height** 22.55m **Structure** RC **Exterior finishing** Clay Brick, Ultra High Performance Concrete, Aluminum Window + Low-E paired glass **Parking** 111 (including 8 for the disabled)

Jori-eup Administrative Welfare Center

건축적구성

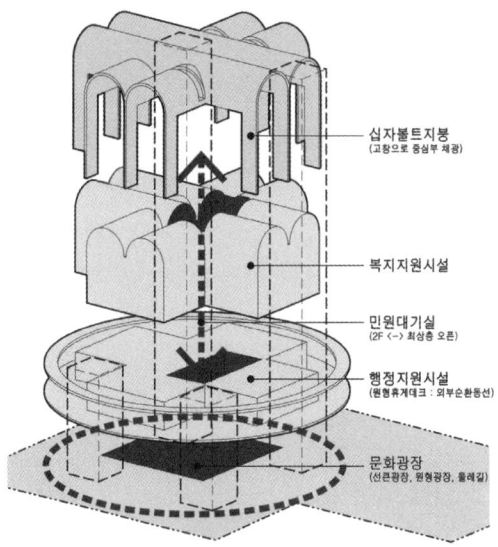

- 십자볼트지붕 (고창으로 중심부 채광)
- 복지지원시설
- 민원대기실 (2F ↔ 최상층 오픈)
- 행정지원시설 (원형휴게데크 : 외부순환동선)
- 문화광장 (선큰광장, 원형광장, 둘레길)

- 필로티로 띄워진 원형데크 하부공간은 선큰광장, 원형광장, 둘레길을 아우르는 문화광장을 형성하며 다양한 마을 이벤트 공간으로 활용한다.
- 2층 행정지원센터, 종합민원실은 총 5개의 수직동선으로 연결되며 일과후에도 개방되는 원형 휴계데크 공간으로 둘러싸인 열린 민원실을 구현한다.
- 민원대기실은 지붕까지 오픈되어 십자볼트형의 고창을 통해 채광이 가능하며 3, 4층 복지지원센터의 공용부에서 내려다 볼 수 있어 열린민원실을 보다 강화한다.

일상은 축제다 : 광장의 재발견

무엇을 만들 것인가? – 일상속의 공공시설
읍, 면, 동 단위의 지역에서 주민센터와 같은 공공시설은 마을공동체를 위한 거의 유일한 커뮤니티시설임에도 불구하고 우리 주변의 주민센터는 빈약한 시설과 열악한 환경으로 인해 필요한 업무를 보고는 바로 떠나게 되는 공간으로 지역공동체의 구심이 되기에는 특별한 장소적 상징성이 부족하다. 우리의 제안은 공공건물을 일상속의 공간으로 만들기 위해 행정복지센터의 구조를 하부에 광장을 만들고 대지전체를 공원으로 만들어 사람들이 머물 수 있는 여유 공간을 제공하며 이를 다양한 행사와 여가활동에 적합한 순환구조로 연결하여 특별한 장소를 만드는 것이다.

어떻게 만들 것인가? - 광장의 재발견
역사적 도시는 성장과 함께 사회적, 경제적 중심을 가지게 되고 광장과 시장이 공공건물과 함께 그 자리를 차지한다. 또한 광장을 구성하는 둘러싸인 공간과 모뉴먼트의 관계는 투시도적 공간개념을 형성한다. 새로운 행정복지센터의 광장은 건물과 지면의 분리에 의해 형성된 '수직적 틈'에 해당하고 거대한 원형데크(지름 45m)의 처마에 의해 규정되며 지하와 연결된 썬큰광장에 의해 확장된다. 다양한 이벤트를 수용하는 광장은 사회적, 문화적 커뮤니티가 발산되는 지역의 중심공간이 될 것이다.

뭐가 좋다는 것인가? - 개방적 공간구성
십자형의 평면은 계단실을 외단코너로 분리함으로써 4면 모두 개방된 공간을 가지게 된다. 또한 중심에 위치한 VOID에 의해 수직적으로도 개방되며 십자형 볼트지붕의 고창에 의해 내부는 밝고 중요로워진다. 내부공간의 중심에는 민원실이 위치하며 민원실 외부의 원형데크는 지면과 분리된 또 하나의 대지로 모든 방향에서 행정복지센터로의 보행자 접근을 유도하며 동시에 근무자와 방문자, 지역민 모두를 위한 외부공간으로 활용된다.

지상1층 평면도
SCALE : 1/300

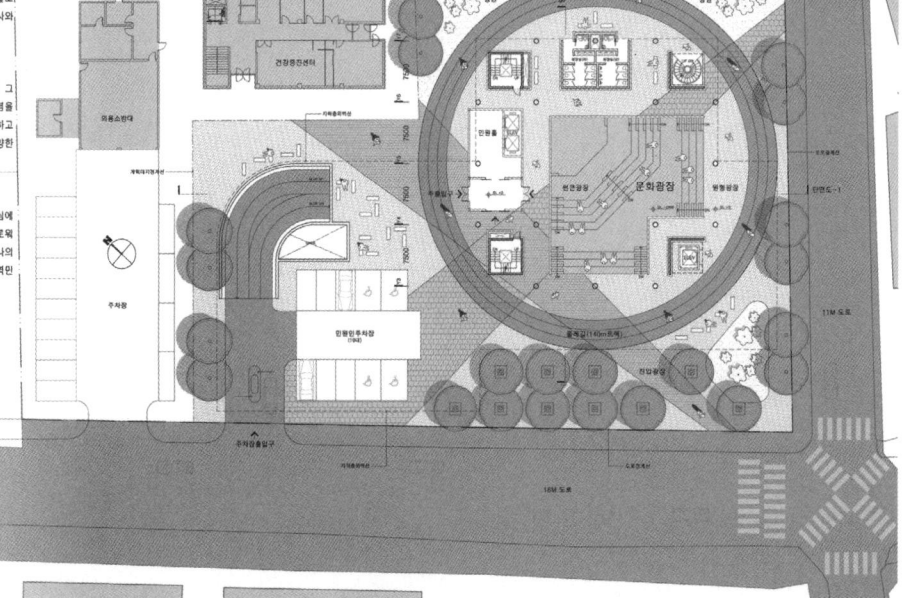

조리읍 행정복지센터

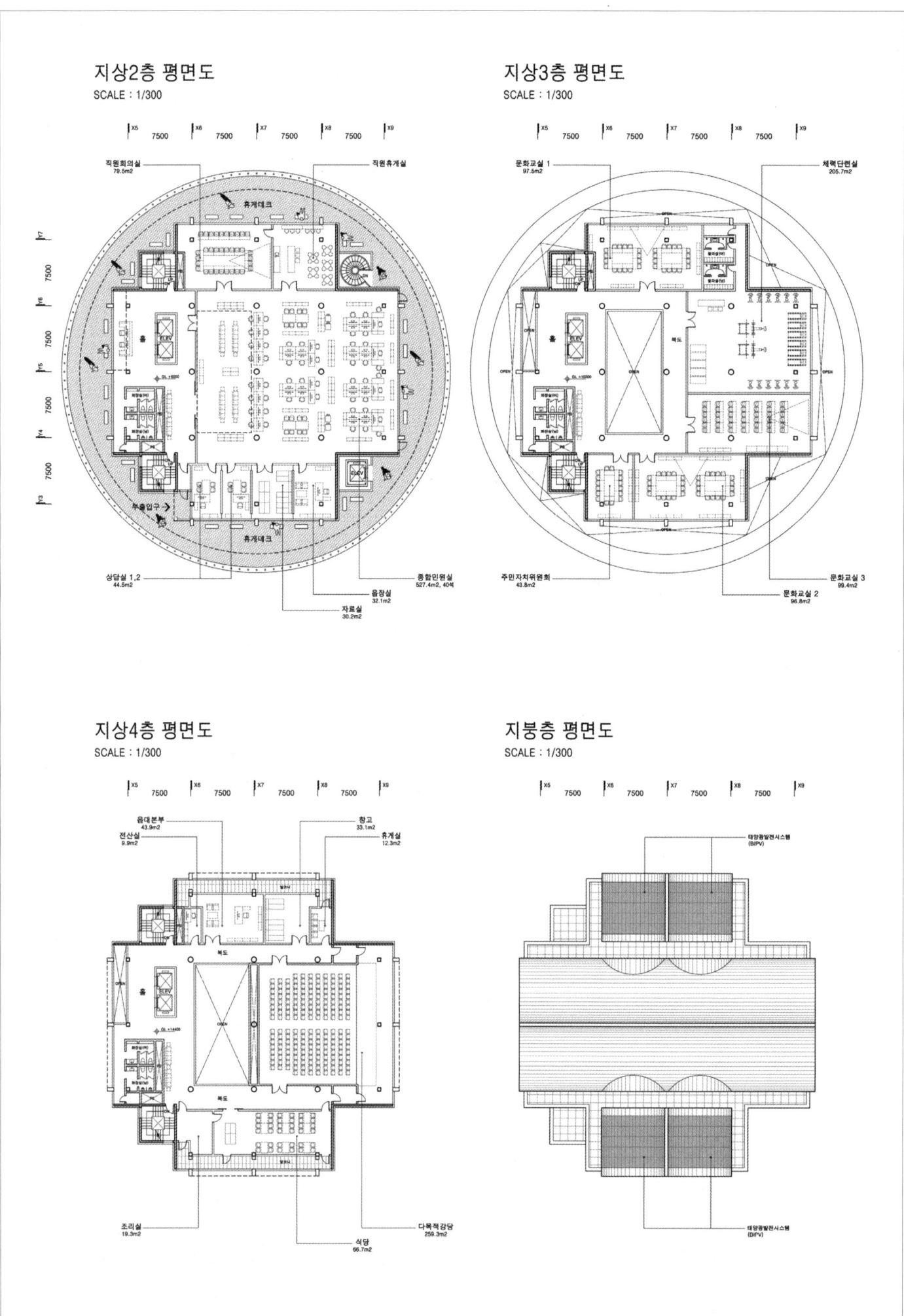

Jori-eup Administrative Welfare Center

지하1층 평면도
SCALE : 1/300

지하2층 평면도
SCALE : 1/300

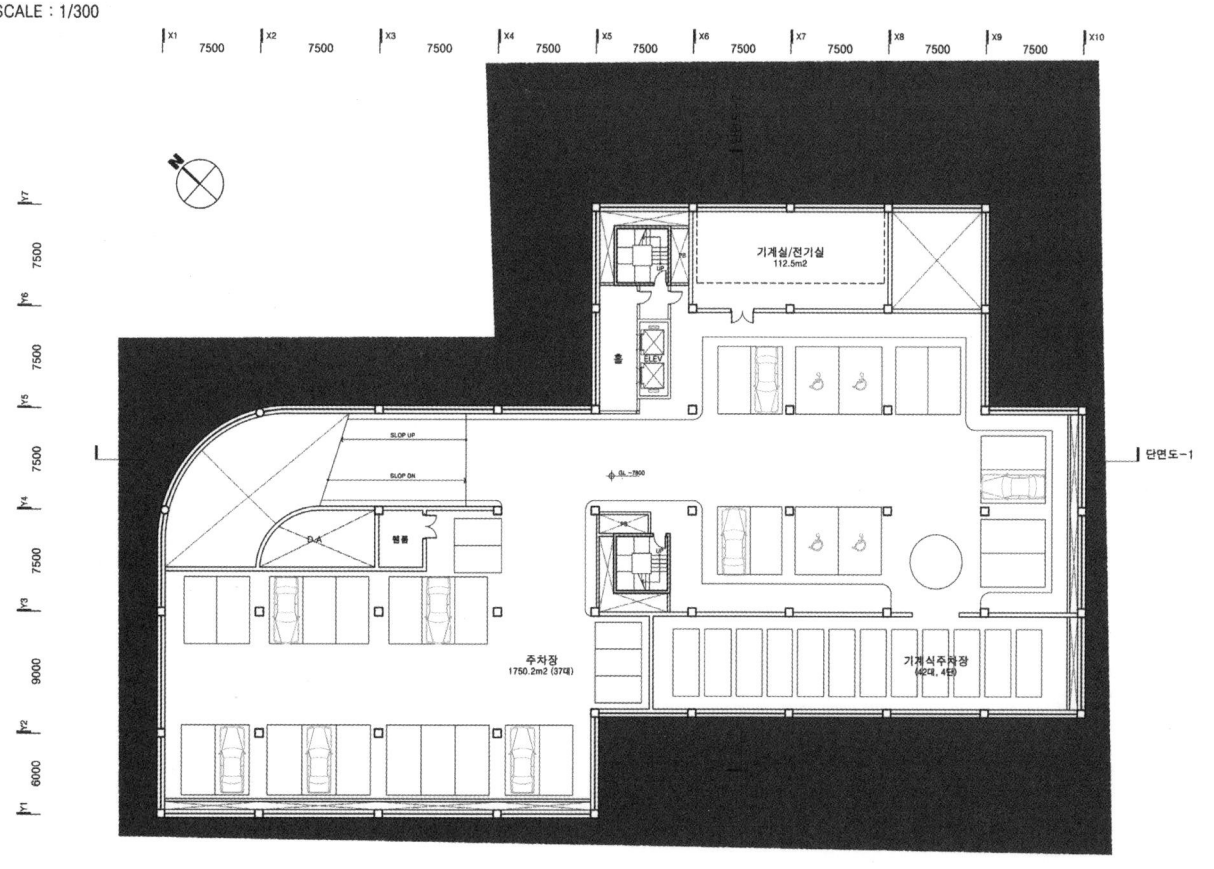

조리읍 행정복지센터

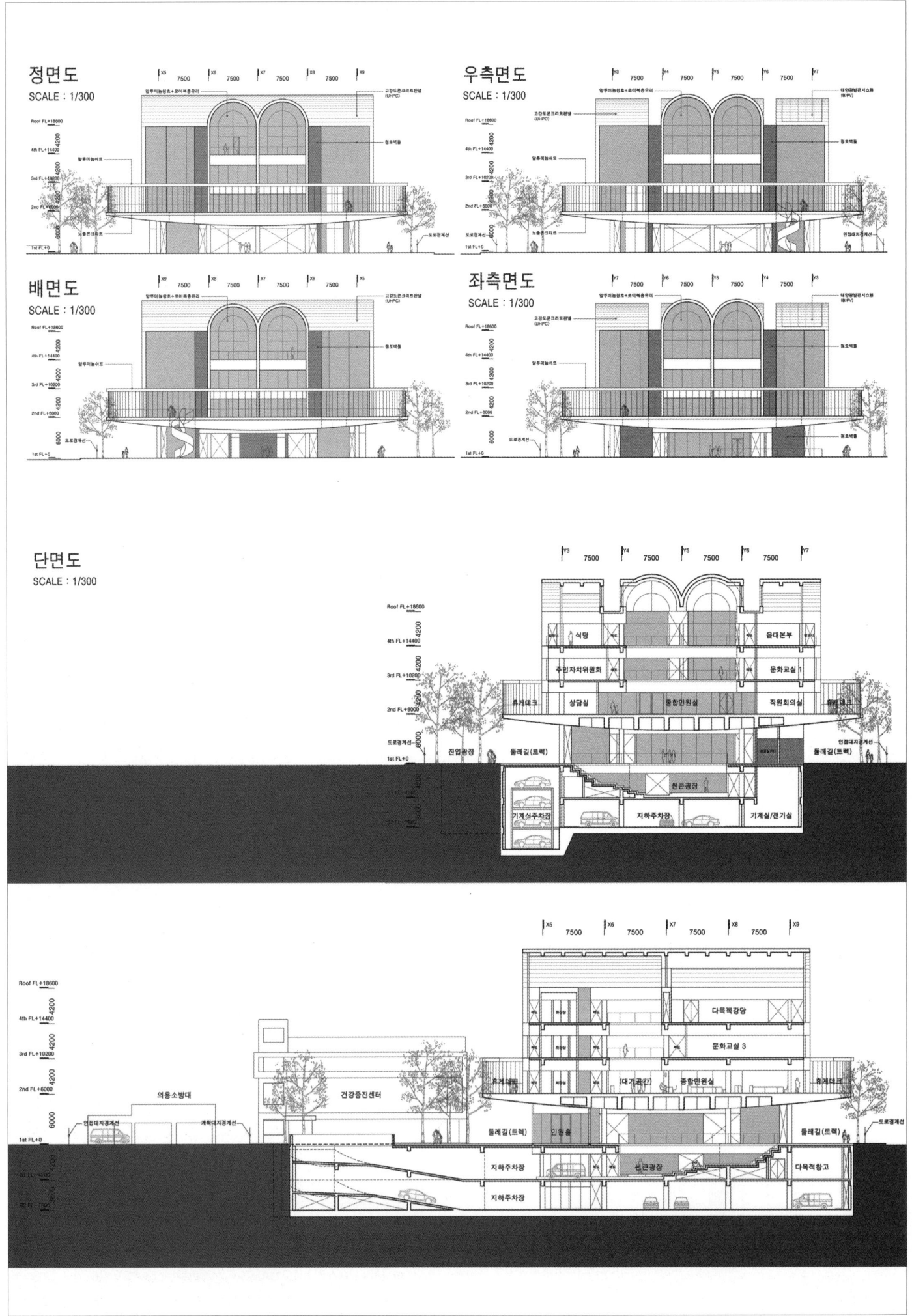

Doryoo 1·2-dong Government Building

당선작 건축사사무소 서로가 강정구, 구경미 설계팀 손동업, 이윤정, 예미언

대지위치 대구광역시 달서구 두류동 833-7, 833-111 **대지면적** 794.00㎡ **건축면적** 457.16㎡ **연면적** 1,312.39㎡ **건폐율** 57.58% **용적률** 160.3% **규모** 지하 1층, 지상 4층 **최고높이** 17m **구조** 철근콘크리트조 **외부마감** 화강석 패널, 금속패널, 로이복층유리 **주차** 4대

배치계획
- 지형에 적합한 마당 비우기와 두류산을 형상화한 매스 채우기
- 미로마을의 길과 마당을 연결시켜 지역커뮤니티 공간 만들기

평면계획
- 개방형과 통합형의 커뮤니티 공간인 로비 민원홀에 주민 북카페 구성
- 사람의 이동이 많은 실을 저층에 구성하여 피난에 유리하도록 설계
- 지역주민들의 화합 및 토론의 커뮤니티의 공간 배치
- 마루공간을 이용한 내외부공간의 연계로 환경친화적 실 구성
- 지역 주민과 함께 어우러지는 노인복지시설 공간계획

입면 및 단면계획
- 주변 건물과의 조화를 통한 도시적 스케일의 완성
- 남측 채광을 고려한 발코니계획으로 친환경 공간 조성
- 각 기능별 유기적연계가 가능한 수직 수평동선 계획 운영 및 관리를 고려
- 수직적으로 연속된 보이드공간으로 쾌적한 환경과 휴식을 제공

Site plan
- Emptying the courtyard to suit the topography, and proposing a mass design that describes Duryusan Mountain
- Creating a community space by connecting the courtyard with the paths of Miro Village

Floor plan
- Installing a community book cafe in the public service hall of the lobby to provide an open and integrated community space
- Establishing a more efficient evacuation plan by positioning rooms with frequent movements of people on the ground floor
- Introducing a community space for bringing local people together and allow them to share their opinions
- Establishing an environment-friendly arrangement plan that connects spaces inside and outside with a wood floor system
- A senior welfare center design that makes harmony with the local community

Elevation & Section
- Making harmony with neighboring buildings on an urban scale
- Providing an environment-friendly space by applying a balcony design optimized to receive the southern sunlight
- Setting up an operation and management plan for vertical and horizontal circulation systems that establish an organic network for each program.
- Providing a pleasant environment and ensuring relaxation by inserting a series of horizontal voids

Prize winner SEOROGA ARCHITECTS_Kang Jungku, Gu Kyoungmi **Location** Dalseo-gu, Daegu **Site area** 794.00m² **Building area** 457.16m² **Gross floor area** 1,312.39m² **Building coverage** 57.58% **Floor space index** 160.3% **Building scope** B1, 4F **Height** 17m **Structure** RC **Exterior finishing** Granite panel, Metal panel, Low-E paired glass **Parking** 4

두류 1·2동 복합청사

지역주민을 위한 마을 커뮤니티의 조성

Basic Plan _ 기본계획
계획의 주안점

· 대지분석을 통한 주변 CONTEXT 대응과 지역커뮤니티의 장소 제안

대지조건 및 주변스케일을 고려한 매스의 계획
· 주변건물의 스케일을 고려한 매스분절계획
· 일반주거지역으로 정북일조권을 고려한 토지이용계획

상징성과 인지성을 고려한 접근계획
· 대지로의 보행 및 차량 접근을 고려한 인지성을 향상시키는 형태 제안
· 두류산의 형태를 차용한 경사지붕의 형태 제안 (자연의 선 투영)

마을 커뮤니티의 연계 (마루와 마당의 연결)
· 각층 마루와 마당의 연결하여 그린 네트워크의 형성
· 층별 라운지계획으로 다양한 커뮤니티공간의 제안

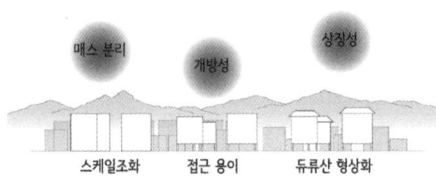

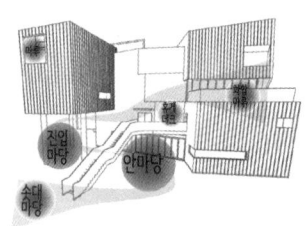

내외부공간의 유기적인 연결로 공간의 확장성 고려
· 열린 두류마당과 민원실의 연계로 열린 민원실 구성
· 마루와 주요실의 연계로 공간의 확장과 친자연적인 공간의 구성

주변환경에 대한 배려
· 주변의 일조 및 채광, 소음 등을 고려한 형태 및 창호 계획
· 주변의 주거건물에 대한 프라이버시와 빛 공해를 고려한 입면 계획

친환경 요소 도입으로 에너지절약시스템을 적용
· 냉·난방 부하감소를 위한 옥상녹화계획 도입
· 지붕경사를 이용한 태양광시스템을 적용

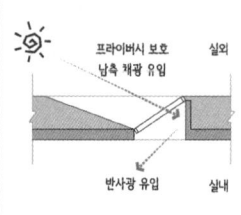
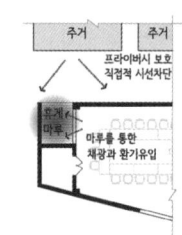

이형적 형태의 대지를 효율적으로 활용한 배치계획

Architecture Plan _ 건축계획
배치도

지형에 적합한 마당 비우기와 두류산을 형상화한 매스 채우기

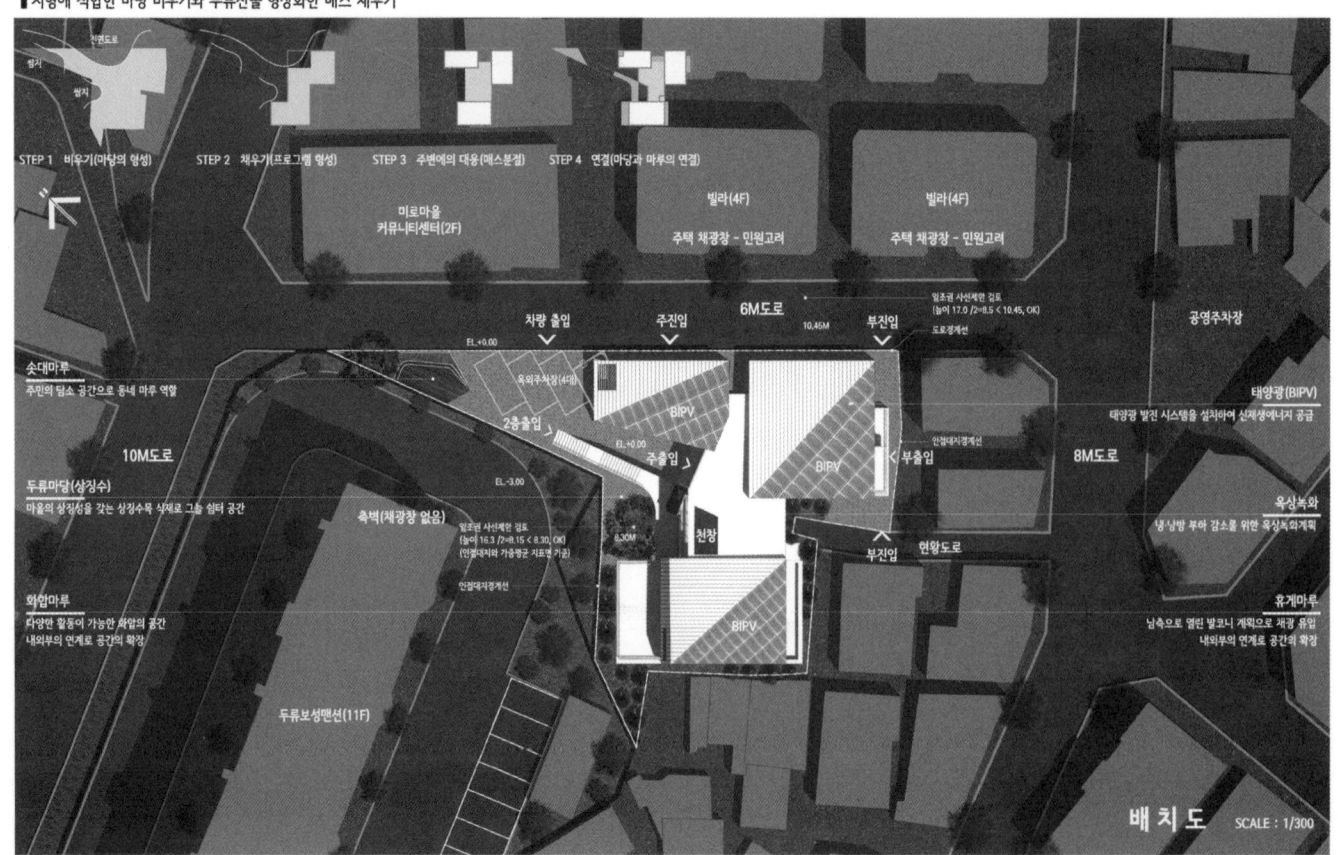

배 치 도
SCALE : 1/300

Doryoo 1·2-dong Government Building

외부공간과 연계한 열린 행정복지센터의 실현

세 개의 마당과 1층 내부공간을 연계한 유기적인 평면계획

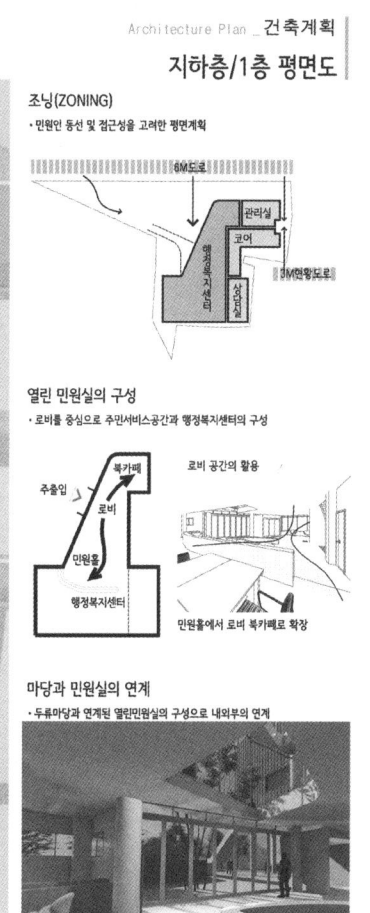

Architecture Plan _ 건축계획
지하층/1층 평면도

조닝(ZONING)
· 민원인 동선 및 접근성을 고려한 평면계획

열린 민원실의 구성
· 로비를 중심으로 주민서비스공간과 행정복지센터의 구성
· 로비 공간의 활용
· 민원홀에서 로비 북카페로 확장

마당과 민원실의 연계
· 두류마당과 연계된 열린민원실의 구성으로 내외부의 연계

지하층 평면도 SCALE : 1/200
1층 평면도 SCALE : 1/200

다수의 접근성을 고려한 저층부의 동선계획

동시에 사람의 이동이 많은 실을 저층에 구성하여 피난에 유리하도록 설계

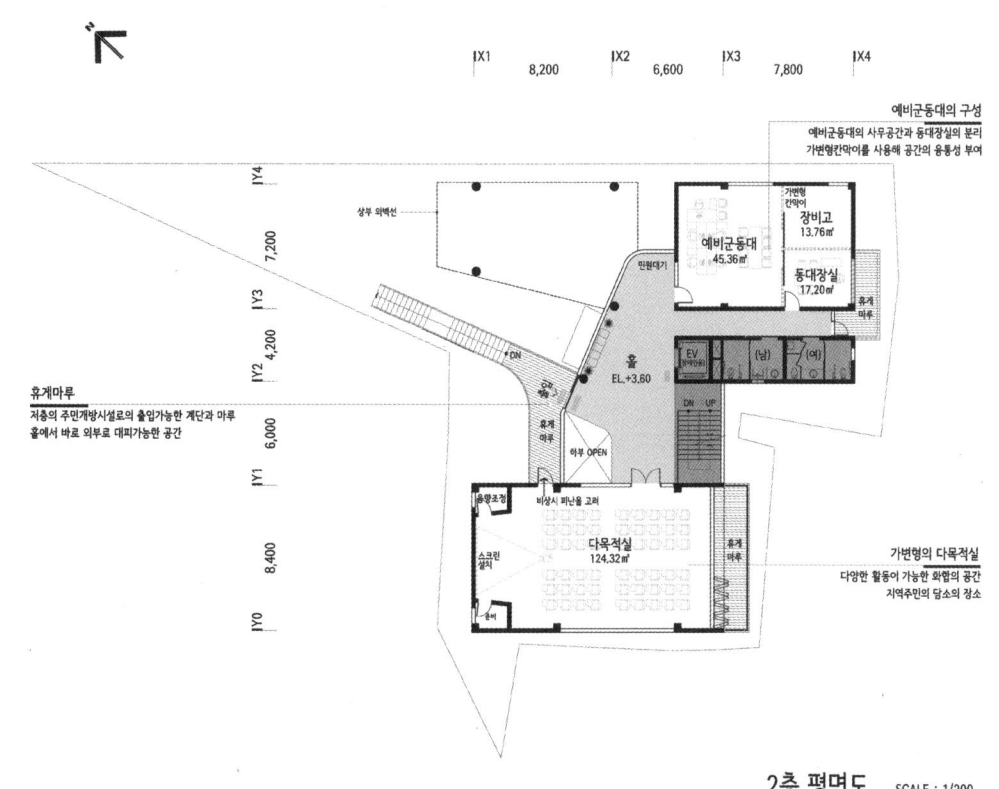

Architecture Plan _ 건축계획
2층 평면도

조닝(ZONING)
· 지역주민의 다수의 접근이 많은 실을 2층에 배치하여 피난에 유리

코어의 집중화, 중앙홀 방식으로 합리적인 동선계획
· 엘리베이터, 계단실, 화장실 영역의 집중화로 구조, 설비의 합리적 설계
· 중앙홀방식으로 복도공간 및 안전사각지대를 최소화

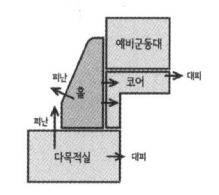

외부계단과 휴게마루
· 비상시 피난을 고려한 외부계단과 안마당을 바라보는 휴게마루

2층 평면도 SCALE : 1/200

두류 1·2동 복합청사

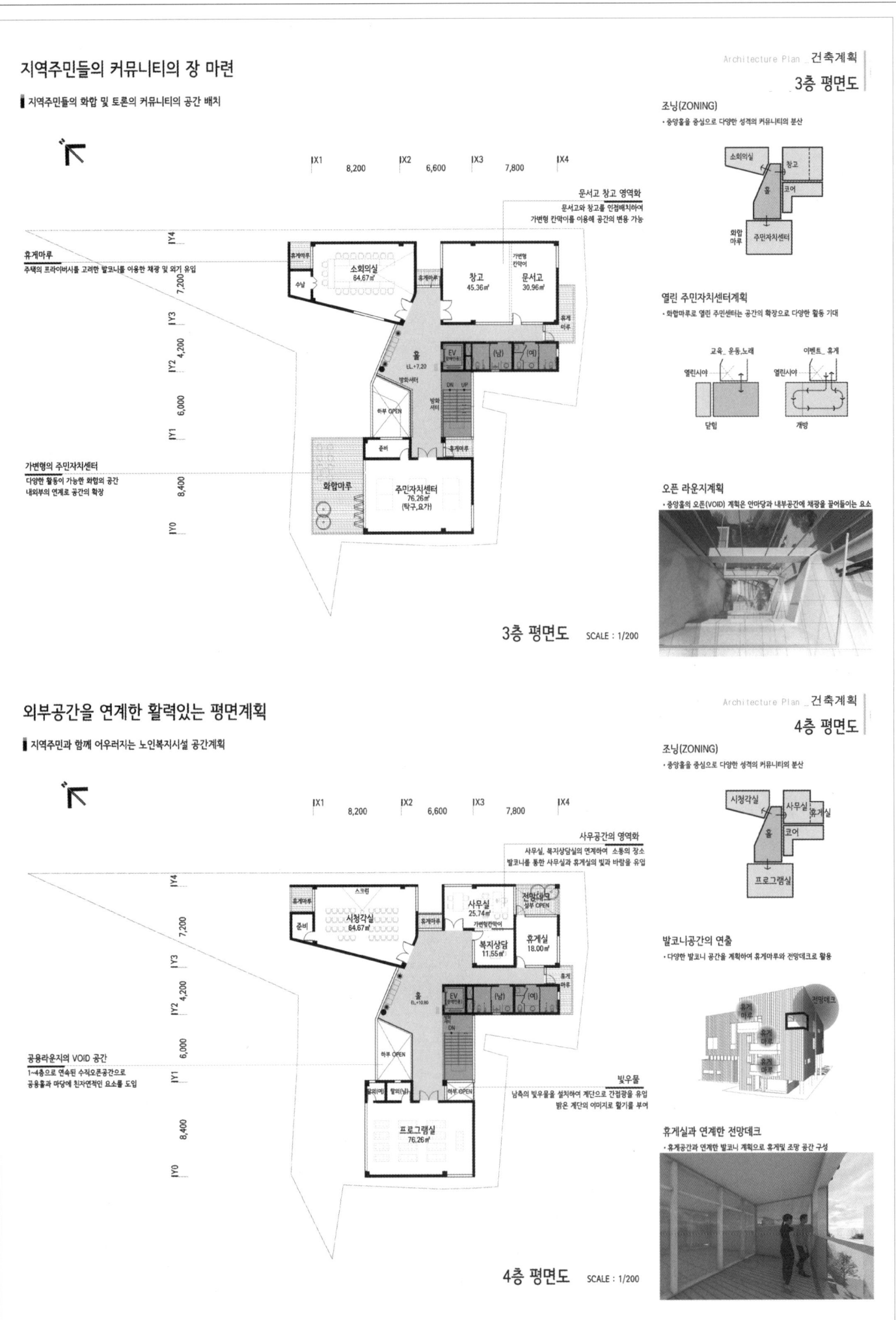

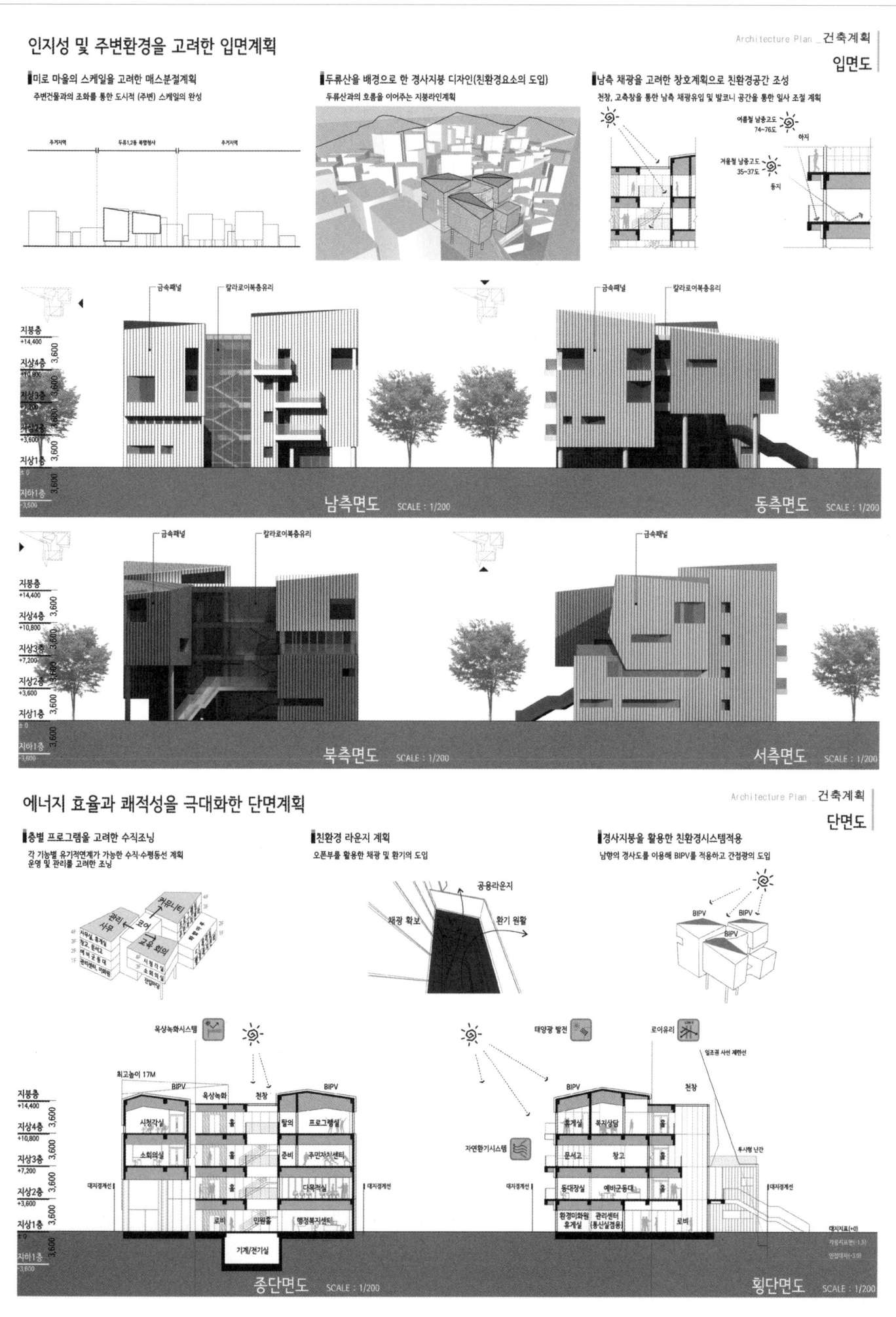

제주시 3R 재활용센터

당선작 (주)선파트너스 건축사사무소 강승종 설계팀 김선일, 김종현, 이제희, 엄지

대지위치 제주특별자치도 제주시 오등동 1069 **대지면적** 8,506.00㎡ **건축면적** 1,462.69㎡ **연면적** 1,992.15㎡ **조경면적** 2,672.90㎡ **건폐율** 17.73% **용적률** 24.14% **규모** A동-지상 3층 / B동-지상 2층 **최고높이** 13.50m **구조** 철근콘크리트조 **외부마감** 알루미늄 시트, 현무암/화강암 판석, 로이복층유리 **주차** 32대(대형주차 2대, 장애인주차 2대 포함)

제주 돌창고의 재생을 담다
제주 농경사회를 상징하는 돌창고가 카페, 갤러리 등으로 재탄생하는 현상을 통해 돌창고 건축에서 재활용센터에 가장 부합하는 이미지를 가져온다. 돌창고를 모티브로 3R 재활용센터를 제주의 자연 속에서 보고, 배우며 경험할 수 있는 복합문화공간으로 조성한다.

배치계획 및 평면계획
삼각형의 건물 배치로 중정을 통해 두 개 동이 유기적으로 연계되도록 계획한다. 사용 목적과 기능을 고려하여 내부 프로그램을 수평적이고 순차적으로 조닝 함으로써 대형 폐기물 처리 동선과 방문객 동선을 체계적이고 명확하고 계획한다. 입주사무실은 업무환경을 고려해 소음이 발생하는 수리수선실과 이격 배치하고, 협업과 휴게를 고려한 회의실, 공동작업장 및 휴게공간을 조성한다.

입면계획
재활용 자재와 친환경 자재 사용으로 재활용 센터로서 건축물 이미지를 제고하며, 주변 경관을 담은 색채 계획으로 주변과의 조화와 안정감을 제공한다.

단면계획
기존 대지 레벨을 활용한 단면계획을 통해 지형 및 지생 훼손을 최소화하고, 프로그램별 합리적인 층고 계획과 동별 조화로운 높이 계획으로 채광과 열린 조망을 확보한다.

Upcycling Jeju's stone-built storage
During the process through which a stone-built storage, a symbol of Jeju's agricultural society, transforms into a café and gallery, most appropriate features for an upcycling center are taken from among the architectural characteristics of the storage. Inspired by this stone-built storage, the 3R Upcycling Center will serve as a culture complex providing learning and experience opportunities in the natural environment of Jeju.

Site plan & Floor plan
A triangular arrangement plan is proposed to make the two proposed buildings establish an organic network through a courtyard. Considering the use and function of each building, indoor programs are zoned in a horizontal and orderly way to implement a systematic and clear circulation system appropriate for a large waste disposal process and visitors. Considering the work environment, offices are positioned away from the noisy repair workshop. A meeting room, common workshop and resting area are arranged in a way to ensure efficient collaboration and relaxation.

Elevation
Recycled and environment-friendly materials are actively used to make an architectural impression appropriate for an upcycling center. Planned to reflect the surrounding scenery, the proposed color scheme makes harmony with the surrounding landscape and gives a sense of stability.

Section
Making use of given ground level conditions, the proposed section design minimize damage to the natural typography and vegetation within the site. Floor heights are determined to suit the nature of each program, and building heights are adjusted to make a harmonious combination that ensures natural lighting and panoramic views.

Prize winner SUNPARTNERS Architects_Kang Seungjong **Location** Odeung-dong, Jeju-si **Site area** 8,506.00㎡ **Building area** 1,462.69㎡ **Gross floor area** 1,992.15㎡ **Landscaping area** 2,672.90㎡ **Building coverage** 17.73% **Floor space index** 24.14% **Building scope** A-3F / B-2F **Height** 13.50m **Structure** RC **Exterior finishing** Aluminum Sheet, Basalt / Granite Flagstone, Low-E paired glass **Parking** 32 (including 2 for large size, 2 for the disabled)

제주시 3R 재활용센터

계획방향

CONCEPT 계획개념

저영향개발 Low Impact Development
· 대지 내 자연순환기능을 최대한 유지하는 방법으로 오염물 정화 등 다양한 친환경 공간 조성으로 자연환경보호에 기여

"제주 자연환경의 보존·활용"
· 제주를 상징하는 녹나무와 제주만의 자연환경을 보존하고, 활용하여 친환경적인 공간으로 조성

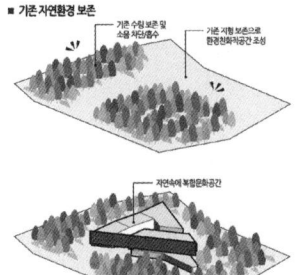

제주 돌창고 업사이클링의 상징
· 제주의 정체성과 외지인의 정서가 결합해 현재 모습으로 재탄생한 역사의 산물이자, 제주인의 지혜와 역사가 담긴 제주 돌창고

"제주 업사이클링의 새로운 가능성"
· 어디에서도 찾아볼 수 없고 제주만의 독특함이 살아 있는 제주 돌창고 지속적으로 활용 가능한 돌창고는 제주의 새로운 상징

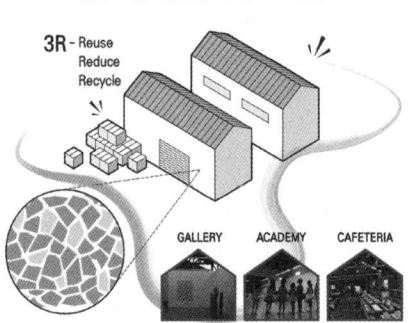

복합문화공간 자연환경과 프로그램의 연계
· 생산·유통·소비의 건강한 순환이 시민의 참여로 이루어지고, 자연과 함께 새로운 즐거움을 알아가는 문화공간 조성

"제주를 담은 복합문화공간으로 재탄생"
· 제주 및 3R 재활용센터 비전을 담은 새로운 상징으로써 제주민 삶의 질 향상 및 다양한 문화공간 조성

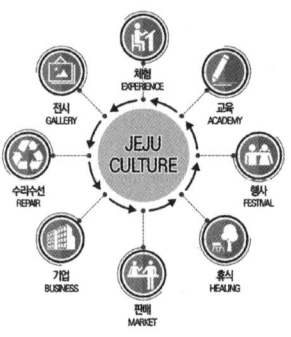

디자인 프로세스

CONCEPT 계획개념

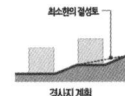  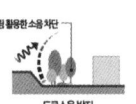 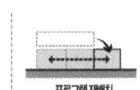 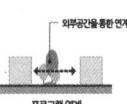 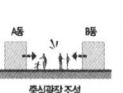   

수림대 보존 / 대지에 순응하는 배치
· 기존 수목을 최대한 보존하고 지형을 활용하여 훼손을 최소화
· 도로 소음을 저감하기 위해 건물을 직각방향이 아닌 사선방향으로 배치

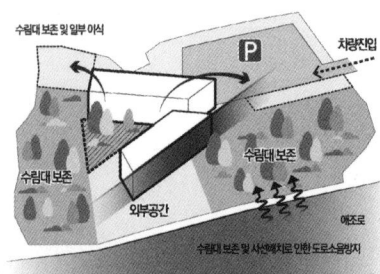

프로그램 재배치 및 연계
· 사용 목적과 기능을 고려한 수평적 조닝으로 프로그램의 연계성 향상
· 혼디마당을 통해 각 건물로 연결되어 안전하고 편리한 공간의 조성

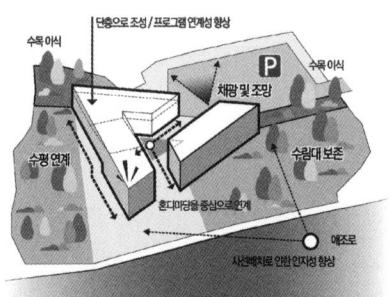

다양한 외부공간과의 연계
· 각 시설별로 다양한 외부공간과 연계하여 자연 속에서 새로운 체험 및 휴식 제공
· 다양한 이용객들을 고려하여 내·외부공간을 자연환경과 유기적으로 연계

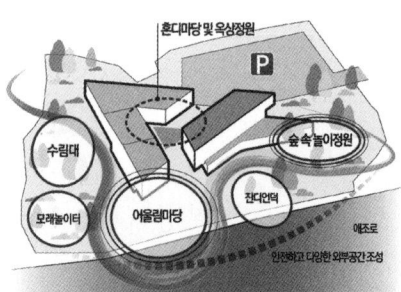

Jeju 3R Upcycling Center

배치계획

ARCHITECTURAL PLAN
건축계획

▍배치 및 조닝계획

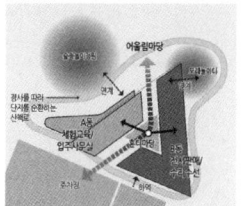

- 흔디마당(야외전시공간)을 중심으로 A동과 B동을 연계 배치
- 단지를 순환하는 산책로를 중심으로 다양한 외부공간 조성 및 각 건물의 내외부를 유기적으로 연계

▍차량 소음 방지/인지성을 고려한 사선배치

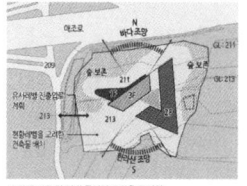

- 북측 애조로와 이격 배치하여 안전한 외부공간 조성 및 외부 소음 차단
- 도로와 직각배치가 아닌 사선배치계획으로 원거리 인지성 향상

▍채광 및 조망을 고려한 층수/높이 계획

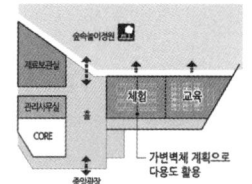

- 수림대 보존 및 실별 특성및 조망을 고려한 높이/층수 계획으로 친환경적 외부공간 조성
- 업무시설 남향 배치로 조망 극대화

지상 1층 평면도

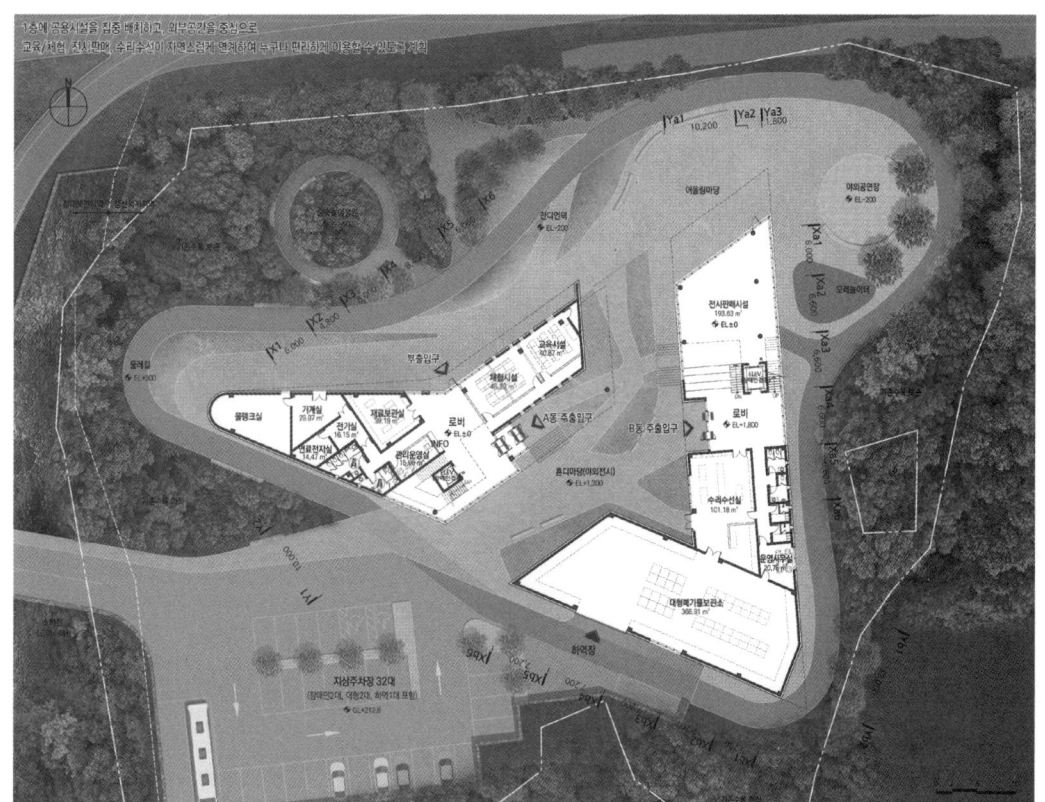

ARCHITECTURAL PLAN
건축계획

▍자연과 함께하는 체험교육

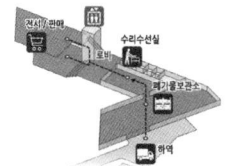

- 업사이클링에 관한 교육 및 체험 가능한 공간과 외부전시 공간과 연계 활용 가능

▍업사이클링 시스템을 반영한 동선계획

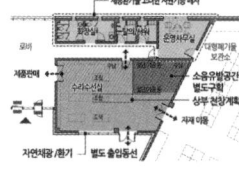

- 업사이클링 프로세스를 고려한 명료한 실배치 및 동선계획
- 1차적으로 분리된 폐기물(폐목재, 전자기전 등)은 보관소를 거쳐 수리수선실에서 가공 후 최종적으로 전시판매시설로 이동

▍편의를 고려한 수리수선실 계획

- 수리수선실 지원기능 연계배치 및 자연 채광/환기 적극 도입
- 운영사무실과 폐기물보관소 및 수리수선실 동선 연결로 유지관리 편의 제공

제주시 3R 재활용센터

지상 2층 평면도

입주사무실 휴게실 및 야외휴게데크 조성으로 여유로운 근무환경 제공 및
자유로운 동선 계획 및 수직적 연계를 통한 열린 전시판매시설 공간 조성

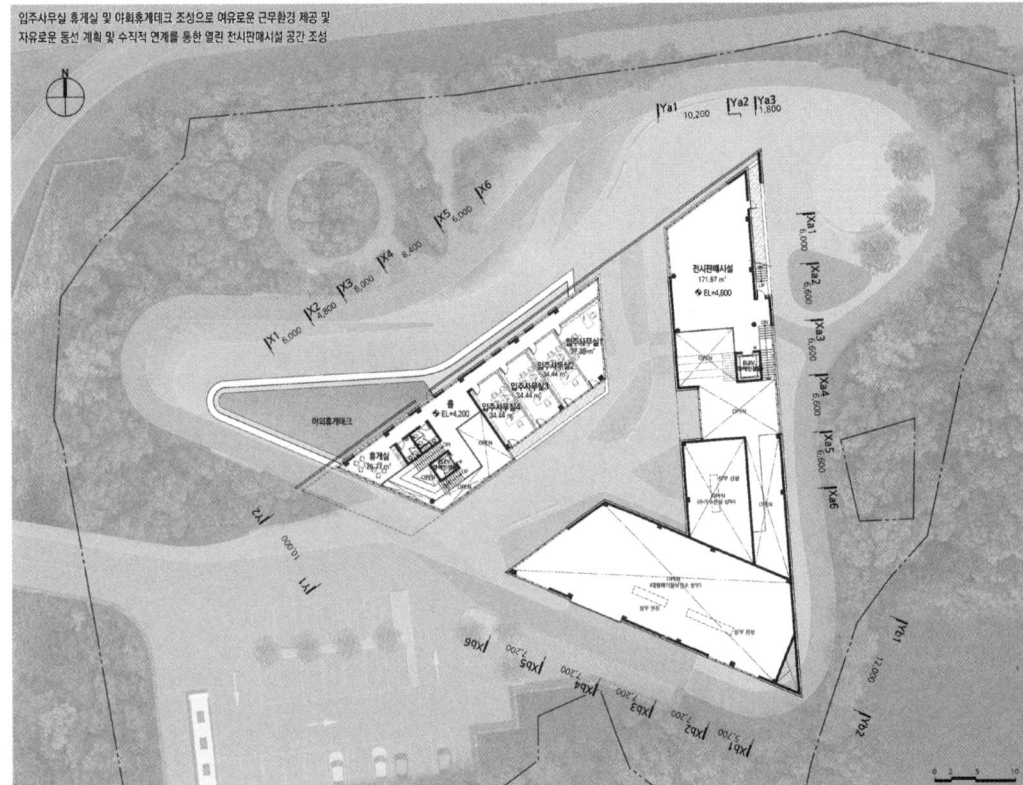

ARCHITECTURAL PLAN
건축계획

업무환경을 고려한 입주사무실

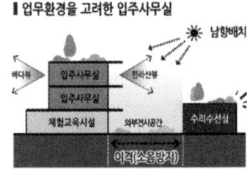

· 입주사무실의 업무환경을 고려하여 남향배치, 발코니계획 및 수리수선실과 이격하여 소음방지

휴게라운지와 연계한 야외휴게데크

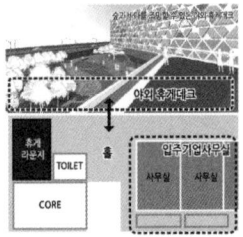

· 입주사무실의 쾌적한 사용환경을 위해 휴게실과 연계사용 가능한 야외휴게데크 조성

외부공간과 연계한 전시판매시설

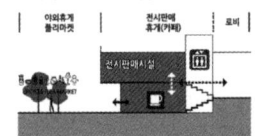

· 전시판매시설을 1,2층으로 계획하고,
카페 및 휴게공간으로 활용 및 외부놀이공간과 연계 가능
· 로비와 연계하여 전시공간 확장이용이 가능한
열린 전시공간계획

지상 3층 평면도

업사이클링 작가의 편의제공을 위한 공동작업 공간 등 다양한 지원 공간 조성 및
지역주민 누구나 한라산과 바다를 조망할 수 있는 옥상정원 조성

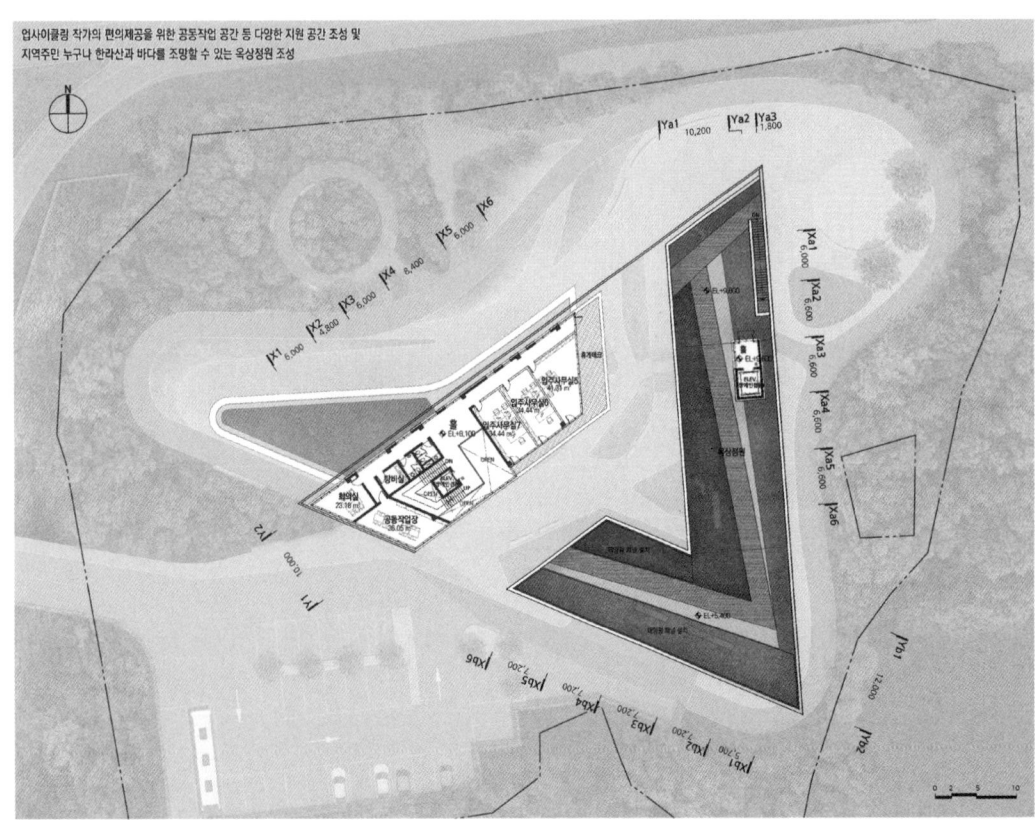

ARCHITECTURAL PLAN
건축계획

다양한 활용을 고려한 입주사무실

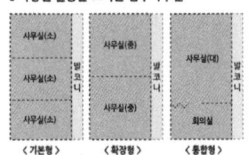

· 가변형 벽체구조(Moving wall)를 도입하여 입주사무실의 다양한 용도의 사용방안을 모색
· 발코니 계획으로 입주사무실의 쾌적한 실내환경 제공

지원시설(공동작업장 및 회의실) 계획

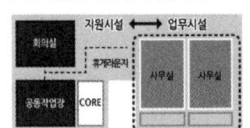

· 업사이클링에 필요한 기계장비(재봉틀, 3D PRINTER 등) 공유 및 협업을 고려하여 합리적 위치에 공동작업장 및 회의실 계획

옥상정원 / 휴게데크

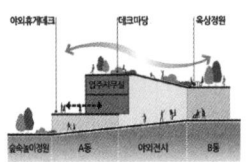

· 옥상 데크마당과 2층 야외휴게데크를 계획하여 입주사무실 직원의 독립적인 휴식환경 조성
· 바다 조망을 누리며 지역주민들과 호흡하는 옥상휴게공간

Jeju 3R Upcycling Center

입면계획

어디에서도 찾아볼 수 없는 제주만의 독창적인 돌창고를 모티브로한 입면디자인계획
폐자재 및 지역성을 반영한 재료 활용을 통해 교육적 공간 조성

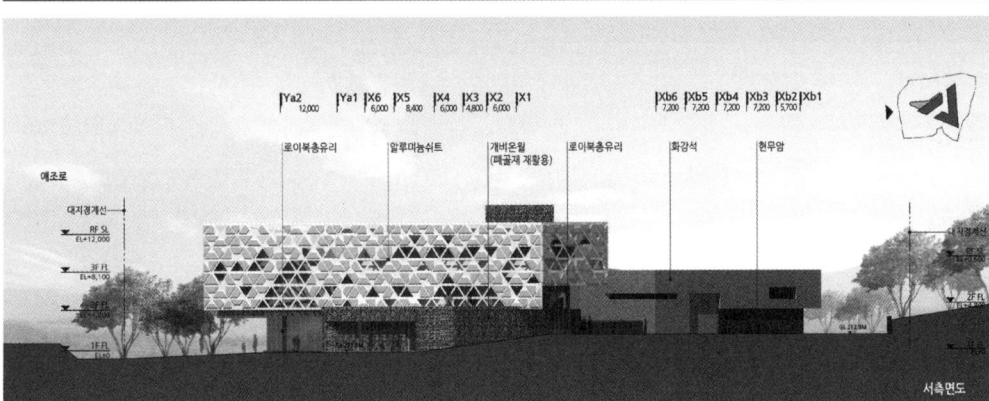

ARCHITECTURAL PLAN — 건축계획

제주 돌창고의 재탄생

· 제주 농경사회를 상징하는 돌창고가 제주에 정착한 이주민에 의해 카페, 갤러리 등으로 재탄생하는 현상을 통해 돌창고 건축에서 재활용센터에 가장 부합하는 이미지를 가져온다.

ACADEMY · 문화공간 / GALLERY · 휴식공간 / CAFETERIA · 엔트러사이트

돌창고 건축방식과 입면패턴

· 제주 고유한 느낌이 살아 있는 현무암돌을 쌓아 만든 돌창고의 입면을 현대적인 재료를 사용하여 새로운 패턴을 생성

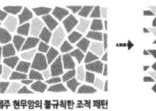 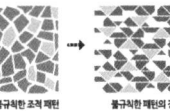

폐자재를 재활용한 입면계획

· 건물 외벽의 일부를 순환골재를 활용한 개비온월로 조성하여 재활용의 다양한 가능성과 건축적인 미를 표현

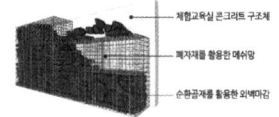

입면계획

자원 재활용 및 제주를 표현하고, 주변환경과 어우러지는 재료 및 형태 계획
소음/일사 등을 고려한 패시브 디자인 계획

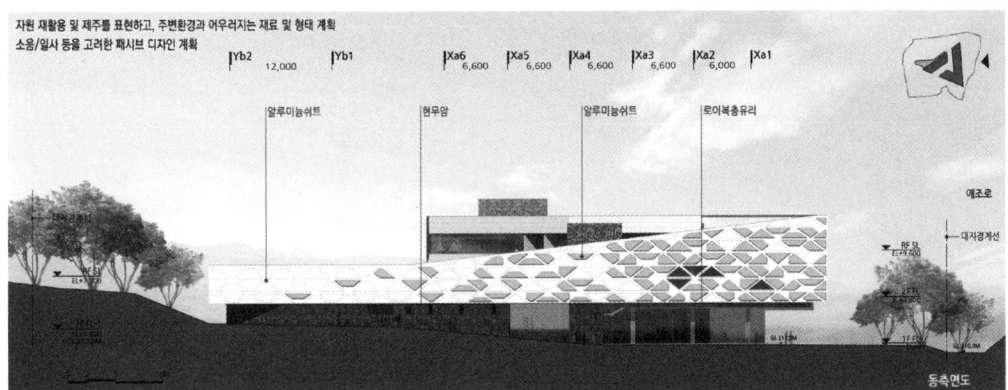

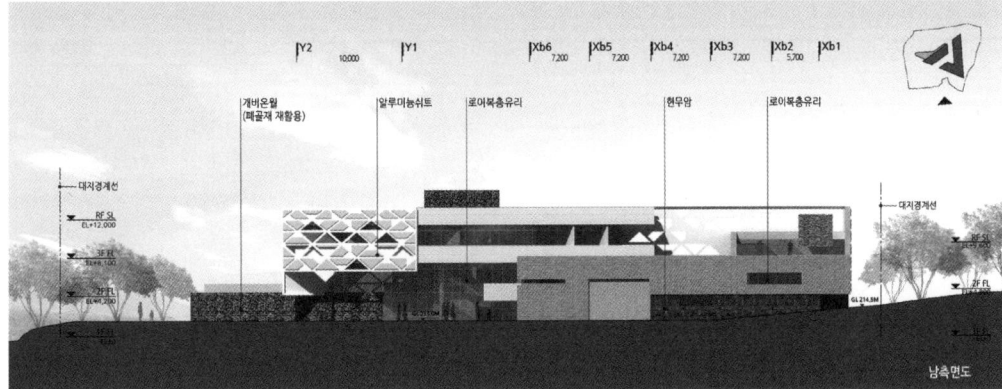

ARCHITECTURAL PLAN — 건축계획

재료 및 색채계획

· 재활용 자재 및 친환경 자재 사용으로 건축물 이미지 제고
· 주변 경관을 담은 색채와 재료로 주변과의 조화 및 안정감 제공
· 에너지 효율성, 경제적 합리성, 시공성을 고려한 형태 및 재료 사용

알루미늄쉬트 N8 / 개비온(순환골재) N5

현무암 판석 N4 / 화강암 판석 N7

로이복층유리 2.5PB-10/35 / 판다블록 10Y-0477

이중외피 시스템을 활용한 패시브 디자인

· 이중외피 시스템을 활용한 일사조절 및 도로소음 저감
· 자연환기를 통한 쾌적한 실내환경 조성

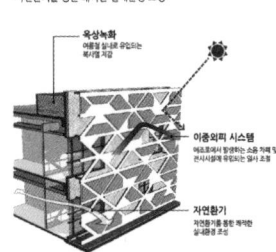

제주시 3R 재활용센터

단면계획

기존 대지현황 레벨 활용한 단면계획
- 대지 내 지형 및 식생 훼손을 최소화 하기위해 현황 레벨을 그대로 활용하여 계획

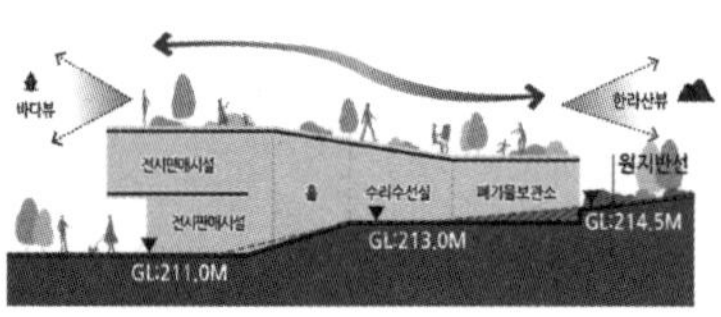

도로 소음 방지계획
- 애조로에서 발생하는 차량 소음에 대응하여 도로와 최대한 이격 및 사선배치
- 대지 내 기존 수림을 활용하여 안전하고 친환경적 외부공간 조성

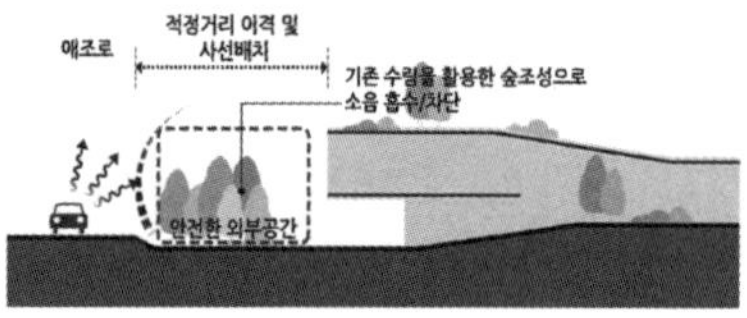

천창을 통한 자연채광계획
- 쾌적한 실내환경 조성을 위해 천창계획으로 자연채광 적극 유도 및 자연환기 가능한 계획

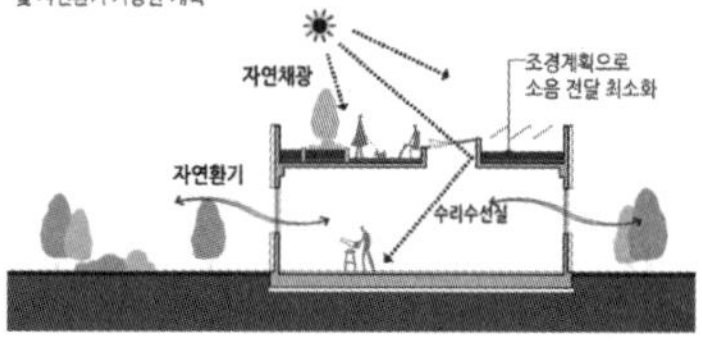

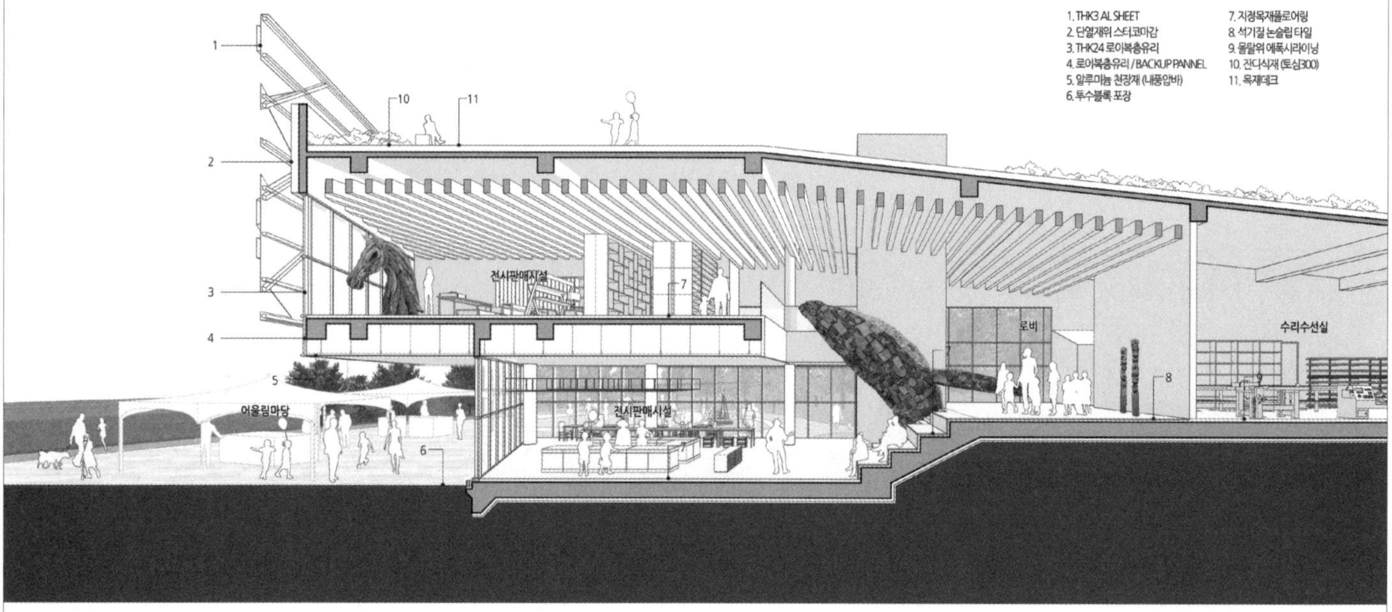

1. THK3 AL SHEET
2. 단열재위 스타코마감
3. THK24 로이복층유리
4. 로이복층유리/BACKUP PANNEL
5. 알루미늄 천장재 (내풍압비)
6. 투수블록 포장
7. 지정목재플로어링
8. 석기질 논슬립타일
9. 울잘위 에폭시라이닝
10. 친다시재 (토심300)
11. 목재데크

단면계획

조화로운 높이계획 및 합리적인 층고계획으로 자연채광 및 열린 조망계획
1층에 공용프로그램을 집중 배치하여 이용자 편의 제공 및 시설 연계 도모

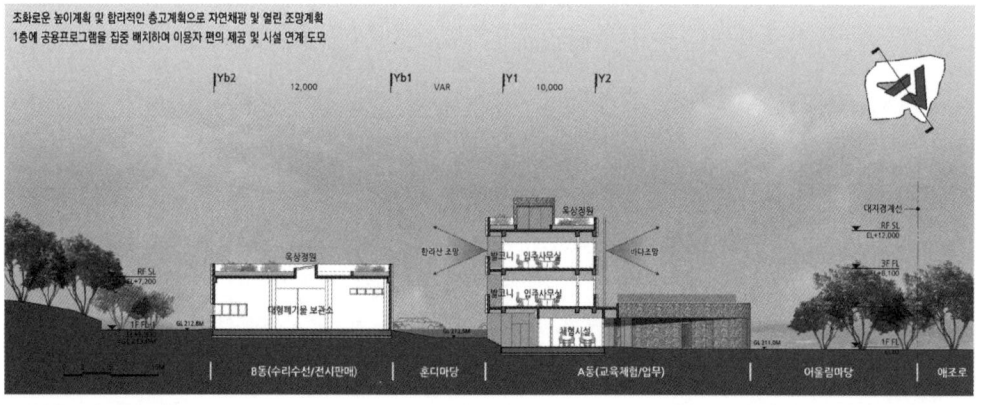

실내재료마감표
- 환경성질환 방문객을 고려한 친환경 마감재 선정
- 업무공간의 가변성과 편의를 고려한 가변형벽체계획

단면조닝계획
- 프로그램 성격에 따른 명확한 조닝계획
- 공장배치 및 남향배치로 채광과 환기에 유리한 단면계획

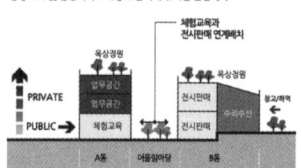

합리적인 층고계획
- 실별 사용성을 고려한 합리적인 층고계획
- 개방감 극대화 및 휴게환경을 고려한 2개층 높이의 전시판매 공간계획

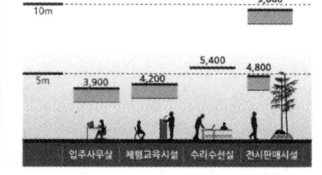

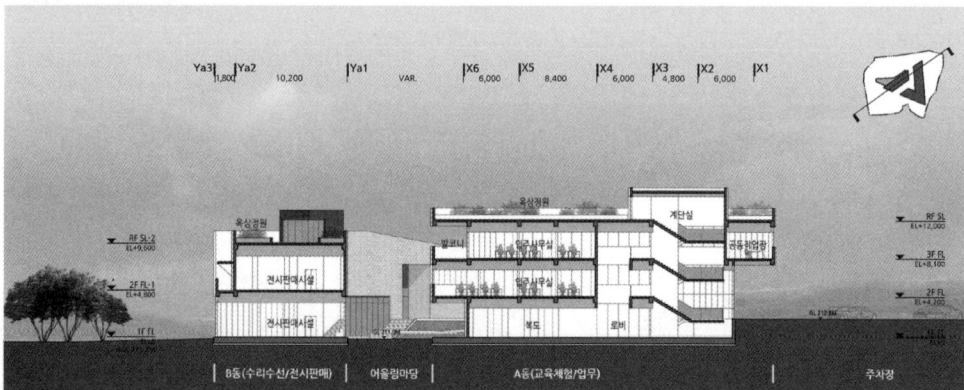

Jeju 3R Upcycling Center

경기신용보증재단 사옥

당선작 (주)해안종합건축사사무소 윤세한 + (주)디엔비건축사사무소 조도연 설계팀 박민진, 김민규, 김준형, 서한승, 이지훈, 윤재원, 황명진, 박 문, 임우재, 김선아, 박우정, 손하나, 한수정 (이상 해안) 이경환(이상 디엔비)

대지위치 경기도 수원시 광교택지개발지구 내 경기융합타운 "융합9" **대지면적** 5,000㎡ **건축면적** 2,330.59㎡ **연면적** 41,274.04㎡ **조경면적** 1,146.21㎡ **건폐율** 46.61% **용적률** 449.36% **규모** 지하 5층, 지상 14층 **구조** 철근콘크리트조 **외부마감** 로이복층유리, 금속패널 **협력업체 구조** – 해밀이엔씨, **전기** – 진전전기, **기계** – 씨앤아이eng, **소방** – 한백, **토목** – 에이스울, **조경** – 엘엔케이, **친환경** – 네드, **시공계획** – 위너플랜, **인테리어** – 해안

경기신용보증재단 사옥은 중소기업과 소상공인들을 위한 금융서비스를 지원하는 공공 금융기관의 역할과 경기 융합타운 내 건물로서 마스터플랜 및 도시환경과의 조화가 매우 중요하다.

광교 테크노밸리에서 경기융합타운을 거쳐 원천저수지로 이어지는 동서 보행 흐름을 반영한 저층부는 자연과 어우러진 부드러운 곡선의 보행 흐름과 가로변의 상업시설, 이벤트가 넘치는 광장과 함께 활기가 넘치는 가로환경을 조성한다. 원스탑 금융지원서비스가 가능하도록 그랜드 로비를 중심으로 금융 및 창업프로그램을 계획하여 이용자의 접근 편의성을 높였으며, 포디엄의 테라스는 식당, 북카페, 체력단련장 등과 연계된 쾌적한 녹지공간으로 광장, 공원 등 야외조망이 가능하며, 코어와 연계된 휴식공간은 미팅, 재충전이 가능한 힐링 공간으로 수직적 연계가 가능하다. 재단이 사용하는 공간은 주변 조망이 가능한 상층부에 전 층 남향으로 계획되어 있으며, 주요 업무공간은 그린 아트리움을 중심으로 창의적 사고와 소통이 가능하도록 하였다. 또한 업무, 지원, 재충전, 휴게 등이 경계 없이 다양하게 구성 가능한 무주공간으로 조직변화에 유연하게 대처할 수 있는 가변적인 스마트공간으로 구성 하였다.

타워는 중앙광장을 포용하는 형태로 디자인 되었으며, 톱니 모양의 입면계획을 통해 일사 차단, 채광성 향상 및 BIPV를 통해 에너지 자립률을 높이는 스마트 외피 계획으로 제로 에너지 사옥을 구현하였다.

The Gyeonggi Credit Guarantee Foundation Headquarters is expected to serve as a public finance institution offering financial services for small and medium businesses and small traders, and also as a building settled inside Gyeonggi Hybrid Town, it should make harmony with the masterplan and urban environment of the town.

Designed to reflect the pedestrian flow running east and west from Gwanggyo Techno Valley to Woncheon Reservoir via Gyeonggi Hybrid Town, the lower floor embraces an elegant nature-friendly curvilinear pedestrian path, roadside shops and eventful plaza to create a lively streetscape. To employ a one-stop financial service system, financial and startup programs are introduced around the grand lobby, and this increases accessibility and convenience for users. The podium's terrace is a pleasant green area connected to the restaurant, book cafe, fitness center. It offers a view of outdoor areas including the plaza and park. The resting area connected to the core serves as a healing space for meeting and refreshment, and it can accommodate a vertical linkage system. The rooms used by the foundation are positioned to face the south on the upper floors offering a view of the surroundings. The main office area is arranged around Green Atrium to enable creative thinking and communication. Also, a columnless space where programs for work, support, refreshment and relaxation can be laid in various ways regardless of areal boundaries is introduced to form a transformable smart space that can flexibly respond to changes in the foundation's organizational structure.

The tower of the complex is designed to envelope the central plaza. The saw-toothed facade design helps to block the direct sunlight while providing better natural light. Also, a smart skin design that increases the energy self-supply rate by adopting a BIPV system is applied to make the complex into a zero energy building.

Prize winner HAEAHN Architecture, Inc._Yoon Sehan + D&B architecture design group_Cho Doyeun **Location** Suwon, Gyeonggi-do **Site area** 5,000㎡ **Building area** 2,330.59㎡ **Gross floor area** 41,274.04㎡ **Landscape area** 1,146.21㎡ **Building coverage** 46.61% **Floor space index** 449.36% **Building scope** B5, 14F **Structure** RC **Exterior finishing** Low-E paired glass, Metal panel

경기신용보증재단 사옥

건축계획 | 평면 계획
환승센터와 융합타운의 구심점이 되는 지하공간 활성화

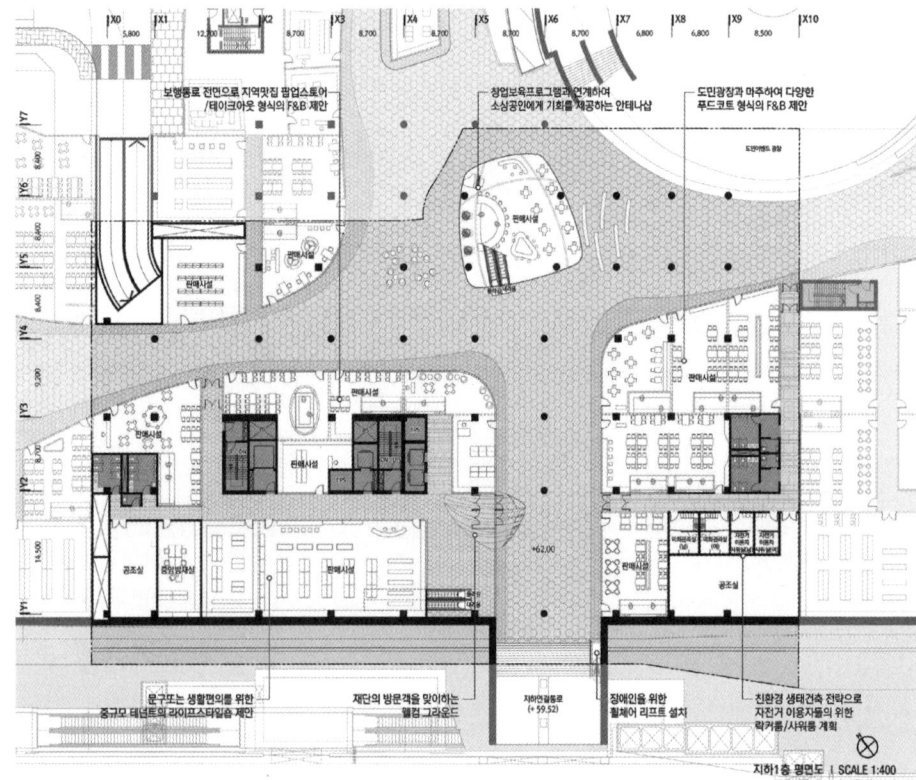

지하1층 평면도 | SCALE 1:400

지하활성화를 고려한 연속적인 대면상가
- 다양한 MD의 가능성이 고려된 판매시설 구성

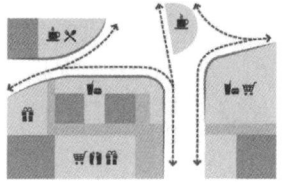

랜드마크가 되는 입체적 만남의 장소
- 보행 결절점에 만남의장을 구성하여 단지입구 장소성 극대화

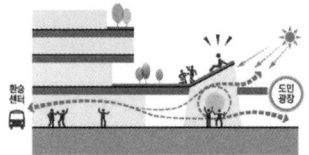

사옥1층 로비와 연계되는 동선 계획
- 대중교통 및 판매시설 이용자의 동선을 고려한 동선 계획

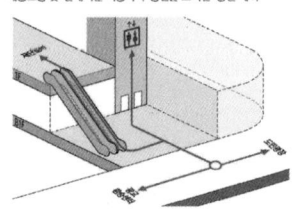

건축계획 | 평면 계획
투명성과 개방감이 충만한 로비

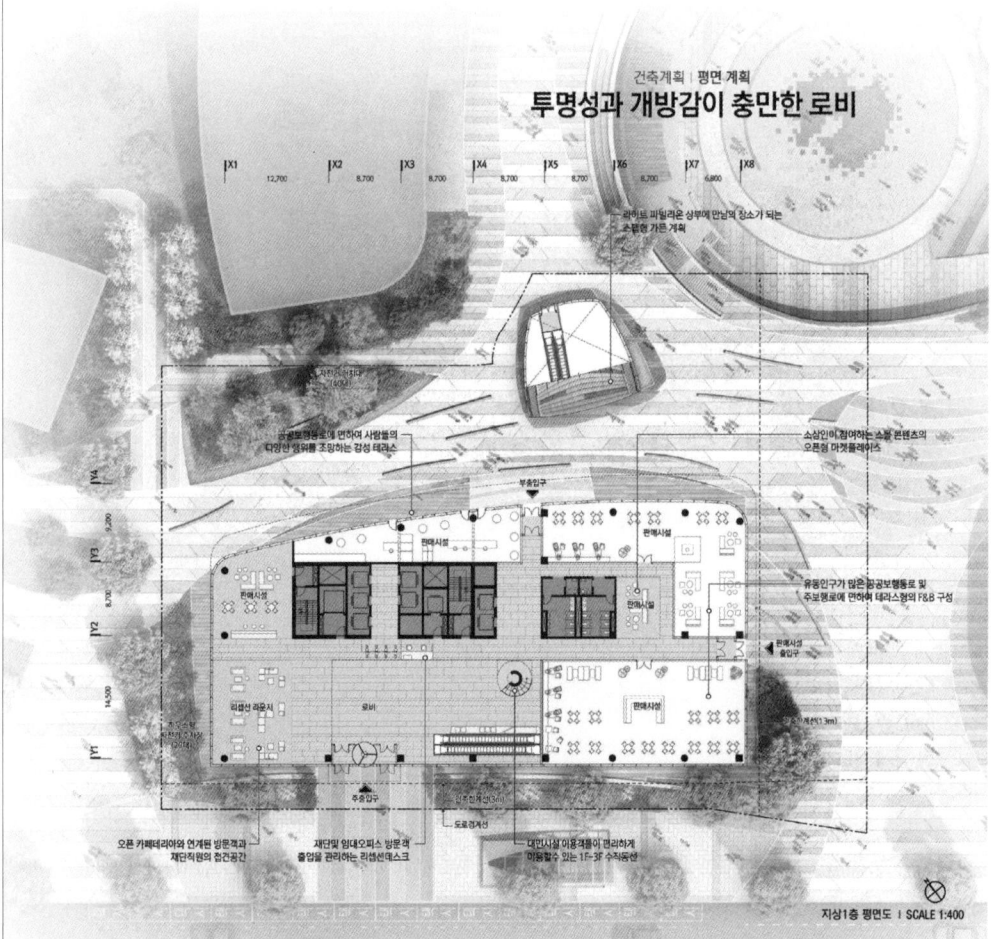

지상1층 평면도 | SCALE 1:400

전면부 상징적인 로비 계획
- 방문자의 접근성을 고려한 로비 계획

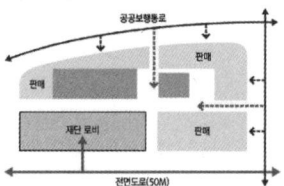

원포인트 보안 체크 시스템
- 보안안전성과 관리인력 최소화를 통한 효율성 확보

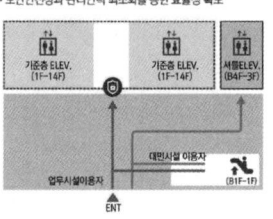

테라스형 상가구성으로 보행가로활성화
- 공공보행통로와 면한 대면상가 구성으로 가로연속성 확보

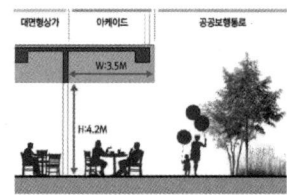

Gyeonggi Credit Guarantee Foundation Headquarters

건축계획 | 평면 계획
소통과 교류가 이루어지는 열린공간

자연광이 가득한 융합타운의 핫플레이스 "라이트 파빌리온"

지하1층

조형과 공간이 일체화된 상징적인 그랜드로비

1층

| Natural & Open
| Natural & Modern

건축계획 | 평면 계획
원스탑 금융지원 및 창업플랫폼

지상2층 평면도 | SCALE 1:400

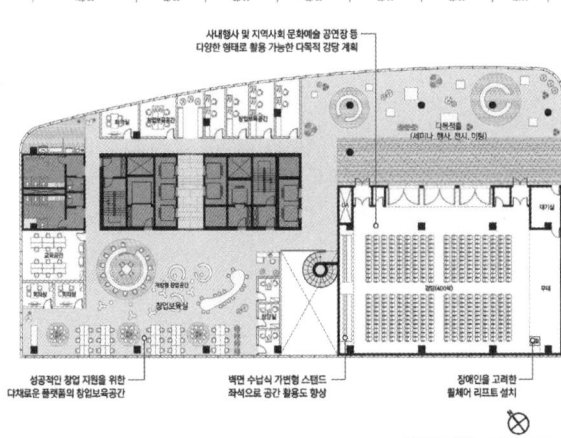

지상3층 평면도 | SCALE 1:400

일괄처리를 고려한 통합조닝
- 한 층에서 대출 입무 처리가 가능한 효율적 대민시설 조닝

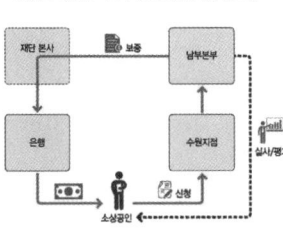

경기도민과 함께하는 창업보육 플랫폼
- 강당 및 홀과 연계되어 종합 시스템을 제공하는 창업보육센터

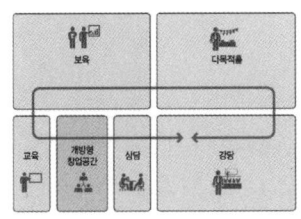

가변성 있는 다목적 대강당 활용 극대화
- 수납식 강당으로 대강당 이용의 공간 활용성 확보

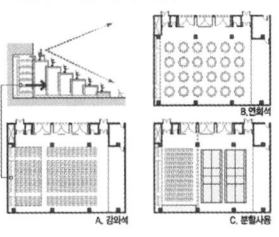

강당과 연계된 다목적 홀
- 세미나, 행사, 전시 등 다양한 활용 가능

경기신용보증재단 사옥

건축계획 | 평면 계획

자연환경과 어우러지는 교류와 힐링의 공간

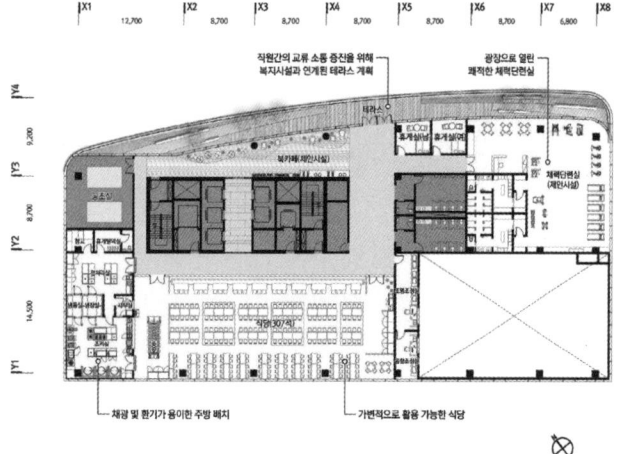
지상4층 평면도 | SCALE 1:400

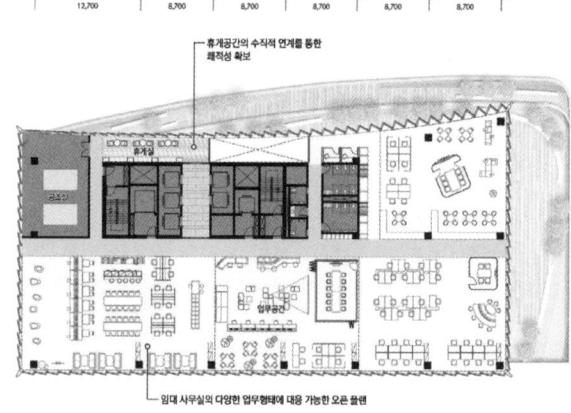
지상7층 평면도 | SCALE 1:400

밝고 개방감 있는 직원 식당
- 남향으로 빛이 가득한 직원식당 계획

테라스와 연계된 직원 복지 공간
- 순환형 복지 동선 / 트인 조망을 가진 체력단련실과 북카페

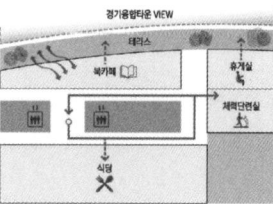

임대오피스에 최적화된 평면 계획
- 다양한 형태로 임대가능한 기준층 오픈플랜으로 효율성 증대

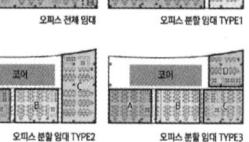

유기적으로 연계되는 수직 재충전 공간
- 코어 후면에 창의적 업무환경 조성 위한 휴식공간 제공

건축계획 | 평면 계획

쾌적한 실내환경과 효율성을 갖춘 프리미엄 오피스

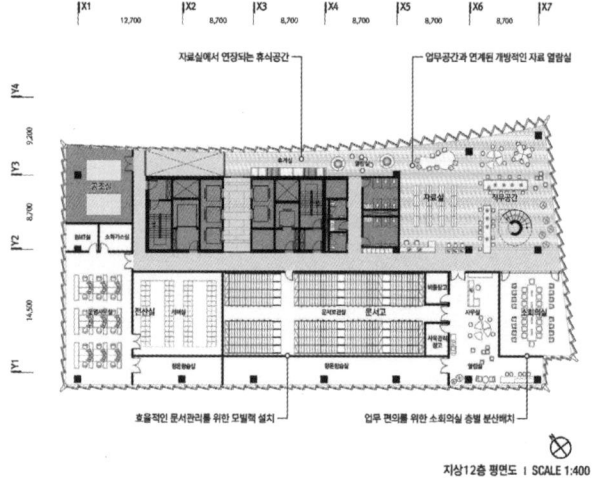
지상12층 평면도 | SCALE 1:400

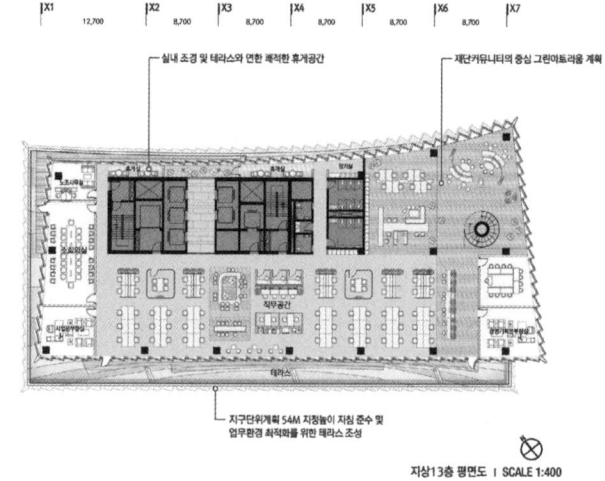
지상13층 평면도 | SCALE 1:400

상위 보안 시설 집중 배치
- 보안구역 집중배치로 효율적 위기 대응

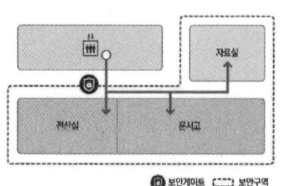

전산실 증설을 고려한 확장 계획
- 연속적인 공조 계획으로 추후 전산실 확장 가능

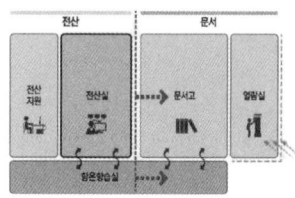

소통과 교류의 그린 아트리움
- 재단 커뮤니티의 활성화와 쾌적한 환경 조성

업무공간과 유기적으로 연계된 그린네트워크
- 내·외부로 연결된 녹지공간으로 쾌적한 업무 환경 조성

Gyeonggi Credit Guarantee Foundation Headquarters

건축계획 | 평면 계획
경기신용보증재단 맞춤형으로 특화된 창의적 업무공간

소통과 협업을 유도하는 창의적 오피스

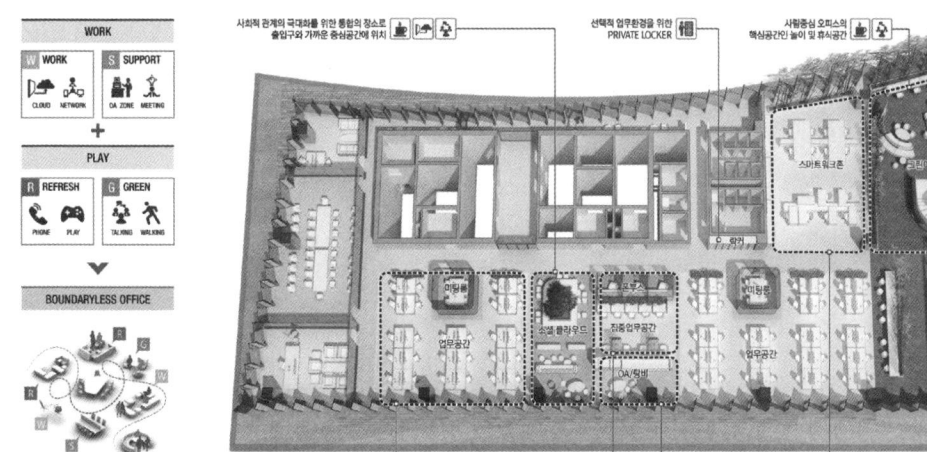

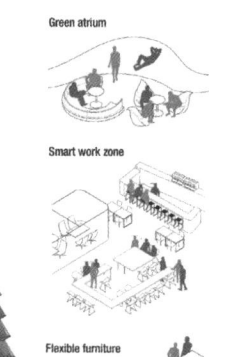

Green atrium

Smart work zone

Flexible furniture

미래 조직 변화에 유연하게 대응하는 스마트 오피스

TYPE01 | 자유업무형
- 스마트워크 플랫폼을 중심으로 Flexible furniture를 자유롭게 조합

TYPE02 | 협업중심형
- 다변화하는 조직에 맞추어 상시협업이 편리하게 조합 가능한 형태

다양한 업무형태를 고려한 맞춤형 업무공간

건축계획 | 평면 계획
품격을 높여주는 임원공간 및 그린 아트리움

자상14층 평면도 | SCALE 1:400

품격있는 임원 공간
- 남향으로 빛이 가득하고 고급스러운 임원실 실내 계획

편리하고 효율적인 임원실 구성
- 독립된 영역으로 별도 동선과 VIP ZONE 구성

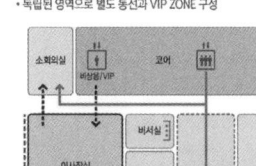

색채계획
- 중채도 컬러의 톤온톤 백색으로 전체적인 색감의 조화를 살려 편안하고 품위 있는 분위기 연출

재료계획
- 자연 질감의 친환경 석재와 우드 유지보수가 용이한 모듈화된 자재 흡음 및 조명 등 기능적 요소 충족

실내재료마감표

실명	바닥	벽	천장
로비	대리석	대리석	스크린루버
엘리베이터홀	대리석	대리석	친환경페인트
화장실	논슬립타일	포셀린타일	친환경페인트
강당	방염카펫타일	방염타공우드	흡음석고보드
강당홀	우드플로링	스크린루버	친환경페인트
식당	포셀린타일	포셀린타일	흡음석고보드
체력단련실	스포츠용 마루	거울	흡음석고보드
사무실	OA용 타일	친환경페인트	흡음텍스
아트리움	우드플로링	흡음석고보드	친환경페인트
대회의실	방염카펫타일	방염타공우드	흡음석고보드
이사장실	방염카펫타일	방염타공우드	흡음석고보드

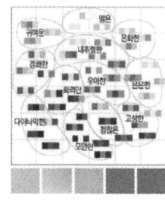

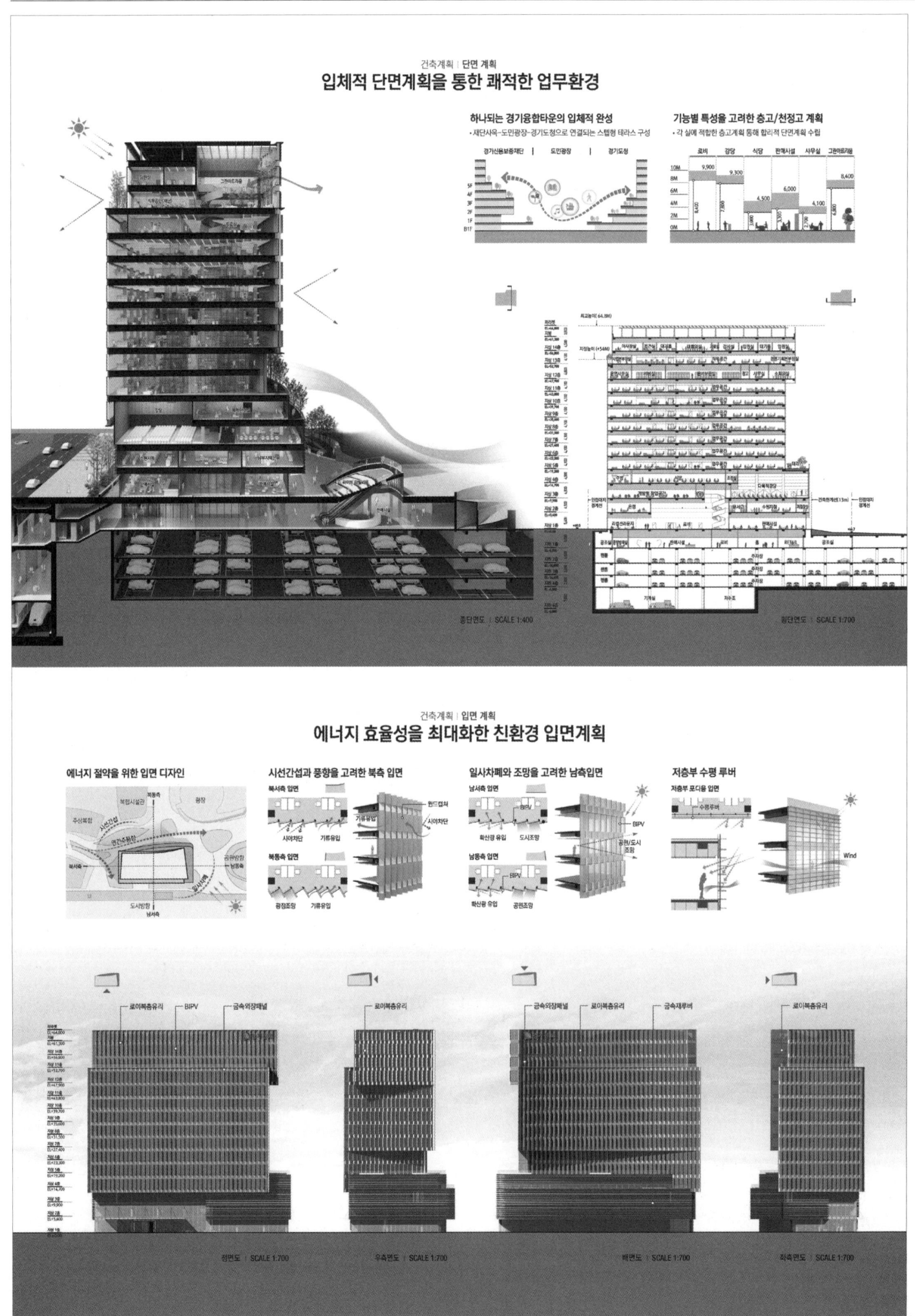

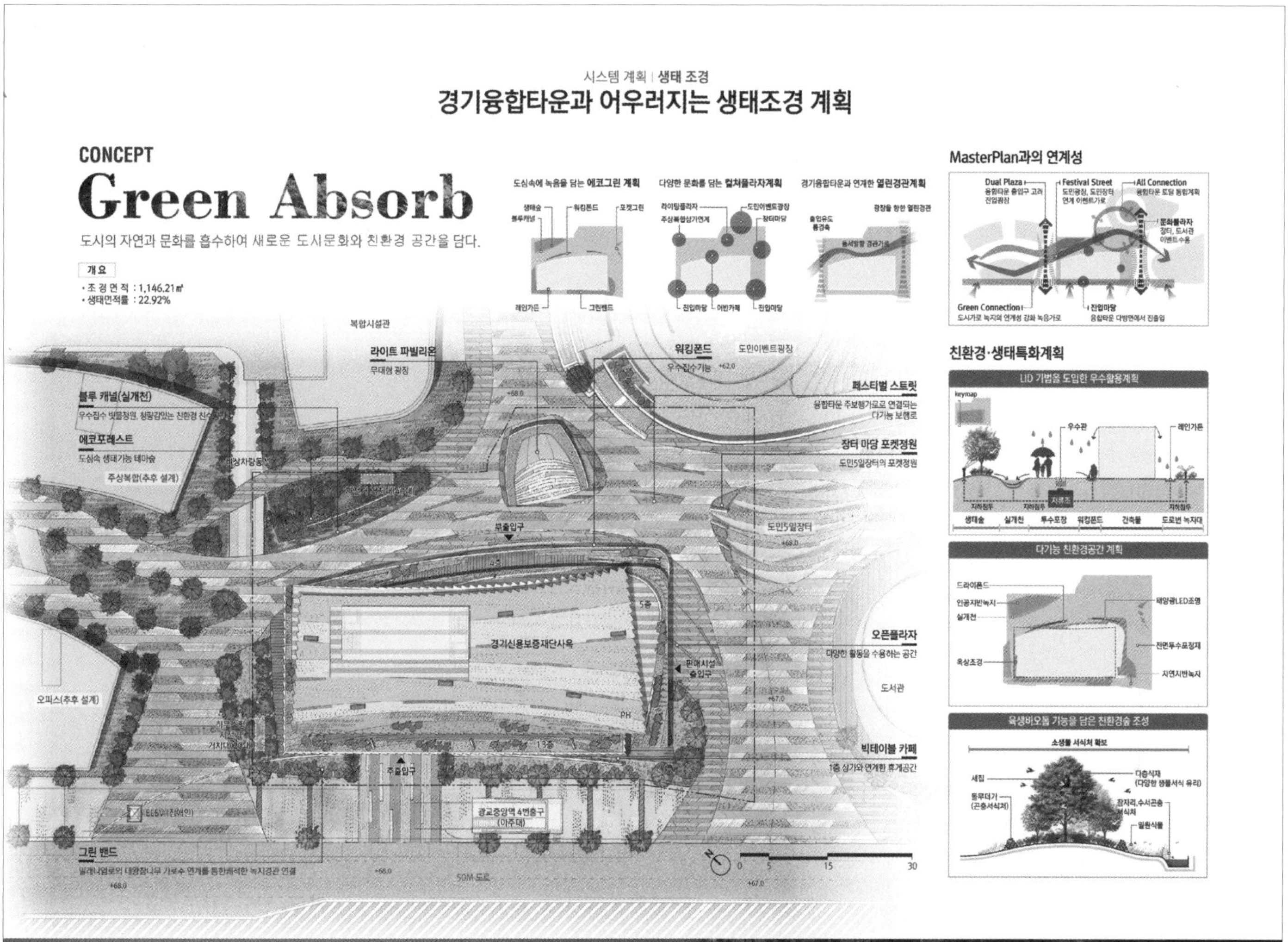

Gyeonggi Credit Guarantee Foundation Headquarters

시스템 계획 | 생태 조경

경기융합타운과 어우러지는 생태조경 계획

CONCEPT
Green Absorb

도시의 자연과 문화를 흡수하여 새로운 도시문화와 친환경 공간을 담다.

개요
- 조경면적 : 1,146.21㎡
- 생태면적율 : 22.92%

대구 혁신도시 복합혁신센터

당선작 (주)유앤피건축사사무소 유영모 + (주)삼원종합건축사사무소 윤철준, 윤성식 설계팀 김혜중, 양해영, 조윤미, 홍의호, 배유나(이상 유앤피) 배소현(이상 삼원)

대지위치 대구광역시 동구 각산동 1174 일원 **대지면적** 5,430㎡ **건축면적** 2,758.04㎡ **연면적** 6,510.75㎡ **건폐율** 50.79% **용적률** 91.40% **규모** 지하 1층, 지상 3층 **최고높이** 17.10m **구조** 철근콘크리트조, 강구조 **외부마감** 금속패널, 조적벽돌, 금속루버, 로이복층유리 **주차** 지하 26대(장애인 주차 2대, 확장형 21대, 경형 3대), 지상 15대(경형 1대, 버스 2대 포함)

혁신센터의 새로운 패러다임

대구 혁신도시 복합혁신센터는 새로운 도시 조직안에서 주민들의 모습과 이야기를 담고 주변환경과 상호관계 속에서 경험과 소통을 할 수 있도록 배려하는 것에서 시작한다.

주변의 영향을 줄 수 있는 상황에서 보행로를 크게 내어주어 흐름을 연결하고 위화감이 들지 않도록 볼륨을 만들었다. 사용자와 시간대별로 영역의 분리를 통해 독립성을 확보하고 입체적인 단면과 더불어 큰 계단 및 오픈 계단은 시각적 통합을 보여준다. 내부에서 외부 그리고 외부에서 내부로 이어지는 층별 데크는 풍부하고 다양한 공간을 형성하고 주변과의 경계를 줄이는 장치이다. 책장을 형상화한 파사드는 근경, 원경에서 다양하게 느낄 수 있는 상징성을 부여하고 프로그램의 큰 부분인 도서관의 정체성을 만들었다.

한 지붕 아래

- 새로운 공공문화의 중심(주거-상업-유통용지가 만나는 중심공간)
- 시민의 아이콘(책장을 형상화한 파사드로 상징성과 공공성을 나타내는 하나의 아이콘)
- 문화와 자연을 담는 일상 공간(내-외부로 이어지는 공간의 연속)
- 지역주민을 위한 열린 공간(공공성격을 가진 체육시설, 문화시설의 사용)

A new paradigm for innovation center designs

The Daegu Complex Innovation Center is designed to embrace the scenery and stories of the local community within a new urban fabric and also provide opportunity to gain experience and communicate through interactions with the surrounding environment.

Considering the given circumstances in which the project can have an effect on the neighboring areas, a wide pedestrian walkway is laid to connect different flows, and the center's volume is formed not to appear out of place. A user and time-based zoning system is applied to ensure independence of each zone. Along with three-dimensional section designs, grand stairs and open stairs achieve visual consistency. Stretching from inside to outside and then from outside to inside, the deck structure of each floor is an architectural feature that forms rich and diversified spaces and blurs the boundaries between neighboring areas. Designed in the form of a bookcase, the facade makes a symbolic statement that can be interpreted differently depending on whether it's seen from a short or long distance. Also, it defines the identity of the library which takes up a large portion of the program. community venue open to local people. The 2nd floor is designed as a swimming pool, and the 3rd, as a multi-purpose sports center so that local people can enjoy various sports activities. A stepped garden, a naturalistic resting area, is added on each floor, and external stairs are laid to open a direct passage between the garden and the entrance plaza. This ensures continuity in vertical flow across the space.

Under the same roof

- A center for a new public culture; a central place where residential, commercial and distribution business areas meet
- A public icon; a single icon that represents the center's symbolic significance and public character with a facade design shaped like a bookcase
- An everyday space that embraces culture and nature; a continuous space stretching from inside to outside
- An open space for local people; providing public sports and cultural facilities

Prize winner UNP Architects_Ryu Youngmo + SAMWON Architects & Engineers_Yoon Chuljoon, Yoon Seongsik **Location** Dong-gu, Deagu **Site area** 5,430m² **Building area** 2,758.04m² **Gross floor area** 6,510.75m² **Building coverage** 50.79% **Floor space index** 91.40% **Building scope** B1, 3F **Height** 17.10m **Structure** RC, Steel **Exterior finishing** Metal panel, Masonry brick, Metal louver, Low-E paired glass **Parking** 41 (including 2 for the disabled, 21 for extension type, 4 for small size, 2 for bus)

Daegu Complex Innovation Center

건축계획 배치도

공공성을 확보한 개방적 배치계획

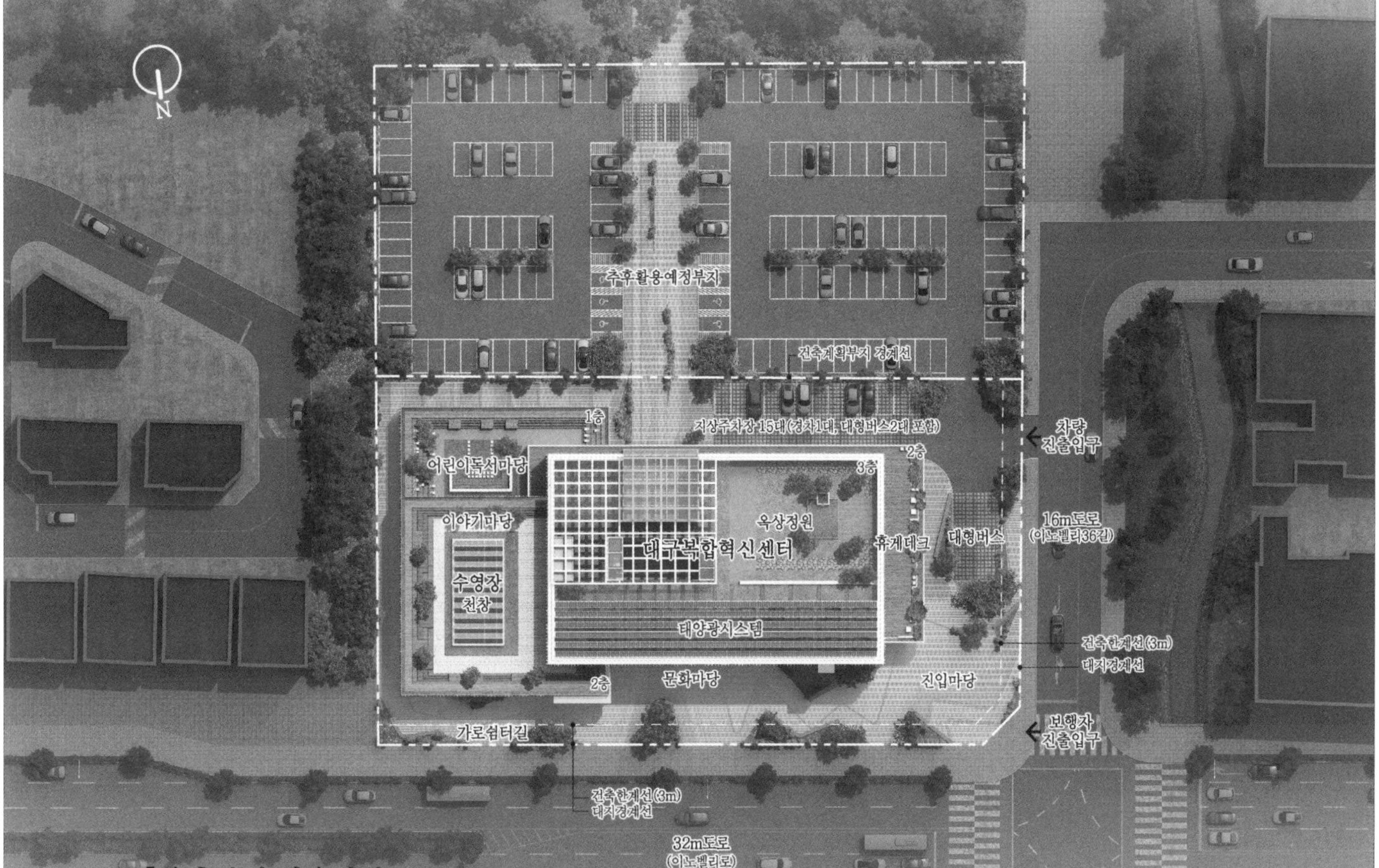

▌유휴부지 활용방안

주차장으로 이용시 계획안 출입구와 연계하여 순환형 주차장으로 이용

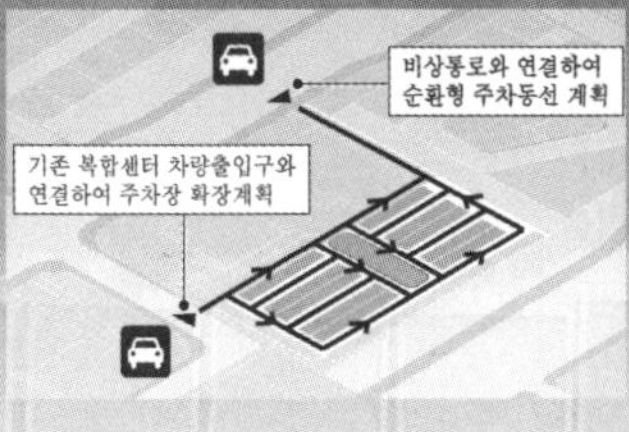

새로운 시설계획시 계획안 중앙의 문화광장과 연계하여 시설 통합이용

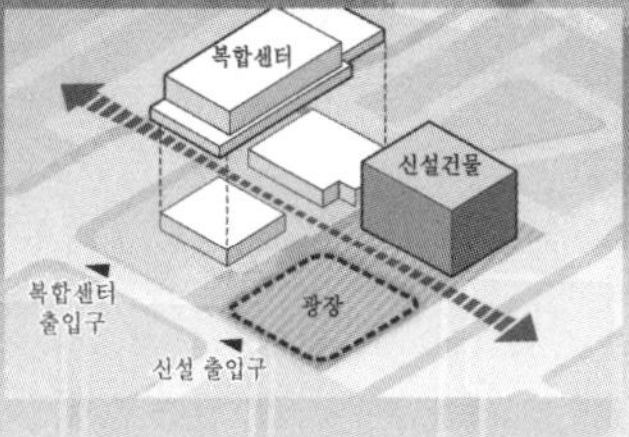

배치도 | 축척: 1/1,000

▌배치계획 개념 _ 대지 주변 컨텍스트의 반영과 합리적 배치를 통해 활발한 복합센터 공간계획

1단계 자연으로 받아주기

근린공원의 흐름을 연결하여 유동인구가 많은 사거리에서 받아주는 열린광장 조성

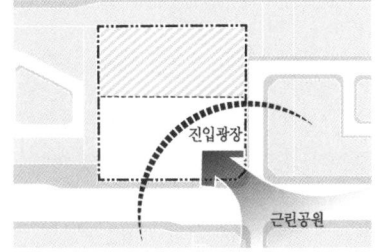

2단계 도시의 흐름 연결하기

기존 보행축에 순응하는 배치계획으로 걷고 싶은 환경조성

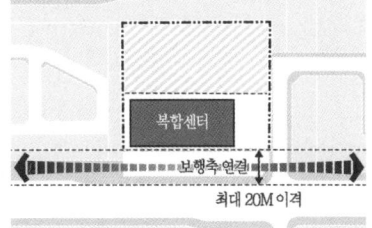

3단계 문화마당으로 열어주기

프로그램 분리배치에 따른 중심 문화마당 형성으로 주민들의 만남, 공유와 휴식공간 조성

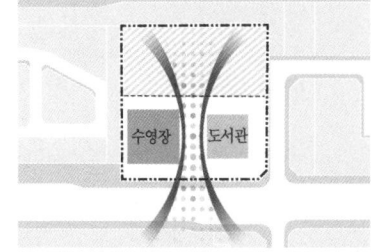

대구 혁신도시 복합혁신센터

[건축계획] 지하1층 평면도

관리와 편의를 고려한 합리적인 지하층계획

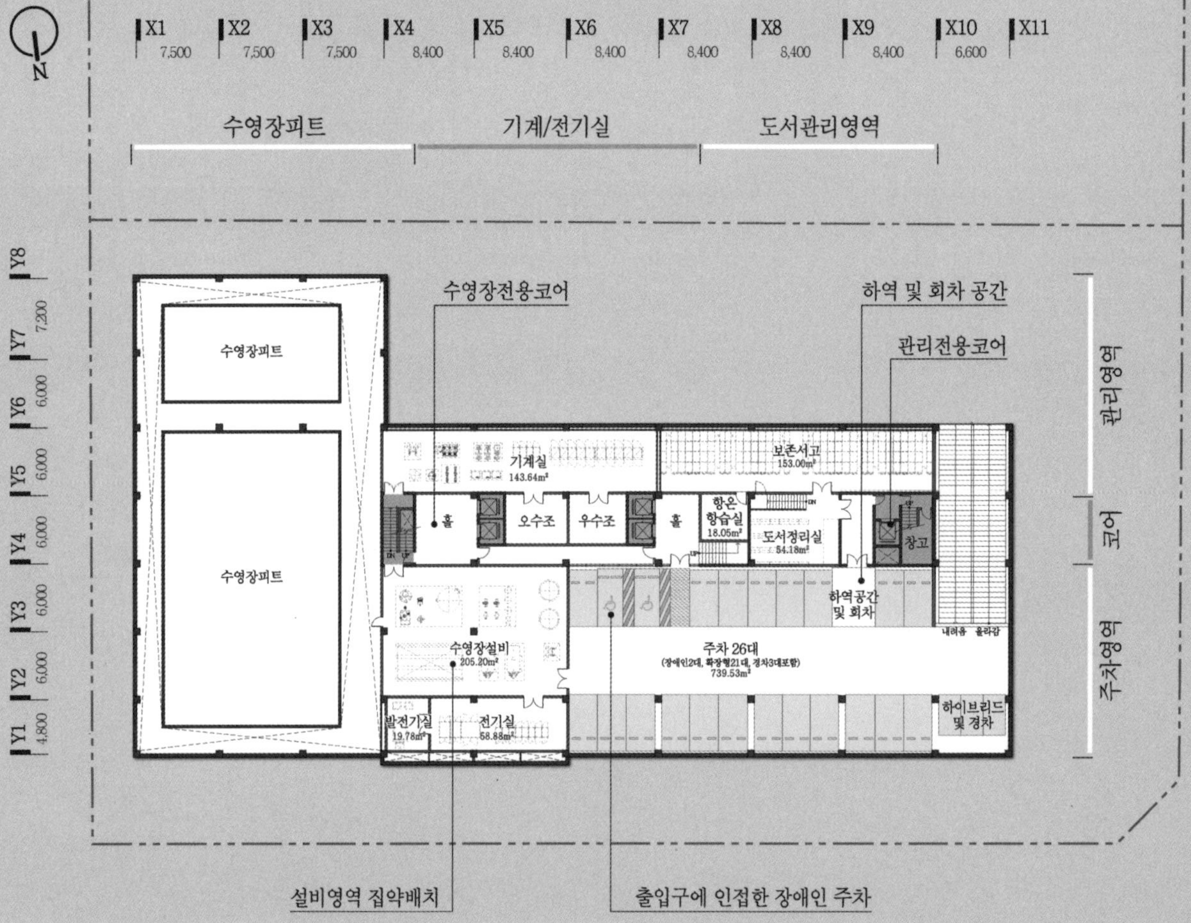

지하1층 평면도 | 축척: 1/600

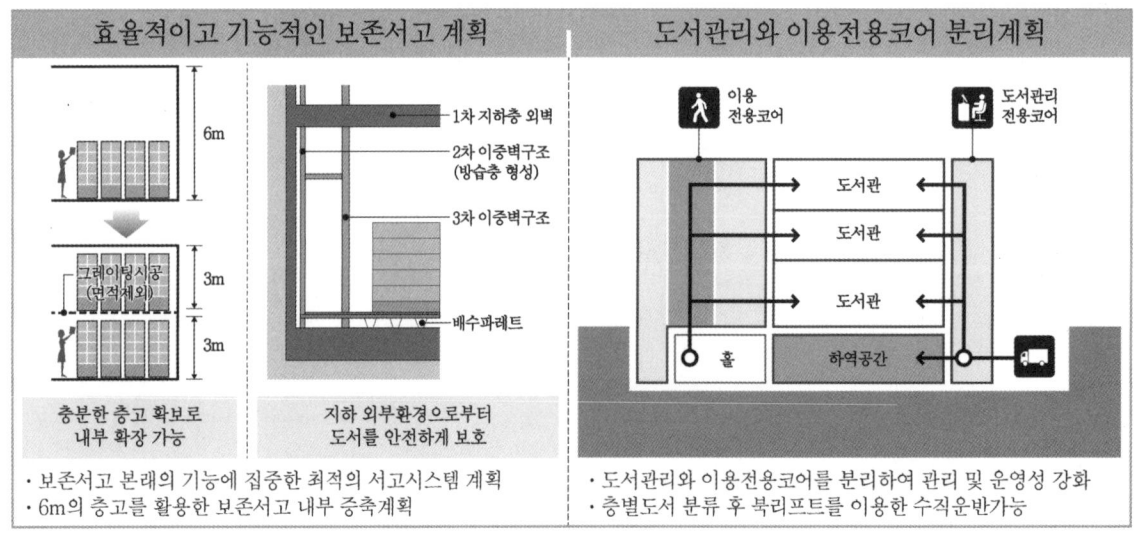

효율적이고 기능적인 보존서고 계획
- 보존서고 본래의 기능에 집중한 최적의 서고시스템 계획
- 6m의 층고를 활용한 보존서고 내부 증축계획

도서관리와 이용전용코어 분리계획
- 도서관리와 이용전용코어를 분리하여 관리 및 운영성 강화
- 층별도서 분류 후 북리프트를 이용한 수직운반가능

Daegu Complex Innovation Center

건축계획 지상1층 평면도

영역의 분리 및 연계를 통한 기능적인 조닝계획

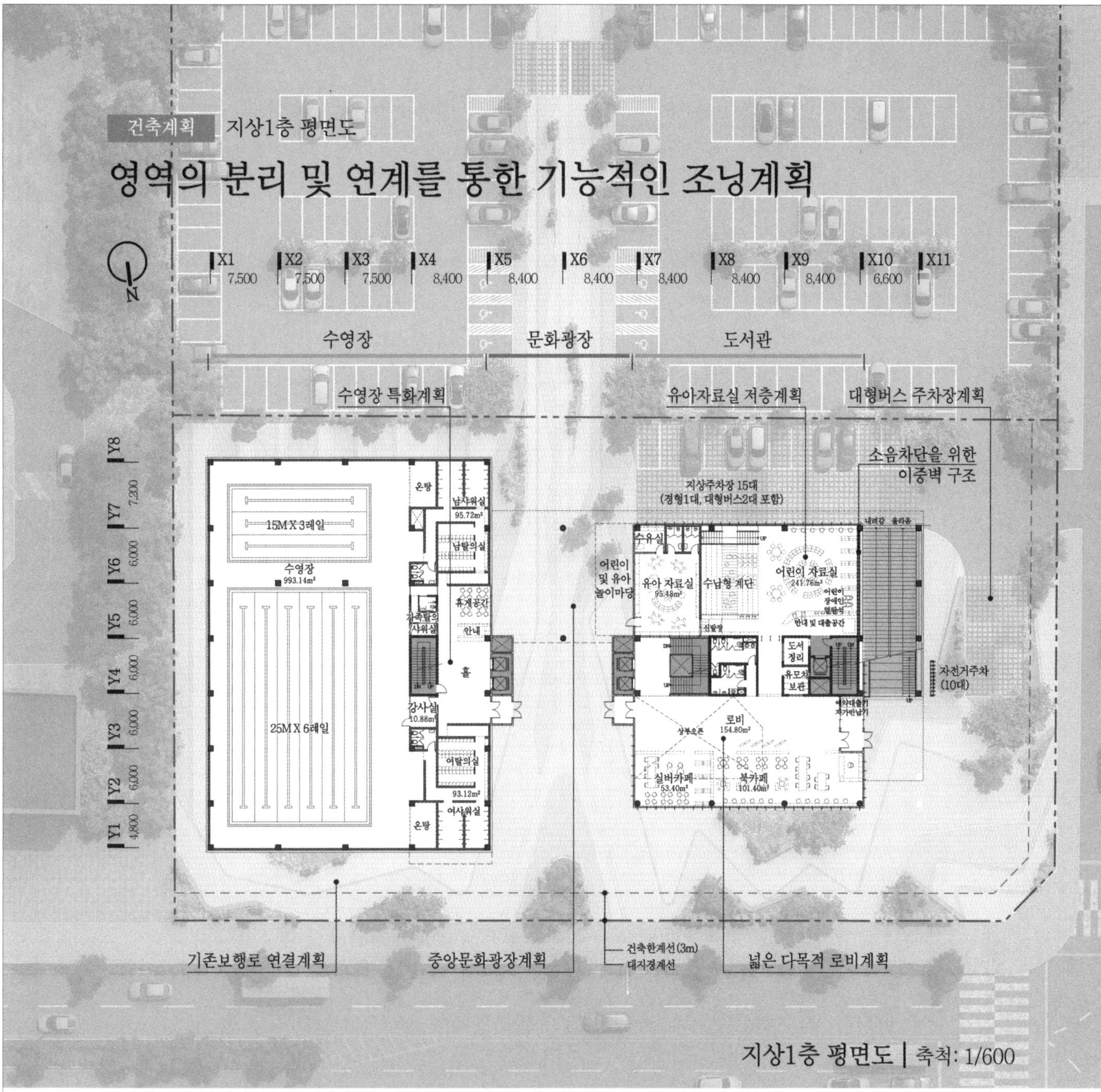

지상1층 평면도 | 축척: 1/600

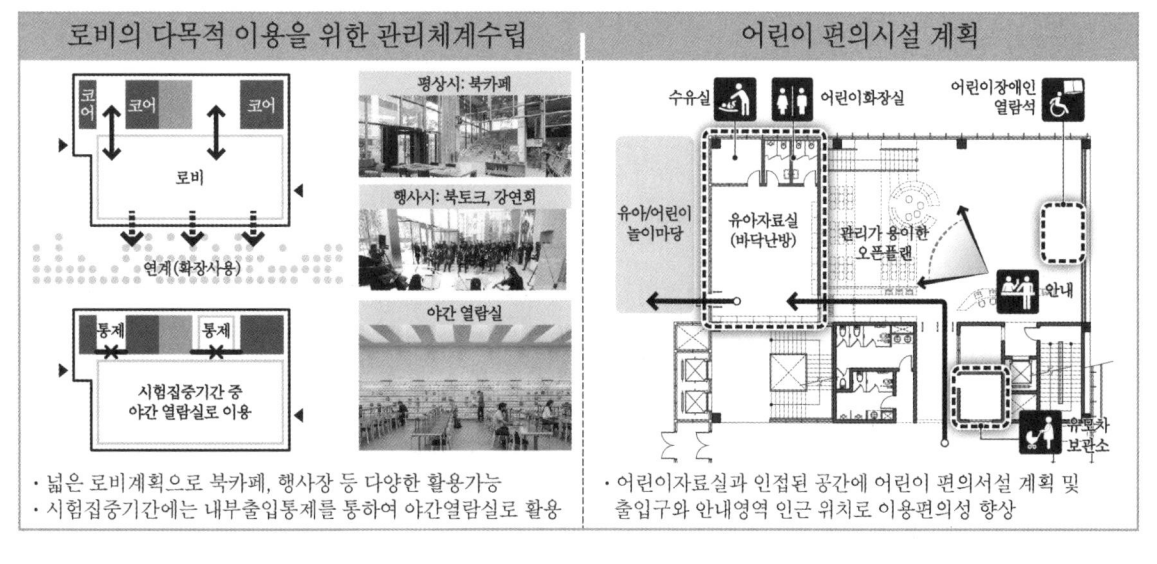

로비의 다목적 이용을 위한 관리체계수립

- 넓은 로비계획으로 북카페, 행사장 등 다양한 활용가능
- 시험집중기간에는 내부출입통제를 통하여 야간열람실로 활용

어린이 편의시설 계획

- 어린이자료실과 인접된 공간에 어린이 편의시설 계획 및 출입구와 안내영역 인근 위치로 이용편의성 향상

대구 혁신도시 복합혁신센터

건축계획 지상2층 평면도

어린이 자료실과 문화공간을 연계한 가족, 아동 친화적인 복합문화공간

지상2층 평면도 | 축척: 1/600

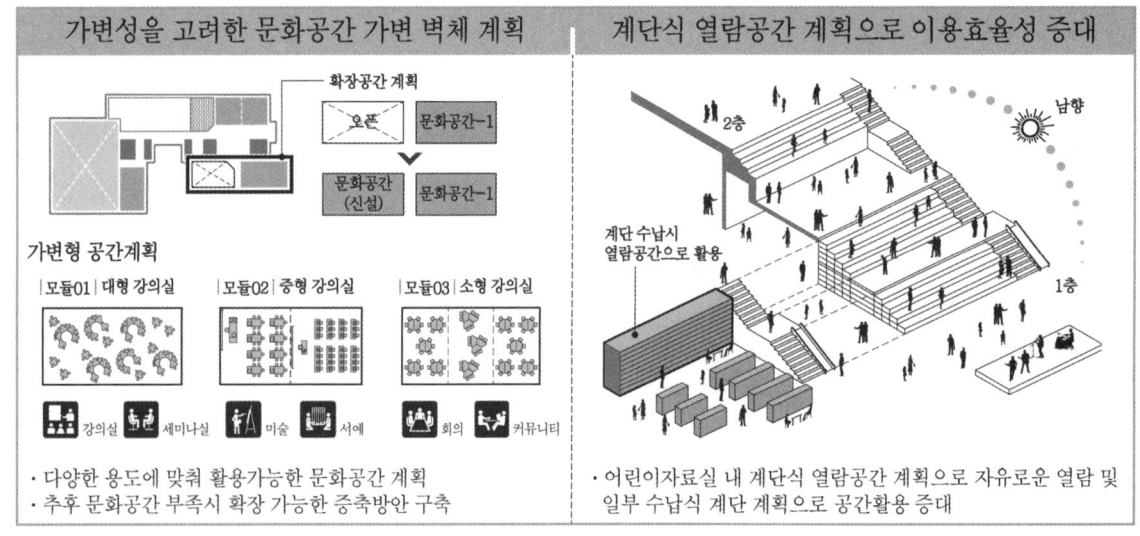

가변성을 고려한 문화공간 가변 벽체 계획

가변형 공간계획
- 모듈01 대형 강의실
- 모듈02 중형 강의실
- 모듈03 소형 강의실

강의실 / 세미나실 / 미술 / 서예 / 회의 / 커뮤니티

- 다양한 용도에 맞춰 활용가능한 문화공간 계획
- 추후 문화공간 부족시 확장 가능한 증축방안 구축

계단식 열람공간 계획으로 이용효율성 증대

- 어린이자료실 내 계단식 열람공간 계획으로 자유로운 열람 및 일부 수납식 계단 계획으로 공간활용 증대

Daegu Complex Innovation Center

건축계획 지상3층 평면도

책과 휴식이 어우러지는 종합자료실 계획으로 자유로운 열람공간 형성

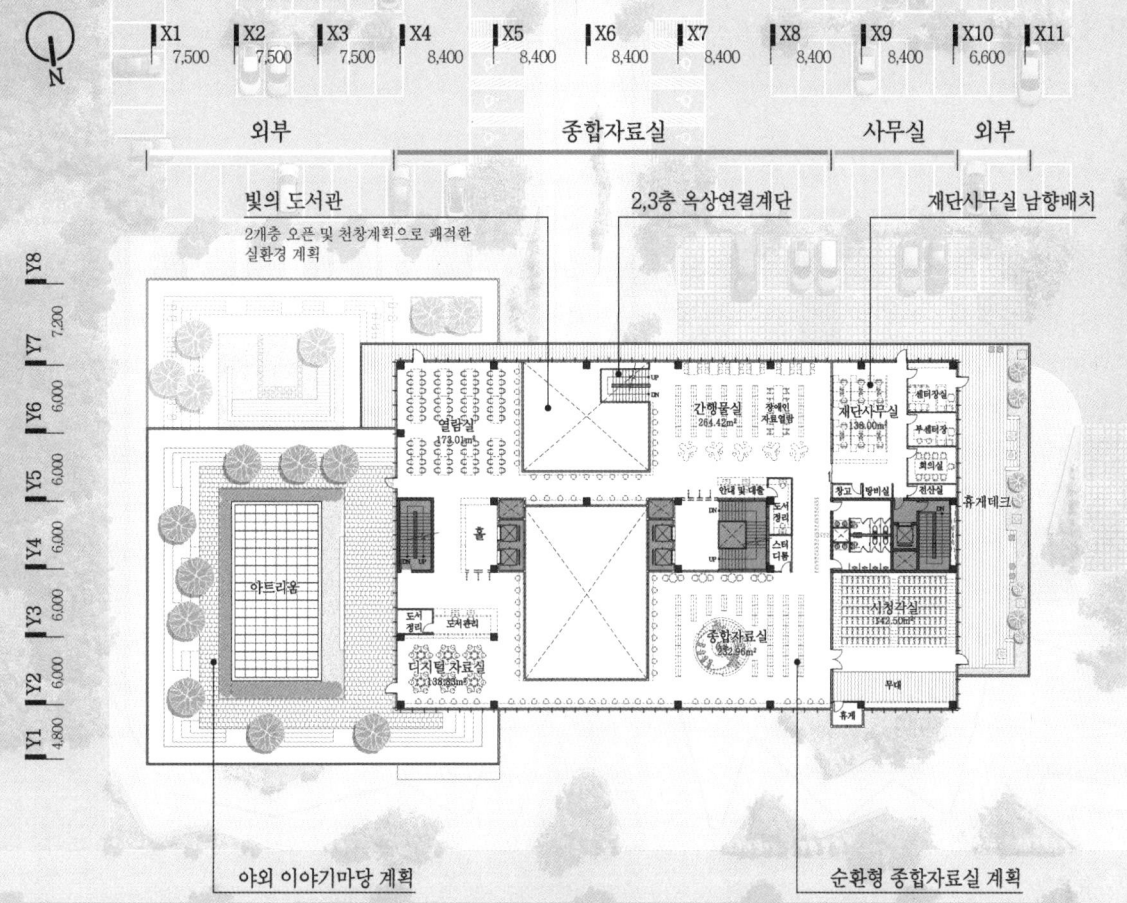

지상3층 평면도 | 축척: 1/600

이용 및 운영관리가 편리한 통합형 자료실 계획
- 순환형 동선계획으로 자유롭고 다양한 이용 및 도서열람 가능
- 이야기마당, 휴게데크 계획으로 휴식과 자유로운 열람공간 형성

내부공간과 연계한 다양한 옥외마당 계획
- 대구의 지형을 형상화한 분지형 이야기마당 계획
- 내부의 다양한 프로그램 활동을 외부로 확장가능한 옥외데크

대구 혁신도시 복합혁신센터

건축계획 입면도-1

복합혁신센터의 정체성을 고려한 입면계획

■ 디자인프로세스

도시의 부유하는 이야기들을 대지에 쌓고 주민들을 위한 열린공간을 내어준다
한지붕 아래 그 이야기들을 담아주고 이어줌으로써 각산동의 새로운 이야기를 만들어 나간다

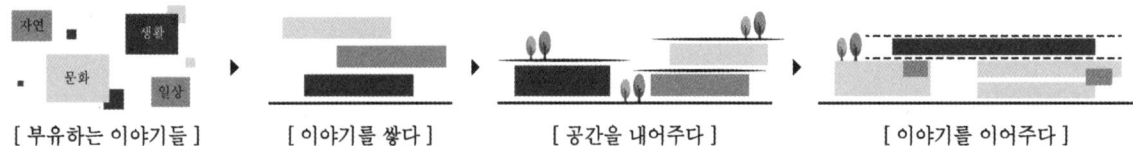

[부유하는 이야기들]　　[이야기를 쌓다]　　[공간을 내어주다]　　[이야기를 이어주다]

■ 패턴디자인 프로세스

도서관의 아이덴티티와 함께 넘어가는 책장을 형상화 한 입면계획으로 휴먼스케일의 수직패턴을 적용시켜 정체성과 상징성을 부여한다

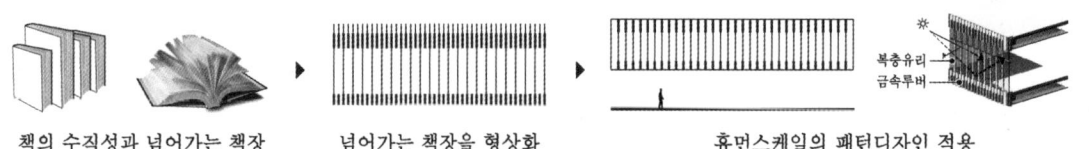

책의 수직성과 넘어가는 책장　　넘어가는 책장을 형상화　　휴먼스케일의 패턴디자인 적용

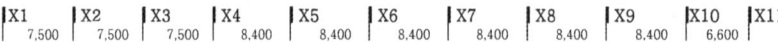

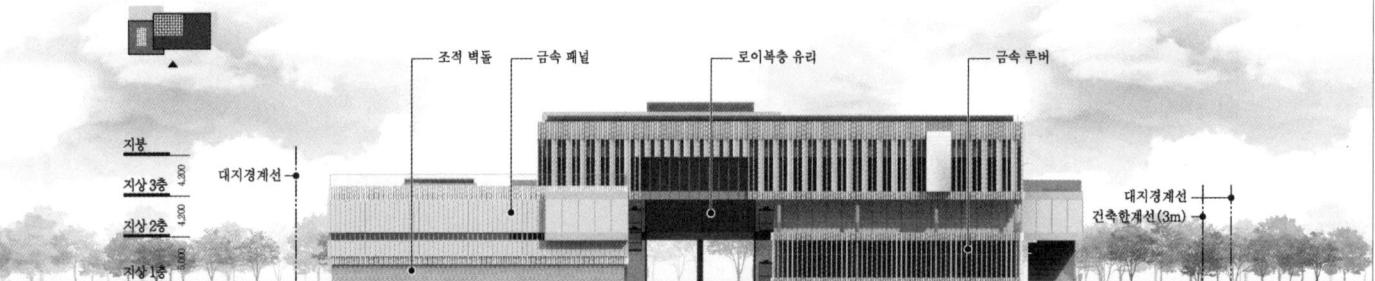

정면도 | 축척: 1/700

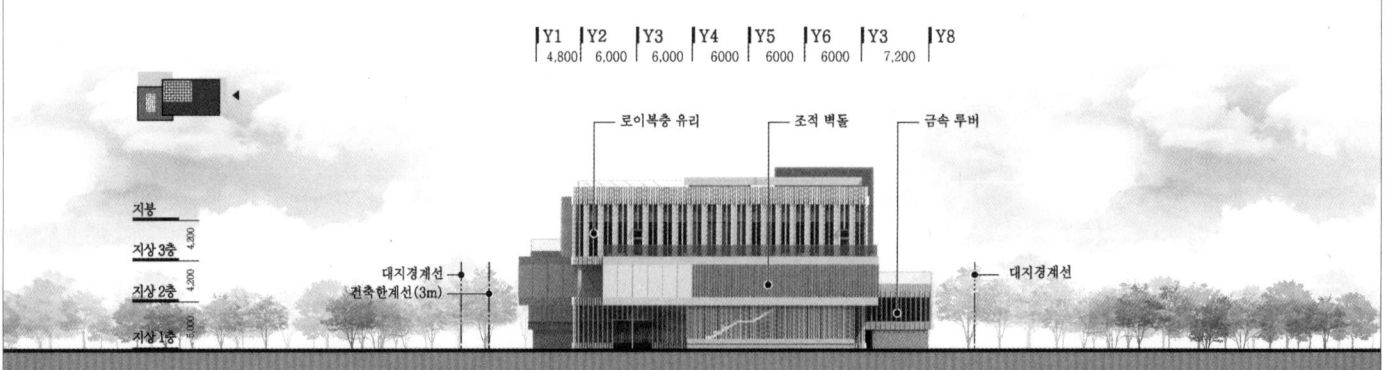

우측면도 | 축척: 1/700

Daegu Complex Innovation Center

건축계획 입면도-2

도시의 흐름에 따라 주변 경관과 조화로운 입면계획

도시경관과의 관계
건물의 각면은 각각 마주하고 있는 도시의 맥락에 대응하면서 변화한다
도시의 컨텍스트가 대지안으로 스며들어 도시경관속의 연속성을 확보한다

단독주택   복합혁신센터   주변 상업시설

외부색채계획
친환경적인 재료선택과 지역의 경관색상을 반영하여 주민들에게 익숙하며 친근한 이미지를 만든다

금속패널   조적벽돌   금속루버   로이복층유리   주조색 / 보조색 / 강조색

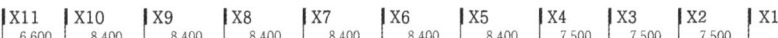

| X11 | X10 | X9 | X8 | X7 | X6 | X5 | X4 | X3 | X2 | X1 |
| 6,600 | 8,400 | 8,400 | 8,400 | 8,400 | 8,400 | 8,400 | 7,500 | 7,500 | 7,500 | |

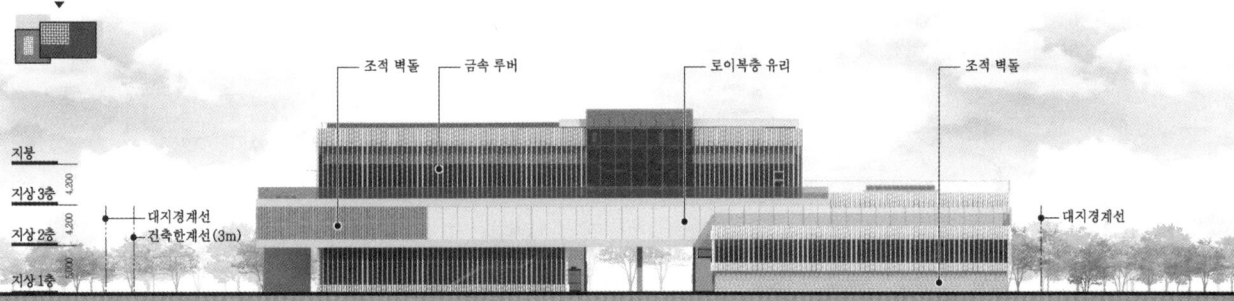

배면도 | 축척: 1/700

| Y8 | Y3 | Y6 | Y5 | Y4 | Y3 | Y2 | Y1 |
| 7,200 | 6000 | 6000 | 6000 | 6,000 | 6,000 | 4,800 | |

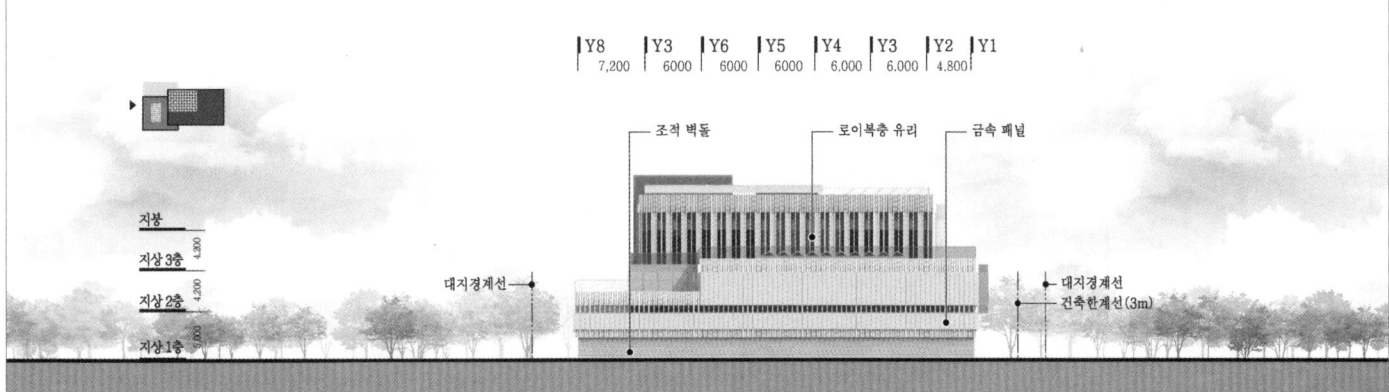

좌측면도 | 축척: 1/700

대구 혁신도시 복합혁신센터

건축계획 단면개념도

다양한 이벤트가 있는 입체적인 공간계획

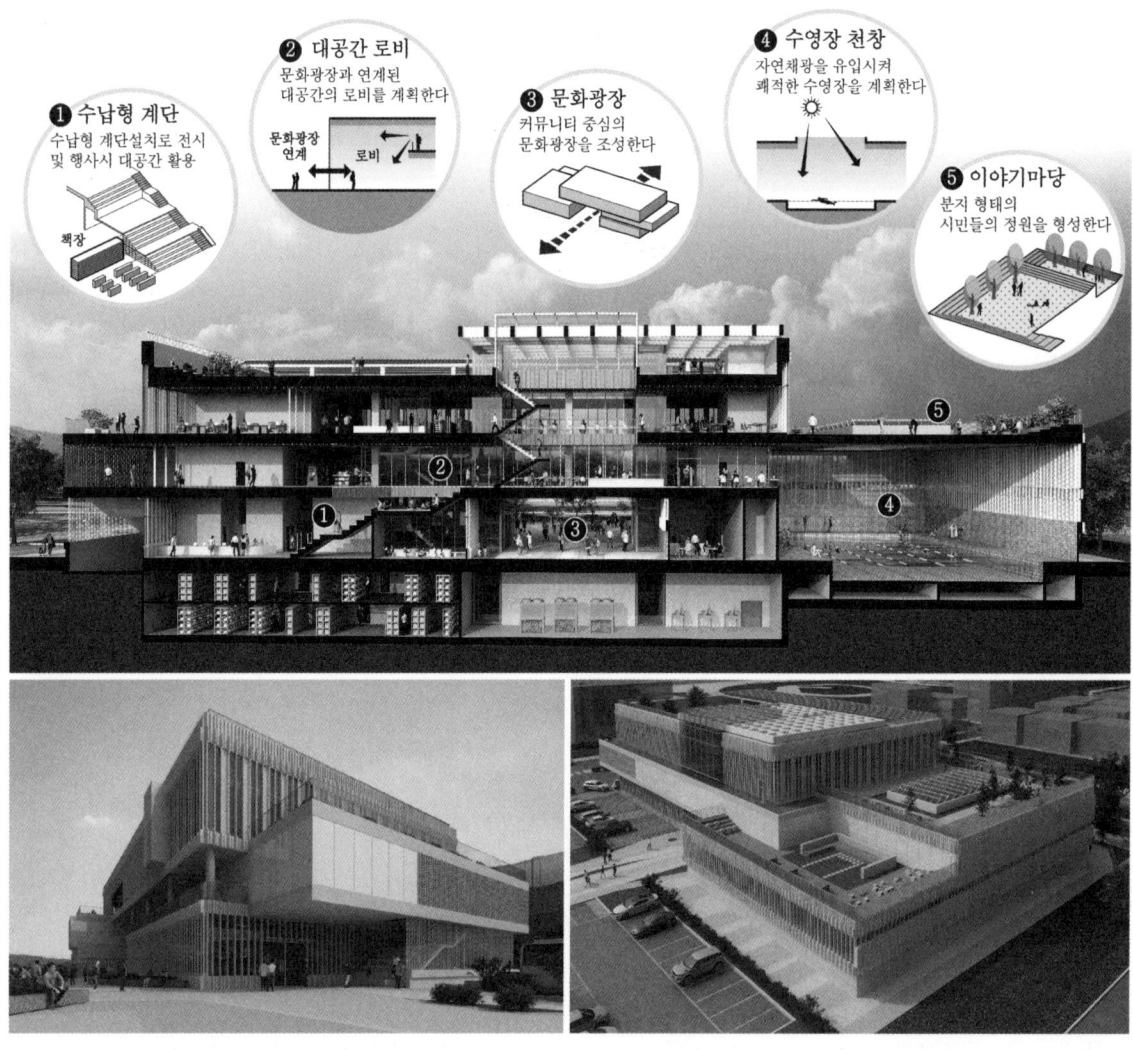

❶ 수납형 계단 — 수납형 계단설치로 전시 및 행사시 대공간 활용
❷ 대공간 로비 — 문화광장과 연계된 대공간의 로비를 계획한다
❸ 문화광장 — 커뮤니티 중심의 문화광장을 조성한다
❹ 수영장 천창 — 자연채광을 유입시켜 쾌적한 수영장을 계획한다
❺ 이야기마당 — 분지 형태의 시민들의 정원을 형성한다

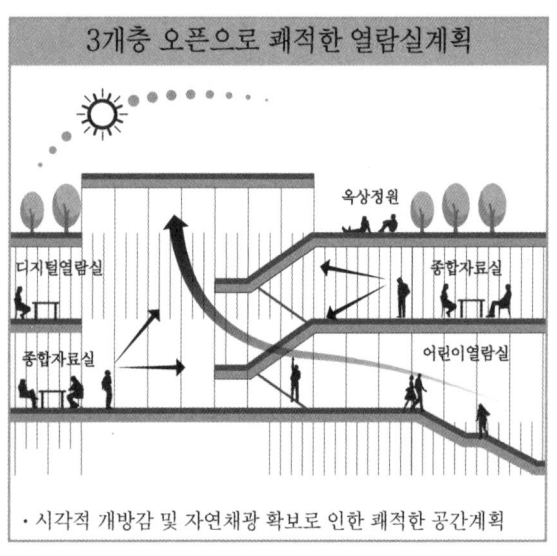

3개층 오픈으로 쾌적한 열람실계획

- 시각적 개방감 및 자연채광 확보로 인한 쾌적한 공간계획

보행가로 및 진입광장과 연계된 외부계단

- 보행가로 및 진입광장과 계단을 연계해 다양한 외부공간 형성

건축계획 단면도

입체적 단면공간을 통한 이용효율성의 극대화

▎오픈과 계단을 통한 입체적 열람 환경 조성
- 수직동선인 계단과 수직오픈공간을 통해 개방감 및 다양한 열람공간 계획
- 계단을 통한 열람동선 연결로 자유로운 열람 및 접근성 향상

2층~옥상 연결계단

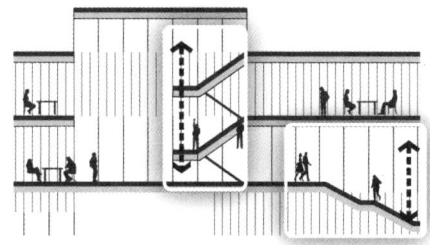

수납형 계단

▎이용효율성을 극대화 한 단면조닝
- 메인로비를 중심으로 시설이용의 효율성을 극대화 함

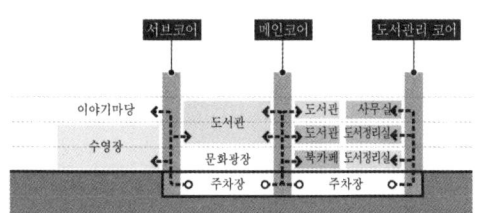

▎공간특성을 고려한 적정층고 계획
- 각 공간의 특성을 고려하여 최적의 층고 설정

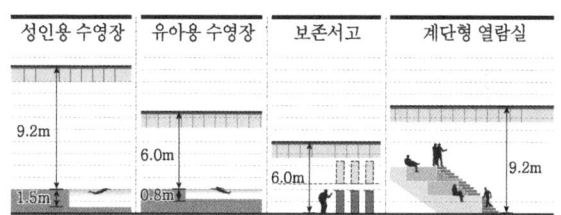

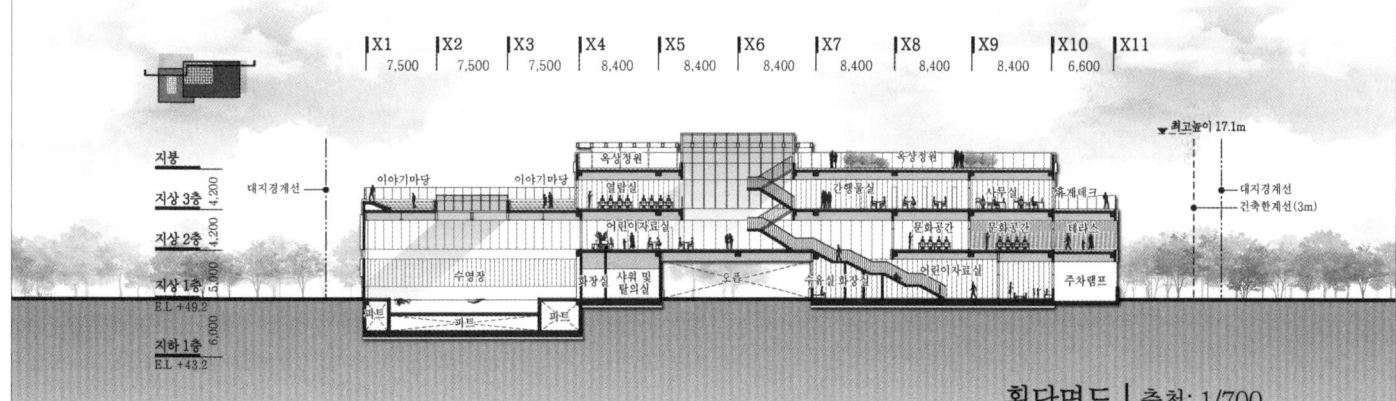

횡단면도 | 축척: 1/700

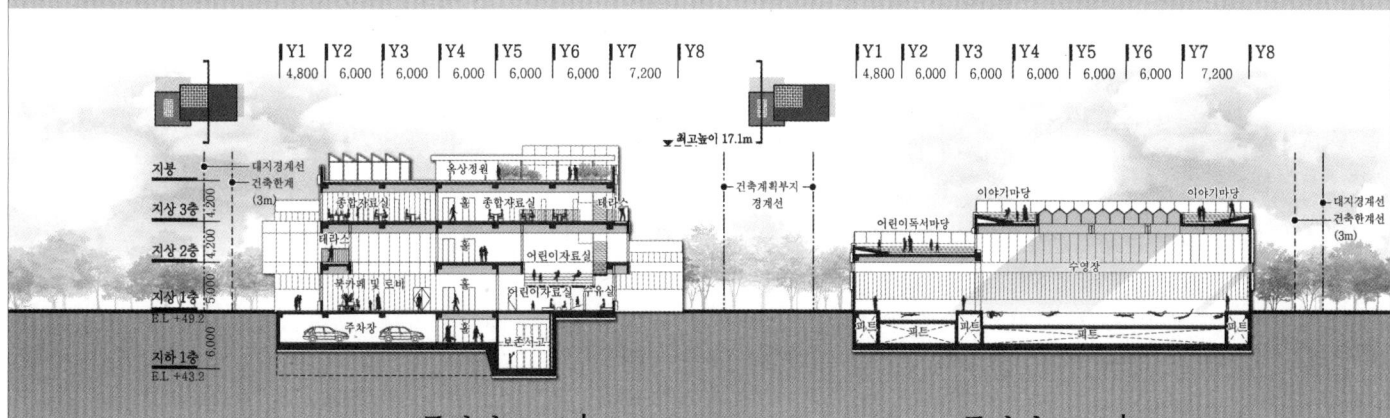

종단면도-1 | 축척: 1/700   종단면도-2 | 축척: 1/700

에너지-ICT 융복합지식산업센터

당선작 (주)리가온건축사사무소 이현조 설계팀 김용준, 서울림, 박재용, 유세란, 모광원, 고아영, 한정현

대지위치 전라남도 나주시 왕곡면 덕산리 817-8장, -9장 (나주혁신일반산단 내) **대지면적** 13,264.30㎡ **건축면적** 4,621.99㎡ **연면적** 14,975.54㎡ **조경면적** 2,424.96㎡ **건폐율** 34.85% **용적률** 99.4% **규모** 지하 1층, 지상 4층 **최고높이** 26.4m **구조** 철근콘크리트 **외부마감** 금속패널, 테라코타패널, 알루미늄루버 **주차** 86대(장애인 주차 5대 포함, 확장형 48대 포함)

Commons, Creative-concourse, Think-lounge를 통해 획일적이고 권위적인 지식산업센터의 이미지를 탈피한 사용자 중심의 공간을 조성하고자 한다. 공공성·직원복리·업무효율을 높인 크리에이티브한 공간 계획으로 기존의 제조, 업무공간에서 나아가 기술교류의 장으로써 역할을 수행한다.

배치계획
- 인접 건물 간섭 최소화 및 공공을 위한 여유공간 확보
- 시설 진입을 고려한 양방향 주차공간 계획
- 내부 프로그램과 연계되는 외부 공간 삽입

평면계획
- 리셉션 홀과 연계되는 입주기업 홍보 및 제품 전시공간 계획
- 직원들의 창의적 교류를 위한 회의 라운지 및 산업시설 관련 업무 지원을 위한 디지털 업무 지원공간 조성
- 산업시설 적정 전용률을 확보한 최적의 모듈 선정 및 가변성 확보

입면계획
- 기능을 고려한 창면적비 계획으로 외주부 냉난방 부하 저감 및 루버 설치를 통한 일사 유입 조절
- 인접 건물 및 지식산업센터의 이미지를 고려한 색채 사용

The designs of 'Commons, Creative-concourse and Think-lounge' reject the standardized and authoritative image of a knowledge industry center to introduce a user-centered space. The proposed publicness, employee welfare and work efficiency-enhancing, creative space plan make the center evolve from a typical place for manufacturing and work into a platform for technology exchanges.

Site plan
- Minimizing interference from or to neighboring buildings, and making available space for public use
- Increasing accessibility by applying a two-way system to the parking area
- Inserting an outdoor space connected with programs inside

Floor plan
- Providing a promotion hall and product showroom connected with the reception hall for tenant companies
- Adding a business lounge encouraging creative interactions among employees, and a digital workplace that supports the facility-related work
- Adopting an optimum modular system that ensures a reasonable exclusive use ratio for an industrial facility, and improving flexibility

Elevation
- Securing a practical window area ratio to reduce heating and cooling load on the perimeter area, and installing a louver system for daylighting control
- Applying appropriate colors in consideration of the relationship with neighboring buildings and the image of the center

Prize winner REGAON Architects & Planners Co., Ltd._Lee Hyunjo **Location** Wanggok-myeon, Naju, Jeollanam-do **Site area** 13,264.30m² **Building area** 4,621.99m² **Gross floor area** 14,975.54m² **Landscaping area** 2,424.96m² **Building coverage** 34.85% **Floor space index** 99.4% **Building scope** B1, 4F **Structure** RC **Exterior finishing** Metal panel, Terracotta panel, Aluminum louver **Parking** 86 (including 5 for the disabled, 48 for extension type)

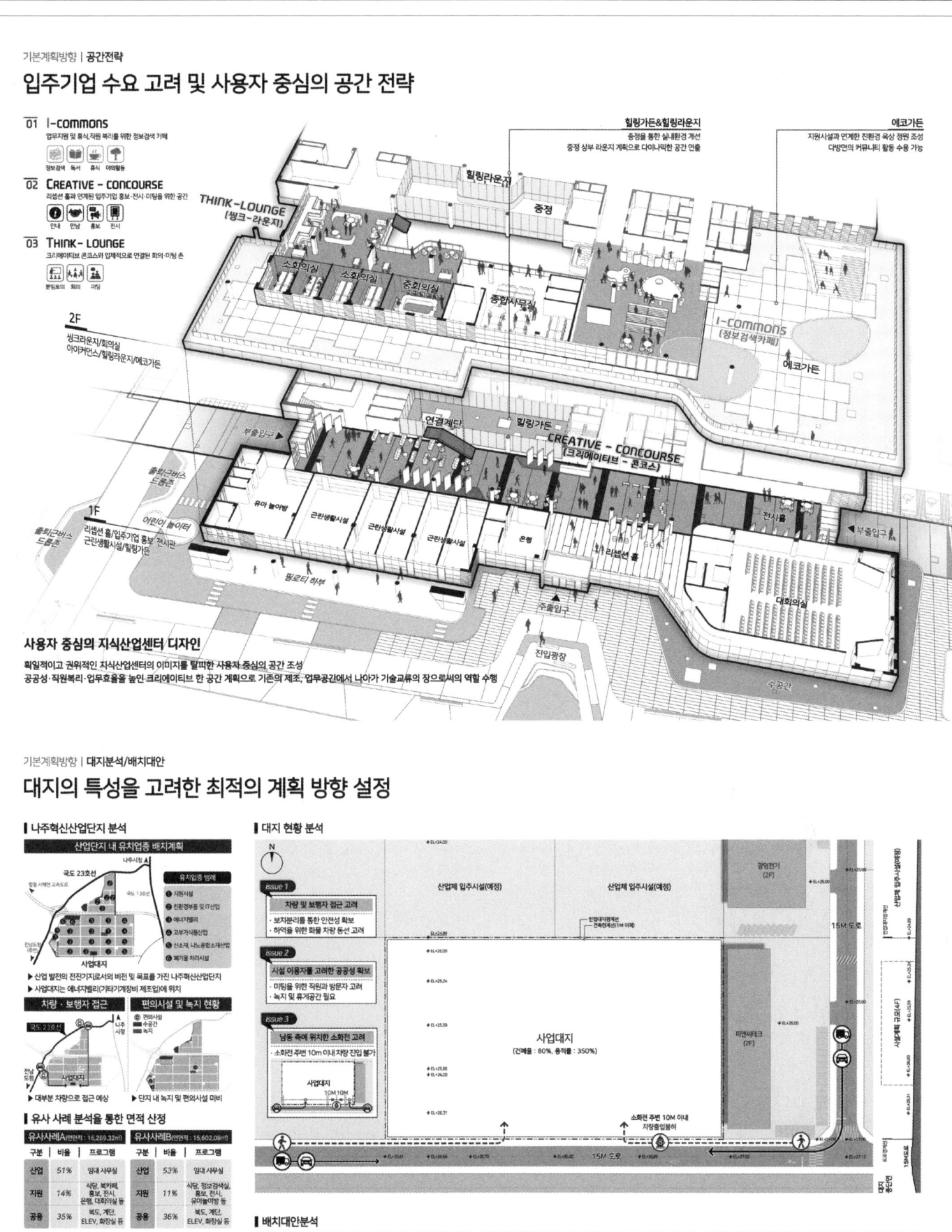

건축계획 | 배치계획

명확한 조닝계획과 시설 이용의 편리성을 고려한 최적의 배치계획

배치도 SCALE : 1/600

▍공공성을 고려한 토지이용 계획
- 인접 건물 간섭 최소화 및 공공을 위한 여유공간 확보

▍프로그램 분석에 따른 조닝 계획
- 기능에 따른 프로그램 위계 수립

▍매스 집약 및 이용성을 고려한 주차공간 배치
- 시설 진입을 고려한 양방향 주차공간 계획

▍프로그램에 따른 외부공간 조성
- 내부 프로그램과 연계되는 외부공간 삽입

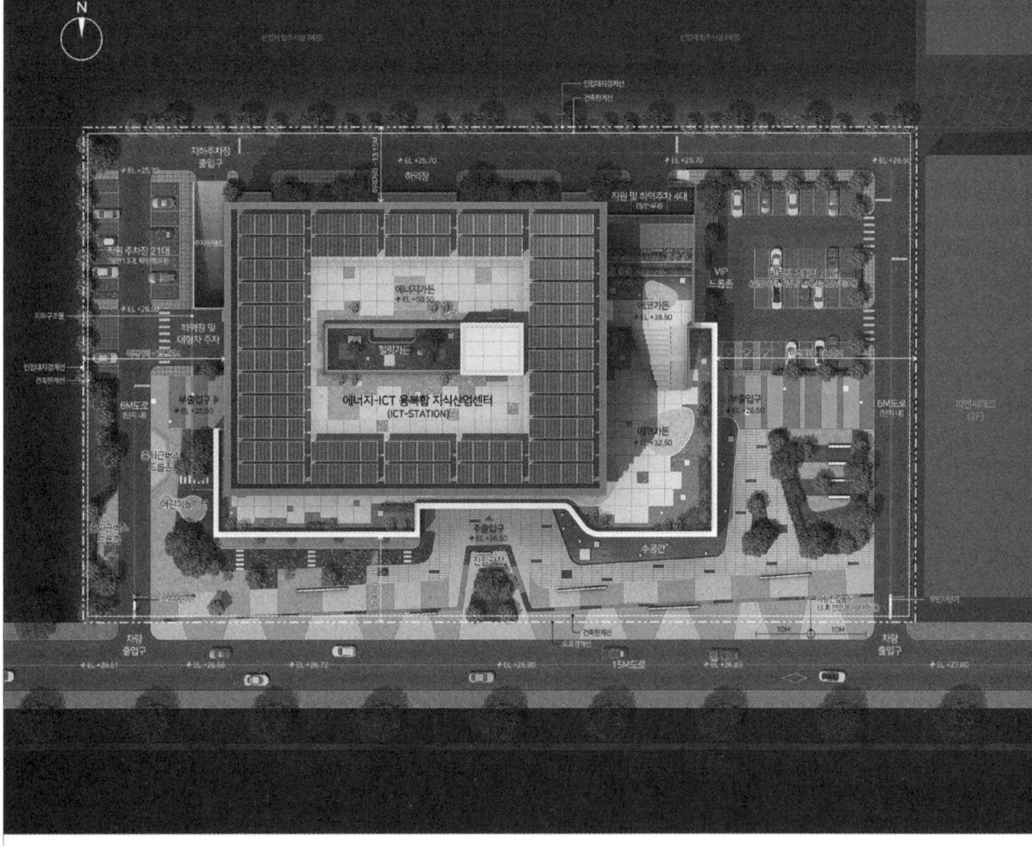

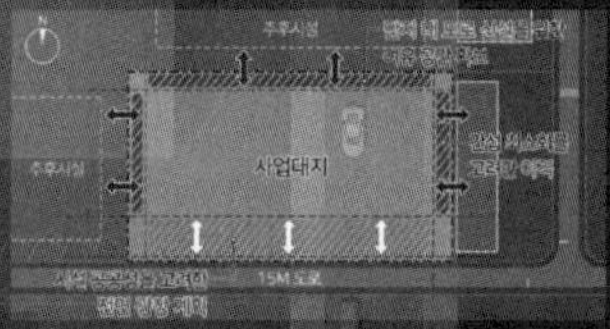

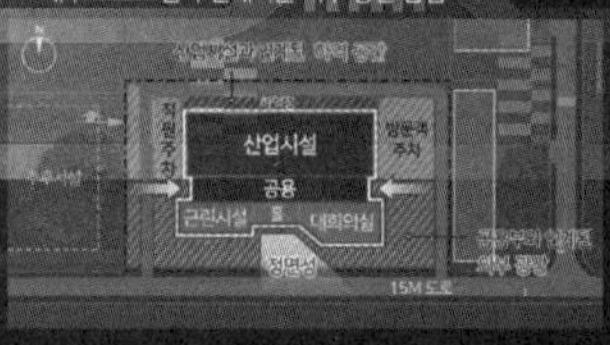

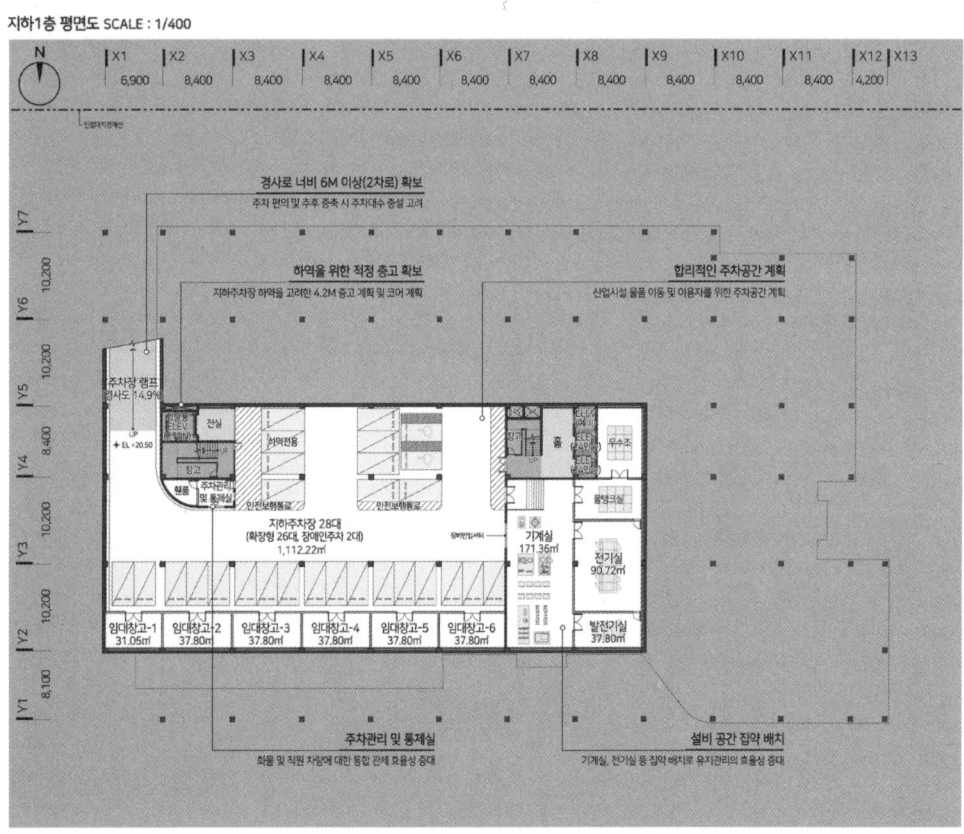

건축계획 | 지하1층 평면계획

효율적인 시설 유지관리가 가능한 지하층 계획

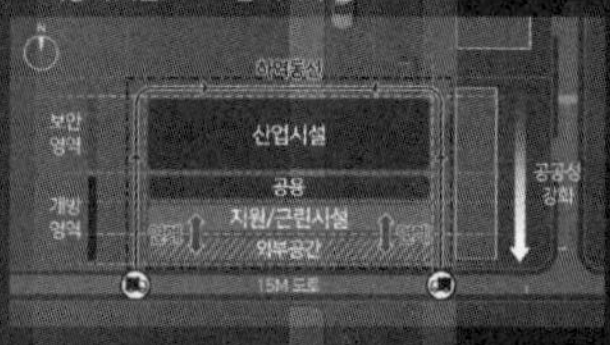

지하1층 평면도 SCALE : 1/400

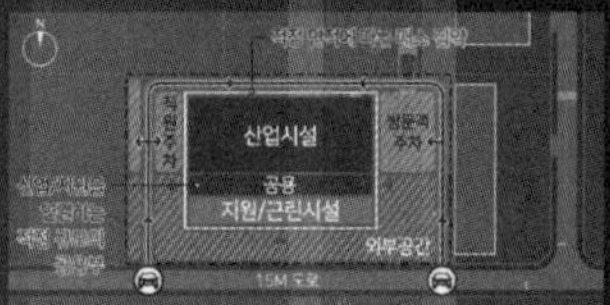

▍작업 효율을 높인 지하주차장 계획
- 주차장 및 기계/전기실의 효율적인 공간 조닝

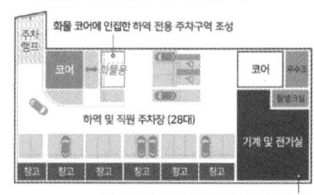

설비시설 집약 배치를 통한 중앙통제형 관리체계 수립

▍지하층 화물차량 진입을 고려한 계획
- 2.5톤 화물차량 출입을 고려한 주차 램프 천정고 확보

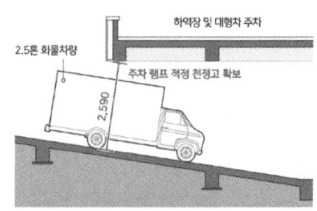

▍입주기업 수요에 따른 임대형 창고 제안
- 지하 하역장과 연계되어 물품 보관 및 이동 편의 향상

입주기업 대상 임대형 창고 × 6개실

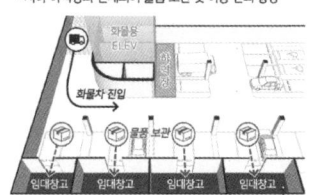

Energy-ICT Convergence Knowledge Industry Center

건축계획 | 1층 평면계획
개방된 공용공간 계획으로 공공성 확보 및 산업시설 하역 편의 향상

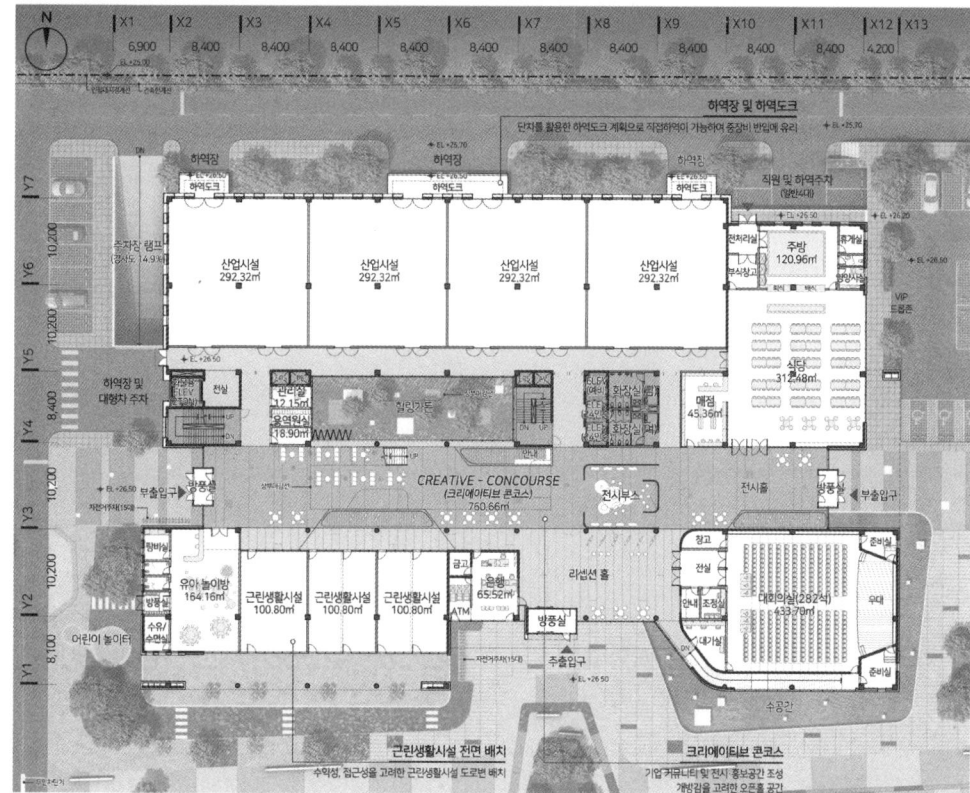

건축계획 | 2층 평면계획
업무 지원 공간 집약 배치로 창의적 교류가 가능한 공간 조성

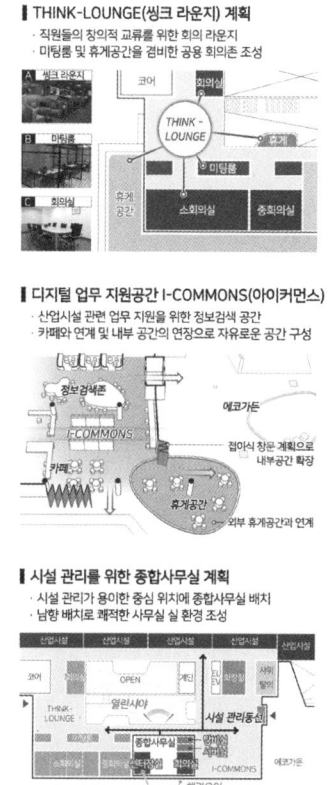

에너지-ICT 융복합지식산업센터

건축계획 | 3,4층 평면계획

작업 효율성 증대를 위한 스마트 업무공간계획

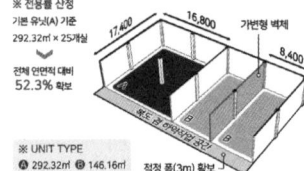
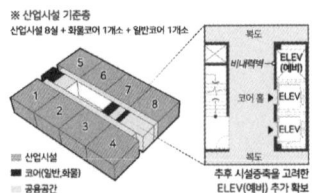

건축계획 | 단면계획

공간 영역별 수직 조닝으로 업무 효율 향상 및 쾌적한 실 환경 제공

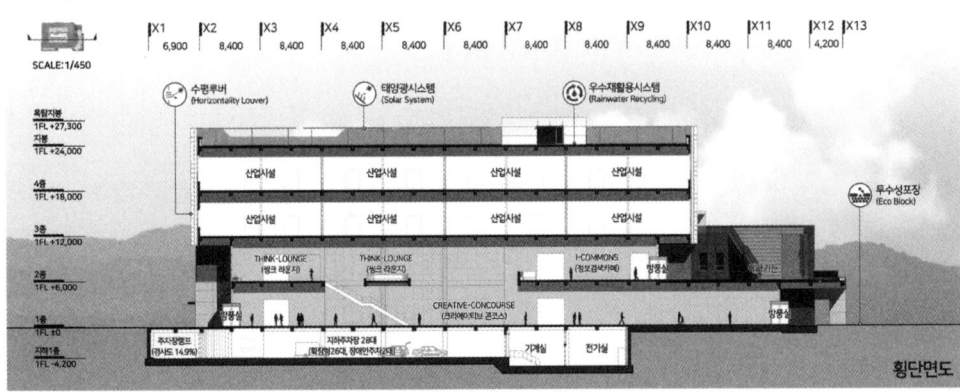

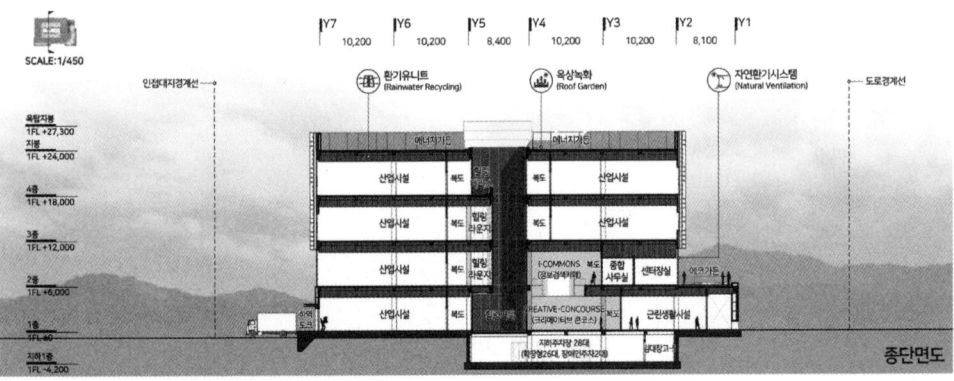

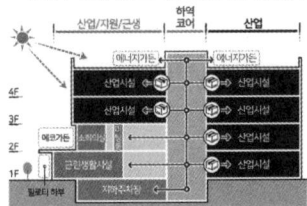
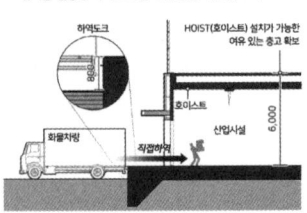

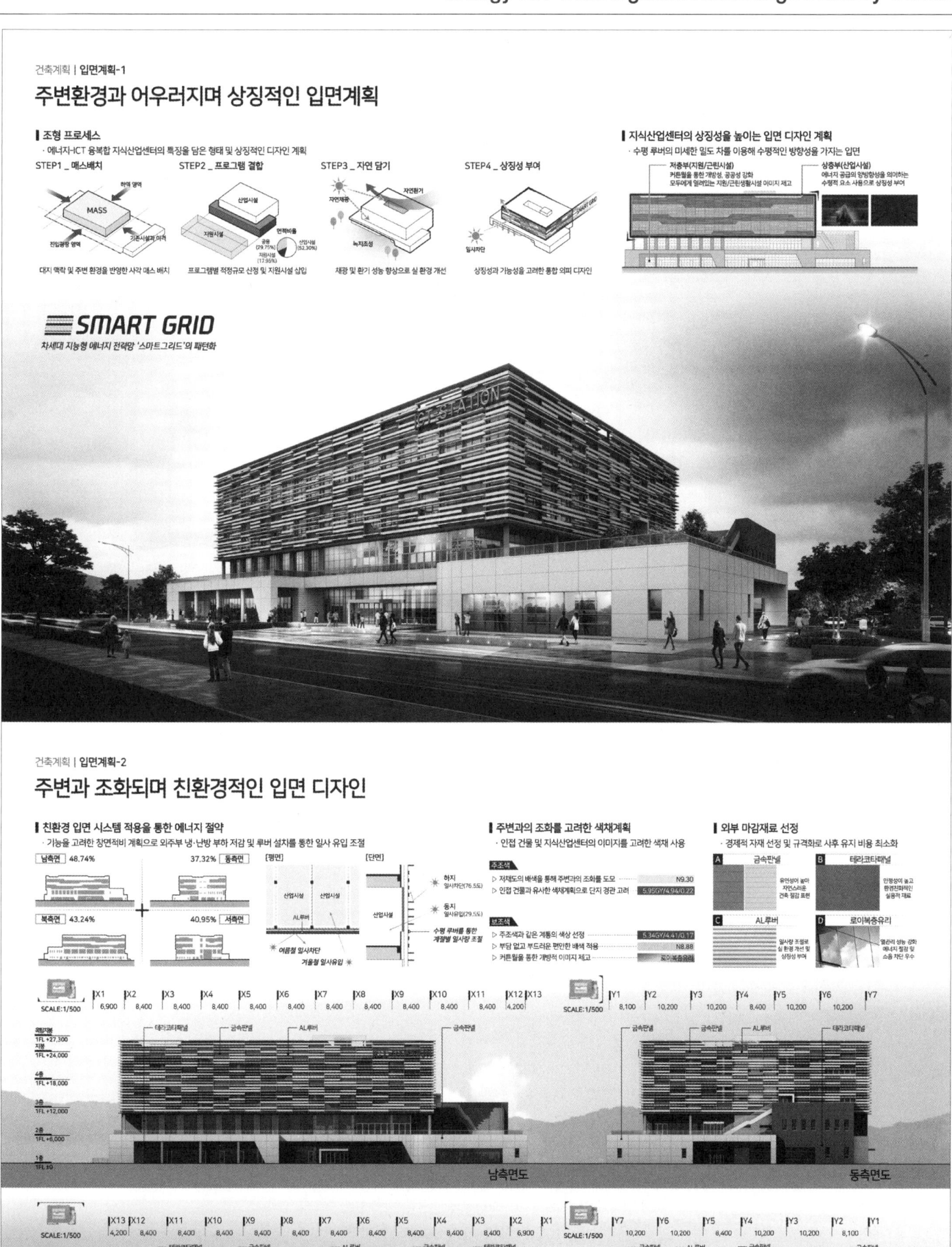

우암부두 지식산업센터

당선작 (주)숨비건축사사무소 김수영 설계팀 박유정, 권슬기, 최이섭, 오승영, 권아송, 이주희

대지위치 부산광역시 남구 우암동 265-1, 3번지 **대지면적** 6,000.00㎡ **건축면적** 3,509.89㎡ **연면적** 14,112.60㎡ **조경면적** 1,599.76㎡ **건폐율** 55.95% **용적률** 235.21% **규모** 지상 7층 **최고높이** 26.9m **구조** 철근콘크리트구조 **외부마감** 노출콘크리트, T24 로이복층유리, 알루미늄루버 **주차** 76대

건축가가 제안한 일하는 공간은 '떠 있는 삼각형'이다. 정해지지 않은 도시맥락에 대응할 수 있고, 내부공간은 각 업체들 간에 적극적인 교류와 협의를 통해 유연하게 공간을 점유해 가는 모습을 담고자 하였다. 그래서 완성형의 건축물보다는 자율적으로 자라나는 시스템 으로서의 건축물을 제안하였다.

산업단지 한가운데 위치하고, 맞닿은 도로들은 산업용 차량들이 빠른 속도로 움직이고 있었다. 이러한 조건들은 낮게 펼쳐진 계단식 건축물을 바닥에서 들어 올려서 메인 공간을 2층에 두었다. 비슷한 업종이 모이는 특성을 지닌 업무공간은 기존의 업무와 공용공간으로 나누어진 이분법적인 시스템으로는 공유와 소통을 통한 새로운 가치를 만들어 내기에는 적절하지 않다고 생각하였다. 이에 세 개의 밴드를 통해 업무의 결을 세분화하고, 각 경계들이 서로 연결이 되도록 하였다. 또한, 업무의 규모에 따라 모듈을 조정하여 규모를 정할 수 있도록 하였다.

업무영역과 네트워크 영역의 경계를 느슨하게 하고, 각 공유영역은 매층 마다 다르게 조성된 외부의 테라스들과 만난다. 각 층마다 서로 다른 독특한 업무환경은 단면적으로도 연결을 하였다. 새로이 모이는 집합소는 새로운 가치들을 만들기 위해 모이는 곳이다. 제안된 건축물이 다양한 의견들의 충돌과 협의를 통해 균형 잡아가는 모습들이 잘 보일 수 있으면 한다.

The architect proposes a 'floating triangle' as a work place concept. The object is to enable the new center to respond to the undetermined urban context, and to create an interior space in which companies flexibly occupy the space through active exchange and cooperation among themselves. In this context, it's decided to propose an architecture that serves as a self-growing system, instead of a fully completed building.

The site is located at the center of an industrial district, and the roads around it are used by fast moving industrial vehicles. Considering such a circumstance, the stepped building that makes a low stretch is raised above the ground, and the main space is positioned on the 2nd floor. As for the office area, a place where businesses from similar fields tend to form a cluster, it wouldn't be appropriate to use a dichotomous system that divides the area into office and public spaces, when the aim is to create a new value through sharing and communication. Therefore, the area is segmented into three bands, and their borders are connected to each other. Also, users can set the size of their workplace by rearranging modules according to the scale of their business.

The boundary between the office and network areas is blurred. Shared spaces are connected to an outdoor terrace designed differently by floor. Each floor provides a different work environment, but they are interconnected on a sectional level. The newly added assembly hall is a place for collaboration to create a new value. The proposed architecture is expected to clearly show how different opinions reach a balanced conclusion through a process of conflict and discussion.

Prize winner su:mvie architects_Kim Sooyoung **Location** Nam-gu, Busan **Site area** 6,000.00㎡ **Building area** 3,509.89㎡ **Gross floor area** 14,112.60㎡ **Landscaping area** 1,599.76㎡ **Building coverage** 55.95% **Floor space index** 235.21% **Building scope** 7F **Structure** RC **Exterior finishing** Exposed concrete, T24 Low-E paired glass, Aluminum louver **Parking** 76

Uam Terminal Knowledge Industry Center

'Floating Triangle'의 제안

Floating WorkPlace

차량 중심의 접근환경 :
지면에서 들어올려진 오피스

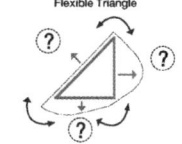

Flexible Triangle

유동적인 주변 계획에 대응할 수 있는 삼각형 배치

Adjustable Triangle

유연하게 조정가능한 삼각형 매스 시스템

본 제안의 특징을 설명하는 단어는 '떠 있는' '삼각형'이다. 아직 정해지지 않은 주위환경에 대응할 수 있는, 내부 집중적인 교류공간을 가진 지식산업센터를 위해 우리는 완성형의 건축물을 제안하기보다는 자율적인 시스템으로서의 건축물을 제안하고자 한다.
1. Floating WorkPlace : 대지 주변은 차량중심의 환경으로 건물의 1층을 이용하는 외부이용자는 드물 것으로 판단된다. 낮고 넓게 깔린 매스를 들어올림으로써 1층 전체를 주차장, 하역장으로 사용하고 상부의 편의시설, 업무공간과는 분리되도록 했다.
2. Flexible Triangle : 대지의 주변에 대응하는 세 면을 가진 건물로 배치했다. 대지와 건물 사이의 공간이 배치의 변화를 완충한다.
3. Adjustable Triangle : 두 개의 업무공간 축과 사이의 공용공간으로 이루어진 매스는 건물의 각도나 크기를 조정하더라도 공간의 구조를 유지할 수 있다. 공용공간은 지식산업센터의 중심 공간으로 형태의 완충분 아니라 사적 업무공간을 완충하는 네트워크 공간이다.

지형적 맥락의 고려 : 낮고 넓게 깔린 지식산업센터

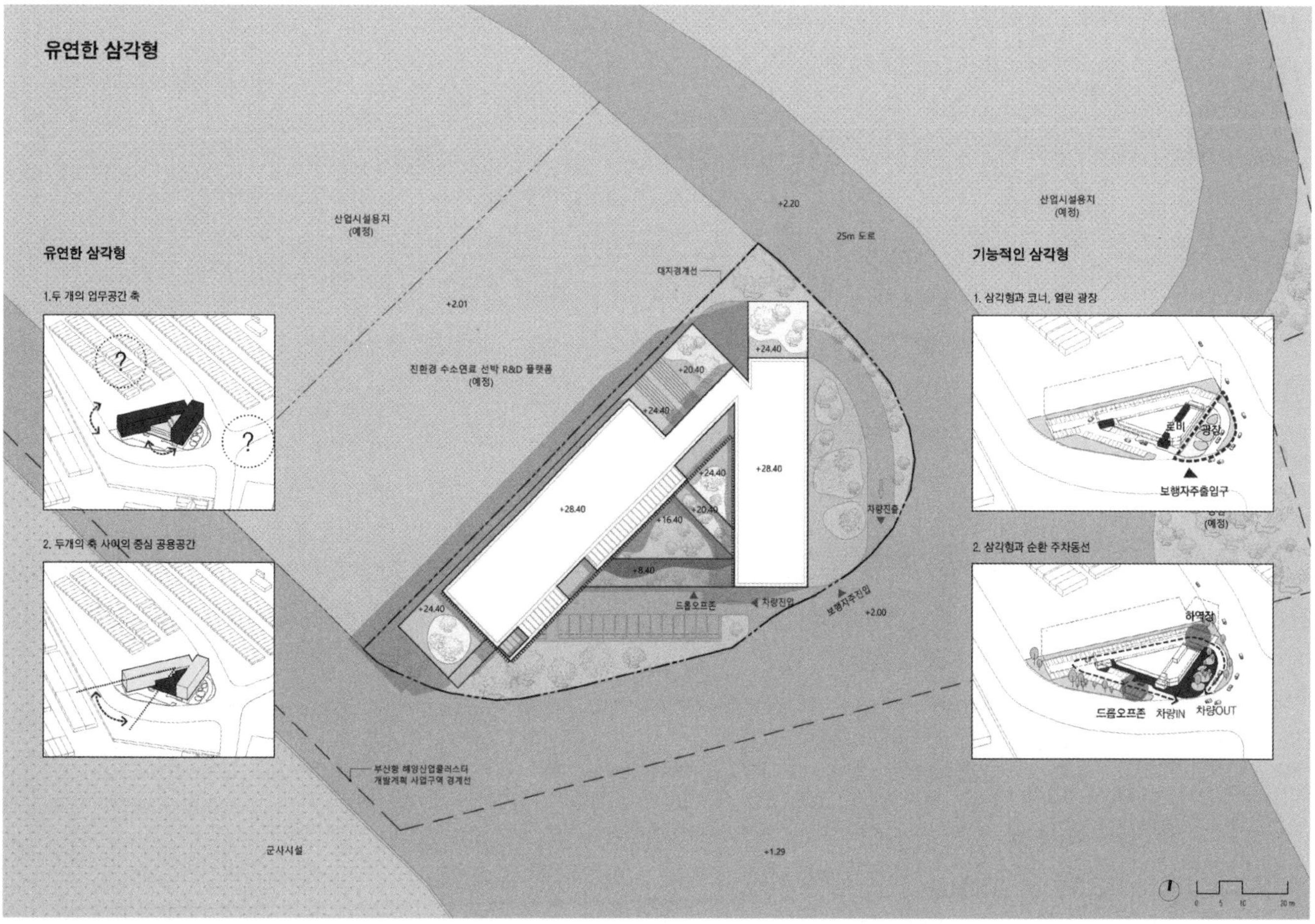

유연한 삼각형

유연한 삼각형
1. 두 개의 업무공간 축
2. 두 개의 축 사이의 중심 공용공간

기능적인 삼각형
1. 삼각형과 코너, 열린 광장
2. 삼각형과 순환 주차동선

우암부두 지식산업센터

업무공간의 확장

1. 세 가지 밴드

업무공간 영역의 시스템 제안

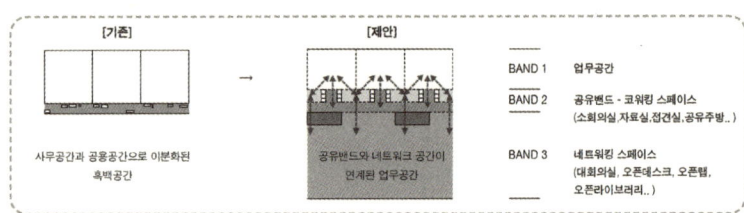

BAND 1 업무공간
BAND 2 공유밴드 - 코워킹 스페이스
(소회의실, 자료실, 접견실, 공유주방..)
BAND 3 네트워킹 스페이스
(대회의실, 오픈데스크, 오픈랩, 오픈라이브러리..)

2. 유연한 평면구성과 구조 시스템

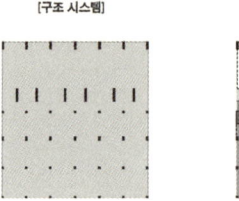

- 공유밴드를 구획하는 벽체를 구조체로 사용하여 업무공간을 무주공간으로 계획
- 사용자의 필요에 따라 확장 또는 축소되는 평면이 가능한 구조 시스템
- 시기별, 목적별로 유연한 프로그램 구성이 가능하도록 무량판 구조로 제안

유닛 타입과 가변성

TYPE 1
- 중규모 / 성장기업 대상 업무공간
- 입주기업간 협력가능한 공간을 제공하는 공유밴드
- 타기업과 공유 가능한 소·중규모의 네트워크공간

기본형 / 확장형

TYPE 2
- 소규모 / 성장초기기업 대상 업무공간
- 업무공간에 필요한 보조시설과 회의/휴게공간으로 활용가능한 공유밴드
- 소규모 업무공간으로 부족한 편의공간 및 타기업과의 교류 가능한 대규모 네트워크공간과 연계

기본형 / 축소형

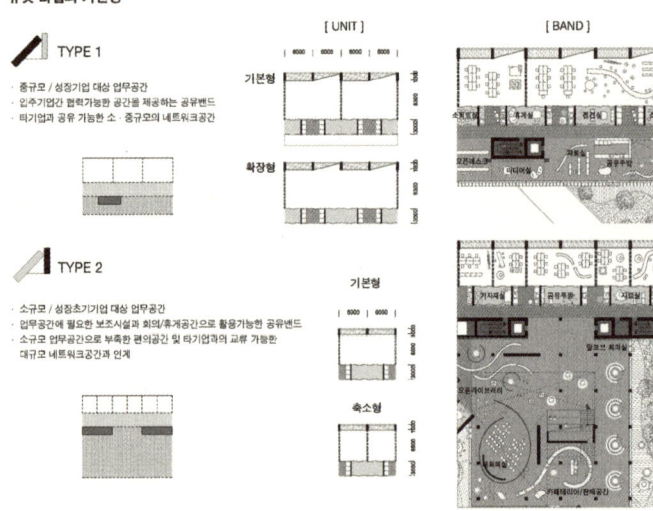

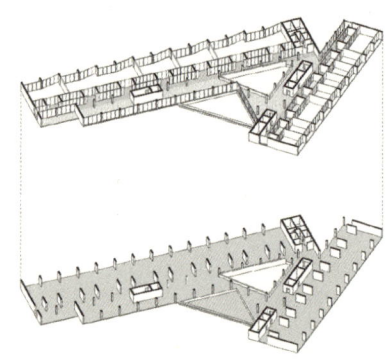

네트워크공간 프로그램

느슨한 경계

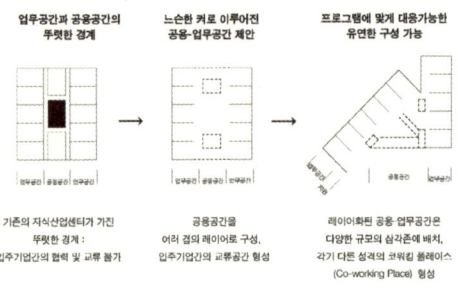

기존의 지식산업센터가 가진 뚜렷한 경계 : 입주기업간의 협력 및 교류 불가

공용공간을 여러 겹의 레이어로 구성, 입주기업간의 교류공간 형성

레이어화된 공용공간은 다양한 규모의 삼각존에 배치, 각기 다른 성격의 코워킹 플레이스 (Co-working Place) 형성

외부공간 프로그램

삼각존의 외부공간은 계단식 옥외정원(2층~6층)으로 이루어져, 모든 층의 정원에서 뷰가 확보됨. 양측의 유닛영역의 사이에도 소규모의 옥외테라스(5층)와 옥외정원(6층)을 구성하여 건물의 양측면 및 후면에서도 연결가능한 외부 프로그램 계획

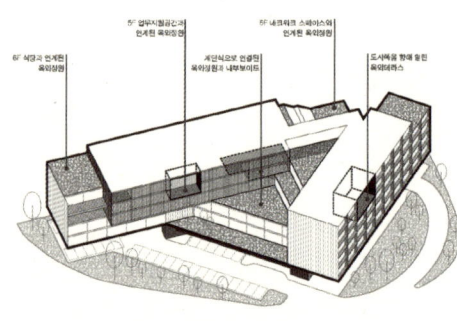

네트워크공간 프로그램

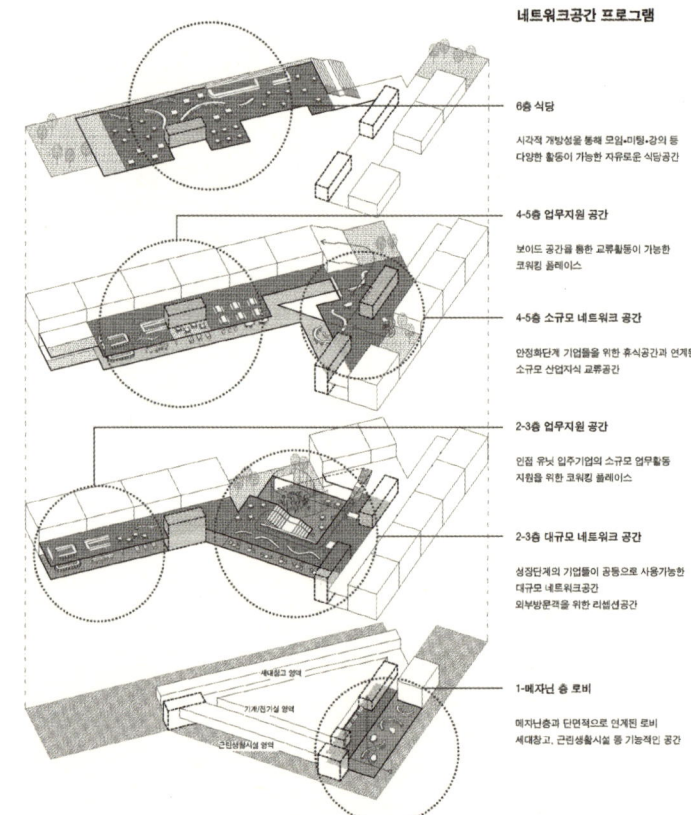

- **6층 식당**
  시각적 개방성을 통해 모임·미팅·강의 등 다양한 활동이 가능한 자유로운 식당공간

- **4-5층 업무지원 공간**
  보이드 공간을 통한 교류활동이 가능한 코워킹 플레이스

- **4-5층 소규모 네트워크 공간**
  안정화단계 기업들을 위한 휴식공간과 연계된 소규모 산업지식 교류공간

- **2-3층 업무지원 공간**
  인접 유닛 입주기업의 소규모 업무활동 지원을 위한 코워킹 플레이스

- **2-3층 대규모 네트워크 공간**
  성장단계의 기업들이 공동으로 사용가능한 대규모 네트워크공간
  외부방문객을 위한 리셉션공간

- **1-메자닌 층 로비**
  메자닌층과 단면적으로 연계된 로비
  세대창고, 근린생활시설 등 기능적인 공간

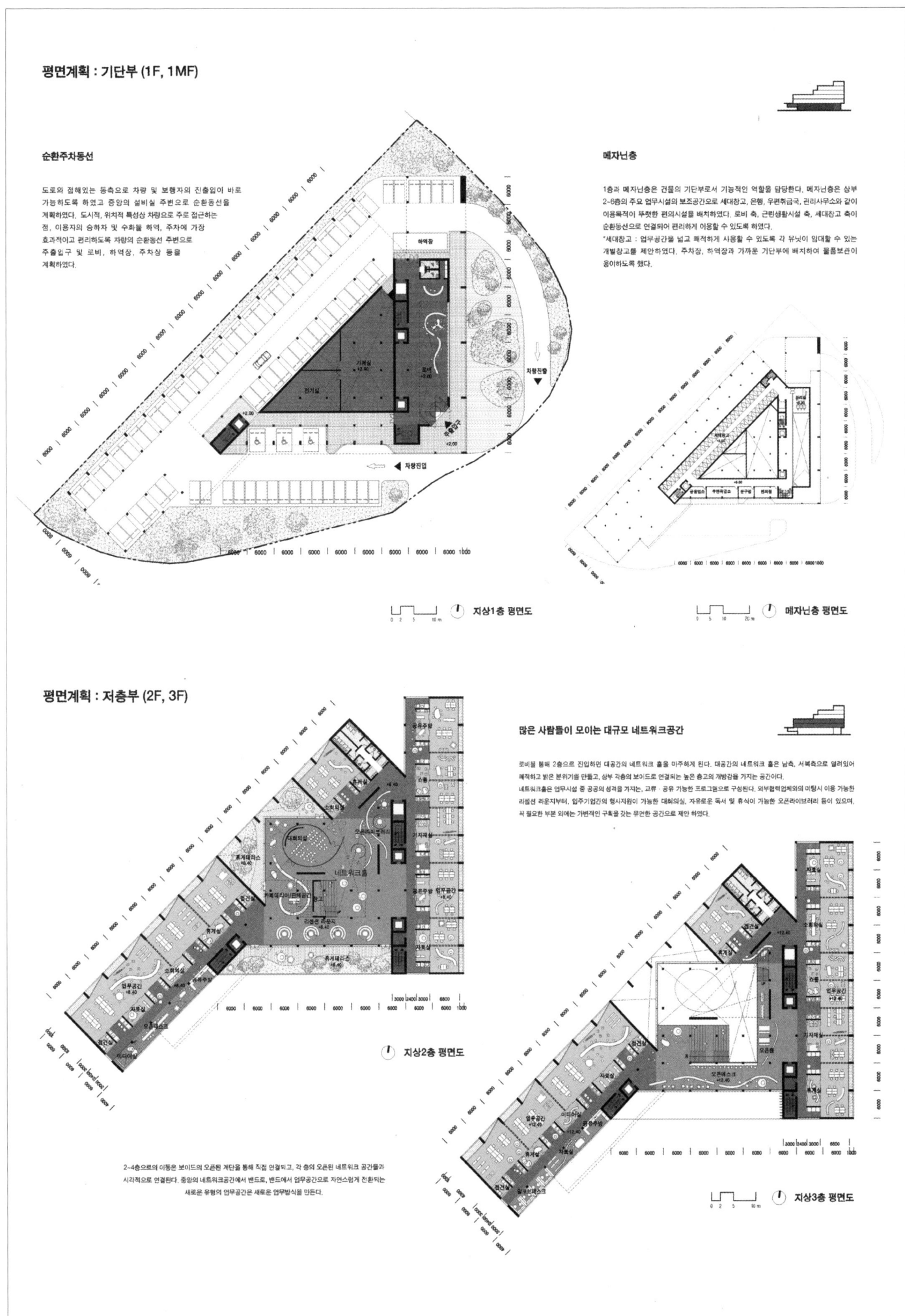

우암부두 지식산업센터

평면계획 : 중층부 (4F, 5F)

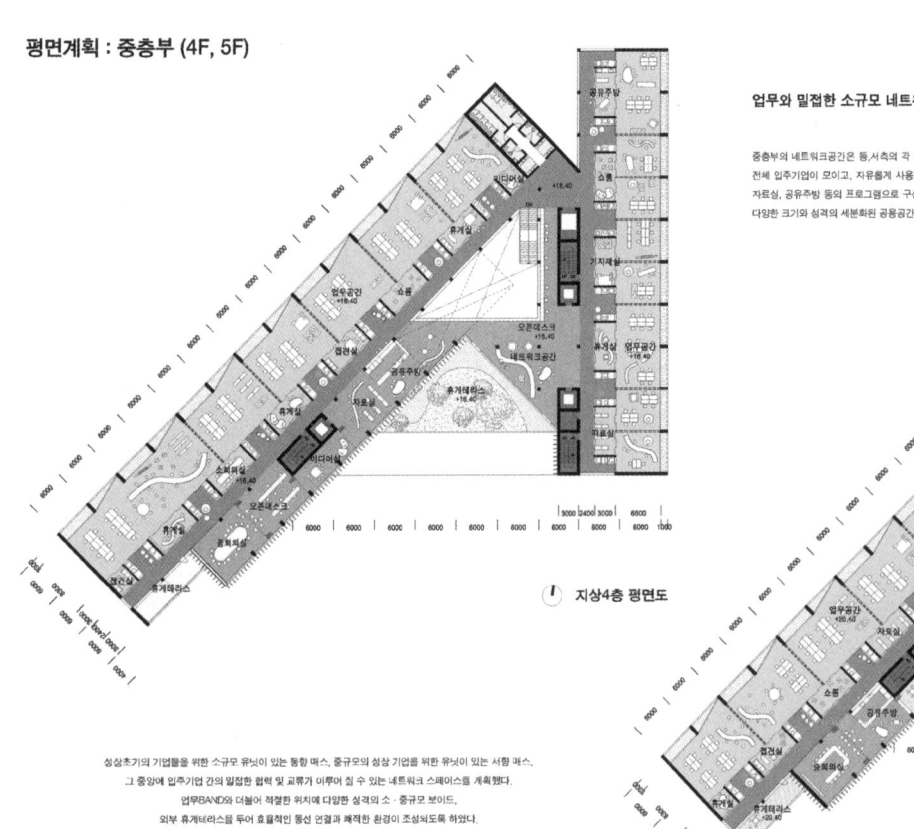

성장초기의 기업들을 위한 소규모 유닛이 있는 통합 매스, 중규모의 성장 기업을 위한 유닛이 있는 서향 매스, 그 중앙에 입주기업 간의 밀접한 협력 및 교류가 이루어 질 수 있는 네트워크 스페이스를 계획했다.
업무BAND와 더불어 적절한 위치에 다양한 성격의 소·중규모 보이드, 외부 휴게테라스를 두어 효율적인 동선 연결과 쾌적한 환경이 조성되도록 하였다.

업무와 밀접한 소규모 네트워크공간

중층부의 네트워크공간은 동,서측의 각 매스를 지원하는 형태로 소규모 네트워크가 가능한 공간이다. 저층부의 네트워크 공간은 전체 입주기업이 모이고, 자유롭게 사용할 수 있는 오픈공간이었다면, 중층부의 네트워크공간은 소·중규모의 회의실, 미디어실, 자료실, 공유주방 등의 프로그램으로 구성되며 업무공간과 더욱 밀접한 관계를 가진다. 전용업무공간 내에서만 수행되던 일들을 다양한 크기와 성격의 세분화된 공용공간으로 분리, 확장하여 유연한 영역을 갖는 업무공간의 유형을 제안하였다.

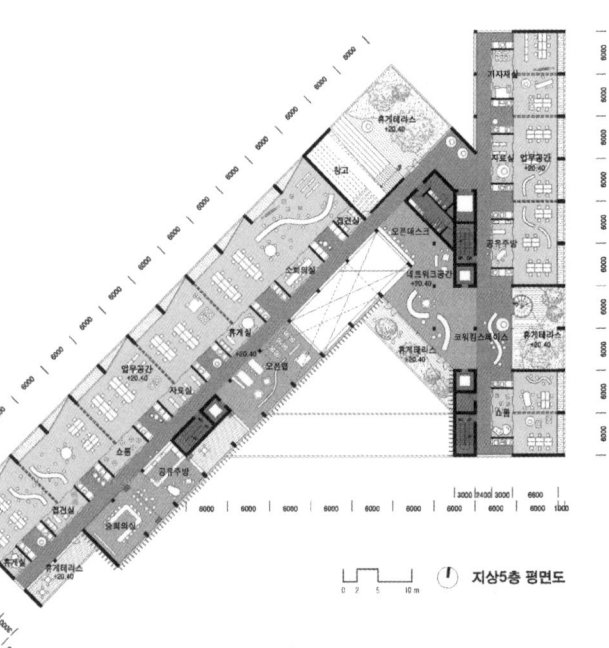

평면계획 : 고층부 (6F)

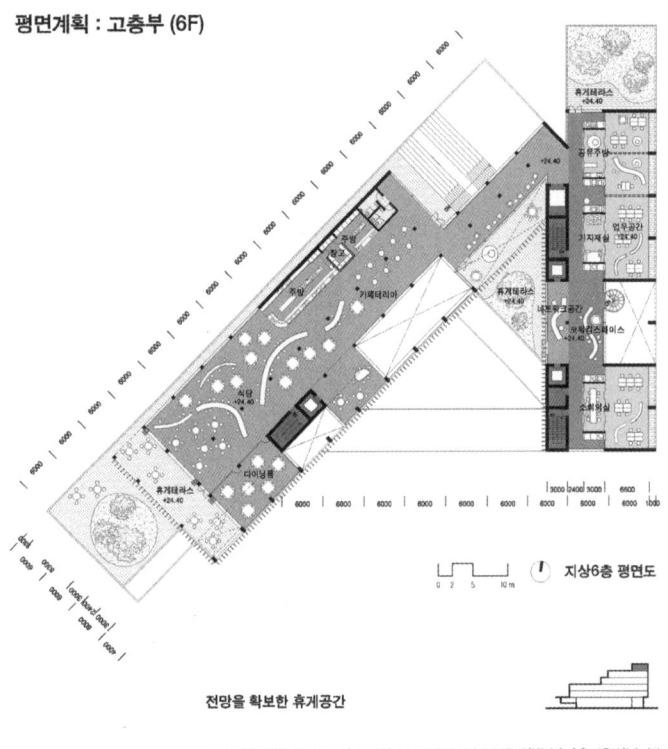

전망을 확보한 휴게공간

바다와 산을 조망할 수 있는 최상층의 서북측으로는 식당과 카페테리아를 계획하였다. 추후 사용계획에 따라 변형 가능하도록 유연한 배치로 제안하였으며, 식사 외 시간에는 다양한 행사, 회의실 등으로 사용할 수 있는 다목적 공간이다. 보이드와 코어로 아래층과의 직접적, 시각적 연결이 가능하여, 남·서·북측으로 배치된 외부 휴게테라스가 직접 연계되어 시간에 따라 다양한 분위기가 연출될 것이다.

외부로 열린 네트워크 공간

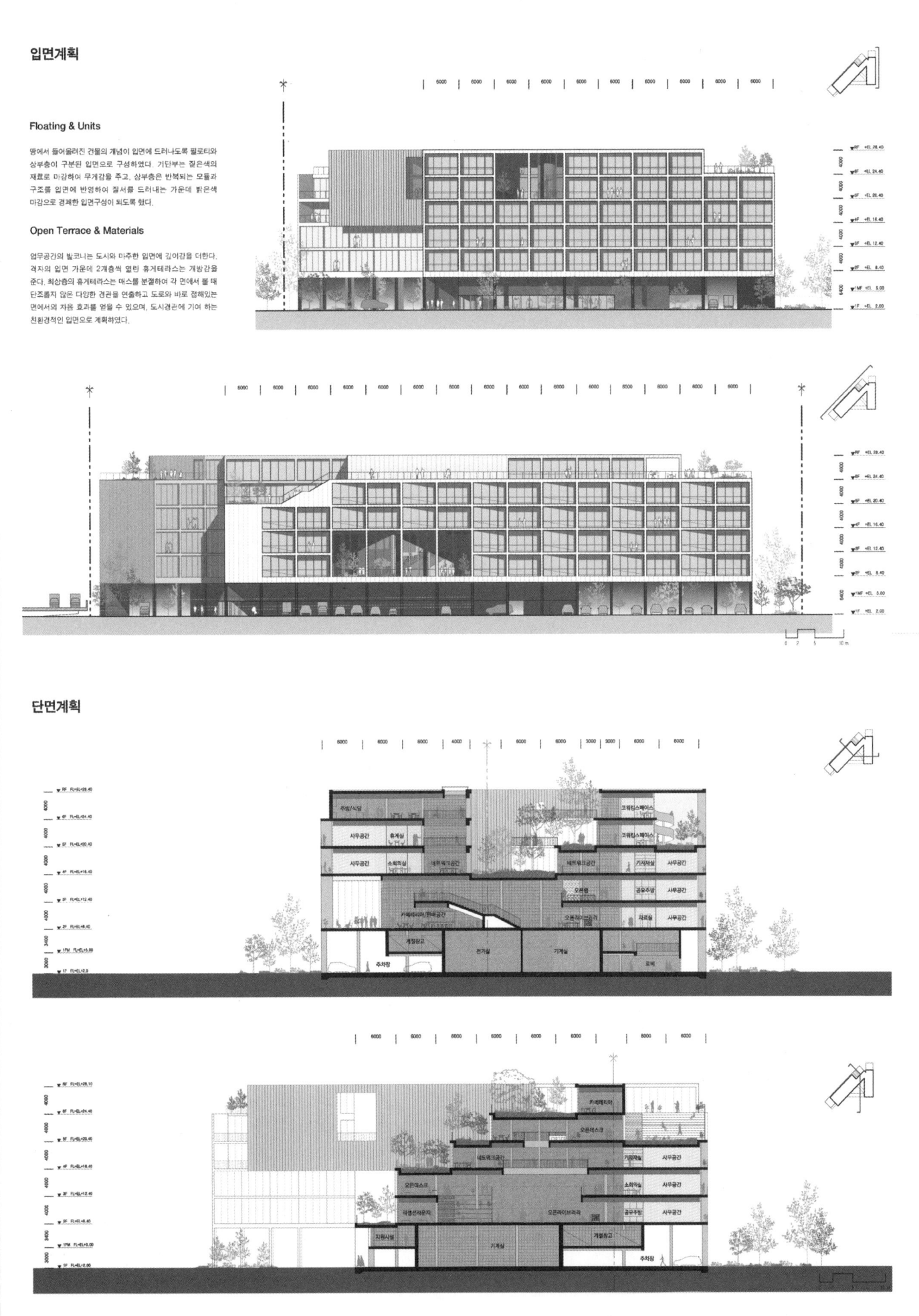

창원세무서 청사

당선작 (주)건축사사무소에스파스 박성환 설계팀 공경옥, 양환직, 김미정, 하현규, 김진리, 임채영

대지위치 경남 창원시 의창구 중앙대로 209번길 16 일원 대지면적 5,610.2㎡ 건축면적 1,843.47㎡ 연면적 10,243.85㎡ 조경면적 952.56㎡ 건폐율 32.86% 용적률 116.20% 규모 지하1층, 지상6층 최고높이 29.8m 구조 철근콘크리트조 외부마감 석재, 세라믹패널, 로이복층유리 주차 134대(장애인 주차 6대, 확장형 54대 포함)

배치계획 : 도시와 소통하는 [창]

공간들의 배치는 세무서 본연의 업무를 지원할 수 있도록 3가지 영역들이 독립적이면서도 서로 간 연계 되도록 구성하였다. 민원영역은 도시의 가로 용지로 인접영역에 저층으로 구성하여 도시의 가로 형성에 이바지하고 보행, 차량으로 방문시에 접근성, 인지성을 높였으며 전면광장, 지상 주차장과 연계하여 대인원 방문 시기에 대기 공간으로 활용하였다. 상층부의 업무공간은 후면에 위치 하고 직원 휴게공간 및 부출입구는 레벨 차이를 이용해 독립적인 공간으로 형성하였다.

평면계획 : 세무행정의 표준이 되는 [원]

세무서에서는 방문민원센터의 도입이 중요한 작용을 한다. 독립된 공간에서 민원방문 업무가 처리되는 새로운 방식에 따라. 저층부인 1, 2층에 민원실, 방문민원센터, 신고서 자기 작성 교실 등을 집약하여 모든 방문자 대응 업무가 가능하도록 조성하고, 대인원 집중 시기에 공간적 대응이 원활하도록 교육실을 연계하였다. 업무영역은 각 부서의 성격, 민원인의 방문 빈도에 따라 보다 독립적인 성격의 공간이 상층부에 배치되도록 구성하였다.

입면계획 : 지속가능한 친환경 세무서

건물의 형태는 간결한 형태이며 환기시스템을 내포한 수직의 벽과 창의 연속으로 구성되어 있다. 매스의 중앙의 열린 형태는 자연을 내부로 받아들이는 형태의 휴게, 휴식공간으로 소통하는 창원 세무서의 상징을 나타냈다.

Site plan : A window for communication with the city

The new space layout introduces three independent yet interconnected zones that support the work process of a tax office. The public service zone is positioned on the lower floor near an urban street area to contribute to forming an urban street and increase accessibility and legibility for users who come on foot or by car. Also, it's connected with the entrance plaza and ground parking area to make room to use as a waiting area when a large number of people crowd in. The office zone on the upper floor is placed at the back. And the staff lounge and secondary entrance are designed as an independent space by using a level difference.

Floor plan : An office that sets standards for tax accounting services

The newly introduced on-site public service center plays an important role in this tax office. In consideration of a new work process through which on-site claims are handled in a separate room, the public service center, on-site service center and self-statement making workshop are concentrated on the lower floors including the 1st and 2nd floors to serve all types of on-site claims. Also, they are connected with training rooms to enable flexible use of space at times when a large number of visitors crowd in. As for the office zone, more independent spaces are positioned on the upper floors considering the nature of each department and the frequency of the visits of service users.

Elevation : A sustainable eco-friendly tax office

The volume of office building is concise and defined by a series of vertical walls and windows embedded with a ventilation system. The open area at the center of the mass forms a place for relaxation that brings nature inside, and it serves as a symbol for communication-friendly Changwon Tax Office.

Prize winner Architecture & Design Group ESPACE_Park Seounghwan **Location** Changwon-si, Gyeongsangnam-do **Site area** 5,610.2m² **Building area** 1,843.47m² **Gross floor area** 10,243.85m² **Landscape area** 952.56m² **Building coverage** 32.86% **Floor space index** 116.20% **Building scope** B1, 6F **Height** 29.8m **Structure** RC **Exterior finishing** Stone, Ceramic panel, Low-E paired glass **Parking** 134 (including 6 for the disabled, 54 for extension type)

창원의 밝은 세무행정을 향한 소통의 창이 열리다.

세무행정의 중심이 되는 창원세무서는 도시와 사람 그리고 공원을 잇는 소통 공간을 제공한다.
창원세무서는 효율적인 세무 행정을 위한 공간을 제시하며, 소통하는 세무서의 지표가 될 것이다.

시민과의 투명한 소통을 위한
도시와 소통하는 배치 계획

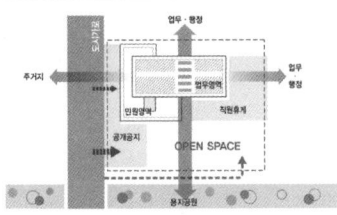

도시가로에서의 원활한 진출입
주변과의 소통을 고려한 적정 배치 계획

효율적인 세무 행정 및 업무를 돕는
세무서의 표준 공간 계획

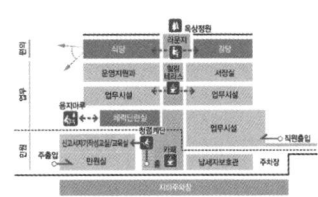

민원영역과 업무영역의 분리로 업무효율성 증대
정보보안 및 업무특성에 따른 단계별 보안계획 수립

창원의 푸른 자연을 담은
지속가능한 청사 환경 계획

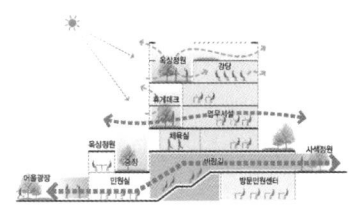

업무 및 민원영역 조닝별 특화 휴게공간 조성
창원을 대표하는 친환경 녹색 청사 계획

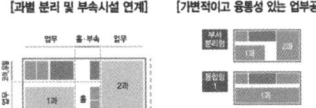

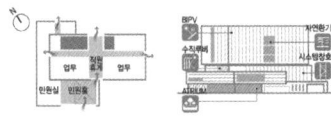
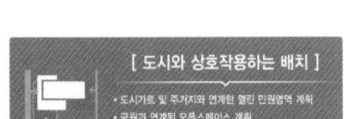

[도시와 상호작용하는 배치]
- 도시가로 및 주거지와 연계된 열린 민원영역 계획
- 공원과 연계된 오픈스페이스 계획
- 다수의 민원인 방문 및 서비스를 위한 저층부 특화계획

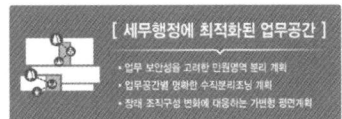

[세무행정에 최적화된 업무공간]
- 업무 보안성을 고려한 민원영역 분리 계획
- 업무공간별 명확한 수직분리조닝 계획
- 장래 조직구성 변화에 대응하는 가변형 평면계획

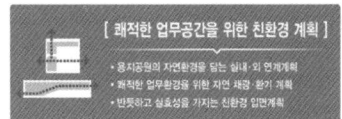

[쾌적한 업무공간을 위한 친환경 계획]
- 용지공원의 자연환경을 담는 실내·외 연계계획
- 쾌적한 업무환경을 위한 자연 채광·환기 계획
- 반듯하고 실용성을 가지는 친환경 입면계획

대지분석 및 주변환경을 고려한 최적의 배치선정

지역현황 및 분석
지역현황 주안점
- 창원시의 중심에 위치하며, 보행접근이 어려운 관할범위로 차량접근 및 대로변에서 상징성 고려

지역현황

- 경남의 중심부에 위치하며 879.5㎢를 관할하는 창원세무서

근린분석
근린분석 주안점
- 주변 근린녹지와 연계하는 계획 필요
- 차량과 보행의 분리 및 접근성 고려

주변현황
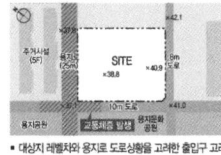
- 대상지 레벨차와 용지로 도로상황을 고려한 출입구 고려

접근성

- 방문객의 접근을 고려한 보행가로 및 맞이광장 형성

향/조망

- 최대 남향배치 및 공원과 연계된 배치계획 고려

지역현황 분석

기본배치 고려사항
지역현황 주안점
- 보행자 및 대중교통 이용객이 많은 용지로 방향의 접근을 고려한 배치계획 필요
- 대상지내 레벨을 활용한 적정 보행 및 차량 진출입구 계획으로 명확한 영역체계 구축

배치고려사항
ISSUE 01 | 환경성
ISSUE 02 | 출입시스템
ISSUE 03 | 법규사항

- 주 이용도로 용지로에서 보행접근 및 공원과 연계하는 배치계획 고려
- 용지로 교차로의 차량정체 및 약 4.8m의 레벨차를 고려한 진출입 계획 필요

배치계획 방향의 주안점
01 무단차 진출입 계획
02 진입을 고려한 영역설정
03 주변 컨텍스트와 연계
04 공공성 확보 및 외부공간 계획

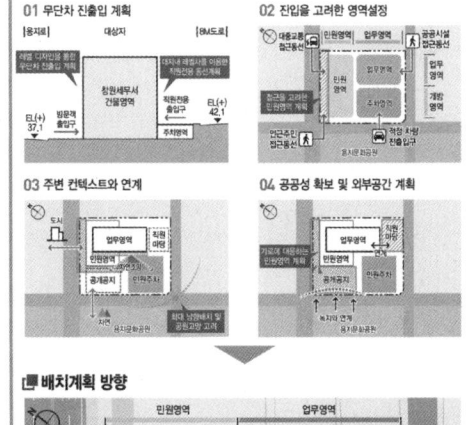

배치계획 방향
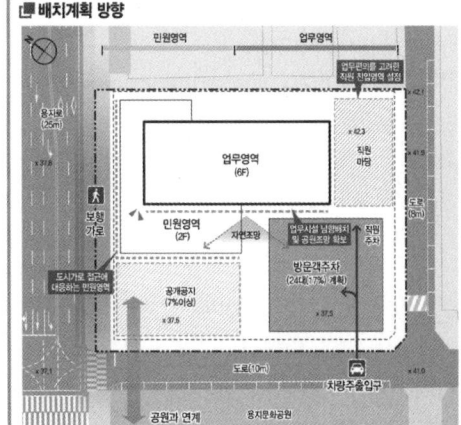

NTS Changwon District office

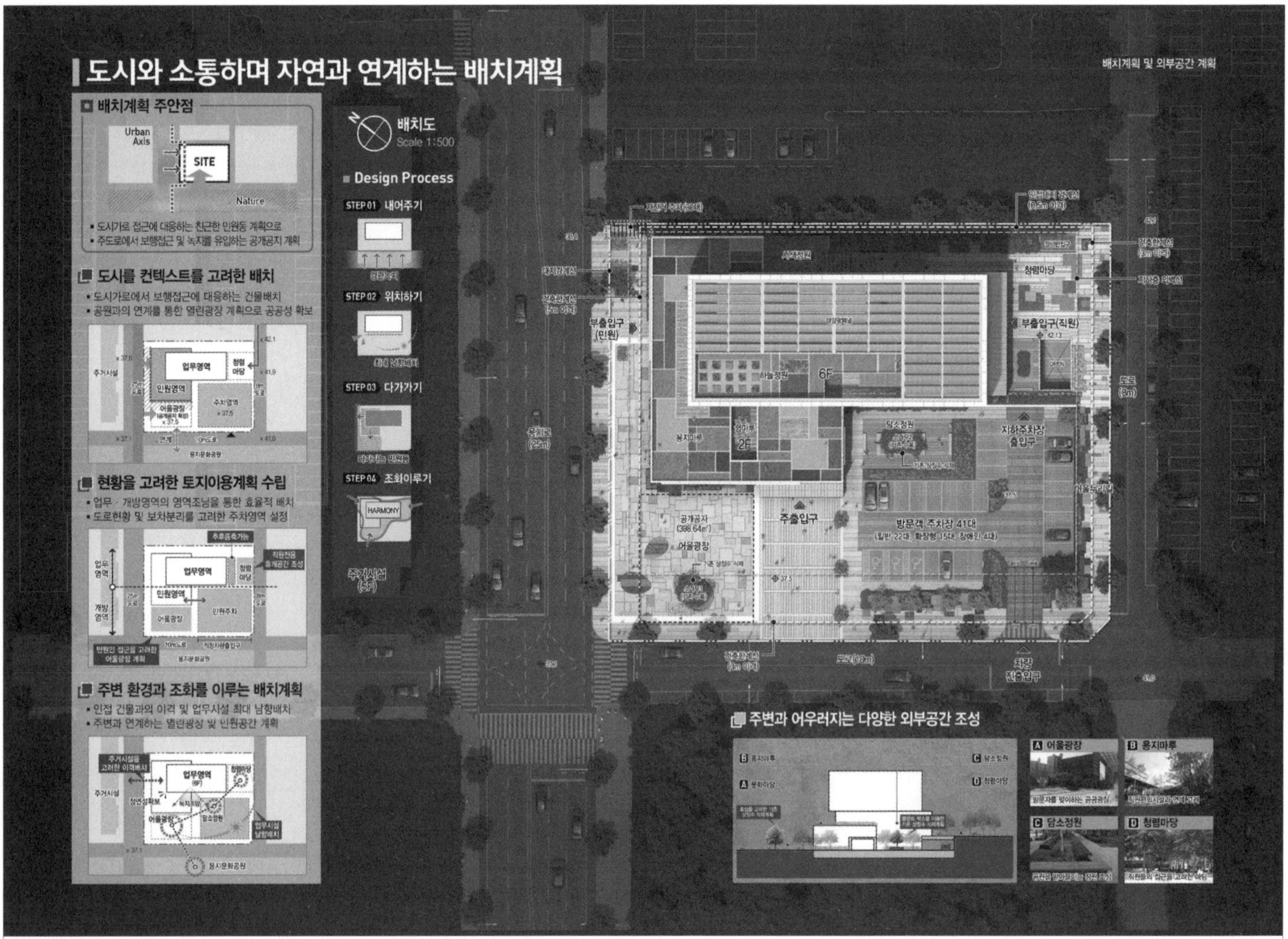

창원세무서 청사

도시와 소통하며 자연과 연계하는 배치계획

소통의 중심이 되는 투명하고 열린 세무서

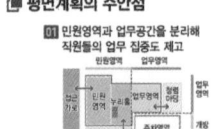
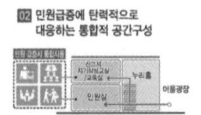

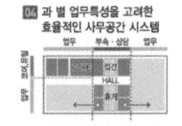
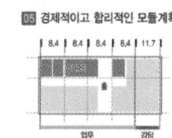

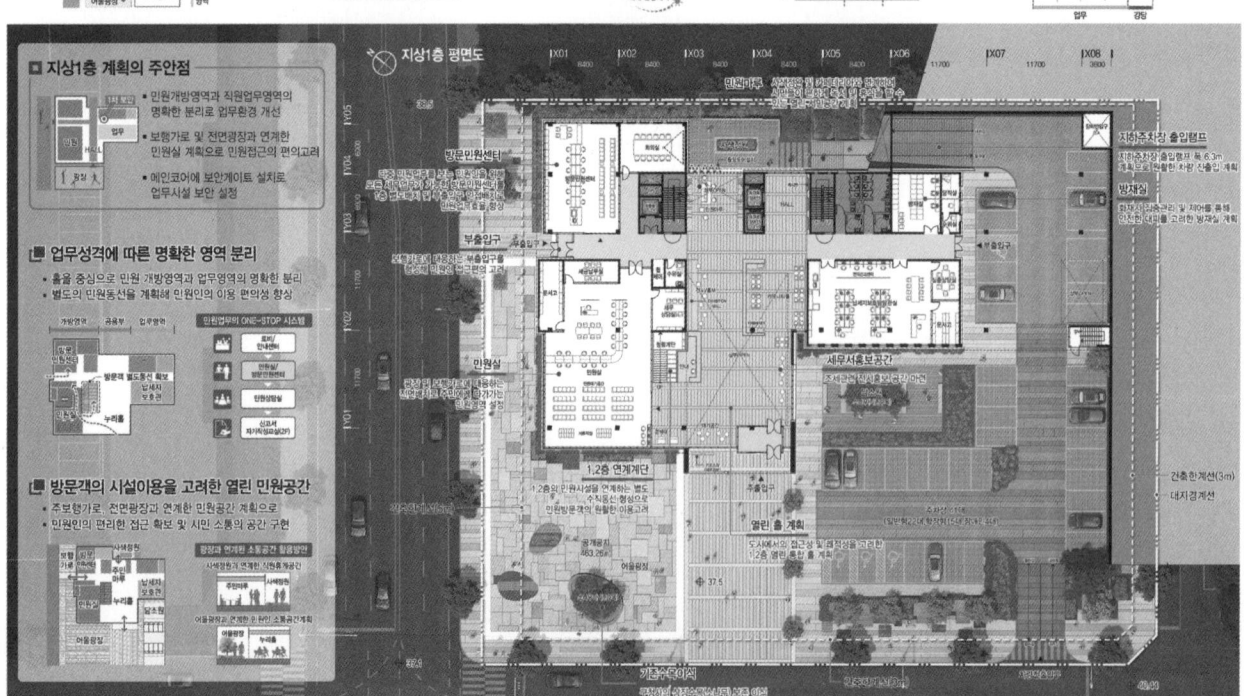

NTS Changwon District office

세무서 업무특성을 반영한 맞춤형 평면구성 계획

지상 2,3층 평면계획

지상2층 계획의 주안점
- 오픈홀을 중심으로 재산세과와 민원공간의 명확한 분리조닝으로 업무 집중도 제고
- 세무기간 민원인 급증에 대응가능한 가변적 공간계획
- 레벨차를 이용한 별도의 직원출입구 및 야외 직원휴게시설 조성으로 업무환경 개선

지상3층 계획의 주안점
- 부서별 업무 연관성을 고려해 개인납세과 동일층 조닝계획
- 민원 방문이 잦은 개인납세과 저층 배치 및 체력단련실 중심층 배치 이용 편의성 증대
- 체력단련실을 외부 휴게공간과 연계하여 다채로운 직원 복지 공간 제공

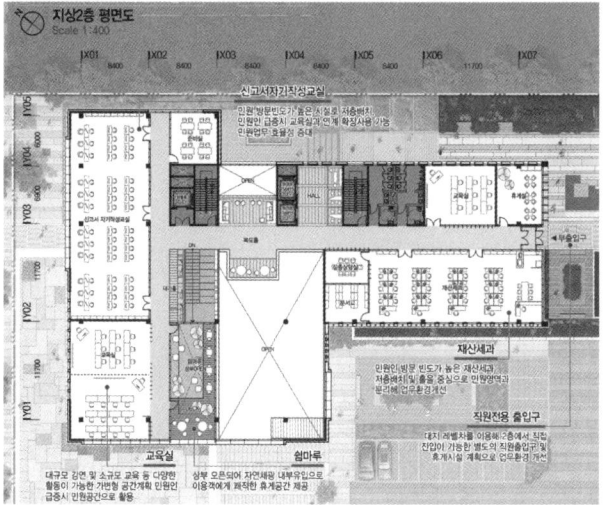
지상2층 평면도 Scale 1:400

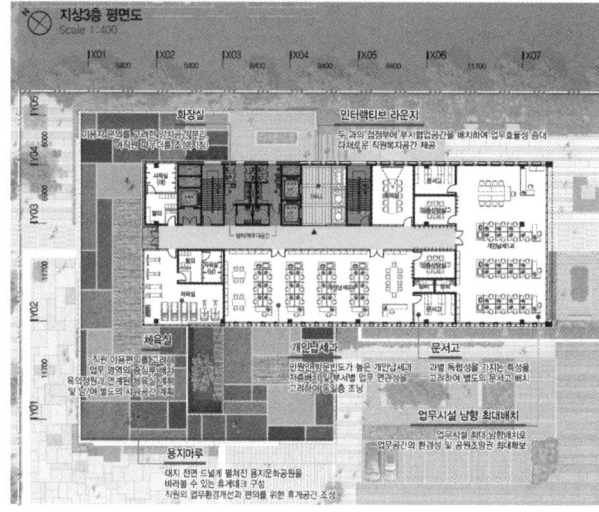
지상3층 평면도 Scale 1:400

업무특성에 따른 민원영역과 업무영역의 명확한 분리조닝
- 오픈홀을 중심으로 재산세과와 민원공간(교육실, 신고서자기작성실)을 분리해 업무공간 환경 개선

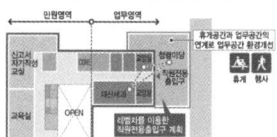

세무일정변화에 대응하는 가변적 공간 계획
- 실의 가변적 사용이 가능한 신고서자기작성교실, 교육실을 인접배치로 세무신고기간 민원인 급증에 대응

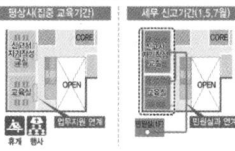

업무의 편의를 위한 개인납세과 조닝계획
- 민원인 방문이 많은 업무특성을 고려한 업무영역 저층배치
- 과별 독립성 확보 및 부서별 업무연관성을 고려한 업무영역 연계계획

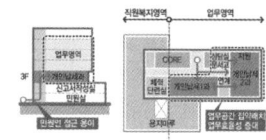

외부와 연계되는 쾌적한 체력단련실 계획
- 체력단련실과 용지마루를 연계해 직원 복지 이용성 증대
- 업무영역을 고려한 체력단련실 중심층 배치로 이용 편의성 증대

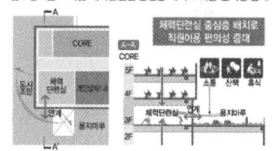

세무 공무원의 업무환경 개선 및 직원복지를 고려한 기능적인 공간구성

지상 4,5,6층 평면계획

지상4층 계획의 주안점
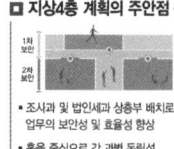
- 조사과 및 법인세과 상층부 배치로 업무의 보안성 및 효율성 향상
- 홀을 중심으로 각 과별 독립성 확보를 위한 분리 조닝
- 각 과별 업무효율과 직원복지를 고려한 휴게공간 계획

업무보안과 향후 조직변화에 대응하는 기능적인 공간구성
- 보안성이 높은 법인세과 조사과 독립배치 및 독립성확보로 보안성 및 효율성 증대
- 과별 분리 및 부속시설 연계를 통한 가변적 업무시설 이용 계획

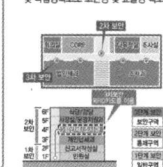
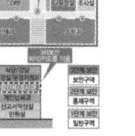
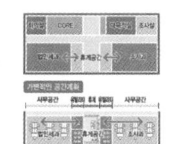

지상4층 평면도 Scale 1:400

지상5층 계획의 주안점
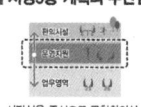
- 서장실을 중심으로 공청회의실, 운영지원과 등 운영 클러스터를 구축하여 업무 효율성 제고
- 업무시설 최대 남향배치, 바람길 형성을 통한 자연채광 및 환기성능 향상으로 업무환경 개선 및 쾌적성 증대

운영관리시설 집약배치를 통한 업무효율 증진
- 서장실, 공청회의실, 운영지원과 등의 인접배치로 운영관리 및 지원업무의 효율성 극대화
- 바람길 형성을 통한 자연환기 및 업무 공간 남향 최대배치로 업무환경 개선

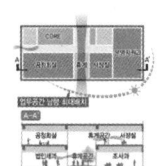

지상5층 평면도 Scale 1:400

지상6층 계획의 주안점

- 동시간대 대인원의 이용을 고려한 쾌적하고 여유로운 대기공간 계획
- 수납식 관람석 설치로 목적에 따라 다용도로 활용가능한 가변적 강당 계획
- 식당, 대강당의 소음 및 냄새 발생을 고려한 최상층 배치로 쾌적한 환경조성

직원복지와 다양한 행사를 지원하는 상층부 편의시설
- 동시간대 대규모 인원의 강당이용을 고려한 여유로운 공용부 계획
- 수납식 관람석 설치로 이용인원 목적에 따른 강당의 가변적 활용 계획

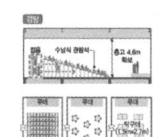
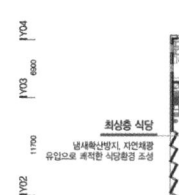

지상6층 평면도 Scale 1:400

반듯하고 검소한 이미지로 신뢰받는 세무서

입면계획

입면계획1주안점

- 창원(昌原)의 昌(빛날 창)을 모티브로 밝은 세무행정을 상징하는 입면을 계획한다.
- 실내 업무환경 개선을 고려한 입면계획 및 세무서 이미지를 고려한 경관 계획

형태 및 입면계획 프로세스

- 창원시의 도시환경과 조화로운 입면 디자인 계획으로 빛나는 땅 창원의 밝은 이미지와 세무서의 반듯하고 시민과의 소통을 상징하는 입면 계획

주변 환경과 조화를 이루는 경관 계획

- 저층부는 주거지와 보행자를 고려한 휴먼스케일의 개방적 가로경관 조성
- 고층부는 업무시설의 기능과 상징성을 고려하여 경관 계획

(2035 창원시 경관계획 참조)

정면도 Scale:1/300

창원시의 친환경 공공청사를 상징하는 입면 계획

입면계획

향별 입면계획

- 에너지 효율을 고려하여 방위별 특성에 따른 친환경 입면 적용

재료 및 색채계획

- 도시와 조화 및 세무서 이미지를 고려한 재료 선정

기능과 디자인을 고려한 입면특화계획

- 세무서 성격에 맞는 입면 디자인 계획으로 공정함, 신뢰감 형성

[남측–업무공간 입면계획]
- 직사광선 빛반사 방지를 고려한 경사창 고려
- 시스템창호 계획으로 실내 환기성능 향상

[서측–업무공간 입면계획]
- 상층 업무공간의 빛환경을 고려한 직사광선 차단 계획
- 시스템창호 계획으로 실내 환기성능 향상

[서측–편의시설 입면계획]
- 저층부 개방성 및 조망을 고려한 열린 입면 계획
- 수직루버 계획으로 서측 직사광산 유입 차단

좌측면도 Scale:1/400

배면도 Scale:1/400

우측면도 Scale:1/400

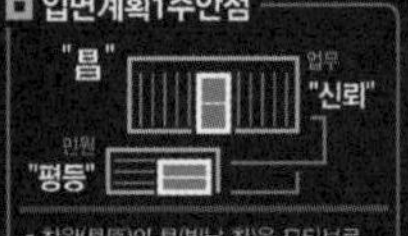

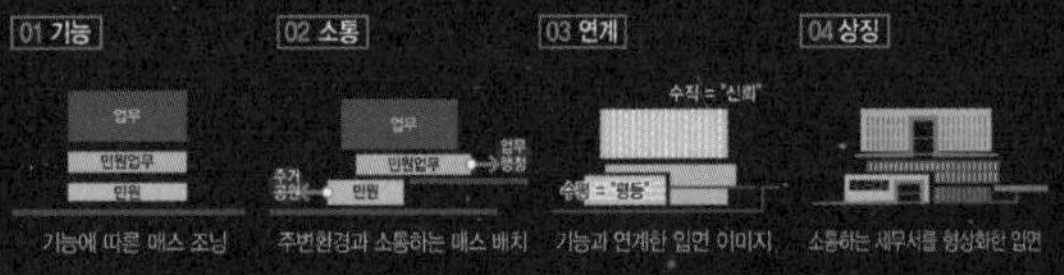

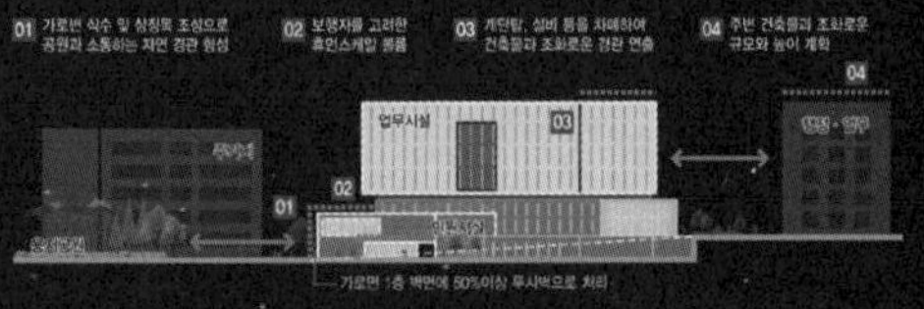

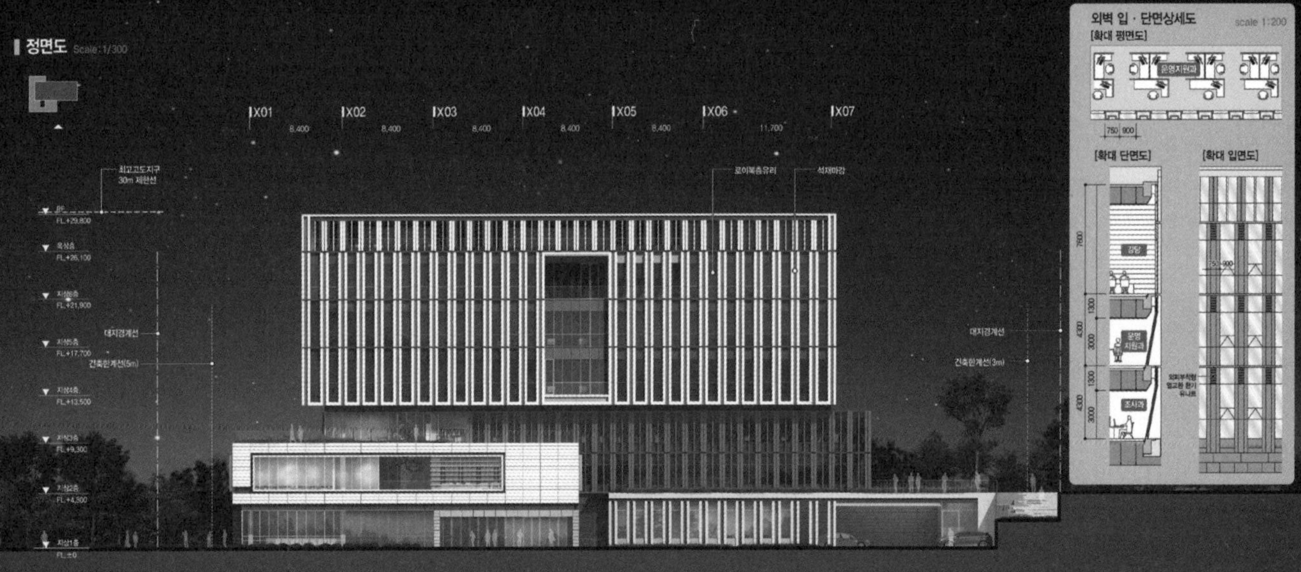

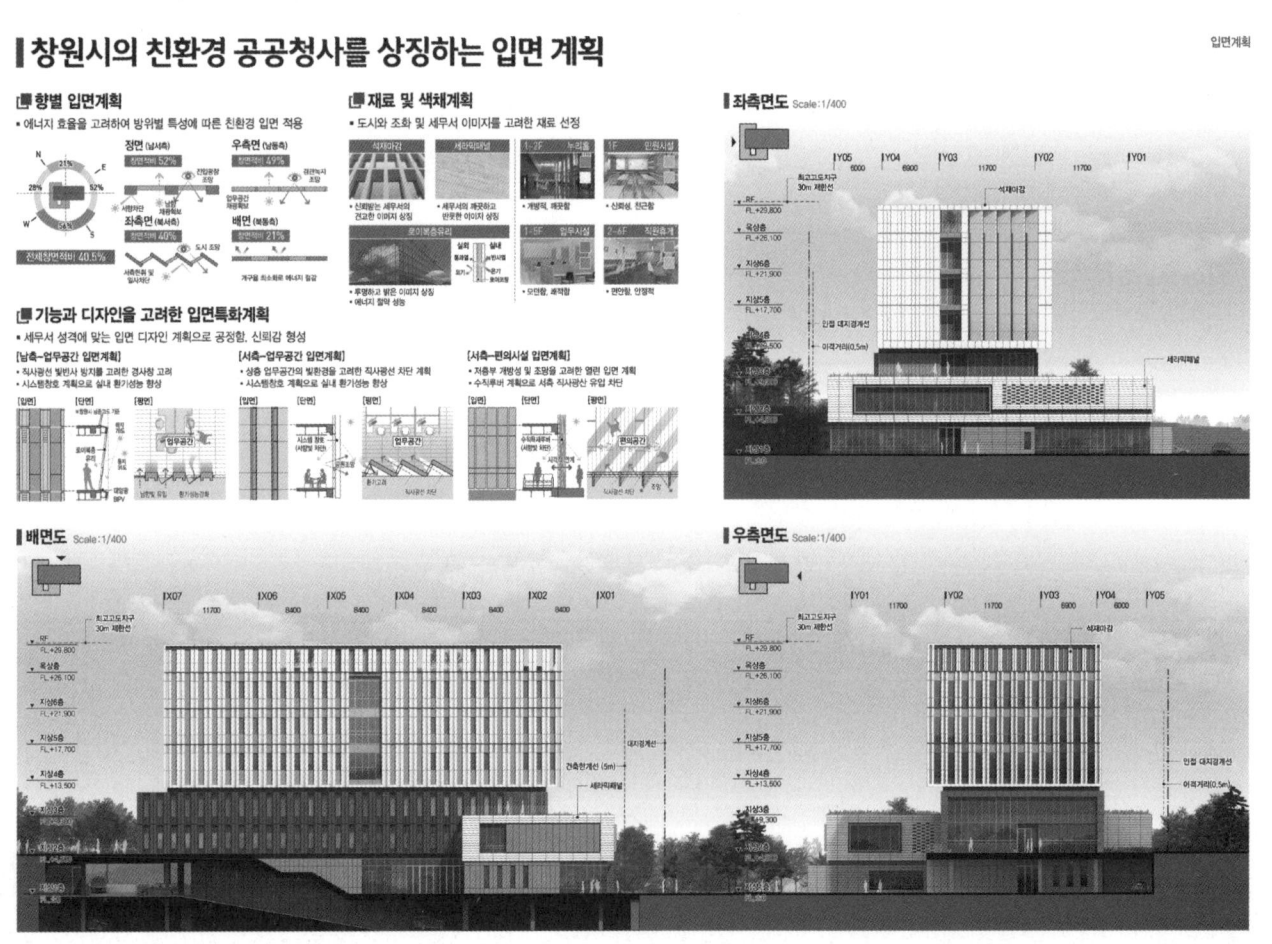

북광주세무서 청사

당선작 (주)아이에스피건축사사무소 이주경 + 길종합건축사사무소이엔지 이길환 설계팀 고민규, 김인식, 김용섭, 김송이, 임상균, 류수지, 한서연

대지위치 광주광역시 북구 금호로 70(운암동 104-3번지) **대지면적** 5,197㎡ **건축면적** 1,599㎡ **연면적** 9,274㎡ **건폐율** 30.77% **용적률** 178.45% **규모** 지하1층, 지상6층 **최고높이** 29m **구조** 철근콘크리트조 **외부마감** 석재마감(포천석, 현무암), 로이복층유리+알루미늄 루버 **주차** 134대(장애인 주차 7대)

북광주세무서 청사는 기존의 낡고 비좁은 청사에서 납세자의 이용 편의 증진과 직원들의 근무환경 개선은 물론, 국민이 진정으로 공감하고 신뢰하는 선진 세정에 걸맞은 쾌적한 공간건립을 새 청사 목표로 하였다.

다양한 실내공간과 외부공간의 조화가 이루어지는 조닝 및 층별 관계도로를 원활하고 안전한 동선을 계획하였으며 각 시설의 연계성과 독립성을 통해 인근 주민의 이용 편리성을 높일 수 있는 공간으로 창출하였다.

직원과 민원인의 주차를 분리하여 기능적 효율성을 확보하고 남향 배치한 상층부 업무공간, 진입광장 및 시민문화 공원과 다양한 외부공간으로 계획하였다.

지하 1층은 차량의 원활한 흐름을 위한 순환형 동선과 자연채광이 가능한 지하 램프 입구 공간으로 효율적 주차가 가능하도록 하였으며, 경제성을 위한 소요실 조닝 계획과 이용자의 지하주차장 진·출입이 편리하도록 복도, 홀을 계획하였다.

저층부는 별도의 홀을 가지는 대강당과 이용자 동선의 병목현상을 고려한 홀 및 복도계획, 남측 휴게공간과 연계하여 교육실의 외부확장으로 쾌적성을 확보하였다. 고층부는 주요 소요실의 남향 배치와 휴게 데크를 구획하였으며, 업무환경에 최적화된 층고와 공간의 개방감을 살려 시민들에게 열려있는 밝고 투명한 이미지의 청사로 계획하였다.

The new NTS Bukgwangju District Office is designed in place of the existing old and crowded office to ensure improved user convenience and provide a better work environment and a pleasant place for advanced tax administration that gains sincere sympathy trust from the public.

A smooth and safe circulation system is established based on a floor-specific zoning system that ensures harmony between different indoor and outdoor spaces. The connectivity and independence of each facility is secured to allow local people to use the new office conveniently.

Visitor and staff parking areas are separately arranged to ensure functional efficiency. The workplace is assigned to the south-facing upper floors, and various outdoor spaces including an entrance plaza and public park are introduced.

On the 1st underground floor, a loop-type circulation system for smooth vehicle passage and an underground entrance ramp with exposure to natural light are implemented to introduce an efficient parking system. Also, a special zoning system for service rooms is proposed to improve economic feasibility, and corridors and halls are arranged in a way to give users better accessibility to the underground parking area.

As for the lower floor, the auditorium with a separate hall is combined with a bottleneck-prevention hall and corridor plan and a lounge in the south so that the education center can extend to the outside to create a pleasant environment. On the top floor, main service rooms are positioned to face the south, and a lounge deck is installed. Also, the floor height is optimized for workplace, and spatial openness is strengthened so that the new office can leave a bright and transparent impression on the public.

Prize winner ISP Architect & Engineering_Lee Jukyoung + GIL Architect & Engineers_Lee Gilhwan **Location** Bukgu, Gwangju **Site area** 5,197m² **Building area** 1,599m² **Gross floor area** 9,274m² **Building coverage** 30.77% **Floor space index** 178.45% **Building scope** B1, 6F **Height** 29m **Structure** RC **Exterior finishing** Stone finishing, Low-E paired glass + Aluminum louver, **Parking** 134 (including 7 for the disabled)

NTS Bukgwangju District Office

Site Analysis
주변환경에 대응하며 도시와 조화를 이루기 위한 대지현황분석

Design Concept
배치대안분석, 마스터플랜의 개념, 프로그램의 재조합으로 도출되는 주요설계개념 및 설명도

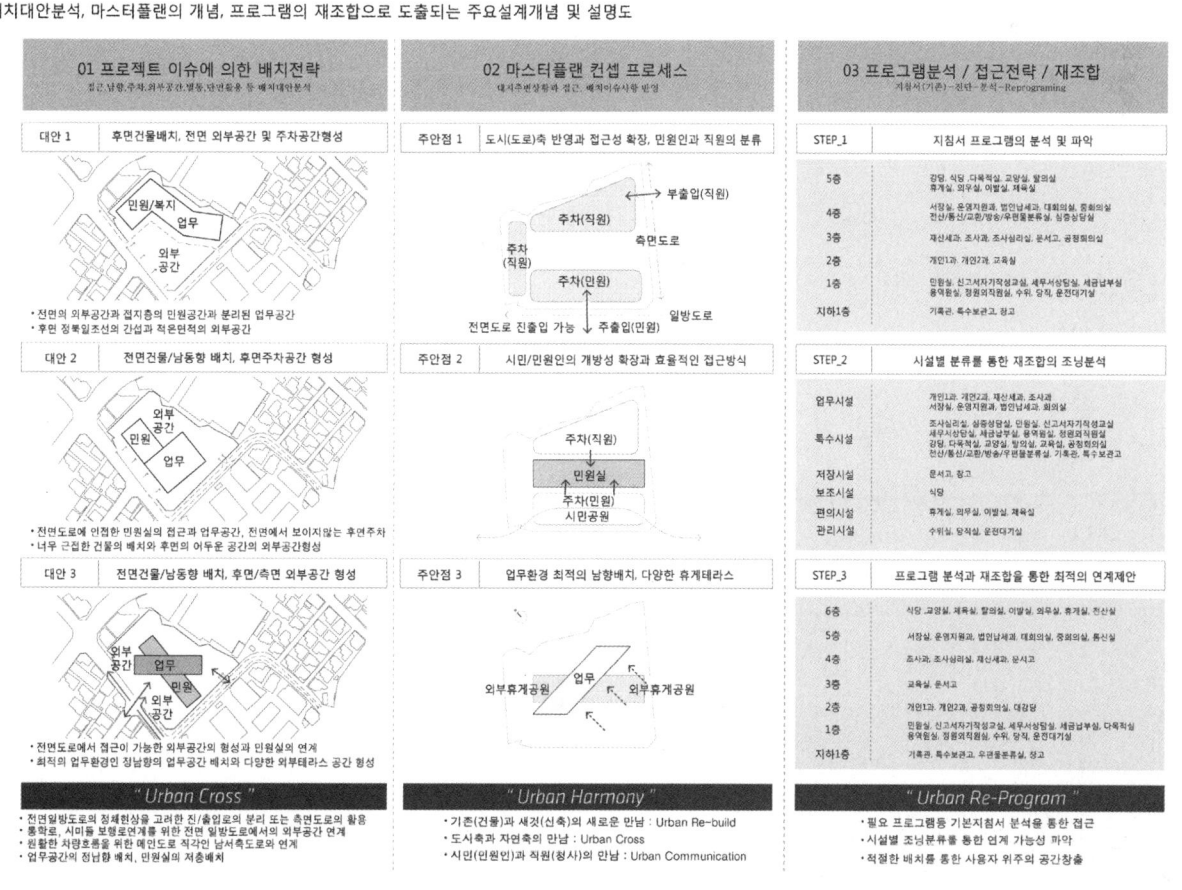

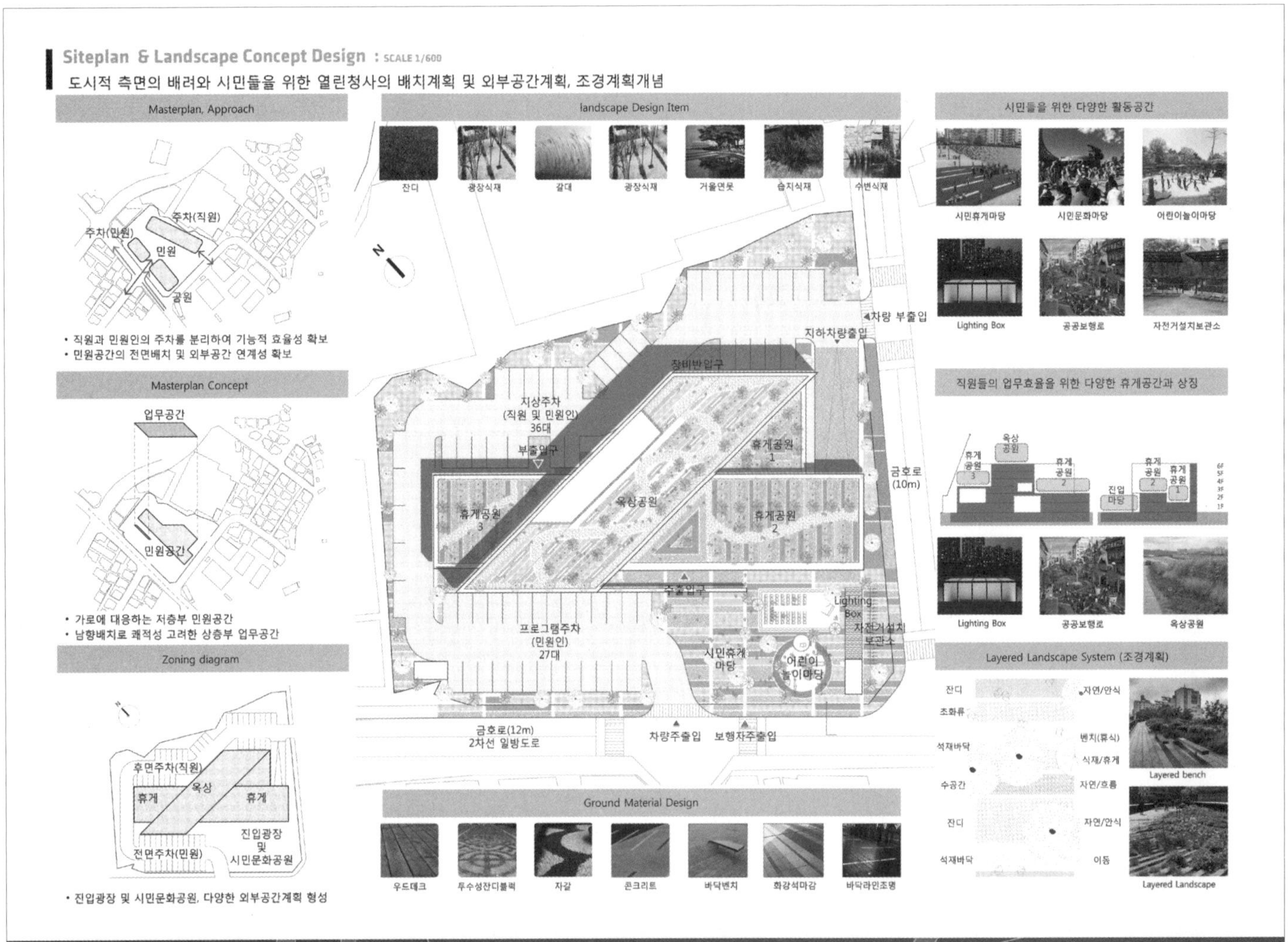
Siteplan & Landscape Concept Design : SCALE 1/600
도시적 측면의 배려와 시민들을 위한 열린청사의 배치계획 및 외부공간계획, 조경계획개념
Masterplan, Approach
주차(직원)
주차(민원)
민원
공원
• 직원과 민원인의 주차를 분리하여 기능적 효율성 확보
• 민원공간의 전면배치 및 외부공간 연계성 확보
Masterplan Concept
업무공간
민원공간
• 가로에 대응하는 저층부 민원공간
• 남향배치로 쾌적성 고려한 상층부 업무공간
Zoning diagram
후면주차(직원)
옥상
휴게
휴게
진입광장 및 시민문화공원
전면주차(민원)
• 진입광장 및 시민문화공원, 다양한 외부공간계획 형성
landscape Design Item
잔디
광장식재
갈대
광장식재
거울연못
습지식재
수변식재
차량 부출입
지하차량출입
장비반입구
지상주차 (직원 및 민원인) 36대
부출입구
휴게공원 1
옥상공원
휴게공원 3
휴게공원 2
금호로 (10m)
주출입구
Lighting Box
자전거설치 보관소
프로그램주차 (민원인) 27대
시민휴게 마당
어린이 놀이마당
금호로(12m) 2차선 일방도로
차량주출입
보행자주출입
Ground Material Design
우드데크
투수성잔디블럭
자갈
콘크리트
바닥벤치
화강석마감
바닥라인조명
시민들을 위한 다양한 활동공간
시민휴게마당
시민문화마당
어린이놀이마당
Lighting Box
공공보행로
자전거설치보관소
직원들의 업무효율을 위한 다양한 휴게공간과 상징
옥상 공원
휴게 공원 3
휴게 공원 2
진입 마당
휴게 공원 2
휴게 공원 1
Lighting Box
공공보행로
옥상공원
Layered Landscape System (조경계획)
잔디
초화류
석재바닥
수공간
잔디
석재바닥
자연/안식
벤치(휴식)
식재/휴게
자연/흐름
자연/안식
이동
Layered bench
Layered Landscape

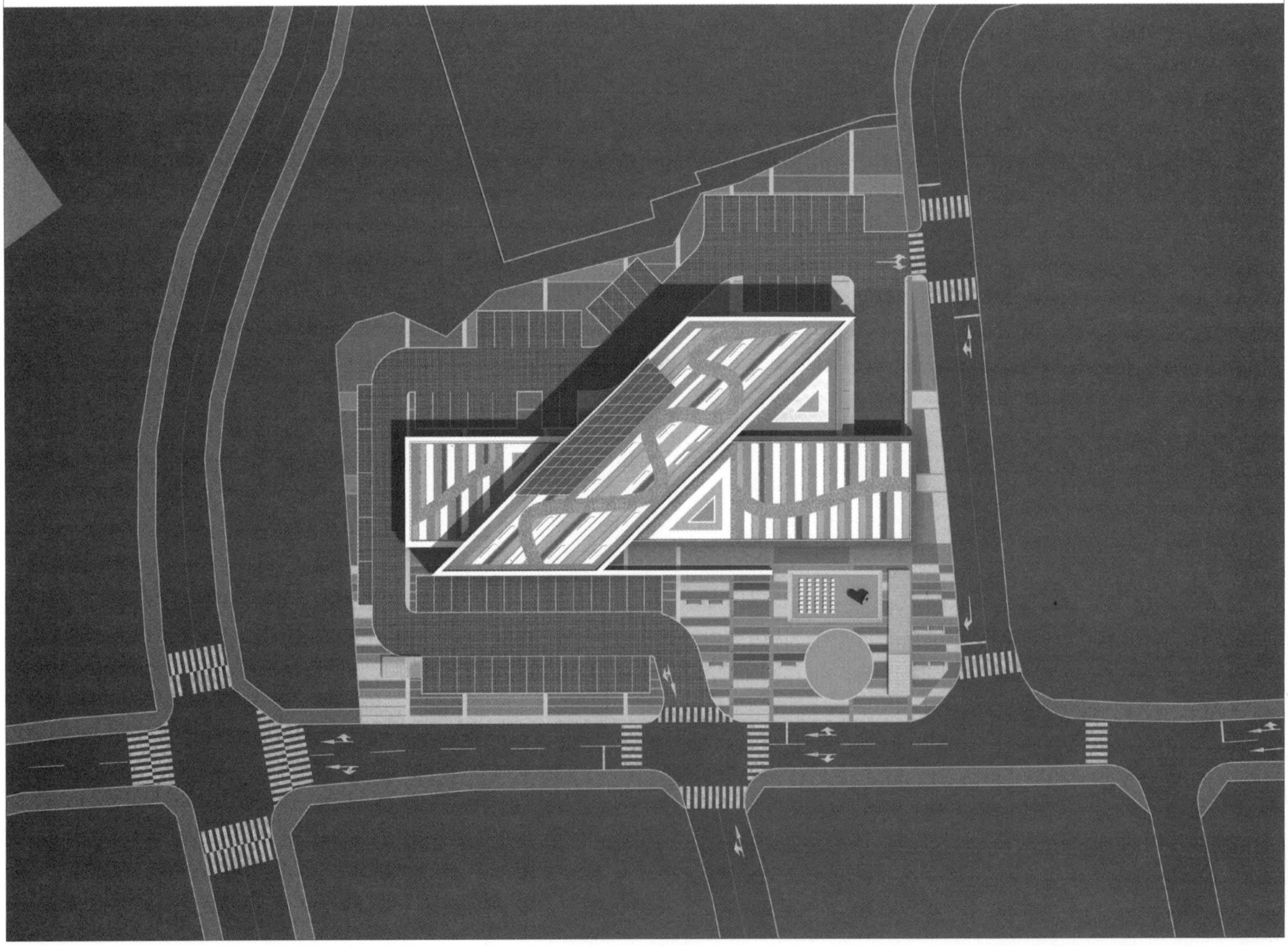

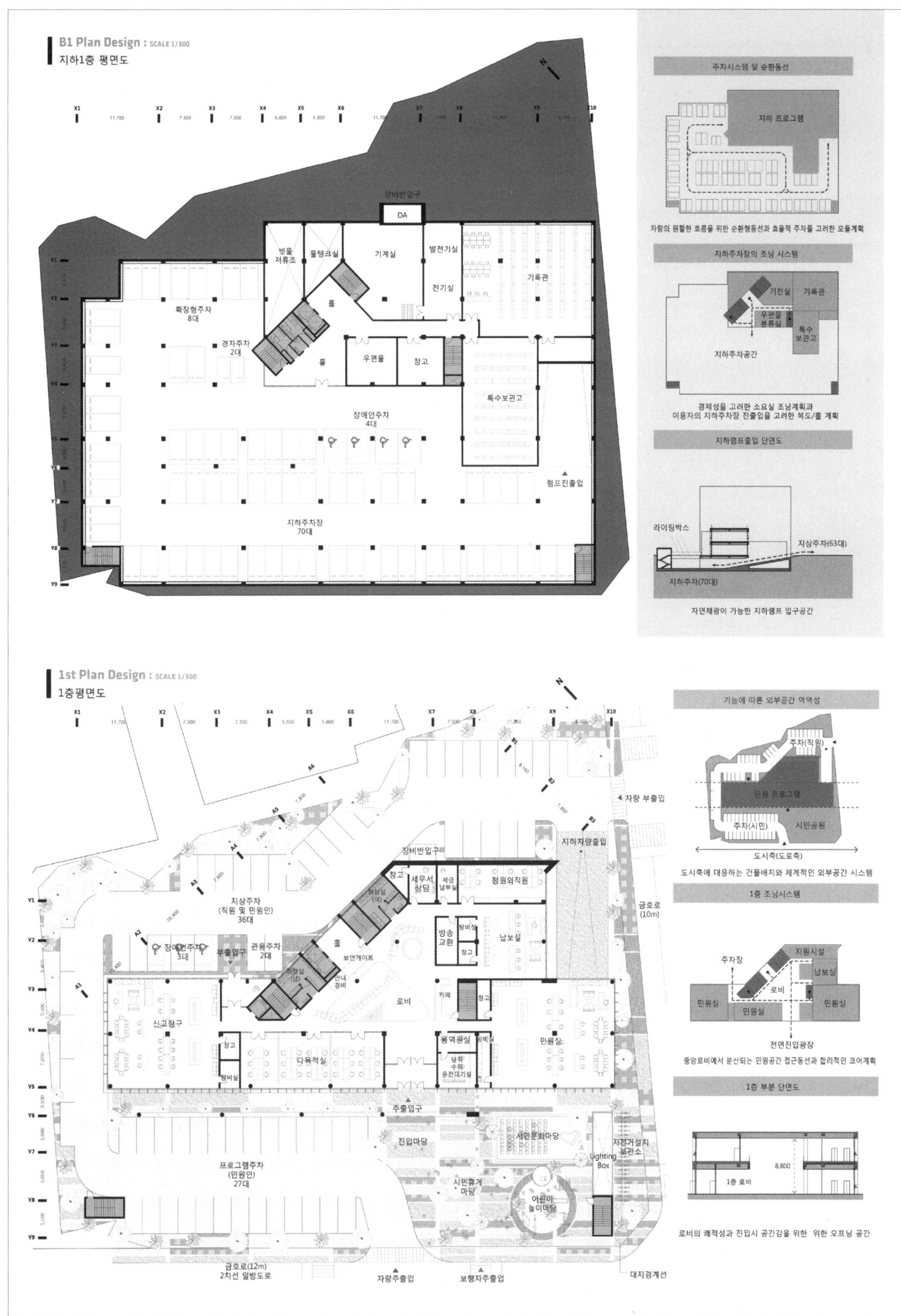

북광주세무서 청사

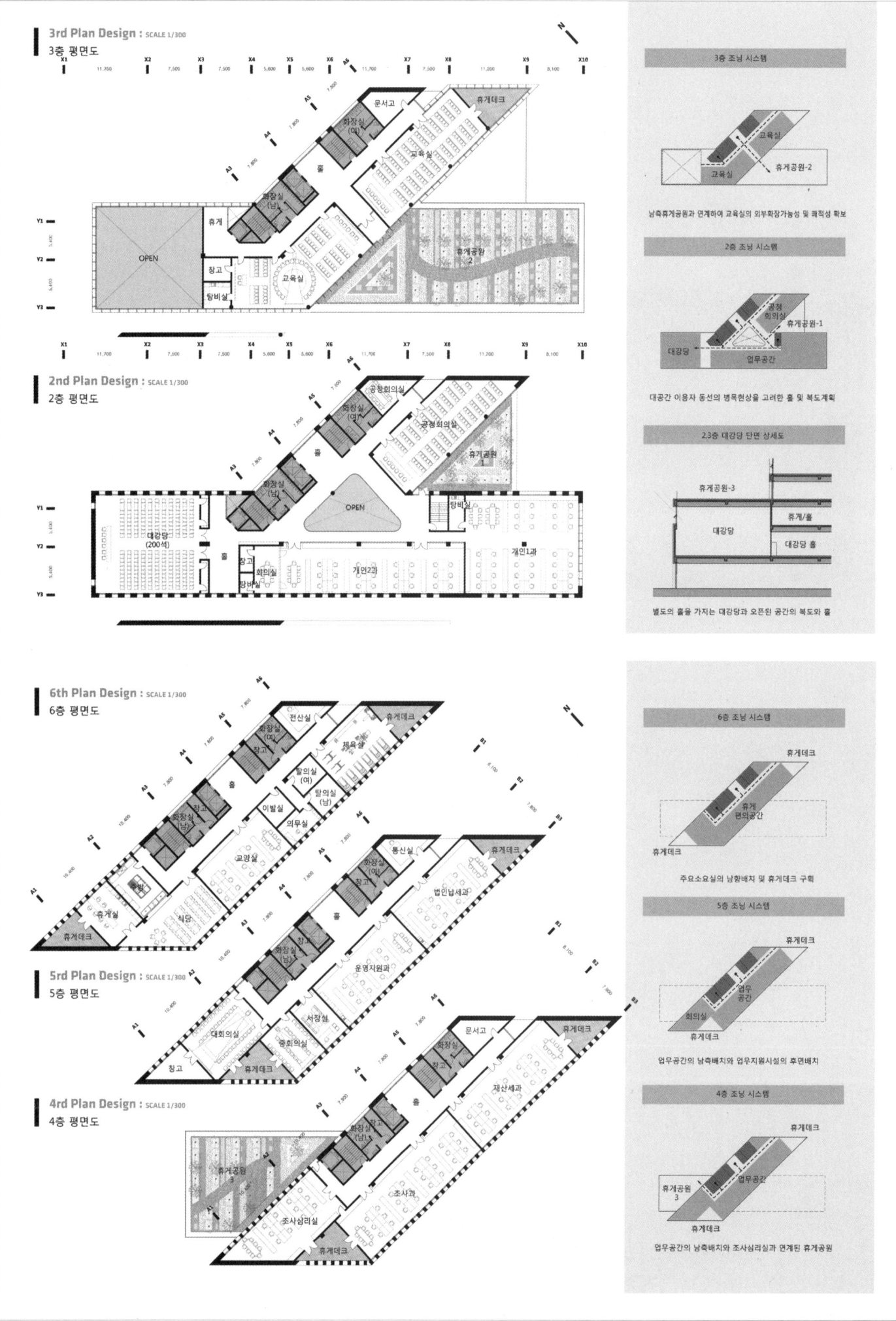

NTS Bukgwangju District Office

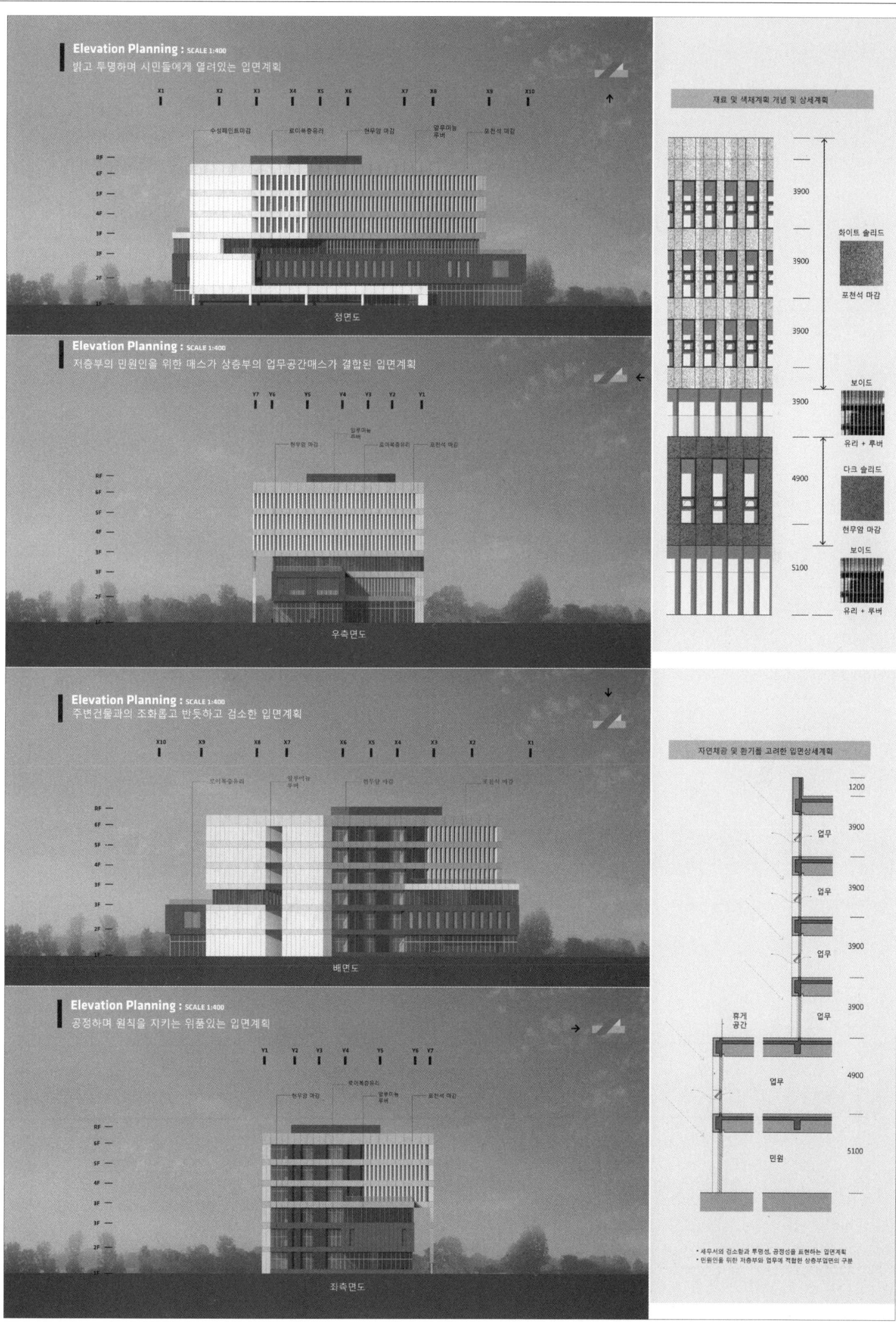

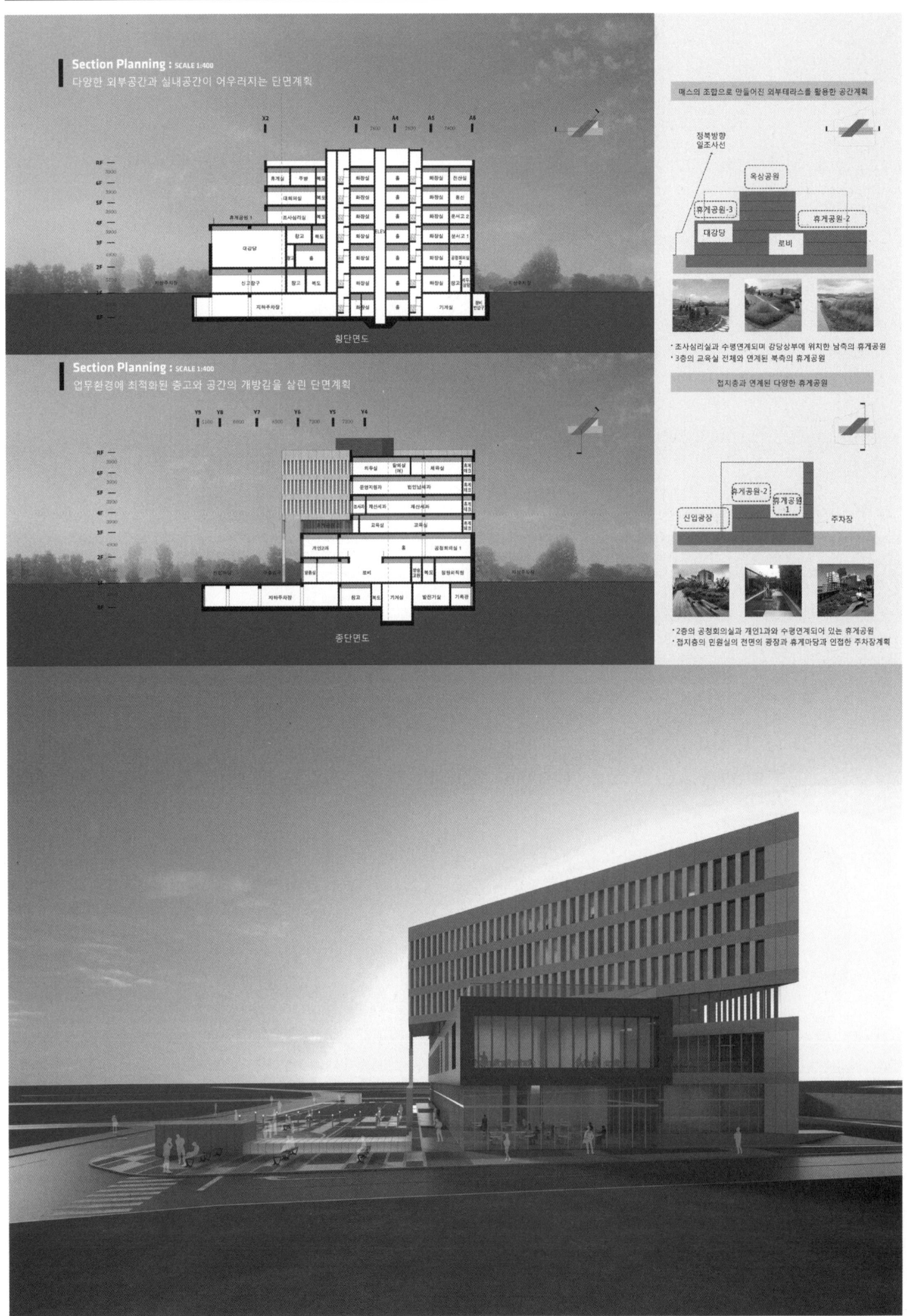

NTS Bukgwangju District Office

청송소방서

당선작 일상재건축사사무소 윤석균 + 디오엔건축사사무소 박경돈 설계팀 김은서(이상 디오엔)

대지위치 경상북도 청송군 청송읍 금곡리 716번지 외 9필지 **대지면적** 11,924.00㎡ **건축면적** 1,790.41㎡ **연면적** 3,955.98㎡ **건폐율** 15.02% **용적률** 30.89% **규모** 소방서 - 지하 1층, 지상 3층 / 훈련탑 - 지하 1층, 지상 4층 **최고높이** 18.3m **구조** 철근콘크리트조 **외부마감** 로이복층유리, 금속패널, 징크패널, 점토벽돌, 제물치장콘크리트 **주차** 29대(장애인 주차 3대, 확장형 15대 포함) **협력업체** 구조 - 최준영 / 일상재E&C

모두와 함께 나누다
청송의 상징과도 같은 주왕산의 한 자락에 위치하며, 노래산과 용전천을 바라보는 대지에 자연과 함께하는 산책로 겸 조깅트랙, 푸른솔 누리마당, 영웅의 기둥(순직소방관 기념 공간제안), 운동시설 등 다양한 이용시설과 숲속 정원 계획으로 모든 이들에게 자유롭게 개방되는 공원과 같은 '함께 하는 소방서'로 다가간다.

모두를 돕다
소방차고로 이어지는 본관동의 로비(홀)중심의 이중 복도 계획은 소방관 영역과 방문, 민원인 영역을 명확히 나누어 시설 이용의 합리성과 집중도를 높였다. 민원인이 가장 많이 방문하는 예방안전과를 2층 로비에 인접 배치하고, 소방안전교실을 소방차고 상부 옥상정원, 소방 훈련탑과 연계 계획하여 편리한 이용과 다양한 체험, 견학, 훈련을 할 수 있는 '친근한 소방서'로 조성하였다.

모든 상황에 빠르다
긴급출동을 요하는 119안전센터, 119구조구급센터, 현장대응단, 출동대기실을 무주공간으로 계획한 1층 소방차고에 직접 연계배치하여 빠른 출동이 가능하도록 하고, 각종 장비 보관 창고와 보수 공간을 차고내부에 접하게 하여 신속한 장비 인출과 정비가 이루어지도록 하여 '신속한 소방서'로 계획하였다.

모두 다 애쓰다
현장대응능력 배양을 위한 소방 훈련탑과 소방차고 주변 훈련마당과 차고 전면 출동마당, 후면 정비마당은 소방능력 최적화를 위한 배치계획이며, 출동대기실의 독립적 조닝은 휴식과 재충전, 신속한 출동 공간을 제공한다.

Share
On the project site that is located at the foot of Juwang san Mountain, a symbol for Cheongsong, and overlooking Naraesan Mountain and Yongcheoncheon Stream, the proposal introduces a forest garden and various facilities including a naturalistic trail cum jogging track, Green Pine Plaza, Pillar of Heroes (a proposed memorial hall for fallen firefighters) and exercise equipment, with an aim to create an 'open fire station' that appears as a park open to everyone.

Assist
Leading to the firetruck garage and centering around the lobby (hall) of the main building, the double-corridor system clearly separates the firefighter area from the visitor area to increase efficiency and intensity in use of the facility. The safety precaution center, a place most frequented by visitors, is positioned near the lobby on the 2nd floor, and the fire safety education center is connected to the firetruck garage, rooftop garden and training tower to introduce a 'welcoming fire station' that ensures convenient use and provides various experience, tour and training programs.

Fast
The Fire House, Rescue Center, On-Site Responder Station and Standby Station which are expected to make quick responses are directly connected to the columnless truck garage to ensure fast mobilization. Also, the equipment storage and repair shop are extended into the garage to enable quick withdrawal of equipment and repairs to propose a 'fast-responding fire station'.

Effort
The training tower for improving on-site response capability, training yard near the firetruck garage, mobilization court in front of it and repair zone behind it are positioned according to an arrangement plan designed to maximize firefighting capability. Also, positioned in a separate zone, the Standby Station provides a place for comfortable relaxation, refreshment and quick mobilization.

Prize winner ILSANGJAE Architecture & Engineering Group_Yun Sukkyun + D.O.N. ARCHITECT'S OFFICE_Park Kyungdon **Location** Cheongsong-gun, Gyeongsangbuk-do **Site area** 11,924.00m² **Building area** 1,790.41m² **Gross floor area** 3,955.98m² **Building coverage** 15.02% **Floor space index** 30.89% **Building scope** Fire station - B1, 3F / Training tower - B1, 4F **Height** 18.3m **Structure** RC **Exterior finishing** Low-E paired glass, Metal panel, Zinc panel, Clay brick, Exposed concrete **Parking** 29 (including 3 for the disabled, 15 for extension type)

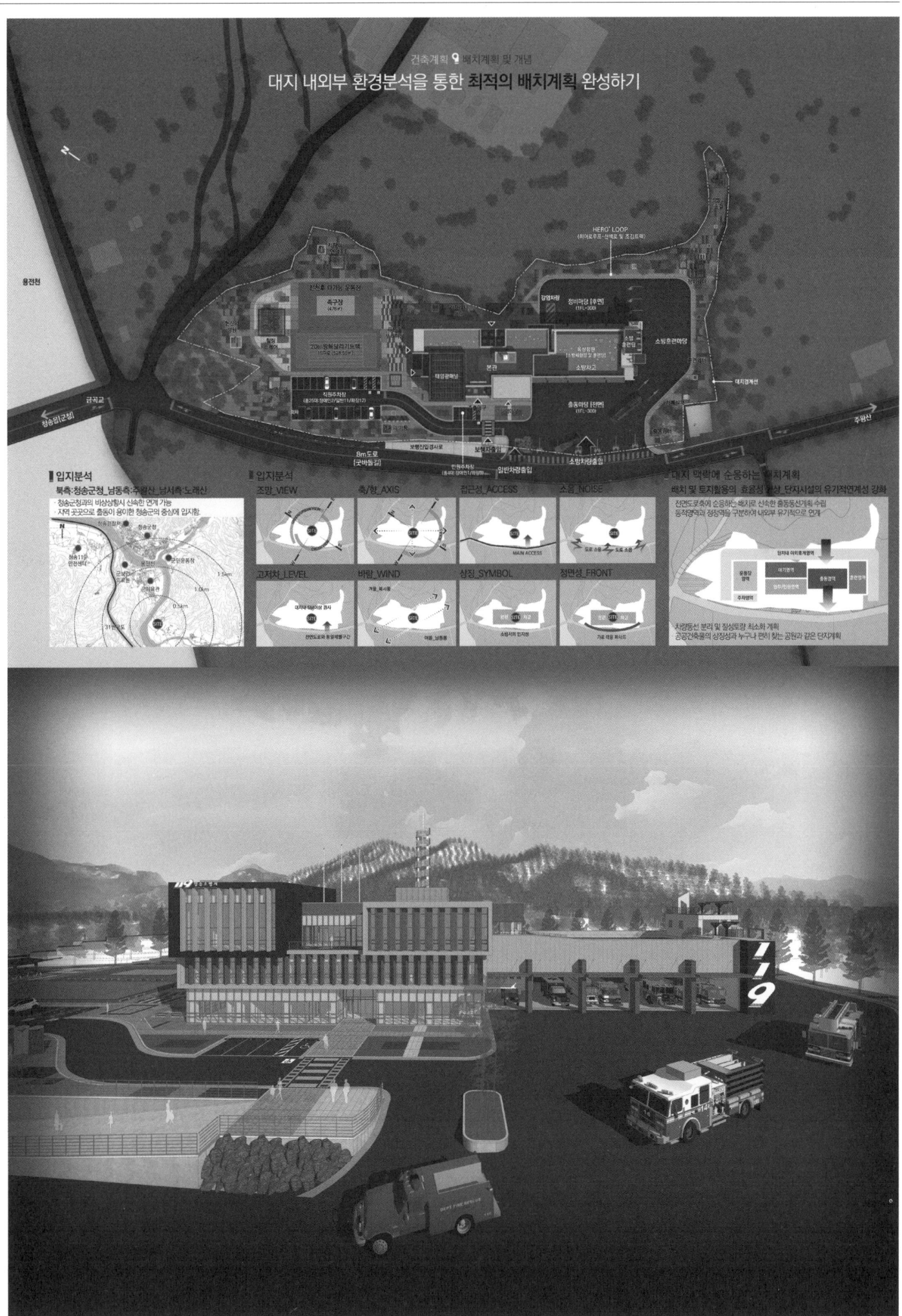

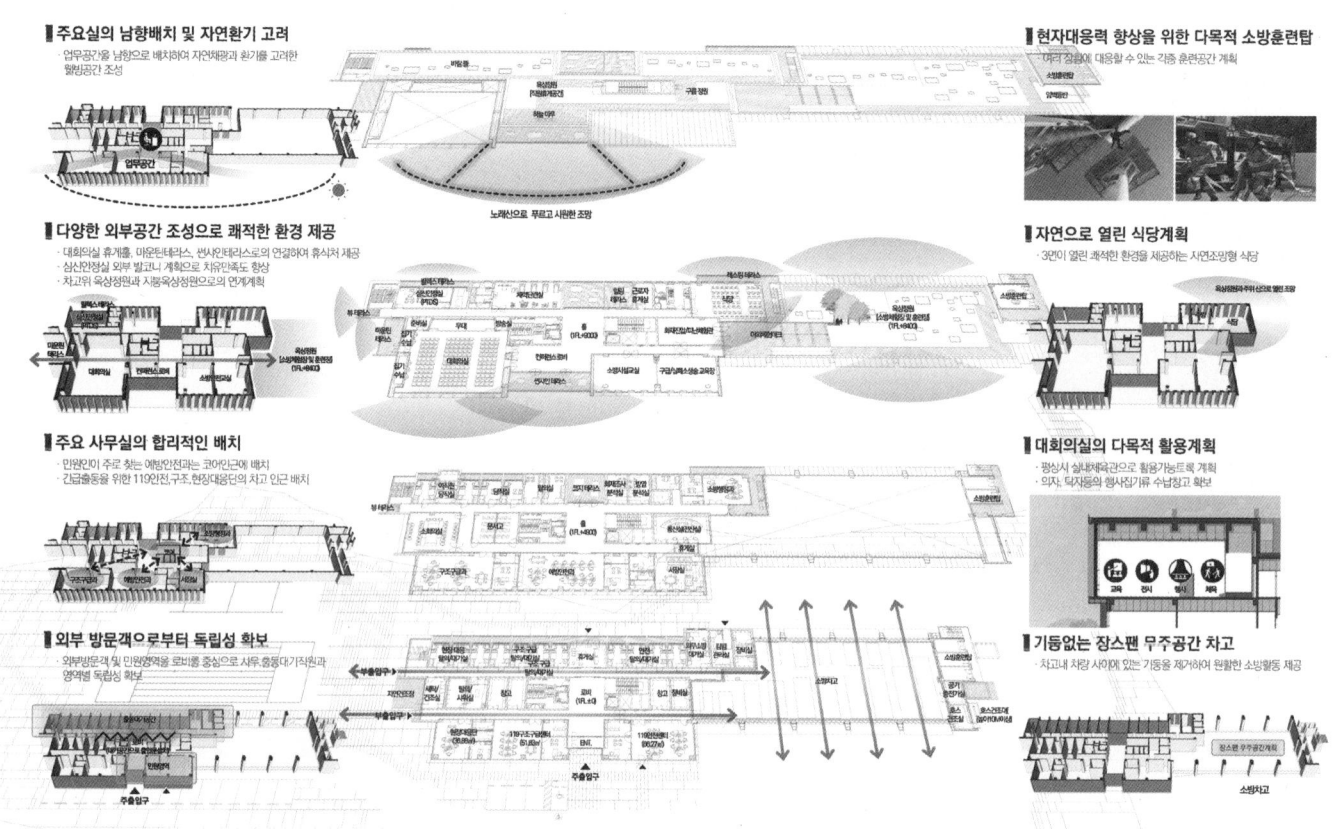
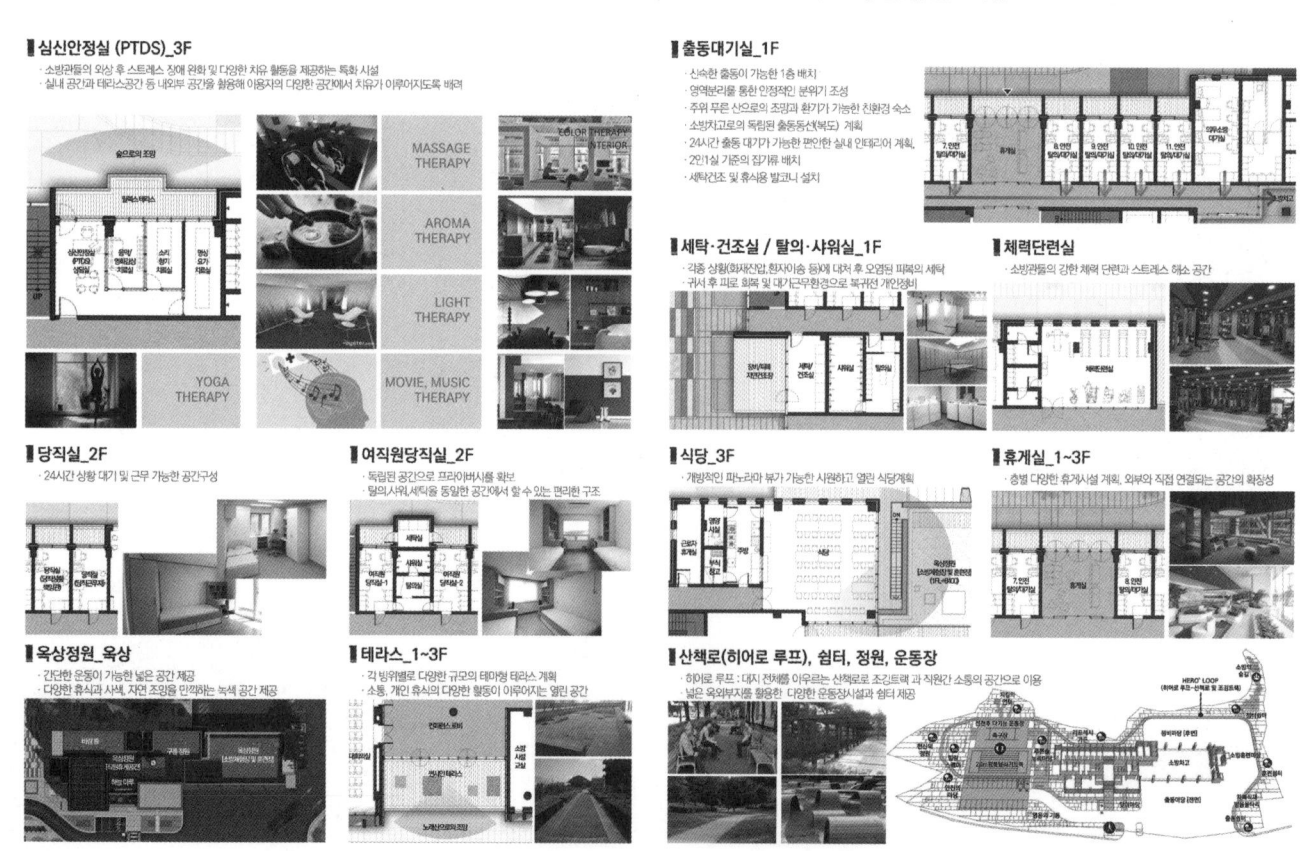

Cheongsong Fire Station

소방관과 주민들을 위한 힐링테라피 _ 푸른솔 누리마당

모두가 편안한 보행환경과 긴급출동에 완벽대응하는 동선계획

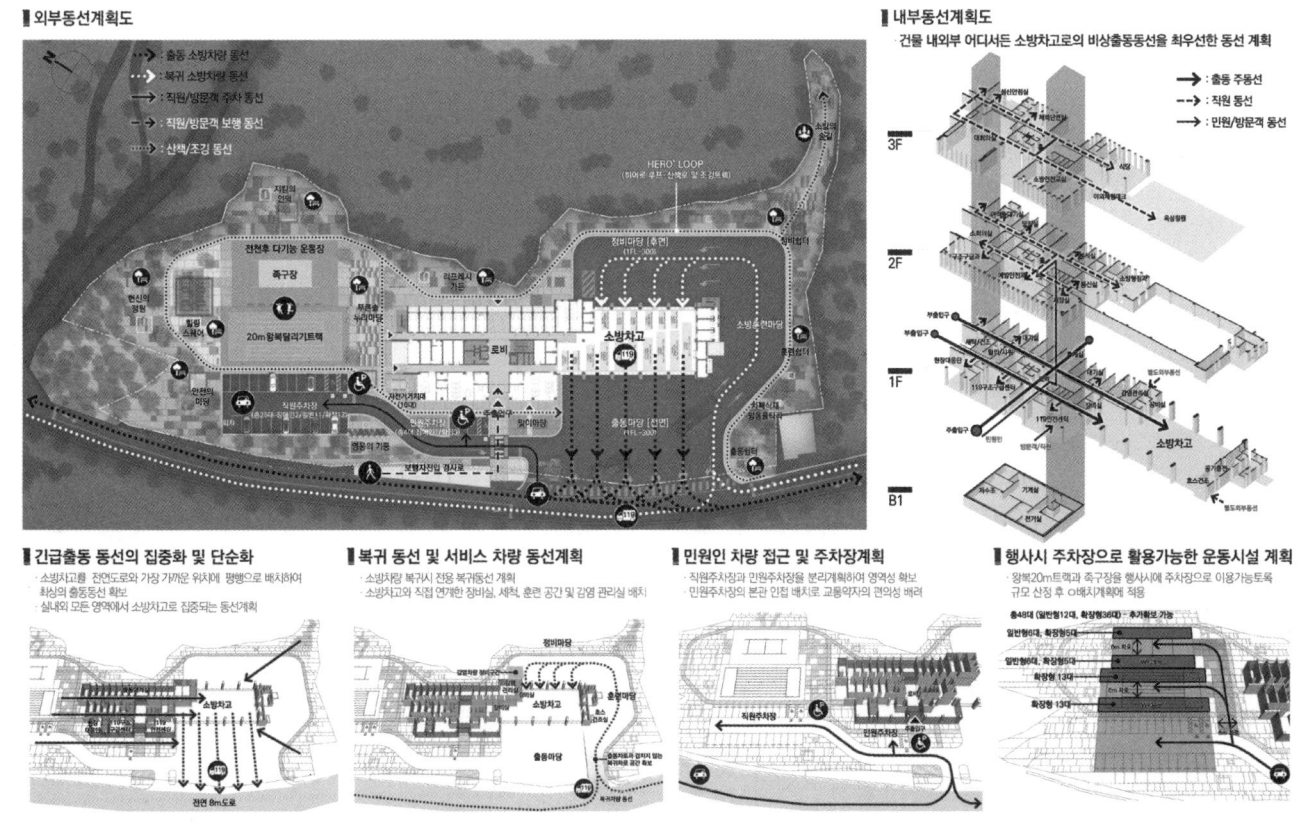

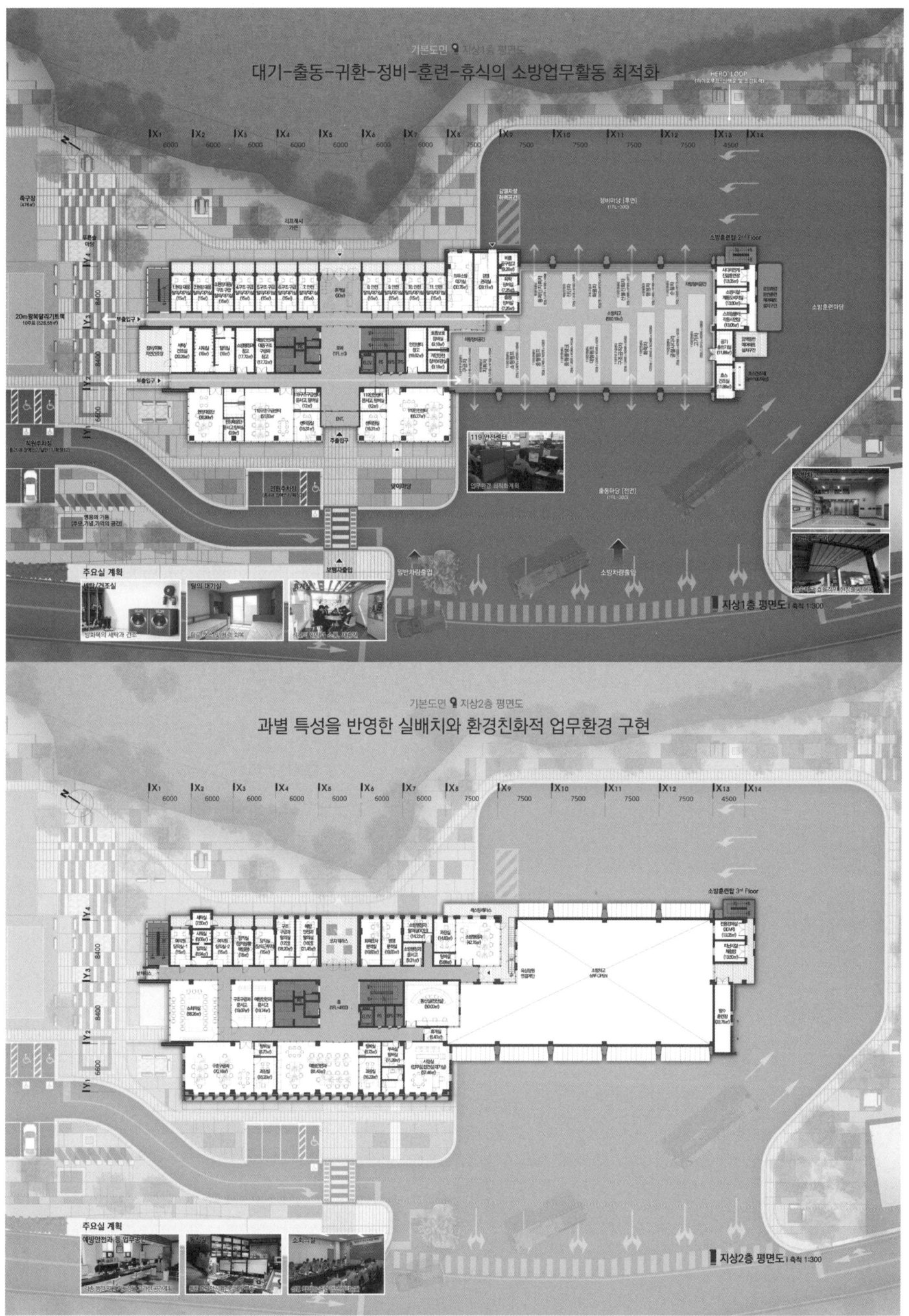

청송소방서

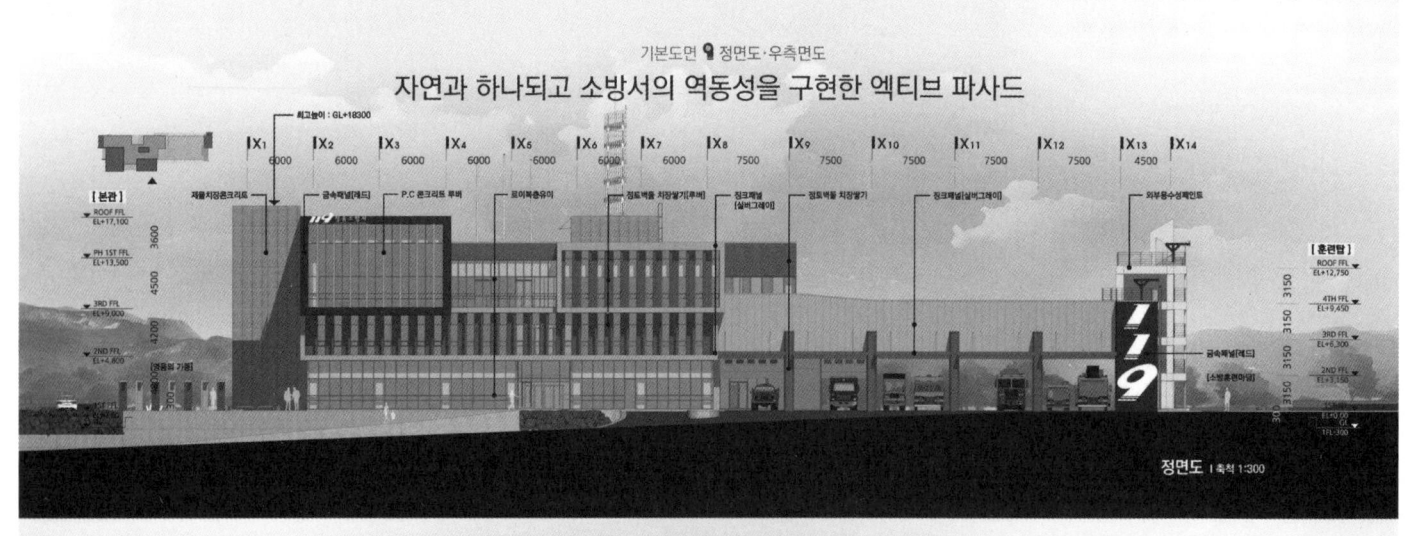

기본도면 정면도·우측면도
자연과 하나되고 소방서의 역동성을 구현한 엑티브 파사드

정면도 | 축척 1:300

우측면도 | 축척 1:300

기본도면 배면도·좌측면도
편안한 휴식과 업무환경을 제공하는 힐링 파사드

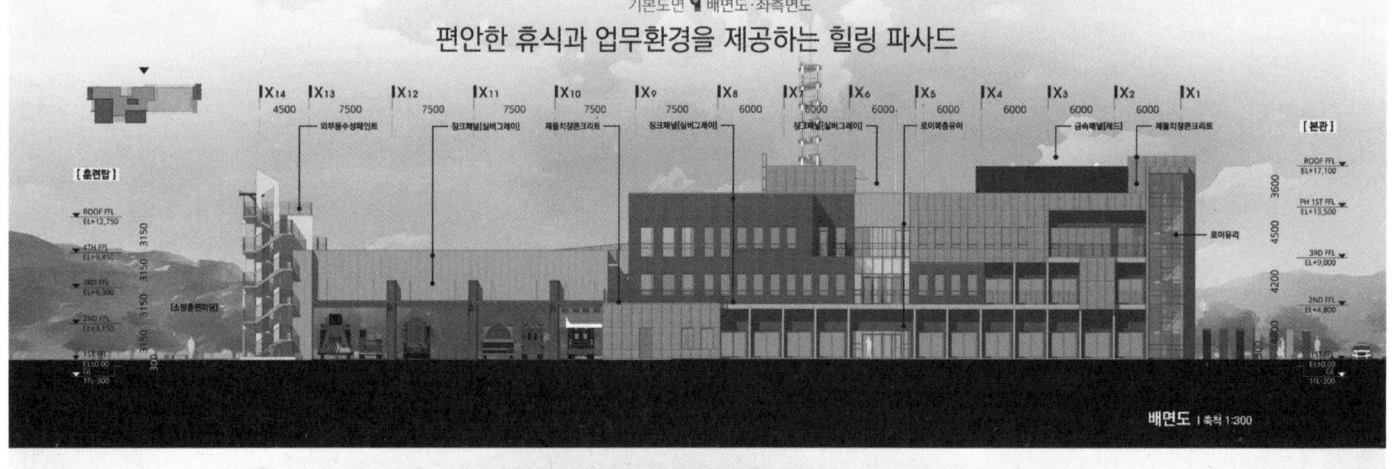

배면도 | 축척 1:300

좌측면도 | 축척 1:300

공간별 기능의 시너지 효과를 극대화하는 조화로운 단면계획

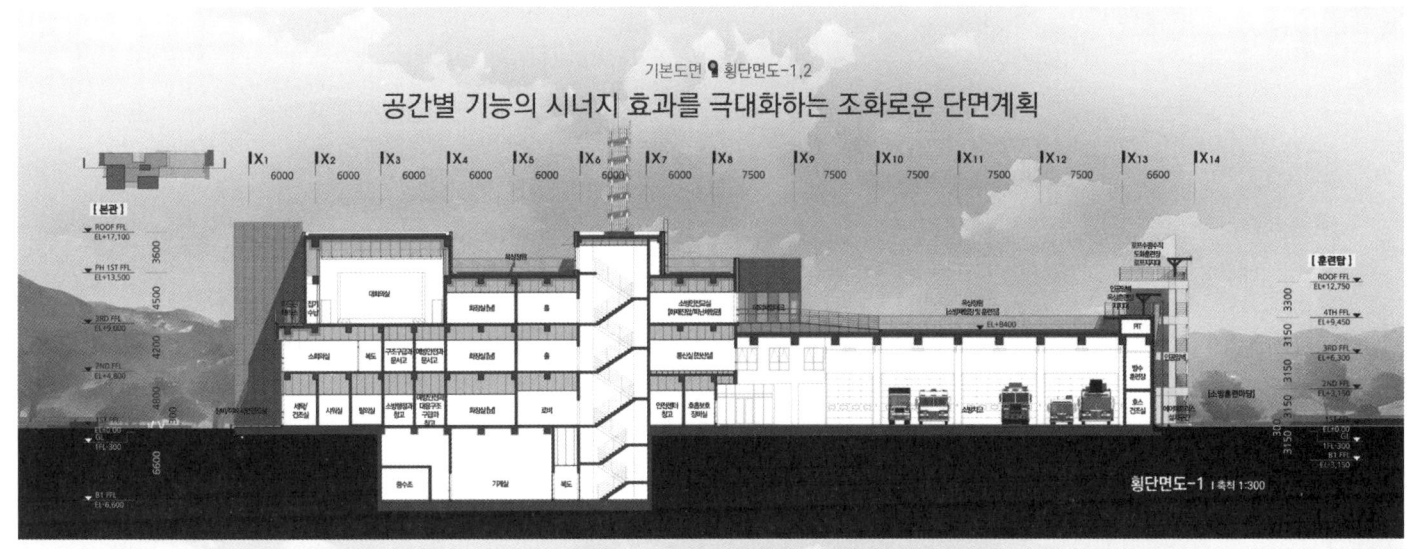

횡단면도-1 | 축척 1:300

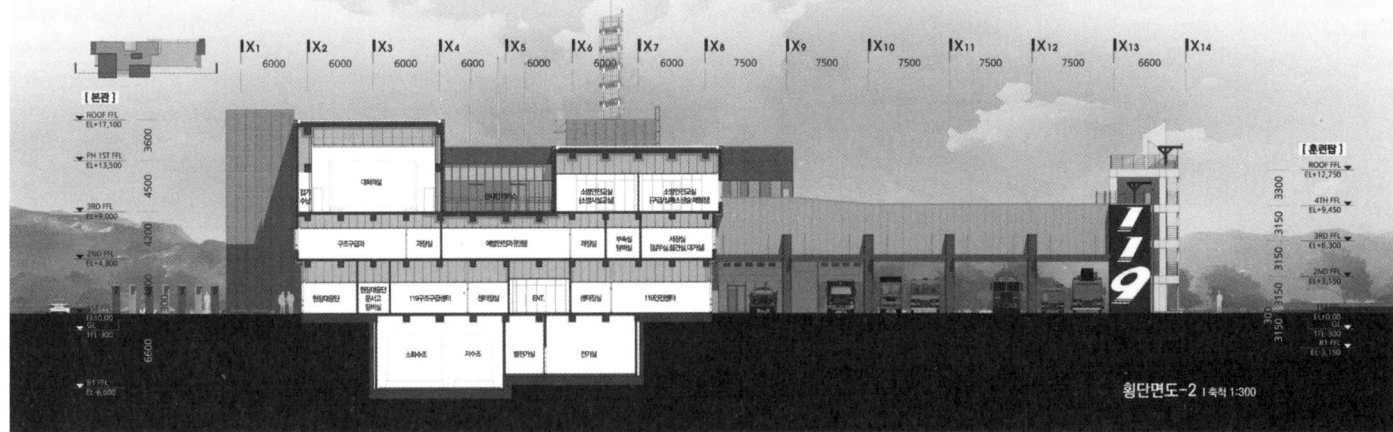

횡단면도-2 | 축척 1:300

신속하고 정확한 소방 근무활동을 고려한 단면 조닝

종단면도-1 | 축척 1:300

종단면도-2 | 축척 1:300

북구소방서

당선작 (주)아이엔지그룹건축사사무소 김안경 설계팀 최태훈, 강성민, 백경호, 황진성, 이보경, 조하정, 김유경, 김성한, 강봉구, 정윤철, 김지연

대지위치 부산광역시 북구 금곡대로 616번길 151(금곡동)일원 **대지면적** 1,538.10㎡ **연면적** 6,818.70㎡ **건폐율** 58.07% **용적률** 369.02% **규모** 지하 1층, 지상 8층 **구조** 철근콘크리트조 **외부마감** 폴리카보네이트, 세라믹박판패널, 로이복층유리 **주차** 83대

시민의 생명과 안전을 지키기 위해 24시간 깨어있는 소방서의 이미지와 함께 시민을 지키고, 도시를 밝히는 생명의 등대라는 콘셉트로 작업을 진행했다. 낙동강을 바라보는 북구소방서는 자연을 내부로 끌어들여 생명을 품은 소방서로서의 아이덴티티를 상징화했다. 면밀한 사전분석을 통한 소방서 계획의 가이드라인에 따라 출동영역 저층 배치, 쾌적한 실내환경 계획, 효율적 차고 공간배치, 업무 효율성을 고려해 실을 배치하여 소방활동에 최적화된 신속한 출동 동선 및 쾌적한 업무환경을 제공한다. 소방대원의 24시간 근무여건을 고려한 휴식 및 심신회복을 위한 차별화된 공간을 담기 위해, 외부로 연계되는 테라스와 오픈형으로 구성된 다양한 휴게공간을 각층에 배치하였다.

협소한 대지조건을 최대한 활용하여 남측과 남동측에 업무영역을 배치하고, 주변환경에 대응하는 매스변형을 통해 낙동강으로 열린 외부데크와 휴게홀을 연계하여 빼어난 자연경관을 내부로 유입하는 공간배치를 하였다. 금곡대로변으로는 솔리드한 벽면으로 소음 및 서향 일사를 차단하며, 주차타워 외관에는 폴리카보네이트 마감을 통한 경관조명으로 시민의 안전을 지키는 등대의 이미지를 은유적으로 표현하여, 새로운 북구소방서로서의 상징성과 정체성을 담고자하였다.

The design is developed to express the image of a fire station that keeps on alert 24/7 to protect the lives and safety of citizens, under the concept of a beacon of life that provides protection for citizens and gives light on the city. The design of Bukgu Fire Station overlooking the Nakdongang river symbolizes the identity of a fire station that brings in nature to nurture life. According to design guidelines based on a careful pre-analysis work, the mobilization station is put on the lower floor, and a pleasant indoor environment, efficient garage layout and work efficiency-enhancing room layout are applied. These solutions enable quick mobilization by providing a circulation system optimized to the firefighting services and create a pleasant work environment. With an aim to provide a special space for relaxation and refreshment in consideration of the 24-hour work system of fire fighters, a terrace connected to the outside and various open-type lounges are installed on each floor.

To make efficient use of the conditions of the compact site, offices are positioned in the south and southeast sections, and the building mass is deformed in response to the surrounding environment to combine an open-air deck open in the direction of the river with a lounge hall. The resultant space layout brings the beautiful landscape inside. Solid walls are lined up along Geumgok-daero to block noise and western sunlight. The exterior of the parking tower is cladded with polycarbonate to use landscape lighting in a way to metaphorically express the image of a beacon that protects the safety of citizens and symbolize the identity of renewed Bukgu Fire Station.

Prize winner ING GROUP ARCHITECTURE_Kim Ankyung **Location** Buk-gu, Busan **Site area** 1,538.10m² **Building area** 893.14m² **Gross floor area** 6,818.70m² **Building coverage** 58.07% **Floor space index** 369.02% **Building scope** B1, 8F **Structure** RC **Exterior finishing** Polycarbonate, Ceramic sheet, Low-E paired glass **Parking** 83

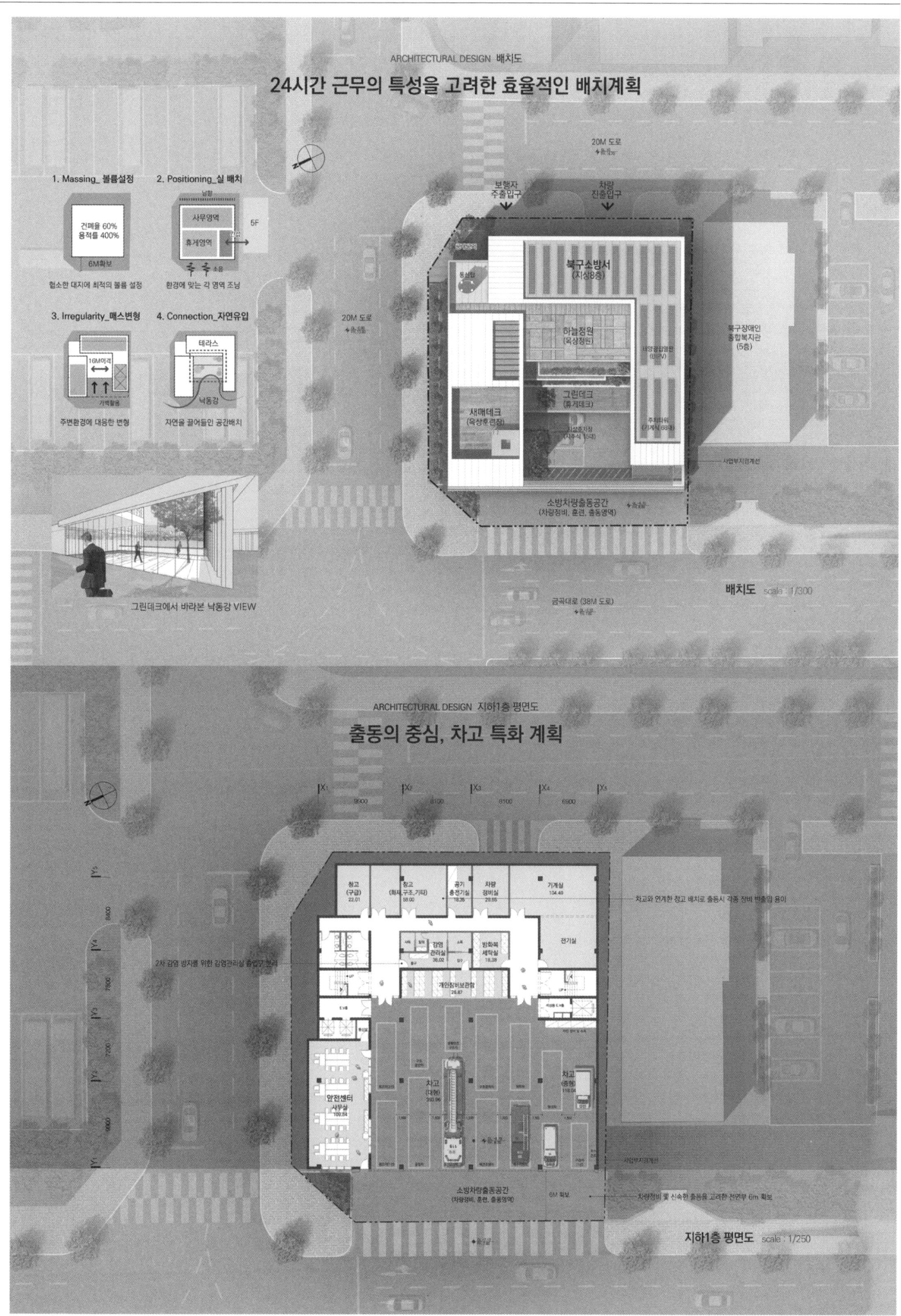

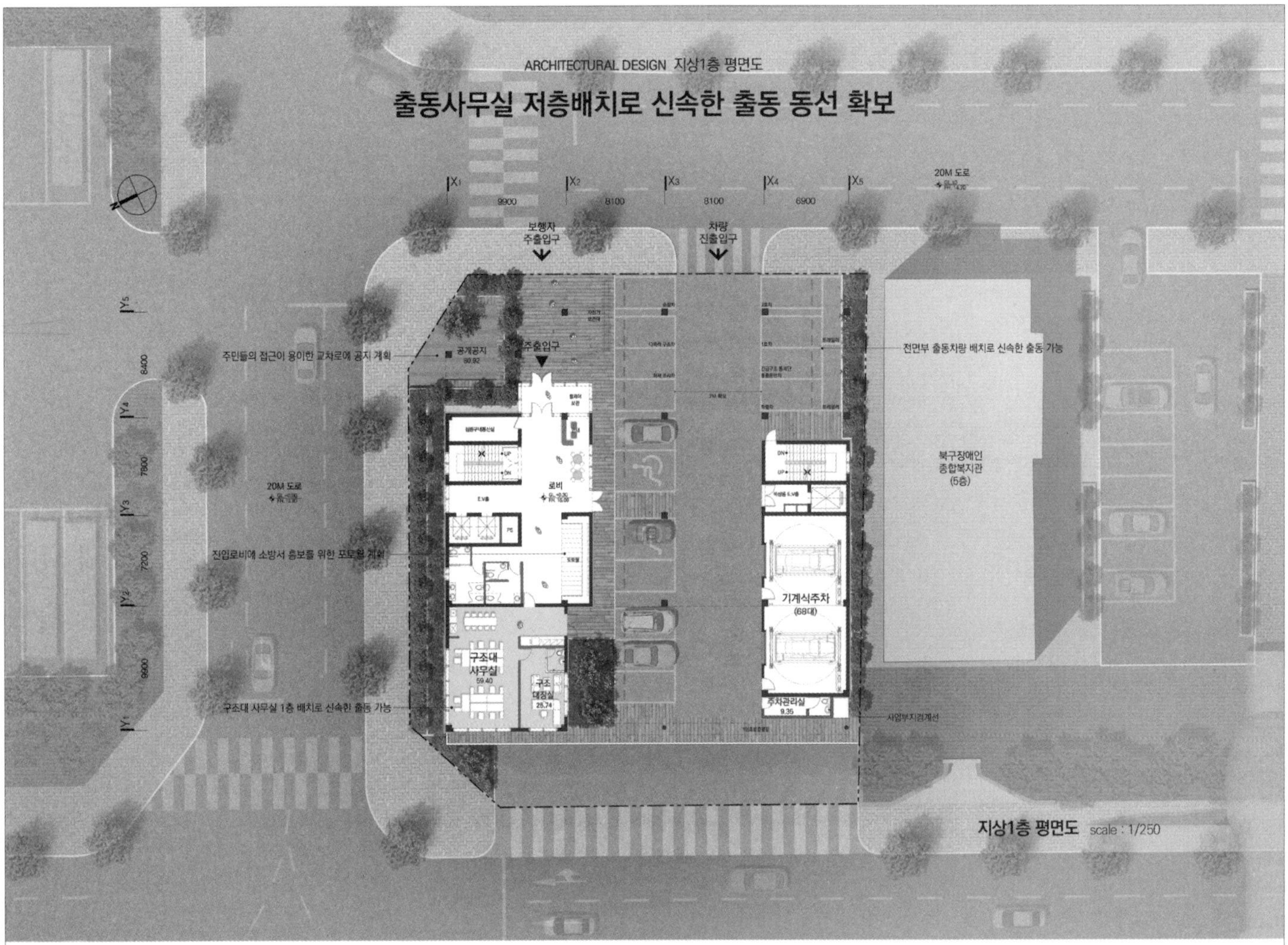

북구소방서

ARCHITECTURAL DESIGN 지상1층 평면도

출동사무실 저층배치로 신속한 출동 동선 확보

지상1층 평면도 scale : 1/250

ARCHITECTURAL DESIGN 지상2층 평면도 · 지상3층 평면도

24시간 대기하는 근무자를 위한 쾌적한 환경 제공

지상2층 평면도 scale : 1/250

지상3층 평면도 scale : 1/250

ARCHITECTURAL DESIGN 지상4층 평면도 · 지상5층 평면도

남동향의 사무영역(내근) 계획

지상4층 평면도 scale : 1/250

지상5층 평면도 scale : 1/250

ARCHITECTURAL DESIGN 지상6층 평면도 · 지상7층 평면도

낙동강을 바라보는 테라스형 휴게공간 계획

지상6층 평면도 scale : 1/250

지상7층 평면도 scale : 1/250

북구소방서

ARCHITECTURAL DESIGN 지상8층 평면도 · 지붕 평면도

대강당과 연계한 옥상 훈련장 계획

지상8층 평면도 scale : 1/250

지붕 평면도 scale : 1/250

ARCHITECTURAL DESIGN 단면도 (종단면도 · 횡단면도)

외근과 내근의 각 업무에 효율적인 단면조닝 계획

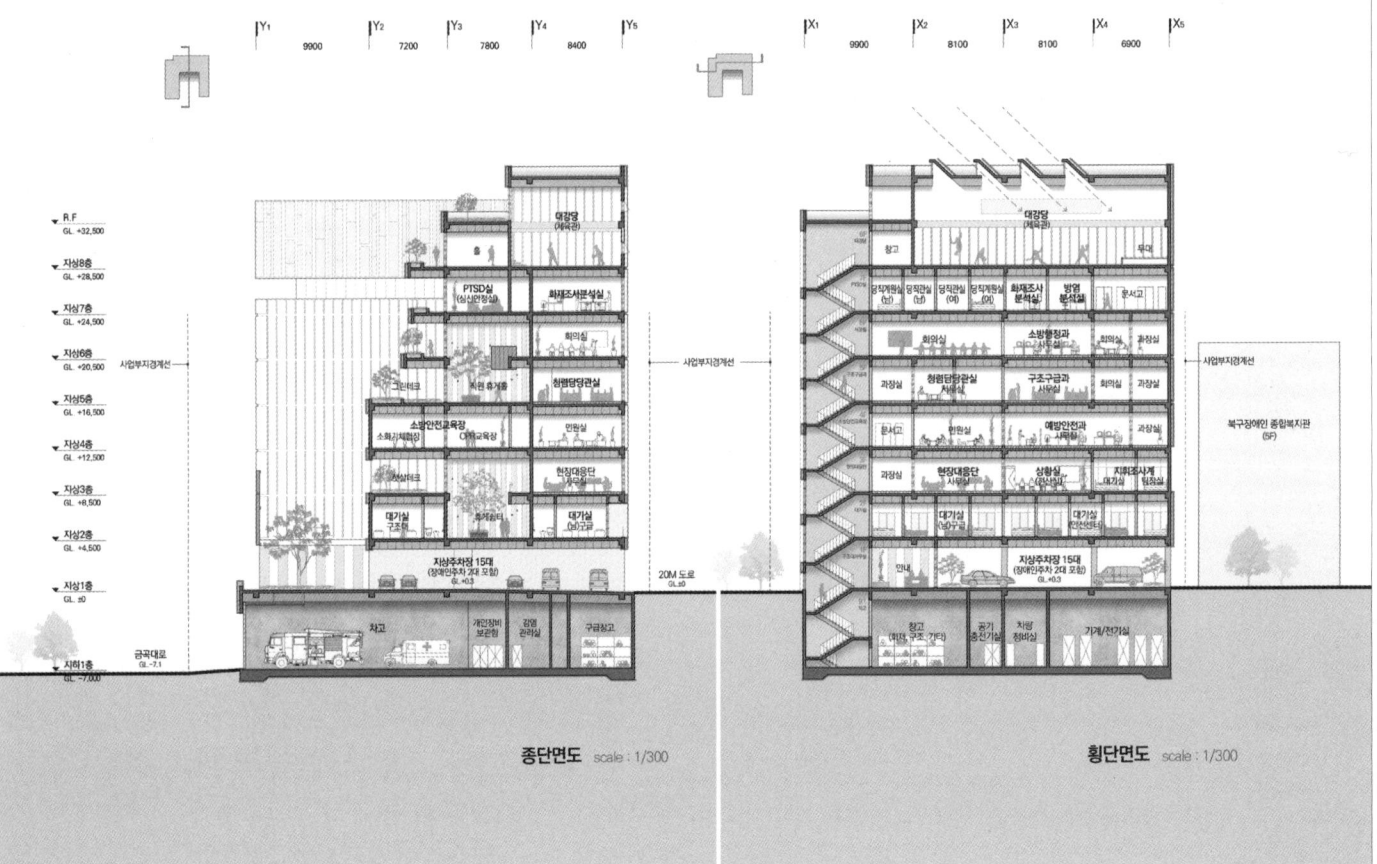

종단면도 scale : 1/300

횡단면도 scale : 1/300

한전KDN 서울지역본부 사옥

당선작 (주)해마종합건축사사무소 전권식 설계팀 서필선, 김진만, 박승열, 주재운, 조윤영, 장미나, 정민정, 홍도희

대지위치 서울특별시 강동구 고덕동 93-2 일원 **대지면적** 2,006㎡ **건축면적** 1,203.02㎡ **연면적** 13,465.54㎡ **조경면적** 346.56㎡ **건폐율** 59.97% **용적률** 375.26% **규모** 지하 4층, 지상12층 **최고높이** 62.60m **구조** 철근콘크리트조 **외부마감** 세라믹판넬, 석재판넬, 알루미늄루버, 로이복층유리, 칼라유리 **주차** 112대(지하 112대)

지역 상생, 기술혁신, 지속 가능 이라는 한전KDN의 가치와 목표에 따라 지역을 대표하고, 한전KDN을 상징하며, 에너지산업의 혁신을 이끌 새로운 한전KDN의 서울지역본부 트리니티 그리드를 제안한다.

Urban Grid : 고덕비즈밸리의 중심에 있는 한전KDN은 주변과 함께 나누는 녹지 순환 통로의 활성화를 통하여, 지역과 상생 하는 열린 사옥을 계획한다.
Smart Grid : 정보화되는 송, 배전 및 관리 업무가 효율적이고 쾌적한 환경에서 이루어질 수 있게 하고 한전 KDN의 가능성을 고려한 스마트 업무공간을 계획한다.
Eco Grid : 한전KDN의 미래지향적, 친환경적인 이미지 창출을 위한 스킨 디자인, 저층부는 개방영역에 적합한 수직 패턴의 열린 공간 디자인, 중층부는 쾌적한 업무환경을 위한 수평 패턴의 기능적인 디자인, 상층부는 한전KDN을 상징하고 BIPV를 적용한 친환경 외피 디자인을 계획한다.

입면디자인 : 디자인 프로세스 기능에 맞는 3개의 매스 조합으로 차별화
- 저층부의 녹지 순환 통로와 연계한 포디움
- 효율적인 업무공간을 고려한 타워형 매스
- 업무시설 수직조닝에 의한 매스의 분절
- KDN의 상징성을 위한 스킨디자인

Under the concept of 'Trinity Grid' that reflects the values and objectives of the Korea Electric Power Knowledge Data Network, such as mutual growth with the local community, technological innovation and sustainability, the new Seoul regional head office is designed to represent the local community, serve as an icon for the company and present itself as an innovation leader in the energy industry.

Urban Grid : Located at the center of Godeok Biz Valley, the new office provides a green circulation passage and shares it with the local community. Through this, it becomes an open office that establish a win-win relationship with the local community.
Smart Grid : An efficient and pleasant work environment is provided for digitalized power transmission, supply and control operations, and a smart office design is proposed in preparation for the future growth of the company.
Eco Grid : The proposed skin design expresses the company's futuristic and environment-friendly image. The lower floors are defined with an open space design using a vertical pattern system to suit the nature of a public area whereas the mid-floors, with a function-centered design using a horizontal pattern system. And the top floors are adorned with an environment-friendly skin design that serves as a symbol for the company and uses a BIPV system.

Elevation : Proposing a unique design by combining three masses in consideration of the function of each design process
- A podium connected with the green circulation passage on the lower floor
- A tower-type mass that ensures an efficient workspace design
- A segmental mass design defined by a vertical zoning system of the office area
- A skin design that serves as a symbol for the company

Prize winner Haema Architects_Jeon Gwonsik **Location** Gangdong-gu, Seoul **Site area** 2,006㎡ **Building area** 1,203.02㎡ **Gross floor area** 13,465.54㎡ **Landscape area** 346.56㎡ **Building coverage** 59.97% **Floor space index** 375.26% **Building scope** B4, 12F **Height** 62.60m **Structure** RC **Exterior finishing** Ceramic panel, Stone panel, Aluminum louver, Low-E paired glass, Color glass **Parking** 112

KEPCO KDN Co., Ltd. Seoul Branch

부지활용계획 | 디자인개념

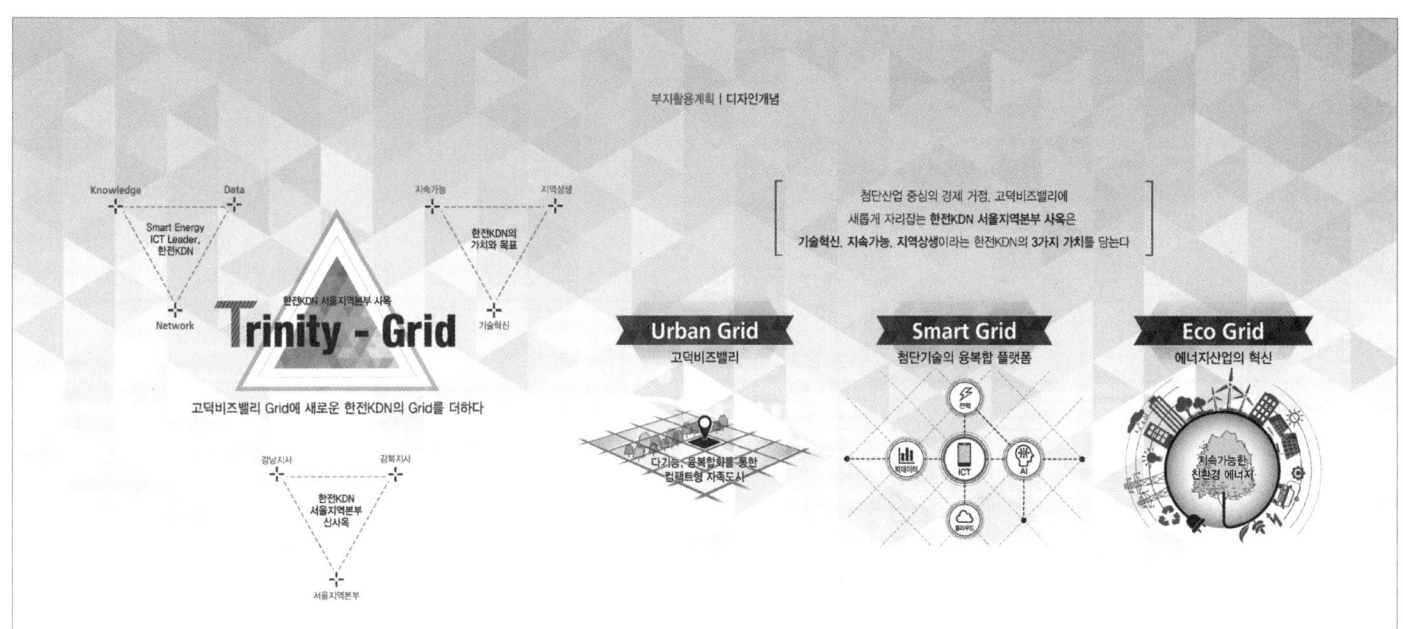

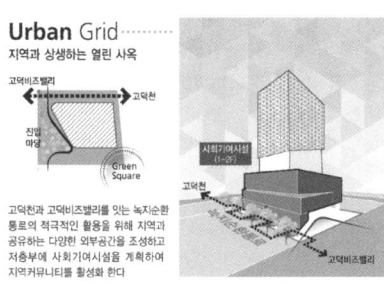

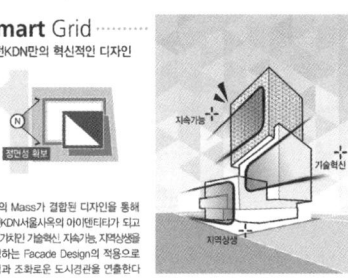
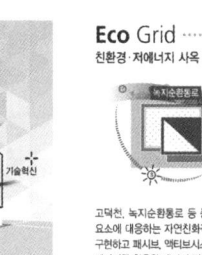
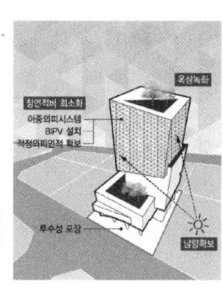

부지활용계획 | 배치계획

고덕비즈밸리의 도시구조와 녹지순환통로에 대응하는 한전 KDN 서울지역본부

■ 도시맥락과 지구단위계획을 고려한 합리적인 배치계획

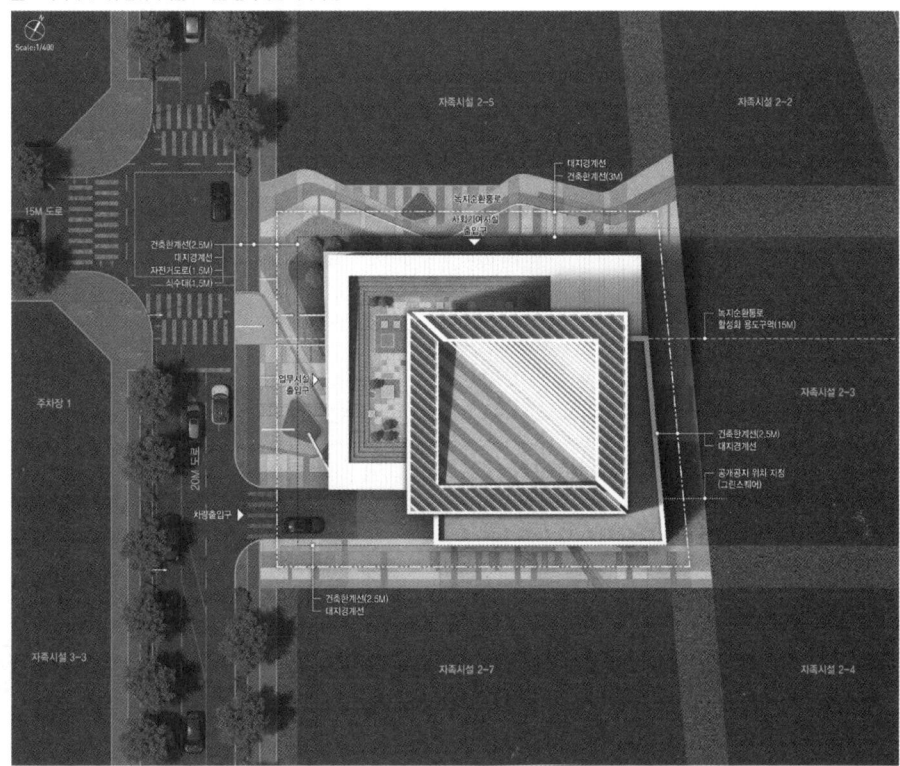

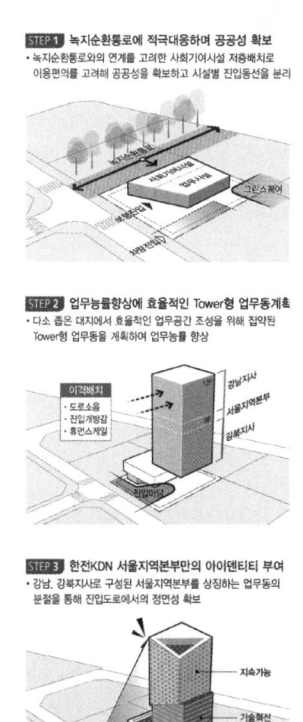

평면·단면계획 | 지하 3, 4층

합리적인 모듈계획으로 지하공간의 손실을 최소화한 순환형 주차장계획

Ⓐ 순환형 주차동선계획으로 이용편의 증대

- 순환형 주차동선 계획을 통해 컴팩트하고 효율적인 주차장 활용 및 원활한 차량이동이 가능해 이용편의 증대

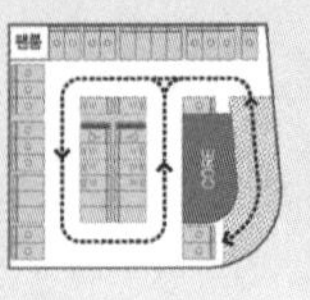

주차개요(B4~B1)	
일반형	24대
확장형	46대
장애인	4대
여 성	12대
고소차	6대
전기차	20대
합 계	112대

Ⓑ 멀티소켓형 교류식 전기차 충전기술 적용

- 낮은 구축비용과 전용공간에 대한 공간 제약 없이 설치 가능한 한국전력공사 사업화 유망기술을 적용한 전기차 충전소 계획

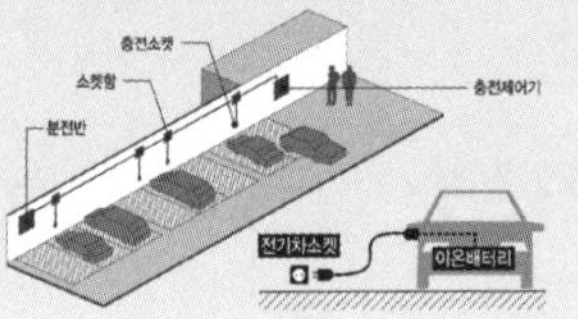

Ⓒ 지하주차장 층별, 구역별 색채 및 사인계획

- 직관적이고 심플한 디자인을 바탕으로 층별, 구역별로 편안하고 조화로운 색채 및 사인계획을 통해 인지성과 안전성 확보

Ⓓ 도로 공동구에 기계·전기실 인접배치로 설비효율 증대

- 도로 공동구에 인접한 기계·전기실과 다양한 설비실계획을 통해 설비배관의 길이를 최소화하여 경제성 및 시공효율 증대

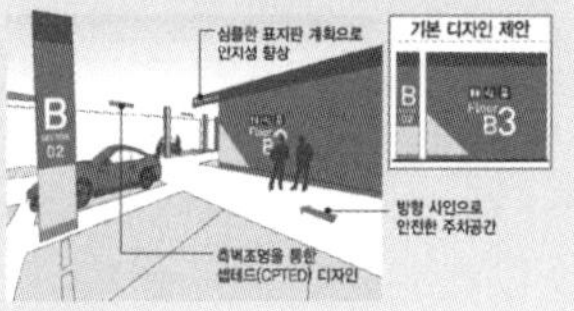

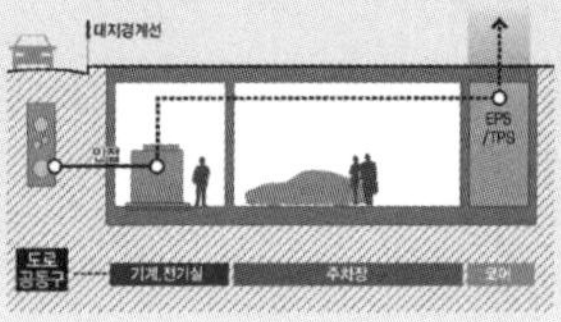

지하3층

지하4층

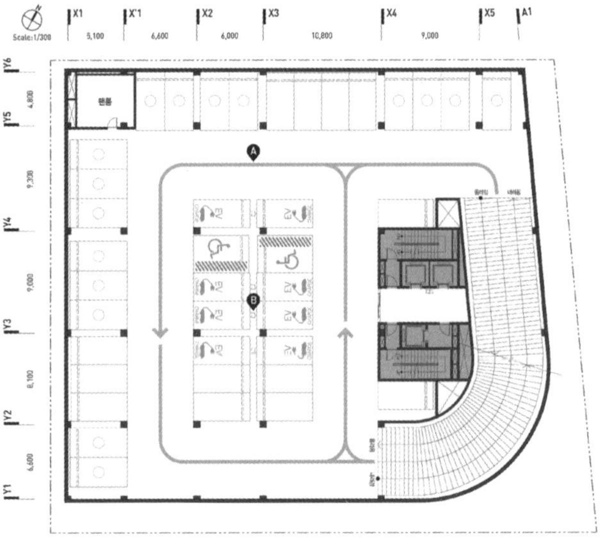

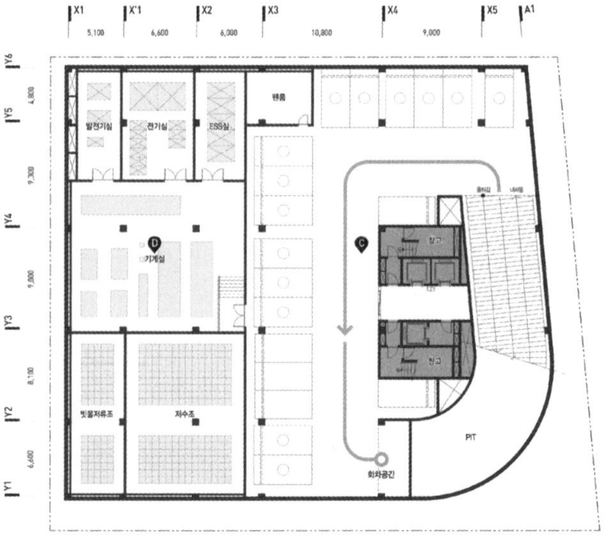

평면·단면계획 | 지하 1, 2층

주차 및 하역의 이용편의 증진을 위한 ONE STOP 자재운반시스템

Ⓐ 고소작업차의 원활한 주차동선 및 하역을 고려한 ONE STOP 주차시스템 계획

- 고소작업차의 규격을 고려한 지하 주차장의 적정 층고 설정과 안전을 고려한 적정 경사의 경사로 계획
- 지하주차장 진입–주차–하역작업공간에 하차–기자재창고에 적재하는 ONE STOP 하역시스템을 통해 업무효율 향상

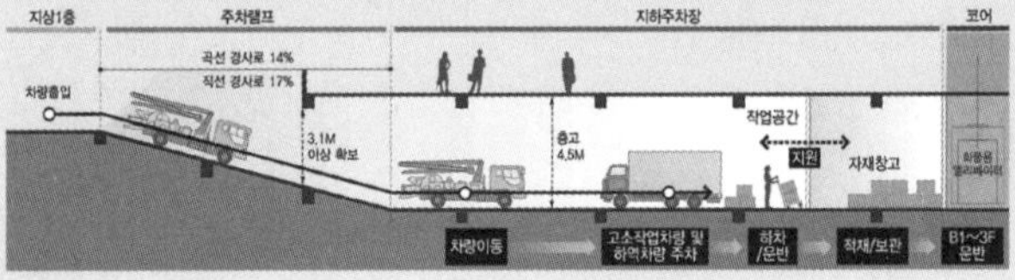

Ⓑ 안전한 지하주차장을 위한 무장애 및 CPTED계획

- 사회적 약자 및 다양한 이용자를 고려한 무장애 설계와 CPTED(범죄예방 환경설계)를 통해 안전한 지하주차장 조성

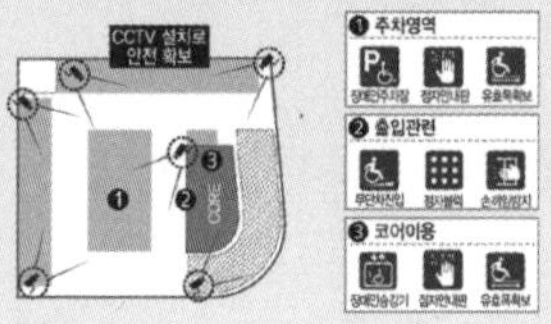

Ⓒ 기자재 및 기계운반을 고려한 대형 화물용 엘리베이터 계획

- 지하주차장에서 유지관리시설로 연결되는 화물전용 엘리베이터를 통해 별도의 동선을 계획하여 하역 후 기자재 운반 편의 증대

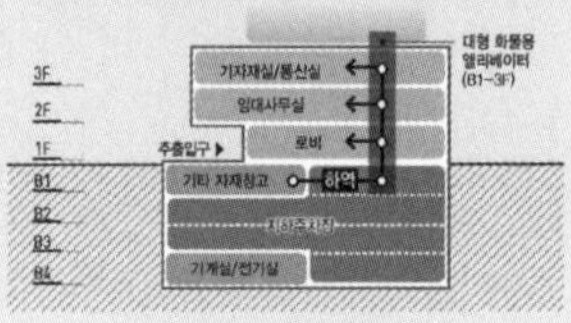

지하1층

지하2층

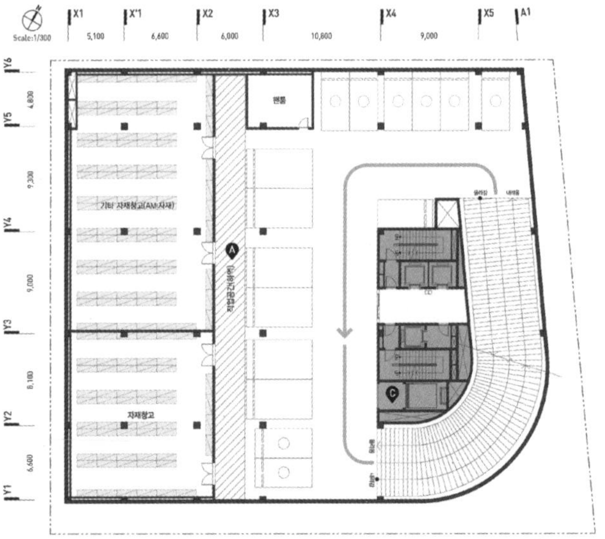

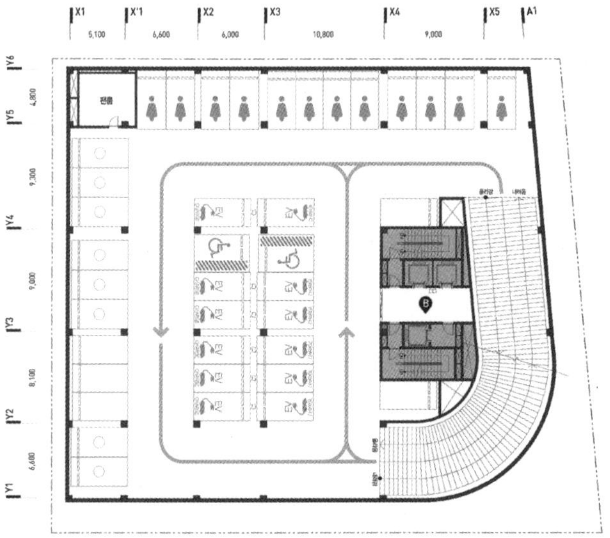

한전KDN 서울지역본부 사옥

평면·단면계획 | 지상 5 - 8층

한전 KDN의 미래 수요변화에 다양하게 대응하는 오픈플랜 사무공간

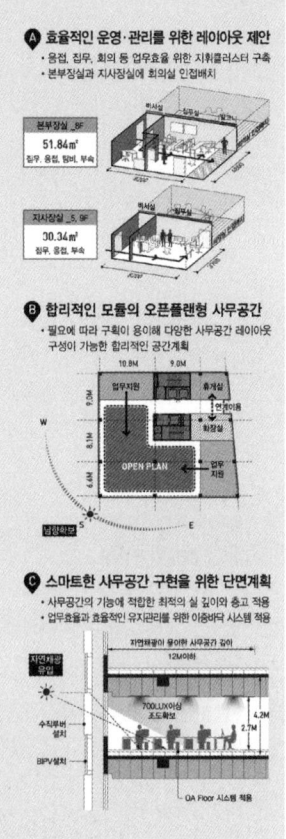
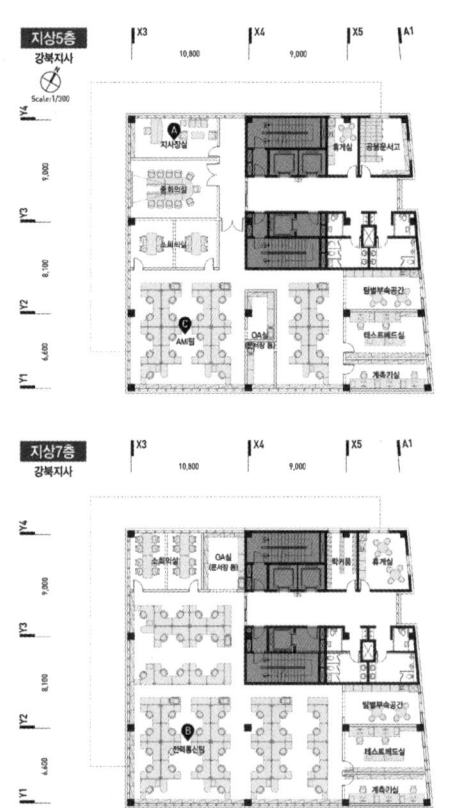
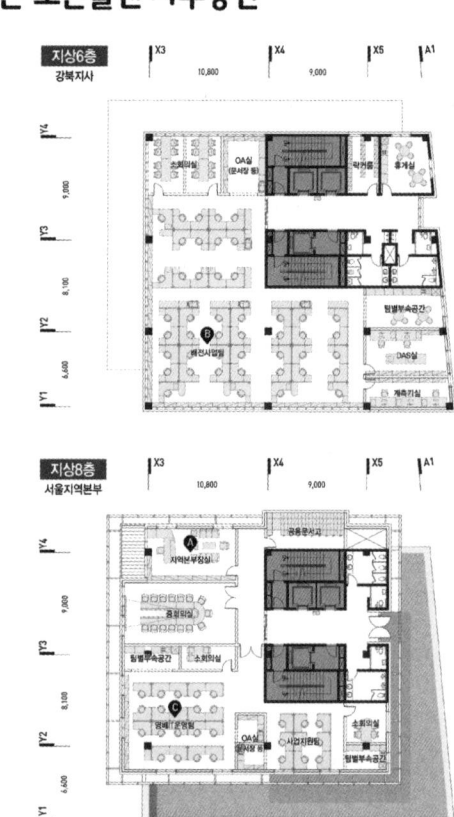

평면·단면계획 | 지상 9 - 12층

실기능에 따른 그룹별 배치로 효율적 업무지원시설 계획

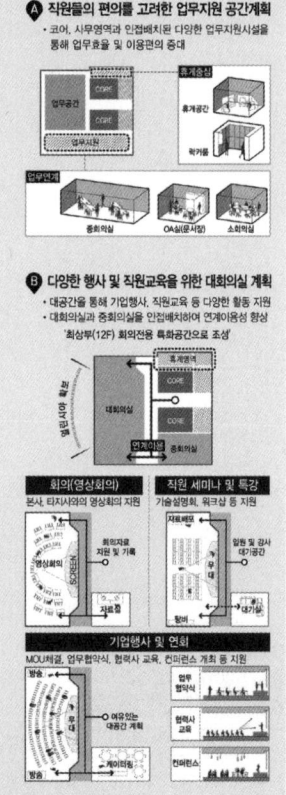
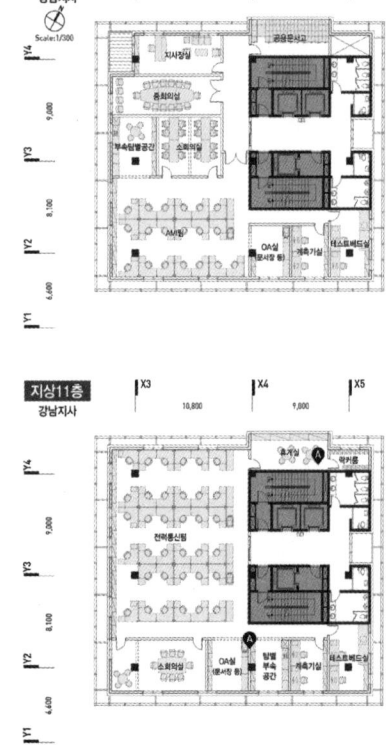
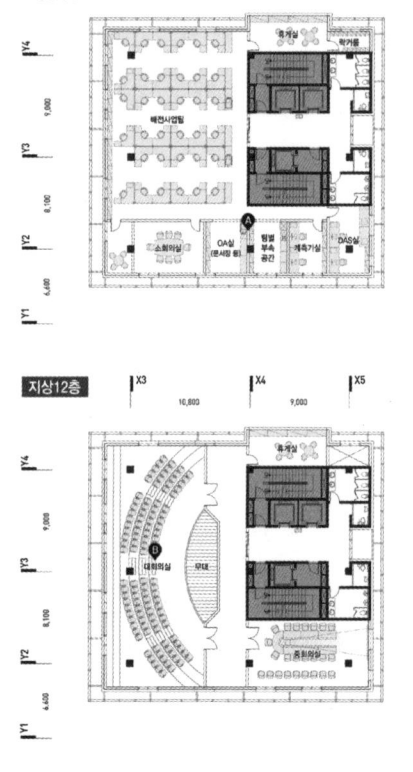

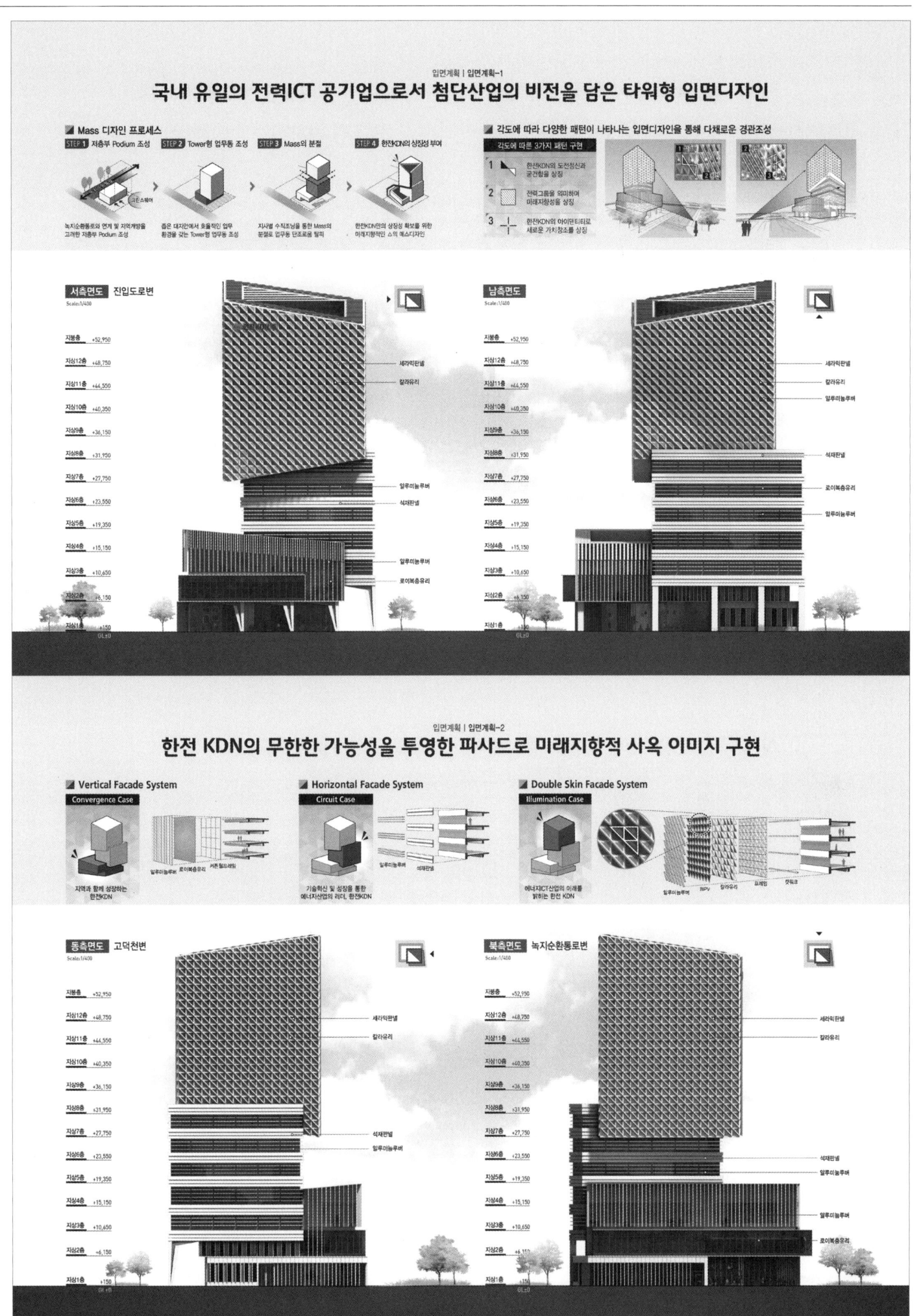

평면·단면계획 | 종·횡단면도

지사별 독립적인 수직조닝과 상호연계를 고려한 실배치로 효율적인 업무환경 조성

시설별 명확한 영역을 갖는 수직조닝

• 시설별 수직 분리된 영역조닝을 통한 독립성 확보 및 업무연계성 향상

프로그램 특성을 고려한 적정층고 계획

• 실별 특성을 고려하여 효율성 및 쾌적성을 높일 수 있는 합리적인 층고계획

종단면도 녹지순환통로와의 연계와 개방감있는 로비계획

Scale:1/400

횡단면도 지사별 업무효율을 고려한 수직조닝 계획

Scale:1/400

부지활용계획 | 조경 및 외부공간계획

고밀의 자족시설 내 입체적 외부공간으로 활력있는 중심생활공간 조성

조경 및 외부공간 CONCEPT

Equalizer

미래지향적 건물과의 조화
자연의 변주로 리듬감 있는
외부공간 조성하기

01 비워주기 VOID

도시가로 결절점에서의 동선 집중과 인접대지와의 관계성을 고려한 지역 공유형 열린장소가 된다

02 연결하기 CONNECT

고덕천에서 고덕비즈밸리로 연결되는 녹지 순환통로에 적극적으로 대응하여 자연과 함께하는 커뮤니티 장소가 된다

03 유입하기 INFLOW

진입도로에서의 접근동선을 끌어들이고 도시가로에 대응하는 오픈스페이스 계획으로 진입성을 위한 유입의 장소가 된다

사계절의 다채로운 경관을 고려한 식재계획

• 아름다운 사계절의 경관과 풍성한 마당 조성을 위한 식재수종 선정
• 녹지순환활성화 가로 및 인접도로를 고려한 녹음식재로 가로경관 조성

녹음 및 완충식재	유도식재	상징식재
도시가로 및 인접대지와의 경계에서 차음, 차폐기능 강화 – 소나무, 참나무 등	녹지순환통로에서의 동선 흐름과 활성화 강화 – 곰솔나무 등	도시결절점 및 진입마당에서 인지성 및 상징성 강화 – 매화나무 등

공간별 특성을 고려한 포장 및 시설물계획

• 유도패턴 및 소재의 특성을 고려한 포장으로 공간별 특성에 적합한 분위기 조성
• 공간별 형태, 조형미를 고려한 사용자 중심의 스트리트 퍼니처 구성

앉음벽	플랜터	목재데크
직원 및 지역주민들이 휴게하고 소통하는 조경시설물 설치	조형성 강조와 동선유도를 위한 보행자 중심의 나무 및 화단 조성	자연미를 그대로 살려 목재 특유의 아늑함을 갖는 데크 설치

고덕비즈밸리와 함께 공유하고 다양한 테마를 갖는 입체적인 외부공간 계획

조경개요

구 분		면 적
대지면적		2,006㎡
조경면적	법정	2,006㎡×0.15 = 300.9㎡
	계획	346.56㎡ (17.28%)
자연지반면적	법정	300.9 × 0.10 = 30.09㎡
	계획	67.46㎡
식재면적	법정	300.9 × 0.50 = 150.45㎡
	계획	265.44㎡
시설면적	계획	81.12㎡
생태면적률	법정	2,006㎡×0.3 = 601.8㎡
	계획	644.93㎡ (32.15%)

A Sunshine Garden

B Event Shelter 한전KDN의 재직자들을 위한 무대가있는 이벤트 쉼터

C Link Road 이웃한 대지와 연접하여 공유하는 보행전용도로

Harmony Garden 지역주민과의 휴식 및 문화공유를 위한 필로티 정원

D Open Square 한전 KDN의 주출입구로서 이용자를 위한 열린공간

Pocket Garden 공개공지를 활용한 도심속 휴식공간

A 도심속 자연과 함께하는 옥상정원

업무효율 증대를 위해 직원들의 쉼터가 되는 자연친화공간 조성

B 시설간 완충공간이되는 휴게정원

사회기여시설과 업무시설을 지원하는 통합연계공간으로 휴식, 담소가 있는 공간

C 고덕천과 비즈밸리를 연결하는 Link Road

고층건물이 가득한 비즈밸리에서 만남과 교류가 있는 문화가로 조성

D 개방감있는 진입공간을 위한 Open Square

진입도로에서의 동선유입과 방문객들을 위한 열린공간 조성

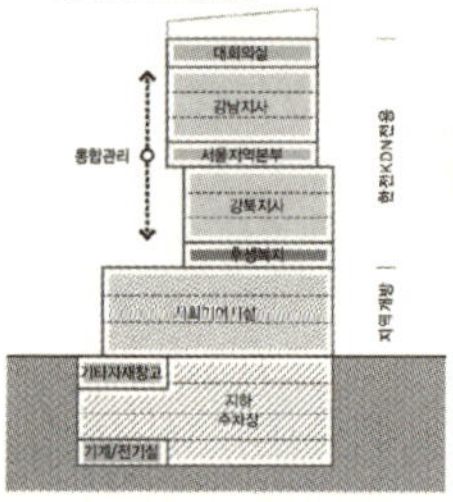

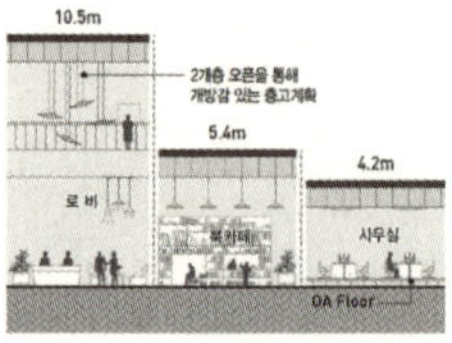

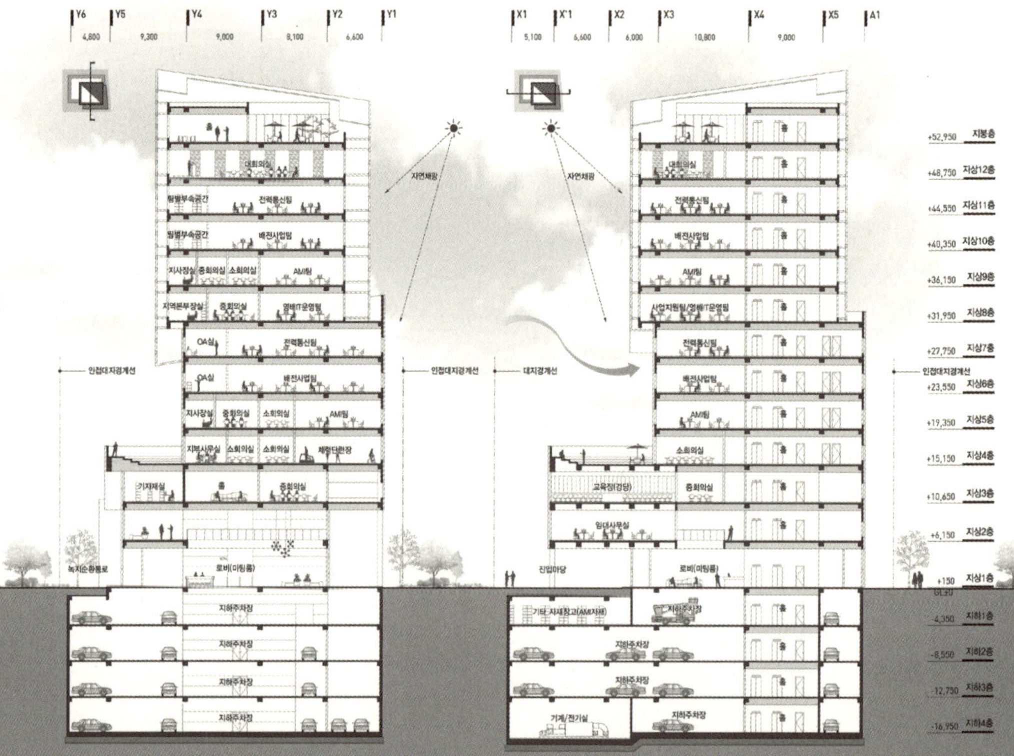

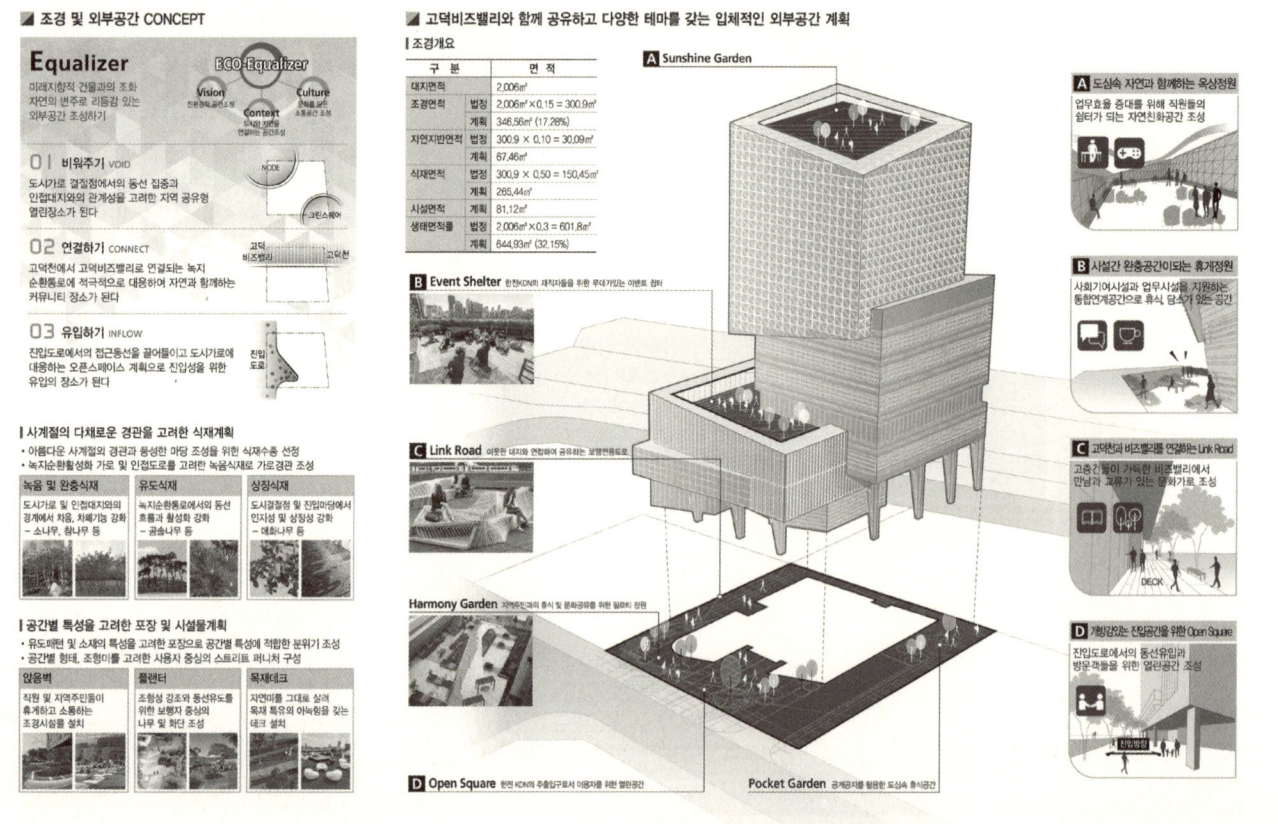

KEPCO KDN Co., Ltd. Seoul Branch

신용보증재단중앙회

당선작 (주)건축사사무소에스파스 박성환 설계팀 김홍일, 문경식, 신나영, 오범석, 지세희, 김민철, 백상문

대지위치 세종특별자치시 2-4생활권 관-2-1-1 **대지면적** 3,634㎡ **건축면적** 1,909.66㎡ **연면적** 13,035.74㎡ **건폐율** 52.55% **용적률** 236.10% **규모** 지하 2층 지상 8층 **구조** 철근콘크리트조, 철골조(대강당) **외부마감** 세라믹패널, 석재패널, 로이복층유리 **주차** 105대(확장형32대, 장애인4대, 여성전용21대, 경형4대, 전기차10대 포함)

세종도시는 3개의 공간적 켜가 존재한다. 자연으로 비워진 중심과 고밀도의 주거시설이 외곽으로 둘러싸며 도시의 경계를 정의한다. 그리고 그 중심을 따라 저밀도의 도시 성장 가능성을 열어둔다. 이렇게 중첩된 도시를 연결하는 환형 고리의 교통중심가로인 BRT가 있어 도시에 활력을 불어넣으며, 3개의 공간적 켜를 가로지르는 5개의 상징 가로가 있다. 계획 대지는 이 상징 가로와 교통 가로가 교차하는 접점으로 비워진 중심을 향한 방향성을 갖는다.

세종시의 랜드마크는 높이와 형태로서 규정되지 않는다. 신용보증재단 중앙회는 도시의 흐름을 담은 자연 친화형 그린 팔레트로서 세종 복합도시의 낮은 플랫폼과 가로 경관을 존중한다. 랜드마크는 도시와 건축이 서로 상호 작용하며 다양한 관계를 맺을 때 형성되고, 세종 첫 마을 BRT 환승센터에서 이어지는 자연의 흐름을 이어가는 그린 테라스가 담긴 조형이 도시와 긴축, 자연과 소통하고 상호 작용한다.

Sejong City has three spatial layers. The forested center and the outskirts with densely populated housing facilities create a distinct boundary. Also, the center has a possibility of sparsely populated urban growth. In Sejong City, there are five representative streets across its three spatial layers. The BRT, a ring-shaped hub of city transportation, connects this overlaid city and thus revitalizes it. With the interfaces between its representative streets and traffic roads, the whole site advances toward the center.

Its landmarks can't be judged by height and shape. The Korea Federation of Credit Guarantee Foundations respects the low platform and street landscape of Sejong City, which play a role as a nature-friendly green palette containing its flow. A landmark can be developed only when its city and architectures interact on each other with a diverse network; the sculpture with a green terrace holding the flow of nature from Sejong Cheonmaeul BRT Transfer Center communicates and interacts with its city, architectures and nature.

Prize winner Architecture Design Group ESPACE_Park Seunghwan **Location** Sejong, Chungcheongbuk-do **Site area** 3,634㎡ **Building area** 1,909.66㎡ **Gross floor area** 13,035.74㎡ **Building coverage** 52.55% **Floor space index** 236.10% **Building scope** B2, 8F **Structure** RC, SC **Exterior finishing** Ceramic panel, Brick panel, Low-E paired glass **Parking** 105 (including 32 for extension type, 4 for the disabled, 21 for women, 4 for small size, 10 for electric car)

Korea Frederation of Credit Guarantee Foundations

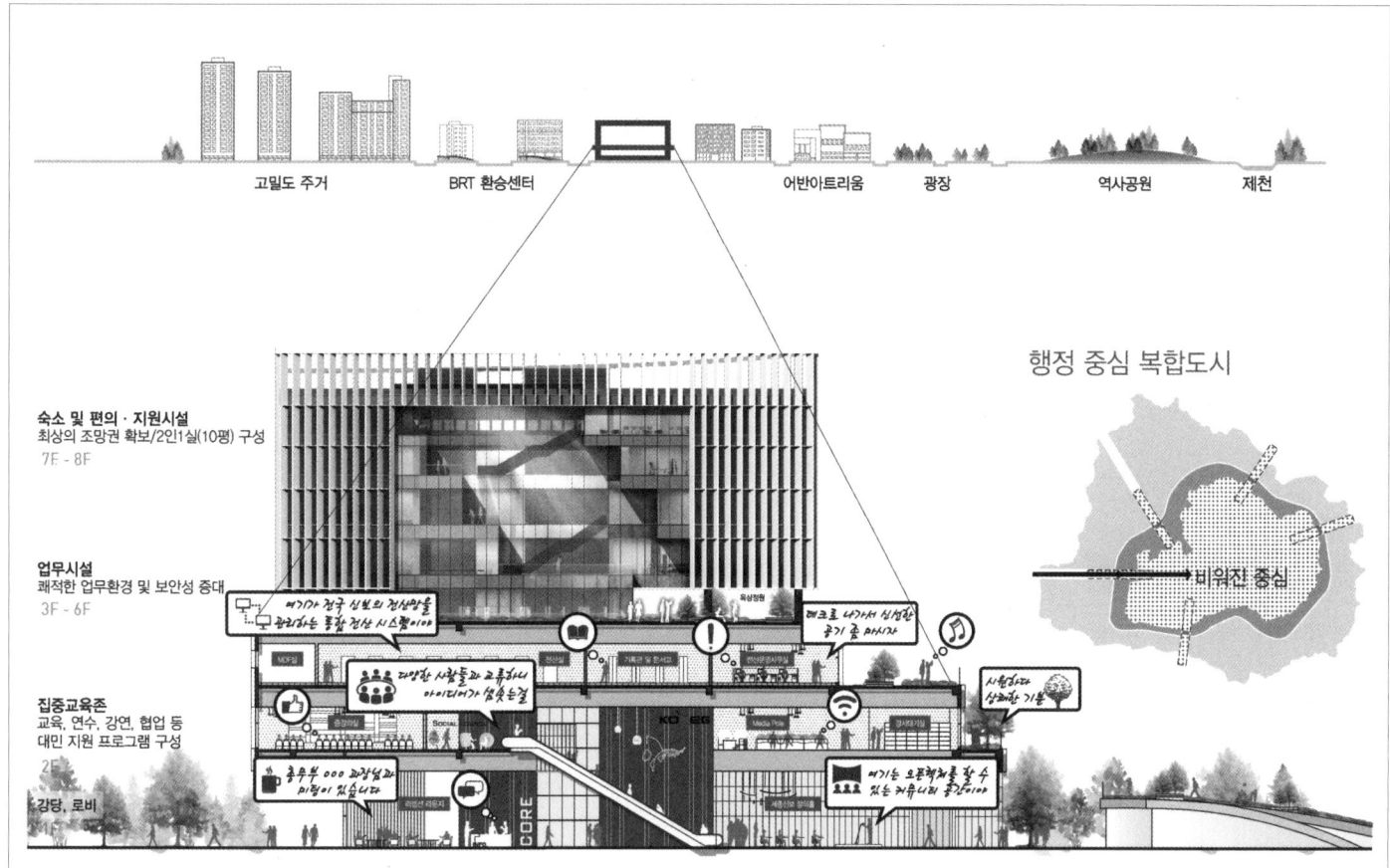

소상공인, 중소기업을 위한 미래 창출의 플랫폼
💻 THE GREEN HUB

도시와 자연 그리고 사람을 이어주는 새로운 수평 랜드마크
신용보증재단 중앙회는
자연의 흐름을 이어가는 그린 테라스를 담은 조형언어로 도시의 수평 흐름과 조화를 이루면서
시민들의 일상을 담는 상징적 공간이 된다.

Design Concept

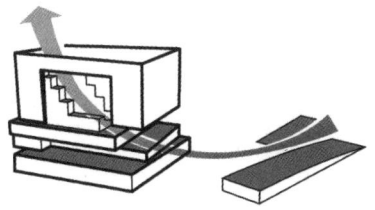

자연의 흐름을 이어가는 테라스

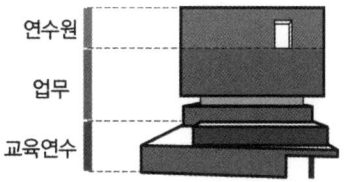

소상공인을 위한 미래 창출의 플랫폼

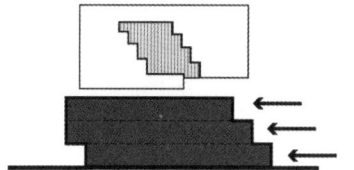

새로운 수평 랜드마크

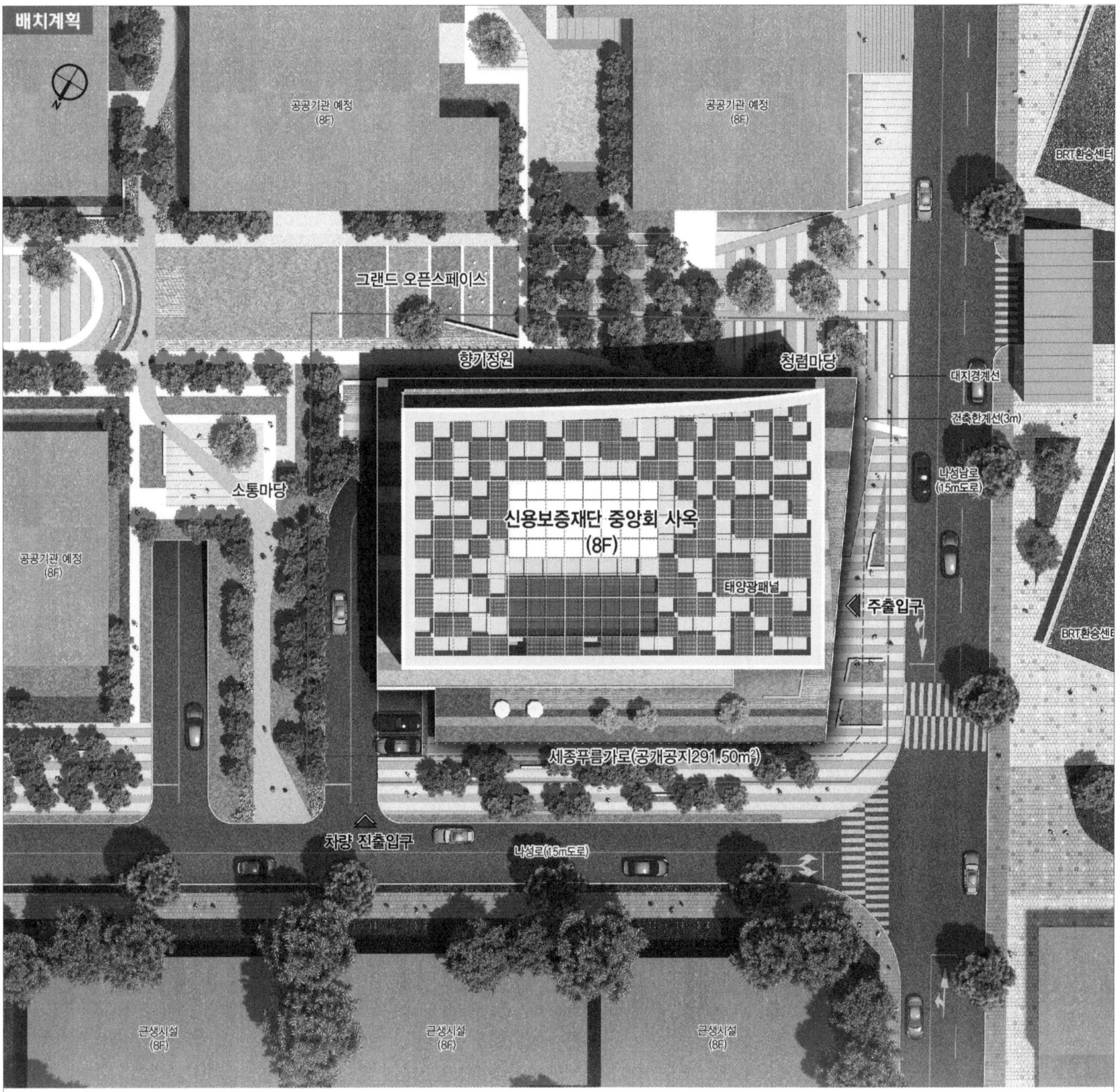

신용보증재단중앙회

배치계획

종합 배치 계획 공유.... 〈모아서 크게 쓰기〉

"Urban Patch" 5개의 필지가 하나되다
작은 외부 공간들의 공유는 더 큰 가치로

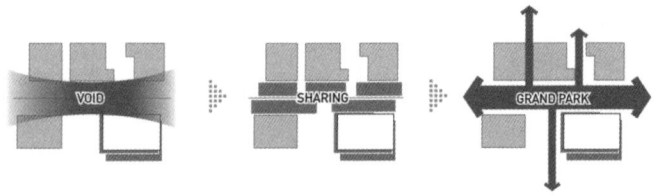

마스터플랜과의 연계성

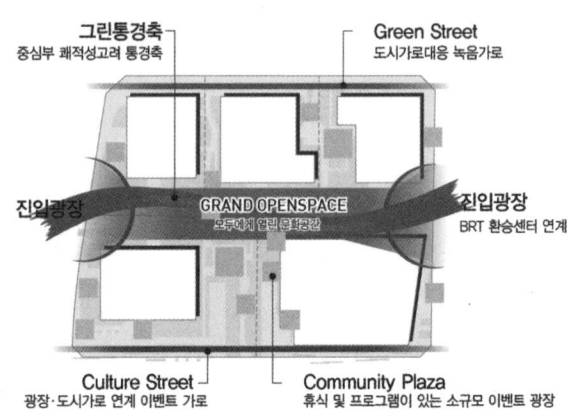

명확한 보차분리 및 다양한 이용자를 고려한 보행동선과 효율적인 통합주차 계획

동선계획

▌이용자별 동선분리 및 보안을 고려한 시설별 주출입 계획

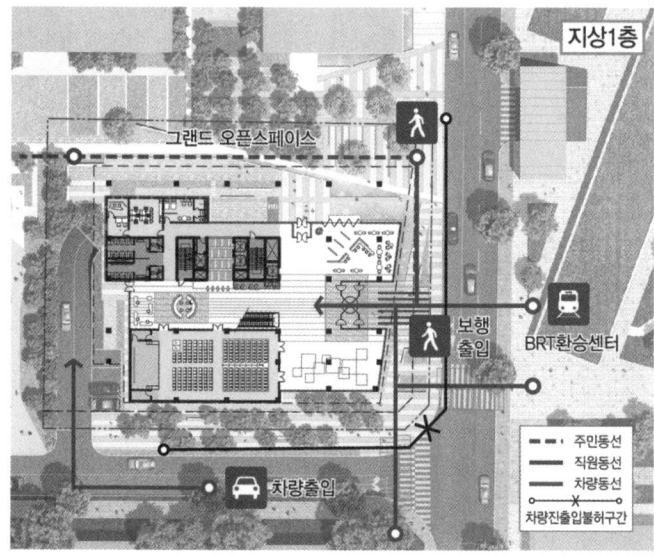

▌주차시설의 공유를 고려한 통합주차 계획

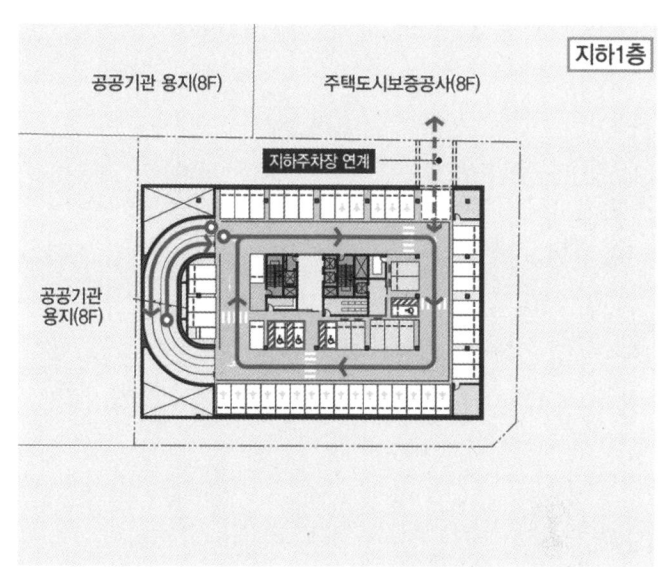

01 보행동선

대지현황을 고려한 효율적인 동선 계획
개방영역과 보안영역을 구분하는 동선 계획

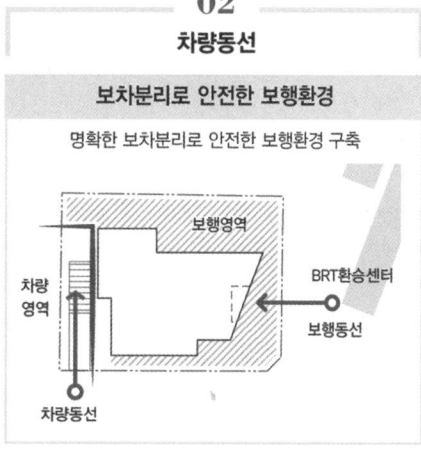

02 차량동선

보차분리로 안전한 보행환경
명확한 보차분리로 안전한 보행환경 구축

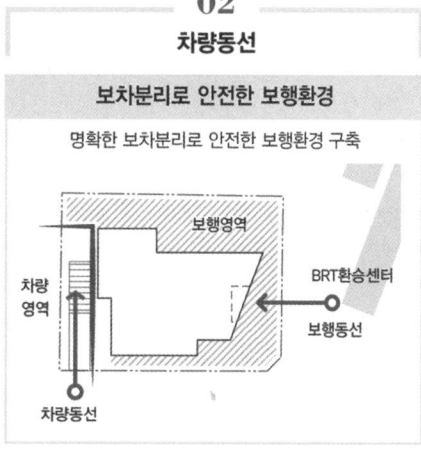

03 비상동선

순환형 비상차량 동선 계획
건물 4면에서 접근 가능한 순환형 비상차량

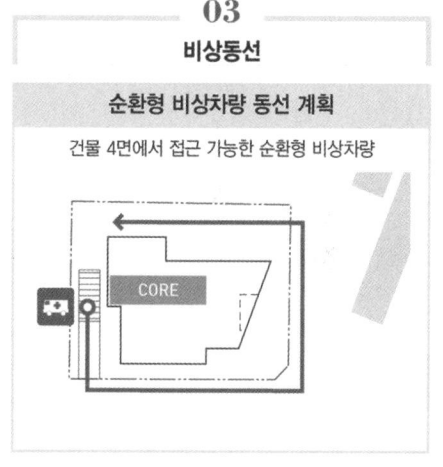

24시간 열린 보행통로 조성
열린광장과 연계된 상시개방형 공공보행통로 조성

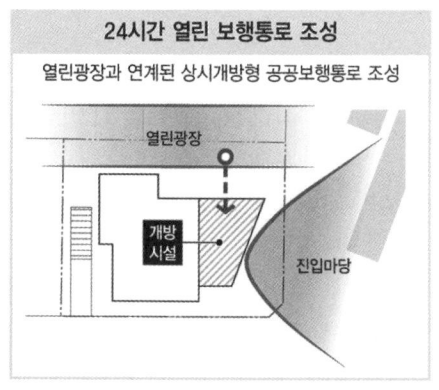

유지관리 차량동선
하역주차 인접배치로 효율적인 하역동선 조성

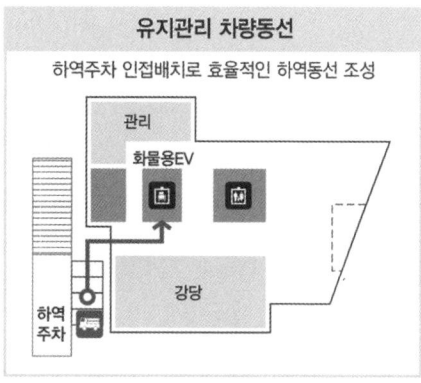

신속한 대피를 위한 피난동선
신속한 피난을 위한 동선확보(내화구조 : 50m)

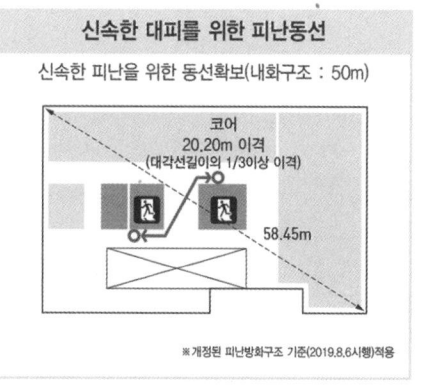

※ 개정된 피난방화구조 기준(2019.8.6시행)적용

신용보증재단중앙회

Openness vs Security
개방성과 독립성의 확보

건축공간의 지상1층은 도시에서 청사로 접근하는 공공흐름의 연속된 매개체이다.
공공기관 청사의 접근성과 사회적 가치를 위해 특정기능에 한정되지 않는 모두에게 가변적 열린공간을 지향해야 한다.
이러한 기본적 생각을 바탕으로 우리가 제안하는 건축공간은 시작된다.

평면계획

Co. Platform
다양한 교류가 일어나는 소통과 문화의 열린 공간

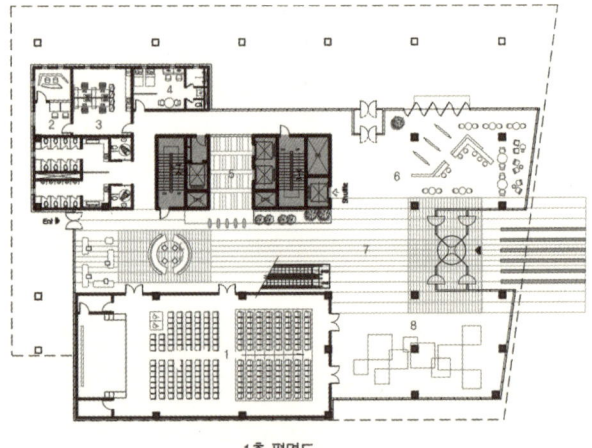

1층 평면도
1 강당 2 방송실 3 사옥관리실 4 숙직실 5 Elev. Hall 6 신보중앙 홍보관 7 로비 8 세종신보 창의 홀

Green Platform
그린테라스와 어우러지는 교류와 힐링의 교육공간

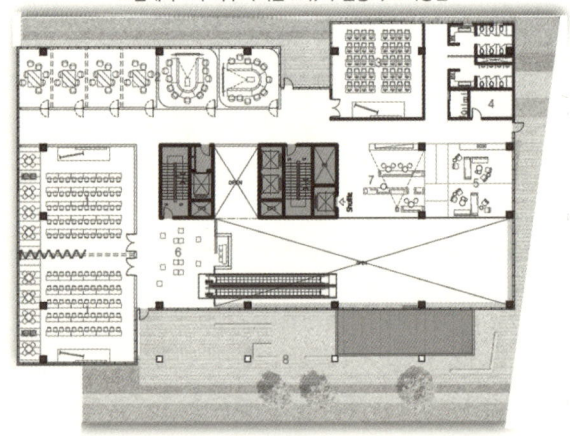

2층 평면도
1 중강의실 2 분임토의실 3 전산교육실 4 진행실 5 강사대기실 6 Social Lounge 7 Media Pole 8 Sejong Green Palette

Network Platform
16개 지역신보의 업무총괄을 위한 네트워크

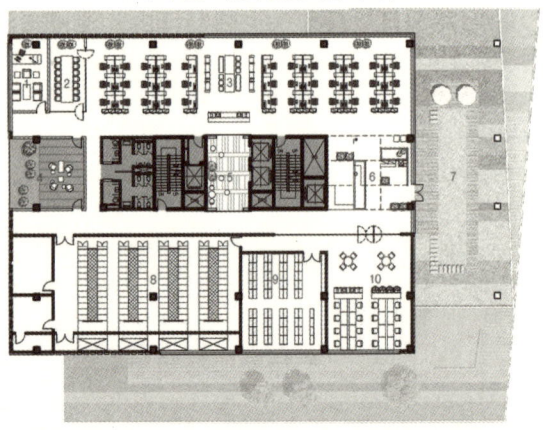

3층 평면도
1 사무실(부서장) 2 소회의실 3 사무실 4 휴게실 5 FreeTalk Elev. Hall 6 프리오피스존
7 푸름열린데크 8 전산실 9 자료실 및 기록관 10 전산운영사무실

Creative Office
시간과 공간의 유연성을 갖는 지속 성장형 스마트 오피스

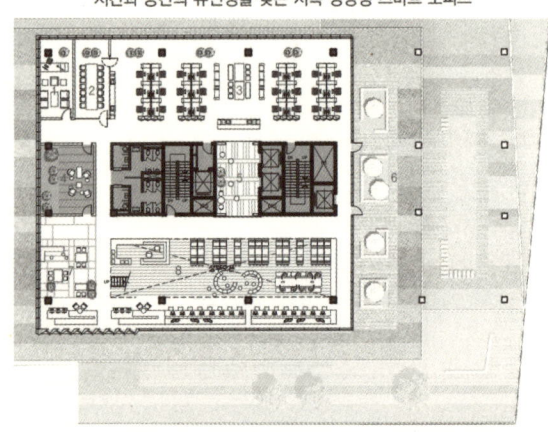

4층 평면도
1 사무실(부서장) 2 소회의실 3 사무실 4 휴게실 5 FreeTalk Elev. Hall 6 스타트업 필드 7 스마트오피스 8 스마트 라이브러리

Multi - Function Smart Office

업무환경 패러다임의 변화

업무방식 변화에 따라 업무 환경도 변화한다.
전체구성은 파티션과 칸막이 없는 개방형 공간을 만든다.
이는 물리적 장벽을 최소화하여 직원들이 자연스럽게 마주치고, 대화하도록 유도하는 것이다.

[창의적인 아이디어는 일상적인 대화 속에서 갑자기 튀어나온다.] 공공부문 공간혁신 가이드라인(행정안전부)

다양한 업무형태를 고려한 맞춤형 업무공간

1~2인	2~4인	4~6인(기준유닛)	8인이상(부서내)	국(부서)	함께
폰부스 집중업무영역	소협의실	일반업무영역	중협의실	프로젝트룸	아트리움
주요업무 및 보안업무 작업	소규모회의 및 휴식	유연한 조직을 고려한 가변적 업무 유닛	부서회의 및 세미나 등 중규모 이상의 회의	각 국실과 관련된 업무회의 수행	수직적인 조직연계 기능의 스탭라운지

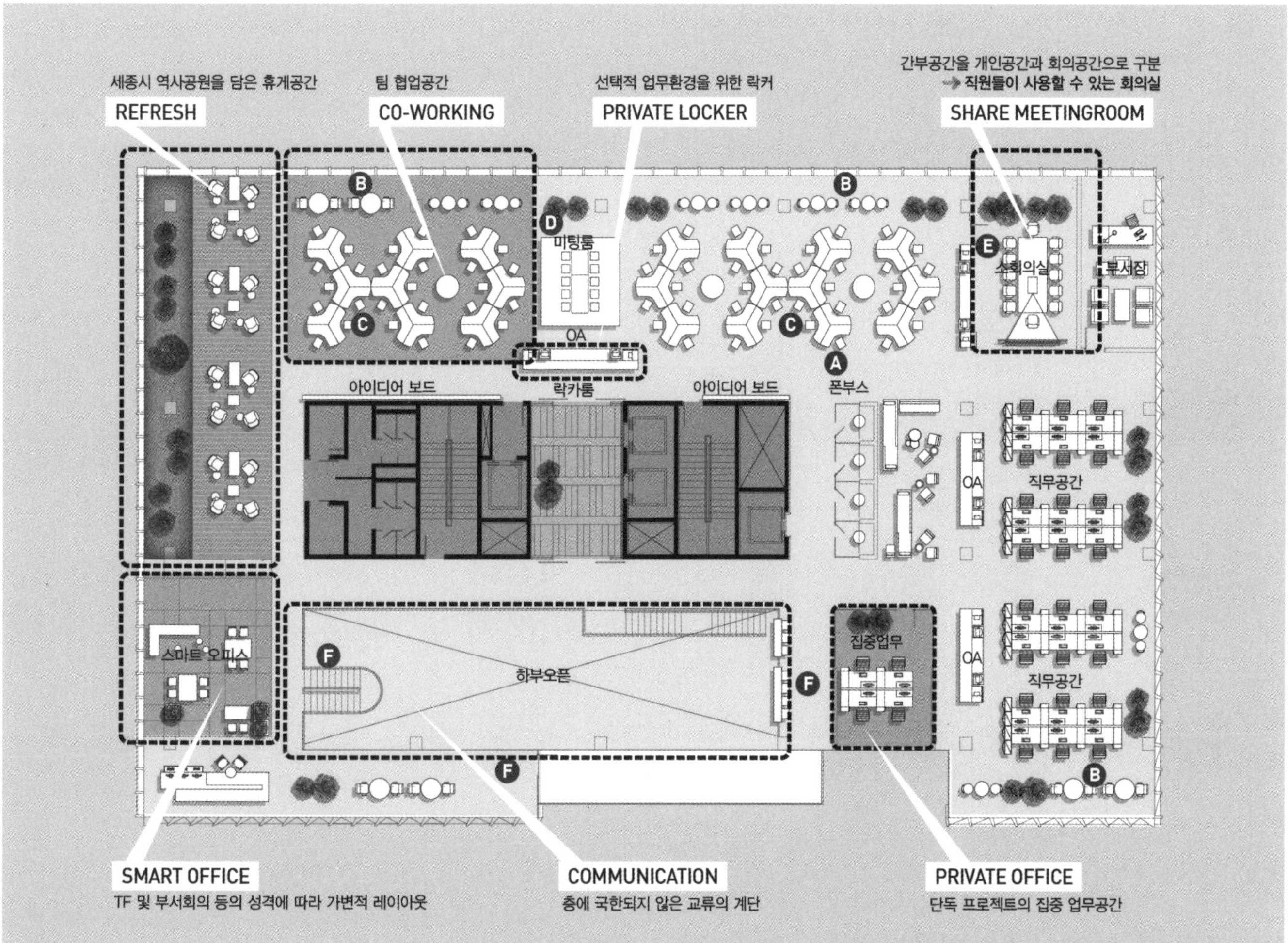

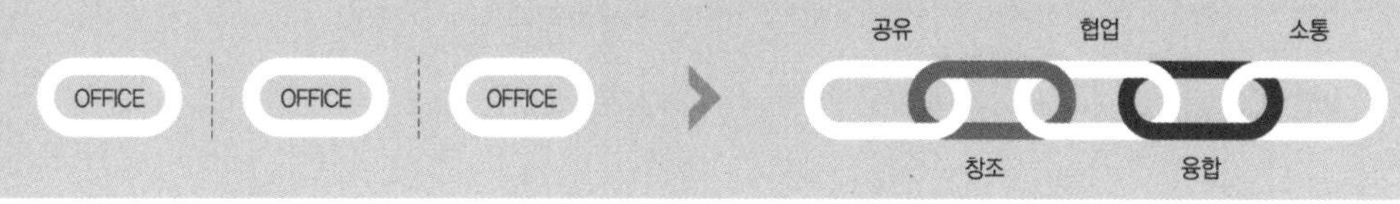

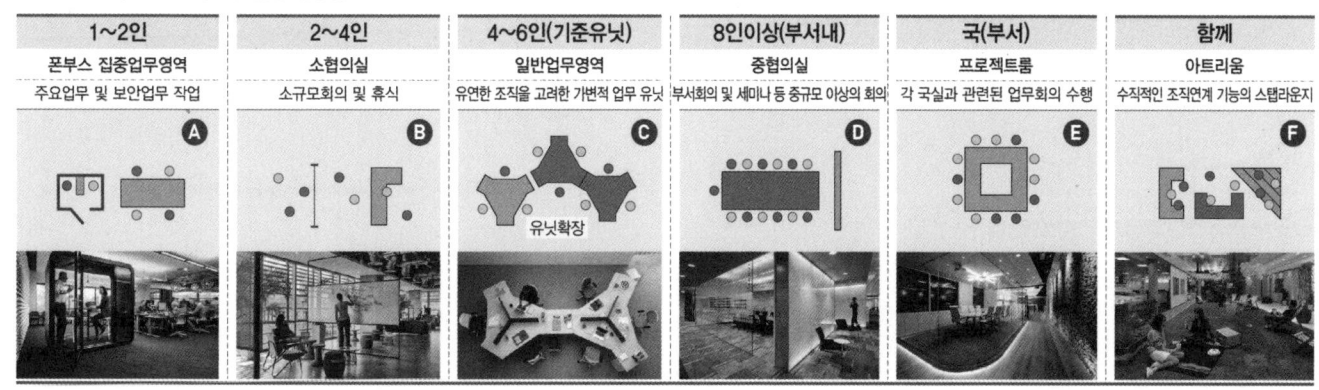

신용보증재단중앙회

평면계획

Multi-Function Smart Office
쾌적한 사무환경과 효율성을 갖춘 품격있는 오피스

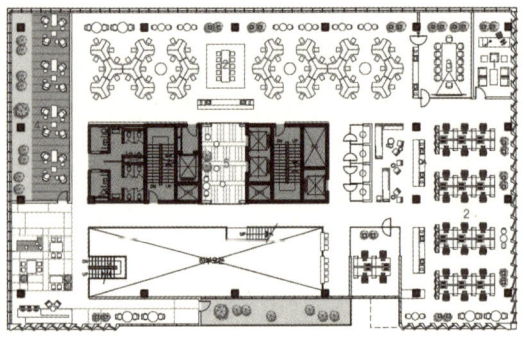

5층 평면도
1 사무실(부서장) 2 사무실 3 소회의실 4 휴게실 5 FreeTalk Elev. Hall

Prime Leaders Office
품격을 높여주는 임원공간

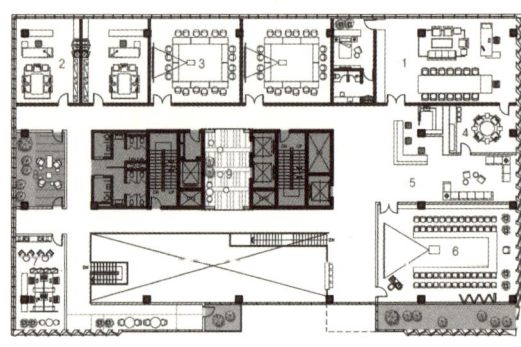

6층 평면도
1 회장실 2 임원실 3 중회의실 4 접견실 5 접견 대기홀 6 대회의실 7 감사실 8 휴게실 9 FreeTalk Elev. Hall

Refresh Space
편안한 휴식을 돕는 맞춤형 공간

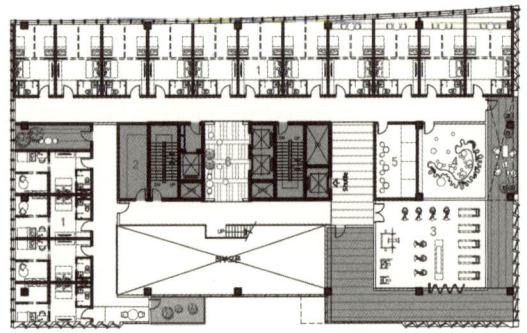

7층 평면도
1 숙소 2 린넨실 3 헬스장 4 다목적실 5 세탁실 6 FreeTalk Elev. Hall

Amenity Space
쾌적한 연수 후생복지 공간

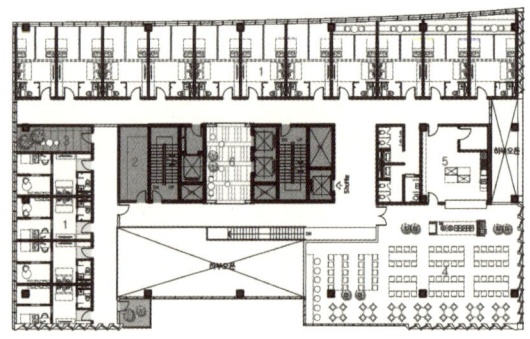

8층 평면도
1 숙소 2 린넨실 3 휴게실 4 식당 5 주방 6 FreeTalk Elev. Hall

One Stop Parkig
세종도시의 교통흐름을 준수하는 주차계획

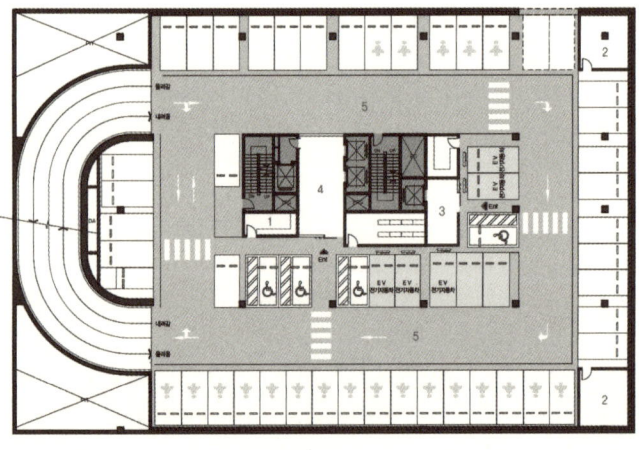

지하1층 평면도
1 창고 2 휀룸 3 연수전용 Hall 4 Elev. Hall 5 지하주차장

주차 개요
총 105대 (지상 1층 4대, 지하 1층 57대, 지하 2층 44대)
[일반형 34대, 확장형 32대, 장애인 4대, 전기차 10대, 여성전용 21대, 경형 4대]

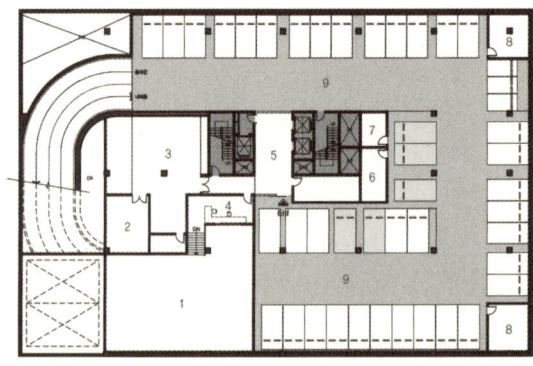

지하2층 평면도
1 기계실 2 발전기실 3 전기실 4 중앙감시실 5 Elev. Hall 6 용역원실 7 창고 8 휀룸 9 지하주차장

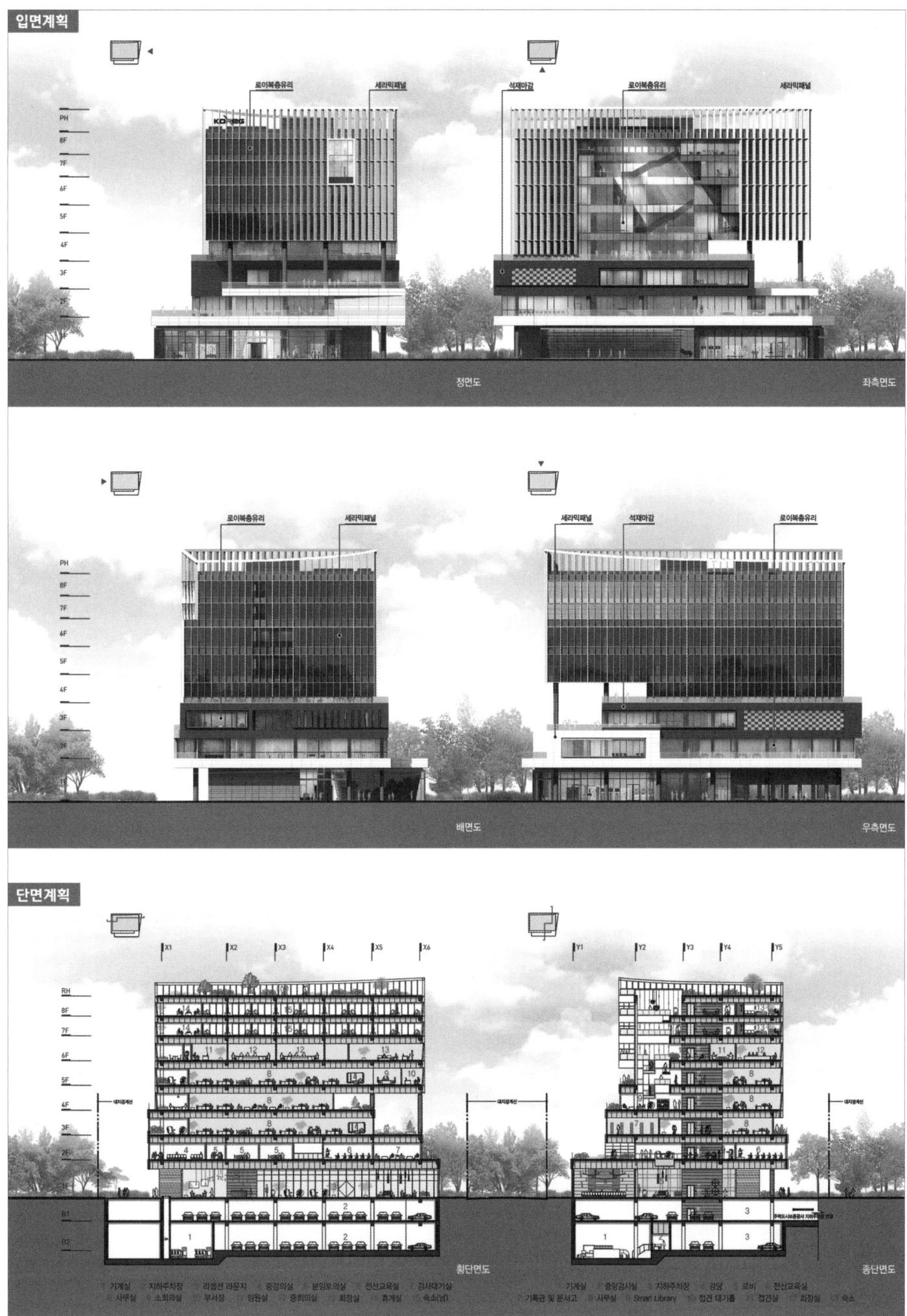

수평 플랫폼과 그린 테라스가 조화로운 그린허브

그 중심에서 신용보증재단의 상징을 드리우다

우리가 제안하는 새로운 신용보증재단 중앙회 사옥의 모습은
재단의 가치와 비전을 제시하는 상징이자, 소통과 화합의 플랫폼이다.

서측에 위치한 주간선도로에서 바라보는 중앙회의 상징적 모습은
BRT 환승센터로부터 연결되는 녹지의 흐름이 담겨있으며, 저층부 테라스 타입의 포디움을 통해
행정중심복합도시의 마스터플랜에 따라 조성된 녹지축을 적극적으로 반영하여 다채로운 사연이 스며드는 새로운 도시풍경을 만들었다.

다시 태어난 재단의 터전은 소상공인들의 희망과 행복을 위해 끊임없이 혁신하고,
사람과 사람을 연결하는 플랫폼이 되어
세종시의 새로운 상징이자 소상공인들의 변치 않는 희망으로서 자리매김 하기를 기대한다.

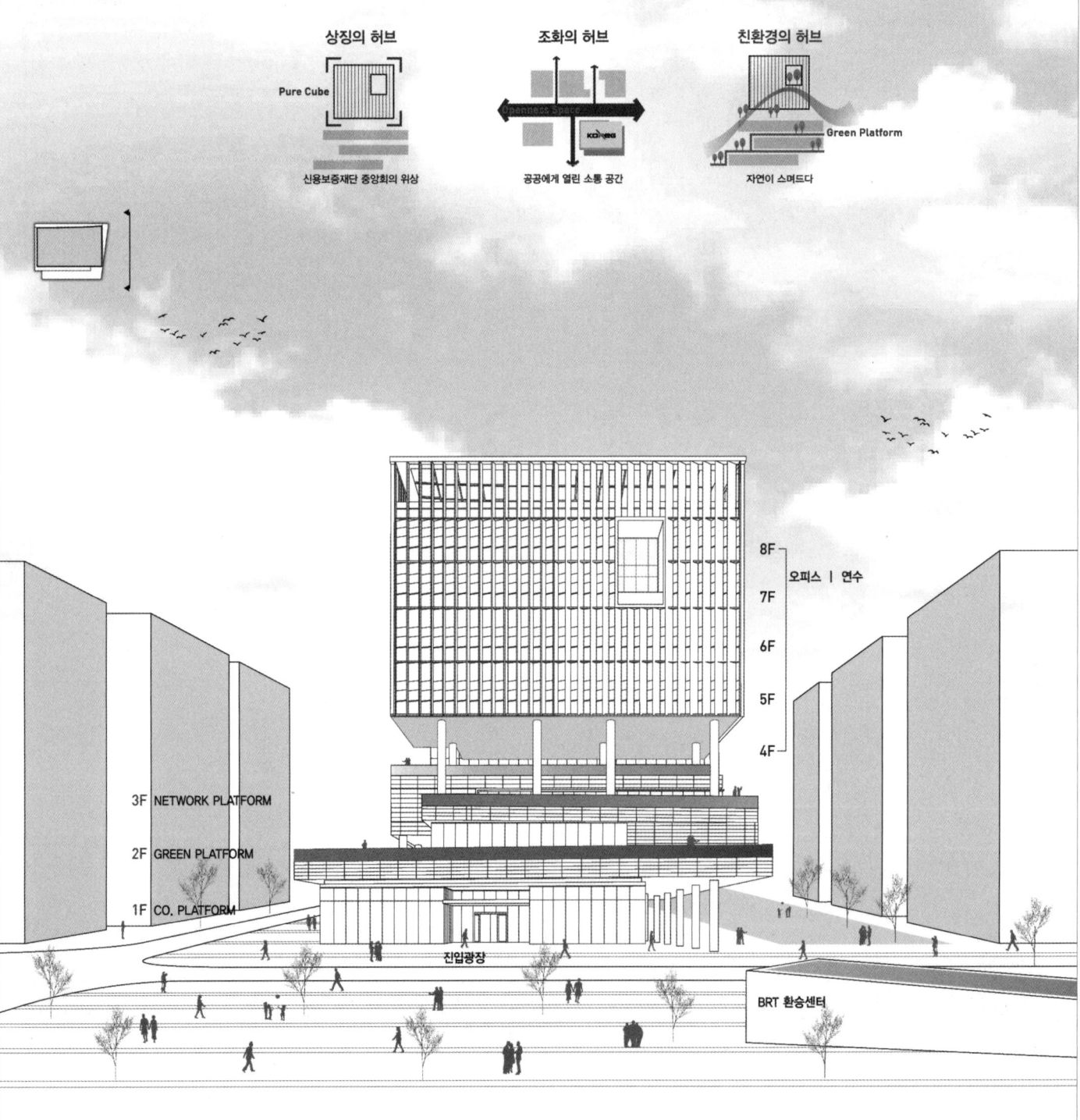

Korea Frederation of Credit Guarantee Foundations

BRT 환승센터에서 바라본 전경

세종풍름가로에서 바라본 전경

전주시 덕진구 혁신동 주민센터

당선작 (주)라인종합건축사사무소 김남중 설계팀 박검효, 이현준, 장혜연, 이소민

대지위치 전라북도 전주시 덕진구 장동 1114번지 **대지면적** 2,714.00㎡ **건축면적** 1,071.741㎡ **연면적** 2,317㎡ **건폐율** 60% **용적률** 300% **규모** 지하 1층, 지상 4층 **구조** 철근콘크리트조, 철골철근콘크리트 **마감** 테라코타, 로이복층유리, 목재압축패널, 화강석 **주차** 33대(장애인 주차 2대 포함)

주민센터의 태도와 배려를 담아낸 공공의 공간

덕진구 혁신동은 17,900명의 인구 중 중장년 및 청소년층이 고르게 형성된 젊은 도시이다. 전북 혁신도시의 핵심 거점으로 새로운 도시 공간 조성에 부합하는 중심적인 역할을 한다. 최일선의 공공건축으로서 매스의 길이와 방향을 조절해 주변 건물을 배려하고 조화롭게 한다. 효율적인 민원업무환경 및 자생적 활동공간을 통하여 도시와 주민이 함께하는 공공의 공간을 만들고자 한다.

혁신에 플러그-인 (PLUG-IN), 주민과 연결되다

메인 개념인 플러그인은 공공의 건축으로서 대지에 플러그인되는 방법을 나타낸다. 기존 도시 공간체계에 자연스럽게 녹아들고 기능의 최적화를 배치의 목표로 한다. 명확한 보차분리로 안전한 동선 체계를 구축하여 사면에서 접근이 가능하게 배치한다. 주민들 누구나 쉽고 안전하게 접근할 수 있는 지역 커뮤니티의 구심점이 될 수 있도록 외부마당과 유기적인 연계를 통해 공간의 흐름을 유도하고 주차공간 활용을 극대화한다.

공간의 개념은 내·외부를 아우르는 자생적 활동공간이다. 입체적으로 확장된 다양한 외부공간 구성을 통해 주민들에게 활발한 교류를 제공한다. 자유롭고 편안한 분위기의 민원실, 개별 운영이 가능한 중대 본부, 다양한 활동이 가능한 다목적실, 옥상 정원과 연계된 놀이터를 계획하고, 업무시간을 파악하여 야간에 이용할 수 있는 별도의 민원실 등은 성장 가능한 활동공간 역할을 한다.

A public space that reflects the attitude and caring mind of the community center

Hyeoksin-dong, Deokjin-gu is a young city which shows as having an even distribution in the numbers of the middle-aged people and teens among its total population of 17,900. As a major landmark for the Innovation City in Jeonbuk Province, the new community center will play a pivotal role in developing a new urban community. The length and orientation of the mass of the ommunity center are adjusted to suit the center's status as the most frequently visited public building so that the center can show respect to its neighboring buildings and make harmony with them. Also, an efficient work environment to process civil affairs and a self-sustainable activity space are proposed to create a public space that interacts with the city and the local community.

Plugging into innovation; plugging into the local community

The concept of 'plug-in' is reflected in the way how the new community center, as a public building, is plugged into the ground. This concept aims to make the center become part of the existing urban fabric and to establish a functionally optimized arrangement plan. A safe circulation system that clearly separates pedestrians and vehicles from each other is adopted so that the center can be accessed from all directions. To make the center become a major venue for the local community, which offers easy and safe access for everyone, the spatial flow is strategically controlled, and the parking area is used efficiently by establishing organic connection between the center and an outdoor courtyard.

The proposal introduces a self-sustainable activity space that integrates inside and outside the center. Three-dimensionally extended outdoor spaces offer a place for local people to actively interact with each other. A casual and comfortable public service center, independently operable reserve forces company headquarter, multi-purpose room for various activities and playground linked with the rooftop garden are proposed. Especially, an additional public service center for nighttime operation is designed in consideration of the center's hours of business, and it can be used as an expandable activity space.

Prize winner LINE ARCHITECTURE GROUP_Kim Namjung **Location** Deokjin-gu, Jeonju-si, Jeollabuk-do **Site area** 2,714.00㎡ **Building area** 1,071.741㎡ **Gross floor area** 2,317㎡ **Building coverage** 60% **Floor space index** 300% **Building scope** B1, 4F **Structure** RC, SRC **Finishing** Terracotta, Low-E paired glass, Wood compression panel, Granite **Parking** 33 (including 2 for the disabled)

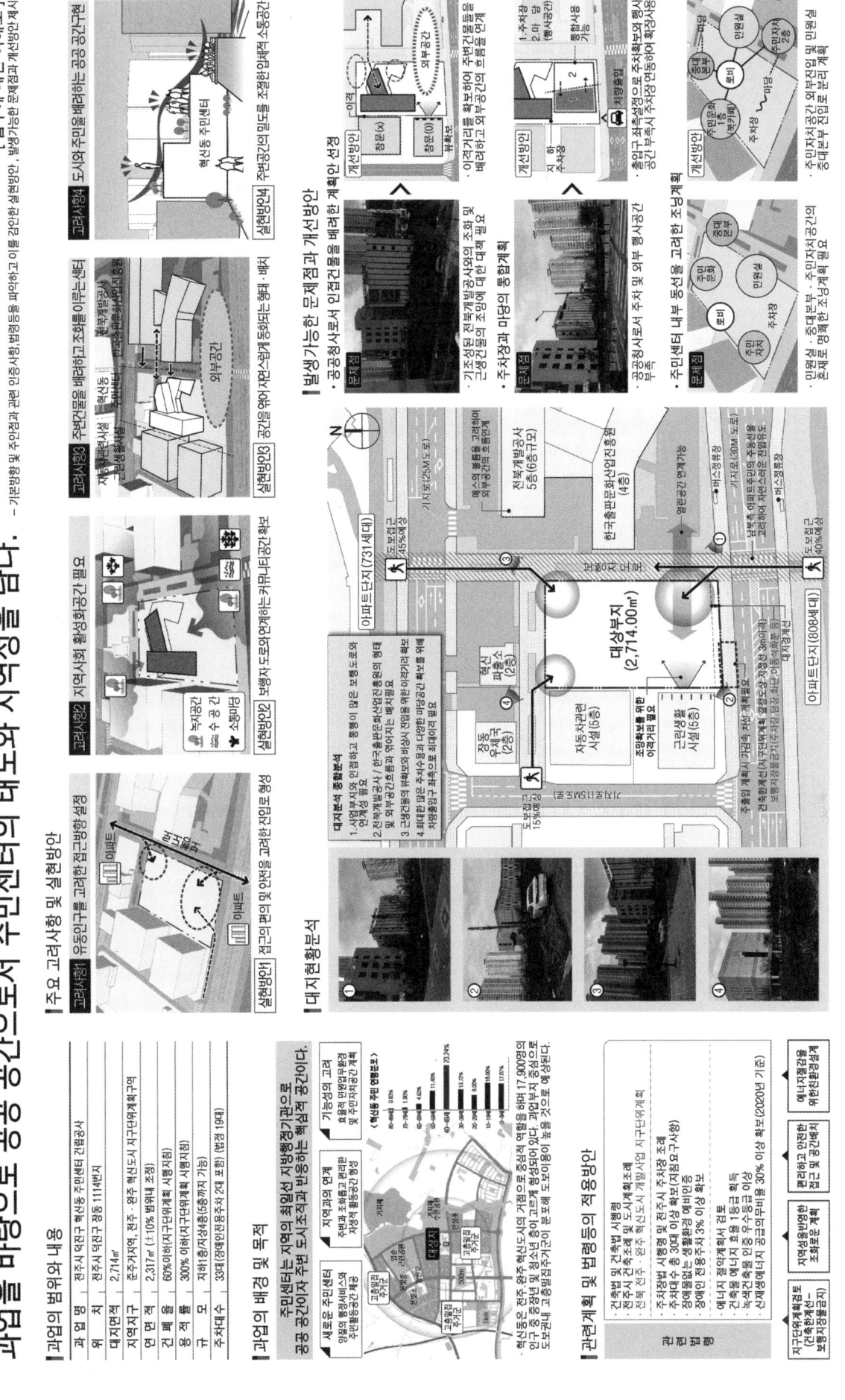

전주시 덕진구 혁신동 주민센터

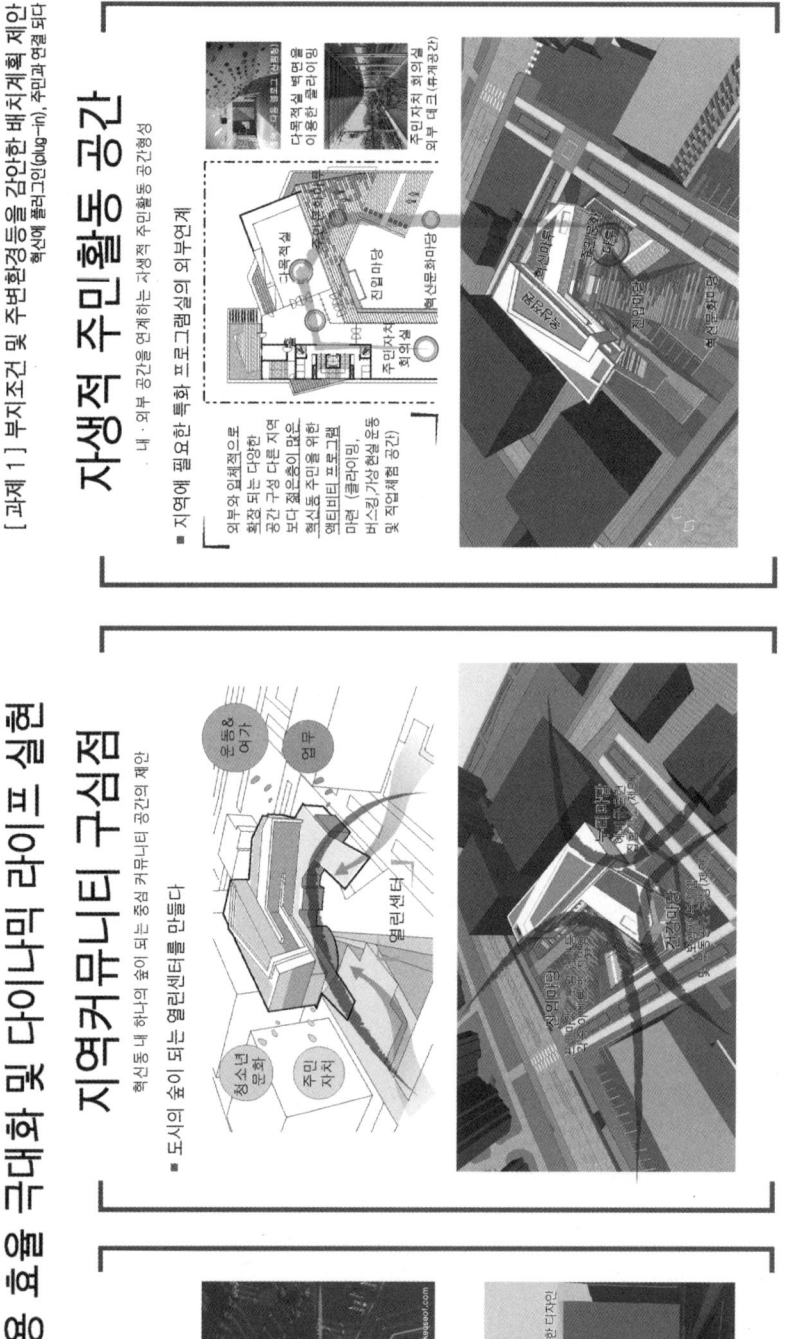
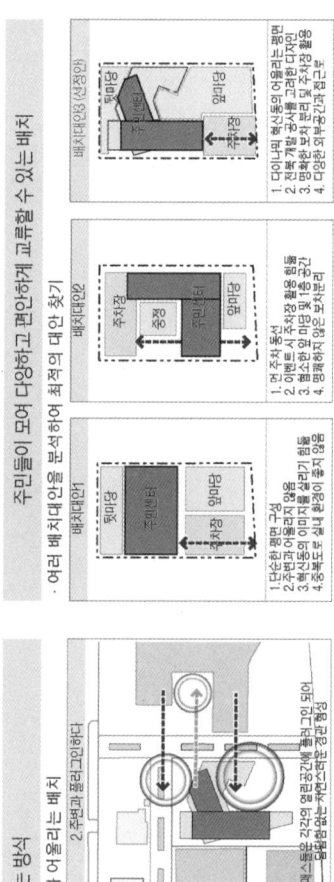

주민들의 자생적 활동공간이 되는 혁신동 주민센터

[과제 1] 부지조건 및 주변환경등을 감안한 배치계획 제안
–신축부지 내에서 혁신동사무소 설계 주안점을 고려하여 주변건물과의 조화로운 배치계획 제안

배치프로세스

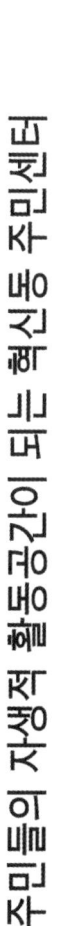

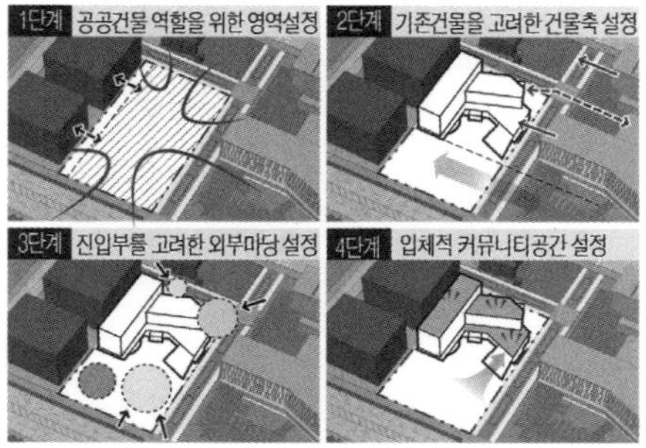

주변환경을 고려한 배치

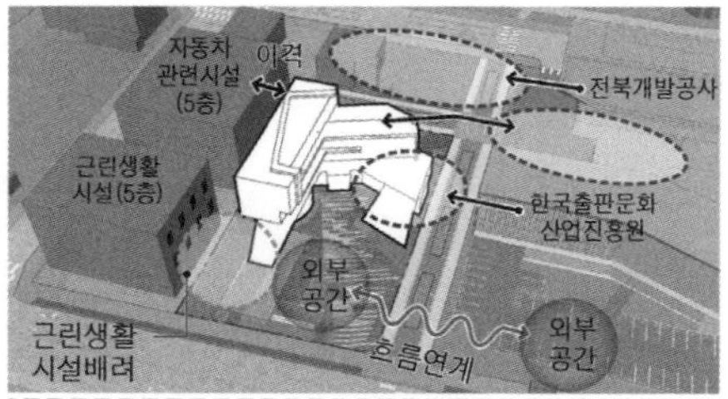

· 전북개발공사와 보행도로의 연계성을 고려하여 계획
· 대지서측 근린생활시설과 적정이격으로 간섭 및 시공성확보

쾌적한 환경 및 전면성을 위한 배치계획

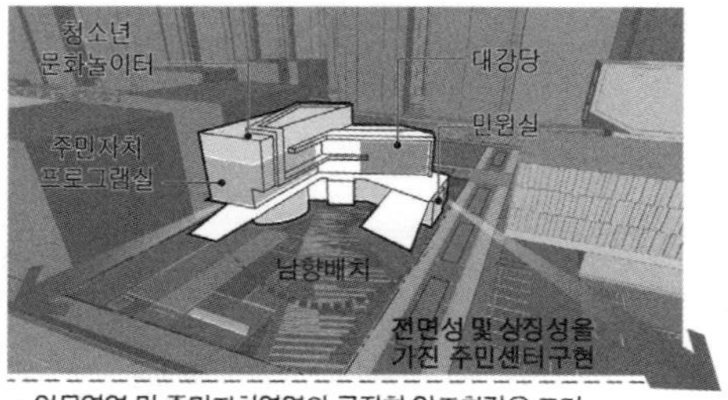

· 업무영역 및 주민자치영역의 균질한 일조환경을 고려
· 전면마당을 통해 주진입도로의 소음을 고려

배치계획도

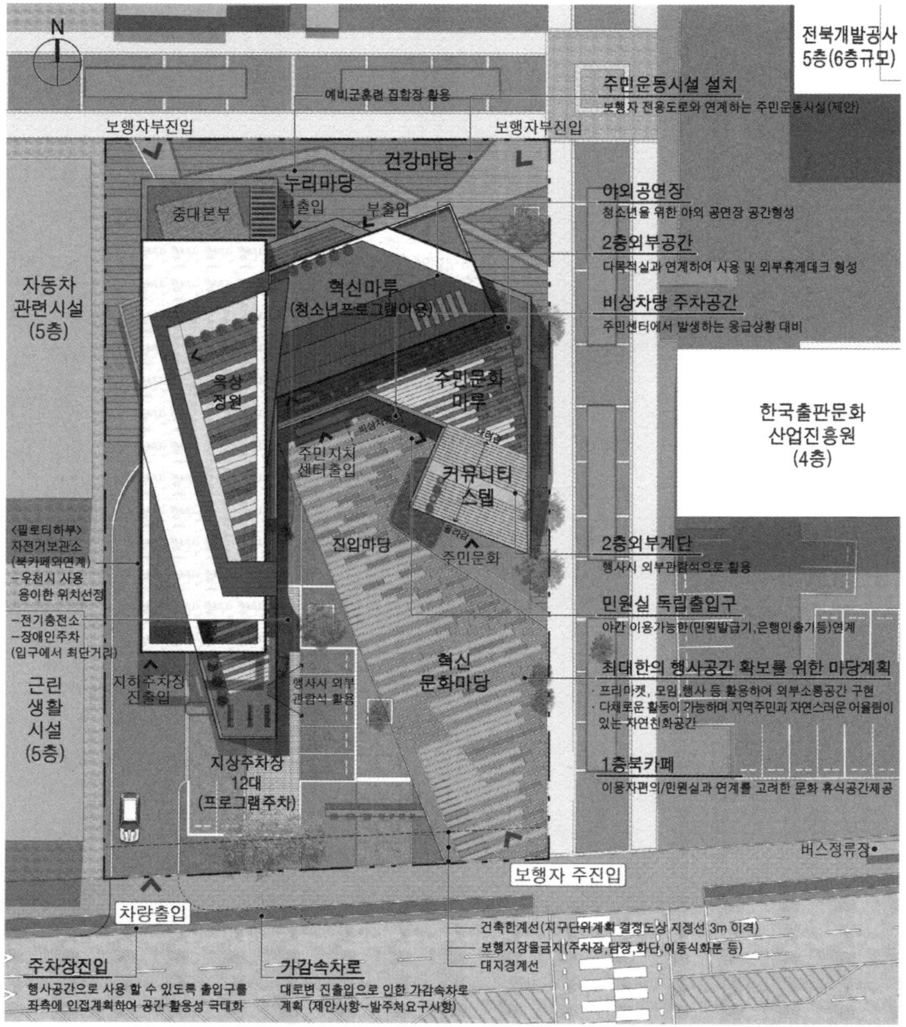

시설이용을 고려한 외부동선계획

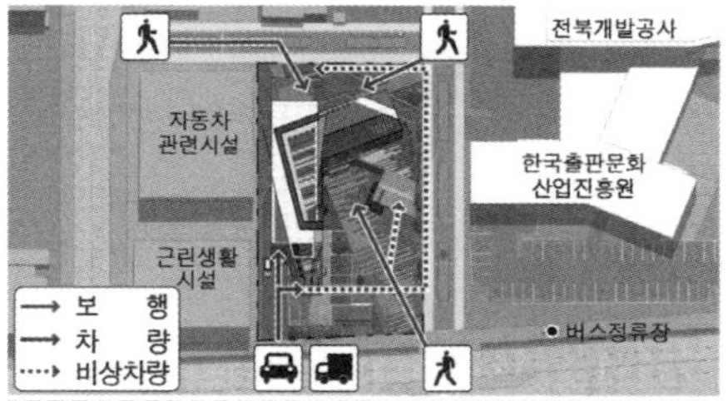

· 명확한 보차분리와 차량간 동선구분으로 안전한 동선체계 구축
· 주변환경을 고려한 입지적 접근 및 보행동선계획

지역주민의 교류와 소통을 위한 외부공간계획

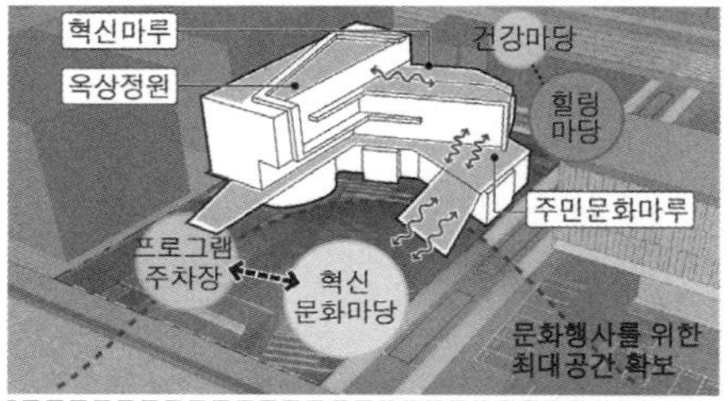

· 다양한 성격을 가진 외부공간의 유기적 연계로 공간흐름 유도
· 마당과 주차장의 통합운영으로 외부공간활용성 증대

증축을 고려한 배치계획

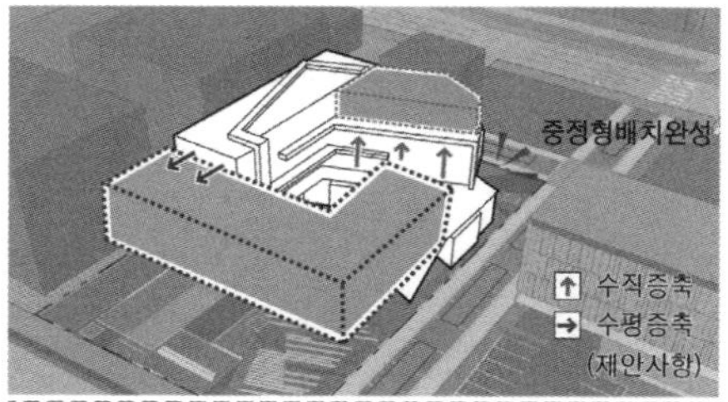

· 향후 확장을 고려하여 증축부지 확보–중정형 계획 (증축 후)
–혁신도시 인구증가에 대비한 계획

전주시 덕진구 혁신동 주민센터

주민센터의 기능을 고려하고 지역소통공간을 형성하여 자생적 주민활동공간 계획

[과제 2] 혁신동 주민센터 공간구성 제안 - 평면계획

1층 계획도 — 명쾌한 조닝으로 업무환경 편의성을 높인 공간

- 중대민원 별도공간
  - 별도의 동선계획을 통한 민원인의 행동반경을 고려한 집중공간 마련
- 찾아가는 행정서비스
  - 중앙에 배치되어 빠르고 정확한 찾아가는 행정서비스 실현
- 관리에 최적화된 중앙배치
  - 중앙에 배치된 관리실을 통해 빠른 민원처리 및 업무동선 감지
  - 민원실과 연계된 대표성 확보
- 쾌적한 업무환경 조성
  - 자연채광과 환기를 유도하는 개방감과 쾌적한 업무환경 계획
- 외부와 소통하는 공간
  - 주민공용과 연계된 외부공간 조성을 통한 주민과의 접점 개선

2층 계획도 — 내·외부 연계로 공간의 확장을 유도한 주민자치 및 소통공간

- 공간 활용도 수렴
  - 다목적실 벽면 폴딩을 활용하여 연계수용공간 및 누리행사 등 사용반경이 넓은 공간 이용가능
- 내외부 소통공간 형성
  - 주민들의 쉼터이자 연계공간으로 커뮤니티 형성 및 행사 활용 가능
- 외부경과 가능한 다목적 공간
  - 사용자들을 고려해 파티션을 계획 주민행사 주민행사와 연계한 대공간 확보 다목적 사용으로 프로그램의 연계
- 자율적 수용인원 고려
  - 다목적실 수용인원 150명 이상 수용인원 가능한 기본계획과 주민센터 이외 기능가능한 주민자치센터
- 적정 수용인원 대응
  - 150명 이상 수용가능하여 기본계획 이외 400가구가 이용가능한 주민자치센터

3층 계획도 — 주민의견을 고려한 주민자치공간 형성

- 자치활동을 지원하는 부속시설
  - 주민자치활동 지원을 위한 회의 및 메인 기능공간
- 주민휴게공간과 연계된 출입
  - 프로그램실과 연계되어 사용가능한 주민소통 및 휴게공간
- 주민편의를 위한 부속실
  - 주민자치공간 인근에 이용편의를 위한 서비스 및 부속실에 대한 연출성 및 부속실 뉴류계획
- 이용층 고려한 프로그램
  - 주민연령대를 고려한 이용층에 이용층 프로그램 제안

4층 계획도 — 다양한 요구를 수용하는 가변적 청소년 공간

- 공용부 연계
  - 계단실, 복도공간, 엘리베이터 등 청소년 문화공간 연계하여 공용부 공간의 가변성을 통한 사용공간으로 사용 (휴게공간도 이외 재재공간 확보)
- 그룹스터디 공간지원
  - 1:1지역 내 맞춤 다양한 활동이 가능하도록 그룹스터디 및 진로상담 공간형성
- 청소년 문화시설
  - 청소년 내 다양한 활동이 가능한 소규모 그룹스터디, 스포츠시설, 청소년 문화시설 계획
  1. 요리강의실, 요리실습스튜디오
  2. 가상현실체험, 스포츠체험관
- 외부공간 연계
  - 청소년 문화시설과 연계된 옥외휴게공간을 통해 다양한 활동공간 내 쾌적 개선

지하층 계획도 — 주차대수 최대확보 및 옥외주차장의 가변적 활용

- 침수방지를 위한 계획
  - 기계·전기실의 동선계획 상향배치로 만일의 침수에 대비
- 경사도 고려한 램프
  - 법규 기준을 준수하여 14% 설치
- 회전형 주차동선
  - 주차면적 환경을 고려하는 회전형 주차동선 계획
- 이웃벽구조적응
  - 인접벽 자체를 구조화
- 주차대수 최대확보
  - 지하주차장 2대
- 최대형 주차공간
  - 장애인경사로에 3대 계획 (지상 1대, 지하 2대)
- 지상·지하 회전형 주차동선
- 옥외주차장통합 그라데이션 계획

Hyeoksin-dong Community Center in Deokjin-gu, Jeonju

실별 세부계획을 통해 이용자를 고려한 주민센터 계획

동선 조닝계획
- 층별 조닝계획을 통해 합리적이고 안전한 동선체계 구축
- 민원실, 동대본부, 주민자치시설의 동선분리를 통해 시설 이용편의 및 각 영역별 관리효율 향상

[과제 2] 혁신동 주민센터 공간구성 제안
- 다양성을 다양한 목적 공간과 연계하여 다용도로 활용할 수 있는 공간 제안

개별 운영 가능한 중대본부

주민에게 여유를 주는 북카페

자유롭고 편안한 분위기의 민원실

청소년문화시설과 연계된 옥상정원

옥상정원과 연계된 청소년 놀이터

다양한 액티비티를 즐길 수 있는 확장가능한 다목적실

전주시 덕진구 혁신동 주민센터

주변과 조화로운 친환경 건축물 구현

― 기후특성을 고려한 친환경 주민센터 계획과 저탄소 녹색성장을 위한 환경친화적 기법적용 및 신재생에너지 사용으로 에너지부하 절감 계획

[과제 3] 신기술 및 소재를 이용한 유지관리 및 에너지 비용절감

신재생에너지 및 친환경 계획
경제성을 고려한 에너지 절약 계획
파사드디자인 계획
유지관리 및 경제성을 고려한 디자인 계획
색채계획을 고려한 입면디자인

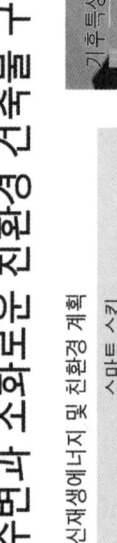
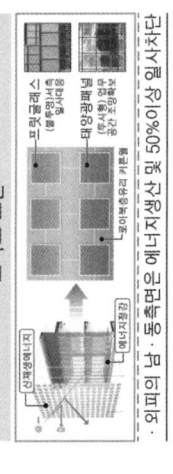
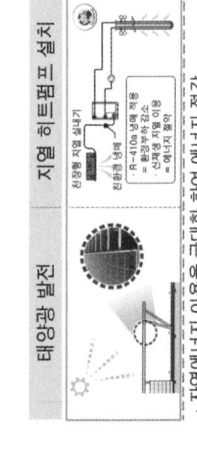
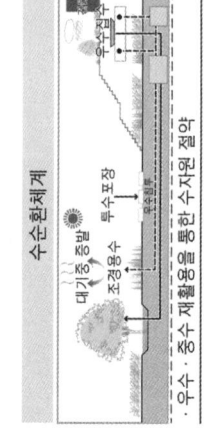

Hyeoksin-dong Community Center in Deokjin-gu, Jeonju

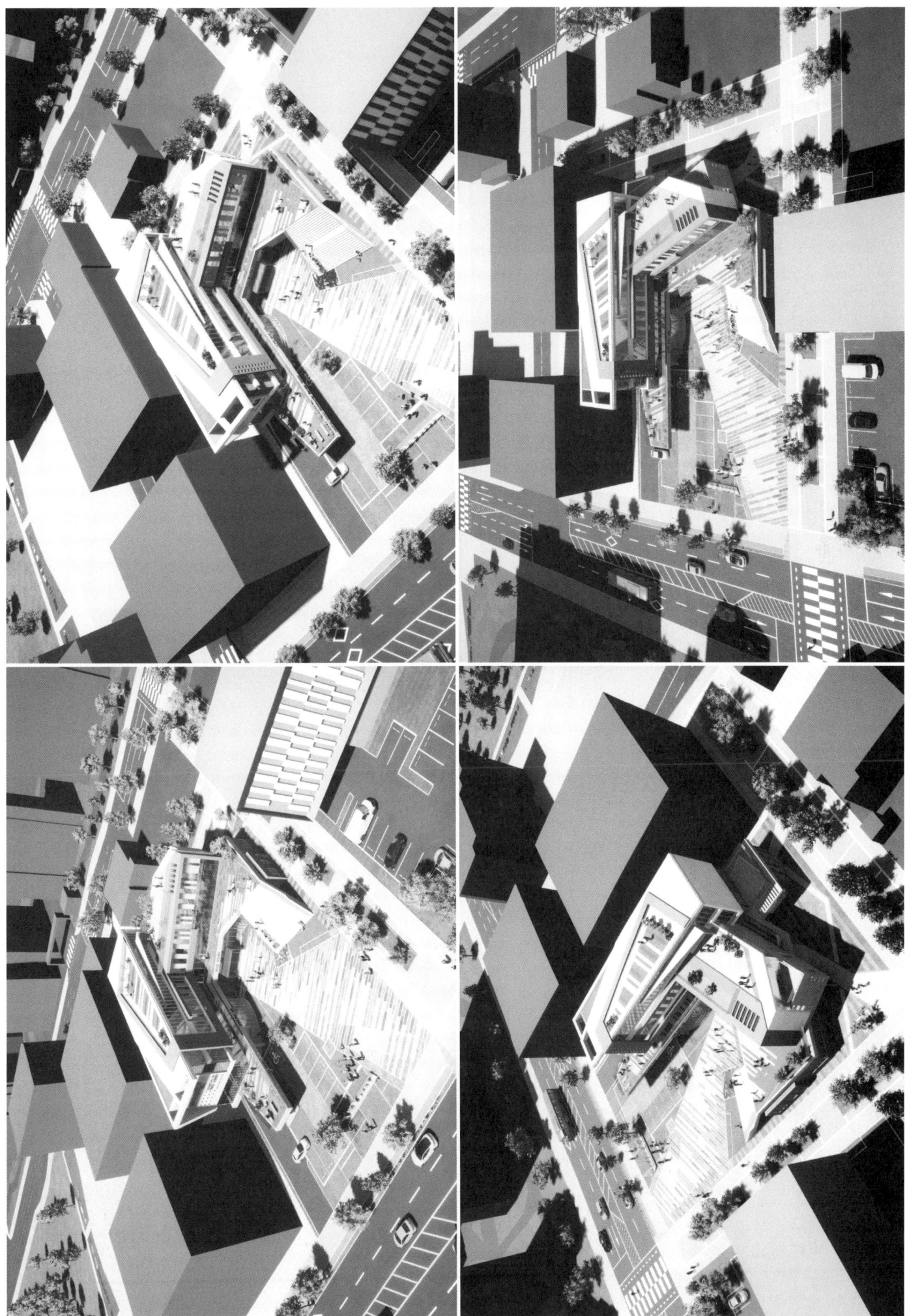

남촌동 복합청사

당선작 (주)신한종합건축사사무소 정인호, 김상훈 설계팀 김의섭, 송자영, 이윤찬, 김태훈, 박지혜

대지위치 경기도 오산시 궐동 94번지 일원 **대지면적** 16,790.00㎡ **건축면적** 2,826.93㎡ **연면적** 6,020.26㎡ **조경면적** 4,667.60㎡ **건폐율** 16.84% **용적률** 31.82% **규모** 지하 1층, 지상 3층 **최고높이** 16.95m **구조** 철근콘크리트조 **외부마감** 내후성스틸강판, 로이복층유리 **주차** 182대(확장형 91대 포함, 장애인주차 6대, 버스 2대) **협력업체** 구조 - 삼우구조, 기계 - 일송엔지니어링, 전기 - 삼우TEC, 토목 - S&P EnC, 친환경 - Sun&Lignt, 조경 - 이화원

남촌동 복합청사는 크게 3개의 시설로 구성되며 4개 프로그램의 이용자들이 존재한다. 유사관계 시설들을 연계한 조닝을 통해 시설을 배치하고 각 시설들을 연결하는 동선을 계획하여 다양한 이용자들을 연결 하였다. 대지 북측에는 소방서가 건립 예정이며 남측은 농지로 되어있어 향후 개발 가능성이 크다. 정돈된 3개의 매스를 연결하는 하나의 축으로 주변에 새로운 질서를 부여하며, 광영적 축선에 대응하여 배치하여 상징적 형태를 계획 하였다.

행정복지센터
오산시 남촌동의 새로운 얼굴이 될 복합 청사는 언제나 주민들이 찾아올 수 있고, 따뜻하며 권위적이지 않은 건축이어야 한다. 이 시설을 방문하는 주민들은 건축과 외부공간을 자유로이 넘나들며 풍성한 공간을 경험할 수 있다. 이 시설은 지역주민들과 함께 호흡하는 새로운 형태의 복합 커뮤니티 청사를 제안한다.

도서관
남촌동 지역주민들의 문화적 욕구에 대응하고, 다양한 활동을 위한 유연한 공간이 필요하다. 또한 주변 과의 연계를 통해 도서관이라는 정적인 활동뿐만 아니라 동적인 활동으로 이어지는 가능성을 제안한다.

치매안심센터 및 정신건강센터
심리적, 정신적 안정이 필요한 사람들을 위해 배려한다. 기피 시설로서 등 돌리기 보다 그들의 치유를 위해 더 나은 환경을 기본으로 복합화 라는 건축적 아이디어에서 부터 사회적 인식 개선 이라는 출발점이라 할 수 있다.

The proposed complex largely consists of three facilities and accommodates users of four different programs. Complex facilities are arranged based on a zoning system that cluster relevant facilities, and a circulation system that connects all facilities is adopted so that various user groups can interact with each other. The project area has huge development potential; a fire station will be built to the north of the site, and the site's south border is surrounded by farmland. In this regard, a new order is established by introducing a single axis that connects three neatly arranged masses, and the complex itself is arranged in line with the larger urban axis so that it can have a symbolic form.

Welfare center
Destined to become a new landmark for Namchon-dong, Osan-si, the new complex is expected to be always open to local people and present a familiar and unauthoritative image. Visitors can freely navigate around inside and outside and experience a rich spatial narrative. The proposed design suggests a new type of government complex that actively interacts with the local community.

Library
The library offers a flexible space to meet the cultural demands of local people and accommodate various activities. Also, it strengthens its connection with neighboring facilities so that the static program of a library can go beyond its function and be linked with a more active one.

Dementia care and mental health center
The facility is designed to serve a specific group of people who require psychological or mental health care. The proposed archi-tectural idea of complexation, which rejects stig-matizing the center as an unpleasant facility and aims to provide a better environment for the recovery of patients, will become a starting point for improving social perceptions.

Prize winner Shinhan Architects & Engineers_Jeong Inho, Kim Sanghoon **Location** Osan-si, Gyeonggi-do **Site area** 16,790.00m² **Building area** 2,826.93m² **Gross floor area** 6,020.26m² **Landscaping area** 4,667.60m² **Building coverage** 16.84% **Floor space index** 31.82% **Building scope** B1, 3F **Height** 16.95m **Structure** RC **Exterior finishing** Super polyester steel sheet, Low-E paired glass, **Parking** 182 (Including 91 for extension type, 6 for the disabled, 2 for big size)

Complex Government Building of Namchon-dong, Osan-si

행정복지센터

오산시 남촌동의 새로운 **얼굴**이 될 복합청사는 언제나 주민들이 찾아올 수 있고, 따뜻하며 권위적이지 않은 건축이어야 한다. 이 시설을 방문하는 주민들은 건축과 외부공간을 자유로이 넘나들며 **풍성한** 공간을 경험할 수 있다. 기존 청사가 가지지 못한 다양한 공간을 마음껏 **점유** 하며 이 시설은 단순히 청사가 아니라 지역 주민들이 모이는 **커뮤니티** 시설로 작동한다. 기존의 청사가 가진 권위적이고 차가운 이미지를 **탈피** 하고, 지역 주민들과 함께 **호흡** 하는 새로운 형태의 복합 커뮤니티 청사를 제안한다.

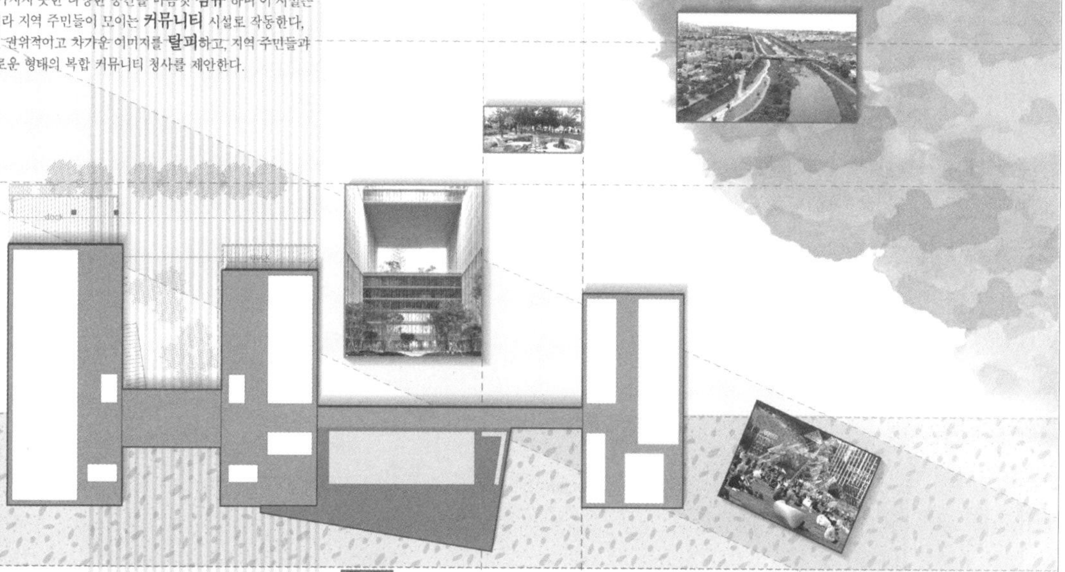

도서관

남촌동 이형의 대지 속 지역주민들의 문화적 욕구에 대응하고, 다양한 활동을 위한 **유연한** 공간이 필요하다.
또한 이용자들에 대한 관심을 바탕으로 프로그램 배치와 주변과의 **연계** 를 통해 도서관이라는 정적인 활동에서 그치는 것이 아닌 **동적인 활동** 으로 이어지는 **가능성** 을 제안한다.
이러한 가능성이 **지역활성화** 시작이 되어 또 다른 **기회**를 마련한다.

치매안심센터 및 정신건강센터

심리적, 정신적 **안정**이 필요 한 사람들을 위해 **배려** 한다. 기피시설로서 등돌리기보다 그들의 **치유** 를 위해 더 나은 환경에 배려한다. **복합화** 라는 건축적 아이디어에서부터 사회적 인식개선이라는 출발과 도전은 향후 지어질 복합청사들의 **모범** 으로써 남촌동 복합청사의 **개성**을 나타낼 것이다.

남촌동 복합청사

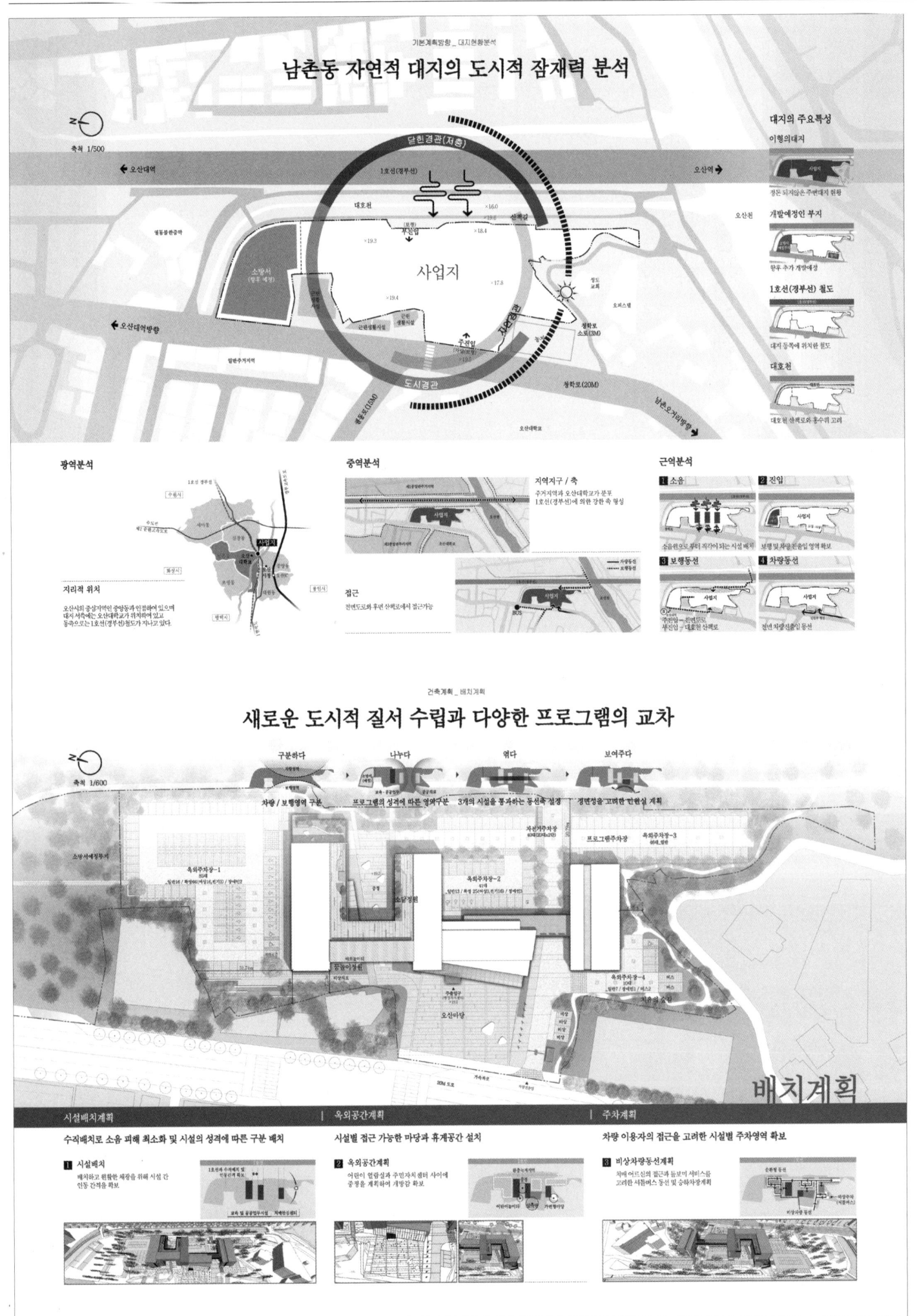

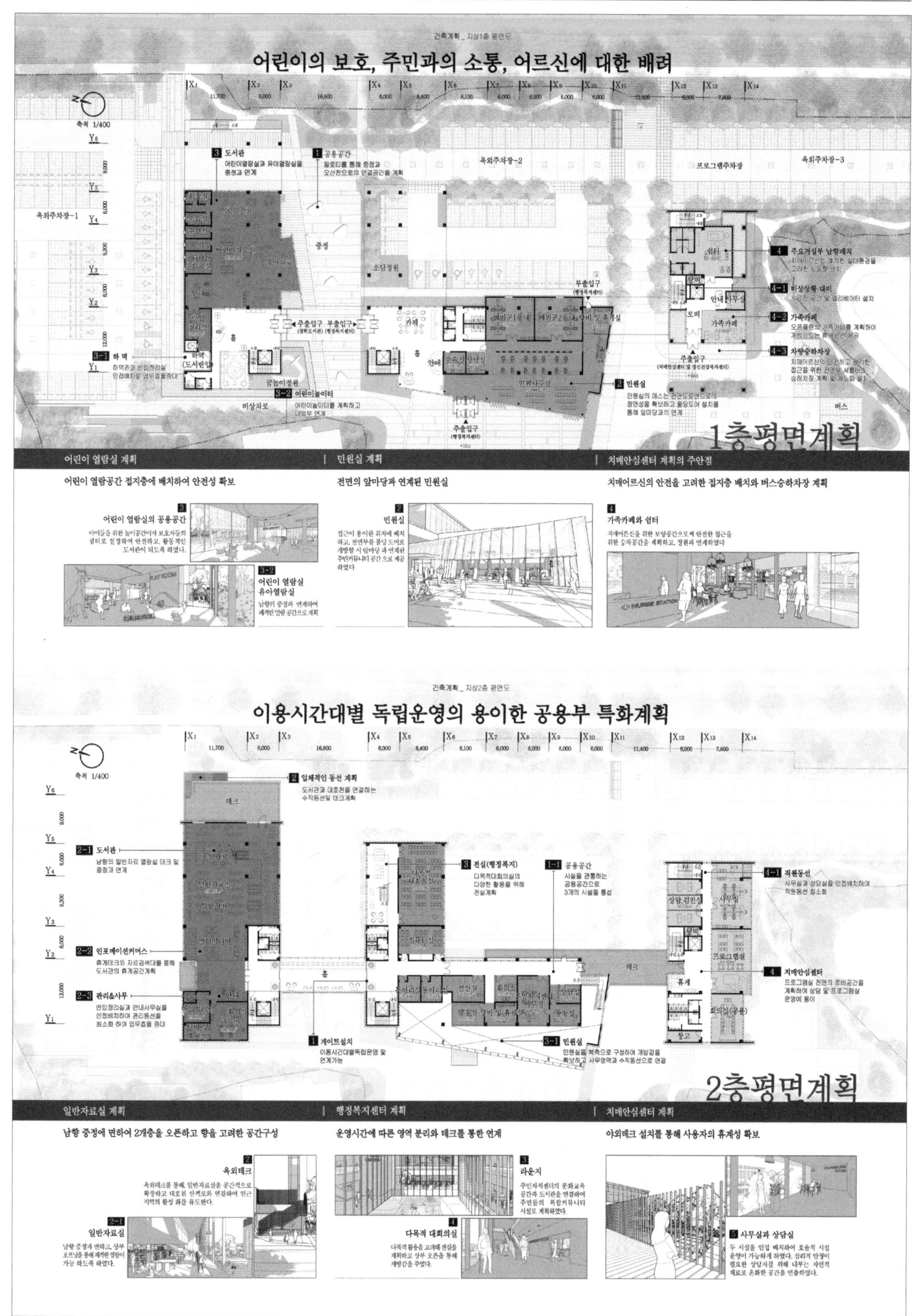

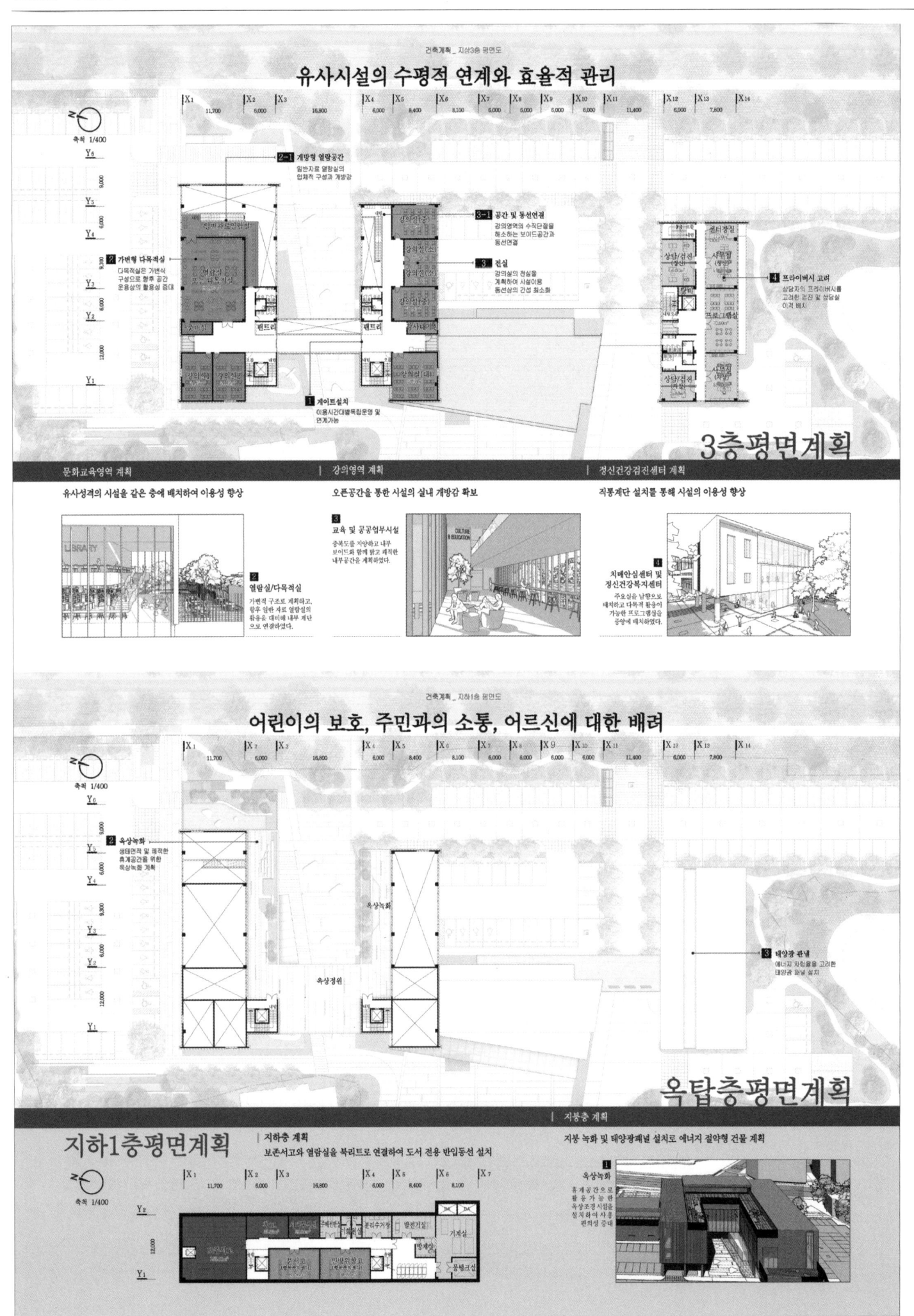

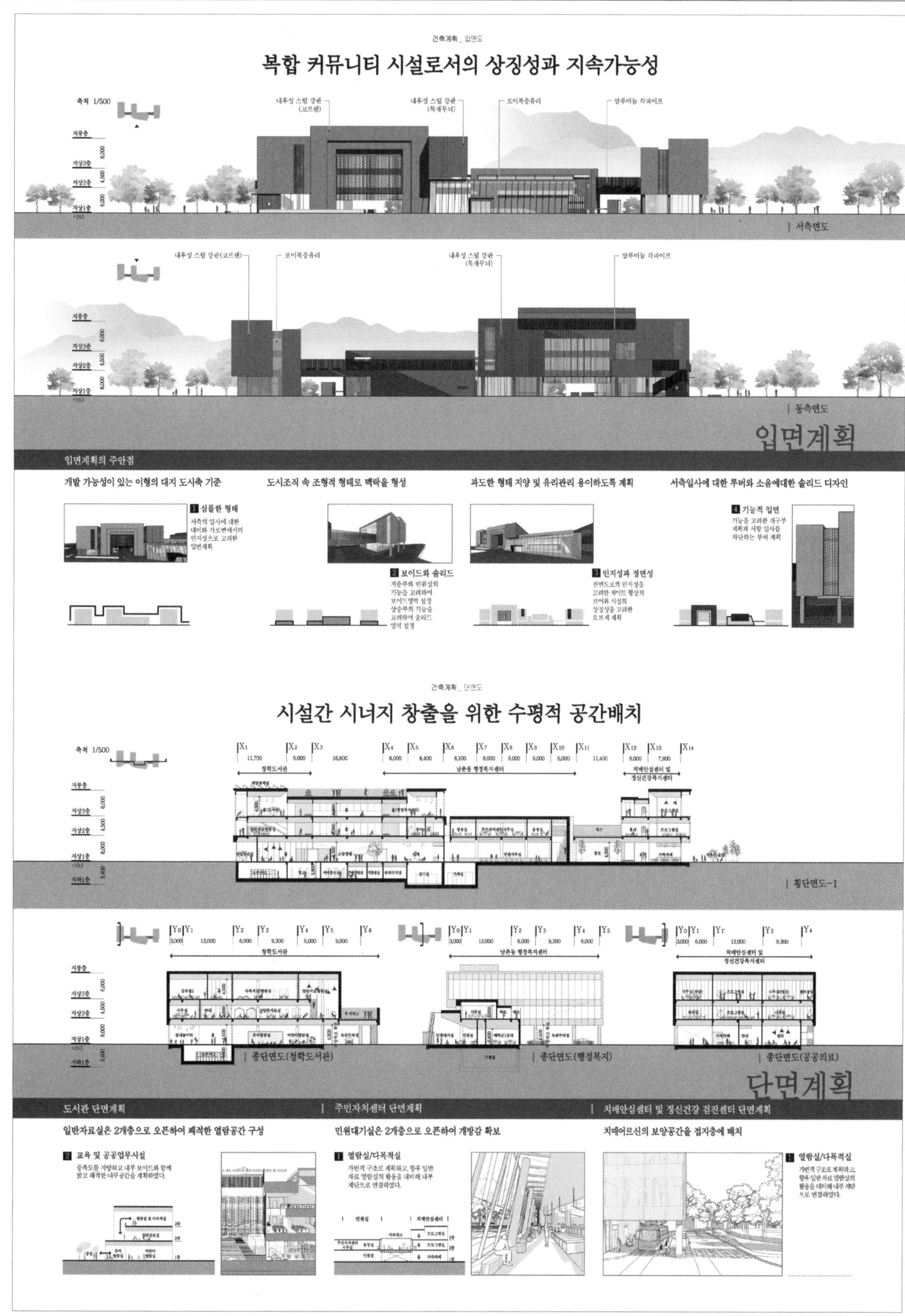

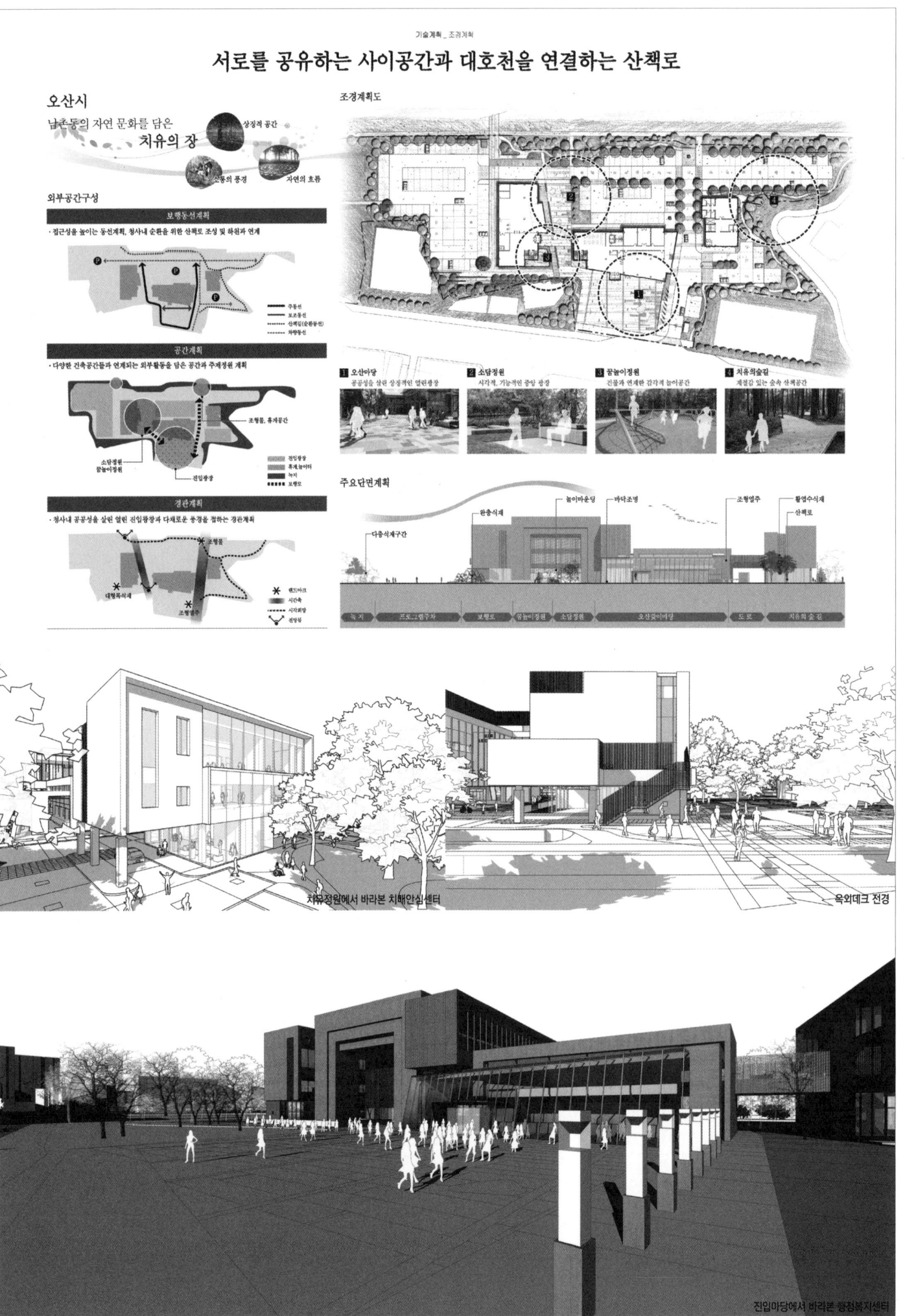

Complex Government Building of Namchon-dong, Osan-si

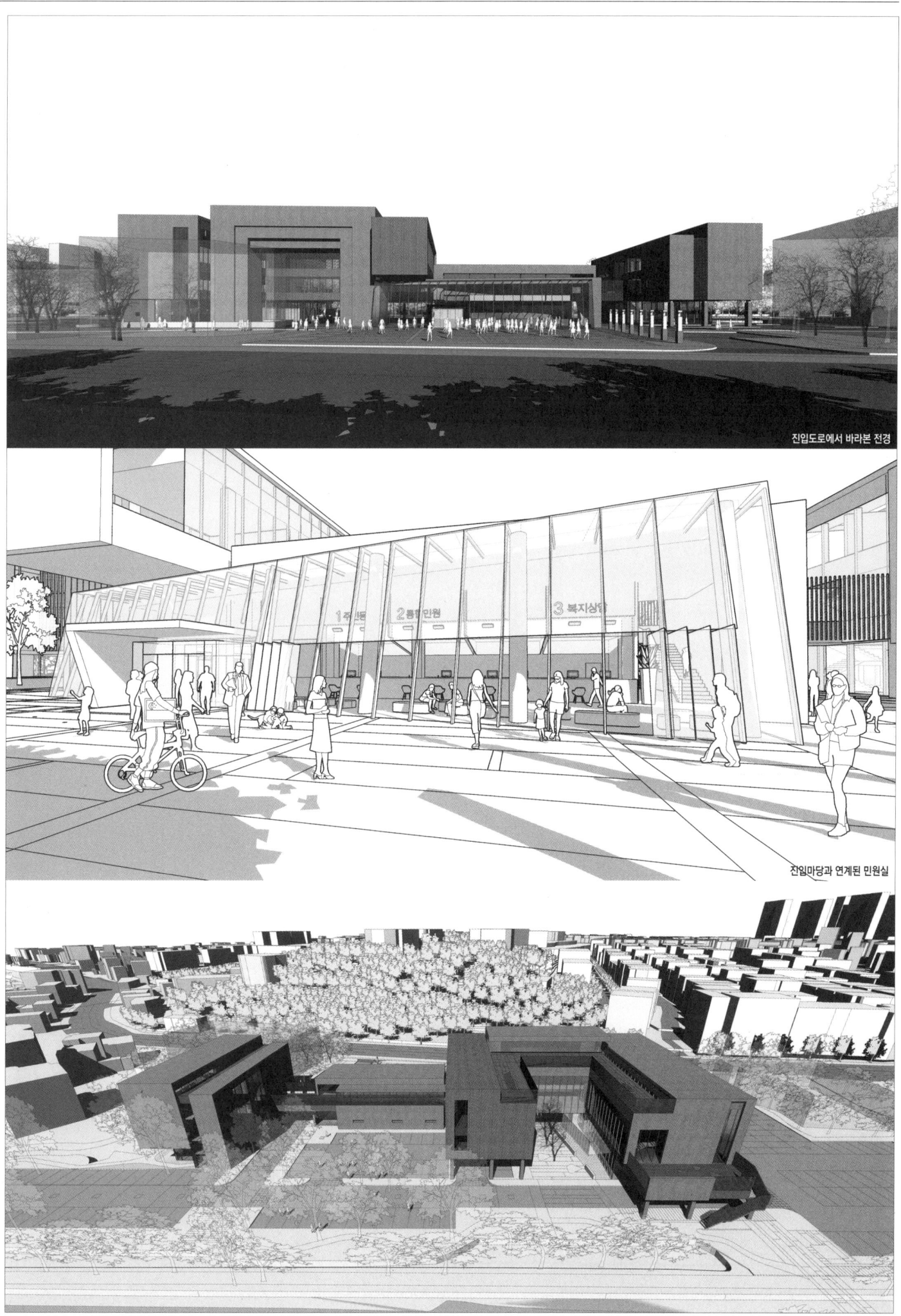

김포제조융합혁신센터

당선작 (주)위드종합건축사사무소 김세종 설계팀 박현규, 배준석, 김재호, 박초은

대지위치 김포시 양촌읍 학운리 2751번지 외 1필지(2752번지) [양촌산업단지 내] **대지면적** 6,120.2㎡ **건축면적** 2,038.37㎡ **연면적** 8,367.37㎡ **조경면적** 1,162.8㎡ **건폐율** 33.30% **용적률** 121.78% **규모** 지하 1층, 지상 7층 **구조** 철근콘크리트조 **외부마감** 로이복층유리, 세라믹패널, 메탈패널, 메탈루버 **주차** 66대(장애인 주차 3대 포함)

나비 타워

나비(NAVI)는 꽃을 피우게 하는 나비와 미래를 향해 항해하는 네비게이터(Navigator)를 상징한다.

양촌산업단지 내에 자리하게 될 김포제조융합센터는 기업들을 아우르는 융합적인 성격과 동시에 그들을 이끄는 역할을 수행할 것이다. 그렇기에 그저 단순히 업무공간으로서만 기능하지 않도록 나비의 날개를 닮은 저층부는 주변의 녹지와 사람들을 끌어들여 휴식과 소통의 공간을 제공하며, 고층부의 타워는 가변적 활용이 가능한 업무 기능 중심으로 구성되어 있다. 향 조건에 따라 상승하는 이미지의 수직 패턴과 넓은 곳을 향해하는 듯한 수평의 패턴이 서로 조화를 이루어 낸 입면은 김포제조융합혁신센터의 융합적이고 조화로운 성격을 담아 상징적으로 기능한다. 이러한 김포제조융합 혁신센터는 양촌산업단지의 새로운 이정표가 될 것이다.

NAVI TOWER

NAVI symbolizes a butterfly that helps flowers bloom and a navigator that navigates towards a better future.

Planned to be built within the Yangchon Industrial Complex, Kimpo Manufacturing Innovation Center is expected to serve as a convergence platform for various businesses, and as a navigator for them. Therefore, the new innovation center is designed to provide not only a place for working but also a place for relaxation and communication by making the butterfly wing shaped lower part of the center embrace green areas and people in the neighborhood. Also, the upper floors of the tower are filled with business-related functions that are arranged to enable flexible use. A vertical pattern creating a soaring image and a horizontal one that seems to cruise around a vast uncharted area make harmony depending on their orientation, and they together give shape to the facade. This facade is a symbol of the center which promotes convergence and harmony. Consequently, the new innovation center will become a new milestone for the Yangchon Industrial Complex.

Prize winner WITH ARCHITECTS_Kim Sejong **Location** Gimpo-si, Gyenggi-do **Site area** 6,120.2㎡ **Building area** 2,038.37㎡ **Gross floor area** 8,367.37㎡ **Landscaping area** 1,162.8㎡ **Building coverage** 33.30% **Floor space index** 121.78% **Building scope** B1, 7F **Structure** RC **Exterior finishing** Low-E paired glass, Ceramic panel, Metal panel, Metal louver **Parking** 66 (including 3 for the disabled)

NAVI TOWER
[나비타워]

김포시 제조산업의 비상을 꿈꾸는 공간

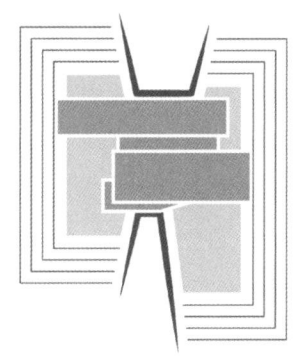

NAVI(나비)는 꽃을 피우게 하는 나비와 미래를 향해
항해하는 Navigator를 상징한다.

양촌산업단지 내에 자리하게 될 김포제조융합센터는 기업들을 아우르는 융합적인 성격과 동시에 그들을 이끄는 역할을 수행할 것이다.
그렇기에 그저 단순히 업무공간으로서만 기능하지 않도록 나비의 날개를 닮은 저층부는 주변의 녹지와 사람들을 끌어들여
휴식과 소통의 공간을 제공하며, 고층부의 타워는 가변적 활용이 가능한 업무 기능 중심으로 구성되어 있다.
향조건에 따라 상승하는 이미지의 수직패턴과 넓은 곳을 향해하는 듯한 수평의 패턴이 서로 조화를 이루어 낸 입면은
김포제조융합혁신센터의 융합적이고 조화로운 성격을 담아 상징적으로 기능한다.
이러한 김포제조융합혁신센터는 양촌산업단지의 새로운 이정표가 될 것이다.

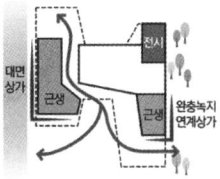

1F / 수익성, 공공성 극대화

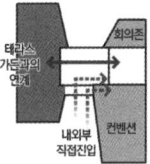

2F / 독립적 운용 고려

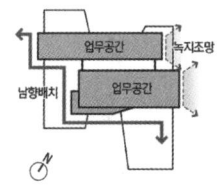

3~7F / 최적의 업무환경

주변의 환경과 함께 다채로운 녹음이 어우러진 친환경 혁신센터

주변환경과 요구사항에 대한 철저한 분석으로 이용자를 위한 배치계획 수립

배치계획

접근성을 극대화한 배치계획

주변이용자들이 누구나 쉽게 접근할 수 있는 배치계획 수립

수직적으로 명확한 프로그램 분리

각 층별로 사용자를 분류하고 프로그램과 동선을 분리하여 이용성 증대

양촌산업단지의 새로운 랜드마크

각 시설별로 인지성과 상징성을 고려한 배치 구성

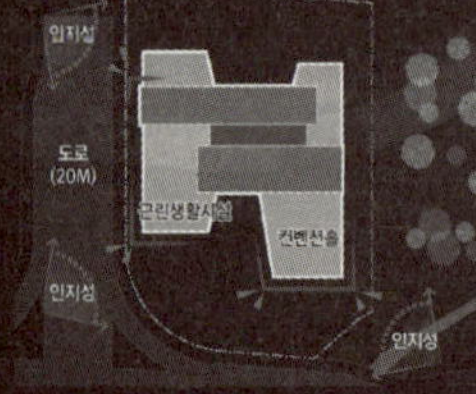

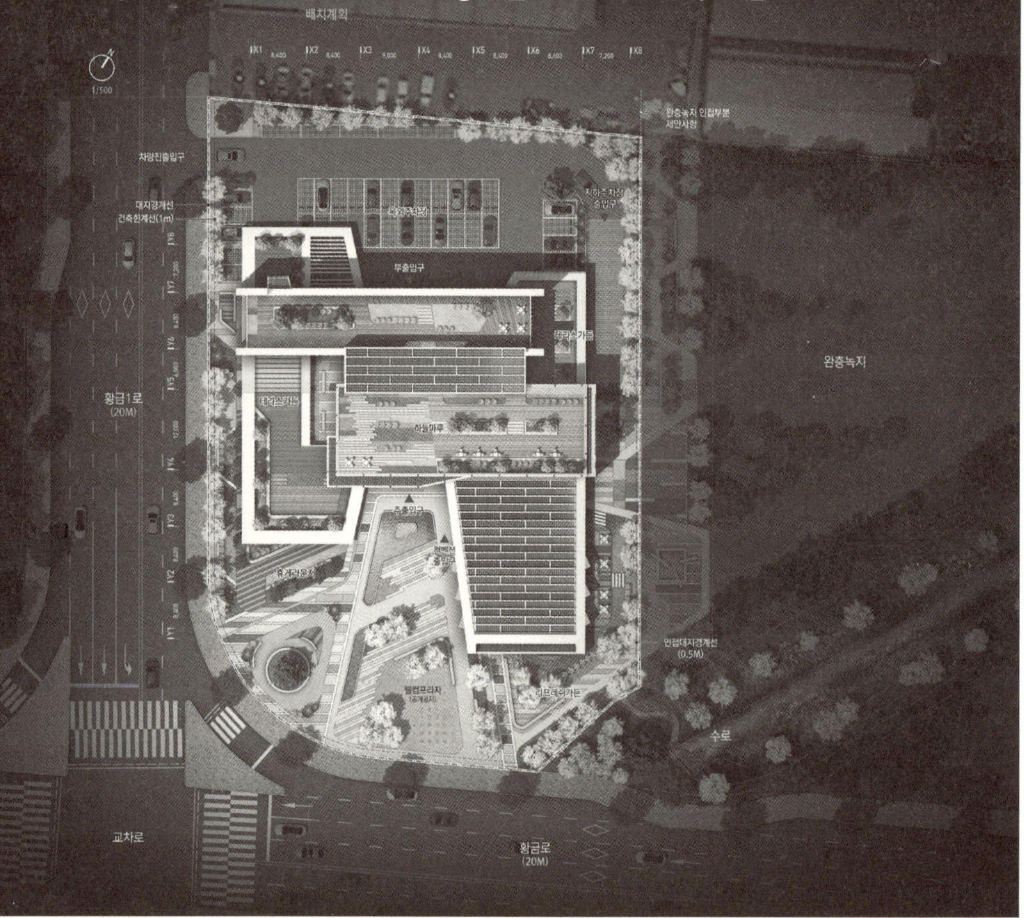

접근성과 수익성을 극대화하는 저층부계획

평면계획_1F

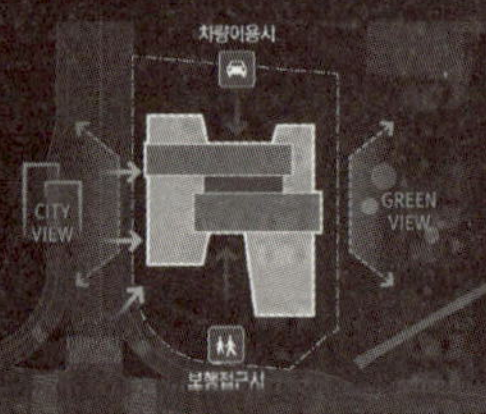

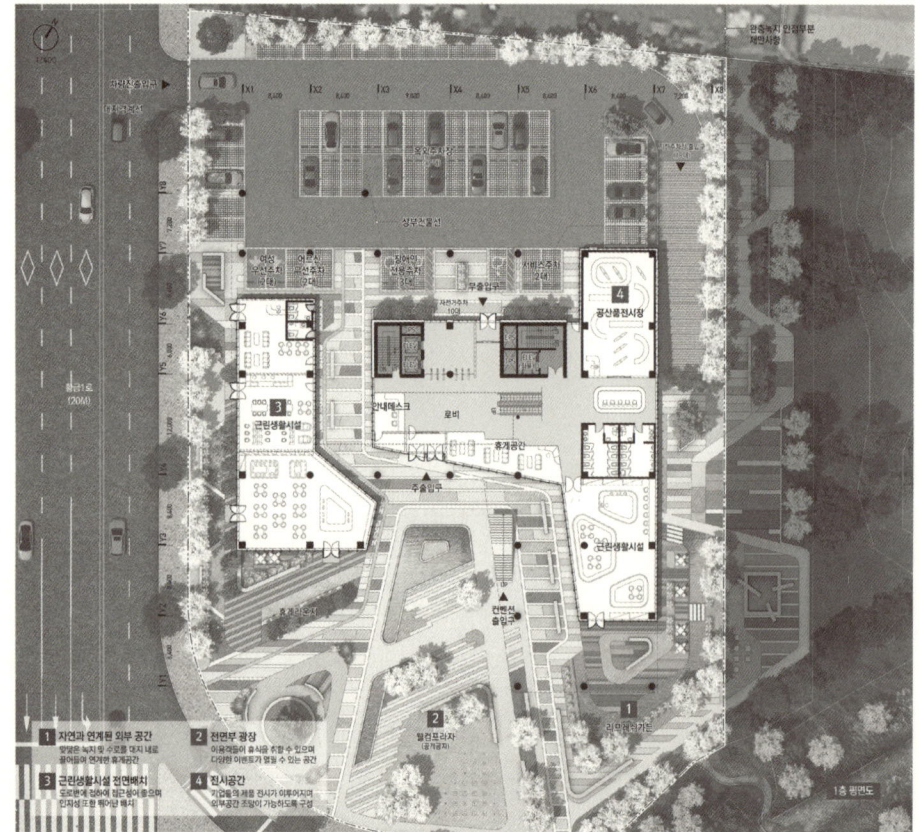

■ 도시를 끌어들이는 열린 전면광장 확보

- 도시가로변을 따라 공공성격의 열린광장 구성
- 근린생활시설과 연계하여 다양한 이벤트 장소로 활용

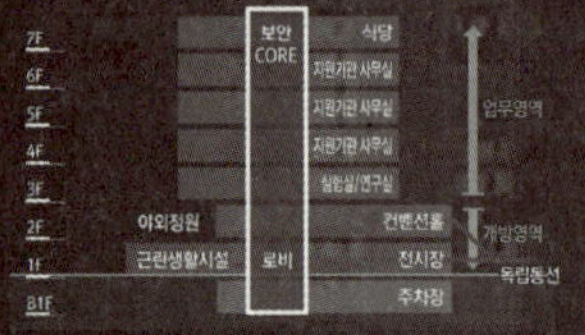

■ 수익성 확보를 위한 근생시설 전면계획

- 가로대면상가를 최대 확보하고 임대 편의성을 위해 가변형으로 계획
- 전시공간 및 근린생활시설의 완충녹지 조망 확보

■ 시설별 사용자에 따른 수직,수평 동선 분리

- 이용 편의를 고려하여 시설별 명확한 동선 분리
- 컨벤션홀 이용객의 편의를 위한 에스컬레이터 설치

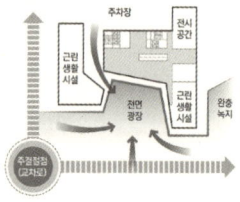

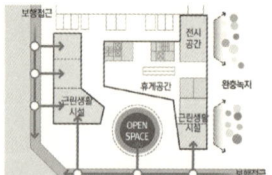

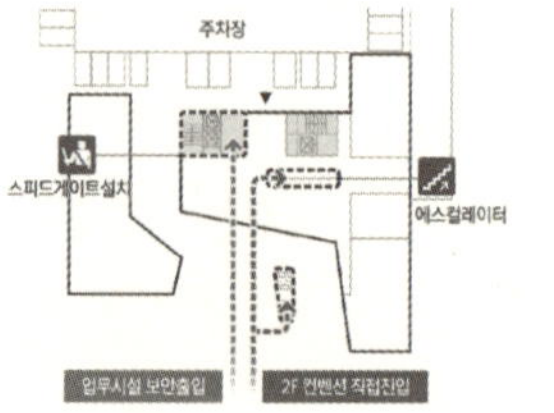

입체적인 공간구성으로 개방감을 확보한 산업지원센터
평면계획_2,3F

명확한 조닝과 가변적인 구성으로 합리적이고 효율적인 사무공간 구축
평면계획_4,5F

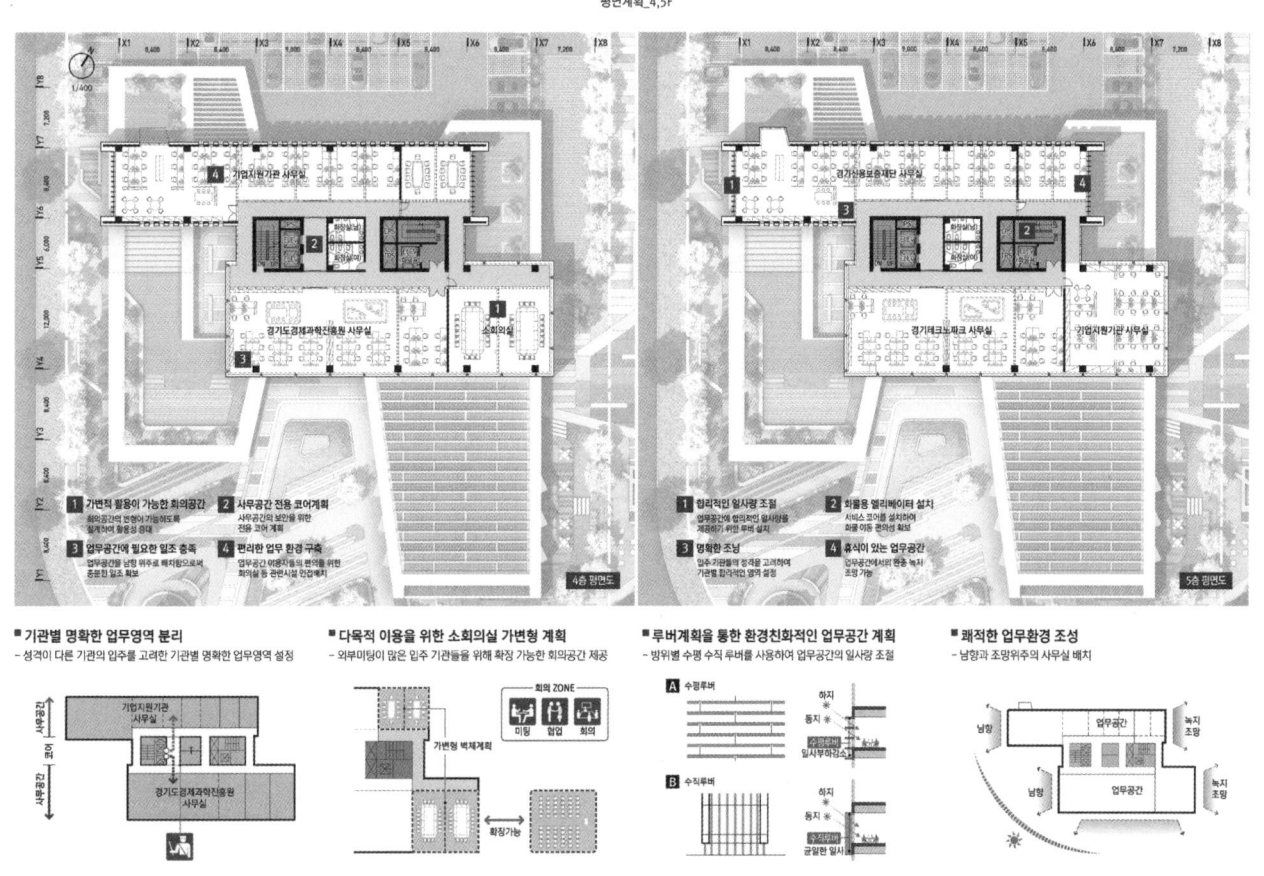

김포제조융합혁신센터

이용자들의 편의를 고려한 업무공간 및 휴게공간 조성
평면계획_6, 7, RF, B1

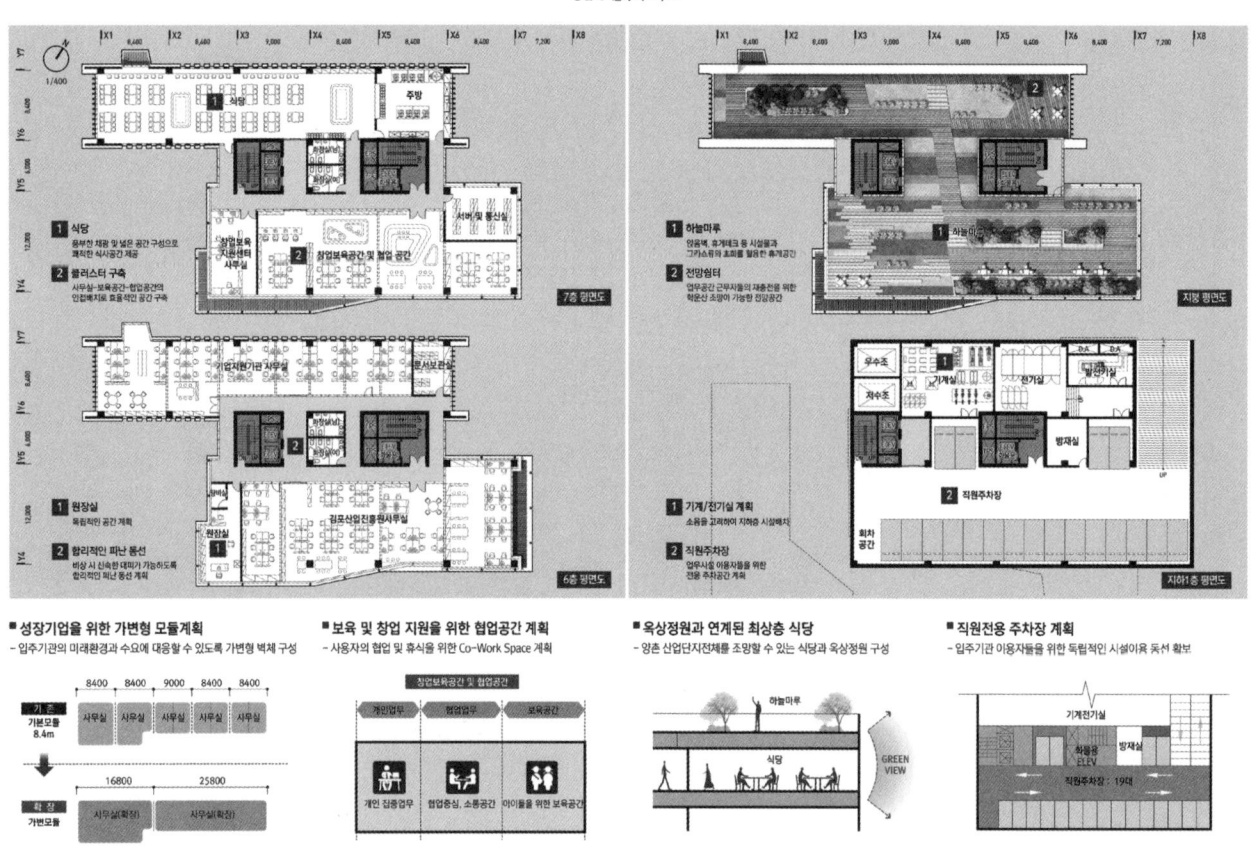

김포제조융합혁신센터의 성격과 역할을 담아낸 조형계획
입면 및 조형계획_1

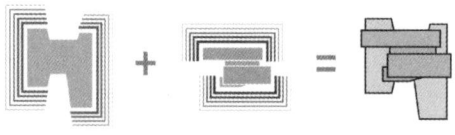

날아오르는 나비의 날갯짓을 닮은 매스디자인
산업단지의 새로운 중심으로 떠오르는 김포제조융합혁신센터를 상징

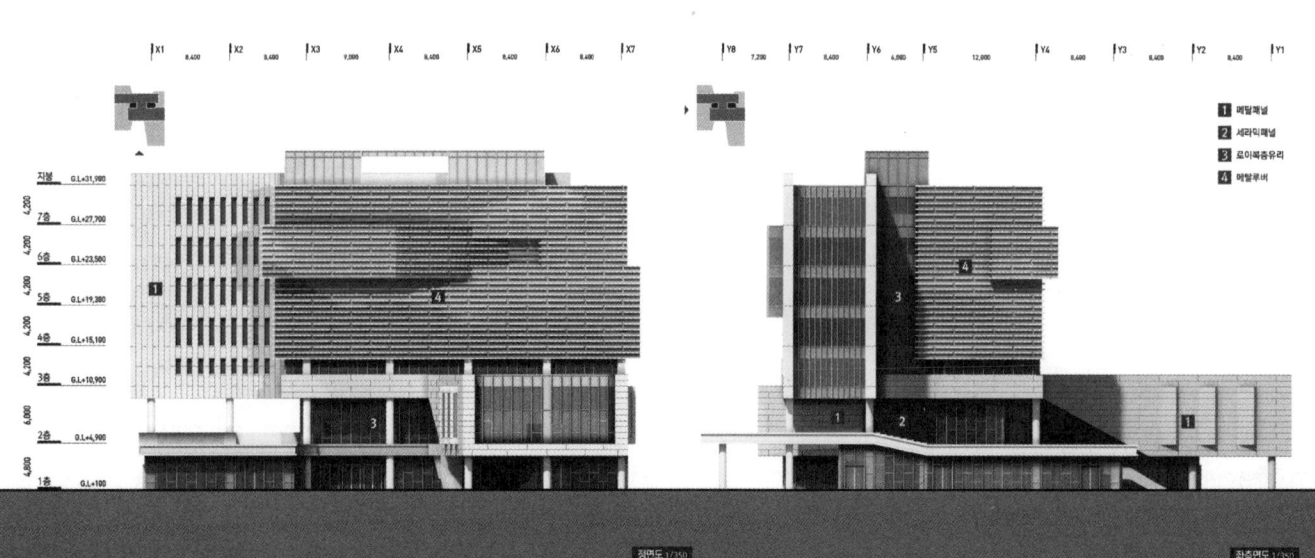

세종테크노파크

당선작 (주)디엔비건축사사무소 조도연 설계팀 김현주, 강연우, 유문상, 이진선, 권용덕, 고재혁, 전영준, 김보람, 장용찬

대지위치 세종특별자치시 조치원읍 신흥리 123번지 일원 **대지면적** 18,332.00㎡ **건축면적** 1,731.61㎡ **연면적** 11,719.20㎡ **건폐율** 9.44% **용적률** 51.63% **규모** 지하 2층, 지상 7층 **구조** 철근콘크리트조 **외부마감** 로이복층유리, 금속패널, 금속루버, 노출콘크리트 패널

디지털 플로우

첨단융합·창업의 허브로서 대지 내 SB플라자 등 주변 건물과의 조화를 이루며, 지역의 랜드마크가 되는 세종테크노파크 디지털 플로우를 제안한다.

디지털파크 & 웰컴스트리트

누구나 접근이 용이한 진입마당 "웰컴스트리트"와 공원내 커뮤니티의 중심이 되는 "디지털 파크"를 통해 시민과 입주자 모두를 위한 다양한 테마의 힐링 공간을 제공한다. 차량출입은 부지레벨이 가장 낮은 동측도로에서 자연스럽게 이루어지고 보행자는 동측도로와 서측 공원에서 입체적으로 출입이 가능하도록 했다. 건물은 남향으로(길게) 배치하여 쾌적한 업무공간을 조성하고 도로와 공원에서 정면성을 가지며, 전면의 웰컴스트리트는 자연스럽게 테크노파크의 진입마당이 된다. 웰컴라운지, 웰컴스텝, 메이커 스페이스, 코워킹 스페이스 건물로 들어서면 넓게 트인 라운지를 중심으로 그랜드 스테어가 펼쳐지고 남측에는 카페와 홍보관, 북측에는 각종 편의시설이 위치한다. 웰컴스텝을 통해 2층으로 올라오면 메이커 스페이스가 펼쳐진다. 기업의 아이디어 제안부터 제품화 및 홍보까지 이루어지는 원스톱 시스템을 통해 세종시 산·학·연계의 창의적 허브공간이 될 것이다. 상층부는 입주기관의 업무영역으로, 중앙의 아트리움을 중심으로 남측에 업무영역, 북측에 코어와 지원시설을 배치했다. 업무공간을 최대한 활용하면서 "코워킹 스페이스"인 공유키친, '미팅룸을 통해 상호정보를 공유하고 협업을 통한 시너지를 얻을 수 있도록 계획하였다.

Digital Flow

As an advanced convergence and start-up hub, the proposed Sejong Technopark Digital Flow will make harmony with SB Plaza and other neighboring buildings within the complex and become a local landmark.

Digital Park & Welcome Street

'Welcome Street' that anyone can access conveniently and 'Digital Park' that serves as a major community venue within the park provide various healing spaces with different themes for both residents and the general public. For vehicles, seamless access is offered through the eastern route laid at the lowest level across the project site. And for pedestrians, the eastern route and the western park are carefully arranged to provide three-dimensional access. The building itself is positioned to face the south and make a long stretch so that it can have a pleasant work environment and show its front to the main road and the park. 'Welcome Street' in front of it naturally will serve as an entrance plaza. When visitors enter the building with Welcome Lounge, Welcome Step, Maker Space and Co-working Space, they are welcomed by the Grand Stairs laid around a wide-open lounge. There are a café and showrooms in the south section, and various amenity facilities in the north. And if they go up to the 2nd floor along Welcome Step, they can find Maker Space. This Maker Space will become a creative hub brining industry and academia together, by making use of a one-stop system that streamlines the whole process from idea development, production and to marketing. The upper floors accommodate workplaces for resident companies. With an atrium as the center, a work area is formed in the south, and the core and support facilities are positioned in the north. Users can make the best use of the work area while using Co-working Space's shared kitchen and meeting rooms to share information and create synergy through collaboration.

Prize winner D&B architecture design group_Cho Doyeun **Location** Jochiwon-eup, Sejong **Site area** 18,332.00m² **Building area** 1,731.61m² **Gross floor area** 11,719.20m² **Building coverage** 9.44% **Floor space index** 51.63% **Building scope** B1, 7F **Structure** RC **Finishing** Low-E paired glass, Metal panel, Metal louver, Exposed concrete panel

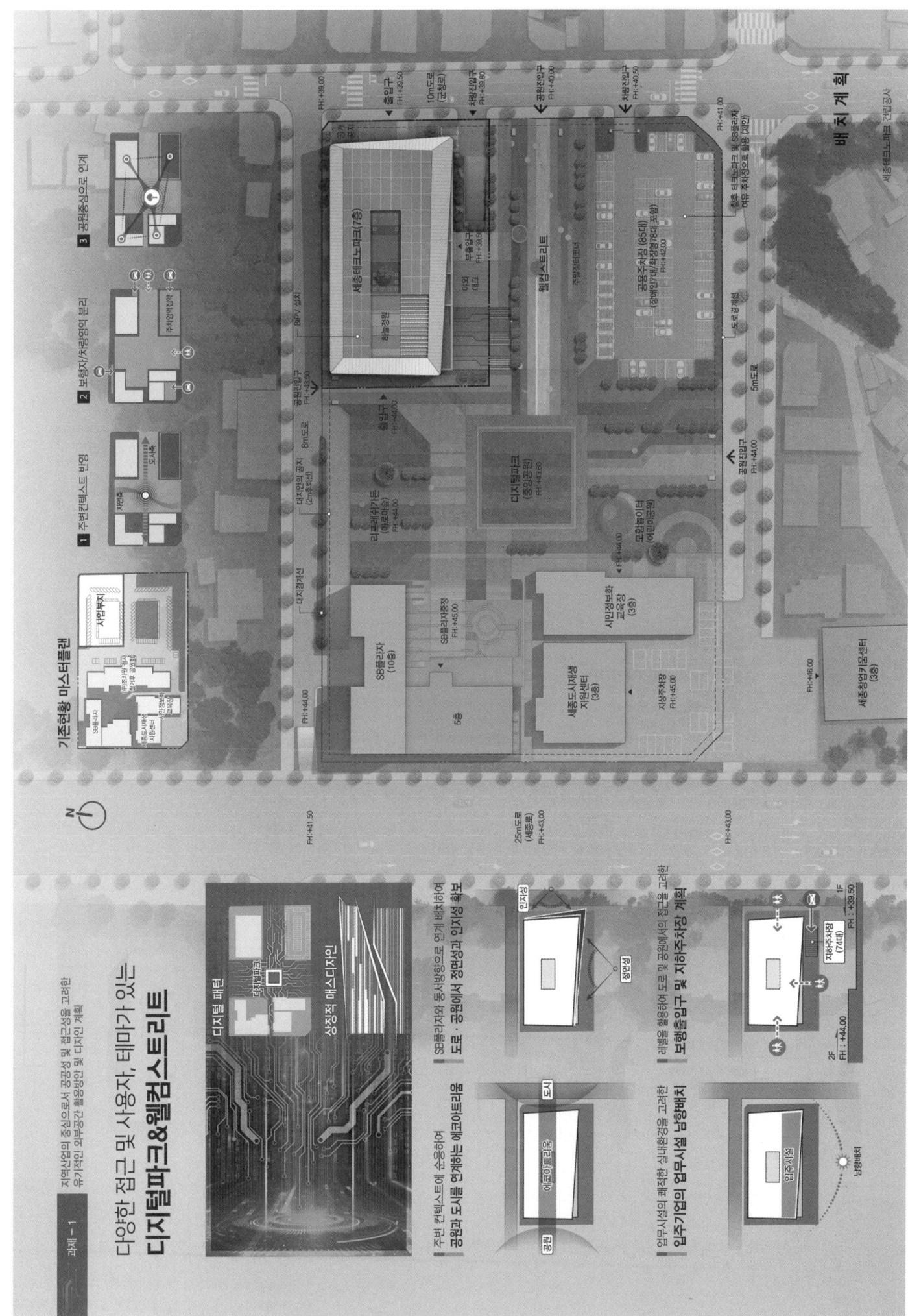

세종테크노파크

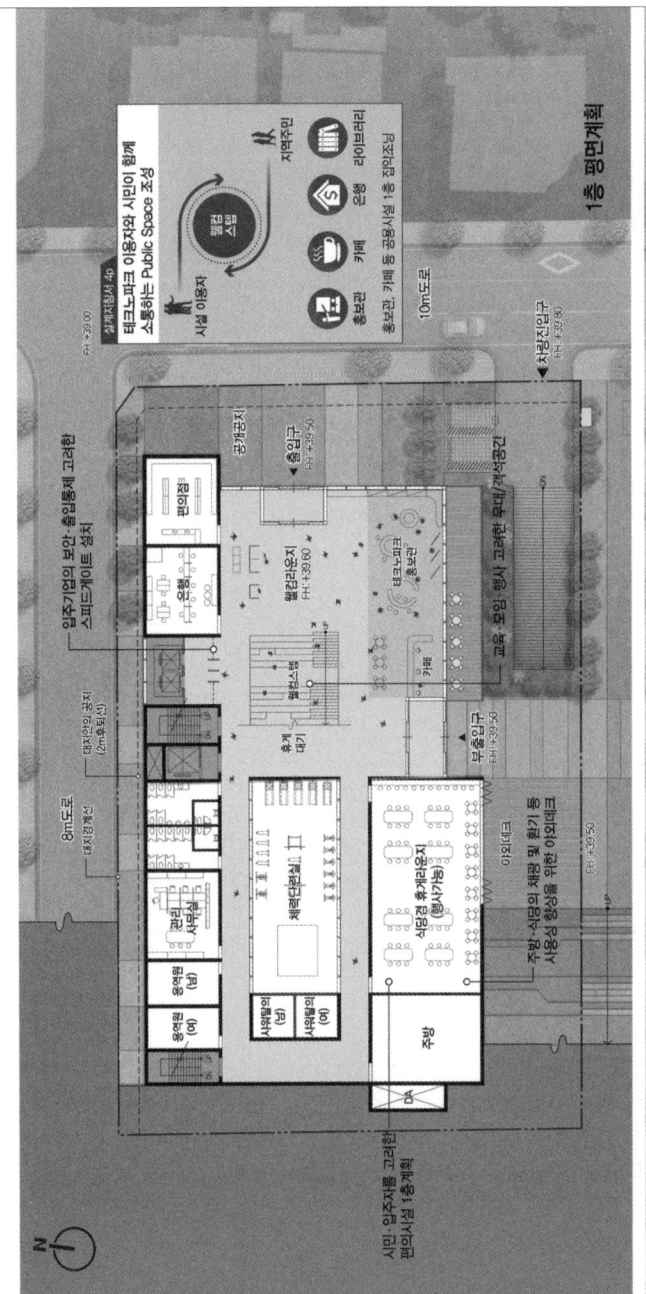
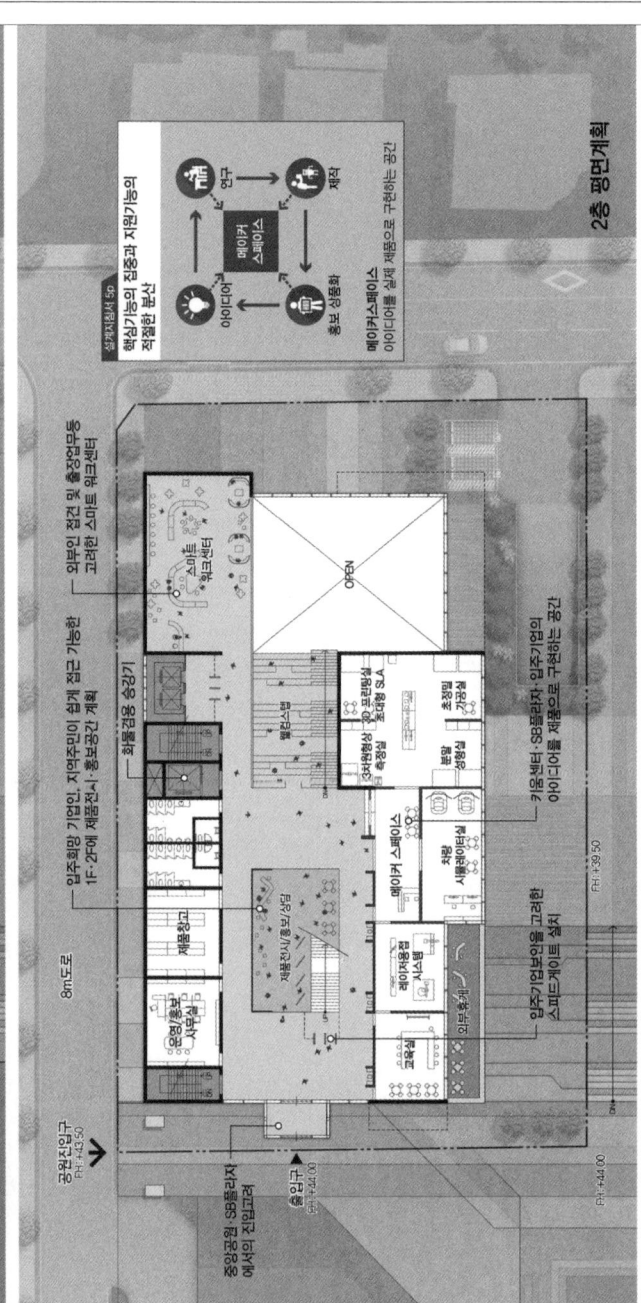

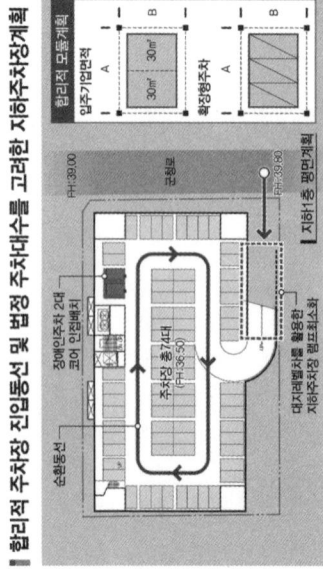
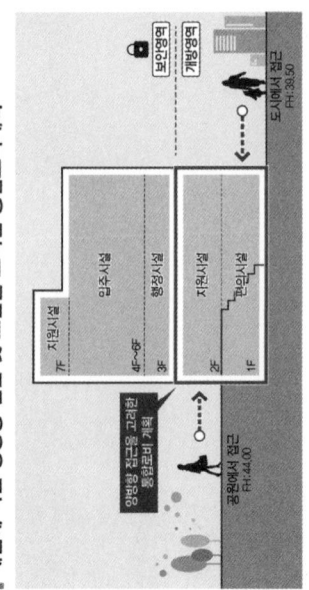

Sejong Technopark

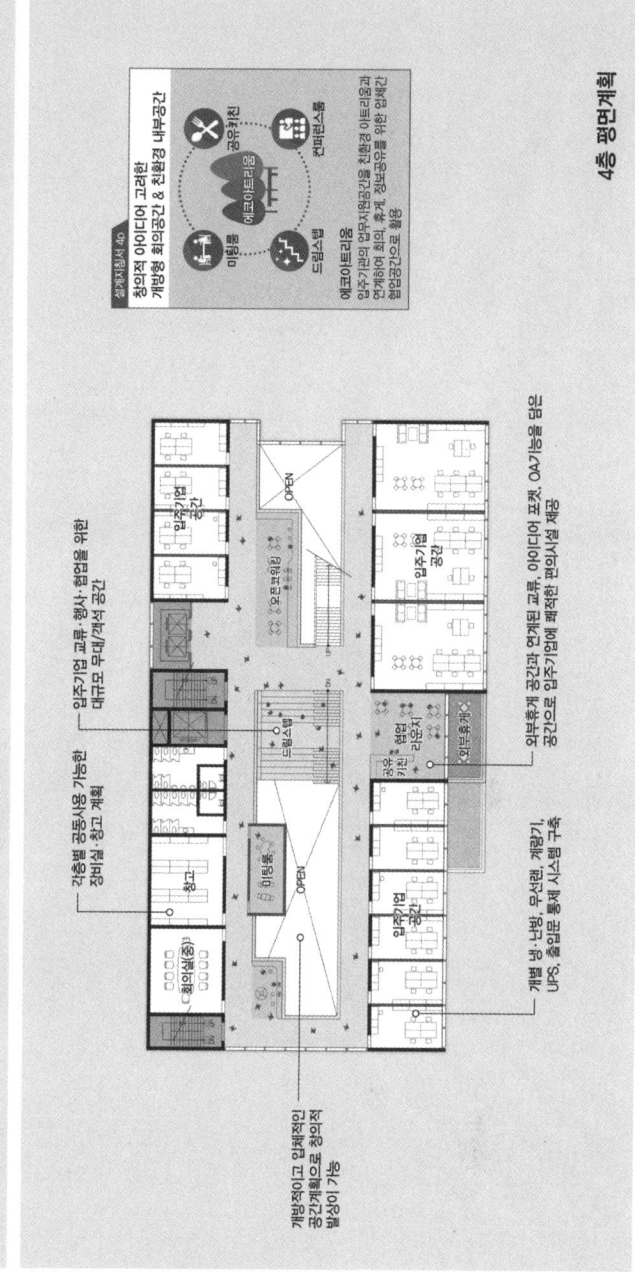

4층 평면계획

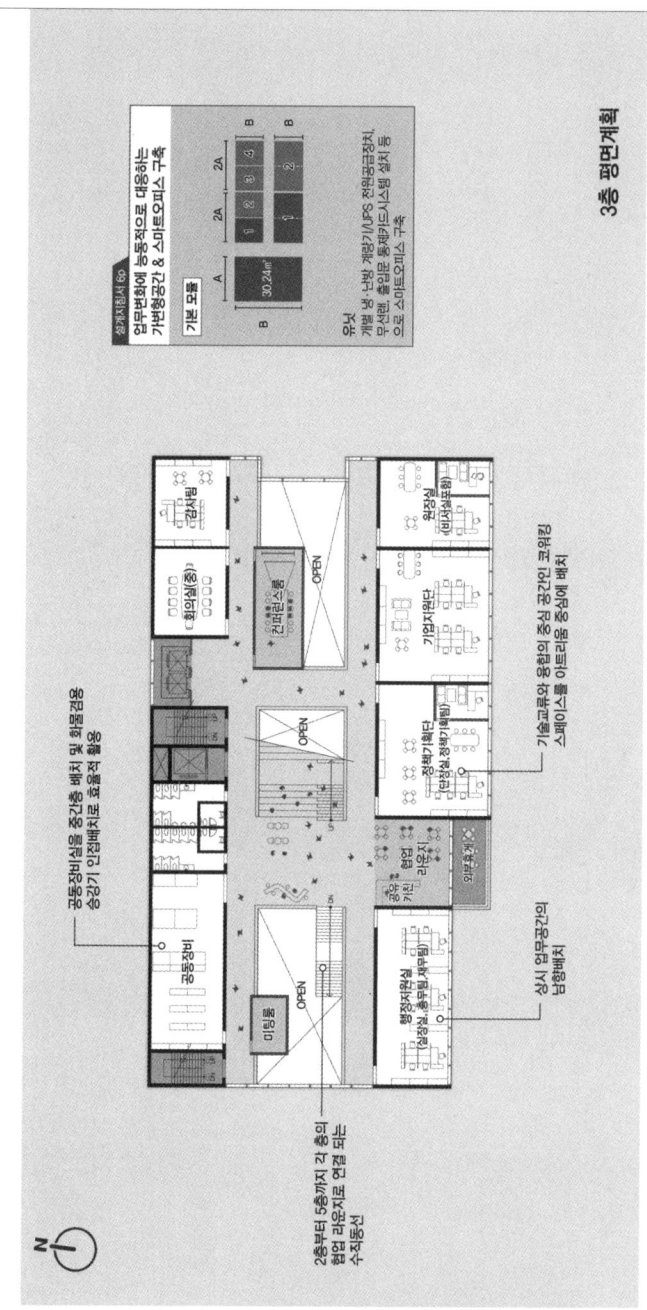

3층 평면계획

과제-2
이용자 중심의 공간구성을 고려한 기능별 공간구성 방안

아이디어와 상상이 모이는 열린 협업공간
코워킹스페이스

다양한 협업공간과 입체적 동선의 에코아트리움

창의적 아이디어가 공유되는 에코아트리움&디지털큐브

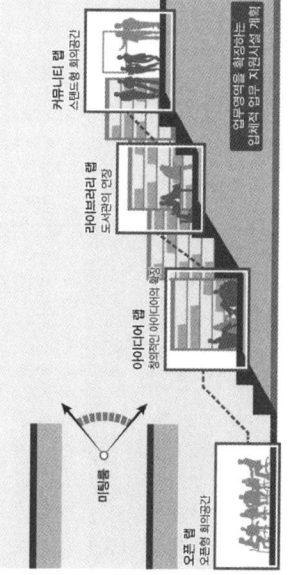

입주기업 및 방문객의 효율적 관리·보안을 위한 행정시설 중간층 배치

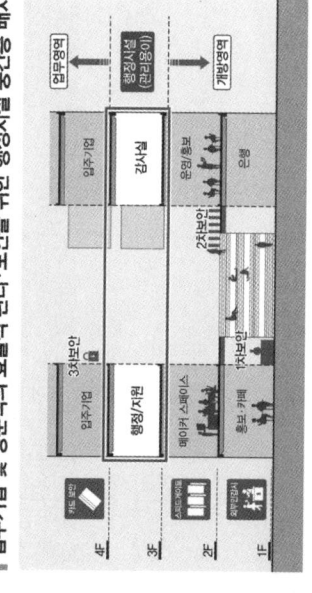

과제 – 2 이용자 중심의 공간구성을 고려한 기능별 공간구성 방안

합리적 공간구획을 통한 효율적 업무공간
스마트오피스

입주기업의 교류 및 소통 활성화를 위한 중정계획

효율적이고 쾌적한 업무환경을 위한 업무공간 남향배치 및 가변형 계획

아트리움 및 중정계획을 통한 친환경 내부공간 조성

5층 평면계획

6층 평면계획

7층 평면계획

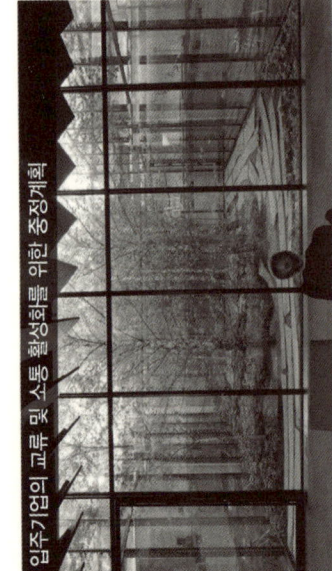

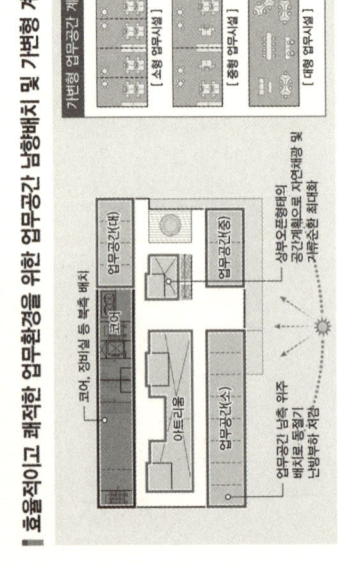

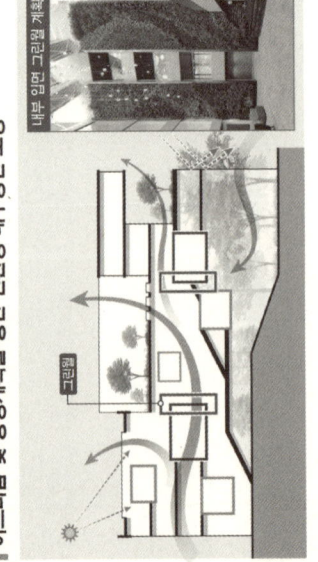

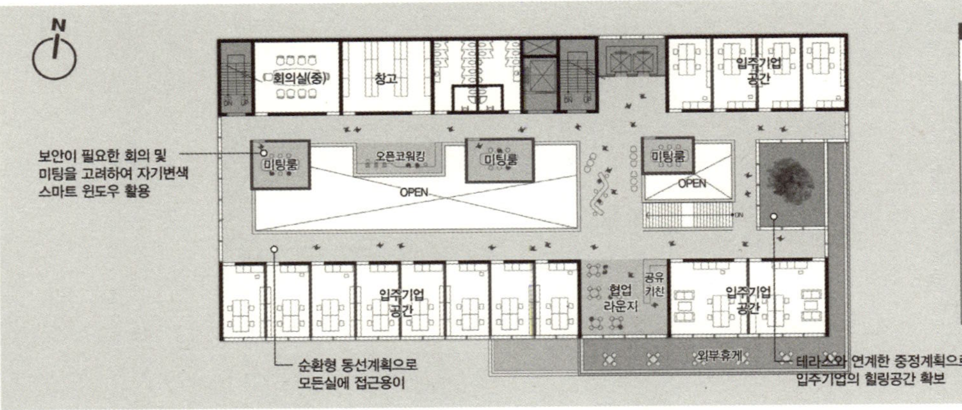

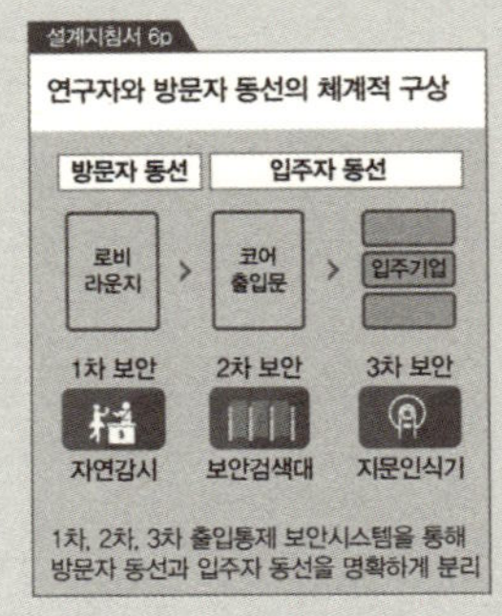

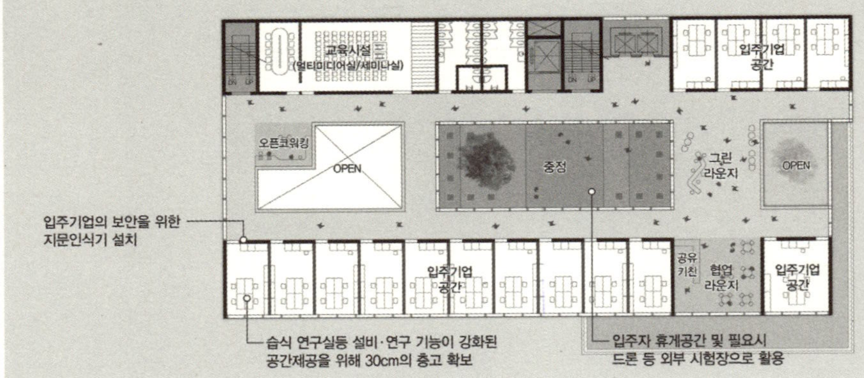

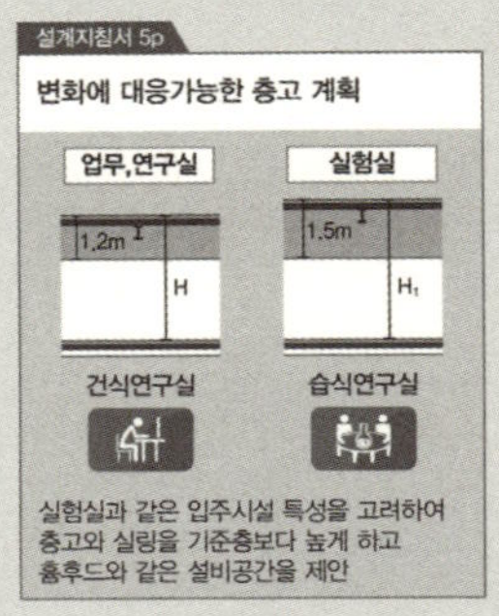

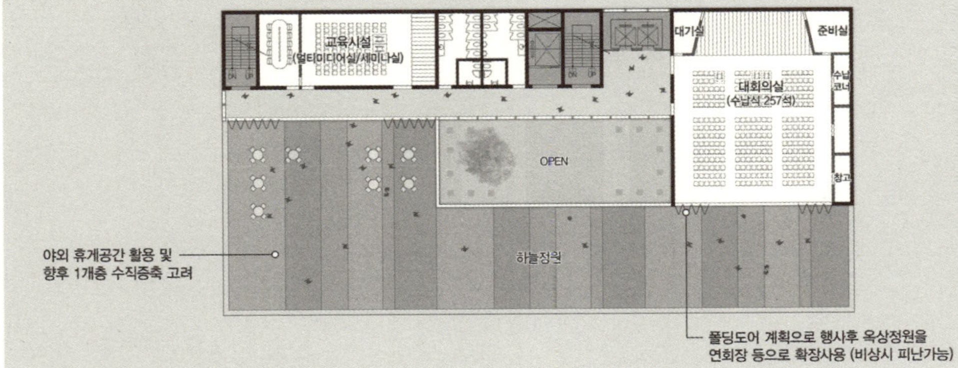

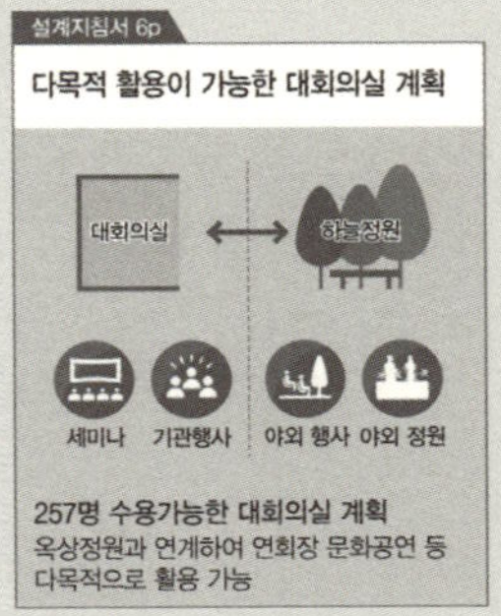

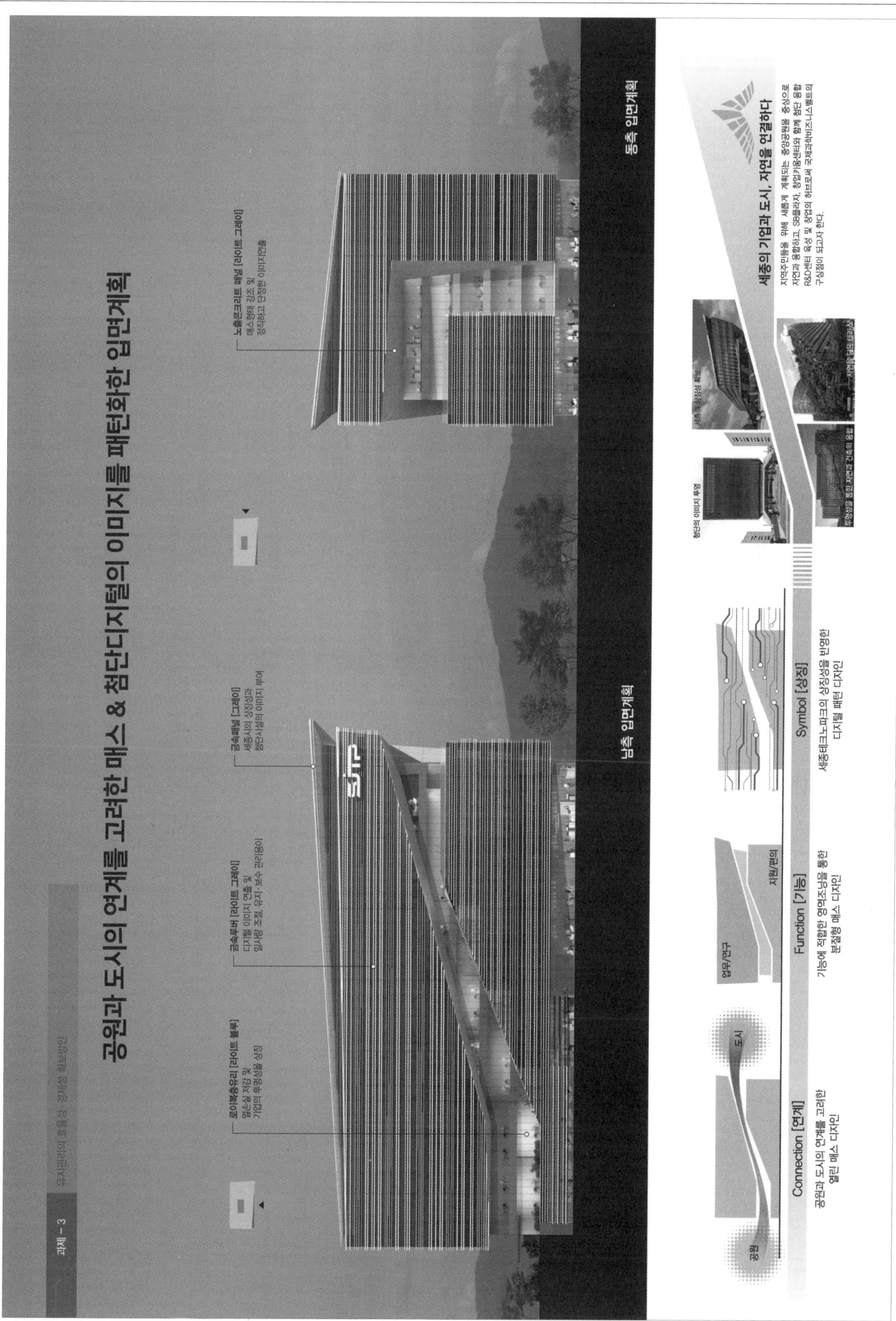

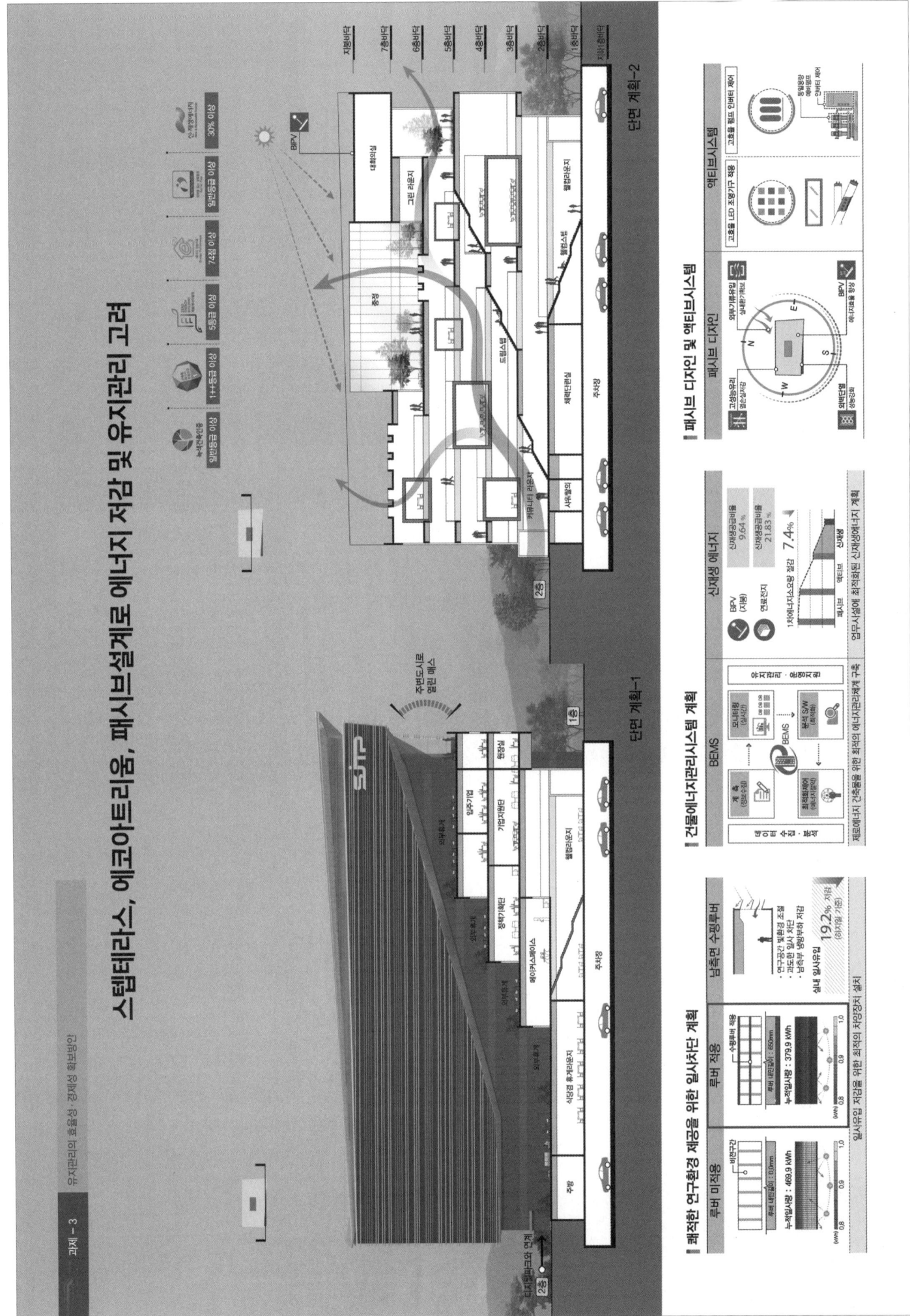

Masan-dong Community Center

당선작 (주)한강건축사사무소 김주섭 설계팀 김동진, 류창현, 김민이, 김선평

대지위치 경기도 김포시 619-1번지 **대지면적** 1,998.60㎡ **건축면적** 1,093.19㎡ **연면적** 3,299.39㎡ **건폐율** 54.7% **용적률** 91.25% **규모** 지하 1층, 지상 3층 **최고높이** 14.04m **구조** 철근콘크리트조 **주차** 60대 **협력업체** 구조 - (주)엔자인구조엔지니어링, 기계/소방 - (주)하영엔지니어링, 전기/통신 - (주)현이엔지, 경관 - 보다디자인

마산동은 김포한강신도시 내에 있으며, 김포시 원주민과 외부에서 유입된 주민이 모여있는 도시로 주민 행정편의 및 주민간의 소통과 어울림이 필요한 공간이 요구되고 있다. 사업지는 주거지역과 공원 사이에 위치하고 있으며, 신축되는 행정복지센터가 주거지역과 공원 간에 단절 요소가 아닌 자연스럽게 유입하여 상호간에 연결되어 어우러져 주민의 행정/소통/쉼터로서 역할을 해야 한다. 주민들이 청사로 유입할 수 있도록 진입광장과 이벤트 광장을 내주어 주민들이 건물 내부로 자연스럽게 들어 오도록 방향성을 제시하였으며, 더불어 쉼터와 계단의 역할을 하는 계단쉼터와 다양한 수목과 운유산을 배경 삼아 휴식을 취할 수 있는 마리미 쉼터를 하나의 건물에 담고, 그 사이공간을 비워 자연과 연결하는 바람길을 만들어 활력 있는 공간을 제안했다.

외부에는 운유산 자연경관의 상징성을 루버로 표현하여 매스의 수직적 입면 패턴으로 형상화하여 리듬감을 주었고, 내부에는 시설별 기능에 따른 수직/수평적으로 공간을 구성하고, 업무공간과 주민자치 공간을 분리 하였다. 이를 통하여 이 시설을 방문하는 주민들은 건축과 자연공간을 자유로이 넘나들며 풍성한 공간을 경험할 수 있는 새로운 형태의 행정복지센터가 되기를 기대한다.

Masan-dong is in Gimpo Hangang New Town, and its community consists of the natives of Gimpo and immigrants from outside the town. It needs a facility that can contribute to improving convenience for administrative service users and promoting communication and interaction among the local people. The project site is nestled between a residential area and a public park. The new administrative center is expected not to become a barrier between them but to serve as a place for local administrative affairs, communication and relaxation by enabling them to interact naturally and establish an organic connection between themselves.

An entrance plaza and an event plaza are opened to attract people to the center; they serve as a signpost that guides people to come inside the building casually. A stepped lounge that doubles as a lounge and a staircase and Marimi Lounge that provides a resting place with various kinds of plants and a view of Unyusan Mountain in the background are assigned to the same building, and the space between them is emptied to create a wind path with an aim to establish connection with nature and make the center into a more lively space.

The symbolic significance of the natural landscape of Unyusan Mountain is expressed with a louver system which gives a vertical facade pattern to the building mass and creates a sense of rhythm. As for the interior, spaces are arranged in a vertical or horizontal way considering the nature of each program, and work and community areas are separated from each other. Consequently, the proposed design will introduce a new type of administrative center in which visitors can freely move around architectural and natural spaces and enjoy a rich spatial experience.

Prize winner Hang Gang Architects, co._Kim Juseop **Location** Gimpo, Gyeonggi-do **Site area** 1,998.60m² **Building area** 1,093.19m² **Gross floor area** 3,299.39m² **Building coverage** 54.7% **Floor space index** 91.25% **Building scope** B1, 3F **Height** 14.04m **Structure** RC **Parking** 60

마산동 행정복지센터

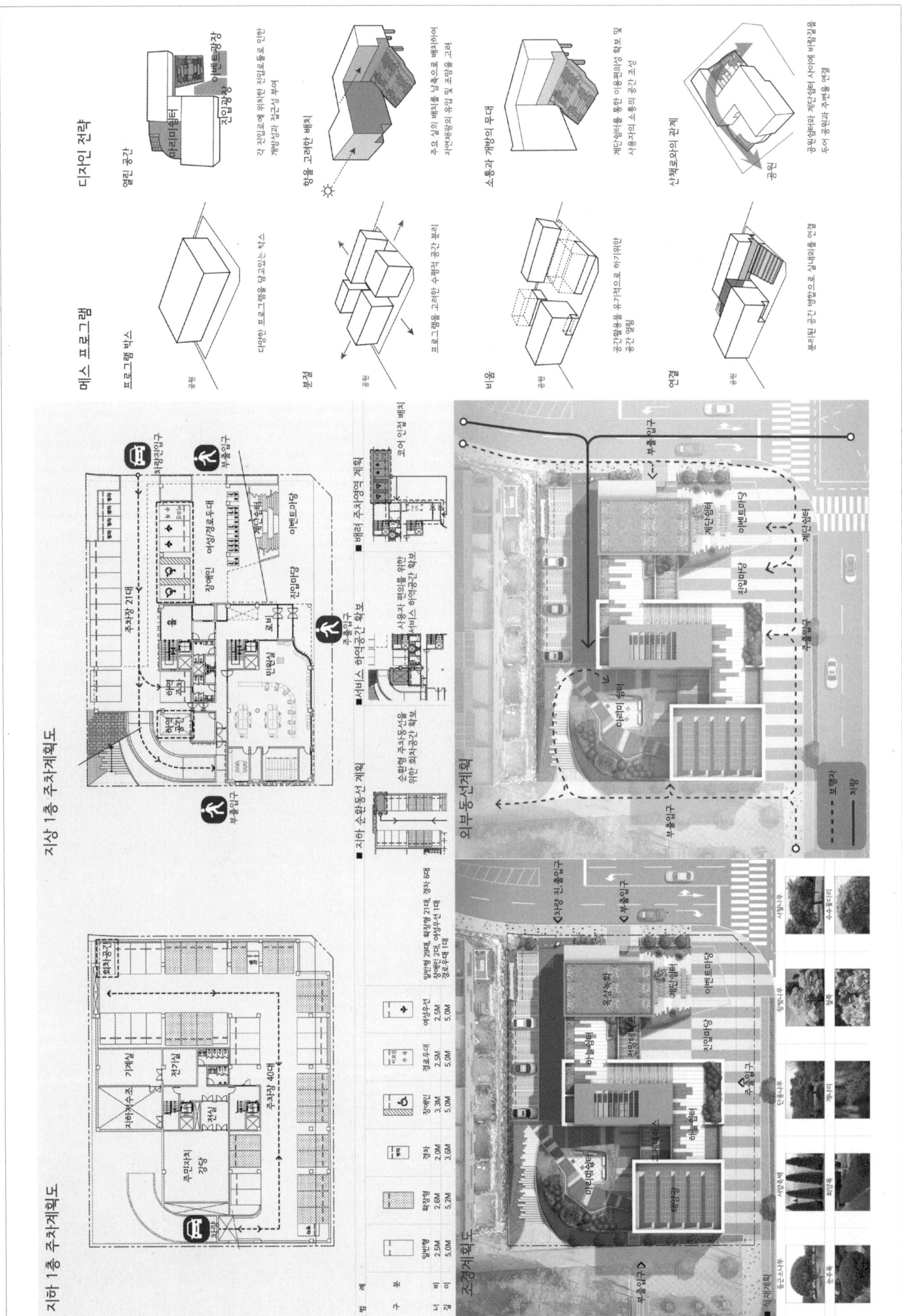

Masan-dong Community Center

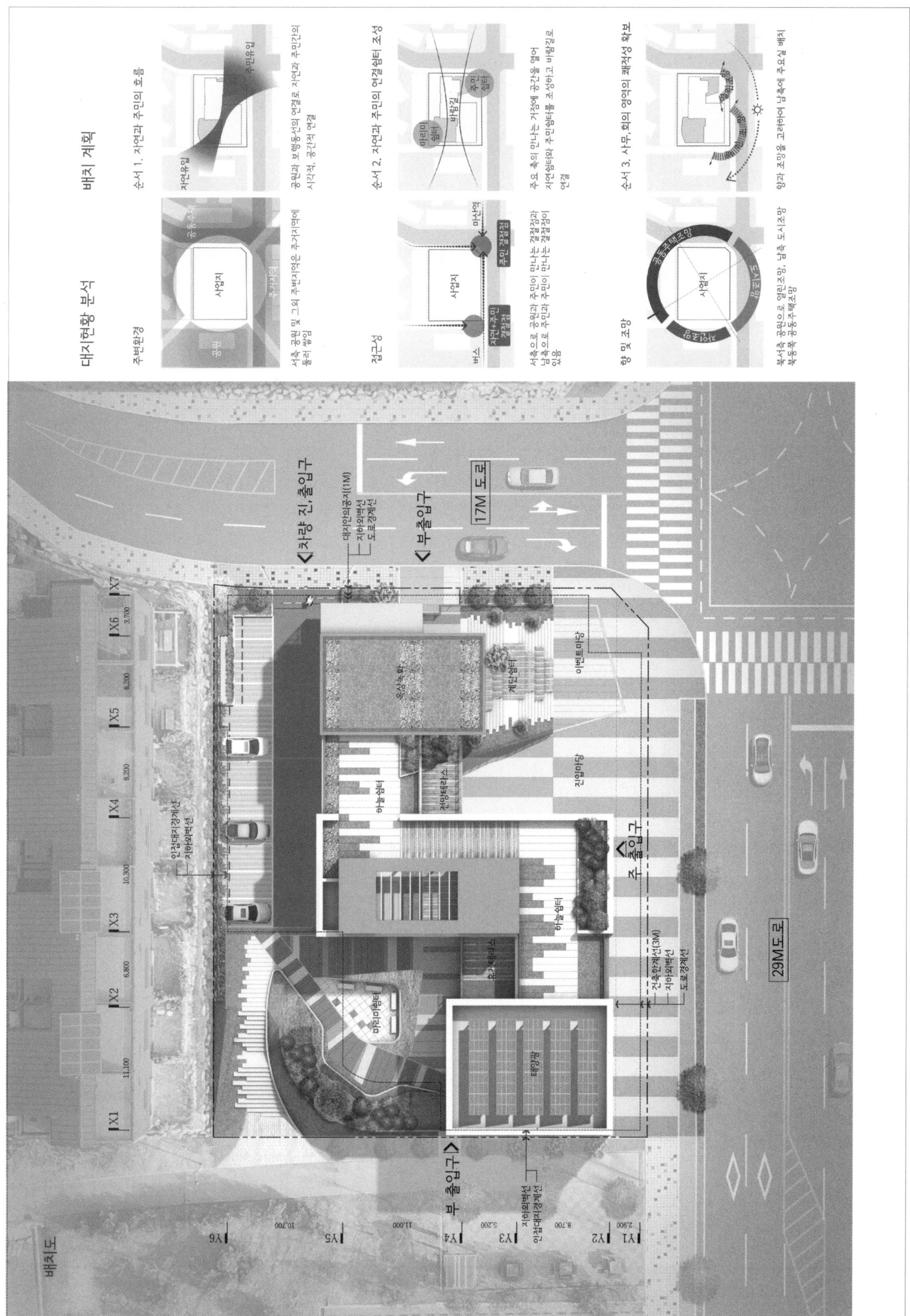

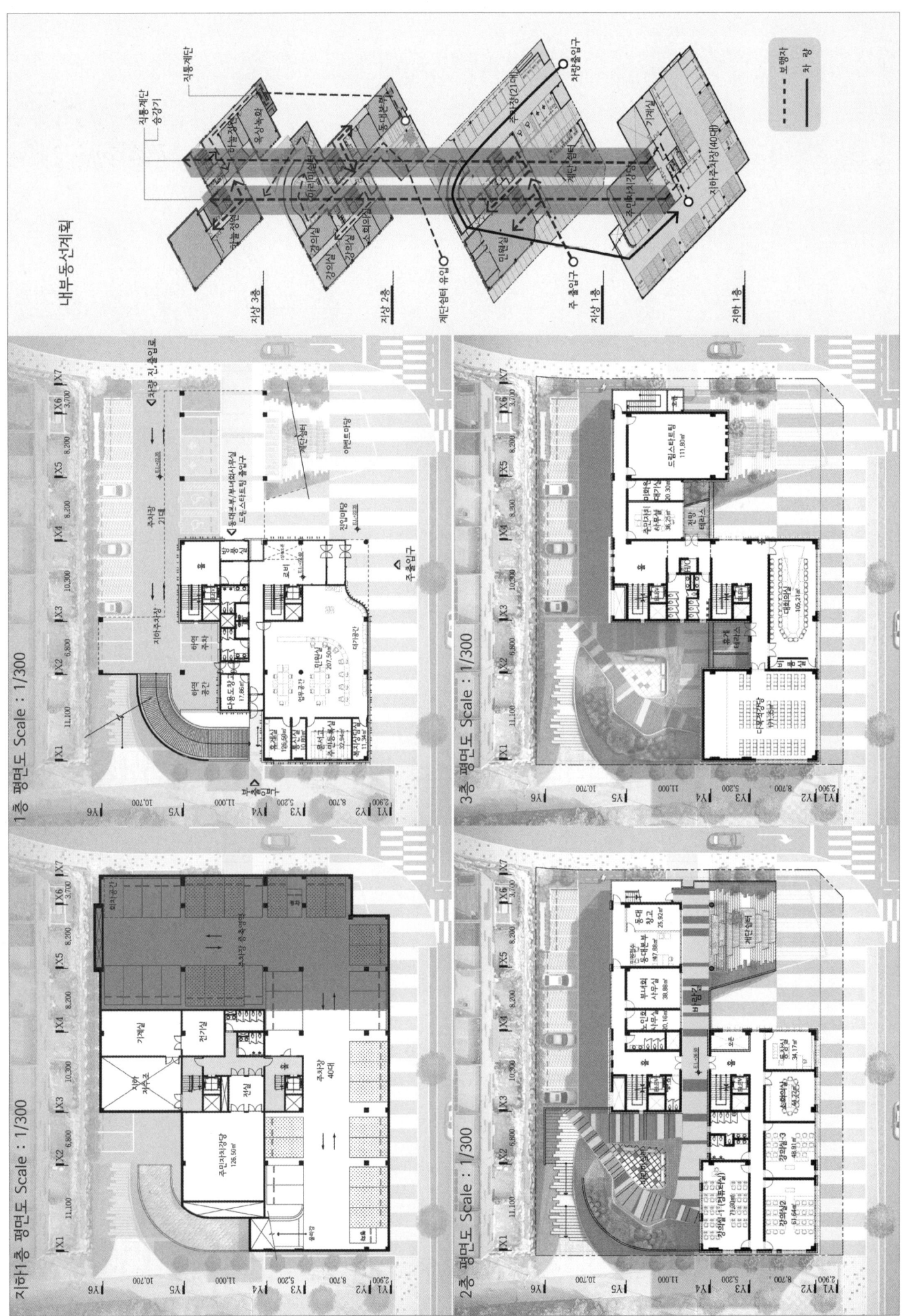

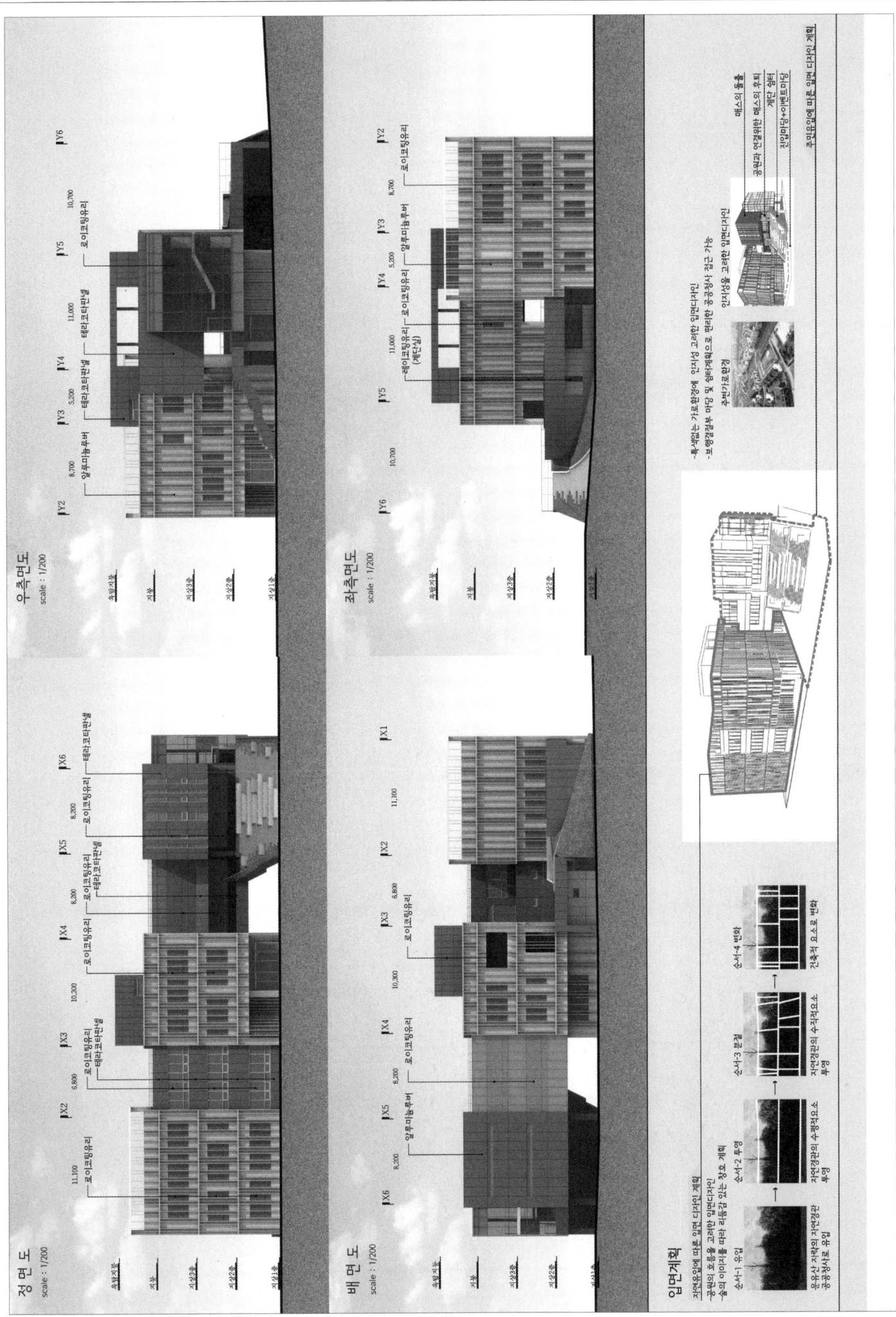

마산동 행정복지센터

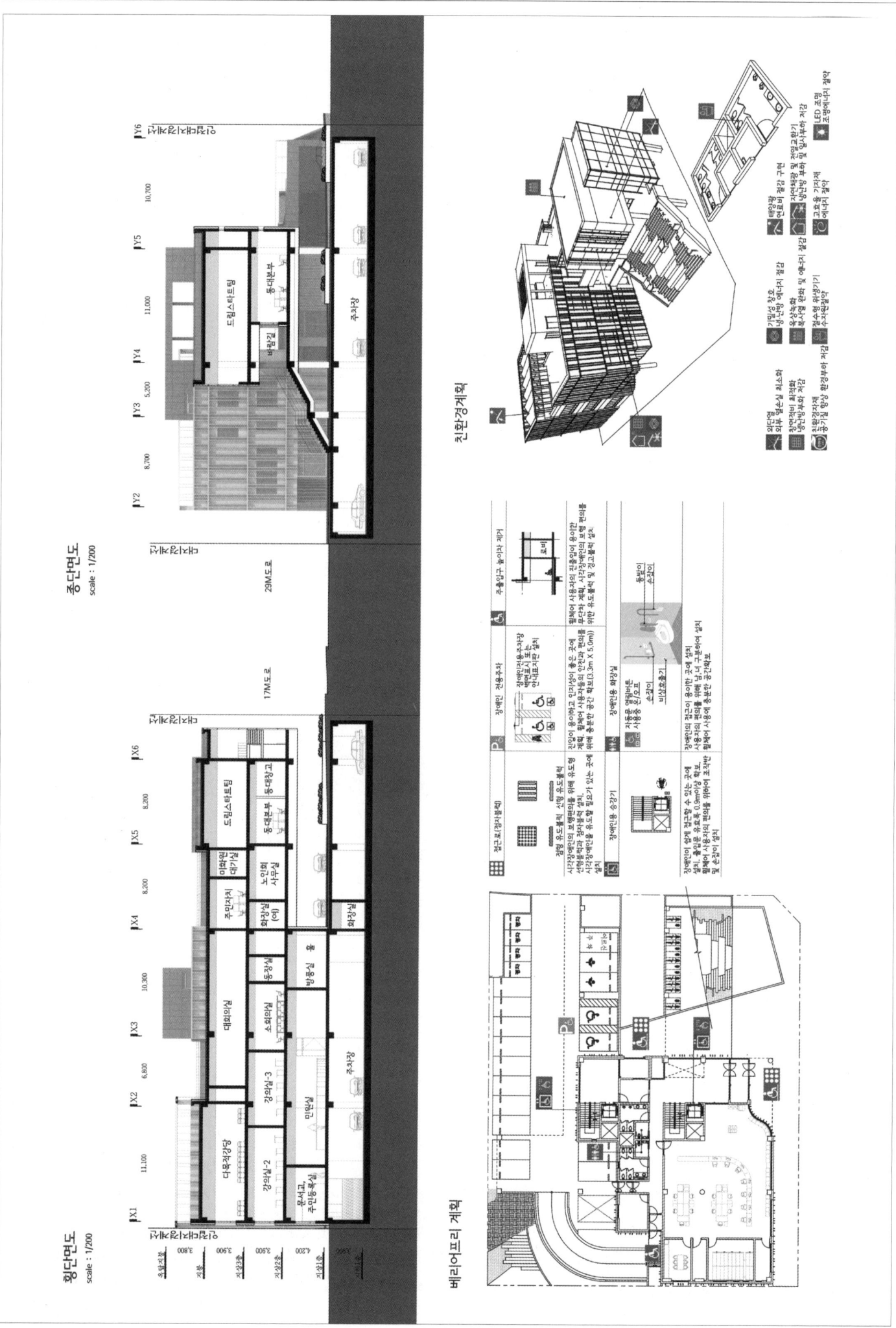

Masan-dong Community Center

아산시 온양5동 행정복지센터

당선작 (주)건축사사무소티오피 이영호 설계팀 유진현, 장호수, 김솔기, 용유진

대지위치 충청남도 아산시 시민로 286(용화동 677번지) **대지면적** 1,306.20㎡ **건축면적** 526.68㎡ **연면적** 2,328.54㎡ **건폐율** 40.32% **용적률** 155.54% **규모** 지하 1층, 지상 4층 **구조** 철근콘크리트조, 철골조 **외부마감** 석재마감, 로이복층유리, 폴리카보네이트루버, 외부전동차양(EVB) **주차** 41대(공작물주차장)

설계개념

행정복지센터 재건축은 원도심 인프라와 상호작용하여 도시 전체에 활력을 줄 좋은 기회이다. 우리는 기존의 거리 풍경이 '따스한 햇볕과 가로수가 어우러진 걷고 싶은 거리'로 변화되길 원하였다. 대지는 민원동과 창고, 주차장이 뒤섞여 보행환경이 복잡하였다. 보행로에서 직접 진입 가능한 2층 북 카페는 슬래브 오픈 하여 시각적으로 3층 문화센터와 교류하며, 다양한 프로그램에 따라 변경되는 문화센터는 주차장과 연결 된다. 24시간 운영되는 공영주차장은 자주식 주차 형식으로 무인 운영이 가능하며, 밤에는 주차장의 조명이 반투명의 루버를 통해 흘러나와 새로운 야간 경관을 만든다.

주요과제

협소한 대지와 제한된 전체면적 내에서 행정복지센터와 최대주차대수를 계획하는 것과 공사 중 민원실을 지속 운영할 수 있도록 단계별 공사를 하는 것이 과업의 주요 과제이다. 접근 동선을 고려한 조닝과 치밀한 코어로 1차 공사 영역에 센터를 계획하고 유지관리성과 최대주차 대수를 확보하기 위하여 2차 공사 영역에 자주식 공작물 주차장을 계획했다. 적정 층고를 고려한 단면계획으로 센터 1층과 3층 레벨에서 주차장과 무단차로 연결될 수 있도록 하고, 폴리카보네이트 루버로 통일감 있는 디자인을 구현했다. 동사무소, 주민자치센터, 공영 주차장의 복합 프로그램으로 시설별 이용 특성을 분석하여 합리적인 평면계획을 했다.

Design concept

This welfare center redevelopment project can provide an excellent opportunity to add energy to the entire city by promoting interactions with the infrastructure of the old downtown. The design team wanted to transform the existing streetscape into a 'walkable street that shows a beautiful mix of warm sunshine and roadside trees'. On the site, the existing public service center and its storage and parking garage were carelessly jumbled, and thus the site's pedestrian environment was poor and messy. The book cafe on the 2nd floor with direct access to the pedestrian path visually interacts with the culture center on the 3rd floor through an opening in its slab floor. The culture center that can be flexibly rearranged to meet the needs of different programs is connected with the parking garage This 24-hour public parking garage is designed to run on a self-propelled parking system that enables unmanned operation. When the night comes, the light of the parking garage spills out through translucent louvers and creates a new night scene.

Main objectives

The main objectives are to propose an optimized welfare center design and maximize parking capacity for this compact site with a limited building area and to establish a phased construction plan that allows the public service center to maintain its operations even during construction. A zoning system considering access routes and a meticulous core design are applied to the welfare center building, and the center is positioned in the construction area of the first phase of the project. And to ensure easy maintenance and maximum parking capacity, a self-propelled parking facility is placed in the construction area of the second phase. A section design that guarantees an optimum floor height is implemented so that the 1st and 3rd floors of the welfare center can be flush with the floors of the parking garage. Polycarbonate louvers are used to introduce a coherent design. Considering the project requires a mixed-use facility in which a dong office, community center and public parking garage are combined, an analysis on the use characteristics of each program is conducted to come up with a practical floor plan.

Prize winner TOP ARCHITECTS & ASSOCIATES_Lee Youngho **Location** Asan-si, Chungcheongnam-do **Site area** 1,306.20m² **Building area** 526.68m² **Gross floor area** 2,328.54m² **Building coverage** 40.32% **Floor space index** 155.54% **Building scope** B1, 4F **Structure** RC, SC **Exterior finishing** Stone, Low-E paired glass, Polycarbonate louver, External Venetian Blind **Parking** 41

햇.살.들.인. 온양5동 행정복지센터

행정복지센터 재건축은 원도심 인프라와 상호작용하여 도시 전체에 활력을 줄 수 있는 좋은 기회이다.
우리는 기존 센터의 거리 풍경이 **'따스한 햇살과 가로수가 어우러진 걷고 싶은 거리'**로 변화되길 원한다.

SITE는 민원동과 창고, 주차장이 뒤섞여 보행환경이 복잡하고 열악하다.
보차를 분리한 안전한 보행로는 프로그램과 연결되며, 기존의 골목길과 닿아 있다.
보행로에서 직접 진입 가능한 2층 북카페는 슬래브 오픈하여 시각적으로 3층 문화센터와 교류하며,
다양한 프로그램에 따라 변경되는 문화센터는 주차장과 연결된다.

24시간 운영되는 공영주차장은 자주식 주차형식으로 무인운영이 가능하며,
밤에는 주차장의 조명이 반투명의 루버를 통해 흘러나와 새로운 야간 경관이 만들어진다.

가까운 거리에서 행정서비스와 더불어 문화센터와 주차 서비스를 포함하는 온양5동 행정복지센터는
'햇살을 가득 드리운 복합청사로서 **도시에 활력을 불어넣는 새로운 풍경**이 될 것이다.

수행계획 및 방법

대지현황 분석과 주변 환경을 고려한 행정복지센터 계획

수행계획 및 방법
업무에 대한 이해도

■ 과업의 범위와 내용
· 과업범위

대지위치	충청남도 아산시 시민로 286 (풍화동 677번지)
지역지구	도시지역, 제 2종 일반주거지역
대지면적	1,306.20㎡
건축면적	526.68㎡
연 면 적	2,328.54㎡ (지하: 296.88㎡, 지상: 2,031.66㎡)
건 폐 율	40.32% (법정 60%이하)
용 적 률	155.54% (법정 250%이하)
층 수	지하 1층, 지상4층
주차대수	41대 (공작식 주차장)
조경면적	212.40㎡ (계획 16.26%, 법정 15%이상)
관련법규	아산시 도시계획 조례 제51조/제56조 아산시 건축 조례 제33조 아산시 주차장조례 제9조/제10조 공공기관 에너지이용 합리화 추진에 관한 규정 제 6조/16조 선례시 및 재생에너지 개발·이용·보급 촉진법 시행령 별표2 녹색건축 인증 기준 제 7조 건축물의 에너지절약 설계 기준 제 15조/21조

· 과업수행과제

01	공사기간내에 민원실 지속 운영가능	단계별 공사를 통한 민원실 지속운영계획
02	센터의 특성을 반영한 내부조닝 계획	각 시설별 특성을 분석한 합리적 배치, 평면계획
03	친환경적이고 지속 가능한 센터운영 계획	패시브 설계기법을 통하여 에너지 효율적으로 계획
04	패시브 건축을 위한 설비 계획방향 제시	분야별 설비계획을 통한 제로에너지 건축물 인증계획

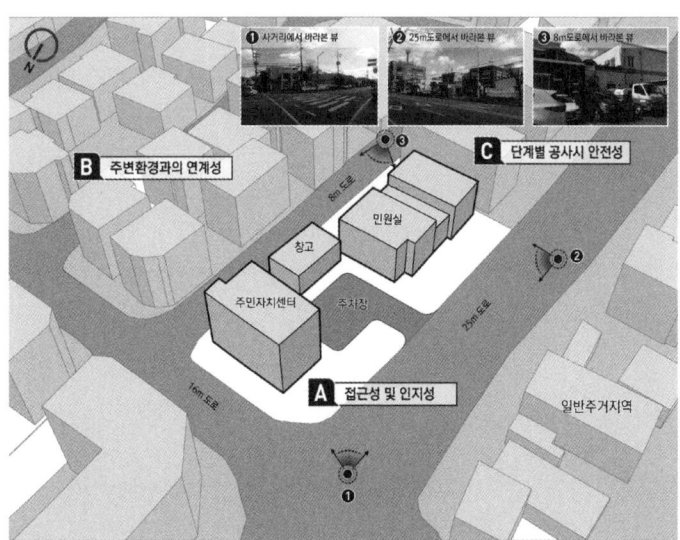

A 접근성 및 인지성
B 주변환경과의 연계성
C 단계별 공사시 안전성

■ 향/주변현황 분석
· 서측 전면도로가 위치하여 조망이 양호하고 사거리의 도로 결절점이 공공의 성격을 가짐

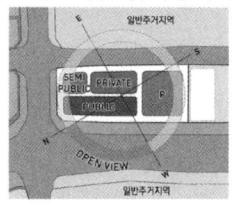

■ 접근동선 분석
· 25m도로에서 대중교통과 보행접근이 용이
· 보차동선 혼재를 막기위한 접근계획

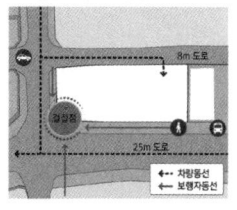

■ 주차장 시설계획

	대안 A 자주식주차장	대안 B 기계식주차장
개념	공작주차장 4개층 / H: 8m 행정복지센터	다층순환식 3단 / H: 5.03m 행정복지센터
주차대수	자주식 : 41대	41대	자주식 : 8대 기계식 : 17대	25대
외부공간	△	○
공사비	비교적 적음	비교적 큼
유지관리	무인 운영가능	운영인원 배치필요 (24시간)

■ 발생 가능한 문제점 및 개선방안

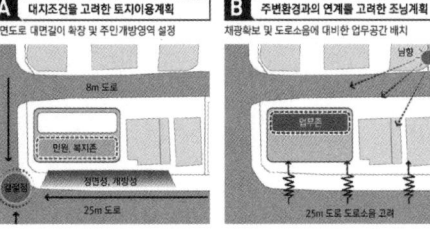

A 대지조건을 고려한 토지이용계획
전면도로 대면길이 확장 및 주민개방영역 설정

B 주변환경과의 연계를 고려한 조닝계획
채광확보 및 도로소음에 대비한 업무공간 배치

C 단계별 공사 시공안전성 및 경제성확보
1,2차공사를 통한 기존민원실 원활한 운영

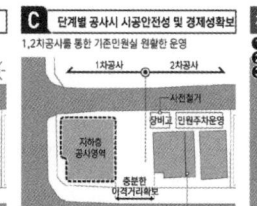

개선방안 현황분석을 통한 최적의 배치안 선정

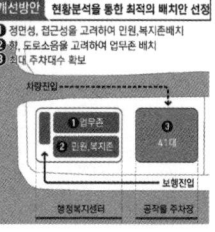

❶ 정면성, 접근성을 고려하여 민원,복지존배치
❷ 향, 도로소음을 고려하여 업무존 배치
❸ 최대 주차대수 확보

아산시 온양5동 행정복지센터

이용자의 편의성과 도시적맥락을 고려한 배치계획

수행계획 및 방법_과제에 대한 기술제안 [과제 2]
행정복지센터 특성을 반영한 내부공간 조닝 및 구조계획 제시

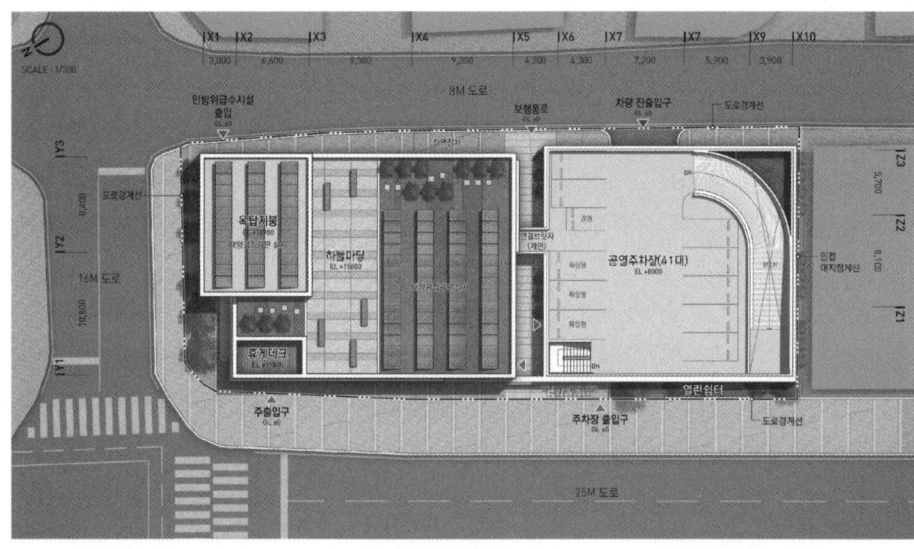

ISSUE 1 이용자를 고려한 동선 계획
- 이용자별 목적 및 사용성을 고려한 동선분리
- 명확한 동선분리를 통한 사용 효율성 증대 및 보안성강화

ISSUE 2 편리하고 안전한 보안시스템
- 운영시간에 따른 이용빈도 분석을 통한 출입관리
- 개방영역과 보안영역을 고려한 보안단계설정

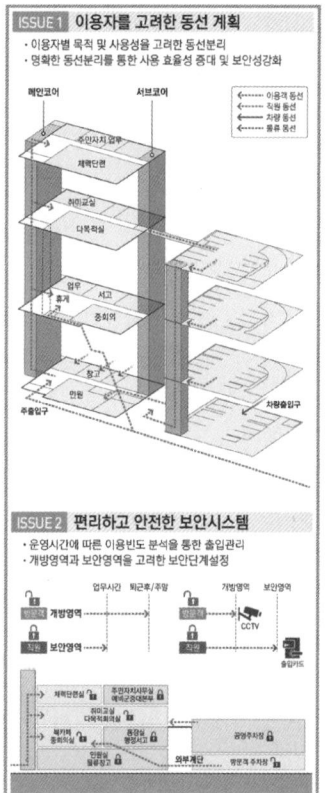

도시적맥락과 환경을 고려한 배치계획
- 단계별공사를 위한 최적의 건물영역을 설정하고 최대한 이격거리를 확보하여 접근을 위한 보행로 계획

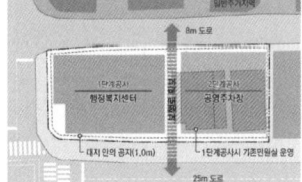

시설별특성 및 기능을 고려한 배치계획
- 시설별 집약배치를 통한 업무환경 극대화 및 민원실과 전면도로의 인접배치를 통한 편리성 확보

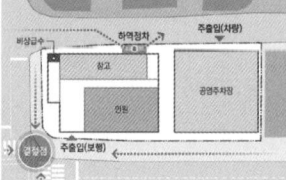

안전을 고려한 명확한 보차분리계획
- 보행동선과 교차되는 기존 차량출입구를 8m 도로변으로 변경하여 보행안전성 및 차량동선 효율성을 높임

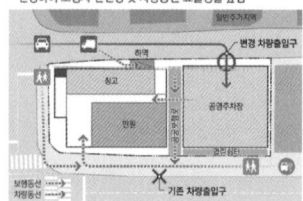

지역주민들에게 친근하고 열려있는 내부공간 조닝계획

지상1층 평면도
지상2층 평면도

민원접근 편의를 고려한 공간계획
- 전면도로에 면하는 민원실 및 공공 보행로 계획으로 지역주민의 편리한 접근확보 및 공공성 증대

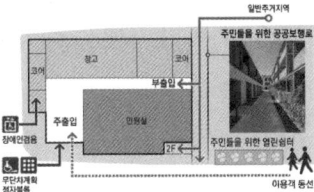

시설특성별 체계화된 조닝계획
- 민원시설과 물류창고영역의 명확한 조닝계획으로 효율적인 이용 및 통제분리가능

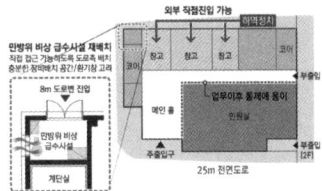

북카페(휴게공간) 특화계획
- 1층 외부에서 직접진입할 수 있는 동선으로 자유롭고 편안한 휴게공간 계획

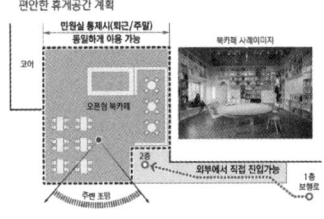

각 시설별 특성에 맞는 합리적인 층별 공간조닝계획

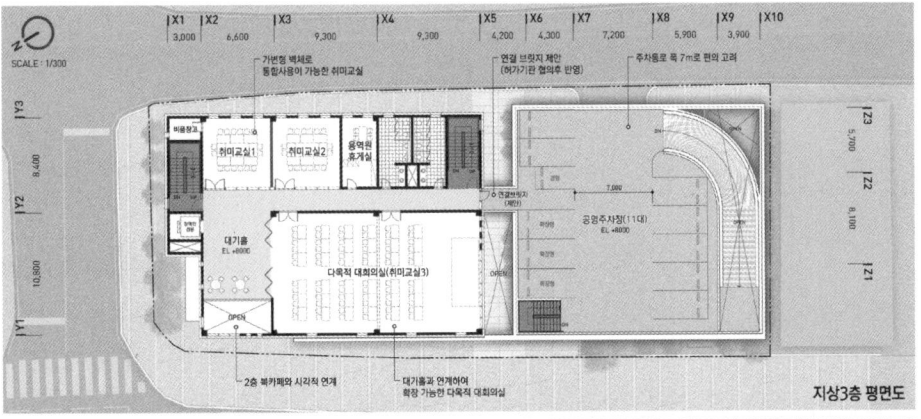

지상3층 평면도

지상4층 평면도

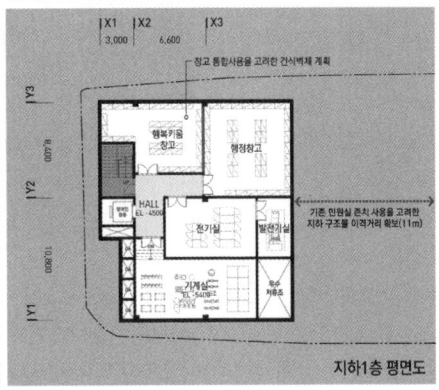

지하1층 평면도

가변형 이용이 가능한 다목적 대회의실 계획
- 가변형으로 이용가능하도록 계획하여 사용 목적에 따라 다른공간과 연계하여 다양하게 활용이 가능

안전성과 사용성을 고려한 구조계획
- 향후 1개층 수직증축을 고려한 구조설계 방안
- 민원동과 주차동을 분리한 구조계획으로 진동과 부동침하 고려

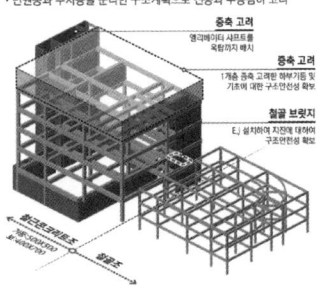

철골브릿지 구조 상세
- 취미교실, 다목적실(3F)과 주차장을 연결하는 브릿지 구조

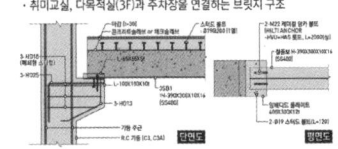

아산시 온양5동 행정복지센터

주변경관과 조화를 이루는 상징적인 외관계획

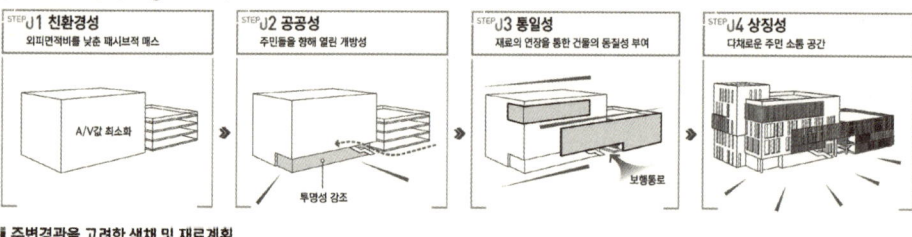
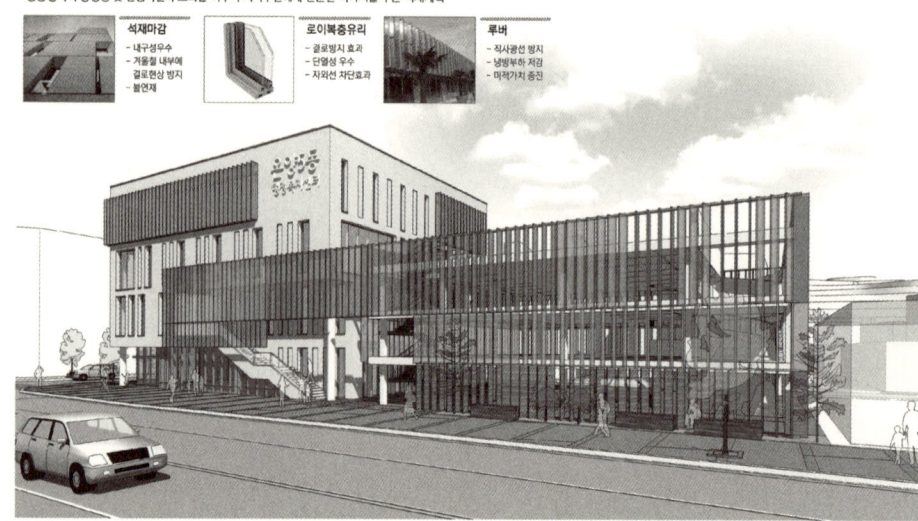
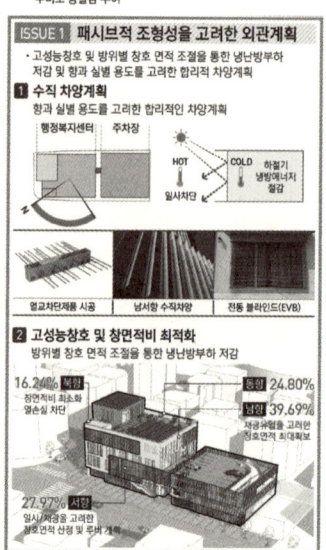

365일 지속가능한 공공건축물의 패시브 설계계획

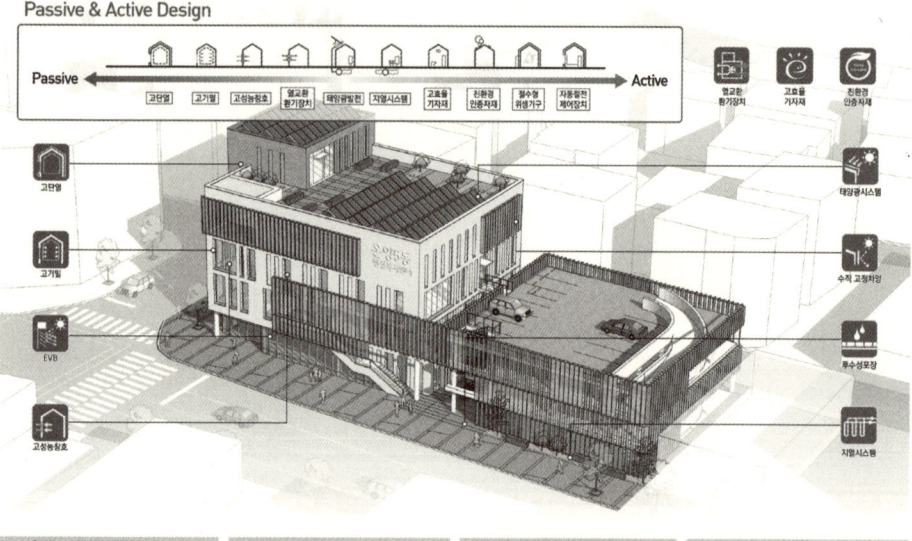
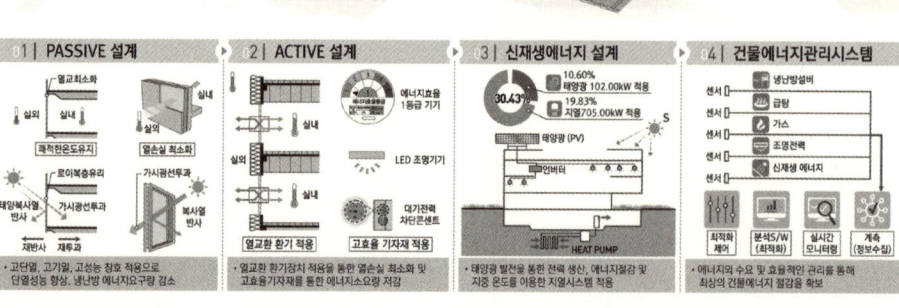
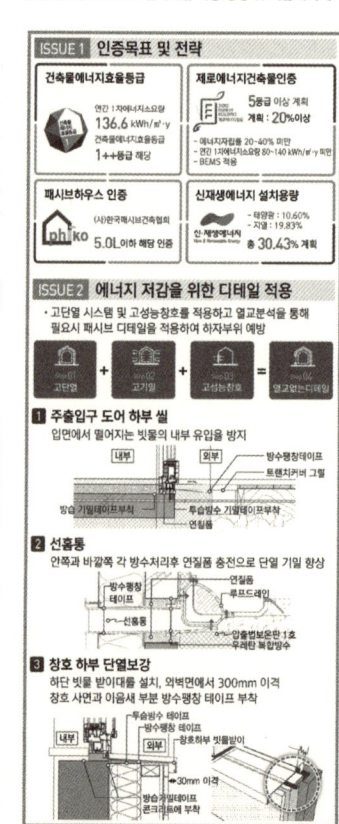

Asan-si Onyang 5-dong Administrative Welfare Center

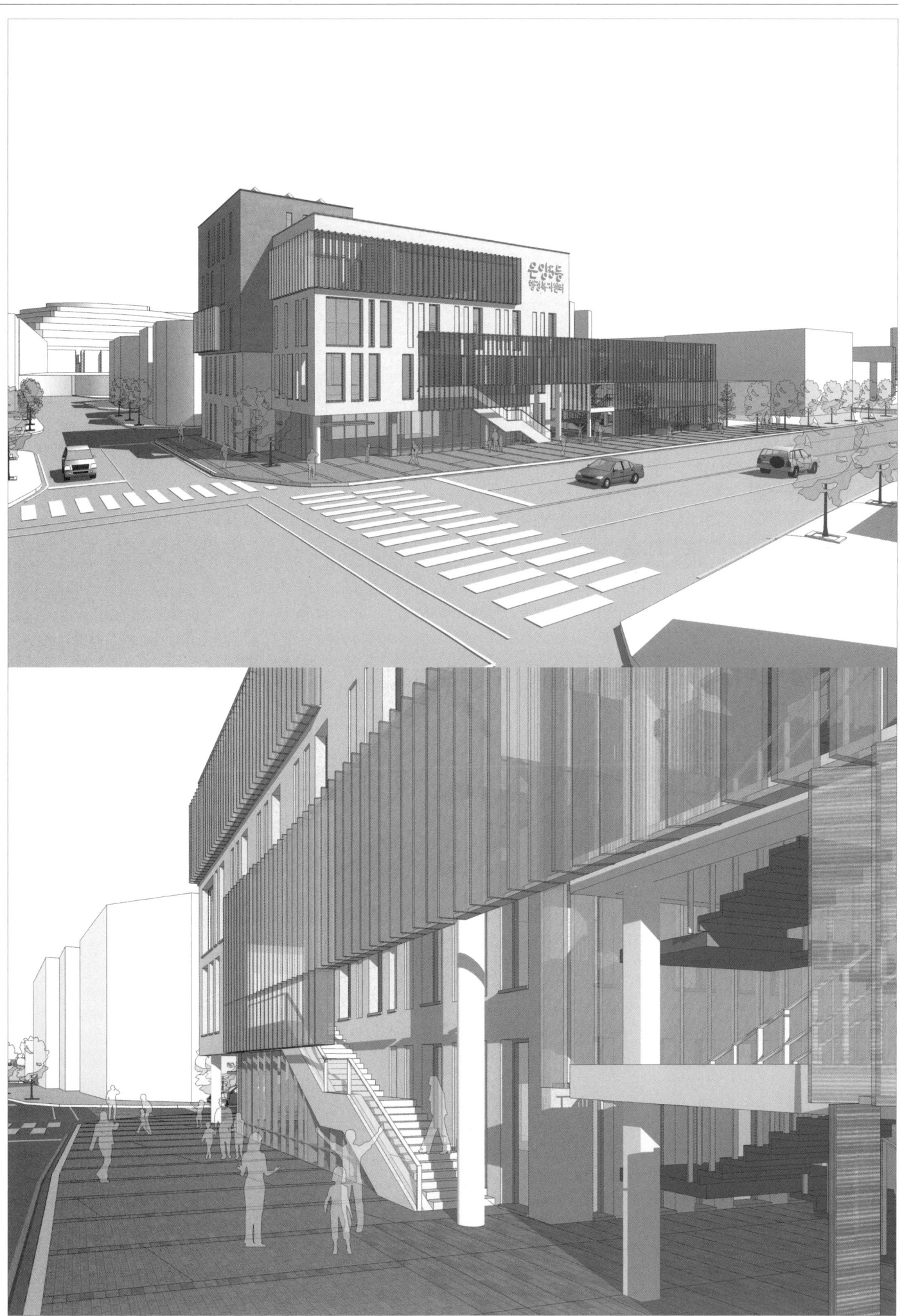

경남 사회적경제 혁신타운

당선작 (주)아이엔지그룹건축사사무소 김안경 + (주)이누건축사사무소 이문우 설계팀 최태훈, 강성민, 백경호, 황진성, 이보경, 김유경, 김성한, 강봉구, 정윤철, 김지연(이상 아이엔지)

대지위치 경상남도 창원시 의창구 창원대로 524 **대지면적** 10,985.30㎡ **건축면적** 4,764.47㎡ **연면적** 12,591.22㎡ **건폐율** 36.4% **용적률** 73.88% **규모** 지상 5층 **구조** 철근철골콘크리트조, 철골트러스 시스템 **주차** 136대

기본계획

본 계획은 낡고 기능을 잃어버린 건물에게 다양한 기능을 복합적으로 수행할 수 있는 기능과 슬럼화된 도시풍경을 재활성시킬 수 있는 디자인을 통해 기존건물과 어울러져 새로운 도시풍경을 제공한다. 계획의 중점은 창원의 근대화를 상징하는 기존 건물과 그 장소성을 존중하고, 근대건축물이 가지는 의장요소를 최대한 보존하는 방안을 고안했다.

배치 및 평면계획

리모델링 방안으로는 비워진 중앙광장을 활용하여 각 건물들과의 유기적인 연계가 가능하고 다양한 문화 및 행사, 만남이 이루어지는 동남스퀘어로 계획하였으며, 대공간인 본관동은 기존의 높은 층고를 활용해 내부에서 1개층 수직 증축을 하여 열린 공간으로 계획했다.
증축부인 사회석기업 입주공간은 기존 건물 상부로 볼륨을 수직 증축하고 각 시설별 동선체계를 분석하여 각 영역을 독립적으로 운영할 수 있도록 계획했다. 또한, 입주영역을 모듈화된 가변형 벽체로 구획하여 다양한 규모와 형태의 기업이 입주할 수 있다.

구조 및 입면계획

창원대로에서 새로운 도시풍경을 만들 수 있도록 기존 건축물을 최대한 보존하고, 기존 건물의 디자인 의장 요소인 입체트러스를 차용하여 증축되는 건물의 구조부를 입체트러스로 계획했다. 가벼운 디자인의 유리 매스를 통해 기존의 건물과 조화되고 상징적인 요소로 새로운 경관을 연출한다.

Basic plan

The proposal aims to create a new cityscape in harmony with existing buildings by renovating a deteriorated building losing their own functions with a new program that can provide various combined services and a new design that can give new life to the scenery of an urban area turning into a slum. Also, it tries to respect the original building and its sense of place, which serve as a symbol for the modernization of Changwon, and it preserves decorative elements of this modern building as much as possible.

Site & Floor plan

According to the proposed remodeling solution, the emptied central plaza is transformed into Dongnam Square where buildings establish an organic connection with each other and various cultural events and encounters take place. As for the main building with a large space, the original structure with a high floor height is efficiently used to extend the interior vertically by one story so that the building can provide an open space. As for the extension area assigned for social enterprises, the building volume is extended vertically on top of the existing structure, and the circulation system of each facility is analyzed to enable independent operation of each program. Also, a transformable wall system is implemented to subdivide the area for social enterprises so that various businesses with different sizes and forms can move in.

Structure & Elevation

To create a new cityscape on Changwon-daero, the existing structure is preserved as much as possible, and a three-dimensional truss system, one of the decorative elements of the original building, is applied again to the structure of the extension. The glass mass with a simple design blends well with the existing building and becomes a symbolic element that creates a new scenery.

Prize winner ING GROUP ARCHITECTURE_Kim Ankyung + ENU Design Studio_Lee Moonwoo **Location** Uichang-gu, Changwon, Gyeongsangnam-do **Site area** 10,985.30m² **Building area** 4,764.47m² **Gross floor area** 12,591.22m² **Building coverage** 36.4% **Floor space index** 73.88% **Building scope** 5F **Structure** SRC, Steel truss system **Parking** 136

Gyeongnam Social Economic Innovation Town

경남 사회적경제 혁신타운

배치도

지상 1층 평면도

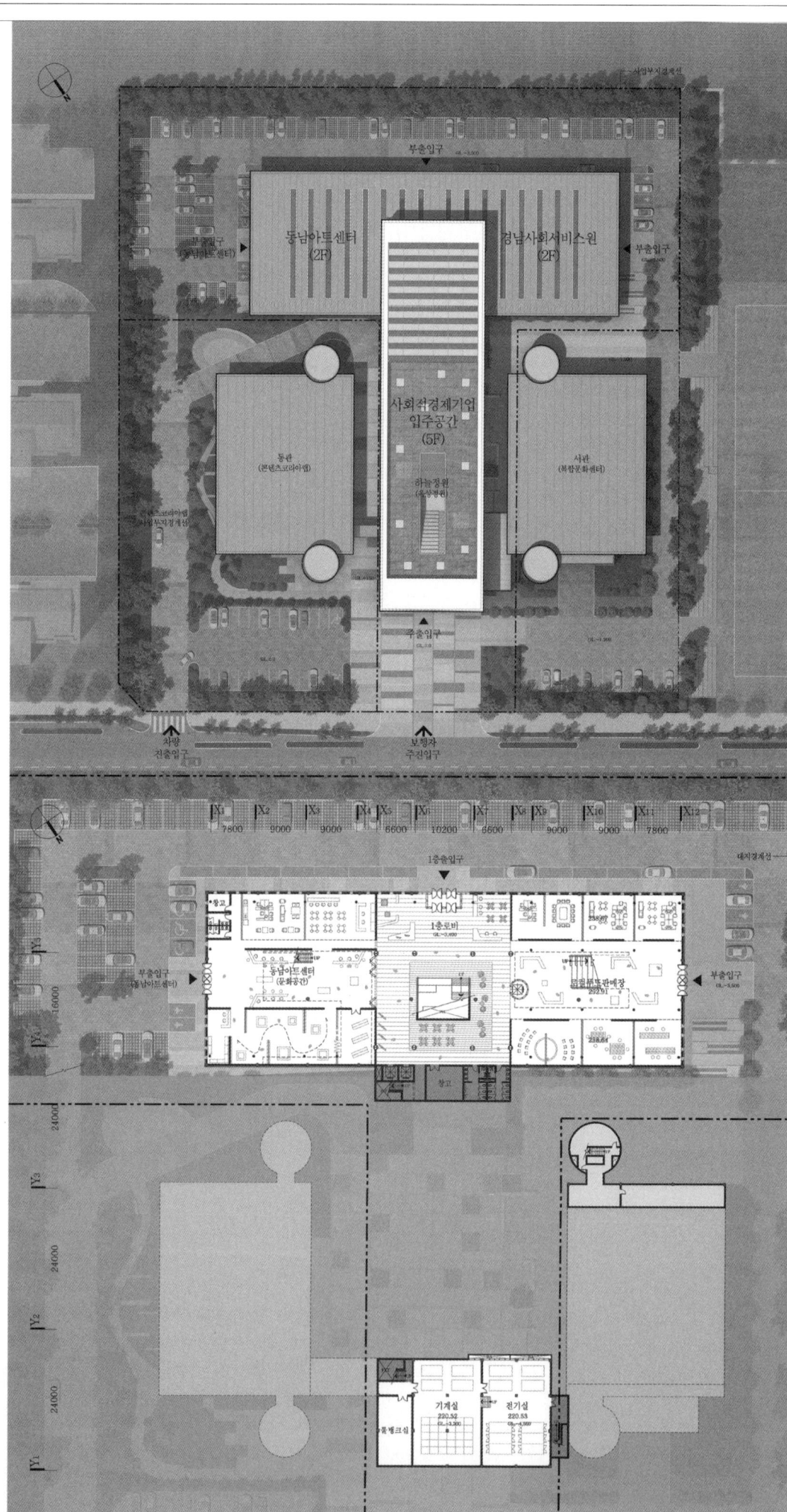

Gyeongnam Social Economic Innovation Town

지상 2층 평면도

지상 3층 평면도

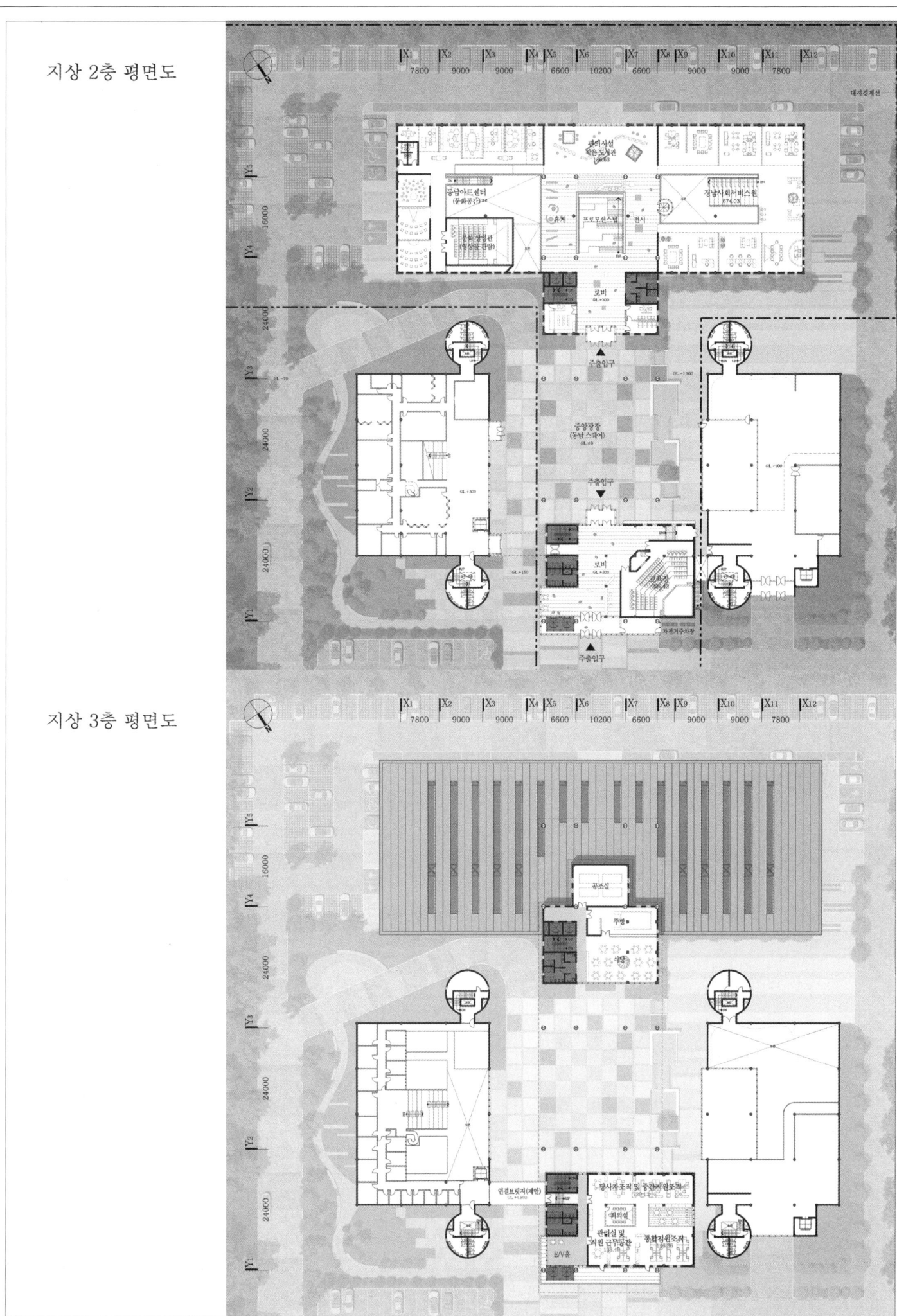

경남 사회적경제 혁신타운

지상 4,5층 평면도

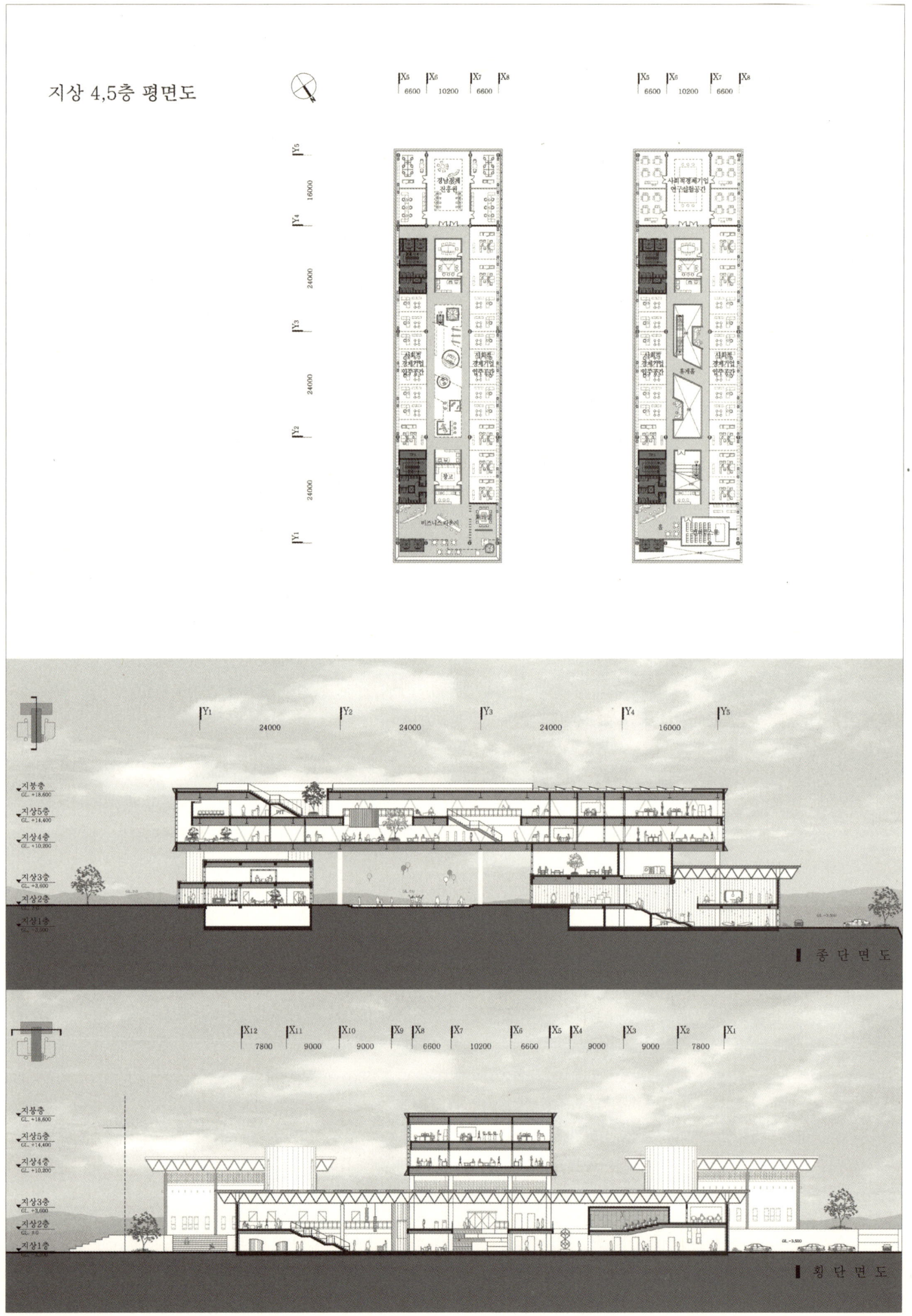

종단면도

횡단면도

Gyeongnam Social Economic Innovation Town

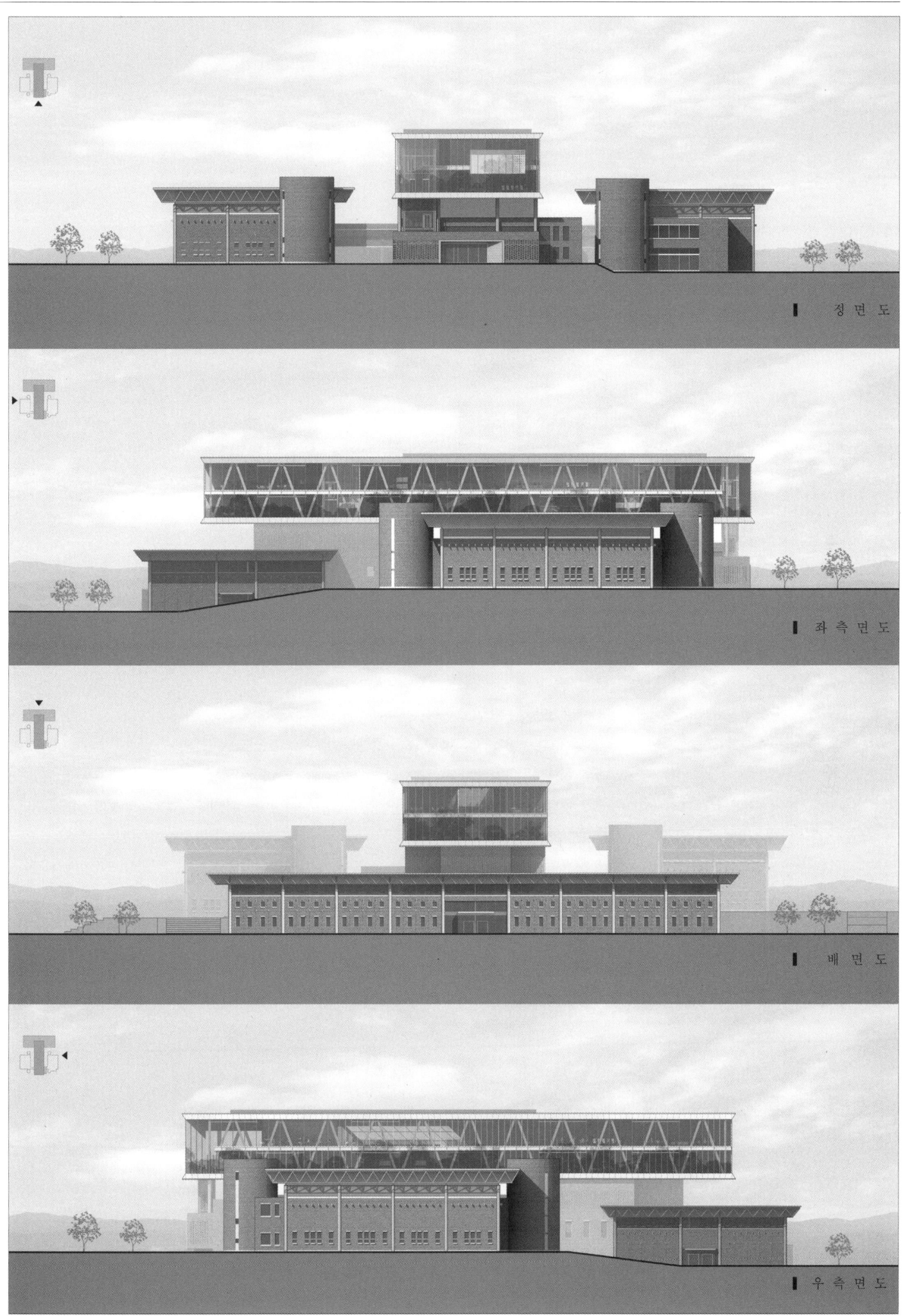

정면도

좌측면도

배면도

우측면도

춘천ICT벤처센터

당선작 (주)건축사사무소 한울건축 이성관 설계팀 류태영, 박소연, 김봄, 최하훈, 이호준

대지위치 강원도 춘천시 후평동 623-50번지 **대지면적** 8,265㎡ **건축면적** 2,868㎡ **연면적** 15,680㎡ **건폐율** 34.7% **용적률** 189.7% **규모** 지하 1층, 지상 7층 **최고높이** 32.1m **구조** 철근콘크리트조 **외부마감** 저반사 로이 삼중유리, 알루미늄 패널 **주차** 151대(장애인 주차 4대 포함)

춘천ICT벤처센터는 주변의 환경과 반응하며, 지역경제 및 창업 활성화를 도모하는 유기적인 공간이 요구된다. 앞으로의 업무공간은 이용자들의 창의력을 자극하며, 협업과 소통이 가능한 쾌적한 공간, 다양한 업무 형태를 수용할 수 있는 유연성 있는 공간들이 필요하다.

펼쳐진 낮은 건물
선형의 매스를 펼침으로써 대지를 적극적으로 활용하였고, 북측의 공원을 포용하고 남측 방향의 열린 정면성을 지닌 배치를 하였다. 낮고 펼쳐진 건물은 입주자 간의 교류를 높이고 마주침을 증가시켰다. 또한 편복도와 아트리움 계획으로 자연환기 및 채광을 확보하였다.

공원 위의 작업공간
대지와 보행 도로, 북측 공원을 통합 계획하여 대지 내의 공원이 확장되면서 도시적으로 연결성을 갖는 계획을 하였다. 외부동선은 보차가 분리되어 있으며, 공원과 연계하여 자연스럽게 내외부 녹지를 연결해 준다.

커뮤니티 코리더
다양한 사람들이 의도하지 않은 접촉으로 인한 창의적인 발상에 영향을 받을 수 있는 장소이다. 코어와 공용기능을 집중적으로 배치하여 입주기업 간의 교류를 유도하였다.

Chuncheon ICT Venture Center is expected to become an organic space that interacts with its surrounding environment and promotes local economy and start-ups. Future workplaces should be able to simulate the creativity of users, provide a pleasant environment efficient for collaboration and communication and ensure flexibility to accommodate various types of business activities.

A lowly spread building
The proposed linear mass design aims to make full use of the land. The center itself is arranged to embrace a park in the north and have its front open towards the south. The building's lowly spread form increases the chances of interaction or a casual encounter taking place among users. The gallery-type corridor system and atrium provide natural lighting and ventilation.

A workplace nestled above the park
The proposed master plan integrates the site, adjacent pedestrian paths, and the existing park in the north so that the parking within the site can expand to establish a new urban network. The external circulation plan separates pedestrians and vehicles while connecting green areas inside and outside seamlessly by establishing linkages with the park.

Community Corridor
The new center is a place where casual encounters among all the different people kindle creative inspiration. The core and public features are concentrated together to bring about active interactions among tenant companies.

Prize winner HANUL Architects & Engineers Inc._Lee Sungkwan **Location** Chuncheon, Gangwon-do **Site area** 8,265m² **Building area** 2,868m² **Gross floor area** 15,680m² **Building coverage** 34.7% **Floor space index** 189.7% **Building scope** B1, 7F **Height** 32.1m **Structure** RC **Exterior finishing** Low-reflective low-E triple glass, Aluminum panel, **Parking** 151 (including 4 for the disabled)

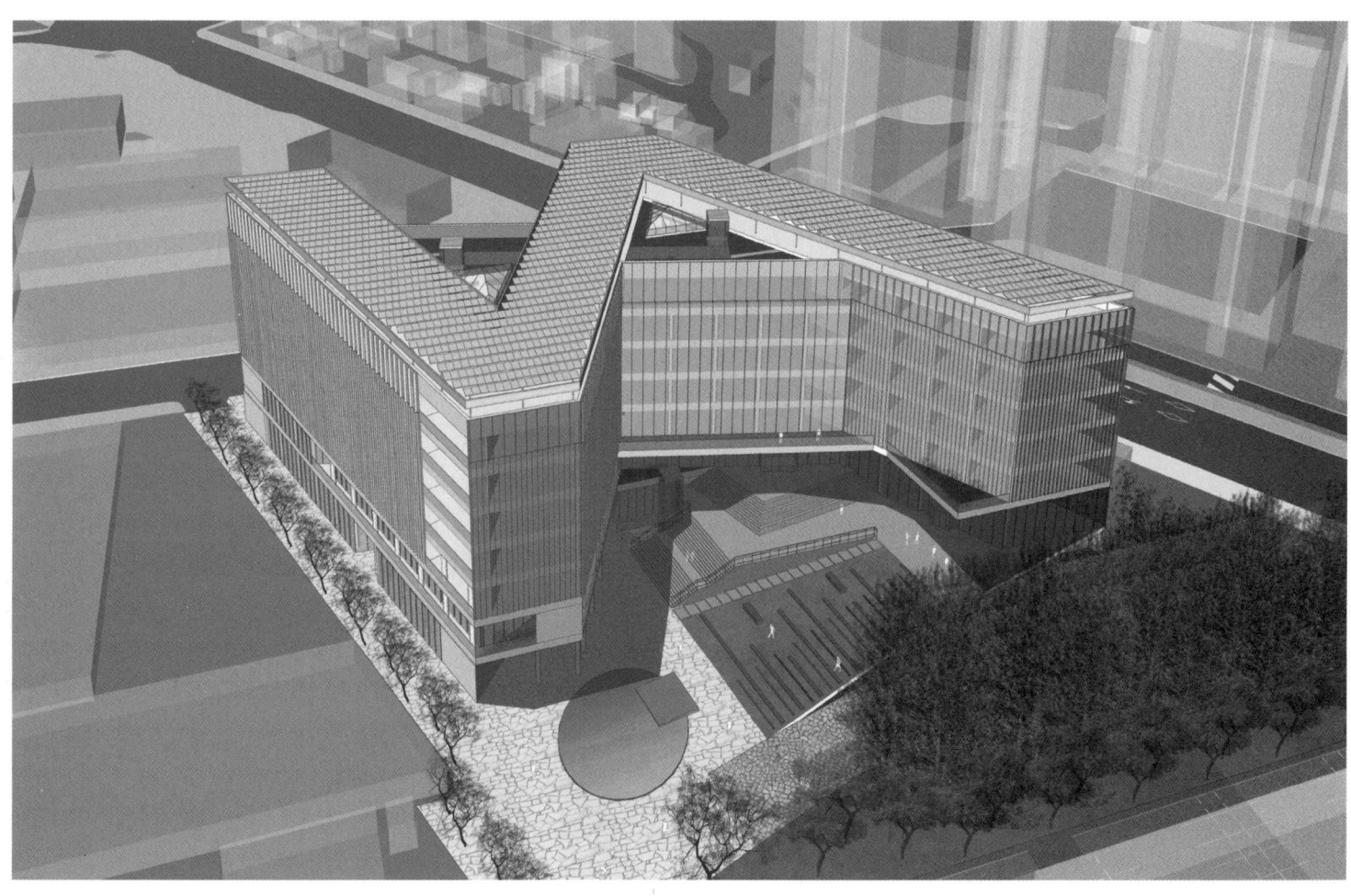

Chuncheon ICT Venture Center

디자인컨셉

1. 펼쳐진 건물

01 선형의 massing

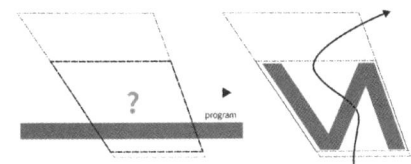

대지를 적극 활용하여 배치
주어진 대지를 적극 활용하려고 했다. 이는 매스를 집중시켜 주변에 대지를 내어주는 것이 아닌 매스를 펼침으로써 대지를 적극 활용하기 위함이다. 넓게 펼침으로써 북측의 공원과 남측의 입구를 내어주는 동시에 연결해주는 계획이다.

02 평면 process

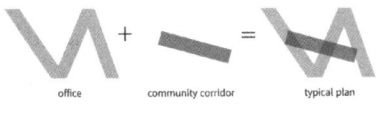

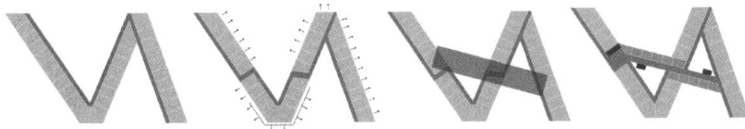

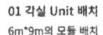

01 각실 Unit 배치
6m*9m의 모듈 배치

02 선택적 조망
서측 아파트의 시선 간섭을 피하고, 북측 공원 뷰를 고려하여 실 배치

03 Community Corridor
커뮤니티 코리더를 넣어 동선의 순환 및 interaction 유도

04 공용 기능 배치
커뮤니티 코리더 중심으로 코어 및 공용 기능 집중 배치

편복도형과 중정형의 조합
편복도형과 중정형의 조합으로 자연채광과 환기에 유리하며, 동선의 효율을 높였다.

2. 낮춘 건물

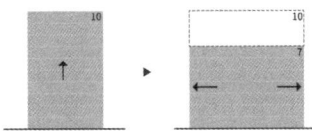

수직에서 수평으로
- 창의성을 위한 interaction 고양
- 공용면적 비율 낮춤
- 수직 증축 유리
- 인근 apt(19층), 인접 지식산업센터(9층) 대응에 유리 (민원)

집약시켜 높인 건물이 아닌 저층으로 낮춘 건물을 계획하였다. 이는 수평적으로 펼침으로써 입주자간의 interaction을 높이고 마주침을 증가시킬 수 있다. 또한 공유면적의 비율을 낮추고 수직 증축도 가능하도록 했다.
맥락적으로는 서측의 아파트와 북측의 지식산업센터의 조망에 대한 간섭을 줄이며, 대지를 적극적으로 활용하여 배치 계획하였다.

3. 공원화 (floating studio)

01 공원 위의 작업 공간

02 저층 공공 영역 만들기

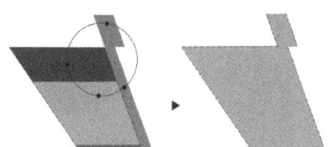

대상지
보행도로
유수지(공원)
→ 분리된 3구역을 통합하고
녹지를 공원화하여 공공 영역으로 만들기

4. 지원시설의 집중과 분산

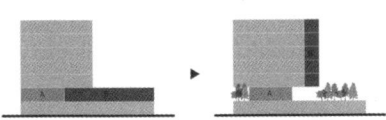

지원시설의 분배 - 지원시설을 이분화하여 집중과 분산 배치
- 2층: 세미나실, 지원사무실, 근린생활시설
- 3-7층: 소회의실, 휴게공간, 오픈라이브러리

입주기업 영역 (보안영역)
지원시설 영역

5. 조망 여건 (context view)

01 주변 조망의 간섭

대지는 거시적 조건으로 봤을때는 제법 좋은 위치에 있다. 북측에 소양강이 흐르고 서측에는 봉의산이 있으며, 남동측은 낮은 산업단지들로 원경의 산이 보인다.
그러나 미시적인 조건으로 본다면 북측에는 새로 들어오는 지식산업센터로 소양강은 보이지 않고 서측의 봉의산도 아파트 단지로 인해 시선이 간섭된다.

따라서 우리가 제안하는 안은 롬세 경관을 찾을 뿐 아니라 조망을 직접 계획한다. 즉 북측의 공원(유수지)을 적극 계획하여 새로운 내향적 조망을 계획하였다. 북측의 인접한 건물(지식산업센터)로 인한 조망의 간섭은 대지 내의 공원을 활용하여 내부적으로 새로운 조망을 만들었다.

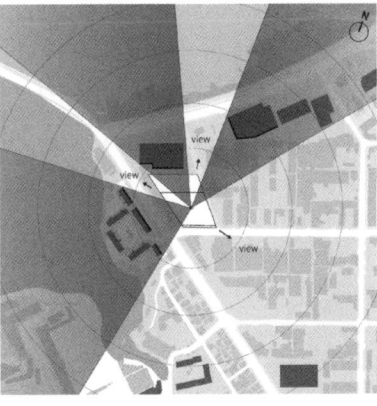

02 높이에 따른 조망

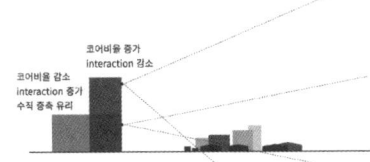

저층에서 보이는 뷰

고층에서 보이는 뷰

춘천ICT벤처센터

master plan

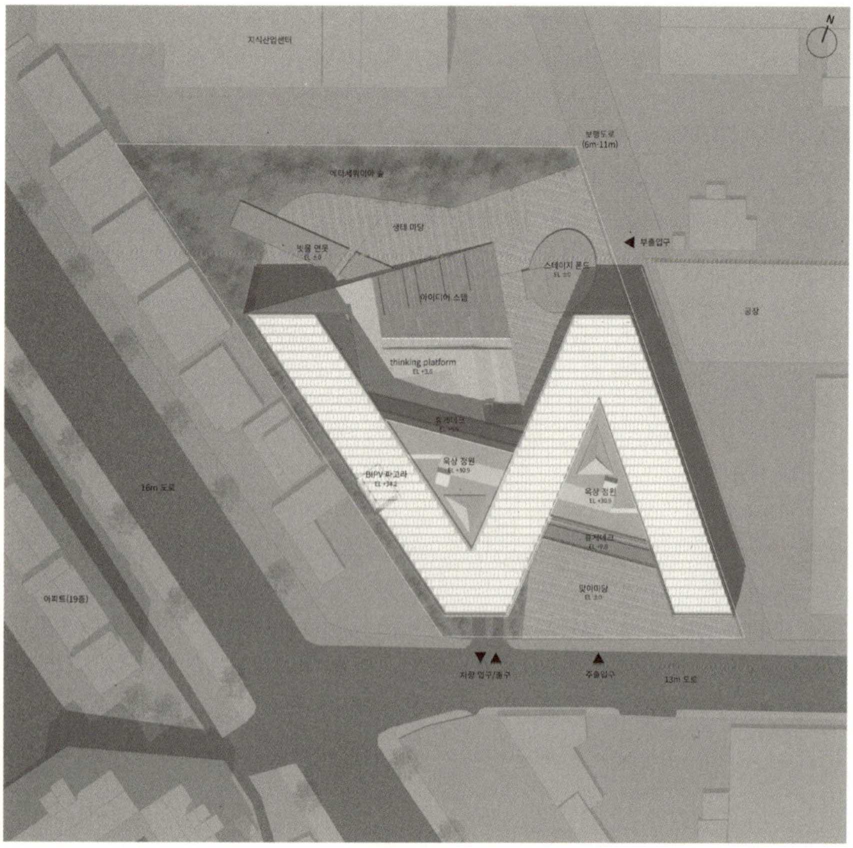

location map

SITE는 북으로 소양강, 남으로 저층형 공장들로 열려있는 원경을 가지고 있지만, 북측의 소공원(유수지)을 지나 9층 규모의 지식산업센터, 서측으로는 아파트가 위치하여 북서측은 대체로 건물들에 병풍처럼 둘러싸여있다. 또한, 산업단지 내 녹지나 공원 등 쾌적한 환경을 제공하는 기반시설이 부족한 상황이다.

site analysis

circulation
- 보행자 : 동측, 남측의 계획도로를 통해 진입
- 차량 : 남측 전면도로를 통해 진입

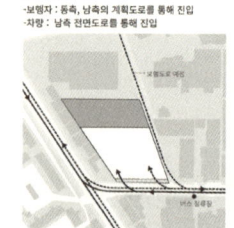

view
- 남동측 저층형 공장 지역으로 3층이상 조망 유리
- 아파트와 지식산업센터 사이로 조망확보 가능

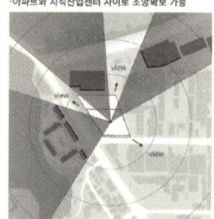

context
- 북측 지식산업센터, 서측 아파트와 시각적 간섭
- 소공원, 보행로 및 도시계획도로로 상호 연결 필요

axiality
- 도로에 의해 자연스럽게 생기는 강한 도로 축
- 지식산업센터와 대지경계선의 모양에 의해 생기는 축

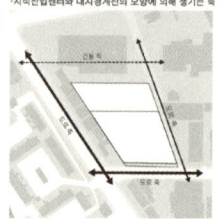

평면 계획

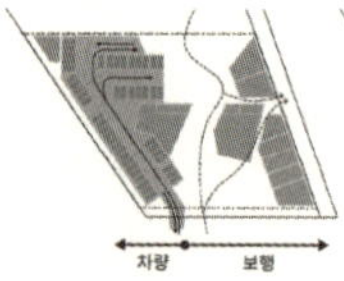

01 지상주차장과 진입광장으로 명확한 보차 분리
02 보행동선을 고려한 근린 생활 시설 배치 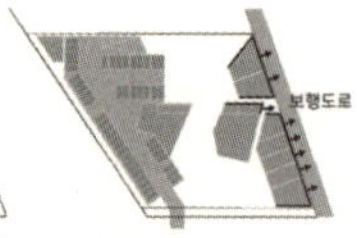
03 지하주차장 DA계획으로 자연환기, 자연채광 확보 
04 이용자에 따른 지상, 지하 주차장 분리 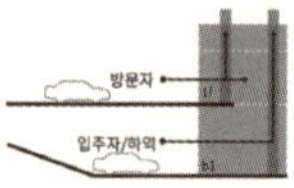

B1f 1:800

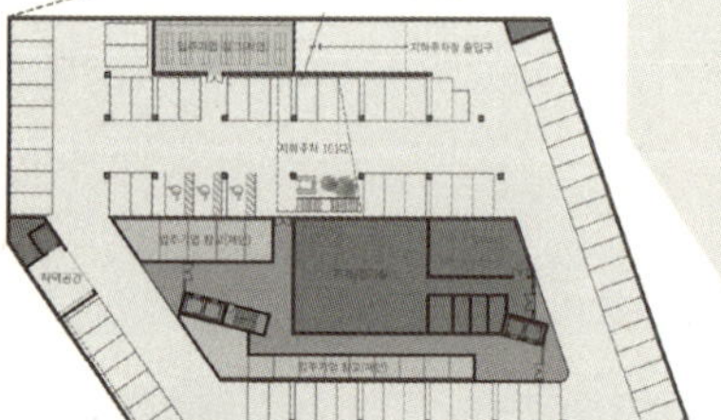

1f 1:500

Chuncheon ICT Venture Center

평면 계획

2f 1:500

01 지원 사무실의 보안영역 계획
02 2층과 연결된 테라스와 계단
03 기능별 최적의 층고 계획

2층 아트리움 로비 공간
공원을 바라보고 있는 2층의 코워킹 스페이스

2층으로 진입하면 대공간의 커뮤니티 공간을 마주하게 된다. 쾌적하고 밝은 분위기의 공간은 외부의 공원과 연계되고, 상부 각 층의 보이드로 연결되는 개방감을 가지는 공간이다. 업무시설 중 입주자 + 외부인이 사용할 수 있는 공공의 성격을 가지는 교류, 공유 가능한 프로그램으로 구성되고, 외부의 업체와 미팅, 입주기업 행사지원, 자유로운 독서 및 휴식이 가능한 오픈라이브러리 등이 있으며 가변적인 구획을 갖는 유연한 공간으로 계획했다.

평면 계획

3-7f 1:500

Community Corridor

지원시설의 집중과 분산

지원시설의 분배
- 지원시설을 이분화하여 집중과 분산 배치
- 2층: 세미나실, 지원 사무실, 근린생활시설 (입주자+외부인을 위한 공간)
- 3-7층: 소회의실, 휴게공간, 오픈라이브러리 (입주자들을 위한 공간)

Community Corridor - 창의적인 발상이 떠오르는 공간

다양한 사람들이 의도하지 않은 접촉으로 인하여 창의적인 발상에 영향을 받을 수 있는 기회를 제공하는 장소로서 멈추거나 고정된 채로 장시간에 걸쳐 이야기를 나누기 보다는 유동적이고 속도감 있는 접촉의 빈도가 높은 공간이다.

커뮤니티 코리더
아트리움과 복도

01 가변적 모듈 확장 가능
02 맥락에 대응한 다양한 뷰 확보
03 편복도 계획으로 자연환기 용이
04 아트리움을 통한 자연채광 및 환기

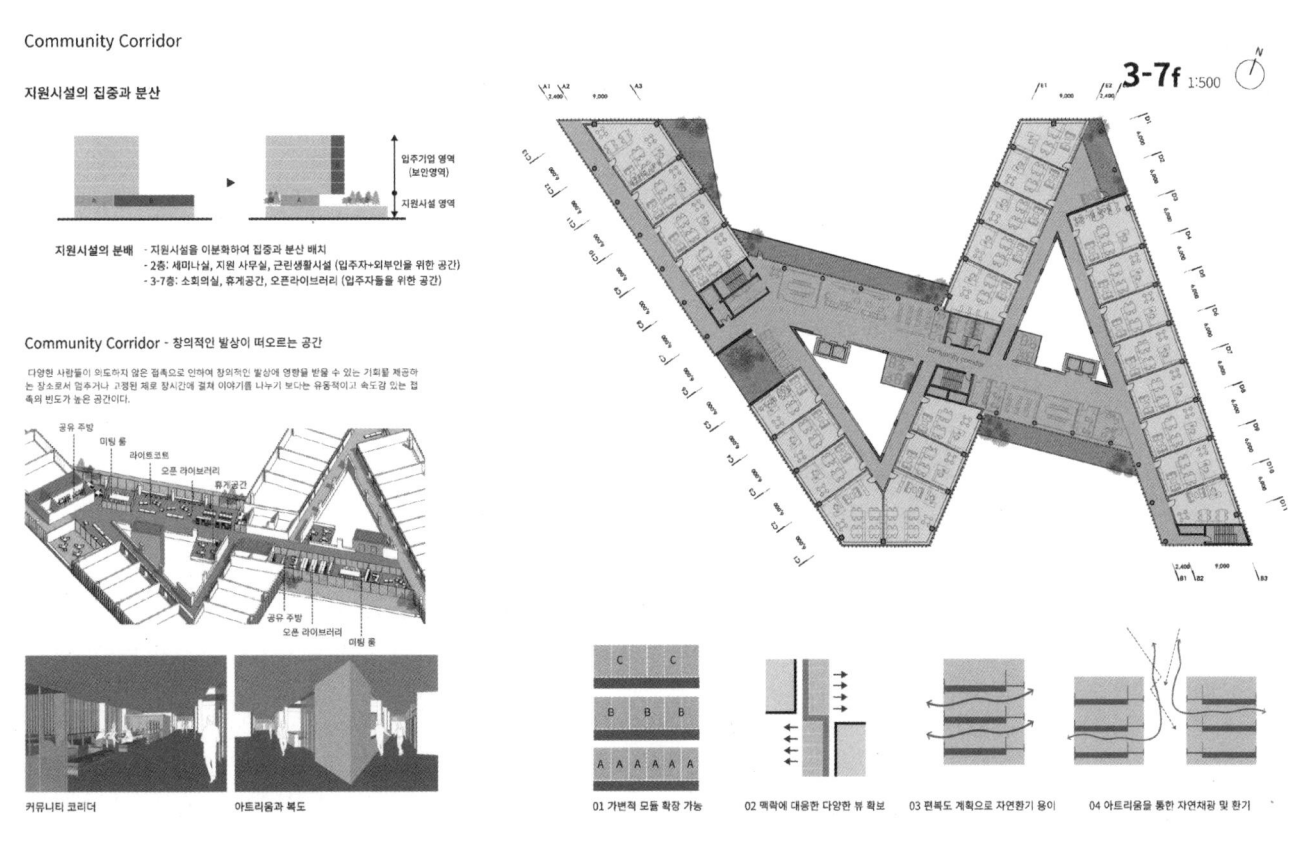

춘천ICT벤처센터

입면 계획

주변 환경에 반응하는 입면 (Responsive Facade)
복잡한 매스로 구성되었기에 입면의 재료는 최대한 단순화 하였다. 또한 땅에서 들어올려진 건물의 개념이 입면에 드러나도록 저층부와 상층부의 입면을 분할하여 구성하였으며, 향 및 조망에 따라 달라지는 타입의 루버를 설치하여 주변 환경에 대응할 수 있도록 하였다.

도시 관리계획반영 계획
- 형태 및 외관 : 건축물의 외벽은 전면, 측면 구분 없이 모든 면의 마감을 동일한 수준으로 계획하고, 알루미늄 루버, 유리등의 소재를 적용하였다.
- 색채 : 주조색은 시가지 경관과 조화되는 무채색계열의 석재와 유리로 마감하였고, 내부 롤스크린의 색상을 Y,GY계열의 보조색 및 강조색을 적용하여 매일 변화하는 입면을 볼 수 있다.

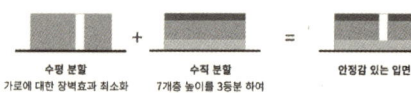

기능에 따른 루버 타입
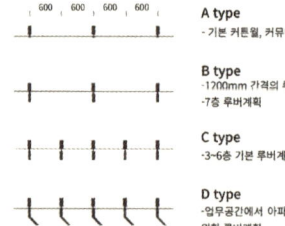

A type
- 기본 커튼월, 커뮤니티 공간에서의 개방감 고려

B type
- 1700mm 간격의 루버로 다른 입면을 구성
- 7층 루버계획

C type
- 3~6층 기본 루버계획

D type
- 업무공간에서 아파트와의 시각적 간섭을 줄이기 위한 루버계획

E type
- 시선간섭을 피하고 입면에 리듬을 주는 루버계획

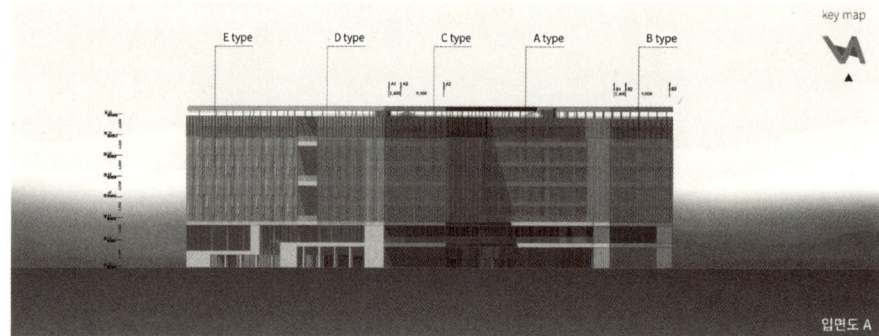

입면도 A

변화하는 입면
- 유리와 루버로 이루어진 단순한 파사드와 더불어 내부 롤스크린의 색상에 관리계획 상 보조색 및 강조색을 적용
- 입주자의 활동에 따라 변화하는 입면

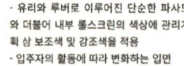
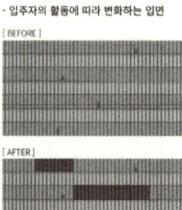

재료 계획
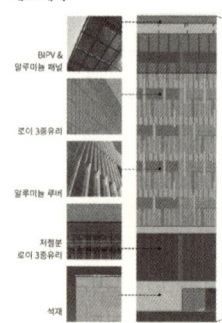

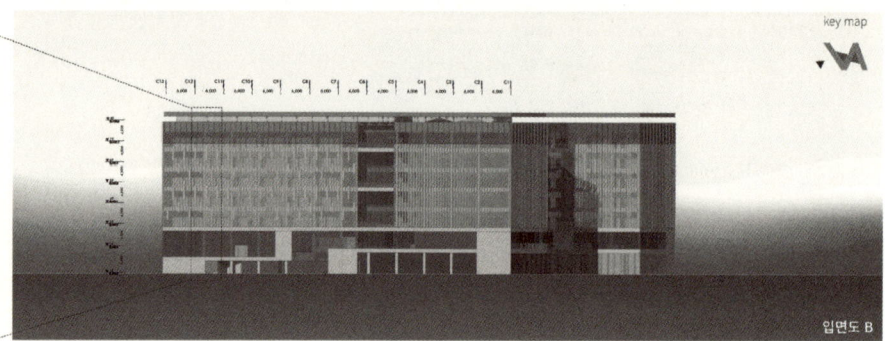

입면도 B

단면 계획

북측 지식산업센터와의 시각적 간섭을 피하기 위해 소공원에 차폐식재를 계획하여 내향적인 조망을 계획하였다. 업무의 스트레스를 줄이기 위한 대안으로 공공성을 가지고 있는 2층까지 땅을 들어 올려 녹지를 확장하고 각층마다 녹지공간을 두어 입체적으로 자연이 건물에 스며들게 하였다. 저층의 공간은 다양한 사람들이 방문하고 소통과 교류를 할 수 있는 공간으로 계획 했으며, 새로운 가치를 만들어내는 것 뿐만 아니라 전시, 홍보로서의 기능을 더하게 된다.

입체적 녹지공간
북측의 공원을 끌어들여 녹지 확장

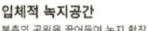
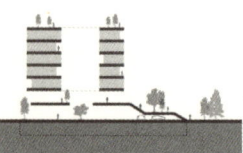

명확한 조닝 계획
지원 영역과 입주기업 영역을 명확하게 구분

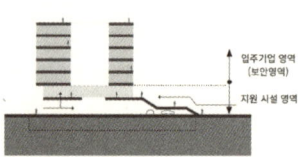

자연채광 및 환기
아트리움을 통해 자연환기 및 채광 확보

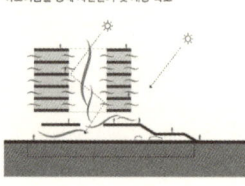

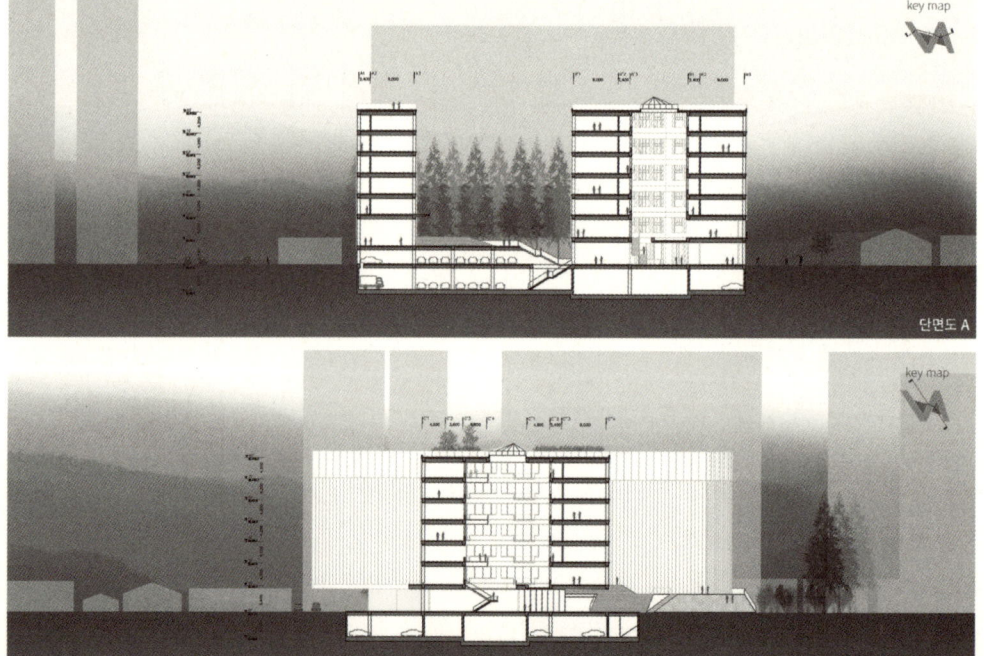

단면도 A

단면도 B

Chuncheon ICT Venture Center

친환경 계획 / 조경 계획

■ 조경계획
- 식재 프로그램
- 포켓쉼터 상세계획 (포켓쉼터 / 포켓조경 / BIPV파고라)
- 외부 공간 계획 (차폐식재 / 주차장 녹지화)
- 공원과 연계된 계획

■ 에너지 절감계획
- ACTIVE 설계기법
- PASSIVE 설계기법
- 건축적 친환경 기법

■ 녹색건축 계획

■ 친환경 종합계획도

청학동 행정복지센터 복합청사

당선작 (주)제이앤제이건축사사무소 최종천 + (주)디본건축사사무소 김태명 설계팀 오영훈, 박지은, 김혜지, 조유진, 윤지환(이상 제이앤제이) 오희성, 류수연(이상 디본)

대지위치 인천광역시 연수구 청학동 169-1번지 외 다수 **대지면적** 2,739.00㎡ **건축면적** 1,515.16㎡ **연면적** 4,212.41㎡ **조경면적** 481.15㎡ **건폐율** 55.32% **용적률** 87.46% **규모** 지하 1층, 지상 4층 **최고높이** 19.8m **구조** 철근콘크리트조, 철골조 **외부마감** 테라코타패널, 청고벽돌, 로이복층유리 **주차** 76대(장애인 주차 3대, 확장형 31대, 경형 7대 포함)

계획개념
청학동 주민센터는 시설 노후와 협소한 공간으로 인한 주민들의 이전건립 요구가 많았다. 행정뿐 아니라 문화, 여가, 복지, 주차장 등 필요한 시설을 설치해 지역 공동체 거점 역할을 수행할 수 있도록 신축을 추진하였다. 이에 청학동 행정복지센터 복합청사는 '자연, 문화, 역사의 흐름을 잇는 지역사회로의 켜'를 바탕으로 '청학루'라는 기본개념을 제시하고 그 속에서 백제사신 길과의 연계, 문학산의 산세를 이어주는 등 지역사회와 공존하는 공공건축물로 재탄생시켰다.

배치계획
전면 도로축에 대응하여 평행하게 배치하고, 매스를 분절하여 서로 다른 스케일을 가지는 도시의 흐름을 중간에서 이어주는 역할을 함과 동시에 건물 뒤로 이어지고 있는 녹지로 틈을 주어 자연 속에서 숨 쉬는 도시 조직이 되도록 유도하였다.

평면계획
지하 1층은 합리적 모듈계획을 통해 주차공간을 확보하고 설비공간을 집약배치했다. 지상 1층은 다방면의 접근계획을 통해 주민의 편의성을 향상시켰다. 옥외공간과 연계된 지상 2층은 입체적 공간계획을 구현했고, 지상 3층은 신체적 건강증진을 통해 활기찬 관계 및 밝은 마음을 나누는 동적 공간으로 구성했다. 마지막으로 지상 4층은 독립적 코어를 통해 기능별 조닝 및 접근성을 확보했다.

Concept
The original community center became deteriorated and small, many people called for its relocation and reconstruction. In response to that, a new construction project is set out with the goal of introducing a major community venue that provides combined programs of culture, recreation, welfare and residential parking, in addition to administration services. This proposal defines the main concept as 'Cheonghaknu' under the idea of 'adding a new layer to the local community to connect natural, cultural, and historical flows'. Based on such a concept, it aims to transform the community center into a public architecture that establishes connection with Baekje Sashin Gil, connects natural features of Munhaksan Mountain and ultimately interacts with the local community.

Site plan
The building is positioned in parallel with the front road, and its mass is designed to have a fragmented volume so that it can serve as a linkage among various urban flows formed on different scales. Several gaps are opened up in the direction of a green area behind the building to make the urban fabric breathe with nature.

Floor plan
As for the 1st basement floor, an efficient modular system is adopted to provide a sufficient parking area, and equipment rooms are concentrated together. On the ground floor, access routes are laid in multiple directions to increase user convenience. The 1st floor connected with an outdoor space have a three-dimensional space layout. The 2nd floor is a dynamic space that promotes physical health to encourage vigorous interaction and delightful communi-cation. Lastly, the 3rd floor has an independent core structure that enables function-specific zoning and ensures accessibility.

Prize winner J&J Design Group_Choi Jongcheon + design bon architects_Kim Taemyung **Location** Cheonghak-dong, Yeonsu-gu, Incheon **Site area** 2,739.00m² **Building area** 1,515.16m² **Gross floor area** 4,212.41m² **Landscaping area** 481.15m² **Building coverage** 55.32% **Floor space index** 87.46% **Building scope** B1, 4F **Height** 19.8m **Structure** RC, SC **Exterior finishing** Terracotta panel, Old brick, Low-E paired glass **Parking** 76 (including 3 for the disabled, 31 for extension type, 7 for compact car)

청학동 행정복지센터 복합청사

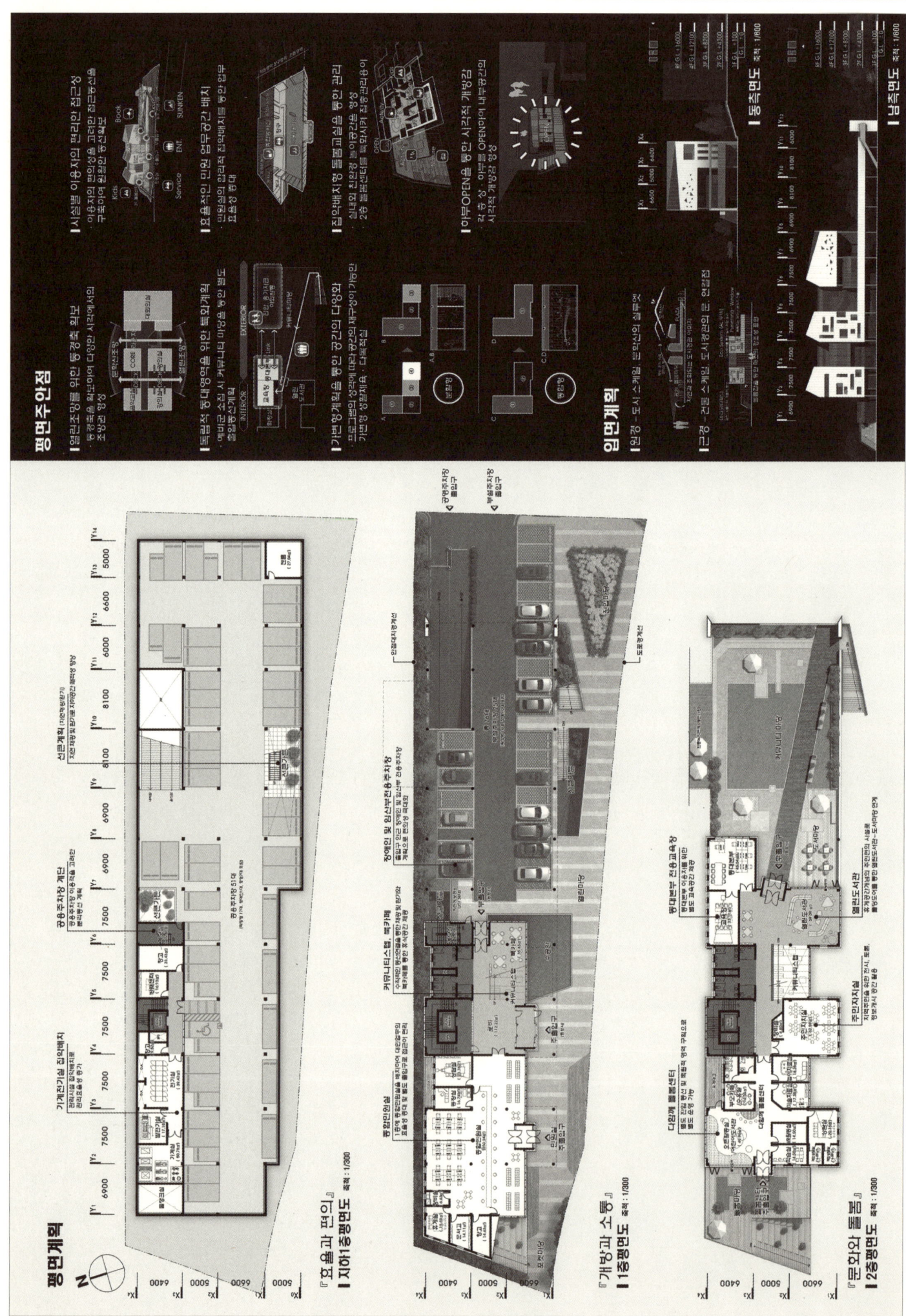

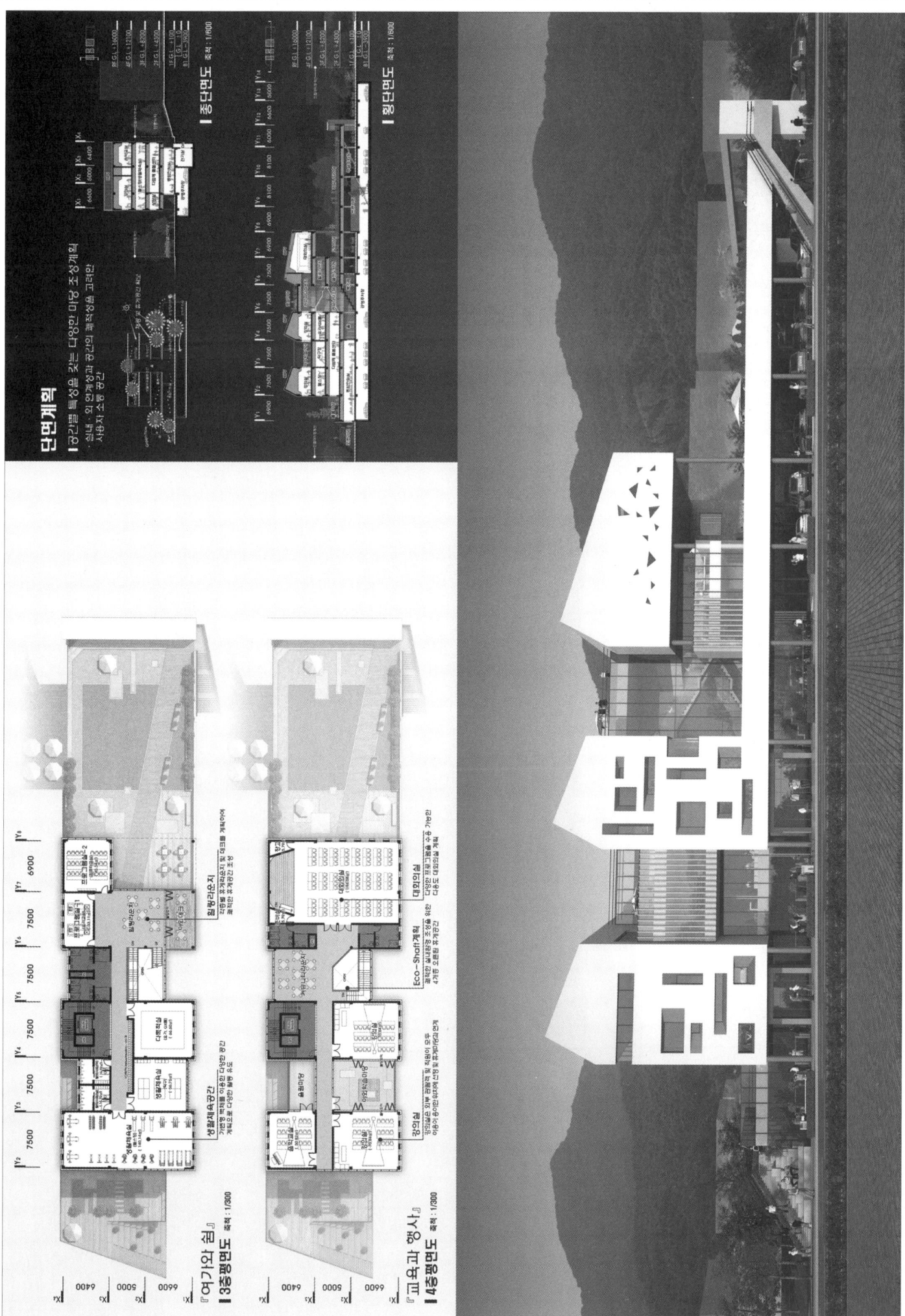

가정1동 행정복지센터

당선작 건축사사무소 도시공작소 원흥재

대지위치 인천광역시 서구 가정동 루원시티사업지구 공2부지 **대지면적** 1,900㎡ **건축면적** 1,135㎡ **연면적** 3,950㎡ **조경면적** 380㎡ **건폐율** 59.74% **용적률** 135.79% **규모** 지하 1층, 지상 4층 **최고높이** 17.8m **구조** 철근콘크리트조 **외부마감** 로이유리, 목재패널, 치장벽돌, 컬러강판 **주차** 42대(장애인 주차 2대 포함)

기억의 경계, 새로운 질서

대지는 인천 서구 가정동 루원시티 지구단위계획구역 내에 위치해 있으며 기존 저밀의 일반주거지역과 대규모 재개발 시행영역의 경계점에 위치한다. 북측으로 근린공원과 119 안전체험관, 서측으로는 50층의 주상복합시설, 동측으로는 또다른 공공청사가 건립될 예정적 상태에서 계획은 시작된다. 가정1동 행정복지센터는 대규모 주상복합단지와 기존의 주거지역 사이의 완충역할을 하며 새로운 질서를 선도적으로 조직할 공공적 의무에 부합하도록 한다. 또한 근린공원 구성요소의 일부로서 쾌적한 접근 및 이용환경에 일조한다.

과거의 기억과 미래의 질서를 조율하는 입체적 행정복지센터

새롭게 건립될 행정복지센터는 기존의 마을과 새로운 수상복합 단지를 직접적으로 연계, 조화롭게 하는 중재자의 역할을 한다. 전면도로와 근린공원, 양면의 환경적 특성은 중정인 가족마당을 통해 수용, 혼합되며 4층까지 이어지는 연속된 옥외계단을 통해 확장될 것이다. 테라스 및 휴게 데크는 각 층의 용도적 특성, 그리고 공원의 풍경 사이에서 연관성을 더욱 강화시켜주는 확장적 프로그램이 되길 의도했으며, 저층부의 노천카페, 옥상녹화 등 특성에 적합한 조경공간을 통해 공원의 일부로서 인식될 행정복지센터의 이용성을 입체적으로 끌어올린다.

The boundaries of memory, a new order

The project site is located inside LU1 City in Gajeong-dong, Seo-gu, Incheon and is sitting on the border between a low-density residential area and a large-scale redevelopment district. Also, to the north of the site, a public park and 119 Safety Center are planned to be built, and to the west, a 50-story mixed-use housing complex, and to the east, another public office. This proposal is developed by considering such circumstances. The new welfare center is designed to act as a buffer between the large-scale mixed-use housing complex and the existing residential area while performing the public duty of pro-actively introducing a new order. Also, designed to become part of the new public park, it can provide a pleasant access and use environment.

A three-dimensional welfare center that coordinates the memory of the past and the order of the future

The new welfare center serves as a coordinator that actively connects the town and the new mixed-use housing complex and makes them blend in with each other. The different environments around the front road and public park will be converged and reconciled in a courtyard called Family Plaza. And they will extend further through a series of external stairs that lead to the 4th floor. The terrace and lounge deck are an expandable program that strengthens the functions of each floor and the connection with the park. Site-specific landscape spaces such as an open-air cafe and a rooftop garden multi-dimensionally improve the usability of the new center which is designed to be recognized as part of the park.

Prize winner Urban Factory_Won Heungjae **Location** Gajeong-dong, Seo-gu, Incheon **Site area** 1,900㎡ **Building area** 1,135㎡ **Gross floor area** 3,950㎡ **Landscaping area** 380㎡ **Building coverage** 59.74% **Floor space index** 135.79% **Building scope** B1, 4F **Height** 17.8m **Structure** RC **Exterior finishing** Low-E glass, Wood panel, Face brick, Color steel plate **Parking** 42 (including 2 for the disabled)

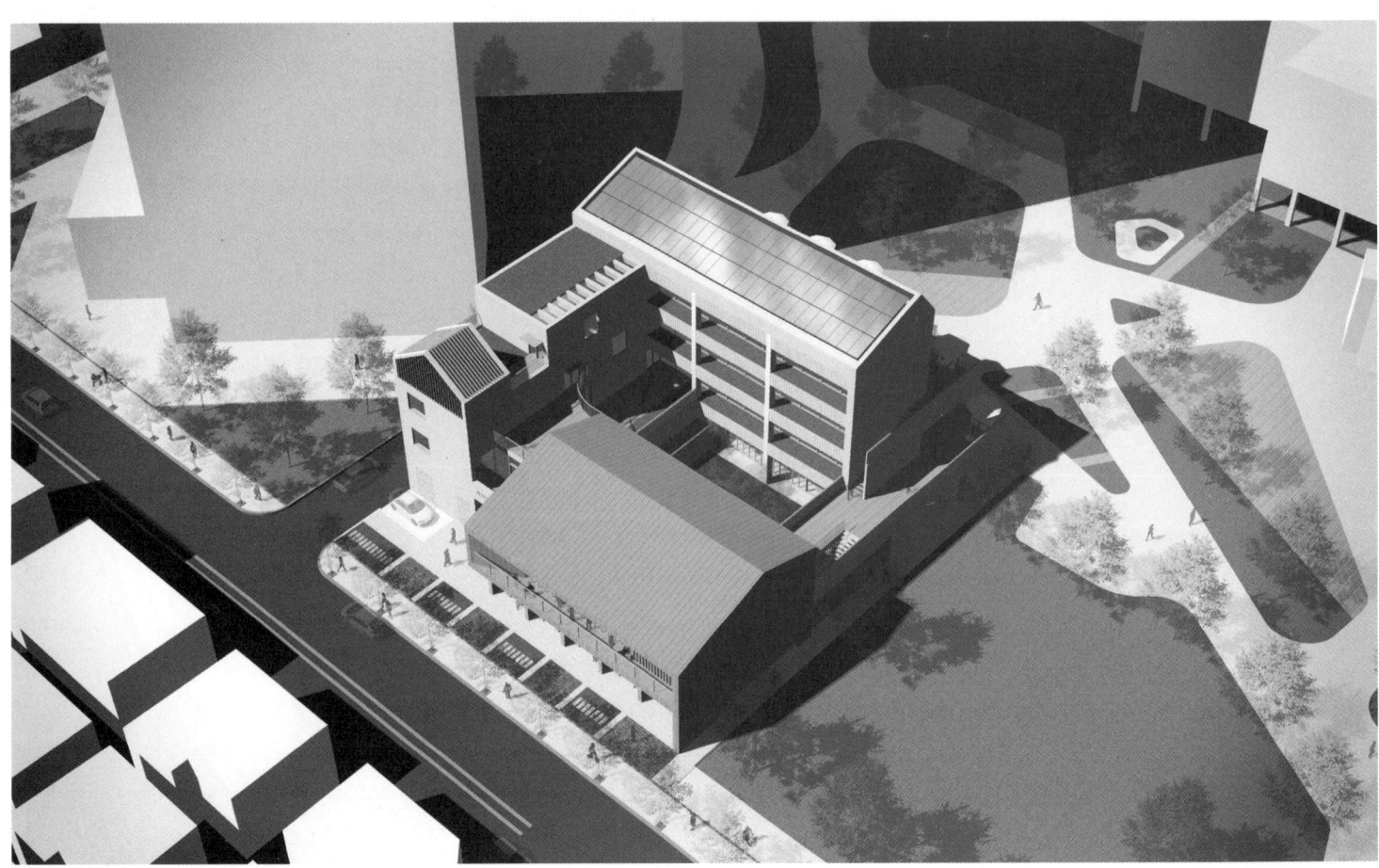

Gajeong 1-dong Community Service Center

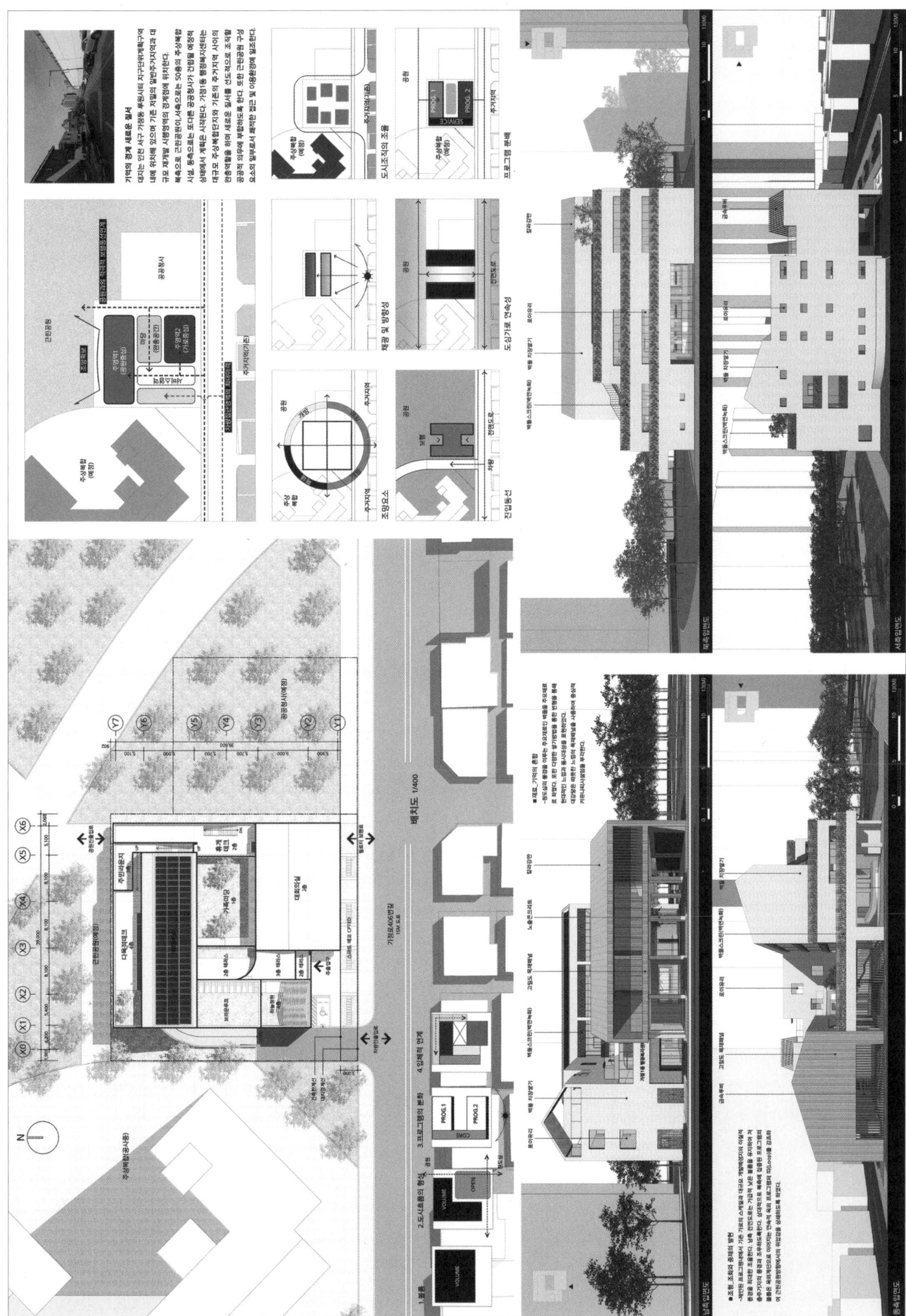

가정1동 행정복지센터

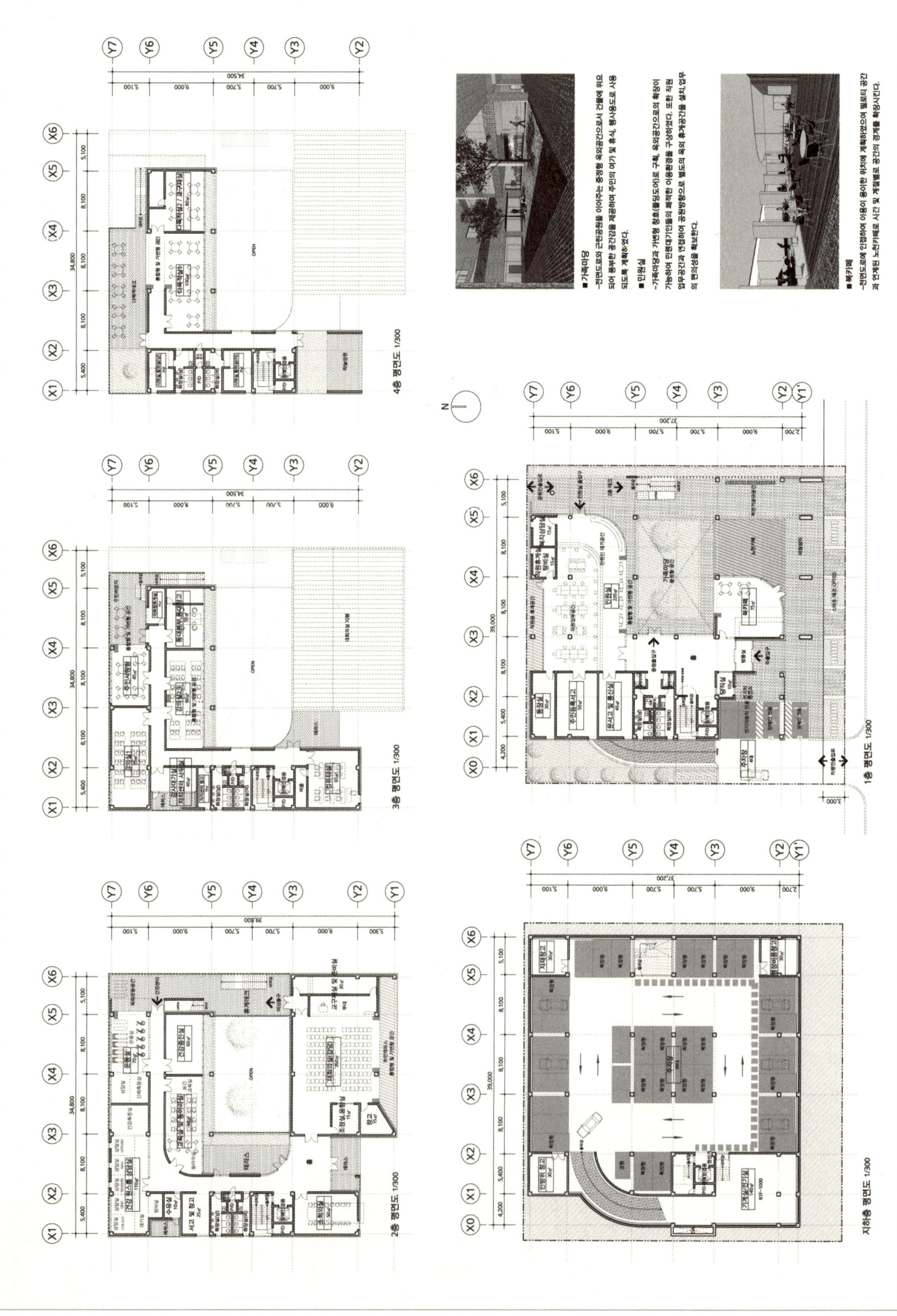

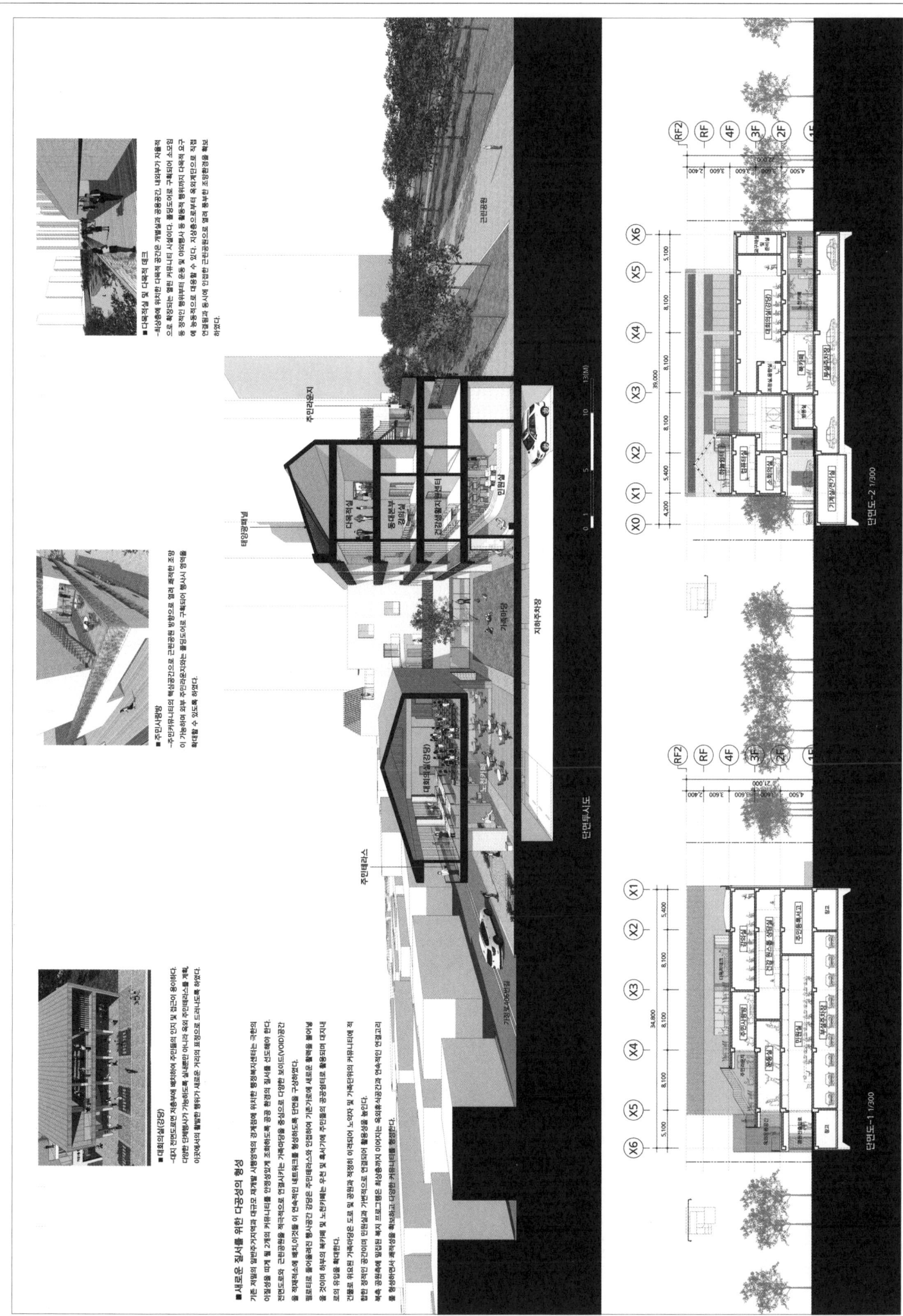

만수5동 행정복지센터

당선작 (주)아인그룹건축사사무소 최영희 설계팀 조광제, 미찌가미 유기찌, 홍호정

대지위치 인천광역시 남동구 만수동 876번지 **대지면적** 1,157.00㎡ **건축면적** 691.12㎡ **연면적** 3,139.90㎡ **조경면적** 173.55㎡ **건폐율** 59.73% **용적률** 198.21% **규모** 지하 1층, 지상 5층 **최고높이** 21.3m **구조** 철근콘크리트조 **외부마감** 세라믹박판패널, 테라코타루버, 투명로이복층유리 **주차** 26대

설계방향
- 2m 대지레벨차를 적극 활용하여 부족한 주차공간을 확보하고, 안전한 보행환경을 마련한다.
- 전면과 후면을 이어 줄 수 있는 보행동선을 대지 내부로 끌어들여 행정센터에 활력을 부여한다.
- 행정센터의 근무자나 이용자 모두가 활용할 수 있는 외부 공간을 계획한다.
- 언제든지 주민들이 이용할 수 있도록 독립적인 외부 수직동선을 계획해 개방된 열린 행정센터를 구현한다.

평면계획
1층은 지역주민들이 누구나 쉽게 접근하여 소통할 수 있는 커뮤니티 거점공간이다. 2층은 행정복지센터의 민원업무공간으로 남향에 배치하여 쾌적한 업무환경을 제공한다. 작은 도서관이 자리한 3층은 이용자 중심으로 구성하여 다양한 연령층의 문화적 감수성을 수용한다. 4층과 5층은 주민들이 다양한 문화 활동프로그램에 참여 할 수 있도록 가변적인 공간과 공유마당, 대규모 다목적 강당, 외부 쉼터 등으로 구성했다.

입면계획
만수5동 행정복지센터 외벽은 세라믹 박판패널의 자연석재질감과 색채를 통해 주거 밀집지역에 편안하고 친근감 있는 이미지를 주고, 테라코타루버를 통과하는 빛의 움직임에 따라 내외부 공간에 입체적인 변화감을 준다.

Design direction
- A level difference of 2m within the site is efficiently used to provide more space for parking and create a safe pedestrian environment
- A pedestrian path that can connect the front and rear sides is brought inside the site to give life to the new administration center
- An outdoor space for both staff and visitors is added
- An independent, external vertical circulation route is laid to ensure that people can use the facility even outside of work hours, with the goal of creating an open administration center

Floor plan
The 1st floor is designed as a major community space that anyone can visit casually and communicate with others. The 2nd floor is a community service center. It is positioned to face the south to provide a pleasant work environment. The 3rd floor with a small library is designed as a user-centric space to meet the cultural needs of different age groups. The 4th and the 5th floors are filled with flexible rooms, a shared courtyard, a large multipurpose auditorium and an outdoor shelter to help local people participate in various cultural activities and programs.

Elevation
The outer wall of the new center presents a friendly and welcoming image in a high-density residential area through the natural texture and color of thin stone panels. And the movement of light filtering through a terracotta louver system creates a three-dimensional sense of change inside and outside the center.

Prize winner AIN Group_Choi Younghee **Location** Namdong-gu, Incheon **Site area** 1,157.00m² **Building area** 691.12m² **Gross floor area** 3,139.90m² **Landscaping area** 173.55m² **Building coverage** 59.73% **Floor space index** 198.21% **Building scope** B1, 5F **Height** 21.3m **Structure** RC **Exterior finishing** Ceramic sheet panel, Terracotta louver, Clear low-E paired glass **Parking** 26

Mansu 5-dong Community Service Center

기본계획
기본계획방향

1. **대지 레벨차 활용 (레벨차 2m)**
   - 대지 레벨차를 이용한 보차분리

2. **보행흐름 연결**
   - 이용자를 내부로 끌어들이는 보행동선 계획

3. **내외부 공간의 연결**
   - 테라스와 연계된 프로그램 및 휴게공간 계획

4. **층별 외부공간을 연결하는 독립된 수직동선 계획**
   - 1층에서 접근할 수 있는 별도의 외부수직동선

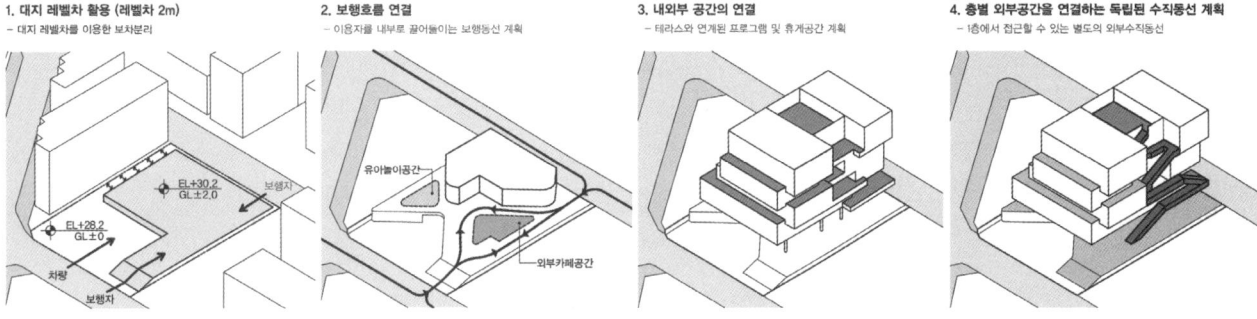

기본계획
대지현황분석

향, 조망
- 남측, 동측으로 열린 조망

인접대지와의 관계성
- 서측 인접대지 주거 프라이버시 고려, 동측 대지 녹지공간 연계 계획

접근성
- 대지의 남측 및 북측이 8m 도로와 접해있어 접근성 양호

만수5동 행정복지센터

배치도
SCALE : 1/200

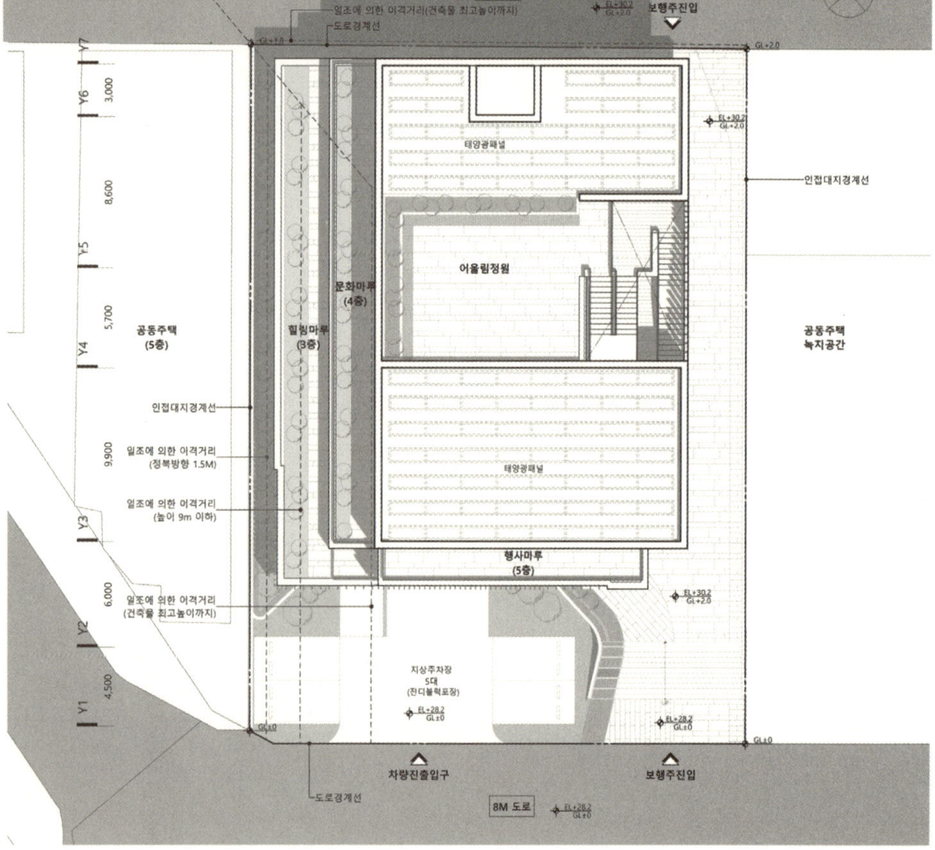

인접대지와 적정거리 이격
- 인접대지와의 프라이버시 및 시공성을 고려하여 적정거리를 이격하여 건물배치
- 인접대지의 주거환경을 고려한 입면계획 및 조경계획

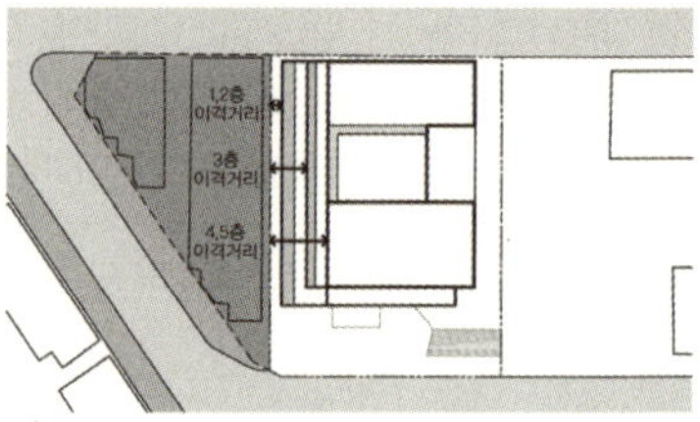

1층 오픈스페이스 계획
- 대지 동측 녹지공간을 연계한 오픈스페이스 계획
- 이용자들의 원활한 이용을 위한 보행, 휴게, 놀이마당 계획

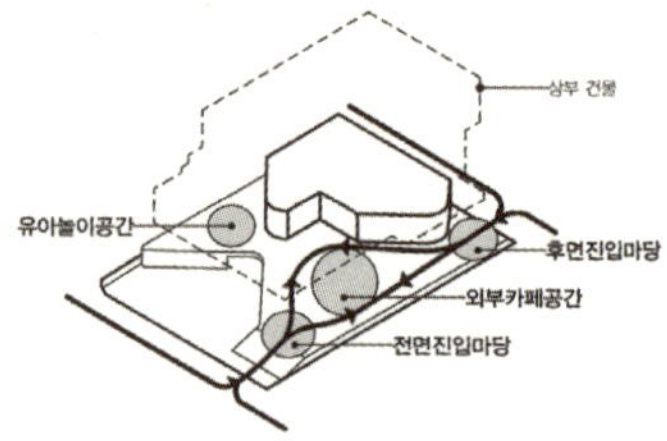

명확한 보차분리
- 대지 레벨차를 이용한 명확한 보차분리
- 차량동선과 보행동선을 명확히 구분해 안전한 보행환경 조성

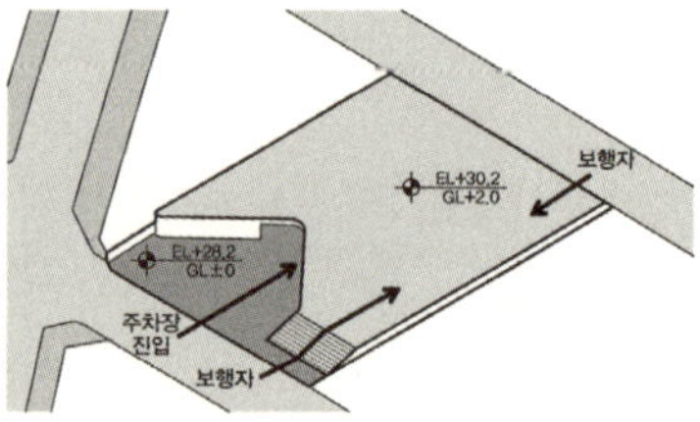

지하1층 평면도
SCALE : 1/200

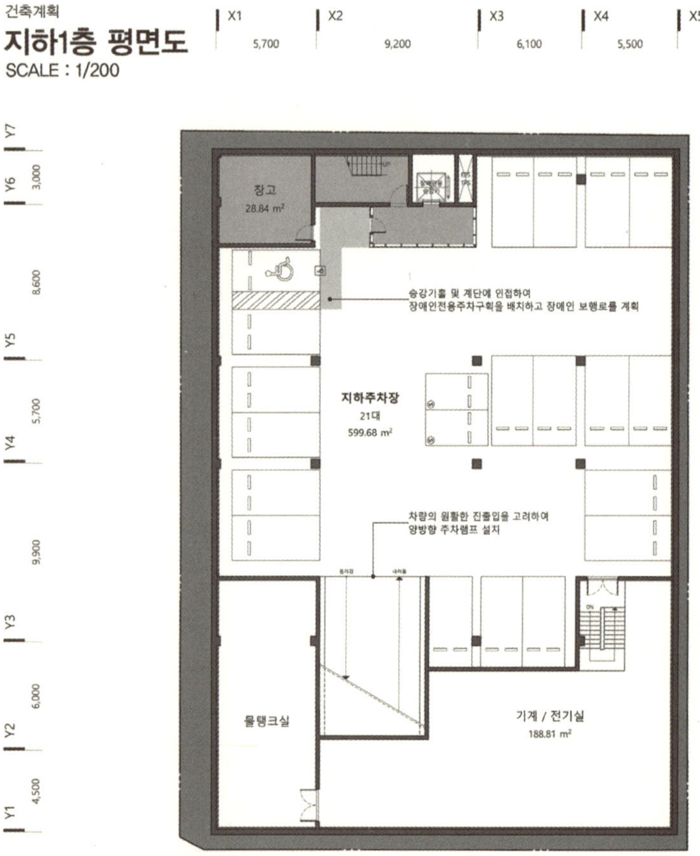

경제성을 고려한 지하주차장 계획
- 대지의 레벨차를 활용해 굴토량을 최소화

보행자의 안전을 고려한 주차계획
- 코어와 인접한 장애인 주차구역 계획

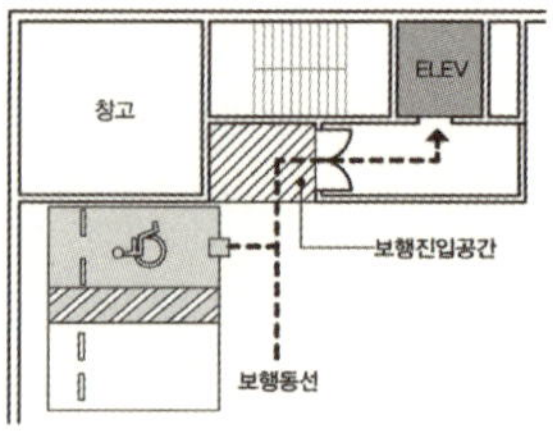

안전한 보행환경을 위한 보차분리
- 대지의 단차를 활용해 보행자와 차량동선 구분

Mansu 5-dong Community Service Center

건축계획
1층 평면도
SCALE : 1/200

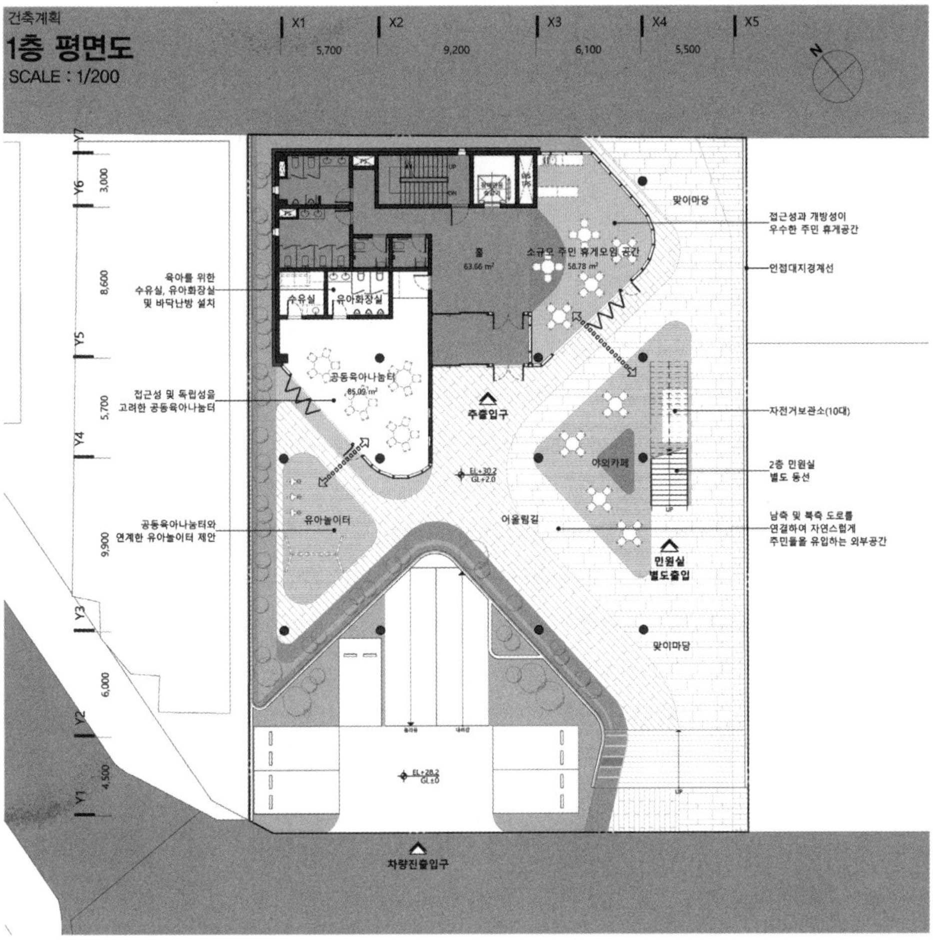

이용자들을 열린공간으로 끌어들이는 동선계획
- 지역주민들이 어느방향에서도 쉽게 접근가능한 보행길 조성
- 방문객 동선과 구별된 별도 영역의 유아놀이터 계획

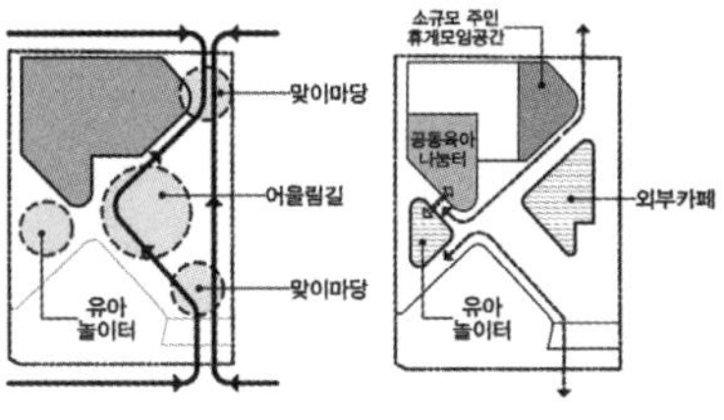

유아놀이터 : 안전을 고려한 유아 놀이공간 조성
- 공동육아나눔터와 연계한 안전한 유아놀이터 계획

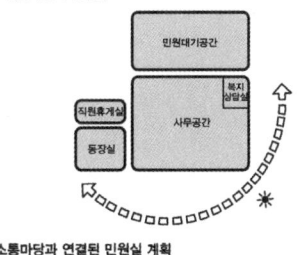

야외카페 : 지역주민을 위한 외부카페공간
- 주민휴게모임공간과 연계할 수 있는 자유로운 야외 카페공간

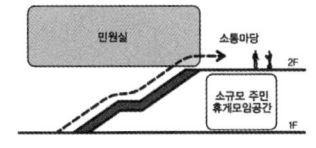

건축계획
2층 평면도
SCALE : 1/200

합리적인 업무영역 집중배치
- 주요실 남향 배치로 쾌적한 업무공간 조성
- 독립구획된 복지상담실

소통마당과 연결된 민원실 계획
- 1층에서 접근할 수 있는 별도의 수직동선 계획

소통마당 : 외부휴게공간 계획
- 직원과 이용자들을 위한 외부휴게공간 조성

만수5동 행정복지센터

건축계획
3층 평면도
SCALE : 1/200

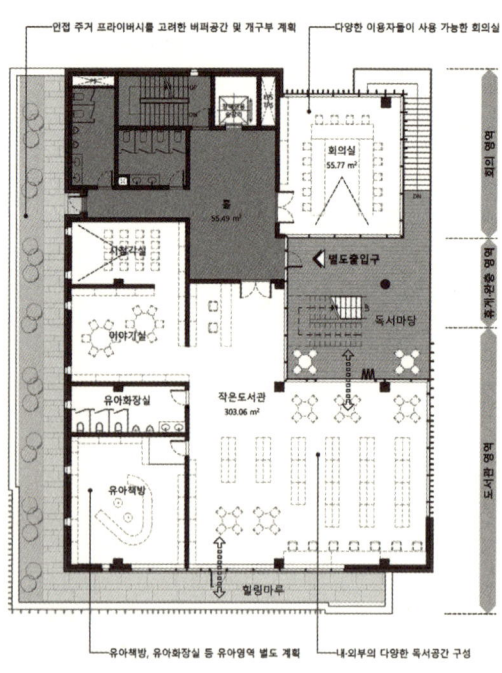

외부공간과 연계한 작은도서관 계획
• 테라스를 활용한 외부 독서공간 제공

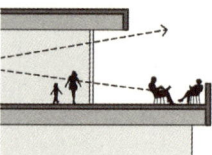

독립된 회의실 계획
• 다양한 이용자들이 사용할 수 있는 독립적인 회의실 계획

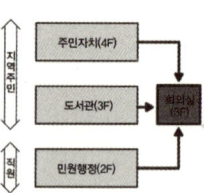

독서마당 : 야외 독서공간 계획
• 외부테라스 공간을 활용해 다양한 독서환경 제공

건축계획
4층 평면도
SCALE : 1/200

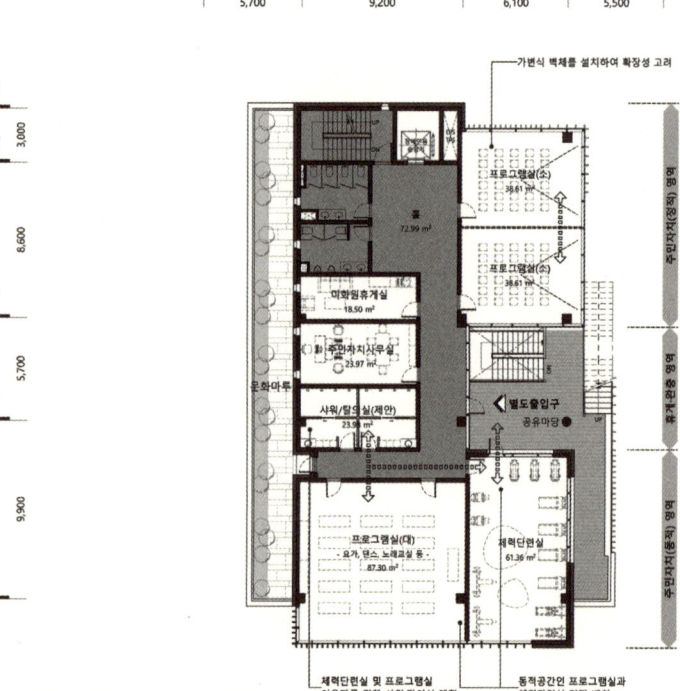

주민자치 프로그램의 활용성 극대화
• 가변적으로 사용할 수 있게 계획

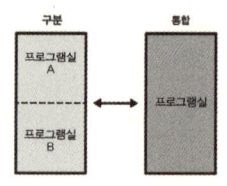

동적 및 정적활동공간의 연결
• 동적활동과 정적활동 사이 버퍼존(공유마당)을 구성해 외부공간과 연계
• 샤워/탈의실(제안)은 활동성이 큰 프로그램실(대), 체력단련실과 인접배치

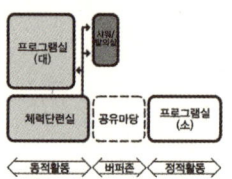

공유마당 : 프로그램 이용자를 위한 교류의 공간
• 동적 및 정적 프로그램을 연결하고 완충해주는 외부공간

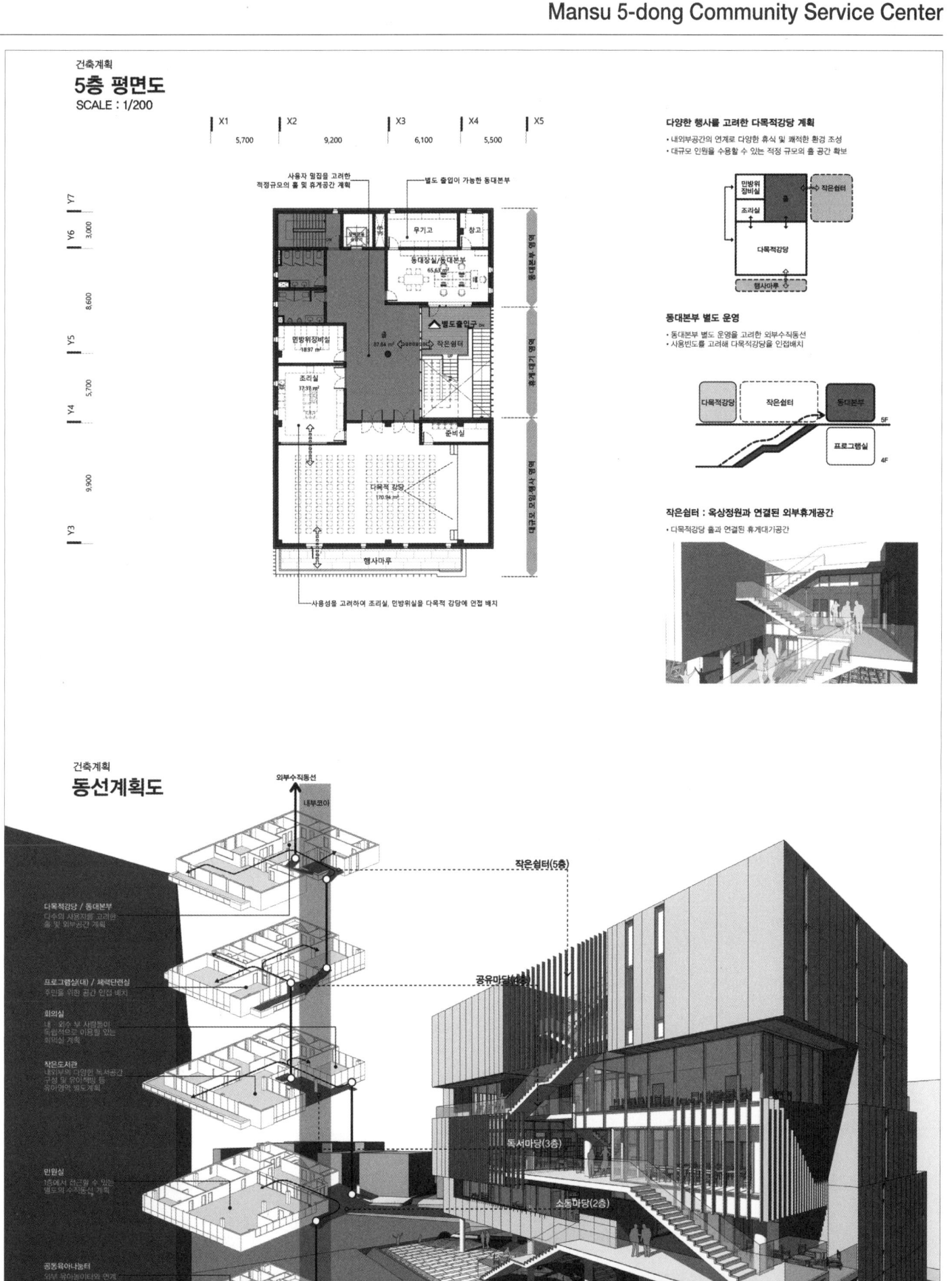

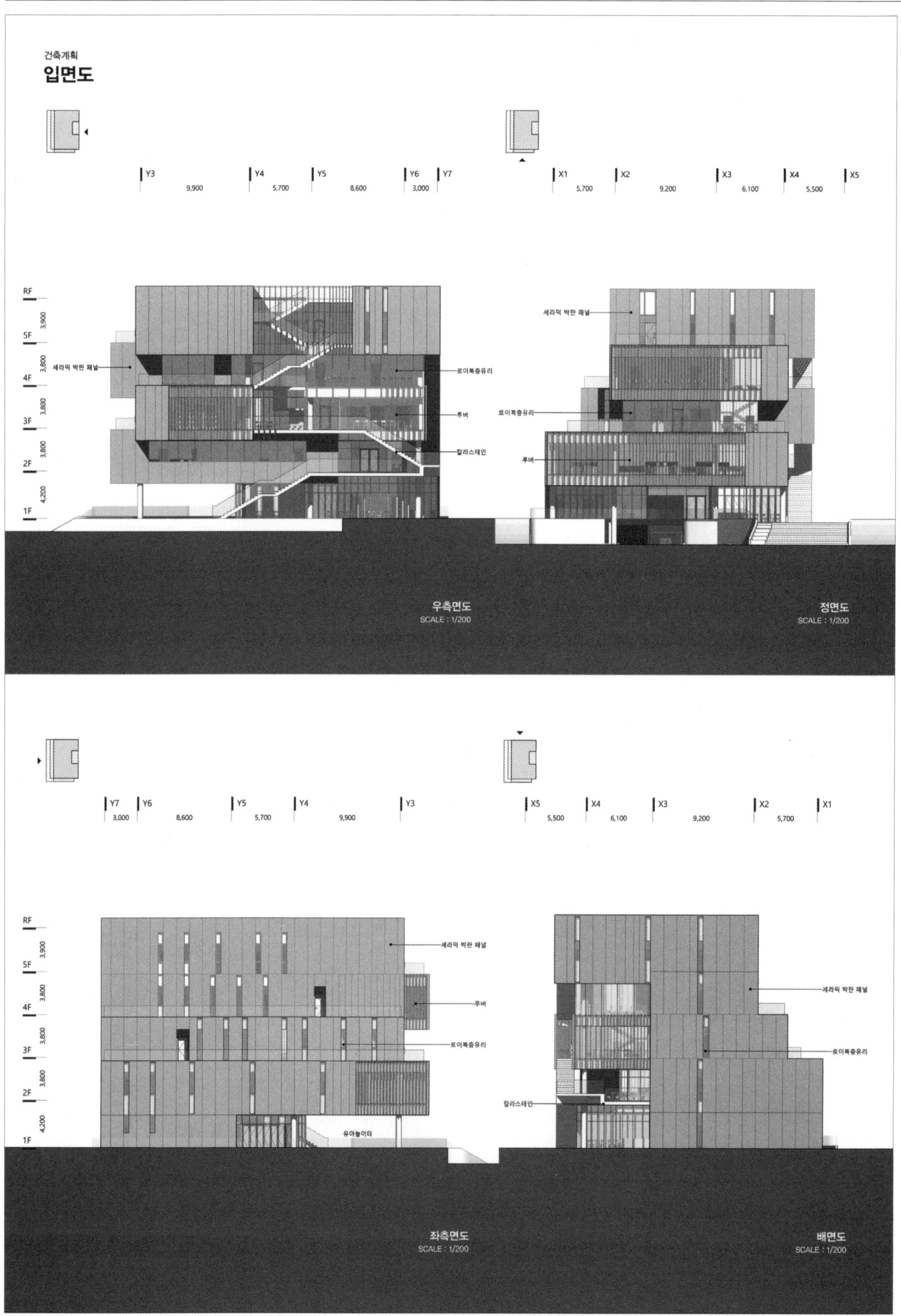

Mansu 5-dong Community Service Center

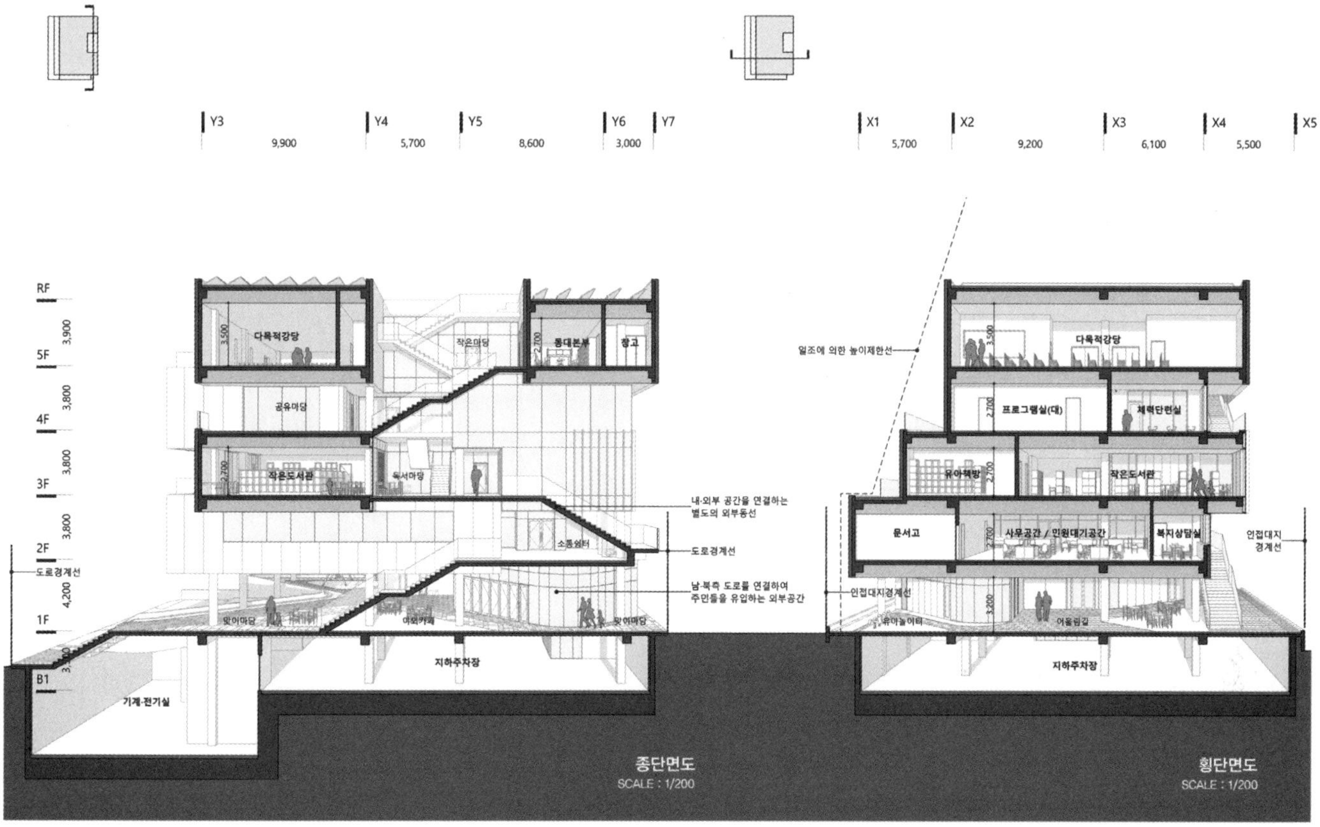

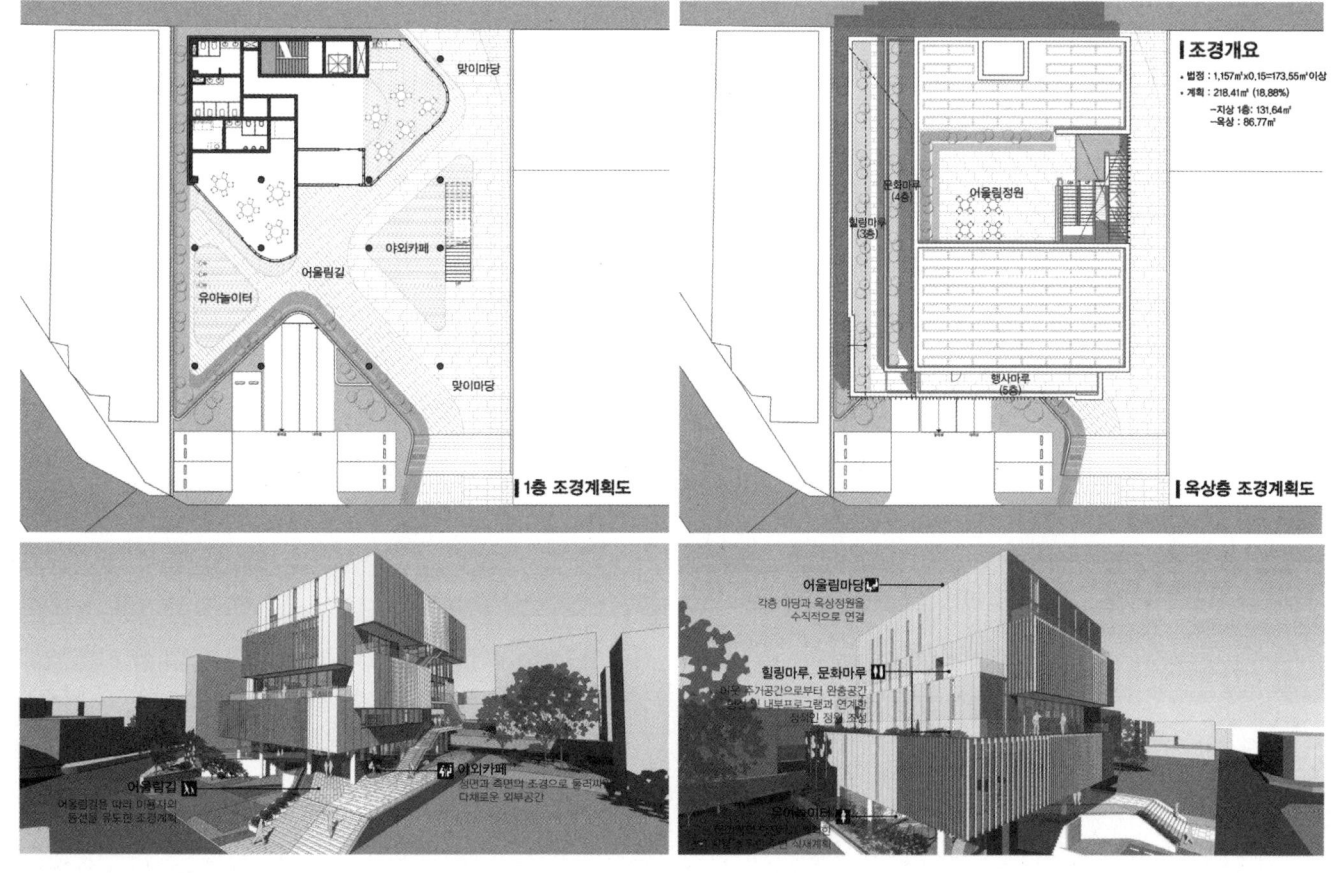

만수5동 행정복지센터

5등작 건축사사무소 도시공작소 원흥재

대지위치 인천광역시 남동구 만수동 876번지 **대지면적** 1,157㎡ **건축면적** 650㎡ **연면적** 3,160㎡ **조경면적** 240㎡ **건폐율** 56.18% **용적률** 167.68% **규모** 지하 2층, 지상 4층 **최고높이** 16.3m **구조** 철근콘크리트조 **외부마감** 치장벽돌, 로이유리, 컬러강판 **주차** 34대(장애인 주차 2대 포함)

도시의 새로운 흐름을 만드는 입체적 행정복지센터

계획대지는 현존하는 만수5동 행정복지센터 청사 부지이며, 2종 일반주거지역 내에 입지하고 있다. 골목으로 이어지는 모서리에 위치한 대지주변으로 노후화된 단독주택, 단지형 연립, 그리고 신축 다세대주택이 혼재된 인천의 전형적 저층고밀형 주거지가 형성되어 있다. 약 2m의 고저차를 지닌 대지는 보행 및 차량접근, 층별 프로그램 구성과 외부공간의 활용방법 등에서 장소가 지닌 고유한 특성이 더욱 강하게 반영된, 입체적 접근과 해석방법이 요구된다.

골목, 마당이 되다

파편적으로 배회하고 있던 기존 행정복지센터 주변의 흐름들을 적극적으로 연계하는 통합적 '마당'으로서의 공공청사를 제안한다. 대지 전후면의 양면적 특성은 중정형 공간인 독서마당을 통해 수용 및 혼합되며 4층까지 이어지는 연속된 계단과 주민데크를 따라 확장된다. 휴게데크는 각 층의 용도적 특성, 그리고 미시적으로 실재하는 주거지역 내 개방요소와의 연관성을 더욱 강화시켜 주는 순환공간이자 입체적 공공영역이 되길 의도했다. 독서마당, 옥상마당 등 특성에 맞는 조경공간을 통해 행정복지센터의 이용성을 향상시킴과 동시에 저층 고밀의 주변부를 시각적으로 환기시킨다.

A three-dimensionally designed community service center that creates a new urban flow

The project site is the present site of the existing administration center and is located in a Class 2 general residential area. Around this corner lot extending into alleys nearby, deteriorated detached houses, complex type multi-unit houses and newly built apartments are jumbled together to form a typical low-rise high-density residential district of Incheon. Due to a 2m difference in elevation, the site requires a multi-dimensional approach and interpretation that strongly reflect such unique site conditions, in the areas of pedestrian or traffic access, floor-specific program planning and use of outdoor space.

Alleys that turn into a courtyard

The new center is designed in the form of an inclusive 'courtyard' that actively connects fragmented and disarrayed flows around the existing center. Differences between the front and rear sides of the site are converged and reconciled in Reading Plaza, a courtyard-type space. And this plaza extends along a series of stairs and community decks running up to the 4th floor. Also, a lounge deck is designed to provide a circulatory path and three-dimensional public space that strengthen the functions of each floor and connection with existing small open spaces in the residential area. Site-specific landscape spaces such as Reading Plaza and Rooftop Plaza improve the usability of the new center and give a visual makeover to the now-rise high-density area around the center.

5th prize Urban Factory_Won Heungjae **Location** Namdong-gu, Incheon **Site area** 1,157㎡ **Building area** 650㎡ **Gross floor area** 3,160㎡ **Landscaping area** 240㎡ **Building coverage** 56.18% **Floor space index** 167.68% **Building scope** B2, 4F **Height** 16.3m **Structure** RC **Exterior finishing** Face brick, Low-E glass, Color steel plate **Parking** 34 (including 2 for the disabled)

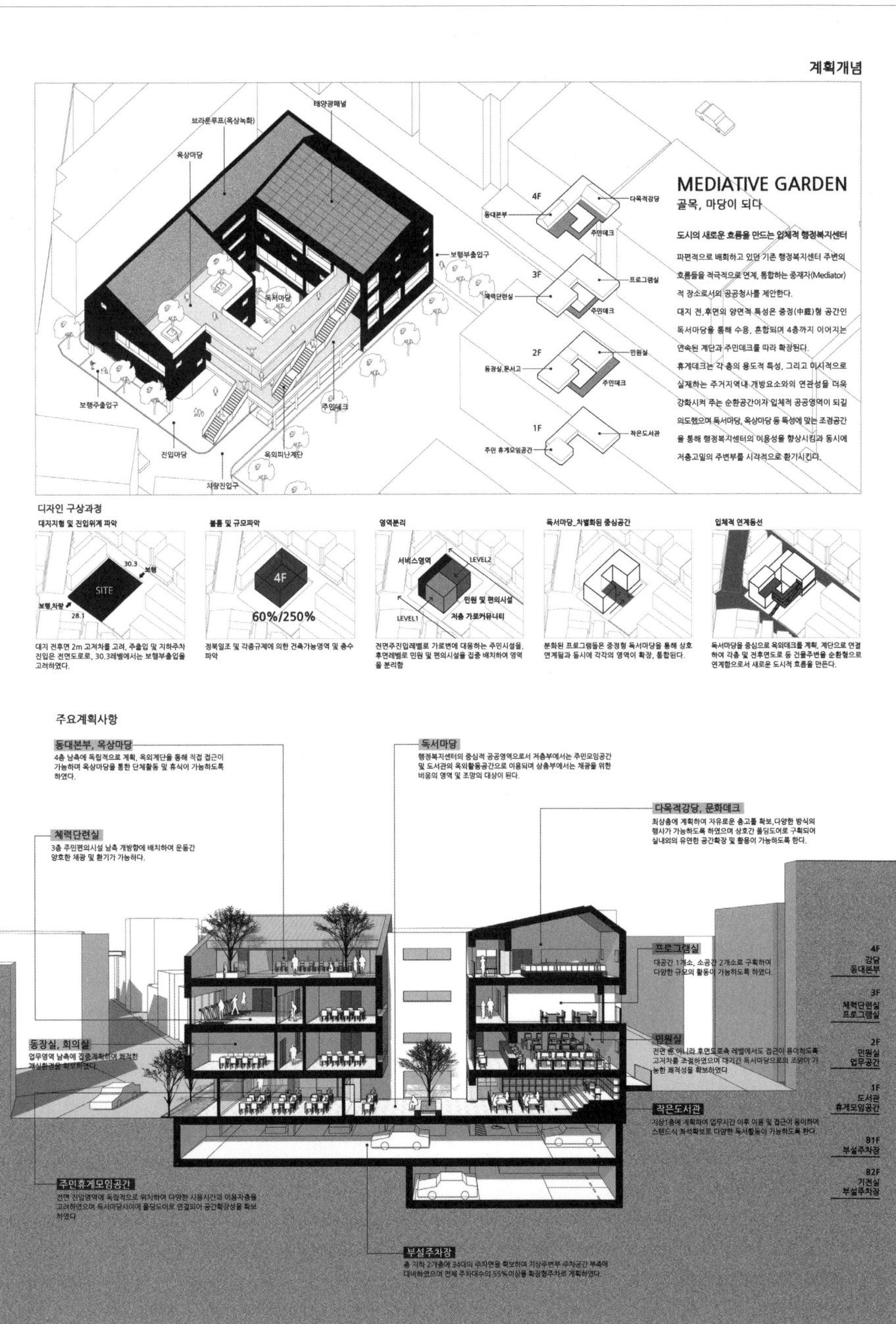

만수5동 행정복지센터

대지현황분석

대지주변 주요현황지도

계획대지는 현존하는 만수5동 행정복지센터 청사부지이며 2종 일반주거지역내에 위치한다. 주변으로 노후화된 단독주택과 소규모 단지형 연립주택, 그리고 신축빌라가 혼재, 밀집해 있는, 인천의 전형적 주거지역의 모습을 보여주고 있다.
대지 전후면에 진입가능한 도로와 인접하여, 약 2M의 고저차를 지닌 대지는 보행 및 차량접근, 층별 프로그램 구성과 외부공간의 활용 방법 등에서 대지의 고유한 특성이 더욱 강하게 반영 된, 입체적 접근과 해석방법을 요구하고 있다.

계획시 반영사항

조망 및 차폐환경 / 채광 및 방향성 / 정북일조 고려 및 이격
대지 고저차에 의한 영역분리 / 도시가로의 연속성 확보 / 프로그램 분배

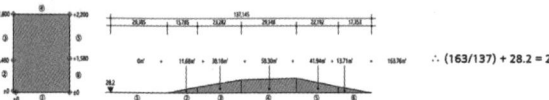

∴ (163/137) + 28.2 = 29.4

대지의 가중평균수평면 (※발주처 제공자료에 의해 산정)

현황사진

종합분석도

대지의 고저차를 적극 활용한 입체적 프로그램과 상호간의 연계방법을 구성한다.
2m의 높이차를 이용, 전면레벨의 가로중심 프로그램과 후면레벨의 주영역으로 자연스럽게 분리될 수 있다. 이러한 이질성을 완충적 외부공간으로 연계, 다양한 레벨을 연결하는 대지내 순환동선체계를 형성한다.
또한 저층주거로 밀집되어 있는 인근의 조망환경에서 상대적으로 개방적인 동측 아파트단지 측으로 편의, 휴게공간을 집중적으로 배치한다.

배치도

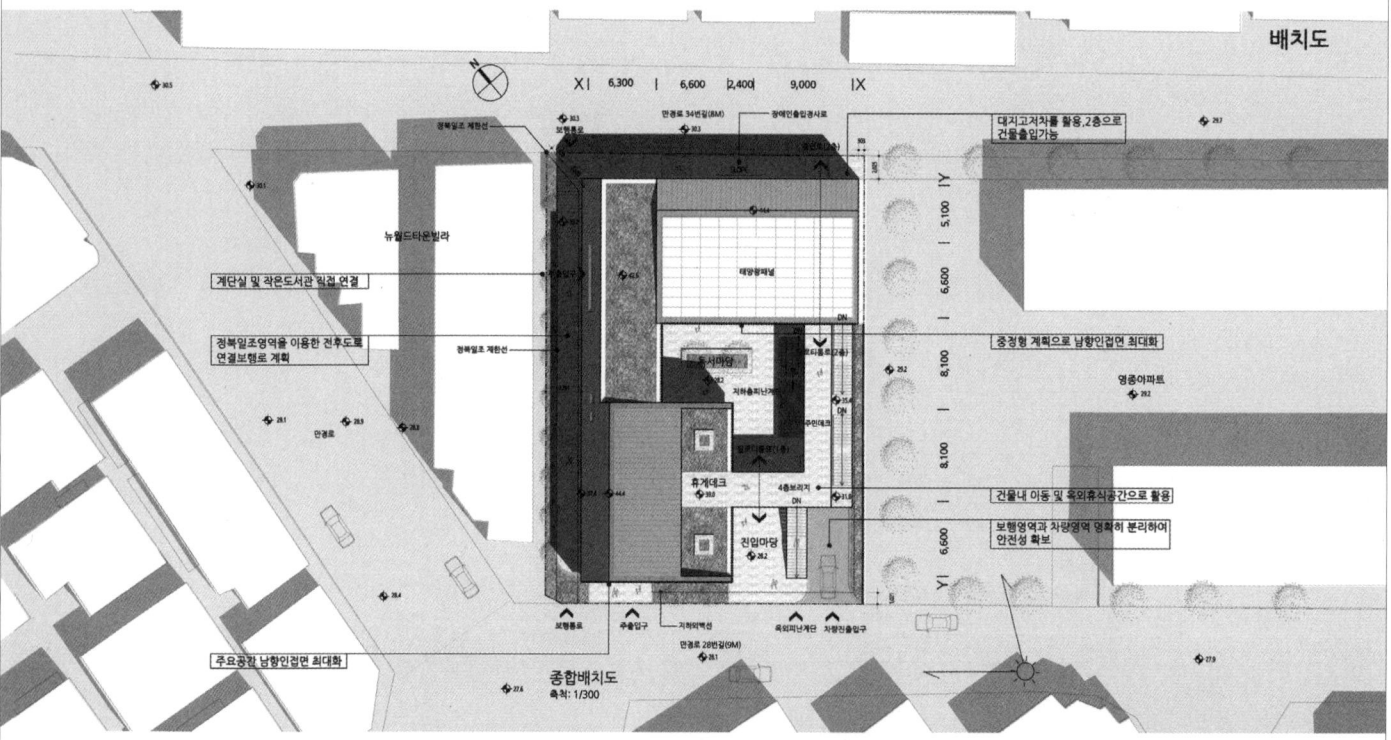

종합배치도
축척: 1/300

새로운 흐름을 만드는 마당중심의 배치계획

1. 매스를 중정형으로 구성하여 남향채광면을 최대한 확보함과 동시에 각 프로그램별 영역을 분화하였다.
2. 피난계단 및 화장실 등 서비스 공간은 서측으로 집중하여 서측 일사부하를 막는 쉘터(shelter)로 기능한다.
3. 전후면 접근도로가 보행으로 자연스럽게 연계되도록 1,2층 을 잇는 옥외계단 및 보행통로를 계획하였다.
4. 1~4층을 연계하는 주민데크를 계획하여 이동, 피난 및 이용간 휴식이 가능한 연속적 공공영역을 구축한다.

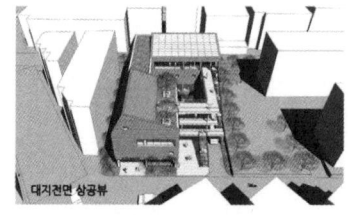
대지전면 상공뷰

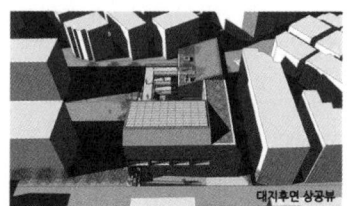
대지후면 상공뷰

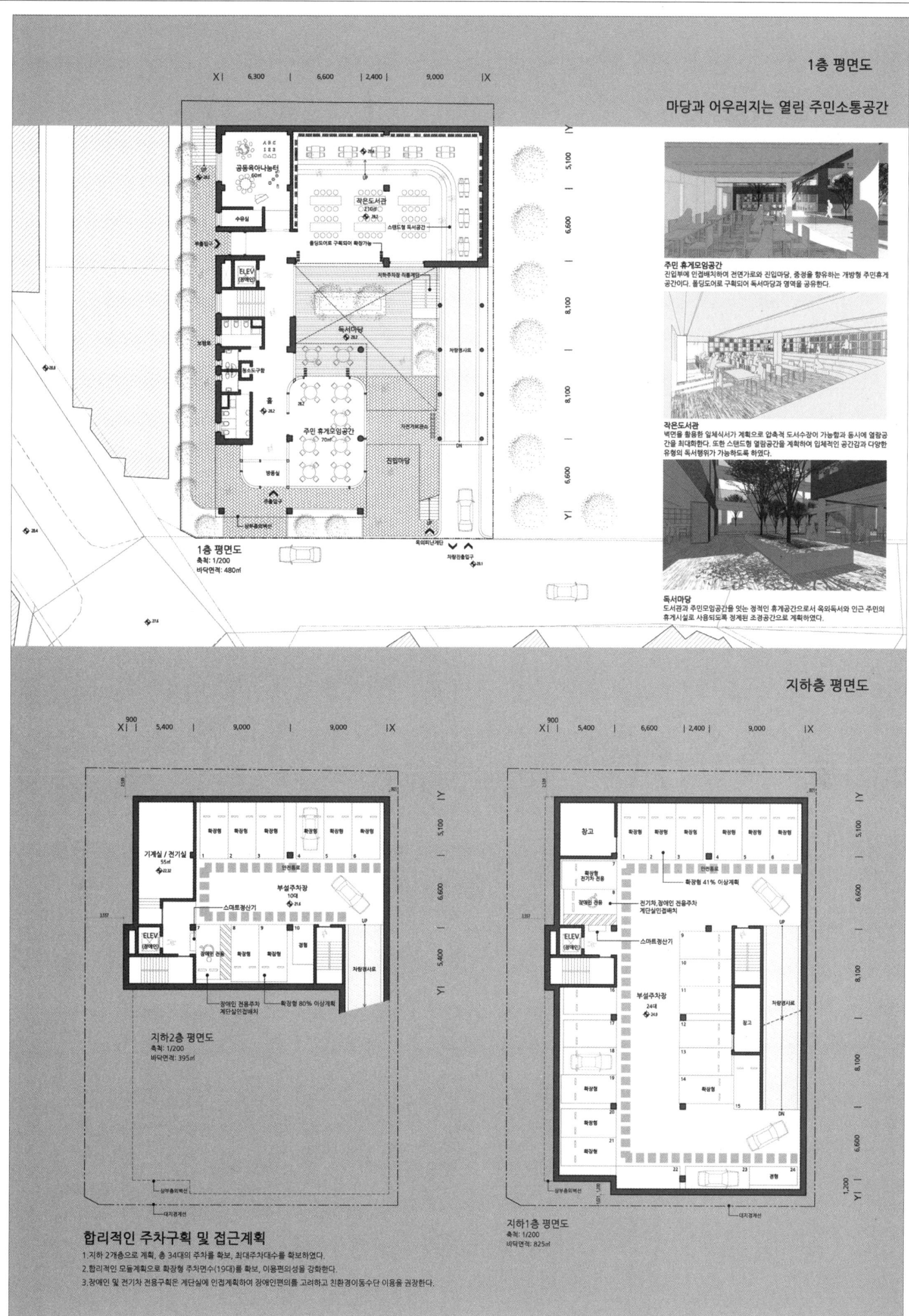

만수5동 행정복지센터

하늘로 열려있는 다목적 문화공간

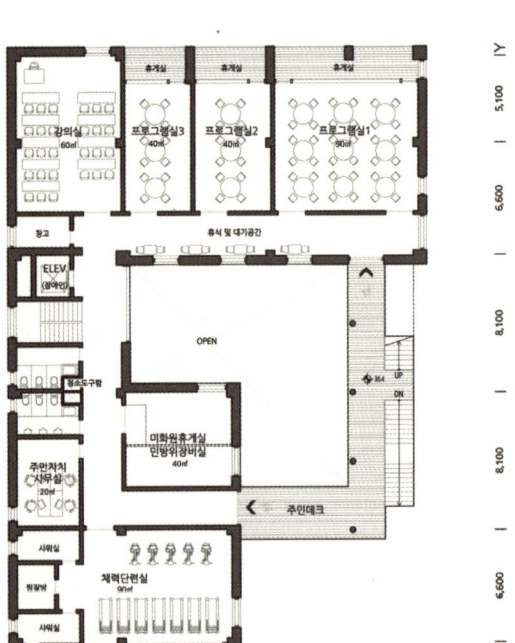

3층 평면도
축척: 1/200
바닥면적: 540㎡

체력단련실
대지 전면영역에 계획하여 시각적 개방성을 확보하였으며, 부가적으로 샤워실 및 찜질방을 계획하여 이용편의성을 고려하였다.

프로그램실
대지 후면영역에 집중 배치하였으며 주민데크에서 근접, 접근이 용이하다. 대공간 1개소와 소공간 2개소로 구분, 다양한 규모의 활동에 대비하였다.

3,4층 평면도

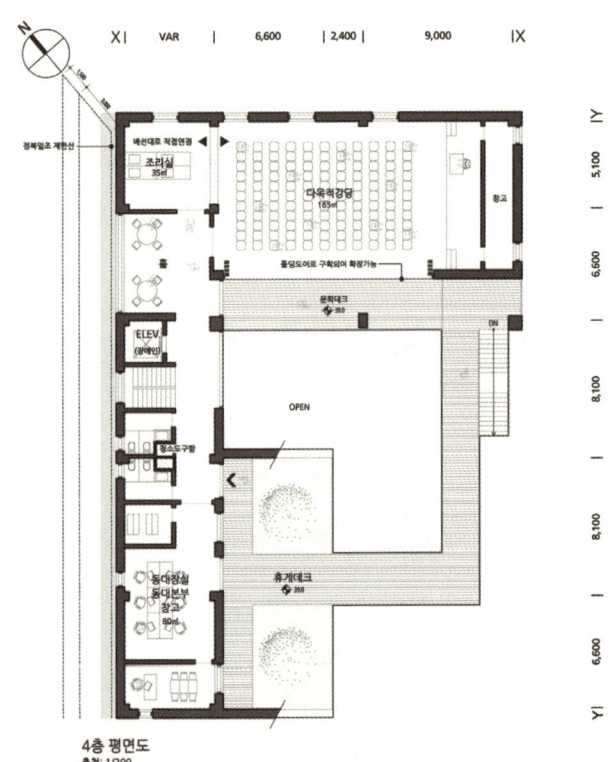

4층 평면도
축척: 1/200
바닥면적: 380㎡

동대본부
전면부에 휴게데크와 인접계획하여 업무휴게공간 및 옥외집회활동이 가능하도록 하였다.

다목적강당
별도의 조리실을 갖춘 핵심적 주민문화공간으로 문화데크와 폴딩도어로 구획하여 내외부를 공유, 다양한 방식의 행사가 가능하도록 의도하였다.

2층 평면도

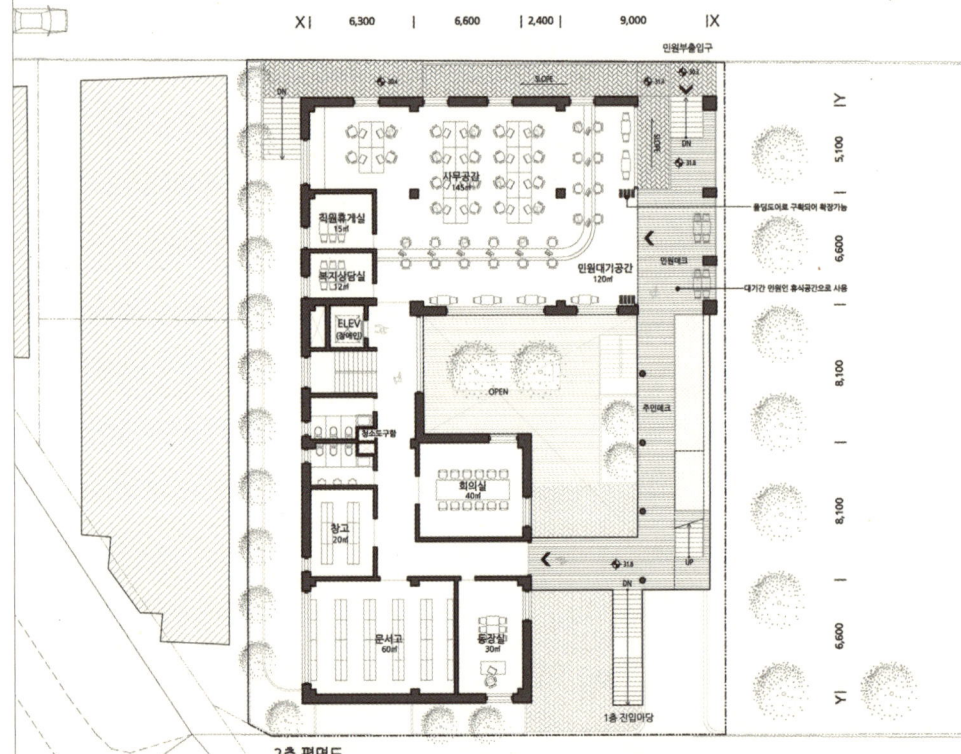

2층 평면도
축척: 1/200
바닥면적: 540㎡

도시와 소통하는 쾌적한 민원공간

민원실
대지 전후면 도로에서 양방향 접근이 가능하며 대기공간을 남향으로 배치하여 양호한 채광 및 독서마당 조망이 가능하도록 의도하였다.

민원데크
민원실과 폴딩도어로 구획된 중성적 옥외휴식공간이다. 민원실의 부출입공간이 됨과 동시에 대지전면도로와 계단으로 직접 연결되어 공공보행통로의 역할도 가능하다.

주민데크
2~4층까지 건물을 연결하는 순환형 휴게공간이다. 안으로는 독서마당을 위요하여 정적인 공간감을 형성하고 밖으로는 개방영역에 집중배치하여 이용 쾌적성을 확보하였다.

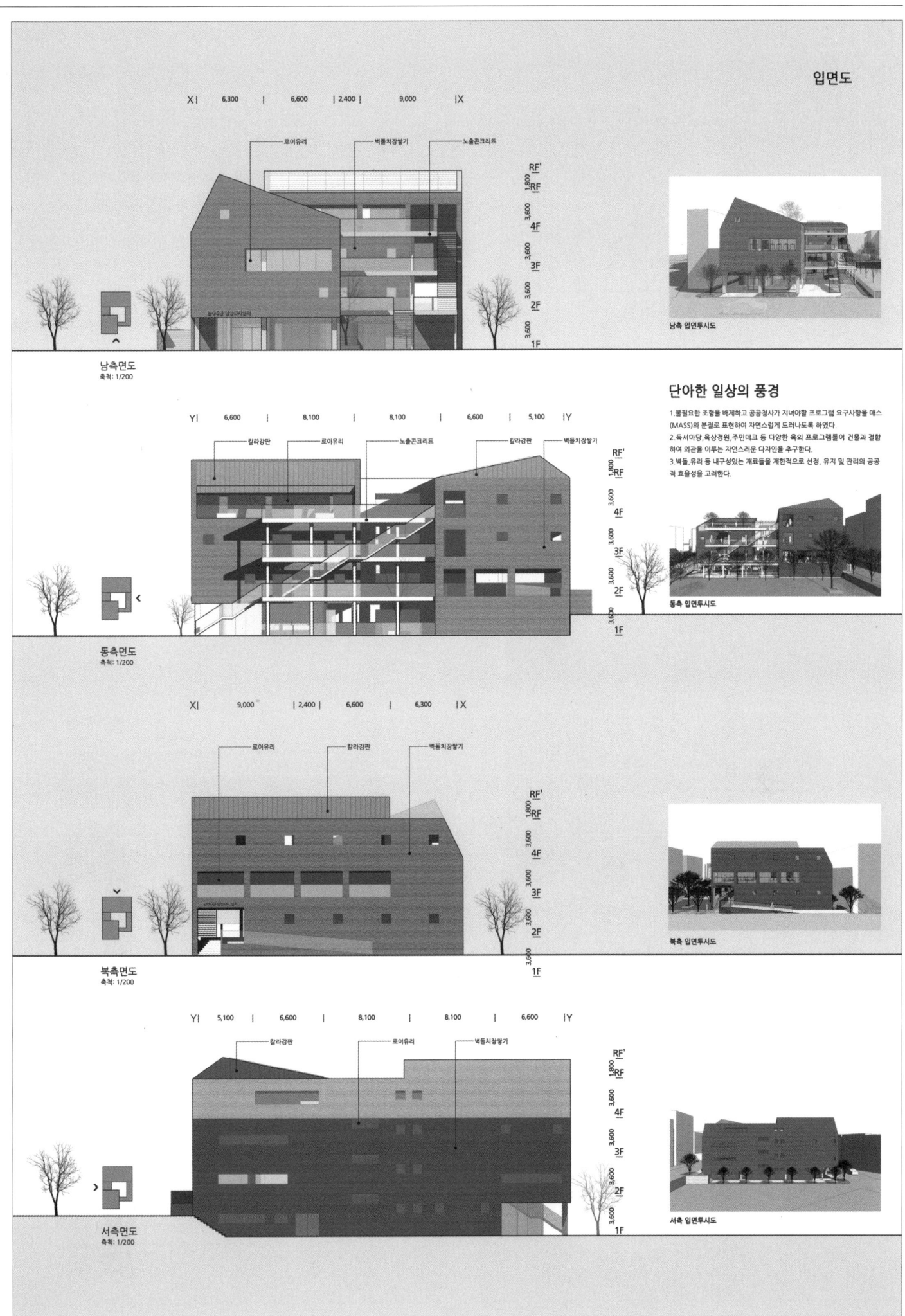

만수5동 행정복지센터

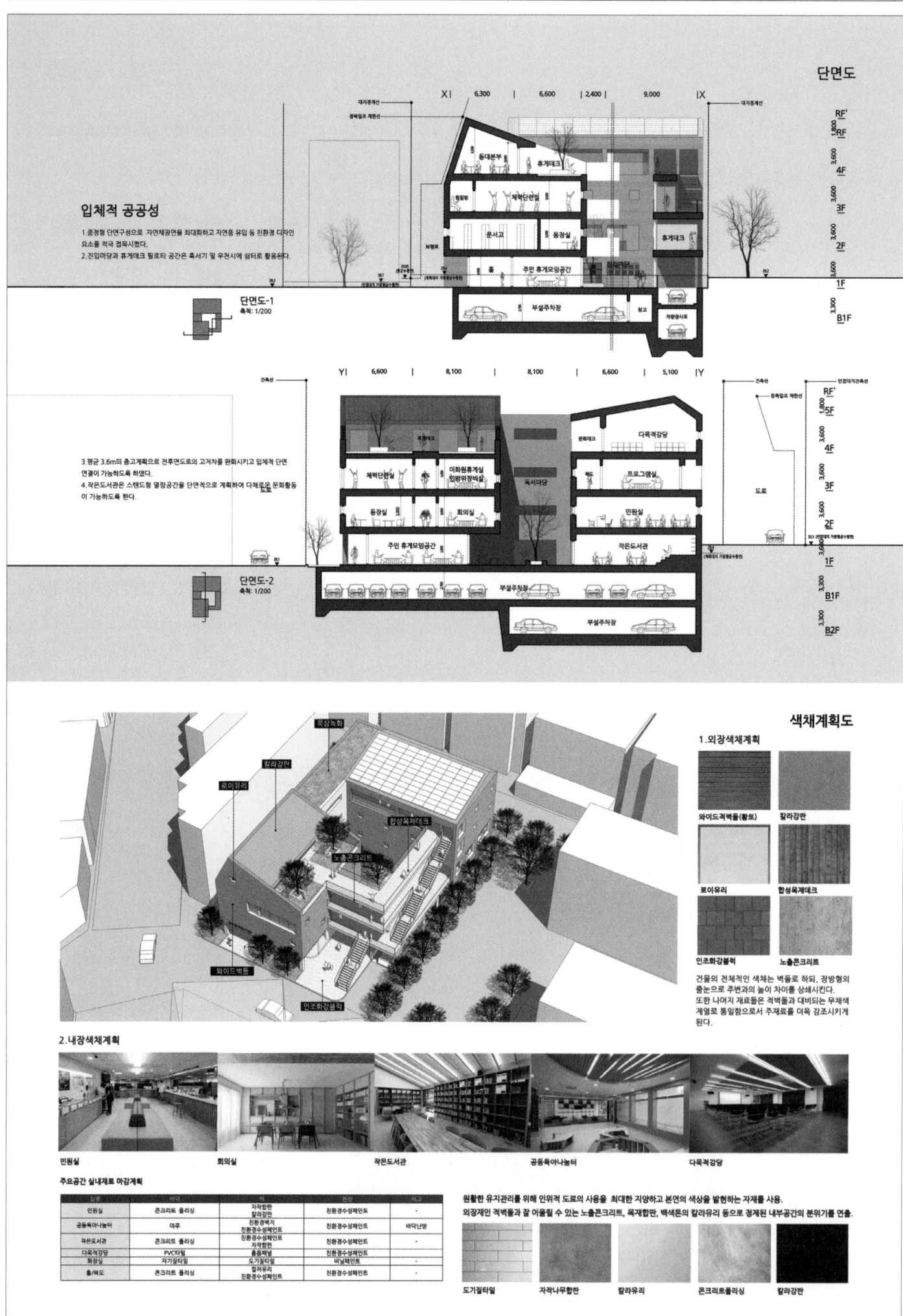

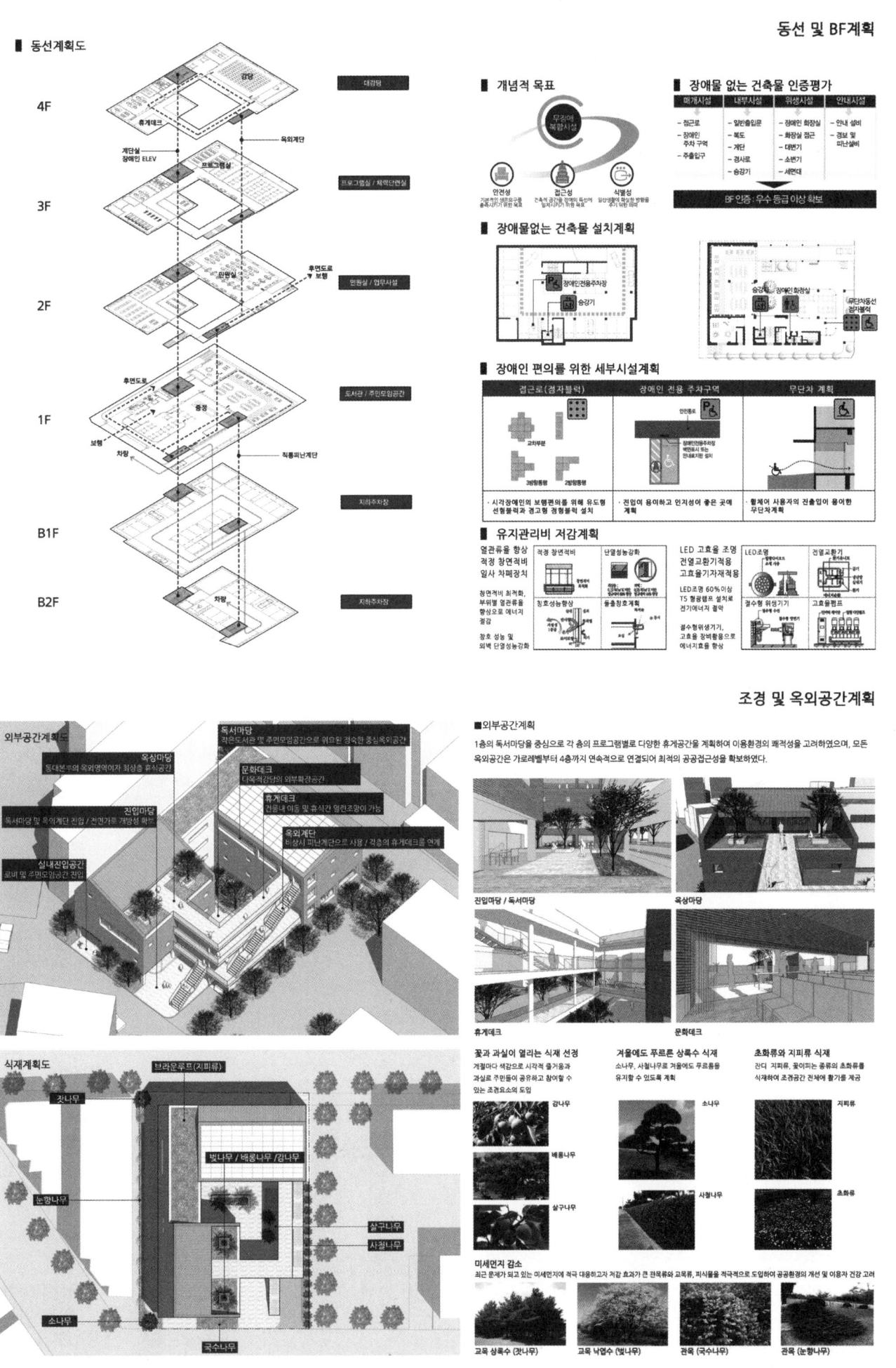

건강보험심사평가원 의정부지원 사옥

당선작 (주)인오건축사사무소 오세숙 설계팀 지유순, 염진옥, 강지혁, 김정석, 김민진, 하설휘

대지위치 경기도 의정부시 금오동 483, 483-3번지 **대지면적** 3,009.90㎡ **건축면적** 1,320.63㎡ **연면적** 6,423.45㎡ **건폐율** 43.88% **용적률** 149.29% **규모** 지하 1층, 지상 6층 **최고높이** 28.6m **구조** 철근콘크리트조 **외부마감** 세라믹패널, 전벽돌, 금속루버, 로이복층유리 **주차** 51대(장애인 주차 3대 포함)

설계개념

첫 번째, 건강보험심사평가원의 슬로건인 'HIRA(히라)'의 염색체 모양을 형상화한 이미지를 매스에 표현하여 상징적인 건물을 계획하였다.

두 번째, 개방영역과 업무공간의 명확한 조닝 구성으로 위압적인 사옥 이미지를 탈피하고 업무공간의 남향배치로 쾌적한 업무환경을 조성하였다.

세 번째, 천보상의 조망과 녹화공간 등 자연에 대응하는 자연 친화적이고 에너지 절약형 친환경 건물을 계획하였다.

배치계획

도시개발 중심축에 대응한 진입계획과 진입 마당을 통한 진입과 도로에서 이격하여 정면성 및 인지성 확보하였다. 차량은 서쪽 12m 도로에서 진입하여 지상 주차장과 지하 주차장으로 연결되어 보행과 차량이 완전히 분리된 안전한 동선을 계획하였다. 또한, 차량 출입구 좌측으로 부출입구를 계획하여 직원들과 방문객의 동선을 분리하였다. 후생복지시설과 업무시설을 분리하여 보안성을 고려한 업무영역 확보와 개방공간의 저층 배치로 공공성을 확보하고 시설별 동선을 분리하였다.

Design concept

Firstly, the building mass is designed to express the chromosomal form of 'HIRA', the slogan of Health Insurance Review and Assessment Service, so that the building can have an iconic look.

Secondly, a clear zoning system is applied to public and office areas to avoid presenting the authoritative image of an office building. The office area is positioned to face the south to provide a pleasant work environment.

Thirdly, nature-friendly, energy-conservative and sustainability designs are proposed in response to the natural surroundings including the landscape and greenery of Cheonbosan Mountain

Site plan

The access plan is articulated with the central axis of the existing urban development plan. The entrance plaza offers an open entry sequence. And the building is positioned away from the roads nearby. These enable the building to show a strong frontality and make it more recognizable. Vehicles can access from a 12m wide road in the west, and they are guided to ground and under-ground parking lots according to a safe circulation system that separates pedestrians and vehicles from each other. And to the left of the vehicle entrance, a secondary entry is installed to separate the flows of staffs and visitors. Welfare and office facilities are separately positioned to ensure security for the office area. The public area is placed on the lower floor to improve public access. Also, circula-tion routes are organized by facility.

Prize winner INO Architects_Oh Sesuk **Location** Uijeongbu, Gyeonggi-do **Site area** 3,009.90m² **Building area** 1,320.63m² **Gross floor area** 6,423.45m² **Building coverage** 43.88% **Floor space index** 149.29% **Building scope** B1, 4F **Height** 28.6m **Structure** RC **Exterior finishing** Ceramic panel, Brick, Metal louver, Low-E paired glass, **Parking** 51 (including 3 for the disabled)

주요 설계 개념 및 설명도

기관특성과 부지환경을 고려한 의료지원 플랫폼

국민의 건강과 보건의료발전을 위한 건강한 기관

① 의정부사옥만의 상징적 · 독창적인 이미지 구현

건강보험심사평가원의 슬로건인 HIRA의 염색체 모양을 형상화하며 의정부지원만의 독창적 이미지를 매스에 표현한 상징적인 건물계획

다양한 축이 인접한 상징적 대상지

도시개발중심축인 27m 도로와 기존 도로축인 12m 도로가 접해 상징적인 의미를 담고 있다. 각 축에 대응하여 도시맥락에 따른 의정부지원의 상징성을 담은 배치계획이 필요하다.

27m 도로 | 도시개발중심축

위압감 있는 이미지 탈피로 열린 이미지 구현

27m도로에 대응한 오픈광장을 계획하고 주민에게 열린 저층시설을 배치함으로서 열린 사옥 이미지를 전달

12m 도로 | 기존도로 축

건강보험 심사평가원의 상징성 반영

12m의 도로에서 인접건축물과 함께 도시경관을 구성하여 국민의 Health Information을 담고있는 HIRA의 염색체를 형상화하여 공정하고 신뢰받는 이미지를 전달

② 명확한 조닝구성과 쾌적한 업무환경 확보

개방영역과 업무공간의 명확한 조닝구성으로 위압적인 사옥이미지를 탈피하며 업무공간의 남향배치로 쾌적한 업무환경 계획

③ 친환경적인 에너지 절약형 사옥 구현

천보산 조망과 녹화공간 등 자연요소에 대응하는 자연친화적이고 개방적인 사옥을 구현한 에너지 절약형 친환경 건물 계획

접근성이 확보된 열린배치 및 동분리로 명확한 영역성 확보

배치계획

경기북부 광역행정타운 안에 속해 있는 건강보험심사평가원 의정부지원은 국민들에게 건강한 의료문화를 지원하는 건강한 기업으로 지역주민들에게 열린광장과 편리한 접근성을 지닌다.
또한, 사옥으로서의 인지성과 상징적인 이미지를 위해 전면 후생복지시설과 후면 타워형배치로 천보산을 바라보는 환경친화적인 배치를 제안한다.

■ 도시맥락에 따른 매스계획

- 도시개발중심축에 대응한 진입계획과 인접 건물과 조화를 이루는 배치계획
- 진입마당을 통한 열린진입과 도로에서 이격하여 정면성 및 인지성 확보

■ 향과 조망을 고려한 배치계획

- 내부에서 천보산을 바라보는 조망과 층마다 형성된 자연을 담은 외부공간
- 쾌적한 업무공간을 고려한 남향배치 업무공간은 내외부 유기적으로 연계

■ 시설분리배치로 영역분리

- 후생복지시설과 업무시설의 동을 분리 보안성을 고려한 업무영역을 확보
- 개방공간 저층배치로 이용의 편의 공공성을 확보하고 시설별 동선 분리

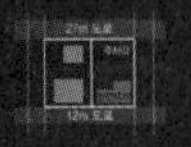

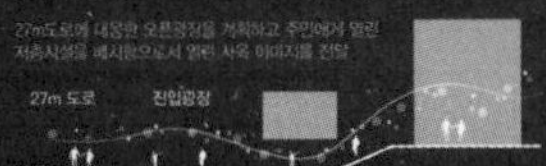

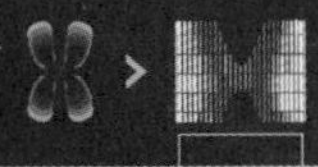

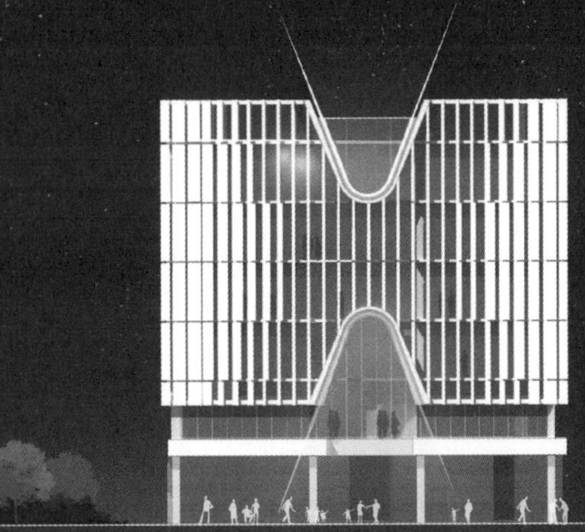

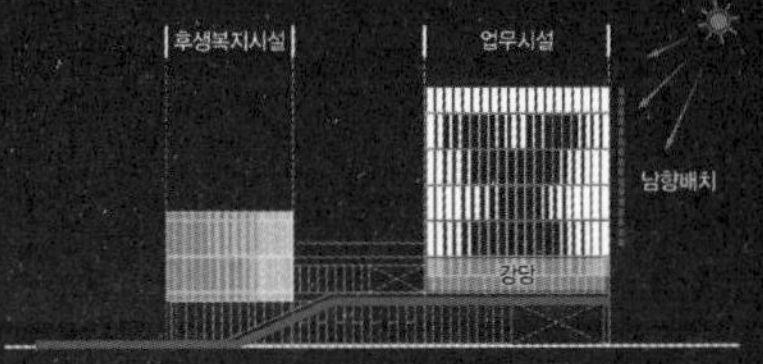

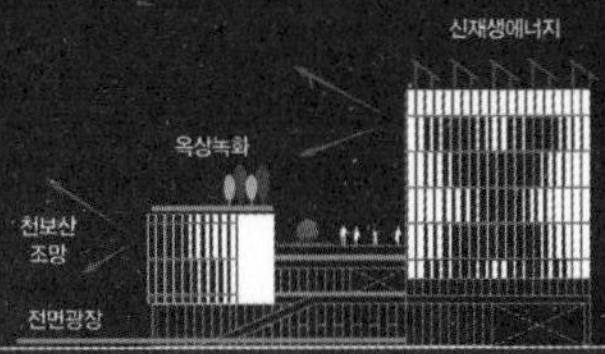

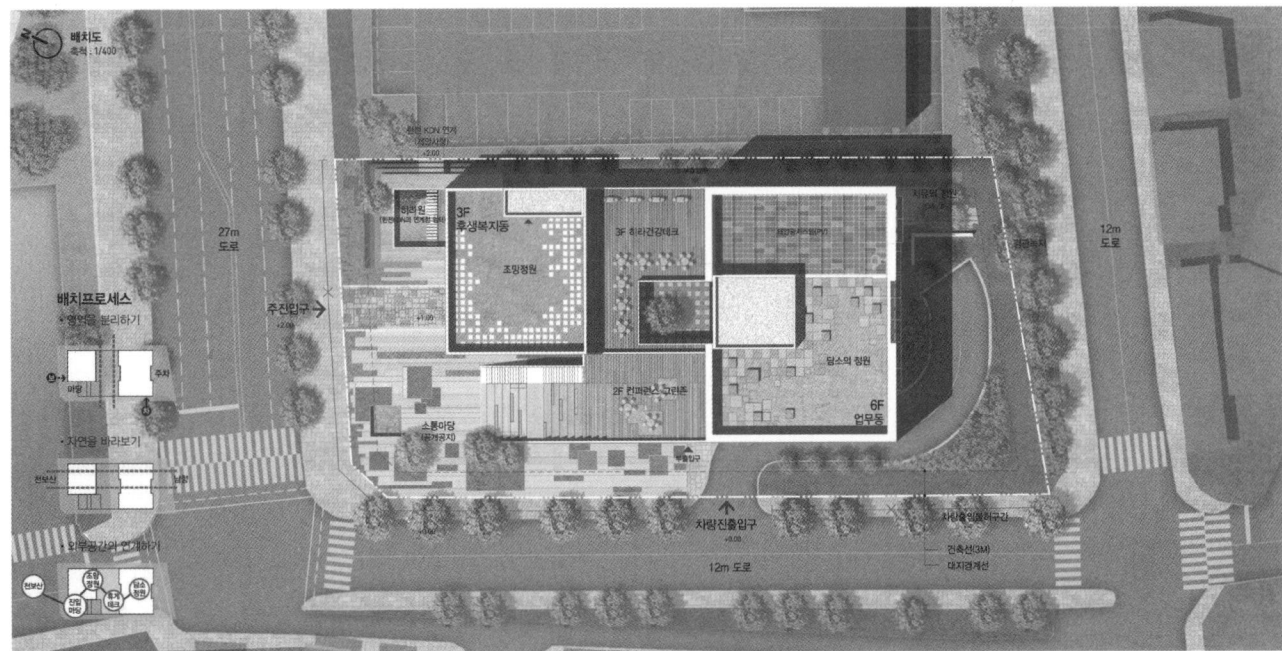

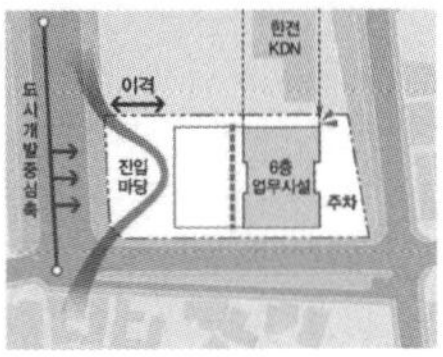

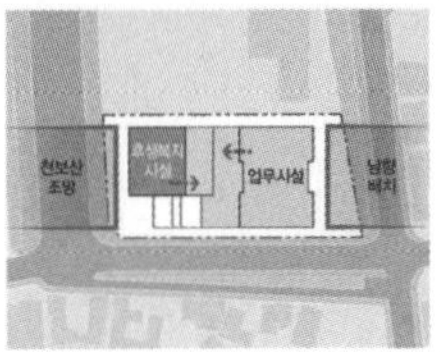

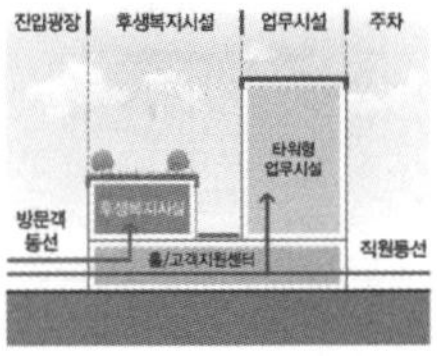

건강보험심사평가원 의정부지원 사옥

각 이용자 동선을 고려한 합리적인 코어배치로 안전한 지하주차장 계획

지하1층 평면계획

지하1층 주차장은 원활한 주차동선을 위해 순환형 동선으로 계획하였으며, 직원용과 방문객용으로 코어와 주차 영역을 구분하여 보안 및 이용자들의 편의를 확보하였다.
또한, 안전을 위해 설비영역과 주차영역을 명확하게 구분하였으며, 화물용 코어와 대형 하역차량이 진입할 수 있도록 적절한 높이로 계획하였다.

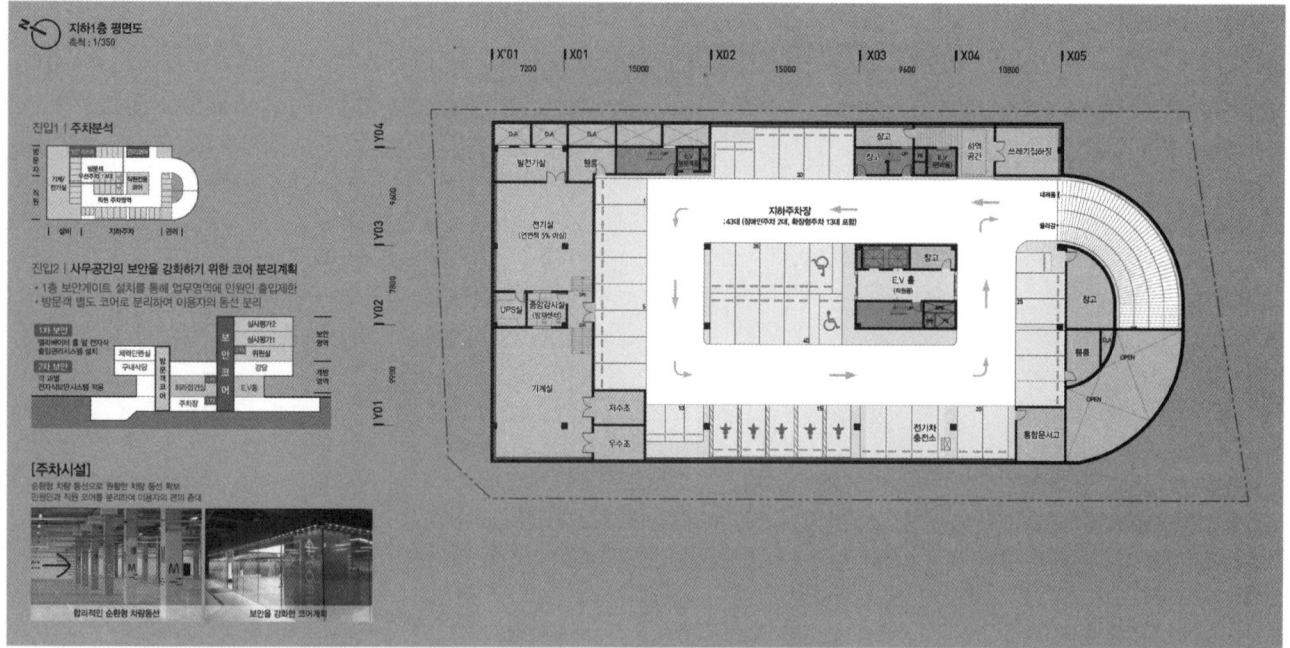

B1F
주차장, 관리시설

1 이용자 편의성을 고려한 주차장 계획
- 이용자의 편의성을 고려한 방문객 전용 주차존 계획
- 교통약자의 주차영역과 코어를 인접배치하여 편의성 확보

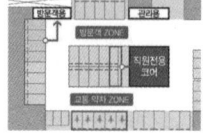

2 원활한 이용을 고려한 차량 순환동선 계획
- 순환형 주차동선 계획을 통해 컴팩트하고 효율적인 주차장 활용
- 설비영역과 주차영역의 명확한 영역분리를 통한 안전성 확보

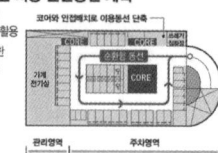

3 서비스동선을 고려한 화물전용 코어계획
- 후생/지원시설 서비스와 자료 반출을 고려한 화물용 코어 계획
- 주차장 진입-주차-하역의 원스톱 하역시스템을 통해 효율성 향상

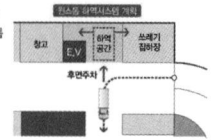

접근의 편의성과 업무공간의 보안성을 고려한 열린 로비계획

지상1층 평면계획

건강보험심사평가원의 방문객과 직원들의 합리적인 진입동선을 계획하고, 로비를 중심으로 개방영역과 보안영역을 나누어 영역을 명확하게 분리하였다.
또한, 로비에 방문객을 맞이하는 접견공간을 계획하여 업무공간의 영역성과 보안성을 강화하였다.

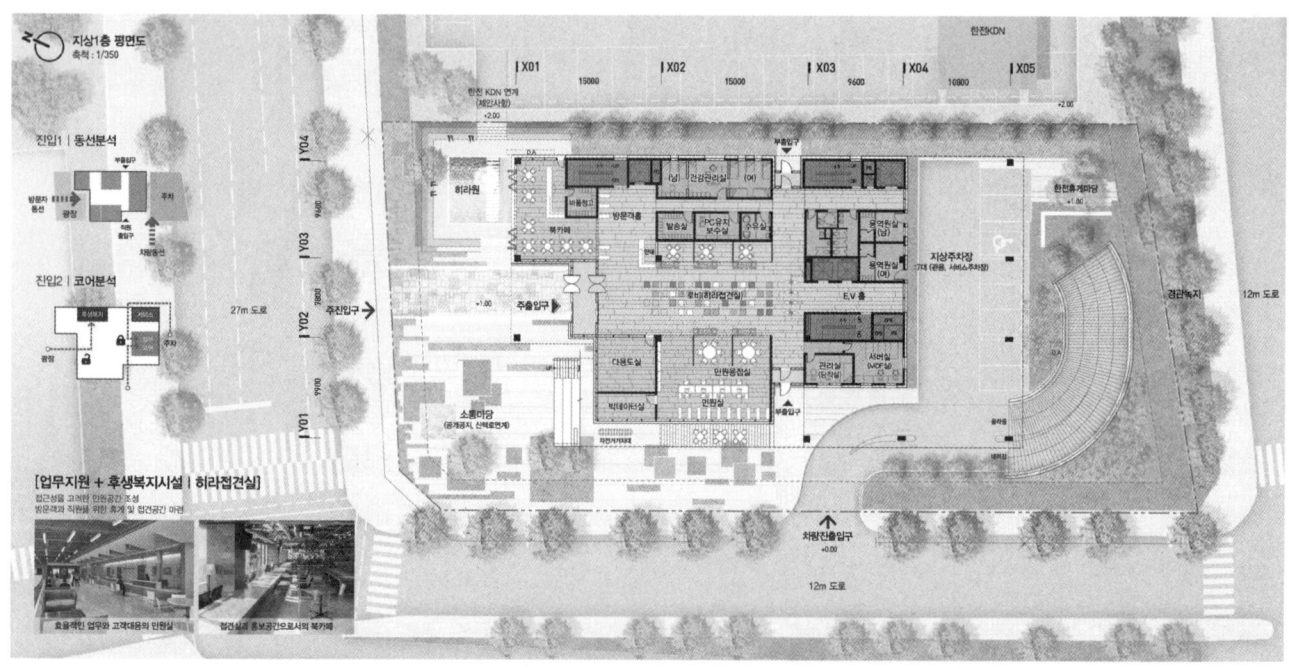

1F
로비(히라접견실)

1 주 보행로에 대응하는 열린 시설계획
- 시설 접근성 및 공공성 향상을 위한 전면부 고객센터 계획
- 전면부 열린공간과 연계하여 자연 친화적인 복지공간 계획

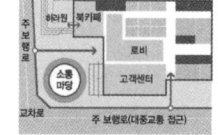

2 로비를 중심으로 명확한 시설 조닝 계획
- 로비를 중심으로 개방영역과 보안영역의 명확한 분리 배치
- 이용 편의와 보안을 고려한 이용자별 명확한 코어분리 계획

3 업무시설 보안을 고려한 접견실 계획
- 업무보안을 고려한 로비에 인접 배치한 접견공간 계획
- 다양한 접견인원을 수용할 수 있는 가변적 접견공간 계획

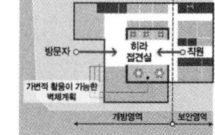

Uijeongbu Support Office Building of Health Insurance Review & Assessment Service

업무환경의 질을 높이는 자연친화적 공간 계획

지상2, 3층 평면계획

업무공간과 업무지원공간을 완충하는 휴게공간을 마련하여 업무효율을 높이고 천보산과 연계하여 쾌적한 업무 공간을 제공하였다.
또한, 히라건강데크를 중심으로 시설별 영역을 분리하여 후생복지시설과 업무시설을 배치하였으며, 자연을 바라보는 후생복지시설과 휴게시설을 통해 직원들에게 쾌적한 휴식공간을 마련하였다.

2F
[후생복지 + 업무지원 | 컨퍼런스존]

3F
[후생복지 + 고객지원부]

2, 3F 컨퍼런스존, 구내식당

1. 다양한 출입을 고려한 강당계획
2. 천보산의 풍경을 담은 식당 계획
3. 직원들이 화합하는 휴게특화공간 계획

정남배치로 쾌적한 실내환경을 갖춘 가변적 사무공간 계획

지상4, 5, 6층 평면계획

각 부서들은 층별로 구분되어 회의실 및 휴게시설을 사무영역과 인접배치하여 업무의 효율을 증대 시킬 수 있도록 하였다.
타워형으로 배치된 업무영역은 천보산을 조망하며 남향배치와 자연환기로 쾌적한 실내환경을 갖추도록 구성하였다.

[조망정원]
4F [상근 + 전문 심사위원실]
5F [심사평가 1부]
6F [심사평가 2부]

4, 5, 6F 업무시설 존

1. 채광·환기를 고려한 쾌적한 사무공간 계획
2. 업무효율을 고려한 업무지원시설 인접배치 계획
3. 미래조직에 대응하는 가변적 사무공간 계획

건강보험심사평가원 의정부지원 사옥

건강보험심사평가원의 상징성을 반영하는 입면디자인

입면계획-1

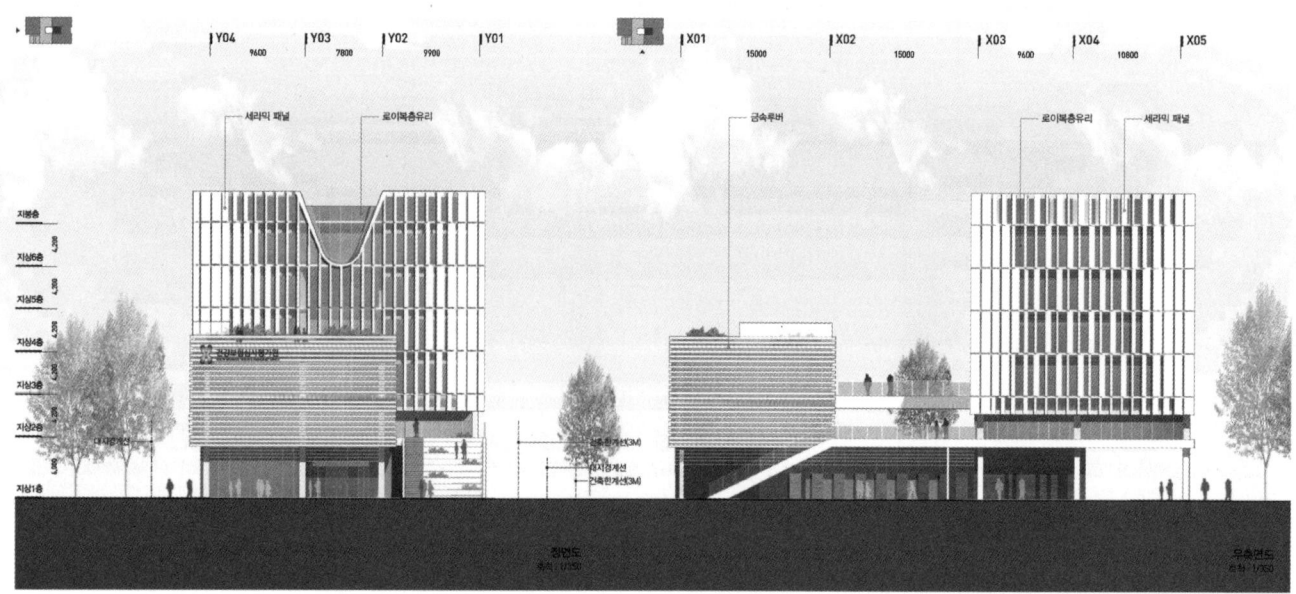

주변 경관과 조화롭고 기능과 특성을 고려한 입면계획

입면계획-2

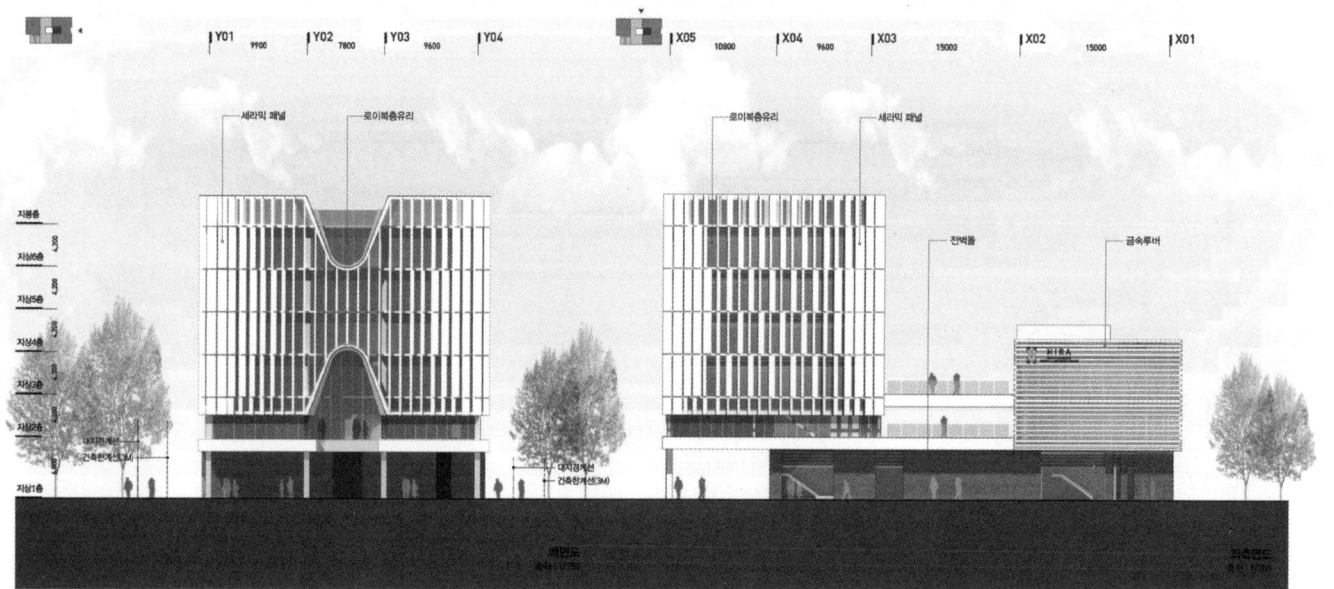

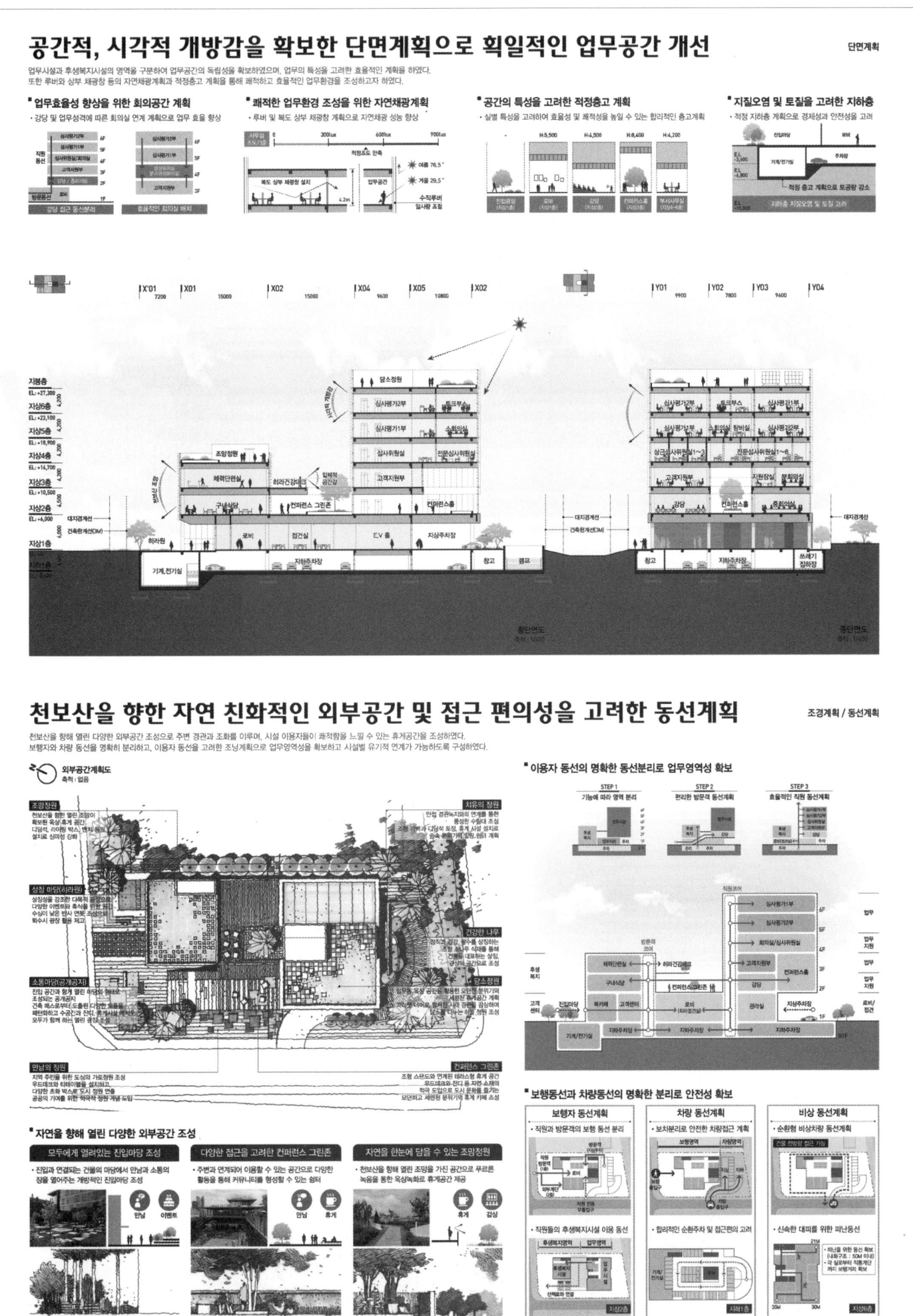

순천시 생태 비즈니스센터

당선작 (주)아이에스피건축사사무소 이주경   설계팀 고민규, 국동환, 임상균, 임준영

대지위치 전라남도 순천시 풍덕동 879-6번지 **대지면적** 1,789.00㎡ **건축면적** 1,358.82㎡ **연면적** 3,208.11㎡ **건폐율** 75.95% **용적률** 167.48% **규모** 지상 4층 **최고높이** 16.5m **구조** 철근콘크리트조 **외부마감** 석재, 목재패널, 로이복층유리, 루버 **주차** 35대(장애인 주차 2대, 경형 2대 포함)

도시와 자연을 연결하는 노드

순천시 도시재생 활성화 계획에 의해 순천역 일원에 순천만정원, 유네스코 생물권 보전지역, 람사르 등재 순천만 습지 등 생태수도 순천시가 보유한 순천만 생태자원을 활용한 '생태 비즈니스' 거점공간 조성한다. 중심 시가지 재생에 이바지할 독창적인 생태비즈니스센터 건립으로 순천의 도시와 자연을 연결하는 노드이자 지역 산업의 새로운 거점이 되어 자리매김할 것이다.

평면계획

지하 1층은 순천동천과 연계한 친환경적인 문화 생태마당을 통하여 지역성의 가치를 높이고 휴게쉼터로서 역할을 수행한다. 지상 1층은 지역주민 및 방문객들에게 열려있고, 문화생태자원 및 역세권 경제 활성화를 위해 다양한 프로그램과 연계하도록 계획되었다. 창업실험실을 중심으로 배치된 2층은 이동동선을 단축하여 효율적인 조닝계획 및 프로그램 연계성을 확대했고, 3층은 커뮤니티 중심의 효율적 동선과 연계를 통하여 이용자의 편리성과 소통을 위한 공간을 제시했다. 마지막으로 옥상층은 오감으로 느낄 수 있는 물빛 라운지를 마련해 순천의 생태자원들을 학습 및 체험, 소통할 수 있는 환경을 제공한다.

A node that connects a city and nature

As part of Suncheon's urban regeneration project, the proposal aims to transform the Suncheon Station area into a hub for 'ecology business' that makes use of Suncheonman Bay's ecological resources around the ecological city of Suncheon, such as the Suncheonman Garden, UNESCO biosphere reserve and Ramsar-listed Suncheonman Bay Wetland. With the foundation of a unique ecology business center that will contribute to downtown regeneration, the project area will become a node that connects the city and nature and a new base for local industries.

Floor plan

The 1st basement floor promotes local values and serves as a lounge along with an environment-friendly culture and ecology plaza connected with Suncheondongcheon stream. The 1st floor aboveground is open to local people and visitors and is connected with various programs to activate cultural and ecological resources and the station area. Organized around Startup Lab, the 2nd floor provides a streamlined circulation system which enables implementing an efficient zoning system and extending connection with programs. The 3rd floor enhances user convenience and communication by adopting a community-centered efficient circulation system and strengthening spatial connectivity. Lastly, the rooftop floor has a water lounge that stimulates the senses; it creates an environ-ment optimized to study, experience and interact with Suncheon's ecological resources.

Prize winner ISP Architect & Engineering_Lee Jookyoung **Location** Suncheon, Jeollanam-do **Site area** 1,789.00m² **Building area** 1,358.82m² **Gross floor area** 3,208.11m² **Building coverage** 75.95% **Floor space index** 167.48% **Building scope** 4F **Height** 16.5m **Structure** RC **Exterior finishing** Stone, Wood panel, Low-E paired glass, Louver **Parking** 35 (including 2 for the disabled, 2 for compact car)

Suncheon-si ECO Business Center

기존 지형과 조화를 이루며, 진입을 고려한 대지분석

Prologue — 대지현황분석

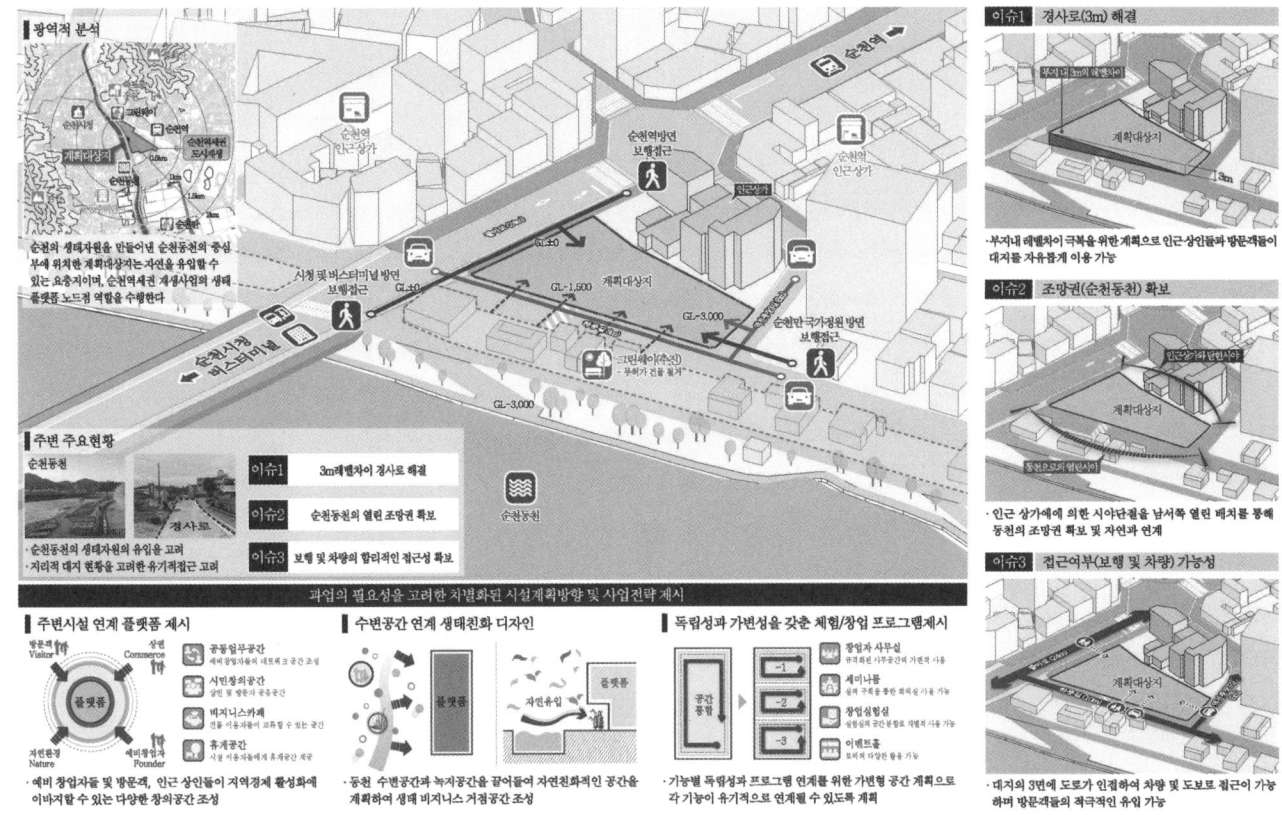

기존 주변현황과 연계하며 프로그램 특성을 반영한 계획방향

순천동천의 그린웨이 축을 유입하고, 지역주민 및 방문객의 접근성을 고려하여 단계별 매스 프로세스 디자인 계획

Prologue — 기본계획

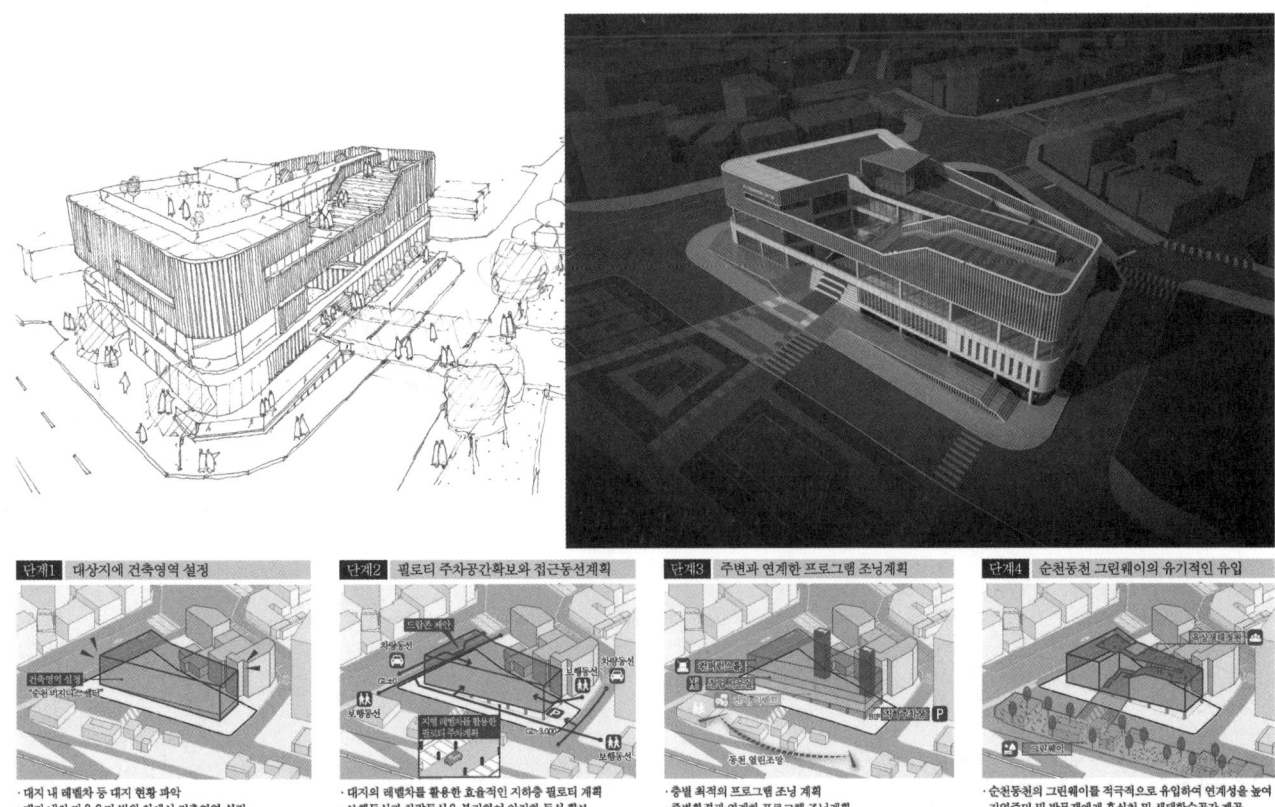

순천시 생태 비즈니스센터

지역과 자연, 방문객이 함께 소통하며 효율적 접근이 가능한 배치계획

생태자원인 순천동천을 연계하며, 계획대상지의 경사지를 고려하여 기능적이고 합리적인 배치계획

배치도

Masterplan 배치계획

- 순천역 방면, 순천동천 그린웨이 등의 접근을 고려한 배치
- 지역주민, 창업자, 방문객 등 다방면에서의 열린 접근성

- 기존 경사지형을 고려하여 유기적인 접근이 가능
- 스텝생태마당을 마련하여 지역주민에게 휴식 쉼터 제공

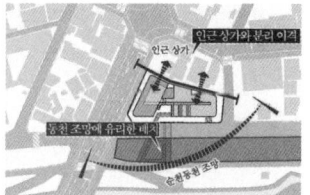

- 순천동천의 조망권을 확보하여 시각적인 연계성을 높임
- 인근상권과의 시야를 차단하기 위한 합리적인 코어 배치

주변 자연요소와의 관계 및 안전한 접근성을 고려한 유기적 외부동선

주변 삼면이 도로로 접해있는 대상지의 다방면으로 접근을 고려하여 방문객 및 지역주민의 안전하고 편리한 접근 동선계획

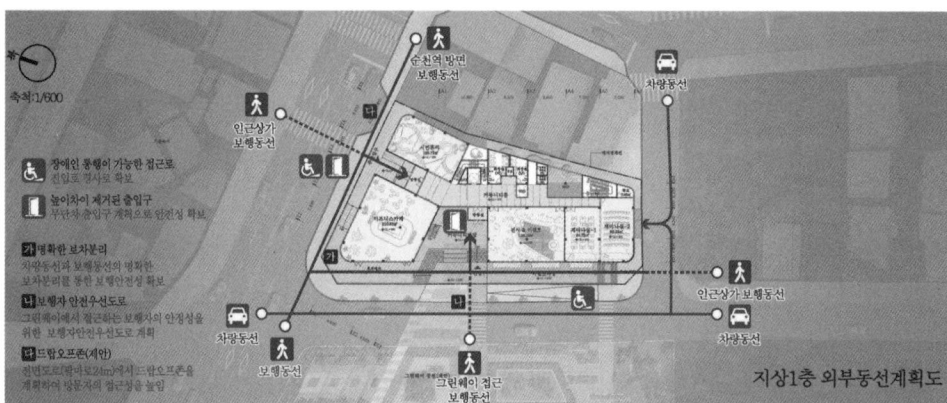

지상1층 외부동선계획도

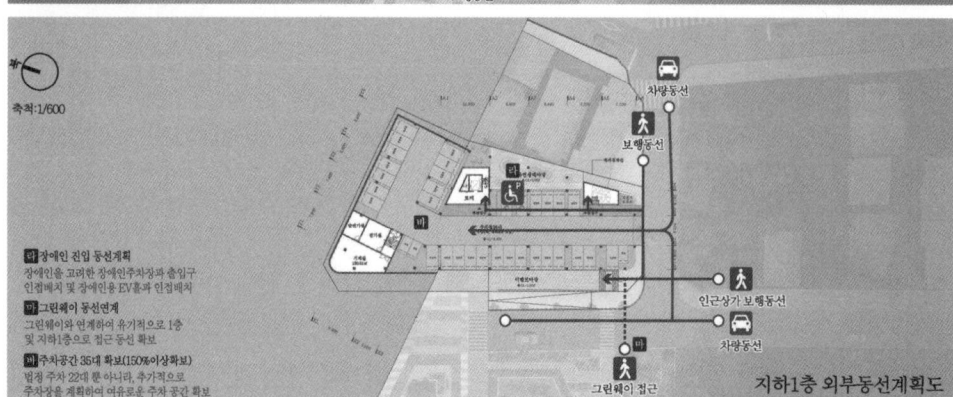

지하1층 외부동선계획도

Masterplan 외부동선계획

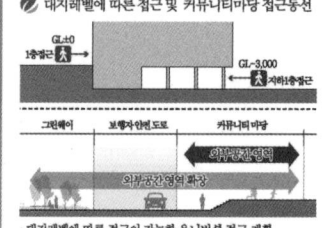

- 대지레벨에 따른 접근이 가능한 유니버셜 접근계획
- 커뮤니티마당의 영역확장으로 지역주민에게 휴게쉼터 제공

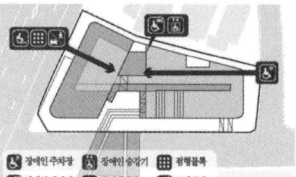

- 장애인 및 노약자 등의 편의를 고려한 유니버셜 접근계획
- 합리적인 코어배치로 수직동선 접근성 확보

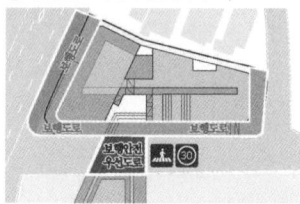

- 보행자의 안전한 접근을 위하여 차량의 간섭이 최대한 충돌하지 않도록 보행환경 조성

필로티로 주차공간확보와 친환경적인 문화생태마당 계획

순천동천과 연계한 친환경적인 문화생태마당을 통하여 지역성의 가치를 높이고 휴게 쉼터로서 역할을 수행

Architectural plan — 지하1층 평면계획

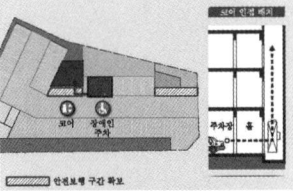

- 순천의 생태이미지를 나타내는 문화생태마당 계획
- 동천 그린웨이와 연계로 생태자원네트워크 연결

- 장애인 주차 코어 인접배치로 유니버설 접근성 확보
- 주차장 안전보행 구간 확보로 보행자 안정성 증대

- 관리직원의 독립적인 관리·운영이 가능한 조닝계획
- 주차장과 연계하여 필요시 용이한 물품반입 가능

명확한 진입계획과 주변환경과 소통하는 다양한 내·외부 공간계획

지역주민 및 방문객에게 열려있고, 문화생태자원 및 역세권 경제 활성화를 위한 다양한 프로그램 연계 계획

Architectural plan — 지상1층 평면계획

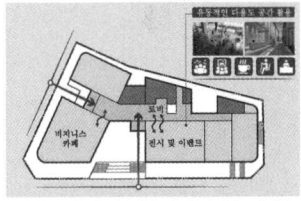

- 주출입구와 부출입구에서의 접근이 가능한 열린 로비 계획
- 비즈니스카페, 로비와 전시이벤트 공간의 커뮤니티 연계

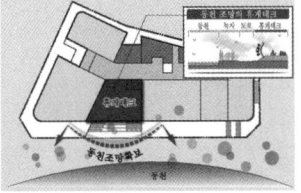

- 순천동천의 열린 조망권을 가진 휴게데크 계획
- 지역주민 및 방문객 등의 쉼터로서 역할을 수행

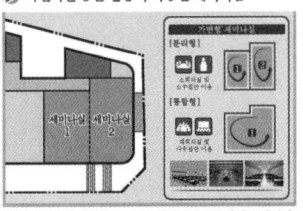

- 가변형 공간을 계획하여 프로그램변화에 능동적이고 다양한 용도로 제공될 수 있는 세미나룸 계획

다양한 프로그램공간을 가진 미래형 창의융합 창업 사무·실험실 계획

창업실험실의 중심배치로 이동동선을 단축하여 효율적인 조닝계획 및 프로그램 연계성을 확대

Architectural plan
지상2층 평면계획

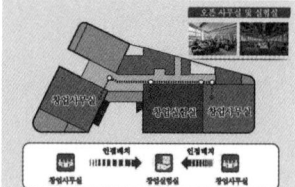
오픈형 창업사무실/실험실 조닝계획
· 효율적이고 합리적인 운영을 위해 창업실험실을 중심으로 주변 오픈형 창업사무실 조닝 계획

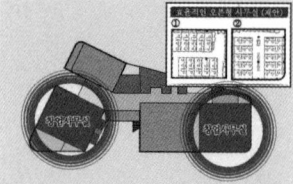
창업사무실 조닝 계획(제안)
· 오픈형 창업사무실을 위하여 공동OA실, 탕비실, 회의실 조닝 계획으로 예비창업자 및 창업자들을 위한 편의시설 제공

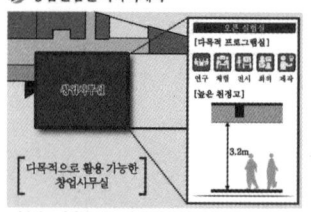
창업실험실 다목적계획
· 자유롭고 다양한 프로그램 생태 VAR을 위한 높은 천정고 계획
· 전시 및 체험 등을 위한 가변형 다목적 프로그램실 계획

2층 평면도

입체적이고 유기적인 공간연계로 문화생태 커뮤니티 활성화

커뮤니티 중심의 효율적 동선과 연계를 통하여 이용자의 편리성과 소통을 위한 공간 제시

Architectural plan
지상3층 평면계획

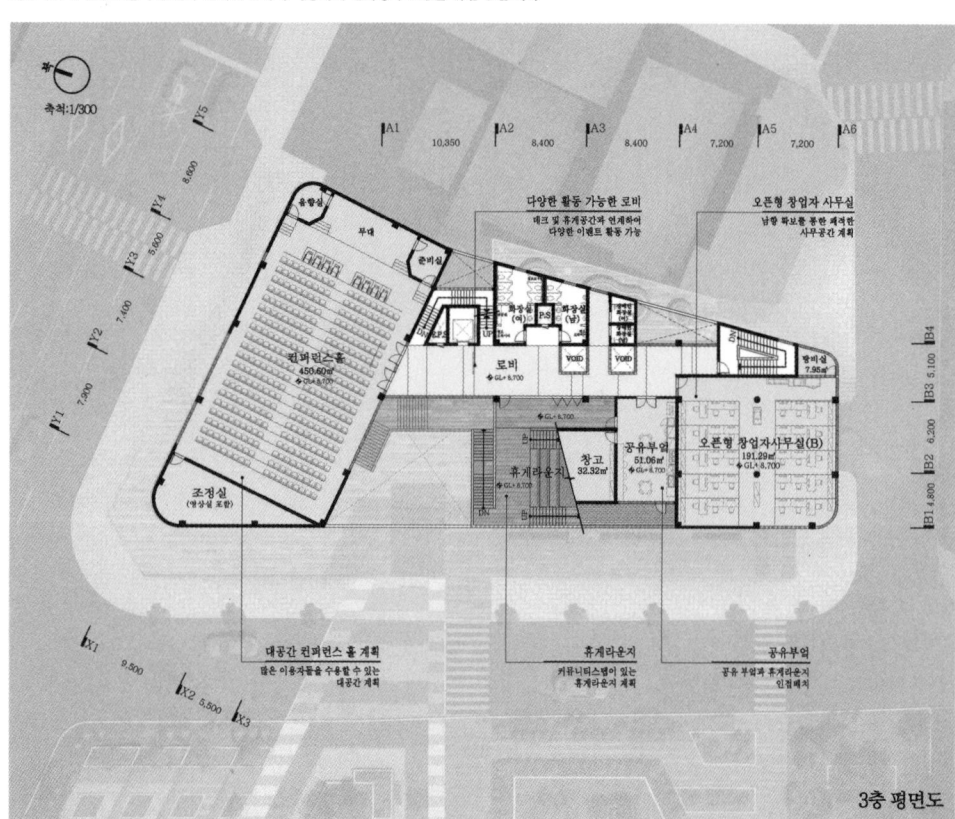

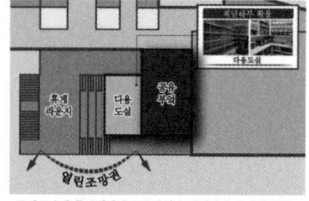
공유부엌 및 휴게쉼터 계획
· 중심공간에 휴게쉼터와 공유부엌을 배치하여 용이한 접근
· 열린 조망권을 확보하여 시각적인 생태자원문화 연계

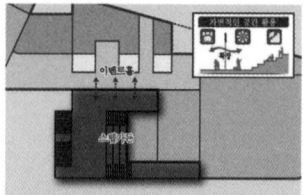
이벤트홀과 스텝가든 연계성
· 컨퍼런스홀의 대기공간인 이벤트홀과 스텝가든을 연결하여 가변적인 공간활용을 통해 넓은 다목적 용도로 활용가능

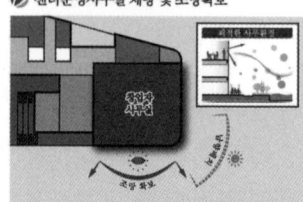
센터운영사무실 채광 및 조망확보
· 상주공간인 센터운영사무실의 남향 채광 확보로 쾌적성 증대
· 순천동천의 시각적으로 열린 파노라마 뷰 확보

3층 평면도

Suncheon-si ECO Business Center

옥상 물빛라운지를 통하여 오감으로 느끼는 생태문화자원
오감으로 느낄 수 있는 물빛라운지를 통하여 순천의 생태자원들을 학습하고 체험하고 소통할 수 있는 환경 제공

Architectural plan
옥상층 평면계획

옥상층 평면도

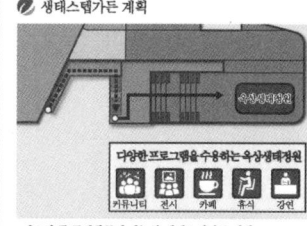

- 버스킹 등 특별활동이 가능한 생태스템가든 계획
- 유기적인 수직연결동선으로 이용자의 활동공간을 확보

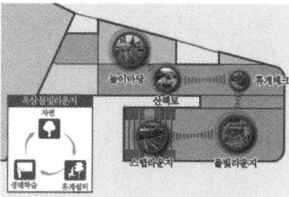

- 산책로 및 생태자연을 통한 학습체험 환경 제공
- 순천동천 등 순천의 자연환경을 느낄 수 있는 물빛라운지

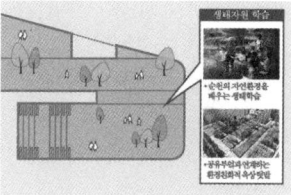

- 순천의 아이덴티티를 가지고 있는 생태자원을 소개하며 배울 수 있는 물빛라운지 특화계획

실내에서 자연을 느끼면서 이동할 수 있는 내부동선계획
공간마다 정체성이 담긴 생태자원을 연계하여 이용자의 오감과 함께 다가갈 수 있는 내부동선계획

Architectural plan
내부동선계획

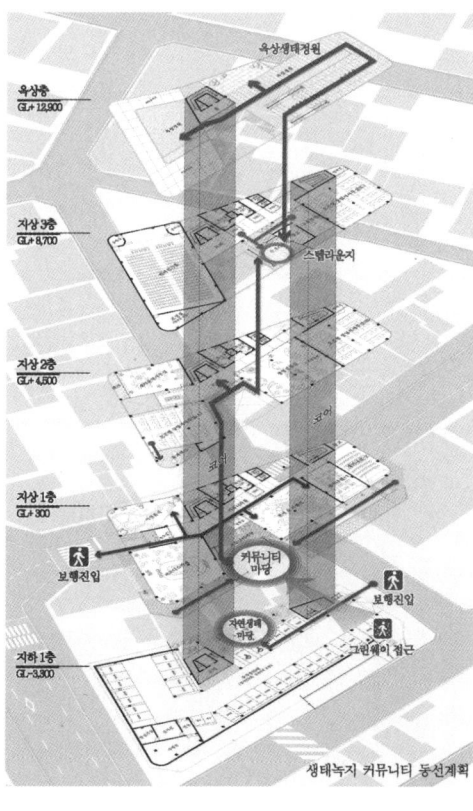

보행 및 차량 동선계획 / 생태녹지 커뮤니티 동선계획

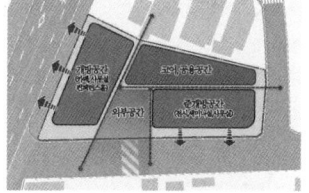

- 주변환경을 고려한 유기적인 조닝계획
- 외부공간을 기준으로 개방영역과 준개방영역의 분리

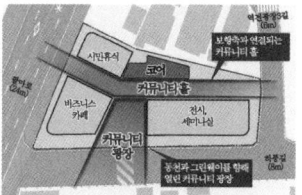

- 전면도로에서의 원활한 진입을 위한 주출입구 계획
- 동천, 그린웨이로 열린 커뮤니티 광장 계획

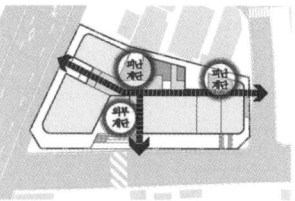

- 코어의 효율적인 배치로 안전한 피난동선 계획
- 외부계단을 통한 추가적인 피난동선계획

순천시 생태 비즈니스센터

주변환경과 연속적으로 어우러진 조화로운 입면계획

주변과 연속성을 가지고 기존 대지와의 관계를 고려하여, 순천만의 아이덴티티를 나타낼 수 있는 입면계획

Architectural plan
입면계획-1

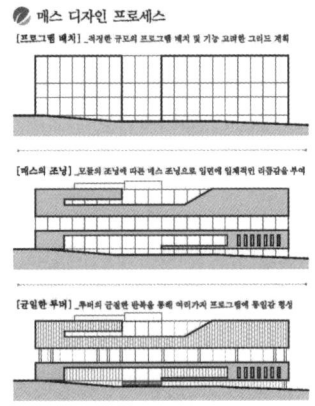

매스 디자인 프로세스

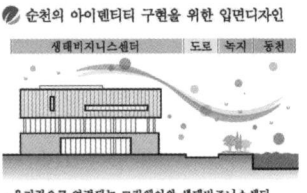

순천의 아이덴티티 구현을 위한 입면디자인

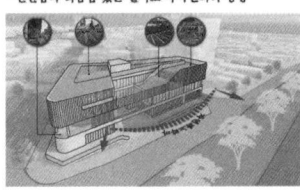

주변과 조화로운 녹색환경을 적용하여 친환경 입면디자인

친환경적인 입면디자인 계획을 통하여 에너지를 절감하며 정체성이 더욱 드러나는 생태비즈니스센터

Architectural plan
입면계획-2

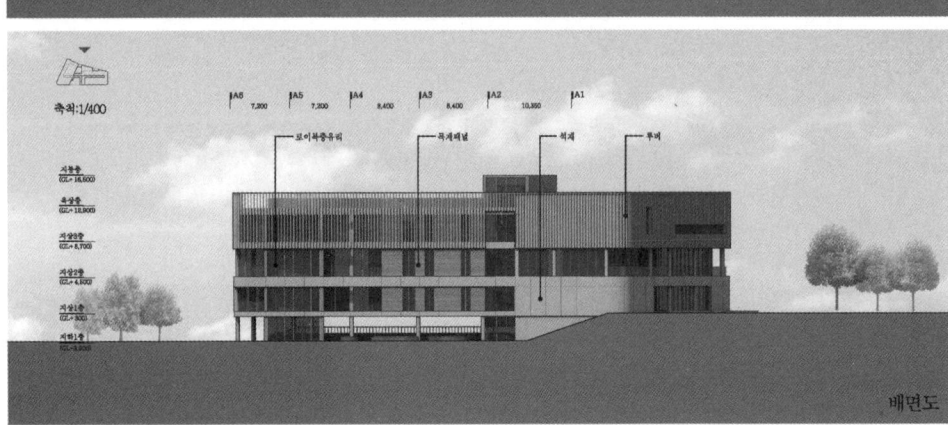

재료 및 색재계획

기능에 따른 입면계획(수직루버)

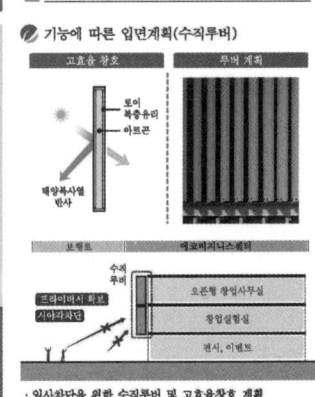

주변 자연환경과 하나되는 생태적 단면계획

자연채광을 유입하며, 순천동천으로의 조망권을 확보한 단면계획으로 쾌적한 실내를 제공하여 이용자의 편의를 증대

Architectural plan
단면계획

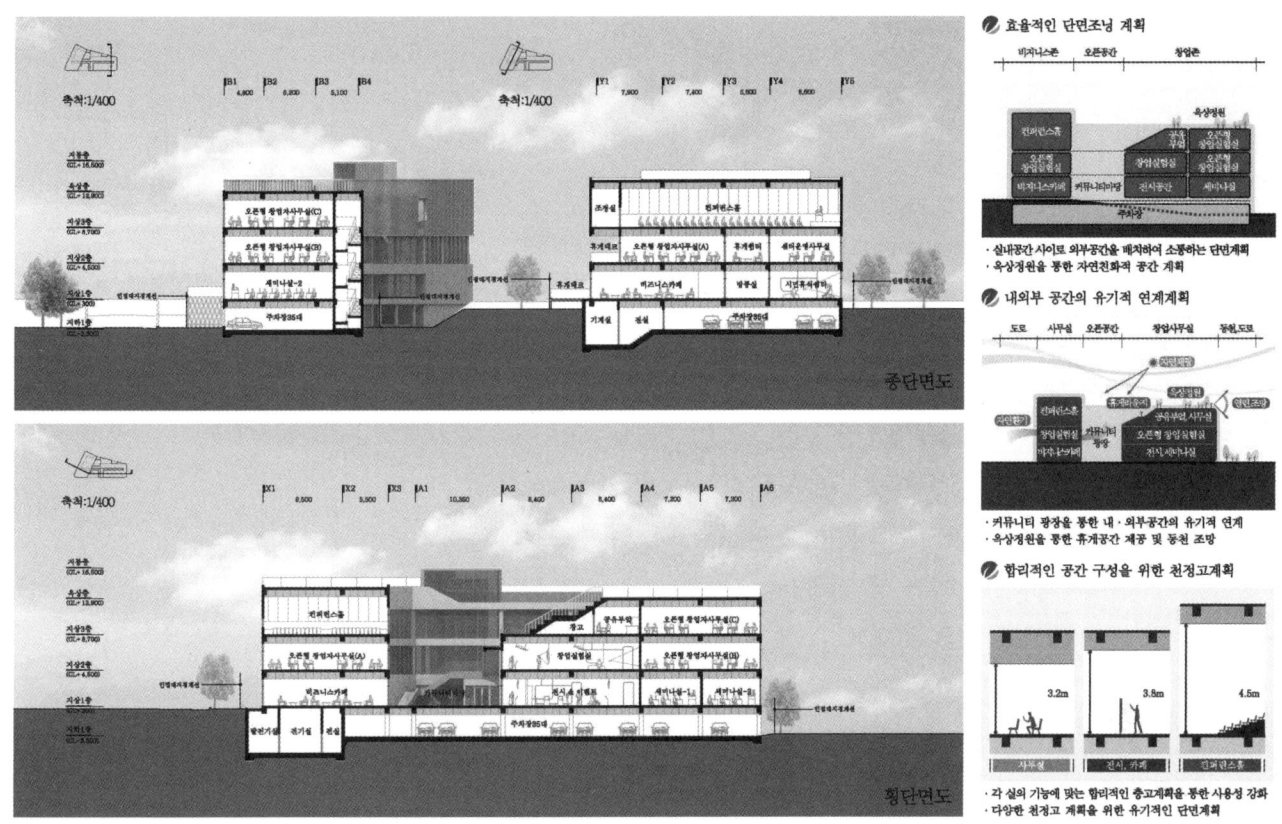

순천의 생태자원과 연계하는 공간특화계획

여러 프로그램 연계를 통하여 지역주민, 여행객과 창업자 등의 커뮤니티를 확대하고 공간마다의 가변성 및 독립성으로 프로그램 집중도를 높임

Architectural plan
공간특화계획

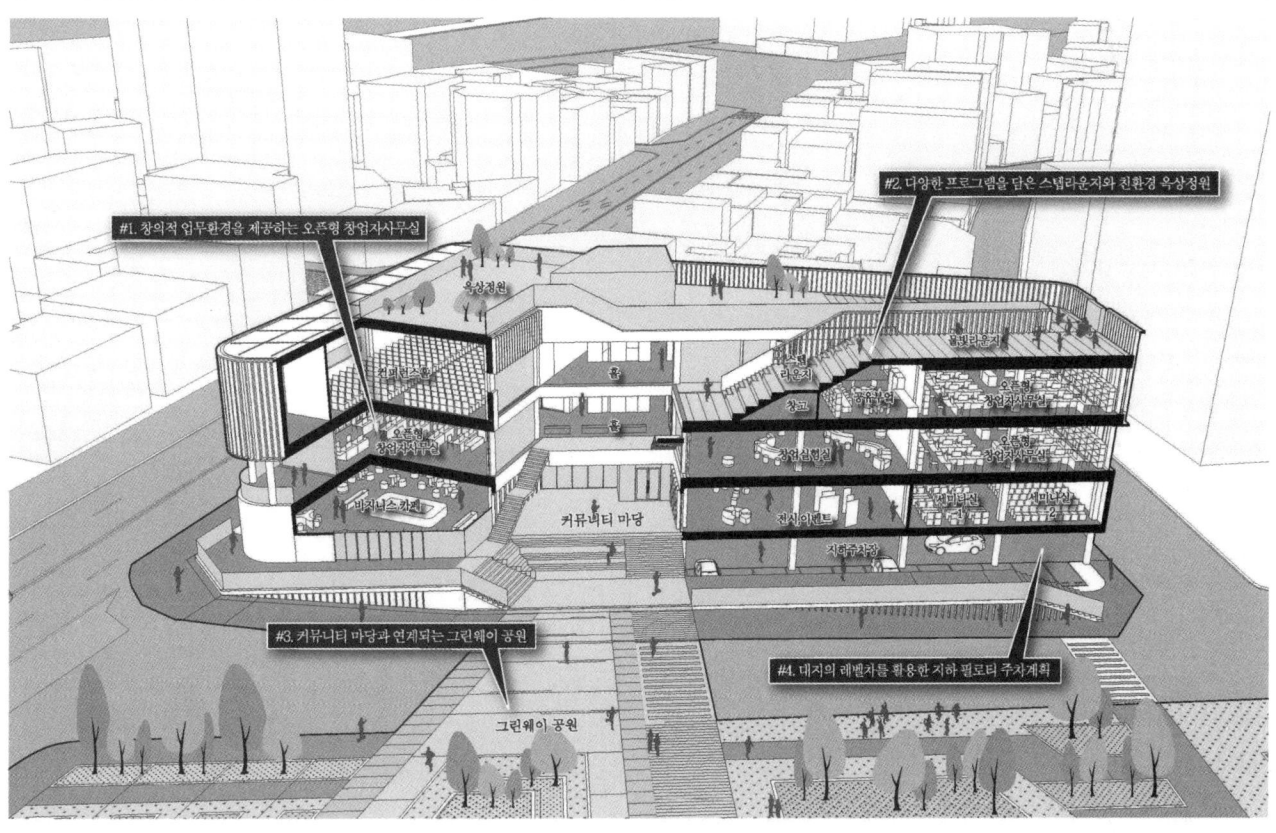

문화유산과학센터

당선작 (주)디엔비건축사사무소 조도연 설계팀 강연우, 정보람, 김성민, 최영재, 고광훈, 최영빈

대지위치 서울특별시 용산구 서빙고로 137 국립중앙박물관 내 **대지면적** 295,550.69㎡ **건축면적** 56,244.67㎡ **연면적** 159,273.60㎡ **건폐율** 19.03% **용적률** 45.42% **규모** 지하 1층, 지상 3층 **최고높이** 21m **구조** 철근콘크리트조 **외부마감** 로이삼중유리, 노출콘크리트, 금속마감 **주차** 49대

어제와 오늘, 내일이 공존하는 시간의 풍경
과거의 유구한 역사가 남긴 문화유산과 문화유산 과학센터의 최첨단 과학기술이 결합하여 문화유산을 보존한다. 과거와 미래의 연결을 투명한 매스에 투영하여 어제와 오늘, 내일이 공존하는 시간의 풍경이 되고자한다.

문화유산 보존의 새로운 문을 열다
국립중앙박물관(도시)과 용산공원(자연)사이에 새로운 통경축을 설정하여 시각적 흐름을 연장하였다. 문화유산과학센터는 유물이 거쳐가는 공간을 지키는 관문이고 문화재에 생명력을 불어넣어 보존과학의 새로운 문을 열고자 한다.

문화유산 보존의 최적의 환경을 만들다
국립중앙박물관과의 이격 및 내부 중정을 계획하여 보존과학자와 문화재 모두에게 쾌적한 연구환경을 조성하였고 중정을 중심으로 문화재 보존·복원이 유기적으로 이어지고 외부와 연계하여 쾌적한 보존처리 환경을 만들었다.

문화유산 보존의 미래를 보여주다
문화재의 시간 흐름을 담은 타임 시네마 계획으로 낮에는 시간의 흔적이 투명하게 보이고 밤에는 문화재 보존처리 과정을 미디어파사드에 담아 보존과학의 미래를 보여준다.

A time-scape in which the past, present and future exist together
The proposal aims to preserve cultural legacy by combining cultural heritages of a long history and advanced science technologies of the new science center. The connection between the past and the future is projected onto a transparent mass to create a time-scape in which the past, present and the future exist together.

Opening a new gate for the preservation of cultural relics
A new vista is opened between the National Museum of Korea (city) and Yongsan Park (nature) to extend the visual narrative. The new science center serves as a gate to secure passage for cultural relics and gives new life to thcm, with the goal of opening a new gate for conservation science.

Creating an optimal environment for the preservation of cultural relics
The new science center is spaced away from the national museum, and an internal courtyard is added to create a pleasant study environment beneficial to both scientists and relics. Programs for the preservation and restoration of relics are organically networked around this courtyard and connected with outside to provide a pleasant preservation work environment.

Showing the future of the preservation of cultural relics
A 'Time Cinema' system showing the passage of time from the perspective of cultural relics is implemented. It clearly displays tracks of time during the day and introduces the preservation treatment process for cultural relics through a media facade at night to show the future of conservation science.

Prize winner D&B architecture design group_Cho Doyeun **Location** 137, Seobinggo-ro, Yongsan-gu, Seoul **Site area** 295,550.69m² **Building area** 56,244.67m² **Gross floor area** 159,273.60m² **Building coverage** 19.03% **Floor space index** 45.42% **Building scope** B1, 3F **Height** 21m **Structure** RC **Exterior finishing** Low-E triple glass, Exposed concrete, Metal finishing **Parking** 49

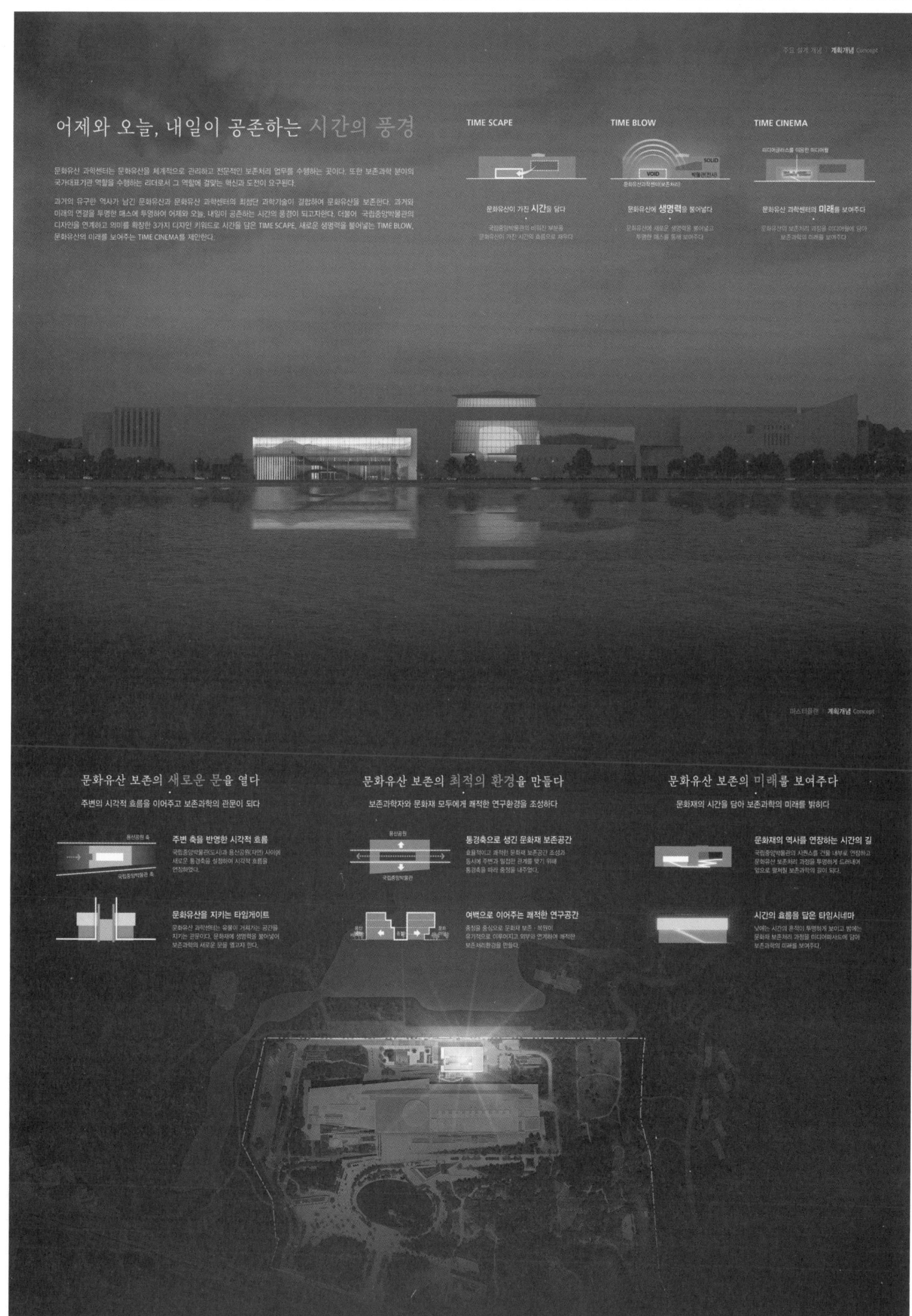

문화유산과학센터

주변환경에 대한 이해와 분석을 통한 명확한 프로젝트 이슈 도출

평가항목 및 배점기준: 배치 및 토지 활용도 / 대중교통, 보행자 및 차량접근 계획의 적절성

대지현황분석 | 배치계획 Master Plan

개발계획의 지향점

어제와 오늘, 내일이 공존하는 문화유산과학센터 TIME SCAPE

대지현황 (국립중앙박물관과 용산공원과의 관계)

문화유산 과학센터의 건립부지는 국립중앙박물관 북측에 위치한다. 국립중앙박물관은 서울의 중심부에 위치해 있으며 북쪽으로는 남산, 남쪽으로는 한강이 위치한 남향받이와 배산임수 배치를 취하고 있다. 미군기지 이전후 서울의 중심축으로 될 용산공원 조성에 대비하여 박물관 북측에 정면성을 부여하는 광장 및 진입공간을 배치하였으나, 이용성이 상당히 적은 편이다. '문화유산 과학센터' 증축으로 박물관과의 조화 및 용산공원으로의 새로운 변화를 도모한다.

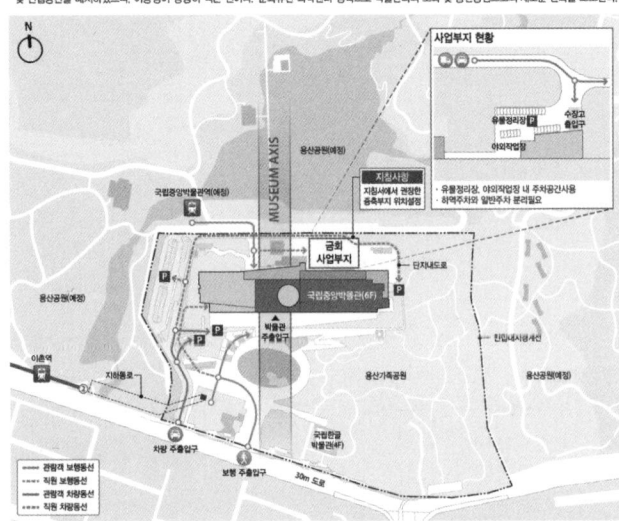

대지현황분석

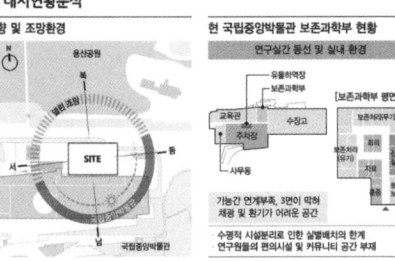
향 및 조망환경 / 현 국립중앙박물관 보존과학부 현황

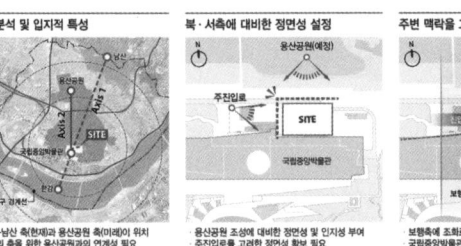
광역분석 및 입지적 특성 / 북·서측에 대비한 정면성 설정 / 주변 맥락을 고려한 건축영역 설정

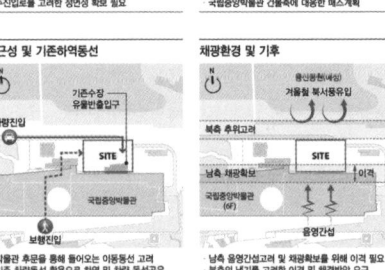

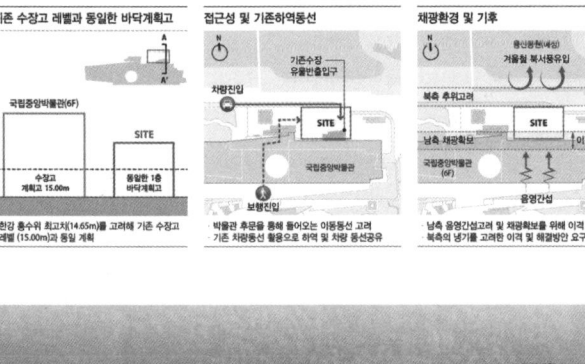
기존 수장고 레벨과 동일한 바닥계획고 / 접근성 및 기존 하역동선 / 채광환경 및 기후

박물관의 새로운 문화가 되고, 용산공원과 소통하는 열린배치계획

평가항목 및 배점기준: 배치 및 토지 활용도 / 시설 및 공간이용의 편의성 / 주변 공간 및 환경과의 연계 및 조화

배치도 | 배치계획 Master Plan

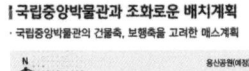
국립중앙박물관과 조화로운 배치계획
- 국립중앙박물관 건물축, 보행축을 고려한 매스계획

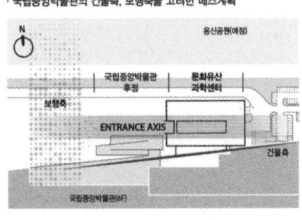

이격과 중정을 통한 쾌적한 실내환경 조성
- 국립중앙박물관 후면과 이격 및 중정배치를 통한 채광 확보

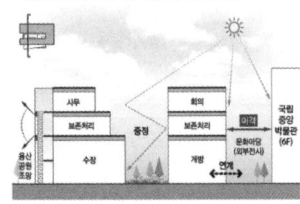

용산공원 조성에 대비한 북측 정면성 부여
- 시간의 풍경을 담은 매스를 통해 정면성 확보

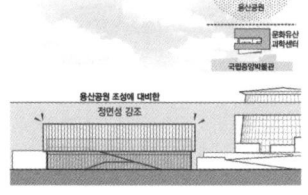

직원 동선을 고려한 주차장 배치로 편의성 증대
- 직원들의 편의를 위해 문화유산 과학센터 인접 주차장 계획

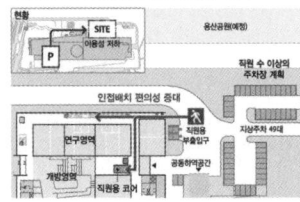

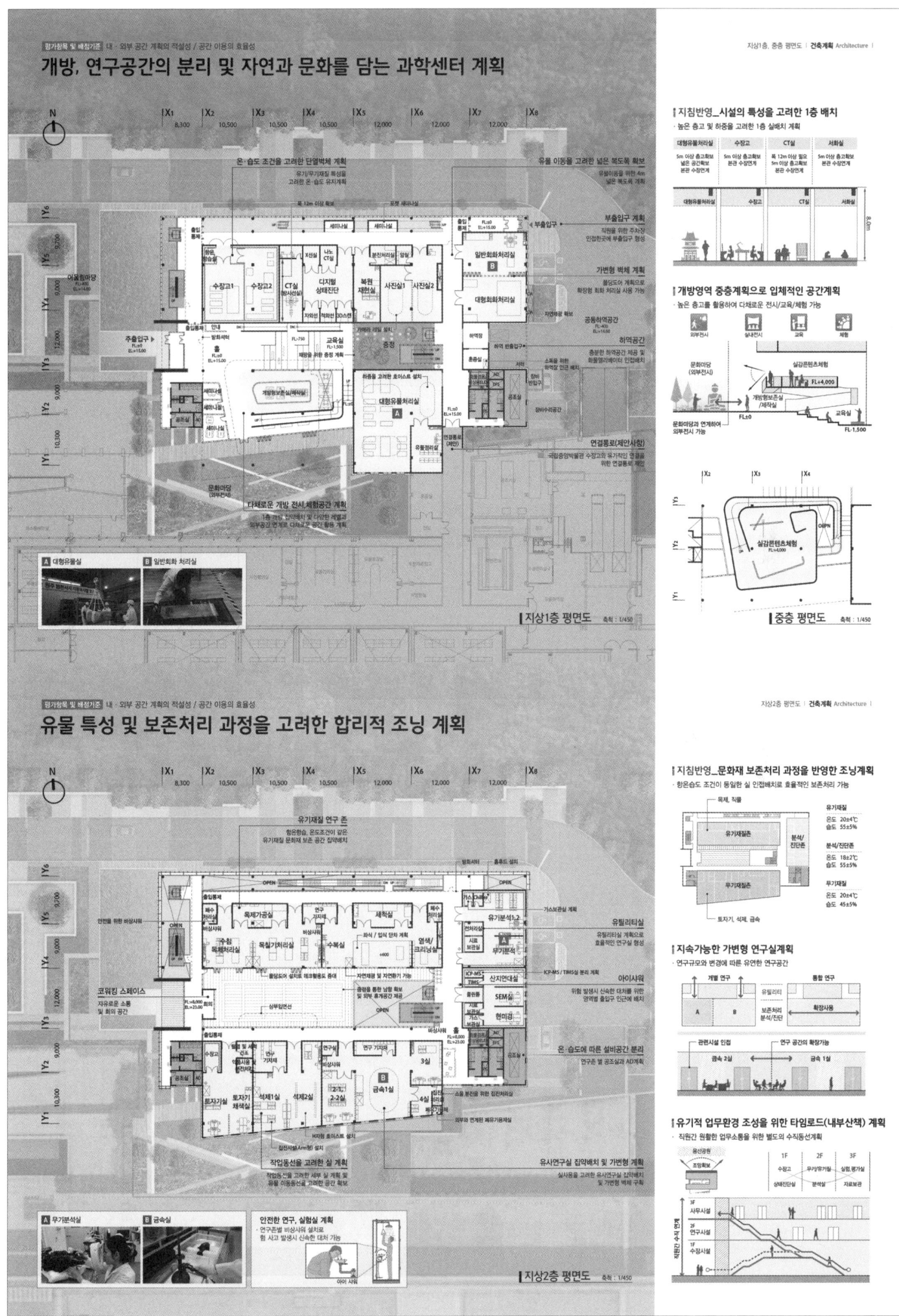

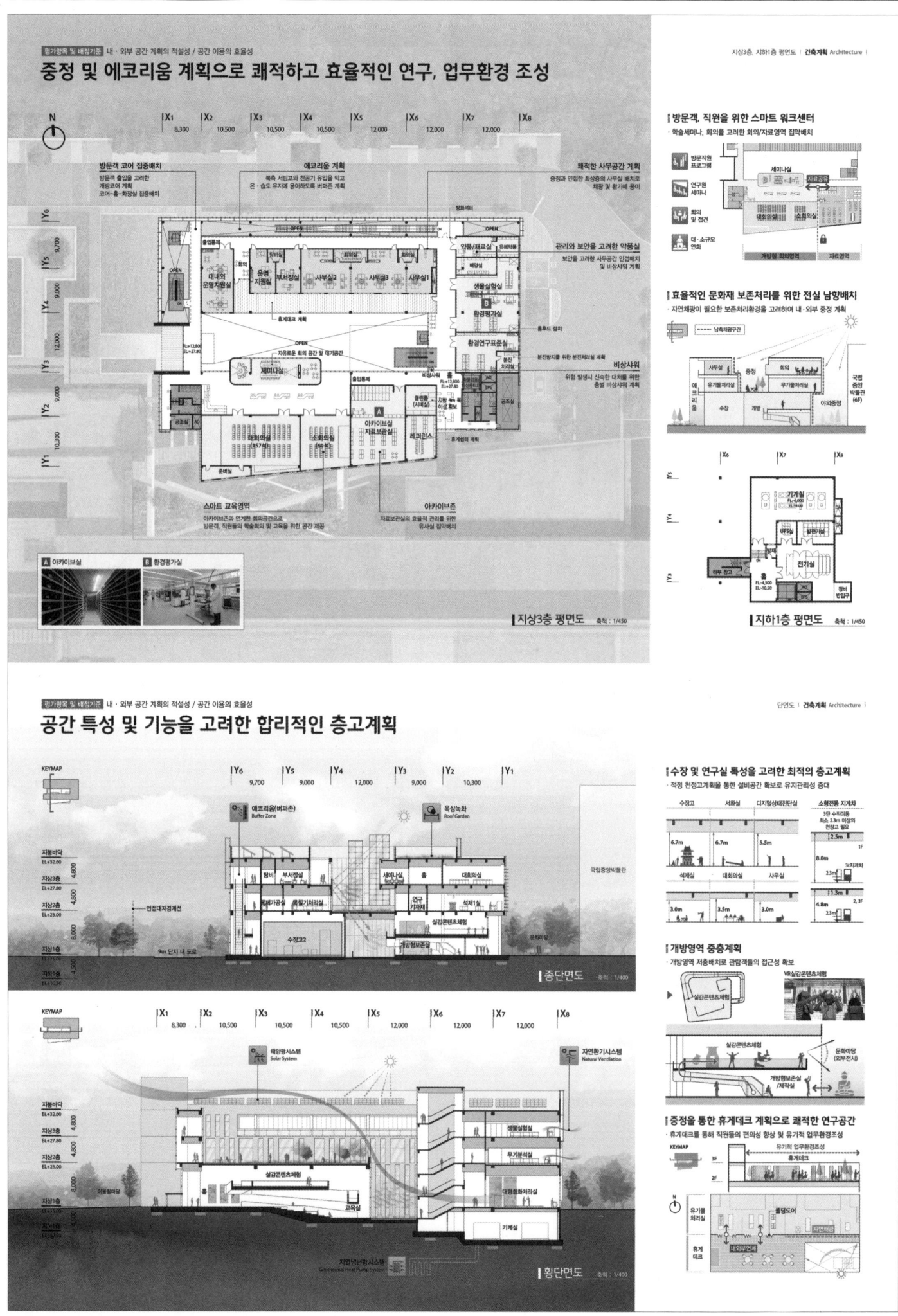

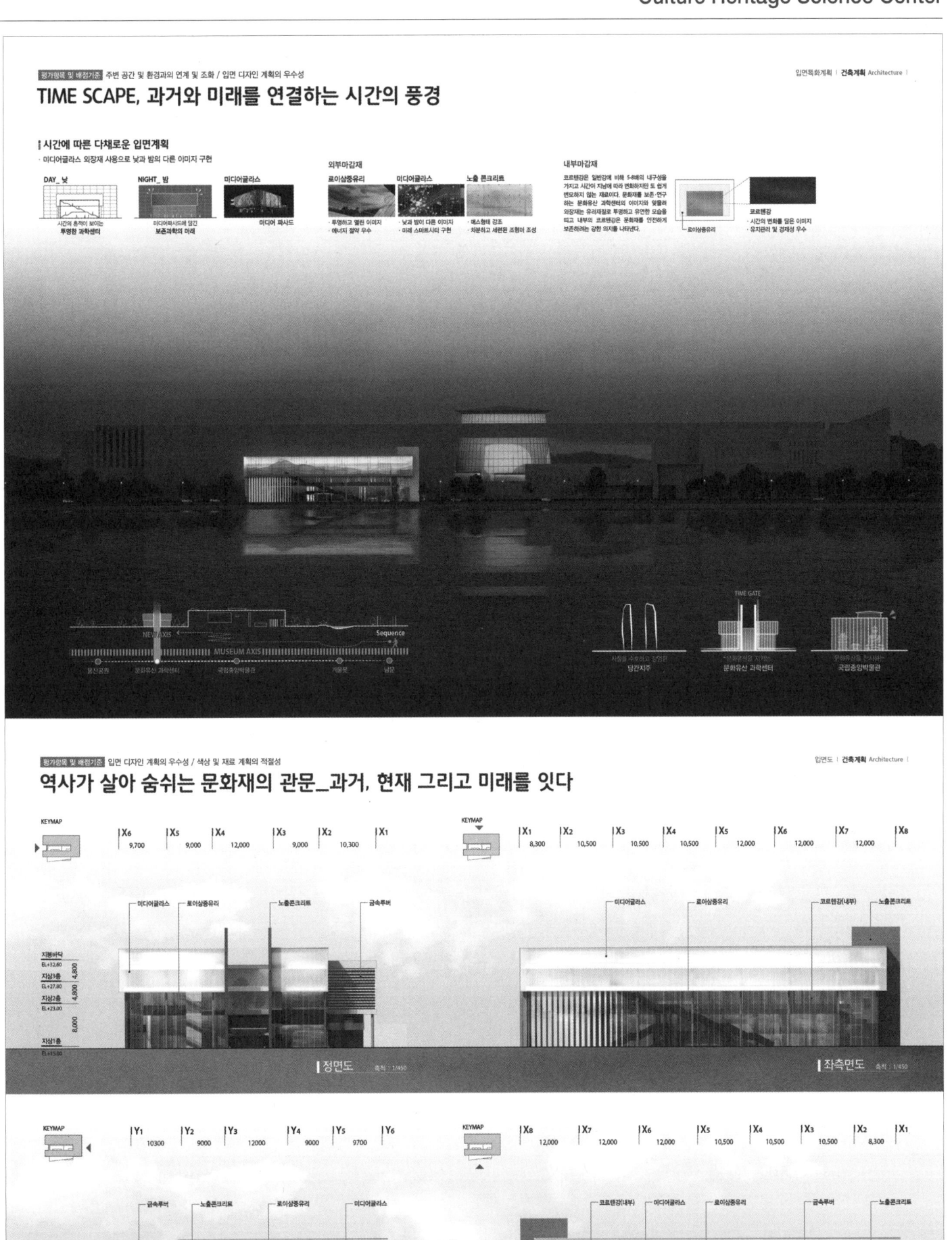

길상면 주민복합센터

당선작 이상도시종합건축사사무소 안택진 설계팀 곽영종, 박재갑, 김도휘, 박재우

대지위치 인천광역시 강화군 길상면 온수리 480-7번지 외 **대지면적** 3,865.00㎡ **건축면적** 775.20㎡ **연면적** 1,795.04㎡ **건폐율** 20.06% **용적률** 46.44% **규모** 지하 1층, 지상 3층 **최고높이** 18.6m **구조** 철근콘크리트조 **외부마감** 장벽돌, 베이스패널, 합성목재패널 **주차** 54대(장애인 주차 5대 포함)

마당과 길, 사람들이 모여 만드는 마을

사람들이 소통하는 장소이자 풍경이 있는 마을 자연이 지닌 터에 한 사람 한 사람이 모여 작고 큰 마당을 지닌 집들이 들어서게 된다. 하나 둘 모여 작은 마을 집단이 생겨나고 그 곁에는 어디론가 향하는 길들이 연결되어 있으며, 각자의 목적에 따라 휴식의 공간이나 일터로 가는 방향성을 가져다준다. 또한 마을에서 바라본 대지는 연결과 소통으로 이야기할 수 있는 길이며 중심이 된다. 그리고 그 중심에 마을을 상징하는 오브제를 제안하며 마을 사람들이 소통할 수 잇는 장소이자 풍경이 있는 마을을 만들고자 한다.

순환하는 외부 동선이며 상호 관계를 맺는 길

건폐율 20%의 건물을 짓는다는 것은 나머지 80%의 외부공간에 대한 계획을 수반한다. 대지의 진입부에서 먼 곳에 건물을 위치한 첫 번째 이유는 보행자가 차도를 건너지 않고 건물에 진입하기 위함이다. 두 번째 이유는 1층의 길상면 가로수길이라 이름 붙인 대지 내 산책로를 거쳐 건물에 다다르면, 건물을 관통하는 남측의 테라스로 직접 이어지는 외부 계단을 만나게 되며, 2층의 스텝 가든과 3층의 하늘정원까지 직접 이어지는 건물 내외부를 순환하는 외부 동선을 통해 보행이 지루하지 않으며 즐거움을 가져다준다는 것을 느낄 수 있다.

The village made up of yards, roads, and people.

The place where people communicate and a village with scenery. Each one of nature's land will be built in small, large-sized houses. A small group of villages is formed one by one, and the roads leading to somewhere are connected to each other, and the direction to a resting place or workplace is given to each purpose. Also, the land seen from the village is the path and center of communication through connection and communication. At the center of it, we propose an objet symbnlizing the village and create a village where the villagers can communicate and have scenery.

Circulating external flow and path to interrelation

Building with a building rate of 20 percent involves planning for the remaining 80 percent of the exterior space. The first reason the building is located far away from the entrance to the ground is to allow pedestrians to enter the building without crossing the roadway. The second reason is that walking is not boring and brings joy through the flow inside and outside the building, which directly leads to the south terrace through the 1st floor of the land named Gilsang Garosu-gil, and the south terrace through the step on the 2nd floor and the sky garden on the 3rd floor.

Prize winner Utopian Architects_Ahn Taekjin **Location** Gilsang-myeon, Ganghwa-gun, Incheon **Site area** 3,865.00m² **Building area** 775.20m² **Gross floor area** 1,795.04m² **Building coverage** 20.06% **Floor space index** 46.44% **Building scope** B1, 3F **Height** 18.6m **Structure** RC **Exterior finishing** Long brick, Base panel, Composite wood panel **Parking** 54 (including 5 for the disabled)

Gilsang-myeon Community Complex Center

VIEW | 조감도

"행복한 변화의 시작
길상면 이야기"

SPECIALIZATION PLAN | 특화계획

3F Sky Roof Ground [하늘마당]
2F Panorama Gallery [스텝가든]
1F Community Pathway [길상변가로수길]

CONCEPT KEYWORD | 주요 디자인 컨셉

'마당'과 '길', 사람들이 모여 만드는 '마을'

자연이 지닌 '터'에 한사람 한사람 모여
작고 큰 마당을 지닌 집들이 들어서게 된다.
하나 둘 모여 작은 마을집단이 생겨나고
그 곁에는 어디든가 향하는 길들이 연결되어 있으며,
각자의 목적에 따라 휴식의 공간이자 일터로가는..
방향성을 가져다 준다.

마을에서 바라본 대지는 연결과 소통으로
이야기 할 수 있는 '길'이며 중심이 된다.
그리고
그 중심에 마을을 상징하는 오브제를 제안하며
마을 사람들이 소통할 수 있는 장소이자
"풍경이 있는 마을"을 만들고자 한다.

[기존] · 흩어진 요소발견
[변화] · 프로그램을 담다
[확장] · 하나로 연결하다

DESIGN STORY

□ 교류와 문화가 머무는 '마당'이 되다
· 공간기능의 변화와 확장 및 통합

□ 소통하는 '길'이되며 관계맺기
· 프로그램의 참여와 소통

□ 자연을 담아내는 '풍경'이 되다.
· 지역의 랜드마크적 상징성 부여

길상면 주민복합센터

DESIGN CONCEPT | 계획의주안점

다양한 접근계획과함께 이용자를 배려한 수직계획

MASS STUDY

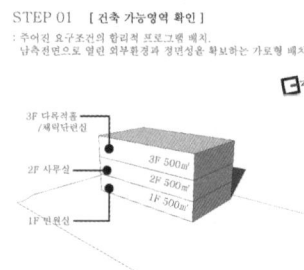

STEP 01 [건축 가능영역 확인]

STEP 02 [주진입로 확보 / 열린공간 설정]

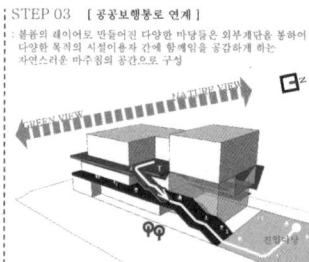

STEP 03 [공공보행통로 연계]

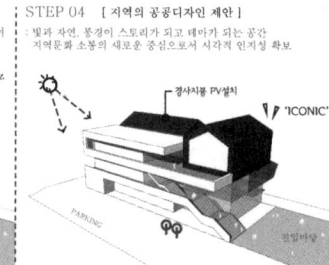

STEP 04 [지역의 공공디자인 제안]

SITE PLAN | 배치도

건축물과 하나되는 열린 외부공간 계획

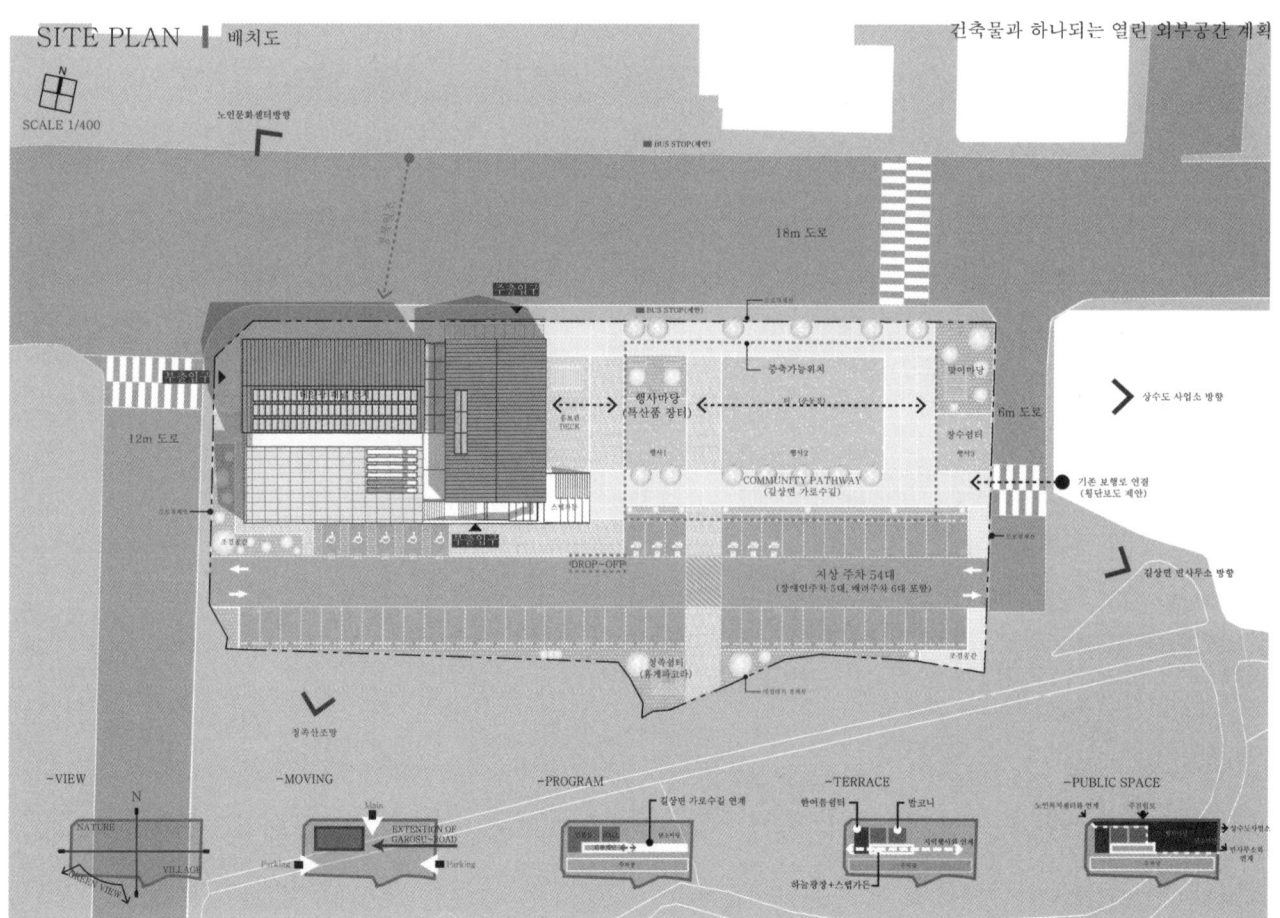

FLOOR PLAN ▌ 지하1층 평면도

실별 용도와 기능을 고려한 평면계획

▌연계성 확립

직관적으로 관리하기 유리한 동선 계획

▌기능별 영역 분리

기능별 영역을 분리해 유지관리의 용이성 확보

▌적정 층고계획

실별 특성을 고려하여 층고계획을 반영

▌투시도

(현)버스정류장에서

FLOOR PLAN ▌ 1층 평면도

내·외부 공간의 유기적 연계와 열린 민원실 계획

▌감시와 관리체계

명확한 관리체계를 구축하여 시설의 사용성 증대

▌이용객을 고려한 조닝계획

남향과 개방감을 확보해 보다 쾌적한 민원실 계획

▌이벤트성 확장 가능한 홀

홀과 외부광장의 연결을 통해 다양한 행사 제시

▌투시도

외부 행사마당과 2층계단

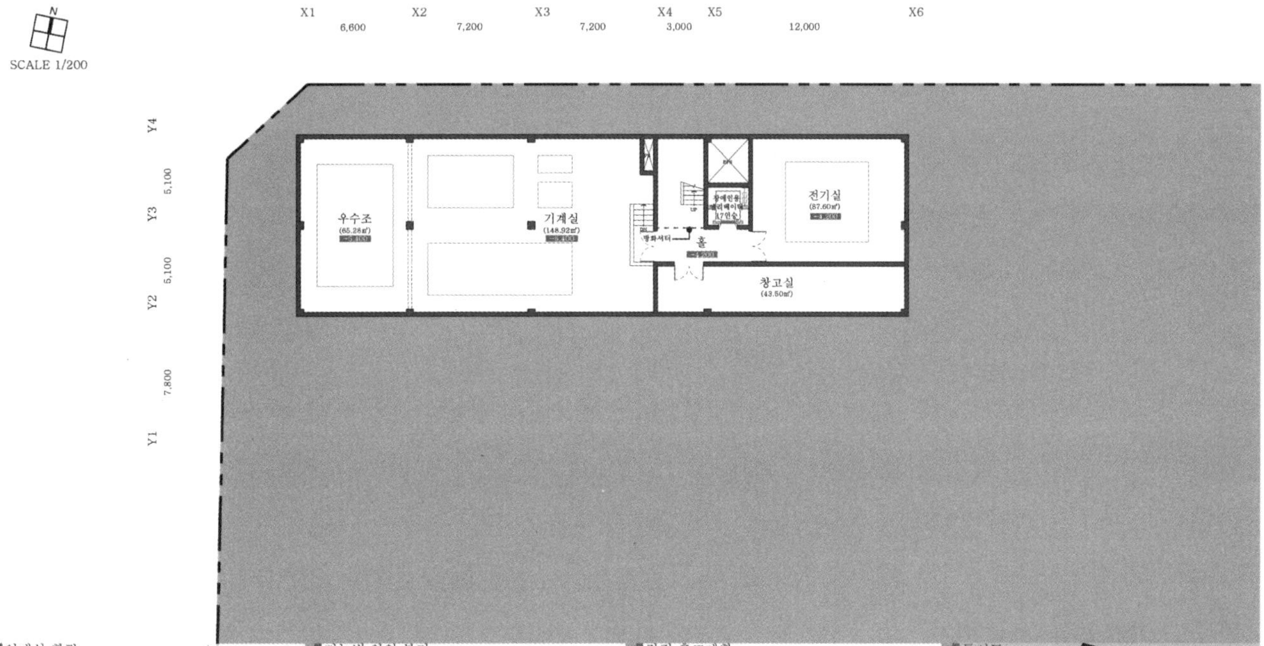

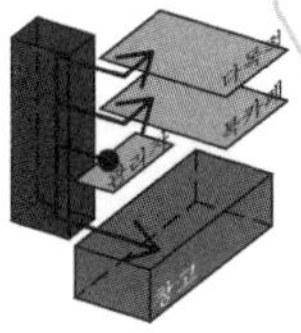

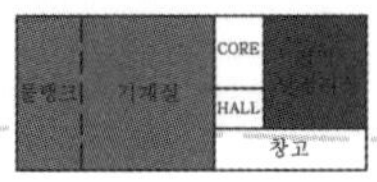

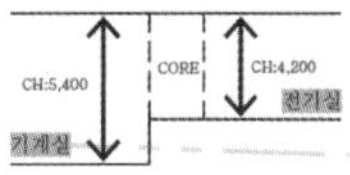

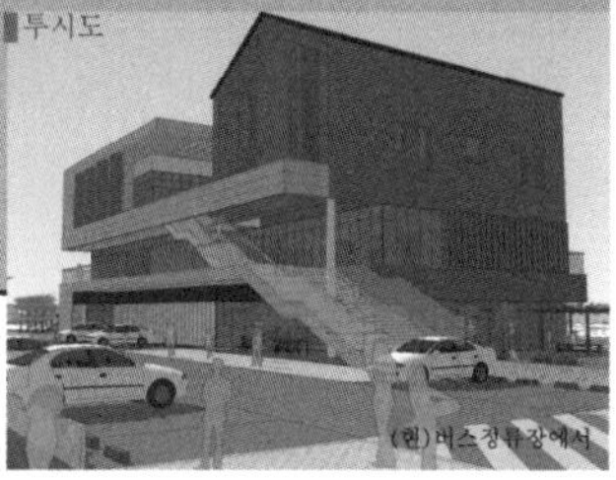

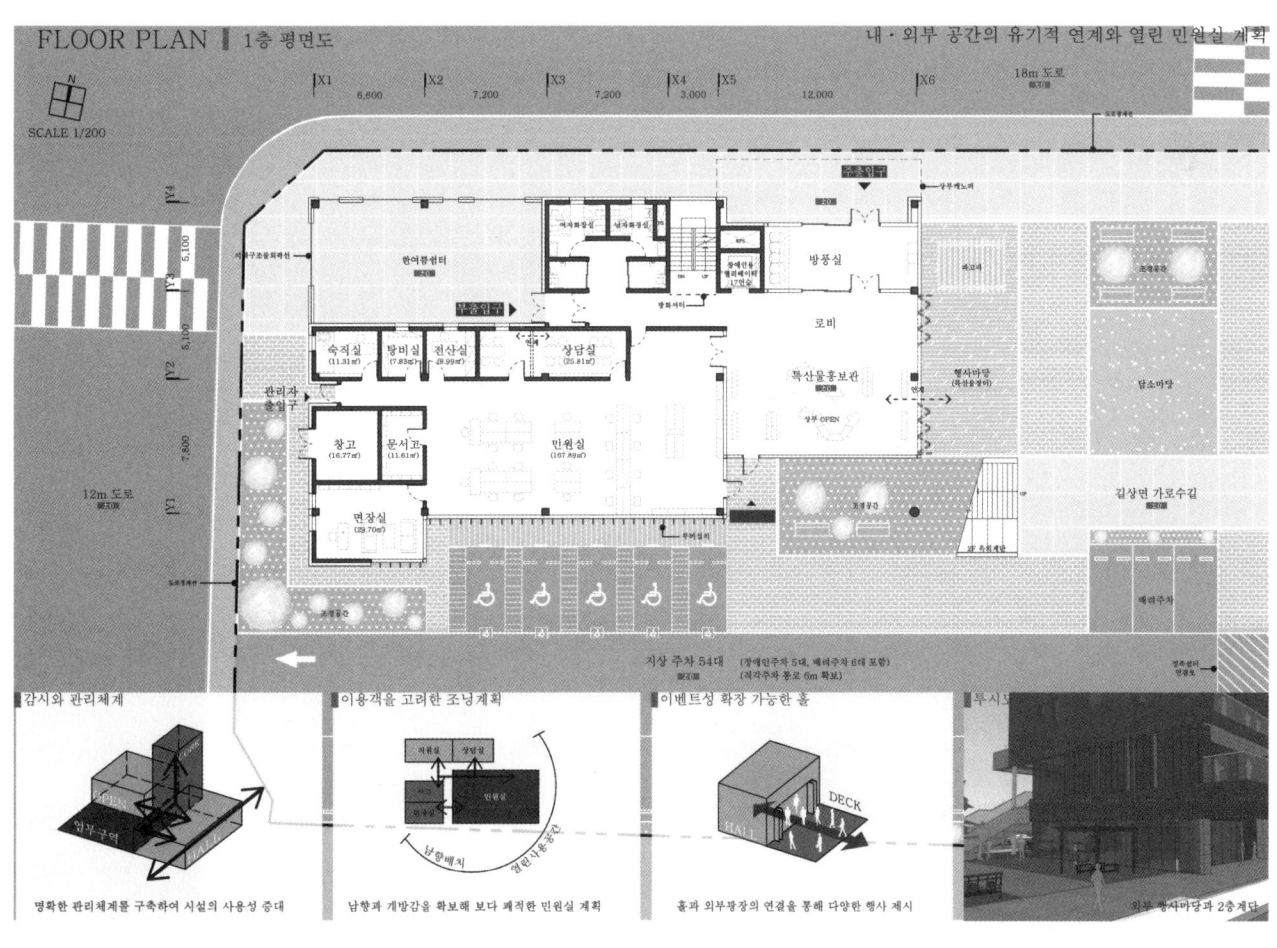

FLOOR PLAN ▌2층 평면도

외부에서의 접근성과 실별 성격에 따라 공간의 가변성을 통해 사용성 증대

▌접근성 및 동선체계

2층의 접근성을 높혀 주민들의 편익을 증진

▌실별 가변성

사무실 및 회의실의 특정용도에 맞게 가변성 확보

▌열린도서관과 연계된 홀

1층 홀의 확장성과 채광을 확보하고 도서관과의 연계성 고려

▌내부투시도

열린도서관과 연계된 홀

FLOOR PLAN ▌3층 평면도

수용인원에 대한 적극적 대응방안을 마련해 보다 쾌적한 공간구성

▌다양한 활동과 휴게의 공간구성

휴게와 조망을 제공하는 하늘 정원

▌대공간의 다변화 계획

다양한 활동이 가능한 다목적홀

▌층고계획

용도별 다른 층고계획을 통해 공간의 사용성 증대

하늘마당에서 휴식하는 사람들

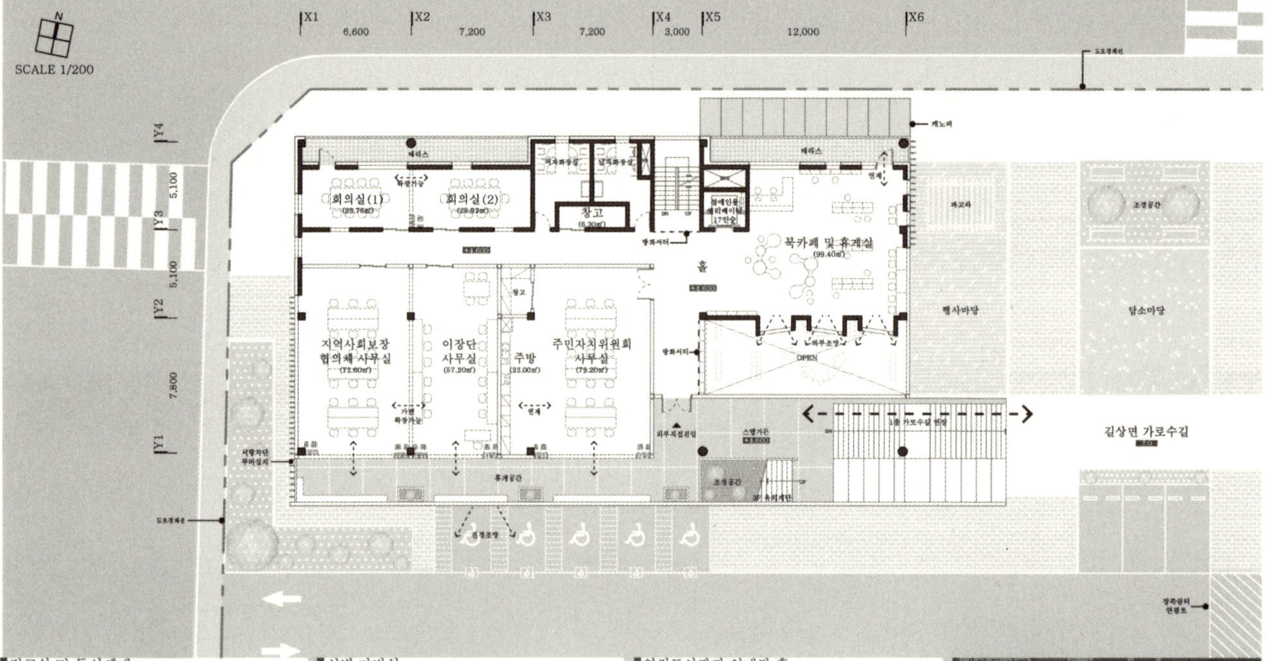

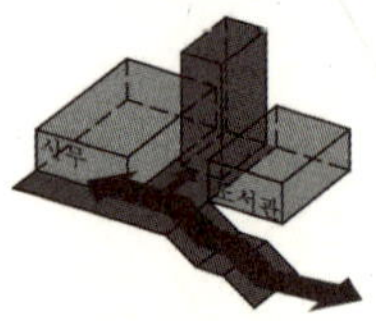

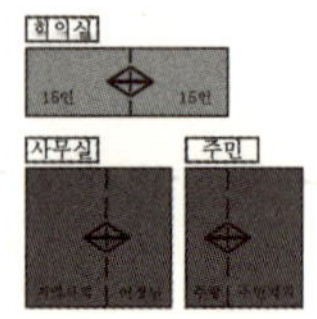

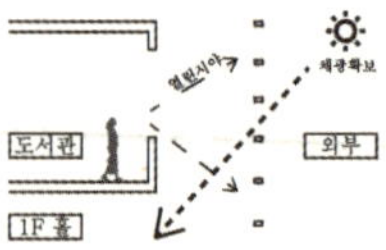

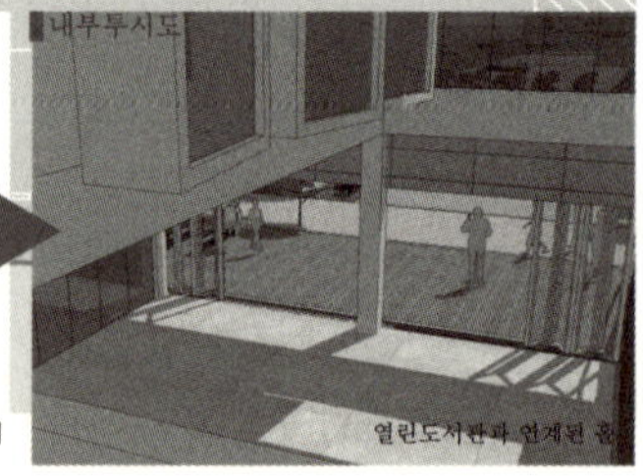

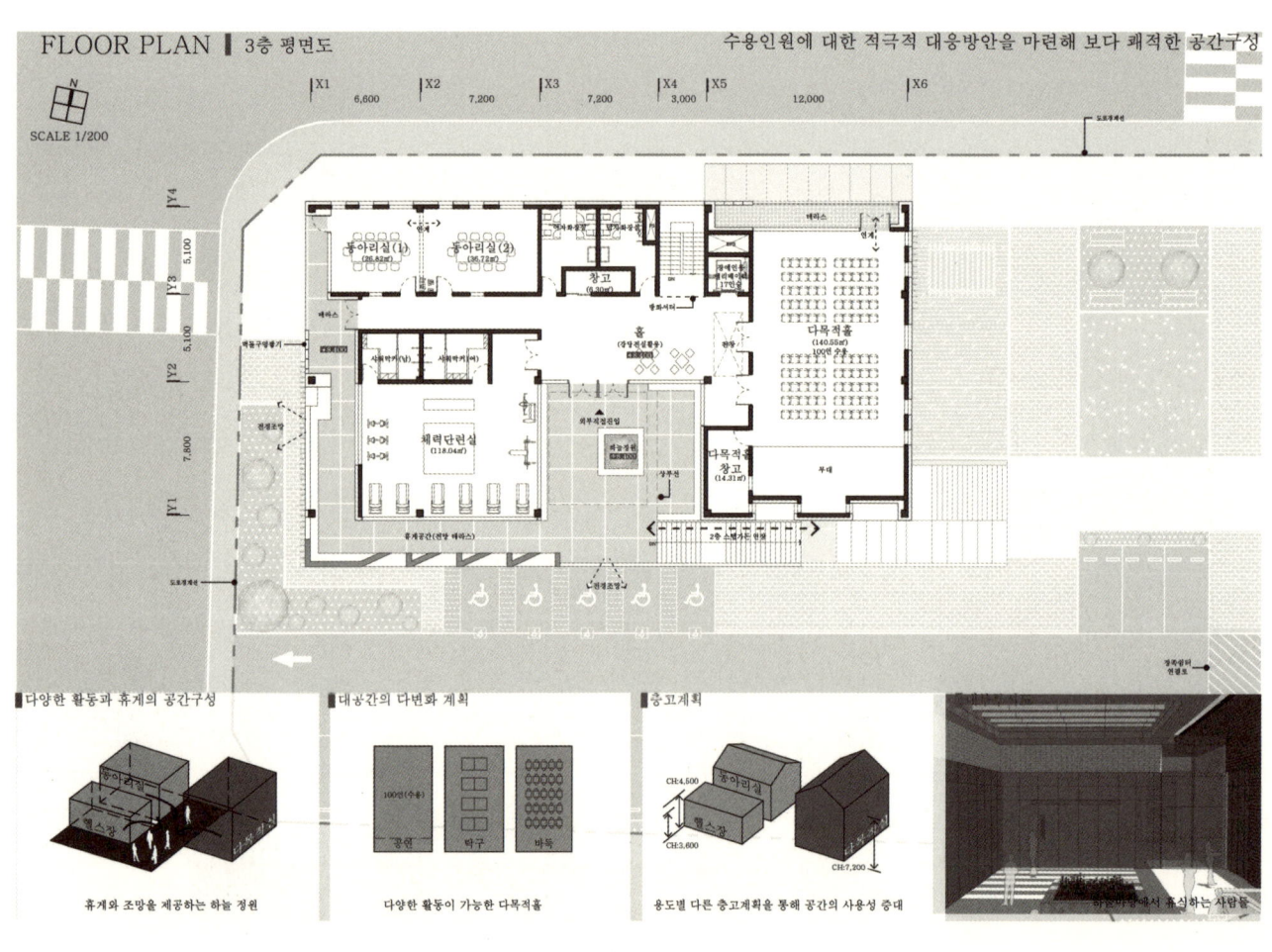

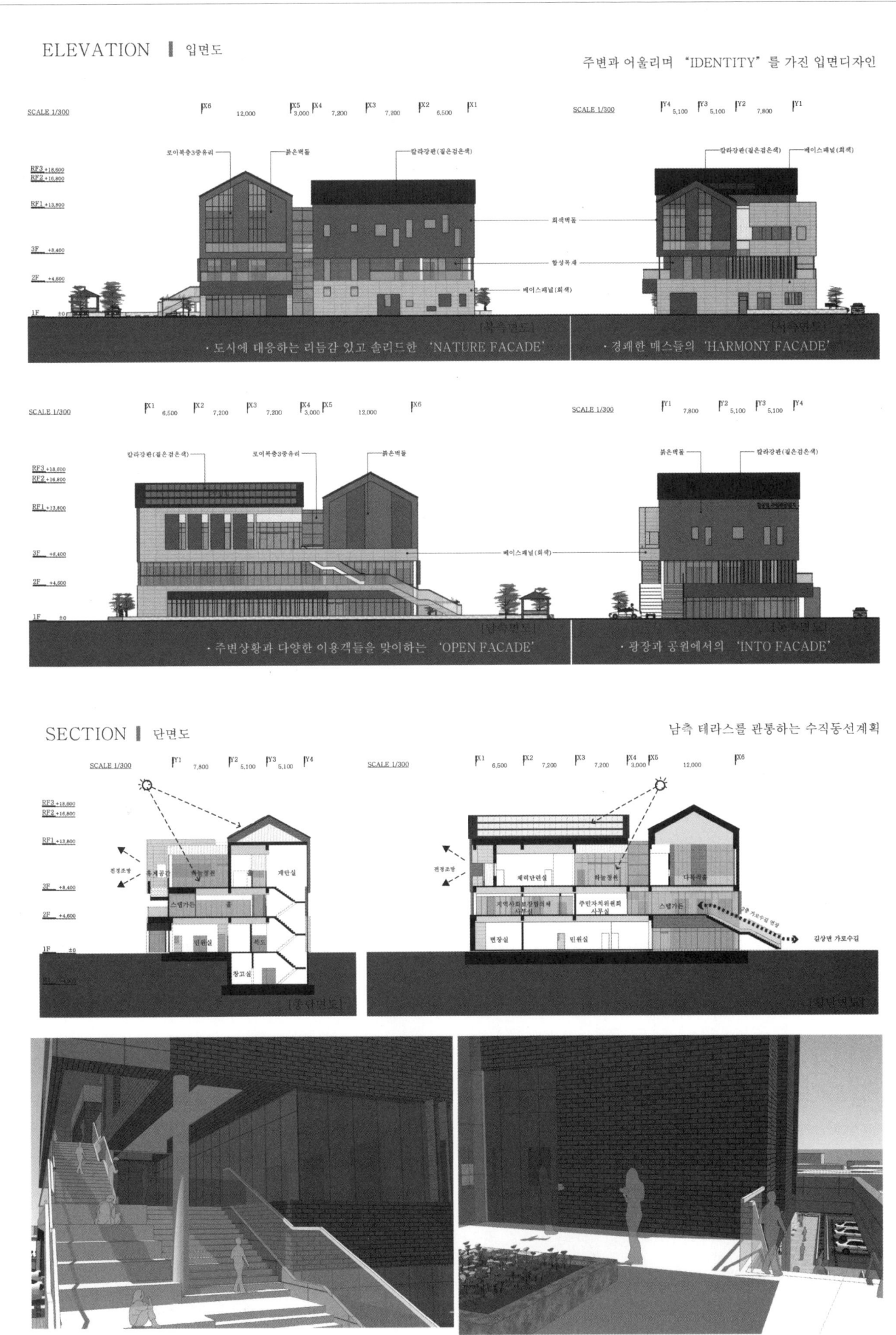

친환경 수소연료선박 R&D 플랫폼센터

당선작 (주)라움건축사사무소 오신욱 설계팀 안 신, 윤정옥, 곽지은, 김다영, 임아현, 안준영

대지위치 부산광역시 남구 우암동 265-1, 265-3번지 **대지면적** 5,000.00㎡ **건축면적** 2,220.16㎡ **연면적** 2,959.91㎡ **조경면적** 1,623.54㎡ **건폐율** 44.40% **용적률** 59.20% **규모** 지상 4층 **최고높이** 18.50m **구조** 철근콘크리트조, 철골조 **외부마감** 벽돌, 노출콘크리트에 테라코타 뿜칠, 로이복층유리 **주차** 32대(장애인 2대, 확장형 3대, 경형 3대)

이번 작업에서 가장 중요한 점은 실험동과 연구동의 관계이다. 투시도에서 볼 수 있듯 실험동과 연구동을 접합시키며 그 접점에 연구동의 상징이 될 수 있는 수소중정을 만들어 분동화시켰으며 교차오염과 소음, 진동에 영향을 적게 받는 회의실만 실험동의 옥상에 걸쳐 실험동 옥상의 외부공간을 활용할 수 있도록 계획하였다.

배치의 중점은 우암지식센터와 동서고가도로, 우암 클러스터 단지 전체 연장에 대한 해법을 찾는 것이었다. 인접 우암지식센터와의 사이에 진입도로를 두어 버퍼존을 만들고, 실험동은 안전을 고려하여 안쪽으로 배치하고 동서고가도로로부터 이격하여 회차 공간을 두고, 전면도로에 진입광장의 공간을 계획하였다.

또한, 실험동을 대지의 축에 맞추고 연구동의 3층을 비틀어 내부에서는 남향의 채광과 바다 경치를 누릴 수 있고 외부에서는 중심가로와 동서고가도로에서의 인지성이 생길 수 있도록 계획하였다.

주요 개념은 통섭과 하이터치이다. 통섭(consilience)이란 자체의 담은 유지하되 그 담장이 낮고 넘나들기 편안해서 두 개체 간의 소통이 원활하게 이루어지는 것을 의미한다. 이처럼 통합된 하나의 내부공간으로 통섭적 연구환경을 조성하여, 다양한 기능을 수용하며 플랫폼의 다양성과 변화에 대응할 수 있도록 계획하였다. 하이터치(high touch)란 인간성을 수호하는 기술은 받아들이고, 인간성을 저해하는 기술은 거부하는 것을 의미한다. 이러한 하이터치 철학을 반영한 건축적 장치를 통하여 이용자들에게 체험과 감흥, 공감을 제공한다.

In this proposal, the main focus is put on the relationship between the laboratory and the research center. As it is expressed in perspective drawings, the two buildings are interconnected, and 'Hydrogen Garden' is positioned at their contact point to mark their boundaries. Only meeting rooms that are less affected by cross-contamination, noise and vibration are lined up on the rooftop of the laboratory so that they can use the rooftops' outdoor space.

The objective of the proposed arrangement plan is to find a way to extend functions of the Uam Knowledge Center, the Dongseo Overpass and the Uam Cluster complex. An access road is laid on the border with the knowledge center to form a buffer zone. The laboratory is positioned inside and spaced away from the overpass to make room for a turnaround driveway. And an entrance plaza is put on the frontage road.

On the other hand, the laboratory is aligned with the main axis of the site, and then its 3rd floor is twisted to bring inside the sunlight from the south and ocean views and to make the building more recognizable from the main street and the overpass.

The keywords of the proposal are consilience and high touch. What consilience means here is to preserve the boundary of each entity yet blur it to the extent that it becomes easy to cross the border and thus that the interaction between the two can be activated. In this context, a one integrated interior space is introduced to create a consilient research environment, which can accommodate various functions and make an effective response to the diversity of platforms and their changes. What high touch means is to accept humane technologies and reject anti-humane. Architectural features reflecting such philosophies of high touch are implemented to provide experience, inspiration and empathetic moments to users.

Prize winner Architects Group RAUM_Oh Sinwook **Location** Nam-gu, Busan-si **Site area** 5,000.00㎡ **Building area** 2,220.16㎡ **Gross floor area** 2,959.91㎡ **Landscaping area** 1,623.54㎡ **Building coverage** 44.40% **Floor space index** 59.20% **Building scope** 4F **Height** 18.50m **Structure** RC, SC **Exterior finishing** Brick, Exposed concrete & Terracotta spraying, Low-E paired glass **Parking** 32 (including 2 for the disabled, 3 for extension type, 3 for compact car)

Eco-friendly Hydrogen Fuel Ship R&D Platform Center

계획개념 및 설계주안점

| 장소연장(Relay)과 통섭(Consilience) : 우암부두 해양산업클러스터 단지 전체의 장소연장과 통섭

| 장소성의 탐구 : 장소연결의 중요성, 물리적 맥락과 문화적 연결시도 필요

| 장소연장(Relay)을 통한 새로운 장소 만들기

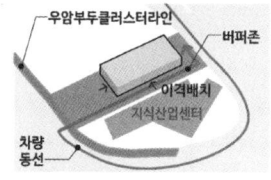 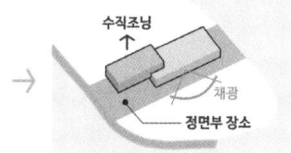 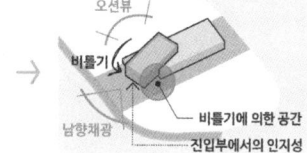 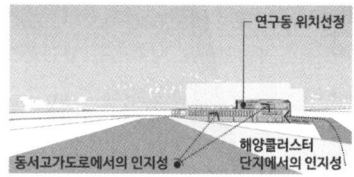

- 대지형상에 순응하는 배치
- 인접건물과의 버퍼존으로 채광, 조망확보

- 입체적 배치를 통한 정면부 장소 만들기
- 정면부 장소 공간을 위해 외부공간 확보

- 조형적 비틀기로 내외부간 장소연장
- 내부 조망확보, 수공간등 외부공간확보

- 인지성을 고려한 연구동 위치 선정
- 비틀기를 통하여 인지성 향상

| 통섭(Consilience) : 통섭이란 스스로의 담은 유지하되, 그 담장이 낮고 넘나들기 편안해서 두 개체간의 소통이 원활하게 이루어지는 것

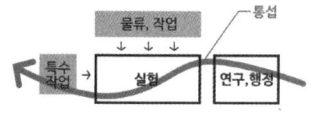 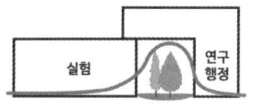 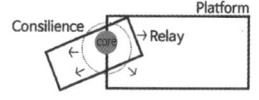 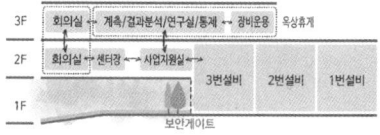

기능적 통섭
- 하나의 내부공간으로 기능간의 소통 용이
- 통합관리 시스템

볼륨적 통섭
- 전면부의 장소를 연장
- 볼륨을 파고들며 수직적 연결

내부공간의 통섭
- 오픈플랜으로 다양한 기능수용
- 플랫폼의 다양성과 변화에 대응

입체적 배치
- 수직배치를 통한 효율적인 동선과 관리

| 하이터치(high touch) : 기술을 위한 감성

| 수공간 : 기술과학과 건축의 통섭

$$H_2 + O_2 = H_2O$$

수소와 산소가 결합하면 물이 되며
지구상의 수소 대부분은 물이나 유기 화합물의 형태로 존재

| 하이터치 포인트를 통한 연구환경조성

하이터치란 인간성을 수호하는 기술은 받아들이고, 인간성을 저해하는 기술은 거부하는 것
기술은 예술을 표현하고 좀 더 돋보이게 하는 도구이므로 기술에 지나치게 의존해 예술을 기술로 포장하는 것이 아니라,
건축적 장치로 향유자가 느끼게 하고, 생각을 유도하는 것

수소의 체험

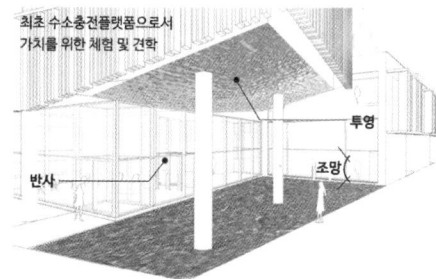

최초 수소충전플랫폼으로서
가치를 위한 체험 및 견학

산소공급소(친환경)

하이터치 포인트

정원회의실 — 슬리드한 벽, 보이드한 천장으로 하늘을 온전히 담은 공간

오션테라스 — 들어진 매스로 바다를 조망할 수 있는 야외테라스

수소정원 — 선박이 수소를 충전하듯 사용자의 감성을 충전하는 물의 공간

친환경 수소연료선박 R&D 플랫폼센터

배치계획 및 동선계획

배치도 (scale 1/400)

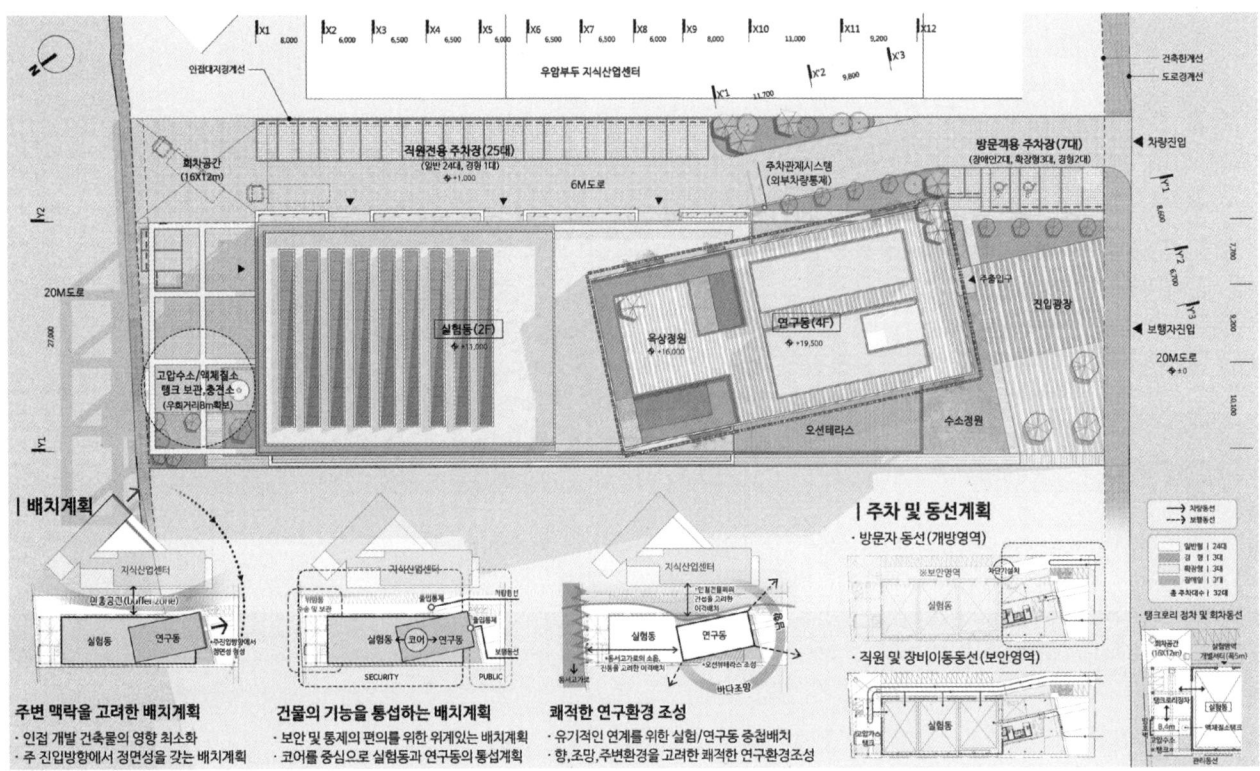

평면계획

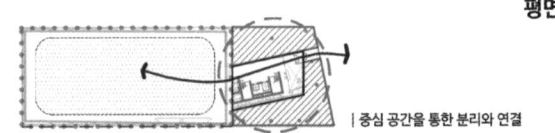

1층평면도 (scale 1/400)
| 수공간을 체험하며 내부공간 진입
| 실험동을 연결하는 기능적 소통의 중심 공간
| 중심 공간을 통한 분리와 연결

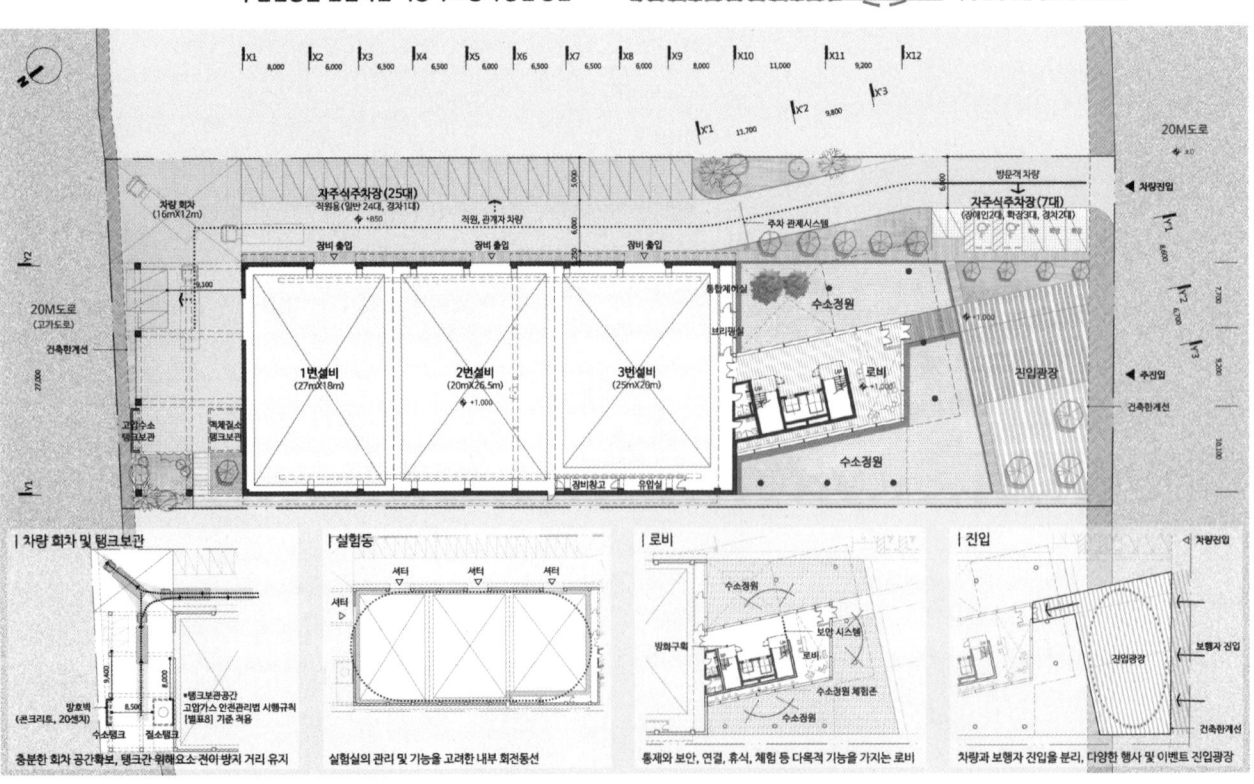

Eco-friendly Hydrogen Fuel Ship R&D Platform Center

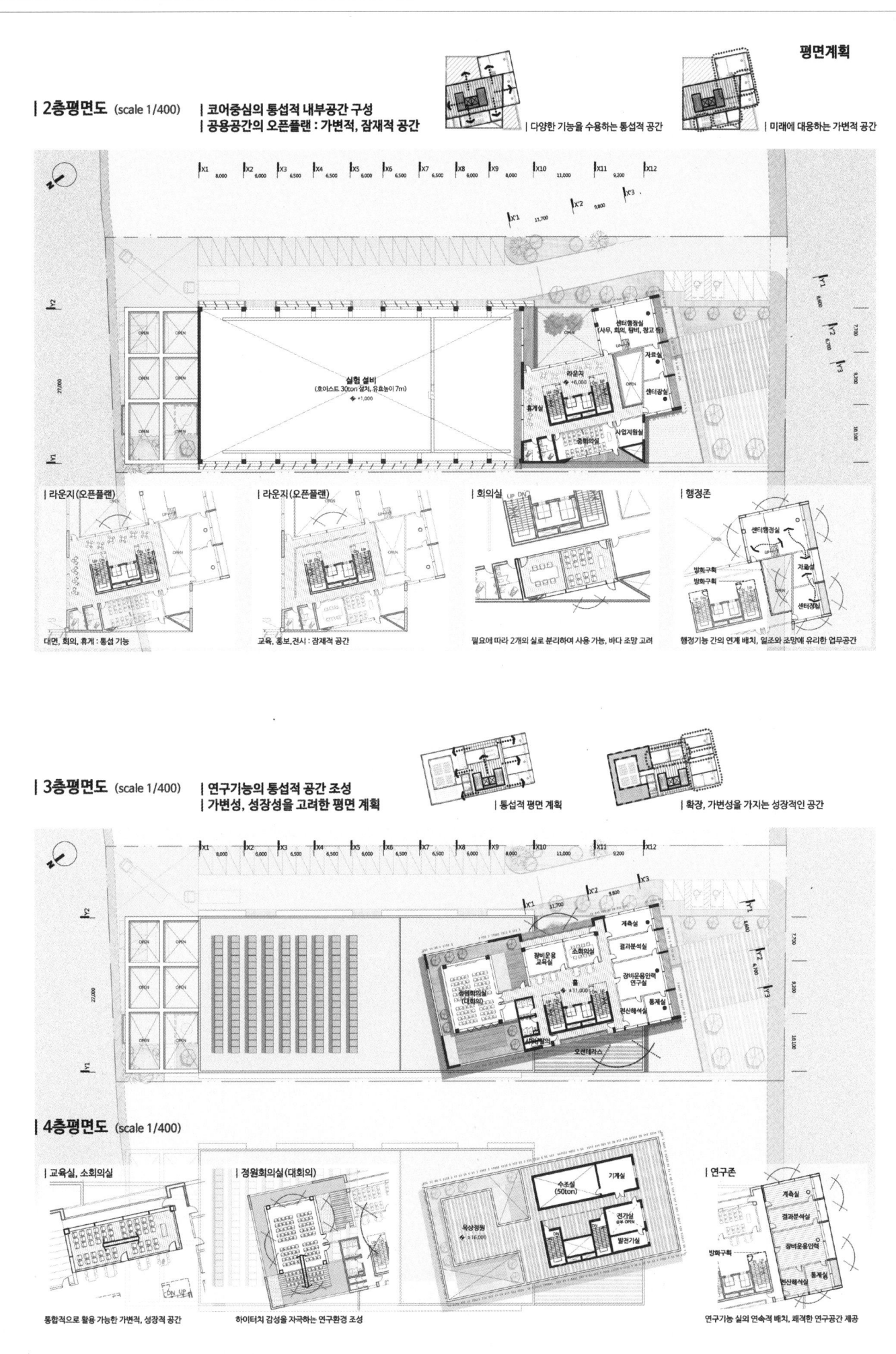

친환경 수소연료선박 R&D 플랫폼센터

입면계획

| 친환경 건축, 시스템, 요소에 의한 입면디자인
| 미래형, 친환경 수소, 플랫폼의 이미지
| 수소의 이미지(물의 효과)가 투영된 입면

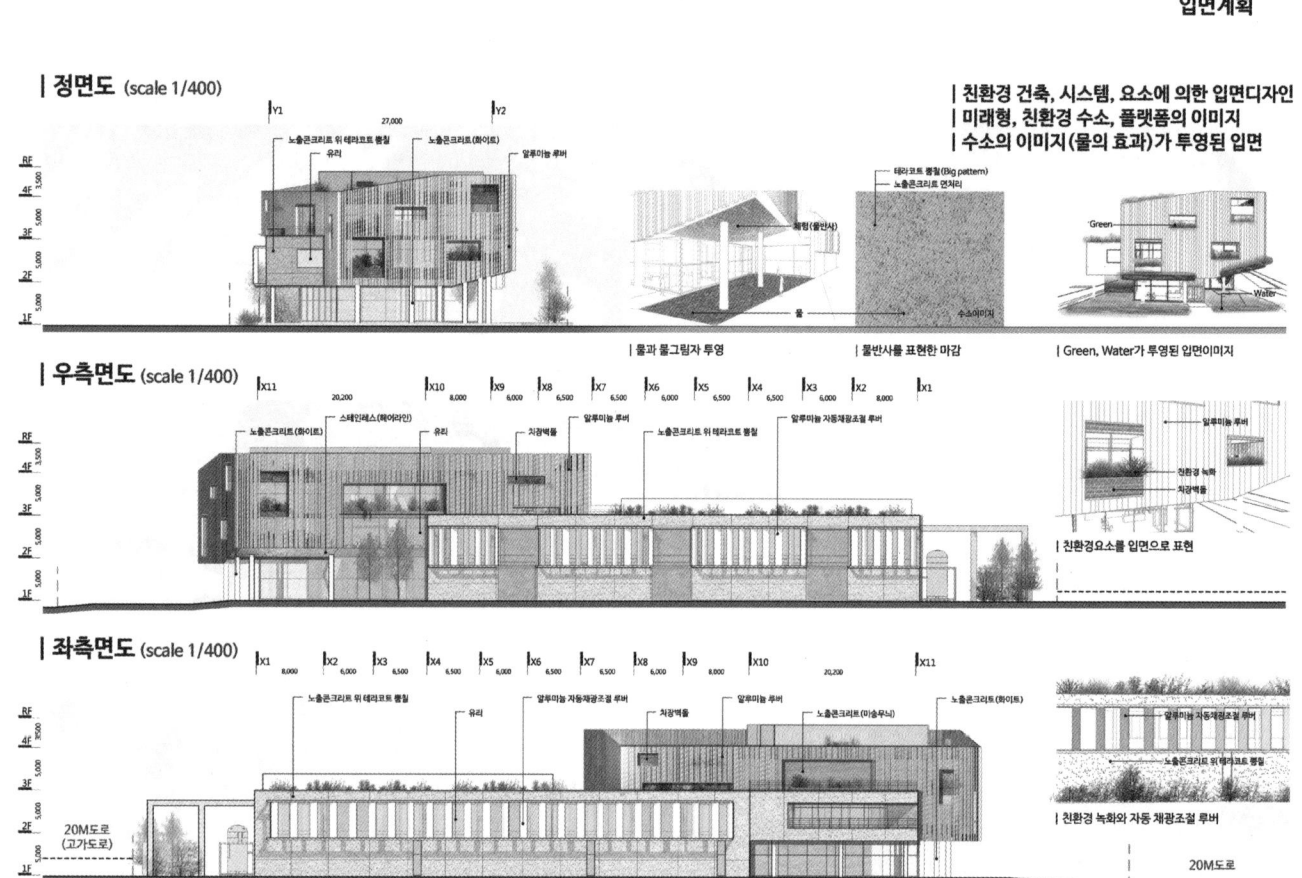

단면계획

주안점
· 실험, 연구동에 적합한 층고 및 수직조닝계획
· 그라운드레벨 조정으로 재해 방지계획
· 분리, 연결을 통섭하는 단면계획
· 자연과, 인공, 신기술과 감성(인간본성)이 공존하는단면계획

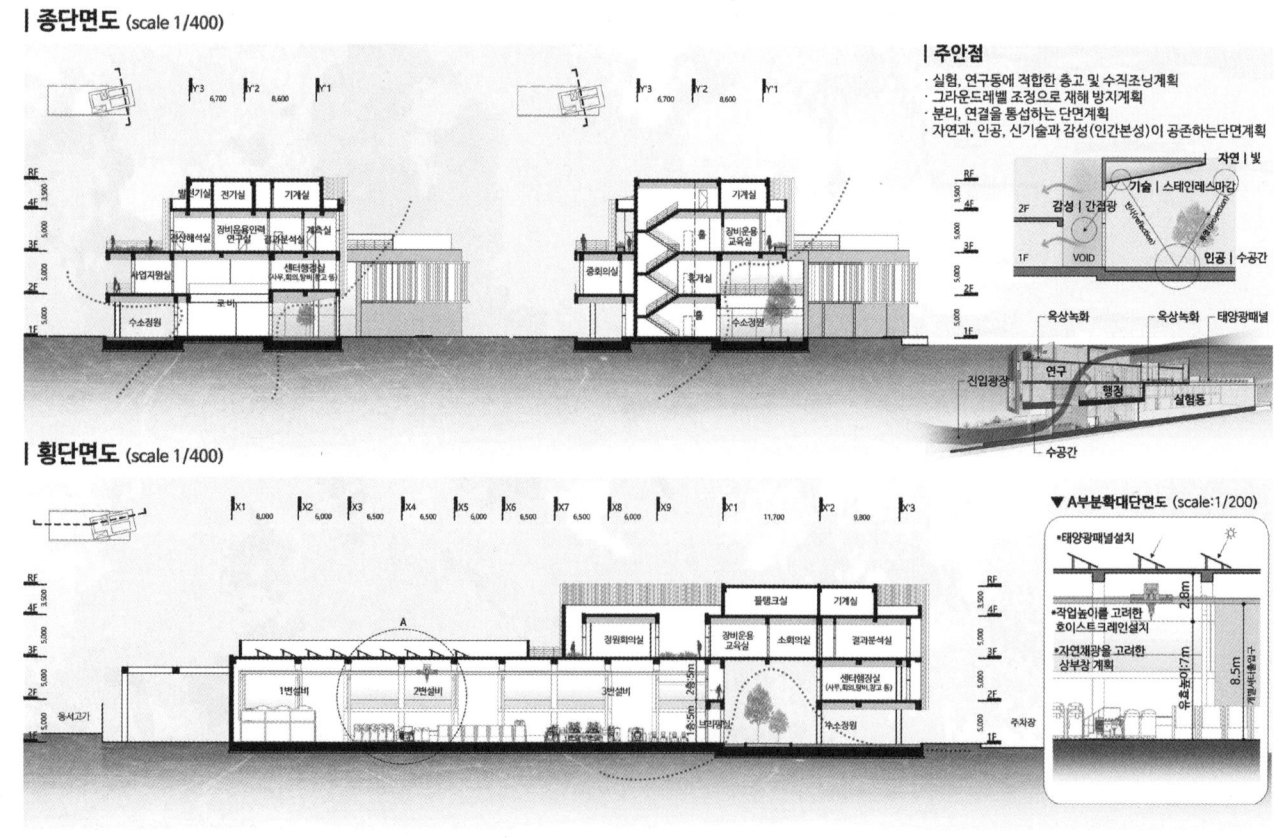

Eco-friendly Hydrogen Fuel Ship R&D Platform Center

외부공간계획

하이터치 감성을 체험할 수 있는 외부공간계획
이용자의 일상 속에서 지속적으로 발견되는 감성적 외부공간

통섭적 관계를 위한 외부공간계획
플랫폼 센터로써 우암부두 해양 산업 클러스터 전체를 통섭하는 외부공간

진입광장
다양한 이벤트 공간으로 활용가능한 전면 오픈스페이스 계획

수소정원
보행 진입시 수공간, 친환경요소를 체험할 수 있는 감성적 외부공간

정원회의실
솔리드한 벽의 구획으로 하늘, 물, 녹지를 온전히 담아내는 공간

발코니하단
입체적인 조경계획을 통해 다양한 외부공간 및 입면 연출

장비출입구
기능에 충실한 장치로써 이용의 편의를 도모한 외부공간계획

회차공간
탱크로리정차-수소탱크-실험동 간의 효율적 동선 및 외부공간계획

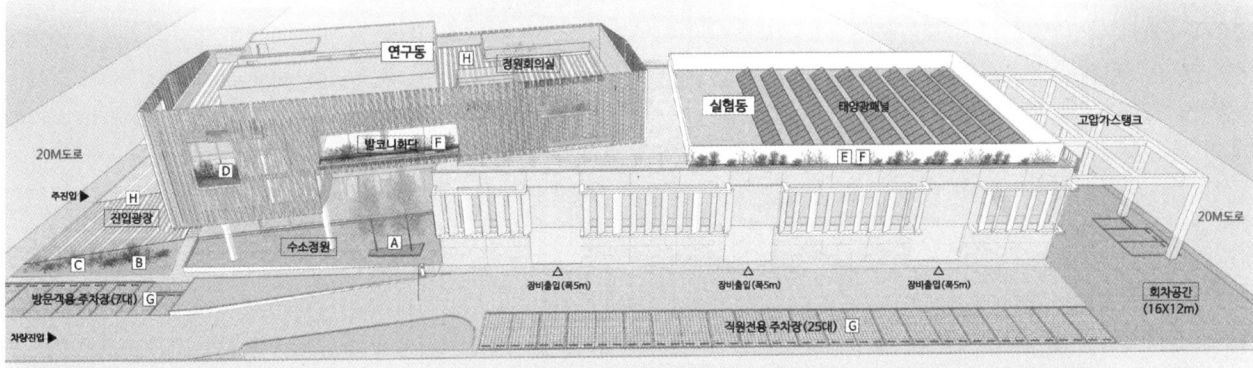

조경계획 - 지역특성을 반영한 수목식재계획

- 상록교목 A. 금솔(해송) H4.0XR10
- B. 동백나무 H3.0XW1.5
- C. 은목서 H2.0XW1.2XR8
- 낙엽교목 D. 배롱나무 H4.0XR15
- 상록관목 E. 남천 H1.0X3가지
- 상록덩굴 F. 송악
- 지피식물 G. 잔디블럭
- H. 리베오그린

마감재계획 - 외부공간과 조화를 이루는 마감재계획

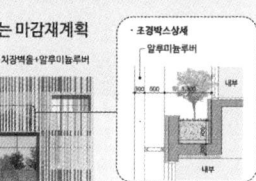

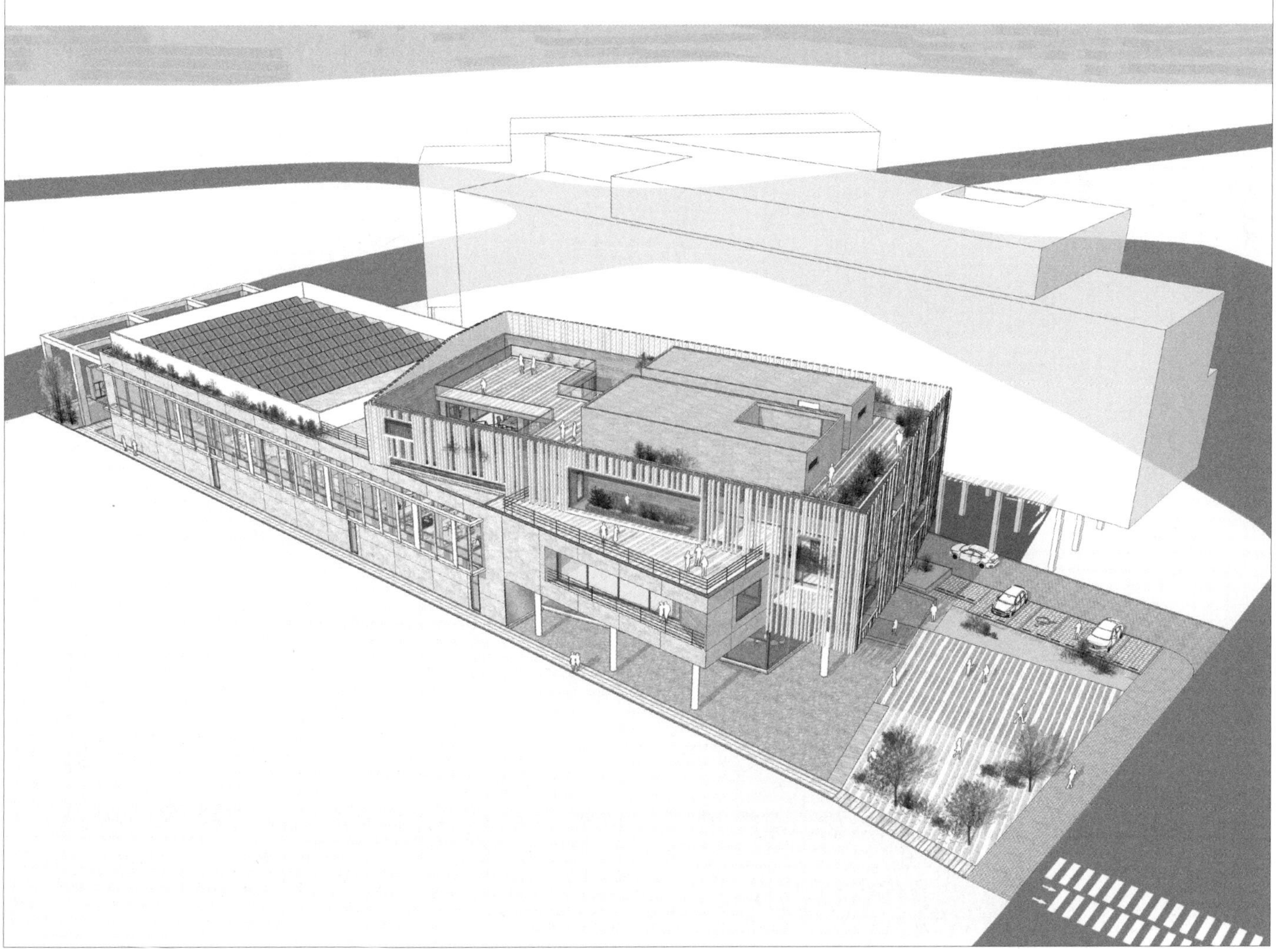

한국연구재단 R&D정보평가센터

당선작 (주)디엔비건축사사무소 조도연 설계팀 최 천, 진규태, 이한준, 최영재, 고재혁, 최영빈

대지위치 대전광역시 유성구 가정로 201 일원 **대지면적** 42,690.00㎡ **건축면적** 2,814.10㎡ **연면적** 8,137.12㎡ **건폐율** 6.59% **용적률** 12.66% **규모** 지하 1층, 지상 4층 **최고높이** 20.5m **구조** 철근콘크리트조 **외부마감** 로이복층유리, 노출콘크리트, 와이드벽돌, 익스팬디드메탈 **주차** 51대(장애인 주차 2대, 확장형 18대, 경형 5대 포함)

공정평가

R&D정보평가센터는 국가 R&D사업의 공정한 평가와 연구지원을 통하여 연구 성과가 국민의 삶에 기여 할 수 있는 선순환체계를 만들어 내는 것을 목표로 하는 시설이다. 연구단지의 기능 및 동선을 분석하여 업무 연관성이 높은 연구관 앞 파고라공원 부지를 사업대상지로 선정하였으며, 지형의 약 4m의 남저북고 경사특성을 활용하여 정문과 기존 건물들에서의 보행과 차량의 접근성을 고려하였다.

R&D정보평가센터는 각종 연구과제를 공정하게 평가하여 엄격하게 선별된 과제들을 지원하는 기관의 이미지를 고려하여 타이틀을 중의적인 의미로 '공정평가(옥석을 가리다)'로 정하였다. 공(共 : 공공성)은 저층부는 개방감 있는 학술교류공간을 조성하고, 다양한 관련자들이 참여하고 교류할 수 있는 소통의 장을 조성하였으며, 정(井 : 환경성)은 상층부 평가장에 채광과 환기가 가능한 중정을 중심으로 다양한 평가환경에 대응 가능한 오픈플랜 계획하고, 평(平 : 관계성)은 연구단지 내 기존 시설들과의 관계성을 고려한 시설배치와 이용자별 합리적인 동선 계획이며, 가(家 : 안전성)는 통합전산센터를 분리 배치하여 보안성과 안전성을 확보하고 효율적인 운영관리를 위한 시스템을 적용하였다.

FAIR EVALUATION

The R&D Information Evaluation Center provides fair evaluation and research support programs for national R&D projects so that the outcome of these projects can create a positive cycle and contribute to the lives of people. Based on an analysis on the function and circulation system of the research complex, the site of Pagora Park in front of the research center, which is most relevant to main programs, is chosen as the project site. A slope with a 4m level difference between the highest point in the north and the lowest in the south is efficiently used to improve accessibility to the main gate and existing buildings for pedestrians and vehicles.

Considering the image of an institution that fairly evaluates various research projects and give supports to carefully selected ones, '공정평가 (discriminating gems from pebbles)' is suggested as a project keyword, and it can be interpreted in several ways. As for 공 (publicness), an open space for academic exchanges and a communication platform for all relevant personnel to join and interact with each other are introduced on the lower floor. As for 정 (environmental quality), evaluation rooms on the upper floors are designed as an open-plan space, and they are formed around a well-lit and ventilated courtyard that can accommodate different evaluation environments. As for 평 (relationship), an arrangement plan that reflects the relationship with existing facilities inside the research complex is implemented along with a practical circulation system optimized to each user group. As for 가 (safety), the integrated computing center is positioned separately to ensure its security and safety, and an efficient operation and management system is adopted.

Prize winner D&B architecture design group_Cho Doyeun **Location** 201, Gajeong-ro, Yuseong-gu, Daejeon **Site area** 42,690.00m² **Building area** 2,814.10m² **Gross floor area** 8,137.12m² **Building coverage** 6.59% **Floor space index** 12.66% **Building scope** B1, 4F **Height** 20.5m **Structure** RC **Exterior finishing** Low-E paired glass, Exposed concrete, Wide brick, Expanded metal **Parking** 51 (including 2 for the disabled, 18 for extension type, 5 for compact car)

National Research Foundation of Korea R&D Information Evaluation Center

공정평가 옥석을 가리다.

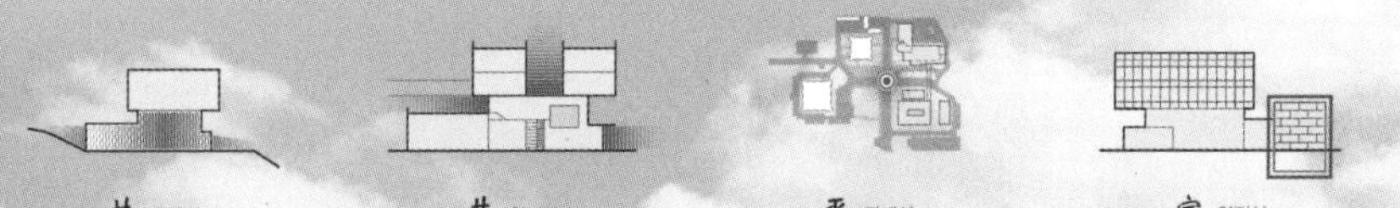

共 공공성 — 접근이 용이한 저층부 계획
井 환경성 — 사용자를 위한 다양한 내·외부공간
平 관계성 — 주변시설과의 연계성을 고려한 시설 배치
家 안전성 — 안전한 보안영역 계획

01 프롤로그 대지현황분석
주변환경에 대한 이해와 분석을 통한 기본계획방향 도출

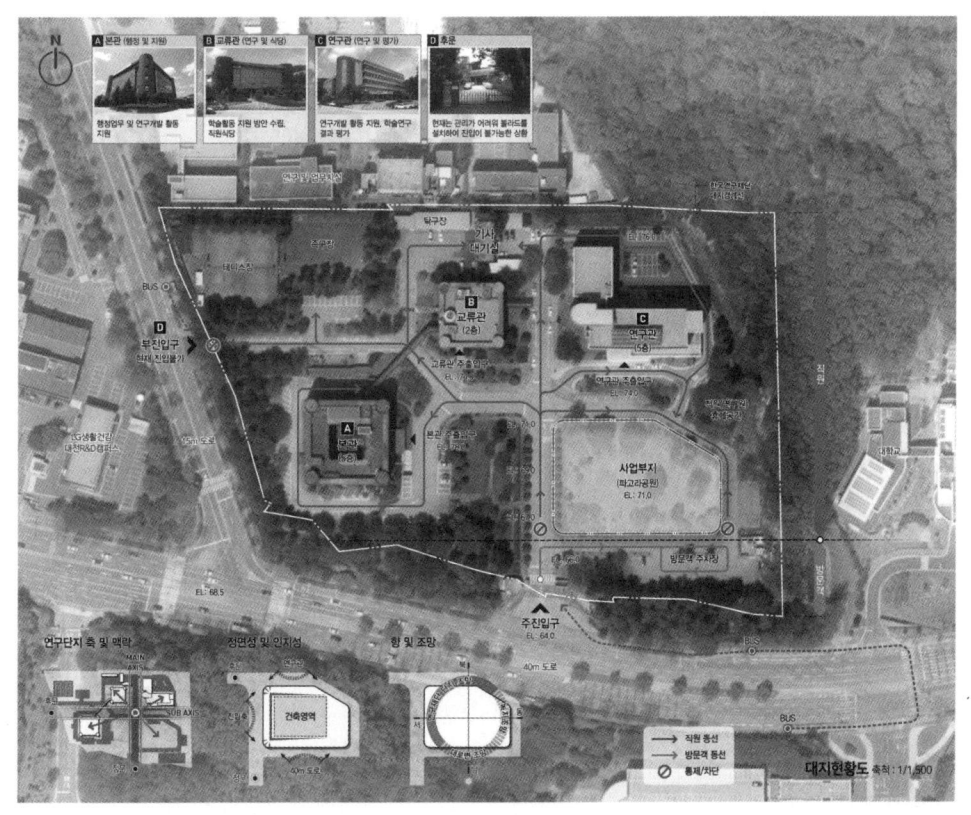

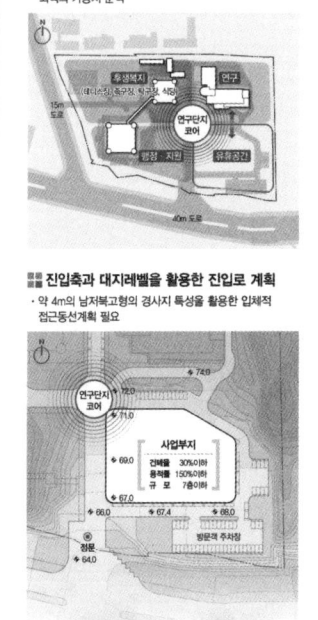

■ 연구단지 내 시설별 조닝
· 기존 연구단지의 시설조닝 및 주변환경을 고려한 최적의 가용지 분석

■ 진입축과 대지레벨을 활용한 진입로 계획
· 약 4m의 남저북고형의 경사지 특성을 활용한 입체적 접근동선계획 필요

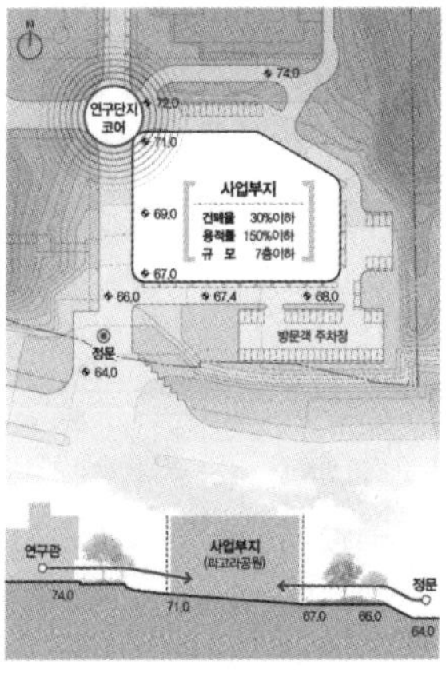

한국연구재단 R&D정보평가센터

연구단지의 맥락과 조닝을 고려한 조화로운 배치계획

02 | 건축계획 | 마스터플랜 및 배치계획

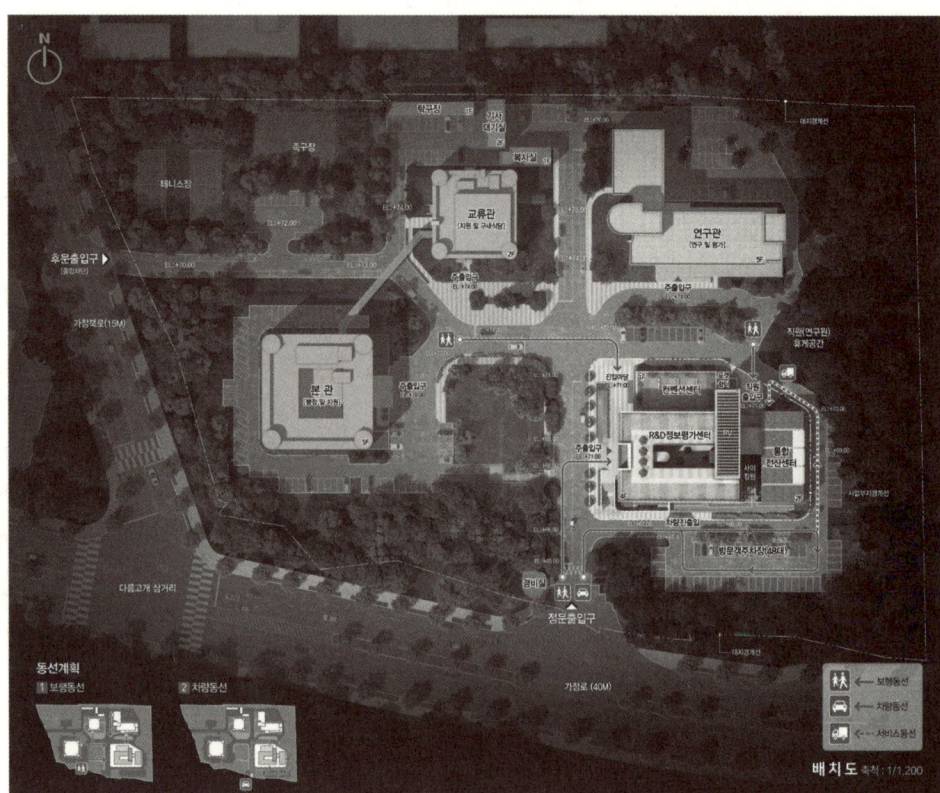

단지 내 동선 및 연계를 고려한 배치계획
- 시설특성을 고려한 명확한 영역설정
- 주변시설과의 관계를 고려한 접근계획

배치대안 분석
- 컨벤션센터 뒤 연구단지코어와 인접배치하여 기존건물과의 연계성을 확보하고 정문 방향으로 열린 로비를 계획

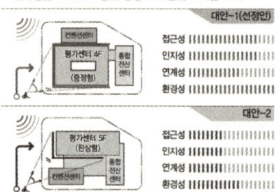

레벨별 진입계획을 통한 입체적 동선계획
- 연구단지 진입축과 외부공간 연계를 통한 출입구 선정 및 동선계획으로 이용성 향상

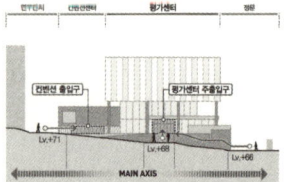

관리의 효율성과 방문객의 편의성을 고려한 지하층계획

02 | 건축계획 | 지하 1층 및 동선계획

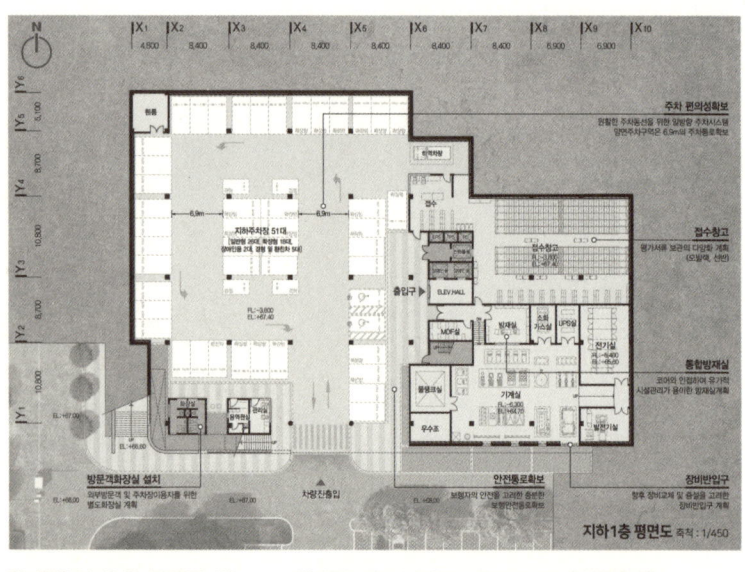

자연 환기가 가능한 지하주차장 계획
- 외기에 면한 지하주차장 계획으로 쾌적한 지하환경 조성

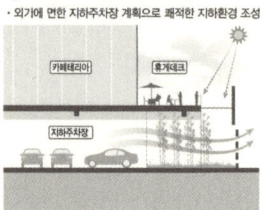

연구평가서류의 안전한 전달 및 ONE-STOP 관리시스템 계획
- 보안성이 높은 연구평가자료의 접수 및 운반을 위해 별도 승강기 설치

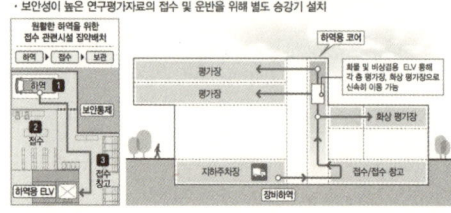

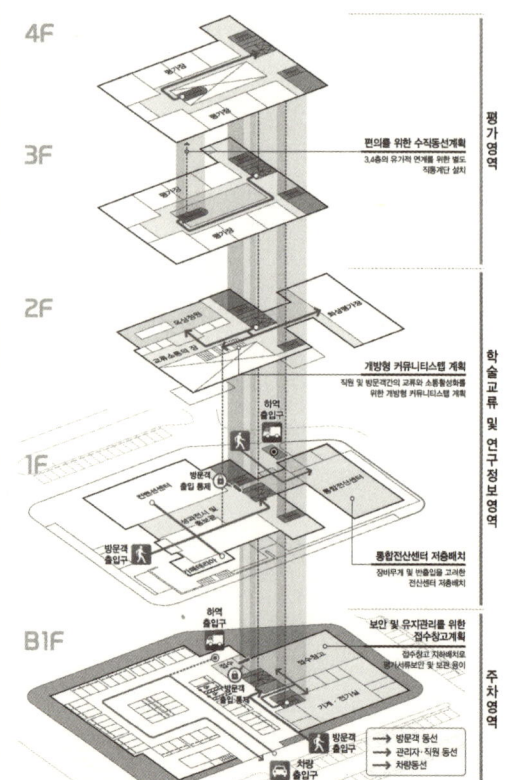

시설의 특성을 고려한 명확한 조닝계획 및 외부공간 연계

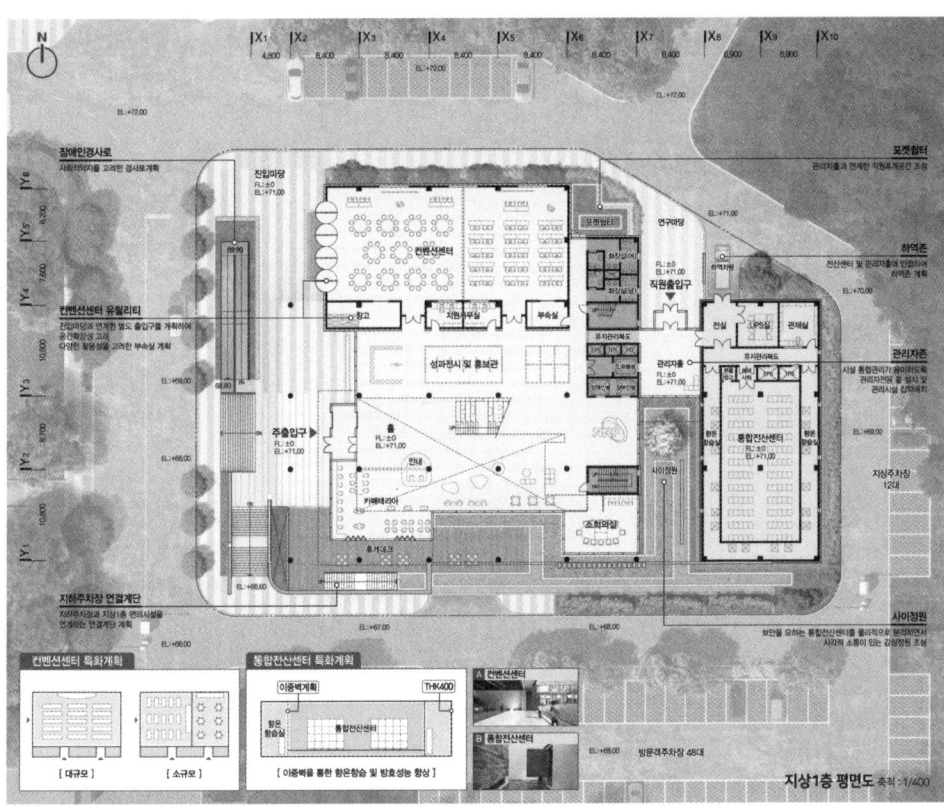

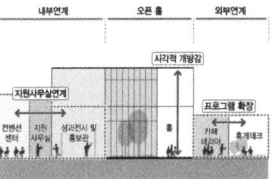

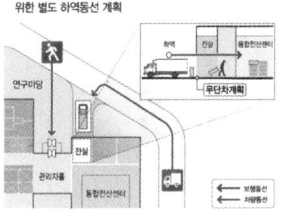

다양한 교류와 소통이 있는 개방감있는 학술교류공간 조성

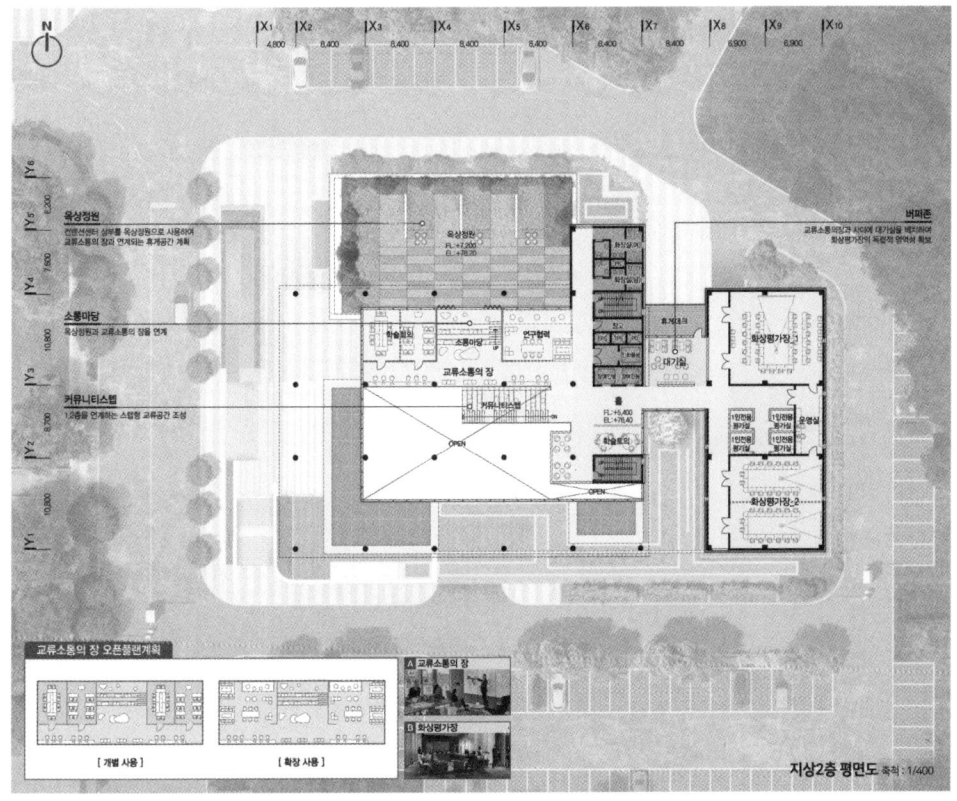

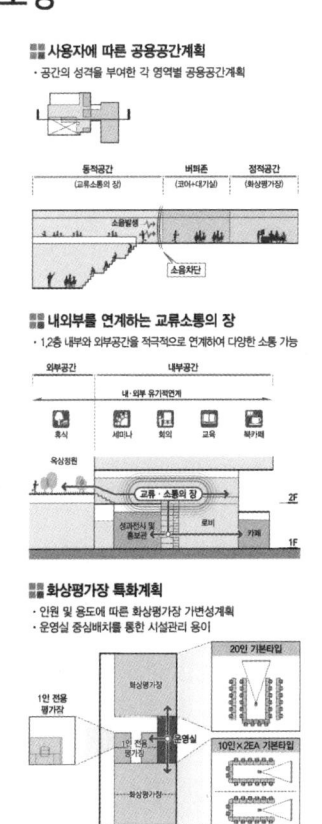

한국연구재단 R&D정보평가센터

효율적인 업무환경 및 중정을 통한 쾌적한 평가장 계획

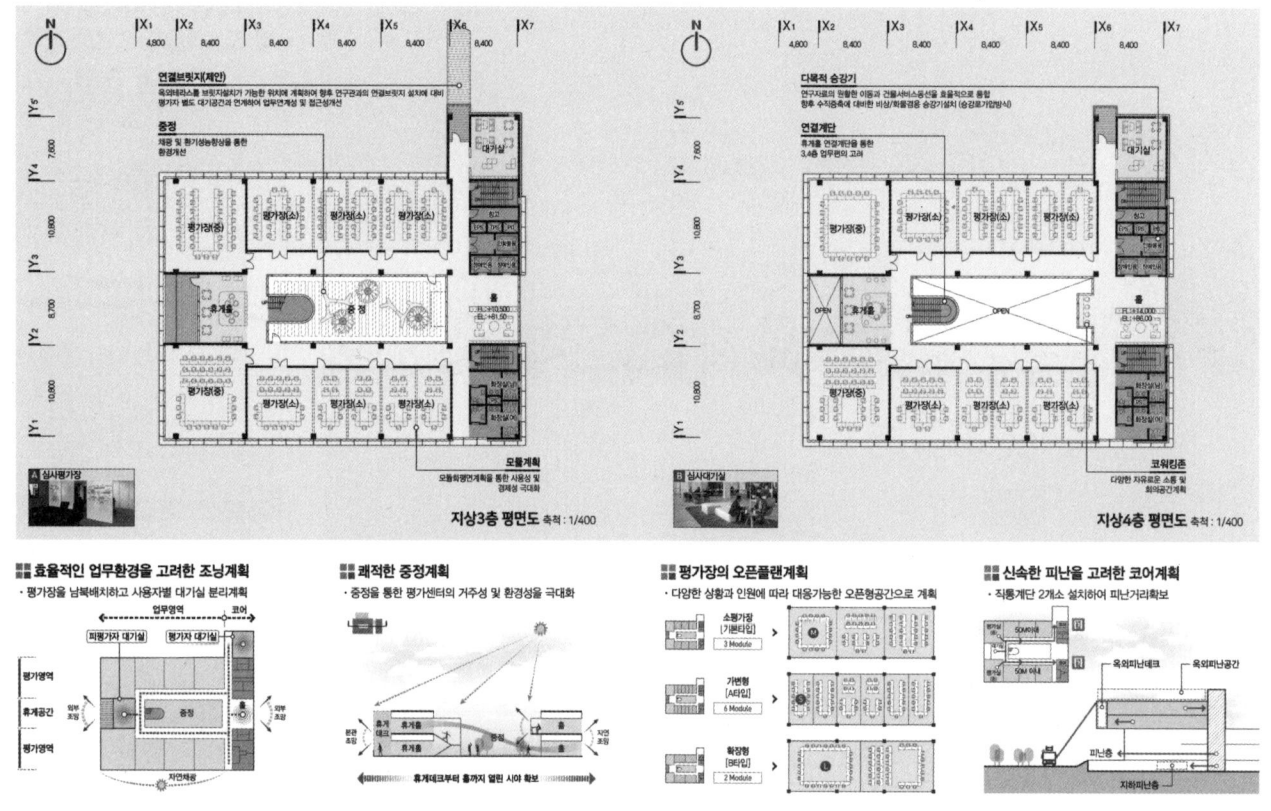

R&D정보평가센터의 이미지와 환경성을 고려한 기능적인 입면계획

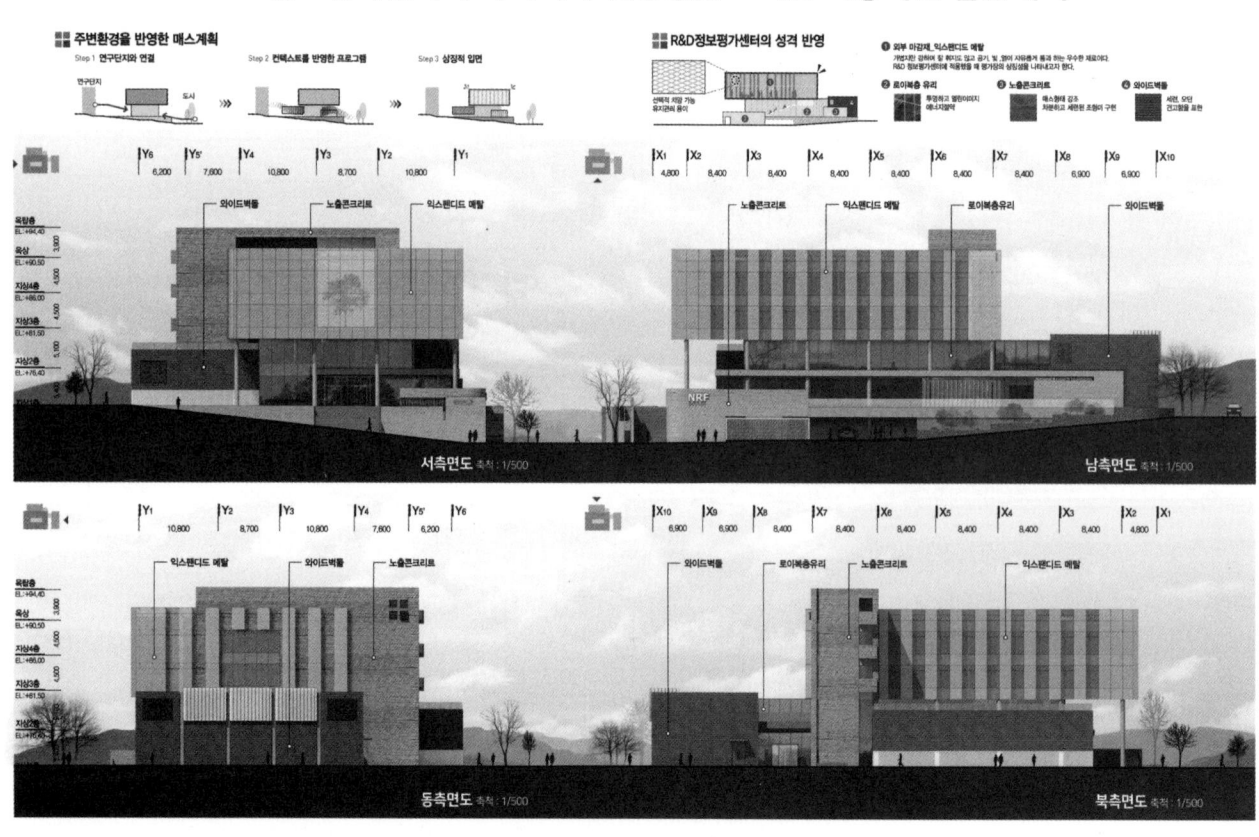

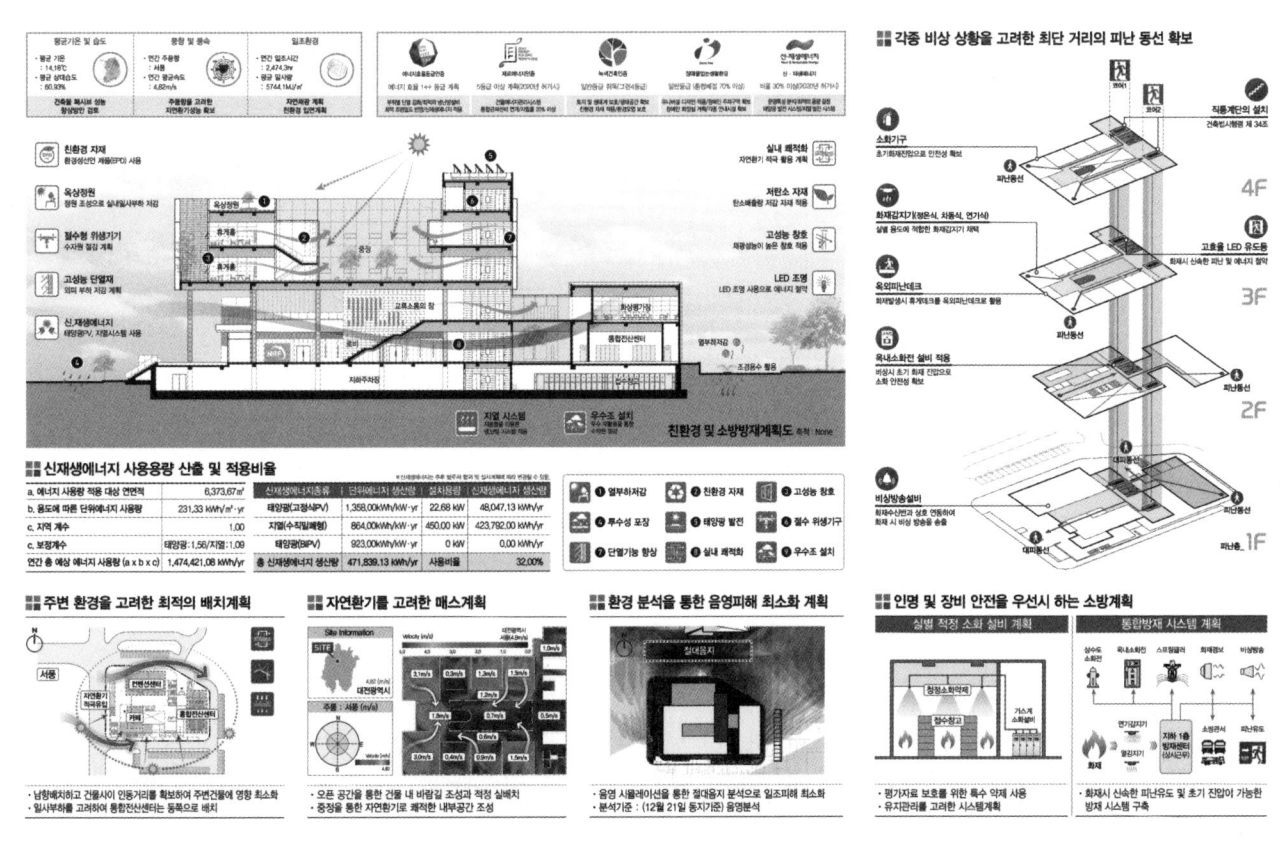

설계경기 01_업무·교통·의료

no.135 ~ 146
Office
Culture
Education
Welfare
Housing
Commerce
Urban
Traffic
Sports
Medical
Landscape

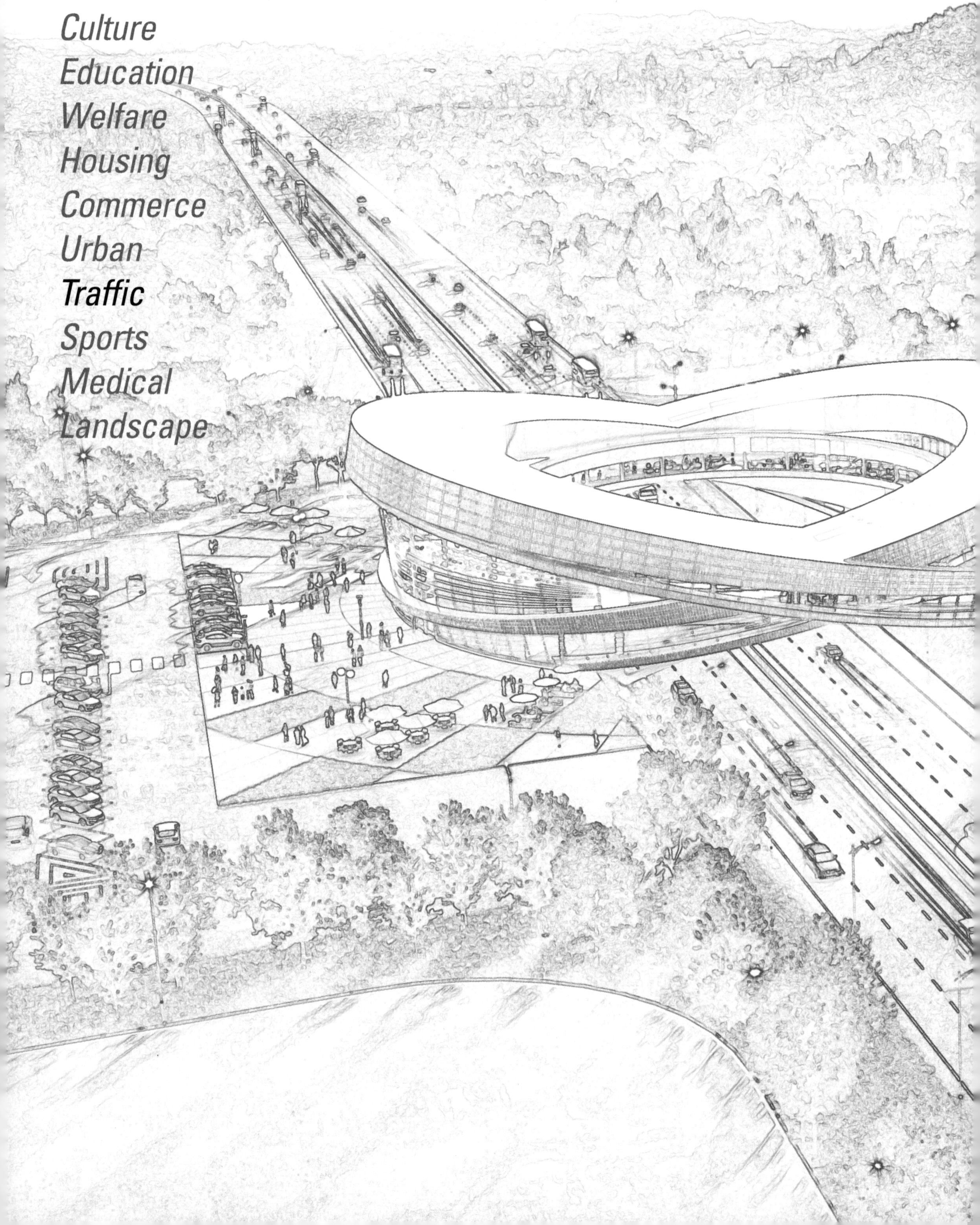

중구 오르미 복합문화주차타워
대지위치 부산광역시 중구 보수동1가 41-45, 59-1
발주처 부산광역시 중구
대지면적 706.4㎡
연면적 3,000㎡
추정공사비 34억원
설계용역비 151,310천원
참가등록 2018. 7. 30
현장설명 2018. 8. 2
질의접수 2018. 8. 3
질의회신 2018. 8. 9
작품접수 2018. 9. 18
당선 (주)건축사사무소 지선재

전주역사
대지위치 전라북도 전주시 덕진구 동부대로 680
발주처 한국철도시설공단
대지면적 68,877㎡
연면적 1,505㎡
추정공사비 340억원
설계용역비 2,093백만원
참가등록 2019. 5. 31 ~ 6. 28
현장설명 2019. 7. 2
질의접수 2019. 7. 5
질의회신 2019. 7. 12
작품접수 2019. 9. 10
당선 (주)시아플랜 건축사사무소
최우수 심플렉스 건축사사무소 + 스튜디오 KYSH-

동상시장 주차환경개선사업
대지위치 경상남도 김해시 동상동 922-1번지 일원
발주처 김해시
대지면적 2,348㎡
추정공사비 110억원
설계용역비 468,520천원
참가등록 2019. 6. 17
현장설명 2019. 6. 17
질의접수 2019. 6. 17 ~ 6. 19
질의회신 2019. 6. 21
작품접수 2019. 7. 22
당선 (주)한미건축종합건축사사무소 + 이병욱

세종포천고속도로 처인(통합)휴게소
대지위치 경기도 용인시 처인구 모현읍 매산리 284-3일원
발주처 한국도로공사
대지면적 134,987㎡
연면적 휴게소 - 6,154㎡ / 주유소 - 800㎡
추정공사비 199억원
설계용역비 1,213백만원
참가등록 2019. 12. 19 ~ 12. 24
질의접수 2019. 12. 26 ~ 12. 30
질의회신 2019. 12. 31
작품접수 2020. 2. 26
당선 (주)해마종합건축사사무소

설계경기 01_교통

중구 오르미 복합문화주차타워

당선작 (주)건축사사무소 지선재 주명구 설계팀 박정은, 남슬기

대지위치 부산광역시 중구 보수동1가 41-45번지, 59-1번지 **대지면적** 706.40㎡ **건축면적** 546.96㎡ **연면적** 3,318.88㎡ **건폐율** 77.43% **용적률** 39.94% **규모** 지하 3층, 지상 4층 **구조** 철근콘크리트조 **외부마감** 노출콘크리트, 코르텐강, 로이복층유리, 불투명유리 **주차** 61대(장애인 주차 2대 포함)

배치계획
- 부지 조건에 순응한 배치
- 인지성 향상
- 대지 조건에 부합하는 프로그램 배치

평면계획
- 차량동선과 보행자 동선 분리로 안전성 확보
- 단순한 차량동선으로 원활한 통행 제공
- 조경 확보 및 상부를 개방하여 휴식공간 제공
- 커뮤니티공간 전면에 데크를 설치하여 개방감 확보
- 계단식 스탠드를 설치하여 조망권 확보
- 건강쉼터를 주민들에게 제공

입면계획
- 목재루버를 이용해 조형미를 극대화하고 자연과의 연결성 이룸
- 시간이 흐를수록 멋과 색이 더하는 코르텐강 사용하여 우리의 삶을 재료의 물성에 투과
- 건물일체형 태양광발전시스템을 적용하여 경관을 헤치는 옥상태양광 탈피

Site plan
- An arrangement plan that adapts into site conditions
- Improving recognizability
- A program arrangement plan that corresponds to site conditions

Floor plan
- Ensuring safety by separating vehicle and pedestrian circulations
- Ensuring smooth passage by establishing a simple vehicle circulation plan
- Creating a resting place by introducing a landscape area and opening the top
- Giving a sense of openness by constructing a deck in front of the community space
- Creating a scenic point by constructing tiered stands
- Opening Health Lounge to locals

Elevation
- Promoting formative aesthetics and continuity with nature by implementing a wooden louver system
- Using Cor-ten steel, which displays more charm and colors over time, to express human life with a material property
- Adopting a building-integrated photovoltaic system to get away from an eyesore rooftop solar panel system

Prize winner JISUNJAE Architects, Inc._Ju Myeonggu **Location** Jung-gu, Busan **Site area** 706.40㎡ **Building area** 546.96㎡ **Gross floor area** 3,318.88㎡ **Building coverage** 77.43% **Floor space index** 39.94% **Building scope** B3, 4F **Structure** RC **Exterior finishing** Exposed concrete, Cor-ten steel, Low-E paired glass, Opaque glass **Parking** 61 (including 2 for the disabled)

Jung-gu Oreumi Parking Tower

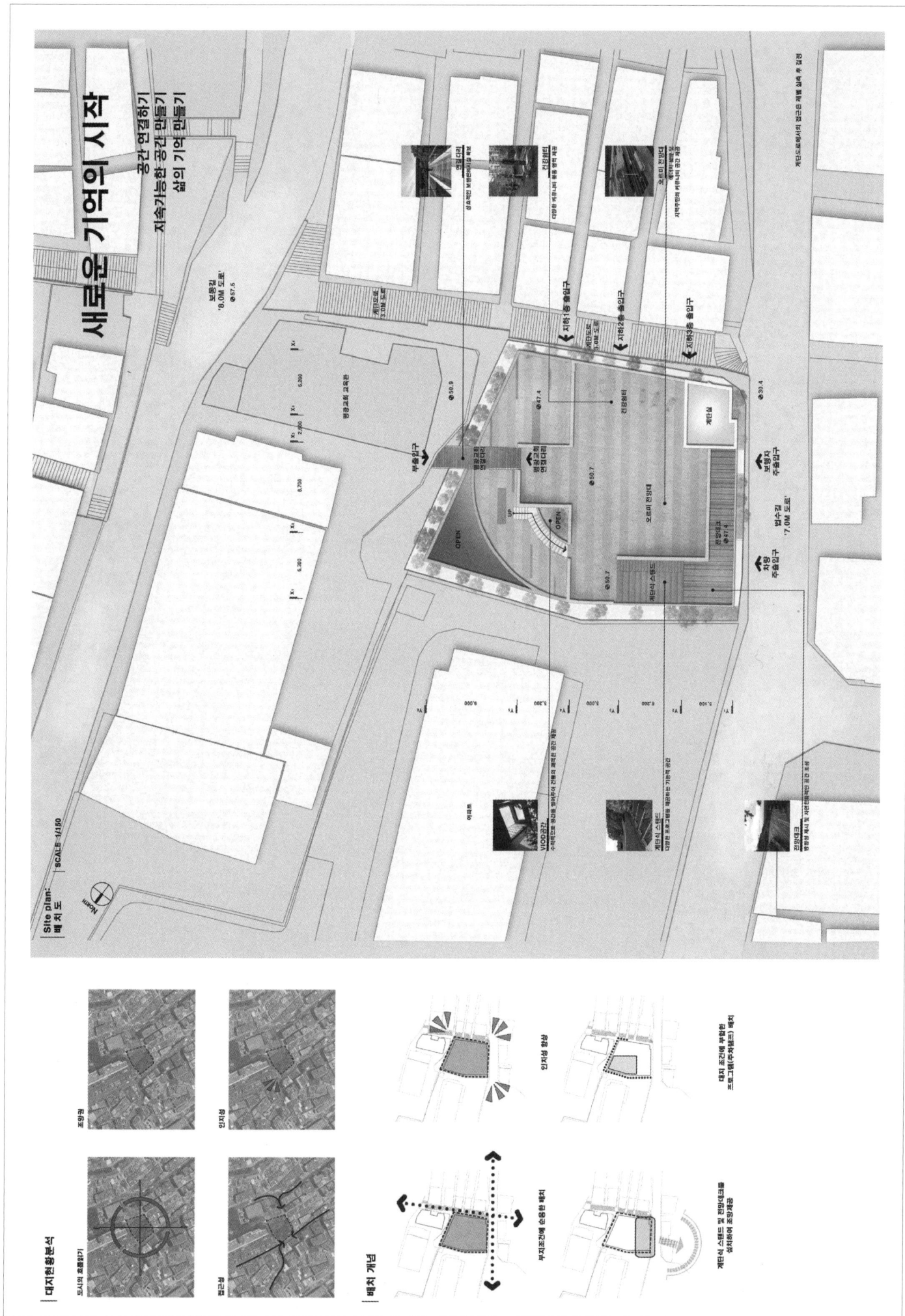

중구 오르미 복합문화주차타워

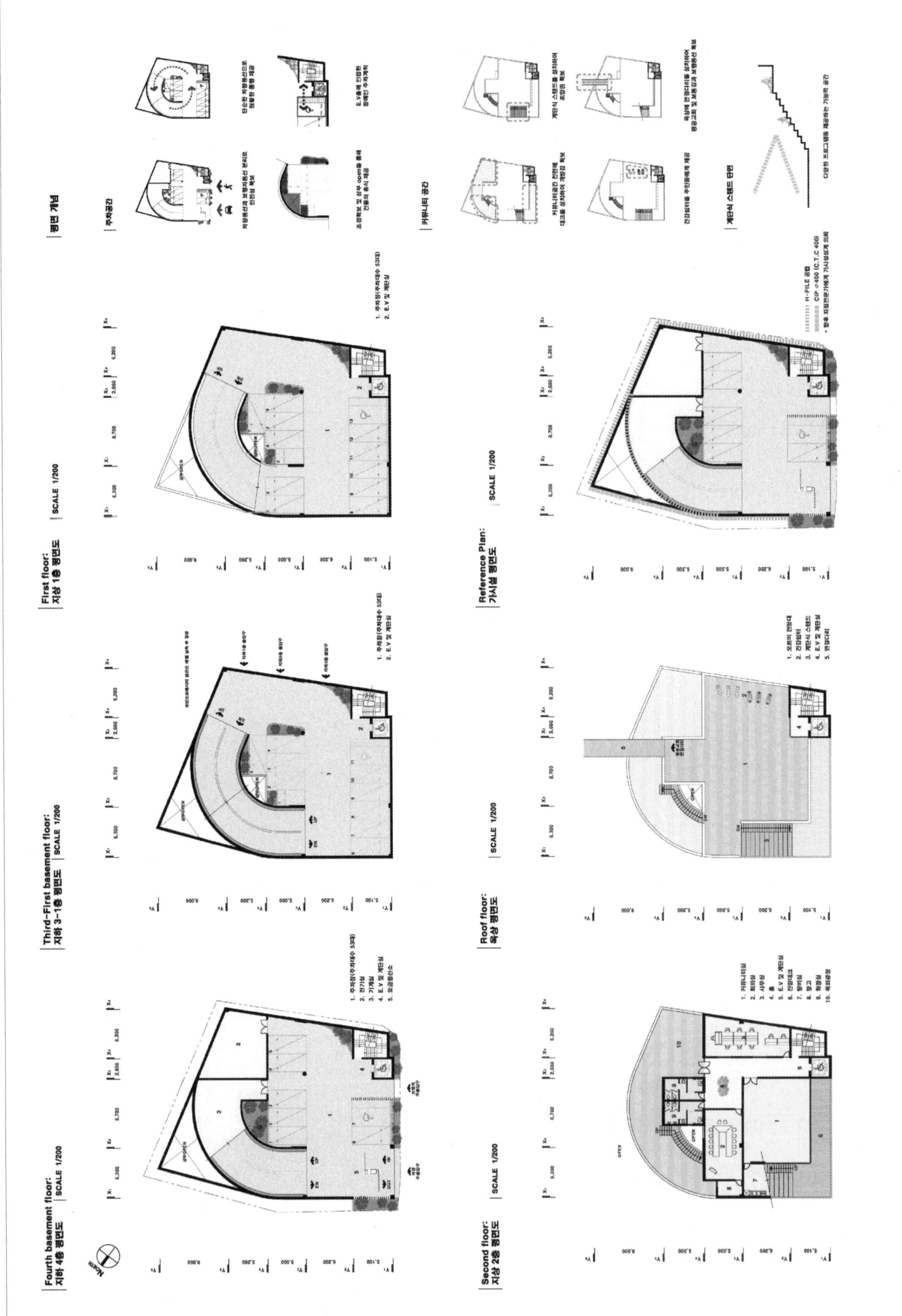

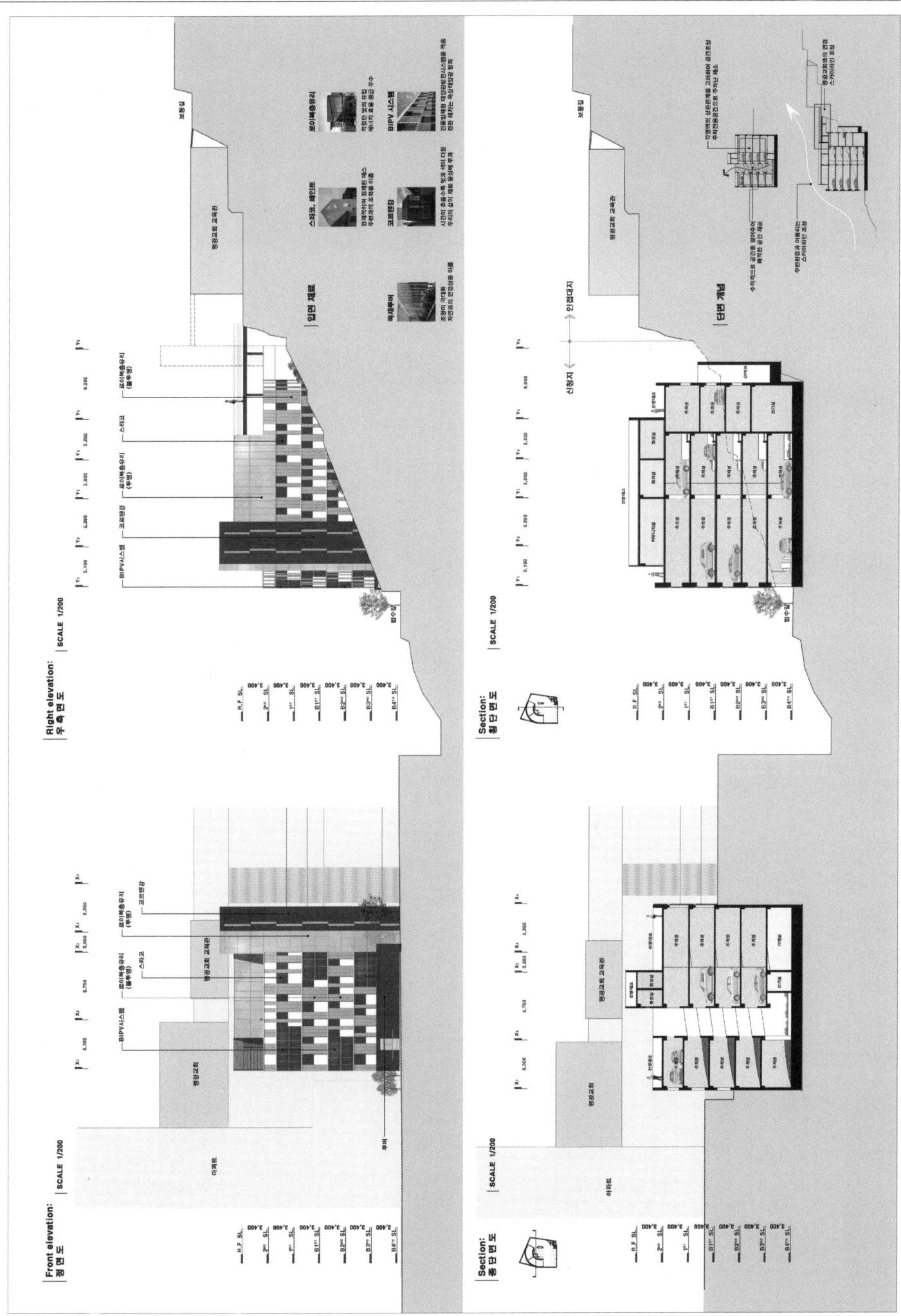

중구 오르미 복합문화주차타워

외부공간계획

Nature 전원경
- 판매활동과 휴식이 공존하는 자연공간
- 우수침투가 가능한 친환경조경
■ 디자인반영
- 계단식 스탠드, 전망데크 등
- 커뮤니티 공간에 적극 반영

Tradition 지역성
- 지역성을 나타내는 활동수종을 도입하여 계절적 변화 및 시각적 효과 극대화
■ 디자인반영
- 전망부 및 실내 조경에 향토수종 반영

Human 인간
- 다양한 커뮤니티 공간 형성을 통해 보수동 주택가의 구심체 역할
- 계층차를 이용하여 지역주민들이 보행이 자유로운 디자인
■ 디자인반영
- 건물을 통과 범수공간·보동길 연결
- 주민들을 위한 커뮤니티 공간 확보

Flexibility 가변성
- 시간의 변화에 따른 다양한 문화적 휴식을 즐길 수 있는 용통성 있는 공간
■ 디자인반영
- 계단식 스탠드, 전망데크 등

조경계획

A. 설계기본방향

친환경 요소 만들기
자연요소를 이용한 건강하고 다채로운 공간구성

시각적 다양화
수직 및 수평 다양한 조경계획
- 옥외데크, 옥상마당

휴식공간의 연계
내외부 공간을 연계한 옥외 휴게 공간 제공
- 옥외데크, 옥의마당, 옥외데크

감성적이고 아름다운 공간꾸미기
- 창의성과 예술성을 접목한 식재
- 계절별 식재 및 초화 식재

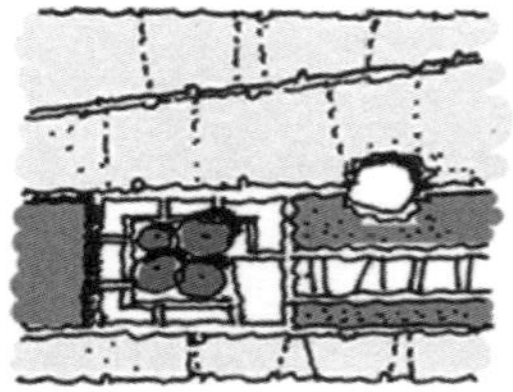

B. 식재계획

주변 생태계와의 연결
- 주변녹지를 부지내로 연결
- 다층식재 및 시목 가로수 식재

공간의 활용을 고려한 식재기법
- 지형을 이용한 초화류와 주목 경관식재
- 휴게공간에 단풍나무 등 녹음식재

C. 외부공간 계획

건물의 내외부를 연계한 휴게공간
- 전망 및 휴게를 주는 대크 설치
- 옥외경원 설치

공간의 성격을 고려한 시설의 배치
- 공간에 포장을 주는 시설을 설치
- 휴게공간 성격에 맞는 휴게시설 설치

D. 포장계획

Human Mall
- 보행자가 중심이 되는 다양한 포행 공간 효과 창출
- 패턴의 변화를 통한 다양한 공간 효과 창출

Nature Mall
- 친환경 포장을 통해 편안하고 친근한 보행환경 조성
- 건식포장 방식으로 우수침투가 가능한 친환경 포장계획

VOID 공간
계단식 스탠드
전망데크
연결다리
건강쉼터
오르미 전망대

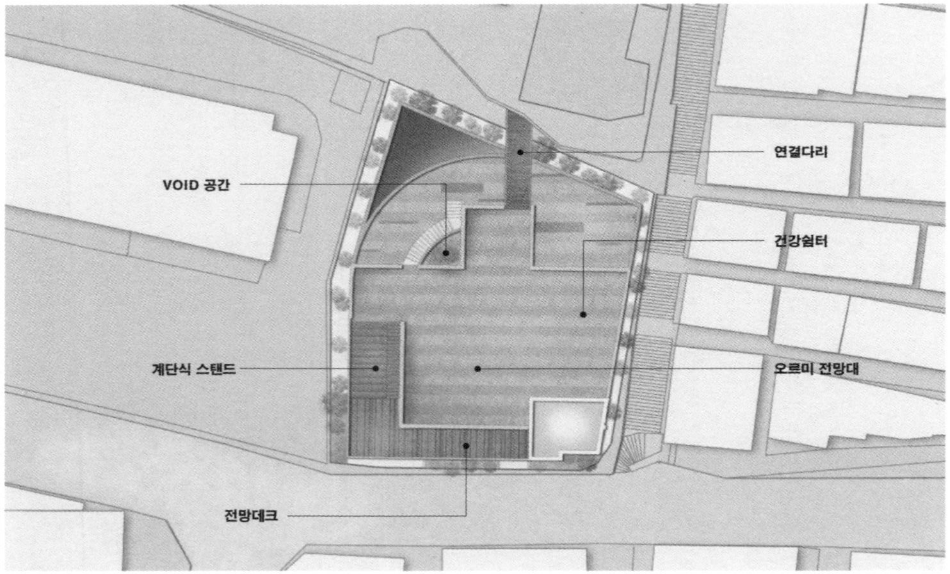

〈VOID 공간〉
- 수직적으로 공간을 열어주어 건물의 폐쇄적 공간 제공

〈계단식 스탠드〉
- 다양한 프로그램을 제공하는 기능적 공간

〈전망데크〉
- 방향성 제시 및 자연친화적인 공간 조성

〈연결다리〉
- 지역주민들을 위한 상호적인 보행편의 확보 제공

〈건강쉼터〉
- 지역주민들의 건강 및 활동영역 확장을 고려한 커뮤니티 공간

〈오르미 전망대〉
- 에너지 절약 및 커뮤니티 공간 제공

Jung-gu Oreumi Parking Tower

에너지절약 계획

A. 설계기본방향

> 에너지 절약 프로세스

대지특성을 고려한 건축계획 수립 → 사용자 및 건물특성을 고려한 시스템 → 자연에너지의 적극적인 활용

> 부문별 에너지 절약 계획

건축	배치계획	- 일사 및 일조, 바람길을 고려한 건물배치
	입면계획	- 적절한 개구부 계획으로 자연환기 및 자연채광 확보
	외피계획	- 고단열 창호 적용 / 옥상녹화에 의한 단열현상 / 2중 외피에 의한 사향 일사차단 / 수직정원
기계	배치계획	- 고효율 기기
	열원설비 계획	- 배기열 회수 전열교환기 / 존별 온도제어 및 감지기
	위생설비 계획	- 절수형 위생기기
	자동제어 계획	- 중앙 관제식 FMS 및 EMS 적용
전기	수변전설비 계획	- 전력 통합관리 자동화 시스템 / 최대수요 전력억제 시스템
	조명설비 계획	- 초절전형 조명기구 / 친환경 LED조명 / 주광센서 및 제어설비
	태양광설비 계획	- 태양광발전지 / 태양광 전송 시스템

신재생 에너지 계획

A. 신재생에너지의 정의

- 신에너지: 기존의 화석연료를 변환시켜 이용하거나 햇빛·지열·강수·생물유기체 등을 조합하여 재생가능한 에너지를 변환시켜 이용하는 에너지
- 신에너지: 연료전지, 수소, 석탄액화, 가스화 및 중질잔사유 가스화
- 재생에너지: 태양열, 태양광, 바이오, 풍력, 수력, 해양, 폐기물, 지열

신·재생에너지 신뢰육성으로 지속 가능한 경제발전 에너지 시스템 구축		
공급미래에너지	환경친화형 청정에너지	비고갈성 에너지	기술 에너지
시장창출 및 경제적 확보를 위한 장기적인 개발보급 정책필요	화석 연료 사용에 의한 CO_2 발생이 거의 없음	태양, 바람 등을 활용하여 무한 재생이 가능한 에너지	연구개발에 의해 에너지자원 확보기능 가능

B. 태양광

- 태양광 발전은 태양의 빛에너지를 변환시켜 전기를 생산하는 발전기술로 햇볕을 받은
- 관전효과에 의해 전기를 발생시키는 태양전지 이용
- 태양광 발전시스템은 태양전지(Solarcell)로 구성된 모듈(Module) 고축전지 및 전력변환장치로 구성
- 에너지자원이 청정, 무제한 / 필요한 장소에서 필요한 만큼 발전가능 / 유지보수가 용이 / 긴수명

C. 태양열 (채택)

- 태양광선의 파동성질을 이용하는 태양에너지 공열변화 이용분야로 태양열의 흡수·저장·열변환 등을
- 통하여 건물의 냉난방 및 급탕 등에 열을 활용하는 기술
- 태양열 이용기술의 핵심은 태양열 집열기술, 축열기술, 시스템제어기술, 시스템설계기술 등이 있음
- 열매체의 구동장치 유무에 따라서 자연형(passive) 시스템과 설비형(active) 시스템으로 구분
- 집열 또는 활용온도에 따른 분류는 일반적으로 저온용, 중온용, 고온용으로 분류

D. 지열에너지

- 물, 지하수 및 지하의 열 등의 온도차를 이용하여 열 · 난방에 활용하는 기술
- 태양열의 약 47%가 지표면을 통해 지하에 저장되며, 이들게 태양열을 흡수한
- 땅속의 온도는 지형에 따라 다르지만 지표면 가까운 땅속의 온도는
- 개략 10℃~20℃ 정도를 유지해 열펌프를 이용하는 냉난방시스템에 이용
- 지중 300m 이내로 명속에 구멍을 뚫어 U자형 파이프를 설치하고, 설치된 파이프에
- 유체를 순환시켜 냉난방에 필요한 에너지를 생산
- 지열시스템의 종류는 지열을 회수하는 파이프(열교환기) 회로구성에 따라 폐회로(Closed Loop)와 개방회로(Open Loop)로 구분

장점
- 친환경 설비 : 이산화탄소, 열섬 현상 해소
- 지열은 유지비 : 에너지재용절감 / 높은 내구성(지중열교환기 수명 50년)
- 냉난방 및 급탕 등이 이용기능

단점
- 지중열교환기 설치 부지 확보 필요 : 기존 공동주택 설치에 한계
- 비싼 설치비(1RT=10평)
- 구동을 위한 전기에너지 필요 : 누전재 폐지(09년 5월 1일)

전주역사

당선작 (주)시아플랜 건축사사무소 조주환, 윤정현 설계팀 전성주, 조현민, 곽원철, 최은경, 노태영, 김대청, 함기웅, 김다예, 목현수, 김민지

대지위치 전라북도 전주시 덕진구 동부대로 680 일원 **대지면적** 68,877.00㎡ **건축면적** 2,846.51㎡ **연면적** 3,448.14㎡ **조경면적** 3,713.28㎡ **규모** 지하 1층, 지상 3층 **구조** 철근콘크리트조, 철골조 **외부마감** 익스펜디드메탈, 폴리카보네이트, 로이삼중유리 **주차** 396대

Borrowed Scenery

새로운 전주역사는 전주를 첫 마중하게 되는 상징성과 동시에 우리나라의 전통성과 새로운 미래를 지향하는 대표성을 지녀야 한다. 이를 구현하는 첫 출발점은 우리나라 고유의 개념인 차경(borrowed scenery)이다. 한국의 전통적 건축방식은 자연 그대로를 즐기며 소통을 중요시하고, 외부풍경을 내부로 끌어들여 사람과 건축 모두가 자연의 일부가 되고자 했다.

풍경이 되는 건축

자연이 건축물의 일부가 되는 새로운 전주역사는 풍경을 빌려온 내부정원들을 보유하고, 시민들에게 인접하여 느낄 수 있는 자연이 되고, 그 생태 속 철도역사를 이용하는 사람들의 모습은 다시 풍경이 된다.

다양한 빛깔로 빛나는 도시

전주 구역사의 존치와 더불어 새롭게 구축되는 신역사는 대립을 유도하기 보다는 자연이 건축물의 일부가 되는 모습으로 구역사의 배경이 되어, 사계절 변화하는 자연의 모습과 함께 전주의 다양한 빛깔을 담은 가장 전주다운 건축으로 자리매김 한다.

Borrowed Scenery

The new Jeonju Station is expected to have symbolic significance appropriate for the first welcome mat of Jeonju as well as to serve as an iconic landmark that celebrates the tradition and future of Korea. The first measure proposed to meet such requirements is 'borrowed scenery', one of Korea's unique architectural concepts. Korean traditional architecture enjoys nature as it is, encourages communication and brings the scenery outside inside so that people and architecture can become part of nature.

An architecture that turns into a scenery

Embracing nature as part of architecture, the new Jeonju Station provides internal courtyards filled with borrowed sceneries and transforms into a natural object that allows local people to visit and experience it. And brought into such an environment, station users also become part of the scenery.

A city that glows in various colors

Constructed alongside of the preserved old station, the new station doesn't make contrast with the old station but serves as its background in which nature become part of architecture. Consequently, it will be considered as the most iconic architecture of Jeonju, which captures seasonal changes in the natural scenery and portrays the various colors of Jeonju.

Prize winner SIAPLAN Architects & Planners_Cho Juhwan, Yoon Jeonghyun **Location** Deokjin-gu, Jeonju, Jeollabuk do **Site area** 68,877.00m² **Building area** 2,846.51m² **Gross floor area** 3,448.14m² **Landscaping area** 3,713.28m² **Building scope** B1, 3F **Structure** RC, SC **Exterior finishing** Expanded metal, Polycarbonate, Low-E triple glass **Parking** 396

Jeonju Station

Borrowed Scenery

인간의 자연에 대한 환상은 그것을 구축하고 거주하게 되는 건물과의 관계에 있어서 다양하게 표현되어 왔다. 자연을 극복 대상으로 보아 안전한 쉘터를 구축하고 거리를 두고 지켜보는 방법이나, 인위적으로 가공하고 모방하여 옮겨 놓음으로 틀 안에 공간을 가두고 시각적 유희를 즐기는 방법 등이 그 예이다. 이와 달리 한국의 전통적 건축 방식은 자연 그대로를 보고 즐기며 소통을 중요시하고 외부 풍경을 내부로 끌어들여 사람과 건축, 모두가 자연의 일부가 되도록 한다.

풍경이 되는 건축

자연이 건물의 일부가 되는 새로운 전주 역사는 풍경을 빌려온 내부 정원들을 보유하고, 정원 속에 자연에 대한 경험을 역사의 기능과 함께 동시에 형성하는 것에 중점을 둔다. 풍경은 인접하여 느낄 수 있는 자연이 되고, 그 생태 속 철도 역사를 이용하는 사람들의 역동적인 모습은 다시 풍경이 된다.

새로운 전주 역사

전주 구역사의 존치와 더불어 새롭게 구축되는 신역사는 자신의 존재를 드러내어 대립을 유도하기보다는 자연이 건축물의 일부가 되는 모습으로 구역사의 배경이 되어 사계절 시간의 변화에 따라 변하는 자연의 모습과 함께 사람들의 행태와 풍경을 담아내며, 전주의 다양한 빛깔을 품은 가장 전주다운 건축으로 자리매김한다.

Contemporary Botanic Station

전주 신역사는 기존 구역사와 대립되지 않으며 자연의 배경이 되면서도, 내부 공간에서 느낄 수 있는 자연의 경험을 목표로 한다. 또한 단순하게 운송수단을 이용하는 시설에 국한되지 않고 더욱 확장된 개념의 공공 공간으로 계획되고, 사람, 생태, 문화를 함께 담아 다양한 행태들이 유발되어 그 자체가 풍경이 되는 전주를 대표하는 새로운 공간이 되어야 한다.

새로운 전주역사 만들기

Contemporary Botanic Station은 오늘날의 요구에 부응하는 새로운 21세기의 역사의 Prototype 제안이다. 새로운 역사는 무료하게 열차를 기다리는 단순 대기공간을 역사 내 시설물들과 인접된 Floating Garden과 Urban tree 및 첫마중길이 내려다보이는 공중 숲이 되어 생명력 있는 도심 속 휴게공간으로 변화시킨다. 비치되어 있는 안내도를 뽑아들고 무의식적으로 도시로 나가게 되면서 이동 공간은 다양한 문화적 체험이 있는 가든이 되어 머무르고 싶은 공간으로, 단순히 상징적으로 개방되어 있는 구역사의 외관은 시민에게 개방된 공중정원을 갖는 친근감 있는 생태 건축물로, 차로 점유되고 땡볕에 서있기도 버거웠던 광장은 도심 속 허파 같은 숲으로 변화하여 전주 시민에게 제공될 것이다.

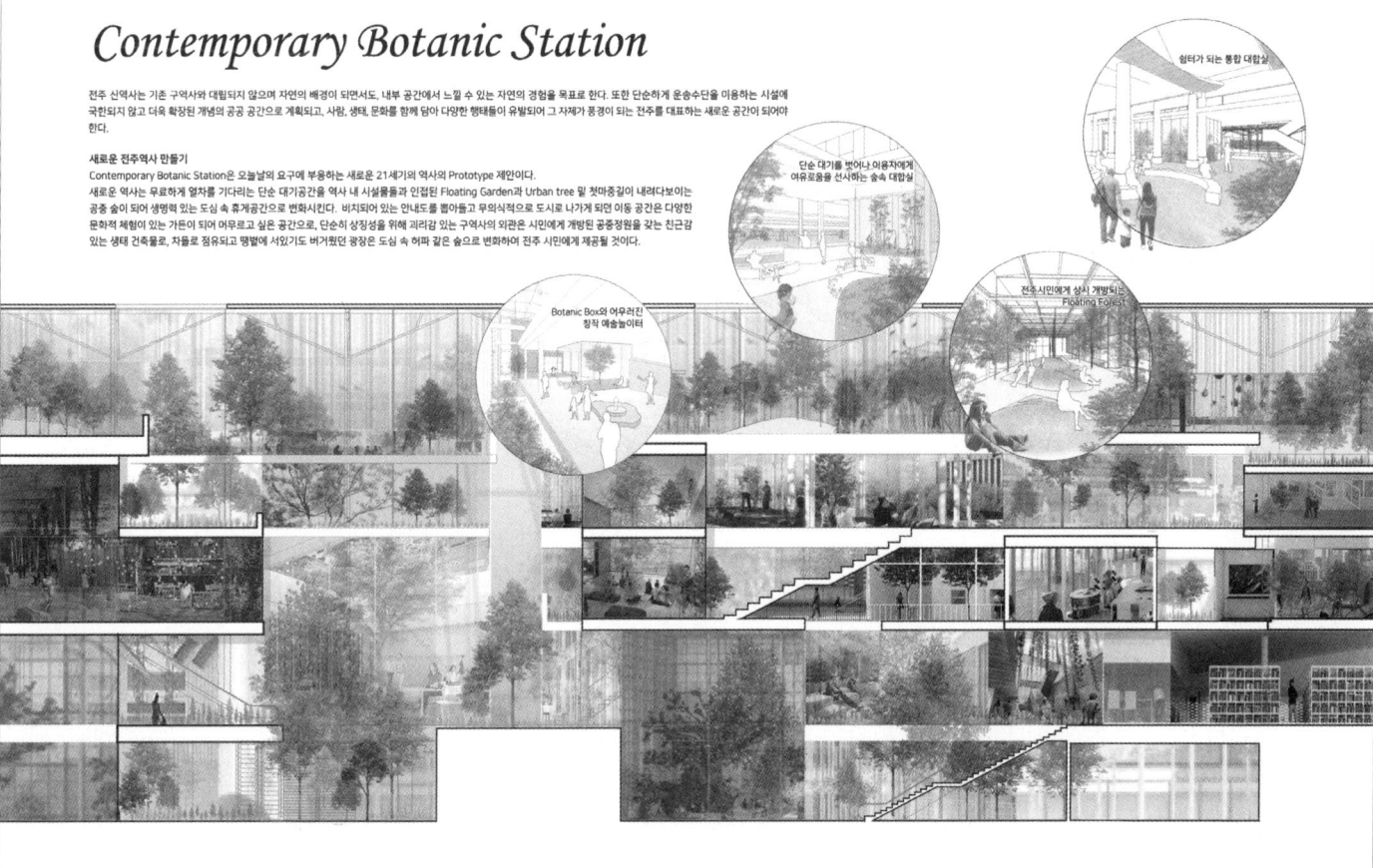

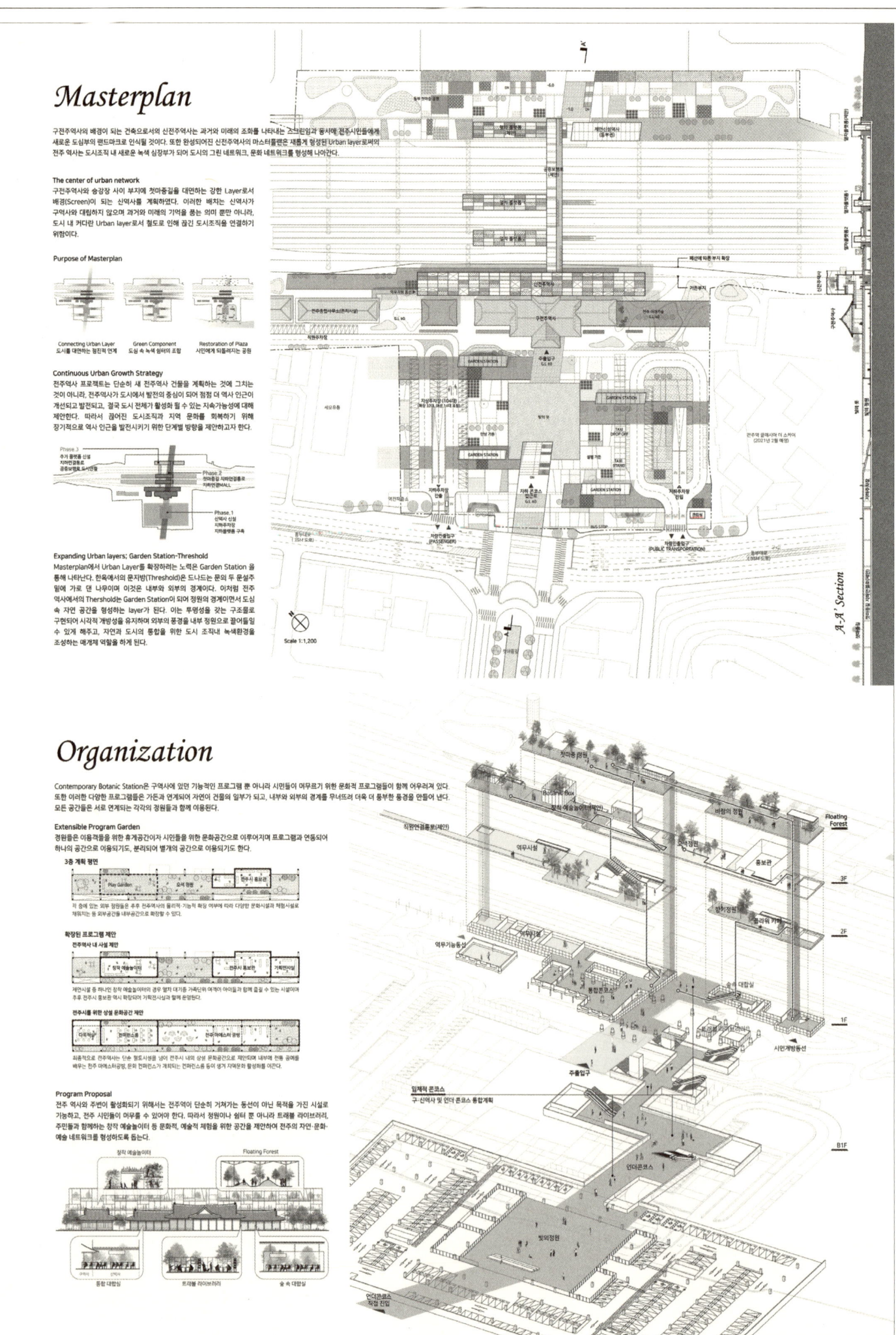

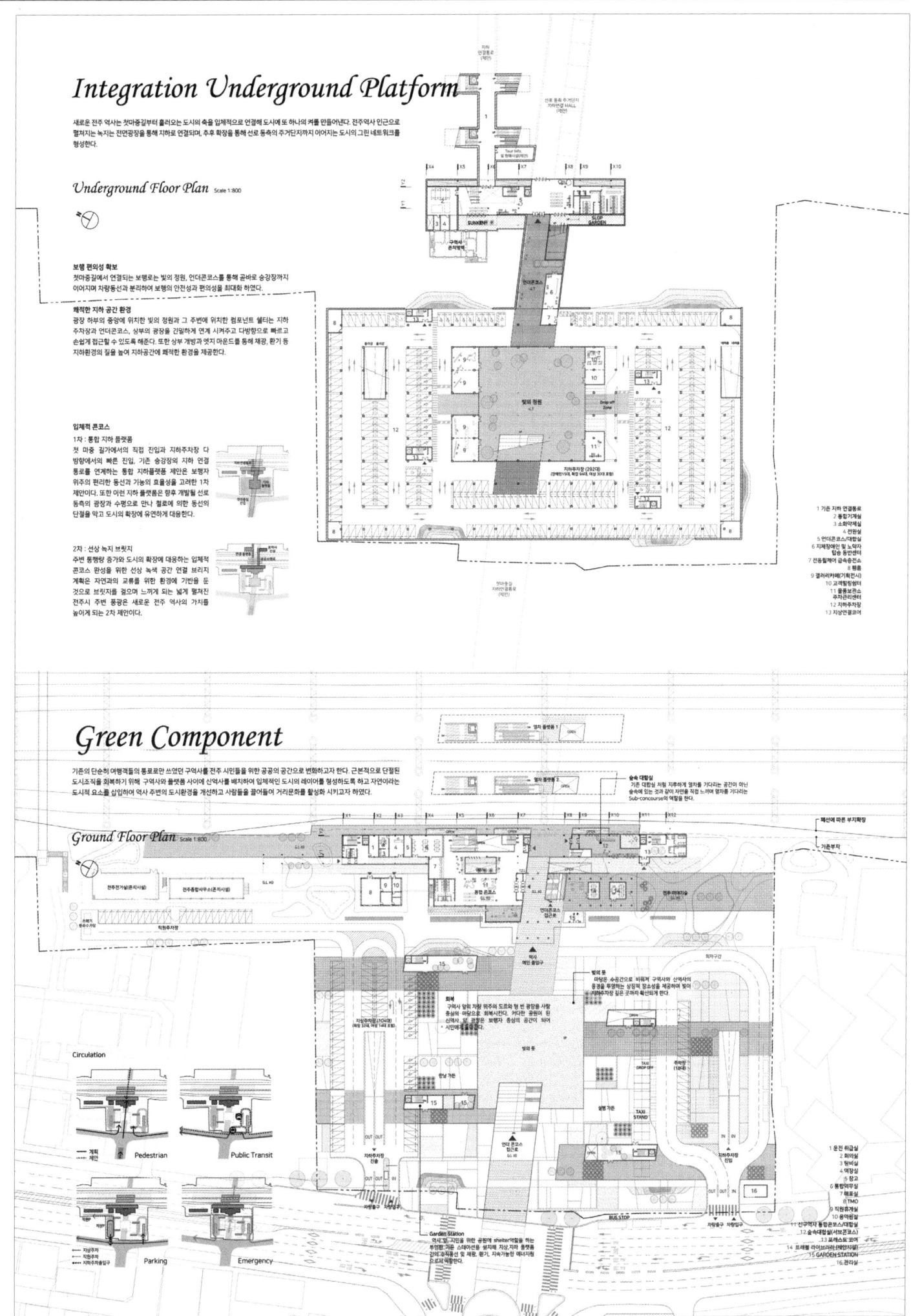

전주역사

Permeating Garden

수직적으로 적층된 가든은 실내 프로그램과 연계되어 다양한 외부 프로그램을 갖기도 하고, 실내로 스며들어 내부가 되기도 한다. 지상에서는 공중에 떠있는 플로팅 가든이 되기도 하고, 실내의 보타닉 박스로 배치되어 실내공간에 활기를 불어넣는 역할을 하기도 한다. 또한 가든은 지면에서 지하로 침투하여 콘코스, 지하주차장, 플랫폼까지 연결되는 터널 등 단조로웠던 지하 공간을 쾌적한 환경으로 변화시키고, 풍부한 공간이 되도록 만든다.

3rd Floor Plan Scale 1:600

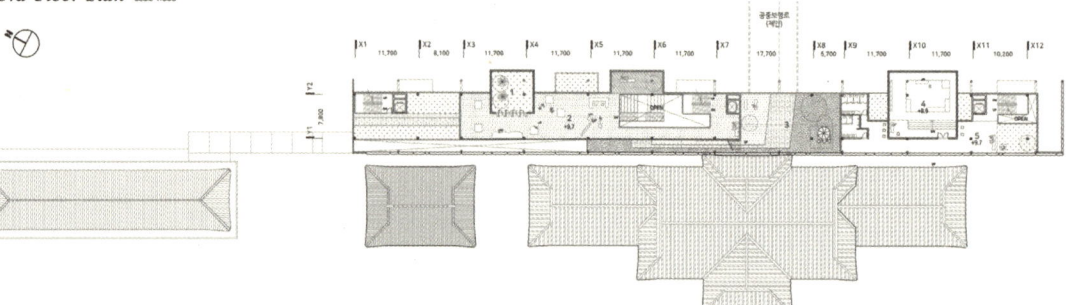

1 BOTANIC BOX
2 창작예술놀이터 (제안프로그램)
3 홀
4 오색정원
5 전주시 홍보관

2nd Floor Plan Scale 1:600

1 직원 홀
2 침실
3 전기실
4 통신실
5 다목적 스탠드
6 다목적홀
7 FLOWER GARDEN
8 FLOWER CAFE
9 홀

Floating Forest

역사의 최상층에 위치한 Floating Forest는 전주 시민과 전주를 방문하는 여행객들을 위한 커다란 공중 쉼터이다. 사람들은 첫마중 브릿지를 전망대 삼아 전주역에서 마주하는 첫마중길을 바라볼 수 있으며, 건물을 덮고 있는 urban tree 밑에서 휴식을 취할 수 있다. 이 곳은 전주 시민들의 참여공간으로서 활용되어 공연, 마켓, 전시 등 계절마다 다양한 이벤트가 일어나는 가든이 된다. 이런 상징적인 공중 숲은 주변 어디에서나 인지가 가능한 상징성을 갖춰 전주의 대표 랜드마크로 자리잡게 된다.

4th Floor Plan Scale 1:600

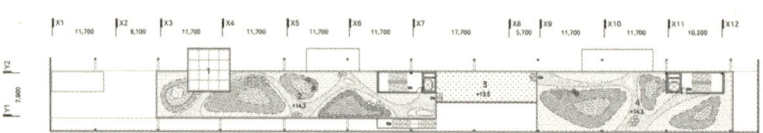

1 BOTANIC BOX
2 첫마중 정원
3 첫마중 브릿지
4 바람의 정원

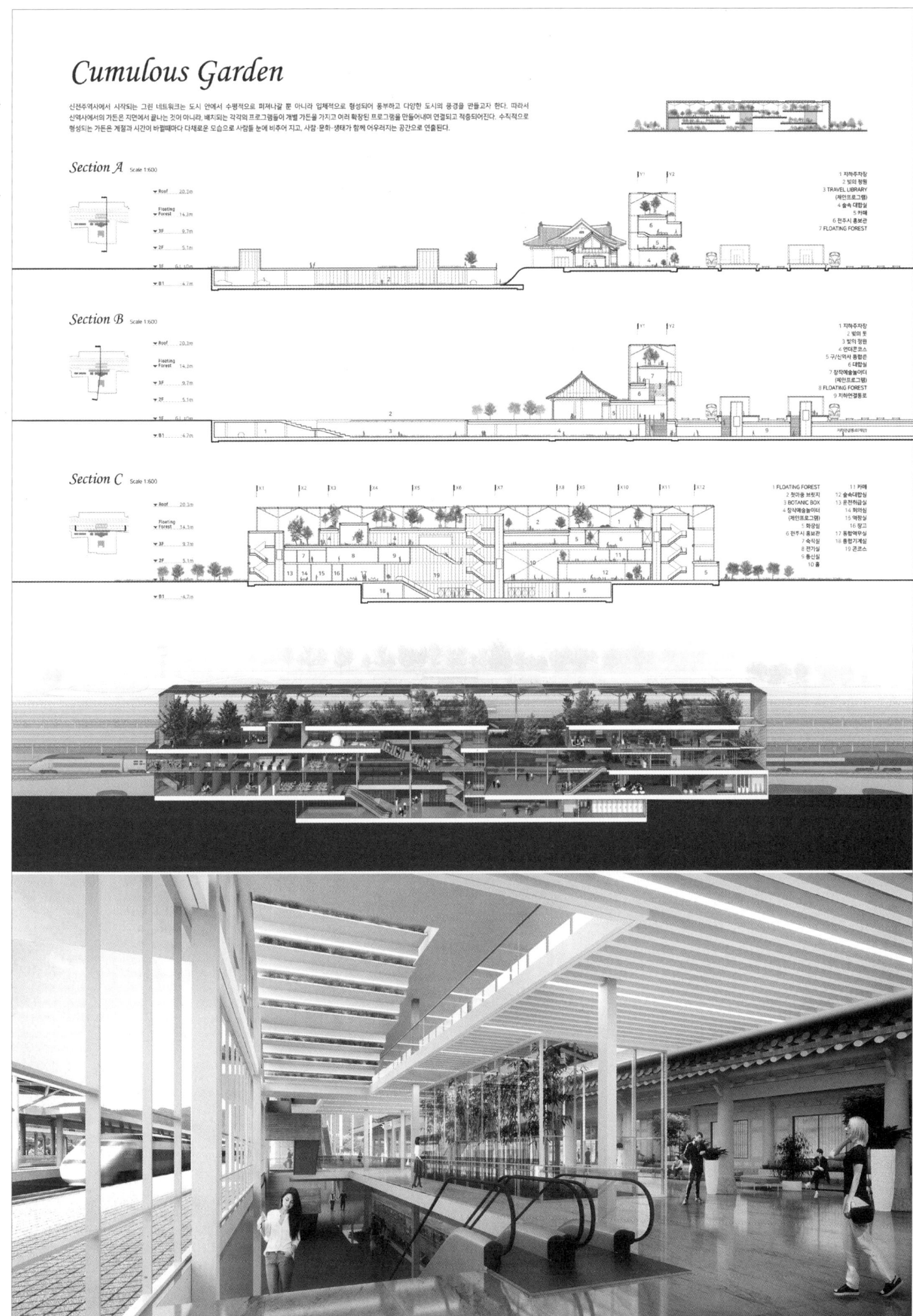

전주역사

최우수작 심플렉스 건축사사무소 박정환, 송상헌 + 스튜디오 KYSH- 허규영, 박승호 설계팀 김유경, 정은선, 이현우, 정성욱

대지위치 전라북도 전주시 덕진구 동부대로 680 일원 **대지면적** 68,877.00m² **건축면적** 6,586.23m² **연면적** 3,455.80m² **건폐율** 9.56% **용적률** 3.27% **규모** 지하 1층, 지상 2층 **최고높이** 17.6m **구조** 철근콘크리트조, 목구조 **외부마감** 저철분 접합유리, 목재 **주차** 440대 **협력업체** 조경 - Urban Yards

도시 연결

전주는 전라도의 주요 연결 도시다. KTX 도입 이후 연결 도시로서의 역할이 더욱 중요해졌다. 도시에서의 접근성이 높아짐에 따라 전주의 전통마을은 국내외에서 인정을 받고 있다. 한국의 전통문화에 뿌리를 두고자 하는 전주시의 의견을 존중하며, 이를 위해 기존의 파고다 구조를 보존할 것이다. 역의 확장은 통근자와 방문객의 수용력을 증가시키는 데 도움이 될 것이다.

주변 지역 연계

전주 기차역은 본래 도심을 통과했으나 이후 현재의 주변 지역으로 이전되었다. 전주는 지속적인 성장을 할 것으로 예상되며, 이에 대응하기 위해 기차역 동서쪽에 위치한 두 지역사회를 역사를 통해 연계하였다. 기차역은 새로운 기능의 도시 중심지가 되어 도시를 유기적으로 연결하는 중간 지점 역할을 하게 될 것이다.

문화적 교류

기차역은 단순히 철로를 따라 정차하는 것이 아니라, 모든 정류장에서 통근자들이 도시로 들어가는 관문 역할을 한다. 그것은 모이고 경험하는 물리적 공간이다. 전주는 전통 음식문화로 유명하며 유네스코가 위문도시로 인정한 맛의 도시다. 기존 기차역과 인접한 곳에 새로운 시장을 확대해 풍부한 문화유산을 가진 도시로서 전주의 장점을 끌어안고 부각시키고자 한다.

Connecting Cities

Jeonju is a main connector city of the Jeolla province. Its role as a connector city has become more crucial since the introduction of KTX. In its rare urban setting, Jeonju's traditional village site continues to gain national and international recognition with its growing accessibility. The architects will preserve the existing pagoda structure as a homage to the city's efforts to preserve its roots in traditional Korean culture. Expansion of the station will help to expand capacity for commuters and visitors.

Connecting Neighborhoods

The original Jeonju train station prior to its relocation ran through the city center, and was later relocated to its current peripheral location. We foresee continued growth of Jeonju and therefore integrated an elevated platform that serves to connect the two neigh-borhoods of Jeonju east and west of the train station. The train station will become a new functional city center, serving as a well-connected middle point of the city.

Connecting People

A train station is not merely a stop along a railway path, but it serves as a gateway for commuters into a city at every stop. It is a physical space for gathering and experiencing. The architects hope to embrace and highlight the strengths of Jeonju as a city with a rich cultural heritage in gastronomy by creating a new marketplace expansion adjacent to the existing train station. structure.

2nd prize Simplex Architecture_Park Chungwhan, Song Sanghun + STUDIO KYSH-_Huh Kyuyoung, Park Seungho **Location** Deokjin-gu, Jeonju, Jeollabuk-do **Site area** 68,877.00m² **Building area** 6,586.23m² **Gross floor area** 3,455.80m² **Building coverage** 9.56% **Floor space index** 3.27% **Building scope** B1, 2F **Height** 17.6m **Structure** RC, Wooden structure **Exterior finishing** Low-iron laminated glass, Wood, Low-E triple glass **Parking** 440

Jeonju Station

대지 분석 | 배치 계획
Site Analysis | Layout Strategy

전주시와 철도 노선
JEONJU CITY & RAILWAY

전라도의 주요 철도 노선인 북전주선은 전주시의 북쪽 지역을 통과한다. 북전주선은 전주시 외곽의 녹지 지역과 중심의 도시 지역 사이의 경계였다. 하지만 최근 전주의 도시지역이 확장함에 따라, 북전주선 너머로 도시지역이 점차 확장하고 있다.

The Bukjeonju Line, the main train line on Jeolla Province, crosses the northern part of Jeonju City. The railway line was the boundary between the green area on the outskirts of Jeonju and the central urban area. However, with the recent expansion of the urban area in Jeonju, the urban area is gradually expanding beyond the railway line.

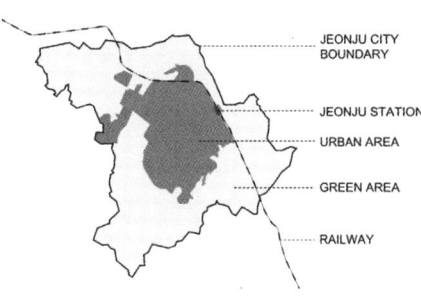

- JEONJU CITY BOUNDARY
- JEONJU STATION
- URBAN AREA
- GREEN AREA
- RAILWAY

도시적 맥락
URBAN CONTEXT

전주역 인근에는 전주역 전면 대로를 따라 위치하는 상업지역과 그 주변부의 주거지역, 녹지가 위치한다. 한 편, 전주역 후면에는 전주역세권 공공지원 민간임대 주택지구가 계획되어있어 향후 광장, 상업지역, 주거지역이 개발될 예정이다.

In the vicinity of Jeonju Station, there is a commercial area located along the front street of Jeonju Station, residential areas and green areas around it. On the back of Jeonju Station, a public housing district is planned, and the plaza, commercial area and residential area will be developed in the future.

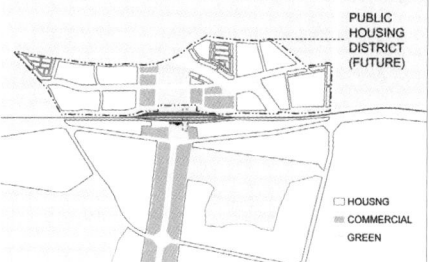

- PUBLIC HOUSING DISTRICT (FUTURE)
- HOUSING
- COMMERCIAL
- GREEN

도시조직 연결
CONNECTING THE CITY

전주역 전면 광장은 '첫마중길'이라는 보행자를 위한 녹지축과 연계된다. 또한 전주역 후면 부지는 향후 개발 예정인 공공주택지구의 광장, 공원과 맞닿아있다. 새로이 조성되는 전주역은 이 두 녹지공간을 앞뒤로 연결함으로써 도시를 연결한다.

The front plaza of Jeonju Station is linked to the green network for pedestrians called the "Cheonmajunggil." and the vacant land behind Jeonju Station is adjacent to plaza and park in the public housing district. The new Jeonju station connects the city by linking the two green areas back and forth.

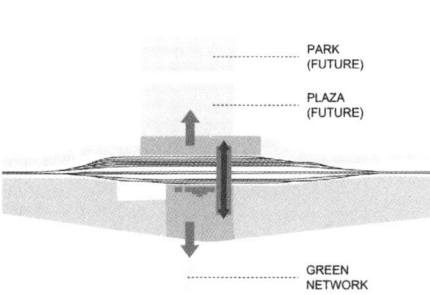

- PARK (FUTURE)
- PLAZA (FUTURE)
- GREEN NETWORK

접근 및 진출입 동선
ACCESS & CIRCULATION

신축역사는 사람과 자동차 동선을 지상과 지하로 구분하여 이용에 편의를 더했으며, 두 동선은 지상의 플랫폼으로 귀결된다. 선로에 의해 나누어진 두 영역의 접근을 더함으로써 소통과 교류도 도모하며, 나아가 구도심과 미래의 신도심의 연결고리 역할을 할 것이다.

The new station is designed to make people and cars easier to use by dividing them into ground and underground, and the two lines converge on the platform. It will also accept access from the two areas divided by existing rails and become a link between the old and the new in the future.

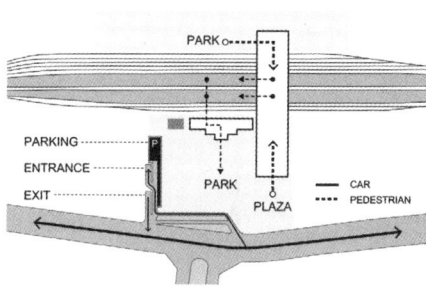

- PARK
- PARKING
- ENTRANCE
- EXIT
- PARK
- PLAZA
- CAR
- PEDESTRIAN

디자인 전략
Design Process

연계
LINKAGE

현재 역사는 산과 들이 펼쳐지는 자연환경에 위치했음에도 불구하고 하나의 유기체로서 작동하지 못하고 있다. 이에, 철도로 의해 분절되어 있던 두 공간을 연결해 사람과 자연이 중심이 되도록 하는 형태를 제안하고자 한다.

The current railroad line segregates the two region, and fails to engage with the green area near by. Therefore, we suggest linking the two regoins with a longitudinal mass that enhances people's circulation and makes relationship with the nature.

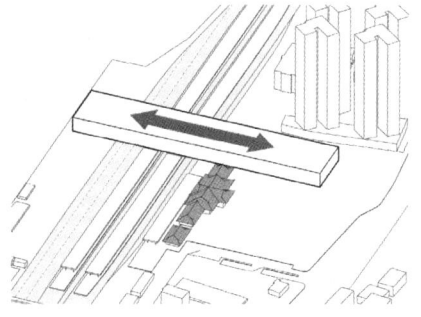

주변 환경 대응
CONTEXTUAL INTERACTION

매스 하부는 선로를 고려해 디자인하였고 출입구 부분은 돌출시켜 접근성을 용이하게 하였다. 앞의 광장은 지역주민들과 전주역 이용객들 모두에게 열려있으며, 시민 휴식을 제공한다.

The mass is lifted above the railway, and articulated with the vertical access, which enables people to move from the station to the platform. The each side of the entrance protrudes itself in order to welcome people inside.

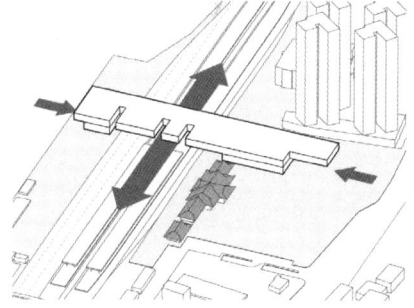

전통적 분위기
TRADITIONAL ATMOSPHERE

2층에 들어갈 상업시설들의 레이아웃은 방문객으로 하여금 전주한옥마을과 시장의 분위기를 연상케 한다. 이곳은 그들의 일상적 경험과 여행을 특별하게 만들어 줄 것이다.

The commercial facilities and the alleyway on the second floor provides people with the atmosphere of Korean traditional market place. This alleyway will be filled with people and events, and it will make people's daily experiences and trips special.

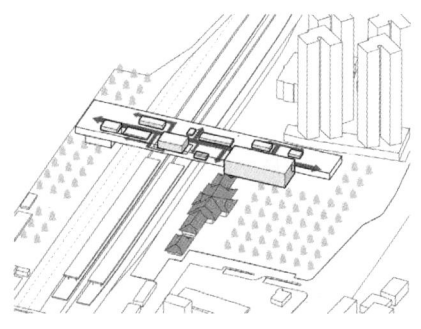

지역성
LOCALITY

지붕의 형태는 한옥 지붕들이 나열되어 있는 모습으로 무분별한 도시 개발로 인해 희미해진 지역적&역사적 특성을 띠고 강조하여, 낮은 높이의 지붕은 주변 자연환경과 기존 역사와 어우러지도록 하였다.

The undulated shape of the roof implies the scenes of the Jeonju Hanok Village, highlighting regional and historical characteristics vanishing due to the the urban development. The low-height roof blends with the existing station as well as surrounding nature.

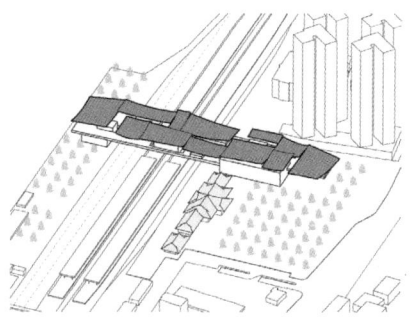

Site Plan
배치도

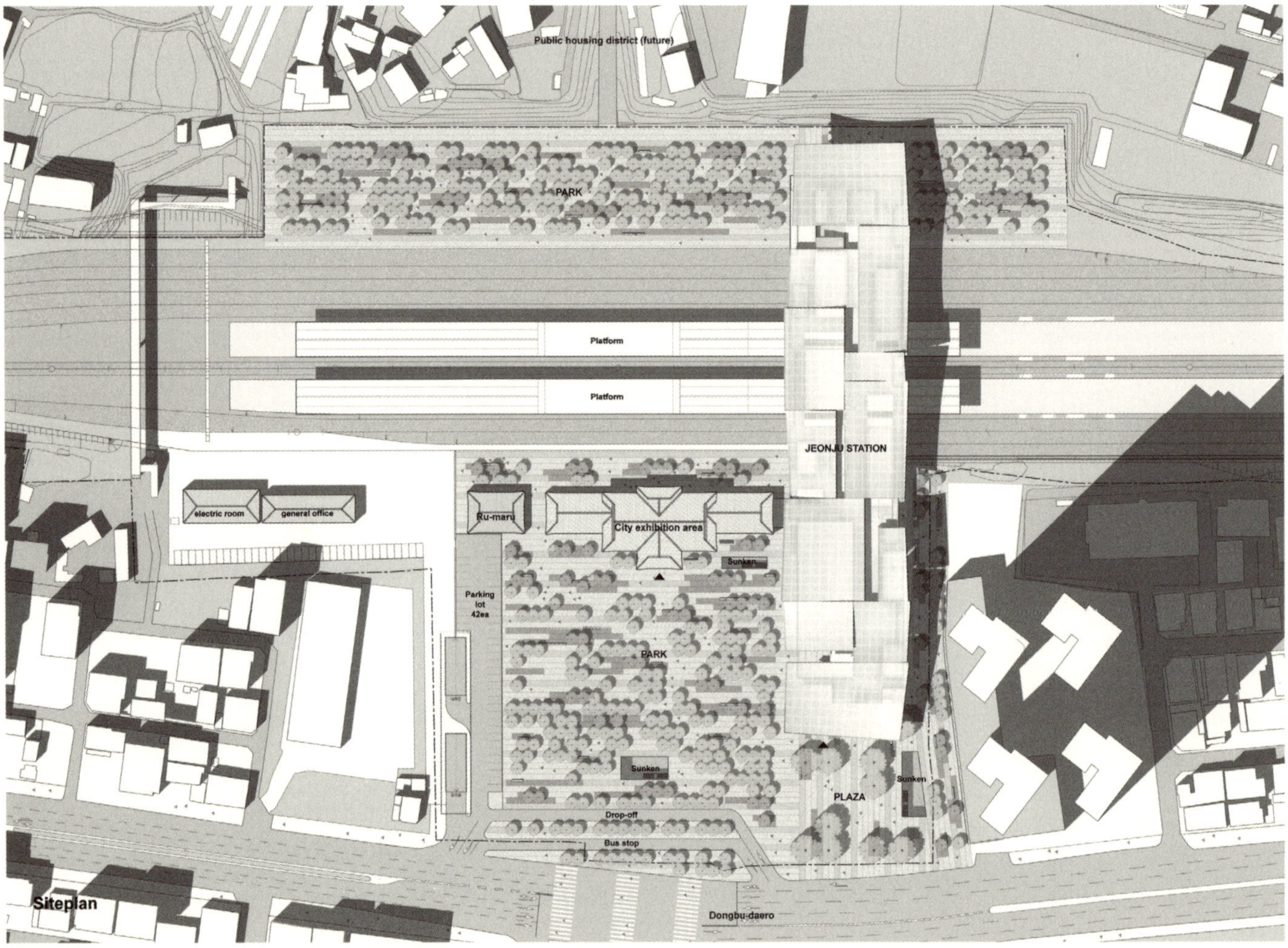

Architectural Design Diagram
건축 계획 개념

새로운 역사 건물은 전주역 앞의 중앙광장과 플랫폼 뒷면의 대지와 연결되어 도시를 이어준다. 또한, 새로운 역사와 기존 역사는 통로를 통해 편리하고 자유롭게 이동 가능하다. 신축 역사의 1층에는 중앙홀과 승객들이 이용할 수 있는 안내소, 매표실, 수유실과 같은 편의시설과 역사무실 이 구성되어있다. 구역사 1층에는 관광지원시설, 전주홍보관, 카페가 있다. 2층에는 대기실, 편의시설, 휴게공간, 녹지시설 등 다양한 프로그램들이 포함된 실들이 배치되어있다. 승객들은 자유롭게 기차를 기다리거나 편의시설들을 둘러볼 수 있다.

The new station building connects central square in front of the station and vacant land at the back of the platform forming a connection of the city. Also, there is a passage between new station and existing station so that passengers can use both station. First floor of the new station is comprised of mostly passenger area such as concourse and offices. The old station will be used as tour support zone and city exhibition area, leading to promotion of Jeonju City. Second floor of the new building contains various programs including waiting room, amenities, TMO, and some green area. Passengers can wait for the train or enjoy amenities.

동선계획 CIRCULATION

프로그램 PROGRAM

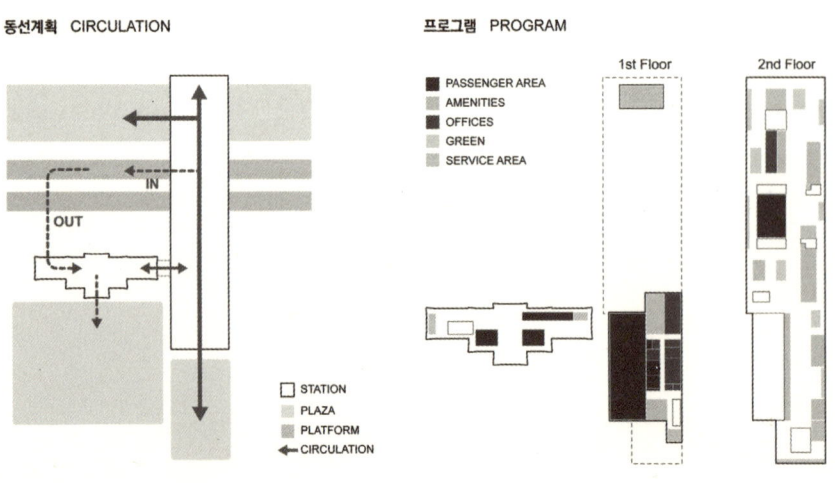

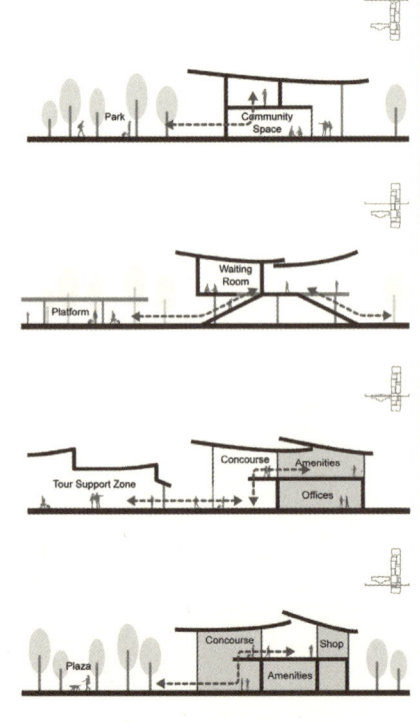

Jeonju Station

Floor Plan
평면도

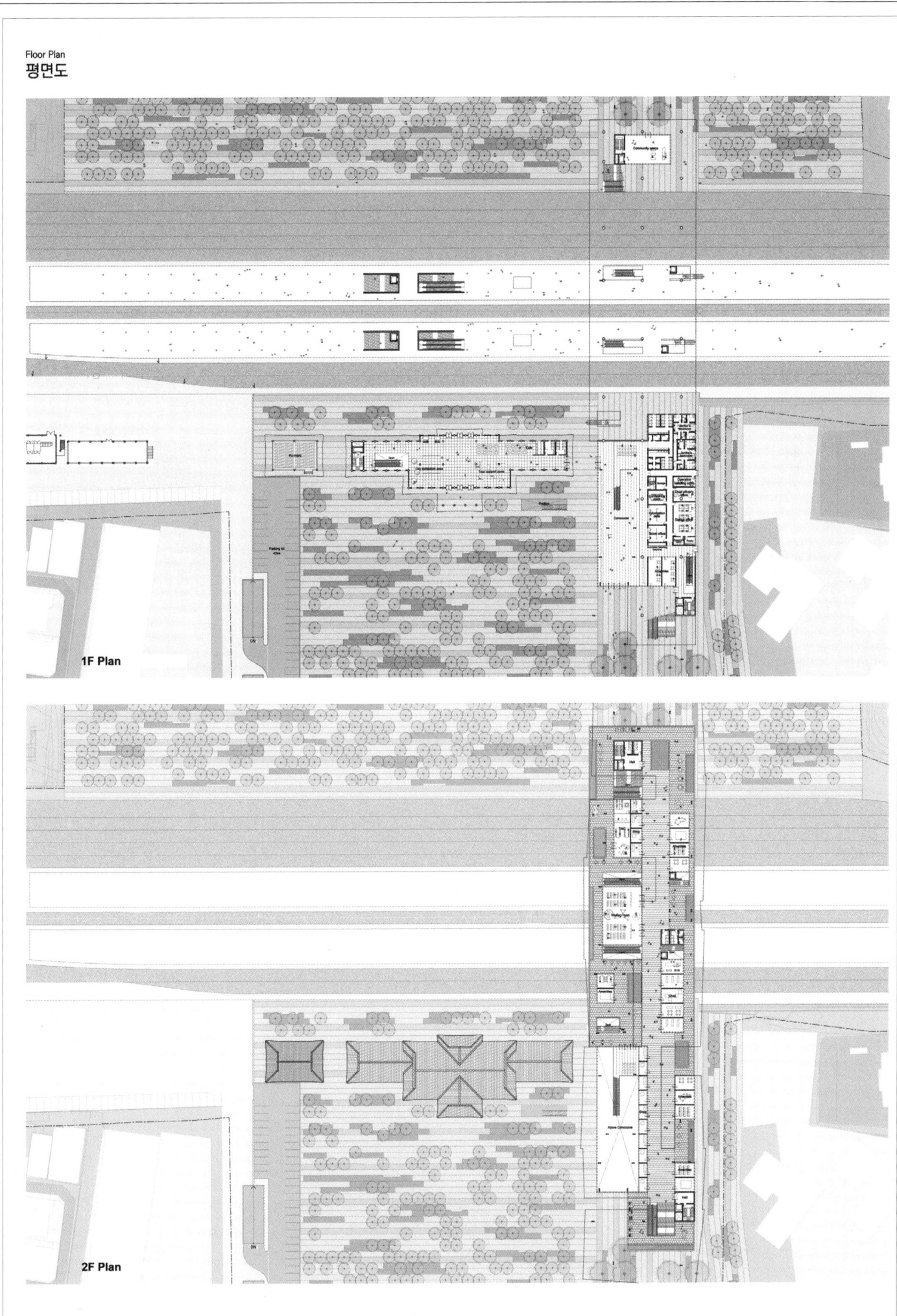

1F Plan

2F Plan

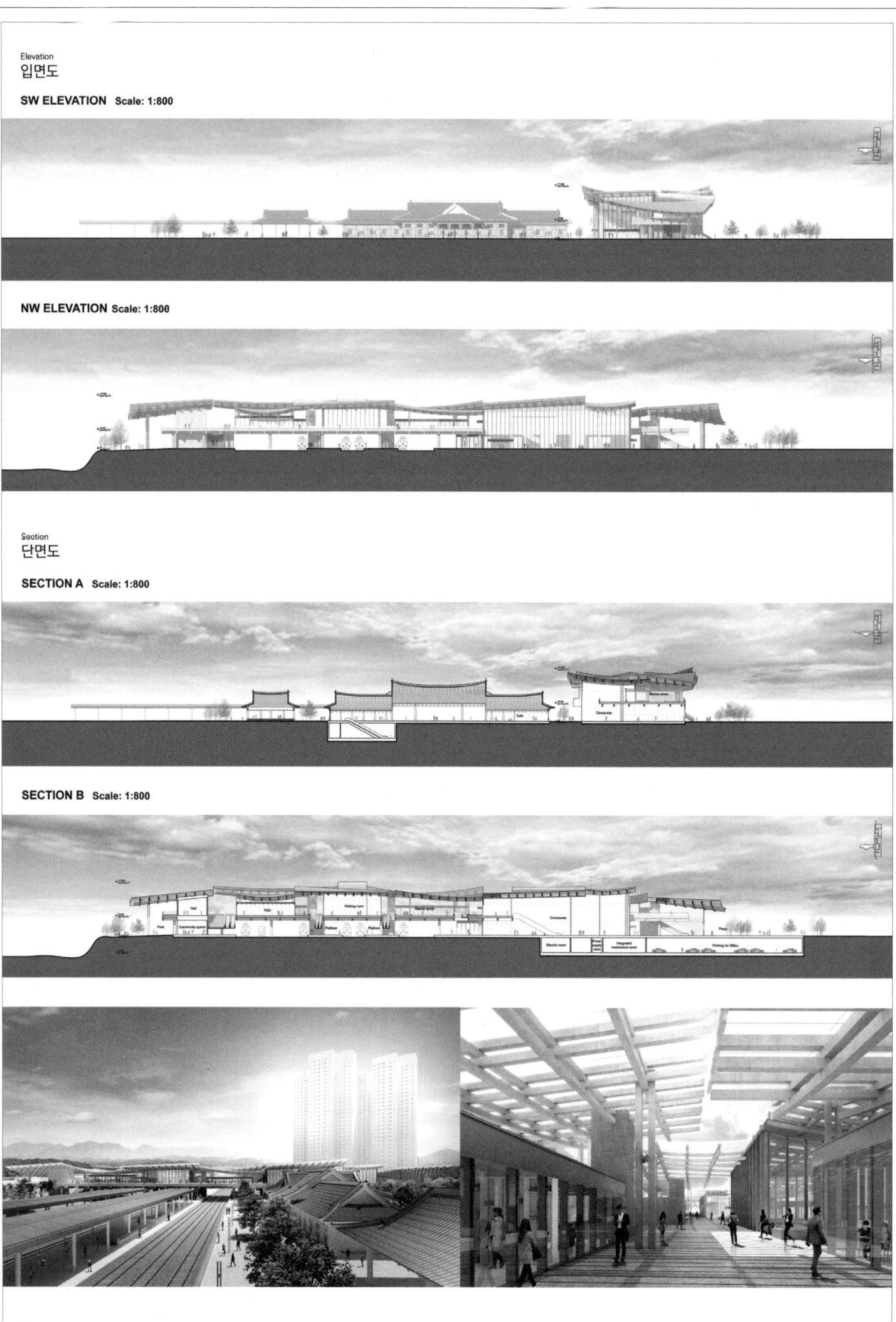

Jeonju Station

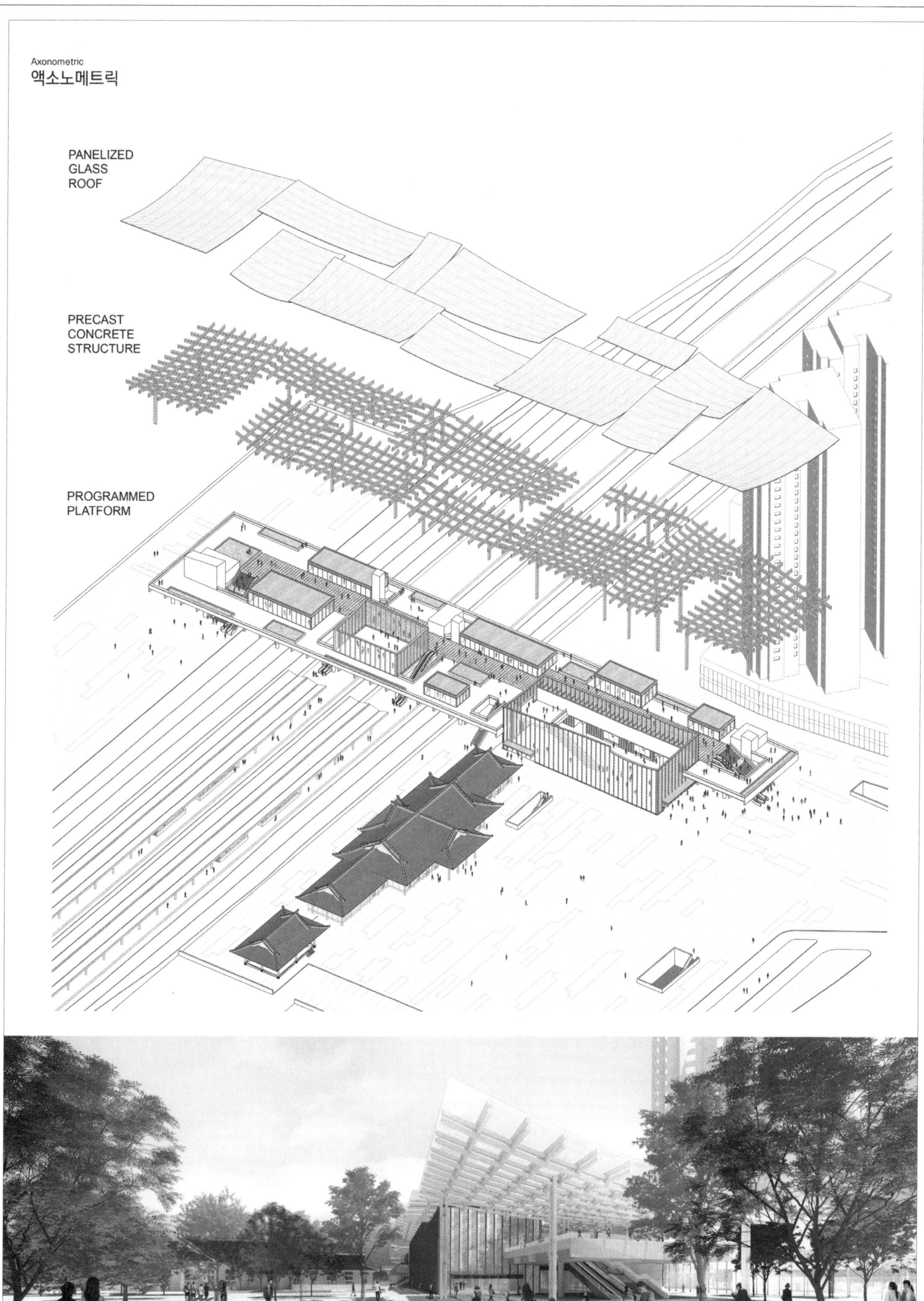

Axonometric
액소노메트릭

PANELIZED GLASS ROOF

PRECAST CONCRETE STRUCTURE

PROGRAMMED PLATFORM

동상시장 주차환경개선사업

당선작 (주)한미건축종합건축사사무소 이봉두 + 이병욱 동의과학대학교 설계팀 박진호, 박범준, 김경진, 전명진

대지위치 경상남도 김해시 동상동 922-1번지 일원 **대지면적** 2,348.00㎡ **건축면적** 1,677.56㎡ **연면적** 8,540.77㎡ **건폐율** 71.45% **용적률** 118.81% **규모** 지하1층, 지상7층 **최고높이** 26.8m **구조** 철근콘크리트조, 철골조 **외부마감** 로이복층유리, 프릿글라스 **주차** 189대(장애인주차 8대 포함)

설계팀은 본 프로젝트의 이슈를 크게 세 가지로 진행 하였다

1. 복잡한 비정형 부지에서 단순하면서 정형화된 형태를 도출하여 주차장과 다어울림 센터(문화시설)의 기능을 극대화

비정형 부지에서 정형화된 두 개의 큰 PLAT을 도출하여 주차장으로 계획하고, 앞선 정형화된 두 개의 PLAT에서 교집합이 되는 영역에 새로운 PLAT을 재도출하여 다어울림 센터로서 계획 진행하였다.

2. 기존 원도심에 새로운 활력을 주는 새로운 상징성 부여

대지는 대지의 전체 길이 중 15%만 도로에 면하는 폐쇄적인 구조이다. 그래서 외부에 상징적이면서 동시에 외부로 개방되는 다어울림센터를 주변 건물 (4~5층 규모) 위로 부유하게 띄워 형태를 완전히 드러내도록 계획하였다.

3. 이주민(다문화 가정, 외국인 등)에 대한 배려와 원주민과의 교류공간 제공

동상시장은 원도심의 풍경을 담고 있지만 많은 이주민과 외국인들이 주말에 모이고 있다. 설계팀은 그러한 시장의 풍경을 고스란히 담을 수 있는 외부공간 (어울림 공간)과 개방된 북 카페 등을 계획하여 원도심과 이주민의 다양한 문화적 체험과 교류가 가능하도록 계획하였다.

The design team categorized the issues of this project largely into three parts and started the design process.

1. For the project site with an intricate atypical shape, a simple and standardized form is developed to enhance the function of parking garage and Dawoolim Center (cultural facility)

Two large standardized PLATs are modelled after the site with an atypical shape and turned into a parking garage. Then another PLAT is introduced in the overlapping area of these two PLATs and designed as Dawoolim Center.

2. Adding a new symbolism that gives new life to the old downtown

The site has an enclosed shape that only 15% of the boundary line shares its border with the road. With this in mind, iconic and exposed Dawoolim Center is lifted above the height of neighboring buildings (4 to 5 stories tall) so that its volume can be seen clearly.

3. Proposing a design that takes immigrants (multi-cultural families or foreigners) into account and provides a place for communication with local people

Dongsang Market shares the scenery of the old downtown, but many immigrants and foreigners visit the place and create another scenery during the weekends. The design team has designed an outdoor space (a social place for socialization) and an open book café to embrace such a scenery of the market, and they enable various cultural interactions and exchanges between the old downtown community and immigrants.

Prize winner HANMI Architects Design Group_Lee Bongdoo + Lee Byung wook_Dong-eui Institute of Technology **Location** Gimhae-si, Gyeong-sangnam-do **Site area** 2,348.00m² **Building area** 1,677.56m² **Gross floor area** 8,540.77m² **Building coverage** 71.45% **Floor space index** 118.81% **Building scope** B1, 7F **Height** 26.8m **Structure** RC, SC **Exterior finishing** Low-E paired glass, Fritglass **Parking** 189 (including 8 for the disabled)

Dongsang Market Parking Environment Improvement Project

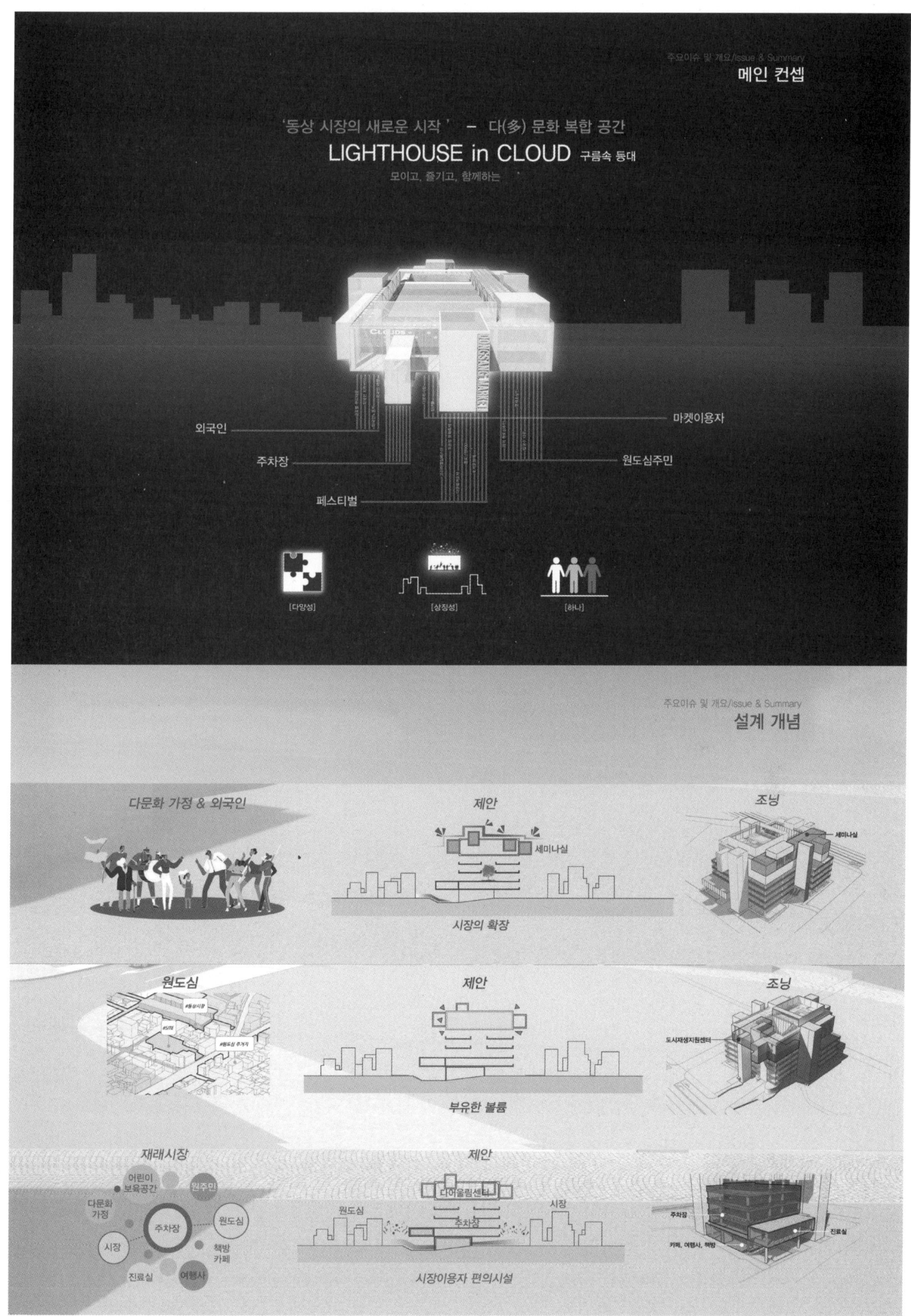

동상시장 주차환경개선사업

비정형 대지의 간결하고 정형화된 배치계획

건축계획/Architecture
배 치 도

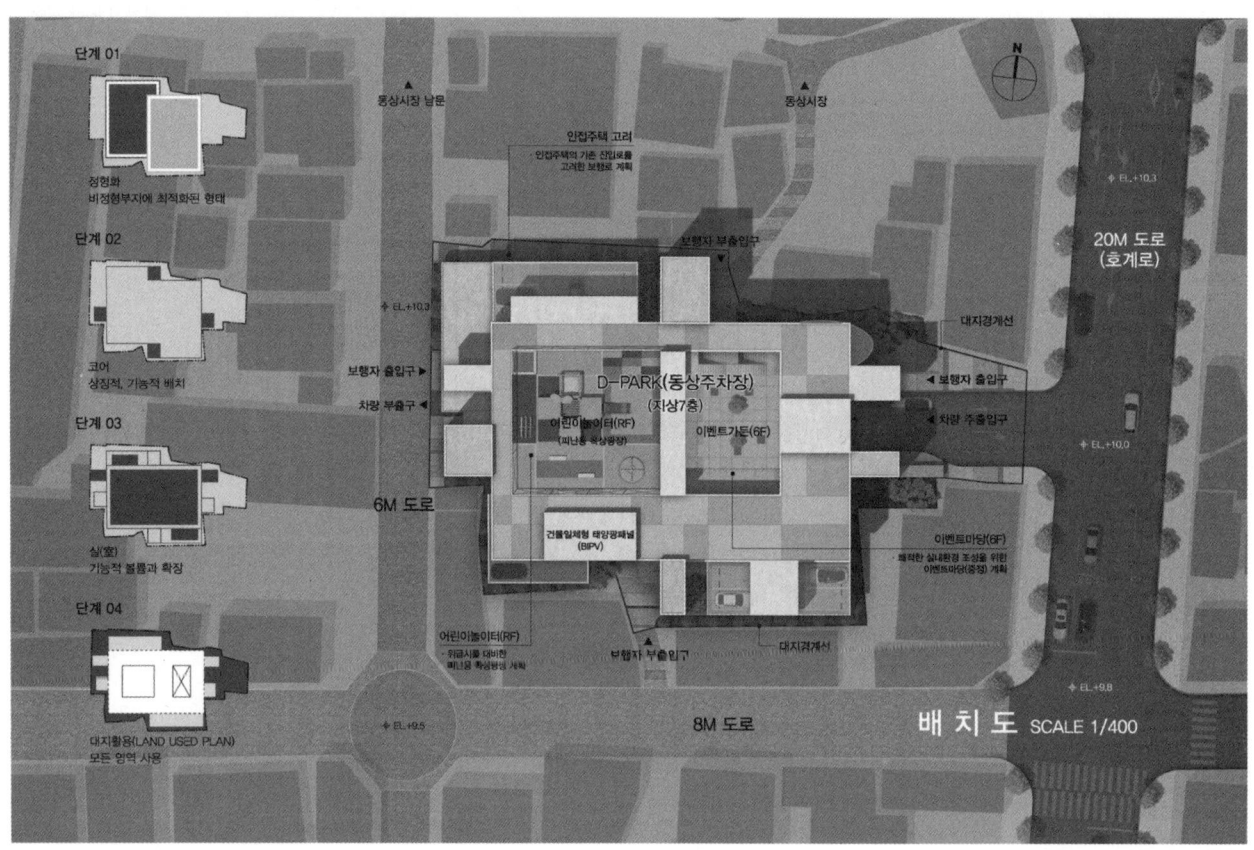

차량 보행진입 동선계획

건축계획/Architecture
동선계획도

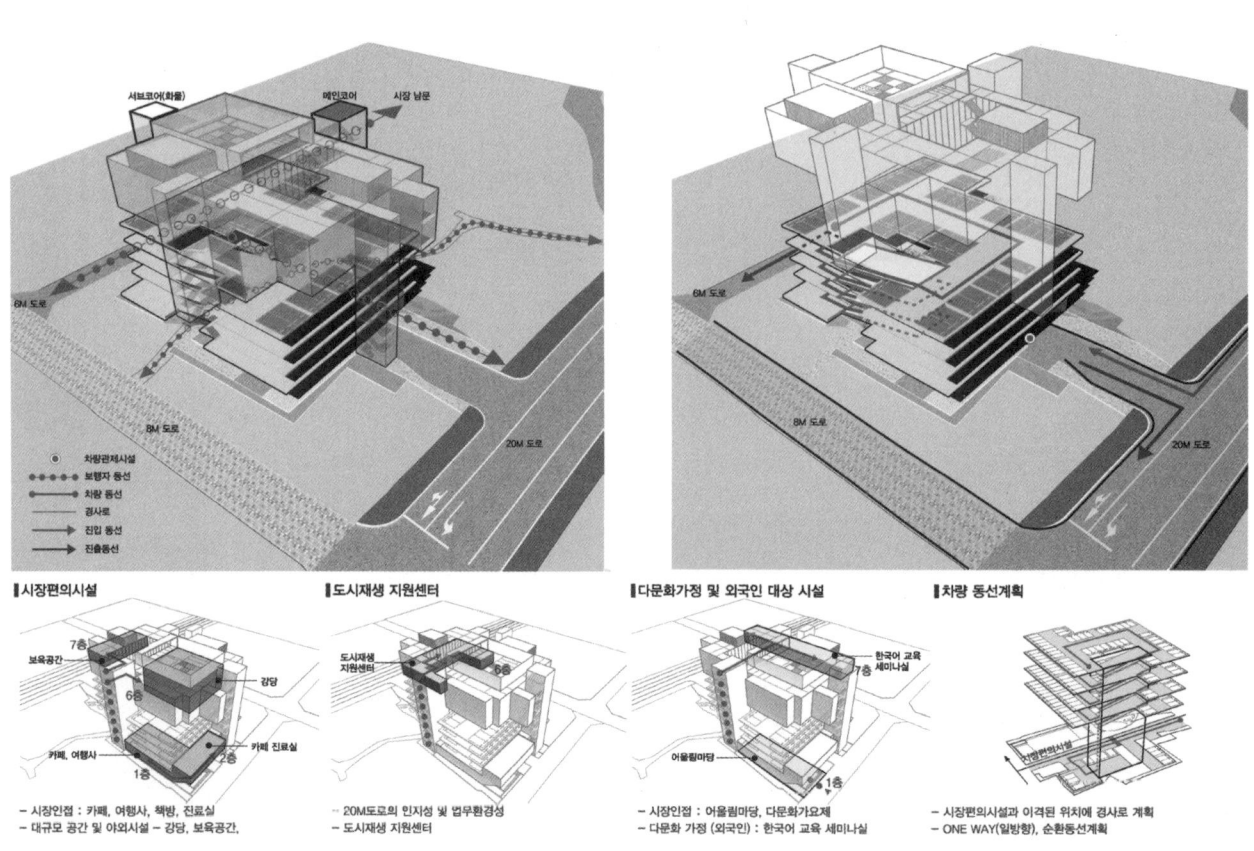

Dongsang Market Parking Environment Improvement Project

재래시장의 소소한 행복과 거리의 풍경을 담은 어울림공간 계획

건축계획/Architecture
평 면 도

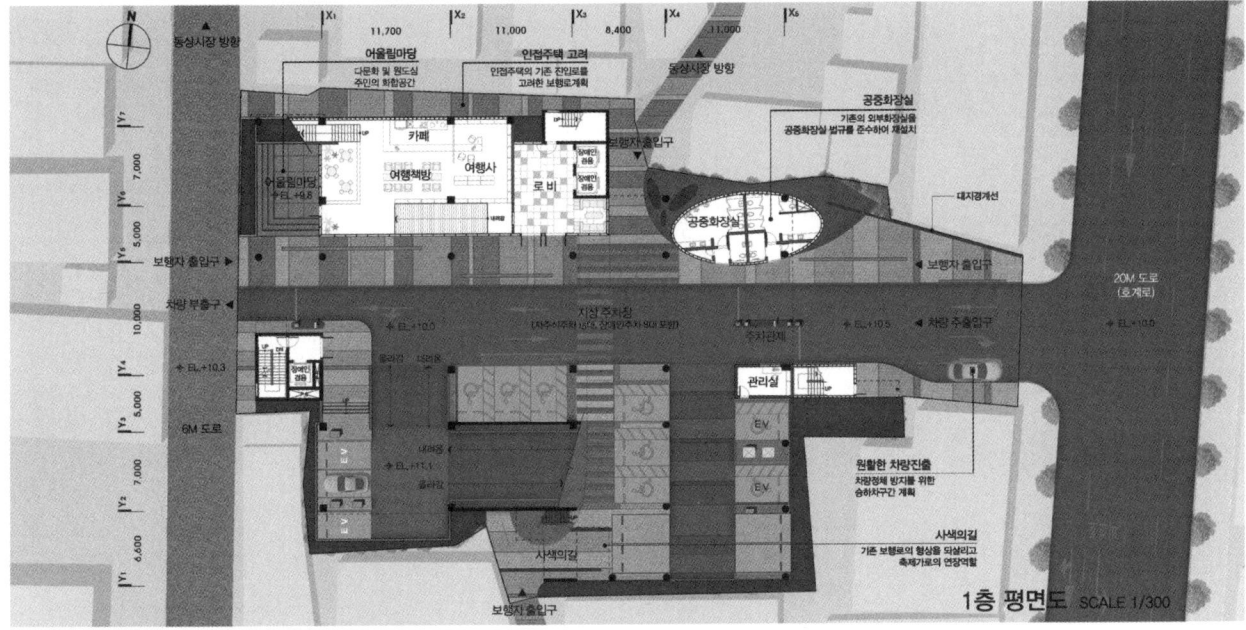

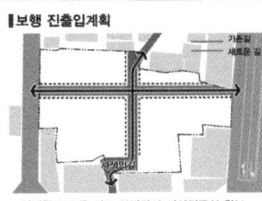
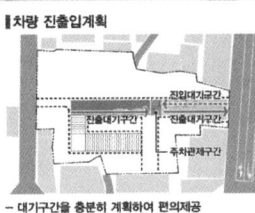
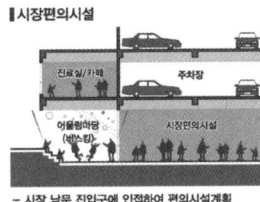

분주한 일상의 거리 속 나눔(진료실) 및 쉼터(카페) 공간계획

건축계획/Architecture
평 면 도

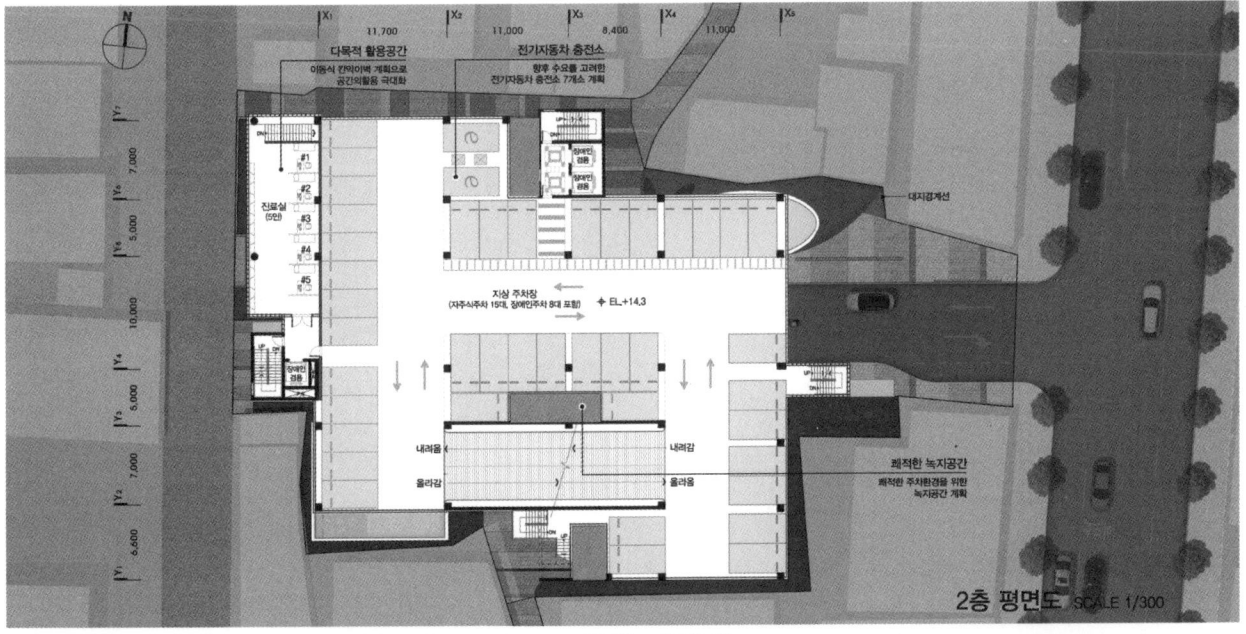

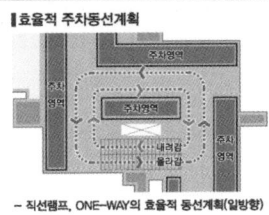
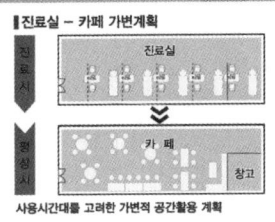

동상시장 주차환경개선사업

1개층 주차공간을 최대로 확보한 경제적 공간계획

건축계획/Architecture
평 면 도

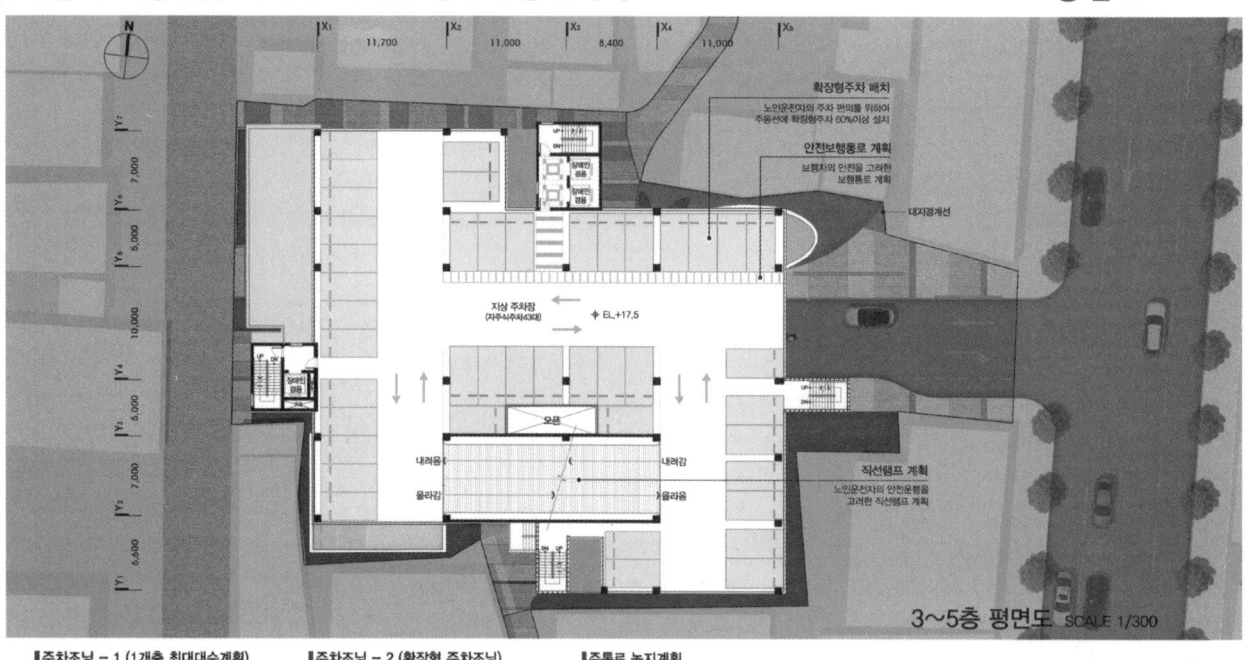

3~5층 평면도 SCALE 1/300

■ 주차조닝 - 1 (1개층 최대대수계획)
- 1~5층 계획으로 주차면적, 동선 최소화(공사비절감)

■ 주차조닝 - 2 (확장형 주차조닝)
- 주통로에 확장형 계획으로 원활한 통행

■ 주통로 녹지계획
- 오프닝 녹지 계획하여 시각적 쾌적함 제공

다양한 방향의 공간 확장 / 비움 (이벤트가든) 계획

건축계획/Architecture
평 면 도

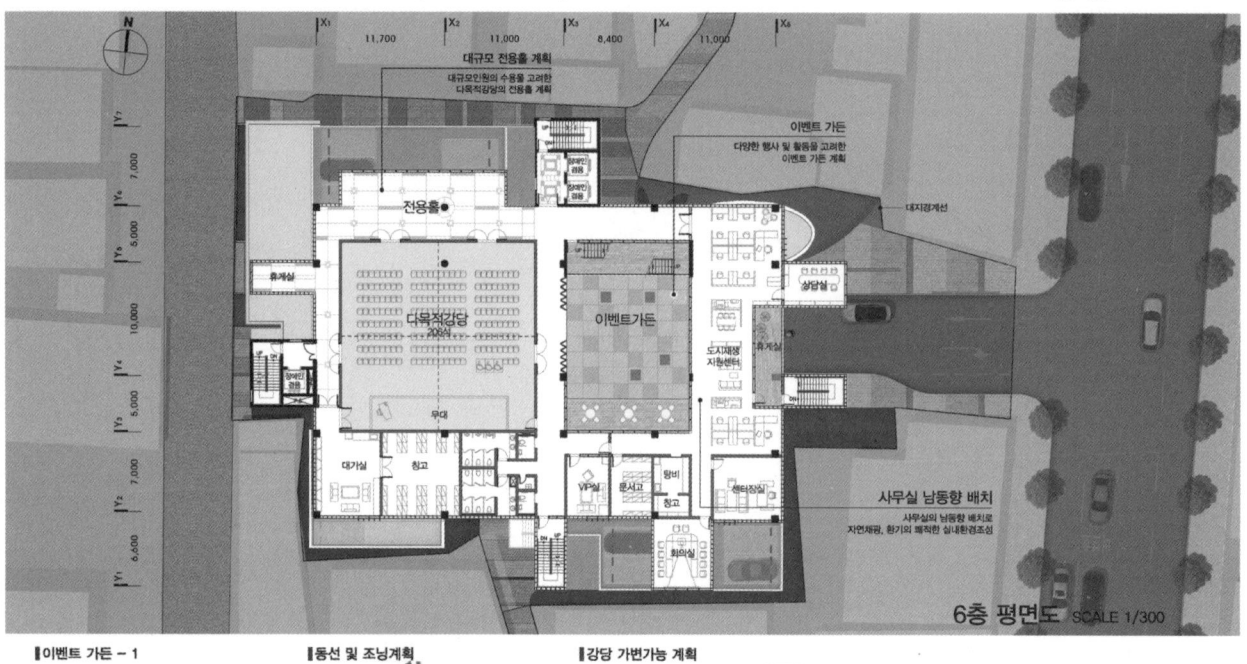

6층 평면도 SCALE 1/300

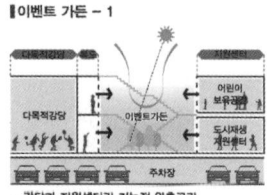
■ 이벤트 가든 - 1
- 강당과 지원센터간 기능적 완충공간

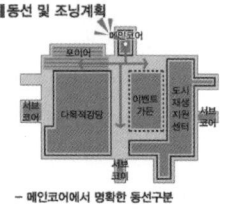
■ 동선 및 조닝계획
- 메인코어에서 명확한 동선구분

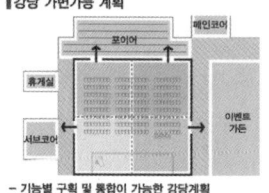
■ 강당 가변가능 계획
- 기능별 구획 및 통합이 가능한 강당계획

Dongsang Market Parking Environment Improvement Project

이벤트가든을 중심으로한 보육 및 놀이공간 확장계획

건축계획/Architecture
평 면 도

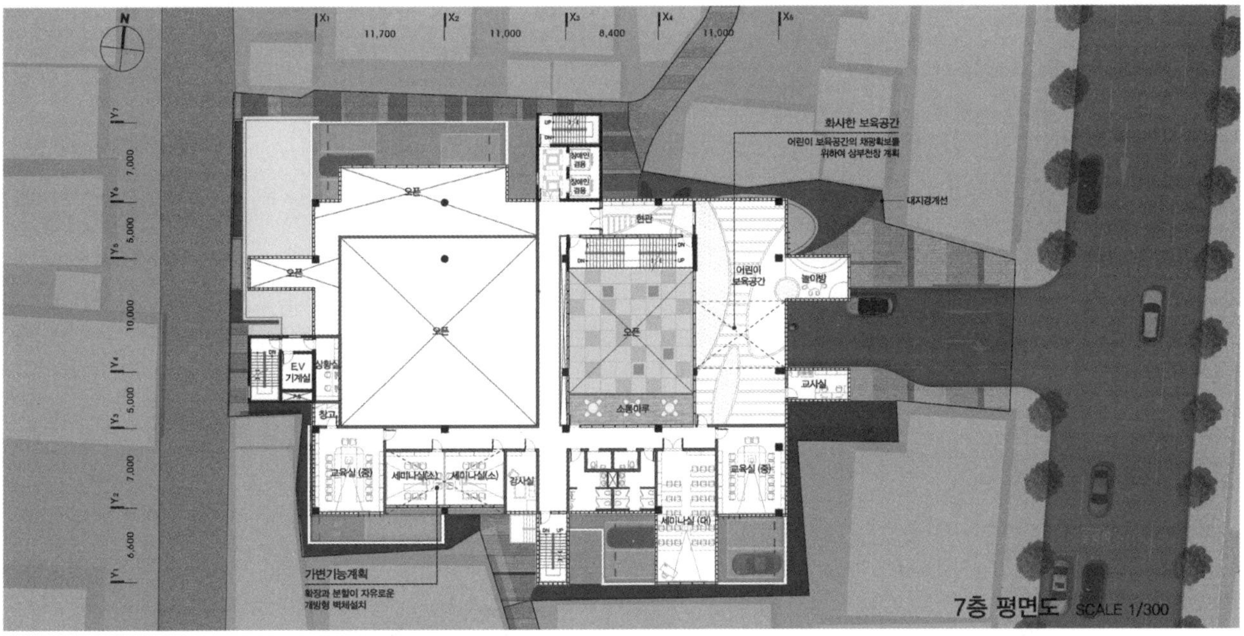

7층 평면도 SCALE 1/300

| 조닝 | 세미나실 가변기능계획 | 이벤트 가든 - 2 |

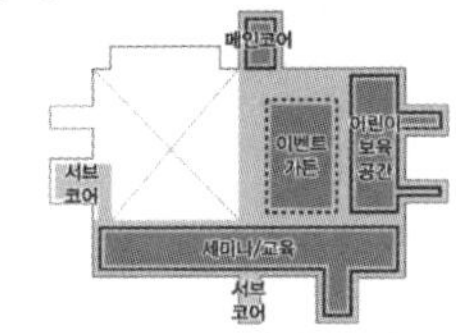

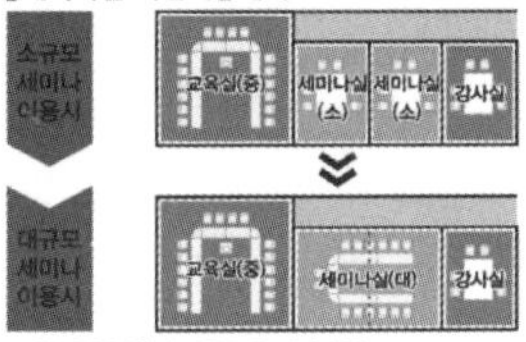

- 이벤트가든 - 보육공간 / 남측 - 세미나실
- 확장과 분할이 자유로운 세미나실
- 기능적 연계를 위한 전이공간 계획

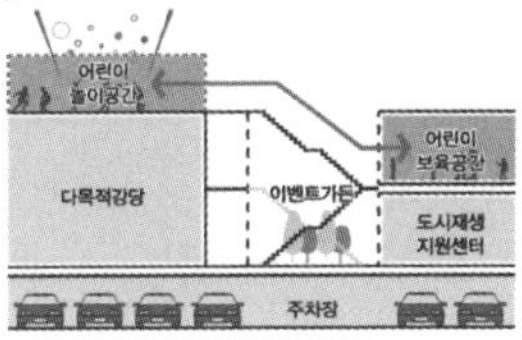

안전하면서 활동적인 Play Ground (놀이공간) 계획

건축계획/Architecture
평 면 도

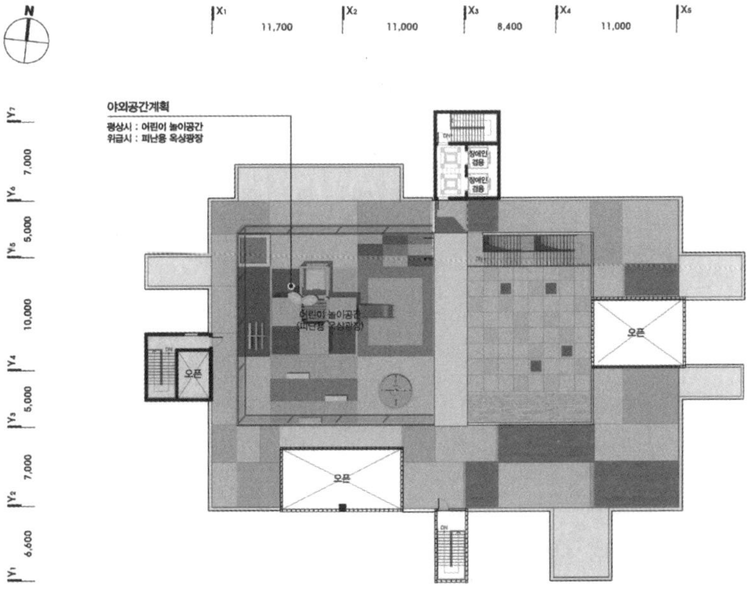

옥상층 평면도 SCALE 1/300

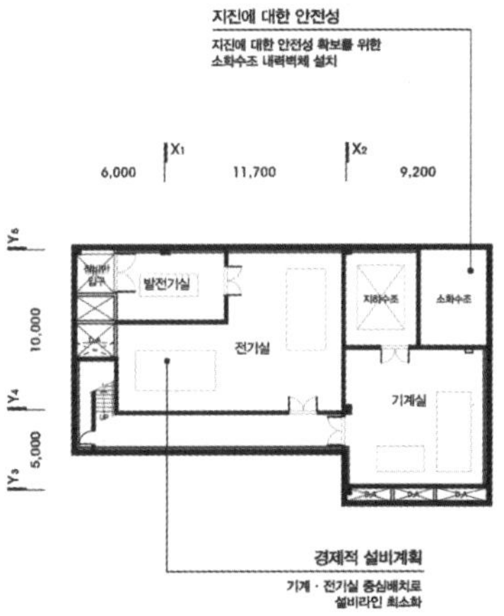

지하층 평면도 SCALE 1/300

지진에 대한 안전성
지진에 대한 안전성 확보를 위한 소화수조 내력벽체 설치

경제적 설비계획
기계·전기실 중심배치로 설비라인 최소화

| 지하층 계획 | 조망공간계획 | 놀이공간계획 |

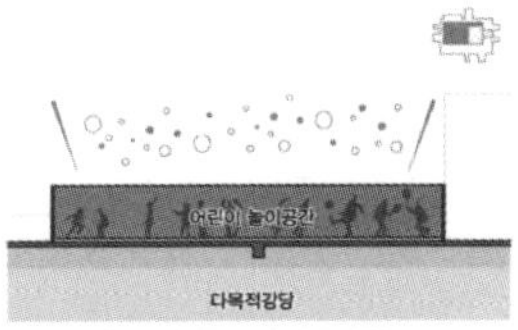

- 인접 노후주택지를 고려한 터파기계획
- 정적인 휴게 및 조망공간계획
- 자유롭고 활동적인 울타리 놀이공간계획

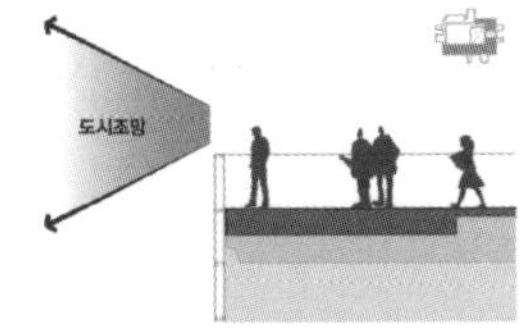

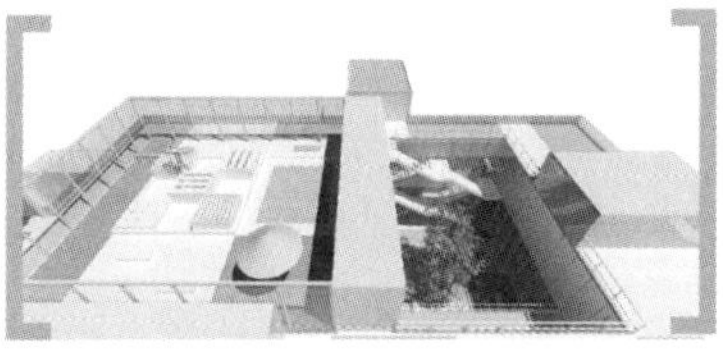

동상시장 주차환경개선사업

주변환경과 대지 특성을 고려한 디자인 개념 도출

건축계획/Architecture
입면도-1

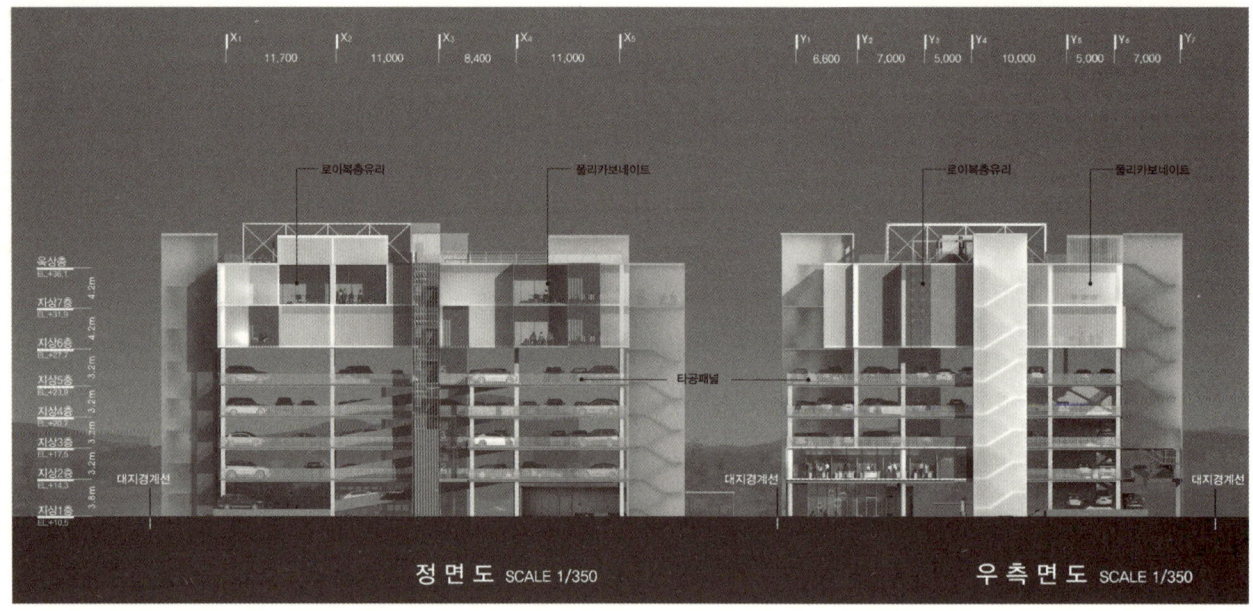

기능에 부합하는 입면 재료 선정

건축계획/Architecture
입면도-2

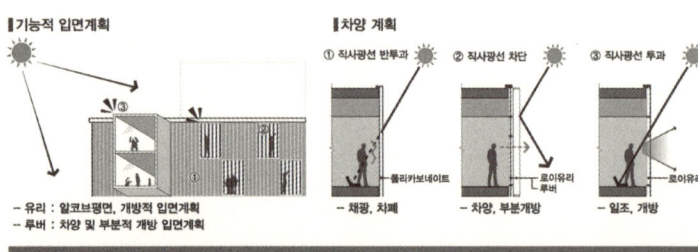

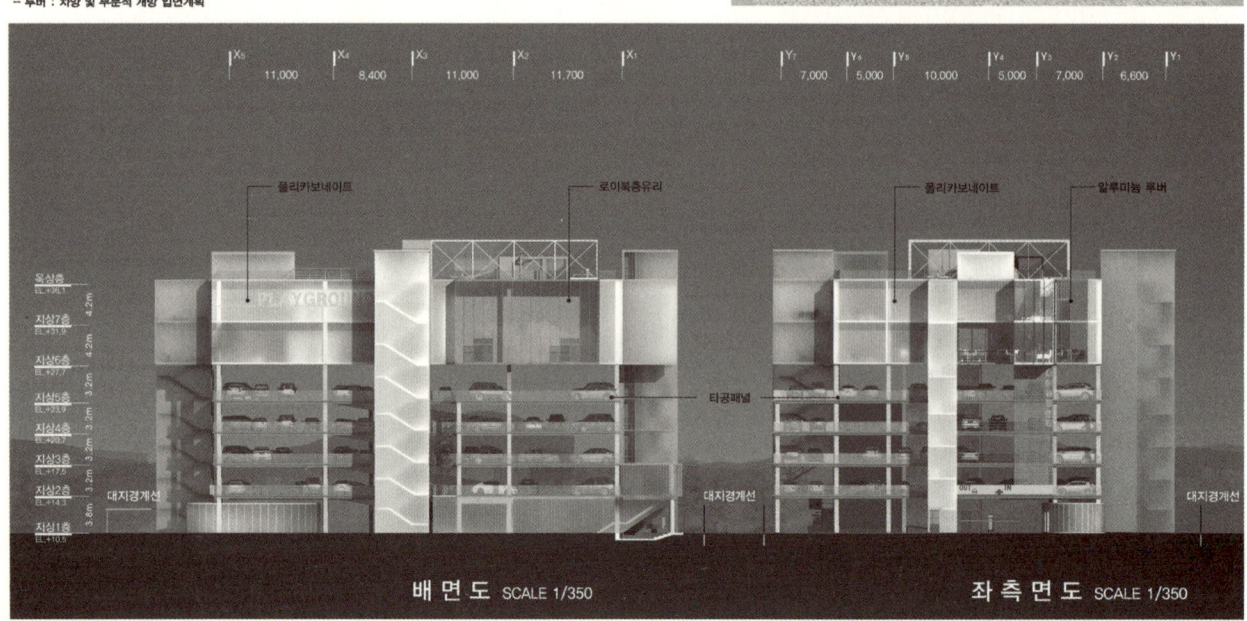

Dongsang Market Parking Environment Improvement Project

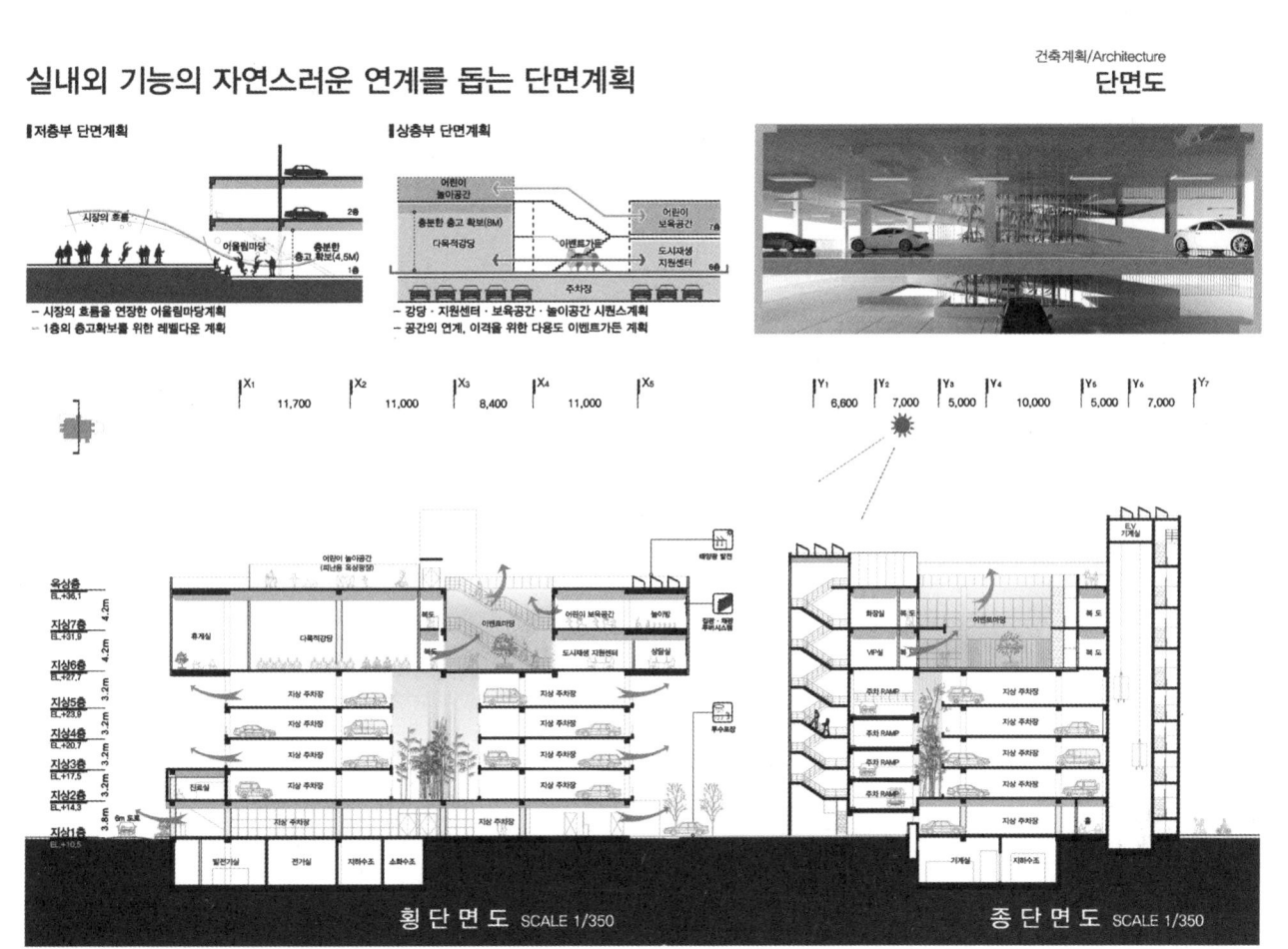
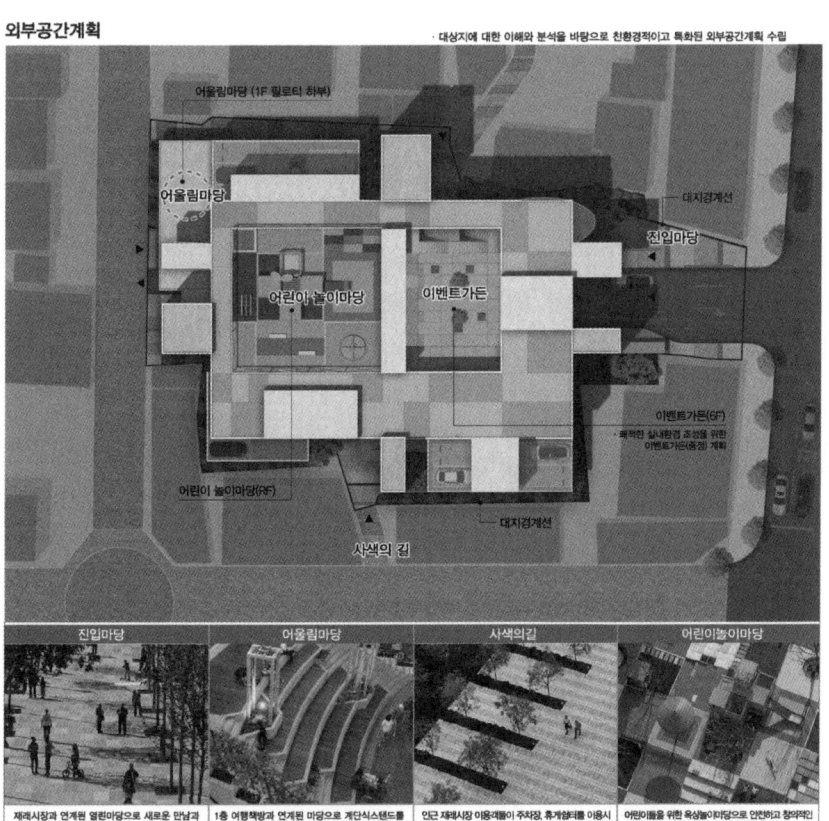
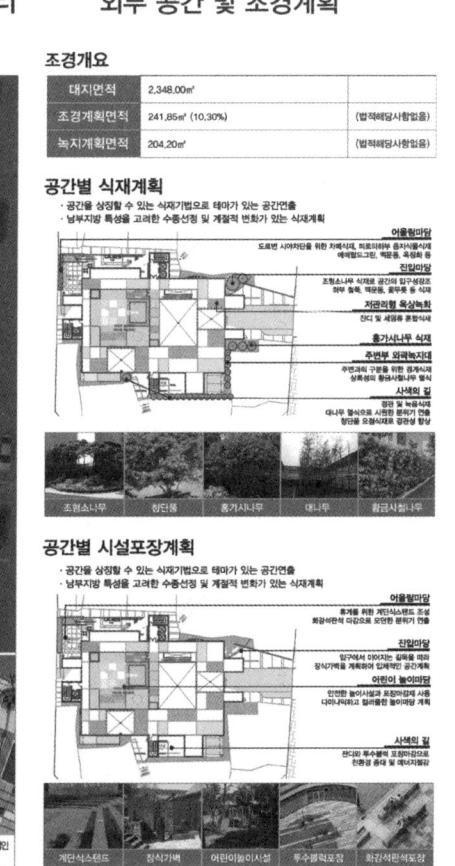

세종포천고속도로 처인(통합)휴게소

당선작 (주)해마종합건축사사무소 전권식 설계팀 서필선, 신동하, 남재혁, 김상윤, 조혜주, 권예솔아, 김서아, 배상민

대지위치 경기도 용인시 처인구 모현읍 매산리 284-3일원 **대지면적** 134,987㎡ **건축면적** 6,392.30㎡ **연면적** 7,254.46㎡ **건폐율** 4.73% **용적률** 4.96% **규모** 지하 1층, 지상 2층 **구조** 철근콘크리트조, 철골조 **마감** 금속패널, 로이복층유리 **주차** 600대(장애인 주차 20대, 대형 67대 포함)

처인휴게소는 세종-포천고속도로의 첫 번째 상공형 통합휴게소로 단 하나의 '원'을 통해 미래 스마트형 휴게소의 중심이 되는 'THE ONE'을 제안한다. 통합형 휴게소의 장점을 살려 만남을 두 개의 링으로 형상화하고 한국도로공사의 심볼인 EX를 상징하는 차별화된 디자인으로 세종-포천고속도로의 강렬한 랜드마크를 제안하고, 부지를 통합하고 두 공간이 유기적으로 연결 되어 하나가 되는 입체적 융합공간을 구현하며, 차별된 뷰를 공유하는 휴게소를 제안한다.

배치계획

양방향 모두 진입광장을 전면배치하여 접근의 편의성을 높이고 넓은 대지를 효율적으로 점유하는 순환형 배치를 통해 내부 중심공간과 외부 진입광장을 유기적으로 연계하였다. 또한, 원형의 상공형 휴게공간으로 이용자에게 색다른 경험을 제공하고 고속도로 위 상징성을 확보하였다.

평면계획

1층은 양방향 모두 화장실을 전면에 계획하여 기능성과 편의성을 확보하였고, 휴게소와 근무지원시설 및 하역공간을 명확히 분리 조닝하여 시설간 간섭이 없도록 계획하였다. 2층은 처인휴게소만의 차별화된 공간 '원 플랫폼' 계획을 통해 이용자들의 편의성을 높이고 IT인프라 미팅공간과 업무 서포트가 가능한 스마트 스테이션, 조망을 확보한 파노라마 라운지, 다양한 먹거리 문화공간인 셀렉다이닝의 세 가지 특화공간을 경험하도록 계획하였다.

Cheoin Rest Area is the first integrated aerial rest area that is planned to be built on the Sejong Pocheon Expressway. The proposal uses a single 'circle' under the concept of 'THE ONE' to set a milestone for futuristic smart rest areas. The proposed design uses two rings that embody social intercourse to strengthen the merits of an integrated rest area, and it incorporates a distinctive design element that symbolizes 'EX', the symbol of the Korea Expressway Corporation, to make the facility into an impressive landmark for the Sejong Pocheon Expressway. Also, it introduces a three-dimensionally combined space in which separated sections are integrated and two places are organically connected into one. And lastly, it offers stunning views throughout the complex.

Site plan

The entrance plazas in both directions are positioned in front to provide convenient access. A loop type arrangement plan that efficiently occupies the vast site area is applied to establish organic connection between the main space inside and the entrance plazas outside. The aerial structure with a circular shape is used to provide a unique experience for users and to make the complex appear as a symbolic icon floating above the expressway.

Floor plan

As for the 1st floor, toilets are positioned forward in both directions to enhance functionality and user convenience. The rest area, service support area and loading area are assigned to clearly separated zones to prevent interference between different facilities. As for the 2nd floor, the concept of 'One platform' that aims to create a distinguishing space for this new rest area is implemented to increase user convenience. And three specialized spaces are designed, such as Smart Station providing meeting rooms equipped with IT infrastructure and business support, Panorama Lounge with great views and Select Dining, a culture space offering a variety of food options.

Prize winner Haema Architects_Jeon Gwonsik **Location** Yongin-si, Gyeonggi-do **Site area** 134,987m² **Building area** 6,392.30m² **Gross floor area** 7,254.46m² **Building coverage** 4.73% **Floor space index** 4.96% **Building scope** B1, 2F **Structure** RC, SC **Exterior finishing** Metal panel, Low-E paired glass **Parking** 600 (including 20 for the disabled, 67 for big size)

SPECIALIZED PLAN

사람과 자연, 스마트가 어우러지는 상공형 융합공간, 원 플랫폼

수도권 연결 흐름의 중심에 위치하는 지리적 특성을 활용한 특화프로그램 '스마트 스테이션'과 주변 자연경관을 조망하며 힐링하는 '파노라마라운지', 이용자의 다양한 니즈를 기반으로 계획한 식음공간 '셀렉다이닝'이 어우러지며 다양한 요소가 융합하는 원 플랫폼을 제안한다. 원 플랫폼은 순환형 공간구조를 통해 각 공간이 유기적으로 연계되고, 사람과 자연, 도시를 연결해주는 네트워크의 중심이자 스마트플랫폼 역할을 수행한다.

DESIGN CONCEPT : 연결의 중심이 되다

특화프로그램 1 | 스마트스테이션
SMART STATION

수도권간 이동량이 많은 직장인들을 위해 IT인프라가 구비된 업무환경과 상/하행선 이용객이 만나 미팅 또는 업무 서포트가 가능한 큐브공간을 규칙적으로 엮어 사람과 도시를 이어주는 스마트연결망 구축

특화프로그램 2 | 파노라마 라운지
PANORAMA LOUNGE

능원천을 향한 조망확보를 위해 열린 파노라마 뷰를 계획하여 개방감있는 공간을 조성하고, 지역홍보 및 미디어 전시와 연계하여 체험과 휴식이 함께하는 전망특화공간 계획

특화프로그램 3 | 셀렉다이닝
SELECT DINING

이용객들의 다양한 니즈에 발맞춰 편리성 및 다양성을 고려한 특화매장과 창업매장, 지역농산물 홍보 및 판매가 가능한 팝업스토어 등 시설별 조닝을 유기적으로 연계하여 문화와 어우러지는 식음공간 조성

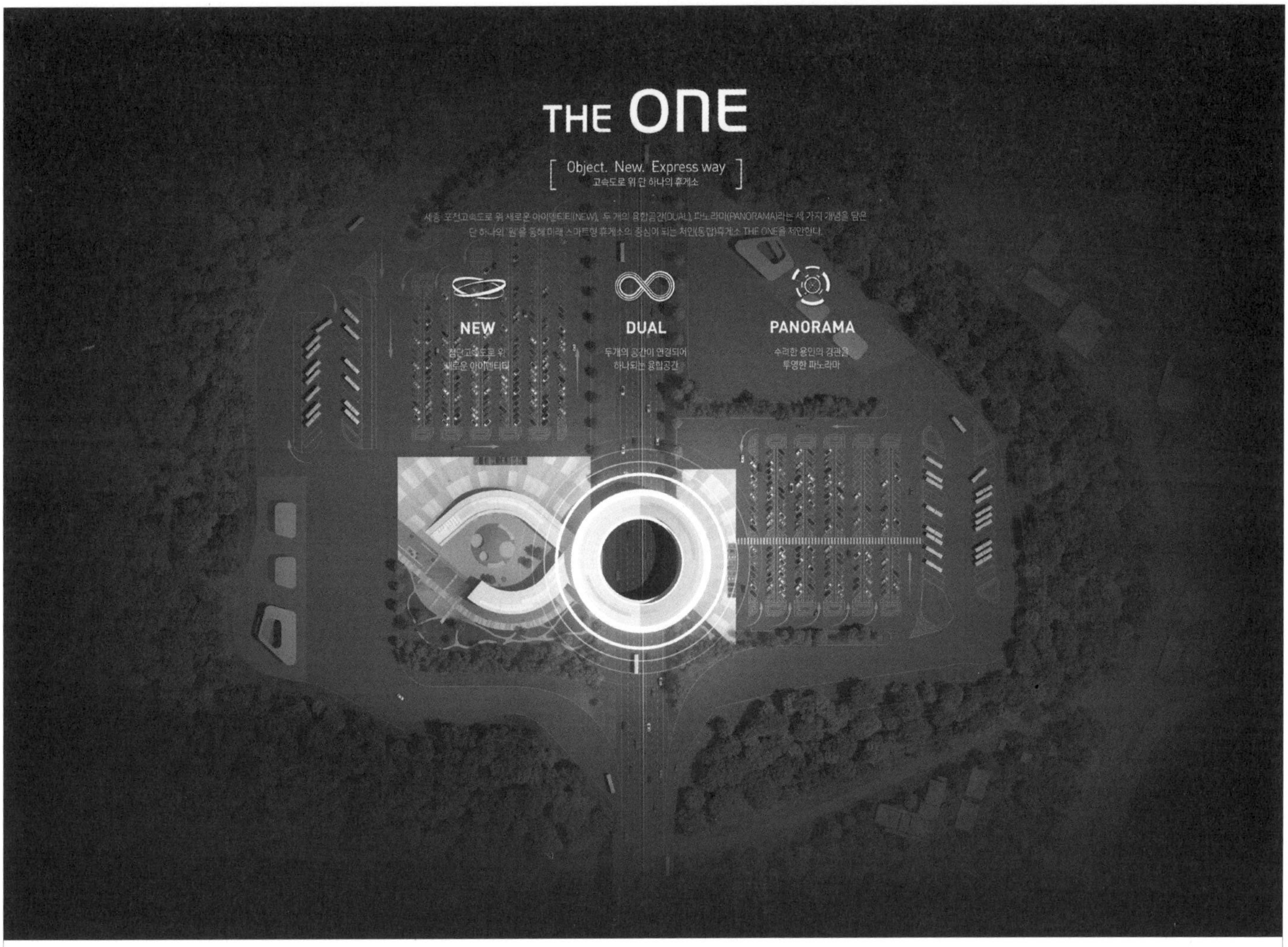

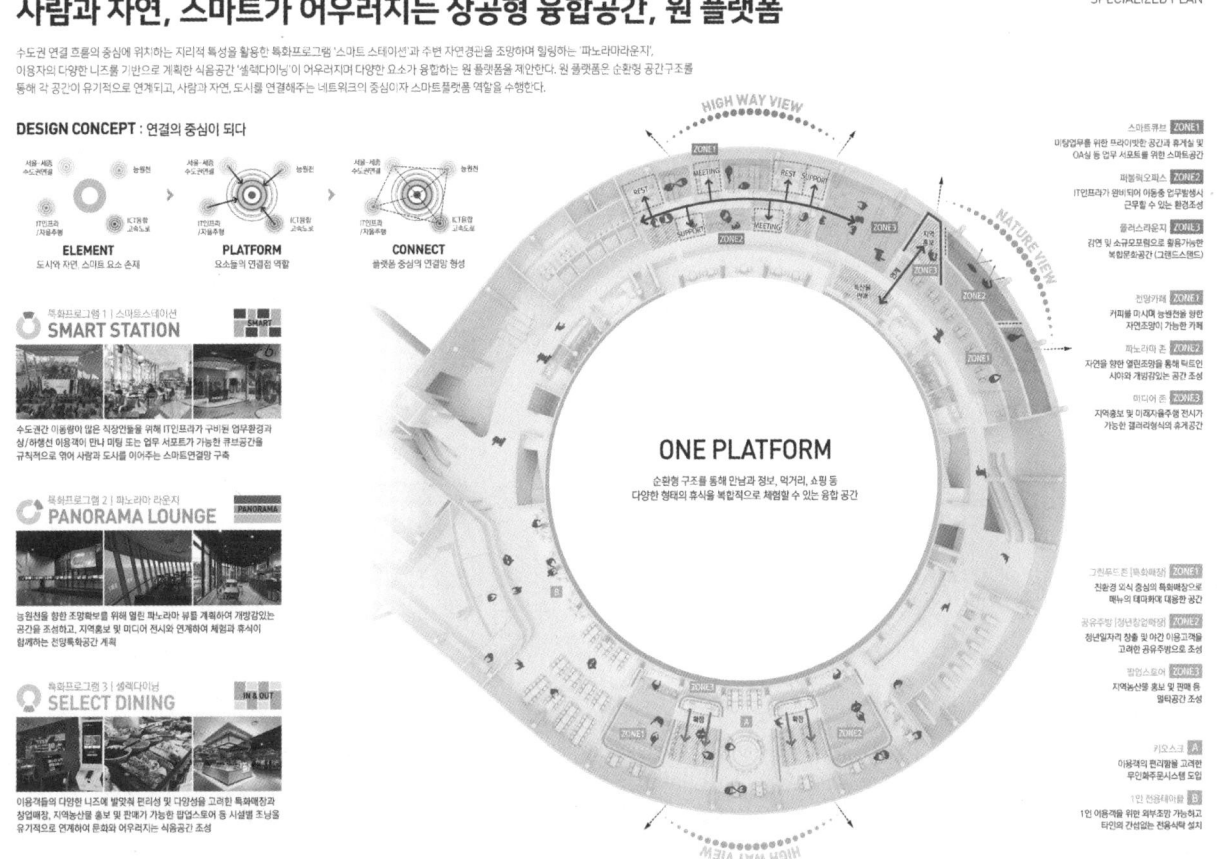

세종포천고속도로 처인(통합)휴게소

기능성과 상징성, 모두를 담은 순환형 배치계획

STEP 01 | FUNCTION
STEP 02 | CONNECT
STEP 03 | SYMBOL

SITE PLAN

배치도
SCALE : 1/1000

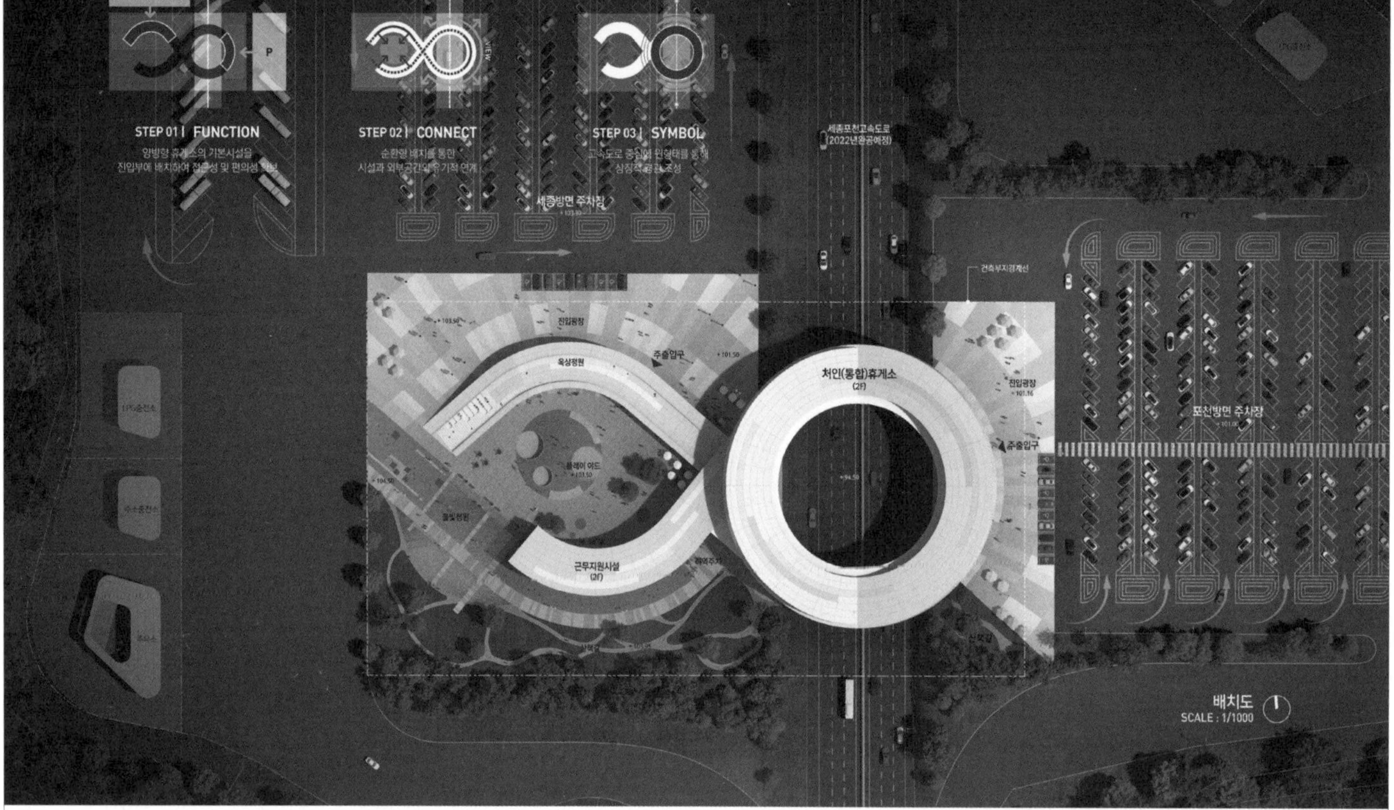

다양한 외부공간이 유기적으로 연결되는 휴게프롬나드

EXTERIOR SPACE

A 진입광장 — FLAT
B PLAY YARD — MOUND
C 물빛정원 — UP&DOWN
D 산책길 — FLOW

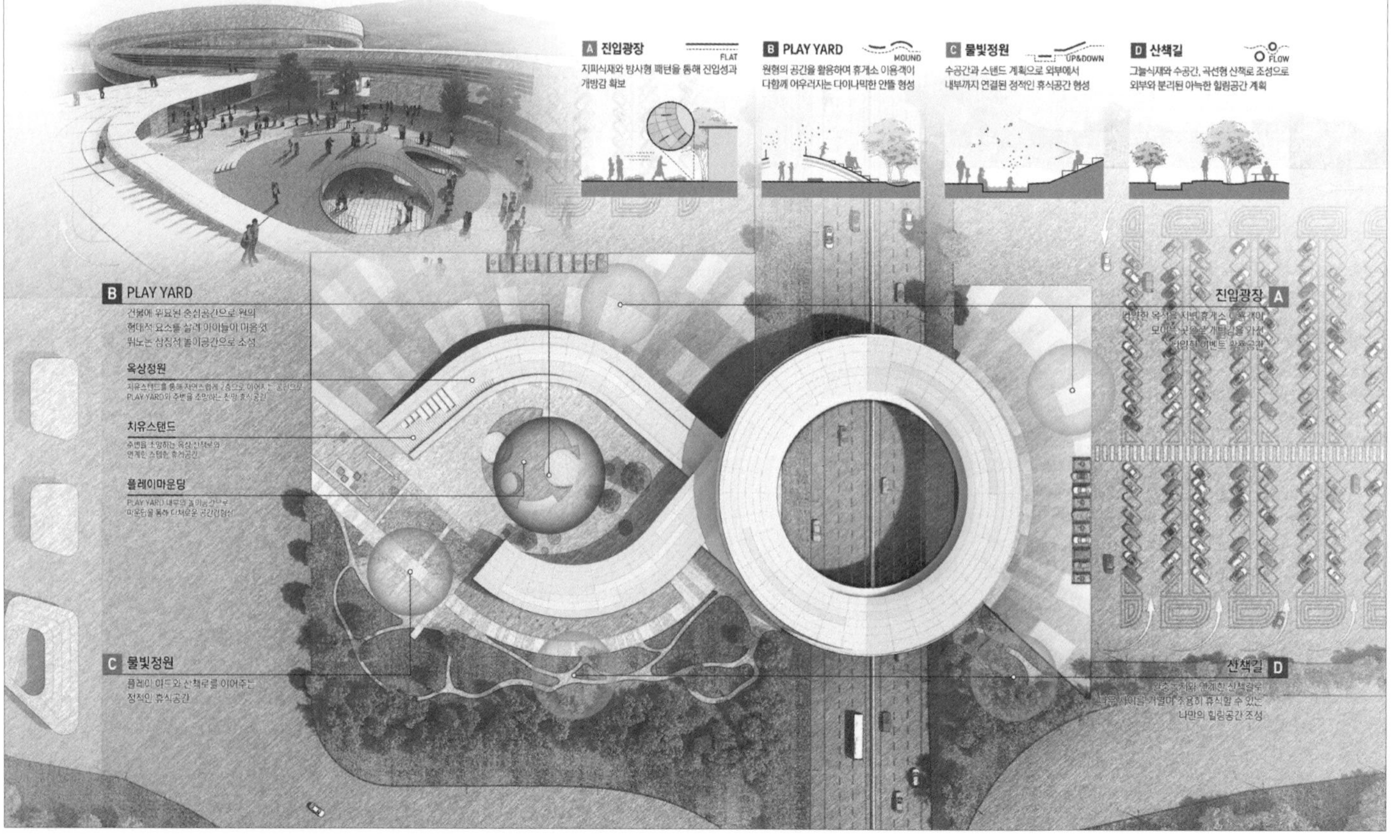

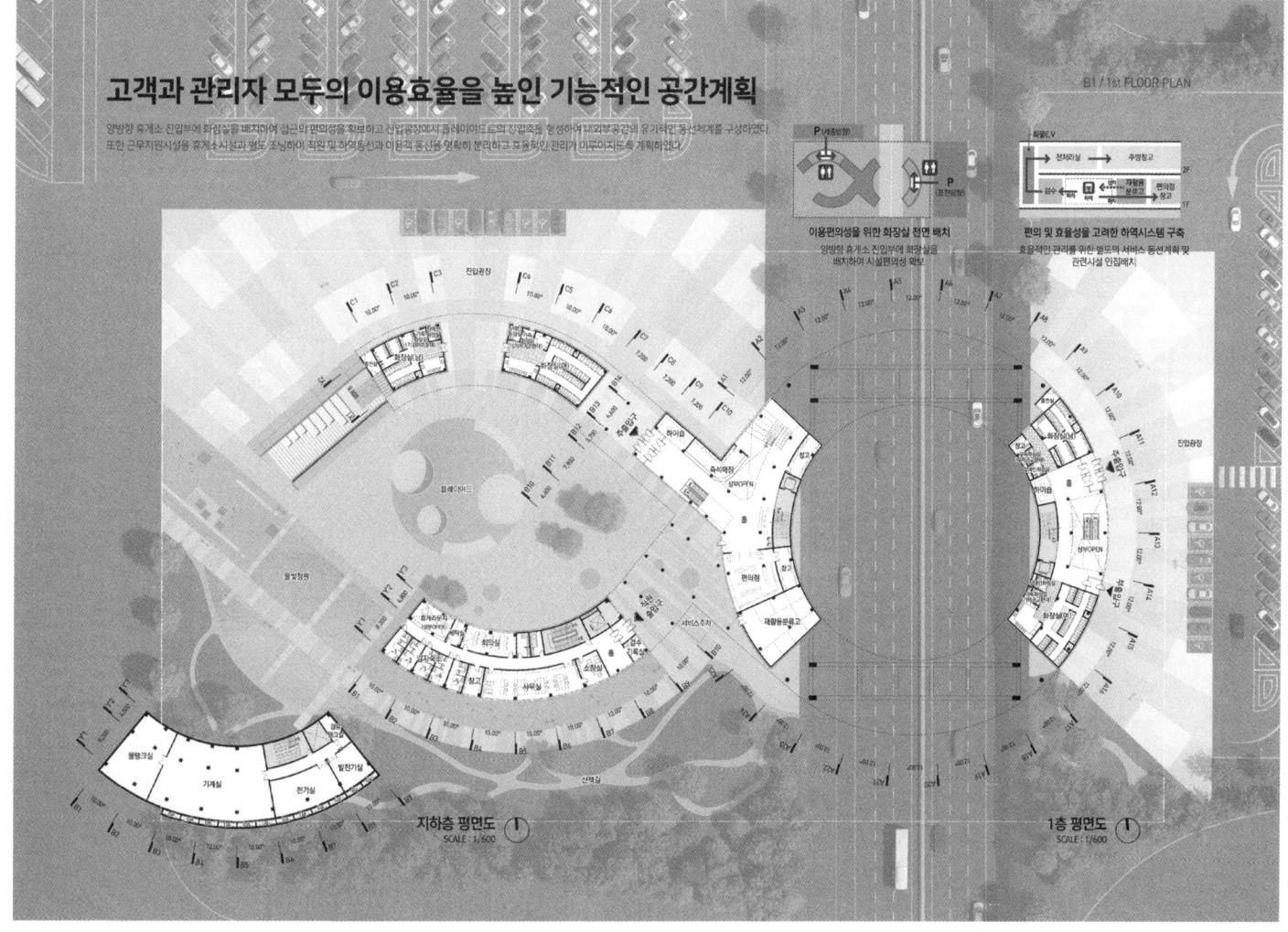

순환형 구조를 따라 펼쳐지는 다채로운 공간계획

수직동선을 통해 접근하는 지상2층은 상공형 공간으로 순환형 동선계획을 통해 휴게소 이용자들의 편의성을 확보하였다.
메인공간인 식당과 연계하여 특화공간인 셀렉다이닝을 배치하였고, 업무특화공간인 스마트스테이션과 외부전망 특화공간인 파노라마라운지를 연속배치하여 이용자들의 활용도를 향상시켰다.

첨단고속도로(-ex press way)를 대표하는 스마트 입면디자인

ELEVATION PLAN

도로를 중심으로 사람과 물류, 정보를 이어주는 한국도로공사의 브랜드가치를 모티브로 고속도로와 대응하는 파사드에 아이덴티티를 부여한다. 세종~포천방향에서 바라본 본선상공부의 얼굴을 상징적으로 구현하고 미디어 파사드 적용으로 첨단고속도로만의 새로운 이미지를 부각시킬 수 있도록 계획한다.

유지관리를 고려한 주마감재 계획
본선상공형의 특징을 고려해 시공성이 우수하고
유지관리에 용이한 재료 사용으로 경제성과 실용성 확보

STEP1 | MASS
단 하나의
원형매스 형성

STEP2 | TILT & COMBINE
원을 틀고 결합하여
양방향을 서로 연결

STEP3 | IDENTITIY
eXpress way를 상징한
아이덴티티 형성

미디어 파사드를 통한 새로운 이미지 연출
고속도로와 대면하는 파사드에 LED패널을 이용하여
첨단 이미지를 반영한 본선상공의 상징성 강화

정면도
SCALE : 1/600

우측면도
SCALE : 1/600

주유소 정면도
SCALE : 1/600

주유소 좌측면도
SCALE : 1/600

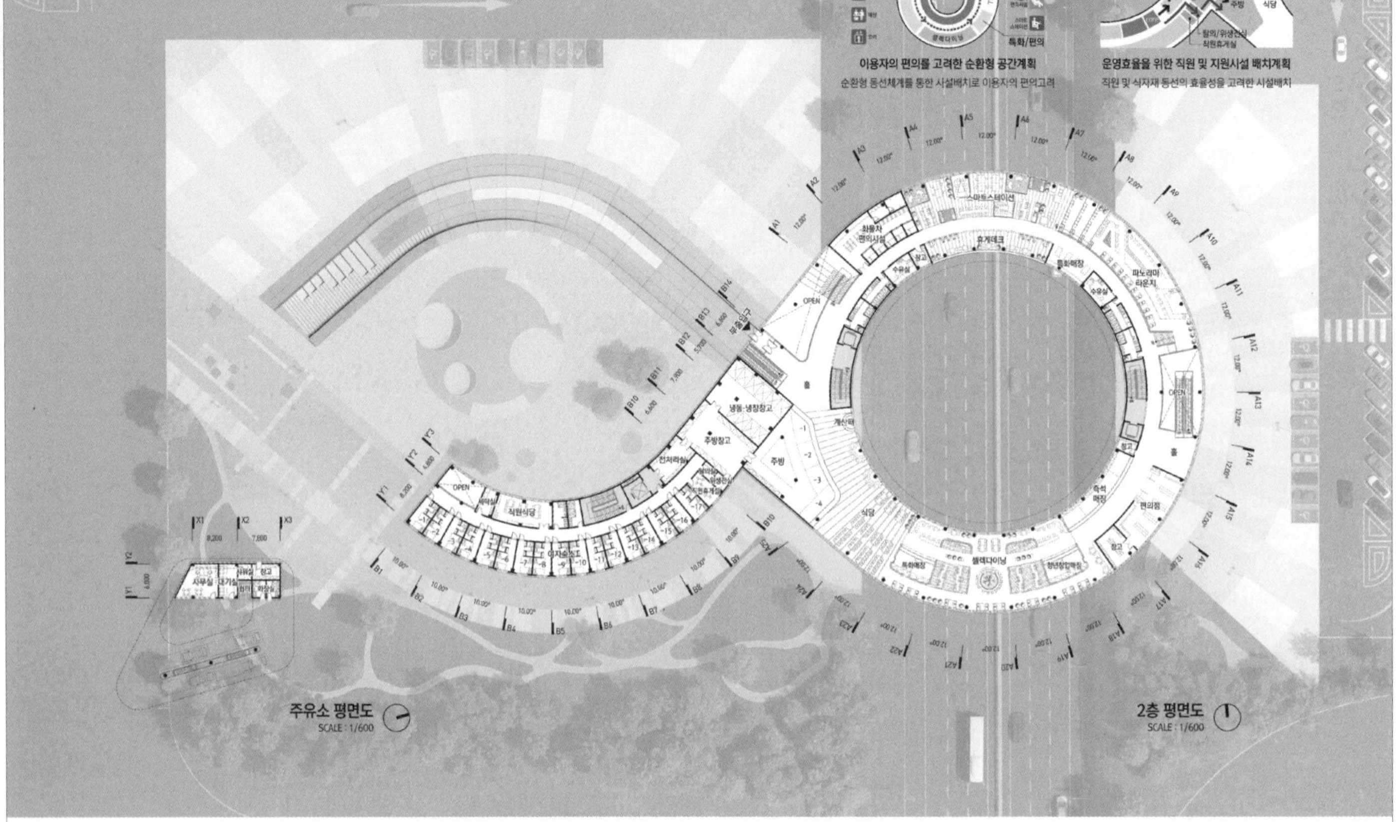

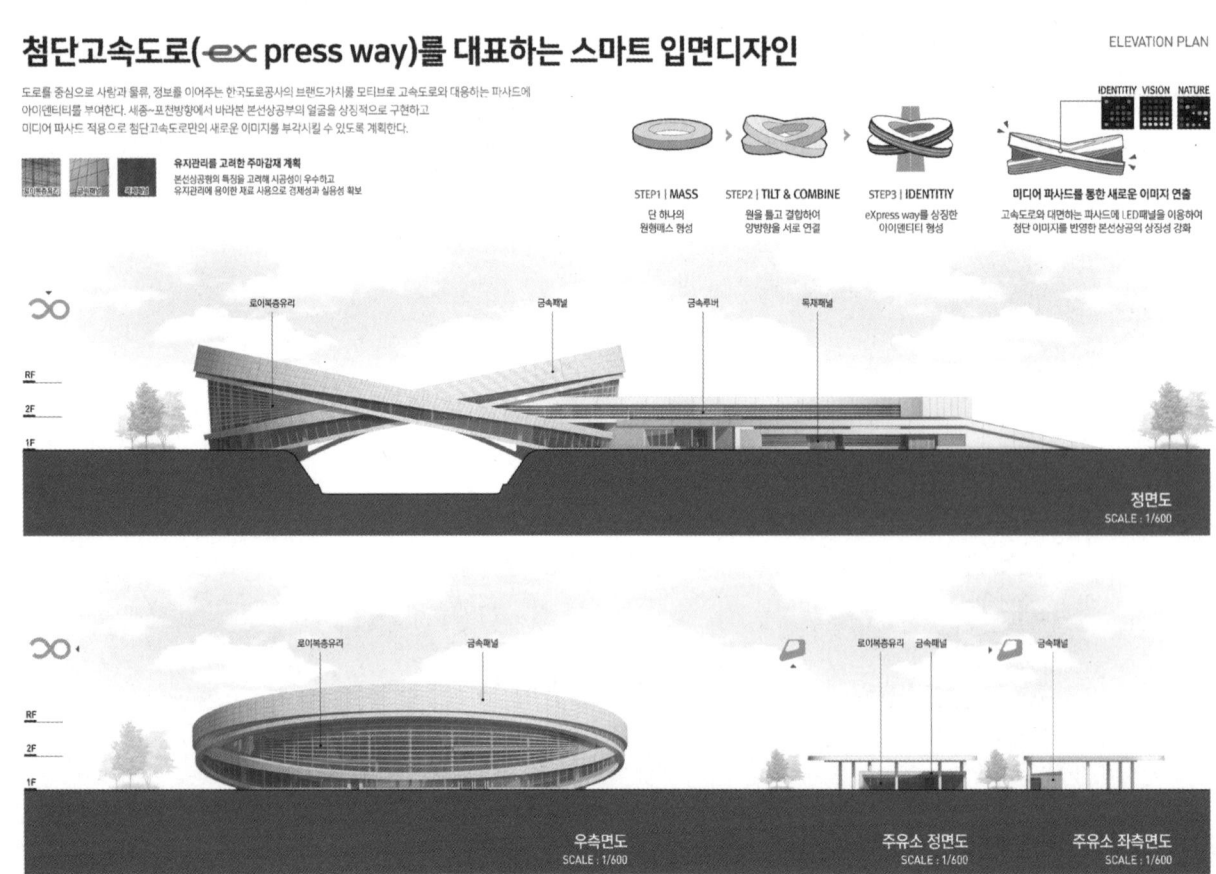

설계경기 01_업무·교통·의료

no.135 ~ 146
Education
Welfare
Housing
Office
Sports
Commerce
Urban
Culture
Traffic
Medical
Landscape

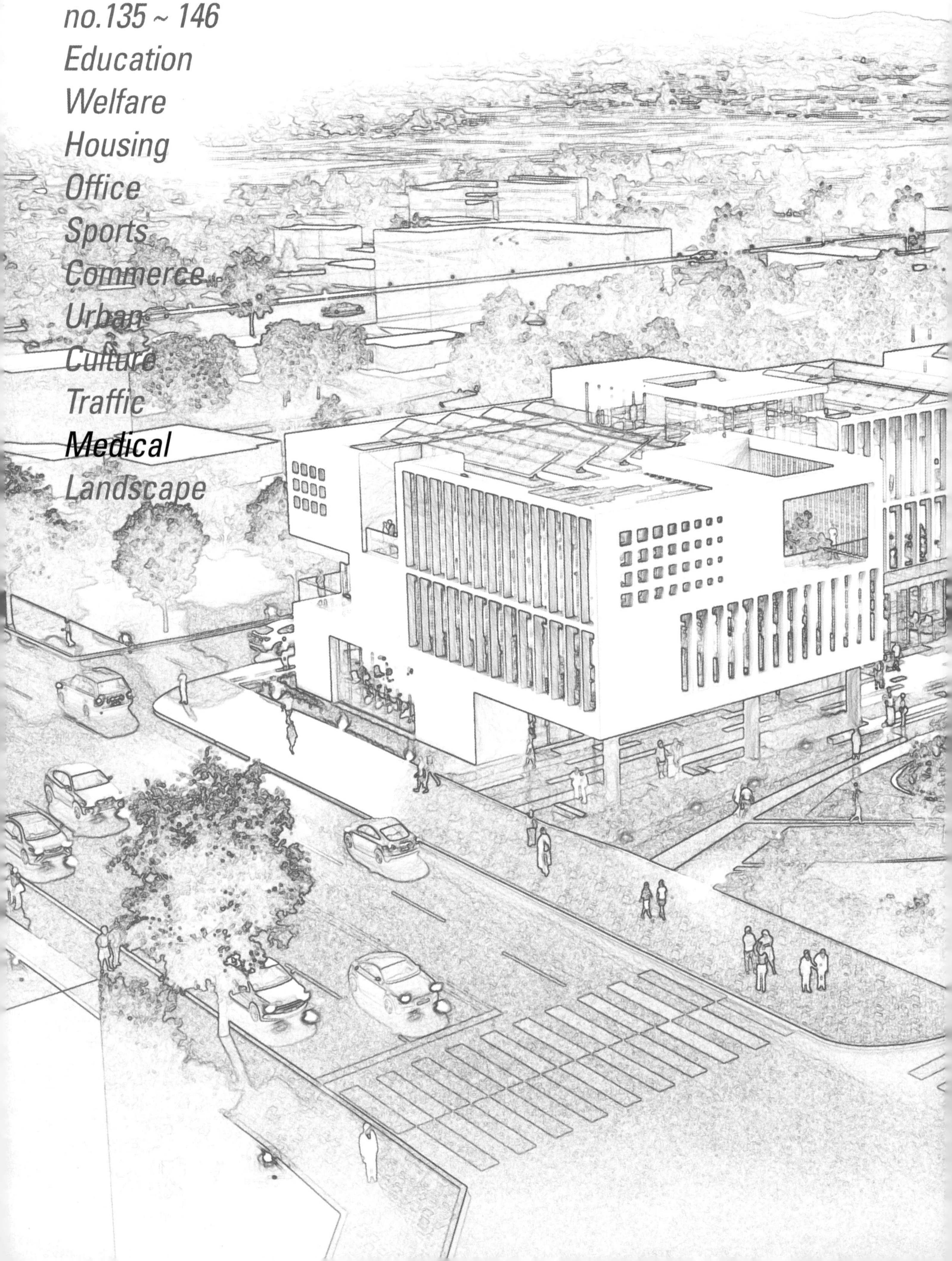

*업무

*교통

*의료

세종시 보건소청사
대지위치 세종특별자치시 조치원읍 대첩로 32
발주처 세종특별자치시
대지면적 6,403㎡
연면적 4,269㎡
추정공사비 10,780백만원
설계용역비 788,367천원
참가등록 2019. 1. 24
현장설명 2019. 1. 28
질의접수 2019. 2. 12
질의회신 2019. 2. 14
작품접수 2019. 3. 25
당선 (주)케이앤티종합건축사사무소 + (주)해인종합건축사사무소

광양시 보건소
대지위치 전라남도 광양시 광양읍 인덕로 1100
발주처 광양시청
대지면적 16,418㎡
연면적 5,928㎡
추정공사비 14,780,000천원
설계용역비 698,700천원
참가등록 2019. 3. 26
현장설명 2019. 4. 2
질의접수 2019. 4. 3
질의회신 2019. 4. 5
작품접수 2019. 5. 24
당선 (주)아이에스피건축사사무소

광주 보훈병원 요양병원 증축
대지위치 광주광역시 광산구 첨단월봉로 99
발주처 한국보훈복지의료공단 광주보훈병원
대지면적 67,996.9㎡
연면적 6,163㎡
추정공사비 16,486백만원
설계용역비 773,917천원
참가등록 2019. 6. 28
질의접수 2019. 7. 4 ~ 7. 5
질의회신 2019. 7. 10
작품접수 2019. 8. 13
당선 (주)리가온건축사사무소

전남권역 재활병원
대지위치 전라남도 여수시 국동남6길 58외 2필지 (전남대 국동 캠퍼스) 일원
발주처 여수시청
대지면적 10,570㎡
연면적 13,650㎡
추정공사비 36,507백만원
설계용역비 1,711,279천원
참가등록 2019. 9. 27
현장설명 2019. 9. 27
질의접수 2019. 10. 1 ~ 10. 2
질의회신 2019. 10. 7
작품접수 2019. 12. 9
당선 (주)건축사사무소 휴먼플랜 + (주)아이에스피건축사사무소 + (주)건축사사무소 플랜

설계경기 01_의료

세종시 보건소청사

당선작 (주)케이앤티종합건축사사무소 조원규 + (주)해인종합건축사사무소 김승태 설계팀 박제성, 유환비, 박태훈, 박예지, 손유진

대지위치 세종특별자치시 조치원읍 대첩로 32 **대지면적** 6,403.00㎡ **건축면적** 1,422.03㎡ **연면적** 4,267.27㎡ **조경면적** 1.493.90㎡ **건폐율** 20.21% **용적률** 61.1% **규모** 지하 1층, 지상 4층 **최고높이** 15.25m **구조** 철근콘크리트조 **외부마감** 석재, T24 복층유리, 금속패널 **주차** 70대(장애인 주차 2대 포함)

세종시 보건소청사는 리모델링이 되는 기존 건축물과의 조화를 고려하고 기능에 충실한 명확한 조닝과 동선, 주민들에게 개방된 보건소, 그리고 건강을 위한 친환경 보건소를 건립하는데 목표를 두었다. 대지는 조치원읍에 위치하며 인근 주민의 이용 편리성을 중요하게 생각하여 합리적인 배치와 다양한 열린 공간을 두었고, 주변 환경과 건물을 아우르는 친환경 자연마당을 조성하여 지역 활성화에 기여할 수 있는 공간을 창출하였다.

권위적이고 정형화된 청사에서 벗어나 주민들의 접근 편의성을 위해 필로티와 맞이 광장을 배치하였고, 주민에게 열린 다양한 마당공간과 실내에 오픈된 커뮤니티 공간으로 개방감을 높였다. 기존 건축물을 가리지 않으면서 자연과 주민을 아우르는 배치와 세종시의 이미지를 형상화한 패턴으로 통일감을 줌으로써 하나로 인지할 수 있도록 계획하였다. 더불어 주민들이 쉽게 찾아갈 수 있도록 각 프로그램별 명확한 조닝과 단순한 동선으로 계획하여 각 시설의 연계성과 독립성을 확보하고 중앙 아트리움과 외부 휴게 데크를 통해 공간감 및 개방감을 극대화하였다.

The proposal aims to make harmony with the soon-to-be remodeled existing building, implement functional and clear zoning and circulation systems, create a health center open to locals and introduce an eco-friendly, health-promoting facility. The site is located in Jochiwon. A practical arrangement plan and various types of open spaces are applied to enhance convenience for local users, and eco-friendly Natural Courtyard is constructed to create a space that can contribute to the invigoration of local community.

A pilotis system and a plaza are introduced to get away from the authoritative and stereotyped image of government offices and to improve accessibility for locals. Various types of courtyards open to locals and open-type community spaces inside are used to heighten a sense of openness. An arrangement plan that embraces nature and locals without blocking the existing building is applied with a pattern design that embodies the image of Sejong City to add a sense of consistency so that the whole facility can be read as a single entity. A clear zoning system and simple circulation plan are implemented for each program to secure the connectivity and independence of each facility. Also, a central atrium and an outdoor lounge deck are proposed to enhance a sense of space and openness.

Prize winner KNT Architects_Cho Wongyu + HAEIN Architects_Kim Seungtae **Location** Jochiwon-eup, Sejong City **Site area** 6,403.00m² **Building area** 1,422.03m² **Gross floor area** 4,267.27m² **Landscaping area** 1.493.90m² **Building coverage** 20.21% **Floor space index** 61.1% **Building scope** B1, 4F **Height** 15.25m **Structure** RC **Exterior finishing** Stone, T24 paired glass, Metal panel **Parking** 70 (including 2 for the disabled)

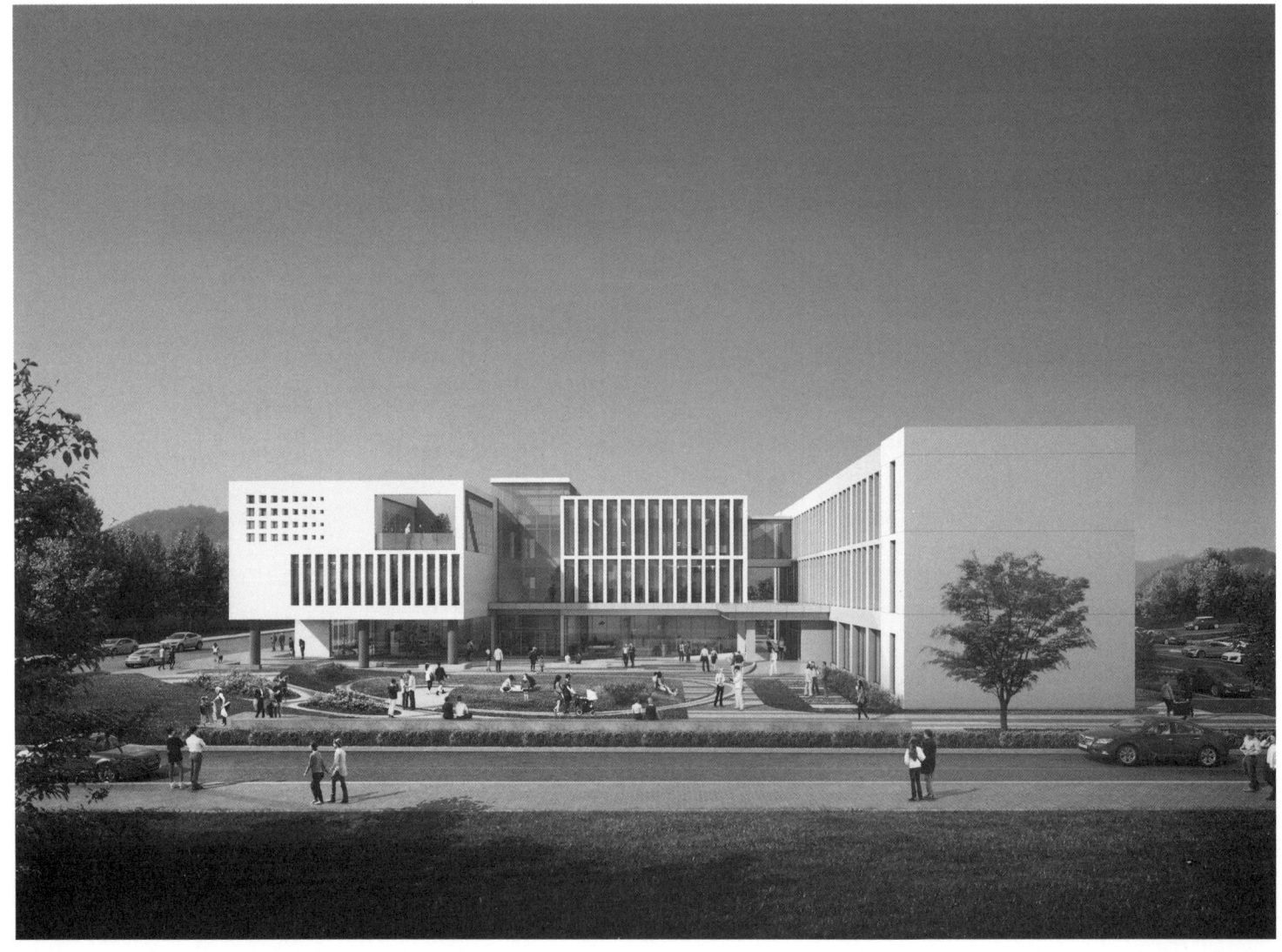

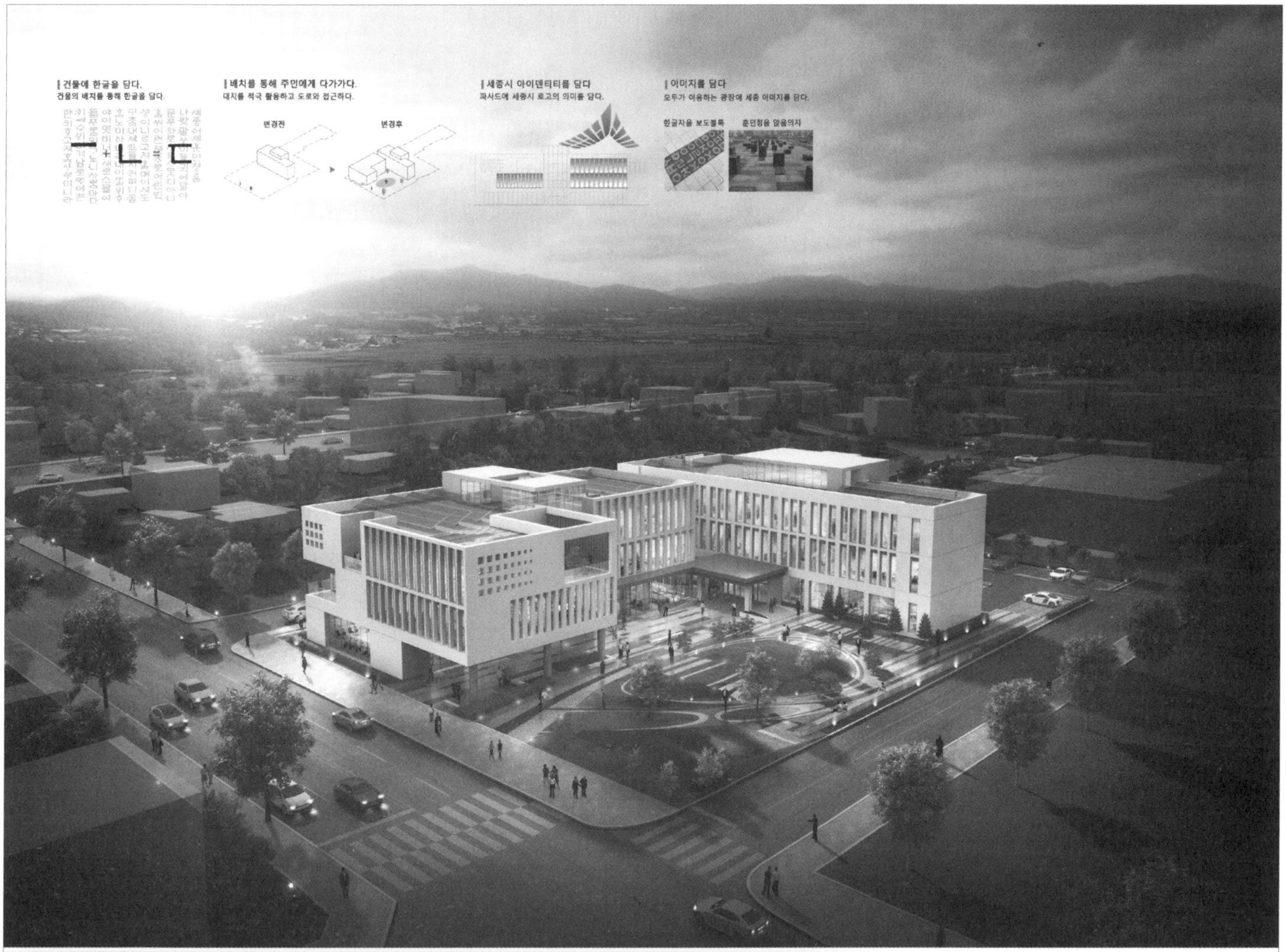

Sejong Public Healthcare Center

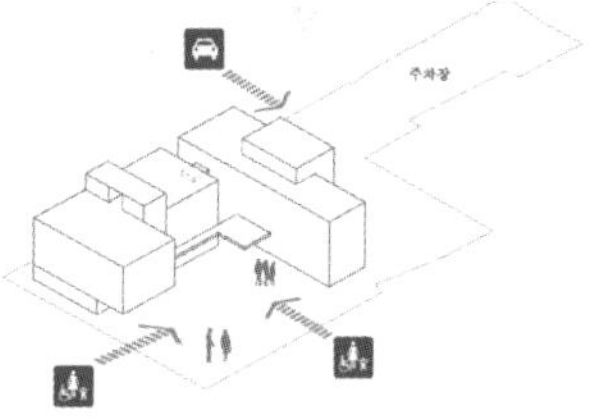

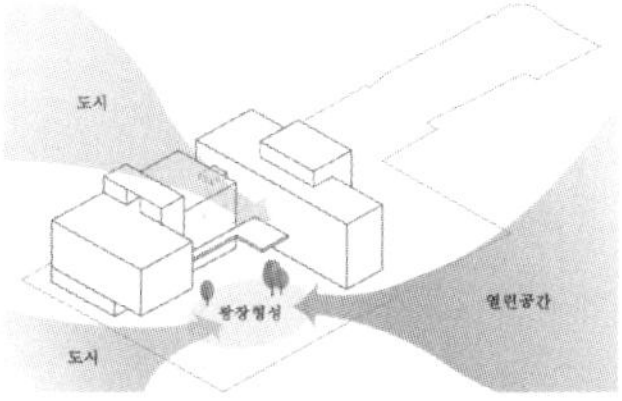

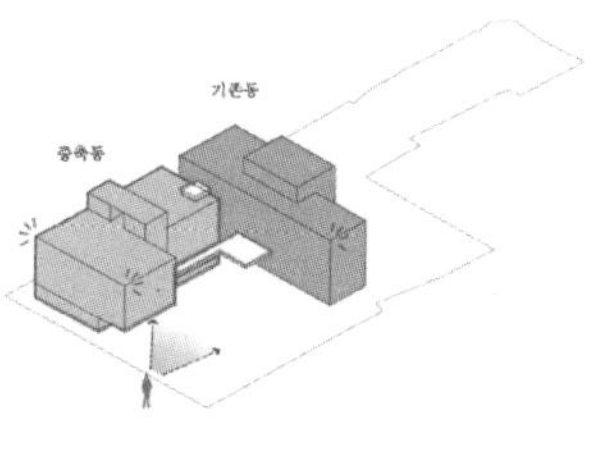

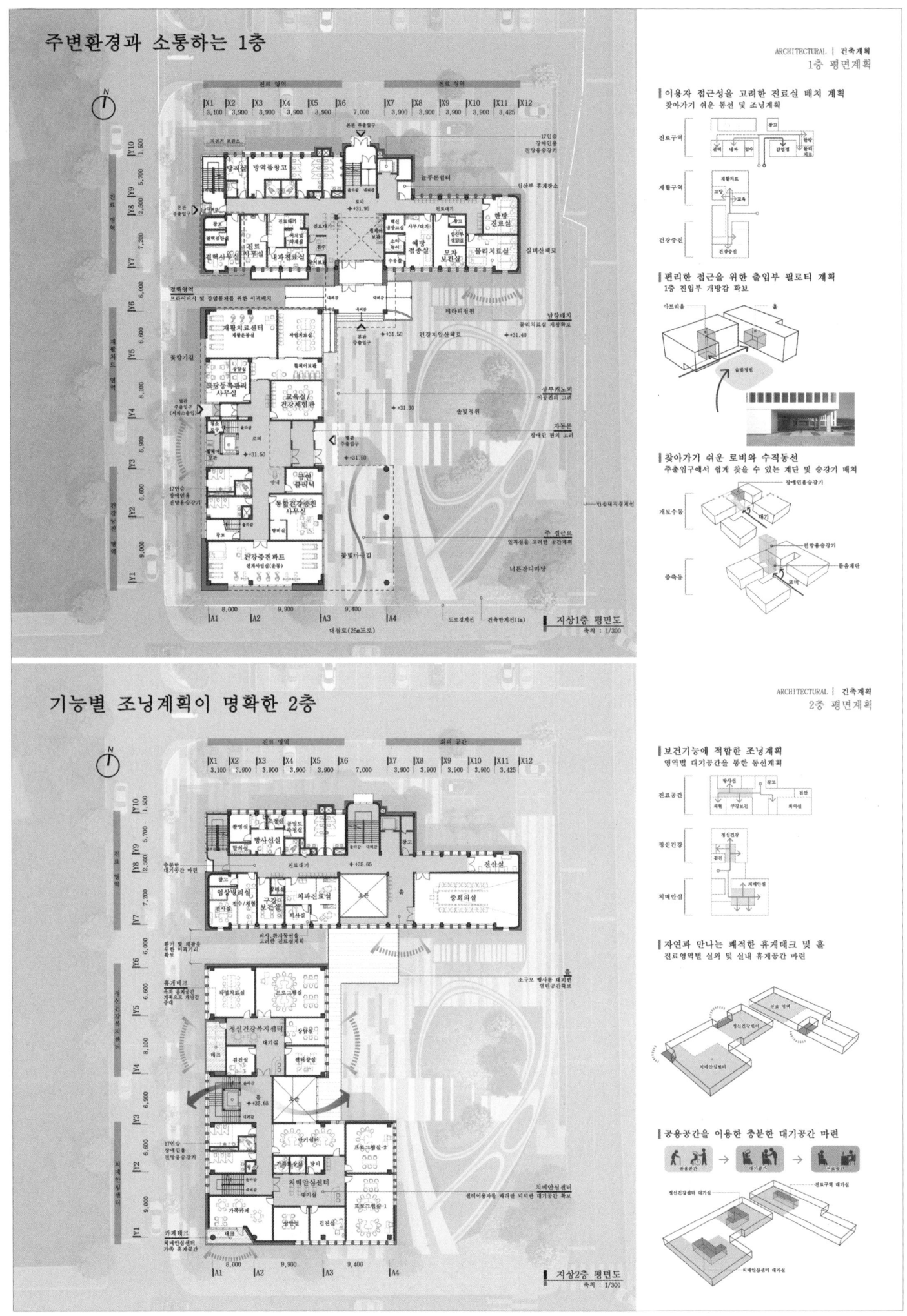

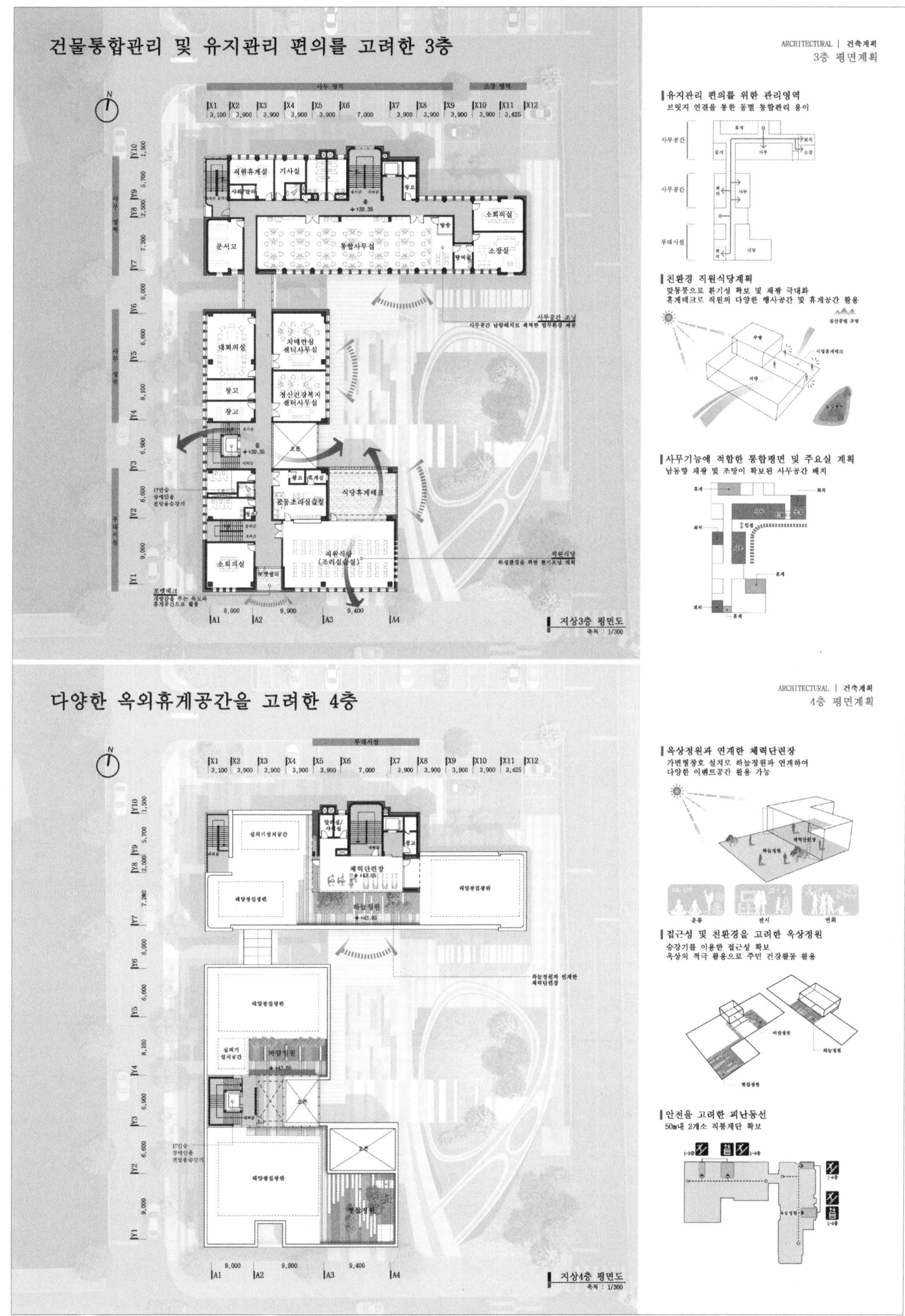

세종시 보건소청사

보건소에 활력을 제공하는 친환경 파사드

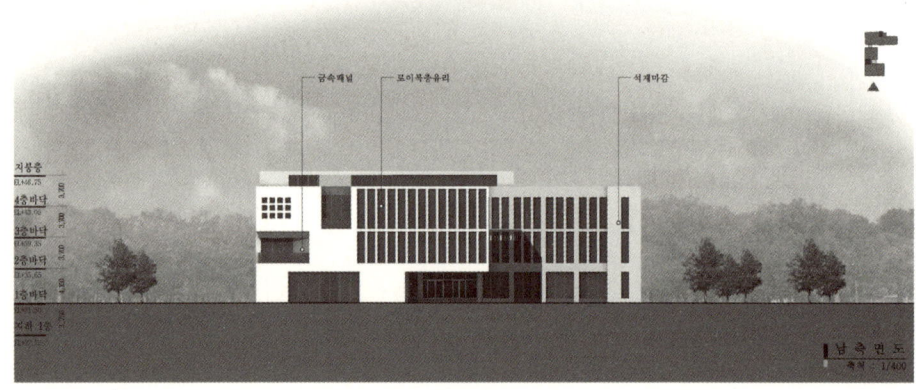

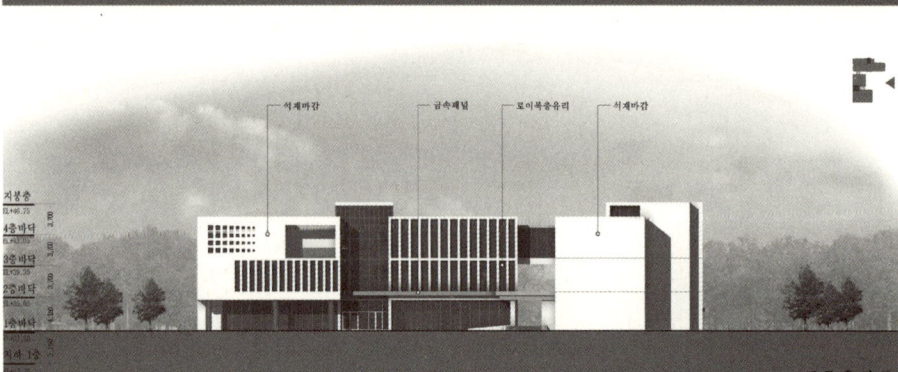

친환경 파사드 계획
외벽일체형 수직 및 수평루버 적용으로 친환경 에너지절감 파사드 계획

반기는 보건소 출입구
휴게데크와 조화로운 인지성을 높이는 독특한 입면요소 계획

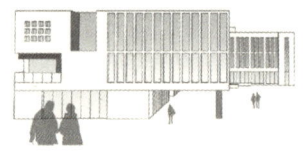

기존건물과 어울리는 입면계획
개보수동과 증축동의 통일감있는 입면요소 적용

채광과 환기를 고려한 합리적이고 쾌적한 공간 계획

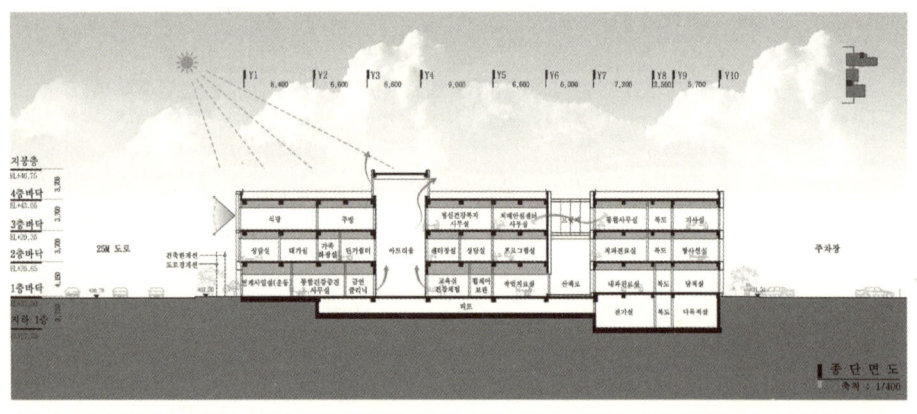

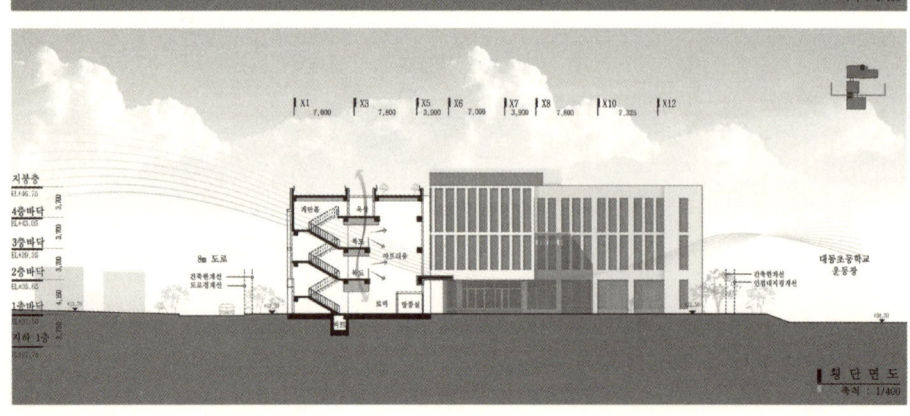

명확한 층별조닝 및 단면계획
2,3층을 동일레벨로 적용하여 유니버설 디자인 도입 브릿지를 통한 조닝별 연계계획

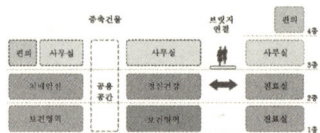

친환경 아트리움
빛과 환기 그리고 조망을 고려한 열린 로비 공간 계획

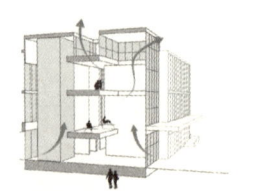

친환경 사무공간 쉼터 계획
각 층 어디서나 자연유입된 데크형 쉼터

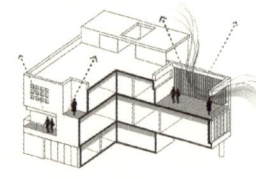

Sejong Public Healthcare Center

광양시 보건소

당선작 (주)아이에스피건축사사무소 이주경 설계팀 고민규, 국동환, 조영인, 한서연, 박유현

대지위치 전라남도 광양시 광양읍 인덕로 1100 **대지면적** 16,418.00㎡ **건축면적** 14,321.775㎡ **연면적** 4,539.150㎡ **건폐율** 27.6% **용적률** 73.5% **규모** 지하 1층, 지상 3층 **최고높이** 15.6m **구조** 철근콘크리트조 **외부마감** 로이복층유리, 목재패널, 테라코타패널, U-글래스 **주차** 189대

Eternal Sunshine

보건소는 시민의 기초 건강을 책임지는 1차 의료수급 시설이다. 또한 광양시의 건강을 책임지는 공중보건 역할의 장이기도 하며 사람 중심의 복지 구현 및 미래 공중보건의 핵심 거점이기도 하다. 시원한 바람, 부드러운 햇살, 자연이 유입되는 편안한 안식처, 마을 어귀의 정자 쉼터 같이 끊이지 않는 햇빛이 가득한 광양시 보건소를 제안하였다.

평면계획
- 이용자의 왕래가 많은 실들의 남향배치 및 관련 실들의 연결 조닝으로 업무의 효율성을 극대화한다.
- 독서, 토의 등 창의적 소통을 위한 공간과 장애인, 임산부를 위한 휠체어, 유모차 보관함을 계획하였다.
- 각 층마다 자연을 느낄 수 있는 외부 휴게공간을 계획하여 이용자의 편이성을 증대한다.

입면계획
- 층별 용도에 다른 분류와 그에 따른 입면 디자인의 입체감을 조성한다.
- 주변 건물들과 조화를 이루는 높이로 계획하여 도시의 스카이라인을 자연스럽게 연결한다.
- 기능에 따른 입면의 형태적 분할을 통해 프로그램이 가지고 있는 기능적 요소를 드러낸다.

Eternal Sunshine

Healthcare centers are the primary health service facility dedicated to promoting the health of the public. Especially, the proposed health center serves as a public health platform that safeguards the health of Gwangyang and as a main base to provide human-centered welfare and futuristic public health services. The new Gwangyang Healthcare Center is designed to become a comfortable shelter into which refreshing breezes, gentle sunlight and nature flow, and to be filled with sunlight all the time like a pavilion standing at a village entrance.

Floor plan
- Rooms frequently visited by users are arranged to face the south, and other relevant rooms are connected with them to maximize work efficiency.
- A creative communication space for reading or discussion and a wheelchair is proposed along with a baby carriage parking area for the disabled or pregnant women.
- An outdoor lounge in which people can feel nature is installed on each floor to improve user convenience.

Elevation
- Floors are categorized by their use, and the facade design reflecting such a system is arranged to create a three-dimensional effect.
- A height plan that ensures harmony with neighboring buildings is suggested to make a continuous flow with the city's skylines.
- The facade volume is divided based on function to reveal the functional characteristics of each program.

Prize winner ISP Architect & Engineering_Lee Jukyoung **Location** Gwangyang-eup, Gwangyang, Jeollanam-do **Site area** 16,418.00m² **Building area** 14,321.775m² **Gross floor area** 4,539.150m² **Building coverage** 27.6% **Floor space index** 73.5% **Building scope** B1, 3F **Height** 15.6m **Structure** RC **Exterior finishing** Low-E paired glass, Wood panel, Terracotta panel, U-glass **Parking** 189

Gwangyang Healthcare Center

광양시 보건소

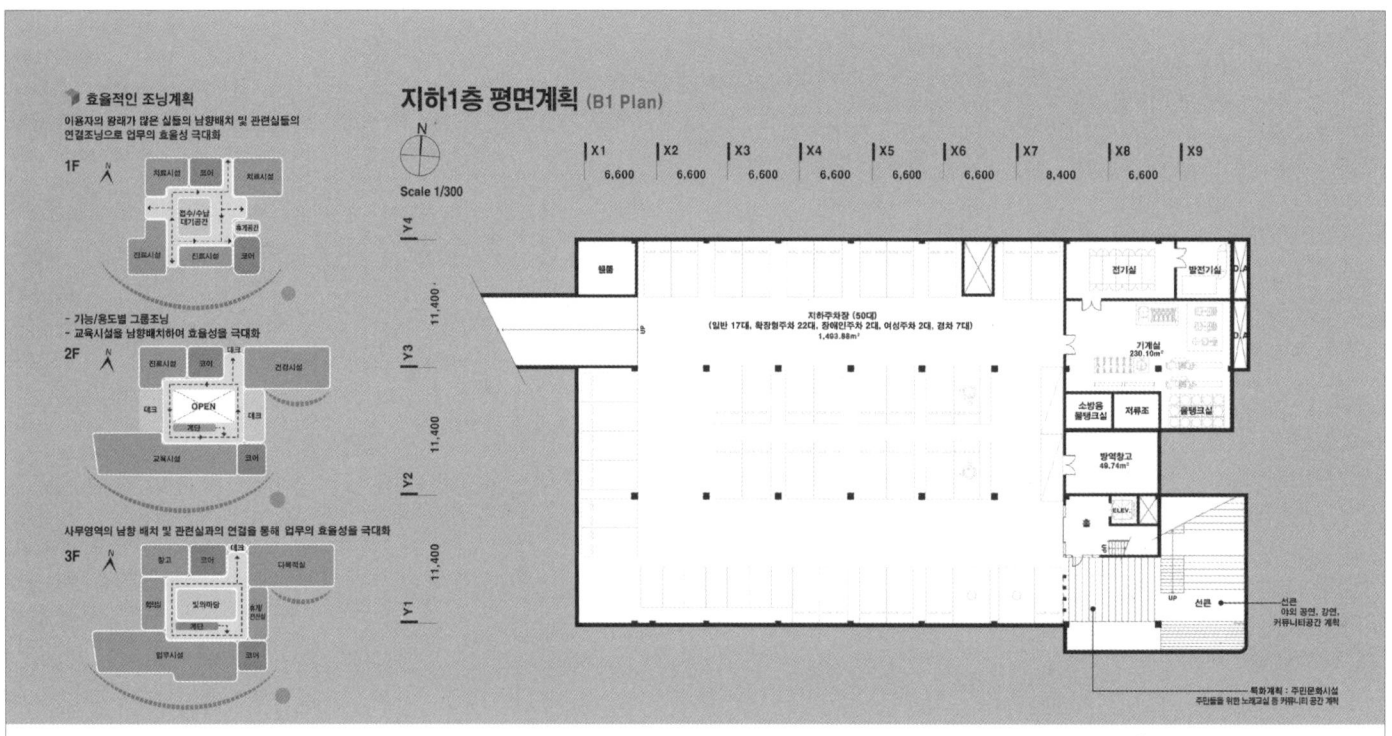

지하1층 평면계획 (B1 Plan)

효율적인 조닝계획
이용자의 왕래가 많은 실들의 남향배치 및 관련실들의 연결조닝으로 업무의 효율성 극대화

- 기능/용도별 그룹조닝
- 교육시설을 남향배치하여 효율성을 극대화

사무영역의 남향 배치 및 관련실과의 연결을 통해 업무의 효율성을 극대화

진입로에서부터 열린 공간
중앙의 공용공간을 여러방면에서 외부로 연결하여 개방적이고 쾌적한 공간을 계획

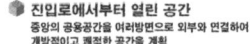

안전한 환경을 위한 진료실
범죄, 긴급상황시 대피 할 수 있는 동선 계획

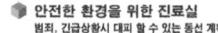

교육공간을 연계한 치과진료실
어린이들을 위한 양치 교육 공간을 계획하여 폭 넓은 교육 공간을 제공

여성 친화적인 공간계획
- 아이와 어머니의 이용 빈도가 높은 실을 연계배치하여 동선을 최소화
- 예방 접종실과 모자 보건실을 연계 할 수 있는 가변적 구조

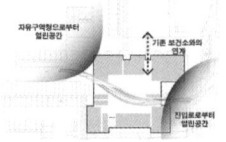  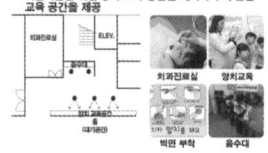 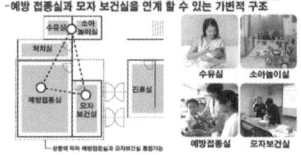

다양한 활동을 수용하는 로비 계획
로비가 중앙에 위치하여 다양한 역할 수행 및 프로그램에 대응 가능한 공간

교육장과 연계 가능한 학생휴게실
휴게실 또는 예방교육공간으로 대체가능 공간 (음주예방,비만클리닉,금연교육,치과교육)

공간의 확장이 가능한 에코데크
추후 공간을 확장하여 노년층의 교육을 위한 공간으로 확장이 가능한 계획

프로그램의 효율을 위한 연계 배치
주민들의 건강을 위한 프로그램실들을 연계배치하여 효율성을 극대화

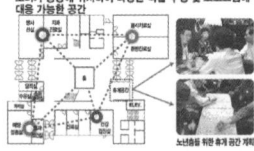 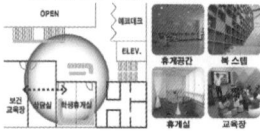  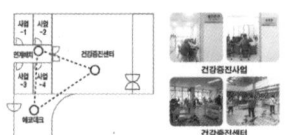

사용자를 위한 결핵관리실
질병으로부터 전염을 방지하기 위한 공간계획

중정을 통한 자연의 유입
중정 공간을 통해 인터랙티브적인 공간을 실현하고 자연채광 및 통풍에 유리한 공간계획

다양한 활용을 고려한 다목적실
넓은 공간을 가변적으로 계획하여 공간의 다양성을 확보하고 유기적인 대응이 가능

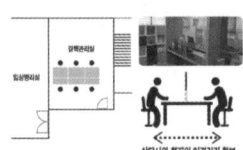 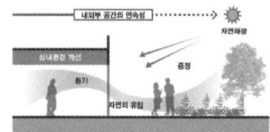 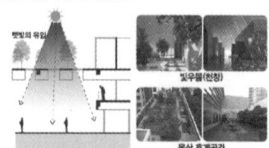 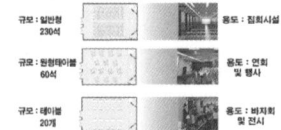

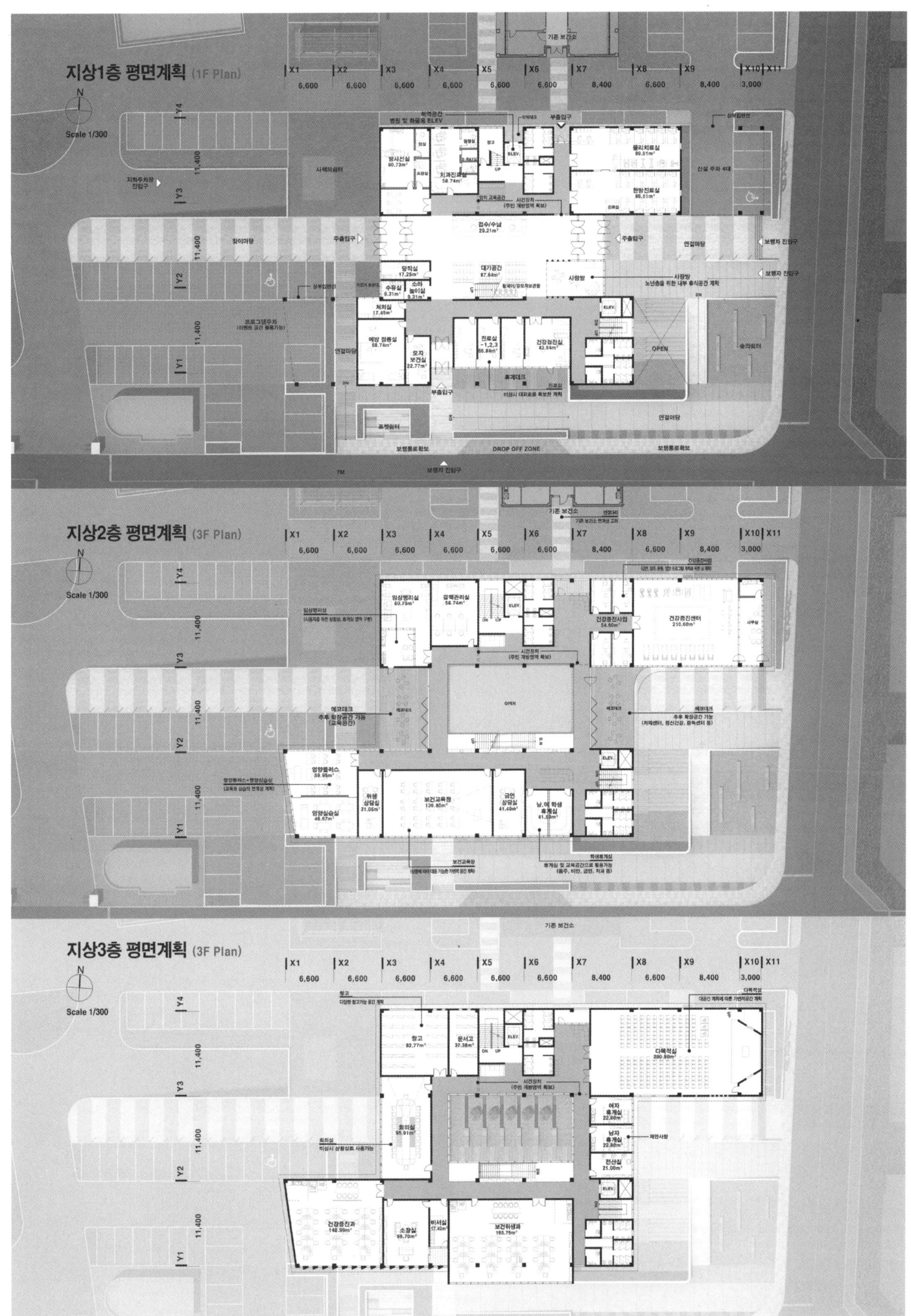

광양시 보건소

입면계획-1 (Elevation Plan)
대지주변 환경과 잘 어우러지며 각 요소들의 이점을 고려하여 매스형태를 계획

입면 디자인 모티브
층별 용도에 따른 분류와 그에 따른 입면 디자인의 입체감 조성

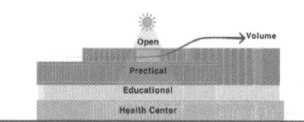

주변 환경에 순응하는 스카이라인
주변 건물들과 조화를 이루도록 높이를 계획하여 도시의 스카이라인을 자연스럽게 연결하는 입면 계획

입면계획-2 (Elevation Plan)
입면의 형태 및 색채로써 광양의 이미지를 담았으며 광양보건소만의 특성을 잘 보여주도록 계획

입면 디자인 프로세스
기능에 따른 입면의 형태적 분할을 통해 기능적 요소를 드러냄

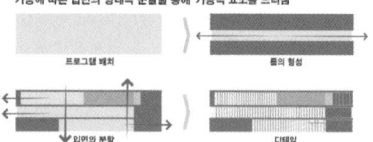

외피와 공간을 표현하는 입면 패턴 계획
광양시의 상징인 햇빛이라는 요소를 디자인요소화 하여 계획

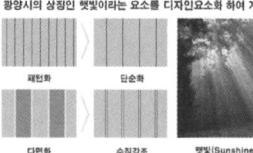

단면계획 (Section Plan)
효율적인 층별조닝으로 시설운영과 동선의 효율을 살려 모든실이 쾌적한 실내공간이 연출되도록 계획

기능적 단면조닝
유기적 상호연계와 합리적인 프로그램배치로 업무의 효율성과 쾌적성을 확보하고 이동의 편의성을 확보

자연 친화적 공간계획
중정, 아트리움을 계획하여 쾌적한 실내공간 계획

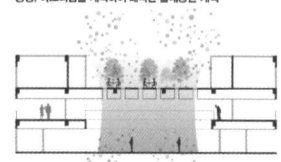

공간구성계획도 (Isometric Plan)

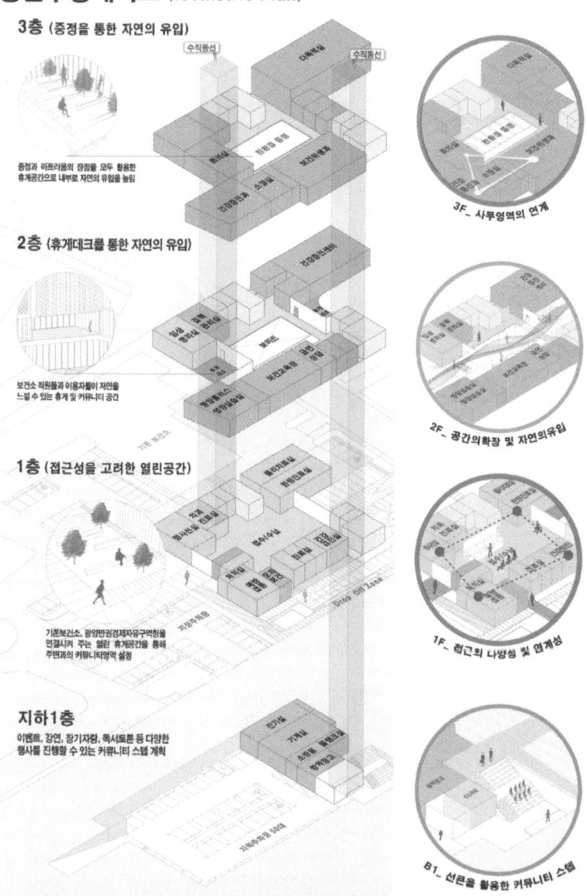

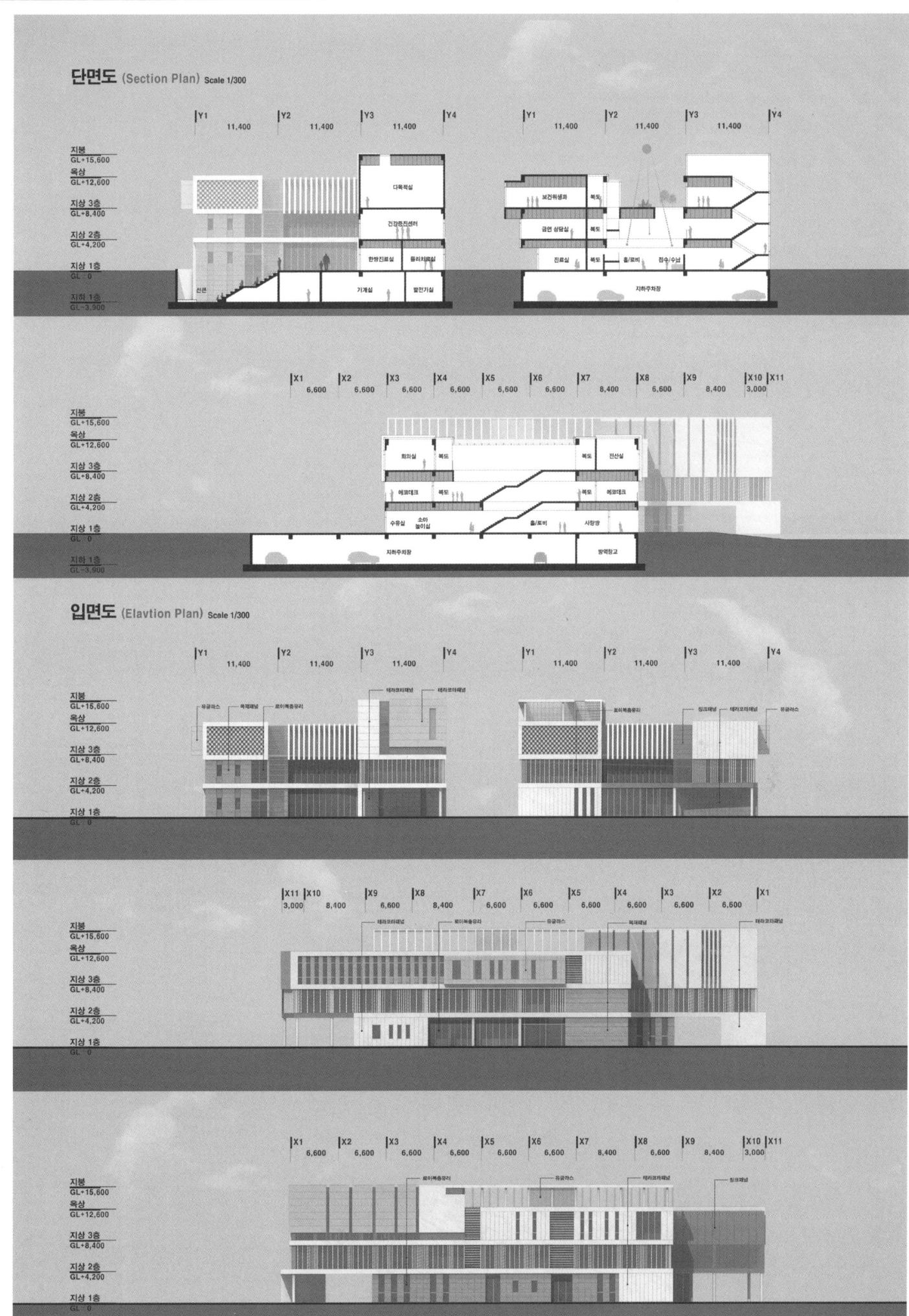

광주 보훈병원 요양병원 증축

당선작 (주)리가온건축사사무소 이현조 설계팀 김용준, 정하연, 윤용상, 박시영, 서교근

대지위치 광주광역시 광산구 첨단월봉로99 **대지면적** 67,996.90㎡ **건축면적** 1,298.79㎡ **연면적** 6,346.31㎡ **건폐율** 1.91% **용적률** 7.81% **규모** 지하 1층, 지상 6층 **최고높이** 28.8m **구조** 철근콘크리트조 **외부마감** 라임스톤, 금속패널, 고밀도목재패널, 알루미늄루버 **주차** 30대(장애인 주차 3대 포함)

RE Plus : 리플러스
함께 머물며 일상으로의 복귀를 준비하는 공간이자 새로운 사회적 관계를 형성하는 곳

이용자들의 효율적인 이동동선을 고려한 Recovery Zone
- 1층 외래진료부 : 외래진료 및 부속실 연계배치로 이용 편의성을 증대하고, 진료순서를 반영한 실 배치로 동선의 혼잡함을 해소하였다.
- 2층 재활치료부 : 치료실을 중앙에 배치하여 관리 효율성을 향상하였고, 의료 지원동선을 고려하여 사무 공간을 배치하였다.

환자들의 안전성, 의료진의 관리편의성을 고려한 Recuperation Zone
- 3~5층 병동부 : 심리적 안정감을 위해 순환하는 배회로를 조성하고, 위급 상황 발생시 빠른 대응을 위한 간호사실을 중앙 배치하였다.

보다 쾌적한 연구 환경을 확보한 Research Zone
- 6층 연구부 : 최상층에 연구실을 배치하여 집중도를 향상시키고, 쾌적한 연구환경 및 소통을 고려한 중정을 조성하였다.

RE Plus
A place for caring each other and preparing for a return to a normal life, and for establishing a new community

Recovery Zone that ensure efficient user circulation
- Outpatient clinic on the 1st floor : The outpatient clinic and its supplementary facilities are positioned close to each other to increase user convenience. Taking account of the order of a treatment course, the proposed room arrangement plan prevents user circulation from being congested.
- Rehabilitation center on the 2nd floor : Treatment rooms are positioned at the center to increase management efficiency. Offices are arranged considering circulation routes for medical assistance.

Recuperation Zone that ensures the safety of patients and management efficiency for the medical team
- Wards on the 3rd to 5th floor : A loop-type internal promenade is laid to provide mental stability. The nurses' station is positioned at the center to enable quick response in emergency.

Research Zone that provides a pleasant research environment
- Research center on the 6th floor : A laboratory facility is positioned on the top floor to help staffs focus on their work. A courtyard is added to provide a pleasant research and communication environment.

Prize winner REGAON Architects & Planners Co., Ltd._Lee Hyunjo **Location** Gwangsan-gu, Gwangju **Site area** 67,996.90m² **Building area** 1,298.79m² **Gross floor area** 6,346.31m² **Building coverage** 1.91% **Floor space index** 7.81% **Building scope** B1, 6F **Height** 28.8m **Structure** RC **Exterior finishing** Lime stone, Metal panel, High-density wood panel, Aluminum louver **Parking** 30 (including 3 for the disabled)

Gwangju Veterans Convalescent Hospital Extension

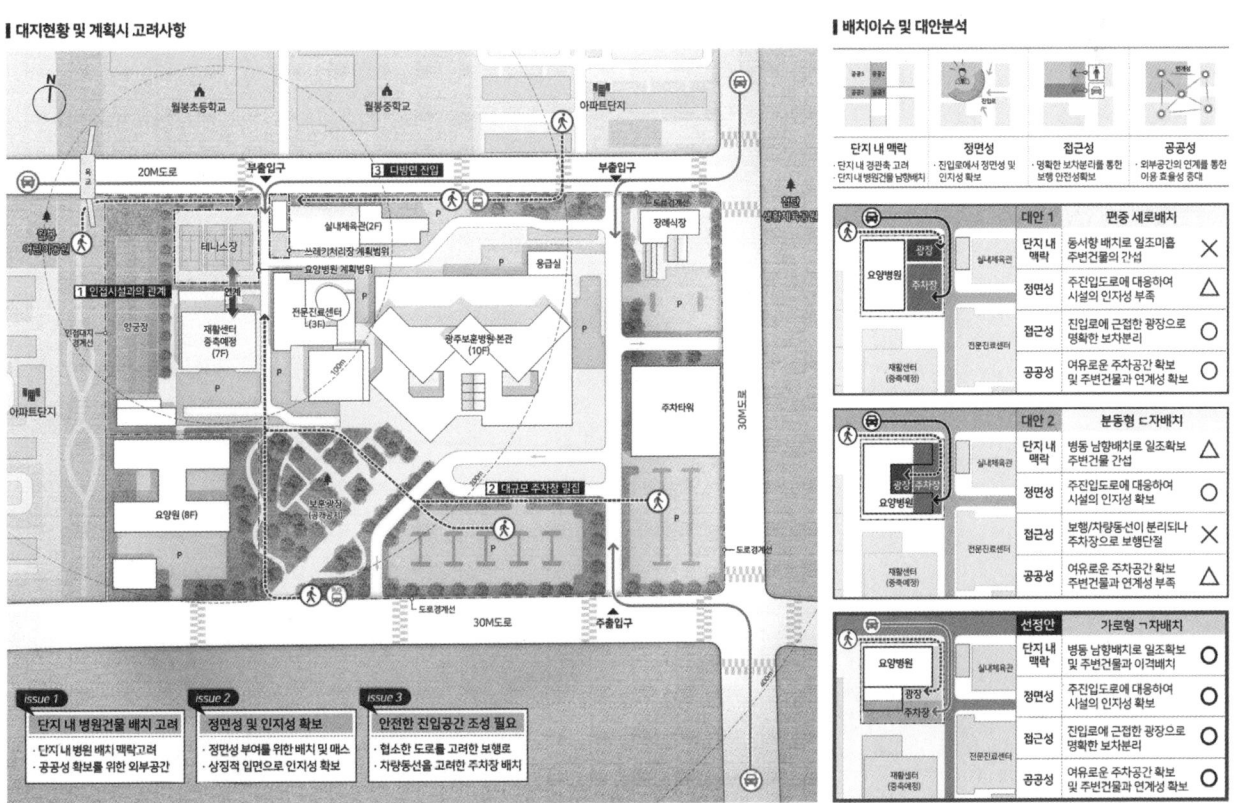

계획방향 | 대지현황분석

대지읽기를 통해 주변과 어울리는 합리적인 배치대안 검토

광주 보훈병원 요양병원 증축

건축계획 | 배치계획
대지맥락과 주변건물과의 관계를 고려한 배치계획

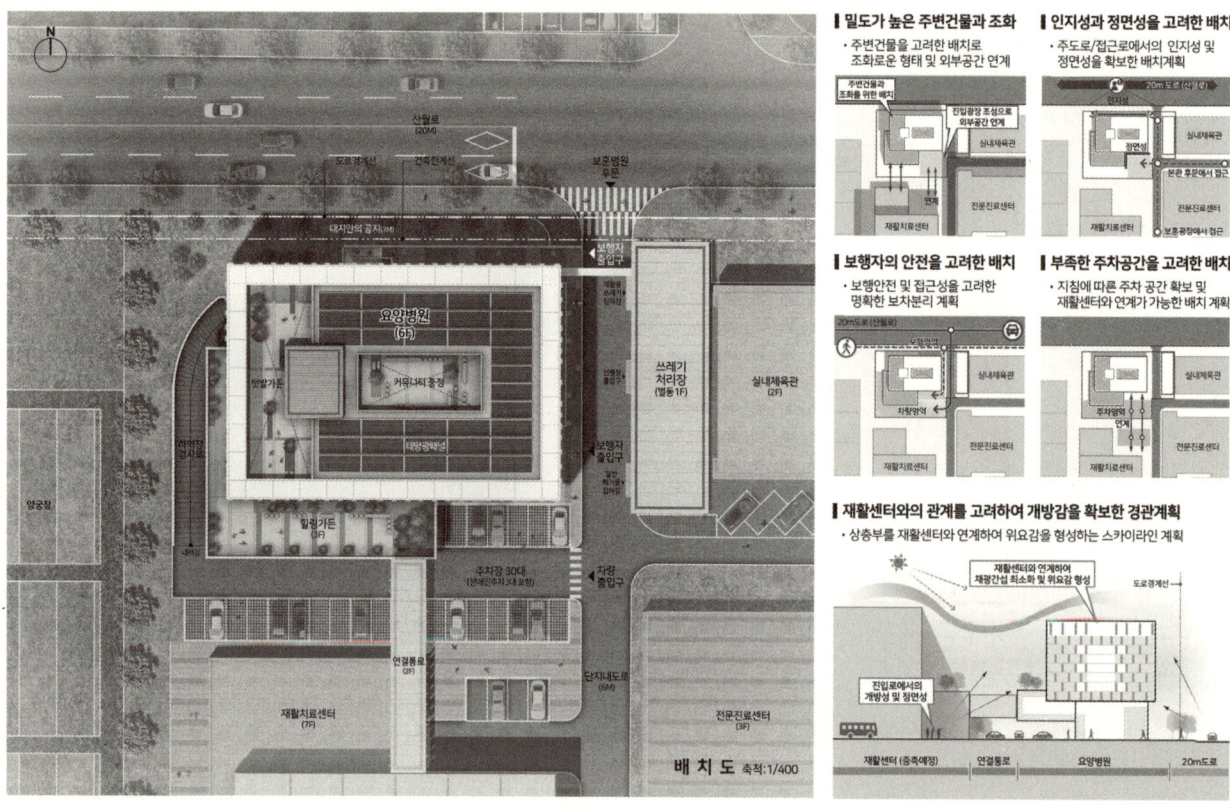

건축계획 | 1층 평면계획
통합로비를 중심으로 외래진료와 이용자 코어 영역 분리

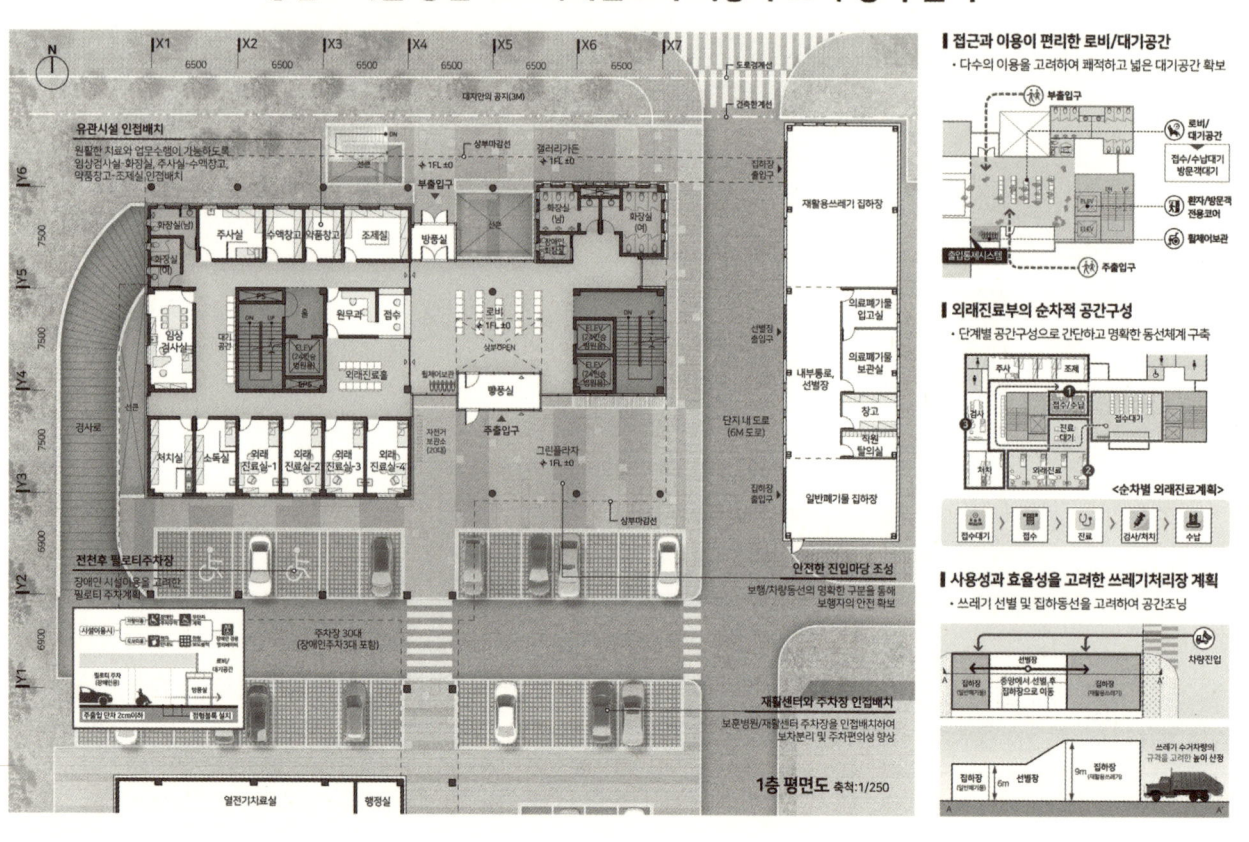

Gwangju Veterans Convalescent Hospital Extension

건축계획 | 2층 평면계획
업무실 남향배치 및 재활센터와의 기능연계로 사용성 향상 계획

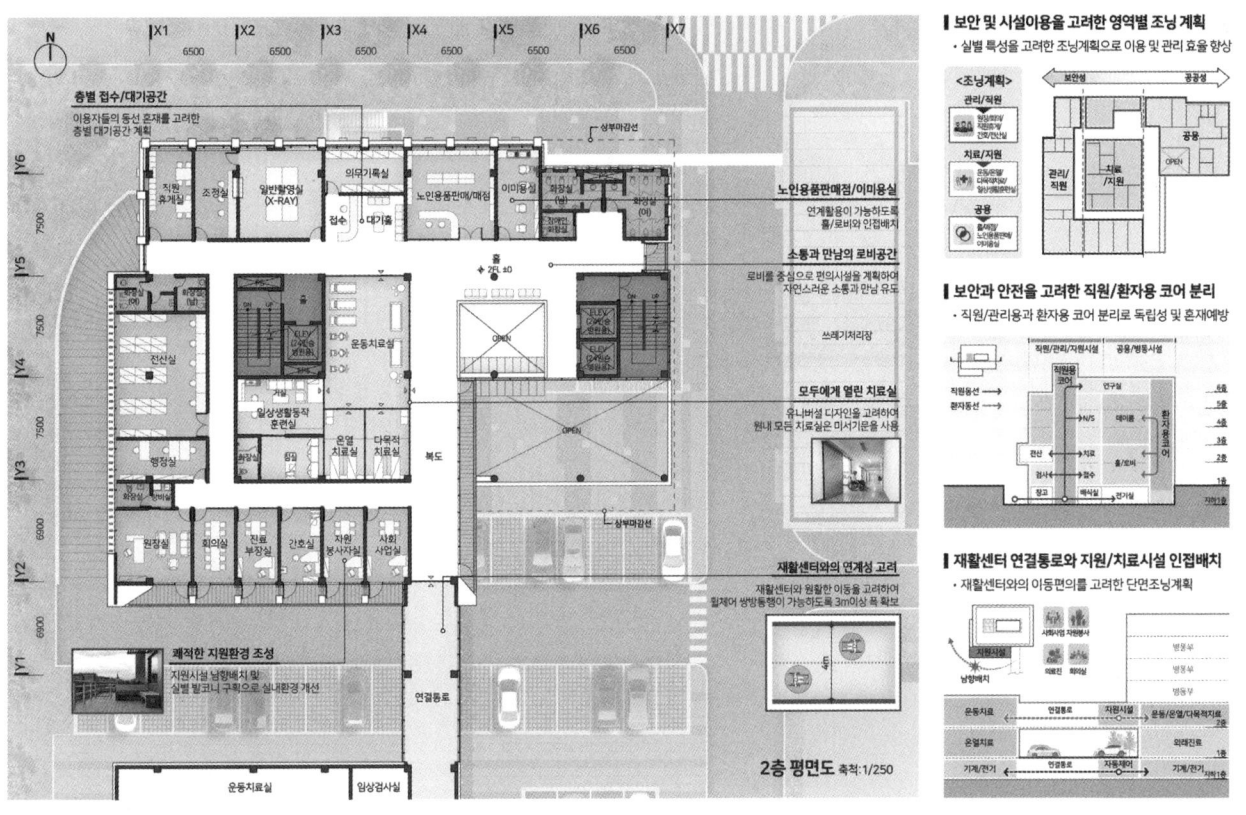

건축계획 | 3층~5층 평면계획
이용자 커뮤니티와 입원실 관리효율을 높인 병동계획

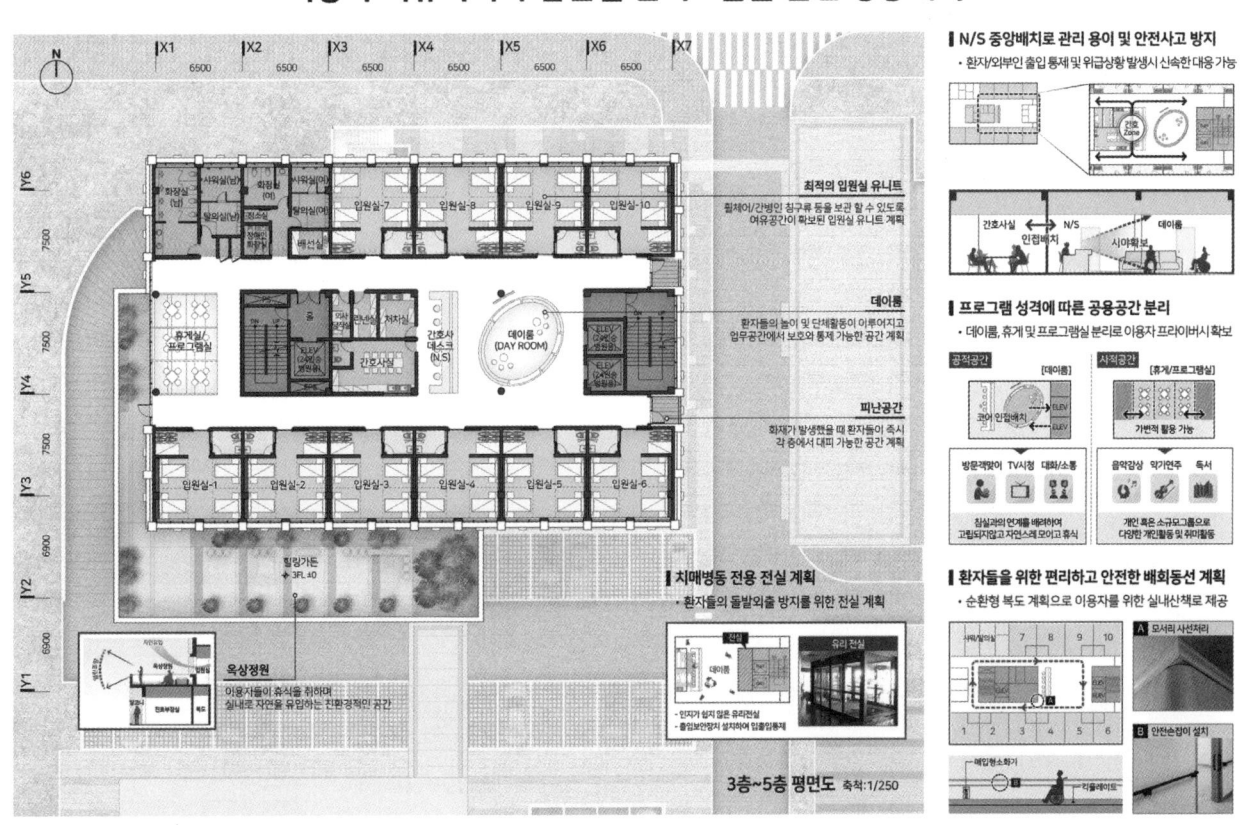

광주 보훈병원 요양병원 증축

연구환경 개선을 위한 휴게공간 및 자연과 함께하는 정원계획
건축계획 | 6층 평면계획

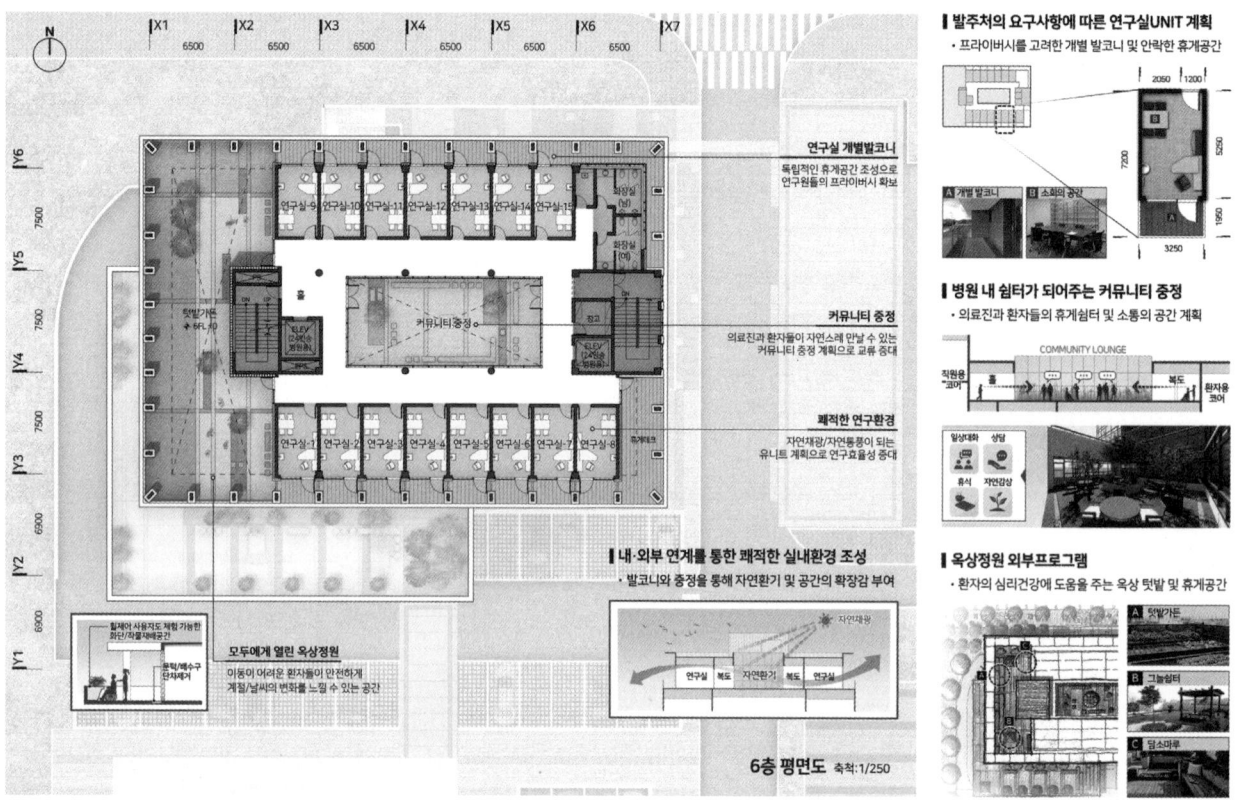

배선을 위한 독립적인 수직동선 및 재활센터와 설비시설 연계배치
건축계획 | 지하1층 평면계획

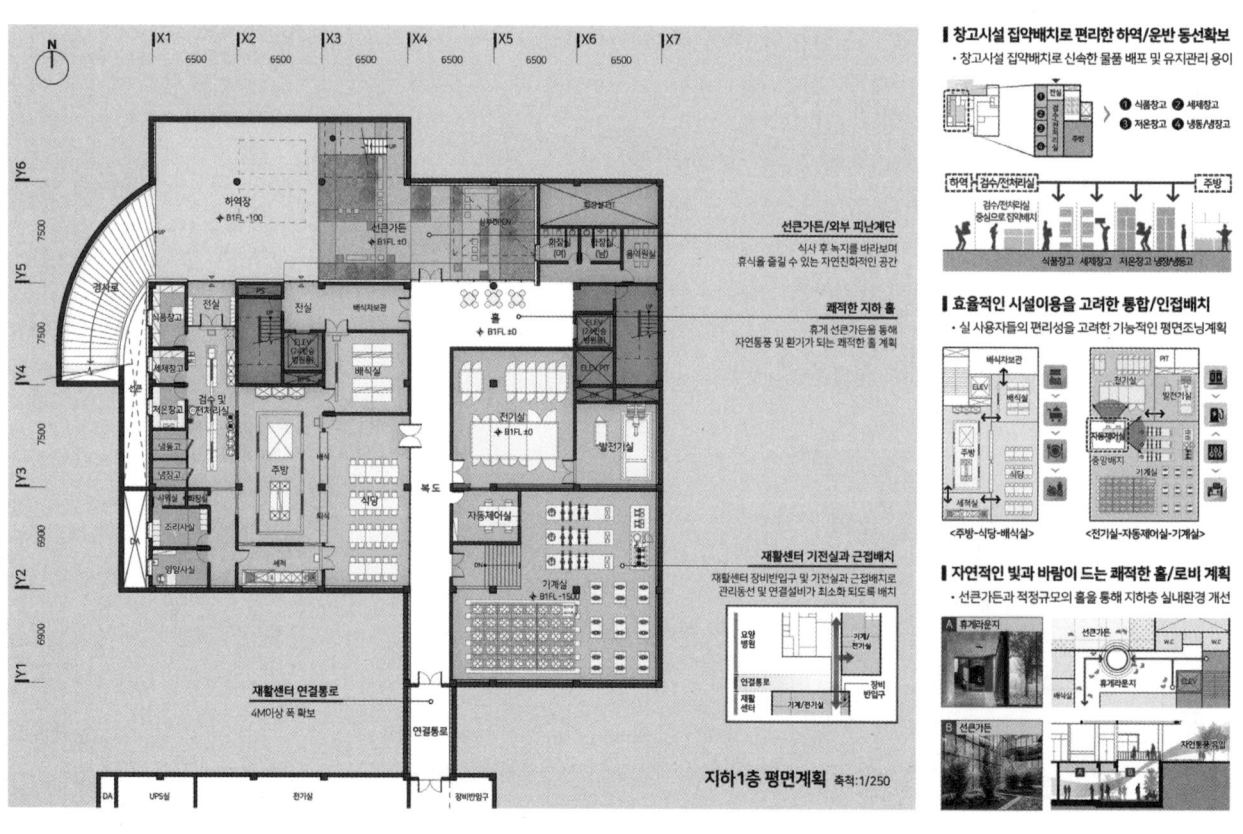

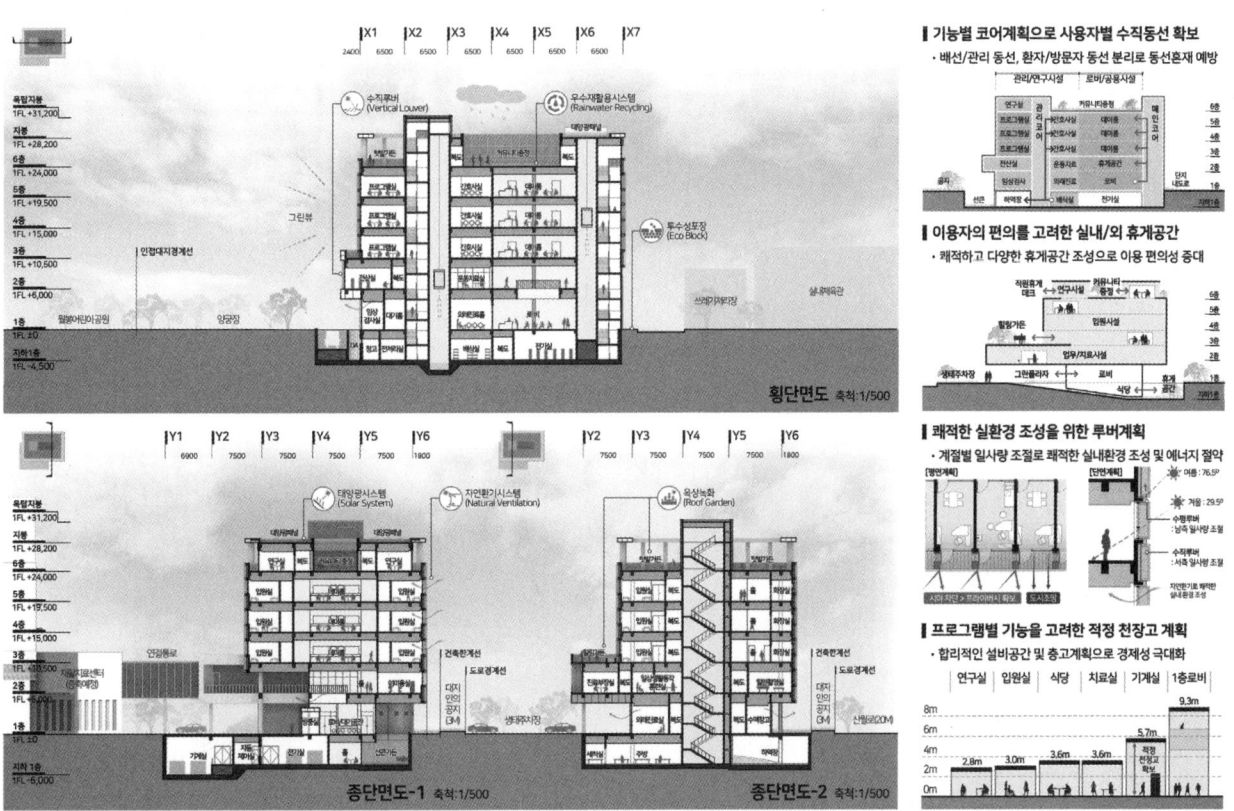

전남권역 재활병원

당선작 (주)건축사사무소 휴먼플랜 양병범 + (주)아이에스피건축사사무소 이주경 + (주)건축사사무소 플랜 임태형 설계팀 조하니, 김예은, 류민우

대지위치 전라남도 여수시 국동 190외 2필지 **대지면적** 10,570.00㎡ **건축면적** 5,517.70㎡ **연면적** 14,028.80㎡ **건폐율** 52.2% **용적률** 127.99% **규모** 지하 1층, 지상 5층 **최고높이** 23.7m **구조** 철근콘크리트조 **외부마감** 테라코타 패널, 금속패널, 로이복층유리 **주차** 99대(장애인 주차 10대, 확장형 34대, 경차 12대 포함)

전남권역 '재활치료 서비스의 거점'
전남권역 재활병원은 남쪽 저층 주거지 너머로 국동항이, 북쪽으로는 구봉산과 장군산이 펼쳐져 있는 전남대학교 국동캠퍼스 내에 위치하고 있다. 대지 주변으로 아트센터와 운동장, 협동관(평생교육원)이 인접해 있어 시설 간 연계와 배치의 조화가 고려되어야 한다.

입구에서 진료 및 치료부까지 연결되는 '원스탑 메디컬 스트리트'
외래진료부는 출입구에서부터 원무, 진료 및 치료, 검사 영역까지 시각적, 공간적으로 연계된 메디컬 스트리트를 통해 공간의 인지성을 높이고 치료실까지의 접근성을 높였다. 또한 병동과 재활치료부를 인접 배치하여 효율적인 재활치료 환경을 구축하였다.

자연과 함께하는 '환자중심의 맞춤형 병동'
병동부는 남향배치와 바다를 향한 열린 조망을 가지고 있으며, 정서적 안정감 확보와 편의를 제공하는 병실 계획으로 쾌적한 거주환경을 제공한다. 관리에 최적화된 간호지원 영역계획, 간호간병 통합서비스 실시를 고려한 공간계획으로 효율적인 서비스 제공이 가능하다.

일상 속 입체적인 사회, 문화적 '커뮤니티 치유공간'
아트리움을 둘러싼 재활경사로와 야외건강마당, 필로티 활력마당까지 재활치료공간이 입체적으로 설치되어 있어 다양한 만남과 이벤트를 유발한다. 또한 주변을 조망하며 일상 속 자가운동을 통해 신체적 범위의 치유를 넘어 사회, 문화적 치유의 공간으로 확장된다.

A 'major rehabilitation treatment facility' for Jeonam Province
The proposed rehabilitation hospital is located inside Jeonnam National University Gukdong Campus overlooking Gukdong Port beyond a low-rise residential area in the south and surrounded by Gubongsan and Jangunsan mountains in the north. As the project site has an art center, sports field and Hyeopdonggwan (a lifelong education center) nearby, connectivity among different facilities and harmony in their placement are to be carefully considered.

'One-Stop Medical Street' that connects all the areas from the entrance to the treatment department
In the outpatient department, Medical Street establishes a visual and spatial connection from the entrance to the administration, consultation, treatment and examination areas, and this enhances legibility of the space and accessibility to treatment facilities. The ward, the ward and the rehabilitation treatment department are positioned close to each other to create an efficient treatment environment.

A 'patient-centered ward' breathing with nature
The ward is oriented to the south and has a clear view of the sea. Also, designed to ensure mental stability and user convenience, its patient rooms provide a pleasant living environment. The proposed space plan introduces a nurse support area optimized for management and an integrated system for nursing and care to enable efficient service provision.

A three-dimensional, sociocultural 'healing community' in people's everyday lives
Rehabilitation spaces, including Rehabilitation Ramp encircling an atrium with an indoor garden, an outdoor plaza and a piloti plaza, are positioned in a way to create a three-dimensional complex that allows various encounters and events to take place. Here people can exercise by themselves, enjoying views of the surroundings, and through them, the hospital evolves from a space for physical restoration to a sociocultural healing space.

Prize winner Human Plan Architects Office, Inc._Yang Byungbeom + ISP Architect & Engineering_Lee Jukyung + Plan Architects Office, Inc._Lim Taehyung **Location** Guk-dong, Yeosu, Jeollanam-do **Site area** 10,570.00m² **Building area** 5,517.70m² **Gross floor area** 14,028.80m² **Building coverage** 52.2% **Floor space index** 127.99% **Building scope** B1, 5F **Height** 23.7m **Structure** RC **Exterior finishing** Terracotta panel, Metal panel, Low-E paired glass **Parking** 99 (including 10 for the disabled, 34 for extension type, 12 for small car)

Jeonnam Region Rehabilitation Hospital

전남권역 "재활치료 서비스의 거점"

전남권역 재활병원은 남쪽 저층주거지 너머로 국동항이, 북북으로는 구봉산과 장군산이 펼쳐져있는 전남대학교 국동캠퍼스 내에 위치하고 있다. 대지주변으로 아트센터와 운동장, 협동관(평생교육원)이 인접해 있어 시설 간 연계와 배치의 조화가 고려되어야 한다.

광역현황 / 대지현황

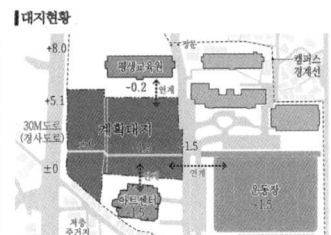

토지이용계획

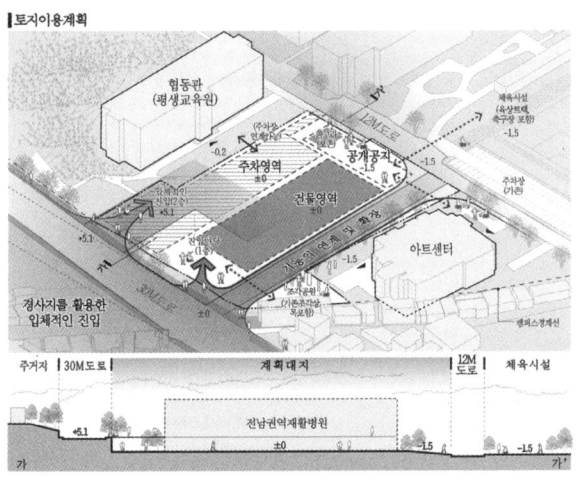

입구에서 진료 및 치료부까지 연결된 "원스탑 메디컬 스트리트"

외래진료부는 출입구에서부터 원무, 진료 및 치료, 검사영역까지 시각적, 공간적으로 연계된 메디컬스트리트를 통해 공간의 인지성을 높이고 치료실까지의 접근성을 높였다. 병동부 입원환자들을 위해 병동과 재활치료부를 인접 배치하여 효율적인 재활치료환경을 구축하였다.

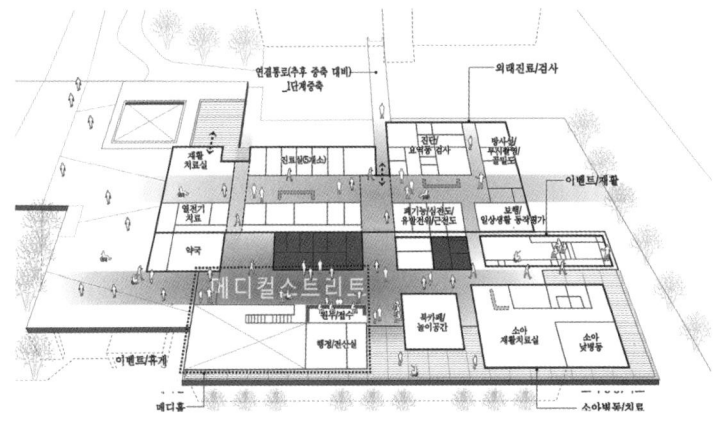

이용자에 따른 접근체계를 고려한 수직조닝 / 개방적인 메디홀

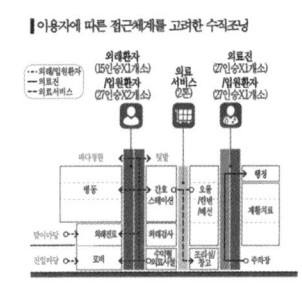

자연과 함께하는 "환자중심의 맞춤형 병동"

병동부는 남향배치와 바다를 향한 열린 조망을 가지고 있으며, 정서적 안정감 확보와 편의를 제공하는 병실계획으로 쾌적한 거주환경을 제공한다. 관리에 최적화된 간호지원 영역계획, 간호간병 통합서비스 실시를 고려한 공간계획으로 효율적인 서비스 제공이 가능하다.

병동부 (3-5층)

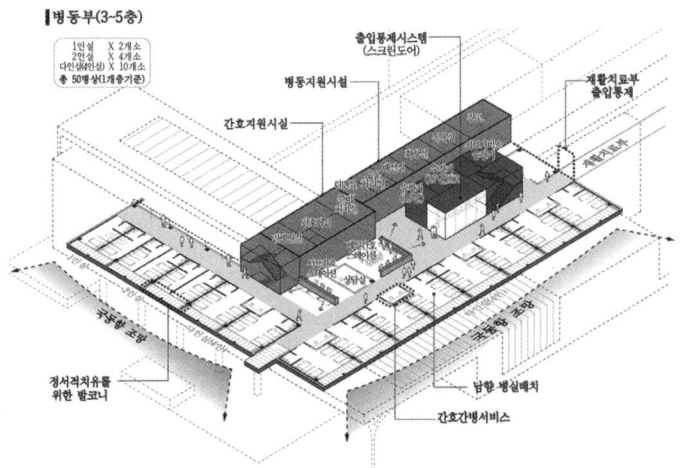

일상 속 입체적인 사회, 문화적 "커뮤니티 치유공간"

실내정원이 있는 아트리움을 둘러싼 재활경사로와 야외건강마당, 필로티 활력마당까지 재활치료공간이 입체적으로 설치되어 있어 다양한 만남과 이벤트를 유발한다. 또한 주변을 조망하며 일상 속 자가운동을 통해 신체적 범위의 치유를 넘어 사회, 문화적 치유의 공간으로 확장되어진다

커뮤니티 공용부 _ 아트리움과 재활경사로

환자의 거주성을 고려한 병실 특화계획 / 감염예방을 위한 통제시스템

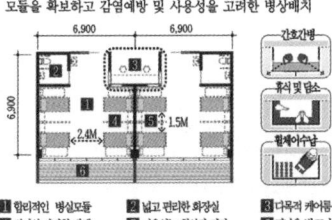

입체적인 자가 재활운동 / 야외 건강마당(3층)

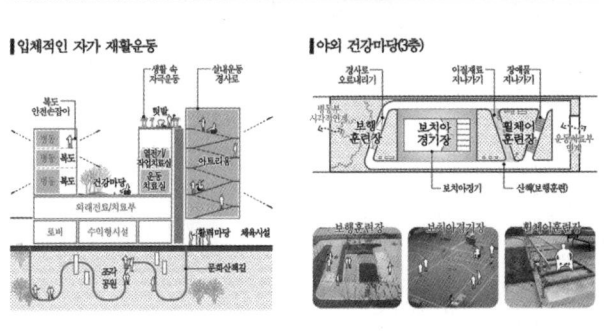

전남권역 재활병원

캠퍼스 내 기존 시설들과의 관계성을 고려한 배치

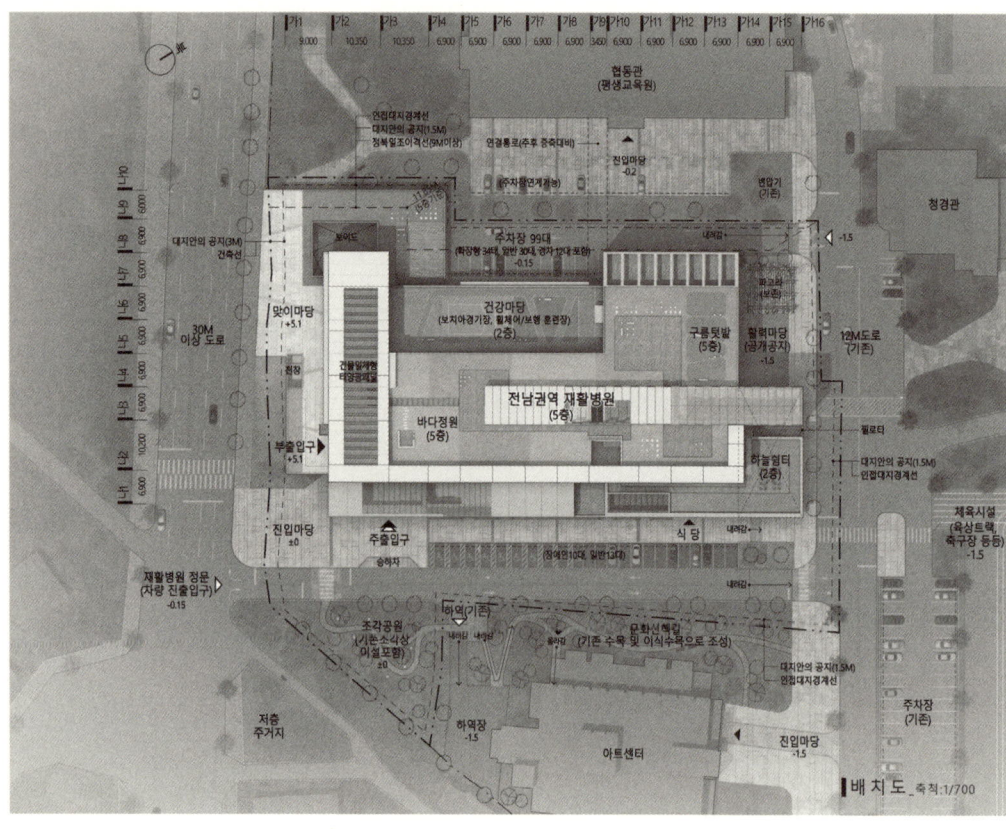

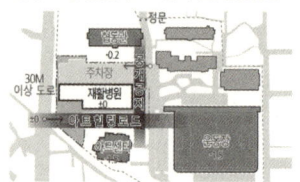

주변환경을 고려한 토지이용계획
- 대지 맥락을 고려한 외부 영역배치로 시설간 접근성을 높이고 보행축을 캠퍼스로 확장하여 연계성을 높임

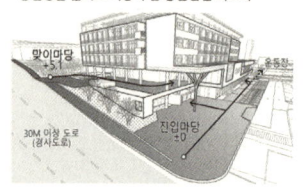

자연에 순응하는 입체적인 진입계획
- 경사지형으로부터 연장된 입체적인 진입부계획으로 정면성을 높이고 이용자 간 동선간섭 최소화

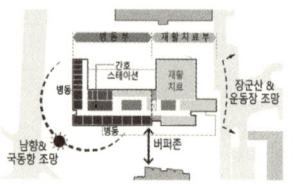

쾌적한 병동부 치유환경
- 적정거리 이격배치를 통하여 병동부 독립성을 확보하고 남향배치와 바다조망 확보로 쾌적한 거주환경 확보

이용목적별 접근과 실별 기능을 고려한 공간구성

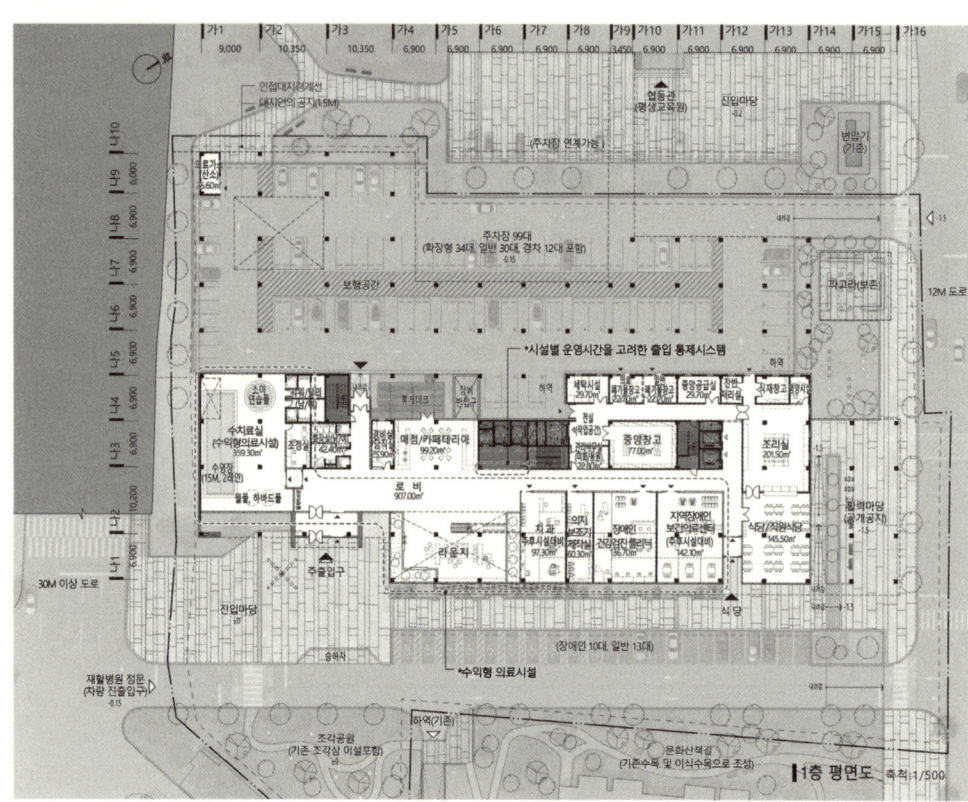

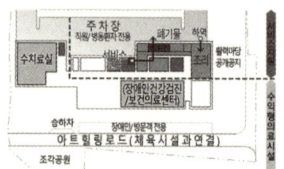

명확한 영역 분리와 연계를 통한 효율적 활용
- 주변환경을 고려한 영역 설정과 연계된 외부공간계획으로 환자, 방문객, 의료진에게 원활한 이용환경 부여

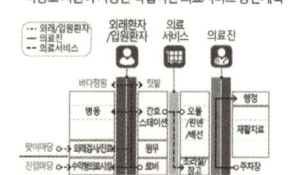

감염예방과 오염방지를 위한 동선 관리
- 의료진과 환자 간 동선 혼재 및 병동부 감염을 방지하고, 다용도 지원이 가능한 독립적인 의료서비스 동선계획

필로티 야외 재활치료공간
- 옥외 운동기구 및 휴게공간을 설치하여 혹서기 혹은 우천시 외부환경의 영향을 최소화하며 외부활동 가능

외래환자와 의료진을 고려한 원활한 진료시스템

공간계획 | 2층 평면도

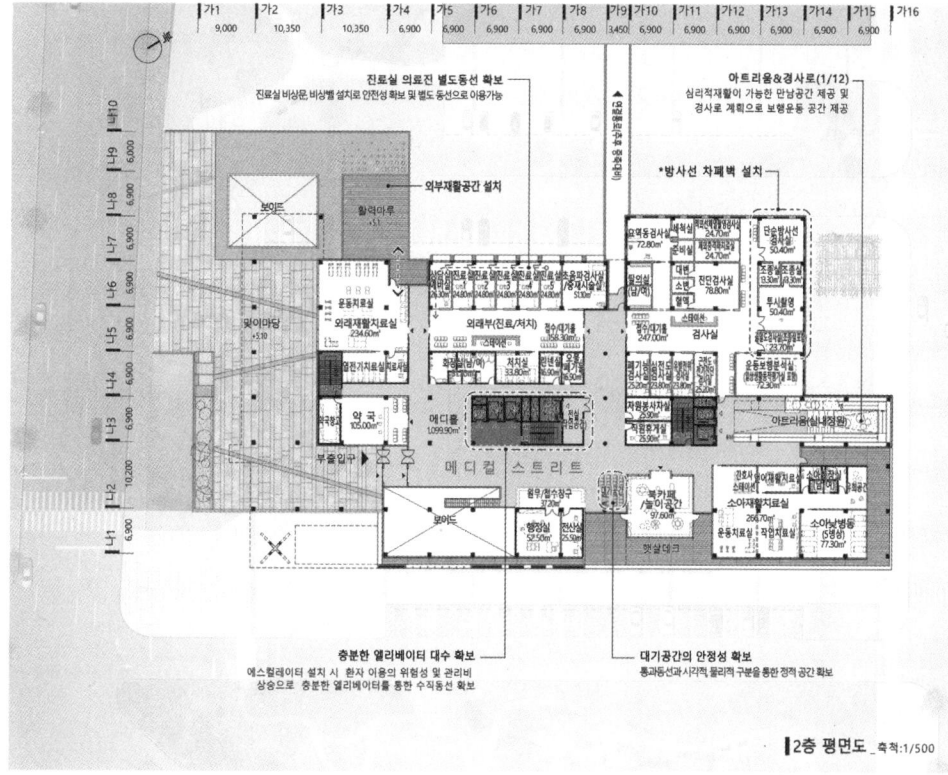

2층 평면도 _축척:1/500

외래부 쉬운 길찾기 및 일원화 공간구성
· 출입구에서부터 원무/외래 및 외부공간까지 시각적으로 연계하여 인지성을 높이고 일원화된 외래부 공간계획으로 이용의 편의성 증대

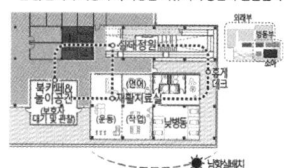

환아와 보호자 모두 즐거운 소아재활치료실
· 외래부와 병동부의 중간영역에 독립적으로 설치하여 별도로 운영, 관리가 가능하고, 다양한 커뮤니티 공간과 인접설치

개방적이고 직관적인 메디홀
· 맞이마당을 통해 접근한 방문객들은 오픈된 로비와 직관적인 실배치를 통해 목적에 따른 길찾기가 용이

재활환자를 고려한 쾌적하고 효율적인 재활치료실

공간계획 | 3층 평면도

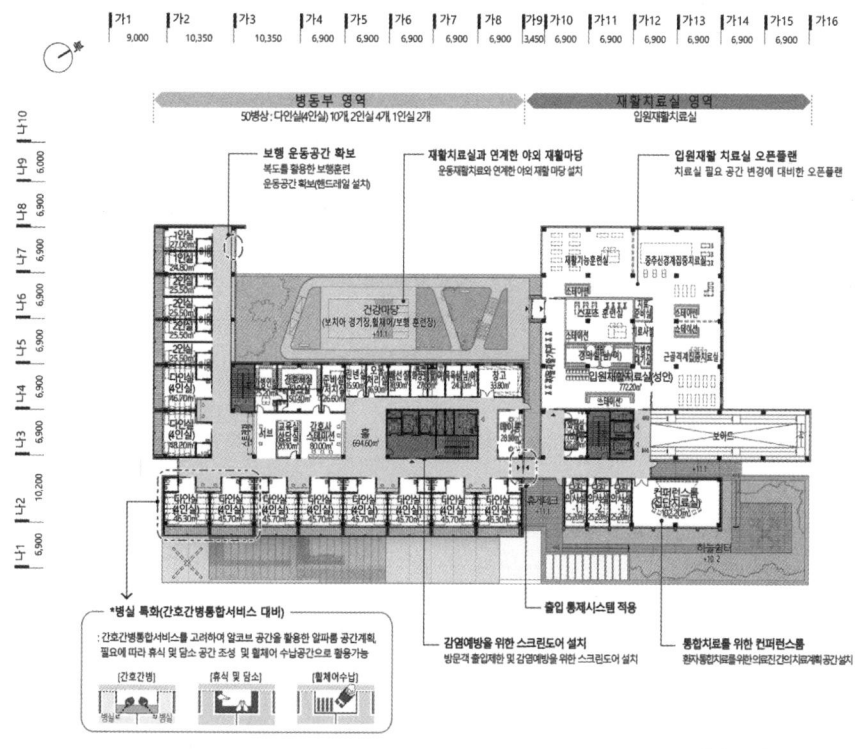

3층 평면도 _축척:1/500

감염예방을 위한 통제시스템
· 효과적인 감염관리체계 구축을 통한 병원 내 감염을 예방하기 위한 단계적 통제시스템 적용

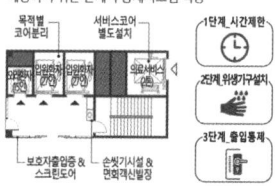

독립적이고 쾌적한 의료진 영역
· 남향으로 집약배치하고, 전용코어 및 휴게공간을 설치하여 독립적인 영역확보 및 쾌적한 근무환경 조성

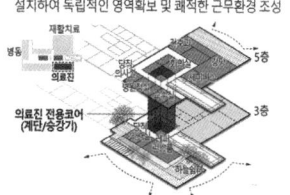

자연을 향유하며 확장된 재활마당&치료실
· 운동치료실과 관련치료실들을 인접배치하여 상호 연계되는 복합형 재활운동치료공간 조성

전남권역 재활병원

환자중심의 병동환경과 수평연계형으로 집중관리가 가능한 병동부

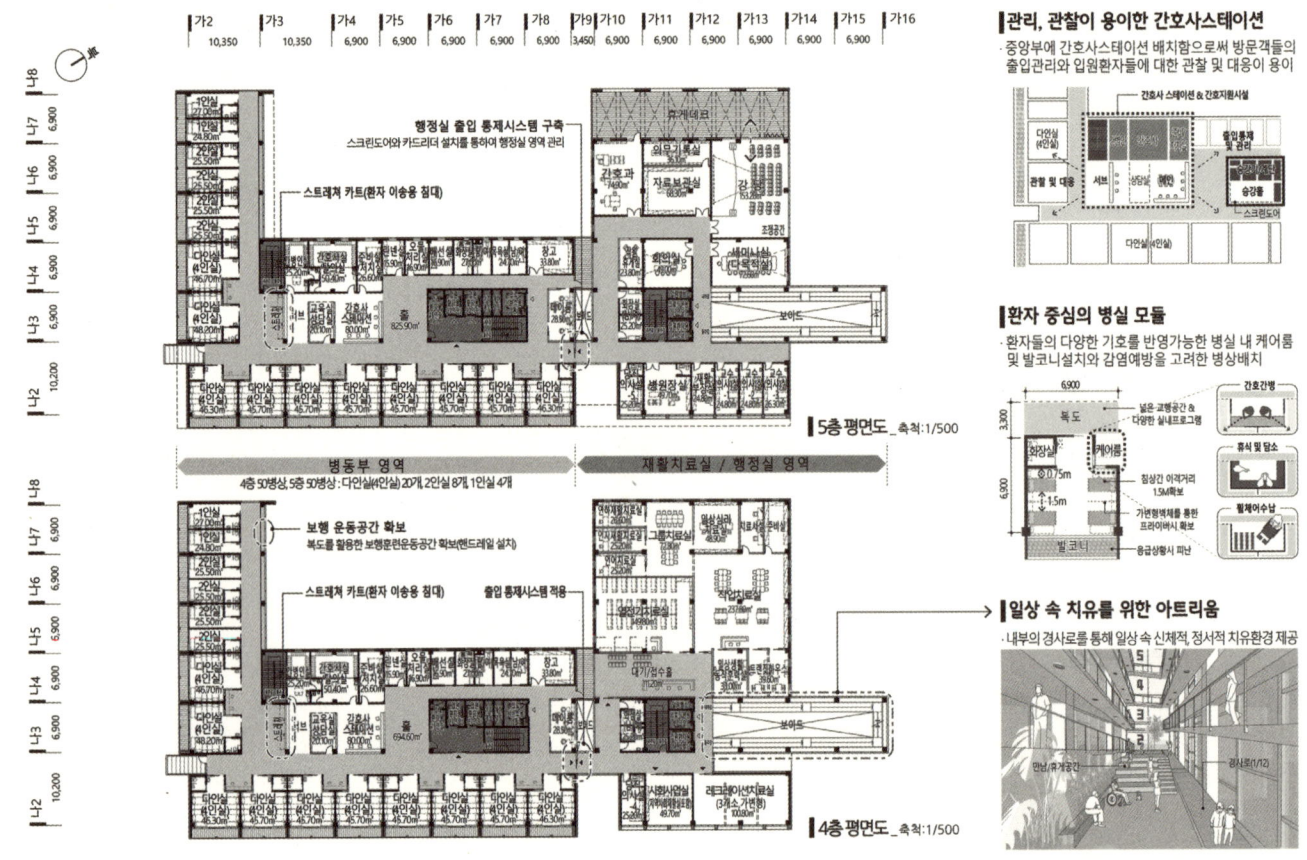

면적 최소화에 따른 경제적인 지하층, 단계별 증축 계획

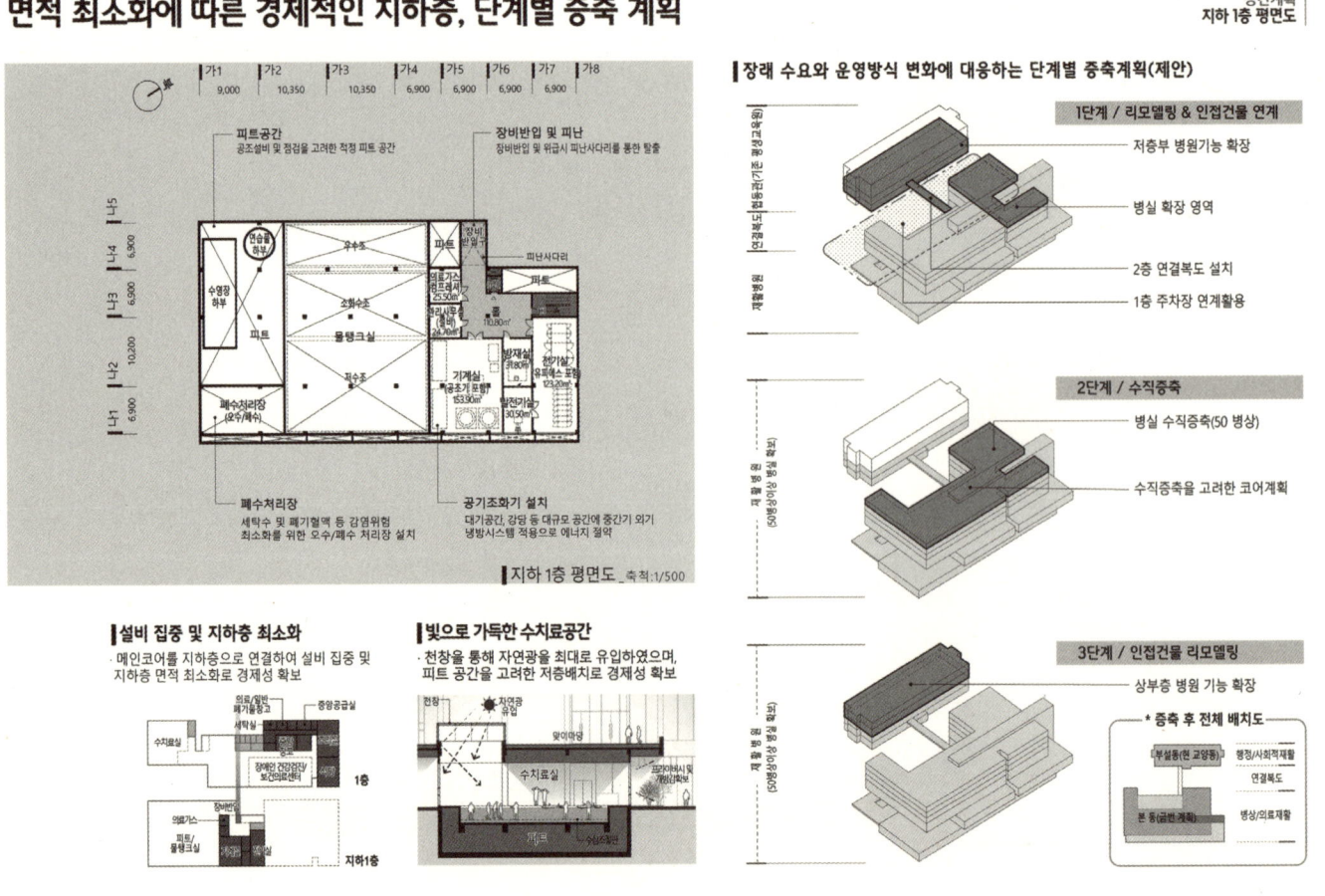

보행환경 및 녹지환경 조성으로 주변과 조화로운 경관계획

경관 및 주변과의 조화
입면계획1

디자인 프로세스

디자인 프로세스

정면도 _축척:1/500

환자에게 심리적 안정감을 주는 휴먼스케일의 입면계획

패턴 계획

1 재활치료시설
· 휴먼스케일을 고려한 매스의 절개와 회랑 형성으로 심리적 안정감을 형성

2 병동부
· 병실 모듈의 유닛화를 통한 기능 및 효율성을 강조한 입면 디자인

3 아트리움
· 반투명 유리에 비친 실루엣으로 생동감 있는 유리박스 디자인

좌측면도 _축척:1/500

우측면도 _축척:1/500

배면도 _축척:1/500

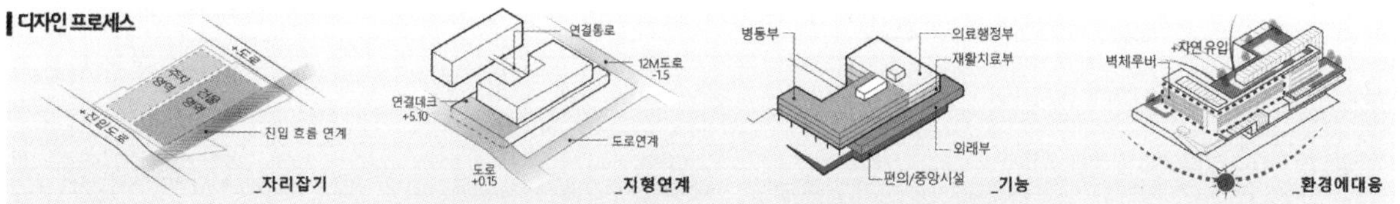

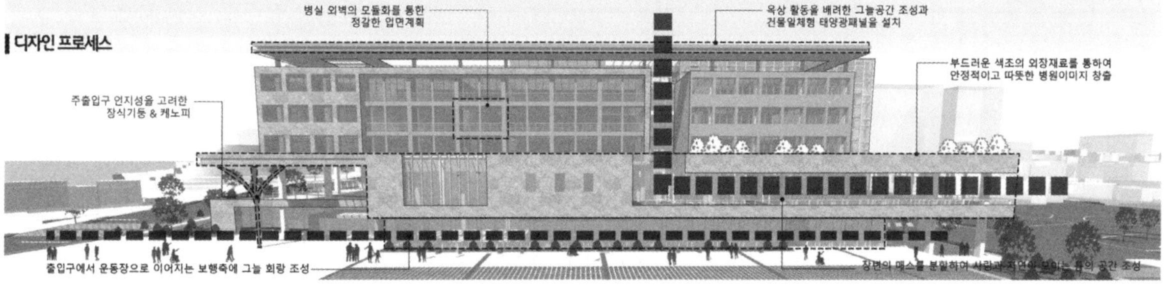

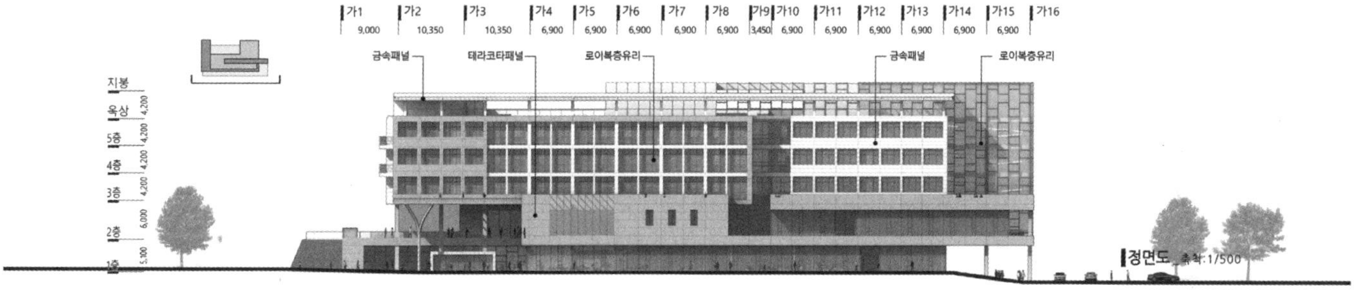

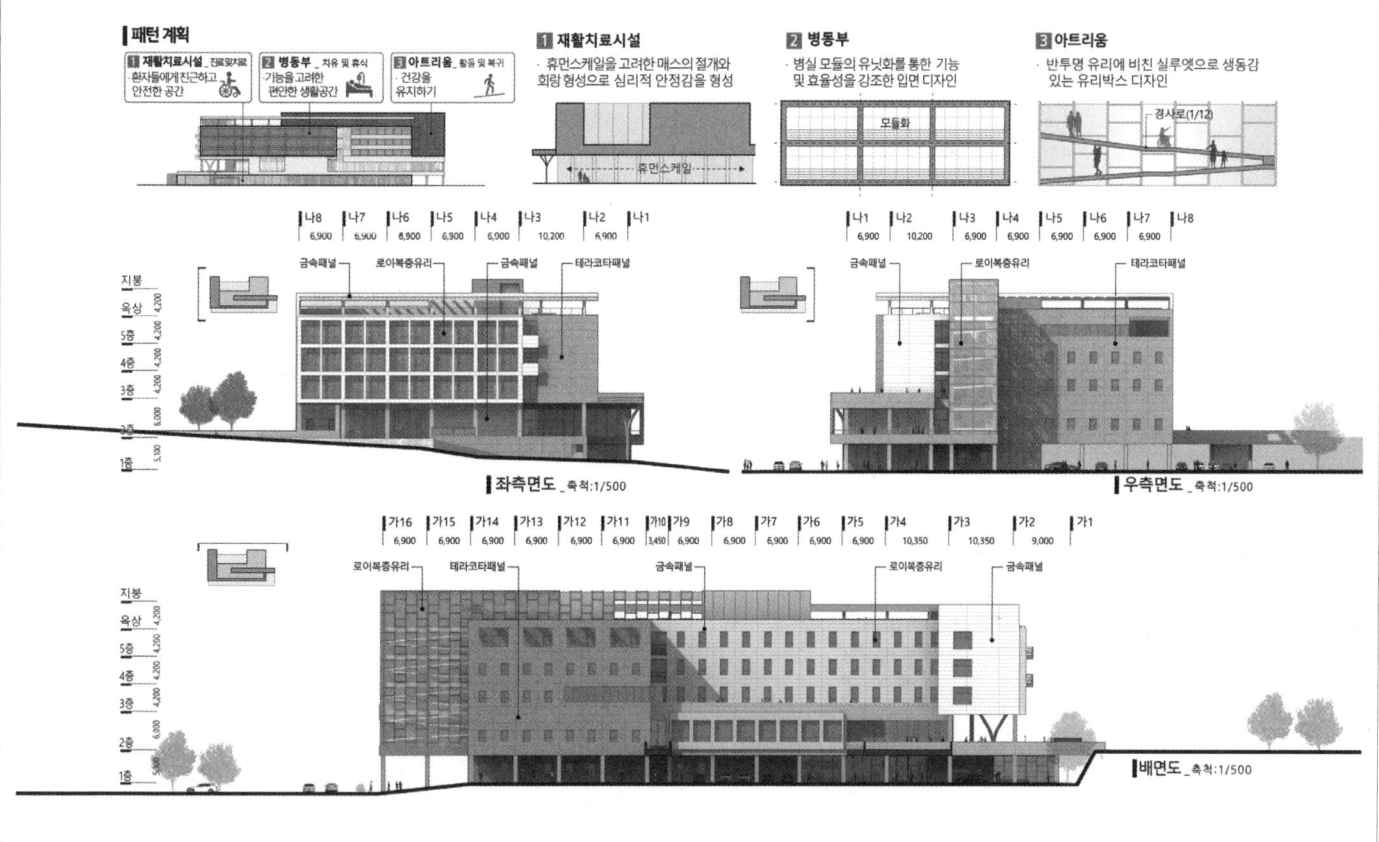

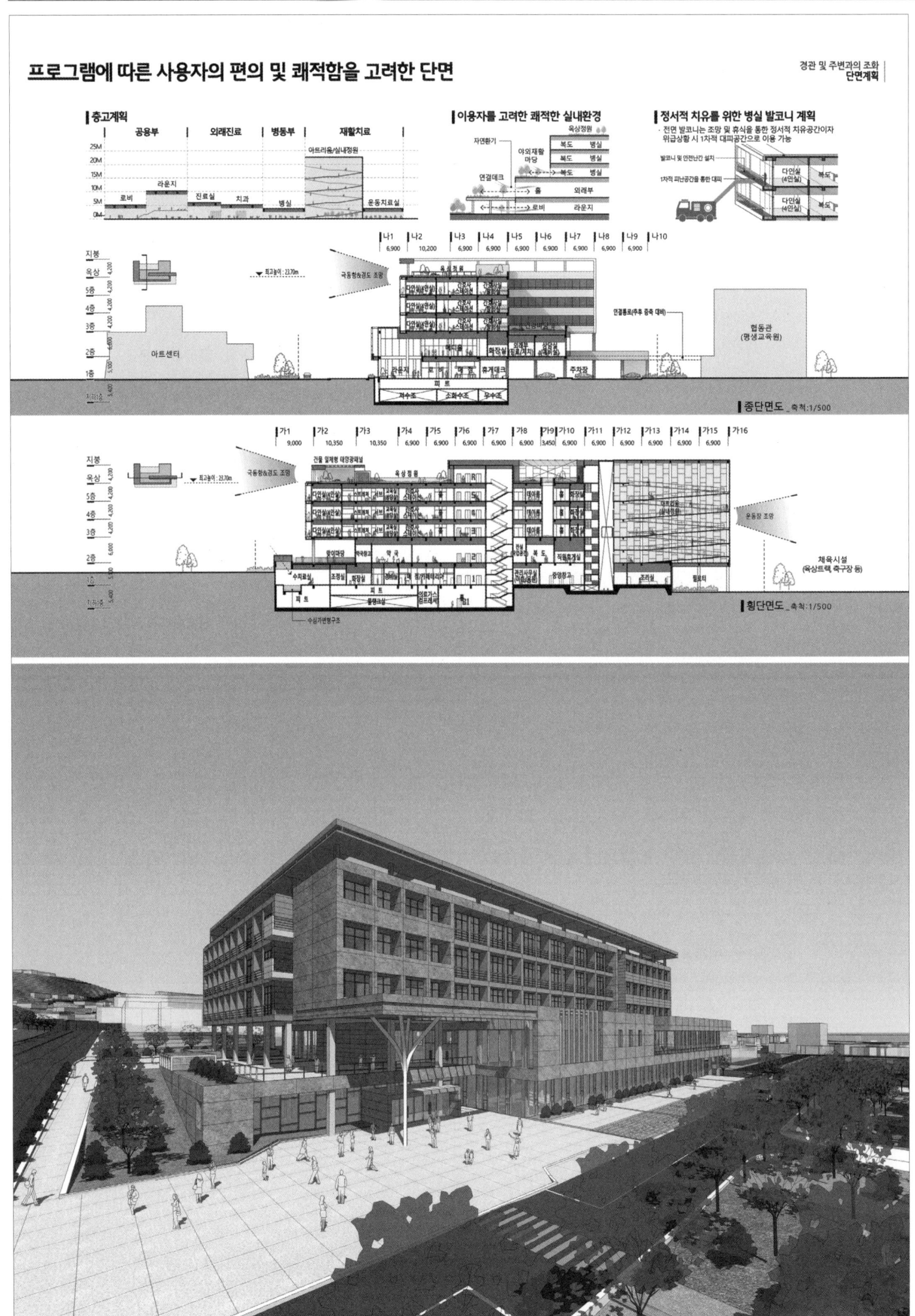

자연 조망과 주변과의 연계를 고려한 외부공간계획

경관 및 주변과의 조화
조경 및 외부공간계획

외부공간 계획

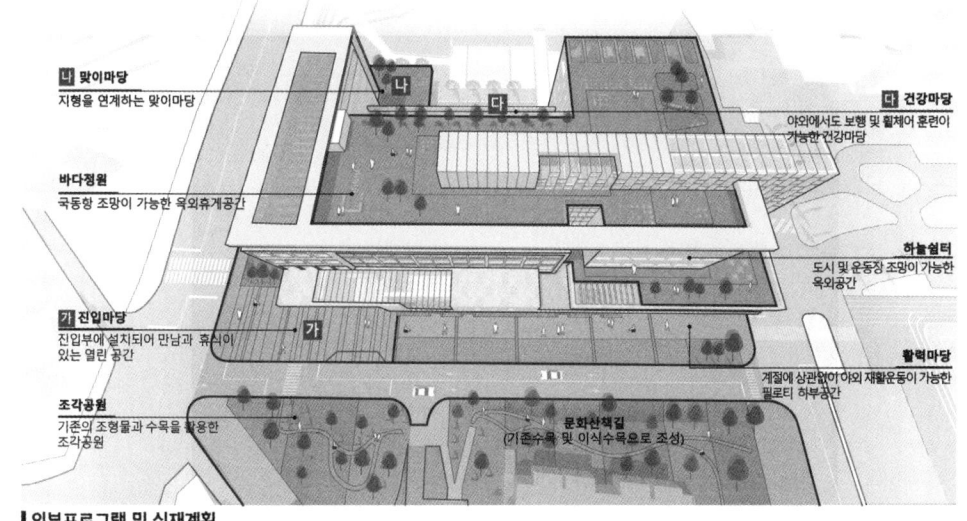

가 인지성을 높이는 진입마당

나 지형을 연계하는 맞이마당

다 야외운동재활치료가 가능한 건강마당

외부프로그램 및 식재계획

시설의 접근성과 이용자에 따른 편의성을 고려한 동선계획

경관 및 주변과의 조화
동선계획

외부동선

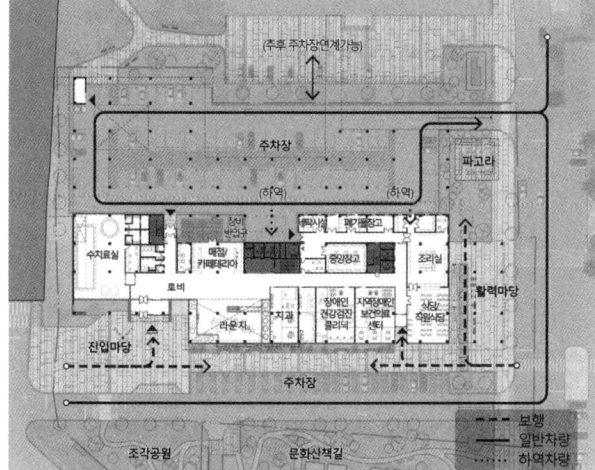

내부동선

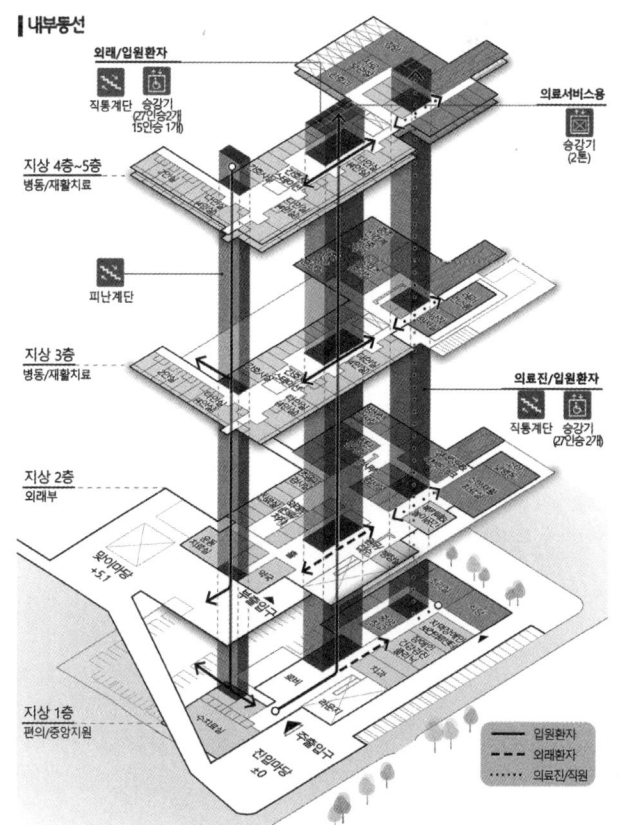

보차분리계획

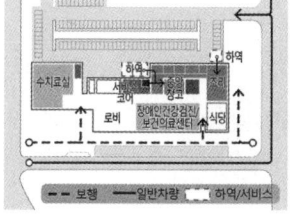

서비스 하역동선

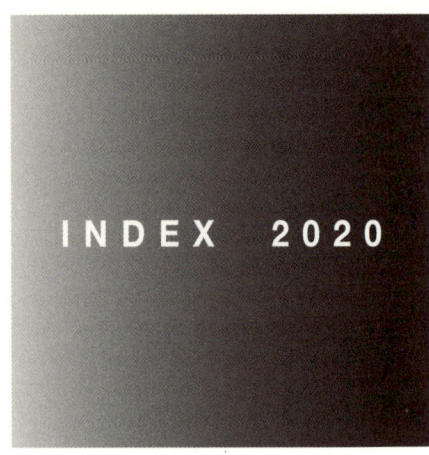

INDEX 2020

설계경기 141호 (2월)

*문화
국립인천해양박물관
금촌 다목적 실내체육관
파주 무대공연종합아트센터
한겨레 얼 체험관

*도시
서울 국제교류복합지구 수변공간 여가문화 공간조성
서남권 활성화를 위한 국회대로 상부 공원 설계 공모 2단계

*업무
경기신용보증재단 사옥
대구 혁신도시 복합혁신센터
에너지-ICT 융복합지식산업센터
우암부두 지식산업센터
창원세무서 청사
북광주세무서 청사
청송소방서
북구소방서
한전KDN 서울지역본부 사옥
보성군 복합커뮤니티센터

*교육 / 의료
국민건강보험공단 인재개발원 제2교육동
경기남부직업능력개발원

설계경기 142호 (4월)

*도시 / 업무
신내 컴팩트시티 국제설계공모 - 북부간선도로 입체화사업
신용보증재단중앙회
전주시 덕진구 혁신동 주민센터
남촌동 복합청사

*문화
대가야역사문화클러스터사업(가얏고 전수관 및 연수원)
민주인권기념관
전주 육상경기장 증축 및 야구장
광주문화예술회관 리모델링

*교육
2019 행정중심복합도시 공동캠퍼스
경기도 대표도서관

광주대표도서관
계수중학교

*복지
온산읍 종합 행정복지타운
우면주민편익시설
북구 행복어울림센터
고산 어린이집 · 수성구 육아종합지원센터

설계경기 143호 (6월)

*업무 / 주거
김포제조융합혁신센터
세종테크노파크
마산동 행정복지센터
아산시 온양5동 행정복지센터
파주운정3 A-23BL 공동주택

*교육
한국학대학원 외국인 유학생 기숙사
미래교육테마파크
충청남도교육청 진로융합교육원
달성군 교육문화복지센터

*문화
화성동탄2 트라이엠파크 복합문화공간
제천예술의전당 건립 및 도심광장
갈매 공공체육시설
석촌호수 아트갤러리
광주문학관
서울 공공한옥 한옥체험시설 리모델링

*도시
서울 컴팩트시티, 장지공영차고지 입체화사업
3기 신도시 기본구상 및 입체적 도시공간계획 - 남양주 왕숙
과천지구 도시건축통합 마스터플랜
세종포천고속도로 처인(통합)휴게소

설계경기 144호 (8월)

*도시 / 주거
잠실한강공원 자연형 물놀이장
남양주 왕숙2지구 도시기본구상 및 입체적 도시공간계획
옛 성동구치소 부지 신혼희망타운
과천지식정보타운 S-10BL

*교육
국립광주과학관 AI 5G체험관
신용 복합공공도서관
순천시 신대도서관
광탄도서관 복합문화공간
강릉소방서 공동직장어린이집

*업무
경남 사회적경제 혁신타운
춘천ICT벤처센터
청학동 행정복지센터 복합청사
가정1동 행정복지센터
만수5동 행정복지센터

*문화 / 복지
서서울미술관

혁신어울림센터
선사문화체험관 · 청소년문화의집
당감동 복합 국민체육센터
중부 종합복지타운
장애인복합문화관

설계경기 145호 (10월)

*도시 / 업무
3기 신도시 기본구상 및 입체적 도시공간계획 - 고양 창릉지구
3기 신도시 기본구상 및 입체적 도시공간계획 - 부천 대장지구
원주무실지구 A-2BL 공동주택
건강보험심사평가원 의정부지원 사옥

*문화
향남문화복합센터
국립여수해양기상과학관
송정복합문화센터
수원문화시설
춘천먹거리 복합문화공간

*복지 / 체육
양산시 종합복지허브타운
사천시 생활밀착형 국민체육센터
북구 종합체육관
신현 문화체육복합센터

*교육
순천고등학교 교사동 개축
하망동 공공도서관 및 주차장
강서양천교육지원청 통합교육지원센터 증축
주례 열린 도서관

설계경기 146호 (12월)

*문화
여수시립박물관
천안시 청소년복합커뮤니티센터
복대 국민체육센터
홍성군 장애인수영장

*교육
전남대학교 의대 화순캠퍼스 교육복합동
서울대학교 중앙광장 및 지하주차장 계획
동산초 본관동 증개축
광명동초등학교 복합시설
산본도서관 리모델링
부산대학교 부설 예술중고등 특수학교

*복지
소방복합치유센터
은계어울림센터-2
행복북구 통합 가족센터
하남시 시민행복센터

*업무 / 주거
순천시 생태 비즈니스센터
문화유산과학센터
길상면 주민복합센터
친환경 수소연료선박 R&D 플랫폼센터
한국연구재단 R&D정보평가센터
부산 에코델타시티 대방노블랜드 아파트 13블럭

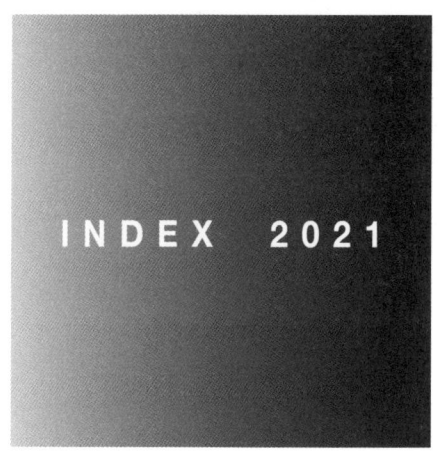

INDEX 2021

설계경기 147호 (2월)

*업무
순천시 신청사
청정대기산업 클러스터 조성사업
구)울주군청사 복합개발사업
가락119안전센터·강남농수산물검사소 합동청사
글로벌 스마트양식장 테스트베드
온양온천시장 복합지원센터

*문화
서울 의정부지(議政府址) 유구보호시설
경산 청년 지식놀이터
남해 생활 SOC 꿈나눔센터
사천 반다비 체육센터
부안군 복합커뮤니티센터

*교육 / 주거
세종시 평생교육원
체육인교육센터
동삭중학교
호명초등학교 교사 증축
마장고 교사동 증축 및 기존 교사동 리모델링
파주운정3지구 A47블록 공동주택

*복지
수성행복드림센터
삼척 어울림플라자
포천시 돌봄 통합센터
광주 장애인 수련시설

설계경기 148호 (4월)

*국제
송도국제도시 도서관
신포지하공공보도 연장(복합센터)

*교육 / 의료
이노베이션 아카데미 교육연구시설 증축
울산광역시 중부도서관
경산시 청소년수련관
한국전기안전공사 전기안전교육원
김천중앙고등학교
울산 산재전문 공공병원

*업무 / 문화
경상북도구미교육지원청 청사
광탄면 행정복지센터 증축

면목7동 복합청사
불광제2동 복합청사
의성군 로컬푸드 직매장
금사 푸드 & 파크 및 공영주차장

*체육 / 복지
양구종합스포츠타운 및 체육시설
강동구 제2구민체육센터
자인노인복지관
의창노인종합복지관 증축

설계경기 149호 (6월)

*업무
충청북도 도의회청사 및 도청 제2청사
한전 관악동작지사 위탁개발사업
대전스타트업파크 앵커건물
진해공공임대형 지식산업센터
충청북도문화재연구원
남구청 별관

*문화
광주·전남공동혁신도시 복합혁신센터
초정 치유마을 조성사업
국립광주박물관 도자문화관
벌교문화 복합센터
사천제2산단 복합문화센터

*복지 / 체육
고산지구 문화누리센터
부민동 복합센터
울산 남구 복합문화 반다비 빙상장
답내초 실내체육관 증축 및 급식실 현대화

*의료 / 도시
영남권역 감염병 전문병원
호남고속도로 여산(천안방향)휴게소

설계경기 150호 (8월)

*문화
국립한국문학관
순천 어울림센터
제주혁신도시 꿈자람센터
옥화자연휴양림 치유센터
남산창작센터 ZEB전환 리모델링

*도시 / 업무
수원당수2지구 도시건축통합 마스터플랜
위례지구 A1-14BL 신혼희망타운
세종 6-3생활권 복합커뮤니티센터
소상공인복합클러스터
파주 금촌 민·군 복합커뮤니티센터

*교육 / 체육
이천시 청소년 생활문화센터
(가칭)시화1유치원
충남대학교 스포츠콤플렉스
남악신도시 체육시설 확충사업
무안군 다목적체육관

*복지
(가칭)노인회관·50플러스센터
구리시립 노인전문 요양원 증축

충북권 공공 어린이 재활의료센터

설계경기 151호 (10월)

*업무
강서구 통합신청사
국립소방연구원
광양만권 소재부품 지식산업센터
검단신도시 생활SOC복합청사
내덕1동 도시재생뉴딜사업 덕벌나눔허브센터

*도시 / 조경
혁신원자력연구단지
금곡도시첨단산업단지
416 생명안전공원
꿈돌이어린이공원 공영주차장 복합화 사업

*문화 / 복지
충남미술관
영종국제도시 복합공공시설
청양군 가족문화센터 및 평생학습관
서귀포시 종합사회복지관
제주특별자치도 보훈회관

*교육
서울과학기술대학교 도서관 및 학생회관
국가문헌정보관
대전 제2시립도서관

설계경기 152호 (12월)

*업무
고성군 청사
홍성군 신청사
제주지식산업센터
남해 생활SOC 「삼동다락」
용호2동 복합청사

*문화 / 교통
진주실크박물관
펫빌리지
양평동 공공복합시설
부산민주공원 부속건물
수영구 스포츠문화타운 부설주차장

*교육 / 의료
정관 에듀파크
이목지구 근린공원52 내 도서관
공주대학교 글로벌종합연수관
대구보훈병원 재활센터

*주거 / 복지
상무지구 광주형 평생주택
성남낙생 A-2BL 공동주택
다산건강가족센터
공립 치매전담형 노인요양시설

*업무

*교통

*의료

Publisher | Heungchae Jung
Editorial Dept. | Joonyong Jung, Eunjae Ma
Design Dept. | A&C design

Print in Korea
ISBN | 978-89-7212-206-7
Price | USD 48 (48,000won)
Registration No. 2004-000166

© A&C Publishing
9F, 15, Teheran-ro 22-gil, Gangnam-gu, Seoul, Korea
T: +82-2-538-7333
www.ancbook.com

Copyright A&C Publishing Co., Ltd. and may not be
reproduced in any manner or from without permission.